Werkstoffe **We**

Werkstoffprüfung **WP**

Maschinenelemente **ME**

Fertigungsprozeß-
gestaltung **FP**

Fertigungstechnik **FT**

Grundlagen der
Werkzeugmaschinen **GW**

Meßtechnik **MT**

W0409038

Technisches Grundwissen des Meisters
Band 2

Technisches Grundwissen des Meisters

Band 2

Werkstoffe, Werkstoffprüfung, Maschinenelemente, Fertigungsprozeßgestaltung, Fertigungstechnik, Grundlagen der Werkzeugmaschinen, Meßtechnik

4. Auflage
Mit 517 Bildern, 93 Tabellen und 8 Tafeln

VEB FACHBUCHVERLAG
LEIPZIG

AUTORENKOLLEKTIV

Federführung:
Dr.-Ing. Manfred Merkel, Leipzig

Autoren:
Werkstoffe
Dr.-Ing. Manfred Merkel, Leipzig
Werkstoffprüfung
Dr.-Ing. Manfred Merkel, Leipzig
Maschinenelemente
Fachschuldozent Dipl.-Ing. Manfred Schöps, Leipzig
Fachschuldozent Dipl.-Ing. Martin Wendrich, Böhlitz-Ehrenberg
Fertigungsprozeßgestaltung
Prof. Dr. sc. techn. Wolfgang Beyer, Leipzig
Fertigungstechnik
Fachschuldozent Dipl.-Ing. Werner Schlayer, Leipzig
Ing. Ing.-Päd. Walter Schwartz, Roßwein
Grundlagen der Werkzeugmaschinen
Fachschuldozent Dipl.-Ing. Werner Schlayer, Leipzig
Meßtechnik
Dr.-Ing. Hans Podszuweit, Leipzig
Fachschuldozent Dipl.-Ing. Werner Schlayer, Leipzig

Technisches Grundwissen des Meisters. – Leipzig: Fachbuchverl.
Bd. 2. Werkstoffe, Werkstoffprüfung, Maschinenelemente, Fertigungsprozeßgestaltung, Fertigungstechnik, Grundlagen der Werkzeugmaschinen, Meßtechnik / [Autorenkoll. Federführung: Manfred Merkel]. – 4. Aufl. – 1989. – 428 S.: mit 517 Bild., 93 Tab. u. 8 Taf.
NE: Merkel, Manfred [Mitarb.]

Technisches Grundwissen des Meisters ISBN 3-343-00113-9
Band 2 ISBN 3-343-00114-7

© VEB Fachbuchverlag Leipzig 1989
4. Auflage
Lizenznummer: 114-210/127/89
LSV 3007
Verlagslektor: Dipl.-Phys. Jochen Horn
Gestaltung: Egon Hunger
Printed in GDR
Satz: Fachbuchdruck Naumburg
Druck u. buchbinderische Weiterverarbeitung:
Druckhaus Freiheit Halle
Bestellnummer: 547 023 3
01350

Vorwort

Der zweite Band des Nachschlagewerks »Technisches Grundwissen des Meisters« enthält als Fortsetzung des Bandes 1 nur das technikbezogene Grundwissen. Das Buch wendet sich an einen *breiten Leserkreis*, der im wesentlichen aus sich qualifizierenden Facharbeitern, Meistern sowie Studenten der unteren Semester an technischen Bildungseinrichtungen besteht.
Der vorliegende Band ist als Hilfe beim Selbststudium, bei der Vorbereitung auf Prüfungen und zum Nachschlagen vergessener Begriffe, Formeln und Gesetze gedacht. Die 3. Auflage wurde neu bearbeitet, so daß hier z. B. der in den früheren Auflagen vorhandene Abschnitt »Fertigungsvorbereitung« in den Abschnitt »*Fertigungsprozeßgestaltung*« integriert ist. Der Abschnitt »*Maschinenelemente*« wurde völlig neu verfaßt, die »*Werkstoffe*« wurden um die Kapitel »Korrosion« und »Glas« erweitert. Im Abschnitt »*Fertigungstechnik*« werden neben heute wesentlichen Fertigungsverfahren auch neue Gebiete, z. B. Handhabe- und Industrierobotertechnik, behandelt. Die »*Grundlagen der Werkzeugmaschinen*« wurden als selbständiges Kapitel aufgenommen.
Unter Wahrung des Charakters eines *Nachschlagewerks* wurde die bewährte Konzeption beibehalten, dem Leser durch entsprechende verbale Erläuterungen und Einfügen von Beispielen den stark komprimierten und umfangreichen Stoff leichter verständlich zu machen. Die *Beispiele* sind im Text durch ein schwarzes Quadrat ■ hervorgehoben, *Definitionen* und *Merksätze* wurden am linken Rand der Spalte durch einen schwarzen Balken gekennzeichnet. Kleine hochgestellte Ziffern, z. B. [1]), weisen auf einen zu beachtenden wichtigen *Standard* hin, der im Anhang des Buches unter der gleichen Nummer beim zugehörigen Abschnitt genannt ist. *Fußnoten* sind durch ein hochgestelltes Sternchen, z. B. *), markiert. Weitere Nachschlagehilfen sind neben dem *Gesamtinhaltsverzeichnis* und den *Inhaltsverzeichnissen* vor den einzelnen Abschnitten vor allem das umfangreiche *Sachwortverzeichnis*, die jedem Abschnitt zugeordnete Angabe *weiterführender Literatur* zur Vertiefung der Fachkenntnisse in dem jeweils interessierenden Spezialgebiet sowie die *Buchstabensymbole* auf den rechten Seiten, z. B. We für »Werkstoffe«. Für der Weiterentwicklung dieses Nachschlagewerkes förderliche Hinweise und Anregungen sind das Autorenkollektiv und der Verlag dankbar.

Federführender und Verlag

Inhalt des Bandes 1

Gesamtinhaltsverzeichnis

GW Grundlagen der Werkzeugmaschinen

MT Meßtechnik

We Werkstoffe

Von Dr.-Ing. Manfred Merkel, Leipzig

Inhaltsverzeichnis

1. Einführung

Die seit Jahren anhaltende Tendenz der Steigerung der Weltmarktpreise für Roh-, Werk- und Hilfsstoffe erfordert neben der Nutzung eigener Aufkommen auch ihre rationellere und effektivere Verarbeitung und Verwendung. Das verlangt u. a. die *Erhöhung der Gebrauchseigenschaften* und die *optimale Gestaltung des Masse-Leistungs-Verhältnisses* von Konstruktionswerkstoffen durch Anwendung zweckentsprechender Wärmebehandlungsverfahren (insbesondere bei den Eisenwerkstoffen), moderner Urform- und Umformverfahren bei der Herstellung von Halbzeugen und Fertigteilen, geeigneter Korrosionsschutzmaßnahmen und nicht zuletzt die *Substitution teurer Importmaterialien* durch billigere einheimische Rohstoffe.

Rationeller und ökonomischer Materialeinsatz setzt jedoch zwangsläufig bestimmte Grundkenntnisse über den Aufbau, die Eigenschaften (einschließlich der Verarbeitungseigenschaften) sowie die Verhaltensweisen bei Einwirkung mechanischer, thermischer, chemischer und elektrochemischer Belastung voraus.

Unter *Werkstoffen* versteht man diejenigen metallischen und nichtmetallischen Stoffe, aus denen Konstruktionsteile, Baugruppen, Maschinen, Apparate und Geräte hergestellt werden.
Unter dem Begriff *Hilfsstoff* sind solche gasförmigen, flüssigen oder festen Stoffe zu verstehen, die für die Herstellung und Verarbeitung der Werkstoffe sowie für das Betreiben und die Funktionsfähigkeit der Apparate, Geräte und Maschinen erforderlich sind.

Tabelle 1. Einige physikalische Eigenschaften wichtiger Metalle

Metall		Dichte ϱ 10^3 kg/m^3	Schmelzpunkt °C	Längenausdehnungskoeffizient α $10^{-6}K^{-1}$	Wärmeleitfähigkeit λ W/(m·K)	Elektrische Leitfähigkeit $\varkappa$ S·m/mm^2	Spez. elektrischer Widerstand ϱ Ω·mm^2/m
Aluminium	Al	2,7	660	23,86	230	37,74	0,026 5
Blei	Pb	11,34	327,4	28,3	34,7	4,82	0,21
Eisen	Fe	7,87	1 536	12,1	73,3	10,5	0,095
Gold	Au	19,28	1 063	14,2	314	49,05	0,020 6
Kobalt	Co	8,71	1 495	16,1	69,1	16,1	0,062 1
Kupfer	Cu	8,93	1 083	16,4	394	58	0,017 241
Magnesium	Mg	1,74	650	24,5	157,4	22,2	0,045
Molybdän	Mo	10,2	2 625	2,7	146,5	19,4	0,051 6
Nickel	Ni	8,9	1 455	13,3	92,1	14,6	0,069
Palladium	Pd	12,02	1 552	10,6	71,1	9,26	0,098
Platin	Pt	21,45	1 773	9,0	70	10,2	0,098 1
Quecksilber	Hg	13,55	− 38,85	61	9,2	1,05	0,940 7
Silber	Ag	10,5	961,28	18,7	422	61,3	0,016 3
Tantal	Ta	16,67	2 990	6,58	54,4	8,1	0,124
Titan	Ti	4,505	1 690	8,7	1,68	2,08	0,49
Wolfram	W	19,3	3 380	4,4	162	18,2	0,055 0
Zink	Zn	7,14	419,5	29,8	113	16,9	0,059
Zinn	Sn	7,29	231,9	21,4	66,9	8,67	0,115

2. Metallische Werkstoffe

2.1. Grundlagen der metallischen Werkstoffe

Ein Metall besitzt folgende *kennzeichnende Eigenschaften*:

1. kristallinen Aufbau,
2. metallischen Glanz,
3. Festigkeit, Formbarkeit (spanlose) und Verfestigungsvermögen,
4. elektrische und Wärmeleitfähigkeit,
5. Zersetzung in (geeigneten) Säuren unter Salzbildung,
6. Kationen in wäßrigen Metallsalzlösungen.

Bei Raumtemperatur und üblichen atmosphärischen Druckverhältnissen befinden sich mit Ausnahme von Quecksilber (Hg) alle Metalle im *festen Zustand.* Als fester Zustand ist hier stets das Auftreten der Metalle in kristalliner Form gemeint.

Die Metalle werden nach verschiedenen *Kriterien* unterteilt:

1. nach der Dichte ϱ
   in *Leichtmetalle* ($\varrho < 5 \cdot 10^3$ kg/m^3)
   und in *Schwermetalle* ($\varrho > 5 \cdot 10^3$kg/m^3)
2. in *Eisen-* und *Nichteisenmetalle*
3. nach dem Schmelzpunkt ϑ_S in
   niedrigschmelzende ($\vartheta_S < 900$ °C),
   hochschmelzende ($\vartheta_S = 900...2\,000$ °C) und
   höchstschmelzende ($\vartheta_S > 2\,000$ °C) *Metalle*

Als weitere Kriterien können die technische Darstellung (schmelzmetallurgisch, elektrolytisch, pulvermetallurgisch oder durch thermische Dissoziation) oder beliebige physikalische, chemische bzw. elektromagnetische Eigenschaften herangezogen werden. Am häufigsten wird die Einteilung nach 1. oder 2. verwendet. In Tabelle 1 sind einige wesentliche Metalle und ihre wichtigsten physikalischen Eigenschaften zusammengestellt.

Temperaturkoeffizient des Widerstands α 10^{-3}K^{-1}	Elastizitätsmodul E GPa	Gleit- oder Schubmodul G GPa	Spezifische Wärmekapazität c_p J/(kg · K)
4,3	70	27	896
3,7...4,2	16...20	7,5	129,8
6,51	210	83,8	452,17
4	79	28,5	133,6
6,04	212,8	76,3	414,5
3,93...4,33	125	39...48	385,2
4,2	45,15	17,7	1017,4
4,73	336,3	122	251,2
6,7	193...210	75...77	511,2
3,7	123,6	41,2	247,0
3,9	173,2	62,2	134
0,99	–	–	139
4,1	81,6	27	234
3,82	188,2	70	138,2
4,3	114	41	523,4
4,8	415	140	134,4
4,17	105	42	387,3
4,6	55	20,6	226,1

2.1.1. Kristalliner Aufbau

Im festen Zustand bestehen die Metalle aus einer großen Anzahl von *Kristallen,* die in ihrer Gesamtheit das *Gefüge* bilden. Die Kristalle zeigen auf Grund ihrer Entstehungsbedingungen äußerlich eine geometrisch regellose Gestalt. Daher bezeichnet man die Metallkristalle auch als *Kristallite* oder *Körner.* Sie sind gewöhnlich nur an Bruchflächen von Metallteilen sichtbar. Eine bekannte Ausnahme bilden die flächenhaften polyedrischen Zinkkristalle oder die *Zinkblumen* auf feuerverzinkten Konstruktionsteilen und Gebrauchsgegenständen. Trotz der im allgemeinen unregelmäßigen äußeren Gestalt der Kristalle ist ihr innerer Aufbau, d. h. die Anordnung der Atome bzw. Ionen untereinander, sehr regelmäßig. Die Metallionen ordnen sich zu dreidimensionalen Gebilden, den *Raumgittern* oder Kristallgittern, an.

Das kleinste dreidimensionale Gitterelement, das das Raumgitter eines Kristalls charakterisiert, ist die *Elementarzelle.*

Die Form bzw. Gestalt der Elementarzelle, die für die jeweilige Kristallart repräsentativ ist, wird als *Gittertyp* bezeichnet.

2.1.1.1. Gittertypen

Beim Übergang in den festen Zustand ordnen sich die Atome der Metalle unter Abgabe ihrer Valenzelektronen, die als quasifreie Elektronen die elektrische und Wärmeleitfähigkeit der Metalle verursachen, gemäß den für sie zutreffenden Kristallsystemen in *Raumgittern* an. Der Zusammenhalt der Atome (Ionen) in diesen Gittern wird durch elektrostatische Kraftwirkungen entsprechend den Gesetzmäßigkeiten der Metallbindung bewirkt.
Die überwiegende Anzahl der technisch verwendeten Metalle kristallisiert im *kubischen* oder *hexagonalen Kristallsystem.* In den übrigen Systemen (tetragonales, rhombisches, rhomboedrisches, monoklines und triklines System) kristallisieren vorwiegend Mineralien und partiell-kristalline Plaste.
Zum besseren Verständnis der Atomanordnung bedient man sich vereinfachender Modelle. Hierbei betrachtet man die Atome bzw. Ionen als starre Kugeln und verbindet ihre Mittelpunkte durch Linien. Die kleinsten Einheiten der damit erhaltenen, geometrisch relativ einfachen Körper sind die *Elementarzellen,* die den Gittertyp des jeweiligen Metalls charakterisieren. Die technisch wichtigsten Gittertypen zeigen die Bilder 1 bis 3.

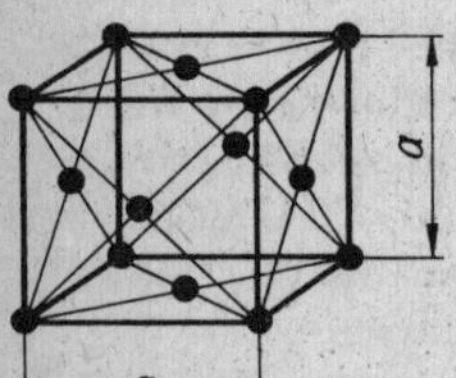

Bild 1. Kubisch-flächenzentrierte (kfz) Elementarzelle

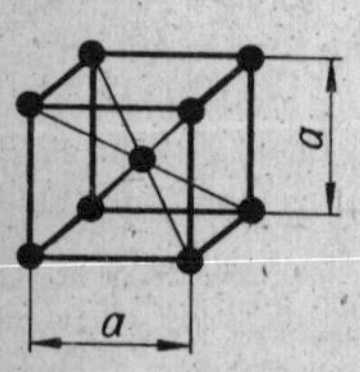

Bild 2. Kubisch-raumzentrierte (krz) Elementarzelle

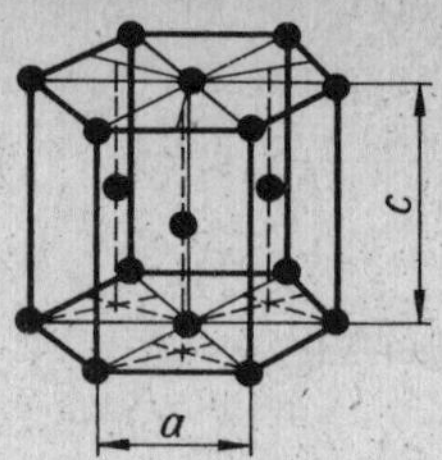

Bild 3. Hexagonale Elementarzelle mit dichtester Kugelpackung (hdP)

Kenngrößen der Elementarzellen

1. Atomanzahl je Elementarzelle A/E
2. Koordinationszahl KZ
3. Gitterkonstante a (bei hexagonalen Gittertypen das Achsenverhältnis c/a)

Das Verhältnis A/E läßt sich nicht durch einfaches Addieren der in der Elementarzelle angegebenen Atome ermitteln. Man muß vielmehr beachten, daß jede Elementarzelle von weiteren Atomen im Gitterverband umgeben ist, die ihrerseits Elementarzellen bilden. Bild 4 soll das an Hand des Gitterverbandes einfach kubischer Elementarzellen verdeutlichen. Betrachtet man ein Eckatom der kubischen Elementarzelle, so erkennt man, daß dieses Atom nur mit $\frac{1}{8}$ seines Volumens am Aufbau der Elementarzelle bzw. daß ein Eckatom gleichzeitig am Aufbau von 8 Elementarzellen beteiligt ist.

Bild 4. Gitterverband kubisch-primitiver Elementarzellen

Für die drei wichtigsten Gittertypen ergeben sich daher folgende Verhältnisse:

krz-Gitter: $8 \cdot \frac{1}{8}$ Eckatome + 1 raumzentrierendes Atom = 2 Atome/Elementarzelle = 2 A / E

kfz-Gitter: $8 \cdot \frac{1}{8}$ Eckatome + $6 \cdot \frac{1}{2}$ flächenzentrierende Atome = 4 A / E

hdP-Gitter: $12 \cdot \frac{1}{6}$ Eckatome + $2 \cdot \frac{1}{2}$ flächenzentrierende + 3 innenzentrierende Atome = 6 A / E

Die *Koordinationszahl* KZ gibt die Anzahl der Atome an, die von einem Atom den kürzesten gleich großen Abstand haben.

Die Koordinationszahl ist beim krz-Gitter 8, beim kfz- und hdP-Gitter jeweils 12 (Bild 5). Bei Metallen und Legierungen, deren Komponenten nur wenig unterschiedliche Atomradien haben, weist eine hohe Koordinationszahl auf eine gute spanlose Formbarkeit hin. Die günstige Formbarkeit ist bei *KZ* = 12 (als größtem Zahlenwert) zu erwarten.

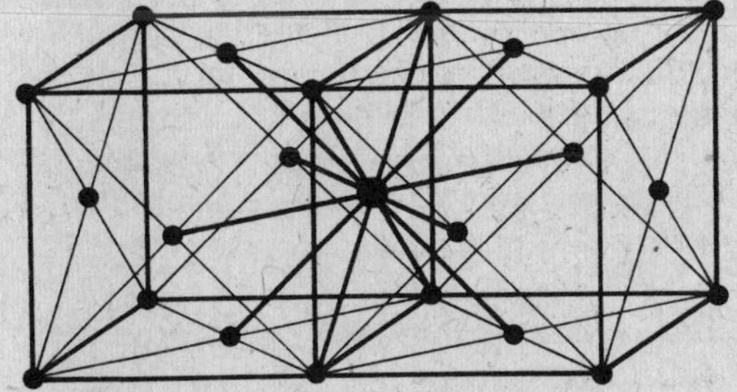

Bild 5. Koordinationszahl 12, dargestellt im kfz-Gitter

Als *Gitterkonstante a* wird der bei einer Temperatur konstante Abstand der Atome im Gitter bezeichnet.

Er liegt in der Größenordnung von 10^{-10} m = 0,1 nm (Tabelle 2).

Tabelle 2. Gitterkonstanten von Metallen mit krz- und kfz-Gitter

Metall	*a* in nm	Gittertyp
α-Fe	0,287	krz
Cr	0,287	
Mo	0,314	
W	0,315	
Ni	0,352	kfz
Cu	0,361	
γ-Fe	0,365	
Al	0,404	
Au	0,407	
Ag	0,408	
Pb	0,490	

Bei hexagonalen Gittern wird neben *a* noch die Länge *c* der senkrechten Achse der Elementarzelle bestimmt und das Achsenverhältnis *c / a* angegeben. Dieses Verhältnis ist bei hdP-Gittern ein zusätzlicher Anhaltswert für die spanlose Formbarkeit. Sie ist um so besser, je näher *c / a* dem Idealwert 1,62 kommt. Bei Zn ist *c / a* = 1,86, bei Mg ist *c / a* = 1,62, und α-Ti hat den Wert *c / a* = 1,59.

2.1.1.2. Polymorphie

Die Erscheinung, daß eine Reihe metallischer und auch nichtmetallischer Stoffe in Abhängigkeit von der Temperatur und ggf. vom Druck in verschiedenen Gittertypen auftreten können, wird als Polymorphie (Allotropie, Vielgestaltigkeit) bezeichnet.

Da mit der Änderung des Gittertyps auch Eigenschaftsänderungen der betreffenden Stoffe verbunden sind, nennt man die in bestimmten Temperaturintervallen existenten Gittertypen allotrope Modifikationen (Erscheinungsformen eines Stoffes mit anderen Eigenschaften). Der bei bestimmten Temperaturen (Umwandlungstemperaturen) erfolgende Wechsel des Gitteraufbaues hat thermodynamische Ursachen.

Die Polymorphie hat vor allem deshalb hervorragende technische Bedeutung, weil, mit Ausnahme zweier Legierungsgruppen, die Eisenwerkstoffe in Abhängigkeit von der Temperatur in verschiedenen Gittertypen auftreten und solche wichtigen Wärmebehandlungsverfahren wie das Härten und Normalglühen auf den Vorgängen bei der α-γ- und γ-α-Gitterumwandlung beruhen. Zur Kennzeichnung der allotropen Modifikationen werden griechische Buchstaben verwendet. Tabelle 3 enthält dafür einige Beispiele.

Tabelle 3. Polymorphe Metalle

Metall	Existenzbereich	Gittertyp
α-Fe	→ 911 °C	krz
γ-Fe	911...1 392 °C	kfz
δ-Fe	1 392...1 536 °C	krz
α-Sn	→ 13,2 °C	kD
β-Sn	13,2... 232 °C	trz
α-Ti	→882,5 °C	hdP
β-Ti	882,5...1 820 °C	krz

kD: kubisch (Diamantgitter)
trz: tetragonal raumzentriert

BEISPIEL

■ Das in Tabelle 3 aufgeführte β-Sn geht bei Temperaturen unterhalb 13,2 °C unter Änderung des Bindungscharakters (Übergang von der Metallbindung zur homöopolaren bzw. Atombindung) und mit Volumenzunahme in das nichtmetallische α-Sn (kubisches Diamantgitter) über. Durch diese Gitterumwandlung zerfallen Reinzinn-Gegenstände in ein graues Pulver (früher wurde diese Erscheinung als *Zinnpest* bezeichnet). Der Zusatz bestimmter Legierungselemente kann diese Gitterumwandlung nach tieferen Temperaturen hin verschieben und ggf. völlig unterdrücken.

2.1.2. Kristalliner Aufbau der Legierungen

Als *Legierung* bezeichnet man einen aus mindestens zwei Komponenten (Stoffen) gebildeten metallischen Körper, dessen Eigenschaften von den Eigenschaften seiner Komponenten abweichen.

Die Gesamtheit aller zwischen gegebenen Komponenten möglichen Legierungen bildet das System. Nach der Anzahl der Komponenten unterscheidet man *Zweistoff-*, *Dreistoff-* und *Mehrstoffsysteme.* Eine einzelne Komponente bildet als Grenzfall ein *Einstoffsystem.* Die Systeme können in Abhängigkeit von der Temperatur (und vom Druck) Teile (Stoffbereiche) enthalten, die unterschiedliche physikalische Eigenschaften aufweisen. Diese Teile heißen Phasen.

Als *Phase* bezeichnet man homogene Bereiche eines Stoffes, deren physikalische Eigenschaften an allen Stellen gleich sind. Zwischen den Phasen existieren *Grenzflächen.*

Einstoffsysteme sind innerhalb bestimmter Temperaturbereiche (konstante Druckverhältnisse vorausgesetzt) *einphasig.* Am Schmelz- oder Erstarrungspunkt sind sie dagegen *zweiphasig* (Schmelze und Kristalle). Polymorphe Metalle sind außerdem während der Gitterumwandlung im festen Zustand zweiphasig (z. B. α-Phase und β-Phase).
Bei Legierungen ist die Phasenanzahl nicht nur von der Temperatur, sondern wesentlich abhängig von:

1. der Anzahl der Komponenten,
2. dem Löslichkeitsverhalten der Komponenten im festen Zustand.

Im flüssigen Zustand ist die Mehrzahl der Metalle völlig ineinander löslich oder mischbar, d. h., die Metallschmelze ist ein *einphasiges homogenes System.* Beim Erstarren der einphasigen Schmelze kann sie, abhängig vom Löslichkeitsverhalten, in eine oder mehrere feste Phasen übergehen.

Völlige Unlöslichkeit der Komponenten im festen Zustand

Die einphasige Schmelze erstarrt unter Bildung einer der Komponentenzahl entsprechenden Anzahl von festen Phasen, d. h., jede Komponente bildet ihre eigenen Kristallarten bzw. Kristalle.

Völlige Löslichkeit der Komponenten im festen Zustand

Beim Erstarren bilden die Atome der Komponenten gemeinsam eine einzige Kristallart, wobei sie entsprechend ihrem Legierungsanteil am Aufbau der Kristalle beteiligt sind.

Begrenzte Löslichkeit der Komponenten im festen Zustand

In Abhängigkeit von der Legierungszusammensetzung (Konzentration) erstarrt die Schmelze unter Bildung einer oder zweier Phasen (bei Zweistoffsystemen), wobei jeweils nur eine von der Temperatur abhängige Maximalmenge der anderen Komponente am Kristallaufbau beteiligt ist. Beim weiteren Abkühlen wird entweder zunächst der einphasige Aufbau bis zum Erreichen einer bestimmten Grenztemperatur aufrechterhalten, und danach erfolgt die Ausscheidung von Atomen der 2. Komponente, oder jede Kristallart (ggf. auch nur eine) der z.B. zweiphasigen Legierung beginnt nach Unterschreiten des Erstarrungspunktes mit der Ausscheidung von Atomen der jeweils zweiten Komponente. Die ausgeschiedenen Atome bilden in den Übergangsbereichen (*Korngrenzen*) benachbarter Kristalle neue Kristalle.

Nach dem *Löslichkeitsverhalten* im festen Zustand unterscheidet man folgende Gruppen von Kristallarten:

1. Kristallgemische,
2. Mischkristalle,
3. Sonderfälle der Kristallarten (z. B. intermetallische Phasen),
4. Gemische von 1. bis 3.

2.1.2.1. Kristallgemisch

Kristallgemische entstehen bei völliger Unlöslichkeit der Komponenten im festen Zustand.

Die Anzahl der mehr oder weniger fein verteilt nebeneinander im Gefüge auftretenden Phasen ist von der Anzahl der Komponenten abhängig. Trotz ihrer guten Gießeigenschaften haben Systeme mit diesem Gefügeaufbau wegen ihrer niedrigen Schmelzpunkte nur geringe technische Bedeutung.

2.1.2.2. Austausch-Mischkristalle

Bei völliger Löslichkeit im festen Zustand können die Atome der Komponenten beliebige Gitterplätze untereinander austauschen. Daher werden die entstehenden *Mischkristalle* (Mk) auch als *Substitutions-Mk* bezeichnet. Voraussetzungen für die Bildung von Austausch-Mk sind:

1. gleicher Gittertyp der Komponenten,
2. Unterschiede der Atomradien ≦ 10...15 %,
3. geringe chemische Affinität der Komponenten zueinander.

Die Anordnung der Atome ist jedoch nicht statistisch verteilt, vielmehr bilden sich innerhalb kleiner Kristallbereiche Schwärme gleichartiger Atome *(cluster)*, die Gitterverzerrungen und damit Eigenschaftsänderungen hervorrufen. Diese als *Mischkristall-Effekt* bekannte Erscheinung führt innerhalb solcher Systeme zu Extremwerten bestimmter Eigenschaften, zu Maximalwerten der mechanischen Eigenschaften (Streckgrenze, Zugfestigkeit, Härte), des spezifischen elektrischen Widerstandes bzw. Minimalwerten der spezifischen elektrischen Leitfähigkeit.

2.1.2.3. Austausch-Mischkristalle mit Mischungslücke

Diese Kristallarten entstehen bei begrenzter Löslichkeit der Komponenten im festen Zustand, wenn die Differenz der Atomradien > 15 % und < 20 % ist und die anderen im Abschn. 2.1.2.2. genannten Bedingungen eingehalten werden.

Als *Mischungslücke* wird der Temperatur-Konzentrationsbereich im Zustandsdiagramm eines Systems bezeichnet, in dem sich die Zusammensetzung der Kristalle in Abhängigkeit von der Temperatur ändert.

Wird die Konzentrationsänderung dieser Kristalle durch Anwendung geeigneter Wärmebehandlungsverfahren (*Aushärtung*) entsprechend gesteuert, so lassen sich bei einigen Nichteisen-(NE-)Metallsystemen, wie z. B. Al – Cu (– Mg) oder Cu – Be (– Co) erhebliche Festigkeitssteigerungen erzielen.

2.1.2.4. Einlagerungs-Mischkristalle

Diese Kristalle entstehen im wesentlichen unter den Bedingungen der *begrenzten Löslichkeit* der Komponenten im festen Zustand. Im Gegensatz zu den bisher angeführten Kristallarten ordnen sich die Atome der 2. Komponente nicht auf Gitterplätzen, sondern *in Gitterlücken* an. Im kfz-Gitter ist z. B. das Raumzentrum der Elementarzelle eine Gitterlücke. Möglich ist auch die Anordnung auf den Kanten der Elementarzellen. Als zweite Komponente dienen nur Nichtmetalle, wie C, H, O, N und B.
Der technisch wichtigste Einlagerungs-Mk wird von γ-Fe und C (Bezeichnung γ-Mk oder *Austenit*) gebildet.

2.1.2.5. Intermetallische Phasen

Intermetallische Phasen sind Kristallarten, deren Gittertyp von den Gittertypen ihrer Komponenten abweicht.

Diese Kristallarten gehören zu den Sonderfällen der Mischkristalle.
Werden diese Phasen aus metallischen und nichtmetallischen Komponenten gebildet, so wird die Bezeichnung *intermediäre Phase* verwendet. Obwohl solche Kristallarten keine chemischen Verbindungen sind, die Komponenten jedoch in annähernd stöchiometrischen Verhältnissen am Kristallaufbau beteiligt sind, gibt man zu ihrer Kennzeichnung das kleinste ganzzahlige Verhältnis der Komponenten an. Wegen ihres meist komplizierten Gitteraufbaues sind die Phasen hart und spröde, d.h. schwer spanlos formbar. Treten sie in Legierungen fein verteilt, feinkörnig und in geringen Mengen auf, wirken sie sich günstig auf die mechanischen Eigenschaften, besonders auf die Zugfestigkeit, aus.

BEISPIEL

■ NaCl-Typ (Bild 6)
Vertreter dieses Typs sind einmal die Karbide (WC, TiC, TaC und CrC), die bei den Hartstoffen *(Hartmetalle)* die Schneidfähigkeit, Verschleißfestigkeit und Härte hervorrufen. Zum anderen gehören die beim Nitrieren entsprechender Stähle entstehenden Nitride (CrN, TiN, und VN), die unter anderem eine hohe Verschleißfestigkeit bewirken, diesem Typ an.

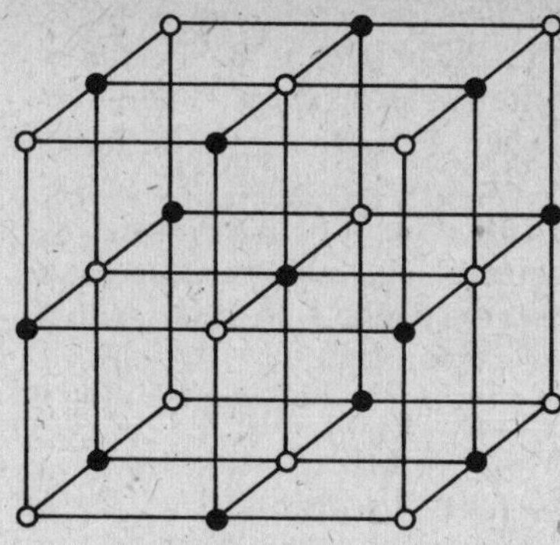

Bild 6. NaCl-Typ

Von besonderer technischer Bedeutung ist das in den Eisenwerkstoffen auftretende Eisenkarbid Fe_3C (Gefügename *Zementit*), das vor allem bei Stahl die sehr guten Festigkeitseigenschaften verursacht. Der Gittertyp ist orthorhombisch, Bild 7.

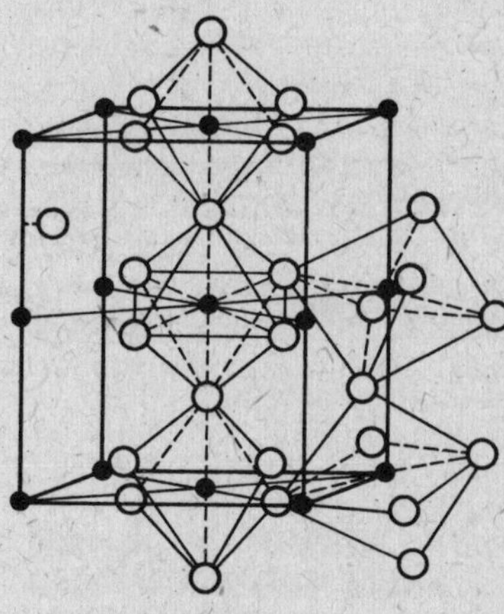

● C-Atome
○ Fe-Atome

Bild 7. Elementarzelle des Fe_3C

2.1.3. Gitterbaufehler

Die Atomanordnung in den Kristallen ist im Gegensatz zu idealisierten Modellvorstellungen nicht fehlerfrei, vielmehr rechnet man bei den tatsächlich existierenden Kristallen, den *Realkristallen*, mit 10^{16} Fehlordnungen je cm^3 Kristallvolumen. Die *Gitterbaufehler* (strukturelle Fehlordnungen) werden entsprechend ihrer

Geometrie in *nulldimensionale* (punktförmige), *eindimensionale* (linienförmige) und *zweidimensionale* (flächenhafte) *Fehlordnungen* (F.O.) eingeteilt. Sie entstehen bei der Kristallbildung, durch thermische Einflüsse (z. B. bei Wärmebehandlungsprozessen), durch spanlose Formung und energiereiche (radioaktive) Strahlung. Ihre technische Bedeutung ergibt sich unter anderem aus folgenden Wirkungen:

1. Die Fehlordnungen begünstigen Diffusionsvorgänge, z. B. beim Aufkohlen und Nitrieren von Stahl, bei Aushärtungsvorgängen von NE-Metallegierungen und beim Löten.
2. Durch Wärmebehandlung gebildete, thermisch bedingte Fehlordnungen verringern, wenn sie im Anschluß an das Glühen umwandlungsfreier Metalle und Legierungen durch Abkühlen der Teile in Wasser eingefroren werden, die zur spanlosen Formänderung erforderliche Mindestschubspannung τ_{krit}.
3. Sie begünstigen Ausscheidungs- und Umwandlungsvorgänge u. a.

Es ist nicht möglich, einen völlig fehlerfreien Kristall (*Idealkristall*) herzustellen, da bei Temperaturen oberhalb 0 K infolge der Gitterschwingungen Atome in zunehmendem Maße die Möglichkeit haben, ihre Gitterplätze zu verlassen und die schon erwähnten, thermisch bedingten Gitterbaufehler zu verursachen. Bei Temperaturen dicht unterhalb des Schmelzpunktes liegt die Konzentration dieser Fehlordnungen bei 10^{-4}, d. h., auf 10^4 Atome kommt eine Fehlordnung!

Nulldimensionale Fehlordnungen sind fehlerhafte Atomanordnungen, bei denen z. B. Gitterplätze nicht besetzt sind *(Schottky-Defekt)* oder Atome sich in Bereichen des Gitters aufhalten, die Zwischengitterplätze oder Gitterlücken sind *(Frenkel-Defekt)*.

Bilder 8 und 9.

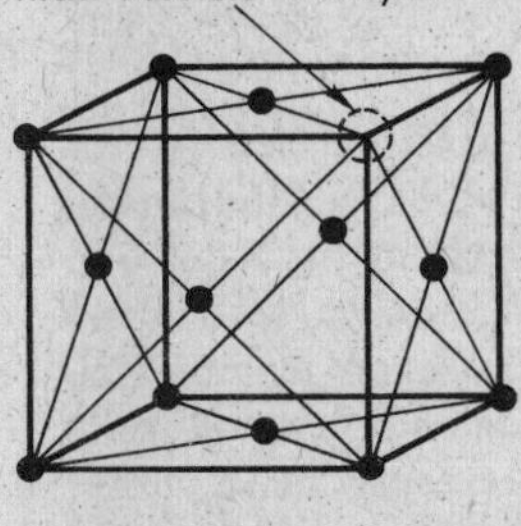

Bild 8. Schottky-Defekt (schematisch)

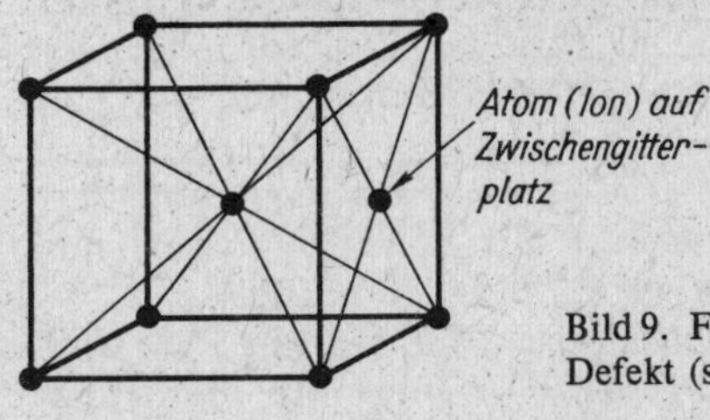

Bild 9. Frenkel-Defekt (schematisch)

Versetzungen (eindimensionale Fehlordnungen) sind zu Linien idealisierte, gestörte Kristallbereiche, die durch fehlgeordnete Gitterebenen gebildet werden.

Bild 10. Prinzipdarstellung einer Stufenversetzung im kubisch-primitiven Gitter

Bild 10 zeigt als Beispiel eine *Stufenversetzung*, deren Versetzungslinie durch die Unterkante der »eingeschobenen« Ebene repräsentiert wird. Versetzungen entstehen bei der Kristallbildung und während der spanlosen Umformung. Man unterscheidet *gleitfähige* (z. B. Stufenversetzungen) und *nicht gleitfähige Versetzungen.* Auf der Eigenschaft der einen Gruppe von Versetzungen, gleitfähig oder beweglich zu sein, beruht in erster Linie die *spanlose Formbarkeit* der metallischen Werkstoffe. Die nicht gleitfähigen Versetzungen, die vornehmlich bei Metallen mit Ebenen dichtester Kugelpackung (kfz- und hdP-Gitter) während der Formänderung gebildet werden, tragen wesentlich zur *Verfestigung* (Abnahme des Formänderungsvermögens bei Zunahme der Härte und Zugfestigkeit) bei.

Zweidimensionale Fehlordnungen sind die Übergangsbereiche zwischen den Kristallen, die *Korngrenzen*, und die fehlerhafte Aufeinanderfolge von Gitterebenen, die *Stapelfehler.*

2.1.4. Kristallbildung

Die Kristallbildung erfolgt beim Übergang einer Metallschmelze in den festen Zustand. Ausgangspunkte für die Entstehung von Kristallen sind *Kristallisationskeime*, die anfänglich aus mindestens 3 Atomen gleicher kinetischer Energie bestehen müssen. Entscheidend für die Größe der entstehenden Kristalle sind die Anzahl der in der Zeiteinheit sich bildenden Kristallisationskeime *(Keimzahl KZ)* und die Geschwindigkeit, mit der sich die noch in der Schmelze befindlichen Atome an die Keime anlagern *(Kristallisationsgeschwindigkeit KG).*
Die Keimzahl *KZ* ist von der Schmelzentemperatur und dem Gittertyp des Metalls abhängig. *KZ* ist um so größer, je einfacher der Gittertyp und je niedriger die Schmelzentemperatur sind.
Die Kristallisationsgeschwindigkeit *KG* ist temperaturabhängig und wird um so größer, je mehr die Erstarrungstemperatur unterschritten wird.

Die Verzögerung des Kristallisationsbeginns wird als *Unterkühlung* bezeichnet.

Das beim Kokillenguß entstehende feinkörnige Gefüge wird durch die im Vergleich zum Sandguß stärkere Unterkühlung der Schmelze verursacht.
Die Kristallbildung erfolgt auch im festen Zustand, z. B. bei Gitterumwandlungen, bei der Rekristallisation und bei Ausscheidungsvorgängen, die bei Systemen mit Mischungslücke stattfinden. Die Kristallbildung im festen Zustand, die ebenfalls von Keimen ausgeht, ist von großer technischer Bedeutung im Zusammenhang mit Wärmebehandlungsprozessen, z. B. Härten und Normalglühen von Stahl oder beim Rekristallisationsglühen zur Wiederherstellung des Formänderungsvermögens spanlos kalt umgeformter und dadurch verfestigter Metalle und Legierungen.

2.1.5. Spanlose Formung und Rekristallisation

Die *spanlose Formbarkeit* eines metallischen Werkstoffes ist abhängig vom Gittertyp und der Temperatur. Metalle, die Gitterebenen dichtester Kugelpackung aufweisen, also Metalle mit kfz- und hdP-Gitter, sind besser formbar als Metalle mit krz- oder anderen Gittertypen, bei denen diese Ebenen nicht vorhanden sind. Ebenen dichtester Kugelpackung sind beim hdP-Gitter die Basis- und Deckebenen, beim kfz-Gitter sind es die Ebenen, die jeweils durch drei Flächendiagonalen der Elementarzelle begrenzt werden. Wegen der besonders geringen Atomabstände in diesen Ebenen erfordert das Verschieben oder Wandern gleitfähiger Versetzungen geringere Schubspannungswerte als in allen anderen Gitterebenen. Die Ebenen dichtester Kugelpackung und ihre zugehörigen Gitterrichtungen (beim kfz-Gitter sind das die Flächendiagonalen, beim hdP-Gitter sind es die Achsen der Basis- bzw. Deckebenen) bilden die *Hauptgleitsysteme*, die anderen Ebenen und ihre entsprechenden Gitterrichtungen die *Nebengleitsysteme.*
Soll ein metallischer Werkstoff spanlos umgeformt werden, so muß von außen, d.h. durch ein entsprechendes Werkzeug, eine so große mechanische Spannung eingeleitet werden, daß die durch Kraftzerlegung in den Gitterebenen wirkende Schubspannung einen werkstoffabhängigen Mindestwert, die kritische Schubspannung τ_{krit}, erreicht und überschreitet.
Das hat zur Folge, daß gleitfähige Versetzungen in Haupt- und / oder Nebengleitsystemen durch die Kristalle wandern und damit die Form der Kristalle ändern. Die Versetzungen werden an Hindernissen, z. B. Korngrenzen, aufgehalten, wodurch sich ein Aufstau dieser Fehlordnungen ergibt, was der weiteren Formänderung entgegenwirkt.
Dieser während der spanlosen Formung eintretende Effekt heißt *Verfestigung*. Die spanlose Umformung wird dann als *Kaltumformung* bezeichnet, wenn die Umformtemperatur T_{Umf} niedriger als die Rekristallisationstemperatur T_R des betreffenden Werkstoffs ist:

Spanlose Kaltumformung: $T_{Umf} < T_R$

Spanlose Warmumformung: $T_{Umf} > T_R$

Zur Wiederherstellung des Formänderungsvermögens ist es erforderlich, die Verfestigung des Werkstoffs wieder rückgängig zu machen. Dazu ist die Zufuhr von Wärmeenergie notwendig. Es laufen nacheinander zwei wesentliche Vorgänge im Werkstoff ab:

Kristallerholung

Bei der Kristallerholung werden die während der Formänderung erzeugten Gitterleerstellen wieder mit Atomen belegt *(Ausheilen von Leerstellen)* und gruppieren sich die Versetzungen zu energetisch günstigeren Anordnungen um *(Polygonisation)*, ohne daß ihre Anzahl wesentlich geändert wird.

Die Polygonisation führt innerhalb der Kristalle zur Entstehung zweidimensionaler Fehlordnungen, die Ähnlichkeit mit den Korngrenzen haben und deshalb *Subkorngrenzen* oder *Kleinwinkelkorngrenzen* genannt werden.

Rekristallisation

Rekristallisation ist die Kristallneubildung nach vorangegangener spanloser Umformung.

Wird die Temperatur über den Bereich der Kristallerholung hinaus erhöht, so beginnt, ausgehend von den als Kristallisationskeime wirkenden Subkorngrenzen, die Kristallneubildung. Dabei wachsen die neuen Kristalle zunächst so lange, bis sie sich gegenseitig mit ihren Korngrenzen berühren *(primäre Rekristallisation)*. Beim Überschreiten der optimalen Behandlungszeit t_R oder Behandlungstemperatur vereinigen sich aus energetischen Gründen die neuentstandenen kleinen Kristalle zu wenigen großen. Dieser technisch unerwünschte Effekt wird, wenn diese Vereinigung gleichmäßig alle Volumenbereiche des Werkstücks erfaßt, als *Sammelrekristallisation*, sonst als *sekundäre Rekristallisation* bezeichnet.

Das Rekristallisationsverhalten der Metalle wird insgesamt durch folgende Einflußfaktoren bestimmt:

1. Rekristallisationstemperatur ϑ_R,
2. Rekristallisationszeit t_R,
3. Formänderungsgrad η,
4. Gefügezustand vor der Formänderung.

Die Rekristallisation erfordert jedoch, daß der Formänderungsgrad einen werkstoffabhängigen Mindestwert, den kritischen Formänderungsgrad η_{krit}, erreicht und die Temperatur den Wert

$$T_R \approx 0{,}4\, T_S \quad \textit{(Regel von Tammann-Botschwar)}$$

überschritten hat (T_S Schmelztemperatur des betreffenden Werkstoffs).

Die technische Bedeutung der Rekristallisation bzw. des als *Rekristallisationsglühen* bezeichneten Wärmebehandlungsprozesses besteht in der Möglichkeit, das Formänderungsvermögen eines durch spanlose Kaltumformung verfestigten Metalls wieder herzustellen und so eine weitere Umformung zu gestatten, und darin, daß grobkörnige und daher weniger belastbare Halbzeuge (Bleche, Draht) umwandlungsfreier Metalle durch die Kombination von spanloser Kaltumformung und Rekristallisation weiter verwendungsfähig gemacht werden können.

2.1.6. Zustandsänderungen der Metalle und Legierungen

Der Zustand eines Stoffes wird durch die Zustandsgrößen (*Druck, Volumen* und *Temperatur*) beschrieben. Werden diese Größen geändert, so ändern sich die Eigenschaften der betrachteten Stoffe. Geht man von üblichen Druckverhältnissen aus, so ändert sich z. B. durch Temperaturänderung das Volumen. Wird die Temperatur durch Wärmezufuhr oder -abfuhr entsprechend erhöht oder gesenkt, so geht der Stoff z. B. aus dem festen in den flüssigen bzw. aus dem flüssigen in den festen Zustand über (Phasenübergang flüssig $\rightleftharpoons$ fest). Bei polymorphen Metallen und Legierungen treten im festen Zustand noch *Gitterumwandlungen* (Phasenübergang fest $\rightleftharpoons$ fest) auf.

2.1.6.1. Thermische Analyse

Die thermische Analyse ist eine Methode zur Bestimmung der charakteristischen Temperaturen der Phasenübergänge *(Umwandlungstemperaturen).*

Grundlage ist die Erscheinung, daß bei Phasenübergängen die Temperatur an den Umwandlungspunkten trotz Wärmezufuhr oder -abfuhr über ein gewisses Zeitintervall konstant bleibt oder eine Änderung des Temperaturverlaufs in Abhängigkeit von der Zeit meßbar wird. Ursache dieses Effekts ist die Aufnahme oder Abgabe der Schmelzwärme bzw. bei Phasenübergängen im festen Zustand die Aufnahme oder Abgabe der Umwandlungswärme. Wegen des im festen Zustand in geringerem Maße auftretenden Effekts werden die Umwandlungen mit empfindlicheren Methoden, z. B. durch Messung der Längenänderung Δl als Funktion der Temperatur *(dilatometrische Analyse),* bestimmt. Die Ermittlung des Erstarrungs- und Schmelzpunktes wird (nach Tammann) gewöhnlich mittels Thermoelemente und Spannungsmesser (Millivoltmeter), die im einfachen Fall in °C geeicht sind, vorgenommen. Die Meßanordnung der dilatometrischen Analyse besteht im wesentlichen aus einer Meßuhr, einem Thermoelement und einem Spannungsmesser.

BEISPIEL

■ *Temperaturverlauf beim Abkühlen und Erwärmen von Blei*

Mit Hilfe eines in die Schmelze eintauchenden, durch ein Keramikröhrchen vom flüssigen Metall isolierten Thermoelements liest man an dem dazugehörigen, in °C geeichten Millivoltmeter in kurzen Zeitabständen (≈ 15 s) die Temperatur der sich allmählich abkühlenden Schmelze ab. Zunächst erhält man stetig fallende Meßwerte. Infolge der beim Erstarren freiwerdenden Schmelzwärme (latente Wärme) bleibt die Temperatur über einen gewissen, von der Menge der Schmelze und der Wärmeabgabe an die Umgebung abhängigen Zeitraum konstant. Nach Beendigung des Erstarrungsvorgangs stellt man dann wiederum stetig fallende Temperaturwerte fest. Die gefundenen Meßwerte werden in ein Diagramm übertragen und durch eine Linie miteinander verbunden. Die damit entstandene Kurve heißt *Abkühlungskurve* (Bild 11).

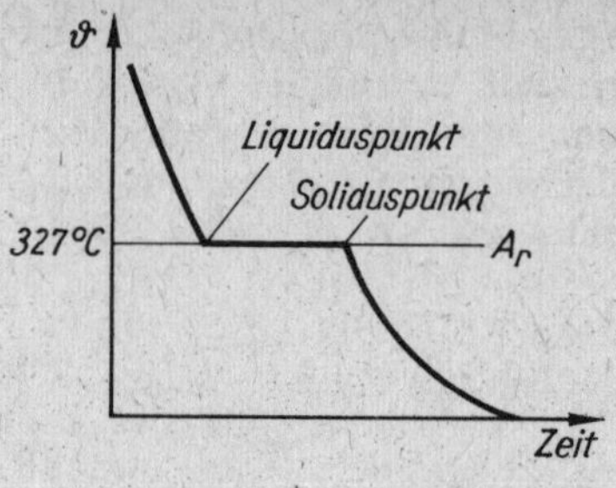

Bild 11. Abkühlungskurve des Bleis bei sehr langsamer Abkühlung

Der Beginn der Erstarrung wird in der Kurve als *Liquidus-*, das Ende der Erstarrung als *Soliduspunkt* bezeichnet.
Das horizontale Kurvenstück, das den Umwandlungsprozeß charakterisiert und für das die Temperatur konstant bleibt, nennt man *Haltepunkt.* Um eindeutig zu zeigen, daß der Haltepunkt bei der Abkühlung bestimmt wurde, wird dieser mit A_r bezeichnet. Führt man dem festen Metall erneut Wärme zu und mißt den Temperaturverlauf, so erhält man analog zur Abkühlungskurve die *Erwärmungskurve*, die einen nahezu spiegelbildlich gleichen Verlauf hat. Der Soliduspunkt kennzeichnet hier den Beginn und der Liquiduspunkt das Ende des Schmelzvorgangs. Der Haltepunkt wird nun mit A_c bezeichnet (Bild 12). Bei genügend langsamer Ab-

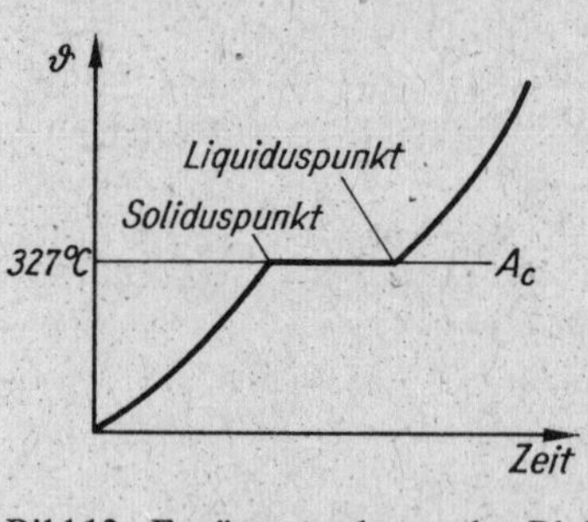

Bild 12. Erwärmungskurve des Bleis

kühlung liegt der Erstarrungspunkt bei derselben Temperatur wie der Schmelzpunkt. Unter technisch üblichen Bedingungen treten jedoch *Unterkühlungen* auf. Dadurch kann die Abkühlungskurve den im Bild 13 gezeigten Verlauf nehmen. Bei geringer Unterkühlung wird zunächst der Erstarrungspunkt unterschritten, dann aber infolge des Freiwerdens der Schmelzwärme wieder erreicht. Bei starker Unterkühlung steigt die Temperatur beim Kristallisieren wieder an, ohne daß jedoch der normale Erstarrungspunkt erreicht wird.

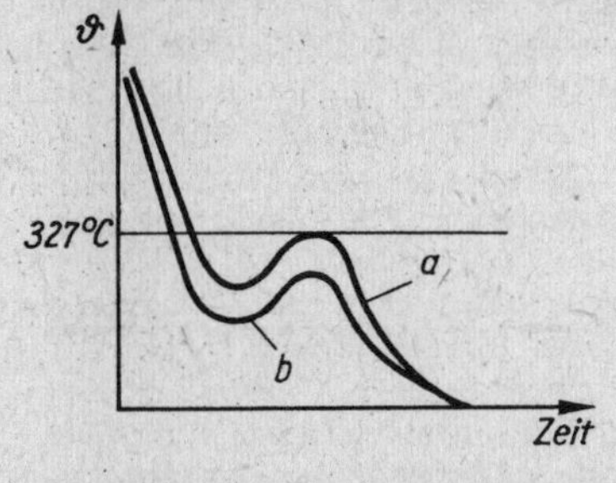

Bild 13. Abkühlungskurve des Bleis.
a) bei geringer Unterkühlung, b) bei starker Unterkühlung

Im Gegensatz zum Erstarrungspunkt wird der Schmelzpunkt, normale Druckverhältnisse vorausgesetzt, in keinem Fall überschritten, ohne daß der Aggregatzustand geändert wird.

Abkühlungs- und Erwärmungskurve des reinen Eisens

Eisen ist ein polymorphes Metall, es verändert bei bestimmten Temperaturen seinen Gitteraufbau. Da die Gitterumwandlungen mit Wärmeabgabe oder -aufnahme verbunden sind, treten in beiden Kurven Haltepunkte auf. Die Ursache der Temperaturdifferenz $\Delta\vartheta$ zwischen A_{c3} und A_{r3} (als »thermische Hysterese« bezeichnet) ist noch nicht eindeutig geklärt.

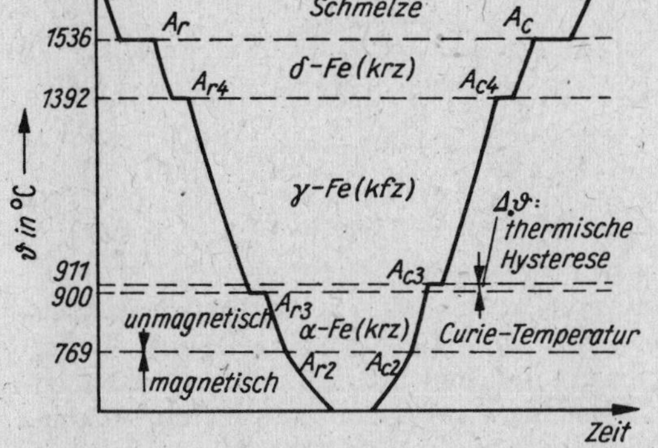

Bild 14. Abkühlungs- und Erwärmungskurve des reinen Eisens

Die in Bild 14 angeführten Umwandlungspunkte spielen für die Wärmebehandlung des Stahls eine wichtige Rolle.

2.1.6.2. Zustandsänderungen von Zweistoffsystemen

Zustandsänderungen von Zwei- und Mehrstoffsystemen werden in *Zustandsdiagrammen* dargestellt. Aus dem Zustandsdiagramm eines Systems lassen sich u. a. folgende wesentliche Informationen entnehmen:

1. Liquidus- und Soliduspunkt jeder beliebigen, dem System zugehörigen Legierung,
2. Art und Menge der in Abhängigkeit vom Löslichkeitsverhalten der Komponenten, der Konzentration und der Temperatur auftretenden Phasen,
3. Wärmebehandlungs- und Gießtemperaturen.

Die Abszisse des Zustandsdiagramms ist die *Konzentrationsachse.* Auf ihr sind alle zwischen zwei Komponenten möglichen Legierungen enthalten. Die Konzentrationen werden vielfach in Masse-%, in bestimmten Fällen auch in Atom-% angegeben. Auf den beiden Ordinaten ist die Temperatur, meist in °C, aufgetragen.
Das Zustandsdiagramm wird prinzipiell auf nachfolgend beschriebene Weise entwickelt:
Mit Hilfe der thermischen Analyse nimmt man die *Abkühlungskurven* der reinen Komponenten und einer entsprechenden Anzahl aus ihnen hergestellter Legierungen unterschiedlicher Konzentration auf. Im vorbereiteten Diagramm errichtet man für die jeweilige Legierung die *Konzentrationssenkrechte.*
Dann überträgt man die aus den Abkühlungskurven gewonnenen Temperaturwerte der Umwandlungspunkte auf die entsprechende Konzentrationssenkrechte. Durch Verbindung aller

Liquiduspunkte erhält man die *Liquiduslinie.* Die Verbindung aller Soliduspunkte ergibt die *Soliduslinie.* In Zweistoffsystemen müssen Liquidus- und Soliduslinie einen geschlossenen Linienzug bilden. Die Verbindungslinien aller gleichartigen Umwandlungspunkte ergeben die entsprechenden Umwandlungslinien. Die durch diese Linienzüge begrenzten Diagrammflächen heißen *Phasenfelder* oder *Phasengebiete.* In ihnen existieren nur bestimmte Phasen des Systems. Nach der Anzahl der in den Phasenfeldern auftretenden Phasen unterscheidet man bei Zweistoffsystemen *1-Phasen-* und *2-Phasen-Felder (-Gebiete).*

Zweistoffsystem mit völliger Löslichkeit der Komponenten im flüssigen und völliger Unlöslichkeit im festen Zustand

Die Legierungen derartiger Systeme bilden beim Erstarren Kristallgemische aus zwei Phasen, deren Mengenanteile von der jeweils betrachteten Legierung abhängen.

BEISPIEL

■ *Abkühlungskurven von Legierungen des Systems Wismut-Kadmium* (Bi – Cd) (Bild 15)

Durch Legieren wird das Abkühlungs- bzw. Erstarrungsverhalten gegenüber den reinen Komponenten wesentlich verändert. Dabei zeigt sich, daß die Erstarrung, mit Ausnahme der Legierung L_2, nicht mehr bei einer Temperatur, sondern in einem Temperaturintervall erfolgt.

Legierung L_1 (Bild 15)

Erreicht die Schmelze den Liquiduspunkt L, so beginnt die Erstarrung unter Bildung von Kristallisationskeimen des Bi. Im Kurvenverlauf erscheint der Liquiduspunkt als Knickpunkt. Wird der Punkt L in zunehmendem Maße unterschritten, so entstehen in gleichem Maße durch Anlagerung von Bi-Atomen an die Kristallisationskeime *primäre Bi-Kristalle*, während das Cd noch in der Schmelze verbleibt. Die Bildung der *Primärkristalle* hat die Änderung der Schmelzenkonzentration zur Folge, wobei sich der Anteil des Cd erhöht. Schließlich stellt sich ein charakteristisches Mengenverhältnis zwischen Bi und Cd in der verbliebenen Restschmelze ein. Beim Erreichen dieses *eutektischen Verhältnisses* kristallisieren beide Komponenten (im Gegensatz zu den primären Kristallen) unter Bildung sehr feinkörniger, lamellarer Kristalle bei gleicher Temperatur, d. h. mit einem Haltepunkt in der Abkühlungskurve, aus. Das Ende der Erstarrung wird durch den Soliduspunkt S ausgewiesen.

Betrachtet man die Abkühlungskurven zwischen denen der Legierungen L_1 und L_2, so zeigt sich, daß mit steigendem Cd-Anteil das Temperaturintervall zwischen Liquidus- und Soliduspunkt immer geringer wird, bis schließlich die Legierung L_2 nur mit einem Haltepunkt erstarrt. Geht man vom Cd aus und legiert Bi zu, so tritt mit steigendem Bi-Gehalt das prinzipiell gleiche Erstarrungsverhalten auf, nur mit dem Unterschied, daß die primären Kristalle nur aus Cd bestehen.

Legierung L_2 (60 % Bi und 40 % Cd)

Diese Legierung hat von allen Legierungen des Systems den niedrigsten Erstarrungs- und Schmelzpunkt und heißt deshalb *Eutektikum.* Das Mengenverhältnis der Komponenten des Eutektikums wird als *eutektisches Verhältnis* bezeichnet. Dieses Verhältnis ist bei den verschiedenen Systemen sehr unterschiedlich. Eutektika können nur bei Systemen auftreten, deren Komponenten im festen Zustand entweder völlig un-

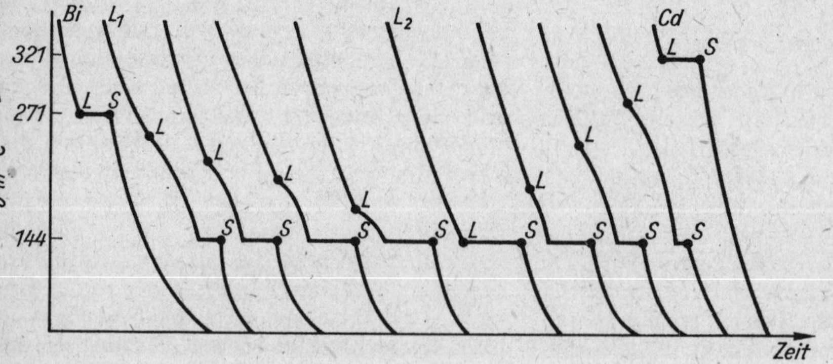

Bild 15. Abkühlungskurven des Systems Bi-Cd

löslich oder begrenzt löslich sind. Erreicht die eutektische Legierung L_2 bei der Abkühlung den Liquiduspunkt, so beginnt die Kristallisation unter gleichzeitiger Bildung von Bi- und Cd-Kristallen. In dem Zeitintervall zwischen Liquidus- und Soliduspunkt existieren gleichzeitig drei Phasen (Schmelze, Bi- und Cd-Kristalle), sie bilden ein *3-Phasen-Gleichgewicht.* Da dieser Zustand nur von relativ kurzer Dauer ist und der Schmelzenanteil am Soliduspunkt verschwindet, nennt man diesen Übergang der Schmelze in den festen Zustand *eutektische 3-Phasen-Reaktion.*

In allgemeiner Schreibweise lauten solche Phasenübergänge:
Schmelze $\rightleftharpoons$ 2 Kristallarten
Die Restschmelzen aller Legierungen eutektischer Systeme gehen mit einem Haltepunkt in den festen Zustand über. Sie erstarren nach der eutektischen 3-Phasen-Reaktion.

Zustandsdiagramm des Systems Bi-Cd
(Bild 16)

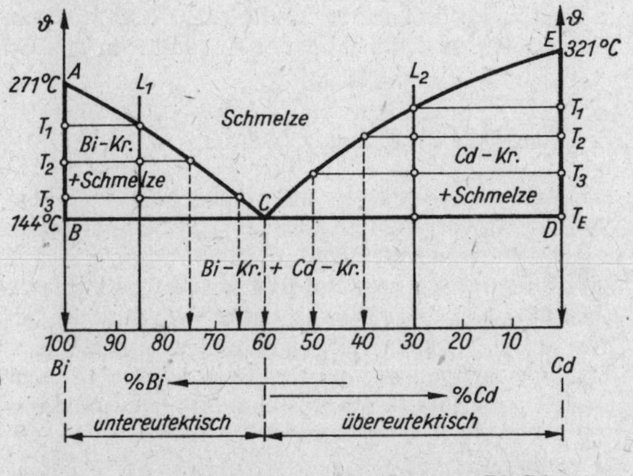

Bild 16. Zustandsdiagramm des Systems Bi-Cd.
L_1 untereutektische Legierung, L_2 übereutektische Legierung

Die Linie *ACE* ist die *Liquiduslinie.* Ihr annähernd V-förmiger Verlauf ist für alle eutektischen Zweistoffsysteme charakteristisch.
Die Linie *ABCDE* ist die *Soliduslinie.* Der horizontale Teil der Soliduslinie weist bei allen derartigen Systemen darauf hin, daß die Restschmelzen aller zugehörigen Legierungen nach der eutektischen 3-Phasen-Reaktion in den festen Zustand übergehen. Das gilt auch für Zweistoffsysteme, deren Komponenten im festen Zustand begrenzt löslich sind. Allgemeingültigen Charakter haben für alle Zweistoffsysteme mit begrenzter oder völliger Unlöslichkeit der Komponenten im festen Zustand die Bezeichnungen:

Untereutektische Legierung: im Zustandsdiagramm links vom Eutektikum befindliche Legierung.
Übereutektische Legierung: im Zustandsdiagramm rechts vom Eutektikum befindliche Legierung.

BEISPIELE

■ *Abkühlungsverlauf der untereutektischen Legierung* L_1 (Bild 16)
Die Konzentrationssenkrechte bei 85 % Bi und 15 % Cd schneidet die Liquiduslinie im Liquiduspunkt und die Soliduslinie im Soliduspunkt.
T_1:
Beginn der Kristallisation in der Schmelze. Die Zusammensetzung ergibt sich durch das Lot auf die Konzentrationsachse. Die Kristalle bestehen zu 100 % aus Bi-Atomen.
T_2:
Immer mehr Bi-Bestandteile gehen in den festen Zustand über. Zusammensetzung der Schmelze ändert sich zugunsten der Komponente Cd. Zusammensetzung der Kristalle aus Lot vom Schnittpunkt mit der Soliduslinie auf die Konzentrationsachse: 100 % reine Bi-Kristalle. Zusammensetzung der Schmelze aus Lot vom Schnittpunkt mit der Liquiduslinie auf die Konzentrationsachse: 75 % Bi und 25 % Cd.
T_3:
Nur noch Bildung von Bi-Kristallen, Vergrößerung des Cd-Anteils in der Schmelze. Das Lot vom Schnittpunkt der durch die Konzentrationsachse bei T_3 gezogenen Parallelen mit der Soliduslinie ergibt wiederum reine Bi-Kristalle. Das vom Schnittpunkt mit der Liquiduslinie gefällte Lot zeigt eine Schmelzenkonzentration an, die nahe dem eutektischen Verhältnis liegt: 65 % Bi und 35 % Cd.
T_E:
Diese Temperatur ist mit dem Soliduspunkt identisch. Die noch vorhandene geringe Menge der Restschmelze geht nach der eutektischen 3-Phasen-Reaktion unter gleichzeitiger Bildung von Bi- und Cd-Kristallen in den festen Zustand über. Beide Pha-

sen kristallisieren als Eutektikum zwischen den primären Bi-Kristallen sehr feinkörnig aus.
Nach Unterschreiten der eutektischen Temperatur T_E kühlt die Legierung ohne Veränderungen in der Zusammensetzung ab.

■ *Abkühlungsverlauf der übereutektischen Legierung L_2* (Bild 16)

T_1 (Liquiduspunkt):
Beginn der Erstarrung unter Bildung reiner Cd-Kristalle.
T_2:
Weitere Bildung von Cd-Kristallen. Verschiebung der Schmelzenkonzentration nach höheren Bi-Anteilen. Ermittlung der Zusammensetzung wie oben. Restschmelze aus 40 % Bi und 60 % Cd.
T_3:
Zusammensetzung der Restschmelze durch Erstarrungsprozeß 50 % Bi und 50 % Cd. Änderung der Zusammensetzung in Richtung des eutektischen Verhältnisses.
T_E (eutektische Temperatur, 144 °C):
Erstarrung der Restschmelze nach der eutektischen 3-Phasen-Reaktion. Unterhalb T_E besteht das Gefüge dieser Legierung aus primären Cd-Kristallen und dem Eutektikum aus Bi- und Cd-Kristallen. 2 Phasen: Bi- und Cd-Kristalle.

Zweistoffsystem mit völliger Löslichkeit der Komponenten im flüssigen und festen Zustand

Das Zustandsdiagramm des Systems Ni – Cu unterscheidet sich wesentlich von dem des Systems Bi – Cd. Aus dem gleichmäßig gekrümmten Verlauf der Liquidus- und Soliduslinie ist zu entnehmen, daß bei diesem System *kein Eutektikum* auftritt. Mit Ausnahme der reinen Komponenten erstarren alle Legierungen in einem mehr oder weniger großen Temperaturintervall. Die Abkühlungskurven zeigen für die Liquidus- und die Soliduspunkte nur Knickpunkte an, d. h., die Schmelzen der jeweiligen Legierungen gehen kontinuierlich unter Bildung von Austausch-Mischkristallen in den festen Zustand über. Aus dem Diagramm und den Abkühlungskurven ist ferner zu entnehmen, daß unter normalen Druckverhältnissen maximal 2 Phasen, und zwar in dem Phasengebiet zwischen Liquidus- und Soliduslinie, auftreten (Bilder 17 und 18).

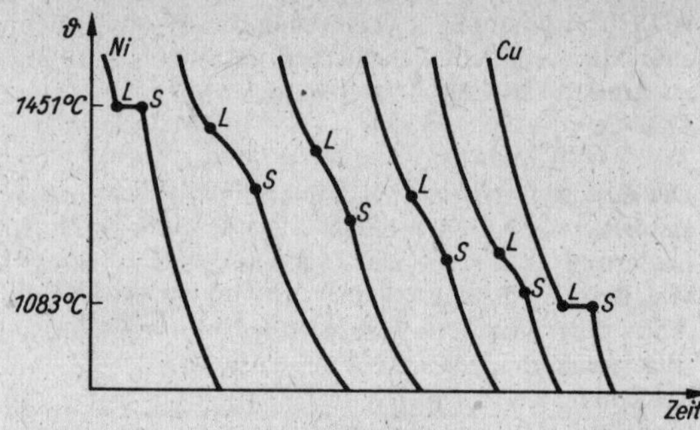

Bild 17. Abkühlungskurven des Systems Ni-Cu

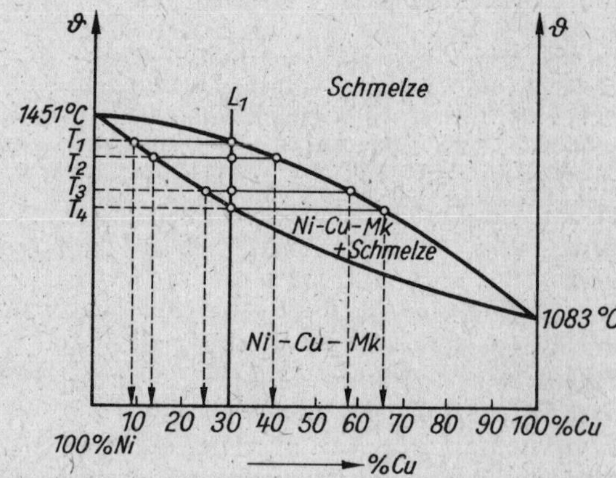

Bild 18. Zustandsdiagramm des Systems Ni-Cu (vereinfacht)

BEISPIEL

■ *Sehr langsamer Abkühlungsverlauf der Legierung L_1* (70 % Ni und 30 % Cu)
T_1 (Liquiduspunkt):
Durch das Lot vom Schnittpunkt der Parallelen zur Konzentrationsachse mit der Soliduslinie auf die Konzentrationsachse ergibt sich die Zusammensetzung der Kristalle: ≈ 92 % Ni und ≈ 8 % Cu. Es bilden sich Ni-reiche Austausch-Mischkristalle.
T_2:
Konzentrationsverschiebung der Restschmelze nach 60 % Ni und 40 % Cu. Veränderung in der Zusammensetzung der Kristalle (≈ 86 % Ni und ≈ 14 % Cu).
T_3:
Zusammensetzung der Mk verändert sich unter gleichzeitiger Zunahme ihres Mengenanteils auf

$\approx 75\%$ Ni und $\approx 25\%$ Cu. Wegen der Bildung Ni-reicher Mk verschiebt sich die Schmelzenkonzentration zu relativ hohen Cu-Gehalten (43 % Ni und 57 % Cu).

T_4:
Die äußerst geringe, aber kupferreiche Restschmelze erstarrt, während die Ni-Cu-Mischkristalle ihre der Legierung entsprechende Zusammensetzung aufweisen. Bei genügend langsamer Abkühlung findet während des Kristallisationsvorgangs durch *Diffusion* (Platzwechsel von Atomen) ein Ausgleich der Ni- und Cu-Konzentration innerhalb der Mk statt. Dabei diffundieren die Cu-Atome der Cu-reichen Randzone in die Ni-reichen Kernzonen der Mk, während die Ni-Atome den umgekehrten Weg zurücklegen.

Unter technisch üblichen Abkühlungsbedingungen und vor allem beim Kokillenguß ist dieser Konzentrationsausgleich nicht gewährleistet. Die Konzentrationsunterschiede innerhalb der Kristalle, die *Kristallseigerungen*, bleiben bestehen. Sie beeinträchtigen die Gebrauchseigenschaften der davon betroffenen Legierungen.

Bei Legierungen dieses Systems, z. B. der Widerstandslegierung CuNi 44 *(Konstantan, Rheotan)* stellt sich dadurch der spezifische elektrische Widerstand ϱ mit zu niedrigen Werten ein. Zur Beseitigung der Kristallseigerungen und damit zur Herstellung der Gebrauchseigenschaften (bei CuNi 44 des Sollwertes des spezifischen elektrischen Widerstandes ϱ) wird dicht unterhalb des Soliduspunktes ein längerer Glühprozeß, das *Diffusionsglühen*, durchgeführt, wobei der Konzentrationsausgleich der Komponenten innerhalb der Kristalle durch Diffusion erreicht bzw. angestrebt wird. Im Schliffbild erkennt man die Kristallseigerungen an den *Zonenmischkristallen (Zonenkristallen)* (Bild 19).

Bild 19. Zonenmischkristalle des Systems Ni-Cu (schematisch)

Zweistoffsystem mit völliger Löslichkeit der Komponenten im flüssigen und begrenzter Löslichkeit im festen Zustand

System Blei-Zinn (Pb-Sn)

Die Legierungen dieses Systems bilden Mischkristalle mit Mischungslücke. Die Pb-reichen α-Mk lösen bei 183 °C maximal 19,5 % Sn, die Sn-reichen β-Mk lösen bei der gleichen Temperatur 2,6 % Pb. Das minimale Lösungsvermögen beider Mk-Phasen für die jeweils zweite Komponente ist viel kleiner als 1 %.

Bedeutung der Linienzüge (Bild 20)

Linie AEB:	Liquiduslinie,
Linie ACEDB:	Soliduslinie,
Linie CED:	Eutektikale
Linie CF:	Sättigungslinie der α-Mk für Sn
Linie DG:	Sättigungslinie der β-Mk für Pb

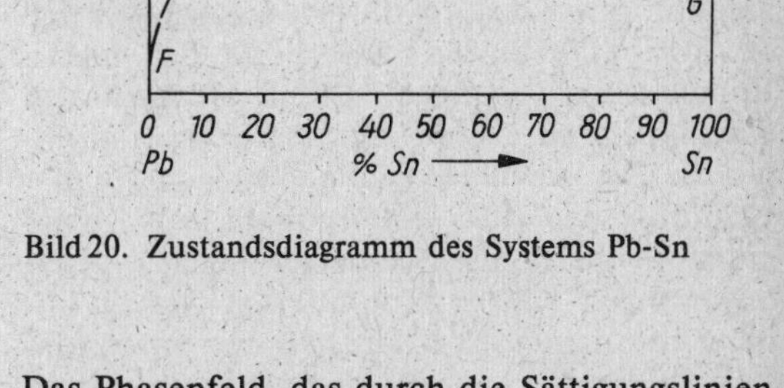

Bild 20. Zustandsdiagramm des Systems Pb-Sn

Das Phasenfeld, das durch die Sättigungslinien *CF*, *DG* und die Eutektikale *CED* begrenzt wird, ist die *Mischungslücke*.

Die Legierungen mit < 19,5 % Sn und < 2,6 % Pb sind voreutektische Legierungen, d. h., die Schmelzen dieser Legierungen bilden bei der Erstarrung nur α-Mk bzw. β-Mk.

Läßt man eine voreutektische Legierung auf Temperaturen unterhalb der betreffenden Sättigungslinie abkühlen, so scheiden sich, genügend langsame Abkühlungsgeschwindigkeit vorausgesetzt, aus den primären Mischkristallen Atome der zweiten Komponente an den Korngrenzen unter Bildung von Mischkristallen aus. Bei schneller Abkühlung wird dieser Vorgang weitgehend unterdrückt, so daß z. B. bei Raumtemperatur mit Atomen der zweiten Komponente übersättigte Mischkristalle vorliegen. Der Ausscheidungsprozeß, der auf Diffusionsvorgängen beruht, kann sich über größere Zeiträume erstrecken oder sich bei bestimmten Systemen überhaupt nicht in dieser Weise vollziehen.

Läuft die Ausscheidung der zweiten Phase über größere Zeiträume technisch unerwünscht, d. h. unter Festigkeits- bzw. Härtezunahme und Zähigkeitsverlust (Versprödung), ab, so nennt man diesen Vorgang *Alterung*. Obwohl diese Ausscheidungsprozesse auch bei der eutektischen Legierung und den unter- bzw. übereutektischen Legierungen stattfinden, sind ihre Wirkungen unerheblich und metallografisch kaum nachweisbar.

2.2. Eisenwerkstoffe

2.2.1. Eigenschaften und Verwendung

Eisen (Fe) ist ein polymorphes (allotropes) Metall (Tabelle 1).
Beim Einsatz hochlegierter (austenitischer) Stähle, die im kfz-Gitter kristallisieren, sind die erheblich geringere Wärmeleitfähigkeit und der etwa doppelt so große Längenausdehnungskoeffizient zu berücksichtigen.

$$\lambda_{\gamma-Fe} = (0{,}14\ldots0{,}33)\,\lambda_{\alpha-Fe}$$

Im Temperaturbereich bis 769 °C ist Fe ferromagnetisch, oberhalb dieser Temperatur *(Curie-Temperatur)* paramagnetisch.

*Mechanische Eigenschaften**)

Streckgrenze:	$R_{p0,2}$	= 100…140 MPa
Zugfestigkeit:	R_m	= 180…280 MPa
Bruchdehnung:	A	≦ 40 %
Brucheinschnürung:	Z	≦ 80 %
Brinell-Härte:	60 HB	
Kerbschlagzähigkeit:	KC	≧ 250 J / cm²

Chemische Eigenschaften

Eisen wird von verdünnten anorganischen Säuren mehr oder weniger stark angegriffen. Verdünnte Phosphorsäure oder phosphorhaltige Salzlösungen bilden auf der Eisenoberfläche festhaftende, poröse Phosphatschichten. Diese Schichten können als Haftgrund für Anstriche dienen oder führen durch Tränken mit Schmiermitteln zur Verbesserung der spanlosen Formung, wobei die Reibung zwischen Werkzeug und Werkstoff vermindert und die Standzeit des Werkzeugs erhöht wird. Hochkonzentrierte (> 90 %) H_2SO_4 greift Eisen nicht an. Kalte konzentrierte HNO_3 bildet sehr dünne Oxidschichten, wodurch Fe passiviert wird. In kochenden Laugen entsprechender Zusammensetzung (NaOH, $NaNO_2$, $NaNO_3$) bilden sich gegenüber feuchter Luft gut beständige Schichten *(Brünieren)*. Ungeschützt rostet Fe an feuchter Luft unter Bildung von Fe(III)-oxid-hydrat FeO(OH). Der bei den hohen Temperaturen unter Luftzutritt entstehende Zunder besteht aus drei Schichten (FeO, Fe_3O_4 und Fe_2O_3).

Verwendung

Dichtungswerkstoff, Tiefziehteile, Kaltfließpreßteile, Wannen und Tiegel für Salzbäder (Salzschmelzen). In der Elektrotechnik / Elektronik wird Eisen (Weicheisen) für Relais[1]) Masseeisenkerne u. ä. eingesetzt.

---

*) In der technischen Mechanik sind im Gegensatz zur Werkstoffkunde und -prüfung auch folgende Formelzeichen gebräuchlich: σ_S für Streckgrenze, σ_B für Zugfestigkeit, δ für Bruchdehnung, ψ für Brucheinschnürung, a_k für Kerbschlagzähigkeit.
Diese Bemerkung betrifft auch die Angabe mechanischer Eigenschaften bei den Nichteisenmetallen (Abschn. 2.3.).

2.2.2. Eisen-Kohlenstoff-Diagramm

Das System Eisen-Kohlenstoff wird in zwei Zustandsdiagrammen dargestellt, weil die Komponente Kohlenstoff einmal elementar als Graphit und zum anderen an Eisen gebunden als intermediäre Phase Fe_3C im System auftreten kann. Da Fe_3C unter bestimmten Bedingungen bei Wärmeeinwirkung (z. B. Tempern) in elementaren Kohlenstoff und Eisen zerfällt, bezeichnet man das sehr wichtige System Fe – Fe_3C als *metastabil* (zwischenbeständig). Das System Fe-Graphit wird dagegen als *stabil* bezeichnet, da Graphit auch bei langzeitiger Wärmeeinwirkung beständig ist. Von beiden Systemen hat das metastabile System die technisch wesentlich größere Bedeutung.

2.2.2.1. Metastabiles System Fe – Fe_3C

Bedeutung der Linienzüge (Bild 21)

Linie ABCD: Liquiduslinie
Linie AHIECFD: Soliduslinie

Umwandlungslinien

Linien der δ-γ-Umwandlung

Linie HIB: Peritektale (peritektische 3-Phasen-Reaktion)

Linie HN: Beginn der Umwandlung vorperitektischer δ-Mk

Linie NI: Ende der Umwandlung vorperitektischer δ-Mk

Linien der γ-α-Umwandlung

Linie PSK: Eutektoide (eutektoide 3-Phasen-Reaktion)

Linie GOS: Beginn der Umwandlung untereutektoider γ-Mk

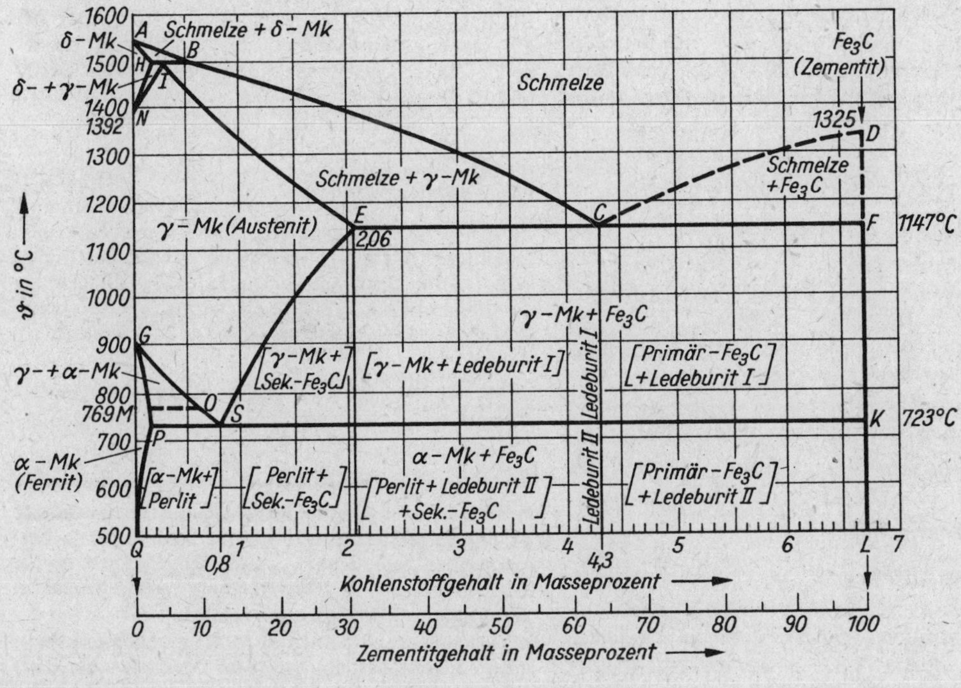

Bild 21. Zustandsdiagramm des metastabilen Systems Fe – Fe_3C

Linie GMP: Ende der Umwandlung untereutektoider γ-Mk

Linie MOSK: Linie der magnetischen Umwandlung

Sättigungslinien

Linie ES: Sättigungslinie der γ-Mk für Kohlenstoff

Linie PQ: Sättigungslinie der α-Mk für Kohlenstoff

Lösungsvermögen der Fe-Mk für Kohlenstoff

δ-Mk lösen maximal 0,1 % C
am Punkt *H* ≙ 1 493 °C
γ-Mk lösen maximal 2,06 % C
am Punkt *E* ≙ 1 147 °C
γ-Mk lösen maximal 0,8 % C
am Punkt *S* ≙ 723 °C
α-Mk lösen maximal 0,02 % C
am Punkt *P* ≙ 723 °C
α-Mk lösen maximal 0,006 % C
am Punkt *Q* ≙ 20 °C

Einfluß des Kohlenstoffs auf die Existenzbereiche der allotropen Modifikationen des Eisens

Kohlenstoff erweitert den Existenzbereich der γ-Modifikation von 1 392 °C (Punkt *N*) bis 1 493 °C (Punkt *I*) und von 911 °C (Punkt *G*) bis 723 °C (Punkt *S*) unter Einschnürung der Existenzbereiche der α- und δ-Modifikation.

Teildiagramme des Systems Fe – Fe_3C

Das Eisen-Kohlenstoff-Diagramm wird in 3 Teildiagramme unterteilt. Diese Teildiagramme bezeichnet man nach den in ihnen als 3-Phasen-Reaktionen beim Erstarren oder im festen Zustand ablaufenden Umwandlungsvorgängen.

1. Peritektisches Teildiagramm

Am charakteristischen Punkt *I* (0,16 % C) vollzieht sich die *peritektische 3-Phasen-Reaktion*:

Schmelze + δ-Mk ⇄ γ-Mk

Untergeordnete technische Bedeutung.

2. Eutektisches Teildiagramm

Am charakteristischen Punkt *C* (4,3 % C; 1147 °C) erfolgt die *eutektische 3-Phasen-Reaktion*:

Schmelze ⇄ γ-Mk + Fe_3C

3. Eutektoides Teildiagramm

Am charakteristischen Punkt *S* (0,8 % C; 723 °C) erfolgt im festen Zustand die Gefügeumwandlung der γ-Mk nach der *eutektoiden 3-Phasen-Reaktion*:

γ-Mk ⇄ α-Mk + Fe_3C

Gefügebezeichnungen

Ferrit:	α-Mk	
Austenit:	γ-Mk	
Zementit:	Fe_3C, Eisenkarbid	
Perlit:	α-Mk + Fe_3C = Eutektoid	
Ledeburit I:	γ-Mk + Fe_3C	= Eutektikum
Ledeburit II:	Perlit + Fe_3C	= Eutektikum

Primärzementit: bei übereutektischen Legierungen zuerst aus der Schmelze gebildete Fe_3C-Kristallite

Sekundärzementit: infolge des mit der Temperatur fallenden Lösungsvermögens der γ-Mk für Kohlenstoff entlang der Linie *ES* an den Korngrenzen der γ-Mk ausgeschiedenes Fe_3C

Tertiärzementit: infolge des mit der Temperatur fallenden Lösungsvermögens der α-Mk für Kohlenstoff entlang der Linie *PQ* an den Korngrenzen oder im Korninneren der α-Mk ausgeschiedenes Fe_3C.

Unabhängig von der Bildungstemperatur besteht Fe_3C in jedem Fall aus 6,67 % C und 93,33 % Fe.

BEISPIEL

■ *Erläuterung von Abkühlungsverläufen* (Bild 22)

Legierung L_1 (5,5 % C)
Beim Erreichen des Liquiduspunktes (≈ 1 270 °C) beginnt die Erstarrung unter Bildung von Fe_3C-Kristalliten (Primärzementit). Bei weiterer Abkühlung wird in

zunehmender Menge Primärzementit aus der Schmelze ausgeschieden. Dadurch verarmt die Restschmelze an Kohlenstoff und hat z.B. bei 1 220 °C nur noch 5 % C. Kühlt die Legierung bis 1 147 °C (eutektische Temperatur) ab, so hat sich durch das Ausscheiden der kohlenstoffreichen intermediären Phase Fe_3C der Kohlenstoffgehalt der Restschmelze auf 4,3 % verringert, und das eutektische Verhältnis ist erreicht. Die Restschmelze erstarrt nun nach der eutektischen 3-Phasen-Reaktion zu γ-Mk mit 2,06 % C und Fe_3C. Beide Kristallarten bilden das Eutektikum Ledeburit I. Kühlt die nun im festen Zustand befindliche Legierung weiter ab, so verringert sich die Kohlenstoffkonzentration der γ-Mk entsprechend der Linie *ES*. Bei 1 040 °C haben die γ-Mk nur noch 1,7 % C gelöst. Der zwischen 1 147 °C und 1 040 °C ausgeschiedene Kohlenstoff bildet an den Korngrenzen der γ-Mk zusammen mit Fe-Atomen Sekundärzementit. Infolge des lamellaren Aufbaus des Eutektikums kristallisiert der Sekundärzementit an den eutektischen Zementit an, so daß ein einwandfreier metallografischer Nachweis nicht möglich ist.

Mit weiter fortschreitender Abkühlung verringert sich das Lösungsvermögen der γ-Mk für Kohlenstoff bis auf 0,8 % C bei 723 °C. Damit ist gleichzeitig, langsame Abkühlung vorausgesetzt, die niedrigste Temperatur erreicht, bis zu der die γ-Mk beständig sein können. Jetzt erfolgt die γ − α-Umwandlung. Wegen des wesentlich geringeren Lösungsvermögens der α-Mk für C werden bei dieser Umwandlung α-Mk und Fe_3C gebildet.

Das Gefüge dieser Legierung besteht nach vollendeter eutektoider γ − α-Umwandlung demnach aus Perlit (α-Mk + Fe_3C), eutektischem Fe_3C und Primärzementit (Fe_3C). Da sich das primäre eutektische und eutektoide Fe_3C im wesentlichen nur durch unterschiedliche Größenverhältnisse und Entstehungstemperaturen, nicht aber im Gitteraufbau unterscheiden, kann man auch sagen, das Gefüge besteht unterhalb 723 °C nur aus α-Mk und Fe_3C.

Die weitere Abkühlung bis auf Raumtemperatur ist noch mit der Konzentrationsänderung der α-Mk verbunden (entsprechend der Sättigungslinie *PQ*). Sie ist aber in diesem Fall ohne Einfluß auf die Eigenschaften der Legierung.

Legierung L_2 (2,5 % C)

Beim Erreichen des Liquiduspunkts ≈ 1 350 °C beginnt die Erstarrung unter Bildung von γ-Mk mit ≈ 1,0 % C. Die zuerst aus der Schmelze gebildeten γ-Mk heißen primäre γ-Mk.

Mit fallender Temperatur nimmt die Menge der pri-

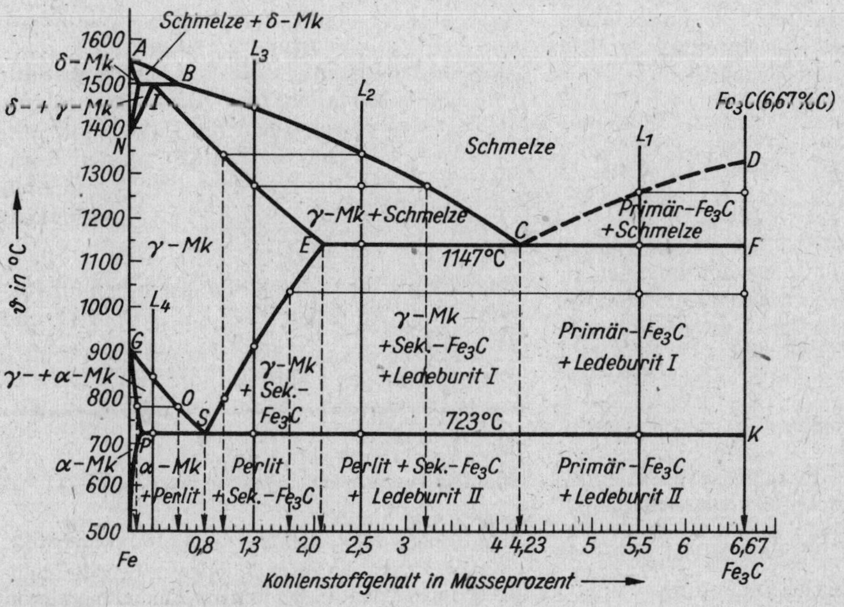

Bild 22. Abkühlungsvorgänge im metastabilen System Fe-Fe_3C

mären γ-Mk unter gleichzeitiger Erhöhung ihres Kohlenstoffanteils zu. Infolge der Bildung Fe-reicher Kristallite reichert sich die Restschmelze mit Kohlenstoff an.
Bei 1 147 °C haben die Restschmelze 4,3 % C (entsprechend Punkt *C*) und die γ-Mk 2,06 % C (entsprechend Punkt *E*). Die Restschmelze erstarrt nun nach der eutektischen 3-Phasen-Reaktion unter Bildung von γ-Mk und Fe_3C. Dicht unterhalb 1 147 °C besteht die Legierung aus primären γ-Mk und dem Eutektikum Ledeburit I: γ-Mk + Fe_3C.
Zwischen 1 147 °C und 723 °C verringert sich das Lösungsvermögen der γ-Mk für Kohlenstoff entlang der Linie *ES*. Der freiwerdende atomare Kohlenstoff bildet an den Korngrenzen der γ-Mk Sekundärzementit. Der Nachweis des Sekundärzementits ist im Gegensatz zum vorhergehenden Beispiel an den Korngrenzen der primären γ-Mk möglich. Der Sekundärzementit erscheint im Schliffbild in Form heller Streifen bzw. Bänder an den Korngrenzen der primären γ-Mk. Bei 723 °C erfolgt, nachdem das Lösungsvermögen der γ-Mk für Kohlenstoff bis auf 0,8 %, also auf das eutektoide Verhältnis zurückgegangen ist, die γ – α-Umwandlung als eutektoide 3-Phasen-Reaktion:

$$\gamma\text{-Mk} \rightleftarrows \alpha\text{-Mk} + Fe_3C \text{ (Perlit)}$$

An dieser Umwandlung sind sämtliche γ-Mk, also die primären und die eutektischen, beteiligt. Das Gefüge besteht bei < 723 °C demnach aus α-Mk und Fe_3C.

Legierung L_3
(1,3 % C, übereutektoide Legierung)

Diese Legierung entspricht etwa dem Werkzeugstahl C 130. Verfolgt man den Abkühlungsvorgang, so stellt man fest, daß die Erstarrung bei etwa 1 270 °C beendet ist, d. h., die Schmelze geht unter Bildung von γ-Mk kontinuierlich in den festen Zustand über, ohne daß die Restschmelze die eutektische Zusammensetzung erreicht hat. Das Gefüge besteht unterhalb des Soliduspunkts **nur** aus γ-Mk! In dem Temperaturintervall zwischen Soliduspunkt und dem Schnittpunkt der Konzentrationssenkrechten mit der Sättigungslinie *ES* tritt keine Änderung der Kohlenstofflöslichkeit der γ-Mk ein. Bei weiterer Abkühlung im Temperaturintervall zwischen *ES* und *PSK* erfolgt die sekundäre Abscheidung von Kohlenstoff als Sekundärzementit an den Korngrenzen der γ-Mk. Sobald die niedrigste Temperatur der Beständigkeit der γ-Mk und gleichzeitig die eutektoide Zusammensetzung der γ-Mk erreicht sind, erfolgt die γ – α-Umwandlung als eutektoide 3-Phasen-Reaktion. Das Gefüge der Legierung besteht daher unterhalb 723 °C aus Sekundärzementit und dem Eutektoid α-Mk + Fe_3C (Perlit). Der Sekundärzementit umgibt das eutektoide Gefüge netzartig.

Legierung L_4
(0,2 % C, untereutektoide Legierung)

Liquidus- und Soliduspunkt liegen hier im Bereich des peritektischen Teildiagramms. Der Abkühlungsverlauf soll deshalb nur vom γ-Gebiet, also vom festen Zustand, aus erklärt werden. Kühlt man den Stahl langsam von einer Temperatur > A_{r3} ab, so erreicht er bei etwa 840 °C den Punkt A_{r3} auf der Linie *GOS*, die den Beginn der γ – α-Umwandlung bei untereutektoiden Legierungen darstellt. Da die vorliegenden γ-Mk einen wesentlich niedrigeren Kohlenstoffgehalt aufweisen, als sie eigentlich bei der gleichen Temperatur haben könnten (man vergleiche das in der Linie *ES*), ergibt sich, daß mehr oder weniger große Bereiche der γ-Mk nahezu kohlenstofffrei sind. Nach Unterschreiten der Temperatur A_{r3} wandeln sich nun diese kohlenstoffarmen Gitterbereiche kontinuierlich in α-Mk mit sehr geringen Kohlenstoffanteilen (Lote von *GP* auf Konzentrationsachse!) um. Die verbleibenden γ-Mk nehmen dadurch an Volumen und Menge ab, reichern sich jedoch mit Kohlenstoff an (entsprechende Lote von *GOS* auf Konzentrationsachse fällen!). Bei 723 °C haben die restlichen γ-Mk einen Kohlenstoffgehalt von 0,8 % (eutektoide Zusammensetzung), die inzwischen entstandenen α-Mk aber nur 0,02 % C. Ist der Punkt A_{r1} (723 °C) erreicht, so erfolgt die γ – α-Umwandlung der verbliebenen γ-Mk nach der eutektoiden 3-Phasen-Reaktion. Nach beendeter Umwandlung besteht das Gefüge dieses Stahls aus voreutektoiden α-Mk und dem Eutektoid (Perlit). Wegen des geringen Perlitanteils und der großen Menge an voreutektoiden α-Mk muß nun die fallende Löslichkeit der α-Mk für Kohlenstoff beachtet werden.

Entsprechend der Linie *PQ* verringert sich das Lösungsvermögen der α-Mk für Kohlenstoff von 0,02 auf < 0,006 %. Der überschüssige Kohlenstoff scheidet sich an den Korngrenzen und Kornzwickeln der α-Mk als Tertiärzementit ab. Da unter normalen Abkühlungsbedingungen die tertiäre Fe_3C-Abscheidung infolge der starken Herabsetzung der Diffusionsgeschwindigkeit des Kohlenstoffs mit fallender Temperatur nicht sofort stattfindet, sondern erst im Laufe von Wochen und Monaten, ist der Tertiärzementit eine der Ursachen der Stahlalterung, besonders bei einigen windgefrischten Stählen. Unter *Alterung* versteht man hier eine nicht beabsichtigte Änderung der mechanischen Eigenschaften, d. h., der Stahl verliert an Dehnbarkeit und Zähigkeit, während die Zugfestigkeit zunimmt. Es tritt also eine Versprödung auf, die sich besonders ungünstig auf das Verhalten des Stahls bei schlagartiger Beanspruchung auswirkt. Die Alterung kann jedoch durch besondere Wärmebehandlung und metallurgische Maßnahmen verringert werden.

2.2.2.2. Stabiles System Fe – C

Die Linienzüge des stabilen Systems stimmen nahezu mit denen des metastabilen Systems überein. Davon abweichende Linien werden mit einem Beistrich gekennzeichnet, z. B. *E′ C′ F′* (Eutektikale bei 1152 °C) und *P′ S′ K′* (Eutektoide bei 738 °C). Die Kohlenstoffkonzentration wird am eutektischen Punkt *C′* mit 4,25 %, am eutektoiden Punkt *S′* mit 0,69 % und bei *E′* mit 2,03 % angegeben. Die Erstarrung von Eisen-Kohlenstoff-Legierungen nach dem stabilen System ist von der Erfüllung einiger Voraussetzungen abhängig. So sind beispielsweise eine bestimmte Menge Silizium und die Einhaltung relativ geringer Abkühlungsgeschwindigkeiten erforderlich, um überhaupt Graphit, also elementaren Kohlenstoff, entstehen zu lassen. Dieses System ist daher, von der stofflichen Seite betrachtet, nicht mehr als reines Zweistoffsystem aufzufassen, da die stabile Erstarrung unter anderem an das Vorhandensein von Silizium gebunden ist.

Unter technisch üblichen Bedingungen erreicht man nur eine zum Teil stabile Erstarrung. Meist überwiegt die metastabile Erstarrung. Das Auftreten der stabilen Phase Graphit wird vor allem auf die Wirkung des Siliziums zurückgeführt, das das metastabile Fe_3C nach folgender Reaktionsgleichung zerlegt:

$$Fe_3C + 3\ Si \rightarrow 3\ FeSi + C$$

Das Fe_3C kann sowohl eutektisch, eutektoid als auch sekundär gebildet worden sein. Eine nahezu vollständige Zerlegung des Fe_3C findet man z. B. bei Graugußsorten mit niedrigen Festigkeitswerten. Bei Graugußsorten mit höheren Festigkeitswerten tritt Kohlenstoff sowohl elementar als Graphit als auch gebunden als Fe_3C auf. Das reine stabile System hat eine nur begrenzte technische Bedeutung.

2.2.3. Knet- und Gußlegierungen

Knetlegierungen sind Legierungen, die nach dem Vergießen in Block-, Brammen- oder Barrenform spanlos weiter verformt werden sollen.

Gußlegierungen werden meist in Formen vergossen und danach im allgemeinen nur spanend fertig bearbeitet.

Die Einschränkungen beziehen sich auf solche Legierungen wie z. B. Roheisen, die erneut aufgeschmolzen und zu Stahl, Grauguß, Hart- und Temperguß verarbeitet werden. Kugelgraphitguß kann auch spanlos durch Walzen weiter verformt werden.

Für Eisen-Gußlegierungen ist noch folgende Einschränkung zu beachten: Als *Gußlegierungen* bezeichnet man diejenigen, die entweder teilweise nach dem metastabilen und stabilen oder nach dem rein metastabilen System erstarren, sofern als Gefügebestandteil das Eutektikum Fe – C oder Fe – Fe_3C auftritt. *Stahlguß gehört daher nicht zu den Gußlegierungen bzw. nicht zum Gußeisen.*

Nach dem Aussehen der Bruchflächen unterteilt man das Gußeisen in *weißes* und *graues Gußeisen.* Die weiße Bruchfläche ist auf metastabile Erstarrung und das damit verbundene Auftreten des Kohlenstoffs als Fe_3C zurückzuführen. Die graue Bruchfläche hat ihre Ursache in teilweise stabiler und metastabiler Erstarrung, wobei Kohlenstoff entweder nur elementar als Graphit oder als Graphit und Fe_3C vorkommt. Je nach den Abkühlungsbedingungen können mehr oder weniger graue Bruchflächen oder Übergangsformen auftreten.

2.2.3.1. Stahl

Als *Stahl* bezeichnet man jede Eisenlegierung außer Roheisen, Temperguß, Hartguß, Grauguß und Sonderguß.

Stahl wird nach verschiedenen Verfahren je nach Verwendung und gefordertem Reinheitsgrad durch Frischen von weißem Roheisen oder Umschmelzen gewonnen. In Anwendung sind Windfrisch-, Siemens-Martin-, Elektrostahl-, Vakuumschmelzverfahren und Sonderverfahren. Der Kohlenstoffgehalt von Stahl bewegt sich in den Grenzen von etwa 0,05 bis 2,06 %.

Stähle können bezüglich ihres Reinheitsgrads in Massen-, Qualitäts- und Edelstähle unterschieden werden.

Von *Massenstählen*, wie z. B. den allgemeinen Baustählen[2]), wird vor allem die Gewährleistung bestimmter mechanischer Eigenschaften, wie Zugfestigkeit, Streckgrenze und Bruchdehnung, verlangt. Der Höchstwert an schädlichen Eisenbegleitern, Phosphor und Schwefel, ist mit zusammen 0,1 % festgelegt.

Qualitätsstähle weisen einen höheren Reinheitsgrad an nichtmetallischen Begleitelementen auf. P- und S-Gehalt jeweils ≦ 0,04 %.

Edelstähle zeichnen sich durch größere Gleichmäßigkeit der Eigenschaften, größere Reinheit an nichtmetallischen Einschlüssen und bessere Oberflächenbeschaffenheit gegenüber den Qualitätsstählen aus. P- und S-Gehalt jeweils ≦ 0,040 %.

Qualitätsstähle und bestimmte Gruppen von Edelstählen sind im Gegensatz zum Massenstahl auch für Wärmebehandlungsprozesse, wie Härten und Vergüten, vorgesehen.

2.2.3.2. Stahlguß

Stahlguß ist in Formen vergossener Stahl. Stahlguß wird für solche Werkstücke verwendet, für die eine Herstellung aus Stahl-Halbzeug nicht wirtschaftlich ist oder kaum in Frage kommt.

2.2.3.3. Graues Gußeisen

Im Gegensatz zum Stahl tritt beim Gußeisen der Kohlenstoff sowohl stabil als Graphit als auch metastabil als Fe_3C auf. Je nach Menge und Form des vorhandenen Graphits erscheint die Bruchfläche hellgrau bis dunkelgrau.

Grauguß hat folgende Zusammensetzung:

C = 2,8...3,5 %
Si ≦ 3,8 %
Mn ≦ 1,2 %
P ≦ 1,0 %
S ≦ 0,15 %

Die Herstellung erfolgt meist im *Gießereischachtofen* (Kupolofen). Gegenüber Stahlguß zeichnen sich die üblichen Sorten durch günstigere Gießeigenschaften (besseres Formfüllungsvermögen und geringes Schwindmaß) aus. Das günstige Formfüllungsvermögen wird vor allem durch niedrigschmelzende Bestandteile verursacht, die dem Grauguß eine größere Dünnflüssigkeit verleihen. Es handelt sich dabei um die Wirkung von Eisenphosphid, das ein ternäres Eutektikum mit Fe_3C und γ-Mk bildet. Dieses Eutektikum aus $Fe_3P - Fe_3C$ – γ-Mk heißt *Steadit* und schmilzt bei 950 °C. Das gegenüber Stahlguß geringere Schwindmaß ist auf die sekundäre Bildung von Graphit zurückzuführen, die der Schwindung auf Grund des größeren Volumens von Graphit entgegenwirkt.

Auf die Festigkeitseigenschaften wirken sich neben den metastabilen Gefügebestandteilen besonders die geometrische Form und die Verteilung des Graphits aus. Bei den üblichen Graugußsorten (GGL-00...GGL-35) liegt Graphit lamellar vor. Die Graphitlamellen sind bei den Graugußsorten mit niedrigeren Festigkeitswerten grob und bei den Sorten mit höheren Festigkeitswerten fein. Der übliche Grauguß wird deshalb als Gußeisen mit Lamellengraphit GGL[3]) bezeichnet. Die metallische Grundmasse ist bei den üblichen Zusammensetzungen ferritisch-perlitisch oder perlitisch. Allerdings ist die Gefügeausbildung wanddickenabhängig. Um sich einen Überblick über die in Abhängigkeit von der Wanddicke auftretenden Gefügearten der metallischen Grundmasse zu verschaffen, benutzt man das Greiner-Klingenberg-Diagramm (Bild 23). Dazu muß jedoch die Menge des Kohlenstoffs und Siliziums bekannt sein.

Wird im Grauguß Graphit in globularer Form (Kugelform) abgeschieden, so spricht man von *Gußeisen mit Kugelgraphit* (globoides Gußeisen, Sphäroguß)[4]). Das Kurzzeichen ist GGG.

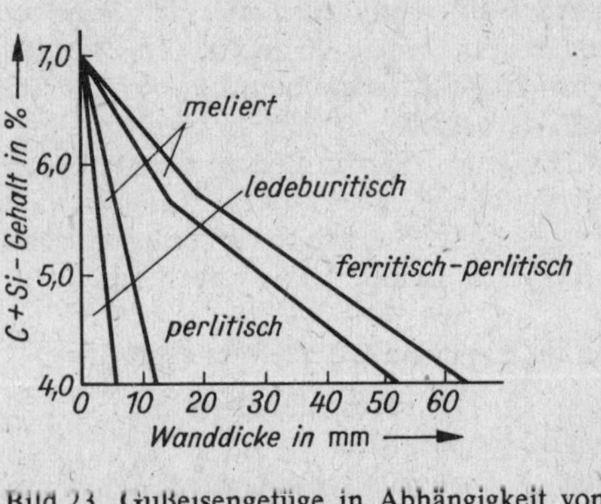

Bild 23. Gußeisengefüge in Abhängigkeit vom Kohlenstoff- und Siliziumgehalt und der Wanddicke (nach Greiner-Klingenberg)

Die Herstellung von GGG erfordert besonders schwefelarme Schmelzen und Einsatz von Magnesium. Das Mg wird nach speziellen Technologien entweder in reiner Form oder als Vorlegierung mit Ni oder Cu in die Schmelze eingebracht. Obwohl die Herstellung ziemlich kostspielig ist, lohnt sich der Einsatz, denn man erhält ein Gußeisen mit sehr guten Festigkeitseigenschaften, das außerdem walzbar ist. Die Zugfestigkeit liegt bei den standardisierten Sorten bei 400...700 MPa.
Trotz des festigkeitsmindernden Einflusses des Graphits wird besonders GGL häufig im Maschinenbau verwendet. Der Einsatz von GGL für Maschinengehäuse und Getriebekästen beruht neben den guten Gießeigenschaften vor allem auf der schwingungsdämpfenden Wirkung des Graphits. Vergleicht man das Dämpfungsverhalten von GGL, GGG und Stahlguß (GS), so ergibt sich GGL: GGG: GS = 1:1,8:4,3 (nach Galloway). Mechanische Schwingungen, die von GS in z. B. 4,3 s gedämpft werden, werden von GGL bereits innerhalb 1 s gedämpft.

2.2.3.4. Temperguß

Die aus weißem Gußeisen hergestellten Gußstücke (Temperrohguß) sind wegen ihres relativ hohen Anteils an Fe_3C sehr spröde und technisch noch nicht verwendbar. Die Gebrauchseigenschaften werden erst durch eine nachfolgende Wärmebehandlung (*Tempern*) bei 950...1000 °C mit 4...6 Tagen Dauer eingestellt. Das Tempern hat die Aufgabe, das metastabile Fe_3C zu zerlegen und den freiwerdenden Kohlenstoff zu oxidieren oder elementar als *Temperkohle* im Gefüge abzuscheiden. Werden die Rohgußteile in entkohlender Atmosphäre (oxidierende Mittel) geglüht, so können dünnwandige Teile (4...12 mm Dicke) nahezu völlig entkohlt werden. Dickwandigere Teile werden dagegen nur in der Randzone entkohlt, während in der Kernzone Temperkohle neben Perlit auftritt.
Das Gefüge dieser Teile besteht aus 3 Zonen:

Randzone:	ferritisch (nahezu C-frei)
Übergangszone:	perlitisch
Kernzone:	perlitisch mit Temperkohle

Diese Zonen gehen kontinuierlich ineinander über. Die Festigkeitseigenschaften dieses Werkstoffs, der bisher als *weißer Temperguß* bezeichnet wurde, sind wanddickenabhängig.
Werden die Rohgußteile in neutralen Mitteln bei 950 °C geglüht (getempert) und wird die γ-α-Umwandlung langsam durchlaufen, so wird Fe_3C vollkommen oder teilweise zerlegt. Da der Zerfall des Fe_3C gleichmäßig über den gesamten Querschnitt erfolgt, sind die Festigkeitseigenschaften nicht oder nur wenig wanddickenabhängig. Dieser so erzeugte Werkstoff wurde bisher als *schwarzer Temperguß* bezeichnet.

2.2.3.5. Hartguß

Hartguß ist Gußeisen mit 2,06...3 % C, 0,4...1,2 % Si und 0,8...1,3 % Mn, das ganz (*Vollhartguß* GH) oder teilweise (*Schalenhartguß* GHK) nach dem metastabilen System erstarrt.

Die Art der Erstarrung richtet sich nach den Abkühlungsbedingungen und dem Anteil der Legierungselemente, die entweder wie Si die Graphitbildung fördern oder sie wie Mn verhindern.
Während Vollhartguß selbst als Sandguß auf Grund des gegenüber Si höheren Gehalts an Mn über den gesamten Querschnitt weiß, also metastabil, erstarrt, wird beim Schalenhartguß die metastabile Erstarrung durch Abgießen in Kokillen nur in einer Randzone relativ geringer Dicke erreicht.
Wegen der nur teilweise dem metastabilen System folgenden Erstarrung besteht das Gefüge des Schalenhartgusses aus 3 Gefügezonen:

Randzone:	weiße Bruchfläche mit zu Fe_3C gebundenem Kohlenstoff
Übergangszone:	melierte Bruchfläche, Kohlenstoff als Fe_3C und Graphit
Kernzone:	graue Bruchfläche, Kohlenstoff überwiegend als Graphit

Zur Beurteilung des Schalenhartgusses wird entweder die *Schrecktiefe* oder die *Einstrahltiefe* herangezogen:

Die *Schrecktiefe* ist die Dicke der metastabil erstarrten Randzone, die *Einstrahltiefe* die Dicke der Rand- und Übergangszone.

Beide Hartgußarten zeichnen sich, bedingt durch den Fe_3C-Gehalt, durch große Härte und Verschleißfestigkeit aus. Nachteilig sind die Sprödigkeit und Schlagempfindlichkeit. Zugfestigkeit, Biegefestigkeit und Dehnung sind gering. Die Zugfestigkeit R_m nimmt mit steigendem C-Gehalt von 400 auf 150 MPa ab.

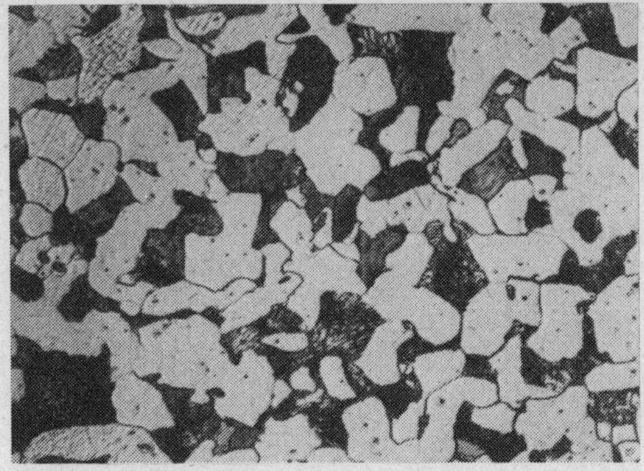

Bild 26. Stahl mit 0,33 % C.
Gefüge: Ferrit (hell) + Perlit (dunkel)

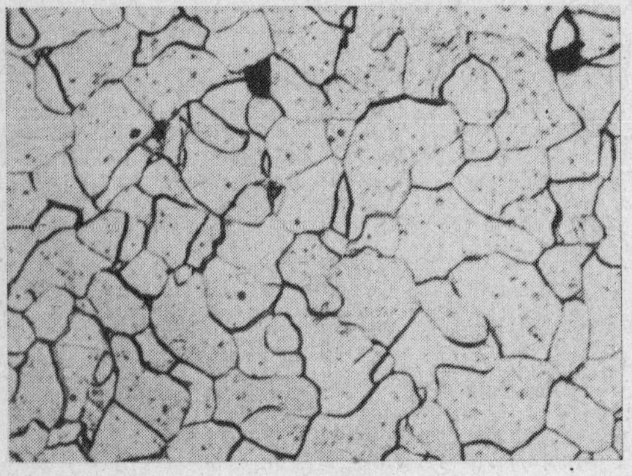

Bild 24. Weicheisen mit 0,03 % C.
Gefüge: Ferrit

Bild 27. Stahl mit 0,62 % C.
Gefüge: Ferrit (hell) + Perlit (dunkel)

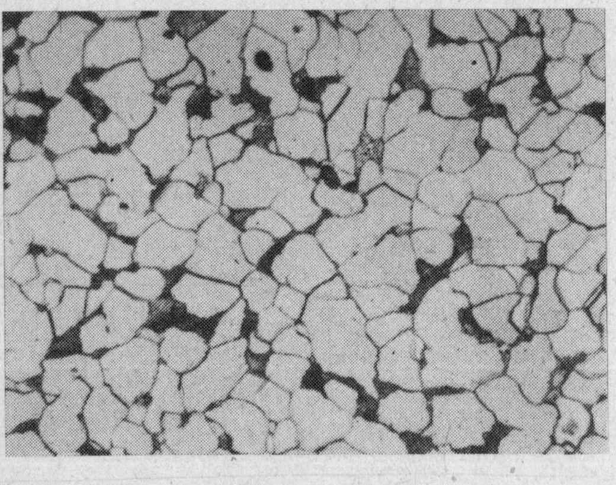

Bild 25. Stahl mit 0,15 % C.
Gefüge: Ferrit (hell) + Perlit (dunkel)

Bild 28. Stahl mit 0,82 % C.
Gefüge: Perlit

Bild 29. Stahl mit 1,26 % C.
Gefüge: Perlit + Sekundärzementit (hell)

Die Spanbarkeit ist wegen der großen Härte durch Schleifen oder Drehen bei Verwendung bestimmter Schnellarbeitsstahlsorten, wie X79WCo18.5 bzw. X76WCo18.10, möglich.
Die Bilder 24 bis 33 zeigen Gefüge von Eisenwerkstoffen.

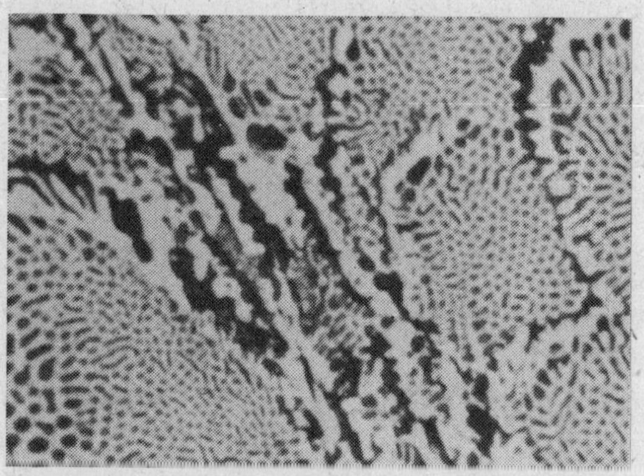

Bild 30. Gußeisen mit 4,3 % C.
Gefüge: Ledeburit II

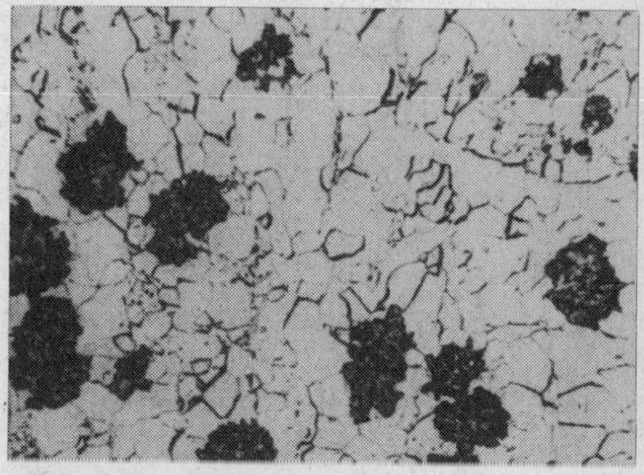

Bild 32. Schwarzer Temperguß.
Gefüge: Ferrit + Temperkohle

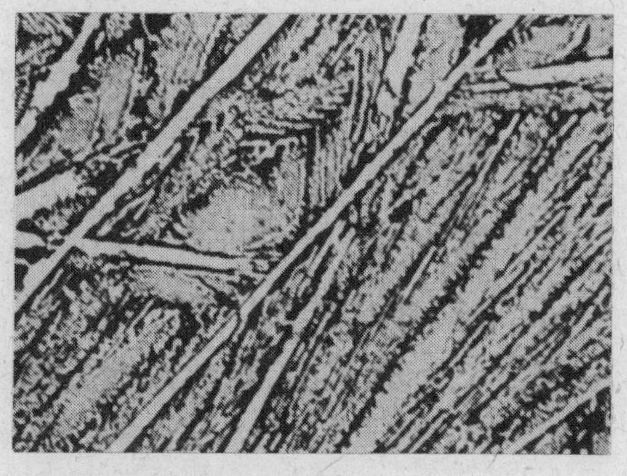

Bild 31. Gußeisen mit 5 % C.
Gefüge: Ledeburit II + Primärzementit

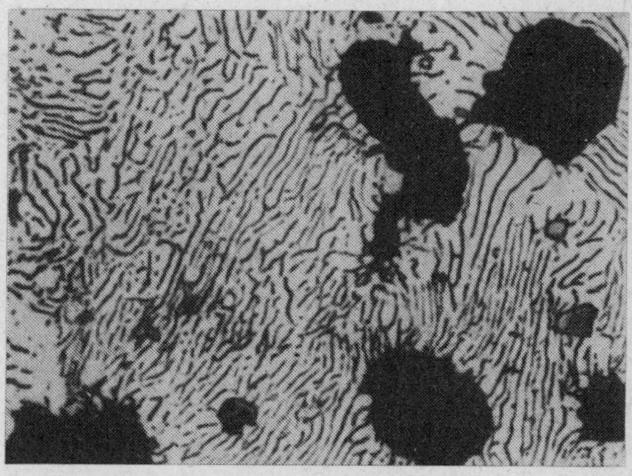

Bild 33. Weißer Temperguß.
Gefüge: Perlit + Temperkohle (Kernzone)

2.2.4. Stahl- und Gußfehler

Lunker

Lunker sind Hohlräume in Gußstücken, die infolge der Volumenverminderung beim Übergang vom flüssigen zum festen Zustand entstehen.

In Formgußteilen findet man Lunker besonders an Stellen großer Materialanhäufungen in der Nähe von Querschnittsübergängen. Durch gießgerechte Konstruktion und Anbringen von *Aufgüssen* oder *Saugtrichtern* können solche Lunker vermieden werden.
Bei Walz- und Schmiederohlingen, die in Blökken abgegossen werden, treten Lunker vornehmlich im oberen Blockdrittel als trichterförmige, an den Wänden mehr oder weniger stark oxidierte Hohlräume *(Blocklunker)* auf. In extremen Fällen kann sich der Blocklunker als dünne Röhre durch den gesamten Block ziehen. Diese Art nennt man *Fadenlunker.* Da sich die Lunker durch Walzen oder Schmieden nicht verschweißen lassen, muß der Blocklunker vom Block abgetrennt (geschopft) werden.
Um die Blockhöhe nicht zu sehr zu verringern, wählt man z. B. niedrige Gießtemperaturen oder sorgt dafür, daß der Blockkopf möglichst lange flüssig bleibt.

Seigerungen

Der Begriff der Seigerung oder Entmischung ist bereits bekannt. Neben der *Kristallseigerung* existieren noch eine Reihe anderer Entmischungserscheinungen, z. B. *Blockseigerungen.*
Die Massenbaustähle von St 34 bis St 42 können auf dreierlei Weise vergossen werden:

unberuhigt (u)
beruhigt (b)
halbberuhigt (hb)

Stahlschmelzen haben wie jede andere Schmelze ein beträchtliches Lösungsvermögen für Gase. Beim Erstarren tritt jedoch eine sprunghafte Verringerung der Löslichkeit ein, wobei die überschüssigen Gase, meist reduzierende Gase (CO) oder neutrale Gase (Stickstoff), freigesetzt werden. Die freiwerdenden Gasmoleküle schließen sich zu Blasen zusammen und steigen infolge des Auftriebs an die Oberfläche, wobei die Schmelze in mehr oder weniger starke Bewegung gerät, sie kocht. Diese Vergießungsart heißt deshalb *unberuhigtes Vergießen.* Durch Zusatz gasbindender Mittel (Si oder Al), die kurz vor dem Abguß in die Schmelze oder Kokille gegeben werden, wird das Aufsteigen von Gasblasen weitgehend verhindert. Die Gase bilden mit Al oder Si Oxide und Nitride, also zunächst flüssige Schlacken, die wegen ihrer gegenüber Stahl geringen Dichte zum großen Teil an die Oberfläche geschwemmt werden. Diese Vergießungsart nennt man *beruhigtes Vergießen.*
Das *halbberuhigte Vergießen* ist eine Kombination von unberuhigtem und beruhigtem Vergießen. Die dabei angewendeten Technologien sind unterschiedlich. Im Prinzip verläuft der Abguß so, daß die Schmelze unberuhigt vergossen wird, bis die Kokille zu mehr als zur Hälfte gefüllt ist. Dann erfolgt der Zusatz von wesentlich geringeren Mengen an Beruhigungsmitteln als beim beruhigten Stahl. Damit erreicht man günstigere mechanische und technologische Eigenschaften gegenüber dem unberuhigten Stahl.

Die Erscheinung der *Blockseigerung* tritt in starkem Maße bei unberuhigtem Stahl auf. Während des Kristallisationsvorgangs werden die niedrigschmelzenden Bestandteile, wie Sulfide und Phosphide, vor den Kristallisationsfronten hergeschoben und durch die aufsteigenden Gasblasen nach dem oberen Blockdrittel gespült. Es ergibt sich also eine ungleichmäßige Verteilung von Gefügebestandteilen über den gesamten Blockquerschnitt.

Diese Entmischung bzw. Blockseigerung läßt sich durch Glühprozesse **nicht** wieder beseitigen!

Das Vorhandensein von Blockseigerungen kann z. B. mit Hilfe des Baumann-Abdrucks nachgewiesen werden. Im Walzmaterial trifft man die Blockseigerungen in mehr oder weniger breiten Zonen an. Beim Schweißen dickerer Bleche oder Profile (Anwendung von X- und V-Nähten) werden die Seigerungszonen mit aufgeschmolzen. Da die Sulfide und Phosphide ein anderes Erstarrungsverhalten als die Stahlgrundmasse zeigen, entstehen *Mikroporen,* die zur Verschlechterung der dynamischen Beanspruchbarkeit des Stahls führen. Deshalb dürfen unberuhigte Stähle nur bis zu Blechdicken

≦ 12,5 mm geschweißt werden. Für die Verwendung unberuhigter Stähle existieren besondere Richtlinien.

Dopplungen

Unter Dopplung versteht man das Aufspalten eines Blechs in einer Ebene parallel zur Walzebene.

Ursache dieses Fehlers ist das Zusammenwalzen von Restblock- oder Fadenlunkern ungenügend geschopfter Brammen oder Blöcke. Diese Fehlerart findet man besonders bei Blechen.

Warm- oder Rotbrüchigkeit

Brüchigkeit des Stahls, die beim Walzen oder Schmieden im Temperaturbereich 800 bis 1 000 °C, also im Bereich üblicher spanloser Warmverformungstemperaturen, auftritt, wird als Warm- oder Rotbrüchigkeit bezeichnet.

Sie wird durch FeO und FeS bei geringen Mn-Gehalten hervorgerufen. Das Auftreten von Rissen und Brüchen wird einmal auf die geringe Verformbarkeit der an den Korngrenzen des Austenits liegenden Einschlüsse von FeO und FeS und zum anderen auf das stellenweise Vorhandensein niedrigschmelzender Eutektika zurückgeführt. Dabei bilden FeO und FeS ein bei 930 °C sowie γ-Mk und FeS ein bei 975 °C schmelzendes Eutektikum. Da die Anschmelzungen an den Korngrenzen der γ-Mk erfolgen, geht der Zusammenhalt des Werkstücks verloren.

Kaltbrüchigkeit

Unter Kaltbrüchigkeit versteht man das Auftreten verformungsloser Brüche *(Sprödbrüche)* bei normalen Temperaturen und schlagartiger Belastung.

Ursachen für Kaltbrüchigkeit sind Spannungsunterschiede zwischen P-reichen und P-ärmeren α-Mischkristallen sowie die durch Tertiärausscheidungen von Fe_3C und Nitriden hervorgerufene Alterung. Diese Erscheinung wird bei C-armen, normal windgefrischten Stählen beobachtet.

2.2.5. Standardisierung

Die Aufgabe der Werkstoffstandardisierung besteht darin, die große Zahl der Werkstoffsorten einzuschränken und zu vereinheitlichen. Gleichzeitig sollen damit die Einhaltung und Sicherung vorgeschriebener bzw. bestimmter Gütekennwerte und der ökonomische Werkstoffeinsatz gewährleistet werden. Durch die Standardisierung der Werkstoffe ergeben sich erhebliche Materialeinsparungen, geringere Lagerhaltungskosten und Selbstkosten. Sie trägt damit wesentlich zur Optimierung der Materialökonomie bei.

2.2.5.1. Standardisierung der Stähle

Unlegierter Stahl

Herstellungsbedingt enthält Stahl neben Kohlenstoff noch Eisenbegleiter, die in unterschiedlichen Mengen vorhanden sind. Als unlegiert gilt Stahl, wenn die Eisenbegleiter die folgenden Maximalwerte nicht überschreiten:

Mn ≦ 0,8 %
Si ≦ 0,5 %
Cu ≦ 0,25 %
Al oder Ti ≦ 0,1 %.

P und S sollen zusammen 0,1 % nicht übersteigen.

Legierter Stahl

Darunter versteht man Stahl, bei dem die für unlegierten Stahl geltenden Analysewerte überschritten oder dem andere Komponenten zur Erzielung bestimmter Eigenschaften zugesetzt wurden.

Als *niedriglegiert* bezeichnet man Stahl, dem < 5 % Legierungsbestandteile, als *hochlegiert,* wenn > 5 % Legierungsbestandteile willkürlich zugesetzt sind.

Kennzeichnung

1. Unlegierter Baustahl

Unlegierter Baustahl, der, außer für Normal- und Spannungsarmglühen, im allgemeinen nicht für andere Wärmebehandlungen vorgesehen ist, wird mit dem Kurzzeichen St und der Angabe der garantierten Mindestzugfestigkeit gekennzeichnet. Zusätzlich sind eine Ziffer, die als Hinweis für die *Erschmelzungsart* gilt, und kleine Buchstaben, die die *Vergießungsart* angeben, z. B. u (unberuhigt vergossen), b (beruhigt vergossen) und hb (halbberuhigt vergossen), in die Bezeichnung aufgenommen.
Gegenwärtig werden die garantierten Werte der Festigkeit (Zugfestigkeit, Streckgrenze) in den Bezeichnungen der Eisenwerkstoffe (Stahl, GGL, GGG und GT) und der NE-Werkstoffe manchmal noch in kp / mm² angegeben. Um die Festigkeitswerte in SI-Einheiten (in MPa) zu erhalten, genügt es, für allgemeine Zwecke die Zahlenwerte mit 10 zu multiplizieren[5]).

2. Unlegierter Qualitäts- und Edelstahl

Diese Stähle sind für verschiedene Wärmebehandlungsprozesse vorgesehen. In der Kennzeichnung entfallen die unter 1. genannten Kurzzeichen. Dafür werden das Symbol für Kohlenstoff und eine Ziffer verwendet, die den 100fachen Betrag des mittleren C-Gehalts angibt. Als Baustahl vorgesehene Qualitäts- und Edelstähle werden im Elektro- (E) oder Siemens-Martin-Ofen (M) erschmolzen. Das bleibt zunächst dem Hersteller überlassen. Verlangt der Besteller diese oder jene Erschmelzungsart, so ist das »E« oder »M« vor das C-Symbol zu setzen. Mitunter werden für andere Stahlgruppen noch andere Erschmelzungsarten, wie Thomas- (T) oder Sonderverfahren (W), verlangt. Der Wärmebehandlungszustand wird vom Hersteller oder Käufer genannt:

Kurzzeichen für den Wärmebehandlungszustand

U	unbehandelt
G	weichgeglüht
N	normalgeglüht
S	spannungsarmgeglüht
V	vergütet
VÖ	ölvergütet
VL	luftvergütet
AS	abgeschreckt
A	angelassen
H + A	gehärtet und angelassen
K + V	kaltgezogen und vergütet
K + G	kaltgezogen und weichgeglüht

BEISPIEL

■
C45V90: unlegierter Qualitäts- bzw. Edelstahl mit 0,45 %C, vergütet auf eine Zugfestigkeit von 900 MPa.

Die Kennzeichnung unlegierter Werkzeugstähle wird gegenüber den Baustählen um das Kurzzeichen W (Werkzeugstahl) und die Angabe der Gütegruppe (1, 2, 3 oder S) erweitert. Die Werkzeugstähle werden im E-Ofen erschmolzen, ein besonderer Hinweis entfällt deshalb.

BEISPIELE

■
C115W1 Werkzeugstahl, Gütegruppe 1 mit 1,15 %C
■
C55WS Werkzeugstahl für Sonderzwecke (S) mit 0,55 %C

3. Legierte Stähle

Niedriglegierte Stähle

Die Kennzeichnung erfolgt durch Angabe des 100fachen mittleren C-Gehalts unter Weglassung des Kohlenstoffsymbols und der den Stahl charakterisierenden Legierungsbestandteile (in der Reihenfolge ihrer tatsächlichen Anteile). Hinzu kommen Legierungskennzahlen, die den mittleren Gehalt der betreffenden Komponente andeuten. Die tatsächlichen mittleren Gehalte erhält man, indem man die Legierungskennzahl der betreffenden Komponente durch die dazugehörige Umrechnungszahl dividiert (Tabelle 4).

Tabelle 4. Umrechnungsfaktoren zur Bestimmung der mittleren Gehalte der Komponenten in niedriglegierten Eisenwerkstoffen und Gußeisensorten (GGL und GGG)

Legierungsbestandteil	Faktor
Co, Cr, Mn, Ni, Si, W	4
Al, Cu, Mo, Ti, V, Ta, Nb, B, Pb, Be, Zr	10
C, P, S, N, Ce	100

BEISPIELE

■
13CrMo4.4 0,13 % C, 1 % Cr und 0,4 % Mo

■
45CrMoV6.7 0,45 % C, 1,5 % Cr, 0,7 % Mo; V ≦ Mo, da für Vanadium keine Kennzahl angegeben ist

■
110WCrV5 1,1 % C, 1,25 % W, Cr ≦ W, V ≦ Cr

■
M37MnSi5V SM-Stahl mit 0,37 % C, 1,25 % Mn und ≦ 1,25 % Si, vergütet

Hochlegierte Stähle

Die hochlegierten Stähle werden durch ein vor die C-Kennzahl gestelltes X gekennzeichnet. Die C-Kennzahl wird auch hier durch 100 dividiert, während die Legierungskennzahlen die tatsächlichen mittleren Anteile der Komponenten angeben.

BEISPIELE

■
X5CrNi18.9 hochlegierter Stahl mit 0,05 % C, 18 % Cr und 9 % Ni

■
X90CrMoV18 hochlegierter Stahl mit 0,9 % C, 18 % Cr, Mo ≦ Cr, V ≦ Mo

4. Stahlguß

Die Kennzeichnung von Stahlguß (unlegiert, niedrig- und hochlegiert) erfolgt durch das vorangestellte Kurzzeichen GS. Die weitere Charakterisierung der Stahlgußmarken ist bei den legierten Sorten die gleiche wie bei den Knetlegierungen. Unlegierter Stahlguß wird durch die Angabe der Mindestzugfestigkeit und u. U. durch eine mit Punkt an den Festigkeitswert angehängte Ziffer, die auf bestimmte, vom Hersteller gewährleistete Eigenschaften (Gewährleistungsumfang) hinweist, gekennzeichnet.

Gewährleistungsumfang

.1 Streckgrenze
.2 Streckgrenze und Faltversuch
.3 Streckgrenze und Kerbschlagzähigkeit
.5 Streckgrenze, Kerbschlagzähigkeit und Faltversuch
.9 magnetische Induktion (Flußdichte)

BEISPIELE

■
GS-40.1 unlegierter Stahlguß mit einer garantierten Mindestzugfestigkeit von 400 MPa und gewährleistetem Streckgrenzenwert

■
GS-20MoV5.3 niedriglegierter Stahlguß mit 0,2 % C, 0,5 % Mo und 0,3 % V

■
GS-X12CrNiMo18.10AS hochlegierter Stahlguß, 0,12 % C, 18 % Cr, 10 % Ni, < 10 % Mo, abgeschreckt

Stahlarten

Allgemeine Baustähle[2])

Die Stahlmarken werden in 3 Gütegruppen hergestellt:

Gütegruppe 1
Erschmelzungsart nach Ermessen des Herstellers.

Gütegruppe 2
Erschmelzungsart nach Ermessen des Herstellers, entweder nach dem SM-, dem Sauerstoffaufblas- oder nach dem verbesserten Windfrischverfahren.

Gütegruppe 3
Erschmelzungsart: SM- oder Sauerstoffaufblasverfahren. Diese Stähle sind besonders beruhigt (z. B. mit Al) als alterungsbeständige Feinkornstähle zu vergießen.

Tabelle 5. Allgemeine Baustähle

Stahlmarke der Gütegruppe			Zugfestigkeit	Mindeststreckgrenze in MPa bei Dicke in mm			Bruchdehnung %	
1	2	3	MPa	bis 20	20...40	40...100	A_5	A_{10}
St33			330	–	–	–	22	18
St34	St34u-2 St34hb-2 St34b-2	St34-3	340...420	220	210	200	30	26
St38	St38u-2 St38hb-2 St38b-2	St38-3	380...470	240	230	220	25	21
St42	St42u-2 St42hb-2 St42b-2	St42-3	420...520	260	250	240	23	19
St50	St50-2		500...620	300	290	280	19	15
		St52-3	520...620	360	350	340	22	18
St60	St60-2		600...720	340	330	320	14	11
St70	St70-2		700...850	370	360	350	10	8

Tabelle 6. Einsatzstähle

Stahlmarke	Verwendungsbeispiele
C10	für Verschleißteile kleiner Abmessungen mit niedriger Kernfestigkeit: Schreib- und Nähmaschinenteile, Preß- und Stanzteile, Rollen, Hebel
C15	wie C10, außerdem Buchsen, Mitnehmer, Hebel, Zapfen, Pedalachsen
15 Cr3	Bolzen, Differentialkerne, Spindeln, Meßwerkzeuge
16 MnCr5	Nockenwellen, Zahnräder, Schnecken, Kunstharzpreßformen (Wanddicke bzw. Durchmesser max. 60 mm)
20 MnCr5	Steuerungsteile, Wellen, Kunstharzpreßformen, Zahnräder mittlerer Abmessungen
18 CrNi8	Teile höchster Kernfestigkeit und hoher Dauerfestigkeit: Wellen, Achsen, Zahnräder

Allgemeine Baustähle bis einschließlich St42 werden unberuhigt (u), halbberuhigt (hb) oder beruhigt (b), Stähle höherer Festigkeit nur beruhigt vergossen. Da der C-Gehalt der allgemeinen Baustähle zwischen 0,08 und 0,62 % liegt, besteht das Gefüge im Normalzustand aus Ferrit und Perlit (Tabelle 5).

Einsatzstähle[6])

Unlegierte und legierte Baustähle, bei denen nach der Formgebung die Randschicht aufgekohlt – gegebenenfalls gleichzeitig aufgestickt (mit Stickstoff angereichert) – und anschließend gehärtet wird (Tabelle 6). Mo- und Ti-legierte Einsatzstähle sind Feinkornstähle, die sich besonders für das Gasaufkohlen und für das Direkthärten aus dem Einsatz eignen.

Vergütungsstähle[7])

Unlegierte und legierte Baustähle, die durch Härten und nachfolgendes Anlassen auf höhere Temperaturen ($< A_{c1}$) eine dem Verwendungszweck angepaßte Zugfestigkeit und Streckgrenze bei guten Zähigkeitseigenschaften erhalten (Tabelle 7).

Druckwasserstoffbeständige Stähle[8])

Vergütbare Stähle, deren Beständigkeit gegen Druckwasserstoff bei Betriebstemperatur durch Cr, Mo, W oder V, die Sonderkarbide bilden und die Zersetzung von Fe_3C zu CH_4 weitgehend verhindern, gewährleistet wird (Tabelle 8).

Tabelle 7. Vergütungsstähle

Stahlmarke	Verwendungsbeispiele
C25	Teile mit geringer mechanischer Belastung bei kleinen Vergütungsquerschnitten
C35 C45	Maschinenelemente und Bauelemente im Kfz-, Motoren- und Maschinenbau
C60	kleinere Teile hoher Zugfestigkeit: Getriebeteile, Wellen, Schloßteile
30 Mn5	niedrig beanspruchte Maschinenelemente: Wellen, Bolzen, Muttern, Schrauben, Zahnräder, Federringe
40 Mn4	kleinere Teile mit hoher Zugfestigkeit: Getriebewellen, Zahnräder, Muttern, Schrauben
37 MnSi5	Kurbelwellen, Achsschenkel, Getrieberäder, Bolzen, Kardanwellen, Schrauben, Muttern
42 MnV7	hochbeanspruchte Kurbelwellen, Pleuel u.ä.
34 Cr4 40 Cr4	Bauteile mittlerer Beanspruchung: Getriebeteile, Wellen, Achsen, Achsschenkel, Kolbenstangen
50 CrV4 58 CrV4	hochbeanspruchte Bauteile im Kfz-, Motoren- und Maschinenbau: Ritzel, Pleuelstangen u.ä.

Unlegierte Werkzeugstähle[9])

Stähle, die sich durch ihre Reinheit und durch die Gleichmäßigkeit des Härtungsverhaltens auszeichnen. Sie werden vorwiegend für Kaltarbeitswerkzeuge verwendet, bei denen neben hoher Oberflächenhärte ein zäher Kern erforderlich ist. Sie werden entsprechend ihren Gütemerkmalen in vier Gruppen unterteilt (Tabelle 9).

Das im Kurzzeichen der C-Kennzahl nachgestellte W bedeutet Werkzeugstahl.

Legierte Kaltarbeitsstähle[10])

Werkzeugstähle, die hauptsächlich zur spanlosen oder spanabhebenden Formung und zur Trennung oder Zerkleinerung von Werkstoffen im kalten Zustand verwendet werden (Tabelle 10).

Tabelle 8. Druckwasserstoffbeständige Stähle

Stahlmarke	Verwendungsbeispiele	Druckwasserstoffbeständigkeit bis	
		$p_ü$ in MPa	t in °C
10 CrMo9.10	Rohre für Erdölverarbeitungsanlagen	32,5	400
	Rohre für Mitteldrucksynthese von Kraftstoffen	4	590
16 CrMo9.3	geschweißte Hochdruckhohlkörper	32,5	375
24 CrMo9	Regeneratoren, Ofenmäntel	32,5	350
17 CrMoV10	Hochdruckrohre, Formstücke	32,5	480
10 Cr11	Bündelrohre, Hochdrucklinsen	32,5	450
21 CrVMoW11	Hochdruckrohre, Formstücke	32,5	525

Tabelle 9. Unlegierte Werkzeugstähle

Gütegruppe	Stahlmarke	Verwendungsbeispiele
1	C100W1	Fräser, Reibahlen, Schnitte
	C110W1	Gewindeschneidwerkzeuge, Schnitte
2	C 70W2	Druck- und Stellschrauben
	C 80W2	große Schnitte, Matrizen, Spurzapfen
	C 90W2	Prägewerkzeuge, Fräser, Schnitte
	C100W2	Schnitte
	C110W2	Schnitte
	C120W2	Schneidwerkzeuge
	C130W2	Reibahlen, Ziehmatrizen, Ziehdorne
3	C60W3	Warmgesenke, Warmwalzen, Schraubstock-
	C75W3	und Maschinenbacken
Stähle für Sonderzwecke	C55WS	Handsägen, Gatter- und Kreissägen
	C85WS	Ambosse, Beile

Warmarbeitsstähle[11])

Zur Herstellung von Werkzeugen, die vorwiegend zur Umformung erwärmter Werkstoffe mit Temperaturen über 300 °C dienen und deren Arbeitsflächen starker Erwärmung bzw. häufigem Temperaturwechsel (mit starken Verschleißbeanspruchungen) unterliegen (Tabelle 11).

Tabelle 10. Legierte Kaltarbeitsstähle

Verwendungsgruppe	Beispiele geeigneter Stähle
Feilen	125 Cr1, 130 Cr2, 140 Cr2
Gewindeschneidwerkzeuge	90 MnV8, 105 WCr6, 115 CrV3, 100 Cr6, 110 MoV5, 145 CrV6
Maschinenmesser	37 WCrV7, 80 CrV3, X90CrMoV18, 80 WCrV8, 80 WV2, 110 WCrV5, 135 WCrV4, 100 Cr6
Sägen für Metall	100 Cr6, 110 MoV5, 120 WV4, 115 CrV3, 115 W8, 165 CrMoWV4
Schnitte, Stempel, Stanzen	35 WCrV7, 45 CrSiV6, 105 MnCr4, 55 WCrV7, 125 CrSi5, X210Cr12, 105 WCr6, 145 CrV6, X210CrW12
Ziehwerkzeuge	140 Cr2, 142 WCrV13, X210Cr12
Kunstharzpreßformen	13 NiCr12, 19 NiCrMo15, 16 MnCr5, 13 NiCr14, 22 CrMo4, 90 MnV8, 13 NiCr18, 105 MnCr4
Meßzeuge	90 MnV8, 100 Cr6, 145 CrV6, 105 MnCr4, 115 CrV3, X210CrW11 (210 CrW45)

Tabelle 11. Warmarbeitsstähle

Stahlmarke	Verwendungsbeispiele
28 CrMoV11.28	hochleistungsfähige Strangpreßwerkzeuge und komplizierte Druckgußwerkzeuge für Schwer- und Leichtmetalle
30 WCrV17.9	thermisch höchstbeanspruchte, schwierig kühlbare Strangpreß- und Druckgußwerkzeuge für Schwer- und Leichtmetalle
37 CrMoWV20.15	Strangpreß- und Warmstauchwerkzeuge
40 NiCrMo15	Warmpreßformen für Leichtmetalle und Legierungen auf Cu-Basis
45 CrMoV6.7	Druckgußwerkzeuge für Leichtmetalle und niedrigschmelzende Legierungen
45 CrVMoW5.8	für thermisch sehr hoch beanspruchte Werkzeuge, verwendet wie 30 WCrV17.9

Schnellarbeitsstähle[12])

Hochlegierte Werkzeugstähle mit hohem Verschleißwiderstand und besonderer Eignung für spanabhebende Werkzeuge, die mit hohen Schnittgeschwindigkeiten und unter hoher Wärmebeanspruchung arbeiten. Diese Eignung beruht auf dem durch entsprechende chemische Zusammensetzung und Wärmebehandlung bestimmten Gefüge, das aus einer bis zu etwa 600 °C anlaßbeständigen, warmfesten Grundmasse mit eingebetteten, sehr harten Karbiden besteht (Tabelle 12).

Rost- und säurebeständige Stähle[13])

Hochlegierte Stähle mit einem Chromgehalt von mindestens 12 %. Sie sind gegenüber atmosphärischen Angriffen sowie zahlreichen organischen und anorganischen Säuren, Laugen und Salzlösungen weitgehend beständig (Tabelle 13).

Hitze- und zunderbeständige Stähle[14])

Hochlegierte Stähle. Bei Temperaturen über 600 °C weisen sie durch Bildung von Schutzschichten eine erhöhte Zunderbeständigkeit ge-

Tabelle 12. Schnellarbeitsstähle

Stahlmarke	Schnellarbeits-stahlklasse	Verwendungsbeispiele
X97WMo3.3	ABCIII	Spiralbohrer, Fräser, Reibahlen, Metallkreissägen für Werkstoffe bis $R_m \leqq 850$ MPa
X82WV9.2	ABCII	Werkzeuge aller Art
X74WV18.1	B18	für formschwierige und schleifempfindliche Werkzeuge
X86WV12.2	D	hochbeanspruchte Spanungswerkzeuge großer Abmessungen
X82WMo6.5	DMo5	hochwertige Spiralbohrer und Fräser, Einsatzteile für den Schnittbau
X125WV12.4	EV4	Schlichtwerkzeuge für Automatenarbeit, zur Bearbeitung von Grauguß, Plasten
X133WCo12.5	EV4Co	Hochleistungswerkzeuge aller Art, zur Bearbeitung von Plasten und Grauguß Werkzeuge für schwerste Schrupparbeit
X79WCo18.5	E18Co5	Dreh-, Hobel- und Stoßmeißel, Zahnradhobelmeißel, Abwälzfräser

Tabelle 13. Rost- und säurebeständige Stähle

Stahlmarke	Verwendungsbeispiele
X7Cr14	Eßbestecke, Medizintechnik
X10Cr13	Bauteile unter dauerndem Angriff von Wasser und Dampf, Ventile, Rohre, Turbinenschaufeln

genüber Luft, Heizgasen, deren Verbrennungsprodukten und anderen chemischen Stoffen bei noch ausreichenden mechanischen Eigenschaften auf. Durch wiederholtes Erhitzen und Abkühlen erfahren sie keine oder nur geringfügige Veränderung (Tabelle 14).

Fortsetzung Tabelle 13.

Stahlmarke	Verwendungsbeispiele
X20Cr13	bei starker mechanischer Beanspruchung, Druckgußformen, Medizintechnik, Wellen, Bolzen
X40Cr13	bei Verschleißbeanspruchung, Messer, Kunstharzformen, Wälzlager, Federn, Medizintechnik
X8Cr17	nichtgeschweißte Teile in der Salpetersäureindustrie, Fahrzeugbau, Waschmaschinen
X8CrTi17	geschweißte Teile in der Salpetersäureindustrie, Molkereien, Brauereien, Waschmaschinen
X8CrMoTi17	geschweißte und nichtgeschweißte Teile beim Angriff organischer Säuren in der Textil- und Fettsäureindustrie
X20CrMo13	Dampfturbinenschaufeln, Druckgußformen
X12CrMoS17	gut zerspanbar für Armaturen, Schrauben
X35CrMo17	Wellen, Spindeln, Ventile, warmfeste Teile, beim Angriff von Salpetersäure und organischen Säuren
X90CrMoV18	Schneidwaren, Wälzlager
X12CrNi17.7	Federn, Bleche, Bänder hoher Festigkeit

Tabelle 14. Hitze- und zunderbeständige Stähle

Stahlmarke	Anwendbar in Luft bis etwa °C	Verwendungsbeispiele
X10CrAl7 X10CrAl13 X10CrAl18 X10CrAl24	800 950 1050 1200	bei mäßiger mechanischer Beanspruchung für Glüh- und Härtekästen, Glühtöpfe, Trag- und Förderteile, Retorten, Rohre, Überhitzer u.a.
X8CrNiSi18.10 X15CrNiSi20.13 X20CrNiSi25.4 X15CrNiSi25.20	800 1050 1100 1200	wie oben, aber bei höherer mechanischer Beanspruchung. Mit zunehmendem Ni-Gehalt geringere Beständigkeit gegen S-haltige, reduzierende Gase!

Unlegierter Stahlguß[15])

Graphit- und ledeburitfreier $Fe-Fe_3C$-Gußwerkstoff, der in metallische oder nichtmetallische Formen vergossen wird und dessen mechanische Eigenschaften bei Temperaturen von 10 bis 250 °C gewährleistet werden. Es bestehen keine besonderen Vorschriften (Tabelle 15).

Warmfester Stahlguß[16])

Wegen der günstigen Festigkeitswerte, insbesondere der relativ hohen Streckgrenze, ist diese Stahlgußsorte besonders im Temperaturbereich von 250 bis 540 °C einsetzbar (Tabelle 16).

Rost- und säurebeständiger Stahlguß[17])

Cr-Gehalt von mindestens 12 %. Gegenüber atmosphärischen Angriffen und zahlreichen organischen und anorganischen Säuren, Laugen und Salzlösungen weitgehend beständig. Durch Zusatz von Ni, Mo, Ti und Nb können weitere Eigenschaften, wie Korrosionsbeständigkeit und Festigkeit, verbessert werden (Tabelle 17).

2.2.5.2. Standardisierung der Gußeisenwerkstoffe

Die Bezeichnung der unlegierten Eisen-Gußwerkstoffe erfolgt durch Angabe des Kurzzeichens (GGL, GGG, GT, GH oder GHK) und der garantierten Mindestzugfestigkeit oder der Härte (bei GH, GHK).
Bei den legierten Sorten werden der 100fache Betrag des mittleren C-Gehalts, die wesentlichsten Legierungsbestandteile und ihre Kennzahlen in das Kurzzeichen aufgenommen. Die Bestimmung des Gehalts an Legierungsbestandteilen erfolgt mit den bei legierten Stählen üblichen Umrechnungszahlen.

Gußeisen mit Lamellengraphit[3])

Eisen-Kohlenstoff-Gußwerkstoff, dessen als Graphit vorliegender Kohlenstoff überwiegend lamellar ist (Tabelle 18).

Tabelle 15. Unlegierter Stahlguß

Sorte	R_m MPa	$R_{p0,2}$ MPa	A_5 %	KC J/cm²	Faltversuch $\alpha = 180°$	Magnetische Flußdichte in T bei mindestens 25 A/cm	50 A/cm	100 A/cm
GS-40	400	–	20	–	–	–	–	–
GS-40.1	400	200	25	–	–	–	–	–
GS-40.2	400	200	25	–	$D = 2a$	–	–	–
GS-40.3	400	200	25	50	–	–	–	–
GS-40.5	400	200	25	50	$D = 2a$	–	–	–
GS-40.9	400	–	20	–	–	1,45	1,60	1,75
GS-45	450	–	17	–	–	–	–	–
GS-45.1	450	230	22	–	–	–	–	–
GS-45.2	450	230	22	–	$D = 3a$	–	–	–
GS-45.3	450	230	22	40	–	–	–	–
GS-45.5	450	230	22	40	$D = 3a$	–	–	–
GS-45.9	450	–	17	–	–	1,45	1,60	1,75
GS-50	500	–	14	–	–	–	–	–
GS-50.1	500	260	20	–	–	–	–	–
GS-50.2	500	260	20	–	$D = 4a$	–	–	–
GS-50.3	500	260	20	30	–	–	–	–
GS-50.5	500	260	20	30	$D = 4a$	–	–	–
GS-60	600	–	8	–	–	–	–	–
GS-60.1	600	320	15	–	–	–	–	–

α Biegewinkel, D Dorndurchmesser, a Probendicke, 1 T (Tesla) = 1 V · s/m²

BEISPIEL

■

GGL-25 GGL – Gußeisen mit Lamellengraphit,
25 – Mindestzugfestigkeit (250 MPa)

Tabelle 16. Warmfester Stahlguß

Sorte	Zugfestigkeit MPa	Streckgrenze in MPa bei °C 20	200	300	350	400	Bruchdehnung A_5 %
GS-C25	450...600	250	220	170	150	130	22
GS-22Mo4	450...600	250	240	210	190	170	22
GS-22CrMo5.4	530...700	300	290	280	260	240	20
GS-20MoV5.3	500...700	300	290	280	260	240	18
GS-20MoV8.4	600...800	400	350	320	310	290	15

Tabelle 17. Rost- und säurebeständiger Stahlguß

Stahlgußmarke	Verwendungsbeispiele
GS-X10Cr13	Turbinenschaufeln, Cracking-Anlagen, Ventile für hydraulische Pressen, Haushaltsgegenstände
GS-X40Cr29 GS-X60Cr29 GS-X130Cr29	gut vergießbare Stahlgußmarken mit hoher Korrosionsbeständigkeit; für Teile in der Lebensmittel- und chemischen Industrie
GS-X120CrMo29.2	hochkorrosionsbeständige Gußstücke für chemische Industrie, Kalibergbau, Aufbereitungsanlagen sowie bei Angriff von schwefliger Säure und Chloriden
GS-X12CrNi18.9	besonders für Pumpen und Ventile der chemischen Industrie, Wärmebehandlung nach Schweißen erforderlich, da nicht kornzerfallsbeständig (interkristalline Korrosion)
GS-X5CrNiMo18.10	wie GS-X12CrNi18.9; kornzerfallsbeständig

Tabelle 18. Gußeisen mit Lamellengraphit

Sorte	R_m MPa	*HB* 5 / 750 max.	Verwendungsbeispiele
GGL-00 GGL-15 GGL-20	Nachweis nicht erforderlich ≧ 150 ≧ 200	 200 225	Maschinenbetten, Getriebe, Ständer, Traversen, Tische, Heizkörper, Muffen, Abflußrohre, Flanschrohre
GGL-25 GGL-30	≧ 250 ≧ 300	245 260	Gußteile für den allgemeinen Maschinenbau, Werkzeugmaschinen u.a.
GGL-35	≧ 350	275	Maschinen- und Apparateteile mit erhöhten Festigkeitsansprüchen

Tabelle 19. Gußeisen mit Kugelgraphit

Sorte	R_m MPa	$R_{p0,2}$ MPa	A_5 %	*HB*	Gefüge	Verwendungsbeispiele
GGG-40	≧ 400	≧ 280	≧ 12	150...190	vorwiegend ferritisch	Auto- und Motorenteile, Kupplungen, Gehäuse, Teile für E-Technik
GGG-45	≧ 450	≧ 350	–	160...240	ferritisch-perlitisch	
GGG-50	≧ 500	≧ 350	≧ 5	180...240	ferritisch-perlitisch	Kurbelwellen, Zahnräder, Pressen- und Pumpenteile, Hydraulikgußteile
GGG-60	≧ 600	≧ 420	≧ 2	220...300	vorwiegend perlitisch	hochbeanspruchte Teile des Maschinenbaus, Flüssigkeitspumpen
GGG-70	≧ 700	≧ 500	≧ 2	260...320	vorwiegend perlitisch	

Tabelle 20. Legiertes Gußeisen mit besonderen Eigenschaften bei mechanischer Beanspruchung

Sorte	Wanddickenbereich mm	Verwendungsbeispiele
GGL-300Cr2 GGL-320Cr2	50...200 30...150	für hohe Verschleißfestigkeit in dickwandigen Gußstücken
GGL-300Cu12 GGL-320Cu12 GGL-340Cu12	15...100 10... 80 4... 50	für Gußstücke mit größeren Wanddickenunterschieden: Pumpen, Verdichter, Zylinder, Verbrennungsmotoren, Gußstücke für Werkzeugmaschinen
GGL-300CuCr20.2 GGL-320CuCr20.2 GGL-340CuCr20.2	25...200 15...150 8...100	
GGL-300NiMo5.9 GGL-300NiMoCr10.9 GGG-330NiMo7.4 GGG-330NiMo11.7	10... 40 60...100 10... 50 50... 80	für höchste Festigkeits- und Verschleißbeanspruchung: Kurbelwellen, Nockenwellen, Zahnräder, Matrizen, Preßstempel

Gußeisen mit Kugelgraphit[4])

Eisen-Kohlenstoff-Gußwerkstoff, dessen als Graphit vorliegender Kohlenstoffanteil nahezu vollständig in weitgehend kugeliger Form vorliegt (Tabelle 19).

BEISPIEL

■

GGG-45 GGG – Gußeisen mit globularem oder Kugelgraphit,
45 – garantierte Mindestzugfestigkeit (450 MPa)

Legiertes Gußeisen[18])

Eisen-Kohlenstoff-Gußwerkstoff, dessen als Graphit vorliegender Kohlenstoff überwiegend in lamellarer (GGL) oder nahezu vollständig in weitgehend kugeliger (GGG) Form vorhanden ist und dem zum Erreichen besonderer Eigenschaften bei mechanischer, thermischer und chemischer Beanspruchung Legierungselemente zugesetzt werden (Tabellen 20 bis 22).

Tabelle 21. Legiertes Gußeisen mit besonderen Eigenschaften bei thermischer Beanspruchung

Sorte	Wanddickenbereich mm	Maximale Gebrauchstemperatur °C	Verwendungsbeispiele
GGL-330NiCr3	25...150	500	erhöhte Wachstumsbeständigkeit, Dieselzylinderblöcke, Gesenke u. a.
GGL-320NiCr3	15...100	500	
GGL-340NiCr3	10... 50	500	
GGL-360NiCr3	4... 20	500	
GGL-300MoCr8	25...150	600	Zylinderblöcke und -köpfe, Dampfturbinengehäuse u. a.
GGL-320MoCr8	15...100	600	
GGL-340MoCr8	10... 50	600	
GGL-X300Si4	6...100	750	Gußstücke im Feuerungsbau, Sinter- und Glühtöpfe, Schmelztiegel für Leichtmetalle
GGL-X270Si5	6...100	800	
GGL-X240Si6	6...100	850	
GGG-X290Si5	10...100	900	
GGG-X280Si6	10...100	1000	
GGL-X280NiCuCr14.6	6...100	850	hochhitze- und korrosionsbeständig, Gasturbinengehäuse, Zylinderköpfe u. ä.
GGG-X270NiCr19	10...100	900	
GGG-X230NiSiCr19.4	10...100	900	

Tabelle 22. Legiertes Gußeisen mit besonderen Eigenschaften bei chemischer Beanspruchung

Sorte	Wanddickenbereich mm	Verwendungsbeispiele
GGL-X280NiCuCr14.6	6...100	beständig gegen oxydierende anorganische Säuren, Alkalien, Salzlösungen, in der chemischen, petrolchemischen und Schiffbauindustrie
GGG-X270NiCr19	10...100	
GGG-X230NiSiCr19.4	10...100	
GGL-320NiCr7.2	25...150	Rührkessel für verdünnte und konzentrierte Alkalilaugen
GGL-320NiCr12.3	25...150	
GGG-350Ni7	10...100	Schmelztiegel für Blei, Zink und Aluminium
GGG-350Ni12	10...100	

Tabelle 23. Unlegierter Hartguß

Sorte	Kurzzeichen	Härte nach Brinell *HB*	Vickers *HV*	Verwendungsbeispiele
Vollhartguß	GH-200	200...300	–	Stempel, Matrizen für Tiefziehwerkzeuge, Rollen, Kugeln für Mühlen, Innenauskleidungen für Zerkleinerungsmaschinen
	GH-300	über 300	–	
Kokillenhartguß	GHK-400	–	400...480	
	GHK-500	–	über 480	

Tabelle 24. Temperguß

Sorte	R_m MPa mindestens	0,5-Dehngrenze MPa mindestens	Bruchdehnung A_3 %	Brinell-Härte *HB* höchstens
GT-35	350	–	6	190
GT-35E	350	–	4	220
GT-35.1	350	220	12	170
GT-40E	400	240	5	220
GT-45	450	300	7	150...200
GT-45E	450	300	5	230
GT-55	550	360	5	180...230
GT-55E	550	360	3	240
GT-65	650	430	3	200...250
GT-75	750	600	2	240...290

E in entkohlender Glühatmosphäre wärmebehandelter Temperguß

Unlegierter Hartguß[19])

Gußeisen mit mehr als 2,06 % C, das ganz (Vollhartguß) oder teilweise (Kokillenhartguß) nach dem metastabilen System Eisen – Eisenkarbid erstarrt. Eine nachträgliche Wärmebehandlung erfolgt in der Regel nicht (Tabelle 23).

Temperguß[20])

Eisen-Kohlenstoff-Gußwerkstoff, dessen Zusammensetzung insbesondere hinsichtlich des C- und Si-Gehalts so eingestellt ist, daß das Gußstück graphitfrei erstarrt, d. h., der gesamte Kohlenstoff liegt gebunden als Fe_3C vor. Der Temperrohguß wird zum Zerfall des Fe_3C einer Glühbehandlung (Tempern) unterworfen. Die chemische Zusammensetzung des Temperrohgusses und die Art des angewandten temperatur- und zeitabhängigen Glühverfahrens bestimmen den Gefügeaufbau des Werkstoffs und damit seine Festigkeitseigenschaften und Verwendungsmöglichkeiten (Tabelle 24).

BEISPIEL

■ Temperguß bis zu einer Zugfestigkeit von 350 MPa wird für Teile bis etwa 2 kg Masse, mit höherer Festigkeit für Teile bis etwa 30 kg Masse verwendet.

Stückmasse ≦ 2 kg: Fittings, Schraubenschlüssel, Schlüssel, Ketten, Hebel, Zwingen usw.

Stückmasse ≦ 30 kg: Differential-, Hinterachs-, Getriebegehäuse, Druckhebel usw.

2.2.6. Wärmebehandlung

Der Wärmebehandlung der Eisenwerkstoffe, vor allem von Stahl und Gußeisen, kommt eine erhebliche technische und ökonomische Bedeutung zu, da sich bestimmte Gebrauchseigenschaften durch zielgerichtete Beeinflussung bzw. Änderung des Gefügeaufbaus einstellen lassen.

Ziele der Wärmebehandlung

1. Verbesserung der mechanischen Eigenschaften gegenüber dem Ausgangszustand zur Verringerung der Konstruktionsmasse und damit zur Optimierung des ökonomischen Materialeinsatzes,
2. Verbesserung der spanlosen und spanenden Formbarkeit,
3. Erhöhung der Standzeit von Werkzeugen,
4. Erhöhung der Verschleißfestigkeit,
5. Erhöhung der Korrosionsbeständigkeit,
6. Gewährleistung der Maßbeständigkeit bei Gußteilen und Meßzeugen,
7. Ausgleich von Gefügeinhomogenitäten zur Sicherung bestimmter mechanischer, chemischer und elektrischer Eigenschaften.

Wärmebehandlung des Stahls

Die Wärmebehandlung des Stahls läßt sich in drei Gruppen einteilen:

1. thermische Verfahren

Behandlung von Stahl im festen Zustand unter Wärmeeinwirkung, um eine Änderung der Struktur und der Eigenschaften zu erzielen. Zu dieser Gruppe zählen Glühen, Härten (nach Volumenerwärmung und nach Oberflächenerwärmung), Anlassen einschließlich Vergüten und Altern.

2. chemisch-thermische Verfahren

Prozeß chemischer und thermischer Einwirkung, um eine veränderte Zusammensetzung, Struktur und Eigenschaft der Oberflächenschicht des Stahls zu erzielen. Hierzu gehören Aufkohlen bzw. Einsatzhärten, Nitrieren, Borieren, Aluminieren, Silizieren, Chromieren, Chromaluminieren u. a.

3. verformungs-thermische Verfahren (Deformations-Wärmebehandlung)

Prozeß, bestehend aus einer Verbindung von Wärmebehandlung und plastischer Verformung mit dem Ziel, eine Veränderung des Gefüges und der Eigenschaften des Stahls herbeizuführen. Hierzu rechnet man unter anderem die thermomechanische Behandlung (TMB) mit dem Austenitformhärten oder der Ausforming-Behandlung.

2.2.6.1. Glühen

Als *Glühen* bezeichnet man im allgemeinen Wärmebehandlungsprozesse, bei denen der Werkstoff (hier Stahl) auf eine bestimmte Temperatur erwärmt und dort über eine entsprechende Zeit gehalten wird. Die nachfolgende Abkühlung wird in der Regel langsam durchgeführt.

Die Zeit zum Erwärmen *(Erwärmdauer)* eines Werkstücks ist die Summe von Anwärmdauer und Durchwärmdauer.

Als *Anwärmdauer* bezeichnet man die Zeit vom Beginn des Erwärmens bis zum Erreichen der Solltemperatur an der Oberfläche des Werkstücks.

Das Anwärmen muß so vorgenommen werden, daß Wärmespannungen möglichst nicht wirksam werden, d. h., es darf nicht zu schnell erwärmt werden, sonst treten u. U. Verzug und Spannungsrisse auf.

Die *Durchwärmdauer* ist die Zeitspanne vom Erreichen der Solltemperatur an der Oberfläche des Werkstücks bis zum Erreichen der Solltemperatur im Kern oder (bei einseitigem Erwärmen) an der Rückseite.
Die *Haltedauer* (Glühzeit) ist die Zeit, während der nach dem Durchwärmen das Werkstück auf der entsprechenden Temperatur gehalten wird.

Sie richtet sich nach den im einzelnen geforderten Gefügebeeinflussungen bzw. nach den zur Gefügeumwandlung notwendigen Zeiten.

Die *Abkühlzeit* (Abkühlungsgeschwindigkeit) ist abhängig von den an die Wärmebehandlung gestellten Anforderungen.

Sie muß so gewählt werden, daß keine unerwünschten Gefügeänderungen auftreten.
Die Höhe der Glühtemperatur richtet sich nach der Stahlmarke und dem Zweck des Verfahrens. Sie wird als Richtwert in den einschlägigen Standards oder vom Hersteller angegeben. Für unlegierte Stähle kann man die Glühtemperatur dem Eisen-Kohlenstoff-Diagramm entnehmen. Bei Wärmebehandlungen, die mit Überschreitung der Umwandlungspunkte A_{c1} bzw. A_{c3} verbunden sind, muß beachtet werden, daß zu große Haltedauer (Überzeiten) oder zu hohe Temperatur (Überhitzen) zu unerwünschter Grobkornbildung und Entkohlung führen kann, wodurch eine Minderung der Festigkeits- und anderer Eigenschaften eintritt.

Normalglühen (Normalisieren)

Die Aufgabe des *Normalglühens* besteht in der Umwandlung von grobkörnigem, ungleichmäßigem Gefüge in feinkörniges, also normales Gefüge.

Daneben dient das Normalglühen zur Beseitigung aller durch andere Wärmebehandlungsverfahren, Kalt- oder Warmformung und Schweißen entstandenen Gefüge- und Eigenschaftsänderungen. Das Normalglühen ist anwendbar für alle unlegierten und niedriglegierten Bau- und Werkzeugstähle, Stahlguß sowie bei Schweißverbindungen. Das Verfahren ist an Stahlsorten gebunden, die bei entsprechender Erwärmung Gefügeumwandlungen (hier $\alpha-\gamma$-Umwandlung) erfahren. Umwandlungsfreie Stähle, wie austenitische oder ferritische Stähle, können nicht normalgeglüht werden.
Der Existenzbereich der γ-Modifikation des Fe kann beeinflußt werden. Außer C erweitern auch Ni, Mn, Co (oder Cr + Ni) das γ-Gebiet. Bei genügend großen Zusätzen der genannten Komponenten wird der Existenzbereich der γ-Modifikation bis weit unter Raumtemperatur erweitert. Als Gefügebestandteile treten nur γ-Mk (Austenit) auf, deshalb werden derartige Legierungen *austenitischer Stahl* genannt. Stähle, bei denen das γ-Gebiet durch entsprechende Zusätze von Al, Cr, Mo, Ti, V, Si oder W völlig eingeschnürt wird und das α-Gebiet bis zur Soliduslinie reicht, nennt man *ferritisch*, weil nur die Phase α-Mk (Ferrit) auftritt. Austenitische und ferritische Stähle sind aus den o. g. Gründen umwandlungsfrei, d. h., die $\alpha-\gamma$-Umwandlung ist unterdrückt.
Beim Normalglühen von Stahlguß soll das dendritische und relativ grobkörnige Gußgefüge in ein feinkörniges Gefüge übergeführt werden. Schweißnähte werden dann normalisiert, wenn der Schweißfaktor $> 0{,}9$ ist, d. h., wenn die Festigkeit der Nähte $> 90\,\%$ der Festigkeit des Grundwerkstoffs betragen soll. Dabei soll neben der in der Schweißnaht auftretenden Gußstruk-

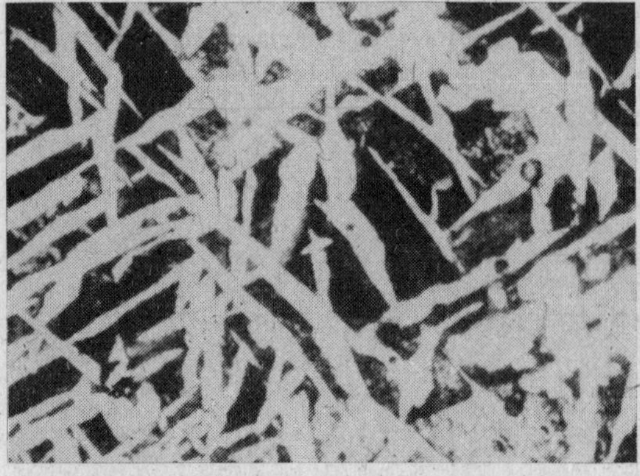

Bild 34. Stahlguß mit 0,27 % C, unbehandelt. Widmannstättensches Gefüge

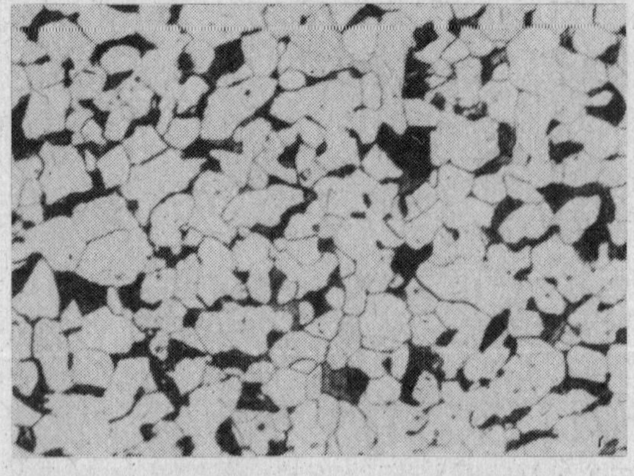

Bild 35. Stahlguß mit 0,27 % C, normalgeglüht

tur noch die sog. *Widmannstättensche Struktur* beseitigt werden (Bilder 34 und 35).
Die Widmannstättensche Struktur wird von mitunter sehr grobnadligen voreutektoiden α-Mk gebildet, die beim raschen Durchlaufen des Zweiphasengebietes zwischen den Linien *GOS* und *PSK* beim Abkühlen der Schweißnaht und der Wärmeeinflußzonen entstehen. Diese Gefügestruktur kann sich sehr nachteilig auswirken, da durch sie die Kerbschlagzähigkeit und die Bruchdehnung der Schweißverbindung verringert werden.

Durchführung des Verfahrens

1. Langsames Erwärmen auf etwa 500...600 °C zur gleichmäßigen Durchwärmung des gesamten Querschnitts, um Wärmespannungen zu vermeiden.
2. Zügiges Weitererwärmen auf Glühtemperatur, um beim Durchlaufen des Umwandlungsbereichs eine große Keimzahl zur Bildung eines feinkörnigen Austenits zu erhalten. Die Glühtemperatur liegt etwa 20...30 K oberhalb A_{c3} bzw. A_{c1}.
3. Nach dem Durchwärmen muß der Stahl zur vollständigen Gefügeumwandlung eine Zeitlang auf Temperatur gehalten werden. Die Glühdauer ist von den Abmessungen des Werkstücks abhängig. Folgende empirische Beziehung kann als Anhaltswert für Werkstücke mit größeren Abmessungen angewendet werden:

$$\text{Glühdauer in min} \mathrel{\hat{=}} 30 + \frac{\text{Werkstückdicke in mm}}{2}$$

4. Die Abkühlung erfolgt zunächst bis etwa 600 °C an der Luft. Von dieser Temperatur an werden dickwandige Teile oder Gußstücke, um Wärmespannungen auszuschalten, im Ofen abgekühlt. Einfach geformte Teile und Bleche läßt man dagegen an der Luft abkühlen.

Bild 36 zeigt den Temperaturverlauf in Abhängigkeit von der Zeit für das Normalglühen.

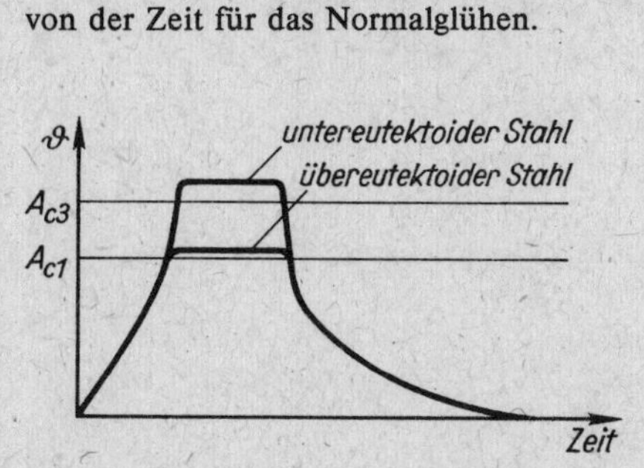

Bild 36. Normalglühen, Temperatur-Zeit-Diagramm (schematisch)

Weichglühen

Das *Weichglühen* hat die Aufgabe, durch Erwärmen und Halten auf Temperaturen < A_{c1} bzw. Pendeln um A_{c1} mit anschließendem langsamem Abkühlen ein möglichst weiches Gefüge herzustellen.

Das weiche Gefüge ergibt sich durch Umformen des im Normalfall streifenförmigen oder lamellaren Perlits und Zementits in körnige Form.
Das Weichglühen wird besonders bei kaltgeformten Stählen und Stählen mit > 0,5 % C einschließlich der Werkzeugstähle zur Verbesserung der spanenden und spanlosen Formung angewendet. Für Stähle mit < 0,5 % C ist das Verfahren wenig geeignet, da die Einformung des Fe_3C ein »Schmieren« bei der spanenden Formung zur Folge hat.

Durchführung des Verfahrens

1. Langsames, durchgreifendes Erwärmen (vgl. Normalglühen).
2. Mehrstündiges Halten auf Glühtemperatur bzw. bei übereutektoidem Stahl Pendeln um A_{c1}. (Damit soll ein rascheres Einformen des Sekundär-Fe_3C und des perlitischen Zementits in körnige Form erreicht werden.) Die Glühtemperatur liegt bei 680...750 °C.
3. Ofenabkühlung.

Bild 37 zeigt den Temperaturverlauf über der Zeit beim Weichglühen.

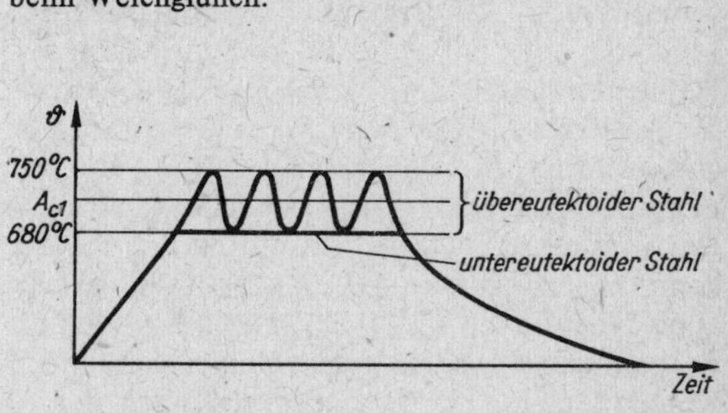

Bild 37. Weichglühen, Temperatur-Zeit-Diagramm (schematisch)

Ergänzend soll noch darauf hingewiesen werden, daß mit dem Verfahren, besonders für härterißempfindliche Stähle, ein günstigeres Ausgangsgefüge für ein späteres Härten erreicht wird.

Spannungsarmglühen

Das *Spannungsarmglühen* hat die Aufgabe, im Stahl vorhandene Gefügespannungen ohne wesentliche Änderung der vorliegenden Eigenschaften zu verringern.

Das Verfahren kann besonders bei spanlos kaltgeformten Teilen und nach größerer Spanabnahme sowie bei verzugsempfindlichen Teilen vor dem Härten und zur Vermeidung von Spannungsrissen bei geschweißten Bauteilen mit einem Schweißfaktor < 0,9 angewendet werden.

Durchführung des Verfahrens

1. Langsames, durchgreifendes Erwärmen auf Glühtemperatur.
2. Ein- bis mehrstündiges Halten bei 550...650 °C.
3. Langsames Abkühlen.

Bild 38 zeigt den Temperaturverlauf über der Zeit beim Spannungsarmglühen.

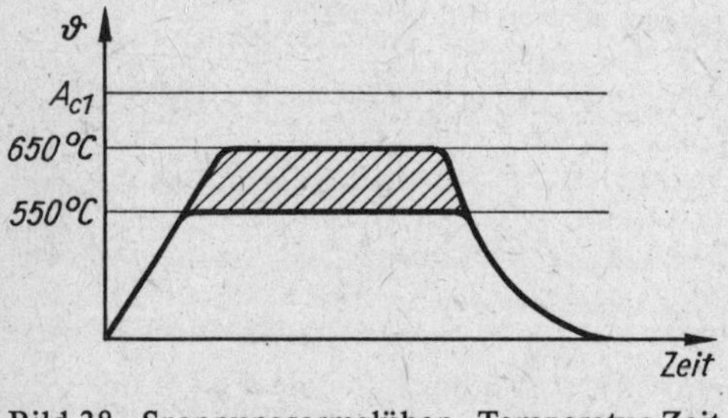

Bild 38. Spannungsarmglühen, Temperatur-Zeit-Diagramm (schematisch)

Diffusionsglühen

Das *Diffusionsglühen* dient der Beseitigung von Kristallseigerungen und dem Umformen unschalenförmiger, harter Sulfideinschlüsse in kugelige Form, besonders bei Stahlblöcken, -knüppeln und Stahlguß.

Da die Beseitigung der Kristallseigerungen und der daraus resultierenden Zonenmischkristalle nur durch Platzwechsel der betreffenden Atomarten möglich ist, sind hier sehr hohe Temperaturen und große Glühzeiten erforderlich. Gleichzeitig muß mit dem Entstehen eines groben Gefüges gerechnet werden, so daß im Anschluß an den Glühprozeß noch das Normalisieren erforderlich wird, sofern es sich um umwandlungsfähigen Stahl handelt. Daraus ist zu entnehmen, daß die Anwendung des Diffusionsglühens ziemlich kostspielig wird.
Ferner sei darauf hingewiesen, daß die zu glühenden Teile vor Entkohlen und Verzundern geschützt werden müssen (z. B. durch Einpakken in Koksgrieß oder durch Schaffung einer neutralen Ofenatmosphäre).

Durchführung des Verfahrens

1. Langsames Erwärmen.
2. Halten bei etwa 1000...1150 °C, 20...50 h.
3. Langsames Abkühlen.
4. Normalglühen.

Bild 39 zeigt den gesamten Temperatur-Zeit-Verlauf beim Diffusionsglühen.

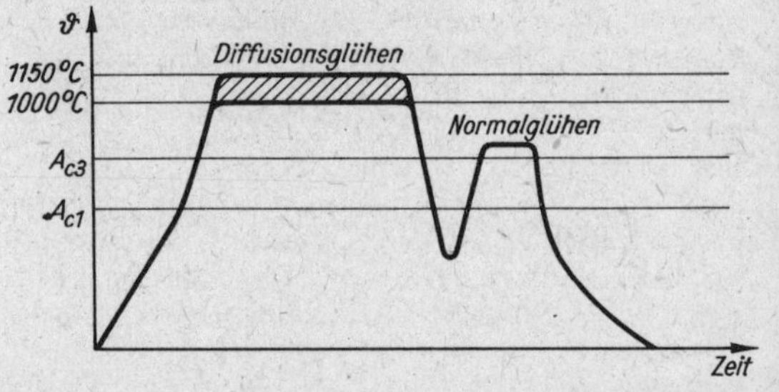

Bild 39. Diffusionsglühen, Temperatur-Zeit-Diagramm (schematisch)

2.2.6.2. Härten

Härten ist ein Wärmebehandlungsprozeß, der aus dem Hoch- und Durchwärmen des Stahls auf bzw. bei Temperaturen oberhalb A_{c3} (untereutektoide Stähle) bzw. oberhalb A_{c1} (übereutektoide Stähle) und einer nachfolgenden Abkühlung besteht. Die *Abkühlung* erfolgt so schnell, daß ein qualitativ neues, sehr hartes Gefüge (*Martensit*, ggf. *Zwischenstufengefüge*) entsteht.

Dieses Gefüge ist thermodynamisch instabil. Es ist also in der Regel erforderlich, durch nachträgliches Wiedererwärmen *(Anlassen)* solche Gefügeänderungen herbeizuführen, daß die Härte den technischen Erfordernissen angepaßt werden kann. Wird zum Härten das gesamte Werkstückvolumen erwärmt, so heißt der Wärmebehandlungsprozeß *Volumenhärten.* Wird dagegen nur eine Oberflächenschicht erwärmt und anschließend entsprechend schnell abgekühlt, so nennt man diesen Prozeß *Oberflächenhärten.* Zur *chemisch-thermischen Wärmebehandlung* zählen solche Härteverfahren, bei denen die Oberflächenschicht des Stahls nachträglich, z. B. mit Kohlenstoff *(Einsetzen)*, Stickstoff *(Nitrieren)* oder anderen Nichtmetallen, angereichert wird, oder bei denen die Härtesteigerung durch die Bildung sehr harter intermediärer Phasen erfolgt.

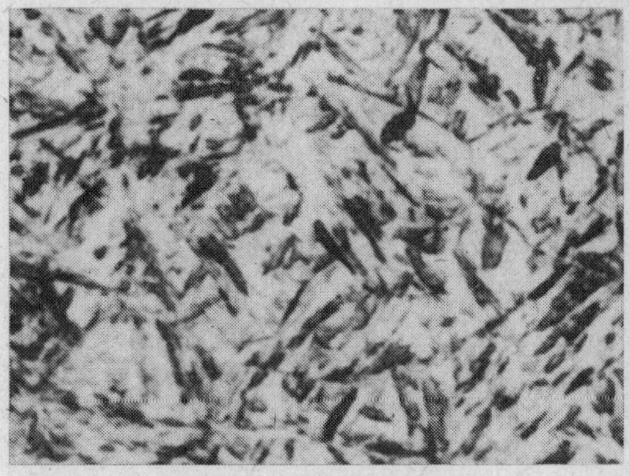

Bild 40. Grober Martensit.
Stahl mit 0,6 % C, 4 h / 1 000 °C / Wasser

Grundlagen zum Härten und Anlassen

Die im Zusammenhang mit der Erläuterung von Abkühlungsverläufen der metastabilen Fe – Fe_3C-Legierungen angegebenen Gefügeumwandlungen des Stahls gelten nur für sehr geringe Abkühlungsgeschwindigkeiten. Erhöht man durch Anwendung geeigneter Kühlmittel die Abkühlungsgeschwindigkeit von Temperaturen oberhalb der Linie *GOSK*, so ergeben sich Verschiebungen der Umwandlungspunkte nach tieferen Temperaturen. Die $\gamma - \alpha$-Umwandlung setzt erst bei tieferen Temperaturen als bei normaler Abkühlung ein. Es findet also eine *Unterkühlung* statt, die mit einer Erhöhung der Keimzahl verbunden ist.
Die Erhöhung der Abkühlungsgeschwindigkeit führt demzufolge zunächst zu einer zunehmenden Verfeinerung des Gefüges. Betrachtet man dabei der Einfachheit halber einen eutektoiden Stahl, so bilden sich bei der eutektoiden Umwandlung bei Anwendung von Abkühlungsgeschwindigkeiten bis < 250 K / s immer feinkörniger werdende perlitähnliche Gefüge. Steigert man jedoch die Abkühlungsgeschwindigkeit auf Werte von 250...600 K / s, so erfolgt die $\gamma - \alpha$-Umwandlung nicht mehr als eutektoide 3-Phasen-Reaktion, sondern nahezu schlagartig als *Gitterumklappung.* Dabei hat der Kohlenstoff nicht mehr die Gelegenheit, aus dem Gitterverband der Eisenmischkristalle zu diffundieren, und wird daher zwangsläufig in den entstehenden α-Mk eingeschlossen. Da sich der gesamte vorher in den γ-Mk gelöste Kohlenstoff in den α-Mk in Zwangslösung befindet, wird das krz-Gitter der α-Mk tetragonal verzerrt.

Diese übersättigten und verzerrten α-Mk bilden nun ein Gefüge mit sehr großer Härte, das als *tetragonaler Martensit* bezeichnet wird. Der tetragonale Martensit erscheint im Schliffbild in Gestalt von nadligen oder plattenförmigen Kristallen (Bild 40).
Diese diffusionslose Gitterumwandlung, bei der die einzelnen Martensitkristalle mit einer Bildungsgeschwindigkeit von etwa 5 000 m / s entstehen, erfolgt bei kontinuierlicher Abkühlung stufenweise, wobei immer nur Teilvolumina der einzelnen Austenitkristalle von der Umwandlung erfaßt werden. Die Martensitbildung findet bei kontinuierlicher Abkühlung in einem mehr oder weniger großen Temperaturbereich statt (Bild 41).

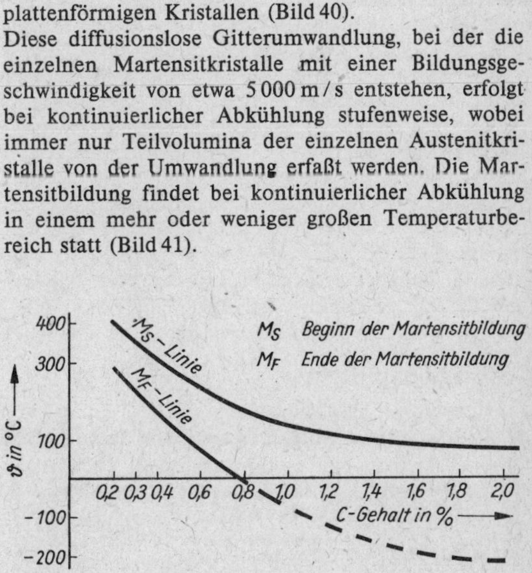

Bild 41. Linien der Martensitbildung für unlegierten Stahl (schematisch)

Die zur Martensitbildung erforderliche Abkühlungsgeschwindigkeit heißt *kritische Abkühlungsgeschwindigkeit.*

Man unterscheidet:

1. *untere kritische Abkühlungsgeschwindigkeit* (≈ 250 K/s)

Bei deren Anwendung entsteht neben perlitähnlichen Gefügebestandteilen Martensit.

2. *obere kritische Abkühlungsgeschwindigkeit* (≈ 600 K/s)

Hier wird nur Martensit gebildet. Perlitähnliche Gefügebestandteile treten nicht mehr auf. Bei übereutektoiden Stählen ist mit Erreichen der Raumtemperatur die $\gamma - \alpha$-Umwandlung noch nicht beendet, so daß im Gefüge neben Martensit noch nicht umgewandelte γ-Mk *(Restaustenit)* vorhanden sind. Wegen der Volumenunterschiede zwischen Martensit und Restaustenit treten zusätzliche Gefügespannungen auf, die zu *Härterißbildung* führen können. Der Beginn und das Ende der Martensitbildung bei kontinuierlicher Abkühlung sind im Bild 41 in Abhängigkeit vom Kohlenstoffgehalt dargestellt. Die M_S-Linie zeigt den Beginn, die M_F-Linie das Ende der Martensitbildung. Die $\gamma - \alpha$-Umwandlung ist bei übereutektoiden Stählen bei Raumtemperatur noch nicht abgeschlossen. Das ist eine Erklärung für das Auftreten von Restaustenit. Die vollständige Umwandlung des Restaustenits in Martensit kann, von Raumtemperatur ausgehend, durch Unterkühlen der betreffenden Stähle, z. B. in flüssiger Luft, erreicht werden.

Die durch Abschrecken erreichbaren Härtewerte sind abhängig vom Kohlenstoffgehalt, von der Art und Menge der Legierungsbestandteile, von der Härtetemperatur und Haltedauer auf Härtetemperatur *(Austenitisierungstemperatur).*

Zur Annahme genügend hoher Härtewerte ist ein Mindestkohlenstoffgehalt von etwa 0,3...0,35 % erforderlich. Bei Vergütungsstählen liegt die untere Grenze bei 0,2 % C, da hier nicht die große Härte, sondern ein möglichst feinkörniges und zähes Gefüge verlangt wird. (Vergüten ist Härten mit nachfolgendem Anlassen bei hohen Temperaturen zwischen 500 und 680 °C.) Die Härtetemperatur der unlegierten Stähle liegt etwa 30...50 K oberhalb der Linie *GOSK* im Eisen-Kohlenstoff-Diagramm.

Wegen der beim Abschrecken entstehenden großen Härte und Sprödigkeit ist es unbedingt erforderlich, dem Stahl wieder Wärme zuzuführen (Anlassen), um die Gefügespannungen zu mildern und nachträgliche Rißbildungen weitestgehend zu vermeiden. Da das Härtegefüge thermodynamisch instabil ist, verändert sich beim Anlassen das Gefüge des Stahls. Die Gefügeänderungen gehen in mehreren Stufen *(Anlaßstufen)* vor sich.

Gefügeänderungen beim Anlassen

1. *Anlaßstufe* (Erwärmung auf Temperaturen < 240 °C)

Durch Wärmezufuhr geht die tetragonale Verzerrung der übersättigten α-Mk mehr oder weniger stark zurück. Dabei wird innerhalb der Martensitkristalle ein kohlenstoffreiches Karbid (ε-Karbid, Fe_2C) punkt- oder stäbchenförmig ausgeschieden. Der Kohlenstoffgehalt des Martensits geht dabei auf Werte von 0,25...0,35 % zurück. Dieser Ausscheidungsvorgang ist mit einer Volumenabnahme des Martensits verbunden. Außerdem ist eine Veränderung der Anätzbarkeit festzustellen. Während sich der tetragonale Martensit kaum anätzen läßt und deshalb im Schliffbild hell erscheint, wird der angelassene Martensit dunkel angeätzt. Dieser Martensit heißt deshalb auch *dunkler Martensit* (Bild 42).

Bild 42. Dunkler (schwarzer) Martensit + Restaustenit.
Stahl mit 0,6 % C, 3 h/1000 °C/Wasser + 1 h bei 150 °C (1. Anlaßstufe)

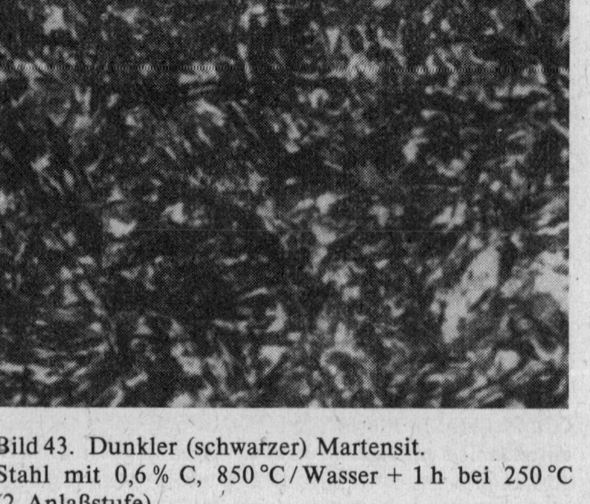

Bild 43. Dunkler (schwarzer) Martensit.
Stahl mit 0,6 % C, 850 °C/Wasser + 1 h bei 250 °C (2. Anlaßstufe)

2. Anlaßstufe (230...280 °C)

In diesem Temperaturintervall wird der vorhandene Restaustenit in Martensit umgewandelt. Das hat eine geringe Volumenzunahme zur Folge. Die 2. Anlaßstufe ist nur bei solchen Stählen zu erwarten, deren Martensitbildung bei Raumtemperatur noch nicht beendet ist (Bild 43).

3. Anlaßstufe (260...360 °C)

Da die Gefügeumwandlung beim Anlassen nicht nur temperatur-, sondern auch zeitabhängig ist, kann sich diese Anlaßstufe sowohl mit der 1. als auch mit der 2. Anlaßstufe überdecken und auch über 360 °C hinausgehen. In diesem Temperaturbereich geht Fe_2C unter Aufnahme von Eisenatomen in Fe_3C über. Damit zerfällt Martensit in perlitähnliche Gefügebestandteile, die anfangs sehr feinkörnig sind und daher sehr gute Festigkeitseigenschaften haben (Bild 44).

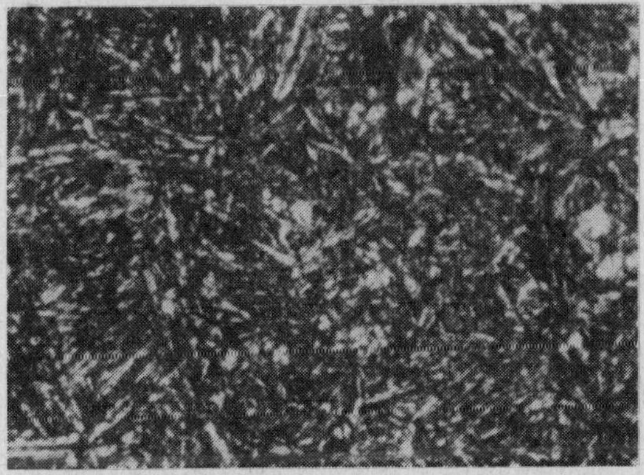

Bild 44. Anlaßgefüge.
Stahl mit 0,6 % C, 850 °C / Wasser + 1 h bei 300 °C (3. Anlaßstufe)

Dieser Martensitzerfall ist mit einer Volumenverminderung verbunden. Die in jeder Anlaßstufe entstehenden Längen- bzw. Volumenänderungen können durch Aufnahme von Dilatometerkurven einwandfrei nachgewiesen werden (Bild 45).
Beim Anlassen von Schnellarbeitsstählen ergibt sich noch eine weitere Anlaßstufe. Schnellarbeitsstähle erfordern eine hohe Härtetemperatur, um die für die Schneidhaltigkeit der Werkzeuge wichtigen Sonderkarbide in Lösung zu bringen. Diese Sonderkarbide werden beim Anlassen erst in der *4. Anlaßstufe* bei 360...600 °C in besonders feinkörniger Form aus der Grundmasse ausgeschieden. Dadurch ergibt sich ein Unterschied im Härteverlauf in Abhängigkeit von der Anlaßtemperatur. Während bei unlegierten und legierten Stählen ein kontinuierlicher Härteabfall beim

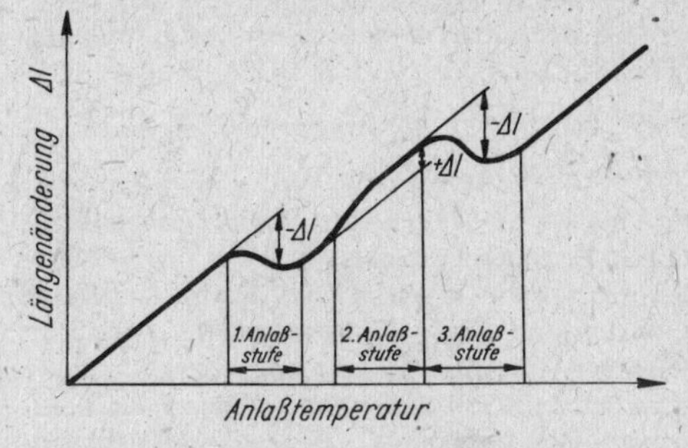

Bild 45. Längenänderung beim Anlassen eines gehärteten übereutektoiden Stahls (schematische Dilatometerkurve)

Anlassen auftritt, erfolgt bei Schnellarbeitsstählen (hochlegierte Stähle) in der 4. Anlaßstufe ein Ansteigen der Härte *(Sekundärhärte).*

Einfaches Härten (kontinuierliches Härten)

Kontinuierliches Abkühlen des Stahls von Härtetemperatur in nur einem Abschreckmittel.

Unlegierte Stähle werden in Wasser, legierte Stähle in Öl gehärtet. Das Verfahren ist nur für einfache, wenig verzugsempfindliche Bauteile und Werkzeuge geeignet.

Gebrochenes Härten (unterbrochenes Härten)

Aufeinanderfolgendes Abschrecken in zwei verschieden wirkenden Abschreckmitteln, wie z. B. zuerst in Wasser und dann in Öl.

Das schroffe Abkühlen in Wasser wird bis in die Nähe des Martensitpunkts zur Unterdrückung der eutektoiden $\gamma - \alpha$-Umwandlung durchgeführt. Die Martensitbildung geschieht während der Schlußabkühlung in Öl. Damit werden gleichzeitig die Härtespannungen und das Verziehen des Werkstücks gemindert.

Ebenso wie beim einfachen Härten müssen hier die Werkstücke anschließend zur Einstellung der Gebrauchshärte auf eine dem Verwendungszweck angepaßte Temperatur angelassen werden. Das Verfahren wird besonders bei formschwierigen, verzugs- und rißempfindlichen Teilen aus unlegierten und einigen niedriglegierten Stählen, sogenannten Wasserhärtern, angewendet (Bild 46).

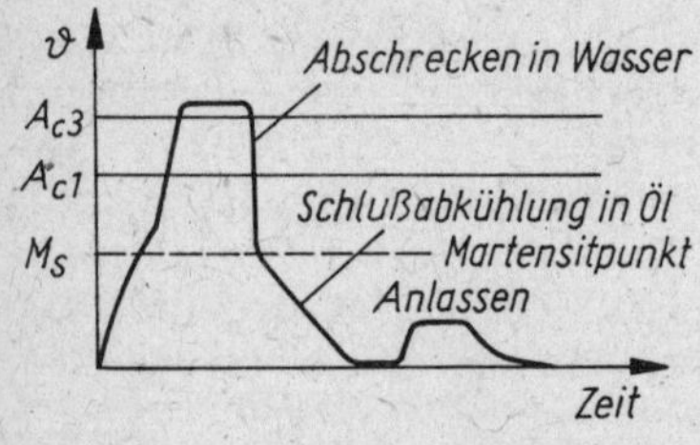

Bild 46. Gebrochenes oder unterbrochenes Härten, Temperatur-Zeit-Diagramm (schematisch)

Warmbadhärten (gestuftes Härten)

Abschrecken des Stahls von Härtetemperatur in einer Salz- oder Metallschmelze *(Warmbad)* bis zum Temperaturausgleich und anschließend beliebig langsame Abkühlung.

Das Abschrecken im Warmbad, dessen Temperatur in der Nähe des Martensitpunkts der jeweiligen Stahlsorte liegen muß, erfolgt zur Unterdrückung der eutektoiden $\gamma - \alpha$-Umwandlung. Die γ-Mk bleiben während der Haltedauer im Warmbad stabil. Die Haltezeit ist unter anderem von der Stahlsorte und damit von deren Wärmeleitvermögen abhängig. Nach erreichtem Temperaturausgleich kann der Stahl langsam, beispielsweise an der Luft, abgekühlt werden, wobei nach Unterschreiten des Martensitpunkts die Bildung des Härtegefüges erfolgt. Bei Anwendung dieses Verfahrens treten kaum Verzug und Härterisse auf. Die Werkstücke haben eine gute Zähigkeit, verbunden mit genügend großer Härte, so daß ein Anlassen unterbleiben kann (Bild 47). Für riß- und verzugsempfindliche Werkstücke in größerer Stückzahl. Die Größe und Masse des Warmbads müssen den Werkstückquerschnitten so angepaßt werden, daß kein unzulässig großer Temperaturanstieg erfolgt.

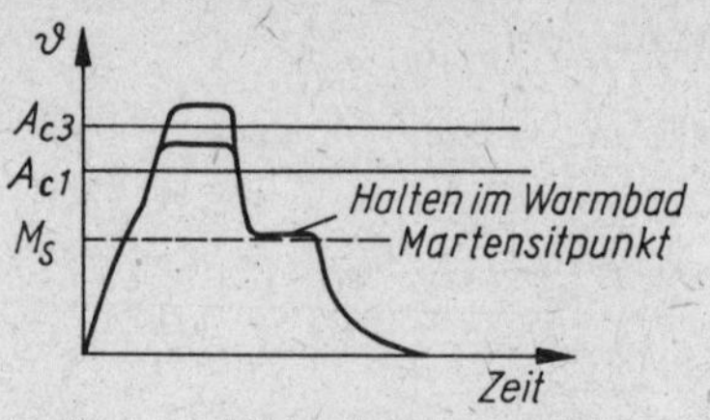

Bild 47. Warmbad- oder gestuftes Härten, Temperatur-Zeit-Diagramm (schematisch)

Warmbadtemperaturen

Unlegierter Werkzeugstahl: 200...300 °C
Niedriglegierter Bau- und Werkzeugstahl: 250 bis 300 °C
Hochlegierter Stahl (Schnellarbeitsstahl): 400 bis 580 °C
Die Haltezeiten bewegen sich mit wenigen Ausnahmen zwischen 20 und 180 s.

Einsatzhärten

Zum Einsatzhärten sind unlegierte und niedriglegierte Stähle[6]) mit Kohlenstoffgehalten zwischen 0,06 und 0,2 % geeignet. Infolge des niedrigen Kohlenstoffanteils sind diese Stähle zunächst nicht mit Erfolg härtbar. Der zum Härten unbedingt erforderliche Kohlenstoff wird dem Stahl nachträglich von außen zugeführt. Dieses nachträgliche Erhöhen des Kohlenstoffgehalts heißt *Einsetzen* (früher Zementieren). *Einsatzhärten* bedeutet demnach Härten nach vorangegangener Aufkohlung der Randzonen. Als optimaler Randkohlenstoffgehalt wird bei unlegiertem Stahl 0,8...0,9 % C, bei legiertem Stahl 1,1 % C angestrebt.
Zum Aufkohlen verwendet man entweder feste, flüssige oder gasförmige Einsatzmittel.

Feste Einsatzmittel (pulverförmig):

Holzkohle, Braunkohle, Knochenkohle, Lederkohle, Hornspäne, Sägemehl u. a. Dazu kommen zur Steigerung der Aufkohlungswirkung, vor allem beim Einsetzen unlegierter Stähle, gasbildende Mittel. Das sind Karbonate, wie z. B. $BaCO_3$, Na_2CO_3, $MgCO_3$.

Flüssige Einsatzmittel

Salzschmelzen von Zyaniden, wie NaCN und KCN, und von sogenannten *Aktivatorsalzen*, wie $BaCl_2 \cdot 2\,H_2O$, NaCl, KCl und andere.
Wegen der Giftigkeit der Zyanide müssen die Arbeitsschutzanordnungen unbedingt beachtet werden.

Gasförmige Einsatzmittel

CO, CH_4, Stadtgas und andere

Einsetzen in festen Einsatzmitteln (Pulveraufkohlung)

Die Werkstücke müssen metallisch blank, fett- und schmutzfrei sein. Sollen die Werkstücke nur teilweise im Einsatz gehärtet werden, so sind die nicht aufzukohlenden Stellen mit Lehm oder lehmhaltigen Abdeckpasten zu versehen oder galvanisch zu verkupfern. Drehteile können an diesen Stellen auch mit einem entsprechenden Übermaß versehen werden, das nach erfolgter Aufkohlung und anschließender langsamer Abkühlung abgedreht wird.
Das oder die Werkstücke werden nach dieser Vorbereitung zusammen mit einer genügenden Menge Einsatzmittel in einem zunderfesten Kasten luftdicht eingepackt und anschließend auf Einsatztemperatur erwärmt. Die Einsatztemperaturen liegen für unlegierten Stahl bei 850...950 °C, für legierten Stahl bei 850...880 °C.

Einsetzen in flüssigen Einsatzmitteln (Salzbadaufkohlung)

Bei Werkstücken, die nur teilweise aufgekohlt werden sollen, wird an den nicht zu härtenden Stellen ein Übermaß belassen. Metallische oder nichtmetallische Überzüge führen unter anderem zur Verunreinigung der Salzschmelze. Die einzusetzenden Werkstücke müssen absolut trocken in das Salzbad eingehängt werden, andernfalls entstehen infolge Knallgasbildung durch die thermische Dissoziation von Wasser folgenschwere Badexplosionen. Die Teile müssen deshalb in gesonderten Einrichtungen auf etwa 400 °C vorgewärmt werden.

Einsetzen in gasförmigen Einsatzmitteln (Gasaufkohlung)

Die Vorbereitung der Werkstücke ist die gleiche wie beim Pulveraufkohlen. Das Einsetzen muß in absolut gasdichten Behältern (Retorten oder Muffeln), durch die das Aufkohlungsmittel hindurchgeleitet wird, durchgeführt werden. Die Einsatztemperaturen liegen bei 900...930 °C.

Härten nach dem Einsetzen, Direkthärten

Einfache Teile aus unlegiertem Einsatzstahl können nach dem Einsetzen in flüssigen oder gasförmigen Mitteln direkt aus der Einsatztemperatur in Wasser, Öl oder einem Ölwarmbad abgeschreckt werden. Allerdings muß mit grobem Martensit, Restaustenit und Härteverzug gerechnet werden. Eine Ausnahme bilden jedoch Al-beruhigte legierte Einsatzstähle (Feinkornstähle), die kaum zum Härteverzug und zur Grobkornbildung neigen.

Einsatzhärten ohne Kernrückfeinung

Die Teile kühlen im Einsatzkasten oder an der Luft ab und werden eventuell spanend bearbeitet. Anschließend erfolgen das Erwärmen auf die Härtetemperatur ($> A_{c1}$) der aufgekohlten Randzone und das Abschrecken in Wasser oder Öl. Bild 48 zeigt schematisch den Temperaturverlauf in Abhängigkeit von der Zeit. Auf Grund des unterschiedlichen Kohlenstoffgehalts zwischen der Rand- und der Kernzone ergeben sich unterschiedliche Temperaturen für die $\alpha - \gamma$-Umwandlung. Beim Wiedererwärmen zum Härten der Randzone wird im wesentlichen nur das unter Umständen grobkörnige Gefüge dieser Zone in ein feinkörniges umgewandelt, während das Gefüge im Kern erhalten bleibt, also nicht nachträglich verfeinert wird. Zur Verbesserung der spanenden Bearbeitbarkeit kann nach dem Einsetzen noch ein Zwischenglühprozeß bei Temperaturen $< A_{c1}$ dem Härten vorausgehen.

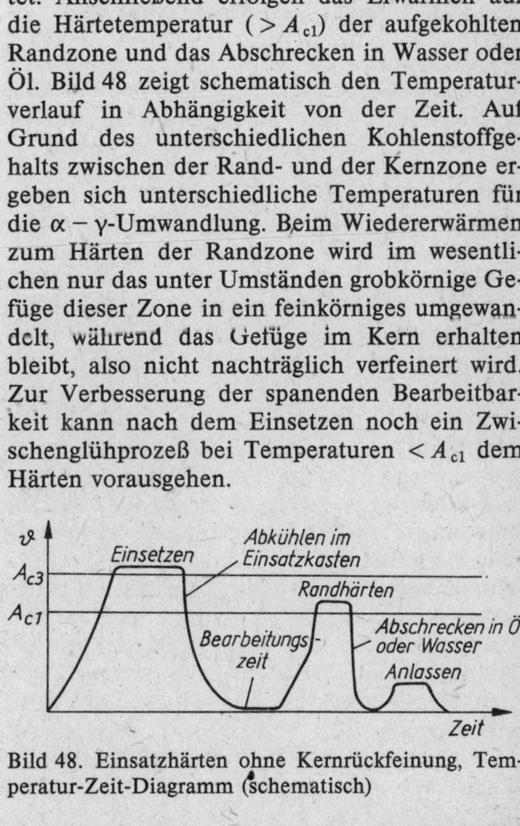

Bild 48. Einsatzhärten ohne Kernrückfeinung, Temperatur-Zeit-Diagramm (schematisch)

Gasnitrieren

Das Nitrierhärten (Gas- wie Badnitrieren) ist ein Sonderverfahren der Oberflächenhärtung. Die Härtesteigerung wird nicht durch Abschreckhärten, sondern durch die Bildung sehr harter Nitride erreicht, die ihrer Gitterstruktur nach kompliziert aufgebaute intermediäre Phasen darstellen.

Zum Gasnitrieren sind nur legierte, vergütbare Stähle mit > 0,25 % C[21]) geeignet. Als wesentliche Legierungsbestandteile müssen Nitridbildner (Al, Cr, Mo, Ti, V) im Stahl vorhanden sein. Die Nitride dieser Komponenten erreichen gegenüber dem Eisennitrid wesentlich höhere Härtewerte und eine größere Verschleißfestigkeit.

Durchführung des Verfahrens

Nach vorangegangener spanloser Formung und Normal- bzw. Weichglühen folgen:

1. *Vergüten* (Härten mit nachfolgendem Anlassen auf Temperaturen 500 °C... < A_{c1})

Die harte und spröde Nitridschicht verlangt zur besseren Aufnahme schlagartiger Belastungen und zur Herabsetzung der Gefahr des Abplatzens ein besonders feinkörniges und zähes Gefüge der Grundmasse.

2. *Spannungsarmglühen*

Die Glühtemperatur muß unterhalb der Anlaßtemperatur des Vergütens liegen, um keine unerwünschten Gefügeänderungen entstehen zu lassen. Die Anwendung dieses Glühverfahrens ist zweckmäßig, weil die sich an das Vergüten anschließende spanende Formung unter Umständen mit dem Entstehen beträchtlicher Gefügespannungen verbunden ist.

3. *Nitrieren*

Der spanenden Fertigbearbeitung, die sich an das Spannungsarmglühen anschließt, folgt das eigentliche Nitrieren (Bild 49). Die Stickstoffanreicherung wird bei 490...520 °C in einem NH_3-Gasstrom von etwa 300...1 000 Pa Überdruck in Muffel- oder Nitrieröfen durchgeführt. Die Nitrierzeit beträgt 10...100 h, wobei eine Schichtdicke von maximal 0,8 mm erreichbar ist.

Das Gasnitrieren bietet folgende Vorteile:

1. große Verschleißfestigkeit
2. Anlaßbeständigkeit bis 500 °C
3. geringere Kerbempfindlichkeit
4. Erhöhung der Dauerschwingfestigkeit
5. verbesserte Korrosionsbeständigkeit

Nachteilig sind der große Zeit- und Kostenaufwand. Die Anwendung des Verfahrens ist sinnvoll beim Oberflächenhärten von Zahnrädern mit komplizierter Verzahnung, von Teilen für Heiß- und Hochdruckdampfarmaturen, Zylinderbuchsen, Steuerungsteilen, Meßwerkzeugen.

Badnitrieren

Im Gegensatz zum Gasnitrieren können mit diesem Verfahren auch Eisenwerkstoffe behandelt werden, die nicht mit den oben angeführten Nitridbildnern legiert sind. Das sind z. B. unlegierte Stähle mit bis 0,5 % C, niedriglegierte Stähle, Schnellarbeitsstähle und Grauguß. Der Grund hierfür ist in den Aufgaben des Verfahrens zu suchen, die darin bestehen, daß eine Erhöhung der Verschleißfestigkeit und der Dauerschwingfestigkeit ohne wesentliche Steigerung der Härte erreicht werden soll.
Da das Badnitrieren in Salzschmelzen, bestehend aus Zyaniden und Zyanaten, erfolgt, wird

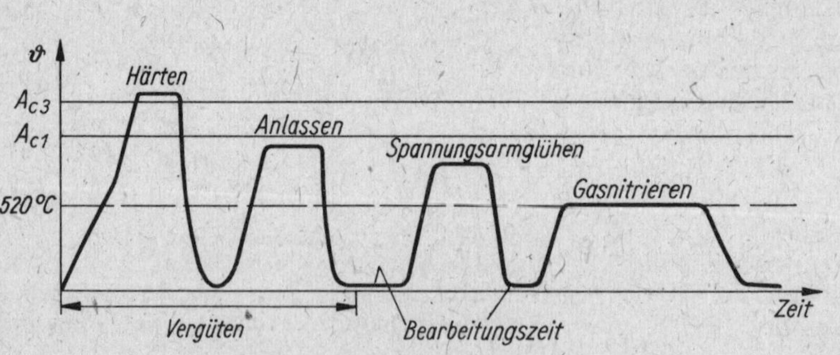

Bild 49. Wärmebehandlungsfolgen beim Gasnitrieren. Temperatur-Zeit-Diagramm (schematisch)

die Werkstückoberfläche nicht nur mit Stickstoff, sondern auch mit Kohlenstoff angereichert. Dabei gelten hinsichtlich der Werkstoffvorbereitung ähnliche Gesichtspunkte wie beim Einsetzen in flüssigen Einsatzmitteln, mit der Ausnahme, daß die Teile nach der Fertigbearbeitung badnitriert werden.
Als Nitriersalze verwendet man Gemische aus NaCN, KCN und KCNO. Die Nitriertemperatur beträgt 550...570 °C und die Nitrierzeit 60...180 min. Die Abkühlung erfolgt in Luft oder Wasser, wobei das Abkühlungsmittel durch die zu erreichende Dauerschwingfestigkeit bestimmt wird.
Das Badnitrieren kann bei Kurbelwellen, Zahnrädern, Ventil- und Schieberteilen, Gleitorganen aus GGL und zur Standzeiterhöhung (maximal 10fach) von Schnellarbeitsstahl angewendet werden.
Als wesentliche Vorteile muß man die geringe Behandlungsdauer und die relativ niedrige Temperatur hervorheben. Hinzu kommt, daß die Teile im fertigbearbeiteten Zustand nitriert und nach dem Abkühlen sofort verwendet bzw. eingebaut werden können.

Flammenhärten

Beim Flammenhärten wird die zu härtende Oberfläche mit einer Brenngas-Sauerstoff-Flamme in kurzer Zeit auf Härtetemperatur erwärmt und anschließend sofort mit Wasser abgeschreckt.

Wegen der intensiven und raschen Wärmezuführung sowie der relativ langsamen Wärmeableitung nach der Kernzone entsteht in der Randzone der zum Erreichen der Härtetemperatur erforderliche *Wärmestau.* Zur Aufnahme der infolge des Temperaturunterschieds zwischen Rand- und Kernzone entstehenden Wärmespannungen muß das Werkstück ein möglichst feinkörniges Gefüge aufweisen, das durch vorhergehendes Vergüten erreichbar ist. Zum Flammenhärten sind Stähle mit 0,35...0,6 % C sowie perlitischer GGL und Temperguß geeignet.

Durchführung des Verfahrens

1. Vergüten (zur Steigerung der Kernfestigkeit)
2. Flammenhärten
3. Anlassen

Je nach Form und Größe der zu härtenden Oberfläche unterscheidet man zwei grundsätzliche Arten der Flammenhärtung:

1. Linienhärten

Zum Härten langer ebener oder zylindrischer Flächen. Dabei bewegen sich der Brenner und die mit ihm gekoppelte Abschreckbrause über die Werkstückoberfläche bzw. wird diese unter beiden hindurchgeführt (Bild 50a). Erwärmen und Abschrecken werden in einem Arbeitsgang vollzogen.

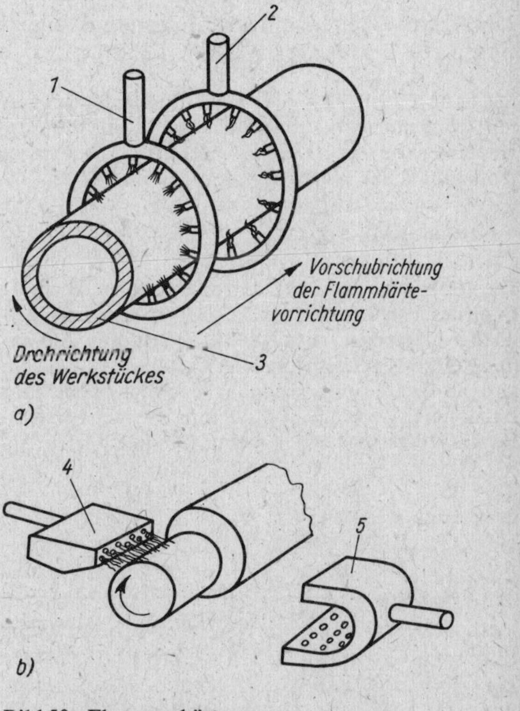

Bild 50. Flammenhärten.
a) Linienhärten, b) Mantelhärten.
1 Abschreckbrause, *2* Ringbrenner, *3* gehärtete Randzone, *4* Brenner, *5* Abschreckbrause (ausgeschwenkt)

2. Mantelhärten

Die zu härtende Oberfläche wird vollkommen oder teilweise erwärmt und im zweiten Arbeitsgang abgeschreckt (Bild 50b).
Die erreichbare Härtetiefe ist abhängig von der Aufheizdauer, der Brennergröße, der Wärmeleitfähigkeit, der Werkstückgröße u. a. Im allgemeinen ist mit dem Flammenhärten die größte Härtetiefe, gemessen an den anderen Oberflächenhärteverfahren, zu erreichen.
Das Verfahren ist anwendbar zum Härten von Drehmaschinenbetten, langen Wellen und kurzen Lagerstellen an Wellen, Achsen, Bolzen, Nockenwellen, Kolbenbolzen, ferner bei Zahnrädern sowie bei Verschleißflächen an Kipphebeln, Druckschrauben u. a.

Induktionshärten

Bei diesem Verfahren wird die Wärme gleichmäßig in den äußeren Schichten durch induzierte Wirbelströme erzeugt.

Dazu wendet man das *Transformatorprinzip* an. Die Primärseite (Heizkopf oder Heizschleife) wird durch ein wassergekühltes, zu einer oder mehreren Windungen gebogenes Kupferrohr dargestellt. Die Sekundärseite ist das Werkstück. Beim Erwärmen zum Härten nutzt man die Erscheinung aus, daß der stromdurchflossene Querschnitt eines Leiters mit steigender Frequenz geringer wird *(Skin-Effekt)*. Man kann durch die Wahl geeigneter Frequenzen die Stromeindringtiefe bzw. die Härtetiefe entsprechend einstellen, sofern sich die erzeugte Wärme nicht in so großem Maße nach dem Kern hin ableiten läßt, daß auch die tieferliegenden Schichten auf Härtetemperatur erwärmt werden. Dabei ist zu beachten, daß besonders bei kleineren Querschnitten die Härtetemperatur in wenigen Sekunden bzw. Bruchteilen von Sekunden erreicht wird. Es muß daher sofort mit Wasser abgeschreckt werden. Je nach den Erfordernissen arbeitet man mit Frequenzen von 0,5...2 500 kHz (meist bis 10 kHz), mit denen sich Eindringtiefen von 20...6 mm erreichen lassen.
Zum Induktionshärten sind die im Abschnitt Flammenhärten genannten Eisenwerkstoffe geeignet. Auch hier soll der Stahl vor dem Härten zum Erreichen einer großen Kernfestigkeit vergütet werden. Im Normalfall wird die vergütete Kernzone durch die induktive Erwärmung im Gefügeaufbau nicht verändert.

Durchführung des Verfahrens

1. Vergüten
2. Härten
3. Anlassen

Je nach Größe und Form der zu härtenden Oberfläche unterscheidet man 2 Verfahrensgruppen (Bild 51):

1. *Vorschubhärteverfahren* (entsprechend der Linienhärtung beim Flammenhärten)
2. *Standhärteverfahren* (entsprechend der Mantelhärtung beim Flammenhärten)

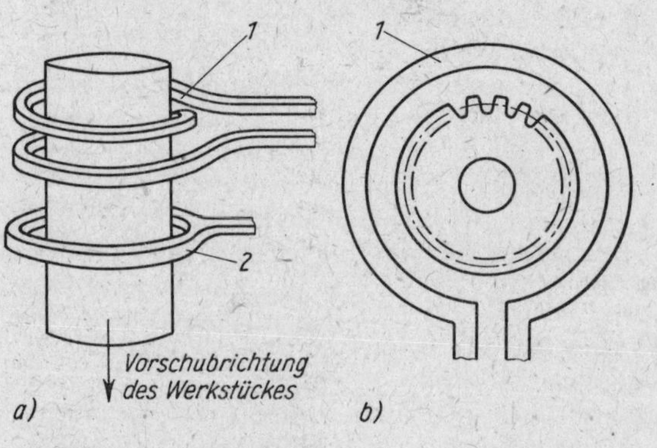

Bild 51. Induktionshärten.
a) Vorschubhärten, b) Standhärten (Allzahnhärten bis 80 mm ∅).
1 Heizschleife (-kopf), *2* Abschreckbrause

Das Induktionshärten ist ein hochproduktives Verfahren, das sich besonders für zylindrische und andere Drehteile, wie Lagerzapfen, Zahnräder, Wellen und Walzen, eignet.

Vorteile des Induktionshärtens

1. geringe Aufheizdauer
2. Einhärtetiefe kann durch entsprechende Frequenzwahl gut eingestellt werden
3. geringe Verzunderung
4. geringer Verzug
5. Induktionshärteanlagen können in der automatischen Fertigung eingesetzt werden

Nachteile des Induktionshärtens

1. Die Anlagenkosten sind sehr hoch, dadurch wird die Anwendung nur bei sehr großen Stückzahlen wirtschaftlich.

2. Die Auslastung der Anlage ist wegen der geringen Härtedauer nur schwer erreichbar.
3. Die Anwendung des Verfahrens ist nur bei relativ einfach geformten Teilen möglich.

2.2.6.3. Anlassen und Vergüten

Beim Abschreckhärten entstehen erhebliche Gefügespannungen, die gegebenenfalls zu Härterissen und damit zur Funktionsuntüchtigkeit des Werkstücks führen können.

Die Aufgabe des *Anlassens* besteht darin, durch Wärmezuführung die Gefügespannungen zu mildern und die Gebrauchshärte des Werkstücks einzustellen.

Die Höhe der Anlaßtemperatur richtet sich entsprechend der Stahlmarke nach dem Verwendungszweck des Teils. Die Anlaßtemperaturen von unlegiertem Stahl liegen etwa zwischen 150 und 350 °C. Da die Anlaßtemperaturen sehr häufig relativ eng toleriert sind, ist das Anlassen so durchzuführen, daß eine einwandfreie Temperaturmessung garantiert ist. Die Bestimmung der Anlaßtemperatur mit Hilfe der *Anlaßfarben* ist eine sehr unsichere Methode, da diese Farben je nach chemischer Beständigkeit der betreffenden Stahlmarken bei unterschiedlichen Temperaturen erscheinen. Ferner ist diese Augenscheinmessung stark von den Beleuchtungsverhältnissen in der Härterei und der Farbtüchtigkeit des Beobachters abhängig. Deshalb sollte man das Anlassen, vor allem bei größeren Stückzahlen, in Luftumwälzöfen, Ölbädern oder Salzschmelzen durchführen.

BEISPIEL

■ Abhängigkeit der Anlaßtemperatur vom Verwendungszweck:
Anlassen bei niedrigen Temperaturen (100...250 °C): Lehren und Meßzeuge (100...180 °C), Spanungswerkzeuge, wie Dreh- und Hobelmeißel, Fräser (bis 200 °C), Bohrer und Gewindebohrer (bis 250 °C).
Anlassen bei mittleren Temperaturen (250...500 °C): Messer, Meißel (bis 300 °C), Federn (bis 500 °C).

Die Anlaßdauer beträgt etwa 1...3 h, bei Endmaßen bis 24 h.

Während das Anlassen den Zweck verfolgt, Gefügespannungen so weit abzubauen, daß ein dem Verwendungszweck angepaßter Härtewert erreicht wird, soll das *Vergüten* eine wesentliche Verbesserung der Zähigkeitseigenschaften des Stahls gegenüber dem unbehandelten Zustand erbringen. Dabei versteht man unter *Vergüten* das Härten mit nachfolgendem Anlassen auf hohe Temperaturen (500...690 °C) (bis unterhalb des unteren $\alpha - \gamma$-Umwandlungspunkts A_{c1}).

Die Verbesserung (Vergütung) der Stahleigenschaften beruht auf dem Zerfall des Martensits in ein sehr feinkörniges α-Mk – Fe_3C-Gefüge durch das Anlassen in dem oben angeführten Temperaturgebiet. Gegenüber dem Anlieferungszustand werden vor allem folgende Eigenschaften verbessert: Streckgrenze, Zugfestigkeit, Bruchdehnung, Brucheinschnürung, Kerbschlagzähigkeit und die Härte.
Da eine einwandfreie Vergütung bei unlegiertem Stahl nur in einem begrenzten Querschnittsbereich möglich ist, verwendet man bei Bauteilen mit größeren Querschnitten solche Baustähle, die mit Si, Mn, Cr oder Mo legiert sind. Diese und andere Legierungsbestandteile erniedrigen die kritische Abkühlungsgeschwindigkeit beim Härten, so daß gegenüber unlegierten Stählen wesentlich größere Einhärtetiefen erreicht werden und damit eine mehr oder weniger vollkommene Durchvergütung möglich ist. Man beachte, daß das Vergüten in der Regel nur bei unlegierten und niedriglegierten Baustählen mit Kohlenstoffgehalt zwischen 0,2 und 0,6 %[7]) sowie bei zur Oberflächenhärtung vorgesehenen Stählen[21]) angewendet wird.

2.2.6.4. Wärmebehandlung von Gußeisen mit Lamellen- und Kugelgraphit

Die wichtigsten Wärmebehandlungsverfahren für GGL und GGG sind Spannungsarm-, Weich- und Normalglühen. Weniger häufig sind das Härten nach Volumenerwärmung und nach Oberflächenerwärmung sowie die chemisch-thermischen Verfahren.

Spannungsarmglühen

Dieses Verfahren soll innere Spannungen, die beim Abkühlen der Gußstücke entstehen (Wärmespannungen), weitestgehend abbauen und die Maßstabilität der Gußstücke gewährleisten.

Durchführung des Verfahrens

1. Langsames Erwärmen auf Glühtemperatur (70...100 K/h)
2. Halten auf Glühtemperatur:
   GGL, GGG (unlegiert):
   2...8 h/510...565 °C
   GGL, GGG (niedriglegiert):
   2...8 h/565...595 °C
   GGL, GGG (hochlegiert):
   2...8 h/595...650 °C
3. Ofenabkühlung mit 20...50 K/h bis auf 250 °C, anschließend Luftabkühlung.

Weichglühen

Aufgaben dieses Verfahrens sind die Verbesserung der spanenden Bearbeitbarkeit, der Dehnung und Verringerung der Festigkeit und Härte durch Überführung des perlitischen, perlitisch-ferritischen oder ledeburitisch-perlitisch-ferritischen Ausgangsgefüges in ferritisches Gefüge.
Man unterscheidet das Weichglühen bei niedriger, mittlerer und hoher Temperatur. Die Erwärmung erfolgt in jedem Fall langsam. Die Abkühlung wird mit etwa 55 K/h im Ofen vorgenommen, ab 300 °C ist Luftabkühlung üblich.

Glühtemperaturen und Haltezeiten

bei niedriger Temperatur:
700...760 °C, bis 1 h je 25 mm Wanddicke
bei mittlerer Temperatur:
700...900 °C, bis 1 h je 25 mm Wanddicke
bei hohen Temperaturen:
> 900 °C, 1...3 h + 1 h je 25 mm Wanddicke

Normalglühen

Aufgabe des Normalglühens von GGL und GGG ist die Erhöhung der Festigkeit, Härte und Verschleißfestigkeit durch Umwandlung des perlitisch-ferritischen bzw. ferritischen Ausgangsgefüges in ein perlitisch-sorbitisches Gefüge.

Durchführung des Verfahrens

1. Langsames Erwärmen
2. Halten auf Glühtemperatur: 1 h je 25 mm Wanddicke bei 850...950 °C
3. Luftabkühlung bis etwa 550 °C, anschließende verlangsamte Abkühlung mit 50 K/h.

Härten

Das Härten wird zur Erhöhung der Festigkeit, Härte und Verschleißfestigkeit von GGL und GGG angewendet. Härtbar sind unlegierte und legierte perlitische und perlitisch-ferritische GGL- und GGG-Sorten.
Für das *Härten nach Volumenerwärmung* werden die Gußstücke auf 850...950 °C erwärmt und etwa 1 h je 25 mm Wanddicke gehalten. Das Abschrecken erfolgt in Wasser oder Öl (einfaches und gebrochenes Härten). Das nachfolgende Anlassen wird im Temperaturbereich 250...500 °C mit einer Haltezeit von 1 h + 1 h je 25 mm Wanddicke vorgenommen.
Für das *Härten nach Oberflächenerwärmung* (Flammen- und Induktionshärten) sind perlitisches und perlitisch-ferritisches GGL und GGG geeignet.
Für GGL und GGG mögliche *Verfahren der chemisch-thermischen Wärmebehandlung* sind Gas- und Badnitrieren sowie unter anderem Aluminieren, Inchromieren, Diffusionsverzinken und Sulfidisieren.

2.3. Nichteisenmetalle

2.3.1. Aluminium

2.3.1.1. Eigenschaften und Verwendung

Aluminium (Al) kristallisiert kubisch-flächenzentriert (kfz). Tabelle 1.

Mechanische Eigenschaften

Diese Eigenschaften sind vom Bearbeitungszustand abhängig.

Zugfestigkeit:

$R_{m\,gegossen} = 70\ldots100$ MPa
$R_{m\,gewalzt} = 80\ldots150$ MPa
$R_{m\,gezogen} = 150\ldots240$ MPa

Bruchdehnung:

$A_{10\,(gegossen,\,gewalzt)} = 30\ldots45$ %
$A_{10\,(gezogen)} = 2\ldots\ 8$ %

Wegen des *E*-Moduls, der sich auch durch Legierungszusätze kaum ändert, zeigen Al und seine Legierungen ein sehr gutes Dämpfungsverhalten für mechanische Schwingungen und eine geringe Enpfindlichkeit gegen Schlag- und Stoßbeanspruchung. Nachteilig ist der niedrige *E*-Modul, da schon relativ geringe Kraftwirkungen ausreichen, um größere Formänderungen hervorzurufen. Daher und wegen des kfz-Gitters ist Al spanlos sehr gut kalt- und warmformbar.

Chemische Eigenschaften

Obwohl Al in der elektrochemischen Spannungsreihe sehr weit links vom Wasserstoff steht, also ein sehr unedles Element darstellt, ist es an der Luft und im Wasser außerordentlich gut beständig. Diese Beständigkeit beruht auf der Bildung einer sehr dünnen, aber dichten und festhaftenden Oxidschicht, die sich bei Berührung von metallisch blankem Al mit Luftsauerstoff sehr schnell bildet. Gegen verdünnte organische Säuren und Salpetersäure ist es bei normalen Temperaturen beständig. Alle Stoffe, die die Oxidschicht zu lösen vermögen, greifen Al jedoch mehr oder weniger stark an. Besonders Alkalien (z. B. Natronlauge) wirken sehr aggressiv.

Technologische Eigenschaften

Für Formguß ist Al wenig geeignet, dafür kommen technisch ausschließlich Al-Legierungen in Betracht. Zur spanlosen Umformung ist Al sehr gut geeignet. Es läßt sich durch Ziehen, Drücken, Fließpressen, Tiefziehen, Stauchen, Prägen und Treiben bis zu hohen Umformungsgraden verformen. Die spanlose Warmformung, wie Schmieden und Walzen, wird meist bei 480...550 °C durchgeführt.
Für die spanende Bearbeitung ist Al nur bei hohen Schnittgeschwindigkeiten geeignet, da es zum Schmieren neigt. Zur Herstellung unlösbarer Verbindungen kann Al geschweißt, gelötet oder geklebt werden. Das Schweißen wird unter Zuhilfenahme von Schweißpulver oder Schutzgas (z. B. Argon) durchgeführt. Das Löten von Al ist kaum gebräuchlich. Zum Hartlöten sind hier nur schwermetallfreie Lote (z. B. LAlSi 13) am günstigsten. Da beim Weichlöten schwermetallhaltige Lote verwendet werden, ist dieses Verfahren nur dort geeignet, wo die Al-Teile völlig trocken bleiben. Andernfalls muß mit Korrosion durch die Entstehung von Lokalelementen gerechnet werden. Deshalb sind Weichlötverbindungen durch Lacküberzug zu schützen. Klebeverbindungen werden vornehmlich unter Verwendung kalt- oder heißhärtender Epoxidharze hergestellt, die beachtliche Festigkeitswerte erreichen lassen.

Verwendung[22])

Wegen seiner guten elektrischen Eigenschaften hat es in größerem Umfang in der Elektrotechnik in Form von Wicklungsdraht, Kabeldraht, Kondensatorfolie u. ä. Eingang gefunden. Da Al gegen verdünnte organische Säuren gut beständig ist, wird es als Austausch für Sn-Folien und Weißblech für Lebensmittelverpakkungen eingesetzt. Daneben ist Al als Plattierwerkstoff für korrosionsanfällige Al-Legierungen (z. B. AlCuMg) bedeutungsvoll. Ein weiteres Anwendungsgebiet ist die Aluminothermie, wozu das bekannte Thermitschweißen und die Herstellung kohlenstofffreier Metalle und Vorlegierungen für metallurgische Zwecke gehören.

2.3.1.2. Knet- und Gußlegierungen

Al bildet mit Si, Mg, Cu, Zn, Mn und Ni technisch wichtige Zwei- und Mehrstoffsysteme. Legierungen einiger Systeme haben besonders insofern Bedeutung, als sie durch eine geeignete Wärmebehandlung *(Aushärtung)* eine enorme Festigkeitssteigerung gegenüber dem Ausgangszustand erfahren.
Al-Gußlegierungen werden bei Sandguß mit vorangestelltem G-, bei Kokillenguß mit GK- und bei Druckguß mit GD- gekennzeichnet.
Es gibt eine Vielzahl aushärtbarer und nichtaushärtbarer Al-Legierungen.

Legierungsgruppe AlCuMg

Legierungen dieser Gattung enthalten bis etwa 5 % Cu und bis etwa 3 % Mg. Sie werden in der Regel kalt ausgehärtet und erreichen dabei Zugfestigkeitswerte ≧ 400 MPa.
Wegen der geringen Dichte und der für Leichtmetalle sehr hohen statischen Festigkeitswerte

hat diese Gattung als Konstruktionswerkstoff große Bedeutung erlangt. Um die Korrosionsanfälligkeit zu vermindern, werden besonders Bleche, wie sie z. B. im Flugzeugbau verlangt werden, mit Rein- bzw. Reinst-Al plattiert.
Verwendung für mechanisch hochbeanspruchte Bauteile im Fahrzeug-, Flugzeug- und Maschinenbau, für Preß- und Schmiedeteile, Bremstrommeln für Kraftfahrzeuge u. ä.

Legierungsgruppe AlMgSi

Legierungen dieser Gruppe können kalt und warm ausgehärtet werden. Warmaushärten bei 140...160 °C in 12...4 h.
Wegen der guten chemischen Beständigkeit Einsatz im Schiff-, Fahrzeug-, Apparatebau, im Bauwesen und in der Lebensmittelindustrie.

Legierungsgruppe AlMg[23])

In dieser Gruppe ist die Legierung AlMg 5 standardisiert, die unter dem Handelsnamen *Hydronalium* bekannt geworden ist. Sie ist nicht aushärtbar.
Wegen der sehr guten Korrosions- und Seewasserbeständigkeit wird AlMg 5 für Verkleidungen im Schiff- und Fahrzeugbau sowie in der chemischen und Lebensmittelindustrie eingesetzt.

Legierungsgruppe G-AlSiCuNi[24])

Technisch wichtig sind Legierungen mit 12...20 % Si. Sie zeichnen sich durch gute Festigkeit, Abriebfestigkeit und Wärmeleitfähigkeit aus. Der hohe Si-Anteil verringert den Wärmeausdehnungskoeffizienten.
Die Aushärtung erfolgt in 15 Stunden bei 185 °C.
Verwendung: Kolben für Verbrennungsmotoren.

Legierungsgruppe G-AlSi[25])

Die eutektische Legierung G-AlSi 12 zeichnet sich durch sehr gute Gießeigenschaften aus. Als eine der wenigen Ausnahmen neigt diese Legierung beim Erstarren zur Grobkornbildung. Durch das *Veredeln* mit einem Zusatz von 0,005...0,01 % metallischem Natrium oder entsprechenden Mengen von Alkalichloriden oder -fluoriden 15...20 min vor dem Abgießen wird die Grobkornbildung unterdrückt. Diese unter dem Handelsnamen *Silumin* bekannte Legierung ist nicht aushärtbar.
Durch geringen Mg-Zusatz werden Legierungen dieser Gruppe warm- und kaltaushärtbar.
Verwendung für komplizierte, dünnwandige, stoßfeste, flüssigkeitsdichte und chemisch beständige Gußstücke hoher mechanischer Festigkeit.

2.3.1.3. Aushärtung der Aluminium-Legierungen

Das Aushärten hat die Aufgabe, eine wesentliche Erhöhung der Zugfestigkeit und Streckgrenze gegenüber dem Ausgangszustand zu erreichen. Es kann bei Raumtemperatur *(Kaltaushärtung)* oder bei erhöhten Temperaturen *(Warmaushärtung)* erfolgen. Cu- und Mg-haltige Al-Legierungen werden meist kalt, Si- und Mg-haltige sowohl kalt als auch warm ausgehärtet.

BEISPIEL

■ *Aushärtung von* AlCuMg (Legierung mit 3 % Cu und 0,5...1,0 % Mg)

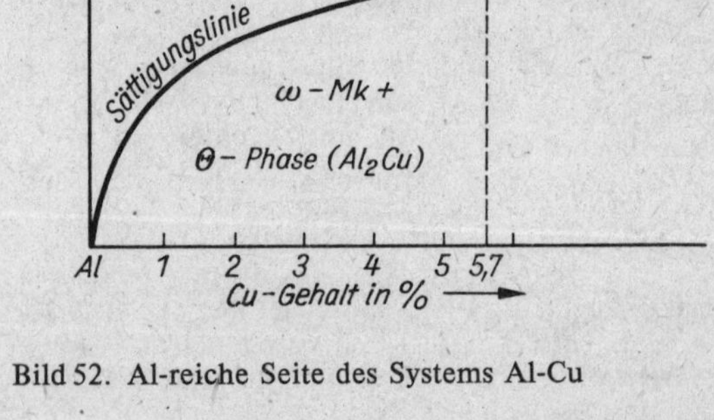

Bild 52. Al-reiche Seite des Systems Al-Cu

Betrachtet man diese Legierung an Hand des Zustandsdiagramms Al – Cu, so erkennt man, daß die langsam abkühlende Legierung bei normalen Temperaturen aus Al-reichen ω-Mk und der intermetallischen Θ-Phase (Al_2Cu) besteht (Bild 52). Dieser Gefügeaufbau ist als Ausgangszustand anzusehen, wobei Zugfestigkeitswerte zwischen 180 und 220 MPa vorliegen. Die Erhöhung der Festigkeit durch Aushärten erfolgt in 3 Arbeitsgängen:

1. *Lösungsglühen*

Die Legierung wird je nach Materialdicke und Gefügezustand (feinkörnig bei Knetlegierung, grobkörniger bei Gußlegierung) 0,5…2 h bei Temperaturen dicht oberhalb der Sättigungslinie und auf jeden Fall unterhalb der eutektischen Temperatur 548 °C geglüht. Dabei wird die intermetallische Phase von den ω-Mk gelöst. Es entsteht damit ein gleichartiges (homogenes) Gefüge aus ω-Mk. Der ω-Mk ist ein Austausch-Mk mit unregelmäßiger Verteilung der Cu-Atome.

2. *Abschrecken*

Die Legierung wird in Wasser, seltener in Öl, abgeschreckt. Dadurch wird das Ausscheiden der Cu-Atome, wie es entsprechend dem abnehmenden Lösungsvermögen entlang der Sättigungslinie bei langsamer Abkühlung erfolgen würde, verhindert. Es liegen nun bei Raumtemperatur übersättigte ω-Mk vor. Wesentlich ist jedoch, im Gegensatz zum Abschrecken von Stahl, daß die Al-Legierung eine geringere Härte und Festigkeit und damit bessere spanlose Formbarkeit als im Ausgangszustand aufweist. Das ist jedoch höchstens bis 2 h nach dem Abschrecken auf Raumtemperatur der Fall. Die Bearbeitbarkeit läßt dann durch den Aushärtungseffekt merklich nach.

3. *Aushärten*

Um die Korrosionsanfälligkeit der Legierung nicht zu erhöhen, wird die Legierung bei Raumtemperatur etwa 5…6 Tage ausgehärtet. Unter diesen Bedingungen diffundieren die Cu-Atome innerhalb der ω-Mk in bevorzugte Gitterebenen und verursachen durch ihren gegenüber Al unterschiedlichen Atomradius eine Verspannung des Gitterverbands. Es tritt hier also keine Ausscheidung von Cu-Atomen an den Korngrenzen, sondern lediglich eine Änderung der Besetzung von Gitterplätzen auf.
Die erreichbaren Zugfestigkeitswerte nach der Aushärtung liegen im Normalfall bei 400 MPa. Durch spanlose Formung mit großem Formänderungsgrad nach dem Abschrecken sind Festigkeitswerte in der Größenordnung von etwa 600 MPa möglich.

Aushärtung von Si- und Mg-haltigen Al-Legierungen

Im Gegensatz zu den Cu- und Mg-haltigen Legierungen wird hier die Festigkeitssteigerung durch sehr feinkörnige Ausscheidung der intermetallischen Phase Mg_2Si an den Korngrenzen der entsprechend dem jeweiligen Zustandsdiagramm benannten Al-reichen Mischkristalle hervorgerufen. Der technologische Ablauf der Aushärtung entspricht dem der AlCuMg-Legierungen. Natürlich muß das Lösungsglühen bei Temperaturen durchgeführt werden, die den Bedingungen des jeweiligen Zustandsdiagramms angepaßt sind. Wegen der geringeren Korrosionsanfälligkeit und des geringeren Zeitaufwands wird die Aushärtung bei erhöhten Temperaturen vorgenommen. Bemerkenswert ist noch, daß sich bei diesen Legierungen durch Warmaushärten höhere Festigkeitswerte als beim Kaltaushärten erzielen lassen.

2.3.2. Magnesium

2.3.2.1. Eigenschaften und Verwendung

Magnesium (Mg) kristallisiert hexagonal mit dichtester Kugelpackung (hdP). Das Achsenverhältnis c/a ist 1,62. Tabelle 1.

Mechanische Eigenschaften

Zugfestigkeit:

$R_{\text{m gegossen}} = 100\ldots130$ MPa
$R_{\text{m gepreßt}} = 250$ MPa

Bruchdehnung:

$A_{\text{gegossen}} = 5\,\%$
$A_{\text{gepreßt}} = 10\,\%$

Der niedrige E-Modul verleiht dem Mg und seinen Legierungen günstige stoß- und schwingungsdämpfende Eigenschaften.

Chemische Eigenschaften

Mg ist gegenüber Laugen und Flußsäure beständig. Gegen andere Säuren, Salze und Seewasser ist es wenig beständig bzw. unbeständig. Die große Affinität zum Sauerstoff zwingt zu besonderen Vorsichtsmaßnahmen beim Schmelzen, Abgießen und bei der spanenden Bearbeitung. Das trifft im vollen Umfang auch für die technisch wesentlich wichtigeren Mg-Legierungen zu. Bei der spanenden Bearbeitung kann es sehr leicht zur Entzündung der Späne kommen. Die Entzündungstemperatur liegt bei etwa 400 °C. Dabei dürfen als Löschmittel nur trockene Graugußspäne, Abdecksalze oder besondere Mg-Feuerlöscher verwendet werden. Es ist verboten, mit Wasser oder Sand derartige Brände zu löschen, da infolge der großen Verbrennungswärme das Wasser thermisch dissoziiert und dadurch Knallgasexplosionen zu erwarten sind. Das Ausbrennen von Schmelzen wird durch Abdecksalze verhindert. Beim Abgießen wird der Gießstrahl mit Schwefelblüte eingenebelt. Auch dem Formsand wird Schwefelblüte zugesetzt.

Technologische Eigenschaften

Da Metalle mit hexagonalem Gitter nur 3 Gleitsysteme gegenüber 12 Gleitsystemen bei kubisch-flächenzentriert kristallisierenden Metallen aufweisen, ist die spanlose Kaltumformung schwieriger. Bei Temperaturen > 225 °C tritt eine sprunghafte Verbesserung der spanlosen Formbarkeit ein. Mg läßt sich spanend sehr gut bearbeiten. Die Gießbarkeit ist wegen starker Gasaufnahme und Nitridbildung schlecht.

Verwendung

Mg wird vor allem wegen seiner niedrigen Zugfestigkeit technisch nicht verwendet. Einsatz findet Mg nur für Sonderzwecke, wie z. B. in der Pyrotechnik und als Korrosionsschutzmittel in Form von Opferanoden im Schiffbau u. ä.

2.3.2.2. Knet- und Gußlegierungen

Standardisierte Legierungen werden mit Al und Zn als Komponenten hergestellt.
Für Bauteile mittlerer Beanspruchbarkeit im Fahrzeug- und allgemeinen Maschinenbau[26]) ist die Legierung MgAl3Zn und für höher beanspruchte Teile im Fahrzeugbau MgAl6Zn geeignet. Zur Herstellung auf Dauerschwingung beanspruchter Sandgußteile sind die Legierungen G-MgAl 6 Zn 3 und G-MgAl 9 Zn 2[27]) vorgesehen.

Druckgußteile verschiedener Verwendungszwecke fertigt man aus der Legierung GD-MgAl 9 Zn 2. Gußteile aus Mg-Legierungen werden meist durch Bichromatisieren mit einem Korrosionsschutz versehen. Dadurch erhalten die Gußstücke eine goldgelbe bis braune Färbung.

2.3.3. Kupfer

Kupfer und seine Legierungen sind ausgesprochene Sparwerkstoffe. Bei der Werkstoffauswahl sollte zunächst die Möglichkeit der Substitution durch andere Werkstoffe eindeutig geklärt werden.

2.3.3.1. Eigenschaften und Verwendung

Kupfer (Cu) kristallisiert kubisch-flächenzentriert (kfz). Tabelle 1.

Mechanische Eigenschaften

Zugfestigkeit:
$R_{m\,gegossen} = 150 \dots 200$ MPa
$R_{m\,gewalzt} = 200 \dots 240$ MPa
$R_{m\,hartgezogen} = 450$ MPa

Bruchdehnung:
$A = 38 \dots 40$ %
$A_{hartgezogen} = 2$ %

Brinell-Härte:
$HB = 50 \dots 110$

Chemische Eigenschaften

In der elektrochemischen Spannungsreihe steht Kupfer zwar auf der Seite der Edelmetalle, also rechts vom Wasserstoff, ist aber nicht als Edelmetall anzusehen. Kupfer wird an der Luft von verdünnter Schwefelsäure, Salzsäure und Ethansäure (Essigsäure) angegriffen. An feuchter CO_2-haltiger Luft bildet sich eine hellgrüne Deckschicht, die unter dem Namen *Patina* oder *Edelrost* bekannt ist. Es handelt sich dabei im wesentlichen um ein basisches Kupferkarbonat. Unter Einwirkung von Ethansäure bildet sich basisches Kupferazetat, das als *Grünspan* ebenfalls hinlänglich bekannt ist. Da Kupfersalze sehr giftig sind, dürfen kupferne Gefäße im Haushalt, in Großküchen und in der Lebensmittelindustrie nicht mit Ethansäure in Berührung kommen.

Technologische Eigenschaften

Reines Kupfer hat wegen seiner Fähigkeit, im flüssigen Zustand größere Mengen Gase zu lösen, schlechte Gießeigenschaften. Die Schmelze ist dickflüssig und erstarrt infolge Ausscheidung der gelösten Gase (wie H_2, CO und SO_2) blasig. Beim Warmwalzen werden die Poren verschweißt, da die genannten Gase nicht oxidierend wirken. Während sich Cu spanlos gut verformen läßt, ist die spanende Formung wegen der Neigung zum Schmieren schwieriger. Kupfer läßt sich gut weich- und hartlöten und ist schweißbar. Schweißen mit Wasserstoff als Schutzgas oder Glühen in H_2-haltiger Ofenatmosphäre von Cu_2O-haltigem Cu vermindert die Zähigkeit durch das Auftreten der sog. *Wasserstoffkrankheit.* Dabei wird das Cu_2O durch Wasserstoff unter Bildung von nicht diffusionsfähigem Wasser zu Cu reduziert:

$$Cu_2O + H_2 \rightarrow 2\,Cu + H_2O$$

Das im Kupfer eingeschlossene Wasser führt zu Porosität und Abnahme der Zähigkeit.
Das Ablöschen weniger reiner, spanlos kalt verformter Kupferteile von Weichglühtemperatur in Wasser hat den Zweck, die Ausscheidung der bei hohen Temperaturen von den Cu-Kristallen gelösten Verunreinigungen zu verhindern und damit gute Verformungseigenschaften zu erzielen.

Verwendung

Für Formate für Walz- und Gesenkschmiedestücke verwendet man Raffinadekupfer (z.B. R-Cu99, R-Cu99,5 oder R-Cu99,75). Hier sind Sauerstoffgehalte von 0,01...0,05 % üblich. Für Formate für Rohre, Walz-, Preß- und Gesenkschmiedeteile, die O_2-Freiheit erfordern, kommen mit P desoxidierte (D) Raffinadekupfersorten (z. B. DR-Cu99,5 und DR-Cu99,9) in Betracht. Schmelzungen hoher Reinheit mit vorgeschriebener elektrischer Leitfähigkeit werden aus KE-Cu99,95 (Katoden-Elektrolytkupfer) hergestellt. Für die Elektronik ist SE-Cu99,9 und für allgemeine Zwecke der E-Technik E-Cu99,9 vorgesehen.

2.3.3.2. Knet- und Gußlegierungen

Kupfer bildet mit einer Reihe von Elementen Zwei-, Drei- und Mehrstoffsysteme.

Zweistoffsysteme

Als *Bronzen* bezeichnet man die technisch wichtigen Legierungen der Systeme Cu – Sn, Cu – Al, Cu – Pb, Cu – Mn, Cu – Si, Cu – Ag, Cu – Be.
Messing bzw. *Tombak* werden die wesentlichen Legierungen des Systems Cu – Zn genannt.

Das System Cu – Ni, das für die E-Technik wichtige Widerstandslegierungen enthält, hat keine besondere Bezeichnung.

Drei- und Mehrstoffsysteme

Neusilber heißen die wichtigsten Legierungen des Dreistoffsystems Cu – Ni – Zn.
Unter *Rotguß* sind die wesentlichsten Legierungen des Systems Cu – Sn – Zn (Pb) bekannt.
Die Legierungen mit Al, Fe, Mn und Ni nennt man *Mehrstoffbronzen.*

Knetlegierungen

Legierungsgattung Cu – Zn *(Messing)*[28])

Die den Komponenten nachgestellten Ziffern geben deren jeweils mittleren Anteil in Masseprozent an. Die dem früher verwendeten Kurzzeichen Ms nachgestellte Ziffer bezog sich dagegen auf den mittleren Cu-Gehalt in Masseprozent. Die Cu – Zn-Legierungen mit mehr als 70 % Cu werden auch als *Tombak* bezeichnet. Verwendungsbeispiele für Cu – Zn-Legierungen sind in Tabelle 25 enthalten.
Zur Legierungsgruppe Cu – Zn gehört auch das *Sondermessing.* Während bei den üblichen Messingsorten (Tabelle 25) als zulässige Beimengungen Al, Fe, Mn, Pb, Sn und Sb bis höchstens 2 % auftreten, sind bei den Sondermessingen die genannten Komponenten (bis auf Sb) in größeren Mengen bis etwa zusammen 5 % zulegiert. Tabelle 26 enthält Verwendungsbeispiele und die Kurzzeichen der Sondermessinge[29]).

Legierungsgattung Cu – Sn *(Zinnbronze)*[30])

Knetlegierungen dieser Gruppe enthalten 1...9 % Sn. Bei größeren Sn-Gehalten, wie sie bei den Guß-Zinnbronzen üblich sind, tritt neben dem kubisch-flächenzentrierten α-Mischkristall eine sehr spröde intermetallische Phase, die δ-Phase, auf, die die spanlose Formbarkeit stark herabsetzt.

Die Mehrstoff-Zinnbronzen enthalten als wesentlichste 3. Komponente etwa 3...7 % Zn. Die Zinnbronzen und Mehrstoff-Zinnbronzen werden je nach Sorte z. B. als Federn, Schrauben, Membranen, Rohre für Wärmeaustauscher und in Form der Bourdonrohre für Manometer eingesetzt.

Tabelle 25. Cu–Zn-Knetlegierung

Sorte	Verwendungsbeispiele
CuZn40Pb2	Hauptlegierung für alle spanenden Bearbeitungsverfahren, gering spanlos kaltformbar. Schrauben, Drehteile für Elektrotechnik und Maschinenbau
CuZn40 CuZn39Pb	gut warm- und kaltformbar. Warmpreßteile, Schrauben, Drehteile, Beschlag- und Schloßteile, mit Pb-Zusatz auf Automaten spanend formbar
CuZn37 CuZn37Pb1	Hauptlegierung für das Kaltumformen durch Tiefziehen, Drücken, Stauchen und Gewinderollen. Metall- und Holzschrauben, Rohre, Druckwalzen, Kühlerbänder, Ätzbleche, Reißverschlüsse, Hohlwaren, Zifferblätter, Stimmenmessing
CuZn30	sehr gut kaltformbar. Kondensator- und Siederohre, Instrumentenrohre, tiefgezogene Hülsen
CuZn20	Rohre, Hülsen, für Federungskörper und Schlauchrohre, Manometerrohre, Webedrähte, Installationsteile der Elektrotechnik, Schmuckwaren
CuZn15 CuZn10	Installationsteile der Elektrotechnik, Schmuckwaren
CuZn4	emaillierfähig, Abzeichen, Plaketten

Tabelle 26. Cu–Zn-Knetlegierungen (Sondermessing)

Sorte	Verwendungsbeispiele
CuZn40MnPb	mittlere Festigkeit und gute Zerspanbarkeit (Automaten-Sondermessing), Warmpreßteile, z.B. Wälzlagerkäfige
CuZn40Al1	Armaturen, Kolbenstangen, für gleitende Beanspruchung, witterungsbeständig
CuZn40Al2Fe1	Gleitwerkstoff mit hohem Verschleißwiderstand, Konstruktionswerkstoff mit hohen Festigkeitseigenschaften
CuZn35Al1Ni	Konstruktionswerkstoff mit guten Festigkeitseigenschaften
CuZn29Al	Blatt- und Spiralfedern, hohe Federkraft, ermüdungsbeständig, korrosionsbeständig
CuZn21Al2	Rohre für Kondensatoren und Wärmeübertrager, seewasserbeständige Maschinenelemente

Legierungsgattung Cu – Al *(Aluminiumbronze und Mehrstoff-Aluminiumbronze)*

Die genannten Bronzen enthalten zwischen 4 und 12,5 % Al sowie teilweise Fe, Ni und Mn. Die Legierungen mit einem durchschnittlichen Al-Gehalt von 5 bzw. 8 % sind wegen ihrer Säurebeständigkeit in der chemischen Industrie verwendbar. Al-Mehrstoffbronzen zeichnen sich durch folgende gemeinsame Eigenschaften aus: Korrosionsbeständigkeit, Verschleißfestigkeit, Warmfestigkeit und Unempfindlichkeit gegen Erosion und Kavitation. Je nach den Gegebenheiten sind die Mehrstoffbronzen einsetzbar für Wellen, Spindeln, Bolzen, Schrauben, Getrieberäder, Schnecken, stoßbeanspruchte Lager, Druckplatten, Gleitsteine, Ventilsitze, Heißdampfarmaturenteile, Steuerteile der Hydraulik usw.
Die Legierungsgruppen Cu – Ni – Zn (*Neusilber*, Kurzzeichen Ns) und Cu – Ni haben für die Belange des Maschinenbaus nur untergeordnete Bedeutung.

Kupfer-Gußlegierungen [31])

Kupfer-Gußlegierungen werden durch ein vorangestelltes Kurzzeichen gekennzeichnet. Dabei bedeuten:

G Sandguß,
GK Kokillenguß,
GZ Schleuderguß,
GD Druckguß.

Legierungsgattung Cu – Sn *(Guß-Zinnbronze)* und Cu – Sn – Zn *(Guß-Mehrstoff-Zinnbronze)* [31])

Die Anzahl der Guß-Zinnbronzen ist in der Vergangenheit auf eine Sorte, G-CuSn 10 (Sn-Anteil 10 %), reduziert worden. G-CuSn 10 hat gute Gleiteigenschaften und ist gegen Alkalien und verdünnte H_2SO_4 beständig. Die Warmfestigkeit ist bis 180 °C gewährleistet.
Die bisher als *Rotguß* bekannten Legierungen werden jetzt als *Guß-Mehrstoff-Zinnbronze* bezeichnet. G-CuSn 10Zn 3 (Rg 10) ist eine zähharte, verschleißfeste Legierung mit mittleren Gleiteigenschaften. G-CuSn 6Zn 7Pb 4 (Rg 5) ist warmfest bis 200 °C und verwendbar für Teile, die mittlere bis hohe Verschleißfestigkeit verlangen.

Legierungsgattung Cu – Zn
(Gußmessing und Guß-Sondermessing)

Die den Komponenten nachgestellten Ziffern geben den jeweils mittleren Anteil in Masseprozent an. Die bei den Guß-Sondermessingen bisher übliche Angabe der Zugfestigkeit entfällt.
G-CuZn 33Pb 2 (G-Cu 64Zn) ist für die Herstellung von Armaturen, Gehäusen und Konstruktionsteilen, Beschlagteilen und Teilen für die Elektrotechnik vorgesehen.
G-CuZn 38Al ist für komplizierte, flüssigkeits- und gasdichte Hochdruck-Armaturen und -Gehäuse geeignet.
G-CuZn 37Mn 3AlFe (zähhartes Guß-Sondermessing) ist für die Fertigung von Hochdruckarmaturen, Druckmuttern, Ventil- und Steuerungsteilen und Schiffsschrauben vorgesehen. Tabelle 27 enthält Verwendungsbeispiele für die standardisierten Sorten dieser Gattung.

Tabelle 27. Gußmessing und Guß-Sondermessing

Sorte	Verwendungsbeispiele
G-CuZn33Pb2	Gehäuse für Armaturen
G-CuZn38Al	komplizierte Gußteile, z.B. für Armaturen
G-CuZn37Mn3AlFe	Hochdruckarmaturen, Druckmuttern, Schiffsschrauben, Ventil- und Steuerungsteile

Legierungsgattung Guß-Mehrstoff-Aluminiumbronze[31])

Ebenso wie die Knetlegierungen dieser Gattung zeichnen sich die Gußlegierungen durch gute bis sehr gute Korrosionsbeständigkeit und Verschleißfestigkeit aus. G-CuAl10Fe3Mn2 und G-CuAl9Ni4Fe4Mn2 sind verwendbar als Lagerwerkstoffe, Schnecken und Schneckenräder, Muttern für Gewindespindeln und Armaturen für die chemische und Lebensmittelindustrie.

Legierungsgattung Cu – Pb – Sn *(Mehrstoff-Bleibronze)*[31])

Mehrstoff-Bleibronzen enthalten neben Cu als Grundkomponente bis zu 22 % Pb und bis zu 10 % Sn. Sie werden vornehmlich als Lagerwerkstoffe für hohe und höchste Anforderungen an Gleiteigenschaften und Flächendrücke in Form von Verbundguß mit Stahlstützschale verwendet.

G-CuPb15Sn7 ist als Verbundguß für Lager mit hohen Flächendrücken, bei denen Kantenpressungen auftreten können, geeignet. Außerdem wird diese Legierung im Sandguß oder Kokillenguß zur Herstellung säurebeständiger Armaturen und Gußstücke verwendet.

G-CuPb22Sn5 hat sehr gute Gleit- und gute Notlaufeigenschaften. Sie ist für Lager mit höchsten Flächendrücken und niedrigen Laufgeschwindigkeiten, wie z. B. in Werkzeugmaschinen, Kompressoren, Pumpen, Getrieben und Förderanlagen, einsetzbar.

2.3.4. Blei

2.3.4.1. Eigenschaften und Verwendung

Blei (Pb) kristallisiert kubisch-flächenzentriert (kfz). Tabelle 1.

Mechanische Eigenschaften

Zugfestigkeit: $R_m = 11\ldots19$ MPa
Bruchdehnung: $A = 50\ldots70$ %
Brinell-Härte: $HB = 4$
Rekristallisationstemperatur: $-3\ldots0$ °C

Chemische Eigenschaften

Gegenüber Schwefelsäure und Flußsäure ist Blei gut beständig, nicht aber gegenüber Salpeter- und Ethansäure (Essigsäure). An feuchter Luft und beim Einwirken von Wasser überzieht sich Blei mit einer dichten und festhaftenden Korrosionsschicht, die im wesentlichen aus basischem Bleikarbonat besteht. Diese Schicht verhindert die weitere Korrosion des Metalls.
Blei und viele seiner Verbindungen sind sehr gesundheitsschädigend. Die schädliche Wirkung wird dadurch unterstrichen, daß es von der Haut absorbiert und auch oral in den Körper gelangt, ohne dabei wieder ausgeschieden zu werden. Krankheitsformen sind: Abmagerung, Nierenschädigungen, Dickdarmkolik, Nervenlähmungen, Hirnschädigungen. Besonders gefährlich ist das zur Erhöhung der Oktanzahl von Vergaserkraftstoffen verwendete Bleitetraethyl $Pb(C_2H_5)_4$.

Technologische Eigenschaften

Blei ist gut gießbar und läßt sich spanlos sehr gut verformen. Wegen der geringen Zugfestigkeit kann es allerdings nicht durch Ziehen verformt werden.

Verwendung

Blei wird als Überzugsmetall für Behälterauskleidungen in der chemischen Industrie verwendet. Aus Blei stellt man Rohre und Dichtungsringe, ferner Bleifarben, wie Bleiweiß $2\,PbCO_3 \cdot Pb(OH)_2$ und Bleimennige, her. Wegen seiner hohen Absorptionsfähigkeit für Röntgen- und γ-Strahlen wird es als Strahlenschutz herangezogen. Eine wichtige Rolle spielt Blei als Legierungsmetall bei Lagerwerkstoffen, als Kabelhartblei und als Anodenwerkstoff für die Zinkelektrolyse und in Chrombädern.

2.3.4.2. Blei-Gußlegierungen

Wesentliche Bedeutung für den Maschinenbau haben nur die Lagermetalle. Um die erforderlichen guten Gleiteigenschaften zu erreichen, müssen in der weichen Bleigrundmasse harte Kristallite eingebettet sein. Diese harten Kristallite sind intermetallische Phasen, die Blei mit Alkali- und Erdalkalimetallen bzw. Zinn mit Antimon und Kupfer mit Zinn bildet.
In der Tabelle 28 sind die Lagermetalle auf der Basis von Blei und Zinn zusammengestellt[32]).

2.3.5. Zink

2.3.5.1. Eigenschaften und Verwendung

Zink (Zn) kristallisiert hexagonal mit dichtester Kugelpackung (hdP). Tabelle 1.

Mechanische Eigenschaften

Zugfestigkeit:
$R_{m\,gegossen} = 25 \ldots 40$ MPa
$R_{m\,gewalzt} = 120 \ldots 140$ MPa
$R_{m\,gepreßt} = 140 \ldots 150$ MPa

Bruchdehnung:
$A_{10\,gegossen} = 0{,}3 \ldots 0{,}5$ %
$A_{10\,gewalzt} = 52 \ldots 60$ %
$A_{10\,gepreßt} = 40 \ldots 50$ %

Brinell-Härte: $HB = 28 \ldots 40$

Chemische Eigenschaften

Obwohl Zink in der elektrochemischen Spannungsreihe sehr weit links vom Wasserstoff steht, also sehr unedel ist, wird es in großen Mengen als *Überzugsmetall* verwendet. Das beruht auf der an feuchter Luft vor sich gehenden Bildung einer ziemlich dichten und festhaftenden Korrosionsschicht aus $ZnCO_3$ und ZnO, die das darunterliegende metallische Zink vor weiterer Korrosion schützt. In wäßriger Salzsäure zersetzt sich Zink sehr rasch unter Bildung von Wasserstoff und einer wäßrigen Lösung von Zinkchlorid. Diese Lösung wird als *Lötwasser* verwendet.

Technologische Eigenschaften

Wegen seiner Gitterstruktur ist Zink bei erhöhten Temperaturen (90...200 °C) spanlos besser verformbar als bei Raumtemperatur. Oberhalb 200 °C versprödet Zink sehr stark und läßt sich dann sogar pulverisieren. Zn ist löt- und schweißbar und hat wegen seines geringen Schwindmaßes gute Gießeigenschaften.

Verwendung[33])

Neben seinem Einsatz als Legierungsmetall stellt man aus Zink Bleche, Bänder, Folien, fließgepreßte Becher

Tabelle 28. Lagermetalle auf Pb- und Sn-Basis

Sorte		Verwendungsbeispiele
Benennung	Kurzzeichen	
Weißmetall 5 Weißmetall 10	LgPbSn5 LgPbSn10Cu	Lager für Schienenfahrzeuge, Lager des allgemeinen Maschinenbaus für Flächenpressungen bis zu 25 MPa. Lötbar auf Legierungen auf Cu–Zn–Sn-Basis, Stahl, Stahlguß, mit Zwischenschicht auch auf Grauguß
Kupferfreies Weißmetall 10	LgPbSn10	Lager, die mit NH_3-haltigen Medien in Berührung kommen, Belastbarkeit und Lötbarkeit wie LgPbSn5 und LgPbSn10Cu
Kadmiumhaltiges Weißmetall 9	LgPbSn9Cd	für Lager von Abraum- und Kohlewagen, Schlagmühlen der Kalk- und Zementindustrie, Kolbenkompressoren des allgemeinen Maschinenbaus für Flächenpressungen bis zu 25 MPa
Weißmetall 80	LgSn80	für Flächenpressungen bis zu 30 MPa, beste Löt- und Gießbarkeit
Kupferfreies Weißmetall 80	LgSn80Sb18	für Lager, die mit NH_3-haltigen Medien in Berührung kommen, Belastbarkeit, Löt- und Gießbarkeit wie LgSn80
Kadmiumhaltiges Weißmetall 80	LgSn80Cd	Lager für Dieselmotoren, beste Löt- und Gießbarkeit

für Trockenelemente, Elementplatten und Zinkfarben, wie Zinkweiß ZnO, her. Als Überzugsmetall für den Korrosionsschutz spielt Zink eine hervorragende Rolle.

2.3.5.2. Zink-Gußlegierungen

Die wesentlichsten Komponenten sind Aluminium mit maximal 6 % und Kupfer mit rund 1 %. Die Legierungen werden entweder als Sand-, Kokillen- oder Druckguß verwendet[34]).

G-ZnAl4 kommt für Gußstücke in Betracht, an die hohe Anforderungen in bezug auf Maßbeständigkeit gestellt werden.

G-ZnAl6Cu1 und GK-ZnAl6Cu1 werden zur Herstellung gießtechnisch schwieriger Gußstücke verwendet.

2.3.6. Zinn

2.3.6.1. Eigenschaften und Verwendung

Zinn (Sn) ist ein polymorphes Metall, das oberhalb 13,2 °C in der metallischen Modifikation β-Sn mit tetragonal-raumzentriertem Gitter und unterhalb dieser Temperatur als α-Sn nichtmetallisch im kubischen Diamantgitter auftritt. Tabelle 1.

Mechanische Eigenschaften

Zugfestigkeit: $R_{m\ geglüht}$ = 27,5 MPa
Bruchdehnung: A = 40 %
Vickers-Härte: HV = 4...5

Chemische Eigenschaften

Von besonderem Interesse ist die Beständigkeit des Zinns gegenüber verdünnten organischen Säuren, besonders den in Lebensmitteln enthaltenen. Eine geringe Beständigkeit hat Zinn gegenüber Chlorgas, Salzsäure und organischen Säuren.

Technologische Eigenschaften

Zinn ist gut gieß-, löt-, walz- und hämmerbar (Herstellung von Zinnfolien, die als Stanniol bekannt sind).

Verwendung[35])

Zinn wird vornehmlich als Überzugsmetall (Weißblech), zur Herstellung von Lagermetallen, Bronze, Rotguß und Loten verwendet. Da Zinn ein ausgesprochener Sparwerkstoff ist, sind seiner Verwendung Beschränkungen auferlegt. Zinn und zinnhaltige Legierungen müssen weitgehend durch Austauschwerkstoffe, wie z. B. Pb, Zn, Al und Plaste, ersetzt werden.

2.3.6.2. Zinn-Legierungen

Lagermetalle auf Zinnbasis (wie Weißmetall 80, LgSn80[35]) mit rund 80 % Sn sind heute nur noch für ganz spezielle Sonderzwecke einzusetzen. Wichtige Legierungen sind die *Weichlote*[36]), die außer Blei noch bis ≈ 3,5 % Sb enthalten. Dabei verwendet man LSn25 (25 % Sn) zur Flammenlötung, LSn30 zur Spachtellötung, LSn50 für allgemeine Lötzwecke und LSn60 zur Drahtverzinnung in der Elektrotechnik.

2.4. Korrosion

Korrosion ist die von der Oberfläche ausgehende, unerwünschte Zerstörung von Metallen durch chemische oder elektrochemische Reaktion mit der Umgebung[37]).

Durch die Korrosion entstehen jährlich erhebliche direkte und indirekte Verluste, deren Ausmaße nur sehr schwer abschätzbar sind. Zu den direkten Verlusten werden der Ersatz unbrauchbar gewordener Bauteile, der Einsatz hochwertiger und teurer Werkstoffe, z. B. an Stelle von unlegiertem Stahl, sowie die Überwachung der Korrosion einschließlich aktiver und passiver Korrosionsschutzmaßnahmen gezählt. Insgesamt wird mit direkten Verlusten in Höhe von etwa 3 % der Welterzeugung an Metallen je Jahr gerechnet. Eine Abschätzung der indirekten Verluste, zu denen der Ausfall von Produktionsanlagen, Produktverluste durch ausströmende Gase oder Flüssigkeiten, Energieverluste durch die notwendige Erhöhung der Maschinenleistung infolge der Verringerung der lichten Weite von Rohrleitungen durch Korrosionsprodukte, Verluste an Menschenleben oder Gesundheitsschädigungen u. a. gerechnet werden, ist kaum möglich.

2.4.1. Erscheinungsformen der Korrosion

Die Zerstörung der Metalle durch korrosive Einflüsse geht mit sehr unterschiedlichen Erscheinungsformen einher.

Flächenkorrosion

Die vergleichsweise harmloseste Form ist die *Flächenkorrosion* oder *ebenmäßiger Angriff*. Der Werkstoff wird in Abhängigkeit von den äußeren Bedingungen mit mehr oder weniger hoher Korrosionsgeschwindigkeit gleichmäßig zerstört. Die Korrosionsprodukte bilden poröse oder auch dichte Schichten, deren Dickenwachstum durch Anwendung geeigneter Schutzmaßnahmen wesentlich eingeschränkt werden kann. Bei Eisenwerkstoffen werden diese Schichten durch *Zunder* oder *Rost* gebildet.

Lochfraß

Der *Lochfraß* oder *örtliche Korrosion* ist eine besonders an Rohrleitungen, Kesseln und Behältern auftretende, gefährliche Erscheinungsform der Korrosion durch elektrochemische Reaktionen.
Er tritt besonders bei Metallen auf, die wie Al oder legierte Stähle Deckschichten bilden und auf die Chloridionen enthaltende Elektrolyten einwirken. Die Ionen diffundieren durch die Deckschichten und greifen das Metall (wegen der Potentialdifferenz zwischen Deckschicht und Metall) unter Bildung kleinflächiger Korrosionselemente *(Lokalelemente)* intensiv örtlich bis zur Durchlöcherung an. Der Lochfraß wird meist erst nach Eintreten des Schadensfalles bemerkt.

Interkristalline Korrosion

Diese auch als *Kornzerfall* bezeichnete Erscheinungsform verläuft entlang den Korngrenzen, d. h. zwischen benachbarten Kristallen. Sie ist ebenso wie der Lochfraß erst mit dem Schadensfall zu erkennen. Von der interkristallinen Korrosion werden u.a. geschweißte, nichtstabilisierte austenitische Cr-Ni-Stähle, wie z. B. X10CrNi18.12, betroffen.

Spannungsrißkorrosion

Unter gleichzeitiger Wirkung statischer Spannungen und feuchter ammoniakalischer Atmosphäre korrodieren die technisch üblichen Messinge (≧ 56 % Cu-Gehalt).
Davon betroffen sind außerdem Legierungen solcher Zweistoffsysteme, bei denen das elektrochemisch unedlere Basismetall mit der edleren zweiten Komponente Mischkristalle bildet. Nach Schätzungen werden etwa 23 % aller elektrochemisch verursachten Korrosionsfälle durch die Spannungsrißkorrosion hervorgerufen.

Selektive Korrosion

Diese z. B. bei Wasserarmaturen (Mischbatterien) aus Messing (mit Zn-Gehalten von 40...44 %) beobachtete und als *Entzinkung* bekannte Erscheinung geht darauf zurück, daß bei diesen aus zwei Kristallarten (α-Ms und β'-Ms) aufgebauten Legierungen das β'-Ms nach der Reaktionsgleichung

$$Cu^{2+} + CuZn \rightarrow 2\,Cu + Zn^{2+}$$

aufgelöst wird. Bei dieser durch Schwitzwasser ausgelösten Korrosionsform gehen die Zn-Ionen in Lösung, während das Cu einen rötlichen, örtlich begrenzten Niederschlag auf der Armatur bildet.

2.4.2. Arten der Korrosion

Man unterscheidet die chemische und die elektrochemische Korrosion. Der Hauptanteil der Korrosionsfälle wird durch die elektrochemische Korrosion verursacht.

2.4.2.1. Chemische Korrosion

Als chemische Korrosion bezeichnet man i. allg. den Angriff wasserfreier oxidierender Gase, bevorzugt bei höheren Temperaturen.

Während sich auf Aluminium schon bei üblichen Temperaturen sehr schnell eine festhaftende Oxidschicht bildet, entstehen der Zunder und die Anlaßfarben auf Eisenwerkstoffen erst bei höheren Temperaturen.
Zur chemischen Korrosion zählt man außerdem den Angriff von Nichtelektrolyten auf Metalle und, über die Definition hinausgehend, den Angriff von Elektrolyten und Nichtelektrolyten auf nichtmetallische Stoffe.

2.4.2.2. Elektrochemische Korrosion

Die elektrochemische Korrosion wird durch die Bildung und das Wirken von *Korrosionselementen* charakterisiert.
Korrosionselemente sind galvanische Elemente, die aus Anode, Katode und einem Elektrolyten bestehen.

Im Gegensatz zu üblichen galvanischen Elementen (Batterien, Akkus), die durch die räumlich voneinander getrennt ablaufenden anodischen und katodischen Reaktionen elektrische Arbeit leisten, finden diese Reaktionen am gleichen Metall (Elektrode) statt. Wegen ihrer meist geringen flächenhaften Ausdehnung werden die Korrosionselemente auch *Lokalelemente* genannt. Entstehungsursachen für Korrosionselemente sind ganz allgemein unterschiedliche elektrochemische Potentiale auf der Metalloberfläche. Sie können metallseitig oder elektrolytseitig bedingt entstehen.

Metallseitige Entstehungsbedingungen

1. konstruktiv bedingte Metallkombinationen (sie können zur *Kontaktkorrosion* führen). Die zulässige Potentialdifferenz darf 0,25 V nicht überschreiten.
2. heterogenes oder inhomogenes Gefüge in der Umgebung von Schweißnähten oder infolge unterschiedlicher Formänderungsgrade (unterschiedliche Kaltverfestigung) sowie durch mehrphasigen Gefügeaufbau
3. endogene und exogene Einschlüsse
4. beschädigte Deckschichten (Sn-Überzüge auf Stahl)
5. elektronenleitende Oxidschichten

Elektrolytseitige Entstehungsbedingungen

1. H-Ionen in sauren Elektrolyten
2. OH-Ionen in basischen Elektrolyten
3. Ionen edlerer Metalle im Elektrolyten
4. Anionen, wie Cl^-, NO_3^- oder SO_4^{2-}, im Elektrolyten
5. Komplexbildner in Wässern, im feuchten Erdboden, in Einbettungs-, Isolier-, Verpackungsmitteln

Korrosionstypen

Je nachdem, ob die durch Korrosionselemente ausgelösten elektrochemischen Reaktionen unter Entwicklung von Wasserstoff oder unter Verbrauch von Sauerstoff ablaufen, unterscheidet man zwei Korrosionstypen:

1. *Wasserstoffkorrosionstyp* oder Säurereaktion
2. *Sauerstoffkorrosionstyp* oder Belüftungsreaktion

Die (primäre) Gesamtreaktion ist eine Redoxreaktion, die sich aus einer anodischen und einer katodischen Teilreaktion zusammensetzt.

Die *anodische Teilreaktion* beider Typen ist eine Oxidation (Elektronenabgabe), die mit der Metallauflösung verbunden ist:

$$Me \rightarrow Me^{z+} + z \cdot e^-$$

Die *katodische Teilreaktion* ist eine Reduktion (Elektronenaufnahme):

$$Me^{z+} + z \cdot e^- \rightarrow Me$$

Das gilt auch für Wasserstoff, der elektrochemisch den Metallen zugeordnet wird:

$$2\,H^+ + 2\,e^- \rightarrow H_2$$

Die katodische Teilreaktion beim Sauerstoffkorrosionstyp lautet

$$H_2O + \frac{1}{2}\,O_2 + 2\,e^- \rightarrow 2\,OH^-$$

Primäre Gesamtreaktion beim Wasserstoffkorrosionstyp:

$$Me + 2\,H^+X^- \rightarrow MeX_2 + H_2$$

Me Metall, X Säureanion

Primäre Gesamtreaktion beim Sauerstoffkorrosionstyp:

$$Me + H_2O + \frac{1}{2}\,O_2 \rightarrow Me(OH)_2$$

Sonderfälle von Korrosionselementen

1. *Konzentrationselemente*
Anode und Katode des Metalls befinden sich in Elektrolyten (z. B. Schwitzwasser, Tau) unterschiedlicher Konzentration. Diese Elemente treten häufig an konstruktiv bedingten Spalten auf, wobei in den Wassertröpfchen ein unterschiedlicher O_2-Anteil (O_2-Partialdruck) vorliegt, der in den Randzonen größer ist als im anodischen Bereich in der Mitte des Berührungsgebietes mit dem Metall.

2. *Elektrolytische Elemente*
Sie bilden sich, wenn Anode und Katode unbeabsichtigt an einer äußeren Gleichstromquelle liegen. Das ist möglich, wenn von elektrischen Geräten und Anlagen (Schweißumformern), mit Gleichstrom betriebenen Bahnen (Straßenbahn) und von mit Fremdstrom betriebenen katodischen Korrosionsschutzanlagen Streuströme ausgehen. Die dadurch bedingte Korrosion betrifft vor allem Erdkabel und Rohrleitungen.

2.4.3. Korrosionsschutz

Man unterscheidet den aktiven und den passiven Korrosionsschutz.

Unter *aktivem Korrosionsschutz* sind die Maßnahmen zu verstehen, die werkstoffseitig die Wirkung des korrosiven Mediums herabsetzen oder stark einschränken.
Unter *passivem Korrosionsschutz* sind die Maßnahmen zu verstehen, die die Werkstoffoberfläche räumlich vom korrosiven Medium trennen.

2.4.3.1. Aktiver Korrosionsschutz

Hierzu zählt man im wesentlichen:

1. konstruktive Maßnahmen,
2. Legierungstechnik,
3. Maßnahmen am angreifenden Mittel,
4. elektrochemische Schutzmaßnahmen.

Konstruktive Maßnahmen

Der Korrosionsschutz muß zweckmäßig bereits in der Phase der *Projektierung* und *Konstruktion* von Anlagen, Geräten und Bauteilen beginnen.

Dazu gehören:
1. die möglichst genaue Kenntnis des Standortes und der herrschenden klimatischen Bedingungen (Luftfeuchtigkeit, Aggressivität der Atmosphäre),
2. die Wahl geeigneter Werkstoffkombinationen unter Berücksichtigung der zulässigen Potentialdifferenz,
3. die konstruktive Vermeidung von Spalten, Vertiefungen und Hohlräumen, in denen sich korrosive Medien (Tau, Schwitzwasser, Spritzwasser u. ä.) ansammeln können,
4. die Verbesserung der Oberflächengüte,
5. die Substitution teurer Metalle und Legierungen durch Plastwerkstoffe, sofern die thermische und mechanische Belastung ihren Einsatz zuläßt.

Legierungstechnik

Als aktive Korrosionsschutzmaßnahme ist der Einsatz solcher metallischer Werkstoffe zu verstehen, die auf Grund ihrer chemischen Zusammensetzung dem Angriff korrosiver Medien dauernd oder über größere Zeiträume widerstehen. Wegen der hohen Kosten der meist hochlegierten Stähle oder der aus zu importierenden NE-Metallegierungen bestehenden Werkstoffe sind die Möglichkeiten des passiven Korrosionsschutzes zu berücksichtigen.

Maßnahmen am angreifenden Medium

Diese Maßnahmen sind nur in abgeschlossenen Systemen oder Räumen anwendbar. Dazu gehören die Entfernung von Luftsauerstoff aus dem Kesselspeisewasser mittels sogenannter *Destimulatoren*, wie Hydrazin ($H_2N \cdot NH_2$) oder bestimmter Sulfite, bzw. der Einsatz physikalischer oder chemischer Reaktionshemmstoffe *(Inhibitoren)*.

Physikalische Inhibitoren sind höhermolekulare organische Stickstoff-, Schwefel- oder Kohlenstoffverbindungen, die an der reinen Metalloberfläche adsorbiert werden.

Sie werden vor allem bei der chemischen Oberflächenvorbehandlung von Metallen durch Beizen mit Säuren oder Säuregemischen dem Beizmittel als *Sparbeizzusätze* zugesetzt, um den Metallabtrag und den Beizmittelverbrauch zu verringern.

Chemische Inhibitoren bilden z. B zusammen mit Metall- und Chromat- oder Phosphationen sehr dünne Deckschichten von 0,01...1 µm Dicke.

Für den temporären (zeitweiligen) Korrosionsschutz, besonders für den Transport von Geräten u. ä. in geschlossenen Behältnissen, ist das pulverförmige *Dichan* (Dicyclohexylammoniumnitrit) geeignet. Dieser über die Dampfphase wirkende Inhibitor spaltete sich unter Wirkung des Wasserdampfes der Luft unter Abgabe von NO_2^- auf, wobei das Anion mit Wasser HNO_3 bildet, die die Stahloberfläche passiviert.

Elektrochemische Schutzmaßnahmen (katodischer Schutz)

Der katodische Schutz wird unterteilt in:
1. katodischer Schutz mit Fremdstrom
2. katodischer Schutz durch Opferanoden

Katodischer Schutz durch Fremdstrom

Am Korrosionselement sind die anodischen und katodischen Teilpotentiale nicht meßbar. Der Messung zugänglich ist dagegen das Korrosions- oder Ruhepotential des Elements. Läßt man durch das zu schützende Objekt einen entsprechenden Strom *(Schutzstrom)* fließen, so verschieben sich die anodischen und die katodischen Einzelpotentiale in die entgegengesetzte Richtung, so daß das Potential des Korrosionselementes immer kleiner wird.
Die Potentialänderung infolge des Stromflusses wird als *Polarisation* bezeichnet.

BEISPIEL

■ *Prinzip des katodischen Schutzes durch Fremdstrom*
Verschiebt man durch Zuführung eines äußeren katodischen Stroms das Katodenpotential des Korrosionselements bis zum Anodenpotential, so wird der vom Korrosionselement erzeugte Korrosionsstrom Null und das Metall geschützt. Der dazu erforderliche Strom heißt *Schutzstrom.* Wegen des Potentialabfalls des Schutzstroms über der Länge der z. B. erdverlegten Rohrleitung oder Erdkabel müssen in bestimmten Abständen *Stromeinspeisungen* bzw. Schutzanlagen angeordnet werden. Die Schutzstromdichte für Stahl beträgt im Erdboden 0,1...5 mA / dm², im Meerwasser 0,3 mA / dm², in Süßwasser und heißem, luftgesättigtem Wasser 1,5 mA / dm². Die Lebensdauer und der Verbrauch der für diese Anlagen erforderlichen Anoden betragen für Anoden aus Eisenschrott 7...10 kg / A · Jahr und für Graphitanoden 1 kg / A · Jahr.
Die nicht geringen Kosten für diese Schutzmaßnahme werden durch die erhebliche Verlängerung und durch Materialeinsparungen (Wegfall von Dickenzuschlägen für Rohrwandungen) mehr als ausgeglichen.

Katodischer Schutz durch Opferanoden

Das Prinzip dieser Maßnahme besteht darin, daß Metallstücke aus gegenüber dem zu schützenden Werkstoff unedleren Metallen oder Legierungen mit diesem elektrisch leitend verbunden werden. Dabei geht die *Opferanode*, z. B. MgAl6Zn3, Mg oder Zn, anodisch in Lösung, d. h., sie wird korrodiert. Opferanoden werden zum katodischen Schutz von Kabelmänteln, Rohrleitungen, Tankanlagen, Hafenanlagen, Schiffsrümpfen, Unterwasserkonstruktionen und auch in Heißwasserspeichern für den Haushalt eingesetzt.
Bei zusätzlich beschichteten Rohrleitungen reicht die Schutzwirkung einer Anode bis zu einer Entfernung von 8 km, bei sonst ungeschützten Rohrleitungen ist die Schutzwirkung auf höchstens 30 m beschränkt.

2.4.3.2. Passiver Korrosionsschutz

Die räumliche Trennung der Metalloberfläche vom korrosiven Medium geschieht durch das Aufbringen von Schutzschichten. Um das Haften der Schutzschichten auf der Werkstückoberfläche zu gewährleisten, muß die Oberfläche in einen beschichtungsgerechten Zustand versetzt werden. Dieser Zustand ist dann erreicht, wenn Adsorptions- und Deckschichten (z. B. Oxidschichten) durch entsprechende Verfahren beseitigt werden und damit die Bindungskräfte der Oberflächenatome nicht mehr abgesättigt sind, d. h., wenn die Oberfläche aktiviert und das Energieniveau der Oberfläche möglichst gleichmäßig und hoch ist.

Verfahren der Oberflächenvorbehandlung[38]

Aufgaben der Oberflächenvorbehandlung sind: Beseitigung von Korrosionsprodukten (Rost, Zunder, Anlaufschichten), Bearbeitungsmittelrückständen (Zieh-, Schleif- und Poliermittelreste), Verunreinigungen (Ruß, Graphit, Ölkohle, Metallabrieb), schwerlöslichen Salzrückständen von vorangegangener Wärmebehandlung, Formsandresten der Gußhaut von Gußstücken, Oberflächenfehlern, quasiamorphen Schichten *(Beilby-Schichten)* mechanisch bearbeiteter Metalle.

Physikalische Verfahren

Entfetten mit organischen Lösungsmitteln, elektrolytisches Entfetten, Abkochen in Abkochlaugen

Chemische Verfahren

Beizen (in anorganischen Säuren, elektrolytisches Beizen), Brennen (Bezeichnung für das Beizen von Cu und Cu-Legierungen), Reduktions- und Oxidationsverfahren

Mechanische Verfahren

Reinigen von Hand oder mit rotierenden Werkzeugen, Strahlen (Druckstrahlen, Schleuderradstrahlen) mit Stahldrahtkorn, Stahlgußschrot, Schlackensanden, Basaltgranulat, Siliziumkarbid u. a., Trommeln (kleine Massenteile werden in sechseckigen, rotierenden Trommeln mit Schleifmitteln gereinigt)

Thermische Verfahren

Flammstrahlen, Blankglühen, Reinigung mit reduzierenden Gasen

Aufbringen von Schutzschichten

Je nach der vorgesehenen Dauer der Schutzwirkung unterscheidet man Schutzschichten für den dauerhaften und den temporären (zeitweiligen) Korrosionsschutz.

Schutzschichten für dauerhaften Korrosionsschutz

Metallische Schutzschichten

In der Reihenfolge ihrer Anwendung und Bedeutung kommen folgende Metalle in Betracht:
Zn, Sn, Ni, Cr, Al, Pb, Cd, Cu, Ag, Au, Pt und Rh sowie Cu – Zn-Legierungen.
Niedrigschmelzende Metalle werden vorzugsweise durch *Feuermetallisieren* [39][40] (Schmelztauchen) auf die zu schützende Metalloberfläche aufgebracht. (Von der jährlich etwa $4{,}5 \cdot 10^6$ t betragenden Weltproduktion an Zink werden etwa $1 \cdot 10^6$ t zur Feuerverzinkung verwendet.) Weitere wichtige Verfahren sind das *elektrolytische Abscheiden* (Galvanisieren), das *Schmelzsprühen*[41] (Metallspritzen), das *Plattieren* (Aufwalzen), das *thermochemische* und *gesamtstromlose Abscheiden*[42] sowie das *Aufdampfen im Vakuum.*

Nichtmetallische anorganische Schutzschichten

Anorganische Schutzschichten, wie Phosphatschichten[42], werden durch *chemisches Abscheiden* unter Verwendung von H_3PO_4, $Zn(H_2PO_4)_2$ oder $Mn(H_2PO_4)_2$, *elektrolytisches Umwandeln* (anodische Oxidation) von Al, Al-Legierungen, Mg und Mg-Legierungen, *Emaillieren* (geringe Laugenbeständigkeit, erhöhte Schlag- und Temperaturwechselempfindlichkeit der Emailschichten) sowie durch *Inoxidation* mit Wasserdampf bei höheren Temperaturen, *Tauchen* in heißes Öl oder Lösungen aus NaOH, $NaNO_2$ *(Brünieren)* erzeugt.

Anorganisch-organische Schutzschichten

Diese Schutzschichten werden durch *Anstrichmittel* (Farben und Lacke) hergestellt. Die Anstrichmittel bestehen aus flüssigen und festen Anteilen. Flüssige Anteile sind Bindemittel, Lösungs- und Verdünnungsmittel. Feste Anteile

sind farbgebende und passivierende Pigmente, wie Pb_3O_4 (Bleimennige), $ZnCrO_4$ (Zinkchromat), ZnO (Zinkweiß), TiO_2 (Titanweiß), $2\,PbCO_3 \cdot Pb(OH)_2$ (Bleiweiß).
Die Schutzschichten werden durch *Aufwalzen* bzw. *Aufrollen* (Bandstahl, Al-Legierungen bis 1 800 mm Breite), durch *Tauchen*, von Hand und durch *elektrophoretisches Abscheiden* (Grundierungen für Autokarosserien, Waschmaschinengehäuse u. ä.) aufgebracht. (Unter Elektrophorese versteht man die Wanderung elektrisch geladener kolloider Teilchen unter dem Einfluß elektrischer Spannung.)

Organische Schutzschichten

Zur Herstellung dieser Schichten werden Polyamide (PA), Polyethylen (PE), Polyurethane (PUR), Polyvinylchlorid (PVC) und andere Plaste bzw. Elaste verwendet. Die Schutzschichten werden durch *elektrostatisches Aufstäuben* (Aufsprühen), *Wirbelsintern* oder, wenn es sich um Folien handelt, durch *Aufrollen* bzw. *Aufwalzen* erzeugt.

Schutzschichten für temporären Korrosionsschutz

Der temporäre Korrosionsschutz ist für den Transport und die Lagerung von Konstruktionsteilen, Geräten und Maschinen vorgesehen. An die Schutzschichten werden nachstehende Forderungen gestellt:
1. ausreichende Schutzwirkung,
2. leichte Entfernbarkeit,
3. niedriger Preis.

Die im wesentlichen durch *Tauchen* aufzubringenden Korrosionsschutzmittel sind:
1. Korrosionsschutzöle[43]),
2. Korrosionsschutzfette,
3. Korrosionsschutzwachse,
4. abziehbare Lacküberzüge,
5. Plasttauchmassen,
6. Fluide (Lösungen von Ölen, Fetten oder Wachsen).

Das Fluid wird auf nasse Teile im Tauchverfahren aufgebracht, wobei die Wasserhaut verdrängt wird und das Fluid sich an der Werkstückoberfläche anlagert.

3. Nichtmetallische Werkstoffe

3.1. Plaste

Plaste sind Werkstoffe, deren wesentliche Bestandteile aus solchen makromolekularen Stoffen bestehen, die synthetisch oder durch Umwandlung von Naturstoffen entstehen.

Sie sind in der Regel bei der Bearbeitung unter bestimmten Bedingungen plastisch formbar oder sind plastisch geformt worden. Die Herstellung erfolgt entweder durch Umwandlung natürlicher Rohstoffe, die bereits einen makromolekularen Aufbau besitzen (z. B. Zellulose oder Kautschuk), oder durch Synthese niedermolekularer organischer Verbindungen auf dem Weg der *Polykondensation, Polymerisation* oder *Polyaddition.*

Eigenschaften der Plaste im Unterschied zu den metallischen Werkstoffen:

1. Die Dichte beträgt etwa (0,8...2,2) $\cdot 10^3$ kg/m^3, bei Schaumstoffen je nach Porenvolumen bis etwa 10 kg/m^3.
2. Die Kennwerte der mechanischen Eigenschaften sind gegenüber denen der Metalle meist wesentlich niedriger. Die Zugfestigkeit ist bei reinen Plasten gering, sie kann jedoch durch Füllstoffe bis auf etwa 250 MPa gesteigert werden. Bei glasfaserverstärkten Melaminharzen und ungesättigten Polyestern erreicht die Zugfestigkeit in Richtung der Glasfaserstränge Werte von 600...800 MPa.
3. Die Wärmeleitfähigkeit ist sehr gering, sie liegt zwischen 0,11 und 0,35 W/(m · K).
4. Der Temperaturanwendungsbereich der Plaste ist relativ eng: −70...+180 °C, in Ausnahmefällen bis +200 °C.
5. Der Längenausdehnungskoeffizient ist um ein bis zwei Zehnerpotenzen größer als bei Metallen: $(0{,}4\ldots6) \cdot 10^{-4}\,K^{-1}$.
6. Die Korrosionsbeständigkeit ist gut bis sehr gut.
7. Die Alterungsbeständigkeit und Lichtbeständigkeit ist relativ gering (Verbesserung durch Stabilisatoren).
8. Plaste sind i. allg. ungiftig bzw. physiologisch unbedenklich.
9. Plaste haben einen sehr großen spezifischen elektrischen Widerstand (10^9 bis $10^{10}\,\Omega \cdot cm$) und teilweise geringe dielektrische Verluste.

10. Bei amorpher Struktur sind die reinen ungefüllten Plaste glasklar, bei partiellkristalliner Struktur durchscheinend bzw. lichtdurchlässig.

3.1.1. Einteilung der Plaste

Man kann die Plaste in 4 Gruppen einteilen:

Thermoplaste

erweichen bei Wärmezufuhr und sind dann beliebig oft spanlos formbar (z. B. Polystyren, Polyvinylchlorid, Polyethylen, Polyamid und Zelluloid). Üblich sind das *Spritzguß-* und *Strangpreßverfahren* sowie das *Pressen*, *Ziehen* und *Blasen*. Thermoplaste bestehen i. allg. aus linearen bzw. ketten- oder fadenförmigen Makromolekülen.

Duroplaste

härten bei der spanlosen Formung (meist Pressen, seltener Gießen) unter Bildung vernetzter Makromoleküle aus. Ein Erweichen bei erneuter Wärmezufuhr tritt nicht ein. Zu den Duroplasten gehören z. B. Phenoplaste, Aminoplaste, Epoxidharze und Silikonharze.

Elaste

sind bei normalen Temperaturen mehr oder weniger elastisch. Die elastischen Eigenschaften entstehen z. B. durch Weichmacher (PVC-weich) oder durch Schwefel- bzw. Sauerstoffbrücken zwischen den knäuelartig angeordneten linearen oder verzweigten Makromolekülen, wie das z. B. bei Gummi auf Kautschukbasis oder Silikongummi der Fall ist.

Fluidoplaste

sind bei normalen Temperaturen mehr oder weniger zähflüssig. Die Molekülmasse ist geringer als bei den anderen Arten. Zu den Fluidoplasten gehören u. a. die Silikonöle.

3.1.2. Polykondensate

Als *Polykondensation* bezeichnet man die stufenweise Vereinigung kleiner Moleküle zu Makromolekülen unter Abspaltung von flüchtigen Stoffen (z. B. Wasser oder Ammoniak).

Bei dieser Synthese entstehen in der ersten Stufe lineare, in der zweiten Stufe verzweigte und in der dritten Stufe vernetzte Makromoleküle. Nach Erreichen der dritten Kondensationsstufe sind die Plaste ausgehärtet. Damit sind sie unlöslich in Lösungsmitteln und erweichen bei Wärmezufuhr nicht wieder.

3.1.2.1. Phenoplaste

Phenoplaste oder Phenolharze entstehen durch Reaktion von Phenol oder m-Kresol (einem Phenolabkömmling) mit Formaldehyd unter Druck und in Gegenwart saurer oder basischer Katalysatoren.

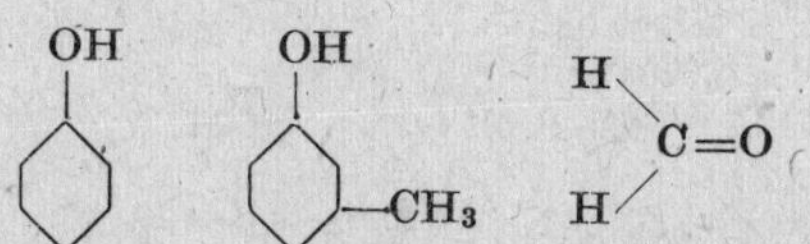

Phenol C_6H_5OH m-Kresol $C_6H_4CH_3OH$ Formaldehyd HCHO

Die reinen Phenolharze, die als Gieß- oder Preßharze verarbeitet werden können, haben wegen ihrer schlechten mechanischen Eigenschaften (Sprödigkeit) nur in wenigen Sonderfällen Verwendung gefunden.

Eine ungemein größere technische Bedeutung haben die mit Füllstoffen, wie Gesteins- und Holzmehl, Glimmer, Asbest, Graphit, Zellulose-, Viskoseseide- und Glasfasern und Textilschnitzel, gefüllten Phenolharze und die Schichtpreßstoffe erlangt.

Eigenschaften und Verwendung

Die Dichte der gefüllten Phenolharzpreßstoffe ist abhängig von der Art des Harzträgers und liegt etwa bei $(1{,}4 \ldots 1{,}8) \cdot 10^3\ kg/m^3$. Die Wärmeleitfähigkeit ist sehr gering. Im ausgehärteten Zustand sind sie che-

misch gut beständig und in den üblichen organischen Lösungsmitteln und Mineralölen unlöslich. Da sich beim Pressen eine dünne, reine Harzschicht an der Oberfläche bildet, haben die Preßteile Hochglanz. Weil die Phenolharze nicht lichtbeständig sind, können sie nur in gedeckten Farbtönen hergestellt werden. Die Temperaturbelastbarkeit liegt zwischen 100 und 150 °C. Der niedrigere Wert bezieht sich auf mit Holzmehl gefüllte, der höhere auf mit Schiefermehl gefüllte Harze. Die mechanischen Eigenschaften werden sehr stark von der Art des Füllstoffs beeinflußt. Die besten Werte haben die aus mit Harz getränkten Papier- oder Gewebebahnen hergestellten Schichtpreßstoffe.
Die gefüllten Phenolharze (Kurzzeichen PF...Phenol-Formaldehyd-Kondensat) werden je nach Art des Harzträgers in 20 Typengruppen unterteilt.

BEISPIELE

■ *Typ 11.* Harzträger: Gesteinsmehl, Schiefermehl. Wegen seiner Wärmebeständigkeit bis 150 °C wird dieser Typ vornehmlich für Wärmegerätestecker und Kochergriffe verwendet.
■ *Typ 16.* Harzträger: Asbestschnur. Dieser Preßstoff wird hauptsächlich zur Herstellung von Schaltern und anderem Installationsmaterial für feuchte Räume verwendet.
■ *Typ 31.* Harzträger: Holzmehl. Typ 31 ist eine *Schnellpreßmasse* (geringe Aushärtezeit), die vor allem in der Elektrotechnik als Isolationsmaterial vielfältig verwendet wird (z. B. Lichtschalter, Steckdosen, Röhrensockel u. a.).
■ *Typ 57 (Hartpapier).* Harzträger: Papierbahnen. Dieser als Hartpapier oder unter den Handelsnamen *Pertinax, Phenozell* oder *Plastacart* bekannt gewordene Schichtpreßstoff wird hauptsächlich in Form von Platten und Rohren hergestellt. Hartpapier wird vornehmlich in der Elektrotechnik als Isolier- und Baustoff für Schalttafeln, Schaltarme, Gehäuse, kupferkaschiertes Halbzeug für Leiterplatten verwendet.
■ *Typ 71.* Harzträger: kurze Textilfasern. Das Anwendungsgebiet liegt vor allem im Maschinenbau (Zahnräder, Lagerschalen und -buchsen).
■ *Typ 77 (Hartgewebe).* Harzträger: Gewebebahnen. Dieser Schichtpreßstoff mit den Handelsnamen *Phenotext, Plastatext* und *Novotext* hat besonders in den letzten Jahren breite Verwendung im Maschinenbau gefunden.
Hartgewebe werden in Form von Buchsen, Lagerschalen, Segmentlagern, Gleitplatten und Gleitleisten mit Erfolg in Fördergeräten, Mischwerken, Lokomotiven (Achslager-Gleitplatten), Straßenbahnen, Werkzeugmaschinen (Gleitleisten an Langhobelmaschinen) eingesetzt. Diese Schichtpreßstoffe eignen sich auch als Werkstoff für solche Zahnräder, die der Herabsetzung der Getriebegeräusche dienen. Zu beachten ist neben dem Quellen, daß hier ein Hartgeweberad mit einem breiteren Metallrad gepaart werden muß.

3.1.2.2. Aminoplaste

Aminoplaste ist der Oberbegriff für die Duroplaste, die aus *Harnstoff, Dizyandiamid, Melamin* und dem Härter Formaldehyd hergestellt werden.

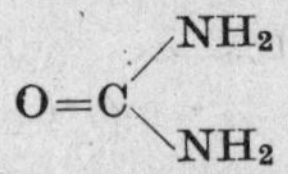
Harnstoff
$CO(NH_2)_2$

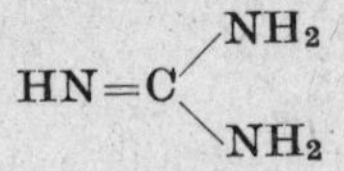
Dizyandamiid

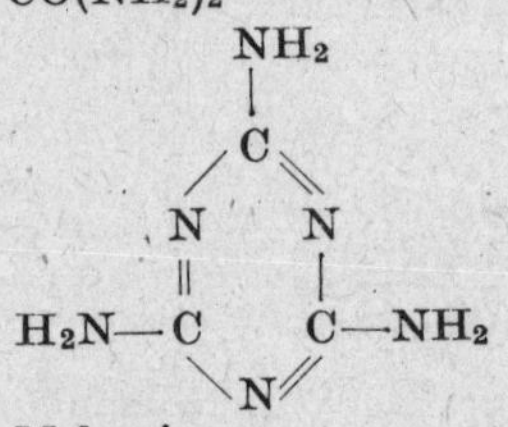
Melamin

Eigenschaften und Verwendung

Wie bei den Phenoplasten kommt hier den mit Füllstoffen versehenen Aminoplasten die größere technische Bedeutung zu. Die Dichte der Harnstoff-, Didi- (Abkürzung für Dizyandiamid) und Melaminharze liegt bei etwa 1,5 g/cm³. Gegenüber den Phenolharzen sind alle Aminoplaste im ausgehärteten Zustand *lichtbeständig, geruch-* und *geschmackfrei*, so daß Preßteile durchaus zur Aufbewahrung von Lebensmitteln geeignet sind (Camping- und Haushaltsgeschirr). In mechanischer Hinsicht sind sie den Phenoplast-Typen gleicher Harzträger nicht ganz gleichwertig. Die Wärmebeständigkeit ist bei Harnstoffharzen bei Dauerbelastung nur bis 65 °C, bei Didi-Harzen bis 80 °C und bei Melaminharzen bis 140 °C gewährleistet. Hervorzuheben sind die bei genügend ausgehärteten Melaminharzen ausgezeichnete Schnittfestigkeit und Glutbeständigkeit.

BEISPIEL

■ Typengruppen der Aminoplaste:
Harnstoff-Formaldehydkondensat (UF):
Typ 130 (Holzmehl) und *Typ 131* (kurzfasriger Zellstoff)

Dizyandiamid-Formaldehydkondensat (DD) (Aminotriazinharze):
Typ 140 (Holzmehl) und *Typ 146* (Asbestfasern)
Melamin-Formaldehydkondensat (MF):
Typ 150 (Holzmehl), *Typ 152* (kurzfasriger Zellstoff), *Typ 153* (Textilfasern), *Typ 154* (Textilschnitzel), *Typ 156* (Asbestfasern) und *Typ 157* (Asbestfasern und Holzmehl)

Hauptanwendungsgebiet für Aminoplastpreßstoffe ist die Elektrotechnik, wo die in allen Farbtönen herstellbaren Harze für Installationsmaterial (Schaltergehäuse, Steckdosen, ferner Gehäuse und Spulenkörper) verwendet werden. Außerdem werden Melaminharz-Schichtpreßstoffe unter dem Handelsnamen *Sprelacart* in der Möbelindustrie, im Schiff- und Fahrzeugbau, zur Wand- und Deckenverkleidung eingesetzt. Verpackungsmaterial und Geschirr werden aus der Melaminharz-Preßmasse *Meladur* gefertigt.

3.1.2.3. Polyamide

Polyamide können sowohl auf dem Wege der Polykondensation als auch durch Polymerisation hergestellt werden.
Durch Polykondensation von *Adipinsäure* und *Hexamethylendiamin* entsteht der *Nylontyp* oder *Polyamid AH Schkopau.*

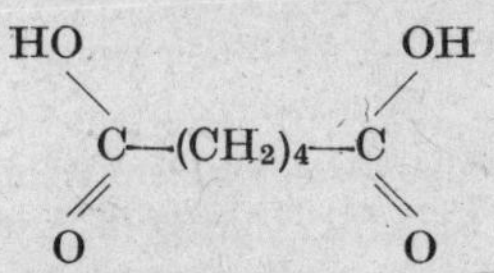

Adipinsäure

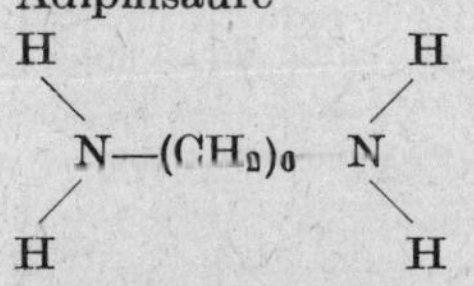

Hexamethylendiamin oder Hexandiamin

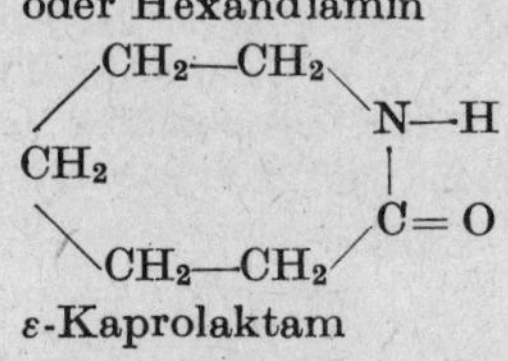

ε-Kaprolaktam

Den *Perlontyp* gewinnt man durch Polymerisation von *ε-Kaprolaktam.* Dieser Typ wird auch unter dem Namen *Miramid* hergestellt.
In beiden Fällen entstehen fadenförmige Makromoleküle. Daher sind die Polyamide Thermoplaste!

Eigenschaften und Verwendung

Die Dichte beträgt etwa 1,15 g/cm³. Da die Polyamide einen sehr ausgeprägten Schmelzpunkt (Miramid 218...220 °C; Polyamid AH ≈ 240 °C) haben und das Gebiet der Thermoplastizität nur wenig unterhalb der Schmelzpunkte liegt, eignen sich diese Stoffe schlecht zur spanlosen Umformung. Dafür sind sie wegen der dünnflüssigen Schmelze sehr gut als *Spritzgußmassen* zur Herstellung komplizierter Formteile verwendbar. Die vielseitige Verwendung (Haushalt- und Gebrauchsartikel) von Spritzgußteilen wird durch die in vielen Farbtönen mögliche Einfärbbarkeit noch unterstützt.
Von technischem Interesse sind die große Zähigkeit und die Abriebfestigkeit. Die Zähigkeit wird durch die Wasseraufnahme z. B. in feuchter Luft hervorgerufen. Die Maximalwerte der Wasseraufnahme betragen für Poly-ε-Kaprolaktam (PA 6, Miramid) 11 % und für PA 6.6 (Polyamid AH) 9 %. Wegen der Wasseraufnahmefähigkeit sind die Polyamide als elektrische Isolierstoffe wenig geeignet. Da die Wasseraufnahme mit Längenänderungen verbunden ist, sollen Fertigteile auf einen Wassergehalt von 2...3 % konditioniert werden, der sich etwa bei 20 °C und 65 % relativer Luftfeuchtigkeit einstellt. Im wasserfreien Zustand zeigen die Polyamide Versprödungserscheinungen.
Die sehr guten Gleiteigenschaften lassen sich durch Zusatz von Graphit oder Molybdändisulfid MoS_2 noch verbessern. Die Polyamide eignen sich daher für kleine Wälzlagerkäfige, Lagerbuchsen, Lager mit Stützschale und Zahnräder. Im Gegensatz zu Hartgeweberädern können Polyamidräder miteinander kämmen. Bei dauernder hoher Belastung tritt eine Formänderung der Teile ein, die als *kalter Fluß* bezeichnet wird.
Die Versprödung dünnwandiger Teile und Folien durch Einwirkung der UV-Strahlung wird durch *Stabilisieren,* z. B. mit Ruß, vermindert. Die Polyamide sind beständig gegenüber Alkoholen, aromatischen und aliphatischen Kohlenwasserstoffen, Mineralölen, Fetten u. a. Unbeständig sind sie gegen verdünnte und konzentrierte Mineralsäuren, Methansäure (Ameisensäure), Phenole, Kresole u. a.
Das Kleben von Polyamiden ist schwierig. Schweißverbindungen lassen sich in Abhängigkeit von der Materialdicke durch Heißgasschweißen (Stickstoff von 240...280 °C), Heizelement-, Abschmelz-, Wärmeimpuls- und HF-Schweißen herstellen.
Die spanende Formung ist wie bei den Leichtmetallen

durchführbar. Die Zugfestigkeit, die etwa 50...70 MPa beträgt, läßt sich durch *Kaltrecken (Kaltverstrecken)* auf 200...300 MPa steigern. Diese Festigkeitszunahme erklärt sich aus der teilweisen Parallelausrichtung (Orientierung) der Kettenmoleküle und der dadurch verstärkten Wirkung elektrostatischer Kräfte zwischen bestimmten Molekülgruppen der Makromoleküle.
Einige spezielle Polyamidtypen sind galvanisch metallisierbar (Verchromung von Kalt- und Heißwasserarmaturen).

3.1.2.4. Polyester

Durch *Veresterung* (das entspricht hier einer Polykondensation) von *zweiwertigen Alkoholen* (Diole) und *Dikarbonsäuren* erhält man kettenförmige Makromoleküle.
Gesättigte Polyesterharze entstehen durch Veresterung von Diolen mit *gesättigten* Dikarbonsäuren. Daraus wird zum Beispiel die synthetische Textilfaser *Grisuten* hergestellt.
Ungesättigte Polyesterharze, die technisch viel bedeutungsvoller sind, bilden sich durch Veresterung von Diolen mit ungesättigten Dikarbonsäuren.

Allgemein gilt:

Alkohol + Säure $\rightleftharpoons$ Ester + Wasser
Diol + Dikarbonsäure $\rightarrow$ Polyester + Wasser

Geeignet zur Polyestergewinnung sind z. B. $C_2H_4(OH)_2$ *Ethandiol* und $C_2H_2(COOH)_2$ *Maleinsäure*.

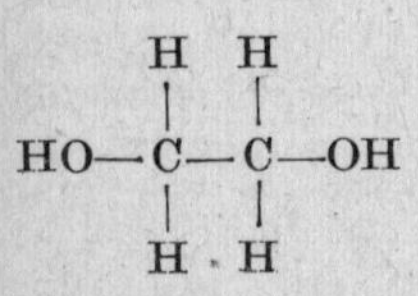

Ethandiol

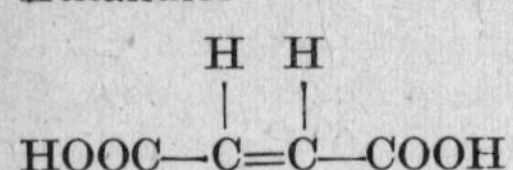

Maleinsäure

Die am Säuremolekül vorhandene Doppelbindung zwischen zwei C-Atomen kann in Anwesenheit eines geeigneten Katalysators gelöst oder aufgerichtet werden. Damit entstehen zwei freie Wertigkeiten, die man üblicherweise durch ein *polymerisierbares Lösungsmittel*, z. B. Styren, absättigt. Auf diese Weise werden aber gleichzeitig Verbindungen zu benachbarten Makromolekülen geschaffen, die einer Vernetzung, wie sie bei der Polykondensation auftritt, sehr nahe kommen. Die Vernetzung der Polyestermoleküle durch das polymerisierbare Lösungsmittel überführt das thermoplastische Harz in einen Duroplast. Wesentlich an diesem Vorgang ist, daß zum *Aushärten* (Vernetzen) keine besonderen Drücke nötig sind und keine flüchtigen Stoffe gebildet werden.

Eigenschaften und Verwendung

Wegen der guten mechanischen und chemischen Eigenschaften und der hervorragenden Haftfähigkeit an metallischen und nichtmetallischen Feststoffen verwendet man die ungesättigten Polyesterharze (z. B. Polyester G Schkopau) als *Gieß-*, *Kleb-* und *Laminierharz*. Als Gießharz wird es zum Ausgießen von Kabelendverschlüssen und elektrischen Geräteteilen benutzt. Mit Metallpulver als Füllstoff eignen sich die Gießharze zur Beseitigung von Gußlunkern. In der Klebetechnik hat sich das Polyesterharz bereits gut bewährt.
Besondere Bedeutung haben die glasfaserverstärkten Schichtstoffe *(Laminate)* oder *glasfaserverstärkten Polyester* (GUP) erlangt. Die Dichte beträgt je nach Glasanteil 1,5...1,9 g/cm³. Die relativ einfachen Verarbeitungsmöglichkeiten gestatten es, sowohl lange Profile als auch großflächige, meist gewölbte oder gewellte Platten und große Hohlkörper herzustellen. Als Harzträger kommen Glasfaserstränge, Glasfaservliese, grobe und feine Glasfasermatten sowie Glasseidengewebe zur Verwendung.
Aus GUP fertigt man z. B. Angelruten, Hochsprungstangen, Schutzhelme, gewellte Platten für Schutzdächer, Kraftstoffbehälter, Karosserieteile, Bootskörper und anderes. Diese Anwendungsmöglichkeiten ergeben sich aus den überragenden Festigkeitswerten, die etwa im Bereich der hochfesten unlegierten Baustähle liegen, und aus der guten chemischen Beständigkeit gegenüber Wasser, Salzlösungen, Benzin und Alkoholen. Unbeständig sind die Polyesterharze vor allem gegenüber Azeton und Natronlauge. Die Seewasserbeständigkeit der Bootskörper wird durch die Verwendung alkaliarmer Glasfasern erreicht.

3.1.3. Polymerisate

Als *Polymerisation* bezeichnet man die Vereinigung vieler kleiner Moleküle zu kettenförmigen Makromolekülen ohne Abspaltung flüchtiger Stoffe.

Voraussetzung für diese Synthese sind Ausgangsstoffe *(Monomere)* mit aufspaltbaren Doppelbindungen, also ungesättigte Verbindungen. Die Polymerisation verläuft in drei Phasen:

1. Phase oder *Startreaktion*

Durch Energiezufuhr und bei Anwesenheit geeigneter Katalysatoren und Einhaltung weiterer Reaktionsbedingungen (Druck, Temperatur, Konzentration) werden Doppelbindungen aufgerichtet und damit freie Wertigkeiten geschaffen.

2. Phase oder *Kettenwachstum*

Es erfolgt die Absättigung der freien Wertigkeiten durch Vereinigung der betreffenden Moleküle. Da die Aufspaltung der Doppelbindung mit zusätzlicher Energiefreigabe verbunden ist, werden laufend neue reaktionsfähige Moleküle gebildet, die sich zu immer länger werdenden Kettenmolekülen vereinigen.

3. Phase oder *Kettenabbruch*

Diese Phase stellt das Ende der Reaktion dar, wenn entweder alle polymerisierbaren Moleküle aufgebraucht sind, oder man beendet sie, wenn aus verarbeitungs- oder anwendungstechnischen Gründen der Fortgang der Polymerisation unzweckmäßig erscheint. Zur Absättigung der freien Wertigkeiten am Anfang und am Ende der Kettenmoleküle werden vielfach einwertige Molekülgruppen zugesetzt.

Die mittlere Länge der entstandenen Kettenmoleküle bezeichnet man als *Polymerisationsgrad.*

Abgesehen von der Art des Polymerisationsverfahrens können die Eigenschaften der Polymerisate durch folgende Faktoren beeinflußt werden:

1. durch den Polymerisationsgrad,
2. durch die Verwendung verschiedener Monomere, wie z. B. bei Mischpolymerisaten,
3. durch Anwendung von Weichmachern.

3.1.3.1. Polystyren

Das Monomer ist das *Styren*:

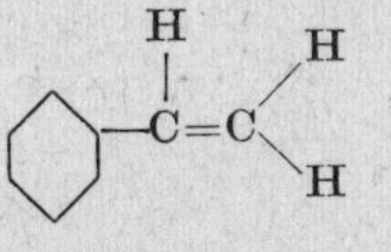

Das Kurzzeichen der reinen Polymerisate ist PS. Zur Einstellung bestimmter Eigenschaften (z. B. größere Schlagzähigkeit) werden *Mischpolymerisate* aus Styren und Butadien (PS-SB) oder Styren und Acrylnitril (SAN) hergestellt. Hohe Schlagzähigkeitswerte weisen auch die Acrylnitril-Butadien-Styren-Mischpolymerisate (ABS) auf, die unter bestimmten Voraussetzungen auch galvanisch metallisierbar sind.

Eigenschaften und Verwendung

Die Dichte beträgt etwa 1,05 g / cm^3. Polystyren läßt sich glasklar und in allen Farbtönen eingefärbt herstellen. Je nach Typ erweicht es zwischen 70 und 85 °C. Polystyren ist chemisch (außer gegenüber z. B. Benzin, Benzen, Ketonen, Ester und konzentrierter HNO_3) gut beständig. Die Wasseraufnahmefähigkeit ist fast Null. Da die reinen Polystyrene keine polaren Atomgruppen haben, sind sie in der HF-Technik als Isolierstoffe gut geeignet. Hervorzuheben ist die ausgezeichnete gießtechnische Eignung als Spritzgußmasse. Ungünstig ist die Sprödigkeit, die sich vor allem bei mit Wärme- und Abkühlspannungen behafteten Artikeln durch Bildung feiner Risse bemerkbar macht.

Die reinen Polystyrensorten werden als Spritzgußmassen für Gehäuse- und Apparateteile, Isolierteile der Elektrotechnik und Haushaltartikel verwendet. Folien kommen außer für Verpackungszwecke vor allem in der Elektrotechnik zum Einsatz.

PS-Schaumstoff hat im Gegensatz zu anderen Schäumen geschlossene Porenräume und eignet sich deshalb für Schwimmkörper, Rettungsringe sowie zur Schall- und Wärmedämmung. Das Mischpolymerisat aus Styren und Butadien (PS-SB oder PS-SZP) wird wegen seiner Schlagzähigkeit für großflächige Montageplatten, Kühlschrankeinsätze, Gehäuse und ähnliches verwendet. Das Mischpolymerisat aus Styren und Acrylnitril (SAN) ist öl- und benzinfest sowie schlagzäh. Es kann in der grafischen Industrie an Stelle von Letternmetall eingesetzt werden.

3.1.3.2. Polyvinylchlorid

Ausgangsstoff bzw. das Monomer für die Darstellung des PVC ist das Vinylchlorid (CH_2CHCl):

```
H   H
|   |
C = C
|   |
H   Cl
```

Je nach den geforderten Eigenschaften wird PVC mit oder ohne Weichmacher, als Mischpolymerisat oder mit erhöhtem Cl-Anteil (nachchloriertes PVC) hergestellt, Monomere für Mischpolymerisate, PVC-MP, sind z. B. *Vinylchlorid* und *Vinylacetat* oder *Vinylchlorid* und *Acrylsäuremethylester.*

Eigenschaften und Verwendung

1. PVC-hart

Die Dichte wird mit 1,38 g / cm^3 angegeben. Herausragende Eigenschaft ist die chemische Beständigkeit gegenüber verdünnten Säuren, Mineralölen, Benzin, Ozon und trockenen Gasen (wie SO_2 und NH_3 u. a.). Die Beständigkeit ist jedoch temperaturabhängig. Wenig oder nicht beständig ist PVC gegenüber Benzen, Aceton, Ester, chlorierten Kohlenwasserstoffen, konzentrierter Salpetersäure u. a. Unter Beachtung seiner temperaturabhängigen Beständigkeit ist PVC-hart innerhalb seines Temperatur-Anwendungsbereichs ($\leqq$ 70 °C) ein häufig verwendetes Korrosionsschutzmittel zur Einsparung teurer, korrosionsbeständiger Stähle und anderer Metalle.
Wegen seines hohen Chlorgehalts ($\approx$ 55 %) ist PVC-hart nur schwer entflammbar und brennt nur in der Flamme. PVC-hart ist zwischen 100...130 °C spanlos gut formbar. Die spanlose Formung ist hier aber hauptsächlich eine elastische Formänderung infolge der Streckung oder Stauchung der knäuelartig angeordneten Fadenmoleküle. Zur Beibehaltung der angestrebten Formänderung werden die Teile mit Wasser bis unter 60 °C *(Einfriertemperatur)* abgeschreckt, um die Fadenmoleküle in ihrer erzwungenen neuen Lage zu halten. Beim Wiedererwärmen über die Einfrier- bzw. Erweichungstemperatur nehmen die Teile nahezu ihre Ausgangsgestalt an. Spanend läßt sich PVC gut bearbeiten. Verbindungen von PVC-hart-Teilen sind durch Schweißen in allen gebräuchlichen Nahtformen mit Heißluft von 175...200 °C oder durch Kleben mit speziellen PVC-Klebern möglich. Bei der Montage von Rohrleitungen (z. B. Wasserleitungen) ist der große Längenausdehnungskoeffizient ($80 \cdot 10^{-6}$ K^{-1}) durch Ausgleichsbögen zu berücksichtigen.
Die Anwendung von PVC-hart erstreckt sich auf Rohre, Auskleidung von Rohren und Behältern zur Aufnahme und Fortleitung aggressiver Gase und Flüssigkeiten, Verpackungsmaterial, Zeichengeräte u. a.

2. PVC-weich

Durch Verkneten sogenannter *Weichmacher* (ölartige, hochsiedende Ester) mit PVC bei erhöhter Temperatur entsteht PVC-weich. Die Eigenschaften des PVC werden naturgemäß durch die Art und Menge der zugesetzten Weichmacher in weiten Grenzen beeinflußt. Beispielsweise werden die Zugfestigkeit und die Einfriertemperatur erniedrigt, die Bruchdehnung (bei entsprechender Weichmachermenge) und die Wasseraufnahmefähigkeit erhöht. Bei Verwendung von PVC-weich ist zu beachten, daß die Weichmacher fett- und alkohollöslich sind. Für Haushaltsgegenstände sind deshalb nur *physiologisch unbedenkliche Weichmacher* zugelassen.
PVC-weich findet Verwendung als Kabelisolier- und Kabelmantelmasse, zur Herstellung von Schläuchen, Dichtungen, Folien, Haushaltartikeln, Fußbodenbelag, Schuhsohlen und Kunstleder.

3. Nachchloriertes PVC (PVC–PC)

Durch nachträgliches Erhöhen des Chloranteils *(Chlorieren)* von etwa 55 auf 63...65 % wird die Skala der organischen Lösungsmittel erweitert, ohne daß die Korrosions- und Verrottungsbeständigkeit gegenüber Wasser und Seewasser beeinträchtigt wird. PVC–PC eignet sich zur Gewinnung korrosionsbeständiger Lacke und als Kleber für PVC-hart und PVC-weich. PVC–PC ist, in geeignetem Lösungsmittel (Aceton) gelöst, verspinnbar und ergibt nach einem Reckprozeß die *Pe-Ce-Faser*, die für säurefeste Filtertücher, Säureschutzbekleidung und rheumalindernde Unterbekleidung und Decken Verwendung findet. Als Nachteil ist die Schrumpfung der gestreckten Fasern bei Erwärmung über 70 °C aufzufassen.

4. Mischpolymerisate PVC–MP

PVC–MP, das vielfach aus den Monomeren Vinylchlorid und Vinylacetat oder Acrylsäuremethylester hergestellt wird, zeigt bessere Verformungseigenschaften, vor allem in Hinblick auf die Spritzgußverarbeitung, als PVC-hart. Da PVC–MP glasklar oder auch einfärbbar ist, werden daraus Schutzscheiben, Schweißerbrillen, Zeichengeräte, Lehren, durchsichtige Röhren u. a. angefertigt.

3.1.3.3. Polyethylen

Ausgangsstoff ist Ethylen C_2H_4:

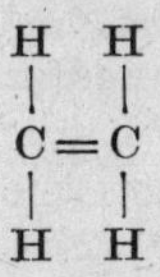

Die Polymerisation kann nach dem Hochdruck- oder Niederdruck-Verfahren erfolgen.
Hochdruckpolyethylen PE-HD und *Niederdruckpolyethylen* PE-ND unterscheiden sich im Polymerisationsgrad, wobei PE-ND den höheren Polymerisationsgrad und die größere Molekülmasse (50 000...100 000) besitzt. Von besonderem Interesse ist die Struktur der Polyethylene. Sie zeigt nämlich bei normaler Abkühlung teilweise amorphe und teilweise kristalline Bereiche. Während in den *amorphen Bereichen* eine regellose Anordnung vorliegt, findet man in den *kristallinen Bereichen* parallel ausgerichtete Moleküle, deren Abstände etwa in der Größenordnung der Abstände der Gitterebenen der Metalle liegen. Dadurch werden die intermolekularen Anziehungskräfte zusätzlich wirksam und verleihen damit den Polyethylenen sehr gute Eigenschaften.

Eigenschaften und Verwendung

Polyethylen (PE) hat nach Polypropylen (PP) – beide gehören zur Gruppe der Polyolefine – die geringste Dichte. Sie liegt zwischen 0,92 (PE-HD) und 0,95 g/cm³ (PE-ND). PE-HD schmilzt im Temperaturintervall 105...115 °C und PE-ND im Intervall 128...135 °C. Die Dauergebrauchstemperaturen für PE-HD und PE-ND sind $\leqq$ 70 °C bzw. $\leqq$ 80 °C. Die mechanischen Eigenschaften sind durch besonders hohe Werte der Schlagzähigkeit und Bruchdehnung (300...1 000 %) gekennzeichnet. PE versprödet erst bei extrem niedrigen Temperaturen (−60 °C). Polyethylen ist daher zur Herstellung sehr leichter, praktisch unzerbrechlicher Transportbehälter (Fässer, Kanister, Flaschen, Eimer usw.) sehr gut geeignet.
Die Tieftemperaturbeständigkeit ermöglicht den Einsatz von PE für Wasserleitungsrohre. Polyethylen ist geschmackfrei und geruchlos, innerhalb des Beständigkeitsbereiches der kristallinen Struktur ($\leqq$ 80 °C) chemisch sehr gut beständig. Bei 80...100 °C gehen die kristallinen Bereiche infolge der zunehmenden Wärmeschwingungen der Kettenmoleküle in amorphe Bereiche über. Dadurch verschlechtert sich die chemische Beständigkeit beträchtlich. PE wird dann in organischen Lösungsmitteln, wie Benzin, Benzen und chlorierten Kohlenwasserstoffen, leicht löslich. Zur Erhöhung der Licht- und Witterungsbeständigkeit werden dem PE *Stabilisatoren*, z. B. in Form von Ruß, zugesetzt. Wegen der außerordentlich geringen Wasseraufnahmefähigkeit und der geringen dielektrischen Verluste (besonders bei Hochdruckpolyethylen) eignet es sich besonders zur Kabelisolation in Hochfrequenz- und Starkstrom- bzw. Hochspannungstechnik. Durch Bestrahlung mit hochenergetischen Strahlen läßt sich die lineare Struktur des PE vernetzen *(strahlenvernetztes Polyethylen)*. Mit dieser Methode werden die thermischen und mechanischen Eigenschaften von Kabelummantelungen wesentlich verbessert.
PE läßt sich vielseitig verarbeiten. Im *Blasverfahren* werden Hohlkörper und Folien, im *Spritzgußverfahren* einfache und komplizierte Formteile für Haushalt und Technik, im *Strangqußverfahren* Rohre und Schläuche hergestellt. Durch *Flammspritzen* und *Wirbelsintern* lassen sich, außer auf Sn, Zn und Pb, gut haftende, dünne Korrosionsschutzschichten auf die üblichen Gebrauchsmetalle aufbringen.
Gepreßte Halbzeuge sind bei Vermeidung örtlicher Überhitzung spanend durch Drehen, Bohren und Sägen gut zu bearbeiten.

3.1.4. Epoxidharze

Durch abwechselnde Kondensation und Addition von *Polyphenolen* (Phenole mit mehreren Benzenkernen) und *Epichlorhydrin* entstehen Kettenmoleküle mit Molekülmassen zwischen 500 und 4 000.

> Unter *Addition* versteht man hier eine Umlagerung von Wasserstoffatomen unter Bildung von OH-Gruppen bei gleichzeitiger Anlagerung von Polyphenolmolekülen, meist Diphenylmolekülen (sie enthalten 2 Benzenkerne).

Die entstehenden Harze sind fest oder flüssig, durchsichtig und farblos bis gelbbraun.
Der Zusatz von Härtern verursacht die Vernetzung der Kettenmoleküle ohne erhöhten Druck bei normalen oder Temperaturen von 130 bis 200 °C. Als Härter für *kalthärtende* (bei Raumtemperatur) *Harze* kommen basische Verbindungen, meist *Amine* mit mehreren Aminogruppen, in Mengen von 3...9 %, für *heißhärtende Harze* saure, meist *Anhydride der Phthal-* und *Maleinsäure*, in Mengen von 25...50 % in Betracht.

Eigenschaften und Verwendung

Die Dichte der zum Beispiel als *Epilox* bekannten Epoxidharze liegt bei 1,23...1,82 g/cm³. Die Temperaturbeständigkeit wird bis 105...130 °C angegeben. Im ausgehärteten Zustand sind die Harze chemisch gut beständig und haben eine nur sehr geringe Wasseraufnahmefähigkeit, damit auch gute elektrische Eigenschaften. Das hervorstechendste Merkmal ist aber die außerordentlich gute Haftfähigkeit an metallischen und nichtmetallischen Werkstoffen. Die Haftung an Thermoplasten ist gering.
Hinsichtlich der Verwendung von kalt- oder heißhärtenden Harzen ist die Wärmebelastbarkeit der zu klebenden oder einzugießenden Werkstoffe maßgebend. Kalthärtende Harze ergeben bei Klebverbindungen unter Umständen bis zu 50 % niedrigere Festigkeitswerte (hier wird hauptsächlich die Zugscherfestigkeit bestimmt) und geringere Temperaturbeständigkeit gegenüber den heißhärtenden. Infolge unterschiedlicher Wärmedehnung zwischen Kleber und Werkstoff entstehen Spannungen in der Klebstelle, die im Laufe der Zeit zur Abnahme der Zugscherfestigkeit führen *(Alterung)*. Die Herstellung des Harz-Härter-Gemischs und dessen Verarbeitung erfordern die Einhaltung besonderer Vorschriften des Arbeits- und Gesundheitsschutzes.
Die Epoxidharze werden als *Gieß-*, *Kleb-* und *Laminierharze* sowie *Spachtelmassen* gehandelt. Sie haben sich als Gießharze zum Vergießen elektrotechnischer Bauteile und Geräte bei der Herstellung von Gießereimodellen (unter Verwendung mineralischer Füllstoffe) und Lagerbuchsen im polygrafischen Maschinenbau bewährt. Klebharze haben Bedeutung für die Klebetechnik.
Spachtelmassen werden, gefüllt mit Metallpulver, zur Gußfehlerbeseitigung in der metallverarbeitenden Industrie und zum Abdichten von Rissen an Hohlkörpern herangezogen.
Laminierharze oder *Verbundharze* können unter Verwendung von Geweben, besonders Glasseidengewebe, zu hochfesten Schichtstoffbauteilen, ähnlich den GUP, verarbeitet werden.

3.1.5. Silikone

Silikone bestehen aus anorganischen –Si–O–Si–-Ketten oder Vernetzungen, die mit organischen Molekülgruppen, wie CH_3-(Methyl-), CH_3-CH_2-(Ethyl-) oder C_6H_5-(Phenyl-) Gruppen, substituiert werden. Aus diesem teilweise anorganischen und teilweise organischen Aufbau leiten sich gegenüber den auf rein organischer Basis hergestellten Plasten besondere Eigenschaften ab. Der Verwendung in größerem Umfang stehen die komplizierte technische Darstellung und die daraus resultierenden hohen Kosten noch hinderlich im Weg.

3.1.5.1. Silikonöle

Eigenschaften und Verwendung

Man unterscheidet hauptsächlich 2 Gruppen: *Methylsilikonöle* und *Methylphenylsilikonöle*.

Gegenüber den üblicherweise als Schmiermittel verwendeten Mineralölen (Kohlenwasserstoffe) zeichnen sich die Silikonöle durch folgende Eigenschaften aus:
Sie sind *farb-* und *geruchlose, geschmackfreie* und *physiologisch unbedenkliche Flüssigkeiten*, die in verschiedenen Viskositätsabstufungen hergestellt werden. Dabei ist die Viskosität wesentlich weniger temperaturabhängig als die der Mineralöle. Wegen des geringen Dampfdrucks liegt der *Flammpunkt* oberhalb 300 °C. Die Temperatur, bei der das Öl unter dem Einfluß der Schwerkraft nicht mehr fließt, der *Stockpunkt*, befindet sich unter –60 °C (Mineralöle ohne Zusatz stokken im allgemeinen zwischen 0 und –10 °C). Daraus ergibt sich ein breites Temperaturanwendungsgebiet.

Allerdings bleiben aus wirtschaftlichen Gründen und wegen der relativ geringen Schmierfähigkeit dem Einsatz von Silikonöl nur extreme Temperaturen vorbehalten. Die Dauerwärmebelastbarkeit liegt, abhängig vom Öltyp, bei 180...240 °C.

Silikonöle können eingesetzt werden als Brems- und Dämpfungsflüssigkeit für Steuer-, Regel- und Meßgeräte, für Flüssigkeitsfedern, als Isolieröl in Trafos und Schaltern.

Unter dem Namen *Antaphron N* ist Silikonöl als Entschäumungsmittel für Getriebeöl, Kesselspeisewasser, in der Teerdestillation und in der Lackindustrie bekannt. Daneben findet man Silikonöl-Lösungen, -Emulsionen und -Zusätze als Trenn- und Entformungsmittel in der Gummi- und Plastverarbeitung sowie in Polier- und Pflegemitteln und hitzebeständigen Lackfarben. Verdickt man Silikonöl mit bestimmten Seifenarten, Ruß oder Kieselsäure, so erhält man Hoch- und Tieftemperaturschmierfette, Dichtungsfette und Isolierfette.

3.1.5.2. Silikonharze

Eigenschaften und Verwendung

Die auf Grund von Polykondensationsreaktionen mögliche *Aushärtung* bestimmter Silikonharztypen nutzt man zur Herstellung temperaturbeständiger, mit oder ohne Füllstoffen versehener elektrischer Isolationsmittel und Lacke. Als *Füllstoffe* kommen nur solche in Frage, die die Aushärtetemperaturen von 200...350 °C aushalten, wie z. B. Glimmermehl, Asbest, Schiefermehl, Glasfasern und Glasgewebe. Wegen ihrer guten elektrischen Isolierfähigkeit, des wasserabweisenden Charakters und der relativ hohen Dauerwärmebelastbarkeit (≧ 180 °C) finden die gefüllten Silikonharze unter solchen Handelsnamen wie *Glasil, Novomikanit Si* (mit Glimmermehl gefüllt), *Asfasil* und *Aspasil* Verwendung im Elektromaschinen- und Schalterbau. Bestimmte Silikonlacke werden in Verbindung mit Glasseidenumspinnung zur Drahtisolation von Elektromotoren verwendet, die besonders starken Belastungsschwankungen ausgesetzt sind (z. B. Bahn-, Kran- und Walzwerksmotoren). *Alusil* ist ein mit Aluminiumflittern versetzter Lack, der bis 500 °C einsetzbar ist.

3.1.6. Unterscheidung der Plaste

Mitunter ist es für Plastverarbeiter und -verbraucher von Interesse, mit hinreichender technischer Sicherheit die Art des Plastwerkstoffs zu identifizieren. Dazu können *Dichtebestimmungen, Löslichkeitsversuche, Glühversuche* und der *Brenntest* herangezogen werden.

BEISPIEL

■ *Brenntest*
Man entnimmt einen schmalen Streifen, hält diesen mit einer geeigneten Zange in die kleingestellte Flamme eines Bunsenbrenners, vielfach genügt bereits die eines Feuerzeugs, und beobachtet das Verhalten der Probe in und außerhalb der Flamme. Aus dem Flammenbild der Probe, dem Geruch und Aussehen der sich entwickelnden Dämpfe oder Schwaden kann man sehr rasch die Art oder zumindest die Gruppe, zu der die untersuchte Plastprobe gehört, erkennen. Es empfiehlt sich besonders bei der Bestimmung von Thermoplasten, die leicht schmelzen und abtropfen, unbrennbare Unterlagen zu verwenden.

Die Tabelle 29 zeigt das Verhalten einiger Plastwerkstoffe beim Brenntest. (S. 92).

3.2. Glas

Glasartig erstarrte Substanzen weisen in der Umgebung von Raumtemperatur eine hohe Formelastizität und Formstabilität auf. Sie sind jedoch nicht als Festkörper – wie etwa die Metalle – zu klassifizieren. Während die Festkörper grundsätzlich kristallin auftreten, haben die Gläser einen *amorphen Aufbau.* Dieser Aufbau verursacht einen instabilen Zustand, der sich darin äußert, daß unter bestimmten Bedingungen eine Kristallisation erfolgt, die als *Entglasung* bezeichnet wird.

> Nach der Definition von G. Tammann läßt sich der Glaszustand als eingefrorener Zustand einer unterkühlten Flüssigkeit beschreiben.

Der Glaszustand ist nicht nur auf das Glas im üblichen Sinne oder organisches Glas (PMMA) beschränkt, sondern ist selbst bei metallischen Stoffen (Legierungen) durch Anwendung z. B. extrem hoher Abkühlungsgeschwindigkeiten erreichbar.
Beim Abkühlen einer Glasschmelze erhöht sich die Viskosität erheblich. Der Übergang in den Glaszustand vollzieht sich in einem Temperaturintervall von etwa 50...100 K, dem *Transformationsbereich* oder *Einfrierbereich.* Die Temperatur, bei der der Glaszustand erreicht wird, ist die Transformationstemperatur T_g oder *Glastemperatur.*
Unabhängig von der Glassorte gilt als T_g die Temperatur, bei der die dynamische Viskosität η den Wert 10^{12} Pa · s annimmt.

Tabelle 29. Brenntest zur Bestimmung der Plastart

Art des Plastwerkstoffs	Anzünden der Probe mit kleiner Flamme		
	Entzündung	Art und Farbe der Flamme, sonstige Vorgänge	Geruch der Schwaden beim Erhitzen oder nach Anzünden und Ablöschen
Phenoplaste:			
Reine Harze Preßmassen Ausgehärtete Erzeugnisse	0 (I) 0 0 (I)	wenn I (dünne Proben, Schichtstoffe auch bis II), hell rußend. Meist Verkohlung, ggf. Schichttrennung	Phenol Formaldehyd ggf. Ammoniak
Aminoplaste:			
Harnstoff- und Melamin-Leimharze. Harnstoff-, Thioharnstoff- und Melaminharzpreßmassen. Ausgehärtete Erzeugnisse	0	Verkohlung, meist weiße Kanten	Ammoniak, Amine, typischer widerlicher Beigeruch, bei Thioharnstoff noch intensiver als bei Harnstoff- und Melaminharzen, ferner Formaldehyd
Polyester, mit Styren vernetzt	II	leuchtend, rußend, verkohlt	vorwiegend Styren, süßlich
Polyamide	II	bläulich, gelber Rand, tropft blasig und fadenziehend	typisch, verbranntem Horn ähnlich
Polystyren	II	leuchtend, stark rußend	typisch süßlich (Styren), Polystyren SB und SPZ, auch gummiartig
Polyvinylchlorid PVC-hart	I	grün gesäumt, sprühend	Salzsäure mit typischem Beigeruch
Polyvinylchlorid PVC-weich	I oder II	ggf. durch Weichmacher leuchtend	wie PVC-hart, Weichmachergerüche
Polyethylen	II	leuchtend mit blauem Kern, tropft ab	schwach wie Paraffin,
Polypropylen Polypropylen (selbstlöschend)	II I	leuchtend mit blauem Kern	nach heißem Paraffin, stechend
Polytetrafluorethylen	0	verdampft bei Rotglut	stechend, Fluorgase (giftig)
Polymethylmetacrylat (Piacryl)	II	leuchtend, knisternd	fruchtartig (nach Zitrusfrüchten)
Epoxidharze, ausgehärtet	II	leuchtend, rußend	zunächst wenig kennzeichnend, später Phenol

0 kaum entflammbar; I brennt in der Flamme, erlischt außerhalb; II brennt nach Entzündung weiter

Die Struktur des Glases wird durch solche Strukturelemente bestimmt, die sich zu räumlichen Netzwerken anordnen und als *Glasbildner* (Nichtmetalloxide) bezeichnet werden, z. B. SiO_2 (das sich zu $[SiO_4]$-Tetraedern anordnet) oder P_2O_5 (das sich zu $[PO_4]$-Tetraedern anordnet) bzw. B_2O_3 (das ebene $[BO_3]$-Dreiecke bildet oder sich unter gewissen Bedingungen zu $[BO_4]$-Tetraedern anordnet). Andererseits wird die Struktur des Glases durch *Netzwerkwandler*, in den meisten Fällen sind das Kationen von Metalloxiden (Na^+, K^+, Li^+, Ca^{2+}, Ba^{2+}), mitbestimmt. Diese Kationen verändern (wandeln) das Netzwerk der Glasbildner und beeinflussen damit die Eigenschaften der Gläser.

3.2.1. Eigenschaften des Glases

Die Dichte des Glases ist abhängig von der chemischen Zusammensetzung und der Struktur. Während reines SiO_2-Glas eine Dichte $\varrho = 2{,}2\ldots2{,}22\ \mathrm{g/cm^3}$ hat, erhöht sie sich durch Zusatz von Alkalioxiden. Die Dichte üblicher Glassorten liegt bei 2,5 g / cm³.
Wärmeleitfähigkeit $\lambda \approx 1{,}046\ \mathrm{W/(m \cdot K)}$
Spezifische Wärmekapazität $c_p = 335\ldots1047\ \mathrm{J/(kg \cdot K)}$
Längenausdehnungskoeffizient
$\alpha = (3{,}3\ldots9) \cdot 10^{-6}\ \mathrm{K^{-1}}$

Die *Temperaturwechselbeständigkeit TWB* ist die Kenngröße, die das Temperaturintervall $\Delta\vartheta$ angibt, das eine Glassorte bei schneller Temperaturänderung ohne Bruch ertragen kann.

$\Delta\vartheta$ läßt sich mit der auf Volf zurückgehenden Näherungsgleichung $\Delta\vartheta \approx 10^{-3}/\alpha$ abschätzen.
Geräteglas mit $\alpha = 8 \cdot 10^{-6}\ \mathrm{K^{-1}}$ erträgt danach einen Temperaturwechsel von $\Delta\vartheta \approx 125\ \mathrm{K}$.

Mechanische Eigenschaften

Zugfestigkeit $R_{m\,\mathrm{Formteile}} \approx 50\ldots150\ \mathrm{MPa}$
$R_{m\,\mathrm{Glasfasern}} \leqq 3400\ \mathrm{MPa}$
Druckfestigkeit etwa 500…2 300 MPa
E-Modul $E = 40\ldots100\ \mathrm{GPa}$
Vickershärte $HV = 400\ldots800$
Die Viskosität bewegt sich im Verarbeitungsbereich (Blasen, Pressen, Ziehen) zwischen
$\eta = 10^{6,6}\ldots10^3\ \mathrm{Pa \cdot s}$.

Chemische Eigenschaften

Im allgemeinen hat Glas eine gute Beständigkeit gegenüber einer Vielzahl von Flüssigkeiten und Gasen. Die Beständigkeit ist jedoch bei den einzelnen Glassorten abhängig von der Zusammensetzung, Struktur und der Temperatur. Mit Hilfe geeigneter Prüfmethoden werden die *Säurebeständigkeit*[44]), die *Laugenbeständigkeit*[45]), die *Wasserbeständigkeit*[46]) und bei optischen Gläsern die *Verwitterungsbeständigkeit*[47]) bestimmt.

Die *Säurebeständigkeit* wird mittels siedender HCl bestimmt und in drei Säureklassen angegeben. Bei einem Masseverlust von 0…0,7 mg / dm² gilt Glas als säurefest und wird der Klasse 1 zugeordnet.
Die *Laugenbeständigkeit* wird mit einer siedenden $NaOH$-Na_2CO_3-Lösung ermittelt. Schwach laugenlösliches Glas (Masseverlust 0…75 mg / dm²) wird der ersten der drei Laugenklassen zugeordnet.
Die *Wasserbeständigkeit* wird an 2 g Glasgrieß mit doppelt destilliertem Wasser von $\vartheta = 98\ ^\circ\mathrm{C}$ und einer Prüfdauer von 1 Stunde bestimmt. Sie wird in 5 hydrolytischen Klassen angegeben, wobei z. B. der zur Neutralisation der in Lösung gegangenen alkalischen Bestandteile erforderliche Verbrauch an 0,01-normaler HCl je Gramm Glasgrieß zugrunde gelegt wird. Wasserbeständige Gläser werden der hydrolytischen Klasse 1 zugeteilt, wenn der Verbrauch an 0,01 n HCl den Wert 0,1 ml / g nicht überschreitet.
Die *Verwitterungsbeständigkeit* wird an polierten Glasflächen in Klimakammern bei 85 % relativer Luftfeuchtigkeit und $\vartheta = 50\ ^\circ\mathrm{C}$ bestimmt. Gut beständiges Glas (Verwitterungsklasse 1) hat eine Verwitterungsdauer von mehr als 20 Stunden. Schlecht beständiges Glas (Verwitterungsklasse 3) hat eine Verwitterungsdauer von weniger als 5 Stunden.

Optische Eigenschaften

Die Wechselwirkung zwischen Lichtquanten (Photonen) und den Elektronen der das Glas und seine Struktur bildenden Atome verursacht die optischen Eigenschaften.
Im sichtbaren Bereich des Lichtes (Wellenlänge 400…760 nm) hat Glas eine hohe *Lichtdurchlässigkeit* oder *Transmission* (etwa 90 %). Im Bereich der Ultraviolettstrahlung ist Glas weitgehend undurchlässig, während es für die langwellige Wärmestrahlung, Infrarot- und Ultrarotstrahlung bis 3 000 nm Wellenlänge eine bis zu 80 % betragende Transmission aufweist. Der durch einen Glaskörper hindurchgehende Lichtstrom wird demzufolge durch *Energieabsorption* im Glas geschwächt und ist beim Austritt stets kleiner als beim Eintritt. Fällt ein Lichtstrahl schräg auf einen Glaskörper ein, so erfolgt in Abhängigkeit von seiner Wellenlänge eine Richtungsänderung (*Lichtbrechung* oder *Refraktion*). Besteht der Lichtstrahl aus Licht verschiedener Wellenlängen, so wird der Lichtstrahl unterschiedlich stark gebrochen, wobei eine Aufspaltung (*Zerstreuung* oder *Dispersion*) stattfindet. Die spektrale Dispersion läßt sich am Prisma leicht erkennen.

Die *Lichtbrechung* erhöht sich mit abnehmender Wellenlänge. Zur Charakterisierung der optischen Eigenschaften der Gläser werden die Brechzahlen bei Anwendung monochromatischen Lichtes bestimmter Wellenlänge λ (z. B. der gelben Natrium-d-Linie mit $\lambda = 587{,}7$ nm) angegeben.

3.2.2. Verwendung des Glases

Entsprechend seiner Verwendung unterteilt man das Glas in folgende Gruppen:

1. Wirtschaftsgläser,
2. Baugläser,
3. technische Gläser,
4. optische Gläser,
5. Sondergläser.

Wirtschaftsgläser

Gläser dieser Gruppe sind im wesentlichen Hohlkörper, wie Flaschen und Haushaltsartikel, an die keine speziellen Anforderungen hinsichtlich der Zusammensetzung gestellt werden. Es handelt sich i. allg. um *Natrium-Kalk-Silikatglas.* Feuerfestes Glas für Haushaltzwecke *(Jenaer Glas)* ist borathaltiges Spezialglas mit einem Wärmeausdehnungskoeffizienten von $3 \cdot 10^{-6}\,K^{-1}$, das eine Temperaturwechselbeständigkeit von etwa 200 K aufweist. *Kristallglas* ist hoch lichtbrechendes bleioxidhaltiges Glas mit amorpher Struktur. Zunehmend technisches Interesse gewinnen die *Glaskeramiken* oder *Vitrokerame.* Das sind Glaswerkstoffe, die durch eine zweistufige Wärmebehandlung gesteuert kristallisieren.
Die Vitrokerame sind Mehrstoffsysteme, wie $Li_2O-Al_2O_3-SiO_2$, $MgO-Al_2O_3-SiO_2$ und $Li_2O-MgO-SiO_2$. Sie enthalten Keimbildungszusätze, wie SiO_2, Al_2O_3, Li_2O, MgO, TiO_2 oder P_2O_5. Die Vitrokerame werden zunächst wie übliches Glas geformt und erstarren durchsichtig. Anschließend erfolgt bei 725 °C die Bildung von Kristallisationskeimen und bei 770 °C die Kristallbildung. Die Kristallisation verursacht hier keine Volumenänderung. Sind die Kristallgrößen kleiner als 0,4 µm, so bleiben die Glaskeramiken durchsichtig. Die Vitrokerame zeichnen sich in Abhängigkeit vom System und den entstehenden Kristallarten durch extrem niedrige und gegen Null gehende Wärmeausdehnungskoeffizienten, vergleichsweise hohe Festigkeitswerte, Abriebfestigkeit, sehr gutes dielektrisches Verhalten und Korrosionsbeständigkeit aus.
Spanend wie Metalle bearbeitbare Glaskeramiken erschließen dem Gerätebau, dem Maschinenbau und der Elektrotechnik / Elektronik neue Möglichkeiten der Werkstoffsubstitution.

Baugläser

Die Baugläser sind *Alkali-Kalk-Silikatgläser* aus 71...73 % SiO_2; 0...1,8 % Al_2O_3; 6,5...12 % CaO; 2 bis 4,5 % MgO; 13...15,5 % Na_2O und 0...1 % K_2O.
Sie werden im Bauwesen als Fensterglas, Wand- und Fassadenverkleidung und in der Innenarchitektur verwendet. Wärmestrahlen reflektierende Gläser *(Thermoscheiben)* sind Doppelscheiben, die mit einer 0,02...0,1 µm dicken Metallschicht bedampft sind. Sie reflektieren weitgehend die Ultrarotstrahlung des Sonnenlichts und verhindern damit die Aufheizung von Gebäuden mit großflächigen Fenstern.
Schaumglas, das sich wie Holz bearbeiten läßt, dient der Wärme- und Schallisolation.
Zum Bauglas werden auch das *Einscheiben-* und *Mehrscheiben-Sicherheitsglas* gezählt.
Die chemische Beständigkeit der üblichen Baugläser ist gegenüber Wasserangriff relativ gering. Sie gehören den hydrolytischen Klassen 3 und 4 an.

Technische Gläser

Im Gegensatz zu den Wirtschafts- und Baugläsern haben die technischen Gläser definierte, reproduzierbare Parameter hinsichtlich ihrer Zusammensetzung und Qualität. Von wesentlicher Bedeutung sind vor allem der Wärmeausdehnungskoeffizient und die chemische Beständigkeit. Aus der Vielzahl von technischen Gläsern unterscheidet man:

1. *Weiche Instrumentengläser*

mit 67...70 % SiO_2; 13...18 % Na_2O; 6...7 % K_2O; 6...8 % CaO und 3...4 % Al_2O_3. Sie werden zur Herstellung von Laborgläsern, Leuchtstoffröhren und Klarglaskolben verwendet. Diese Gläser haben einen niedrigen Erstarrungspunkt, eine flache Temperatur-Viskositäts-Kurve und bleiben auch nach mehrfacher Erhitzung blank.

2. *Gläser des G-20-Typs*

mit 74,5...75,7 % SiO_2; 7...8,7 % B_2O_3; 4,3...6,2 % Al_2O_3; 6,5...7,5 % Na_2O; 3,5...4,2 % BaO und 0,7...1 % CaO.
Durch den BaO-Anteil liegt das G-20-Glas in der hydrolytischen Klasse 1. Der Wärmeausdehnungskoeffizient ist etwa $5 \cdot 10^{-6}\,K^{-1}$. Das Glas ist daher zum Einschmelzen von Mo-Drähten geeignet. Dieser Glastyp ist für Laborgeräte und durch bestimmte Zusätze als *Neutralglas* für Ampullen für Pharmazeutika und Injektionsspritzen im Einsatz.

3. *Borsilikatgläser*

Diese Glasgruppe besteht aus 78,3...80,5 % SiO_2; 10,3...12,8 % B_2O_3; 1,7...3,1 % Al_2O_3; 3,5...6,6% Na_2O; 0,1...1,4 % CaO; 0...2 % MgO und 0,2...1 % K_2O.
Borsilikatgläser haben wegen ihres geringen Wärmeausdehnungskoeffizienten ($\alpha \approx 3 \cdot 10^{-6}\,K^{-1}$) eine große *Temperaturwechselbeständigkeit.* Sie zeichnen sich durch sehr gute mechanische und elektrische Eigenschaften sowie gute chemische Beständigkeit aus. Sie werden in der chemischen Industrie für Rohrleitungen, Reaktionsgefäße, Behälter und Laborgläser eingesetzt.

Weitere technische Gläser

Für die Beleuchtungstechnik oder Lichttechnik werden Gläser hoher Transmission und ggf. hoher Lichtdispersion *(Trübgläser)* verlangt, die außerdem eine genügend große Isolationsfestigkeit bei hohen Temperaturen gewährleisten. Die Dunkelfärbung von Glühlampenkolben wird durch die bei hohen Temperaturen verminderte Beständigkeit gegen Alkalidämpfe und die damit verbundene Reduktion von SiO_2 zu Si verursacht.
Sollen an Glasbauteile weitere Glasteile angeschmolzen werden, so können *Lötgläser (Glaslote)*, die glasig erstarren, oder kristallisationsfähige Glaslote *(Pyroceramzemente)* eingesetzt werden. Die Lötgläser enthalten 30...80 % PbO, B_2O_3 und wenig SiO_2. Pyroceramzemente enthalten 75...82 % PbO, 6...12 % B_2O_3, 7...14 % ZnO, 1...3 % SiO_2 und bis zu 3 % Al_2O_3.

Glasfaserwerkstoffe

Diese Werkstoffe werden in Form von Glasfaserwolle, Vliesen und Matten vor allem als Schall- und Wärmedämmstoffe im Bauwesen und der Gebäudeausrüstung eingesetzt. Wegen der hohen Festigkeit und Elastizität dünner Fasern werden Gewebe, Matten und Rovings als Verstärkungsmaterial in Plastwerkstoffen in ständig zunehmendem Maße verwendet.

Optische Gläser

Diese Glasarten werden nach zwei wesentlichen Hauptmerkmalen unterschieden. Das sind die Brechzahl n_e und die Abbesche Zahl ν_e. Als *Flintglas* werden danach die Gläser bezeichnet, deren Abbesche Zahl kleiner als 50 ist, und als *Kronglas* solche, bei denen $50 < \nu_e < 100$ ist.

Sondergläser

Zu den Sondergläsern zählt man z.B optische Gläser, die als *Faseroptik* in Form von Bildleit- und Lichtleitkabeln verwendet werden. Diese meist aus Glasfaserbündeln mit geringen Lichtabsorptionsverlusten bestehenden Kabel verdanken ihre technische Anwendbarkeit (Nachrichtentechnik, Medizin) dem physikalischen Effekt der *Totalreflexion* des Lichtes an der Grenzfläche zwischen einem optisch dünneren und einem optisch dichteren Medium.
Weitere Sondergläser sind *fotosensible* bzw. *fototrope* oder *fotochromatische Gläser*, die u. a. für Lichtschutzzwecke verwendet werden.

3.3. Schmierstoffe

3.3.1 Allgemeine Eigenschaften

Schmierstoffe sind Stoffe, die die Funktionstüchtigkeit von Maschinen, Apparaten, Geräten und Werkzeugen gewährleisten sollen. Die Aufgaben der Schmierstoffe bestehen vor allem darin, den Verschleiß an Gleitflächen auf ein Minimum herabzusetzen und die Reibungswärme abzuführen.

Man unterscheidet flüssige, konsistente und feste Schmierstoffe.

Flüssige Schmierstoffe

werden fast nur aus Mineralölen (Erdöl bzw. Ölen der Stein- und Braunkohlenteere) gewonnen. Ihrer Zusammensetzung nach bestehen sie aus Gemischen unterschiedlich hochsiedender Kohlenwasserstoffe. Im Gegensatz dazu stehen tierische und pflanzliche Öle, die *fetten Öle*, die aus Glyzerinestern bestimmter Fettsäuren aufgebaut sind.

Schmierfette oder konsistente Schmierstoffe

werden hauptsächlich aus Mineralölen unter Zusatz bestimmter Metallseifenarten gewonnen. Die Seife ist dabei in feinster Verteilung im Öl enthalten.

Feste Schmierstoffe

sind zum Beispiel Graphit und Molybdändisulfid MoS_2. Die Schmierwirkung des Graphits beruht auf seiner *Schichtgitterstruktur.* Die Gitterebenen lassen sich leicht gegeneinander verschieben. MoS_2 ist äußerlich dem Graphit ähnlich. Das reine MoS_2 ist pulvrig und lamellar. Die Lamellen haften mit einem Teil der Schwefelatome fest an der Metalloberfläche. Der andere Teil ist der Metalloberfläche abgewandt. Bei der Reibung zweier Flächen gegeneinander kommt die Schmierwirkung dadurch zustande, daß nur Schwefel auf Schwefel gleitet.

3.3.2. Schmieröle

Wesentliche Eigenschaften der flüssigen Schmierstoffe sind neben ihrer Dichte (0,8...1 g / cm³) die Viskosität, der Flammpunkt, der Stockpunkt, die Neutralisationszahl und die Verseifungszahl.

Unter *Viskosität* (Zähigkeit) oder innerer Reibung versteht man die Eigenschaft einer Flüssigkeit, der gegenseitigen Verschiebung zweier benachbarter Schichten einen Widerstand entgegenzusetzen. Man unterscheidet die dynamische Viskosität η und die kinematische Viskosität ν.

Einheit der dynamischen Viskosität ist die *Pascalsekunde* (Pa · s):

$$1\,\text{Pa}\cdot\text{s} = 1\,\text{N}\cdot\text{s}/\text{m}^2 = 1\,\text{m}^{-1}\cdot\text{kg}\cdot\text{s}^{-1}$$

Bisher übliche Einheit war das *Poise* (P):

$1\,\text{P} = 0{,}1\,\text{Pa}\cdot\text{s}$
$1\,\text{cP} = 1\,\text{mPa}\cdot\text{s} = 10^{-3}\,\text{Pa}\cdot\text{s}$

Einheit der kinematischen Viskosität ist *Quadratmeter je Sekunde* (m² / s):

$$1\,\text{m}^2/\text{s} = 1\,\text{Pa}\cdot\text{s}\cdot\text{m}^3/\text{kg}$$

Bisher übliche Einheit war das *Stokes* (St):
$1\,\text{St} = 10^{-4}\,\text{m}^2/\text{s} = 1\,\text{cm}^2/\text{s}$

$1\,\text{cSt} = 10^{-6}\,\text{m}^2/\text{s} = 1\,\text{mm}^2/\text{s}$

Der *Flammpunkt* ist als diejenige Temperatur definiert, bei der sich aus dem Öl bei Erwärmung in einem dafür bestimmten Heizgerät Dämpfe entwickeln und das Gemisch aus Öldämpfen und Luft durch Annähern einer Zündflamme erstmalig aufflammt (bläuliche Flamme).

Der Flammpunkt ist ein Maß für die Verdampfbarkeit des betreffenden Öls.

Der *Stockpunkt* ist die Temperatur, bei der das Öl so steif wird, daß es unter Einwirkung der Schwerkraft nicht mehr fließt.

Der Stockpunkt kennzeichnet das Verhalten von Schmierölen bei tieferen Temperaturen oder bei Abkühlung auf tiefere Temperaturen. Der Stockpunkt liegt bei den verschiedenen Mineralölen etwa zwischen +5 °C und −20 °C.

Unter *Neutralisationszahl NZ* versteht man die Anzahl Milligramm Kaliumhydroxid (KOH), die notwendig sind, um die in einem Gramm Öl enthaltenen freien organischen und anorganischen Säuren zu neutralisieren.

Die *NZ* eines guten Frischöls ist etwa 0,1 mg KOH, bei gebrauchten und gealterten Ölen kann sie 0,4...0,5 mg KOH erreichen.

Die *Verseifungszahl VZ* gibt diejenige Menge KOH in mg an, die nötig ist, um die in einem Gramm Öl vorhandenen freien und als Ester gebundenen Säuren zu verseifen bzw. zu neutralisieren.

Die *VZ* liegt bei Frischölen bei 0,2...0,3 mg KOH. Bei gebrauchten Ölen ist die Zunahme der *VZ* gegenüber den Werten der Frischöle ein wichtiges Kennzeichen für den Grad der *Ölalterung.*

Man bezeichnet als *Alterung* die Veränderung des chemischen Aufbaus der Öle unter Bildung von Alterungsstoffen, die vorwiegend aus freien und gebundenen Säuren sowie aus harz- und asphaltartigen Verbindungen bestehen.

Bei üblichen Schmierölen ergibt sich dadurch eine Erhöhung der Viskosität. Eine Abnahme der Viskosität wird bei Ölen für Verbrennungsmotoren durch die zusätzliche Aufnahme nichtverbrannten Kraftstoffs hervorgerufen.
Schmieröle werden zum größten Teil auf Erdöl-Basis hergestellt. Spezifische Industrieöle (Kältemaschinenöle) sind vorwiegend synthetischer Herkunft. In Tabelle 30 sind die wichtigsten Schmieröle nach Viskositätsgruppen geordnet.

Tabelle 30. Auswahl von Schmierölen

Viskosität in mm²/s (cSt)	Schmieröle D Zylinderöle[48])	Normalschmieröle (SchmierölеR)[49])	oxidationsbeständige Raffinate	Öle mit Zusätzen für Sondereigenschaften	Feinmechaniköl[50]) Kältemaschinenöl[51])
7,5…16 bei 20 °C	–	–	feingepaßte Lager	–	–
16…60 bei 20 °C	–	–	Transformatoren Schleifspindeln	Härteöle Schneidöle	Feinmechanik Zentrifugen, CO_2-Verdichter, Maschinen für Lebensmittelindustrie
16…33 bis 50 °C	Maschinen und Geräte mit Durchlaufschmierung	Maschinen und Geräte mit Durchlaufschmierung, Lagertemperatur bis 50 °C und Umlaufschmierung	–		
33…76 bei 50 °C	Lagerschmierung bis 40 °C		Umlaufschmierung mit Ölwechsel in größeren Zeitabständen (z.B. Turbinen, Regler, Getriebe, Triebwerke) mit höherer thermischer Beanspruchung	Turbinen hydraulische Getriebe, Verzahnungsgetriebe	Kältemaschinen
60…91 bei 50 °C	–	ohne thermische Überbeanspruchung mit oftmaligem Ölwechsel			–
90…190 bei 50 °C	–				–
20…37 bei 100 °C	Sattdampfzylinder	–		Verzahnungsgetriebe, Kraftfahrzeuggetriebe und Hinterachsen	–
37…75 bei 100 °C	Heißdampfzylinder	–			–

Auswahl von Schmierölen

Je höher die Gleitgeschwindigkeit, je geringer die Flächenpressung, je feiner die Passung, desto geringer soll die Viskosität sein. Für die Umlaufschmierung sind Öle mit hoher Alterungsbeständigkeit erforderlich. Bei höheren Temperaturen sind Öle mit genügender Viskosität erforderlich. Bei hohen örtlichen Drücken ($p \geqq 30$ MPa) sind Schmieröle zu verwenden, die ihre Viskosität unter Druck erheblich steigern bzw. eine große Haftfähigkeit besitzen.

3.3.3. Schmierfette

Die Schmierfette werden an Stelle von Schmierölen in der Regel dann eingesetzt, wenn die Ölschmierung unwirtschaftlich, unzweckmäßig oder unmöglich ist. Bei manchen Schmierstellen würde es konstruktiv schwierig sein, bei Verwendung von Schmierölen eine ausreichende Schmierung zu gewährleisten, weil entweder eine Schmiervorrichtung für Öle zu kompliziert und zu teuer wäre oder weil Öle sich nicht halten und eine zu große Menge davon verbraucht würde. Die Verwendung der Schmierfette erstreckt sich im wesentlichen auf folgende Fälle:

- Wälzlager, Stopfbuchsen bei Berührung mit Wasser,
- Schmierstellen, die gegen den Zutritt von Fremdstoffen (schmirgelnder Staub und Schmutzteilchen) durch einen Fettkragen geschützt werden sollen,
- Schmierung von Achsköpfen, Chassisschmierung bei Kraftfahrzeugen, bei Schmierstellen mit sehr geringem Schmiermittelbedarf (Dauerfettschmierung),
- Lager mit langsamen Bewegungen und hohen Flächendrücken.

Es werden hauptsächlich 3 Gruppen von Schmierfetten verwendet:

Maschinenfette

Sie dienen zur Schmierung normal belasteter Gleitlager oder gering belasteter Wälzlager bei Betriebstemperaturen bis zu +50 °C. Man unterscheidet 2 Sorten: Maschinenfett rot und Maschinenfett dunkel. Das rote Fett ist wasserbeständig.

Wälzlagerfette

Sie dienen zur Schmierung von Wälzlagern. Sie sollen Verschleiß und Reibung verringern, die Lager nach Möglichkeit vor Verunreinigungen jeder Art schützen, Korrosion vermeiden und gegenüber den auftretenden Temperaturen beständig sein.

Getriebefette

Diese Fette müssen eine gute Haftfähigkeit (Adhäsion) haben, stabil und druckfest sein.

Literaturverzeichnis Werkstoffe

[1] *Autorenkollektiv:* Einführung in die Werkstoffwissenschaft. 6. Aufl. – Leipzig: VEB Deutscher Verlag für Grundstoffindustrie, 1987

[2] *Autorenkollektiv:* Grundwissen des Ingenieurs. 12. Aufl. – Leipzig: VEB Fachbuchverlag, 1985

[3] *Autorenkollektiv:* Plastwerkstoffe. 3. Aufl. – Leipzig: VEB Deutscher Verlag für Grundstoffindustrie, 1984

[4] *Autorenkollektiv:* Tabellenbuch für Stahlverbraucher. 13. Aufl. – Leipzig: VEB Deutscher Verlag für Grundstoffindustrie, 1985

[5] *Bachmann, A., Bertz, T.:* Aminoplaste. 2. Aufl. – Leipzig: VEB Deutscher Verlag für Grundstoffindustrie, 1970

[6] *Bachmann, A., Müller, K.:* Phenoplaste. – Leipzig: VEB Deutscher Verlag für Grundstoffindustrie, 1973

[7] *Baumgartl, E.:* Werkstoffkunde – kurz und einprägsam. 6. Aufl. – Leipzig: VEB Fachbuchverlag, 1980

[8] *Beckert, M., Hartmann, R.:* Nichtmetallische Werkstoffe – allgemeinverständlich. – Leipzig: VEB Fachbuchverlag, 1976

[9] *Eckstein, H.-J.:* Technologie der Wärmebehandlung von Stahl. – Leipzig: VEB Deutscher Verlag für Grundstoffindustrie, 1977

[10] *Merkel, M., Thomas, K.-H.:* Technische Stoffe (Reihe: Nachschlagebücher für Grundlagenfächer). 3. Aufl. – Leipzig: VEB Fachbuchverlag, 1988

[11] *Saechtling, H.:* Kunststoff-Taschenbuch. 22. Aufl. – München: Carl Hanser Verlag. 1983

[12] *Schumann, H.:* Metallografie. 12. Aufl. – Leipzig: VEB Deutscher Verlag für Grundstoffindustrie, 1987

[13] *Spauszus, S.:* Werkstoffkunde Glas. – Leipzig: VEB Deutscher Verlag für Grundstoffindustrie, 1975

WP Werkstoffprüfung

Von Dr.-Ing. Manfred Merkel, Leipzig

Inhaltsverzeichnis

1. Einführung

Die Werkstoffprüfung ist für den Hersteller und Verarbeiter von Werk- und Hilfsstoffen ein wichtiges Hilfsmittel zur Erzeugung qualitativ hochwertiger Produkte. Die Prüfverfahren dienen nicht nur der Entwicklung und Weiterentwicklung von Werkstoffen, sondern sind auch unumgänglich notwendig im Rahmen der *Fertigungskontrolle.* Darüber hinaus kommt der Werkstoffprüfung bei der Aufklärung von Schadensfällen eine besondere Bedeutung zu.

Die Werkstoffprüfung kann man in 4 Teilgebiete einteilen:

Mechanisch-technologische Prüfung

Dieses umfangreiche Gebiet hat die Bestimmung der mechanischen Eigenschaften, wie Zug-, Druck-, Biege- und Dauerschwingfestigkeit, der Härte, der Kerbschlagzähigkeit, und der Verarbeitungseigenschaften zum Inhalt.

Metallografische Prüfung

Sie befaßt sich mit dem Gefügeaufbau der Metalle und Legierungen, mit dem Nachweis von Seigerungen, mit der Korngrößenbestimmung u. ä.

Chemisch-technische Prüfung

Sie enthält die analytische Untersuchung der Werk- und Hilfsstoffe hinsichtlich ihrer Zusammensetzung sowie die Bestimmung solcher Kenngrößen, wie Flammpunkt, Stockpunkt, Viskosität von Schmierstoffen u. a.

Zerstörungsfreie Prüfung

Im Gegensatz zu den oben genannten Verfahrensgruppen können mit Hilfe zerstörungsfreier Prüfverfahren Werkstücke untersucht werden, ohne daß Beschädigungen der Teile in irgendeiner Form auftreten. Dazu gehören die Ultraschallprüfung, die Röntgen- und γ-Defektoskopie, magnetinduktive Verfahren, Leitfähigkeitsuntersuchungen u. v. a.

2. Mechanisch-technologische Werkstoffprüfung

Bei der Untersuchung der mechanisch-technologischen Eigenschaften erfahren die Werkstoffproben mechanische Beanspruchungen, die entweder *statischer* oder *dynamischer Art* sein können. Als *statisch* bezeichnet man solche Krafteinwirkungen, die entweder ruhend oder stufenlos, von Null bis zu einem Maximalwert steigend, aufgebracht werden. *Dynamische Belastungen* sind schlagartige, wechselnde oder schwellende Kraftwirkungen.

2.1. Zugversuch

Der Zugversuch ist eines der wichtigsten statischen Prüfverfahren. Er liefert auf Grund der festgelegten Prüfbedingungen reproduzierbare Festigkeits- und Verformungskennwerte. Diese Werte sind in bestimmten Grenzen auf andere Querschnitte des Werkstoffs übertragbar.
Zur Durchführung des Zugversuches werden *standardisierte Probestäbe* verwendet, die sich nach der Form der Einspannköpfe und nach dem Verhältnis der Meßlänge L_0 und dem Probendurchmesser d_0 unterscheiden. *Kurze Proportionalstäbe* liegen vor, wenn bei zylindrischen Proben $L_0 = 5d_0$ und bei Proben mit rechteckigem Querschnitt das Meßlängenverhältnis $L_0 = 5{,}65\sqrt{A_0}$ ist*). *Lange Proportionalstäbe* sind solche, deren Meßlängenverhältnis $L_0 = 10d_0$ (zylindrische Proben) bzw. $L_0 = 11{,}3\sqrt{A_0}$ (Proben mit rechteckigem, quadratisch oder anders geformtem Querschnitt) beträgt.
Bild 1 zeigt eine *Rundprobe* mit glatten Zylinderköpfen, die für übliche Versuche ohne Feindehnungsmessung verwendet wird. Sollen Feindehnungsmessungen vorgenommen werden, so sind Probestäbe mit Gewindeköpfen erforderlich.

2.1.1. Spannungs-Dehnungs-Diagramm

Nach der Bestimmung des Probenquerschnitts A_0 und dem Markieren der Meßlänge L_0 mittels Probestabteilapparats wird der Probestab in der Prüfmaschine stufenlos steigend auf Zug belastet. Bis zum Erreichen der Streckgrenze soll die Spannungszunahme 10 MPa / s nicht überschreiten.
Die in der Stabachse wirkende Zugkraft F erzeugt in dem dazu senkrechten Querschnitt A_0 die *Normalspannung:*

$$\sigma = F / A_0$$

*) In diesem Buch wird für den Querschnitt, abweichend vom Standard, das Formelzeichen A verwendet.

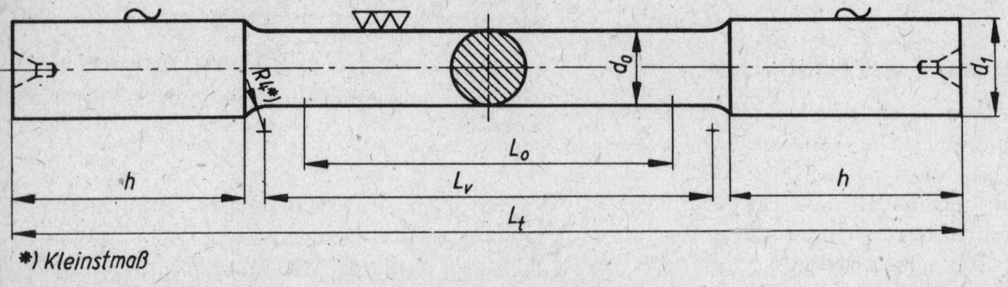

Bild 1. Rundprobe mit glatten Zylinderköpfen für Beißbacken.
L_0 Meßlänge ($L_0 = 5\,d_0$ oder $10\,d_0$), d_1 Kopfdurchmesser ($\approx 1{,}2d_0$), L_t Gesamtlänge, L_v Versuchslänge ($L_v = L_0 + d_0$), h Kopfhöhe.
Bezeichnung einer Zugprobe Form A von $d_0 = 12$ mm und $L_0 = 60$ mm: Zugprobe A 12×60

Diese Normalspannung versucht, den Stahl elastisch zu dehnen bzw. zu verlängern. Überschreitet die Spannung einen bestimmten Grenzwert, die *Elastizitätsgrenze*, so stellt sich eine bleibende (plastische) Formänderung ein. Die plastische Formänderung wird durch die Zerlegung der Zugkraft in Schubkraftkomponenten verursacht. Die Schubkraftkomponenten erzeugen in entsprechenden Gitterebenen der Kristalle Schubspannungen. Die *Schubspannung* τ ist definiert als $\tau = F/A$. Wirkt τ unter einem Winkel von 45° zur Stabachse, so nimmt sie ihren maximalen Wert $\tau_{max} = \sigma/2$ an.
Übliche Prüfmaschinen schreiben während des Versuchs das *Kraft-Verlängerungs-Diagramm* mit. Bezieht man die Kraft F auf den Probestabquerschnitt A_0 und die Verlängerung $\Delta L = L - L_0$ auf die ursprüngliche Meßlänge L_0, so erhält man das *Spannungs-Dehnungs-Diagramm.*
Bild 2 zeigt dieses Diagramm für unlegierten, untereutektoiden C-armen Stahl (sog. weicher Baustahl). Die im Bild verwendeten Symbole bzw. Buchstaben unterscheiden sich von den auf der Basis des Zugversuches[1]) zur Ermittlung von Werkstoffkennwerten neu eingeführten Bezeichnungen! Die griechischen Buchstaben werden bei Festigkeitsberechnungen grundsätzlich weiter angewendet!

Verlauf der Normalspannung σ über der Dehnung ε

Vom Koordinatenursprung O bis zur Proportionalitätsgrenze P ist die Dehnung ε proportional der Spannung σ:

$$\varepsilon \sim \sigma \tag{1}$$

Dieser lineare Kurvenabschnitt ist die Hookesche Gerade, entlang der das *Hookesche Gesetz* gültig ist:

$$\varepsilon = \alpha\sigma \tag{2}$$

α Dehnzahl in Pa^{-1} (bzw. $MPa^{-1} = mm^2/N$)

Der Reziprokwert der Dehnzahl ist der *Elastizitätsmodul E* (in Pa, MPa oder GPa). Der Elastizitätsmodul läßt sich als die Spannung definieren, die erforderlich ist, um die Meßlänge L_0 um 100 % elastisch zu dehnen. Diese für die Festigkeitsberechnung wichtige Größe hat für Stahl den Wert 210 GPa. Unter Verwendung des E-Moduls ergibt sich das *Hookesche Gesetz*:

$$\varepsilon = \sigma/E \tag{3}$$

$$\sigma = E\varepsilon \tag{4}$$

Mit der *Proportionalitätsgrenze P* fällt die (theoretische) *Elastizitätsgrenze* zusammen. Die Verlängerung des Stabes von O bis P ist rein elastisch, d. h., bei Entlastung von P auf O federt der Stab ohne bleibende Verlängerung auf seine Ausgangslänge zurück. Die Punkte P und E sind meßtechnisch nicht erfaßbar.
Oberhalb E ist die *technische Elastizitätsgrenze* E_{techn} festgelegt, für die eine mit Feindehnungs-Meßgeräten nachweisbare bleibende Dehnung von 0,005 % bzw. 0,01 % vereinbart werden kann. (Die neue Bezeichnung ist $R_{r0,01}$.) Bei Weiterführung des Zugversuchs über E hinaus ergibt sich ein nichtlinearer Kurvenverlauf, das Hookesche Gesetz gilt dann nicht mehr.
Nach Erreichen des Punktes S_o *(obere Streckgrenze)* tritt eine mehr oder weniger große bleibende Verlängerung des Stabes, verbunden mit einer Spannungsabnahme, auf. Diese zwischen S_o und S_u *(untere Streckgrenze)* vornehmlich bei unlegierten Baustählen anzutreffende Erscheinung wird als *Streckgrenzen-Effekt* (Bild 2) be-

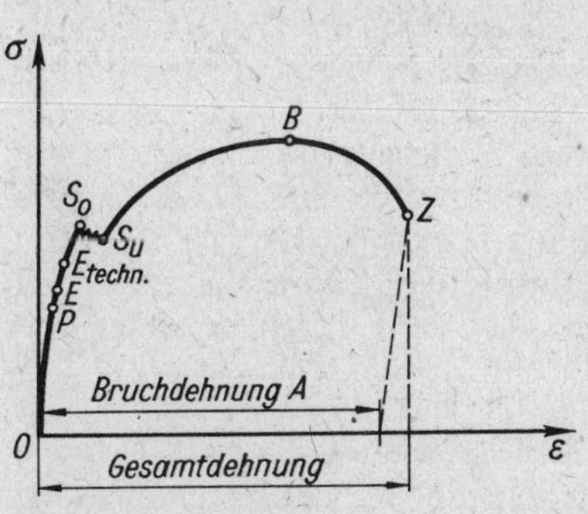

Bild 2. Spannungs-Dehnungs-Diagramm von weichem Baustahl

zeichnet. Dieser Effekt beruht darauf, daß sich gleitfähige Versetzungen unter dem Einfluß von Schubspannungen von Fremdatomen (C- und N-Atome), die vorher ihre Bewegung zu hemmen suchten (Spannungsspitze bei S_o), losreißen und mit einer größeren Geschwindigkeit (Größenordnung 100 m/s!) als der von außen wirkenden Dehngeschwindigkeit durch die Kristallgitter wandern. Da diese Versetzungen von den in den Kristallen vorhandenen oder entstehenden Hindernissen in ihrer Bewegung gehemmt werden, steigt die Spannung wieder an, bis sich dieser Vorgang wiederholt. Der *Streckgrenzen-Effekt* ist an dem gezackten Kurvenverlauf zwischen S_o und S_u gut erkennbar. Das Ende dieses Vorgangs ist durch eine erhebliche Verfestigung gekennzeichnet, die sich, wenn man den Versuch nach Überschreiten von S_u abbricht, z. B. leicht durch Härtemessung nachweisen läßt. Markiert sich die Streckgrenze im Kurvenverlauf in der beschriebenen Weise, so bezeichnet man sie als *ausgeprägte Streckgrenze.* Bei S_o beträgt die bleibende Dehnung etwa 0,2 % der Meßlänge. Da der Streckgrenzenwert ein wichtiger Festigkeitskennwert u. a. für die spanlose Formung ist (Aufstellung von sog. *Fließkurven*), wird bei Werkstoffen mit *nicht ausgeprägter Streckgrenze* die 0,2-Dehngrenze mittels Feindehnungs-Meßgeräten bestimmt (Bild 3).

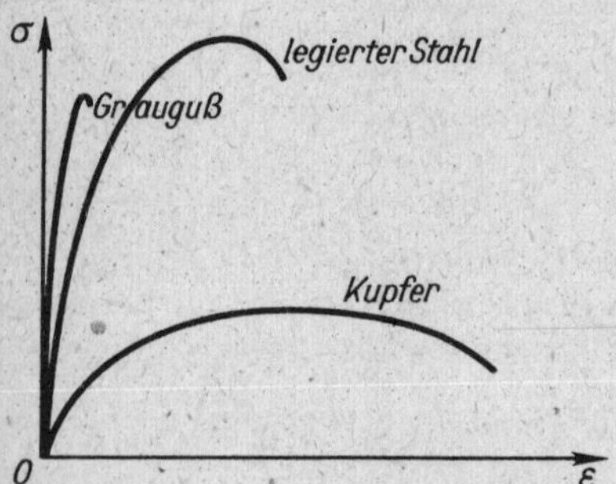

Bild 3. Spannungs-Dehnungs-Diagramm für einige Werkstoffe ohne ausgeprägte Streckgrenze

Wird der Probestab nun, ausgehend von S_u, weiter belastet, so verläuft die Kurve bei zunehmender Dehnung immer flacher bis zu ihrem Maximum am Punkt *B*, der *Bruchgrenze.* Der hierzu gehörige Spannungswert ist die *Zugfestigkeit.* Die Abflachung des Kurvenverlaufes bis *B* geht auf die dynamische Erholung zurück, die u. a. auf der Auflösung von Versetzungen, d. h. der Verringerung der Versetzungsdichte und dem Wirksamwerden anderer Bewegungsmechanismen der Versetzungen, beruht.
Von *O* bis *B* verlängert sich der Probestab über der gesamten Meßlänge gleichmäßig. Dieses Dehnungsverhalten wird deshalb als *Gleichmaßdehnung* bezeichnet. Nach Überschreiten der Bruchgrenze verjüngt sich der Probestab an der zukünftigen Bruchstelle bei gleichzeitig weitergehender Dehnung. Die Verjüngung nennt man *Einschnürung* oder *Kontraktion* und die zwischen *B* und dem Zerreißpunkt Z auftretende Dehnung die *Einschnürdehnung.*
Da die Kraft hier stets auf den ursprünglichen Querschnitt bezogen ist, entspricht der Kurvenverlauf nicht den tatsächlichen Spannungsverhältnissen. Bezieht man dagegen die Kraft auf den in jedem Moment vorhandenen tatsächlichen Querschnitt, so ergibt sich der *wahre Spannungsverlauf* im Gegensatz zum geschilderten scheinbaren Spannungsverlauf (Bild 4).

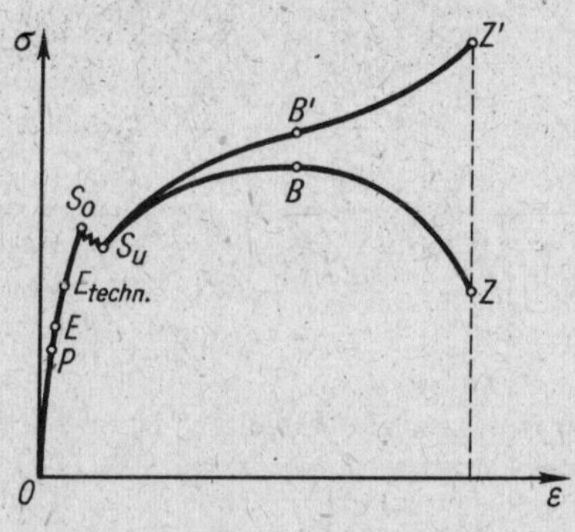

Bild 4. Scheinbarer und wahrer Spannungsverlauf im Spannungs-Dehnungs-Diagramm.
S_u-B'-Z' wahrer Spannungsverlauf

2.1.2. Versuchsauswertung

Im allgemeinen müssen folgende Kennwerte ermittelt werden:
Obere Streckgrenze bei Werkstoffen mit ausgeprägter Streckgrenze:

$$R_{eH} = F_{eH} / S_o \quad (5)$$

0,2-Dehngrenze bei Werkstoffen mit nicht ausgeprägter Streckgrenze:

$$R_{p0,2} = F_{p0,2} / S_o \quad (6)$$

$$\textit{Zugfestigkeit}\ R_m = F_m / S_o \quad (7)$$

$$\textit{Brucheinschnürung}\ Z = \left(\frac{\Delta S}{S_o}\right) \cdot 100\,\% \quad (8)$$

$$\Delta S = S_o - S_u \quad (9)$$

S_u an der Bruchstelle gemessener kleinster Querschnitt

$$\textit{Bruchdehnung } A = \left(\frac{\Delta L}{L_o}\right) \cdot 100\,\% \qquad (10)$$

$$\Delta L = L_u - L_o \qquad (11)$$

L_u bleibende Verlängerung der Meßlänge nach Bruch der Probe

Die Bestimmung der Bruchdehnung A ist in dieser Weise nur zulässig, wenn der Bruch im mittleren Drittel der Probe, als sog. *mittiger Bruch*, erfolgte. Ist der Bruch infolge von Gefügeinhomogenitäten außermittig, also in einem der äußeren Drittel der gedehnten Meßlänge, eingetreten, so liegen an den Probestabteilen ungleichmäßige Dehnungsverhältnisse vor. Bild 5 zeigt schematisch den Dehnungsverlauf der Teilabschnitte der Meßlänge einer außermittig und einer mittig gerissenen Probe. Die Ermittlung der Bruchdehnung bei außermittigem Bruch geschieht so, daß man nachträglich und theoretisch den Bruch in die Mitte der Probe verlegt. Damit erhält man annähernd gleiche Dehnungsverhältnisse an beiden Probestabteilen.

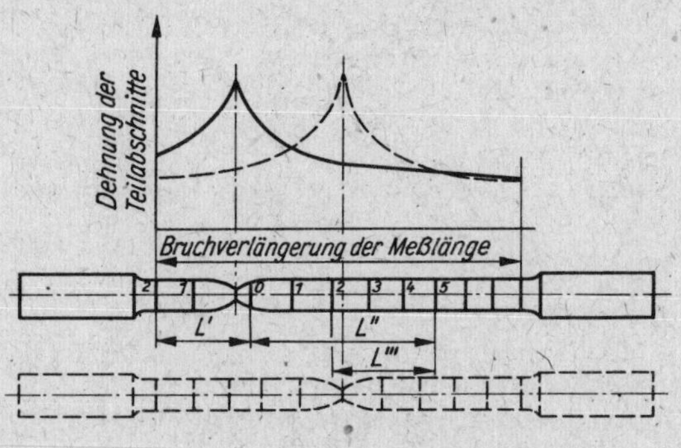

Bild 5. Dehnungsverhältnisse der Teilabschnitte bei mittigem und außermittigem Bruch

Bestimmung der Bruchdehnung bei außermittigem Bruch

Voraussetzung ist, daß L_o vor Beginn des Versuchs in gleich große Teilabschnitte (z. B. 10 Teile) unterteilt wurde. Die Probestabteile werden zunächst genau zusammengefügt. Dann werden die Rißlinien der Teilabschnitte, von der Bruchstelle ausgehend, nach links und rechts beziffert (Bild 5). Die der Bruchstelle am nächsten liegende Rißlinie erhält die Ziffer *0*. Auf dem längeren Bruchstück werden nun so viele Abschnitte mit Ziffern belegt, wie sie der ehemaligen halben Meßlänge entsprechen, hier also von 1...5. Das ergibt die Teilstrecke L''. Die Abschnitte des kürzeren Bruchstückes werden entsprechend dem gewählten Beispiel mit den Ziffern 1 und 2 gekennzeichnet. Das ergibt die Teilstrecke L'. Um jetzt die gewünschte theoretische Verlegung des Bruchs nach der Probemitte zu erreichen, trägt man vom Teilstrich 5 nach der tatsächlichen Bruchstelle hin 3 Teilabschnitte (Teilstrecke L''') ab und addiert sie zur Teilstrecke L'. Mit dem Meßschieber mißt man $L' + L''$ und L'''. Die Bruchlänge ist damit $L_u = L' + L'' + L'''$. Die Bruchdehnung kann nun auch bei außermittigem Bruch bestimmt werden:

$$A = \frac{\Delta L}{L_o} = \frac{L_u - L_o}{L_o} = \frac{(L' + L'' + L''') - L_o}{L_o} \qquad (12)$$

$$A = \left(\frac{\Delta L}{L_o}\right) \cdot 100\,\% \qquad (13)$$

Die so bestimmte Bruchdehnung ist gegenüber der mit Hilfe der (hier zwar nicht zulässigen) Auswertemethodik für mittigen Bruch ermittelten Bruchdehnung größer!

Der Zugversuch ist standardisiert[1]).

2.2. Kerbschlagbiegeversuch

Dieser Versuch gehört zu den aussagekräftigsten Untersuchungen der mechanischen Werkstoffprüfung, obwohl seine Ergebnisse nicht in Festigkeitsberechnungen eingehen. Seine Aufgabe besteht in der Feststellung, ob der betreffende Werkstoff (vornehmlich Stahl und Stahlguß) bei schlagartiger Belastung in Abhängigkeit von der Temperatur zum *Trenn-, Misch-* oder *Verformungsbruch* neigt. Außerdem ist es möglich, die Neigung zur Alterung und zur Anlaßsprödigkeit bestimmter Stähle festzustellen und über die Güte einer am Werkstoff vorgenommenen Wärmebehandlung zu entscheiden. Zur Ermittlung der *Kerbschlagzähigkeit KC* werden standardisierte Probestäbe mit U- oder V-

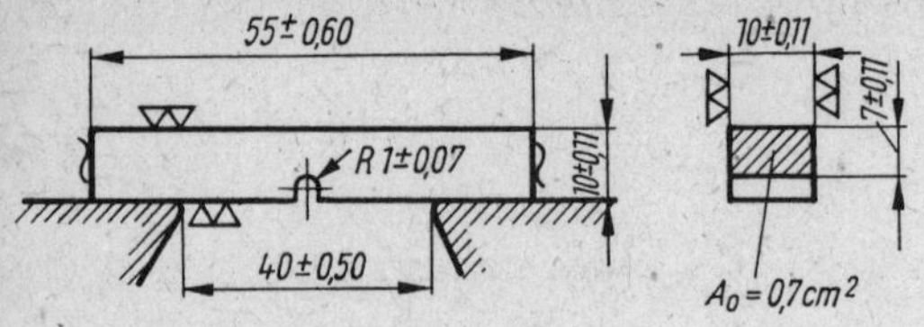

Bild 6. Normalform des Probestabes für den Kerbschlagbiegeversuch

förmigen Kerben verwendet. Die Kerbtiefe U-förmiger Kerben kann 2,3 oder 5 mm betragen. Die Kerbtiefe von Probestäben mit V-förmiger Kerbe (Öffnungswinkel $\gamma = 45°$) ist 2 mm (Bild 6). Die Kerbschlagzähigkeit *KC* ermittelt man aus der von einem Pendelschlagwerk zum Zerschlagen des Probestabes aufgewandten Schlagarbeit *K* und dem Probenquerschnitt A_0 an der Kerbe. Die verbrauchte Schlagarbeit *K* ergibt sich aus der Differenz der potentiellen Energie des Pendels $K_1 = F_G H$ und $K_2 = F_G h$:

$$K = K_1 - K_2 = F_G(H - h) \qquad (14)$$

oder, wie aus Bild 7 hervorgeht, aus

$$K = F_G r(\cos\beta - \cos\alpha) \qquad (15)$$

Damit ergibt sich die *Kerbschlagzähigkeit* aus

$$KC = K / A_0 \qquad (16)$$

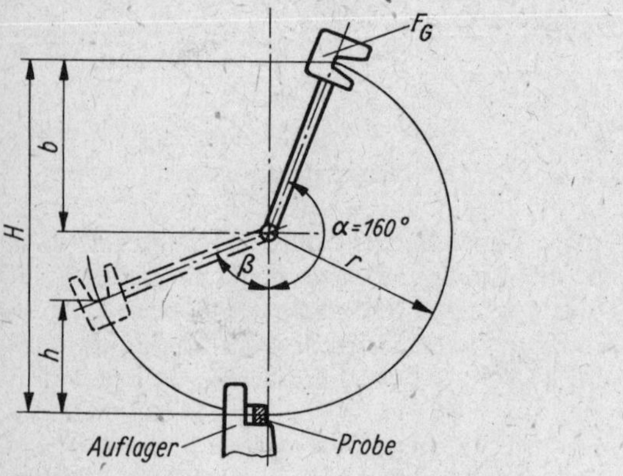

Bild 7. Versuchsanordnung für den Kerbschlagbiegeversuch.
H Fallhöhe ($H = b + r$), $b = r\cos(180° - \alpha) = -r\cos\alpha$,
$H = r(1 - \cos\beta)$, *h* Steighöhe [$h = r(1 - \cos\beta)$],
α Fallwinkel, *β* Steigwinkel, F_G Gewichtskraft des Hammerbärs einschließlich Pendelstange, *r* Radius des Schwerpunktkreises

Bei Verwendung von Pendelschlagwerken mit der maximalen Schlagarbeit $K_{max} = 300$ J wird die Kerbschlagzähigkeit von Proben mit U-förmigem Kerb von 5 mm Tiefe mit *KCU* und die von Proben mit V-förmiger Kerbe mit *KCV* angegeben. Die Kerbschlagzähigkeit von Proben mit z. B. 3 mm tiefen U-förmigen Kerben wird mit dem Symbol *KCU*3 bezeichnet. Für Untersuchungen mit Pendelschlagwerken kleinerer Schlagarbeit als $K_{max} = 300$ J muß das im Symbol durch Anhängen der entsprechenden Ziffernfolge vermerkt werden. Gleiches gilt für Proben mit Kerbtiefen von 2 oder 3 mm sowie für von 10 mm abweichender Probenbreite.

BEISPIEL

■ *KCU*150 / 3 / 7,5

Kerbschlagzähigkeit einer Probe mit U-förmigem Kerb von 3 mm Kerbtiefe und 7,5 mm Probenbreite.

Wird der Versuch bei tiefen Temperaturen, z. B. bei −40 °C durchgeführt, so muß die Prüftemperatur als hochgestellter Index im Kurzzeichen angegeben werden:

KCU^{-40}150 / 3 / 7,5

Die üblichen Baustähle zeigen eine ausgeprägte Temperaturabhängigkeit der Kerbschlagzähigkeit (Bild 8).

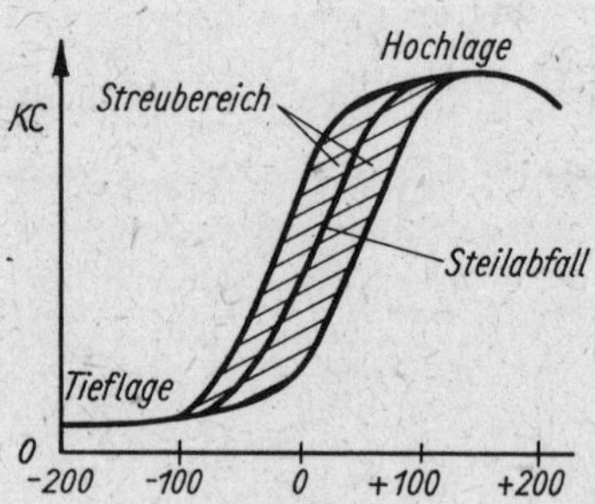

Bild 8. Kerbschlagzähigkeits-Temperatur-Diagramm für unlegierten Baustahl (schematisch)

Die *Hochlage* wird gekennzeichnet durch wenig streuende, hohe *KC*-Werte, wobei sich die Proben vor Eintritt des Bruchs mehr oder weniger stark verformen *(Verformungsbruch)*. Die Bruch-

fläche ist sehr feinkörnig und von hellgrauem Aussehen. Das leichte Absinken der Kurve bei höheren Temperaturen ist auf die Verminderung der Kerbschlagzähigkeit durch Alterungsvorgänge (Ausscheiden von Karbiden, Nitriden und Verunreinigungen) zurückzuführen.
Die *Tieflage* ist durch wenig streuende, niedrige *KC*-Werte bei fast verformungslosem Bruch *(Trennbruch, Sprödbruch)* der Proben gekennzeichnet. Die Bruchfläche zeigt glänzende, mehr oder weniger feinkörnige Kristallite.
Der Kurventeil zwischen der Hoch- und der Tieflage heißt *Steilabfall.* In dem dazugehörigen Temperaturbereich werden meist erheblich voneinander abweichende *KC*-Werte gefunden. Dieses Gebiet wird deshalb auch als *Streubereich* bezeichnet. Die hier vorherrschende Bruchform ist der *Mischbruch.* Er setzt sich zusammen aus einem Verformungsbruchbereich in der Randzone und einem Trennbruchbereich (sog. *kristalliner Fleck*) in der Kernzone der Bruchfläche. Mit fallender Temperatur vergrößert sich der Trennbruchanteil an der gesamten Bruchfläche (Bild 9).

Bild 9. Bruchformen beim Kerbschlagbiegeversuch

Die Kerbschlagzähigkeit ist außer von der Temperatur auch von der Kerbform, den Probenabmessungen, der Auflagerentfernung und der Schlaggeschwindigkeit des Pendels (4...7 m/s) abhängig. Der Versuch ist standardisiert[2])[3]).

2.3. Härtemessung

Als *Härte* bezeichnet man den Widerstand, den ein Körper dem Eindringen eines anderen (härteren) Körpers entgegensetzt.

Der bedeutendste Teil der mechanischen Härtemeßverfahren beruht auf dieser Definition, die aber nicht eindeutig ist. Härtemeßverfahren sind demzufolge *Eindringverfahren*, und die gewinnbaren Meßwerte sind Kennzahlen für den Verformungswiderstand des betreffenden Werkstoffs. Nach der Art der Krafteinwirkung unterscheidet man *statische* und *dynamische Härtemeßverfahren.*

2.3.1. Statische Härtemessung

2.3.1.1. Härtemessung nach Brinell

Eine gehärtete Stahlkugel (Eindringkörper) vom Durchmesser D wird mit der Kraft F in die metallisch blanke und riefenfreie Werkstückoberfläche eingedrückt (Bild 10). Nach Wegnahme

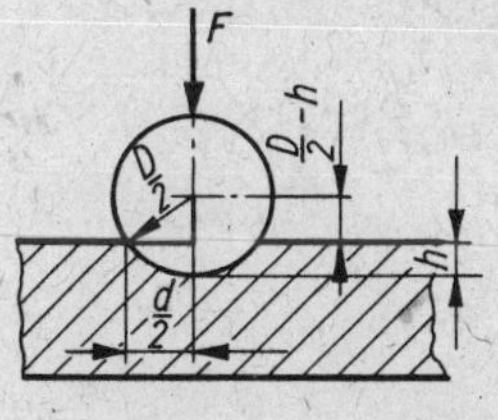

Bild 10. Härtemessung nach Brinell. Bestimmung des Kalottendurchmessers d aus der Eindringtiefe h

der Krafteinwirkung und dem damit verbundenen Rückgang des elastischen Formänderungsanteils im Werkstück ermittelt man die Oberfläche A des in der Probe verbleibenden sichtbaren Kugeleindrucks *(Kugelkalotte).* Bezieht man die Kraft F auf die Oberfläche A der Kugelkalotte, so ergibt sich die Brinell-Härte HB aus:

$$HB = F/A \tag{17}$$

Darin ist $A = \pi D h$. Aus meßtechnischen Gründen wird jedoch der Durchmesser d des Kugeleindrucks bestimmt. Man erhält durch Anwendung des Satzes von Pythagoras (Bild 10) für die Eindringtiefe h:

$$h = \frac{1}{2}\left(D - \sqrt{D^2 - d^2}\right) \tag{18}$$

Durch Einsetzen in die Ausgangsgleichung ergibt sich:

$$HB = \frac{F}{A} = \frac{F}{\pi D h} = \frac{F}{\pi D \frac{1}{2}\left(D - \sqrt{D^2 - d^2}\right)} \quad (19)$$

oder:

$$HB = \frac{2F}{\pi D\left(D - \sqrt{D^2 - d^2}\right)} \quad (20)$$

Um reproduzierbare Meßwerte zu erhalten, sind die anwendbaren Prüfkräfte und Kugeldurchmesser so festgelegt, daß F und D^2 direkt proportional sind. Der Proportionalitätsfaktor x wird als *Belastungsgrad* bezeichnet:

$$F = xD^2 \quad (21)$$

Tabelle 1 enthält Angaben über die gebräuchlichsten Prüfkräfte, Werkstoffe und erfaßbare Härtewerte. Die Prüfkugeln können die Durchmesser D von 10; 5; 2,5 und 1,25 mm haben[4]). Brinell-Härtewerte, die mit Kugeln verschiedener Durchmesser ermittelt wurden, sind dann nur miteinander vergleichbar, wenn die angewandten Prüfkräfte zum gleichen Belastungsgrad gehören.

Bei der praktischen Durchführung der Messung sind folgende Gesichtspunkte zu beachten:

1. Die Prüfkraft F muß stoßfrei und senkrecht zur metallisch blanken Probenoberfläche aufgebracht werden.
2. Die Mindestdicke der Probe muß $\geqq 8h$ sein.
3. Der Mittenabstand zweier Eindrücke muß $\geqq 4d$, der Mittenabstand vom Probenrand muß $\geqq 2{,}5d$ sein.
4. Kalottendurchmesser d muß sich zwischen 0,2 D und 0,7 D bewegen, andernfalls muß eine andere Kugel oder ein anderer Belastungsgrad gewählt werden.
5. Die Prüfdauer beträgt nach Aufbringen der gesamten Prüfkraft im allgemeinen 10...15 s, bei stark fließenden Metallen wird die Prüfdauer entsprechend verlängert.
6. Mit Hilfe einer Meßlupe wird der mittlere Kalottendurchmesser d aus zwei aufeinander senkrecht stehenden Durchmessern auf 0,01 mm genau bestimmt.
7. Den mittleren Härtewert entnimmt man aus Zeitgründen zweckmäßig Härtetabellen. Der durch die Messung erhaltene Brinell-Härtewert ist durch die vollständige Angabe der Versuchsbedingungen zu kennzeichnen. Dabei ist folgende Reihenfolge vorgesehen: Kurzzeichen *HB*, Kugeldurchmesser D, Prüfkraft F und Belastungsdauer t.

BEISPIEL

■ 250 *HB* 10 / 1 000-25 bedeutet:
250: Härtewert, 10: D in mm
1 000: F in kp, 25: t in s
Zu beachten ist, daß die Angabe der Belastung bisher noch in der SI-fremden Einheit kp erfolgte. Sie ist demzufolge stillschweigend mit dem Faktor 10 zu multiplizieren, um die Belastung in N zu erhalten[4]).

Für den Fall, daß $D = 10$ mm und $F = 30$ kN (3 000 kp) angewandt wurden, schreibt man außer dem Härtewert nur das Kurzzeichen, z. B. 320 *HB*.

Zwischen der Brinell-Härte und der Zugfestigkeit besteht folgender Zusammenhang:

$$R_m \approx c \cdot HB \quad (22)$$

Tabelle 1. Härtemessung nach Brinell

Werkstoff	Härtebereich *HB*	Belastungsgrad x	Prüfkraft F in N für D in mm 10	5	2,5	1,25
Eisenwerkstoffe	67...400 (450)	30	30 000	7 500	1 875	468,75
Cu, Ni, Cu–Zn, Bronze, Leichtmetall-Legierungen	22...315	10	10 000	2 500	625	156,25
Al, Mg, Zn, G-CuZn	11...158	5	5 000	1 250	312,5	78,13
Lagermetalle	6... 79	2,5	2 500	625	156,25	39
Pb, Sn, Weichlote	3... 39	1,25	1 250	312,5	78,13	19,53

c wird für Stahl und AlCuMg mit 0,35, für kaltverformtes Cu und Ms mit 0,40 angegeben. Wurde an einem Bauteil die Zugfestigkeit aus der Brinell-Härte bestimmt, so ist das unbedingt im Meßprotokoll besonders zu vermerken. Das Verfahren ist standardisiert[5]).

2.3.1.2. Härtemessung nach Vickers

Als Prüfkörper dient eine regelmäßige vierseitige Diamantpyramide mit einem Flächenwinkel von 136 ° und einem Kantenwinkel von 148 °. Dieser Eindringkörper wird senkrecht und stoßfrei mit der Kraft *F* in die zumindest an der Meßstelle geschliffene, metallisch blanke Oberfläche gedrückt (Bild 11).

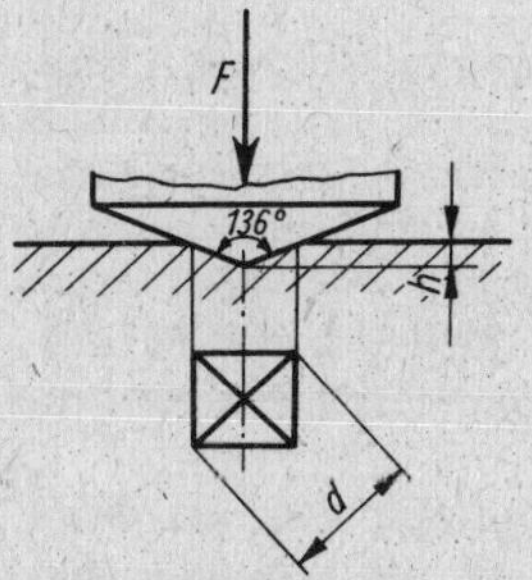

Bild 11. Härtemessung nach Vickers (Versuchsanordnung)

Die Vickers-Härte *HV* erhält man aus dem Quotienten von Prüfkraft *F* und der Oberfläche der Eindruckpyramide *A* zu:

$$HV = F/A \tag{23}$$

Darin ist $A = \frac{d^2}{2 \cdot \cos 22°} = \frac{d^2}{1{,}8544}$. In die Ausgangsgleichung eingesetzt, ergibt sich:

$$HV = \frac{1{,}8544\,F}{d^2} \tag{24}$$

Handelsübliche Vickers-Härtemeßgeräte sind für Prüfkräfte von 5, 10, 30, 60 und 120 kp bzw. 50, 100, 300, 600 und 1200 N ausgelegt. Im Regel- oder Normalfall wendet man $F = 30$ kp ≈ 300 N an.

Für Eisenwerkstoffe ist die Einwirkungsdauer *t* der Kraft *F* etwa 10...15 s. Bei NE-Metallen ist $t \geqq 30$ s.

Bei der Versuchsdurchführung ist folgendes zu beachten:

1. stoß- und schwingungsfreies Aufbringen der Prüfkraft senkrecht zur metallisch blanken Probenoberfläche
2. Nach Entlasten muß mit Hilfe einer optischen Meßeinrichtung die Länge der Eindruckdiagonalen *d* auf 2 µm genau als Mittelwert der Messung beider Diagonalen bestimmt werden.
3. Die Probendicke soll $\geqq 1{,}2d$ und der Abstand von Eindruckmitte bis zum Rand des benachbarten Eindrucks bzw. bis zum Probenrand $\geqq 2{,}5d$ sein.
4. Die vollständige Angabe der Vickers-Härte muß die Prüfkraft und deren Einwirkungsdauer enthalten. Wurde der Normalversuch (Regelfall) mit $F = 300$ N (30 kp) und $t = 10...15$ s durchgeführt, so gibt man nur das Kurzzeichen *HV* und die ermittelte Härte an.

BEISPIEL

■ 360*HV*10-30 bedeutet:
360: Vickers-Härte, 10: *F* in 10 N,
30: *t* in s

Anwendungsbereich der Härtemessung nach Vickers

Das Verfahren ist zur Härtemessung an allen metallischen Werkstoffen geeignet. Damit kann die Härte vor allem auch an sehr harten und dünnen Oberflächenschichten, wie sie beim Gasnitrieren entstehen, gemessen werden. Das ist besonders deshalb möglich, weil die Eindringtiefe *h* nur etwa *d*/7 ist. Unter Verwendung des halben Kantenwinkels ergibt sich *h* aus der Beziehung:

$$h = \frac{d}{2 \cdot \tan 74°} = \frac{d}{2 \cdot 3{,}487} \approx \frac{d}{7} \tag{25}$$

Die durch den Pyramideneindruck hervorgerufene Oberflächenverletzung ist geringfügig. Das Verfahren ist standardisiert[6]).

2.3.1.3. Härtemessung nach Rockwell

Man unterscheidet, von Sonderverfahren abgesehen, das Rockwell-C- und das Rockwell-B-*Verfahren*, die auch als Standardverfahren bezeichnet werden.

Beim Rockwell-C-Verfahren verwendet man als Eindringkörper einen Diamantkegel mit 120° Öffnungswinkel und eine Prüfkraft $F = 1\,500$ N, die sich aus der Vorkraft $F_0 = 100$ N und der Zusatzkraft $F_1 = 1\,400$ N zusammensetzt.

Das Rockwell-B-Verfahren wird mit einer Stahlkugel von 1,5875 mm Durchmesser und einer Prüfkraft $F = 1\,000$ N, die sich aus der Vorkraft $F_0 = 100$ N und der Zusatzkraft $F_1 = 900$ N zusammensetzt, durchgeführt.

Bei der Versuchsdurchführung ist bei beiden Verfahren folgendes zu beachten:

1. Stoß- und schwingungsfreies Aufbringen der Prüfkraft senkrecht zur metallisch blanken Oberfläche der Probe. Dabei wird zunächst die Vorkraft F_0 aufgebracht, um Oberflächeneinflüsse weitgehend auszuschalten. Der Prüfkörper dringt um den geringen Betrag e_0 in die Oberfläche ein.
2. Bei Prüfmaschinen älterer Bauart wird nun die Tiefenmeßeinrichtung auf Null eingestellt. Bei neueren Typen erfolgt die Nulleinstellung automatisch.
3. Anschließend läßt man die Zusatzkraft F_1 zusammen mit F_0 so lange einwirken, bis das Fließen des Werkstoffs beendet ist bzw. bis die Zeiger der Tiefenmeßeinrichtung zum Stillstand gekommen sind.
4. Während des Wirkens der Prüfkraft $F = F_0 + F_1$ wird der Werkstoff elastisch und plastisch (bleibend) verformt. Der Prüfkörper erreicht dabei die Gesamteindringtiefe e_1.
5. Da nur die bleibende Eindringtiefe gemessen werden soll, wird jetzt F_1 abgehoben, wobei der elastische Verformungsanteil zurückgeht und die bleibende Eindringtiefe unter der noch verbleibenden Vorkraft F_0 gemessen wird (Bild 12).
6. Der Mittenabstand zweier Eindrücke und der Randabstand sollen im allgemeinen mindestens 3 mm betragen.

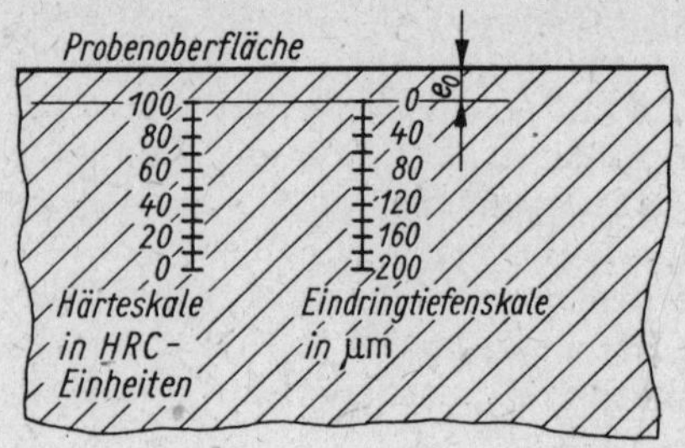

Bild 13. Härtemessung nach Rockwell. Eindringtiefenskale und Härteskale für *HRC*-Messung

Die Rockwell-C-Härte *HRC* ist definiert als

$$HRC = 100 - e \qquad (26)$$

Darin ist die Zahl 100 der Endwert der Rockwell-C-Härteskale. Der *HRC*-Skale liegt eine Eindringtiefenskale zugrunde (Bild 13). Einer bleibenden Eindringtiefe $e = 0{,}2$ mm = 200 µm ist der Härtewert $HRC = 0$ zugeordnet. Der Skalenwert 1 *HRC* entspricht einem Eindringtiefenwert von 0,002 mm = 2 µm. Um eine große Härte auch mit großen Zahlenwerten zu belegen, ist die Härteskale der Eindringtiefenskale reziprok.

Da das Rockwell-B-Verfahren *für weichere Werkstoffe* angewendet wird, ist die Eindringtiefenskale um 60 µm und die Härteskale entsprechend um 30 Skalenteile erweitert. Die Rockwell-B-Härte *HRB* ist daher definiert als:

$$HRB = 130 - e \qquad (27)$$

Anwendungsbereich der Härtemessung nach Rockwell

Das Rockwell-Verfahren ist für die Härtemessung an metallischen Werkstoffen aller Härtegrade anwendbar. Die *HRC*-Messung ist bei

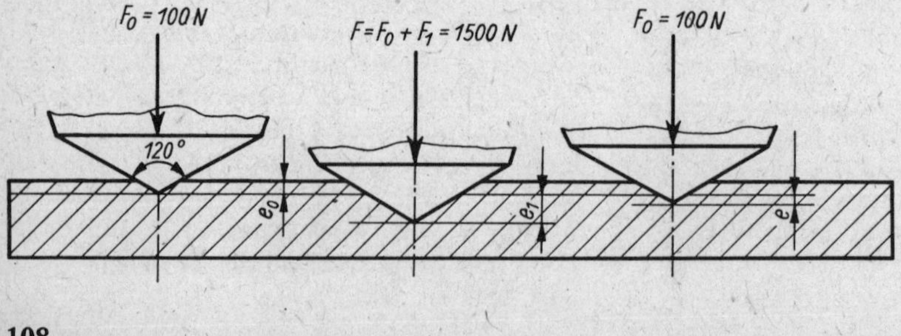

Bild 12. Härtemessung nach Rockwell. Meßvorgang bei der *HRC*-Messung

Härtewerten zwischen 20...67 *HRC* entsprechend 230...860 *HV* geeignet. Im Bereich von 35...100*HRB* entsprechend 80...230 *HV* ist die *HRB*-Messung anwendbar. Für die Härtemessung an Nitrierschichten und galvanischen Überzügen ist das Verfahren ungeeignet. Zunehmende Bedeutung gewinnt es in der automatischen Härtemessung.
Die Rockwell-Härtemessung ist standardisiert[7]).

2.3.2. Dynamische Härtemessung

Im Gegensatz zur statischen Härtemessung wird die Belastung schlagartig aufgebracht. Der jeweilige Prüfkörper verursacht entweder eine plastische oder eine hauptsächlich elastische Formänderung an der Probenoberfläche.

Als *Schlaghärtemessung* bezeichnet man die Verfahren, bei denen der Prüfkörper schlagartig in die Probenoberfläche eingedrückt wird und einen auswertbaren Eindruck auf dieser hinterläßt.
Als *Rücksprunghärtemessung* bezeichnet man die Verfahren, bei denen das elastische Verhalten des Probenwerkstoffs ausgenutzt wird und die Rücksprunghöhe eines Prüfkörpers als Härtemaß gilt.

2.3.2.1. Schlaghärtemessung

Die Schlaghärtemessung mit dem Baumann-Hammer beruht darauf, daß eine Kugel durch Federkraft schlagartig in die Probenoberfläche gedrückt wird. Der entstandene Kugeleindruck wird wie beim Brinell-Verfahren ausgemessen. Aus einer dem Gerät beigefügten Tabelle oder Eichkurve ist die Härte als Brinell-Härte zu entnehmen. Während man bei Anwendung des Baumann-Hammers mit bekannter Prüfkraft arbeitet, ist sie bei dem von der Poldihütte entwickelten Gerät, dem *Poldihammer*, unbekannt. Diese Härtemessung ist ein Vergleichsverfahren. Durch die Schlagwirkung eines Handhammers (300...500 g) erzeugt der Eindringkörper (eine Kugel mit $D = 10$ mm Durchmesser) gleichzeitig einen Eindruck in der Probe und in der Oberfläche eines Vergleichsstabs bekannter Härte bzw. Zugfestigkeit (Bild 14).

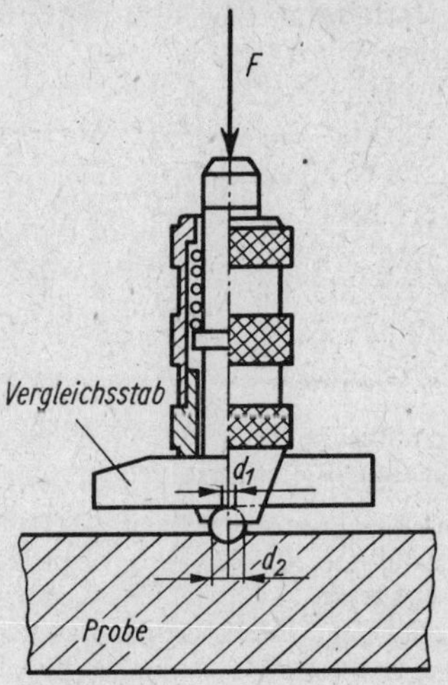

Bild 14. Schlaghärtemessung mit dem Poldi-Hammer

Die Härte des Vergleichsstabs ist umgekehrt proportional zu den Kalottenoberflächen beider Eindrücke. Daher sind lediglich die Eindruckdurchmesser d_1 am Vergleichsstab und d_2 an der Probe mit einer Meßlupe zu ermitteln. Dadurch erhält man die Brinell-Härte der Probe HB_P aus der Beziehung:

$$HB_P = HB_V \frac{D - \sqrt{D^2 - d_1^2}}{D - \sqrt{D^2 - d_2^2}} \qquad (28)$$

Darin ist HB_V die Brinell-Härte des Vergleichsstabs. Die Auswertung wird durch dem Gerät beigefügte Tabellen wesentlich erleichtert.

2.3.2.2. Rücksprunghärtemessung

Bei der Rücksprunghärtemessung nach Shore läßt man einen Fallhammer mit Diamantkuppe und einer Masse von 2,5 g auf die Probenoberfläche aufprallen und bestimmt die Shore-D-Härte HSh_D aus der Rücksprunghöhe des Hammers. Der Härtewert muß im Moment des Erreichens der Rücksprunghöhe an der in 130 Teile geteilten Skale des Meßgeräts, dem

Skleroskop, abgelesen werden. Dabei können erhebliche Ablesefehler auftreten. Mit Hilfe einer Eichkurve können die HSh_D-Werte in Vickers-Härte umgerechnet werden. Ein genaues Ablesen der Rücksprunghöhe gewährleistet der mit einer Stahlkugel ausgerüstete *Sklerograph*, da der Fallkörper am Rücksprunggipfel festgehalten wird.
Dem Prinzip des Pendelhammers entspricht die Arbeitsweise des Rückprall-Härteprüfers *Duroskop*. Die Rückprallhöhe kann hier durch einen Schleppzeiger leicht an der bogenförmigen, in 70 Teile unterteilten Skale abgelesen werden. Die Meßwerte werden mit Hilfe einer Eichkurve in Vickers-Härtewerte umgerechnet.

2.3.2.3. Anwendungsbereich der dynamischen Härtemeßverfahren

Obwohl die Bedienung der Meßgeräte und die Ausführung der Messung sehr einfach sind, weisen die dynamischen Härtemeßverfahren einige Mängel auf, so daß sie als Schiedsverfahren nicht zugelassen sind. Die Schlaghärtemessungen berücksichtigen wegen der kurzen Kraftwirkungsdauer das unterschiedliche Fließvermögen der metallischen Werkstoffe praktisch nicht. Die Rücksprunghärtemessungen garantieren elastische Formänderungen an der Werkstückoberfläche nicht einwandfrei, da ein Teil der Fallenergie zu plastischen Formänderungen verbraucht wird. Ein Härtevergleich ist nur bei Werkstoffen mit gleichem E-Modul möglich.
Die dynamischen Verfahren sind anwendbar zur Härtebestimmung an schweren und sperrigen Teilen, die auf den ortsfesten, statisch arbeitenden Härtemeßgeräten nicht geprüft werden können. Sie sind ferner zur *Gleichmäßigkeitsprüfung* von wärmebehandelten, gleichartigen Werkstücken geeignet. Durch Vorsatzgeräte, wie beim Duroskop, ist die Härtemessung nicht nur auf ebene Flächen begrenzt, sondern es können auch an gekrümmten Flächen Messungen vorgenommen werden.
Um Verfälschungen der Meßwerte durch Umsatz der Fall- bzw. Schlagenergie in Schwingungen zu vermeiden, müssen die zu prüfenden Teile entweder eine Mindestmasse von 5 kg haben, oder sie müssen fest eingespannt bzw. auf einer Unterlage mit genügend großer Masse geprüft werden.

2.4. Technologische Prüfverfahren

Die *technologischen Prüfverfahren* befassen sich mit der Untersuchung der verarbeitungstechnischen Eigenschaften der Werkstoffe, wobei vor allem das Verhalten unter betriebsmäßigen Bedingungen begutachtet wird.

Es wird hier über die Brauchbarkeit eines Werkstoffs für eine bestimmte Verarbeitung entschieden, ohne daß in jedem Fall auf eine zahlenmäßige Erfassung des Versuchsergebnisses Wert gelegt wird. Von den vielen Möglichkeiten der Untersuchungen sind eine Reihe standardisiert, um bei vorgeschriebenem Versuchsablauf vergleichbare Ergebnisse zu erhalten.
Man unterscheidet 2 Gruppen technologischer Verfahren.

1. *Kaltversuche* zur Bestimmung der verarbeitungstechnischen Eigenschaften bei normalen Temperaturen.
2. *Warmversuche* zur Bestimmung dieser Eigenschaften bei höheren Temperaturen.

2.4.1. Kaltversuche

Im allgemeinen zählen zu den technologischen Kaltversuchen Biege- und Faltversuche, Prüfungen von Feinblechen, Rohren, Nieten, Schrauben, Federn usw.

2.4.1.1. Biege- und Faltversuch

Als Proben kommen Flachstäbe mit einer Breite $b = 30 \ldots 50$ mm und einer Dicke $a \leqq 30$ mm mit abgerundeten Kanten ($r \approx 0{,}1a$) sowie Rundstäbe oder Fertigteile entsprechender Abmessungen in Betracht. Der Gefügezustand der Proben muß dem Verwendungszweck entsprechen. Die Probe wird mit Hilfe eines Biegedorns bis zu einem vorgegebenen Winkel α gebogen (Bild 15), falls nicht bereits vor Erreichen dieses

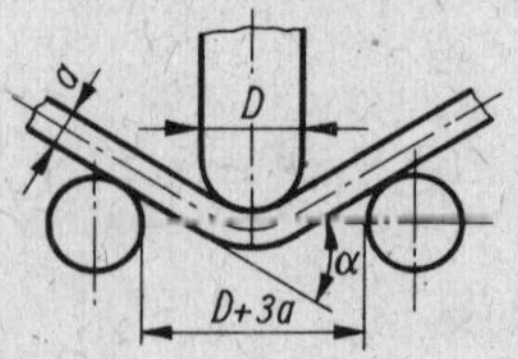

Bild 15. Biege- und Faltversuch

Biegewinkels Risse auf der Zugseite der Probe entstehen. Der vorgegebene oder bis zum Auftreten von Rissen erreichte Biegewinkel ist ein Maß für die Verformbarkeit des betreffenden Werkstoffs.
Soll der Faltversuch durchgeführt werden, so werden die freien Schenkel der Probe nach dem Durchziehen durch die Biegevorrichtung bis zur gegenseitigen Berührung zusammengedrückt. Üblicherweise verwendet man für diese Versuche eine *Universal-Zug-Druck-Prüfmaschine.*
Der Versuch ist standardisiert[8]).

2.4.1.2. Hin- und Herbiegeversuch

Für die Prüfung von Drähten bis 7 mm Durchmesser und Feinblechen bis 3 mm Dicke ist der Hin- und Herbiegeversuch üblich, da deren Verformungsvermögen bei einmaliger Biegung oder Faltung meist nicht erschöpft ist. Die etwa 80 mm langen (und bei Blechen bis 30 mm breiten) Proben werden in einer standardisierten Prüfvorrichtung zügig und stoßfrei um jeweils 90 ° hin- und hergebogen. Die Prüfdauer soll eine Sekunde je Biegung betragen.
Als eine *Biegung* bezeichnet man das Hin- und Herbiegen um 90 °. Maßgebend ist die Anzahl der Biegungen *(Biegezahl)*, die die Probe ohne Rißbildung aushält.
Der Versuch ist standardisiert[9]).

2.4.1.3. Tiefungsversuch an Feinblechen nach Erichsen

Dieser Versuch dient zur Bestimmung eines Vergleichswerts zur Beurteilung der Tiefziehfähigkeit von Blechen mit ≦ 2 mm Dicke. Dabei wird im Normalfall ein kugelförmiger Stempel von $D = 20$ mm in einen beiderseits mit Vaseline gefetteten ebenen Blechstreifen von ≧ 70 mm Breite eingedrückt und der Stempelweg (Tiefungswert) bis zum Einreißen gemessen. Durch Vergleich dieses Wertes mit Richtwertkurven und durch die Beurteilung des Rißverlaufs sowie der Oberflächenbeschaffenheit der Kugelkappe kann man auf die Eignung des Bleches zum Tiefziehen schließen (Bild 16).
Der Versuch ist standardisiert[10]).

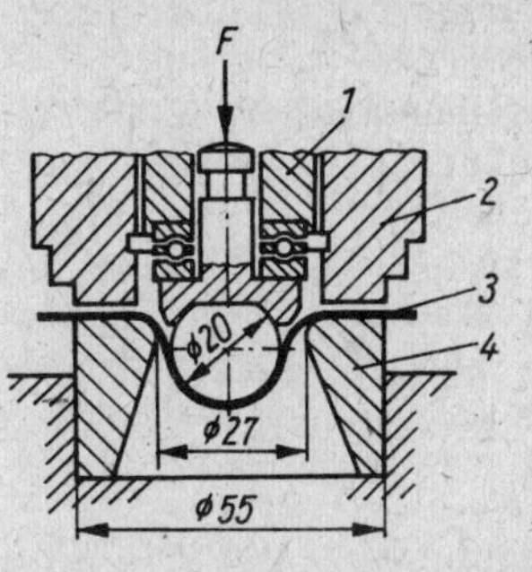

Bild 16. Normalwerkzeug für den Tiefungsversuch nach Erichsen. *1* Stempel, *2* Faltenhalter, *3* Probe, *4* Matrize

2.4.1.4. Bördelversuch

Der Bördelversuch gehört zu den technologischen *Rohrprüfversuchen.* Die Bördelfähigkeit ist besonders in Zusammenhang mit der Herstellung von Rohrverbindungen von Interesse. Die *Bördelprobe*, ein Rohrstück mit parallelen und abgerundeten Schnittkanten, wird auf einer Schnittseite mit einem Bördelkegel (Öffnungswinkel 120 °) oder Bördeldorn bis zu einem bestimmten Winkel umgebördelt. Als Gütekriterien gelten je nach Werkstoffqualität Bördelwinkel von 60 bzw. 90 ° und die von der Innenwand gemessene Bördelbreite, die das 1...1,5fache der Rohrwanddicke betragen soll. Diese Bördelung muß ohne Rißbildung ertragen werden.

2.4.2. Warmversuche

Warmversuche dienen vor allem zum Nachweis der Rotbrüchigkeit bzw. Warmsprödigkeit des Stahls. Dazu werden Ausbreit-, Stauch-, Biege- bzw. Falt-, Loch- und Aufdornversuche angewendet.

2.4.2.1. Ausbreitversuch

Die etwa 400 mm langen Probestäbe haben eine Ausgangsbreite *b*, die etwa der 3fachen Dicke der Flachproben entspricht. Der Werkstoff gilt als geeignet, wenn er das Ausbreiten durch Schmieden mit der Hammerfinne auf die 2,5fache Ausgangsbreite ohne Rißbildung erträgt.

2.4.2.2. Stauchversuch

Als Versuchsstücke verwendet man zylindrische Proben, deren Verhältnis Durchmesser zu Höhe 1:1 bis 1:2 beträgt. Grund- und Deckflächen sollen planparallel sein. Die Proben werden bei definierter Temperatur mit dem Handhammer oder einem Maschinenhammer gestaucht. Als Gütekriterium gilt die *Stauchung* (Höhenabnahme, bezogen auf die Ausgangshöhe), bei der Risse auftreten, oder ein vorgegebener *Stauchwert*, der ohne Rißbildung erreicht wird.

2.4.2.3. Biege- und Faltversuch

Dieser Versuch dient vor allem zur Ermittlung der *Rotbrüchigkeit* (Warmbrüchigkeit oder -sprödigkeit). Daneben kann er auch zur Feststellung der *Blaubrüchigkeit* (bei Temperaturen zwischen 200 und 300 °C) durch Alterungserscheinungen herangezogen werden.
Warm- oder Rotbrüchigkeit liegt dann vor, wenn die zwischen 800 und 1000 °C auf dem Amboß gebogene und gefaltete Probe Risse zeigt. Rißbildung beim Biegen und Falten bei 200...300 °C, nach vorangegangener Erwärmung auf 600...700 °C, ist das Zeichen für Kalt- bzw. Blaubrüchigkeit.

3. Metallografische Prüfung

Die Aufgabe der metallografischen Prüfung besteht darin, Aufschlüsse über den Gefügeaufbau der Metalle in Abhängigkeit von der Zusammensetzung, der Wärmebehandlung und dem Verarbeitungszustand sowie über die Art, Menge und Verteilung nichtmetallischer Einschlüsse zu geben. Daneben ist sie ein wesentliches Hilfsmittel zur Aufklärung werkstoffbedingter Schadensfälle. Die Metallografie bedient sich dabei der *makroskopischen* und *mikroskopischen* Untersuchung des Werkstoffs.
Die *makroskopische Untersuchung* gestattet die äußere Beurteilung des betreffenden Teils im Hinblick auf das Aussehen der Bruchfläche und der übrigen Oberfläche sowie die Gefügeuntersuchung bis zu etwa 40facher Vergrößerung durch Mikroskope.
Die *mikroskopische Untersuchung* arbeitet mit höheren Vergrößerungen (bis 1500fach mit Auflicht-Mikroskopen), um möglichst genaue Aufschlüsse über den Gefügeaufbau, Korngrößen und Mengenanteile bestimmter Phasen zu erhalten. Die metallografischen Arbeitsverfahren sind jedoch nicht auf subjektive Betrachtungen der Proben beschränkt, sie schließen auch weitgehend dokumentarische Nachweise bzw. Beweise durch Makro- und Mikrofotoaufnahmen ein.

3.1. Schliffherstellung

Fertig zugearbeitete metallografische Proben werden allgemein als *Schliffe* bezeichnet. Um später eine möglichst objektive Aussage über den Gefügeaufbau des Werkstoffs machen zu können, müssen bei der Probenentnahme einige wesentliche Gesichtspunkte beachtet werden:

a) Das entnommene Probestück muß bezüglich seines Gefügeaufbaus tatsächlich dem des Grundwerkstoffs entsprechen, d. h., beim Heraus- oder Abtrennen der Probe dürfen keine unzulässig hohen Erwärmungen oder Verformungen, die das Gefüge beeinflussen, auftreten. Zur Trennung wendet man *Kaltsägen* und *Trennschleifen* an. *Brennschneiden* ist nur dann zulässig, wenn die interessierende Gefügestelle genügend weit von der Schneidfuge entfernt ist.
b) Die Lage der Schlifffläche zur Oberfläche bzw. zum Querschnitt des Werkstücks muß genau definiert werden. Die Proben müssen mit Schlagzahlen oder elektrischen Signiergeräten gekennzeichnet werden.

Da die metallografische Gefügeuntersuchung *ebene Probenflächen* erfordert, müssen folgende Arbeitsgänge nacheinander durchgeführt werden:

1. *Einebnen* der Probe durch Hobeln, Fräsen, Feilen oder Vorschleifen an der Schleifscheibe.
2. *Schleifen* von Hand oder maschinell mit metallografischem Schleifpapier der Körnungen 100, 180, 280, 350, 400, 500, 600, 700 und 800. Das Schleifen soll so erfolgen, daß die Bearbeitungsspuren des vorangegangenen Arbeitsganges durch eine jeweils um 90° versetzte Schleifrichtung vollständig beseitigt werden. Der Schliff ist vor jedem Papierwechsel sorg-

fältig von Schleifstaub zu befreien, damit Schleifkörner des gröberen Papiers nicht auf das nächst feinere verschleppt werden und dann unangenehme Kratzer auf der Schliffoberfläche hervorrufen.
Für Makrountersuchungen genügt im allgemeinen das Schleifen bis zum Papier mit der 400er Körnung.
3. Schliffe für Mikrountersuchungen werden im Anschluß an das Schleifen noch poliert. Zum *Polieren* verwendet man auf rotierende Scheiben gespannte kurzfaserige Filztücher, Sämischleder oder Samt in Verbindung mit z. B. Poliertonerde. Das zeitraubende Polieren kann durch Verwendung elektrolytischer Poliergeräte wesentlich verkürzt werden.
4. Die fertig polierten Schliffe werden sorgfältig gereinigt und getrocknet. Damit sind sie für die meist nachfolgende Ätzung und mikroskopische Untersuchungen bereit. Um randscharfe Schliffe zu erhalten, werden diese in Schliffklammern befestigt oder mit Einbettungsmitteln umgossen. Der *Normalschliff* soll etwa die Größe 15 mm × 15 mm × 10 mm haben. Abweichungen nach unten oder oben sind jedoch nicht selten.

3.2. Nachweis von S- und P-Seigerungen

Schwefel und Phosphor neigen beim unberuhigten Vergießen von Stahl zur *Blockseigerung.* Diese Erscheinung ist bei beruhigt vergossenen Stählen kaum ausgeprägt vorhanden. Mit Hilfe makroskopischer Verfahren kann man mit sehr geringem Aufwand an Zeit und Kosten am Auftreten oder Fehlen von Blockseigerungen unberuhigt und beruhigt vergossene Baustähle voneinander unterscheiden.

3.2.1. Baumann-Abdruck

Zur Durchführung des Verfahrens benötigt man: 5 %ige H_2SO_4, konzentrierte Ethansäure, Fotopapier (Bromsilberpapier), normales Fixierbad, metallografisches Schleifpapier bis höchstens Körnung 600, eine Glasplatte und PVC-Schalen. Der Versuch wird bei Tageslicht oder normaler Beleuchtung durchgeführt. Er dient dem Nachweis von S-Seigerungen.

Beispiel

■ *Arbeitsgänge zum Herstellen eines Baumann-Abdrucks*

1. Probe als Querschliff herstellen.
2. Fotopapier in H_2SO_4 tauchen (≈ 1 min).
3. Herausnehmen des Papiers und überschüssige H_2SO_4 über eine Papierecke abtropfen lassen.
4. Fotopapier mit der Schichtseite nach oben auf die Glasplatte auflegen und Schliff vorsichtig aufdrücken (≈ 3...6 min).
5. Schliff abheben, Papier zwischenwässern (Wässerungsbad mit 3...5 ml Ethansäure je 1 Liter Wasser). Liegt unberuhigter Stahl vor, so sind die Schwefelseigerungen bereits sichtbar.
6. Fixieren (10...15 min), wässern (≈ 30 min) und trocknen.

Beim Auflegen der Schliffe auf das mit H_2SO_4 getränkte Fotopapier laufen folgende Reaktionen ab:

$$H_2SO_4 + MnS \rightarrow MnSO_4 + H_2S$$
$$H_2SO_4 + FeS \rightarrow FeSO_4 + H_2S$$
$$H_2S + 2AgBr \rightarrow Ag_2S + 2HBr$$

Der im Stahl als MnS oder FeS vorhandene Schwefel reagiert also mit dem in der Fotoschicht enthaltenen Silberbromid in der angegebenen Weise zu Ag_2S. Dieses Reaktionsprodukt hat eine hell- bis dunkelbraune Färbung und zeigt dokumentarisch auf dem Fotopapier die Lage und Verteilung der S-Seigerungen (Bild 17). Eine quantitative Aussage über den S-Gehalt des Stahls läßt sich jedoch nicht machen.

Bild 17. Baumann-Abdruck.
S-Seigerungen in einer Nietverbindung

3.2.2. Ätzung nach Heyn

Mit diesem Verfahren können mit noch geringerem Aufwand P- und S-Seigerungen nachgewiesen werden. Der mit Schleifpapier bis Körnung 600 hergestellte Querschliff wird zum Ätzen in eine 9 %ige wäßrige Kupferammoniumchlorid-Lösung (Heynsches Ätzmittel) getaucht (≈ 10...15 s). Dadurch werden die Seigerungen dunkel angefärbt, während die seigerungsfreien Zonen nicht angegriffen werden. Der sich auf der Stahloberfläche bildende Cu-Niederschlag wird nach dem Ätzen sofort mit einem Wattebausch unter fließendem Wasser abgerieben. Sollte die Beseitigung des Cu-Niederschlags Schwierigkeiten bereiten, so entfernt man ihn unter Zusatz von NH_4OH mit dem Wattebausch. Wird ein dokumentarischer Nachweis verlangt, so muß der Schliff noch fotografiert werden. Bild 18 zeigt die von Bild 17 her bekannte Nietverbindung, hier aber mit dem Heynschen Ätzmittel geätzt.

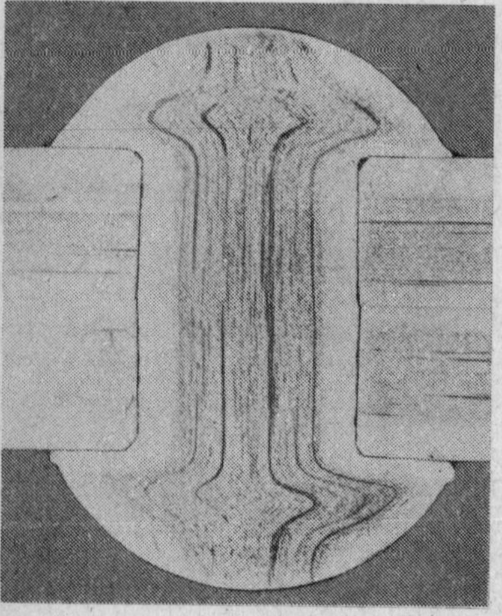

Bild 18. Ätzung nach Heyn.
Nachweis von P- und S-Seigerungen

4. Zerstörungsfreie Werkstoffprüfung

In der modernen Fertigung genügt es nicht, an Hand zugearbeiteter Proben Werkstoff-Gütekennwerte zu ermitteln, vielmehr ist es von besonderer Bedeutung, von im Bauteil vorhandenen oder während der Bearbeitung entstandenen Fehlern Kenntnis zu erhalten. Die dafür anzuwendenden Prüfverfahren müssen daher so arbeiten, daß keine Probenahme erforderlich ist und die Werkstücke ohne irgendwelche Beschädigungen als Ganzes oder nur an besonders interessierenden Stellen geprüft werden können. Die zerstörungsfreien Prüfverfahren gestatten es, innere oder äußere, schlecht sichtbare Fehler an Rohlingen oder bereits bearbeiteten Werkstücken und Konstruktionen festzustellen und entsprechende Maßnahmen zu veranlassen. Eine Erfassung aller möglichen Fehler durch nur ein Verfahren ist wegen der technischen und wirtschaftlichen Anwendungsgrenzen nicht gegeben.

4.1. Risseprüfung

Der Nachweis von bis zur Werkstoffoberfläche reichenden oder oberflächennahen *Haarrissen* ist besonders bei dynamisch belasteten Guß- und Schmiedeteilen von großer Bedeutung, da durch Risse unkontrollierbare, nicht beherrschbare Kerbwirkungen und unvorhergesehene Schadensfälle entstehen. Bewährte Prüfverfahren sind die Diffusionsverfahren und Magnetpulververfahren, die Anwendung finden, wenn aus bestimmten Gründen Ultraschall- oder Röntgenprüfungen nicht möglich sind.

4.1.1. Diffusionsverfahren

Diffusions- oder Eindringverfahren eignen sich zur Feststellung von der Oberfläche ausgehender oder mit ihr in Verbindung stehender feiner Risse und Poren in Gußstücken, Schmiede- und Preßteilen sowie Schweißnähten vor und nach der spanenden Bearbeitung. Diese Verfahren sind von der Werkstoffart unabhängig.

Beim *Farbdiffusionsverfahren* wird das gereinigte Werkstück mit einer roten Flüssigkeit (z.B. *Prüfrot ZIS*), die eine besonders geringe Oberflächenspannung hat, eingestrichen. Durch die Kapillarwirkung dringt das Prüfrot in vorhandene Risse und Poren ein. Nach etwa 10 min wird das überschüssige, an der Oberfläche befindliche Prüfrot entfernt und ein Kontrastmittel (z. B. *Kontrastweiß ZIS*) aufgetragen. Die sich nach Verdunsten des leichtflüchtigen Aufschwemmungsmittels bildende weiße Pulverschicht saugt das in die Risse und Poren eingedrungene Prüfrot heraus und zeigt damit sehr deutlich die fehlerbehafteten Stellen an.

Das *Fluoreszenz-Verfahren* arbeitet mit einem unter Einwirkung von UV-Licht fluoreszierenden wasserlöslichen Prüföl. Das zu prüfende Teil wird in das Prüföl getaucht und nach etwa 15 min mit Wasser abgespült.

Da das Wasser wegen seiner großen Oberflächenspannung kaum in die Risse eindringt, wird nur das an der Oberfläche haftende Prüföl abgewaschen. Unmittelbar danach taucht man das Teil in eine Kontrastmittelsuspension und trocknet es mit Warmluft. Bei der anschließenden Prüfung unter UV-Licht in einem abgedunkelten Raum leuchten die durch das verbliebene Prüföl markierten Fehlstellen intensiv. Das Verfahren eignet sich besonders für die Serienprüfung kleinerer Werkstücke.

4.1.2. Magnetische Verfahren

Die *magnetische Risseprüfung* oder *Magnetpulverprüfung* ist bei ferromagnetischen Werkstücken geeignet zum Nachweis von Oberflächenrissen, die durch Härten, Schleifen, Überschmieden oder Schrumpfen entstehen, sowie von oberflächennahen Lunkern, Poren und Schlacken. Dieses Verfahren beruht darauf, daß ein im Prüfkörper erzeugtes Magnetfeld in fehlerfreien Bereichen homogen ist, also parallel zur Werkstückachse verlaufende Feldlinien aufweist, aber an Stellen mit geringerer magnetischer Leitfähigkeit (bei Rissen usw.) Störungen bzw. Streuungen erfährt. Diese Streuerscheinungen werden durch eine Suspension aus Reineisenpulver oder einem Eisenoxidpulver (z.B. Fe_3O_4) und einem dünnflüssigen, als *Trägeröl* bezeichneten Prüföl an der Werkstoffoberfläche sichtbar (Bild 19).

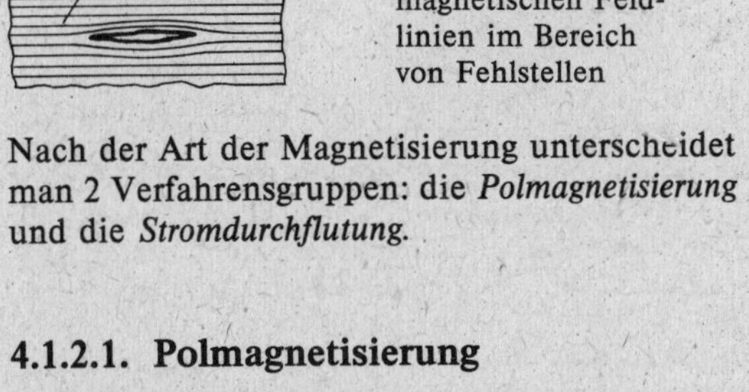

Bild 19. Verlauf der magnetischen Feldlinien im Bereich von Fehlstellen

Nach der Art der Magnetisierung unterscheidet man 2 Verfahrensgruppen: die *Polmagnetisierung* und die *Stromdurchflutung*.

4.1.2.1. Polmagnetisierung

Die Magnetisierung erfolgt in der Längsachse des Werkstücks zwischen den Polen eines *Gleichstrom*-Elektromagneten. Die bekannteste Art ist dabei die *Jochmagnetisierung*, die zum Nachweis von Querrissen dient (Bild 20). Ist der Prüfkörper wegen seiner Form und Größe nicht für die Jochmagnetisierung geeignet, so kann man mit der *Spulenmagnetisierung* arbeiten. Dabei wird eine von Gleich- oder Wechselstrom durchflossene Spule über das Werkstück geschoben. Die Enden des Teils werden über ein Joch miteinander verbunden, um den magnetischen Kreis außerhalb der Spule zu schließen.

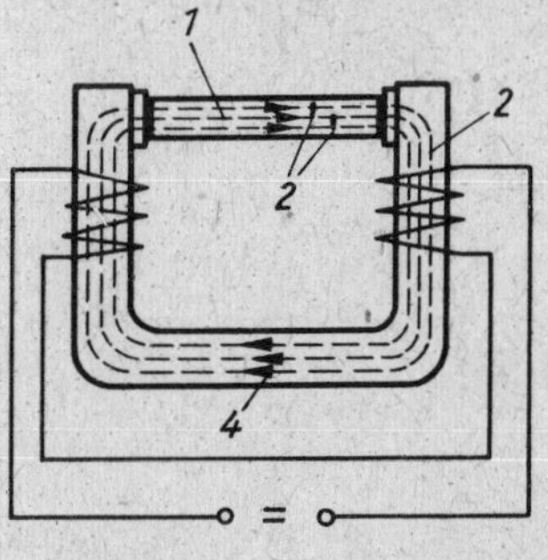

Bild 20. Prinzip der Jochmagnetisierung. *1* Prüfkörper, *2* Querrisse, *3* Joch *4* Magnetfeldlinien

4.1.2.2. Stromdurchflutung

Der Prüfkörper wird hier von einem *Wechselstrom*, der je nach Querschnitt bis zu einige Tausend Ampere beträgt, durchflossen. Der Strom wird von einem magnetischen Wechselfeld begleitet, das senkrecht auf der Stromrichtung steht, so daß damit im Werkstück vorhandene Längsrisse nachgewiesen werden können. Dieses Verfahren heißt, weil der Strom direkt durch das Werkstück fließt, *Selbstdurchflutung* (Bild 21).

Für die Prüfung von Hohlkörpern wendet man das Verfahren der *Hilfsdurchflutung* an, wobei der Prüfkörper über einen Hilfsleiter (Rundkupfer) geschoben wird. Der stromdurchflossene Hilfsleiter baut ein konzentrisches, senkrecht zur Stromrichtung stehendes magnetisches Wechselfeld auf, das den Prüfkörper durchsetzt und vorhandene Längsrisse oder radial verlaufende Risse an den Stirnseiten nachweist (Bild 22).

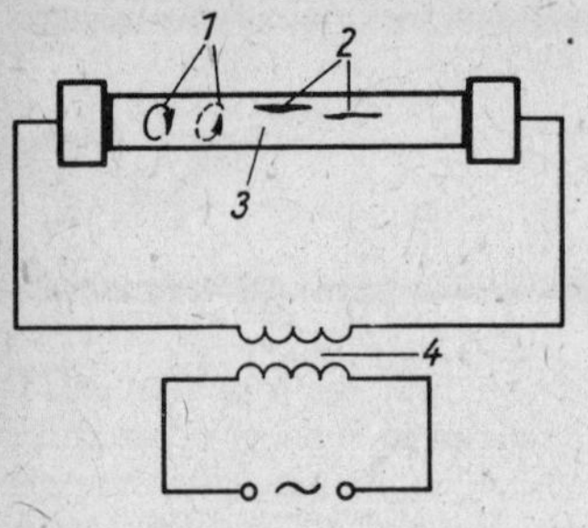

Bild 21. Prinzip der Selbstdurchflutung.
1 Magnetfeldlinien, *2* Längsrisse, *3* Prüfkörper, *4* Hochstromtransformator

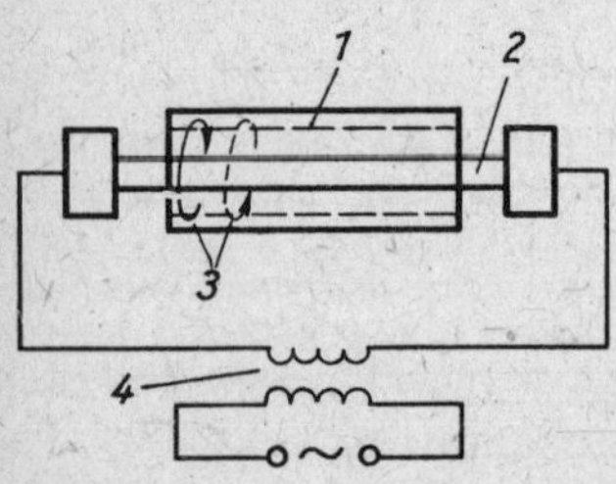

Bild 22. Prinzip der Hilfsdurchflutung.
1 Prüfkörper, *2* Hilfsleiter, *3* Magnetfeldlinien, *4* Hochstromtransformator

Das gleichzeitige Erfassen von Längs- und Querrissen ist durch eine geeignete Kombination von Polmagnetisierung und Stromdurchflutung möglich (Verfahren der *Gleichstrom-Jochmagnetisierung* und *Wechselstrom-Selbstdurchflutung*).
Zur Beseitigung des Restmagnetismus müssen alle polmagnetisierten und alle stromdurchfluteten, nicht völlig rotationssymmetrischen Teile entmagnetisiert werden, um Betriebsstörungen durch mit Restmagnetismus behaftete Bauteile zu vermeiden.

4.2. Ultraschallprüfung

4.2.1. Erzeugung und Eigenschaften von Ultraschall

Schallschwingungen sind mechanische Schwingungen, die sich in festen, flüssigen und gasförmigen Körpern, aber nicht im Vakuum ausbreiten können.

Als *Ultraschall* bezeichnet man Schallschwingungen, deren Frequenzen größer als 20 kHz sind, also außerhalb des menschlichen Hörbereichs liegen.

Ultraschall erzeugt man unter Ausnutzung des *piezoelektrischen* oder des *magnetostriktiven Effekts*. Der *piezoelektrische Effekt* beruht darauf, daß sich manche Kristalle mit polaren Achsen (Quarz, Bariumtitanat) bei mechanischer Belastung durch Zug oder Druck an der Oberfläche elektrisch aufladen. Das ist der *direkte piezoelektrische Effekt*, der zur Messung von Schallschwingungen (Empfänger) genutzt wird. Der *reziproke piezoelektrische Effekt* besteht darin, daß der Kristall durch Anlegen einer geeigneten hochfrequenten Wechselspannung seine Dimensionen mit der Frequenz ändert, also zum Schwingen angeregt wird. Da diese mechanischen Schwingungen weitergeleitet werden können, benutzt man diese Kristalle als Sender oder Schallgeber.

Bei ferromagnetischen Werkstoffen können Dimensionsänderungen durch Magnetisieren im magnetischen Wechselfeld hervorgerufen und damit Schallwellen erzeugt werden. Die Dimensionsänderung durch Magnetisieren von Ferromagnetika heißt *Magnetostriktion* oder *magnetostriktiver Effekt*.

Zur Erzeugung von Ultraschallwellen verwendet man dünne, runde, aus einem Kristall herausgeschnittene Platten von etwa 0,2...3 mm Dicke und etwa 10...30 mm Durchmesser, deren Hauptebene senkrecht zu einer polaren Kristallachse (z. B. *X*-Achse) steht. Wird die Kristallplatte zu periodischen Dickenänderungen angeregt, so sendet sie senkrecht zu ihrer Oberfläche *Longitudinalwellen* aus. Die Ausbreitungsrichtung und die Schwingungsrichtung fallen bei Longitudinalwellen zusammen.

Transversalwellen (Schwingungsrichtung ist senkrecht zur Ausbreitungsrichtung) entstehen durch periodische Längenänderungen einer solchen Kristallplatte. Die Schallgeschwindigkeit der Longitudinalwellen ist etwa doppelt so groß wie die der Transversalwellen. In Stahl ist $v_L = 5\,850$ m/s und $v_T = 3\,230$ m/s.

Die Anwendung von Ultraschall in der Werkstoffprüfung beruht darauf, daß die Schallwellen an der Grenzfläche zwischen einem dichten und einem weniger dichten Medium nahezu vollständig reflektiert werden. Sendet man Ultraschallwellen in die Vorderwand eines homogenen, fehlerfreien metallischen Werkstücks, so werden die Wellen an der Rückwand, also an der Grenzfläche Metall-Luft, reflektiert. Befinden sich *Fehlstellen* (Risse, Lunker, Poren, Gasblasen) im Werkstück, so erfolgt die Reflexion eines Teils der Ultraschallwellen bereits vor Erreichen der Rückwand. Sieht man von der Absorption und Streuung ab, so erreicht nur ein von der Fehlerausdehnung abhängiger Teil der eingeschallten Wellen die Werkstückrückwand.

Auf diesen Erscheinungen beruhen die beiden Hauptgruppen der Ultraschallprüfverfahren: das *Impuls-Echo-Verfahren* und das *Durchschallungs-Verfahren*. In der Werkstoffprüfung hat sich besonders das Impuls-Echo-Verfahren durchgesetzt.

4.2.2. Impuls-Echo-Verfahren

Dieses Verfahren zeichnet sich durch vielseitige Einsatzmöglichkeiten aus. Die erforderlichen Geräte sind praktisch an jeden Prüfort zu transportieren. Das Wesentlichste ist die bessere Nachweisempfindlichkeit auch für kleinere Fehler und die Bestimmbarkeit der Lage des Fehlers im Werkstück. Die *Nachweisempfindlichkeit* ist so gut, daß selbst Fehlstellen, die nur 5 % der eingestrahlten Schallenergie reflektieren, noch einwandfrei angezeigt werden. Während bei Durchschallungs-Verfahren nur relativ dünne Werkstücke mit parallelen Begrenzungsflächen geprüft werden können, ist die *Meßlänge* beim Impuls-Echo-Verfahren nur durch die Schwächung (Extinktion: Absorption und Streuung) des Schalls begrenzt. Bei Stahl sind Meßlängen bis zu 10 m (Stangenmaterial) erreichbar. Nachteilig ist, daß nahe der Einstrahlstelle vorhandene Fehler, die im Bereich der *toten Zone* liegen, nicht oder nur relativ schwierig nachweisbar sind. Die tote Zone hat je nach Prüffrequenz, Ankopplungsbedingungen und Prüfgerät eine Ausdehnung von 5 bis 10 mm.

Arbeitsweise des Impuls-Echo-Verfahrens

Das Verfahren wird im allgemeinen mit nur einem *Prüfkopf* durchgeführt. Die im Prüfkopf untergebrachte *Kristallscheibe* wirkt in zeitlich aufeinanderfolgenden Abständen als Schallgeber und -empfänger. Es werden also der direkte und der reziproke piezoelektrische Effekt am gleichen Kristall ausgenutzt. Eine wichtige Voraussetzung für eine einwandfreie Schallübertragung vom Prüfkopf auf das Werkstück ist die *Ankopplung*, denn es muß vermieden werden, daß sich Luftspalte zwischen beiden befinden. Das erreicht man durch Aufbringen einer Schicht dickflüssigen Schmieröls, Glyzerins oder spezieller Koppelpasten. Nach Ankopplung des Prüfkopfes werden in definierten Zeitabständen Schallwellen *(Impulse)* in den Prüfkörper eingestrahlt. Diese Impulse durchlaufen das Werkstück mit der für den Werkstoff entsprechenden Geschwindigkeit und werden von der Rückwand des Teils reflektiert. Die reflektierten Schallimpulse (*Bodenechos* oder Rückwandechos) erzeugen im Kristall nach dem direkten piezoelektrischen Effekt Ladungs- bzw. Spannungsänderungen. Durch entsprechende Verstärker wird das Bodenecho zusammen mit dem *Sendeimpuls* auf dem Bildschirm einer Oszillografenröhre sichtbar gemacht. Ist das Werkstück mit inneren Fehlern behaftet, so wird ein Teil der eingestrahlten Schallenergie vor Erreichen der Rückwand reflektiert, wodurch sich zusätzliche Echos, die *Fehlerechos*, ergeben. Da die am Prüfkopf auftretenden Impulse auf dem Bildschirm in ihrer zeitlichen Reihenfolge durch Auslenken einer horizontalen Zeitlinie

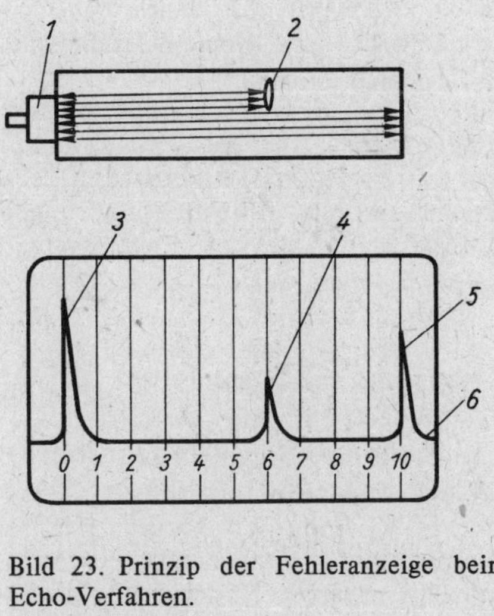

Bild 23. Prinzip der Fehleranzeige beim Impuls-Echo-Verfahren.

1 Prüfkopf, *2* Fehler, *3* Sendeimpuls, *4* Fehlerecho, *5* Bodenecho, *6* Zeitlinie

dargestellt werden, ergibt sich eine *Zackenschrift* (Bild 23). Bei bekannter Werkstücklänge bzw. -dicke kann die Zeitskale in Längeneinheiten geeicht und damit die Entfernung eines Fehlers von der Einstrahlstelle sehr leicht gefunden werden. Das Verfahren ist geeignet zur Prüfung von Stahl, Stahlguß und Aluminium. Bei Verwendung von *Winkelprüfköpfen* können auch Schweißnähte untersucht werden. Weniger geeignet ist das Verfahren für die Prüfung stark schallschwächender Werkstoffe, wie Plaste, Grauguß, Kupfer, Messing und Bronze.

4.3. Röntgendefektoskopie

Die *Röntgendefektoskopie* gestattet es als Durchstrahlungsverfahren, Lunker, Gasblasen, Poren, Schlackeneinschlüsse, Einbrandfehler, Bindefehler usw. in Gußstücken und Schweißverbindungen nach ihrer Lage und Größe festzustellen.

Da es nicht immer wirtschaftlich ist, jedes Teil zu röntgen, geht man dazu über, die Röntgendefektoskopie mit der Ultraschallprüfung zu koppeln. Dabei dient die Ultraschallprüfung zur Fehlerortung und die Röntgendefektoskopie zur Beurteilung von Art und Größe der Fehler sowie deren möglichen Einfluß auf die Funktionstüchtigkeit des Werkstücks. Das Verfahren ist anwendbar für Wanddicken bis ≦ 85 mm (bei Stahl).

4.3.1. Erzeugung und Eigenschaften von Röntgenstrahlen

Röntgenstrahlen sind elektromagnetische Wellen mit sehr geringen Wellenlängen. In den in der Werkstoffprüfung am häufigsten benutzten Geräten werden Röntgenstrahlen mit Wellenlängen zwischen 0,01...0,003 nm verwendet. Technisch erzeugt man diese Strahlung mit Hilfe einer hochevakuierten Glasröhre (Glaskolben), in der sich unter anderem eine *Glühkatode* und eine *Anode* (meist ein Cu-Block mit eingelassener Wolframplatte) befinden. Erhitzt man die Katode, so werden Elektronen emittiert. Durch die zwischen Anode und Katode angelegte *Hochspannung* (bis 400 kV bei üblichen Geräten) werden die emittierten Elektronen stark beschleunigt und prallen mit hoher Geschwindigkeit auf eine möglichst kleine

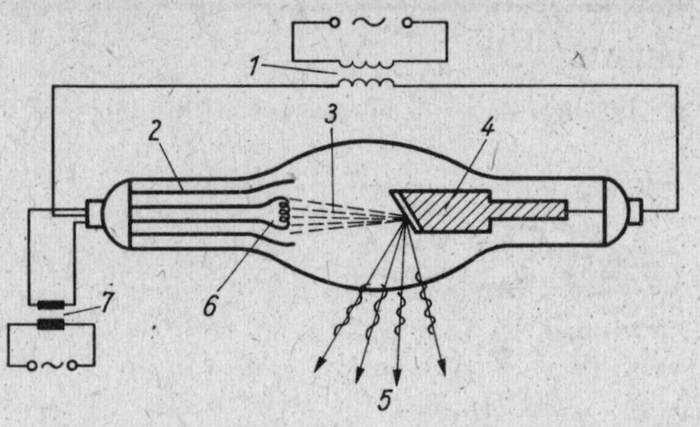

Bild 24. Prinzip der Erzeugung von Röntgenstrahlen.
1 Hochspannungstransformator, *2* Sammel- oder Richtzylinder, *3* Elektronen, *4* Anode, *5* Röntgenstrahlen, *6* Katode, *7* Heiztransformator

Stelle, den *Brennfleck* oder *Fokus*, der Wolframanode. Durch das Abbremsen wird der größte Teil der kinetischen Energie der Elektronen in Wärme (Anode muß entsprechend gekühlt werden!), der kleinste Teil (≦ 1 %) in Röntgenstrahlen umgesetzt (Bild 24). Die Strahlen haben jedoch keine einheitliche Wellenlänge, vielmehr entsteht ein Spektrum verschiedener Wellenlängen, das *Bremsspektrum*. Wegen ihrer sehr geringen Wellenlängen durchdringen die Röntgenstrahlen alle Körper geradlinig. Allerdings tritt in Abhängigkeit von der Dichte, der Ordnungszahl, der Dicke des Stoffs sowie vom Fokusabstand eine mehr oder weniger große *Schwächung* auf. Eine andere wichtige Eigenschaft ist die Fähigkeit, Atome und Moleküle zu ionisieren. Darauf beruht ihre fotochemische und biologische Wirkung. Beim Arbeiten mit Röntgenstrahlen müssen die *Strahlenschutzvorschriften* sorgfältig beachtet werden!

4.3.2. Verfahren der Röntgendefektoskopie

Zur Feststellung von Werkstoffehlern wendet man die *Bild- oder Leuchtschirmbetrachtung* und die *Röntgen-Filmaufnahme* an. Das erste Verfahren wird zur Begutachtung von kleineren und relativ dünnwandigen Leichtmetall-Gußteilen herangezogen. Es ist jedoch subjektiv beeinflußbar und erfordert erfahrene Röntgenprüfer. Die Röntgenaufnahme liefert dagegen dokumentarische Beweise vom durchstrahlten Teil.

BEISPIEL

■ *Anfertigung einer Röntgenaufnahme* (Bild 25)

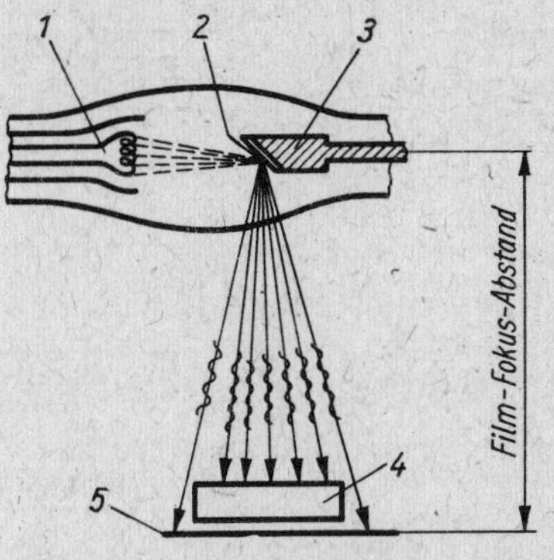

Bild 25. Prinzip einer Röntgenfilmaufnahme.
1 Katode, *2* Fokus, *3* Anode, *4* Werkstück, *5* Film

1. Festlegung des Fokusabstands (etwa 0,7 bis 1,5 m).
2. Anbringen des Films auf der dem Fokus abgewandten Seite des Werkstücks und Ausrichten im Strahlenkegel (bei abgeschaltetem Gerät). Zur Verringerung der Belichtungszeit verwendet man Salz- oder Bleiverstärkerfolien bei Durchstrahlung dickerer Werkstücke.
3. Kennzeichnen des Films mit Bleibuchstaben und -ziffern entsprechend dem Prüfplan oder betrieblichen Gesichtspunkten.
4. Auflegen eines oder mehrerer Drahtstegpäckchen auf die filmferne Seite des Werkstücks zur späteren Beurteilung der Bildgüte.
5. Belichten (Durchstrahlen) nach Tabellen- oder Erfahrungswerten.
6. Entwicklung des Films.
7. Auswertung.

Die *Auswertung* beginnt mit der Feststellung der Qualität des Röntgenbilds, der *Bildgüte*. Dazu dienen die Drahtstegpäckchen, in denen 7 Drähte verschiedenen Durchmessers untergebracht sind. Die Drähte bestehen für die Prüfung von Eisenwerkstoffen aus Eisen, für Al und seine Legierungen aus Al und für Cu und seine Legierungen aus Cu. Als Maß für die Bildgüte wird die Drahterkennbarkeit *DE* angegeben[11])[12]):

$$DE = \frac{\text{Durchmesser des kleinsten erkennbaren Drahts}}{\text{Materialdicke}} \tag{29}$$

Man unterscheidet die *Bildgüteklasse* 1 für hohe und die *Bildgüteklasse* 2 für normale Drahterkennbarkeit. *DE* ist aber nicht identisch mit der Fehlererkennbarkeit, da diese von Art, Lage und Ausdehnung der Fehler im Werkstück abhängig ist.
Für hochbeanspruchte Bauteile wird Bildgüteklasse 1, für normalbeanspruchte Bauteile Bildgüteklasse 2 verlangt. Der Bewertungsmaßstab für die Güte von Werkstücken (besonders für Schweißverbindungen) sieht die Noten 1...4 vor.

Note 1 gut
Bei entsprechender Bildgüte sind keine Fehler erkennbar.

Note 2 brauchbar
Einzelne kleine Poren oder Schlackeneinschlüsse sind zulässig.

Note 3 genügend (belassen)
Mehrere Poren an einer Stelle oder kleinere zusammenhängende Schlackeneinschlüsse sichtbar. Das Bauteil ist nur für untergeordnete Zwecke geeignet.

Note 4 mangelhaft
Es sind Porennester oder Bindefehler vorhanden. Verbindung muß ausgebessert werden.

Die Bewertung ist natürlich subjektiv beeinflußbar und verlangt vom Röntgenprüfer ein hohes Verantwortungsbewußtsein.

4.4. Gammadefektoskopie

Neben der Durchstrahlung mit Röntgenstrahlen wird in manchen Fällen eine weitere, noch kurzwelligere und daher noch durchdringungsfähigere elektromagnetische Strahlungsart angewendet: die γ-Strahlung. Obwohl die Röntgen- und die γ-Strahlen gleichermaßen elektromagnetische Wellen darstellen, unterscheiden sie sich in ihrer Herkunft. Während *Röntgenstrahlen* durch Energieumsetzungen in den Elektronenhüllen des Anodenwerkstoffs entstehen, haben *γ-Strahlen* ihre Entstehungsursache in Kernzerfallsprozessen natürlicher und künstlicher radioaktiver Substanzen. Wegen des hohen Preises und der relativ geringen Intensität werden natürliche radioaktive Elemente (Radium und Mesothorium) nicht verwendet, sondern nur *künstliche radioaktive Isotope.*

Wichtige Kenngrößen der γ-Strahler sind:

1. Energie der γ-Strahlung,
2. Aktivität der Strahlenquelle,
3. Halbwertszeit des Strahlers.

Die Energie der γ-Strahlung wird in Elektronenvolt (eV) bzw. Megaelektronenvolt (MeV) angegeben. 1 MeV ist die Energie, die ein Elektron beim Durchlaufen einer Spannungsdifferenz von 10^6 V (= 1 MV) aufnimmt.

Unter der *Aktivität A* versteht man die Anzahl der in der Zeiteinheit zerfallenden Atomkerne.

Die Einheit der Aktivität ist Becquerel ($Bq = 1\,s^{-1}$). Zu der früher verwendeten Einheit Curie (Ci) besteht die Beziehung:

$1\,Ci = 3{,}7 \cdot 10^{10}\,Bq$

Bezieht man die Aktivität auf die Masse des Strahlers, so erhält man die *spezifische Aktivität* A_s in Bq / kg.

Je größer die Aktivität eines radioaktiven Präparats ist, desto größer ist die Intensität der emittierten Strahlung, und um so wirtschaftlicher kann die Durchstrahlung durchgeführt werden. Allerdings steigt mit zunehmender Aktivität der Aufwand für den *Strahlenschutz.*

Als *Halbwertszeit* $T_{1/2}$ bezeichnet man die Zeit, in der die Hälfte der vorhandenen radioaktiven Kerne zerfallen und in den stabilen Zustand übergegangen ist.

Je größer $T_{1/2}$ ist, desto länger läßt sich eine Strahlenquelle verwenden. Um die geometrische oder Randunschärfe der auf dem Film abgebildeten Fehler klein zu halten, soll das radioaktive Präparat möglichst geringe Abmessungen, vergleichbar mit der Fokusgröße bei Röntgenröhren, haben.
Wichtige γ-Strahler sind Co 60 ($T_{1/2}$ = 5,26 Jahre), Cs 137 ($T_{1/2}$ = 33 Jahre) und Ir 192 ($T_{1/2}$ = 74,5 Tage). Von diesen hat Co60 mit 1,33 und 1,17 MeV die energiereichste γ-Strahlung. Das entspräche einer Röntgenstrahlung, die mit einer Röhrenspannung von 1 330 bzw. 1 170 kV erzeugt würde.
Im Unterschied zur Röntgenstrahlung haben die γ-Strahlen kein Bremsspektrum, sondern sie treten mit ganz bestimmten Wellenlängen auf. Das bezeichnet man als *Linienspektrum.* Obwohl die γ-Strahlen prinzipiell gleiche Eigenschaften wie die Röntgenstrahlen haben, erfordert die Arbeit mit den energiereicheren γ-Strahlen besondere *Schutzmaßnahmen.* Die mit Querschnittflächen von 2 mm × 2 mm, 4 mm × 4 mm oder anderen Abmessungen erhältlichen Präparate werden in den Arbeitspausen, da sie selbst dauernd strahlen, in dickwandigen Schutzbehältern aus Blei *(Container)* aufbewahrt. Starke Strahlenquellen werden im Bedarfsfall pneumatisch oder elektromechanisch vom Container in das entsprechende Arbeitsgerät (Isotopengerät) befördert.

Herstellung von Durchstrahlungsaufnahmen

Die Aufnahmetechnik ist in den Grundzügen die gleiche wie bei der Anfertigung von Röntgenaufnahmen. Zu beachten ist jedoch, daß kleine Fehler nur schwer erkennbar sind, da die Schwächung der Strahlen gegenüber Röntgenstrahlen beim Durchgang durch den Werkstoff geringer ist. Dadurch ergeben sich kontrastärmere oder Aufnahmen mit geringeren Schwärzungsunterschieden. Zur Verbesserung der Fehlererkennbarkeit sind die richtige Auswahl des Filmmaterials und die Verwendung von Bleifolien unerläßlich. Um möglichst randscharfe Aufnahmen zu erhalten, muß der geeignete Abstand zwischen Strahler und Film berechnet werden. Dabei spielt die Geometrie der Strahlenquelle eine wesentliche Rolle. Im Gegensatz zur Röntgenprüfung ergeben sich durch die relativ geringe Strahlungsintensität der handelsüblichen radioaktiven Isotope wesentlich größere Belichtungszeiten. Um eine wirtschaftliche Ausnutzung der Strahlenquellen zu gewährleisten, ist möglichst die *Rundstrahl-* bzw. *Panorama-Aufnahmetechnik* anzuwenden, womit gleichzeitig mehrere Werkstücke oder Rundschweißnähte geprüft werden können. Die Filmauswertung entspricht der der Röntgendefektoskopie.
Die Anwendung der radioaktiven Isotope ist je nach Strahlerart für folgende Wanddicken sinnvoll:

zwischen 50 und 160 mm: Co 60
zwischen 30 und 100 mm: Cs 137
zwischen 8 und 50 mm: Ir 192

Die Wanddicken sind auf Eisenwerkstoffe bezogen.

Literaturverzeichnis Werkstoffprüfung

[1] *Autorenkollektiv:* Grundwissen des Ingenieurs. 12. Aufl.-Leipzig: VEB Fachbuchverlag, 1985

[2] *Autorenkollektiv:* Praktikum Werkstoffprüfung. 2. Aufl.-Leipzig: VEB Deutscher Verlag für Grundstoffindustrie, 1981

[3] *Autorenkollektiv:* Werkstoffprüfung. 4. Aufl.-Leipzig: VEB Deutscher Verlag für Grundstoffindustrie, 1987

[4] *Schumann, H.:* Metallographie. 11. Aufl.-Leipzig: VEB Deutscher Verlag für Grundstoffindustrie, 1983

ME Maschinenelemente

Von Fachschuldozent Dipl.-Ing. Manfred Schöps, Leipzig, (Abschn. 1. bis 3., 7.) und
Fachschuldozent Dipl.-Ing. Martin Wendrich, Böhlitz-Ehrenberg, (Abschn. 4. bis 6., 8.)

Inhaltsverzeichnis

1. Einführung

Maschinenelemente sind Bauteile von Maschinen, die unabhängig von der Art der Maschinen immer die gleichen Funktionen erfüllen. Sie sind nicht nur *Einzelteile*, sondern können, wie z. B. Wälzlager und Kupplungen, auch aus *Baugruppen* bestehen.

Maschinenelemente müssen so konstruiert und gestaltet werden, daß sie bei sparsamem Werkstoffeinsatz voll und sicher ihre Funktion erfüllen. Zu ihrer Berechnung dienen die Gesetze und Gleichungen der *Technischen Mechanik*. Viele Maschinenelemente wurden auf Grund ihrer großen Stückzahl und ihrer flexiblen Anwendungsmöglichkeit standardisiert.

Die Standards gestatten oft eine Größenauswahl nach *Belastungskenngrößen*. So wählt man z. B. innerhalb einer Kupplungsart die Größe nach dem maximalen Moment. Die Größenwahl entbindet den Konstrukteur nicht von einer Nachrechnung in Form eines *Spannungs-* oder *Belastbarkeitsnachweises*. Nicht nur der Konstruktionsingenieur, sondern auch der Meister und der qualifizierte Facharbeiter müssen Kenntnisse über Funktion und Einsatzgebiet sowie über grundlegende Berechnung eines Maschinenteils besitzen.

2. Verbindungselemente

Verbindungselemente haben die Aufgabe, zwei bzw. mehrere Teile miteinander lösbar oder unlösbar zu verbinden.

Lösbare Verbindungselemente sind:
Schrauben, Bolzen, Stifte, Keile und Paßfedern.

Unlösbare Verbindungen entstehen durch:
Nieten, Schrumpfen, Schweißen, Löten und Kleben.

Eine weitere Unterscheidung trifft man nach der durch die Verbindung entstehenden Kraftübertragung in *Stoffschluß, Formschluß* und *Kraftschluß* sowie deren Kombinationen, wie z. B. Form-Kraftschluß und Form-Stoffschluß.

2.1. Lösbare Verbindungen

2.1.1. Bolzenverbindungen

Der Begriff *Bolzen* kennzeichnet nicht eindeutig ein bestimmtes Maschinenelement. Das verbindende Element eines Motorkolbens mit der Pleuelstange bezeichnet man als *Kolbenbolzen*. Dagegen wird in der Fördertechnik das tragende Glied eines Laufrades als *Achse* bezeichnet, obwohl beide Teile die gleiche Funktion verrichten. Im folgenden ist unter Bolzen zu verstehen:

Ein *Bolzen* ist eine gelenkige Verbindung mit axialer Sicherung.

2.1.1.1. Bolzenarten und Bolzensicherungen

Man unterscheidet Bolzen mit und ohne Kopf (Bild 1); beide Arten sind standardisiert[1]). Eine axiale Sicherung in Form von Scheibe und Splint, Sicherungsring oder Sicherungsscheibe ist unbedingt notwendig.

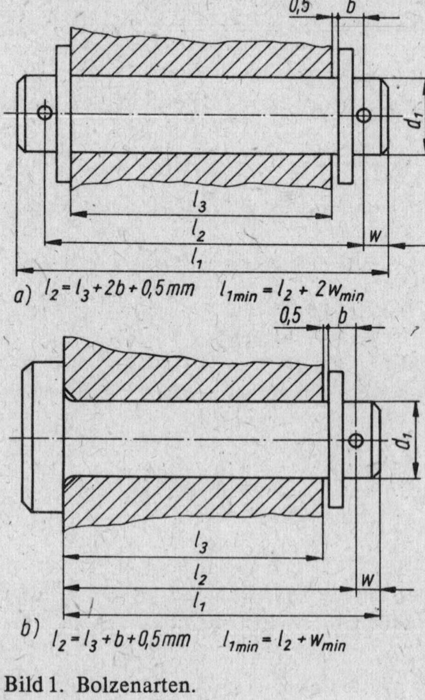

Bild 1. Bolzenarten.
a) ohne Kopf, b) mit Kopf

Längenstufungen l_1 (Bild 1) für beide Bolzenarten in mm:

10, 12, 14, 16, 18, 20, 22, 25, 28, 30, 32, 36, 40, 45, 50, 55, 60, 65, 70, 80, 90, 100, 110, 125, 140, 160

Der Splintlochabstand l_2 und die Mindestlänge l_1 ergeben sich in Abhängigkeit von der Bauteildicke l_3 und w_{min} sowie b nach Tabelle 1.

Tabelle 1. Konstruktionsrichtwerte für Bolzen

d_1 mm	w_{min} mm	b mm	Scheiben-innen-∅ mm	Splintabmessungen mm
8	4	2,5	8,4	2 × 16
10	5	3,1	10,5	3,2 × 16
12	6	4	13	4 × 20
14	6	4	15	4 × 25
16	6	4,5	17	4 × 25
18	8	5	19	5 × 32
20	8	5,5	21	5 × 32
22	8	5,5	23	5 × 36
25	10	7,2	25	6,3 × 40
28	10	8,2	28	6,3 × 40
30	10	8,2	31	6,3 × 45
32	12	9	34	8 × 45

Bei Gelenkverbindungen Gabel-Bolzen-Zugstange haben sich die Maßverhältnisse nach Bild 2 bewährt.
Als Bolzenwerkstoffe finden bevorzugt St50 und Schraubenstähle Anwendung.

2.1.1.2. Berechnung von Bolzenverbindungen

Bei Einhaltung der Maßverhältnisse nach Bild 2 erhält man den *erforderlichen Bolzendurchmesser* nach Gl. (1) in guter Näherung:

$$d_{1\,\mathrm{erf}} \approx \sqrt{\frac{5{,}25\,F}{\sigma_{\mathrm{b\,zul}}}} \tag{1}$$

$\sigma_{\mathrm{b\,zul}}$ nach Tabelle 2

Bei Maßen entgegen Bild 2 ist es notwendig, einen *Spannungsnachweis* nach Gl. (2) zu führen:

$$\sigma_{\mathrm{b\,vorh}} = \frac{M_{\mathrm{b\,max}}}{W} \leqq \sigma_{\mathrm{b\,zul}} \tag{2}$$

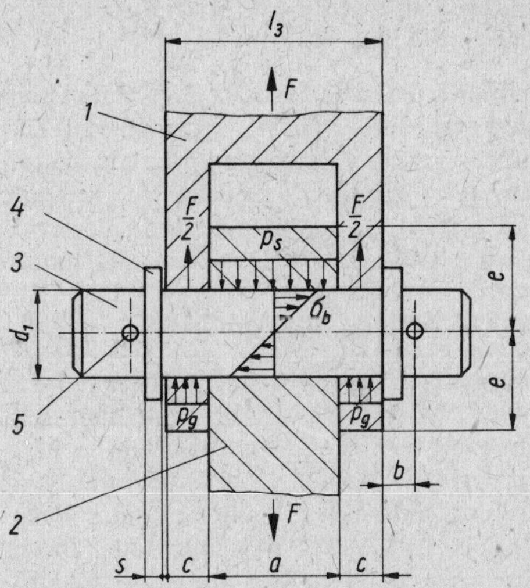

Bild 2. Maßverhältnisse am Gabelgelenk.
1 Gabel, *2* Zugstange, *3* Bolzen, *4* Scheibe, *5* Splint.
$a = (1{,}4 \ldots 1{,}6)\,d_1$, $c = (0{,}5 \ldots 0{,}7)\,d_1$, $e \approx 1{,}25\,d_1$, $l_3 = a + 2\,c$

Tabelle 2. Zulässige Biegespannungen für Bolzenverbindungen (Werkstoff St 50 – St 60)

Beanspruchungsfall	$\sigma_{\mathrm{b\,zul}}$ MPa
Statische Beanspruchung	140
Schwellende Beanspruchung	100
Wechselnde Beanspruchung	60

Nimmt man den Bolzen als Träger auf zwei Stützen mit einer mittig wirkenden Einzellast an, wie z. B. bei Bolzen in Gestängen und Gabelköpfen, dann errechnet sich das *Biegemoment* aus:

$$M_{\mathrm{b\,max}} = \frac{F}{4}(a + c) \tag{3}$$

Mit dem Widerstandsmoment für einen Kreisquerschnitt

$$W = \frac{\pi}{32} d_1^3 \tag{4}$$

wird der *Biegespannungsnachweis*:

$$\sigma_{b\,vorh} = \frac{8\,F(a+c)}{\pi\,d_1^3} \leqq \sigma_{b\,zul} \tag{5}$$

Ein *Nachweis der Flächenpressung* Bolzen-Stange erfolgt mit Gl. (6):

$$p_{St} = \frac{F}{a\,d_1} \leqq p_{zul} \tag{6}$$

und für die Flächenpressung Bolzen-Gabel mit:

$$p_G = \frac{F}{2\,c\,d_1} \leqq p_{zul} \tag{7}$$

p_{zul} nach Tabelle 3

Tabelle 3. Zulässige Flächenpressung

Werkstoffpaarung	p_{zul} MPa	p_{zul} MPa
St / St	20	30
St / GGL	25	35

2.1.2. Stiftverbindungen

2.1.2.1. Arten

Die umfangreichen Arten der Stifte kann man in 3 Gruppen unterteilen:

a) Zylinderstifte
b) Kegelstifte
c) Kerbstifte.

Zylinderstifte werden in bezug auf ihre Anwendung mit zwei verschiedenen Toleranzfeldern geliefert. Zur Vermeidung von Verwechslungen sind den Stiften verschiedene Formen der Stiftenden zugeordnet:

- für d_{m6} Rundkuppe (Bild 3a), Verwendung als *Paßstift*,
- für d_{h9} Fase (Bild 3b), Verwendung als *Befestigungsstift.*

Zylinderpaßstifte dienen zur Lagesicherung zweier Konstruktionsteile und finden bevorzugt Anwendung bei Vorrichtungen, Schnitten usw. Ein erhöhter Fertigungsaufwand entsteht durch Reiben der Bohrungen.

Kegelstifte (Bilder 3c, d)[2]) haben eine zentrierende Wirkung. Die Bohrungen müssen ebenfalls gerieben werden. Der *Kegelkerbstift* eignet sich für Verbindungen, die Stößen ausgesetzt sind. Bei nicht durchgehenden Löchern benutzt man zweckmäßig *Kegelstifte mit Innengewinde*, um eine Lösbarkeit bei der Demontage zu gewährleisten.

Zylinderkerbstifte (Bild 3g)[3]) dienen ebenfalls zur Lagesicherung. Der Festsitz wird durch eingewalzte Wulstkerben, die sich elastisch verformen können, hergestellt. Die Bohrungen werden bei Kerbstiftverbindungen nur mit Hilfe eines Spiralbohrers hergestellt. *Steck-* und *Halskerbstifte* dienen zur Befestigung von Federn u. ä.

Die aus Federstahl hergestellten *Spannstifte* (Bild 3h) erlauben auf Grund ihrer Querfederung die Lochtoleranz H12. Sie eignen sich für hohe Scherkräfte. Spannstiftverbindungen weisen eine hohe Rüttelsicherheit auf.

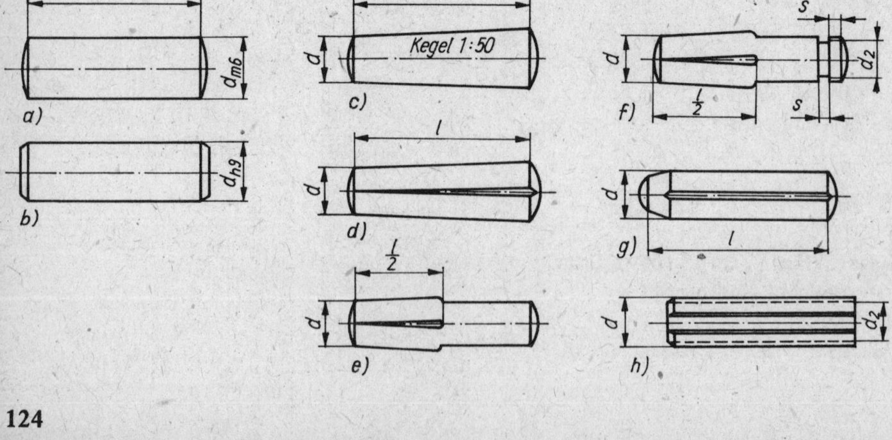

Bild 3. Stiftarten.
a), b) Zylinderstifte,
c) Kegelstift,
d) Kegelkerbstift,
e) Steckkerbstift,
f) Halskerbstift,
g) Zylinderkerbstift,
h) Spannstift

Als *Stiftwerkstoffe* werden, wie auch für Bolzen, Schraubenwerkstoffe verwendet (Tabelle 4). Bevorzugt werden Werkstoffe mit den Kennzeichen 5.6 und 6.6. Der Stift soll aus einem härteren Werkstoff bestehen als das Bauteil, um ein »Festfressen« in der Bohrung zu vermeiden.

Tabelle 4. Schraubenkennzeichen und Festigkeitswerte der Werkstoffe

Kennzeichen	3.6 S	4.6 S,M	4.8 S	5.6 S,M	5.8 S,M	6.6 S,M	6.8 S,M	6.9 S,M	8.8 S,M	10.9 S	12.9 S
Zugfestigkeit σ_B MPa	340 … 420	340 … 600	400 … 800	500 … 700	500 … 700	600 … 800	600 … 800	600 … 800	800 … 1 000	1 000 … 1 200	1 200 … 1 400
Streckgrenze $\sigma_{S\,mindest}$ MPa	200	210	320	280	400	360	480	540	640	900	1 080
Dehnung δ_S mindestens %	30	25	14	22	10	10	18	8	12	12	8

Handelsübliche Schrauben sind durch S, Muttern durch M gekennzeichnet.

2.1.2.2. Berechnung von Stiftverbindungen

Stiftverbindungen werden hauptsächlich auf Biegung, Abscherung und Flächenpressung beansprucht.

Querstiftverbindungen

Für den Entwurf von Querstiftverbindungen sind die Maßverhältnisse nach Bild 4a zu bevorzugen:

$d \approx (0{,}2 \ldots 0{,}3)\ d_W$
$d_N \approx (1{,}8 \ldots 2)\ d_W$ (Stahlnabe)
$d_N \approx 2{,}5\ d_W$ (GGL-Nabe)

d_W Wellendurchmesser, d_N Nabendurchmesser

Die Abscherbeanspruchung im Stift erfolgt zweischnittig und errechnet sich aus:

$$\tau_{a\,vorh} = \frac{4\,M_t}{d_W\,\pi d^2} \leq \tau_{a\,zul} \qquad (8)$$

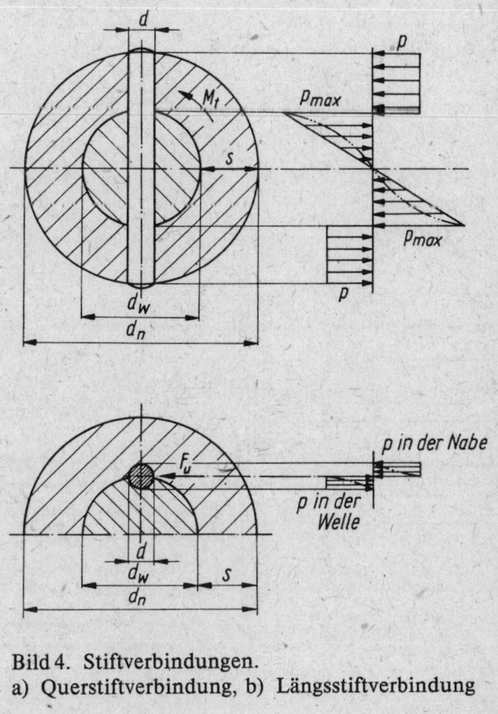

Bild 4. Stiftverbindungen.
a) Querstiftverbindung, b) Längsstiftverbindung

Die größte Flächenpressung tritt auf Grund der elastischen Verformung des Stiftes am Wellenrand auf. p_{max} wirkt nur an einer differentiell kleinen Fläche:

$$p_W = \frac{6\,M_t}{d\,d_W^2} \leqq p_{zul} \qquad (9)$$

Die *Flächenpressung* in der Nabe errechnet sich aus:

$$p_N = \frac{M_t}{s\,d(d_W + s)} \leqq p_{zul} \qquad (10)$$

$$s = \frac{d_N - d_W}{2}$$

p_{zul} nach Tabelle 3

Das in die Gln. (8), (9) und (10) einbezogene *Drehmoment* M_t errechnet sich als Moment eines Kräftepaares $M_t = F(d_W + s)$ oder bei bekannter Leistung und Drehzahl nach Gl. (11):

$$M_t = 9550\,\frac{P}{n} \qquad \left|\frac{M_t \quad P \quad n}{\mathrm{N{\cdot}m} \quad \mathrm{kW} \quad \mathrm{min}^{-1}}\right| \qquad (11)$$

Längsstiftverbindungen

Für den Entwurf von Längsstiftverbindungen haben sich folgende *Maßverhältnisse* bewährt (Bild 4b):

$d = (0{,}14 \ldots 0{,}16)\, d_W$
$l = (1{,}0 \ldots 1{,}5)\, d_W$
$d_N = (1{,}5 \ldots 2{,}5)\, d_W$

Die *Abscherspannung* im Stift errechnet sich aus:

$$\tau_{a\,vorh} = \frac{F_W}{l\,d} \leqq \tau_{a\,zul} \qquad (12)$$

Flächenpressung:

$$p_{vorh} = \frac{2\,F_W}{l\,d} \leqq p_{zul} \qquad (13)$$

F_W Kraft am Wellenrand (Bild 4b), $\tau_{a\,zul}$ und p_{zul} nach Tabelle 5

Steckstifte (Bild 5)

Steckstifte dienen zur Befestigung von Federn oder anderen Elementen. Die Abmessungen des Stiftes ergeben sich aus der *Biegebeanspruchung*:

$$\sigma_{b\,vorh} = \frac{F\,a}{0{,}1\,d^3} \leqq \sigma_{zul} \qquad (14)$$

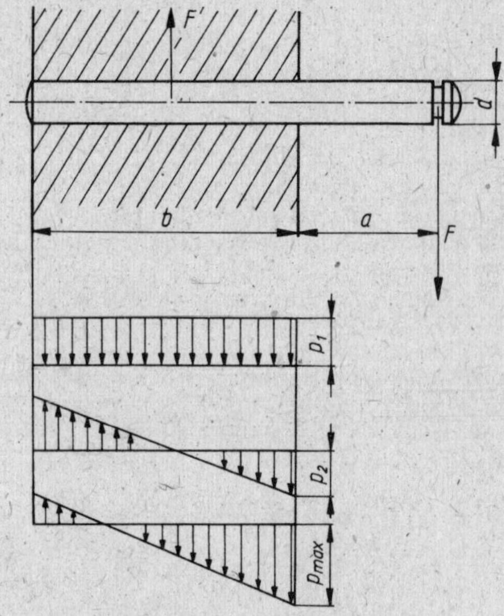

Bild 5. Steckstift mit Spannungsdiagramm

Benötigter Stiftdurchmesser:

$$d \approx \sqrt[3]{\frac{F\,a}{0{,}1\,\sigma_{b\,zul}}} \qquad (14\,a)$$

$\sigma_{b\,zul}$ nach Tabelle 5

Zwischen Stift und Material entsteht eine Flächenpressung aus der Gegenkraft F' und dem

Tabelle 5. Zulässige Spannungen für Stiftverbindungen

	$\tau_{a\,zul}$ MPa	$\sigma_{b\,zul}$ MPa	p_{zul} Stahlnabe MPa	p_{zul} GG-Nabe MPa
Statische Beanspruchung	70	100	110	68
Schwellende Beanspruchung	50	70	80	45
Wechselnde Beanspruchung	35	50	80	38

Moment $M = F\,a$. Diese führt zu einer *maximalen Flächenpressung* (siehe Spannungsdiagramm Bild 5):

$$p_{max} = \frac{F(6a + 4b)}{d\,b^2} \leqq p_{zul} \qquad (15)$$

p_{zul} nach Tabelle 5

BEISPIEL

■ Eine Querstiftverbindung nach Bild 6 soll ein wechselndes Drehmoment mittels eines Zylinderkerbstiftes 8×80 (Werkstoff 6.8) übertragen. Die Nabe ist ein Graugußzahnrad, der Wellenwerkstoff ist St50.
Das Zahnrad hat einen Teilkreisdurchmesser von $d = 128$ mm. Die Umfangskraft am Teilkreis beträgt $F_u = 625$ N. Naben- und Wellendurchmesser nach Bild 6.
Ist die Verbindung zur Übertragung des gegebenen Drehmoments geeignet?

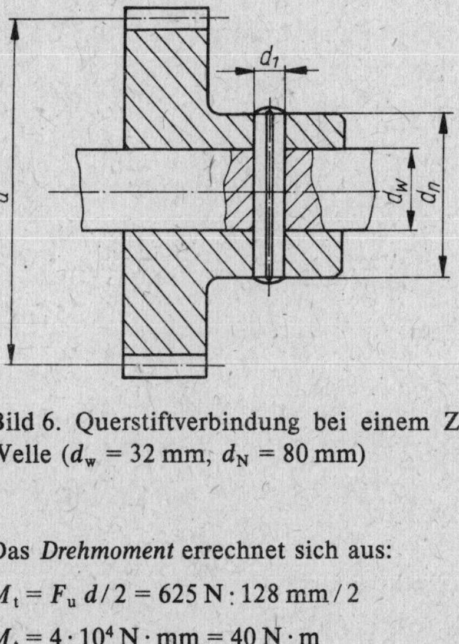

Bild 6. Querstiftverbindung bei einem Zahnrad mit Welle ($d_w = 32$ mm, $d_N = 80$ mm)

Das *Drehmoment* errechnet sich aus:

$$M_t = F_u\,d/2 = 625\,\text{N} : 128\,\text{mm}/2$$

$$M_t = 4 \cdot 10^4\,\text{N} \cdot \text{mm} = 40\,\text{N} \cdot \text{m}$$

Spannungsnachweis Abscheren im Stift nach Gl. (8):

$$\tau_{a\,vorh} = \frac{4 \cdot M_1}{d_w\,\pi d^2} \leqq \tau_{a\,zul}$$

$$\tau_{a\,vorh} = \frac{4 \cdot 40\,\text{N} \cdot \text{m} \cdot 1\,000\,\text{mm}}{32\,\text{mm} \cdot \pi \cdot 8^2\,\text{mm}^2 \cdot 1\,\text{m}}$$

$$= 25{,}5\,\text{MPa} < \tau_{zul} < 35\,\text{MPa}$$

Spannungsnachweis Flächenpressung in der Welle nach Gl. (9):

$$p_{W\,vorh} = \frac{6 \cdot M_t}{d_W^2 d_1} \leqq p_{zul}$$

$$p_{W\,vorh} = \frac{6 \cdot 40\,\text{N} \cdot \text{m} \cdot 1\,000\,\text{mm}}{32^2\,\text{mm}^2 \cdot 8\,\text{mm} \cdot 1\,\text{m}}$$

$$= 29{,}3\,\text{MPa} < p_{zul} < 80\,\text{MPa}$$

Spannungsnachweis Flächenpressung in der Nabe nach Gl. (10):

$$p_{N\,vorh} = \frac{M_t}{s d_1 (d_W + s)} \leqq p_{zul}$$

$$s = \frac{d_N - d_W}{2} = \frac{(80 - 32)\,\text{mm}}{2} = 24\,\text{mm}$$

$$p_{N\,vorh} = \frac{40\,\text{N} \cdot \text{m} \cdot 1\,000\,\text{mm}}{24\,\text{mm} \cdot 8\,\text{mm} \cdot (32 + 24)\,\text{mm} \cdot 1\,\text{m}}$$

$$= 3{,}7\,\text{MPa} < p_{zul} < 38\,\text{MPa}$$

2.1.3. Schraubenverbindungen

Die Einteilung von Schrauben entsprechend ihrer Funktion erfolgt in:

1. Befestigungsschrauben
2. Bewegungsschrauben

Während *Befestigungsschrauben* als beliebig oft lösbare Verbindungselemente Bauteile fest verbinden, haben *Bewegungsschrauben* dic Aufgabc (z. B. bei Spindeln), die Drehbewegung in eine geradlinige Bewegung umzusetzen.

2.1.3.1. Arten

Befestigungsschrauben sind mit Spitzgewinde versehen. Man unterscheidet Grob- und Feingewinde. Das *Feingewinde* hat gegenüber dem *Grobgewinde* ein kleineres Gewindeprofil mit geringerer Steigung und Tragtiefe und wird hauptsächlich für große Gewindedurchmesser und kurze Gewindelängen verwendet. Das *metrische Gewinde* wird nach dem ISO-Profil als Grob- und Feingewinde[4]) gefertigt (Bild 7). *Whitworth-Gewinde* werden für Befestigungsschrauben bei Neukonstruktionen nicht mehr verwendet. Als

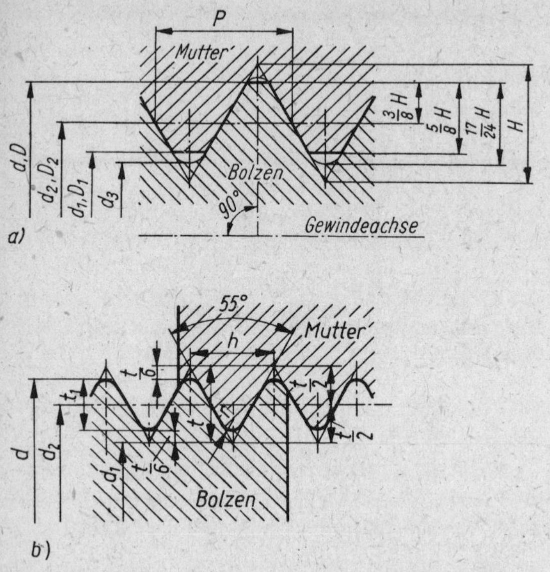

Bild 7. Gewinde für Befestigungsschrauben.
a) metrisches ISO-Gewinde, b) Whitworth-Rohrgewinde

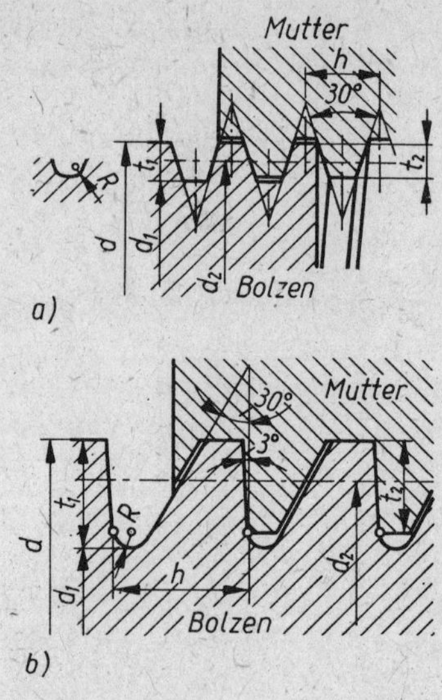

Bild 8. Gewinde für Bewegungsschrauben.
a) Trapezgewinde, b) Sägegewinde

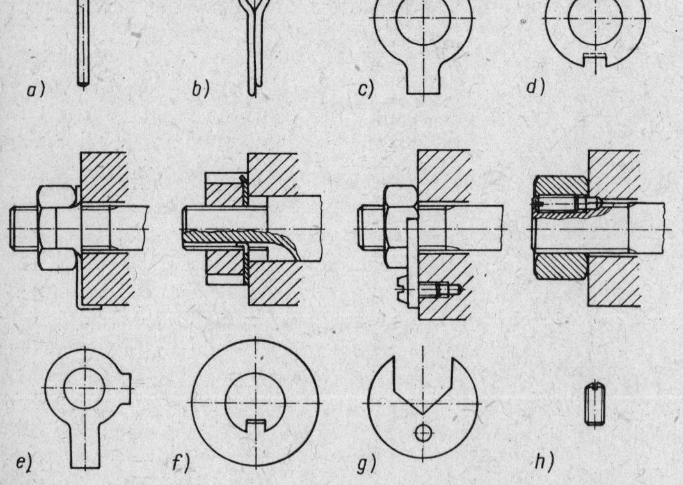

Bild 9. Formschlüssige Schraubensicherungen.
a) mit Stift, b) mit Splint, c), d), e), f) mit Sicherungsblech, g) mit Legeschlüssel, h) mit Gewindestift

Whitworth-Rohrgewinde fein oder grob[5]) kommt es noch im Rohrleitungsbau zur Anwendung.
Bewegungsschrauben werden hauptsächlich mit Trapezgewinde[6]) versehen. Für einseitige Belastungen bevorzugt man *Sägegewinde* (Bild 8). Spindeln, die starken Verschmutzungen ausgesetzt sind und große Momente übertragen, fertigt man mit *Rundgewinde.*
Schrauben und Muttern werden in vielfältigsten Formen hergestellt. Standardisiert sind Schraubenkopf, Gewinde- und Schaftlänge, Gewindeprofil, Durchmesser und die Gestaltung der

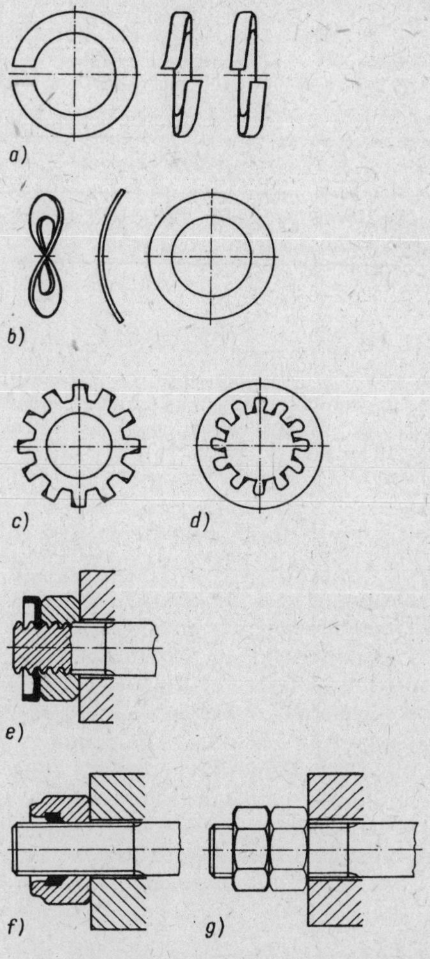

Bild 10. Kraftschlüssige Schraubensicherungen.
a) Federring, b) Federscheibe, c) Zahnscheibe (außengezahnt), d) Zahnscheibe (innengezahnt), e) Sicherungsmutter, f) Sechskantmutter (selbstsichernd), g) Gegenmutter

Übergänge vom Schaft zum Kopf im Hinblick auf eine dauerfestigkeitsmäßige Bedingung.
Gegenstand der Standardisierung bei Muttern ist die konstruktive Gestaltung bis zu Details, die zur Aufnahme von Sicherungselementen dienen.
Schraubensicherungen, wie Stifte, Splinte, Sicherungsbleche, sind Sicherungselemente, die ein selbständiges Lösen der Mutter formschlüssig verhindern. Bei den *kraftschlüssigen Sicherungen*, wie z. B. Federringen, Federscheiben, Zahnscheiben, Sicherungsmutter und Gegenmutter, erfolgt die Sicherung durch gegenseitiges Verspannen von Mutter und Sicherungselement (Bilder 9 und 10).

Schraubenwerkstoffe

Allgemein verwendete Schrauben und Muttern werden aus Stählen mit einer Zugfestigkeit von $\sigma_B = 340 \ldots 550$ MPa gefertigt. Die Festigkeitseigenschaften werden durch *Kennzeichen* angegeben, die auf dem Schraubenkopf oder der Mutter eingeprägt werden (Tabelle 4). Schrauben ohne Kennzeichen bestehen aus St34. *Hochfeste Schrauben* haben Zugfestigkeitswerte von 500, 600, 800, 1000, 1200...1400 MPa und werden in den Güten 5.6 bis 12.9 angeboten. Hochfeste Schrauben sind werkstoffsparend gegenüber

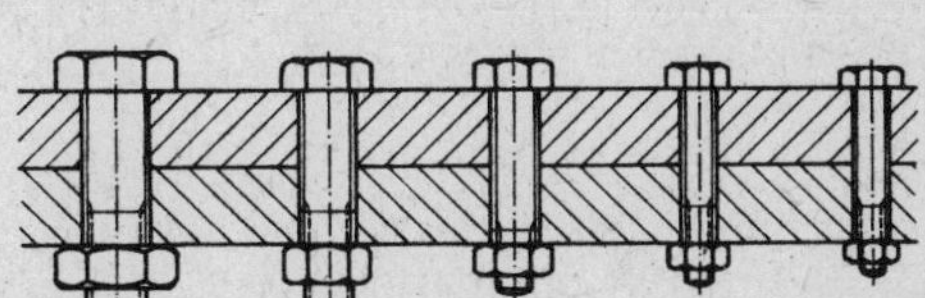

Kennzeichen	4,6	5,6	6,9	10,9	12,9
Durchmesser	M20	M16	M12	M10	M8
Abmessung	M20 × 65	M16 × 60	M12 × 60	M10 × 55	M8 × 50
Masse	258 g	160 g	85 g	57 g	32 g

Bild 11. Werkstoffeinsparung bei Verwendung von hochfesten Schraubenwerkstoffen

normalen handelsüblichen Schrauben bei gleicher Belastbarkeit. Verbindungen mit hochfesten Schrauben sind leichter. In dem in Bild 11 dargestellten Beispiel erreicht man eine Werkstoffeinsparung von 80 %.
Der Werkstoff für Muttern sollte eine Güteklasse niedriger als der dazugehörige Schraubenwerkstoff gewählt werden, z. B. Schraube 8.8 und Mutter 6.9.

2.1.3.2. Berechnung von Schraubenverbindungen

Ein abgewickelter Gewindegang hat die Form einer schiefen Ebene mit dem Neigungswinkel α. Bei der Auf- oder Abwärtsbewegung der Schraubenmutter auf der Schraube muß die Reibung der Gleitpartner durch die Reibungszahl μ und den Reibungswinkel ϱ berücksichtigt werden. Das *Moment*, das zum Anziehen einer Schraubenmutter benötigt wird, errechnet sich nach Gl. (16):

$$M_t = F\left[\frac{d_2}{2}\tan(\alpha + \varrho') - \mu_A r_A\right] \qquad (16)$$

Das Produkt $F\mu_A r_A$ ist das *Anlagereibungsmoment*. Für Schrauben mit metrischem Gewinde rechnet man den *Anlageradius* $r_A \approx 0{,}7\,d$ und die *Anlagereibungszahl* $\mu_A \approx 0{,}1$.
Trifft man die Annahme, daß $\tan(\alpha + \varrho') \approx 0{,}25$ und $d_2/2 = 0{,}45\,d$ ist, vereinfacht sich die Gl. (16) zu:

$$M_t \approx 0{,}18\,Fd \qquad (17)$$

Dieses Anzugsmoment muß durch das Moment Handkraft und Hebelarm des Schraubenschlüssels überwunden werden:

$$M_{tH} = F_H L \qquad (18)$$

Die *Schlüssellänge* für kleine Gewindedurchmesser ist $L \approx 20\,d$, für große Gewindedurchmesser $L \approx 11\,d$.

Berechnung von Schraubenverbindungen mit statischer Belastung in Längsrichtung

Die *Spannung* im Schraubenschaft errechnet sich aus:

$$\sigma_Z = F/A_s \qquad (19)$$

Die Zug- oder Druckspannung wird dabei auf den *Spannungsquerschnitt* nach (20) bezogen:

$$A_s = \frac{\pi}{4}\left(\frac{d_2 + d_3}{2}\right)^2 \qquad (20)$$

A_s entnimmt man Profiltabellen.

Zu der Längsbeanspruchung überlagert sich eine Torsionsbeanspruchung durch das in Gl. (16) gegebene Torsionsmoment:

$$\tau_t = M_t / W_t \qquad (21)$$

Das *polare Widerstandsmoment* W_t erhält man nach Gl. (22):

$$W_t = \pi d_3^3 / 16 \qquad (22)$$

Den Kerndurchmesser d_3 entnimmt man Profiltabellen.

Beide Spannungen nach (19) und (21) werden in einer *Vergleichsspannung* mit Hilfe einer Spannungshypothese zusammengefaßt:

$$\sigma_V = \sqrt{\sigma_Z^2 + 3\,\tau_t^2} \leq \sigma_{zul} \qquad (23)$$

$\sigma_{zul} = \sigma_s / S_F$; $S_F = 1{,}3\ldots2$; σ_s nach Tabelle 5.

Die Pressung an den Gewindeflanken von standardisierten Schraubenmuttern mit $m = 0{,}8\,d$ braucht nicht nachgerechnet zu werden, da sie nur den Wert $p_{vorh} = 0{,}34\,\sigma_{vorh}$ erreicht.

Berechnung bei dynamischer Belastung

Bei den Berechnungsgleichungen (19), (21) und (23) wird eine *Vorspannkraft* vernachlässigt. Bei dynamisch beanspruchten Schraubenverbindungen ergeben sich die im Kraft-Dehnungs-Diagramm skizzierten Verhältnisse (Bild 12). Die Vorspannkraft F_V bewirkt eine Dehnung der Schraube um Δl_S und eine Zusammendrückung des Bauteils um Δl_B. Durch die Betriebskraft F_B erhöht sich die Dehnung. Da aber bei dynamischer Belastung die Stauchung der Bauteile aufgehoben wird, wirkt als *maximale Schraubenkraft*:

$$F_{max} = F_V + F_D \qquad (24)$$

Die Differenzkraft F_D kann durch konstruktive Maßnahmen an der Schraube, die eine große Dehnung der Schraube zum Ziel haben, klein gehalten werden. Ein starrer Flansch hat den

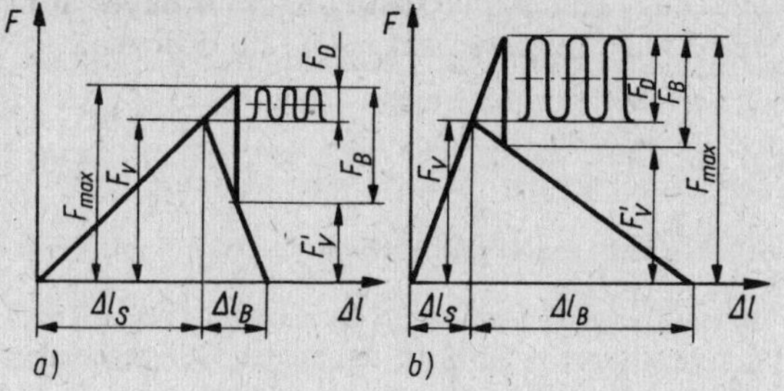

Bild 12. Kraft-Dehnungs-Diagramm einer vorgespannten, dynamisch beanspruchten Schrauben-Flansch-Verbindung
(In beiden Fällen sind die Vorspannkraft F_V und die Betriebskraft F_B gleich.)
a) Bei einer elastischen Dehnschraube und starrem Flansch ist F_{max} klein. b) Bei starrer Schraube und elastischem Flansch wird F_{max} groß.

gleichen Zweck. Dehnschrauben müssen außerdem eine hohe Dauerfestigkeit besitzen (Bild 13). Vorspannungskräfte werden bei dynamisch beanspruchten Verbindungen sehr hoch gewählt und durch das Vorspannungsverhältnis V nach Tabelle 6 gekennzeichnet.

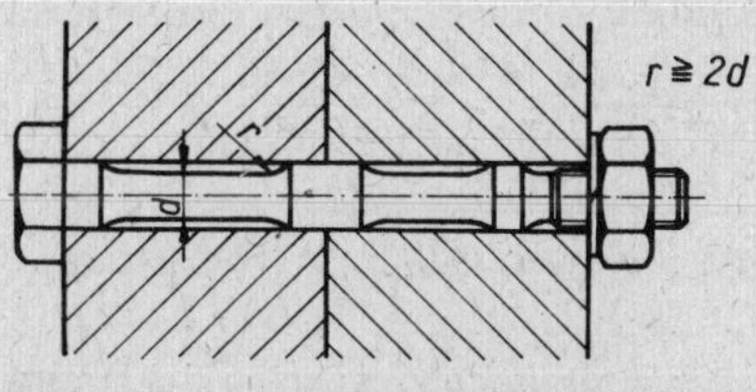

Bild 13. Dehnschraubenverbindung

Tabelle 6. Vorspannverhältnis

Festigkeitsklasse	4.6	4.8	5.6	6.6	8.8	10.9	12.9
V	2,3	2,3	3,0	3,5	4,0	4,3	4,5

Berechnung von Schraubenverbindungen bei Querbelastungen

Schrauben mit Belastungen quer zur Achsrichtung werden meist als *Paßschrauben* ausgebildet. Der Paßschaft übernimmt die Belastung und wird auf Abscheren beansprucht (Bild 14):

$$\tau_{a\,vorh} = F_q / A \leqq \tau_{a\,zul} \qquad (25)$$

Eine Nachrechnung der *Lochleibung* kann nach Gl. (26) erfolgen:

$$\sigma_{l\,vorh} = F_q / d_s\, s \leqq \sigma_{L\,zul} \qquad (26)$$

F_q Querkraft; A Scherfläche, $A = \pi d_s^2/4$; d_s Schaftdurchmesser; s kleinste tragende Bauteildicke

$\tau_{a\,zul} = 0{,}40\ \sigma_s$ ruhende Beanspruchung
$\tau_{a\,zul} = 0{,}28\ \sigma_s$ schwellende Beanspruchung
$\tau_{a\,zul} = 0{,}15\ \sigma_s$ wechselnde Beanspruchung
$\sigma_{zul} = 2\ \tau_{a\,zul}$

Verwendet man Durchsteckschrauben, muß die Querbelastung durch Reibschluß übertragen werden (Bild 14). Die Schrauben werden nicht auf Abscherung belastet.

$$\sigma_{vorh} = \frac{s_q F_q}{\mu_0 A_s} \leqq \sigma_{zul} \qquad (27)$$

F_q Querkraft für eine Schraube, μ_0 Reibungszahl der Ruhe [0,15...0,2 (Erfahrungswert)], A_s Spannungsquerschnitt, s_q Rutschsicherheit ($s_q \approx 1{,}1$)

$\sigma_{zul} = 0{,}45\ \sigma_s$

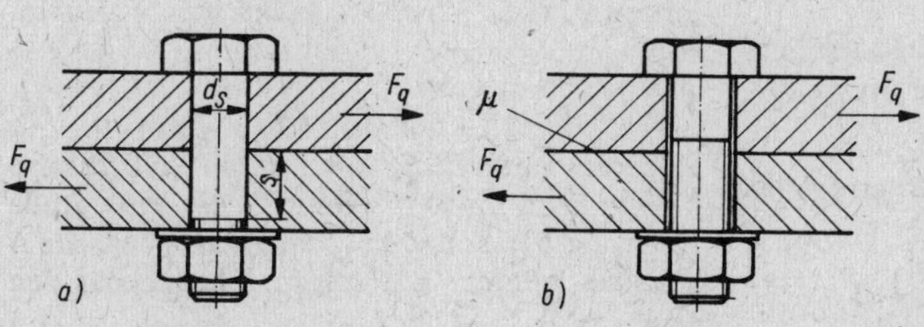

Bild 14. Querbeanspruchte Schraubenverbindung.
a) mit Paßschraube (Formschluß),
b) mit Durchsteckschraube (Reibschluß)

Berechnung von Bewegungsschrauben

Bewegungsschrauben werden im Schaft auf Zug oder Druck sowie auf Torsion beansprucht. Für das Gewinde ist die maßgebende Beanspruchung die *Flächenpressung*.

Zug- oder *Druckspannung* im Kernquerschnitt:

$$\sigma_{z,d} = F_B / A_q \tag{28}$$

F_B Betriebskraft

Torsionsspannung:

$$\tau_t = M_t / W_p \tag{29}$$

wobei M_t nach (19) bestimmt wird. Die *Vergleichsspannung* errechnet sich aus:

$$\sigma_V = \sqrt{\sigma_{z,d}^2 + 3\,\tau_t^2} \tag{30}$$

Mit Gl. (30) erfolgt ein Nachweis der *Sicherheit gegen Fließen*:

$$S_F = \sigma_F / \sigma_V \geqq S_{F\,min} \tag{31}$$

$S_{F\,min} = 1{,}7$

Bei langen Spindeln muß die Knickspannung nachgewiesen werden. Die Berechnung der Flächenpressung kann bei vorhandenen Abmessungen als Spannungsnachweis oder durch Bestimmung der Mutterhöhe m als Entwurfsrechnung ausgeführt werden:

$$p_{vorh} = \frac{FP}{\pi m d_2 t_2} \leqq p_{zul} \tag{32}$$

$$m_{erf} = \frac{FP}{\pi d_2 t_2 p_{zul}} \tag{33}$$

m soll nicht größer als $2d$ gewählt werden.
P Steigung, m Mutterhöhe, d_2 Flankendurchmesser, t_2 Tragtiefe, p_{zul} nach Tabelle 7

Tabelle 7. Zulässige Flächenpressung p_{zul} für Bewegungsschrauben (Erfahrungswert)

Werkstoff der Mutter	p_{zul} MPa
St	4
GGL	5
Bz12 (GZ-CuSn12) Rg10 (G-CuSn10Zn3)	12

Bei seltener Stellbewegung können die Werte der Tabelle 7 um 100 % erhöht werden.
Die Bedingung der Selbsthemmung wird durch die Beziehung $\varrho' > \alpha$ erfüllt.
Der *Wirkungsgrad* einer Bewegungsschraube ergibt sich aus:

$$\eta = \frac{\tan\alpha}{\tan(\alpha + \varrho')} \tag{34}$$

2.1.4. Verbindungen durch Paßfedern

2.1.4.1. Arten

Paßfedern[6]) verbinden Wellen und Naben formschlüssig. Das zu übertragende Drehmoment darf nicht wechselnd wirken. Je nach Lage der

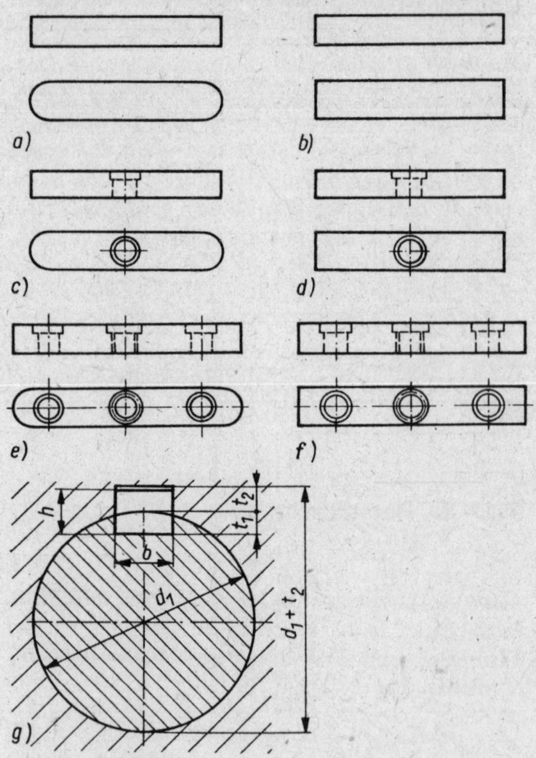

Bild 15. Paßfedern.
a) rundstirnig ohne Halteschraube, b) geradstirnig ohne Halteschraube, c) rundstirnig für Halteschraube, d) geradstirnig für Halteschraube, e) rundstirnig für 2 Halteschrauben und Abdrückschraube, f) geradstirnig für 2 Halteschrauben und Abdrückschraube, g) Maßverhältnisse Paßfeder-Welle.
h Paßfeder – Höhe, b Paßfeder – Breite, t_1 Wellennuttiefe, t_2 Nabennuttiefe, d_1 Wellendurchmesser

Paßfeder auf der Welle und nach dem Bearbeitungsverfahren der Wellenmutter unterscheidet man verschiedene Paßfederarten (Bild 15). Wellennut- und Nabennuttiefen haben unterschiedliche Abmessungen t_1 bzw. t_2. Das Verhältnis des Federquerschnittes zum Wellendurchmesser ist standardisiert. Da die Paßfedern nur an den Seitenflächen tragen, erfolgt keine Verspannung der Naben. Paßfedern werden aus gezogenem Stahl (St 60) hergestellt. Richtwerte für *Nabenabmessungen* sind (Bild 16):

$l_N = (1{,}2 \ldots 1{,}5)\, d_W$

$l_N = (0{,}42 \ldots 0{,}53) \sqrt[3]{10\, M_t} \cdot 10$

M_t	l_N
N·m	mm

St- oder GS-Nabe

$s = (0{,}14 \ldots 0{,}18) \sqrt[3]{10\, M_t} \cdot 10$

GGL-Nabe

$s = (0{,}19 \ldots 0{,}21) \sqrt[3]{10\, M_t} \cdot 10$

s Nabendicke, l_N Nabenlänge

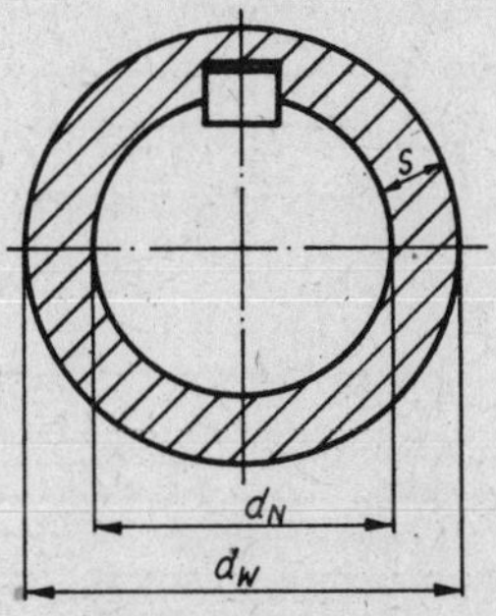

Bild 16. Richtwerte für Nabenabmessungen bei Paßfederverbindungen. s Nabendicke, l_N Nabenlänge

2.1.4.2. Berechnung von Paßfederverbindungen

Eine Abscherbeanspruchung tritt nur bei Stoßbetrieb auf. Die Flächenpressung wird nach den Gln. (35) und (36) berechnet. *Flächenpressung* zwischen Feder und Welle:

$$p_{W\,\mathrm{vorh}} = \frac{F_u}{t_1 l_t} \leqq p_{\mathrm{zul}} \qquad (35)$$

Flächenpressung zwischen Feder und Nabe:

$$p_{N\,\mathrm{vorh}} = \frac{F_u}{(h - t_1)\, l_t} \leqq p_{\mathrm{zul}} \qquad (36)$$

F_u Umfangskraft am Wellenumfang; $F_u = 2\, M_t / d_1$; t_1 Wellennuttiefe (Bild 15), h Paßfederhöhe (Bild 15), l_t tragende Länge

Bei geradstirnigen Federn ist l_t = Federlänge. Bei rundstirnigen Federn ist $l_t = l - b$. p_{zul} nach Tabelle 8.

Tabelle 8. Zulässige Flächenpressung für Paßfeder- und Keilwellen-Nabenprofile

	Nabe verschiebbar	Nabe nicht verschiebbar
Gleichbleibende Drehrichtung und Dauerbetrieb	$0{,}25\, \sigma_s$	$0{,}5\, \sigma_s$
Gleichbleibende Drehrichtung und Aussetzbetrieb	$0{,}20\, \sigma_s$	$0{,}4\, \sigma_s$
Wechselnde Drehrichtung	$0{,}15\, \sigma_s$	$0{,}3\, \sigma_s$

2.1.5. Verbindungen durch Profilwellen und Profilnaben

2.1.5.1. Arten

Profilwellen weisen gegenüber der Paßfederverbindung eine Vervielfachung der Mitnehmer auf. Sie sind dadurch in der Lage, hohe wechselnde Momente zu übertragen.

Keilwellen-Nabenprofile sind formschlüssige Verbindungen. Man unterscheidet bei Profilen mit geraden und parallelen Flanken (Bild 17) eine *leichte* Reihe[7]), eine *mittlere* Reihe[8]) und eine *schwere* Reihe[9]).

Zahnwellen mit Evolventenzähnen haben geringere Kerbwirkungen gegenüber *Keilprofilen* (Bild 18).

Kerbzahnprofile mit kleiner Profilhöhe lassen eine Verstellung der Nabe um kleine Winkel zu. Das *K-Wellen-K-Naben-Profil* ist nicht standardisiert.

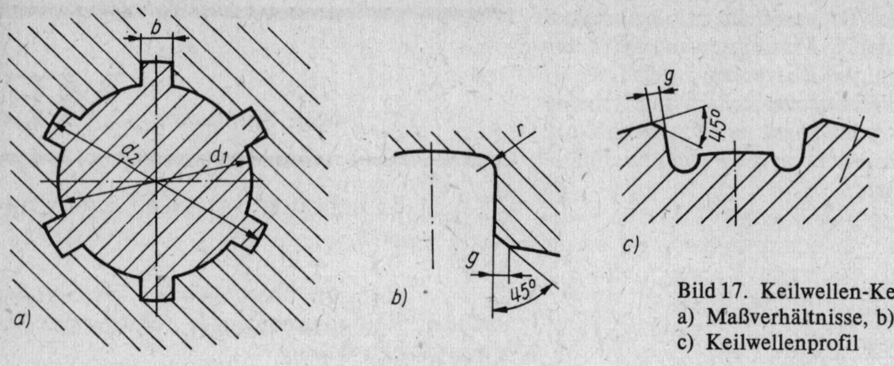

Bild 17. Keilwellen-Keilnabenprofil.
a) Maßverhältnisse, b) Keilnabenprofil,
c) Keilwellenprofil

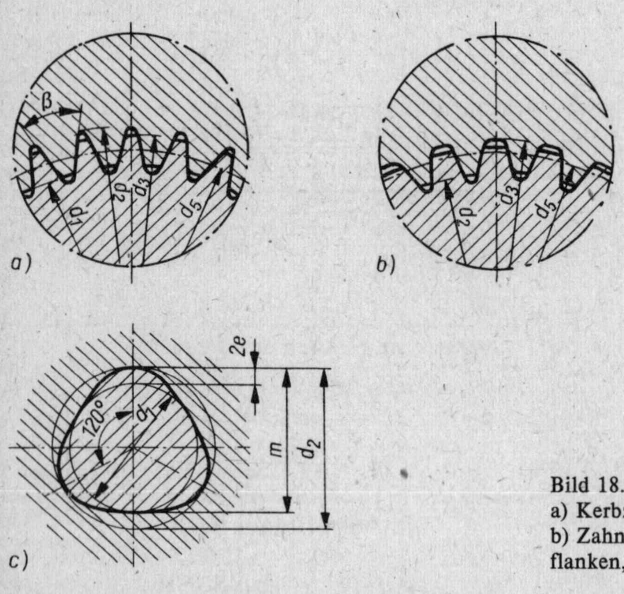

Bild 18. Profilwellen und -naben.
a) Kerbzahnwellen- und Kerbzahnnabenprofil,
b) Zahnwellen- und Zahnnabenprofil mit Evolventenflanken, c) K-Wellen- und K-Naben-Profil

2.1.5.2. Berechnung von Keilwellen-Nabenverbindungen

Zu berechnen ist die Pressung zwischen Mitnehmerfläche und Nutfläche. Aus Sicherheitsgründen nimmt man an, daß nur 75 % der Flächen das Drehmoment übertragen. Unterschiede in bezug auf Dauer- oder Aussetzbetrieb und Verschiebbarkeit der Nabe berücksichtigt man in der zulässigen Pressung nach Tabelle 8.

$$p_{\text{vorh}} = \frac{F_u}{0{,}75\, i h l_t} \leqq p_{\text{zul}} \qquad (37)$$

i Keilzahl, $F_u = 2\, M_t / d_m$, $d_m = (d_1 + d_2)/2$,

$$h = \frac{d_2 - d_1}{2} - 2\, g$$

d_2 Außendurchmesser, d_1 Innendurchmesser, g Fasenhöhe nach Bild 17

2.1.6. Keilverbindungen

2.1.6.1. Arten

Als Wellen-Nabenverbindungen werden vorwiegend *Längskeile* mit einer Neigung 1 : 100 eingesetzt. Durch Eintreiben des Keiles zwischen Nabe und Welle oder Eintreiben der Nabe auf den Keil wird das Drehmoment mit Reibschluß übertragen (Bild 19). Man unterscheidet *Treibkeile* (geradstirnig), *Einlegekeile* (rundstirnig) und *Nasenkeile*. Für große stoßartige Momente eignen sich *Tangentialkeile*, die paarweise um 120° versetzt eingebaut werden (Bild 20). Keile sind standardisiert[7]).

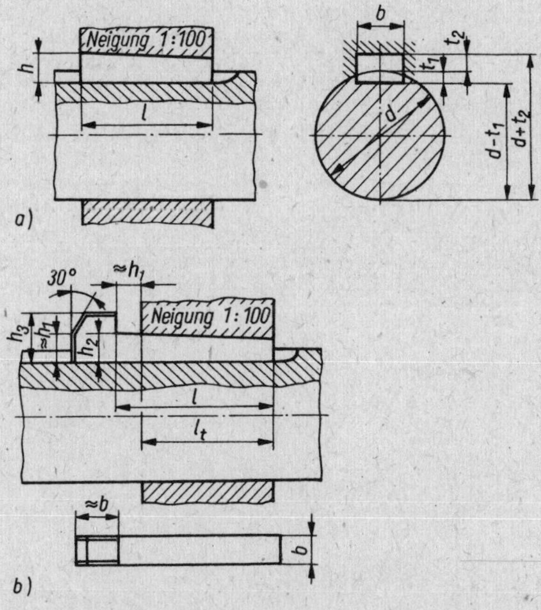

Bild 19. Längskeilverbindungen.
a) Maßverhältnisse bei Treib- und Einlegekeilen,
b) Nasenkeil

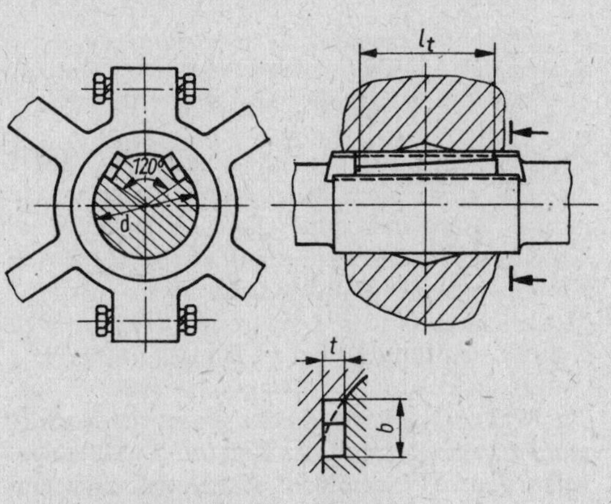

Bild 20. Tangentialkeil-Verbindung

2.1.6.2. Berechnung von Keilverbindungen

Zwischen dem zu übertragenden Moment M_t und dem Reibungsmoment M_R besteht die Beziehung $M_R > M_t$.

Daraus folgt:

$$M_t \leqq 2\,\mu_R F_N \cdot \frac{d_W}{2} = \mu_R d_W b l_t p_{zul} \tag{38}$$

μ_R Rutsch-Reibungszahl zwischen Keil und Welle, F_N Normalkraft am Keil, d_W Wellendurchmesser, b Keilbreite, l_t nutzbare Keillänge (= Nabenlänge)
Nachweis der Flächenpressung:

$$p_{vorh} = \frac{M_t}{d_W b l_t \mu_R} \leqq p_{zul} \tag{39}$$

$$p_{zul} = \sigma_F / S_F, \quad S_F = 3 \ldots 4$$

Als Richtwerte haben sich bewährt:

Nabendurchmesser	d_N	$\approx (2 \ldots 2{,}2)\, d_W$ bei GGL-Nabe
	d_N	$\approx (1{,}8 \ldots 2)\, d_W$ bei St-Nabe
Nabenlänge	l_t	$\approx (1{,}2 \ldots 2)\, d_W$ bei GGL-Nabe
	l_t	$\approx (1{,}0 \ldots 1{,}3)\, d_W$ bei St-Nabe

Bei Tangentialkeilverbindungen erfolgt der Nachweis der *Flächenpressung* durch Gl. (40):

$$p_{vorh} = \frac{2\,M_t}{d_W t l_t} \leqq p_{zul} \tag{40}$$

2.2. Unlösbare Verbindungen

2.2.1. Nietverbindungen

2.2.1.1. Arten

Nietverbindungen sind durch Schweiß- und Klebeverbindungen stark zurückgedrängt worden. Trotzdem haben sie noch ein breites Anwendungsgebiet im Metalleichtbau, Stahlbau,

Maschinen- und Apparatebau, Schiff- und Flugzeugbau.
Die *Nachteile* einer Nietverbindung gegenüber geschweißten oder geklebten Verbindungen sind:

- durch Überlappungen schwerer als Schweißverbindungen,
- Anteil manueller Arbeiten meist höher,
- hoher Lärmpegel bei der Herstellung,
- schlechtere Gestaltungsmöglichkeit unter Berücksichtigung moderner Formgestaltung der Einzelteile und Baugruppen.

Man unterscheidet die *Festnietung* im Stahl- und Maschinenbau und *Dicht-* bzw. *Dicht- und Festnietung* im Apparate- und Kesselbau sowie im Schiffbau. Im Maschinen- und Stahlbau werden hauptsächlich *Halbrundniete* und *Senkniete*, im Kessel- und Behälterbau Halbrundniete verwendet. Für die Zwecke der Nietverbindungen in der Leichtindustrie sind *Hohlniete*, *Rohrniete* und *zweiteilige Hohlniete* mit Setz- und Schließstück standardisiert.

2.2.1.2. Gestaltung und Ausführung von Nietverbindungen

Bestimmung der Rohnietlänge

Die *Rohnietlänge* setzt sich aus der Klemmlänge, dem Zuschlag zum Ausfüllen des Nietloches d_1 und der Länge für den Schließkopf (Bild 21) zusammen.
Nachstehende empirische Werte gelten *für Niete mit* $d > 10$ mm:

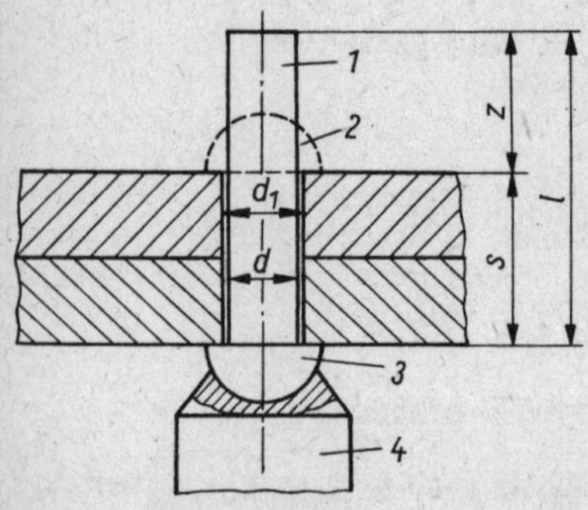

Bild 21. Rohnietlänge.
1 Nietschaft, *2* Schließkopf, *3* Setzkopf, *4* Gegenhalter, *s* Klemmlänge, *z* Zuschläge, *l* Rohnietlänge

Kesselbau, Halbrundniete $l \approx 1{,}3\,s + 1{,}5\,d$
Stahlbau, Halbrundniete $l \approx 1{,}2\,s + 1{,}2\,d$

für Niete mit $d < 10$ mm:

Halbrundniete $l \approx s + (1{,}5 \ldots 1{,}7)\,d$
Senkniete $l \approx s + (0{,}5 \ldots 0{,}7)\,d$

Reihigkeit und Schnittigkeit

Nach Anzahl der Nietreihen unterscheidet man *ein-* und *mehrreihige Nietverbindungen*. Die Anzahl der Schnittstellen bestimmt die *Schnittigkeit*, d. h. die Anzahl der Querschnitte des Nietes, die auf Abscherung beansprucht werden (Bild 22).

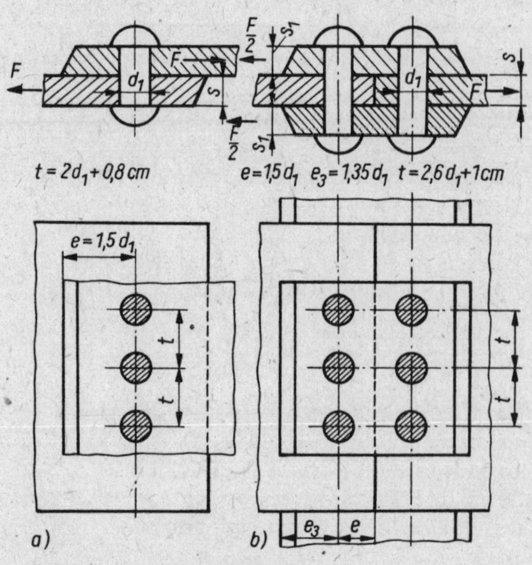

Bild 22. Nietverbindungen
a) einreihige Überlappungsnietung (einschnittig),
b) einreihige Doppellaschennietung (zweischnittig)

Die Nietreihen werden ungleich beansprucht; dies ist jedoch nicht genau berechenbar. Zweireihige Nietreihen sind gleichmäßig belastet. Bei vier und mehr Nietreihen ist der Anteil der Kraftübernahme problematisch. Deshalb sollte man nicht mehr als 3 Nietreihen wählen. Bei Nietung von Profilstäben an Knotenblechen bei Gitterkonstruktionen ist darauf zu achten, daß die Schwerlinien der Profile mit dem Kraftliniennetz des Stabsystems überdeckt werden. In Abhängigkeit von der Blechdicke können für Nietlochdurchmesser die Werte nach Tabelle 9 gewählt oder nach Gl. (41) berechnet werden:

$$d_1 = \sqrt{50\,s} - 2 \qquad \begin{array}{c|c} s & d_1 \\ \hline \text{mm} & \text{mm} \end{array} \qquad (41)$$

Bei *Warmnietung* ab $d = 10$ mm wählt man das Nietloch $d_1 = d + 1$ mm; bei *Kaltnietung* $d_1 = d + (0{,}1 \ldots 0{,}4)$ mm

Tabelle 9. Nietlochdurchmesser

Blechdicke s mm	5...8	6...10	7...13	9...14	14...19	17...23
Nietlochdurchmesser d_1 mm	13	15	17	19	23	25

2.2.1.3. Beanspruchung und Berechnung

Durch das Schrumpfen des warm geschlagenen Nietes während des Erkaltens entsteht im Niet eine Zugspannung. Zu große Klemmlängen können zum Fließen des Nietwerkstoffes führen. Deshalb sollte die *Klemmlänge* s_{ges} den Wert

$$s_{ges} \leqq 0{,}2\,d_1^2 \qquad (42)$$

nicht überschreiten.

Bei Nietverbindungen werden die Niete auf Abscherung, die Bohrung auf Lochleibung und der Grundwerkstoff (unter Berücksichtigung des durch die Bohrung geschwächten Querschnittes) auf Zugbeanspruchung berechnet.

Scherspannungen im Nietquerschnitt

Ist i die Schnittigkeit und n die Anzahl der Niete, wird der *Scherquerschnitt*:

$$A_1 = \frac{\pi d_1^2\, i n}{4} \qquad (43)$$

und der *Scherspannungsnachweis*:

$$\tau_{a\,vorh} = \frac{4\,F}{\pi d_1^2\, i n} \leqq \tau_{a\,zul} \qquad (44)$$

Der *Nachweis der Lochleibung* wird nach Gl. (45) geführt:

$$\sigma_{l\,vorh} = \frac{F}{d_1 s_{min} n} \leqq \sigma_{l\,zul} \qquad (45)$$

s_{min} bei $i = 1$ kleinste Blechdicke
s_{min} bei $i = 2$; $s_{min} = s$ oder $s_{min} = 2\,s_1$ (Bild 22)

$\sigma_{l\,zul} \approx 2\,\tau_{a\,zul}$

Bei gewähltem Nietdurchmesser kann die Anzahl der benötigten Niete nach (46), (47) berechnet werden. Der größere Wert ist aufzurunden und zu wählen:

$$n_1 = \frac{4\,F}{\pi d_1^2\, i \tau_{a\,zul}} \qquad (46)$$

$$n_2 = \frac{4\,F}{d s_{min} \sigma_{l\,zul}} \qquad (47)$$

Der Zugspannungsnachweis in den zu verbindenden Bauteilen errechnet sich:

$$\sigma_{z\,vorh} = \frac{F}{s(b - z d_1)} \leqq \sigma_{zul} \qquad (48)$$

$\tau_{a\,zul}$ ist in Abhängigkeit vom verwendeten Werkstoff zu wählen.

$\sigma_{l\,zul} \approx 2\,\tau_{a\,zul}$

d_1 geschlagener Nietdurchmesser, s Blechdicke, A_1 Scherquerschnitt, τ_a Scherspannung, σ_l Lochleibungsspannung, b Blechbreite, z Anzahl der parallelen Nietreihen

2.2.2. Schweißverbindungen

Eine schweißgerechte Konstruktion verlangt vom Konstrukteur umfangreiche Kenntnisse zur Gestaltung, Berechnung und Dimensionierung des Bauteils bzw. der Baugruppe.

2.2.2.1. Hinweise

Gestaltungsprinzipien für das Nieten, Kleben und Löten können nicht auf das Schweißen von Bauelementen übertragen werden. So ist z. B. eine Überlappungsverbindung zu vermeiden. Für Gasschweißen (G) und Elektroschweißen (E) haben sich die in Tafel 1 ausgeführten *Fugenformen* in Abhängigkeit von der Blechdicke bewährt. Eine optimale Fugenform ist mit Sicherheit nur vom Schweißingenieur zu ermitteln. Erfahrungswerte für das Verschweißen ungleicher Blechdicken können Bild 23 entnommen werden.

Tafel 1. Fugenformen von Schweißverbindungen

Sinnbild	Fugenform	Benennung	Sinnbild	Fugenform	Benennung
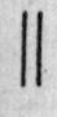	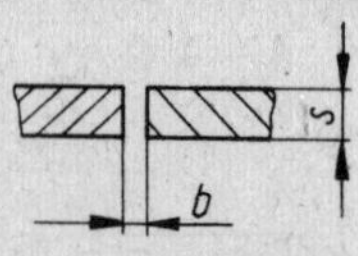	I-Naht		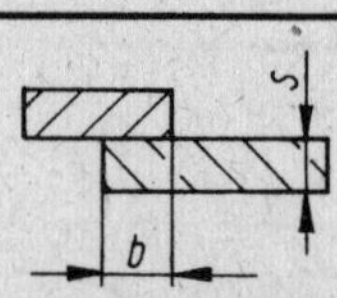	Rollennaht
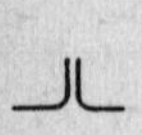	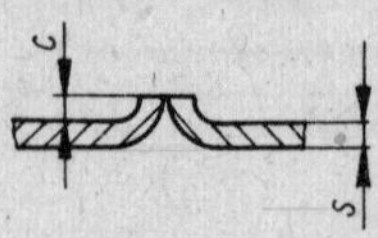	Bördelnaht		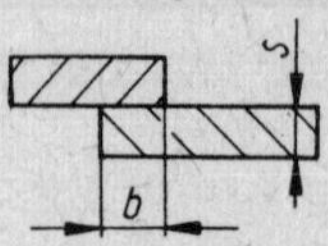	Punktnaht
	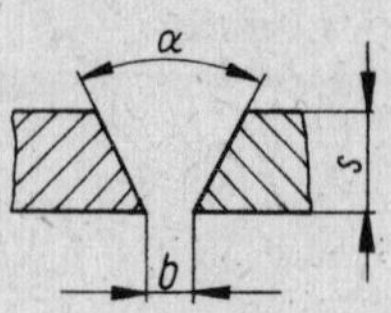	V-Naht		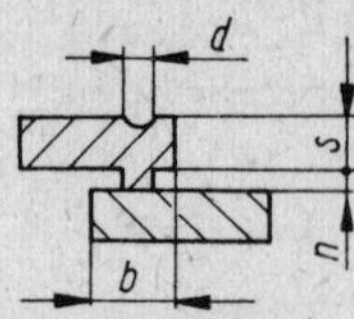	Buckelnaht
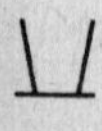	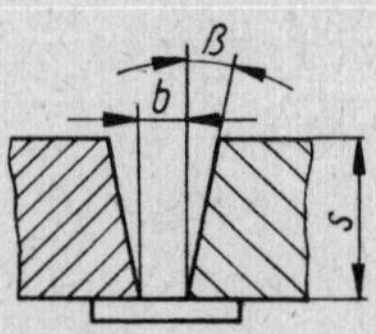	Steilflanken-naht		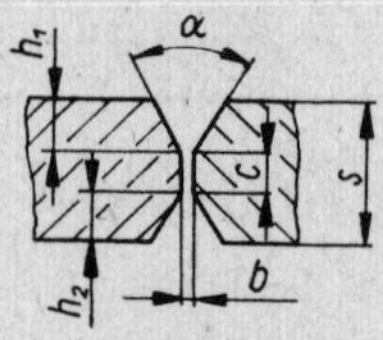	Doppelnaht
	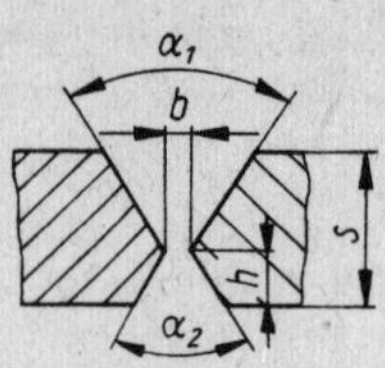	X-Naht		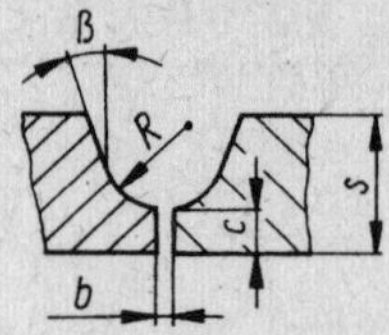	U-Naht
	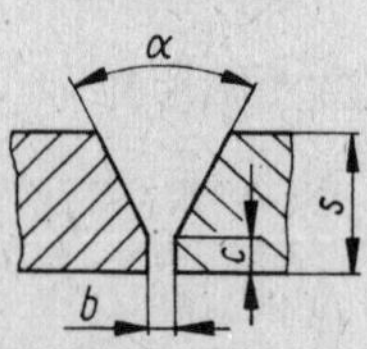	Y-Naht		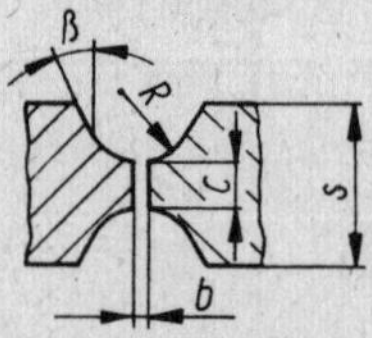	Doppel-U-Naht

Sinnbild	Fugenform	Benennung	Sinnbild	Fugenform	Benennung
	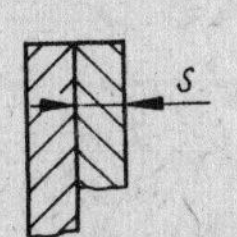	Stirnflachnaht		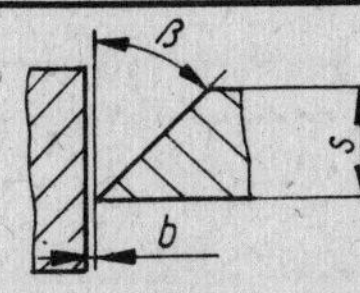	halbe V-Naht (HV)
	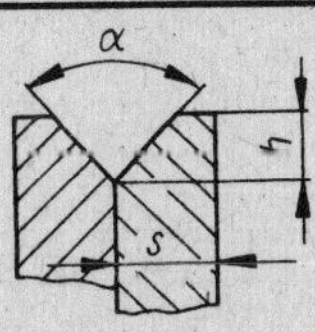	Stirnfugennaht		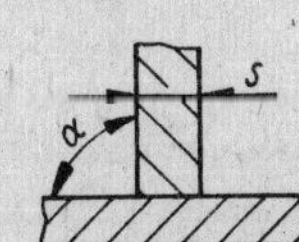	Doppelkehlnaht
	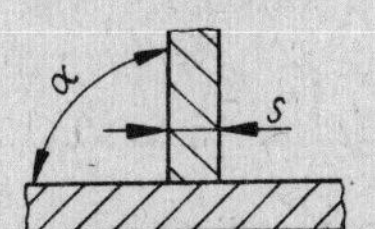	Kehlnaht		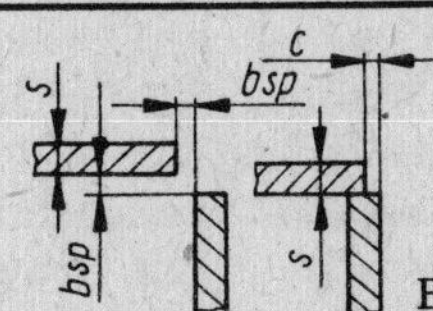	Ecknaht
	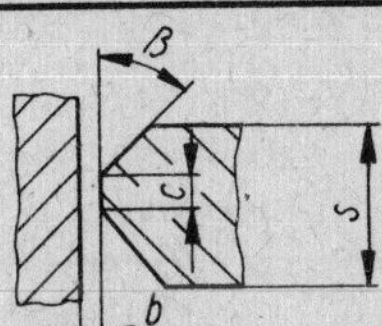	K-Stegnaht		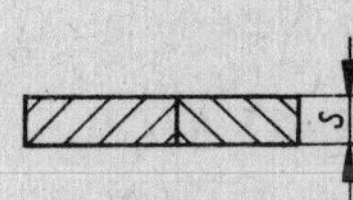	Wulstnaht
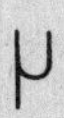	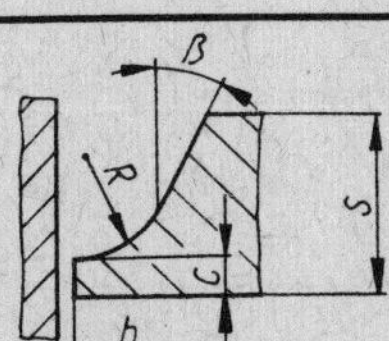	Jot-Naht		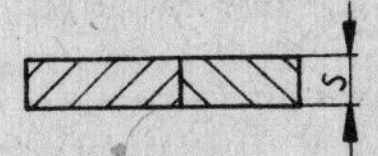	Gratnaht
	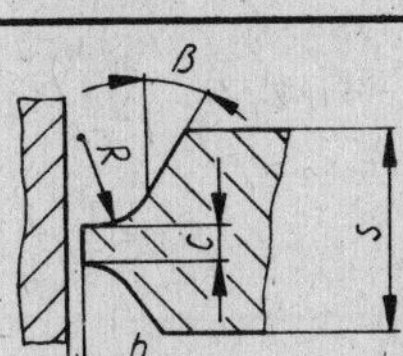	Doppel-Jot-Naht		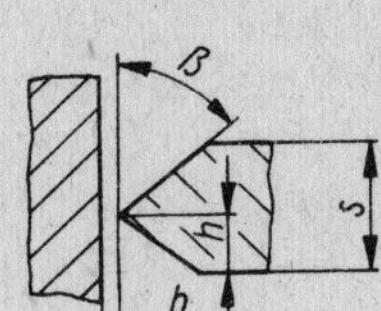	K-Naht
	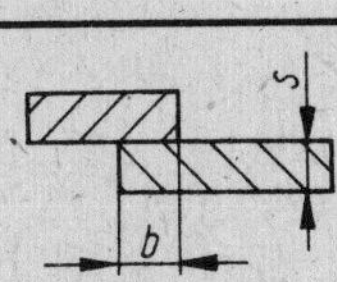	Quetschnaht			

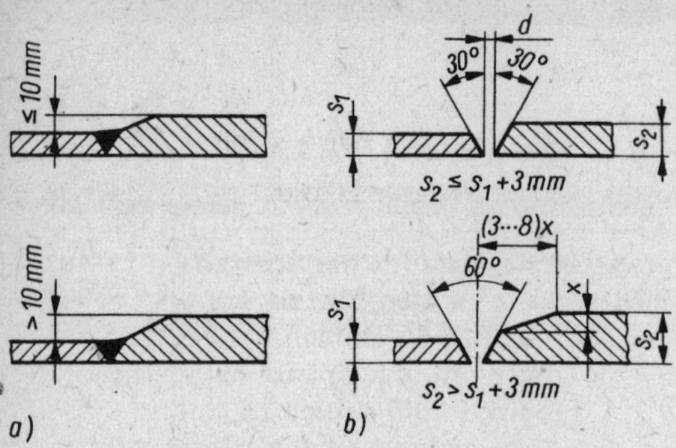

Bild 23. Verschweißen ungleicher Blechdicken.
a) statisch beansprucht, b) dynamisch beansprucht

2.2.2.2. Berechnung von Schweißverbindungen

Schweißverbindungen können statisch oder dynamisch beansprucht werden. Für die Berechnung dynamisch beanspruchter Schweißverbindungen gibt es umfangreiche Berechnungsvorschriften für den Konstrukteur bzw. Schweißingenieur. Die Festigkeit einer Schweißverbindung ist abhängig von der Nahtform, der Ausführungsgüte, dem Zusatzwerkstoff und der Art der Beanspruchung. Diese Kriterien werden in den *Ausführungsklassen*[10]) berücksichtigt.

Ausführungsklassen

Die *Ausführungsklassen* (AK) legen die grundsätzlichen Forderungen der Konstruktion, der Technologie und der Prüfung für die Ausführung von Schweißarbeiten fest.

Sie werden mit IA, IB, IIA, IIB und III bezeichnet, wobei an die AK IA die höchsten Forderungen gestellt werden. Jede Schweißverbindung wird in eine Ausführungsklasse eingeteilt. Die zulässigen und ertragbaren Spannungen sowie die erforderlichen Sicherheiten werden ebenfalls in Abhängigkeit von den Ausführungsklassen festgelegt.

Schweißnahtdicke

Bei *Stumpfnähten* ist die Nahtdicke a gleich der minimalen Bauteildicke der Verbindung. Bei *Kehlnähten* entspricht a der Höhe des eingeschriebenen gleichschenkligen Dreiecks nach Bild 24.

Als Erfahrungswert für die Wahl der Nahtdicke tragender Kehlnähte gilt $a \approx 0{,}7\,s_{min}$. Kehlnähte mit $a < 3$ mm sind nicht zulässig.

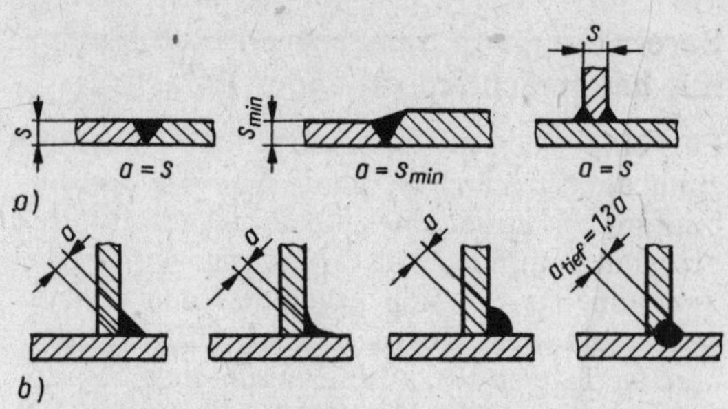

Bild 24. Schweißnahtdicke.
a) bei Stumpfnähten, b) bei Kehlnähten

Schweißnahtlänge

Sind Anfangs- und Endkrater bei einer Schweißnaht vorhanden, so ergibt sich die rechnerische Nahtlänge l aus:

$$l = l_1 - 2a \qquad (49)$$

l_1 ausgeführte Schweißnahtlänge, a Länge des Kraters = Nahtdicke

Werden die Endkrater durch konstruktive Maßnahmen nach Bild 25 herausgezogen oder wird die Kehlnaht geschlossen geschweißt, ist $l = l_1$.

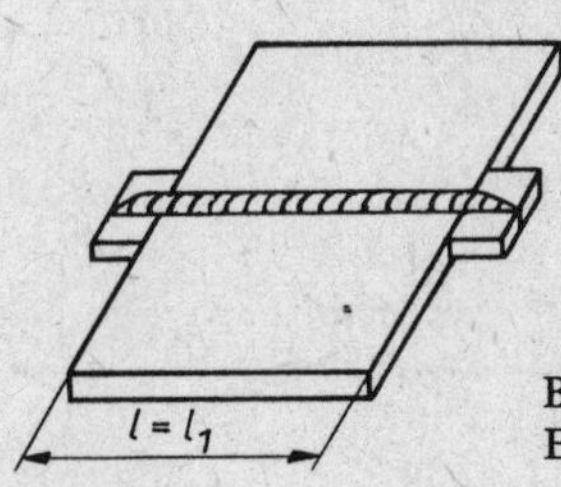

Bild 25. Herausgezogener Endkrater

Schweißnahtfläche

Die Schweißnahtfläche ist:

$$A_{Schw} = \sum al \qquad (50)$$

Bei Schubbeanspruchung wird die Schweißnahtfläche aus den Nahtquerschnitten gebildet, die bevorzugt Schub übertragen.

Trägheits- und Widerstandsmoment

Trägheits- und Widerstandsmoment sind nach den gültigen Berechnungsgleichungen der Technischen Mechanik zu bestimmen.

Berechnung von Schweißverbindungen mit hauptsächlich ruhender Belastung

Für eine Überschlagsrechnung oder Abschätzung der Querschnitte kann eine Schweißverbindung in Form eines Spannungsnachweises berechnet werden. Die Werte der zulässigen Spannung $\sigma_{\text{Schw zul}}$ sind gegenüber den zulässigen Spannungen des Grundwerkstoffes gemindert (s. Tabelle 10). Als Einflußgrößen für die Bestimmung der zulässigen Schweißnahtspannungen wirken Nahtform, Beanspruchungsart und Ausführungsklasse.
Die *Spannungsnachweise* nach den Gln. (51), (52) und (53)

$$\sigma_{\text{Schw}} \leqq \sigma_{\text{Schw zul}} \qquad (51)$$
$$\tau_{\text{Schw}} \leqq \tau_{\text{Schw zul}} \qquad (52)$$
$$\sigma_{\text{v Schw}} \leqq \sigma_{\text{v zul}} \qquad (53)$$

werden an den Stellen der Schweißnaht geführt, an denen die größten Einzelspannungen auftreten. Bei Lastkombinationen sind mehrere Stellen zu berechnen. Die Spannungsnachweise für den Grundwerkstoff werden nach den bekannten Gleichungen der Festigkeitslehre geführt.

2.2.3. Preßverbindungen

2.2.3.1. Arten

Preßverbindungen zählen zu den unlösbaren kraftschlüssigen Verbindungen und dienen zur Übertragung großer Kräfte und Momente – auch in wechselnden Richtungen.

Tabelle 10. Zulässige Spannungen für Schweißverbindungen bei vorwiegend statischer Belastung

Nahtart	Spannungsart	Ausführungs-klasse	$\sigma_{\text{Schw zul}}$ MPa St38	$\sigma_{\text{Schw zul}}$ MPa St42
Stumpfnaht	Zug, Biegezug	I B	160	240
		II B	112	168
	Druck, Biegedruck	II B	160	240
	Schub	II B	92	139
Kehlnaht	Zug, Druck Schub	II B	92	139
Kehlnaht am biegefesten Trägeranschluß	Vergleichsspannung	II B	112	168
	Schub	II B	92	139
Längsnaht bei Biegeträgern (Kehl- und Stumpfnähte)	Vergleichsspannung	II B	160	240
	Schub	II B	92	139
Biegeträgerstumpfstoß	Vergleichsspannung	I B	160	240
		II B	112	168
Stegblechstoß	Schub	II B	92	139

Sie haben sich auch bei Stoßbetrieb bewährt. Anwendungsbeispiele im Maschinen- und Fahrzeugbau sind: Verbindung von Zahnrädern und Wellen, von Radkränzen auf Achsen oder Radkörpern, Kupplungsnaben, von Schrumpfringen auf Wellen u. ä. Die Verbindung entsteht durch das Zusammenfügen der Bauteile mit *Preßpassung.*

Je nach Art des Fügens unterscheidet man *Längs-* und *Querpreßverbindungen.* Längspreßverbindungen werden durch axiales Aufpressen der Nabe auf die Welle mit Übermaß bei Raumtemperatur hergestellt. Bei den Querpreßverbindungen gibt es drei Möglichkeiten zur Herstellung der Verbindung. Bei der *Schrumpfpreßverbindung* wird das Außenteil erwärmt (bis 100 °C auf Wärmeplatte; bis 370 °C in Zylinderöl und bis 700 °C im Muffelofen). Nach dem Fügen schrumpft die Nabe und preßt sich auf das nicht erwärmte Innenteil.

Die Dehnpreßverbindung entsteht durch Fügen des unterkühlten Innenteiles (bis −72 ° Trokkeneis; bis −190 ° flüssige Luft) mit dem Außenteil. Die Pressung stellt sich nach Erwärmung des Innenteils auf Raumtemperatur ein. Wird das Außenteil erwärmt und das Innenteil unterkühlt, ist diese Verbindung eine *Schrumpf-Dehnpreßverbindung.*

2.2.3.2. Berechnung von Preßverbindungen

Das zu übertragende Drehmoment M_t wird durch ein Reibungsmoment M_r aufgebracht. Dieses Reibungs- oder Rutschmoment wird durch das Übermaß von Welle und Nabe und die dadurch entstehende Flächenpressung p in der Fuge erzeugt. Durch die Toleranzen liegt das Übermaß von Innen- und Außenteil zwischen einem Größt- und Kleinstwert U_g und U_k (Bild 26). Die Spannungen im Innenteil (Welle) und im Außenteil (Nabe) sind im Bild 27 dargestellt. Unter Berücksichtigung einer *Haftsicherheit* S_H

$$S_H = \frac{\text{Rutschdrehmoment}}{\text{zu übertragendes Drehmoment}} = \frac{M_{tr}}{M_t}$$

rechnet man bei einer Preßverbindung das *erforderliche kleinste Übermaß* U_k aus, bei dem das zu übertragende Drehmoment oder die daraus resultierende Umfangskraft mit einer verlangten Haftsicherheit übertragen werden kann. Das *zulässige größte Übermaß* U_g wird durch die Streckgrenze σ_S des Außenteiles bestimmt. Innerhalb dieser Grenzen wird eine standardisierte Passung gewählt.

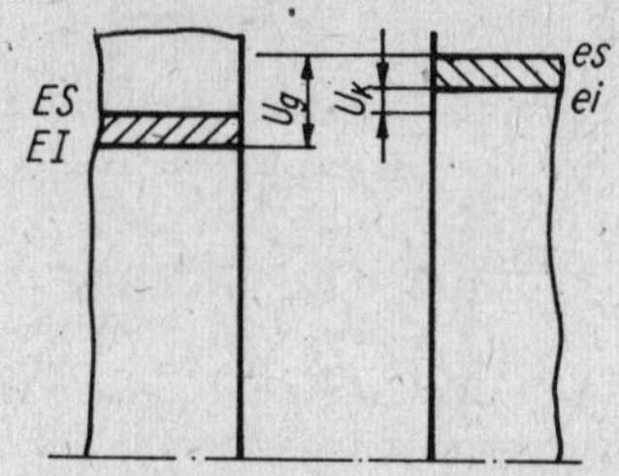

Bild 26. Abmaße der Preßverbindung.
ES oberes Abmaß Bohrung (Außenteil), *EI* unteres Abmaß Bohrung (Außenteil), *es* oberes Abmaß Welle (Innenteil), *ei* unteres Abmaß Welle (Innenteil)

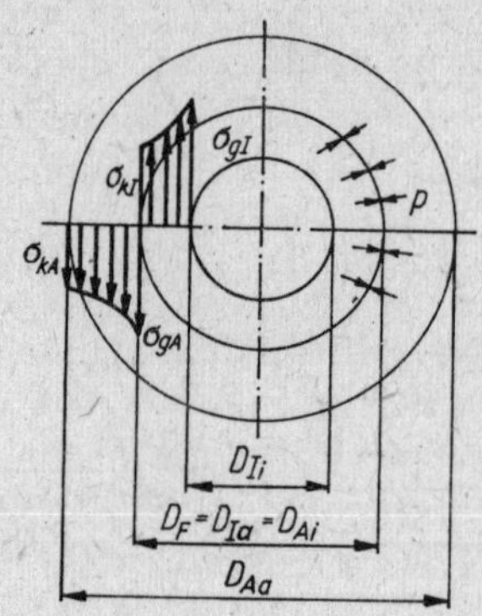

Bild 27. Spannungsverteilung Hohlwelle – Nabe.
Bezeichnung der Indizes: I Innenteil, A Außenteil, i innen, a außen, k kleinste Spannung, g größte Spannung

Aus Rutschkraft F_{ru} und Fugenfläche $A_F = \pi D_F l_F$ und einer Rutschreibungszahl μ_{ru} (nach Tabelle 11) errechnet sich die *kleinste Flächenpressung* aus:

$$p_k = \frac{2\,F_{ru}}{\pi D_F^2 l_F \mu_{ru}} \tag{54}$$

Das dazu *erforderliche Haftmaß* Z_k (theoretisches kleinstes Übermaß) ist:

$$Z_k = p_k(K_A + K_I)D_F \tag{55}$$

Z_k	p_k	K_A, K_I	D_F
mm	MPa	1/MPa	mm

K_A und K_I sind Hilfsgrößen und können dem Bild 28 entnommen werden.

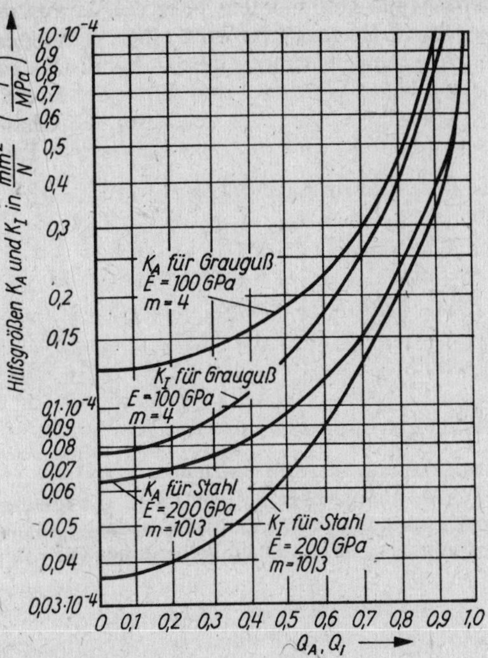

Bild 28. Hilfsgrößen K_A und K_I

$$Q_A = D_F / D_{Aa} \quad \text{und} \quad Q_I = D_{Ji} / D_F$$

Das Haftmaß Z_k muß um den Übermaßverlust ΔU vergrößert werden, den man über die Glättung bzw. Rauhtiefe nach Tabelle 12 erhält.

$$\Delta U = 2\,(G_{Ai} + G_{Ia}) \tag{56}$$

$$G = 0{,}6\,R_Z$$

R_Z Rauhtiefe des Innen- bzw. des Außenteiles

Mit dem nach Gl. (56) ermittelten Übermaßverlust ergibt sich das *praktisch notwendige Übermaß* bei der Herstellung:

$$U_k = Z_k + \Delta U \tag{57}$$

Auf Grund der Herstellungstoleranzen erstreckt sich der Übermaßbereich von U_k bis U_g, wobei

$$U_g = Z_g + \Delta U \tag{58}$$

Tabelle 11. Reibungszahlen

Längspressung				
Innenteil	Stahl St50			
Außenteil Schmierverhältnisse	St50 Maschinenöl	GGL-20 –	G-CuZn40Pb1 trocken	HgW2088 trocken
μ_{ru} und μ_{rl}	0,05…0,17	0,07…0,12	0,03…0,07	0,22
μ_e	0,054…0,22	0,07…0,13	0,05…0,1	0,54

Querpressung				
Innenteil	Stahl St50			
Außenteil Schmierverhältnisse	St50 Maschinenöl	St50 trocken	GGL-20 –	G-CuZn40Pb1 trocken
μ_{ru}	0,08 …0,19	0,065…0,16	0,07…0,09	0,05…0,14
μ_{rl}	0,055…0,12	0,065…0,16	0,07…0,09	0,05…0,14

μ_{ru} Reibungszahl bei Beanspruchung in Umfangsrichtung
μ_{rl} Reibungszahl bei Beanspruchung in Längsrichtung
μ_e Reibungszahl beim Einpressen

Tabelle 12. Rauhtiefen

Bearbeitung	Rauhtiefe µm
Drehen	
Grobschlichten	16...40
Feinschlichten	6...16
Feinstschlichten	2,5... 6
Bohren	
Mittelfeinbohren und Maschinenreiben	10...25
Feinbohren und einmal Reiben	6...10
Feinbohren und zweimal Reiben	2,5... 6
Schleifen	
Grobschleifen	16...40
Mittelfeinschleifen	6...16
Feinschleifen	2,5... 6
Sehr fein Schleifen	1... 2,5
Räumen	
Räumen mit Glättzähnen	1,6... 4

Das *Haftmaß* Z_g wird nach Gl. (59) ermittelt:

$$Z_g = p_g(K_A + K_I)D_F \quad (59)$$

Z_g	p_g	K_A, K_I	D_F
mm	MPa	1/MPa	mm

Die *größte zulässige Pressung* beträgt:

$$p_g = \frac{\sigma_{SA}(1 - Q_A^2)}{1 + Q_A^2} \quad (60)$$

Der *Übermaßbereich* errechnet sich aus der Differenz:

T verteilt sich auf Welle und Nabe nach den Gln. (62) und (63):

Welle: $T_W = (0,5...0,4)\,T$ (62)

$$T = U_g - U_k \quad (61)$$

Nabe: $T_N = (0,5...0,6)\,T$ (63)

Damit kann eine *Preßpassung* ausgewählt werden. Die zur Herstellung einer Längspreßverbindung benötigte *Einpreßkraft* errechnet sich aus:

$$F_e = \pi p_g' D_F l_F \mu_e \quad (64)$$

p_g' vorhandene größte Pressung

Die *Erwärmungs-* bzw. *Unterkühlungstemperatur* ergibt sich aus Gl. (65) bzw. Gl. (66):

$$t_A = \frac{U_g' + S}{\alpha_A D_F} + t_0 \quad (65)$$

$$t_I = \frac{U_g' + S}{\alpha_I D_F} + t_0 \quad (66)$$

U_g' tatsächliches vorhandenes Größtübermaß aus verwendeter Passung, $S = D_F / 1\,000$ = Einführungsspiel, α Wärmeausdehnungskoeffizient ($\alpha = 11 \cdot 10^{-6}\,K^{-1}$ beim Erwärmen und $\alpha = -8,5 \cdot 10^{-6}\,K^{-1}$ beim Unterkühlen für Stahl)

2.2.4. Lötverbindungen

2.2.4.1. Arten

Eine *Lötverbindung* wird durch das Vereinigen von metallischen Werkstücken mit geschmolzenem Zusatzmetall, dem *Lot*, hergestellt, dessen Schmelztemperatur unterhalb derjenigen des Grundwerkstoffes liegt.

Um den Lötvorgang einzuleiten, benötigt man eine *Arbeitstemperatur.* Liegt diese Temperatur unterhalb 450 °C, bezeichnet man das Verfahren als *Weichlöten*; bei Temperaturen oberhalb 450 °C als *Hartlöten.* Lötverbindungen können mit den verschiedensten Lötverfahren, z. B. exothermes Löten, Kolbenlöten, Flammlöten, Widerstandslöten, Badlöten, Ofenlöten, Diffusionslöten, Induktionslöten und Strahllöten, hergestellt werden.

Am meisten verbreitet ist als *Weichlötverfahren* in der Elektrotechnik / Elektronik das *Kolbenlöten* zum manuellen oder mechanisierten Massenlöten.

Bei einem Lotdurchmesser von d_L = 0,2...2 mm werden Drähte, Bleche, Rohre und Kleinteile mit einer Dicke s = 0,2...2 mm aus Stahl, Kupfer, Kupferlegierungen, Blei, Zink und Aluminium unlösbar verbunden. Die Lote sind hauptsächlich *Blei-*, *Zinn-* oder *Aluminium-Weichlote.*

In der blechverarbeitenden Industrie werden Bleche bis 10 mm Dicke aus unlegierten oder niedriglegierten Stählen, Messing, Cu, Ni und Ni-Legierungen weich oder hart mit Hilfe eines Acetylen-Stadtgas- oder Propangasbrenners flammgelötet. Stadt- und Propangas wird hauptsächlich für Weichlötverbindungen, Acetylen für Hartlötverbindungen verwendet.

2.2.4.2. Gestaltung und Berechnung

Um eine hohe Festigkeit der Verbindung zu erreichen, ist es notwendig, die zu verbindenden Teile zu überlappen, zu schäften oder zu falzen (Bild 29).

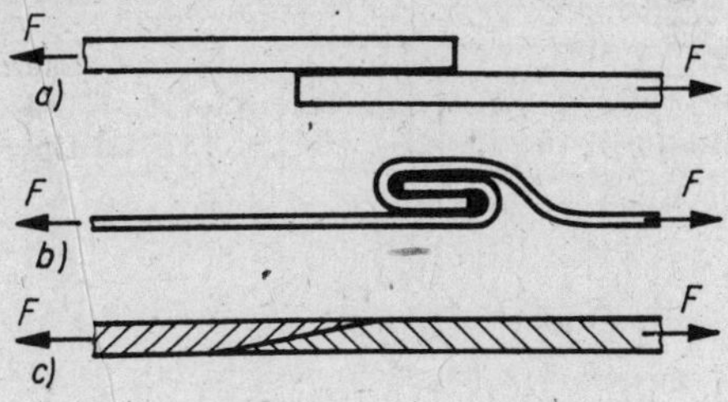

Bild 29. Lötverbindungen.
a) Teile überlappt, b) Teile geschäftet, c) Teile gefalzt

Als *Gestaltungsregeln* für eine Lötverbindung gelten:

- Der Lötspalt soll über die gesamte Lötfläche gleichmäßig ausgebildet sein.
- Flußmittel und Luft müssen ungehindert entweichen können.
- Schroffe Querschnittsübergänge sind zu vermeiden.

Beispiele für die Gestaltung von Rohrlötverbindungen enthält Bild 30.

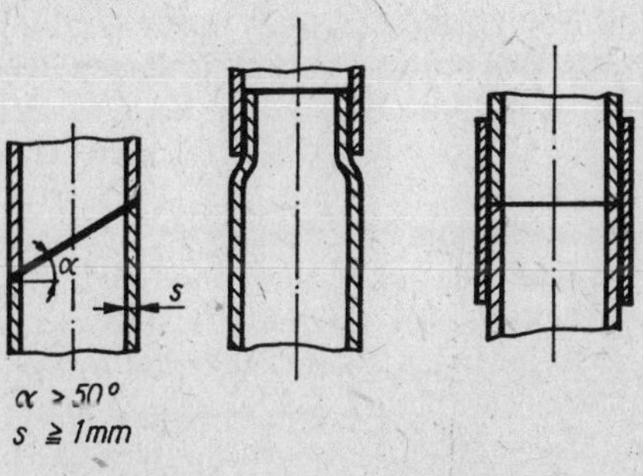

Bild 30. Gestaltungsbeispiele Rohrverbindungen

Die *Spaltbreiten* liegen beim manuellen Löten in Abhängigkeit vom Grundwerkstoff, Lot und von der Arbeitstemperatur zwischen 0,2 und 0,5 mm. Die Festigkeit einer Lötverbindung wird durch die Zug- bzw. Schubfestigkeit der Lote bestimmt. Die Spannung errechnet sich aus:

$$\tau_{vor} = F / A_L = \tau_{L\,zul} \qquad (67)$$

$$\tau_{L\,zul} = \tau_{LB} / S_{erf} \qquad (68)$$

Die *Sicherheit* wählt man mit $S_{erf} = 3 \ldots 4$. Die Bruchspannungen können Tabelle 13 entnommen werden.

Tabelle 13. Schubfestigkeit von Loten bei statischer Belastung

Werkstoff	$\tau_{L\,zul}$ MPa
Weichlote	20… 80
Zink-Kadmium-Lote	100…120
Hartlote	140…200
Kupfer-Hartlote	180…270

2.2.5. Klebeverbindungen

Eine *Klebeverbindung* ist eine unlösbare stoffschlüssige Verbindung mit geringer Zug-, Spalt- und Abschiebfestigkeit, jedoch hoher Widerstandsfestigkeit gegenüber Scherbeanspruchung, die mit Hilfe von *Klebstoffen* hergestellt wird.

Diesen Vorteil nutzt man für die konstruktive Gestaltung einer Klebeverbindung mit einer sog. *Zugscherbeanspruchung* (Bild 31).

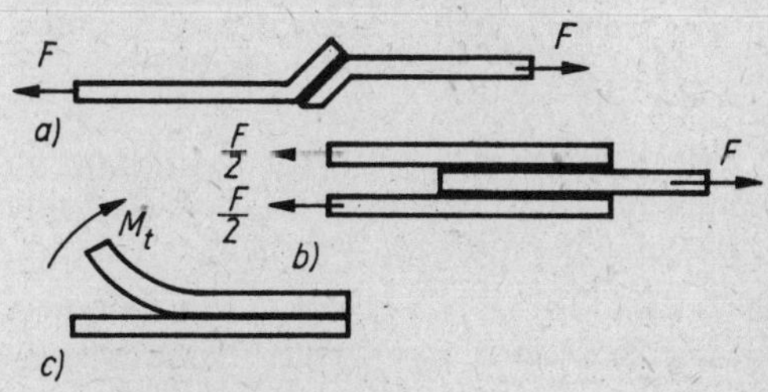

Bild 31. Klebeverbindungen.
a), b) mit Zugscherbeanspruchung, c) mit Schälbeanspruchung

Das Kleben erfolgt ohne hohe einseitige Erwärmung. Es entstehen dadurch keine Zusatzspannungen, wie z.B. bei der Schweißverbindung. Es tritt auch keine Querschnittsschwächung wie bei einer Nietverbindung auf. Eine Klebeverbindung erweist sich als besonders vorteilhaft, wenn eine flächenmäßig große Verbindungsstelle zur Verfügung steht.

Die Klebetechnik findet Anwendung im Fahrzeugbau beim Kleben von Bremsbelägen, Karosserieteilen, Verkleidungen u.ä., im Flugzeugbau, Gerätebau und Metalleichtbau. Durch *Aufrauen* der Verbindungsstellen werden die Adhäsion und damit die Wirksamkeit des Klebers erhöht. Das Aufrauhen kann durch Beizen oder mechanisch erfolgen.

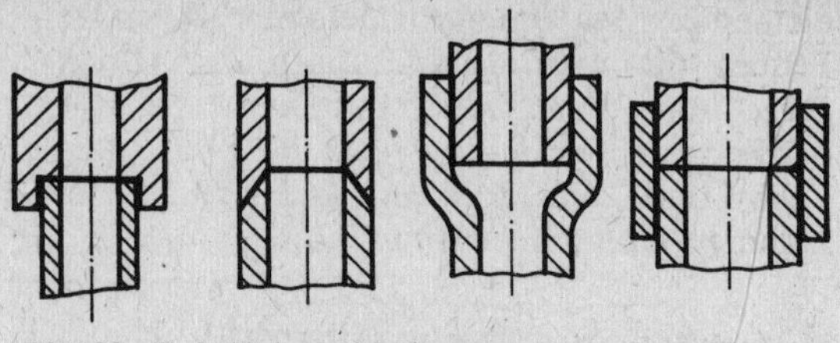

Bild 33. Rohrklebeverbindungen

2.2.5.1. Klebstoffe

Das »Verbindungselement« einer Klebeverbindung (der Kleber) erzeugt in Wechselwirkung mit dem zu verklebenden Metallwerkstoff elektrische Dipole und dadurch sog. Nebenvalenzkräfte. Als Kleber eignen sich besonders *Klebharze* mit polaren Gruppen, wie z. B. Phenol-, Polyurethan- und Epoxidharze.
Epoxidharze können bei Raumtemperaturen (kalthärtend) oder bei erhöhten Temperaturen (warmhärtend) ohne Anwendung von Druck verarbeitet werden.

2.2.5.2. Gestaltung und Berechnung

In der Praxis haben sich die im Bild 32 angegebenen Ausführungen von Klebeverbindungen bewährt. Wie Lötverbindungen lassen sich auch Klebeverbindungen falzen. Geklebte Rohrverbindungen bei kleinen Nennweiten und kalten Medien können nach Bild 33 ausgeführt werden.
Die *Zugscherfestigkeit* einer Klebeverbindung ist abhängig von der Härtezeit des Klebers und von der Härtetemperatur. Sie wird allgemein mit

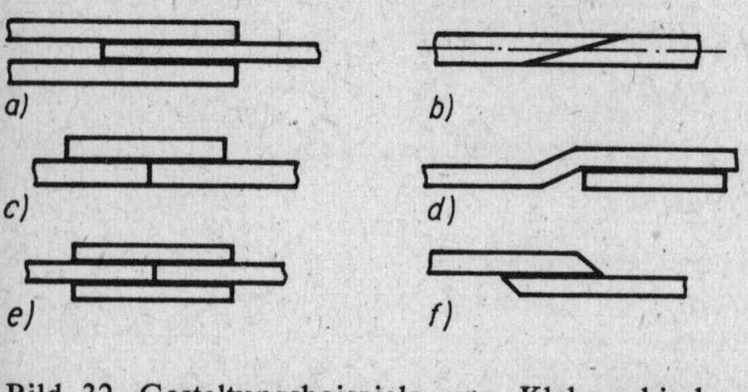

Bild 32. Gestaltungsbeispiele von Klebeverbindungen.
a) Doppelüberlappung, b) Schäftung, c) Laschung, d) gekröpfte Überlappung, e) Doppellaschung, f) Überlappung, zugeschärft

$\tau_{ab} = 10 \dots 25$ MPa angegeben. Mit der Sicherheit S erhält man eine *zulässige Spannung*:

$$\tau_{a\,zul} = \tau_{aB} / S \quad \text{mit} \quad S \approx 2{,}5 \dots 3{,}0 \tag{69}$$

Die Festigkeit einer Klebeverbindung wird weiterhin durch den Querschnitt der Verbindung, die Größe der Klebefläche sowie durch die Zugfestigkeit des Grundwerkstoffes bestimmt.
Für eine Überschlagsrechnung kann die *Schubspannung* nach Gl. (70) errechnet werden:

$$\tau_{vorh} = F / A_K = \tau_{a\,zul} \tag{70}$$

F Schubkraft, A_K geklebte Fläche

Eine optimale konstruktive Gestaltung wird erreicht, wenn die Festigkeit der Klebestelle gleich der des Grundwerkstoffes der Verbindung ist. Als Erfahrungswert gilt (mit den Bezeichnungen nach Bild 34):

$$l \approx s\,(\sigma_{BG} / \tau_{aB})$$

σ_{BG} Zugfestigkeit des Grundwerkstoffes, τ_{aB} Zugscherfestigkeit des Klebers

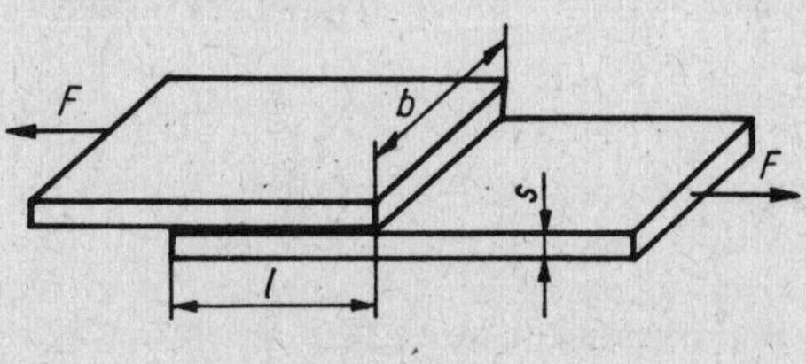

Bild 34. Entwurf einer Klebeverbindung

3. Federn

3.1. Arten

Federn sind in der Lage, Energie zu speichern (z. B. bei Uhrenfedern), Stöße zu mindern (z. B. bei Fahrzeugen) und dienen als Schwingungselemente. Man unterscheidet viele Arten von Federn, die man in die Gruppen *Zug-*, *Druck-*, *Biege-* und *Torsionsfedern* einordnen kann. Nach der Form teilt man die Federn in *Spiral-*, *Ring-*, *Teller-* und *Blattfedern* ein. Außer Stahlfedern kommen Gummifedern zur Anwendung.

Federhärte und Federarbeit

Trägt man in einem Diagramm die Belastungskraft F über dem Federweg f auf, erhält man die *Federkennlinie* (Bild 35). Man unterscheidet i. allg. drei Kennlinien mit verschiedenen Federhärten c. Hierbei ist die *Federhärte* das Verhältnis der Belastungsänderung $\mathrm{d}F$ zur Änderung des Federweges $\mathrm{d}f$:

$$c - \mathrm{d}F/\mathrm{d}f \tag{71}$$

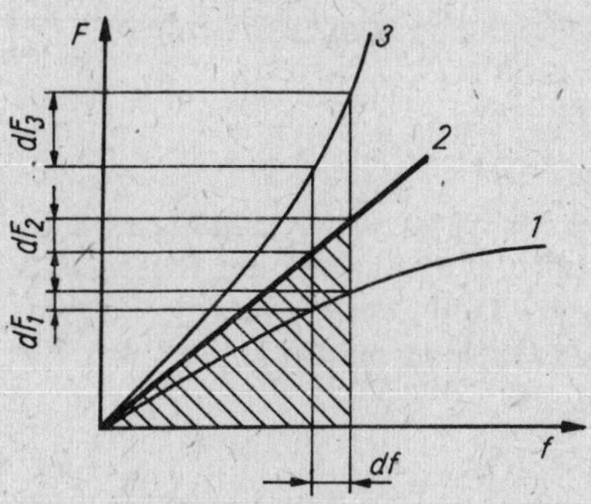

Bild 35. Federkennlinien und Federarbeit.
1 degressiv steigend, *2* linear steigend, *3* progressiv steigend

Die härteste Feder hat die steilste Kennlinie (bei nichtlinearem Verlauf und veränderlicher Federhärte – Kennlinie 3). In vielen Fällen ist das Verhältnis $\mathrm{d}F/\mathrm{d}f$ konstant, die Kennlinie ist eine Gerade (Kennlinie 2). Die *Federarbeit*, d. h. die gespeicherte und bei Entlastung abgegebene Energie, errechnet sich aus Kraft und Weg. Für Federn allgemein gilt:

$$W = \int F\,\mathrm{d}f \tag{72}$$

Für die Feder mit Kennlinie 2 wird sie im Bild 35 durch das schraffierte Dreieck dargestellt. Die Energie W ist dann:

$$W = Ff/2 \tag{72a}$$

$$W = cf^2/2 \tag{72b}$$

3.2. Berechnung von zylindrischen Schraubenfedern

Die zylindrische Schraubenfeder wird im Maschinenbau am häufigsten verwendet. Sie kann Zug- oder Druckkräfte übertragen und hat unterschiedliche Federenden (Bild 36). Druckfe-

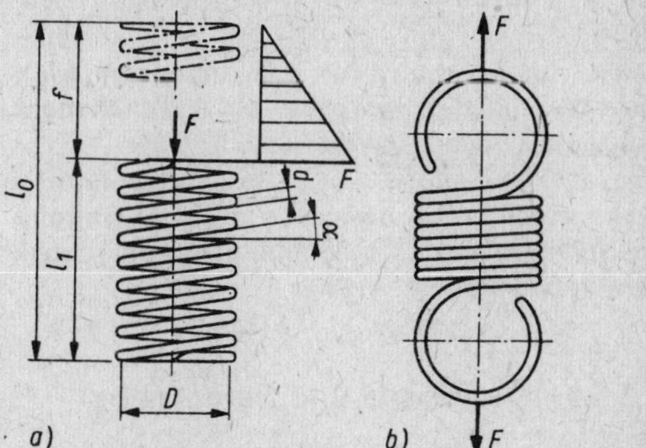

Bild 36. Schraubenfedern.
a) Druckfeder, b) Zugfeder

dern sind so zu entwerfen, daß bei maximaler Zusammendrückung keine Berührung der Windungen auftritt. Bei warmgeformten Federn ist die Summe der *Mindestabstände der Windungen*:

$$s_a = 0{,}17\,di \tag{73a}$$

bei kaltgeformten Federn:

$$s_a = xdi \tag{73b}$$

Für x gilt in Abhängigkeit vom Wickelverhältnis D/d:

D/d	x
4… 6	0,1
6…10	0,16
10…12	0,25
12…14	0,4

Die *Gesamtwindungszahl* bei Druckfedern ist:

$$i_{ges} = i + 1{,}5 \qquad (74)$$

Die *ungespannte Federlänge* ist:

$$l_0 = (i+2)\, d + s_a \qquad (75)$$

Die Kennlinie der zylindrischen Schraubenfeder entspricht der Linie 2 (Bild 35). Der *Federweg* errechnet sich aus:

$$f = \frac{\pi F D^3 i}{4 G I_p} \qquad (76)$$

F Federkraft, f Federweg, D mittlerer Federdurchmesser, i Anzahl der Windungen, G Schub- oder Gleitmodul ($G = 8{,}3 \cdot 10^4$ MPa für kaltverformte Schraubenfedern; $G = 8{,}0 \cdot 10^4$ MPa für warmverformte Schraubenfedern), I_p polares Trägheitsmoment ($I_p = \pi d^4/32$)

Für den Entwurf errechnet sich der *Drahtdurchmesser* aus:

$$d = \sqrt[3]{\frac{2{,}55\, F k D}{\tau_{zul}}} \quad \left| \begin{array}{cccc} d & F & D & \tau \\ \hline \text{mm} & \text{N} & \text{mm} & \text{MPa} \end{array} \right| \qquad (77)$$

$$\tau = k \frac{M_t}{W_p} = k \frac{FD}{\pi d^3} \qquad (78)$$

$$\tau = k \tau_i \leqq \tau_{zul} \qquad (78a)$$

k Faktor, abhängig vom Wickelverhältnis w (nach Tabelle 14).

$w = D/d \geqq 3$

$\tau_{zul} \approx 0{,}45\, \sigma_B$ bei statischer Belastung

$\sigma_B = 1\,300 \ldots 1\,700$ MPa

Die *wirksame Windungszahl* ist:

$$i = \frac{fGd}{\pi D^2 \tau} \qquad (79)$$

Weitere Berechnungen erfolgen standardisiert[11]).

BEISPIEL

■ Eine Schraubenfeder (Druckfeder) besitze folgende Abmessungen:

Drahtdurchmesser	d	$= 7$ mm
mittlerer Durchmesser	D	$= 50$ mm
Gleitmodul	G	$= 8{,}3 \cdot 10^4$ MPa
Zulässige Schubspannung	τ_{zul}	$= 550$ MPa
Federkonstante	c	$= 60$ N/mm

Wie groß ist die Gesamtwindungszahl i_{ges}? Welche maximale Kraft kann die Feder aufnehmen, wenn sie bis zur zulässigen Schubspannung belastet wird?

$$i_{ges} = i + 1{,}5$$

$$f = \frac{\pi F D^3 i}{4 G I_p}$$

Daraus folgt:

$$i = \frac{4 f G I_p}{\pi F D^3} = \frac{4 \pi G d^4}{\pi\, (F/f)\, D^3 \cdot 32} = \frac{G d^4}{8 c D^3}$$

$$= \frac{8{,}3 \cdot 10^4\ \text{MPa} \cdot 7^4\ \text{mm}^4}{8 \cdot 60\ \text{N/mm} \cdot 50^3\ \text{mm}^3} = 3{,}32$$

$i_{ges} = 3{,}32 + 1{,}5 = 4{,}82$

ausgeführt $i_{ges} = 5{,}5$

$\tau = k \tau_i = k\, (M_t / W_p)$ nach Gl. (78)

$M_t = FD/2$, damit

$$\tau = k \frac{FD \cdot 16}{2\pi \cdot d^3} \leqq \tau_{zul} \quad \text{und}$$

$$F_{max} = \frac{\tau_{zul} \cdot \pi d^3}{8 D k}$$

$w = D/d = 50\ \text{mm} / 7\ \text{mm} = 7{,}14$; damit ist $k = 1{,}2$ nach Tabelle 14

$$F_{max} = \frac{550\ \text{MPa} \cdot \pi \cdot 7^3\ \text{mm}^3}{8 \cdot 50\ \text{mm} \cdot 1{,}2} = 1\,235\ \text{N}$$

Tabelle 14. k-Faktoren

w	3	3,2	3,4	3,6	3,8	4	4,2	4,4	4,6	4,8	5
k	1,55	1,50	1,47	1,44	1,41	1,38	1,36	1,34	1,32	1,31	1,29
w	5,2	5,4	5,6	5,8	6,0	6,5	7,0	7,5	8,0	8,5	9,0
k	1,28	1,27	1,26	1,25	1,24	1,22	1,20	1,19	1,17	1,16	1,15
w	9,5	10,0	11,0	12,0	13,0	14,0	15,0	16,0	18,0	20,0	25,0
k	1,14	1,13	1,12	1,11	1,10	1,09	1,09	1,08	1,07	1,06	1,05

4. Achsen und Wellen

4.1. Arten

Achsen sind Maschinenteile, die Kräfte von rotierenden Teilen auf Lagerstellen übertragen.

Die äußeren Belastungen erzeugen Biegemomente sowie Quer- und Längskräfte, die für die Dimensionierung der Querschnitte entscheidend sind. Achsen können bezüglich des betrachteten Maschinensystems *feststehend* oder *rotierend* eingesetzt werden. Im Bild 37 ist eine feststehende Achse einer Seiltrommel dargestellt, bei der die Belastung an der Lagerstelle vom bewegten System auf die Achse übertragen wird. Die feststehende Achse überträgt die Belastung an den Auflagern in das ruhende Maschinengestell.

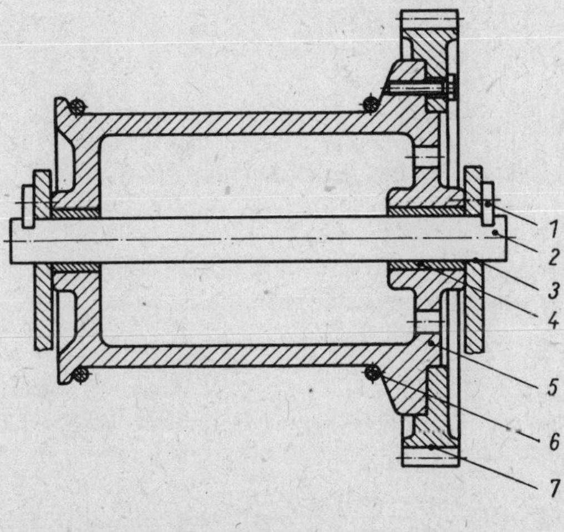

Bild 37. Feststehende Achse
1 Achshalter, *2* Achse, *3* Auflagestelle, *4* Lagerstelle, *5* Seiltrommel, *6* Seil, *7* Zahnkranz

Die *Seilumlenkrolle* (Bild 38) ist auf der rotierenden Achse radial und axial befestigt. Die Kräfte werden an der Seilrolle eingeleitet und an den Lagerstellen auf das Gestell übertragen.
Wellen führen rotierende oder schwingende Bewegungen aus und übertragen außer Normalspannungen zusätzlich Tangentialspannungen, die aus der Fortleitung von Drehmomenten resultieren. Die auf den Wellen angeordneten Zahnräder, Riemenscheiben, Kettenräder, Kurvenscheiben oder Hebel sind torsionssteif befestigt und übertragen das Drehmoment vom einleitenden Maschinenteil auf die Abtriebselemente[12]) [13]).

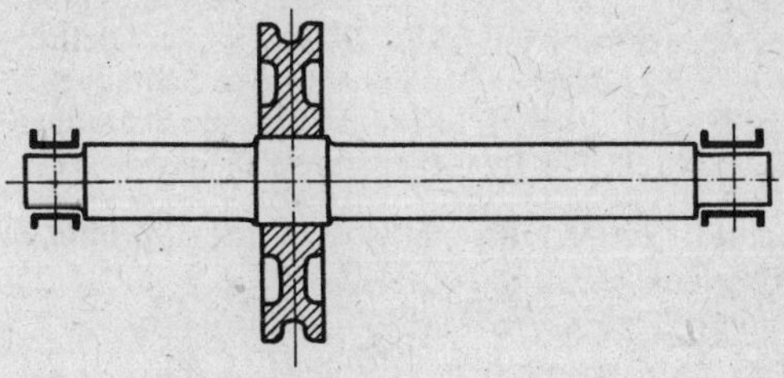

Bild 38. Rotierende Achse

Man unterscheidet *volle, hohle, glatte, abgesetzte, gekröpfte* und *biegsame* Wellen (Bild 39).

Der Teil einer Welle oder Achse, der die Lagerung verkörpert, wird als *Lagerzapfen* oder *Lagerhals* bezeichnet. Der Lagerzapfen und der Lagerhals einer Welle oder Achse haben die Aufgabe, axiale und radiale Kräfte vom bewegten System auf ein Bezugssystem zu übertragen.

Der Lagerzapfen (Bild 40) kann *zylindrisch, keglig* oder *kugelig* ausgebildet werden.
Meist verwendete *Wellenwerkstoffe* sind Baustähle der Qualität St42, St50, St60 und St70. Mit steigender Festigkeit der Welle oder Achse steigen auch die Belastbarkeit und die Kerbempfindlichkeit. Diese kann durch Übergangsradien und geringe Oberflächenrauhigkeiten an den Übergangsstellen gemindert werden.

4.2. Berechnung von Achsen und Wellen

Ziel der Berechnung einer Achse oder Welle ist es, aus den Belastungen und dem jeweiligen Belastungsschema den *minimal erforderlichen Durchmesser* zu bestimmen.

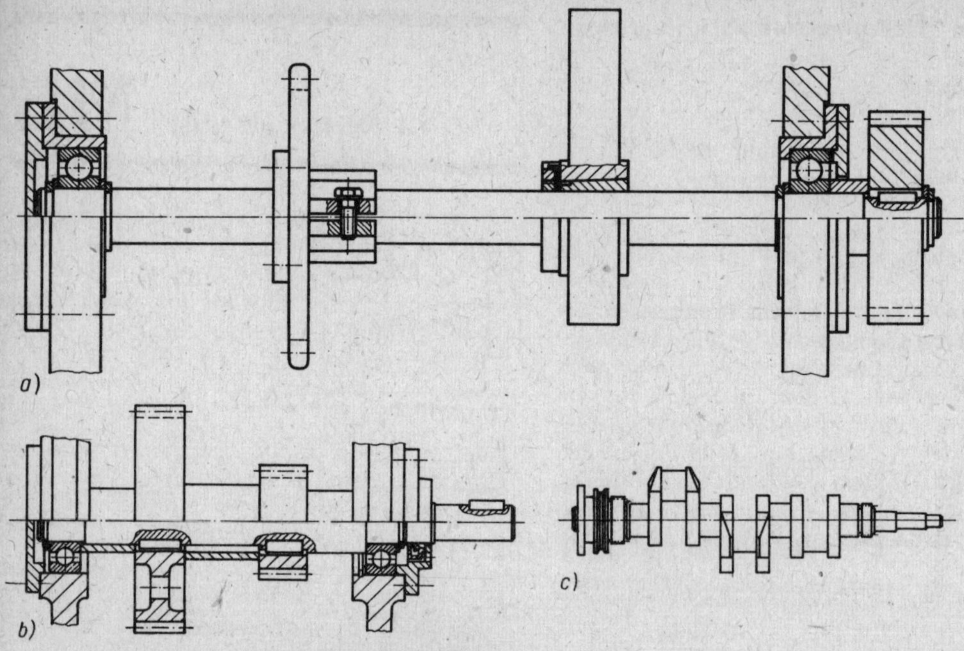

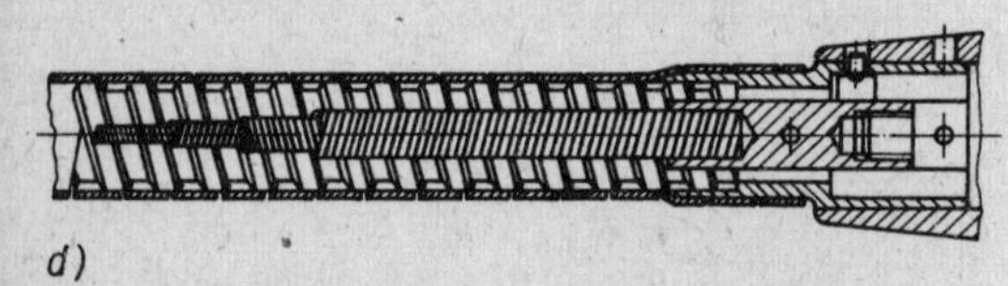

Bild 39. Wellen.
a) glatte gerade Welle, b) abgesetzte gerade Welle, c) gekröpfte Welle, d) biegsame Welle

Die Berechnung wird mit vielen Vereinfachungen und Annahmen durchgeführt. Insbesondere Wellen werden nach der konstruktiven Gestaltung auf *Schwingungsverhalten*, *Verformung* und an den kerbgefährdeten Querschnitten auf *Gestaltfestigkeit* nachgerechnet.
Achsen werden radial nur auf Biegung beansprucht. Überschläglich ergibt sich der *erforderliche minimale Achsdurchmesser* aus:

$$d_{\text{erf B}} = \sqrt[3]{\frac{32 \cdot M_{\text{b max}}}{\pi \cdot \sigma_{\text{b zul}}}} \qquad (80)$$

$d_{\text{erf B}}$	$M_{\text{b max}}$	$\sigma_{\text{b zul}}$
mm	N·mm	MPa

$$d_{\text{erf B}} \approx 2{,}17 \cdot \sqrt[3]{\frac{M_{\text{b max}}}{\sigma_{\text{b zul}}}} \qquad (80\,\text{a})$$

Das maximale Biegemoment $M_{\text{b max}}$ ist aus dem Belastungsbild zu ermitteln.

Die verminderte zulässige Biegespannung wird für
- nichtumlaufende Achsen mit $\sigma_{\text{b zul}} = 50 \ldots 80$ MPa
- umlaufende Achsen mit $\sigma_{\text{b zul}} = 30 \ldots 60$ MPa

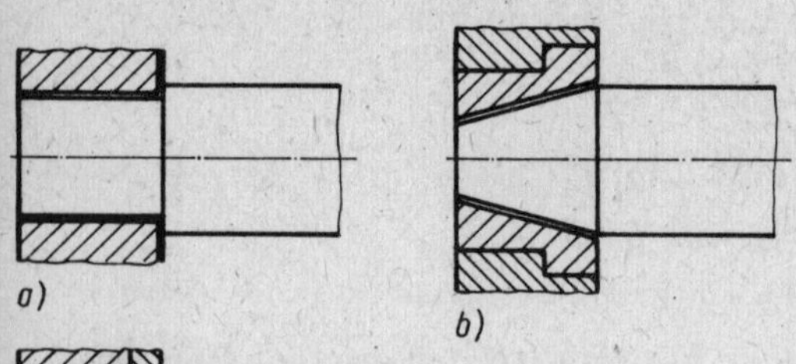

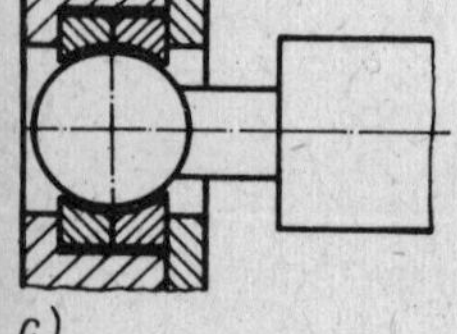

Bild 40. Formen der Lagerzapfen.
a) zylindrisch,
b) kegelig, c) kugelig

bei einem Wellenwerkstoff St50 angenommen.
Die Berechnung des Durchmessers einer Welle kann aus der Biegebeanspruchung, der Verdrehbeanspruchung und aus der Gleichung mit dem Vergleichsmoment erfolgen.
Für überwiegende Biegebeanspruchung gilt für St50:

die Gl. (80a) mit $\sigma_{b\,zul} = 30 \ldots 60$ MPa.

Für kurze Wellen mit hohem Drehmoment erfolgt die Berechnung nach:

$$d_{erf\,\tau} = \sqrt[3]{\frac{16\,M_{t\,max}}{\pi \cdot \tau_{t\,zul}}} \qquad \left| \frac{d_{erf}}{mm} \; \frac{M_{t\,max}}{N\cdot mm} \; \frac{\tau_{t\,zul}}{MPa} \right| \tag{81}$$

$$d_{erf\,\tau} = 1{,}72 \cdot \sqrt[3]{\frac{M_{t\,max}}{\tau_{t\,zul}}} \tag{82}$$

Das maximale Drehmoment berechnet sich aus:

$$M_{t\,max} = Fr \tag{83}$$

$$M_{t\,max} = 9{,}55 \cdot 10^3\, P/n; \qquad \left| \frac{P}{kW} \; \frac{n}{min^{-1}} \right| \tag{84}$$

Für den Wellenwerkstoff St50 wird als maximal zulässige Torsionsspannung $\tau_{t\,zul} = 12 \ldots 25$ MPa eingesetzt.
Sind das Drehmoment und das Biegemoment zu berücksichtigen, wird ein *Vergleichsmoment* berechnet:

$$M_V = \sqrt{M_b^2 + \frac{3}{4} M_t^2} \tag{85}$$

Es sind für M_b und M_t die Werte des gleichen betrachteten Wellenquerschnitts einzusetzen.
Das Vergleichsmoment wird in die Gleichung zur überschläglichen Berechnung des Durchmessers aus der Biegebeanspruchung eingesetzt.

BEISPIEL

■ Es ist der erforderliche Wellendurchmesser mit Hilfe einer Überschlagsrechnung zu bestimmen.

Gegeben: $F_1 = 6{,}5$ kN, $F_2 = 4$ kN, $r_1 = 80$ mm, $r_2 = 130$ mm, $b = 100$ mm, St50

Gesucht: $d_{erf\,üb}$ (Bild 41a)

Auflagerkräfte (Bild 41b):

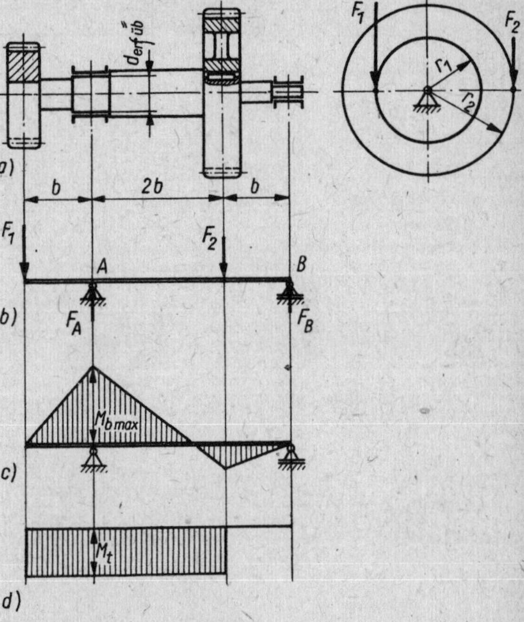

Bild 41. Getriebene Welle
a) Schnitt, b) Auflagerkräfte, c) Biegemomentenfläche, d) Drehmomentenfläche

$\sum M_B = 0$

$F_A \cdot 3b - F_1 \cdot 4b - F_2 \cdot b = 0$

$$F_A = \frac{4F_1 + F_2}{3} = \frac{4 \cdot 6{,}5\text{ kN} + 4\text{ kN}}{3} = \frac{30\text{ kN}}{3} = 10\text{ kN}$$

$\sum F_y = 0$

$F_B = F_1 + F_2 - F_A = 6{,}5\text{ kN} + 4\text{ kN} - 10\text{ kN} = 0{,}5\text{ kN}$

Biegemoment (Bild 41c):

$M_{bA} = F_1 b = 6{,}5\text{ kN} \cdot 100\text{ mm} = 6{,}5 \cdot 10^5\text{ N} \cdot \text{mm}$

$M_{bF2} = F_B b = -0{,}5\text{ kN} \cdot 100\text{ mm} = -5 \cdot 10^4\text{ N} \cdot \text{mm}$

Drehmoment (Bild 41d):

$M_t = F_1 r_1 = 6{,}5\text{ kN} \cdot 80\text{ mm} = 520\text{ kN} \cdot \text{mm}$

Wellendurchmesser
Durchmesser aus der Biegung

$\sigma_{b\,zul} = 50$ MPa gewählt.

$$d_{\text{erf B}} \approx 2{,}17 \cdot \sqrt[3]{\frac{M_{\text{b max}}}{\sigma_{\text{b zul}}}} = 2{,}17 \cdot \sqrt[3]{\frac{6{,}5 \cdot 10^5\ \text{N}\cdot\text{mm}}{50\ \text{MPa}}}$$

$d_{\text{erf B}} = 51{,}03$ mm

d_{gew} unter Berücksichtigung der anzubringenden Schmierölnut, $d_{\text{gew}} = 52$ mm

Durchmesser aus der Torsion

$\tau_{\text{t zul}} = 20$ MPa gewählt.

$$d_{\text{erf}} \approx 1{,}721 \cdot \sqrt[3]{\frac{M_{\text{t max}}}{\tau_{\text{t zul}}}} = 1{,}721 \cdot \sqrt[3]{\frac{5{,}20 \cdot 10^5\ \text{N}\cdot\text{mm}}{20\ \text{MPa}}}$$

$d_{\text{erf}} = 50{,}33$ mm

Durchmesser aus dem Vergleichsmoment

$$M_{\text{V}} = \sqrt{M_{\text{b}}^2 + \frac{3}{4} M_{\text{t}}^2}$$

$$= \sqrt{6{,}5^2 \cdot 10^{10}\ \text{N}^2 \cdot \text{mm}^2 + \frac{3}{4} \cdot 5{,}20^2 \cdot 10^{10}\ \text{N}^2 \cdot \text{mm}^2}$$

$$= 790{,}8\ \text{kN} \cdot \text{mm}$$

$$d_{\text{erf v}} = 2{,}17 \cdot \sqrt[3]{\frac{790{,}8\ \text{kN}\cdot\text{mm}}{50\ \text{MPa}}} = 2{,}17 \cdot 25{,}1\ \text{mm}$$

$d_{\text{erf v}} = 54{,}467$ mm

$d_{\text{gew}} = 56$ mm

Alle drei Überschlagsrechnungen ergeben einen Durchmesser, der beim Aufrunden auf den gleichen Vorzugsdurchmesser[14]) führt.

Ausgehend von dem Belastungsschema, den auf der Welle anzubringenden Scheiben, Rädern oder Hebeln[15]), der günstigsten Fertigungsart, der optimalen Montageart und nicht zuletzt vom Einsatz der geeignetsten Lager, ist die Welle zu gestalten.
Die im einzelnen durchkonstruierte Welle ist nun an Schwächungsstellen, die durch Bohrungen, Nuten, Kerben, Wellenabsätze und Aufschrumpfstellen entstehen, auf Gestaltfestigkeit nachzurechnen. Dabei werden die *Oberflächenrauhigkeit*, die Größe der Welle und der *Belastungsfall* (ruhend, schwellend oder wechselnd) berücksichtigt. Bei der Gestaltung der Welle ist auf die Vermeidung von großen Ansätzen, scharfen Einstichen und großen Rauheiten in der Oberfläche zu achten. Die *Nachrechnung auf Gestaltfestigkeit* erfordert eine Vielzahl von Hilfsgrößen, die aus Tabellen und grafischen Darstellungen zu entnehmen sind. Außer der Gestaltfestigkeit der Welle ist die Verformung in Form der Durchbiegung und der Verdrehung nachzuweisen. Die beiden elastischen Wirkungen führen zu Schwingungen, die wiederum Geräusche zur Folge haben.

5. Lager

Lagerstellen sind die Berührungsstellen zwischen zwei bewegten, sich unmittelbar berührenden Maschinenteilen, die eine drehende, schwingende, geradlinige oder überlagerte Bewegung ausführen.

Eine unmittelbare Berührung der Lagerelemente führt zur *Gleitreibung*. Im Gegensatz dazu erzeugt eine mittelbare Berührung zwischen Welle und Bohrung durch Einlagerung von Kugeln oder Rollen die günstigere *Wälzreibung*. Daraus erfolgt die Einteilung der Lager in Gleit- und Wälzlager (Bilder 42 und 43).

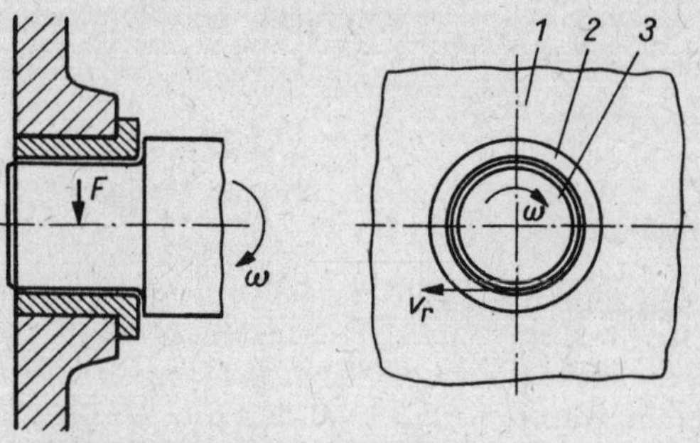

Bild 42. Gleitlager
1 Gehäuse, *2* Lagerbuchse, *3* Welle

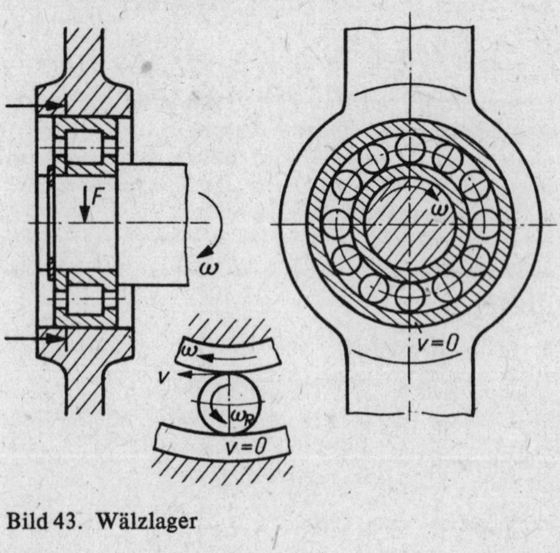

Bild 43. Wälzlager

5.1. Gleitlager

Gleitlager werden eingeteilt in:
- *Lager* (für rotierende Relativbewegung)
und
- *Gleitbahnen* (für translatorische Relativbewegung),

wobei die Lager unterschieden werden in:
- *Querlager,*
- *Längslager* und
- *kombinierte* (Längs-Quer-)*Lager*

Eine weitere Einteilung erfolgt nach der Reibung in *Verschleißlager* und in *verschleißarme Lager.* Befindet sich zwischen Lagerzapfen und Lagerschale kein Schmiermittel, liegt der Fall der trockenen Reibung vor, die zu einem sehr schnellen Verschleiß der Lagerstelle bzw. zum Festfressen des Lagers führt (Bild 44).

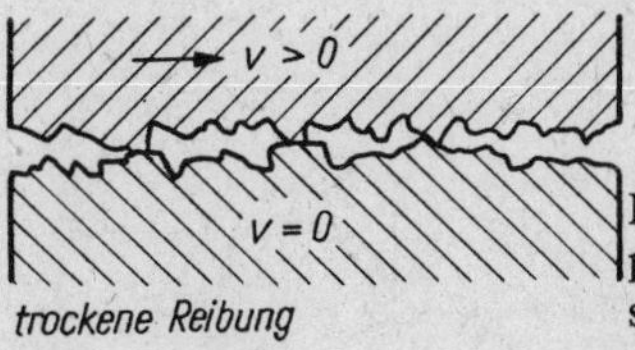

Bild 44. Oberflächenprofil der Lagerstelle

Ungeschmierte Lager werden nur dort eingesetzt, wo es sehr kleine Geschwindigkeiten, kleine Kräfte und die Konstruktionsbesonderheiten zulassen. Dabei werden die Werkstoffe von Welle und Lagerschale unterschiedlich in der Härte ausgeführt, wobei das am einfachsten auszuwechselnde und zu fertigende Teil aus dem weicheren Werkstoff hergestellt wird. Bei den überwiegenden Anwendungsfällen ist das die *Lagerbuchse.*

Es wird bei allen Gleitlagern angestrebt, eine Schmierschicht zwischen Lagerzapfen und Lagerschale einzubringen und diese während der Bewegung möglichst zu erhalten, damit die Spitzen des Oberflächenprofils nicht aneinanderstoßen (Bild 45).

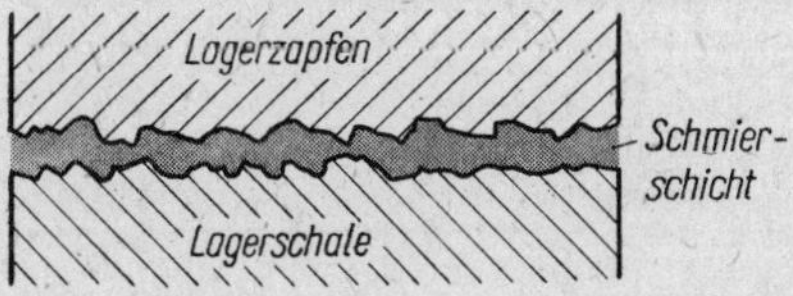

Bild 45. Schmierschicht in der Gleitzone

Die Aufrechterhaltung der Schmierschicht in einem *Lagerspalt* wird wesentlich vom verwendeten Schmierstoff beeinflußt. *Schmierstoffe,* die eine große Viskosität besitzen, können große Drücke aufnehmen und verhindern damit die Spitzenberührung der Lagerung.

5.1.1. Lagerwerkstoffe

Für Gleitlagerungen werden vorrangig Paarungen von Stahlwellen mit Gußeisen, Sintermetallen oder Nichteisenwerkstoffen vorgesehen. Auf

Tabelle 15. Kennwerte für Gleitlager im Maschinenbau

Anwendung der Gleitlager	Lagerbelastung p_{max} MPa	Relativgeschwindigkeit v_{max} m/s	Werkstoff Lager / Welle	Lagerbreiten-Durchmesser-Verhältnis *b/d*
Allgemeine Anwendungsfälle	0,2	3,5	GGL25 / St ungehärtet	
	0,8	1,5		
	0,5	6,0	WM10 / ungehärtet	
	1,5	2,0	(LgPbSn10)	1...2
Dauerbetrieb	0,6	0,5		
	2,0	0,15		
Aussetzender Betrieb	0,6	1,0	HgW2088 / ungehärtet	
	4,0	0,15		

Anwendung der Gleitlager	Lager-belastung p_{max} MPa	Relativge-schwindigkeit v_{max} m/s	Werkstoff Lager/Welle	Lagerbreiten-Durchmesser-Verhältnis b/d
Fördermaschinen				
Ausleger – Drehgelenk	15,0		Bz12 / St70 ungehärtet (GZ-CuSn12)	
Laufrad, Rolle	6,0	0,1	GGL25 / St ungehärtet	0,8…1,8
Trommel	12,0		Rg10 (GZ-CuSn10Zn3)	
Werkzeugmaschinen	2,0	0,1	GGL25 / St ungehärtet WM10 / Stahl (LgPbSn10) Rg10 / Stahl	
	5,0	2,0	(GZ-CuSn10Zn3) Bz12 / Stahl (GZ-CuSn12)	1,2…2
Zerkleinerungsanlagen				
Brecher, Mühlen	0,8	1	WM10 / St gehärtet (LgPbSn10)	
Dauerbetrieb Bei aussetzendem Betrieb kann die zulässige Lagerbelastung bis auf den 2,5-fachen Wert gesteigert werden.	1,0…1,5	2…10	WM80 / St gehärtet (LgPbSn80)	1 …2
	8,0	1	G-CuPb22Sn5 / St gehärtet HgW2088 / gehärtet	
Kniehebelpressen	10,0	–	G-CuPb22Sn5 / St gehärtet	
Walzwerkmaschinen	50,0	50,0	Rg10 / St gehärtet (GZ-CuSn10Zn3)	
	25,0	50,0	HgW2088 / St gehärtet	0,5…1,2
Kolbenverdichter und Pumpen				
Kreuzkopf und Kolbenbolzen	12,0	–	WM10 / St gehärtet (LgPbSn10)	
Kurbelwellen- und Pleuellager	4…9	2,5…3,5		0,8…1,4
Verbrennungsmotoren				
Pleuellager	10…25		WM10 / St ungehärtet (LgPbSn10)	
Kurbelwellenlager	5…9		G-CuPb22Sn5 / St gehärtet (GZ-CuPb25)	0,4…0,8
Gelenke von Hebeln und Rädern	3,0	–	GGL25 / St ungehärtet	
	5,0	–	Rg10 / St ungehärtet (GZ-CuSn10Zn3)	
	9,0	–	Rg10 / St gehärtet (GZ-CuSn10Zn3)	

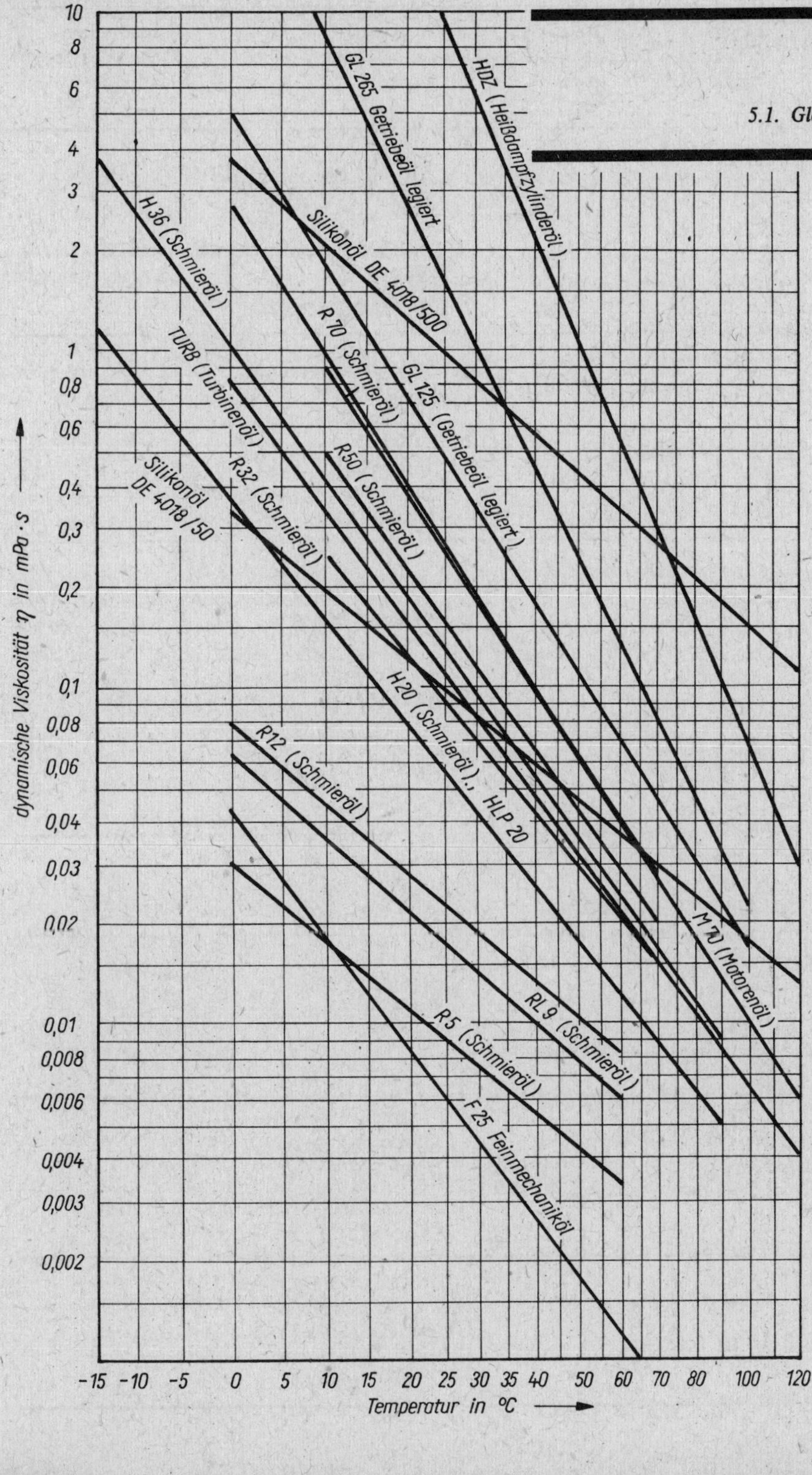

Bild 46. Viskositäts-Temperatur-Diagramm

Grund der vielfältigsten Einsatzbedingungen an einzelnen Maschinen haben sich die in der Tabelle 15 angegebenen *Lagerwerkstoffe*, bezogen auf die verschiedenen Maschinengruppen, bewährt.

5.1.2. Schmierstoffe

Der Einsatz des geeigneten Schmierstoffes ist Voraussetzung für eine hohe Lebensdauer und Funktionstüchtigkeit der Lagerstelle. Als Schmiermittel haben sich vorwiegend *Öle* und *Fette* für die allgemeinen Anwendungsfälle durchgesetzt.

Fettschmierungen werden bei Lagerstellen mit sehr kleiner Relativgeschwindigkeit und bei starker Verschmutzungsgefahr der Lagerstelle verwendet.

Öl ist das am meisten verwendete Schmiermittel bei allen Gleit- und Wälzlagern. Es dringt in den engen Lagerspalt ein und hebt den Lagerzapfen bei der Ausbildung des Schmierkeiles im bewegten Zustand von der Lagerschale ab. Wird das vollkommen erreicht, dann ist eine *schwimmende Lagerung mit Flüssigkeitsreibung* vorhanden, im anderen Fall liegt *Mischreibung* vor.

Flüssigkeitsreibung bewirkt minimale Leistungsverluste und geringsten Verschleiß der Lagerstellen. Bild 46 zeigt das Viskositäts-Temperatur-Verhalten der am meisten verwendeten Öle[16]) [17]), die zur Schmierung in den verschiedenen Industriezweigen eingesetzt sind.

5.1.3. Berechnung von Lagern

Für die Berechnung der Lagerhauptabmessungen ist die maximal zulässige Flächenpressung zwischen Zapfen und Lagerschale bestimmend.

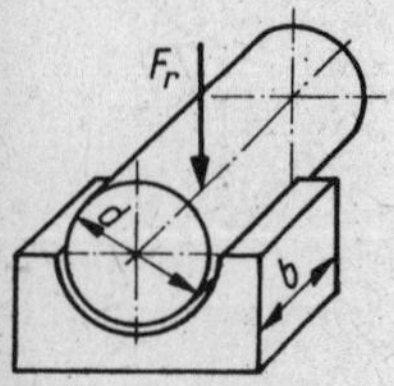

Bild 47. Radiallager

Für *Radiallager* gilt (Bild 47):

$$A_{r\,erf} = F_r / p_{zul} \qquad (86)$$

$$A_{r\,erf} = db$$

$$b \approx (0,4\ldots1,0)\,d$$

$$d_{erf} = \sqrt{\frac{F_r}{(0,4\ldots1,0)\,p_{zul}}}$$

F_r Radialkraft, p_{zul} zulässige Lagerpressung für die ausgewählte Werkstoffpaarung, d Lagerdurchmesser, d_{gew} aufgerundeter Vorzugsdurchmesser[14])

Für die Entwurfsberechnung kann für $b = 0,8d$ eingesetzt werden, dann ergibt sich für den *Durchmesser*:

$$d_{erf} = \sqrt{\frac{F_r}{0,8 p_{zul}}} \qquad (87)$$

Für *Axiallager* gilt:

$$A_{a\,erf} = F_{ax} / p_{zul}$$

Die Fläche für die Aufnahme der Axialkräfte kann die Stirnfläche des Lagerzapfens oder die Kreisringfläche des Absatzes der Welle oder Achse sein (Bilder 48 und 49).

Aus der Druckverteilung und dem Geschwindigkeitsverlauf ist zu erkennen, daß die Bela-

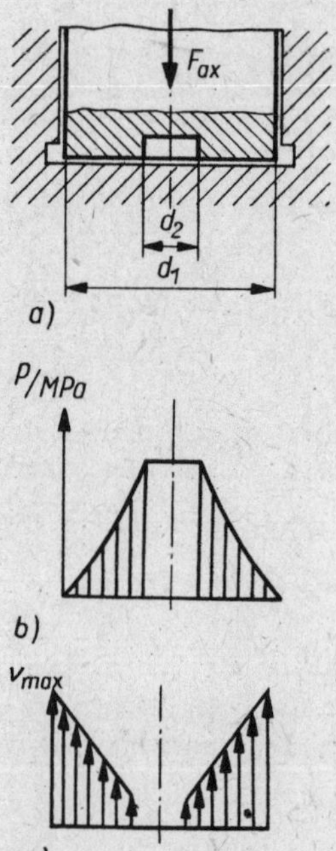

Bild 48. Stirnlager
a) Schnitt,
b) Druckverteilung,
c) Geschwindigkeitsverteilung

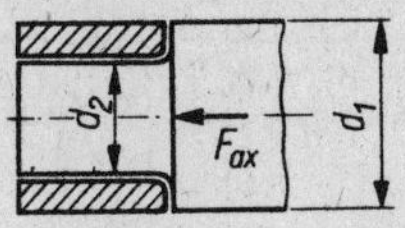

Bild 49. Axial-Radiallager

stung auf das Lager sehr unterschiedlich ist. Daraus läßt sich nur ein Mittelwert für die *vorhandene Flächenpressung* berechnen:

$$p_{\text{vorh m}} = \frac{4F_{\text{ax}}}{\pi(d_1^2 - d_2^2)} \qquad (88)$$

mit $A_{\text{ax}} = \frac{\pi}{4}(d_1^2 - d_2^2)$

F_{ax} Axialkraft auf die Lagerstelle, d_1 Lagerzapfen-Außendurchmesser, d_2 Lagerzapfen-Innendurchmesser

BEISPIEL

■ Eine Welle zur Aufnahme eines Kegel- und Kettenrades für seltenen Einsatz ist aus Platzgründen in einem offenen Gehäuse und in Gleitlagern zu stützen.

Kräfte: $F_r = 4\,000$ N; $F_{\text{ax}} = 2\,000$ N; $v = 0{,}1$ m/s

Werkstoffpaarung St50 / HgW 2088

$p_{\text{zul}} = 4$ MPa, $b/d = 0{,}7$ gewählt.

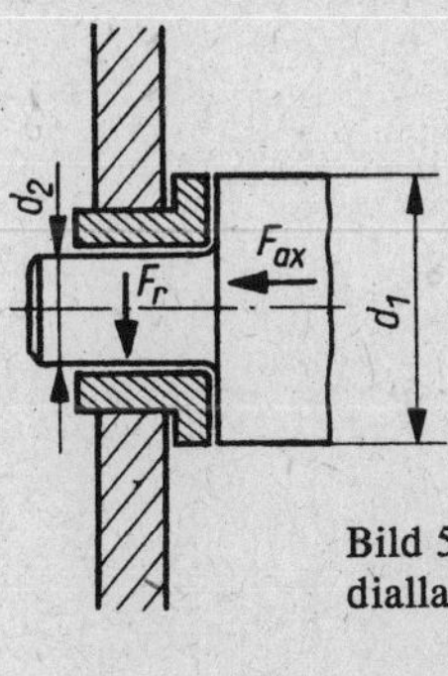

Bild 50. Bundbuchse für Axial-Radiallager

Das Lager wird radial und axial belastet (Bild 50). Der Lagerdurchmesser ergibt sich aus der Radialbelastung:

$$d_{\text{erf r}} = \sqrt{\frac{F_r}{0{,}7\,p_{\text{zul}}}} = \sqrt{\frac{4\,000\text{ N}\cdot\text{mm}^2}{0{,}7\cdot 4\text{ N}}} = 37{,}8\text{ mm}$$

$d_{\text{r gew}} = 40$ mm

Die axiale Belastung wird durch den Bund an der Welle und die Stirnseite der Lagerbuchse aufgenommen.

$$A_{\text{ax erf}} = \frac{F_{\text{ax}}}{p_{\text{zul}}} = \frac{2\,000\text{ N}\cdot\text{mm}^2}{4\text{ N}} = 500\text{ mm}^2$$

$A_{\text{ax erf}} = \frac{\pi}{4}(d_1^2 - d_2^2)$, daraus

$$d_1^2 = d_2^2 + \frac{A_{\text{ax}}\cdot 4}{\pi} \quad \text{bzw.} \quad d_1 = \sqrt{d_2^2 + \frac{4A_{\text{ax}}}{\pi}}$$

$$d_{1\text{ erf}} = \sqrt{1\,600\text{ mm}^2 + \frac{4\cdot 500\text{ mm}^2}{\pi}} = 47{,}3\text{ mm}$$

$d_{2\text{ gew}} = 50$ mm

Der größte erforderliche Durchmesser aus der radialen oder axialen Belastung ist auszuführen.

5.1.4. Hydrodynamische Lager

Hydrodynamische Lager sind *verschleißarme Lager*, die einer Nachrechnung des minimalen Schmierspaltes, der abzuführenden Wärmeenergie und der Auswahl des geeigneten Schmiermittels bedürfen.

Der *minimale Schmierspalt* wird aus dem relativen Lagerspiel berechnet (Bild 51). Die abzuführende Wärmeenergie wird durch die entstehende Reibungsleistung ermittelt, die vom mittleren Druck, der Reibungszahl, der Gleitgeschwindigkeit und der Wärmekennzahl abhän-

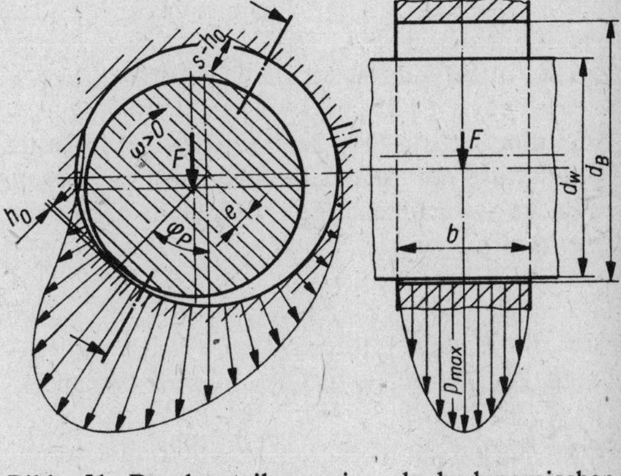

Bild 51. Druckverteilung im hydrodynamischen Schmierspalt

gig ist. Die durch die Wärmeenergie entstehende Temperatur in der Gleitzone bestimmt die Auswahl des Schmiermittels und der Art der Schmiermittelzuführung.

Bild 51 zeigt die Druckverteilung axial und radial bei einer Relativgeschwindigkeit des Lagers. Entscheidend ist die Berechnung des minimalen Spaltes h_0 zwischen Zapfen und Lagerschale.

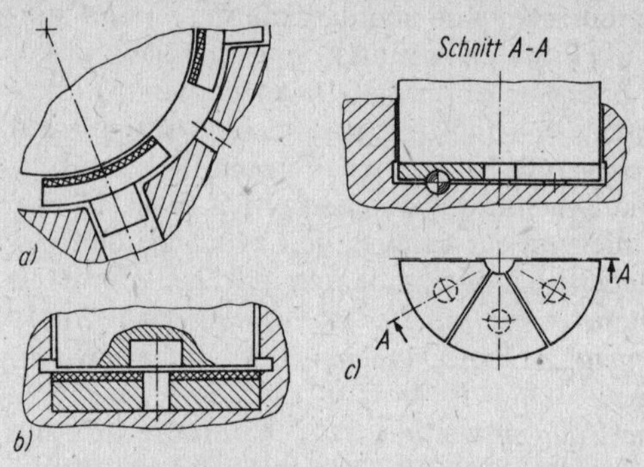

Bild 53. Lagerelemente.
a) für Radiallager, b) für Axiallager mit Druckplatte, c) für Axiallager mit Schwenksegmenten

5.1.5. Konstruktive Gestaltung von Gleitlagern

Die vielfältigsten Einsatzbedingungen haben eine große Anzahl von Gleitlagerformen hervorgebracht.

Grundsätzlich haben alle Lager eine unmittelbare Berührungsfläche zum Lagerzapfen, die als Bohrung zylindrisch, unrund, mit keilförmigen Vertiefungen oder polygonförmig ausgebildet sein kann (Bild 52).

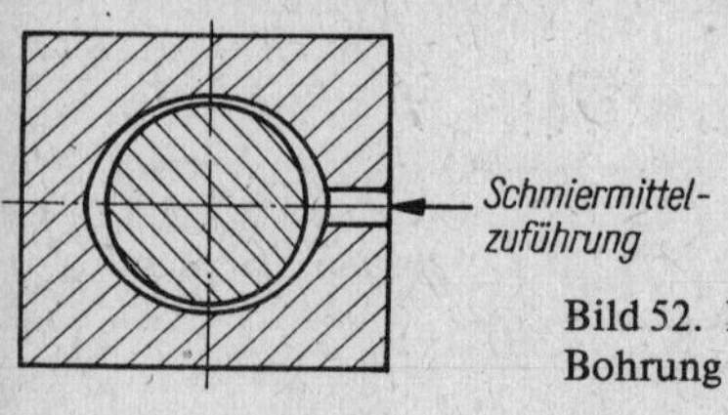

Bild 52. Polygonförmige Bohrung

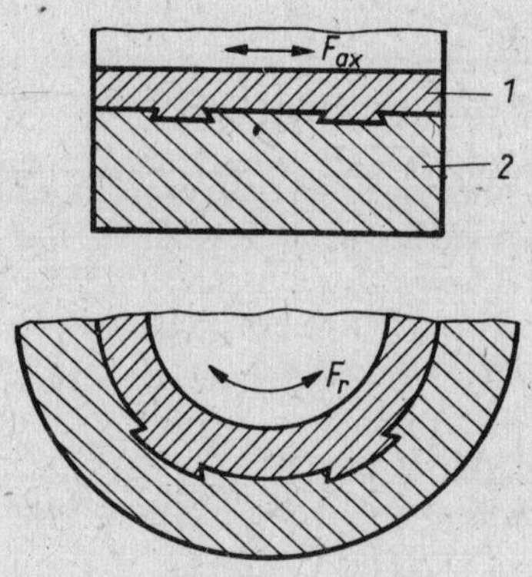

Bild 54. Sicherung der Lagerbuchse.
1 Lagermaterial, *2* Grundbuchse

Die nicht runde Gestaltung der Bohrung der Lagerbuchse begünstigt die Ausbildung des *Schmierfilmkeiles.* Größere Lager werden radial und axial aus einzelnen Lagerplatten oder Lagerelementen aufgebaut. Diese können fest oder beweglich angeordnet sein und ermöglichen so eine Anpassung an die Verformungen des Lagerzapfens (Bild 53).

In die freien Räume wird der Schmiermittelzufluß gelenkt, und damit ist gesichert, daß sich der *hydrodynamische Schmierkeil* ausbilden kann. *Lagerschalen* können aus den unterschiedlichsten Lagerwerkstoffen hergestellt werden, um den Anforderungen gerecht zu werden. Die massive Ausbildung ist jedoch sehr aufwendig und teuer, so daß der Gleitwerkstoff in die Grundkörper der aus Stahl oder GGL gefertigten Lagerbuchsen eingegossen wird. Bei geteilten Lagerbuchsen werden Nuten vorgesehen, damit das Lagermaterial im Betriebszustand axiale und radiale Kräfte übertragen kann (Bild 54).

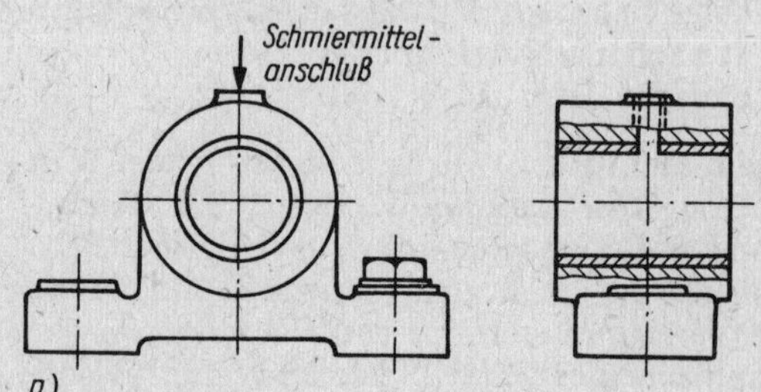

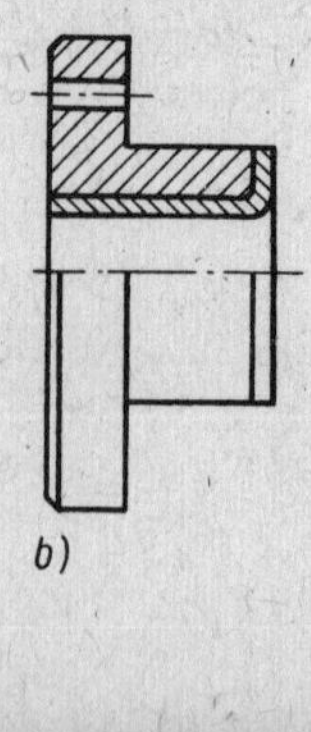

Bild 55. Lagergehäuse.
a) Stehlager, b) Flanschlager

Lagerbuchsen sind standardisiert[18]) [19]) und werden als Buchsen mit und ohne *Bund* (Verbundguß oder aus Sintermetall) angeboten. Die Lagerbuchsen und Lagerschalen werden vom *Lagergehäuse* in Fuß-,[20]) Flansch-[21]) oder Einschraubausführung aufgenommen (Bild 55). Die Schmierung der Lagerstellen kann mit den verschiedensten Bauelementen erfolgen. Weitverbreitete Arten sind *Tropfölschmierung*, *Dochtschmierung*, *Ringschmierung* und *Druckölschmierung*.
Verschleißlager werden nicht kontinuierlich mit Öl versorgt, weil sie ohne Schmiereinrichtung ausgerüstet sind.

5.2. Wälzlager

Die zweite große Gruppe der Lager sind die Wälzlager, die auf Grund einiger entscheidender Vorteile gegenüber den Gleitlagern schnell und vielseitig Anwendung gefunden haben. Für die Auswahl der Lagerart (Gleit- oder Wälzlager) ist stets der Einsatzfall mit seinen spezifischen Forderungen entscheidend.
Vorteile der Wälzlager sind:

- geringe Wartung,
- geringe Erwärmung,
- geringe Reibung,
- minimaler Schmiermittelverbrauch,
- kleine Einbaubreite,
- keine Belastung der Umwelt durch Abfließen des Schmiermittels und
- einfache Austauschbarkeit.

Beim Einsatz der Wälzlager ist besonderer Wert auf *staubfreie Kapselung* zu legen. Die Übertragung großer und stoßartiger periodischer Belastungen ist nur begrenzt möglich. Auf Grund der geringen Berührung der Wälzkörper in den Laufflächen entstehen Stöße und unterschiedliche Spiele zwischen den Wälzkörpern und den Laufringen, die zur Vergrößerung des *Lagerspiels* und zur *Geräuschbildung* (bei hohen Drehzahlen) führen.

5.2.1. Arten

Die zahlreichen Lagerungsaufgaben haben eine große Anzahl von Wälzlagerarten hervorgebracht.
Formen von *Wälzkörpern* sind: Kugel; Zylinderrolle, Kegelrolle, Tonnenrolle und als Sonderform der Zylinderrolle (mit kleinem Durchmesser und großer Länge) die Nadelrolle (Bild 56).
Die Grundbauelemente eines Wälzlagers sind im Bild 57 dargestellt. Die drei Hauptbauelemente *Außenring*, *Innenring* und *Wälzkörper* sind auf Grund der hohen Pressung in den gemeinsamen Berührungspunkten gehärtet ausgeführt und damit stoß- und schlagempfindlich.

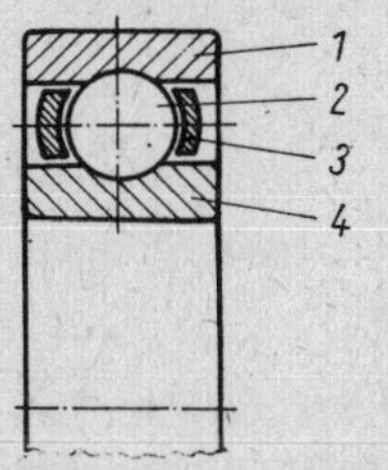

Bild 57. Bauelemente eines Wälzlagers. *1* Außenring, *2* Wälzlager, *3* Käfig, *4* Innenring

Eine Austauschbarkeit der kompletten Wälzlager wird durch die international vereinheitlichten Lagerabmessungen ermöglicht.
Die Einteilung der Wälzlager erfolgt nach der Art der Wälzkörper und der übertragbaren Hauptkraftrichtung. In Tafel 2 sind die Wälzlager geordnet in *Kugellager* und in *Rollenlager*. Die jeweilige Hauptbelastungsrichtung der Wälzlager ist radial oder axial. Die Spalte »Hinweise« enthält Aussagen über die Belastungsmöglichkeiten, Lagerform und Belastungsrichtung. Die Wälzlager werden weiterhin in

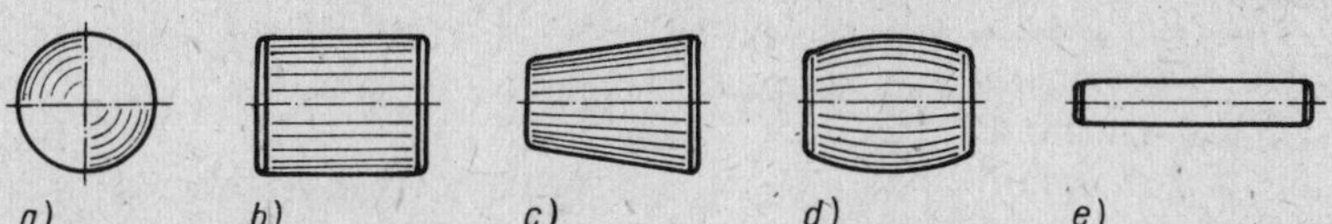

Bild 56. Wälzkörper. a) Kugel, b) Zylinder, c) Kegel, d) Tonne, e) Nadel

Tafel 2. Arten von Wälzlagern

Lagerart	Bauform	Hinweise
Radialkugellager		
Rillen-kugellager, einreihig, ohne Füllnuten		axial und radial hoch belastbar,
		keine axiale Beweglichkeit,
		Lagerspiel nicht beeinflußbar - ohne Abdeckung - Abdeckung einer Seite, zum Einbau als offene Lagerstelle - Außenring mit Nut zur axialen Arretierung, ohne Abdeckung
Schräg-kugellager, einreihig		radiale Belastbarkeit groß,
		axiale Belastbarkeit einseitig, größer gegenüber Rillenkugellagern - Spiel des Lagers nachstellbar - als Festlager paarweise einzubauen
Schräg-kugellager, zweireihig		radiale Belastbarkeit groß,
	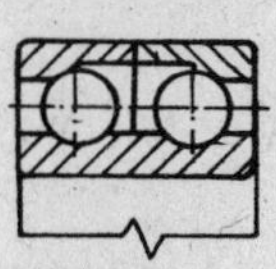	beidseitige große axiale Belastbarkeit, Spiel nicht einstellbar
Schulter-kugellager		radiale und axiale Belastbarkeit gering, Spiel einstellbar
Pendel-kugellager	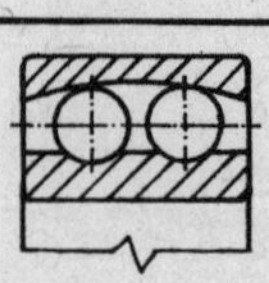	radiale Belastbarkeit groß, axiale Belastbarkeit gering, für große zu erwartende Durchbiegung geeignet

Fortsetzung Tafel 2

Lagerart	Bauform	Hinweise
Axialkugellager		
Axial-Rillenkugellager, einseitig wirkend		axiale Belastung als drückende Kraft groß, keine radiale Belastbarkeit
Axial-Rillenkugellager, zweiseitig wirkend	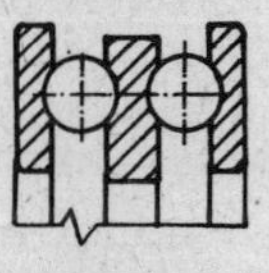	axiale Belastbarkeit in beiden Richtungen groß, keine radiale Belastbarkeit
Radialrollenlager		
Zylinderrollenlager, einreihig	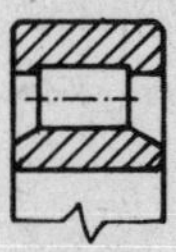	radiale Belastbarkeit groß, keine axiale Belastbarkeit
	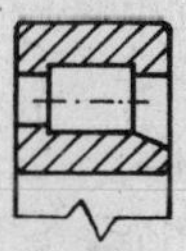	radiale Belastbarkeit groß, in einer Richtung axial belastbar
		radiale Belastbarkeit groß, in einer Richtung axial belastbar
	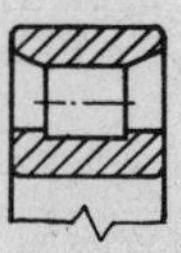	Führung bzw. Festlager geeignet
Nadellager	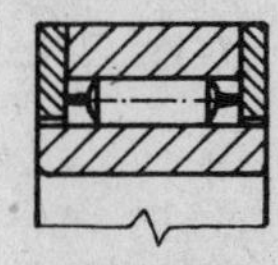	radiale Belastbarkeit groß,
	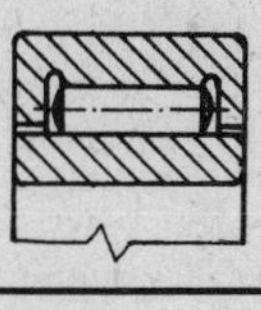	keine axiale Belastbarkeit, kleiner Lagerdurchmesser

Lagerart	Bauform	Hinweise
Walzenkränze	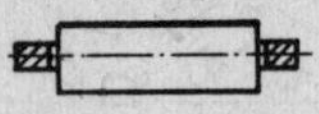	radiale Belastbarkeit groß, keine axiale Belastbarkeit, kleiner Lagerdurchmesser
Nadelkränze	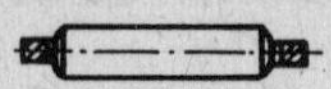	Eigenschaften wie bei Walzenkränzen, noch kleinerer Lagerdurchmesser
Zylinder- rollenlager, zweireihig	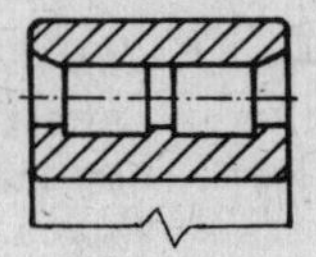	radiale Belastbarkeit sehr groß,
	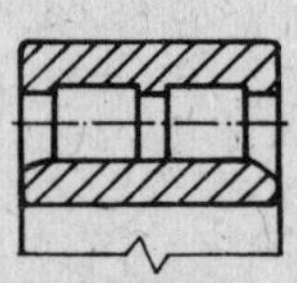	keine axiale Belastbarkeit, Verformung der Welle sehr klein
Kegel- rollenlager	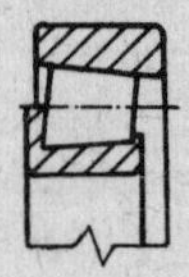	radiale und axiale Belastbarkeit sehr groß, Lagerspiel einstellbar, axiale Belastung nur in einer Richtung
Pendel- rollenlager	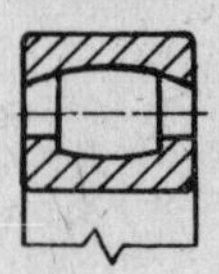	radiale Belastbarkeit groß,
	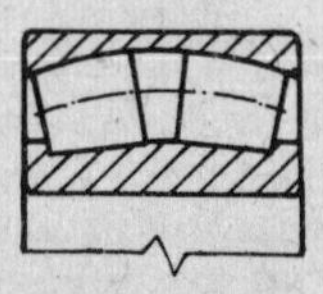	keine axiale Belastbarkeit, für größere zu erwartende Durchbiegung geeignet
Axialrollenlager		
Pendel- rollenlager	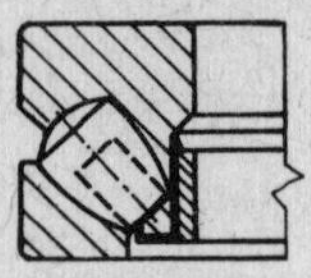	radiale Belastbarkeit groß, axiale Belastbarkeit groß, Lagerspiel einstellbar, als Festlager geeignet

Anwendungsklassen[22]) von 1...4 eingeordnet, die eine allseitige oder eingeschränkte spezielle Anwendung ausdrücken.

Die Anwendungsklasse 1 enthält Lager, die in großen Stückzahlen in Regelausführung gefertigt werden. Mit diesen Lagern kann der größte Bereich der Anwendungen abgedeckt werden. Die Anwendungsklassen 2 und 3 bedürfen des Nachweises, daß ihr Einsatz qualitätsmäßige und ökonomische Steigerungen am Erzeugnis bewirken. Die in der Anwendungsklasse 4 enthaltenen Wälzlager werden in kleinen Stückzahlen gefertigt und können nur in solchen Fällen eingesetzt werden, wenn die Lager der Anwendungsklassen 1...3 die technischen Parameter nicht erfüllen.

Die einzelnen Wälzlagerarten, die Einbaumaße und die speziellen konstruktiven Besonderheiten sind durch Zahlen und Buchstaben gekennzeichnet (Angaben dazu in Katalogen).

BEISPIEL

■ 6206 NR MAS P42f S00 (Rillenkugellager)
Vor der ersten Zahl können noch große Buchstaben angegeben werden, die Besonderheiten des kompletten Wälzlagers kennzeichnen.

62 – Kurzzeichen für die Lagerreihe (Maßreihe)
06 – Bohrungskennziffer; sie ist mit 5 mm zu multiplizieren (06 · 5 mm = 30 mm Bohrungsdurchmesser)
NR – Kurzzeichen für besondere äußere Ausführung des Wälzlagers
(N) – Lager besitzt im Außenring eine Ringnut
(R) – in dieser Ringnut befindet sich ein Sprengring
MAS – Kurzzeichen für Besonderheiten des Käfigs
(M) – Messingkäfig
(A) – am Außenring geführt
(S) – mit Schmiernut
P42f – Kurzzeichen für Lagerausführung
(P4) – Toleranzklasse
(2) – Lagerluftgruppe (C2)
(f) – Lager geräuscharm
S00 – Kurzzeichen für Wärmebehandlung stabilisiert für Betriebstemperaturen bis 120 °C

5.2.2. Auswahl der Wälzlager

Die Auswahl der Wälzlager erfolgt nach den zu erfüllenden Forderungen, die sich aus den unterschiedlichsten Einsatzbedingungen ableiten lassen. Das sind:

- Größe und Richtung der Belastung,
- Drehzahlbereiche,
- Führungsgenauigkeit des Wälzlagers,
- Laufgeräusche,
- Einstellbarkeit,
- Schmierung,
- Temperatur,
- Montagemöglichkeit,
- Längenausdehnung.

Ausgehend von diesen Einflußgrößen, ist das Lager auszuwählen und bezüglich der Belastbarkeit und der Lebensdauer nachzurechnen.

5.2.3. Berechnung von Wälzlagern

Der Anwender eines Wälzlagers hat die Aufgabe, für seinen speziellen Anwendungsfall in bezug auf Belastung und Drehzahl ein geeignetes Lager auszuwählen und den rechnerischen Nachweis der Lebensdauer zu erbringen. Dazu ist die statische oder die dynamische Äquivalentlast zu berechnen.

5.2.3.1. Statische Tragfähigkeit

Lager, die eine kleine Drehzahl $n \leqq 10\,\text{min}^{-1}$ oder eine Schwenkbewegung ausführen, werden nur auf statische Tragfähigkeit mittels folgender Gleichung berechnet:

$$f_0 = C_0 / F_0 \tag{89}$$

f_0 Kennzahl für die statische Tragfähigkeit, F_0 statische Gesamtbelastung aus radialer und axialer Last, die sich als Äquivalentlast wie folgt berechnet:

$$F_0 = X_0 F_{r0} + Y_0 F_{a0} \tag{90}$$

X_0 Radialfaktor, Y_0 Axialfaktor, F_{r0} auf das Lager wirkende Radialkraft, F_{a0} auf das Lager wirkende Axialkraft, C_0 zulässige statische Belastung, die für jeden Lagertyp und jede Lagergröße dem Wälzlagerkatalog zu entnehmen ist.

Die Radial- und Axialfaktoren für die Berechnung der statischen Äquivalentlast können für die verschiedenen Lagertypen der Tabelle 16 entnommen werden.

BEISPIEL

■ Das Festlager einer Welle vom Durchmesser 35 mm und mit einer Drehzahl $n = 9\,\text{min}^{-1}$ wird mit $F_a = 8{,}6$ kN und $F_r = 10{,}8$ kN belastet. Aus Gründen des vorhandenen Bohrungsdurchmessers der Nabe und der begrenzten Breite wird ein Rillenkugellager mit den folgenden Parametern ausgewählt:

$d = 35$ mm, $D = 72$ mm, $B = 17$ mm, statisch zulässige Tragzahl $C_0 = 13{,}6$ kN (aus Tabelle 17).

Tabelle 16. Radial- und Axialfaktoren

Lagerart	X_0	Y_0
Rillenkugellager	0,6	0,5
Schrägkugellager 72B, 73B	0,5	0,26
Einreihig QI 10	1,0	0,66
Einreihig Q2, Q3	1,0	0,79
Schrägkugellager		
Zweireihig 32, 33	1,0	0,63
Zweireihig 33D	1,0	0,46
SchulterkugellagerE, BO, L	0,6	0,5
Pendelkugellager (Werte sind abhängig von der Lagergröße)	1,0	1,28...3,84
Kegelrollenlager	0,5	
Pendelrollenlager	1,0	
Zylinderrollen- und Nadellager	1,0	0 (keine Axiallast)

Statische Äquivalentlast:

$F_0 = X_0 F_{r0} + Y_0 F_{a0}$ (X_0 und Y_0 aus Tabelle 16)

$F_0 = 0{,}6 \cdot 10{,}8\ \text{kN} + 0{,}5 \cdot 8{,}6\ \text{kN} = 10{,}78\ \text{kN}$

Statische Kennzahl:

$$f_0 = \frac{C_0}{F_0} = \frac{13{,}60\ \text{kN}}{10{,}78\ \text{kN}} = 1{,}26$$

Aus Gründen der Verformung zwischen Wälzkörper und Laufring sollte $f_0 \geqq 0{,}9$ sein. Der berechnete Wert liegt über dem flexiblen Grenzwert.

5.2.3.2. Dynamische Tragfähigkeit

Durch die Verformung in der Wälzpaarung entsteht eine Werkstoffermüdung, die sich in Form von Rissen und Ausbrüchen äußert. Diese Erscheinung bestimmt den Grenzwert für die *Lebensdauer* eines Wälzlagers. Diese berechnet sich aus:

$$L = (C / F)^p \qquad (91)$$

L Lebensdauer in 10^6 Umdrehungen, C dynamische Tragzahl in N (ist für die einzelnen Lagerarten und Lagergrößen den Tabellen der Kataloge zu entnehmen; = Belastung, die ein Lager bei 1 Mill. Umdrehungen ertragen kann), $p = 3$ für Kugellager, $p = 10/3$ für Lager mit anderen Wälzkörpern, F dynamische Äquivalentlast

$$F = VXF_r + YF_a \qquad (92)$$

X Radialfaktor bei dynamisch beanspruchten Wälzlagern, Y Axialfaktor bei dynamisch beanspruchten Wälzlagern, F_r auf das Lager wirkende Radialkraft, F_a auf das Lager wirkende Axialkraft, V Umlauffaktor (abhängig von der Belastungsart des Innenringes)

$V = 1$ für Umfangslast am Innenring (Außenring steht still – Welle rotiert; Kraftrichtung gleichbleibend)

$V = 1{,}2$ für Punktlast am Innenring (Außenring rotiert; Innenring steht still; Kraftrichtung gleichbleibend)

Für viele Anwendungsfälle ist die Berechnung

Tabelle 17. Abmessungen und Kennzahlen für Rillenkugellager (Auszug)

Kurzzeichen	d mm	D mm	B mm	Tragzahlen C kN	Tragzahlen C_0 kN	Zulässige Drehzahl bei Fettschmierung min^{-1}	Zulässige Drehzahl bei Ölschmierung min^{-1}
6205							
6206	30	62	16	15,1	10	10000	12000
6207	35	72	17	20,6	13,6	8100	10000
6208	40	80	18	22,5	15,6	7100	9000
6209	45	85	19	25,0	17,9	6700	8400
6210	50	90	20	27,0	19,8	6300	7800
6211	55	100	21	33,4	25,0	5600	7000
6212							

der *Lebensdauer* in Betriebsstunden überschaubarer:

$$L_h = \frac{10^6 L}{60\,n}$$

L_h	L	n
h	10^6 Umdrehungen	min^{-1}

Sind die Drehzahl und die Belastung des Lagers konstant, dann kann nach Einführung des Drehzahlfaktors f_n und des Lebensdauerfaktors F_L die Berechnung (unter Zuhilfenahme der Tabellenwerte der Tabellen 18...20) durchgeführt werden.

Tabelle 18. Lebensdauerfaktoren für Kugellager (f_{LK}) und Rollenlager (f_{LR})

L_h h	f_{LK}	f_{LR}	L_h h	f_{LK}	f_{LR}
100	0,585	0,617	6 000	2,29	2,11
200	0,737	0,760	7 000	2,41	2,21
300	0,843	0,858	8 000	2,52	2,30
400	0,928	0,935	9 000	2,62	2,38
500	1,000	1,000	10 000	2,71	2,46
600	1,063	1,056	15 000	3,11	2,77
700	1,119	1,106	20 000	3,42	3,02
800	1,170	1,151	30 000	3,91	3,42
900	1,216	1,193	40 000	4,31	3,72
1 000	1,260	1,231	50 000	4,64	3,98
1 500	1,442	1,390	60 000	4,93	4,20
2 000	1,587	1,516	70 000	5,19	4,40
3 000	1,817	1,712	80 000	5,43	4,58
4 000	2,00	1,866	90 000	5,65	4,75
5 000	2,15	1,995	100 000	5,85	4,90

Tabelle 19. Drehzahlfaktoren für Kugellager (f_{nK}) und Rollenlager (f_{nR})

n min^{-1}	f_{nK}	f_{nR}	n min^{-1}	f_{nK}	f_{nR}
10	1,494	1,435	700	0,362	0,401
15	1,305	1,271	800	0,347	0,385
20	1,186	1,166	900	0,333	0,372
30	1,036	1,032	1 000	0,322	0,360
40	0,941	0,974	1 500	0,281	0,319
50	0,874	0,885	2 000	0,255	0,293
60	0,822	0,838	3 000	0,223	0,259
70	0,781	0,800	4 000	0,203	0,238
80	0,747	0,769	5 000	0,188	0,222
90	0,718	0,742	6 000	0,177	0,211
100	0,693	0,699	7 000	0,168	0,201
150	0,606	0,637	8 000	0,161	0,193
200	0,550	0,584	9 000	0,155	0,186
300	0,481	0,517	10 000	0,149	0,181
400	0,437	0,475	15 000	0,130	0,160
500	0,405	0,444	20 000	0,119	0,147
600	0,382	0,420	25 000	0,110	0,137

Es gilt die Beziehung:

$$\frac{f_L}{f_n} = \frac{C}{F} \tag{94}$$

Die Tabelle 20 enthält die Belastungskennzahlen in Abhängigkeit vom Verhältnis der Axialkraft F_a zur statischen Tragzahl C_0.

Tabelle 20. Belastungskennzahlen

F_a/C_0	e	Y	X
0,014	0,19	2,3	
0,028	0,22	1,99	
0,056	0,26	1,71	
0,084	0,28	1,55	
0,11	0,30	1,45	0,56
0,17	0,34	1,31	
0,28	0,38	1,15	
0,42	0,42	1,04	
0,56	0,44	1,00	

BEISPIEL

■ Für einen Wellendurchmesser 40 mm und eine Wälzlageraufnahmebohrung von 80 mm ist ein geeignetes Rillenkugellager aus dem Katalog auszuwählen, und bei einer Drehzahl von 650 min^{-1} soll eine Lebensdauer von 1 500 Betriebsstunden erreicht werden. Die Welle ist mit zwei Zahnrädern bestückt, die eine Radialkraft von $F_r = 2\,000$ N und eine Axialkraft von $F_a = 400$ N als resultierende Kräfte auf das Festlager übertragen. Der Außenring ist im Gehäuse fest eingespannt, wodurch eine Umfangslast am Innenring entsteht. Ausgehend von den gegebenen Durchmessern, wird ein *Rillenkugellager* 6208 aus Tabelle 17 ausgewählt. Die aus der Tabelle entnommenen technischen Daten sind: Bohrungsdurchmesser 40 mm, Außendurchmesser 80 mm, Lagerbreite 18 mm, statische Tragzahl $C_0 = 15{,}6$ kN, dynamische Tragzahl $C = 22{,}5$ kN. Die Drehzahl erfordert eine *Nachrechnung auf dynamische Beanspruchung.* Aus den Tabellen 18 und 19 sind der Lebensdauerfaktor $f_L = 1{,}442$ und der Drehzahlfaktor $f_n = 0{,}372$ (Interpolation) zu entnehmen. Die *dynamisch ertragbare Äquivalentlast* F_e ergibt sich aus $f_L/f_n = C/F_e$:

$$F_e = \frac{f_n C}{f_L} = \frac{0{,}372 \cdot 22{,}5\ \text{kN}}{1{,}442} = 5{,}8\ \text{kN}$$

Die *Belastungskennzahlen* errechnen sich aus:

$$\frac{F_a}{C_0} = \frac{400\ \text{N}}{15\,600\ \text{N}} = 0{,}0256\,4 \approx 0{,}026$$

Aus der Tabelle 20 werden für die jeweilige Wälzlagerart die zugeordneten Werte $e = 0{,}216$ und $Y = 2{,}03$ durch Interpolieren ermittelt. Ist das Verhältnis von Axialkraft zu Radialkraft, dividiert durch den Belastungsartfaktor (mit $V = 1$),

$\frac{F_a}{VF_r} = \frac{400\ \text{N}}{1 \cdot 2\,000\ \text{N}} = 0{,}2$ kleiner als e, dann berechnet sich die vorhandene dynamische Äquivalentlast F_v aus:

$$F_v = VXF_r + YF_a = 1 \cdot 0{,}56 \cdot 2\,000\ \text{N} + 2{,}03 \cdot 400\ \text{N}$$

$$F_v = 1\,932\ \text{N}$$

Für die verschiedenen Belastungsformen bei den vielfältigen Maschinenarten ist dieser Wert noch mit einem Faktor $f_z = 1{,}3$ (gewählt aus Tabelle Wälzlagerkatalog) zu multiplizieren.

$$F_v' = F_v f_z = 1{,}932\ \text{kN} \cdot 1{,}3 = 2{,}51\ \text{kN}$$

Das Lager kann 5,8 kN bei den vorgegebenen Drehzahl- und Lebensdauerwerten ertragen, wird aber nur mit 2,51 kN belastet. Die ertragbare dynamische Äquivalentlast vermindert sich bei höheren Temperaturen.

5.2.4. Montage, Einbaubeispiele und Schmierung

Wälzlager unterliegen speziellen Montagevorschriften, die eine beschädigungsfreie Montage- und Demontageanleitung enthalten. Die zum Einbau eines Wälzlagers notwendigen Axialkräfte dürfen **nicht** über die Wälzkörper von einem Ring auf den anderen übertragen werden. Der im eingebauten Zustand festsitzende Ring eines Wälzlagers ist stets zuerst in oder auf den Lagersitz zu montieren.

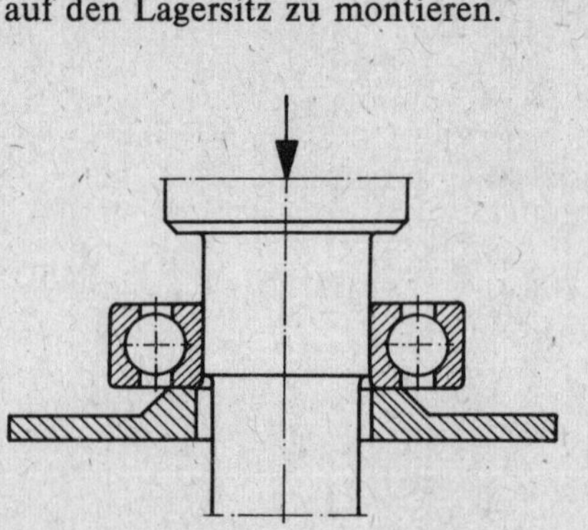

Bild 58. Montage der Welle in das Wälzlager

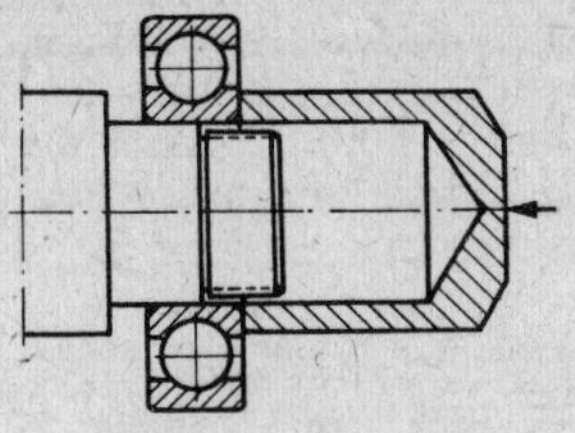

Bild 59. Montage des Wälzlagers auf die Welle

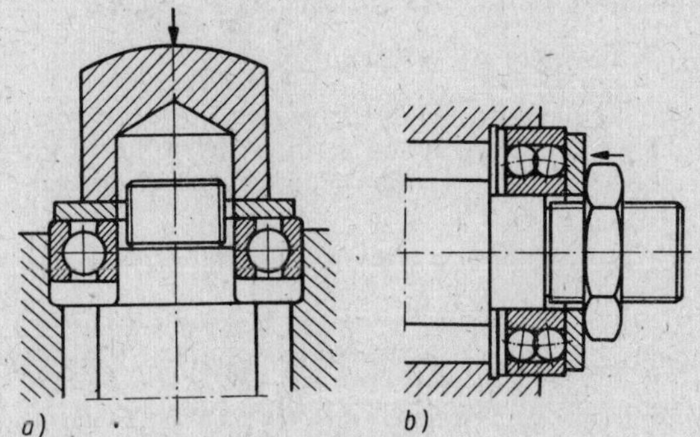

Bild 60. Montage des Wälzlagers

Die Bilder 58 und 59 zeigen die richtige *Montageart* eines Rillenkugellagers auf den Lagersitz einer Welle. Wird ein Lager gleichzeitig in und auf den Lagersitz montiert, dann ist die im Bild 60 gezeigte Montageart anzuwenden.

Eine kraftarme Montage des Wälzlagers auf einen Wellensitz kann durch Erwärmen des Lagers im Ölbad erreicht werden. Bei allen Montagearten ist besonders auf den Schutz vor Schmutzpartikelchen zu achten. Die Demontage eines Wälzlagers vom Lagersitz ist schwieriger und erfolgt mit *Abzieh-* oder *Abdrückvorrichtungen* (Bild 61). Die Wälzlager erfordern gegenüber den Gleitlagern beim Aufbau einer Lagerstelle die Beachtung grundsätzlich anderer Gestaltungsgesichtspunkte. Die Grundregeln bei der Lagerung einer Welle sind auch für Wälzlagerungen einzuhalten.

Bild 62 zeigt die konstruktiven Ausführungen eines Festlagers mit Fettschmierung, Staubschutz und axialer Festspannung des Außenringes durch die Lagerdeckel und axialer Lagerinnenringsicherung mittels Nutmutter.

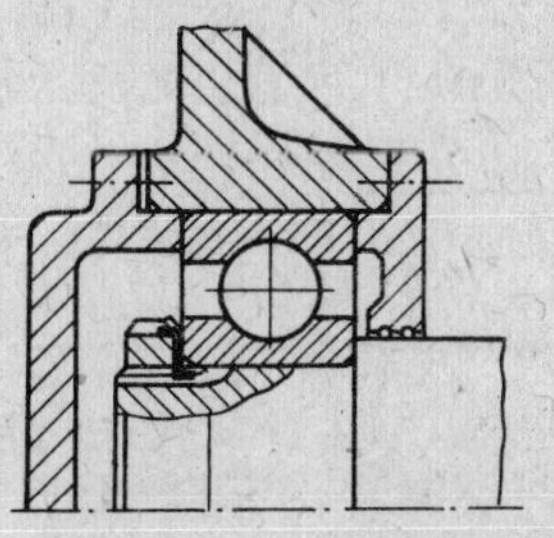

Bild 62. Wälzlager als Festlager

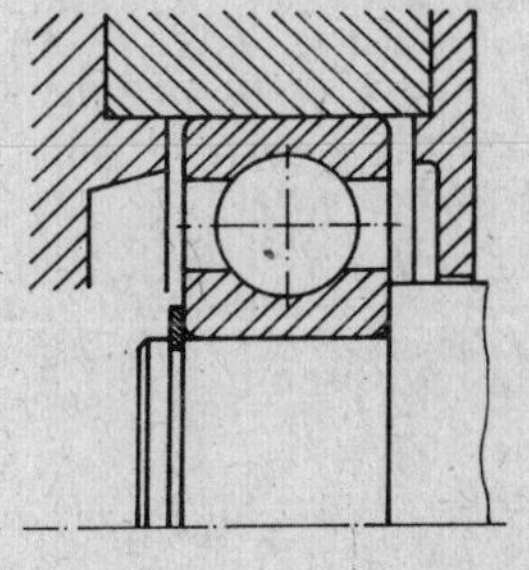

Bild 63. Rillenkugellager als Loslager

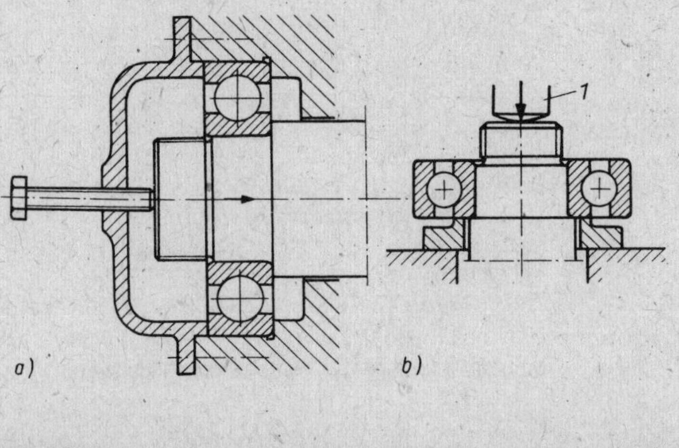

Bild 61. Demontage von der Welle. *1* Presse

Bild 63 zeigt die Loslagerausführung, bei der das Spiel zwischen Wälzlageraußenring und den Lagerdeckeln einzuhalten ist. Der Innenring wird durch den Bund und den Axialsicherungsring gegen axiales Verschieben gesichert.

Die zu wählende Passung des Wellendurchmessers und der Gehäusebohrung ist abhängig vom Lagerdurchmesser und von den Betriebs- und Konstruktionsbedingungen. Wälzlager sind ebenfalls kontinuierlich mit Schmierstoff zu versorgen. Als Schmiermittel wird Öl[17]) oder Fett verwendet, wobei Fettschmierung auf Grund der einfachen Schmiereinrichtungen überwiegt: *Schmiernippel*, *Schmierbuchse* oder *Fettkammer*. Bei Ölschmierung kann die Versorgung der Lagerstelle durch *Tropföl*, *Tauchöl*, *Ölnebel* oder *Ölumlaufschmierung* erfolgen. Die zu wählende Art der Schmierung hängt vom Einsatz und von der Wälzlagerbelastung ab.

6. Kupplungen

Verbindungseinrichtungen von zwei angrenzenden Maschinensystemen bezeichnet man als *Kupplungen*. Diese haben die Aufgabe, die Verbindung herzustellen sowie Kräfte und Momente zu übertragen.

Die Einsatzgebiete der Kupplungen sind sehr vielfältig und umfangreich. Die folgenden Erläuterungen beziehen sich nur auf Wellenkupplungen.
Wellenkupplungen[23]) haben im wesentlichen folgende Aufgaben:

- Drehmomente in Verbindung mit einer Drehbewegung zu übertragen (Bild 64),

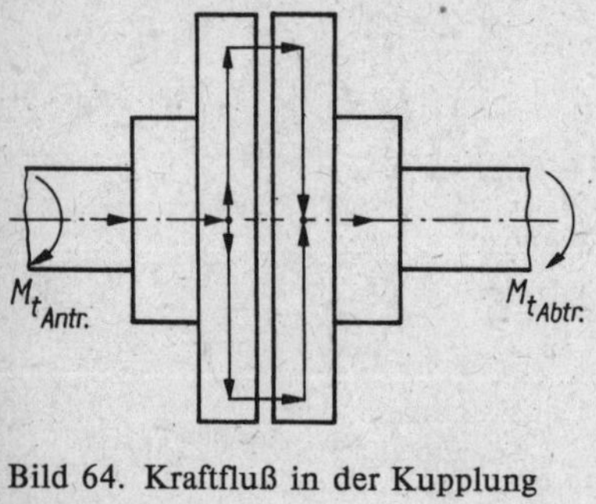

Bild 64. Kraftfluß in der Kupplung

- Ausgleich von Radial-, Axial- und Winkelabweichungen herzustellen (Bild 65),

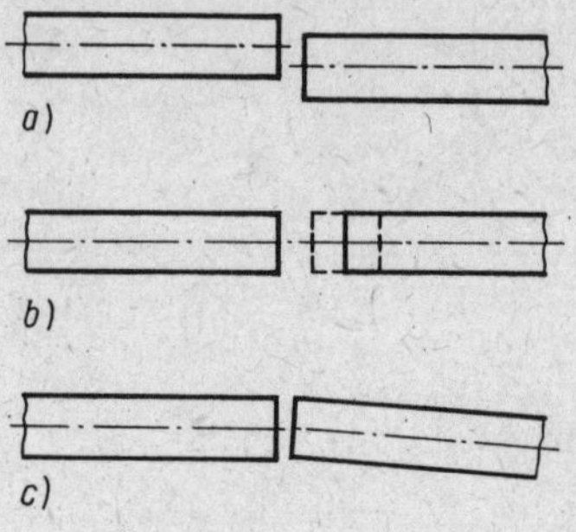

Bild 65. Abweichungsarten von zu verbindenden Wellen.
a) radiale Abweichung, b) axiale Abweichung, c) Winkelabweichung

- Dämpfung von Stößen bei plötzlichen Belastungsänderungen zu gewährleisten,
- Verbindung und Trennung der beiden Wellenenden im Stillstand und während der Bewegung zu ermöglichen (Bild 66).

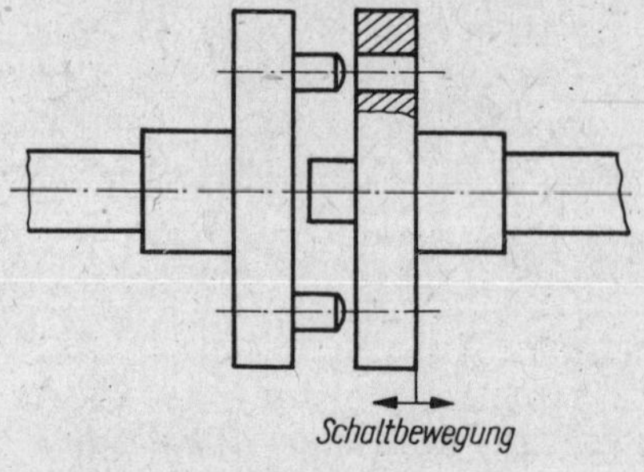

Bild 66. Schaltkupplung

6.1. Arten

Wellenkupplungen werden in *nicht schaltbare*, *schaltbare* und *selbstschaltende* Kupplungen eingeteilt. *Nicht schaltbare Wellenkupplungen* stellen ständig die Verbindung zweier Wellenenden her und dienen zur Fortleitung des Drehmoments, zum Ausgleich von Radial-, Axial- und Winkelabweichungen und zur Dämpfung von Belastungsgrößen.
Die *schaltbaren Wellenkupplungen* dienen zum Abschalten oder Zuschalten der Drehbewegung der Abtriebswelle bei rotierender Antriebswelle.

Sie haben damit die Aufgabe, ein Drehmoment von einem bewegten System auf ein System mit kleinerer Drehzahl zu übertragen. (Die schaltbaren Wellenkupplungen übertragen das Drehmoment durch Reibung, die zur Erwärmung und zum Abrieb der Reibscheibe führt.) *Selbstschaltende Wellenkupplungen* haben die Aufgabe, die Antriebswelle von der Abtriebswelle zu trennen, wenn die Abtriebsdrehzahl größer als die Antriebsdrehzahl ist. Kupplungen dieser Bauart können das Drehmoment im allg. nur in einer Drehrichtung übertragen.

Ausführungen der Wellenkupplungen

Die vielfältigen Arten der Wellenkupplungen erfordern eine weitere Einteilung in:

- starre Wellenkupplungen
- bewegliche Wellenkupplungen,
- elastische Wellenkupplungen und
- Schaltkupplungen.

6.2. Starre Wellenkupplungen

Starre Wellenkupplungen sind Stift- (Bild 67), Schalen-, Scheiben-[24]) und Planzahnkupplungen, die Dreh- und Biegemomente übertragen.

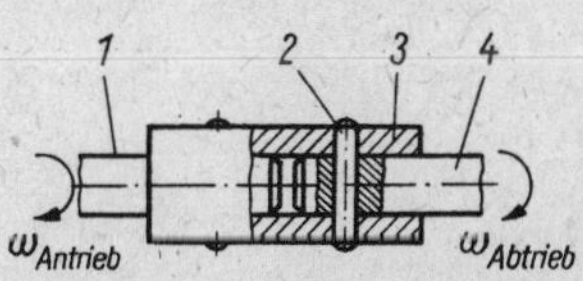

Bild 67. Stiftkupplung. *1* Antriebswelle, *2* Stift, *3* Kupplungshülse, *4* Abtriebswelle

Die *Stift-* und *Schalenkupplungen* sind einfach im Aufbau und übertragen das Drehmoment formschlüssig durch Stift- oder Paßfedern mit Hilfe eines Übertragungselements (Hülse oder Schale). Sie werden bei sehr lang auszubildenden Wellen eingesetzt. *Scheibenkupplungen* übertragen große Drehmomente durch radial angeordnete Verbindungsschrauben mit Zentrierhülsen. Die *Planzahnkupplung* ist ein Verbindungselement für gekröpfte Wellen (Kurbelwellen), die zerlegbar sind. Dadurch wird die Montage von Lagern ermöglicht. Das übertragbare Drehmoment berechnet sich aus der zulässigen Scherspannung und Flächenpressung (siehe Verbindungselemente). Der Stiftdurchmesser wird mit $d_{St} = (0{,}2 \ldots 0{,}3)\, d_{Welle}$ gewählt.

6.3. Bewegliche Wellenkupplungen

Die beweglichen Wellenkupplungen ermöglichen eine Drehmomentübertragung, auch wenn eine kleine Abweichung in der Parallelität oder eine Winkelabweichung der beiden Wellenenden vorliegt (Bild 65). Für solche Anwendungsfälle können auch elastische Zwischenglieder eingesetzt werden, die eine begrenzte Dämpfung von Belastungsspitzen bewirken. In diese Gruppe der Wellenkupplungen werden die *Kreuzscheiben-* (Bild 68), *Klauen-*, *Bolzen-*, *Zahn-*, *Kreuzgelenk-* und *Scheibenkupplungen* und die *Kreuzgelenke* eingeordnet. In den Bildern 69 und 70 sind die am weitesten verbreiteten Bolzen- und Klauenkupplungen dargestellt. Für größere Winkelabweichungen und größere Kräfte werden *Bogenzahn-* und *Kettenkupplungen* eingesetzt.

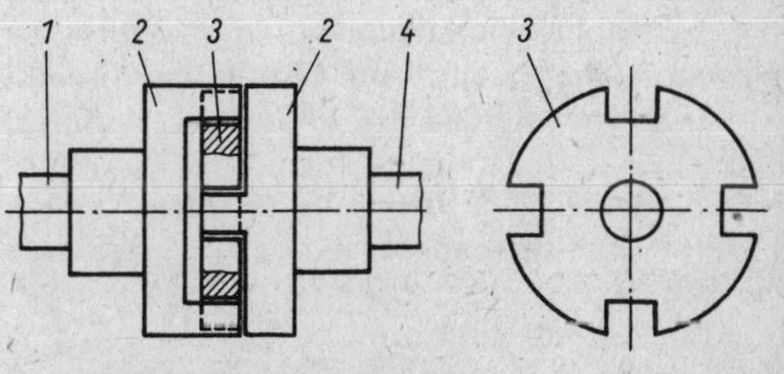

Bild 68. Kreuzscheibenkupplung.
1 Antriebswelle, *2* Kupplungsscheibe, *3* Kreuzschlitzscheibe, *4* Abtriebswelle

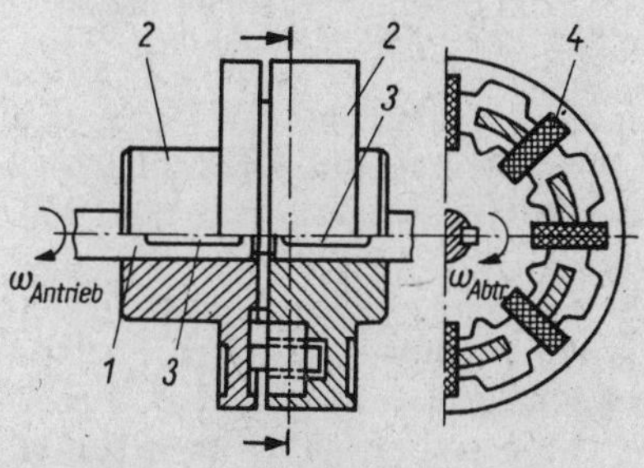

Bild 69. Elastische Klauenkupplung.
1 Antriebswelle, *2* Kupplungsscheibe, *3* Paßfeder, *4* elastischer Steg

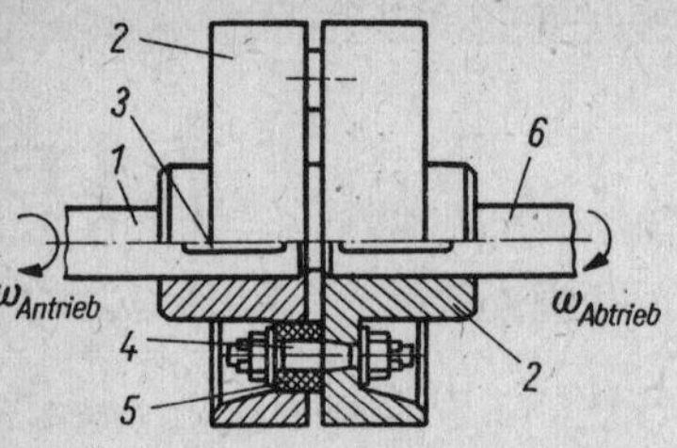

Bild 70. Elastische Bolzenkupplung.
1 Antriebswelle, *2* Kupplungsscheibe,
3 Paßfeder, *4* Bolzen,
5 elastische Hülse, *6* Abtriebswelle

6.4. Elastische Wellenkupplungen

Wellenkupplungen, die eine begrenzte Federwirkung bei Belastung aufweisen, gehören zur Gruppe der elastischen Bolzenkupplungen[25]) [26]). Sie besitzen eine formbedingte oder eine werkstoffbedingte Elastizität. Durch die Elastizität ist es möglich, Stöße und Schwingungen zu mindern oder zu beseitigen. In diese Gruppe der Wellenkupplungen werden auch die Bolzen- und Klauenkupplungen eingeordnet. Die Bolzen sind mit profilierten Gummihülsen überzogen, und bei Klauenkupplungen sind die Stege aus einem biegeelastischen nichtmetallischen Werkstoff hergestellt. Auf Grund der breiten Anwendungen werden diese Wellenkupplungen in enggestuften Drehmomentsprüngen sowie in verschiedenen Konstruktionsvarianten in den Lieferprogrammen angeboten. Andere Bauarten mit unterschiedlicher Dämpfungs- und Verformungskennlinie sind die *Zylinderfeder-*, *Blattfeder-*, *Schlangenfeder-*, *Gummischeibenfeder-* und *Gummiprofilfederkupplungen.*

6.5. Schaltkupplungen

Die schaltbaren Wellenkupplungen lassen sich einteilen in formschlüssige und reibschlüssige Schaltkupplungen sowie selbstschaltende Wellenkupplungen.
Formschlüssige schaltbare Wellenkupplungen können nur in synchronem unbelastetem Zustand geschaltet werden. Diese Kupplungen dienen zum Umschalten der Drehzahlen an gestuften Getriebeübersetzungen.
Reibschlüssige schaltbare Wellenkupplungen werden als asynchrone Kupplungen bezeichnet. Sie haben die Aufgabe, die in Bewegung befindliche Antriebswelle mit der im Ruhezustand befindlichen Abtriebswelle zu verbinden. Die Grundbauformen dieser Schaltkupplungen beruhen auf der Reibung beim Aneinanderdrükken der Berührungsflächen der Übertragungsteile oder auf der Bewegung von Flüssigkeit von der Antriebs- zur Abtriebsseite.

Die einfachste Bauweise ist die *mechanisch schaltbare Reibscheiben-Wellenkupplung*[27]) (Bild 71). Das Drehmoment wird von der Welle *1* über die Paßfeder *3* in die Kupplungshälfte *2* geleitet und durch die Anpreßkraft F_N über die Reibstelle *4* in die Welle *7* geleitet. Am Gleitring *6* werden die Schaltkräfte und die Schaltbewegungen für das Ein- und Auskuppeln zu einem Hebelsystem eingeleitet.

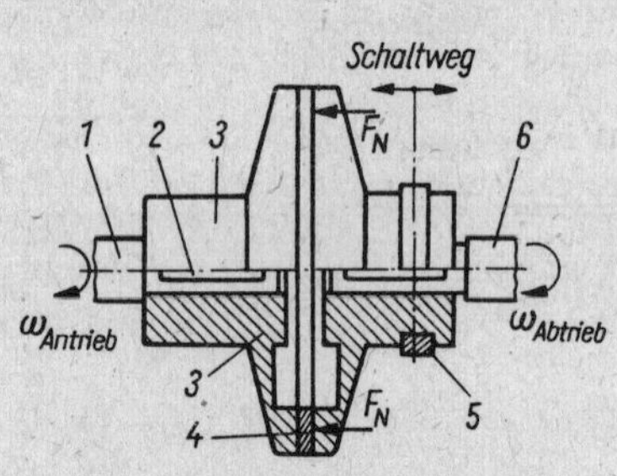

Bild 71. Reibscheibenkupplung (mechanisch schaltbar).
1 Antriebswelle, *2* Paßfeder, *3* Kupplungsscheibe, *4* Kupplungsbelag, *5* Schaltring, *6* Abtriebswelle

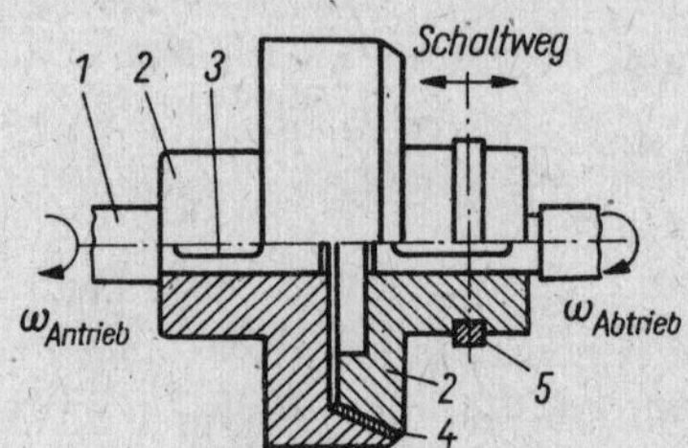

Bild 72. Reibkegelkupplung (mechanisch schaltbar).
1 Antriebswelle, *2* Kupplungsscheibe, *3* Paßfeder, *4* Kupplungsbelag, *5* Schaltring

Bild 72 zeigt eine vielfach verwendete *Kegelkupplung*, die im Prinzip den gleichen Aufbau besitzt.
Im Bild 73 ist der prinzipielle Aufbau einer *elektromagnetisch schaltbaren Scheibenkupplung* dargestellt. Der Strom wird über die Schleifringe 6 der Spule zugeführt, die auf Grund der Induktion ein Magnetfeld aufbaut, das die Kupplungshälfte 5 an die Reib-

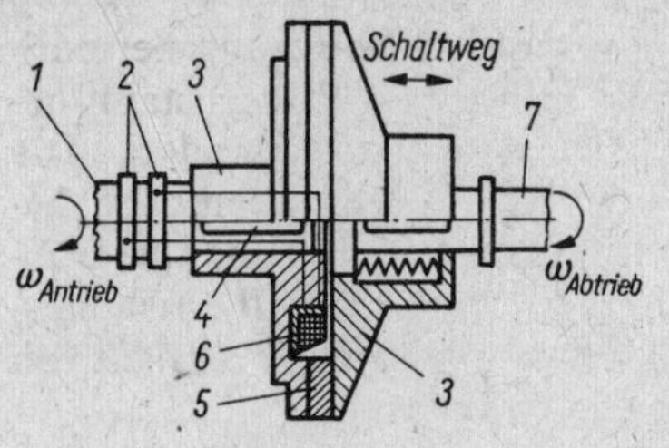

Bild 73. Reibscheibenkupplung (elektromagnetisch schaltbar).
1 Antriebswelle, *2* Schleifring, *3* Kupplungsscheibe, *4* Paßfeder, *5* Kupplungsbelag (Reibbelag), *6* Spule-Wicklung, *7* Abtriebswelle

scheibe zieht. Die Federn zwischen der Kupplungshälfte *5* und dem Wellenende *8* lösen beim Abschalten der Spannung die beiden Kupplungshälften.
In den Bildern 74 und 75 sind die in Werkzeugmaschinen verwendeten, mechanisch geschalteten *Lamellenkupplungen* in *geschlossener* und *offener Bauweise* dargestellt. Das Drehmoment wird vom Kupplungsteil *2* über die Lamellen *5* auf die Teile *4*, *6* und *7* übertragen. Die Lamellen können geringfügig wellenförmig verformt sein, um das Trennen der Verbindung zu erleichtern. Eine axiale Verschiebung des Schaltringes *8* auf die Kupplung zu bewirkt die Bewegung der drei am Umfang angeordneten Schalthebel *9* an die Andruckplatte *10*, die ein Auseinanderdrücken der Lamellen und damit die Mitnahme bewirkt. Am Stellring *11* wird die Kupplungswirkung eingestellt.

Selbstschaltende Wellenkupplungen dienen als Sicherheitskupplungen und haben die Aufgabe, bei Überlastung die Antriebseinheit vor Zerstörung zu schützen. Eine weitere Aufgabe dieser Kupplungen ist, die beiden Wellen zu trennen, wenn die Abtriebsdrehzahl größer wird als die Antriebsdrehzahl. Diese Überholkupplungen werden bei Antrieben im Fahrzeugbau eingesetzt.

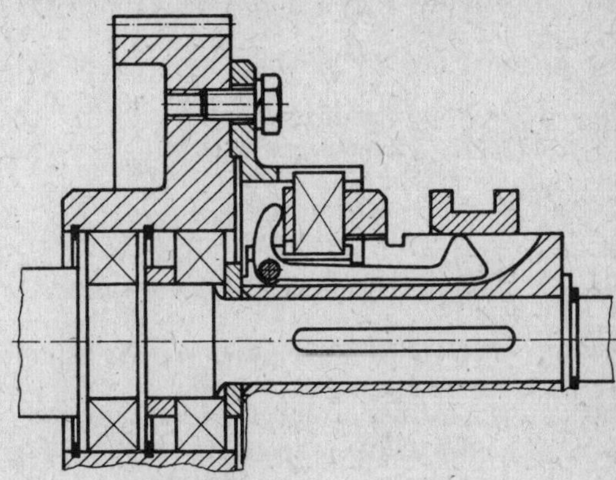

Bild 75. Lamellenkupplung (mechanisch schaltbar, einseitig, offenes Gehäuse)

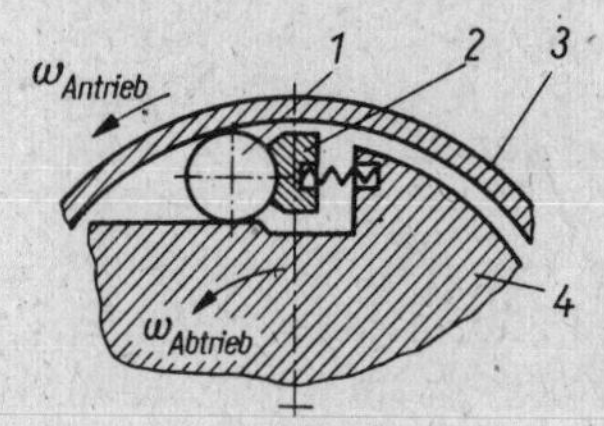

Bild 76. Rollensperrkupplung.
1 Kupplungselement-Rolle, *2* Andruckstück, *3* Kupplungsglocke, *4* Kupplungsstern

Bild 76 zeigt das Wirkprinzip der *Rollensperrkupplung*, die im Freilauf bei Hinterrädern des Fahrrades und im Kraftfahrzeuggetriebe eingesetzt ist. Wird der Rollenstern *4* im Rechtsdrehsinn angetrieben, dann bewegt sich die Rolle in den Keilspalt hinein. Die Mitnahme des Antriebselements *1* erfolgt durch die Reibung zwischen den Teilen *1*, *2* und *4*. Überschrei-

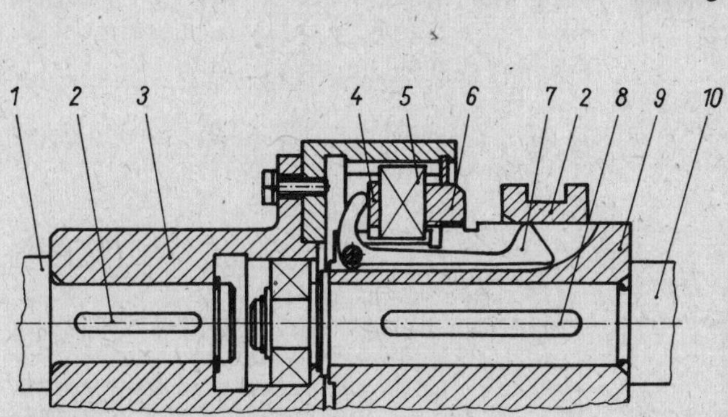

Bild 74. Lamellenkupplung (mechanisch schaltbar, einseitig geschlossenes Gehäuse).
1 Antriebswelle, *2* Paßfeder, *3* Kupplungsglocke, *4* Andruckscheibe, *5* Lamellen, *6* Nachstell-Ringmutter, *7* Kupplungshebel, *8* Kupplungsring, *9* Kupplungskörper, *10* Abtriebswelle

tet die Abtriebsdrehzahl des Gliedes *4* die Antriebsdrehzahl des Gliedes *1*, dann wird die Rolle aus dem Keilspalt herausbewegt, und die Trennung der Kupplungsteile *1*, *2* und *4* ist selbständig erfolgt.

6.6. Auswahl von Wellenkupplungen

Die Auswahl der Wellenkupplungen kann auf der Grundlage der schwingenden Größe des *Drehmoments* erfolgen:

$$M_{t\,erf} = M_{tp} C \quad (95)$$

$$M_{tk} \geqq M_{t\,erf}$$

M_{tp} statisches Drehmoment, das der Kupplung zugeführt wird; M_{tk} Kupplungsmoment

Das von der Kupplung übertragbare Drehmoment M_{tk} muß gleich oder größer sein als das maximal erforderliche Drehmoment $M_{t\,erf}$. Die Wellenkupplung hat das maximale Drehmoment M_{tp}, das der Kupplung zugeführt wird, multipliziert mit dem Betriebsfaktor *C*, zu übertragen. Der Betriebsfaktor *C* berücksichtigt die Massenträgheitskräfte der Antriebsmotoren und der anzutreibenden Arbeitsmaschinen. Dieser Faktor ist abhängig von der Art des Antriebsmotors und der Kennziffer, die die Maschinengruppe der Arbeitsmaschine kennzeichnet, und der Fachliteratur zu entnehmen.

7. Zahnräder und Zahnradgetriebe

7.1. Arten

Zahnräder haben die Aufgabe, eine zwangsläufige schlupffreie Drehbewegung zwischen zwei benachbart liegenden Wellen zu übertragen.

Die Lage der Wellen entscheidet über die zu verwendende Räderart. Bei parallelen Wellen kommen *Stirnräder* zum Einsatz, bei sich schneidenden Wellen paart man *Kegelräder*, bei sich kreuzenden Wellen stellt man *Schneckenräder* zu einer Getriebestufe zusammen.
Stirn- und Kegelräder können *gerad-* und *schrägverzahnt* hergestellt werden. Bei Schrägstirnrädern und Kegelrädern mit schrägen Zähnen sind die Flankenlinien der Zahnflanken um einen Schrägungswinkel β gegenüber der Radachse geneigt. Schrägverzahnte Räder können große Momente bei wechselnder Drehrichtung übertragen und haben auf Grund ihrer besseren Eingriffsverhältnisse einen ruhigen Lauf.

7.2. Grund- und Bestimmungsgrößen

Stirnräder

Die Begriffe, Benennung und Zeichen für Einzelräder sind standardisiert[28]).

Ein *Stirnrad* ist ein Zahnrad, dessen Bezugsfläche ein Zylinder mit dem Teilkreisdurchmesser *d* ist.

Auf dem Teilkreis kann die Teilung als Abstand zweier gleichgerichteter Zahnflanken als Mehrfaches von π im Bogenmaß gemessen werden.
Die *Teilung* errechnet sich aus:

$$p = \pi m \quad (96)$$

m ist dabei der Modul, standardisiert nach [28]) in einer *Modulreihe* (Auszug siehe Tabelle 21).

Die gebräuchliche Form der Zahnflanken sind *Evolventen. Zykloidenverzahnung* kommt nur noch in der Feinmechanik / Optik zur Anwendung. Die Evolventenverzahnung hat ein breites Anwendungsgebiet in allen Industriezweigen des Maschinenbaues gefunden.

Tabelle 21. Modulreihe (Auszug)

m mm	0,3...1	1,25...4	4,5...7	8...16	18...24	27...45	50...75
Sprung mm	0,1	0,25	0,5	1	2	3	5

Grundgesetz der Verzahnung

Ein Rad mit gleichbleibender Winkelgeschwindigkeit ω_1 muß dem Gegenrad ebenfalls eine gleichbleibende Winkelgeschwindigkeit ω_2 erteilen. Das Verhältnis der Winkelgeschwindigkeiten bzw. der Drehzahl des treibenden Rades zu der des getriebenen Rades wird als *Übersetzung i* bezeichnet:

$$i = \frac{\omega_1}{\omega_2} = \frac{n_1}{n_2} \qquad (97)$$

Unter Berücksichtigung des Grundgesetzes der Verzahnung muß ein gemeinsamer Berührungspunkt zweier kämmender Räder die Umfangsgeschwindigkeit $v_1 = v_2$ haben:

$$v_1 = \pi d_1 n_1 \quad \text{und} \quad v_2 = \pi d_2 n_1$$

Damit erweitert sich die Gleichung:

$$i = \frac{\omega_1}{\omega_2} = \frac{n_1}{n_2} = \frac{d_2}{d_1} = \frac{z_2}{z_1} \qquad (97a)$$

Erhält man als Ergebnis der Übersetzung eine Zahl > 1, ist es eine Übersetzung *ins Langsame*, bei $i < 1$ *ins Schnelle*. Weitere Grundgrößen sind (Bild 77):

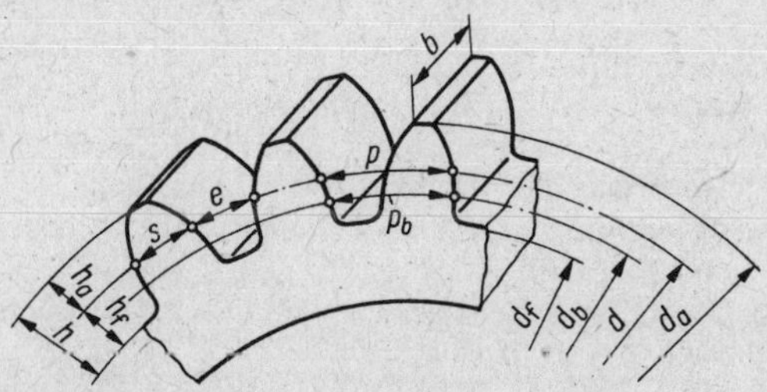

Bild 77. Bestimmungsgrößen am Geradzahnstirnrad

Teilkreisteilung	$p = \pi m$
Teilkreisdurchmesser	$d = mz$
Grundkreisdurchmesser	$d_b = d \cos \alpha$
Zahnkopfhöhe	$h_a = m$
Zahnfußhöhe	$h_f = h_{ao}$ (h_{ao} Kopfhöhe des Werkzeug-Bezugsprofils)
Kopfkreisdurchmesser	$d_a = d + 2\,h_a$
Fußkreisdurchmesser	$d_f = d - 2\,h_f$
Zahndicke am Teilkreis	$s = \frac{\pi}{2} m$
Lückenweite am Teilkreis	$e = p - s = \frac{\pi}{2} m$
Grundkreisteilung	$p_b = p \cos \alpha$

Für die Berechnung von Stirnradgetrieben ist noch der *Achsabstand* wichtig. Er errechnet sich nach Gl. (98):

$$a = \frac{d_1 + d_2}{2} = m \frac{z_1 + z_2}{2} \qquad (98)$$

BEISPIEL

■ In einer Landmaschine sind zwei Zahnräder einer Übersetzungsstufe so weit abgenutzt, daß sie ersetzt werden müssen. Gemessen wurde $a = 300$ mm, $z_1 = 30$, $z_2 = 90$. Die Grundgrößen zur Fertigung erhält man wie folgt:

$$a = \frac{m}{2}(z_1 + z_2),$$

$$m = \frac{2a}{z_1 + z_2} = \frac{2 \cdot 300\ \text{mm}}{30 + 90} = 5\ \text{mm}$$

$$d_1 = z_1 m = 30 \cdot 5\ \text{mm} = 150\ \text{mm}$$

$$d_2 = z_2 m = 90 \cdot 5\ \text{mm} = 450\ \text{mm}$$

$$d_{a1} = d_1 + 2h_a, \quad h_a = m, \quad d_{a2} = d_2 + 2h_a$$

$$d_{a1} = 150\ \text{mm} + 2 \cdot 5\ \text{mm} = 160\ \text{mm}$$

$$d_{a2} = 450\ \text{mm} + 2 \cdot 5\ \text{mm} = 460\ \text{mm}$$

7.3. Bezugsprofil für Evolventenräder

Die Zahnstange stellt ein Zahnrad mit unendlich großem Teilkreis- bzw. Grundkreisdurchmesser (der Konstruktionskreis bei Evolventenverzahnung) dar. Das *Zahnstangenprofil* ist nach [29]) als Verzahnungs-Bezugsprofil standardisiert (Bild 78). Bei diesem Zahnstangenprofil ist der Flankenwinkel 2α. α ist dabei der *Eingriffswinkel*, d. h. der Winkel zwischen Eingriffslinie als absoluter Bahn des Berührungspunktes zweier kämmender Zahnräder und einer Waagerech-

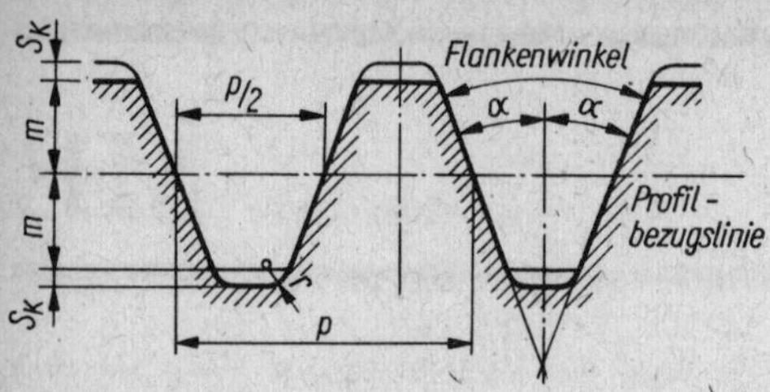

Bild 78. Verzahnungs-Bezugsprofil ($\alpha = 20°$)

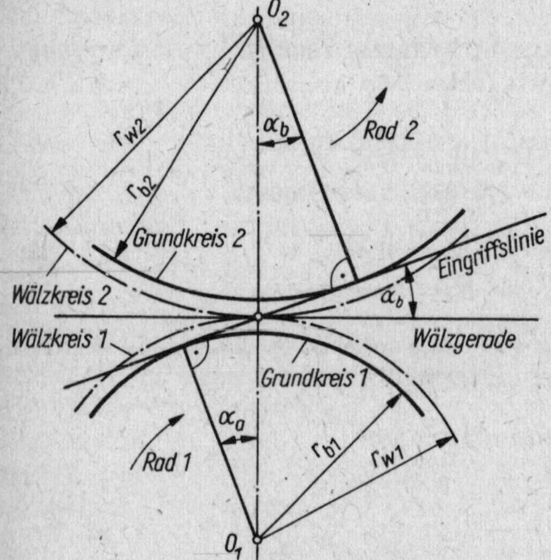

Bild 79. Eingriffslinie und Eingriffswinkel

ten. Die Form der Eingriffslinie ist bei der Evolventenverzahnung eine Gerade, die durch den *Wälzpunkt* geht (Bild 79).

Für die Fertigung von Zahnrädern unterscheidet man vier *Bezugsprofile* mit den entsprechenden Werkzeugkopfhöhen:

Bezugsprofil I: für Fertigbearbeitung (z. B. mittels Walzfräsens oder Schneidkämmens)
Werkzeugkopfhöhe
$h_{\mathrm{kW\,I}} = 1{,}167\,m$

Bezugsprofil II: für Fertigbearbeitung
Werkzeugkopfhöhe
$h_{\mathrm{kW\,II}} = 1{,}25\,m$

Bezugsprofil III: für Vorbearbeitung zum Schleifen oder Schaben
Werkzeugkopfhöhe
$h_{\mathrm{kW\,III}} = 1{,}25\,m + 0{,}25\sqrt[3]{m}$

Bezugsprofil IV: für Vorbereitung zum Schlichten
Werkzeugkopfhöhe
$h_{\mathrm{kW\,IV}} = 1{,}25\,m + 0{,}6\sqrt[3]{m}$

7.4. Unterschnitt und Grenzzähnezahl

Werden Evolventen-Stirnräder mit einer Zähnezahl $z < z_{\min}$ hergestellt, dann sind die Zähne *unterschnitten.* Dieser schädliche Unterschnitt kann durch Profilverschiebung, d. h. durch Abrücken der Profilbezugslinie des Werkzeuges vom Teilkreis des Zahnrades, vermieden werden (Bild 80). Bei der Grenzzähnezahl unter-

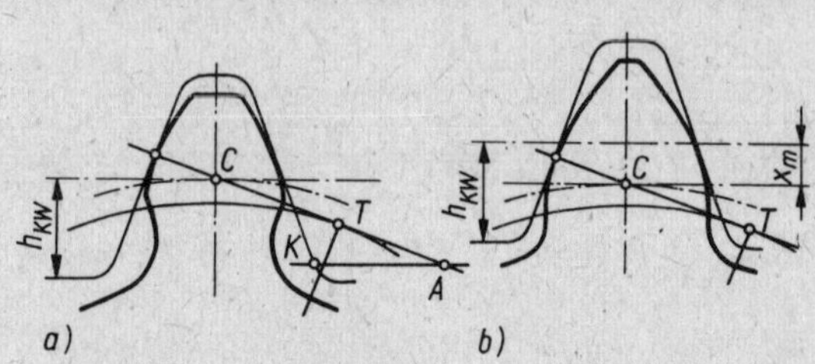

Bild 80. Profilverschiebung.
a) Flankenerzeugung ohne Profilverschiebung. Wenn *k* (Beginn der Kopfrundung am Werkzeug) außerhalb der Eingriffsgeraden $\overline{CT}$ liegt, tritt Unterschnitt auf.
b) Flankenerzeugung mit Profilverschiebung (x Profilverschiebungsfaktor

scheidet man die *theoretische Grenzzähnezahl* $z_{\min} = 17$ und die *praktische Grenzzähnezahl* $z'_{\min} = 14$. Die *Profilverschiebung* ist das Produkt aus Profilverschiebungsfaktor x und dem Modul m. Ein Rad mit Profilverschiebung ist ein *V-Rad.* Da auch eine negative Profilverschiebung mit $-x$ möglich ist, ergeben sich die Getriebearten aus der Räderpaarung:

Null-Getriebe: zwei Nullräder mit $z_1 \geqq 14$ und $z_2 \geqq 14$

V-Null-Getriebe: Paarung eines V_{plus}-Rades mit einem V_{minus}-Rad und den Profilverschiebungsfaktoren
$x_1 = -x_2$
Bedingungen: $z_1 + z_2 \geqq 2\,z'_{\min} = 28$ Zähne

V-Getriebe: Paarung eines V-Rades mit

einem Null-Rad oder zweier V-Räder (ausgenommen der Paarung für V-Null-Getriebe)

Die Grundgrößen der V-Räder und der V-Getriebe ändern sich und müssen bei der Herstellung beachtet werden.

Schrägverzahnte Stirnräder

Beim schrägverzahnten Stirnrad sind die Flankenlinien gegenüber der Radachse um den Schrägungswinkel β geneigt ($\beta = 8 \ldots 20°$). Der Vorteil von schrägverzahnten Stirnradgetrieben liegt im ruhigen geräuscharmen Lauf, der auf Grund der Geometrie durch allmählichen Eingriff und eine fließende Be- und Entlastung entsteht. Mit schrägverzahnten Getrieben lassen sich große Momente übertragen. Bestimmungsgrößen sind nach [28]) standardisiert.

7.5. Berechnung von Stirnrädern

Zahnräder werden auf *Biegung* im Zahnfuß und auf *Flankenpressung* beansprucht. Für gehärtete Räder ist die Zahnfußbiegung, für ungehärtete und vergütete Räder die Flankenpressung die maßgebende Größe. Bei der Konstruktion von Zahnrädern werden die Abmessungen, wie z. B. der Modul und die Zahnbreite, nach der Festigkeitsrechnung bestimmt. Um kleine Abmessungen bei Zahnrädern zu erhalten, verwendet man heute bei der Herstellung hauptsächlich Vergütungsstähle, Einsatzstähle und flammen- oder induktionsgehärtete Stähle. Die zulässigen Spannungswerte sind hier zwei- bis dreimal höher als bei allgemeinen Baustählen. Für die Wahl der Zähnezahlen $z_{1\,min}$ gilt der jeweilige Wert der Tabelle 22.

Tabelle 22. Richtwerte zur Wahl der Zähnezahl

Betriebsbedingungen	Zähnezahl $z_{1\,min}$
Große Geschwindigkeiten und Kräfte	16
Mittlere Geschwindigkeiten	12
Untergeordnete Zwecke	10
Zahnradgetriebe 1. Stufe	20...25
Zahnradgetriebe 2. Stufe	14...17

Für die Wahl der Übersetzung je Stufe hat sich bewährt, $i \leqq 7$ zu wählen. Bei Schaltgetrieben ist $i_{max} \approx 4$ je Stufe vorzusehen. Für geschlossene Baueinheiten sind die Übersetzungen standardisiert.

Für die Vorwahl der *Teilkreisdurchmesser* gelten folgende Werte:

Schaftzahnräder oder *Ritzelwellen:*

$$d_{1\,min} \approx 1{,}5 \cdot \text{Schaftdurchmesser} \quad (99)$$

Aufgesetzte Zahnräder:

$$d_{1\,min} \approx 2 \cdot \text{Bohrungsdurchmesser} \quad (100)$$

Die *Zahnbreite b* wird in Abhängigkeit von der Lagerung entworfen.

Beidseitige Lagerung:

$$b \leqq 1{,}2 d_1 \quad (101)$$

Einseitige Lagerung der Zahnradwelle:

$$b \leqq 0{,}75 d_1 \quad (102)$$

In Abhängigkeit vom Modul wird die *Zahnbreite:*

$$b_{max} = \lambda m \quad (103)$$

Die Werte der Tabelle 23 gelten auch für die Wahl des Moduls.

Kleinster Modul $m_{min} = b/\lambda$ (104)

$$m_{max} = d_1 / z_{1\,min} \quad (105)$$

Tabelle 23. Faktor λ für verschiedene Betriebsverhältnisse

Ausführung	Art der Lagerung	λ
Gefräst oder geschliffen	Lagerung in Stahlbaukonstruktion	15
	Ritzel einseitig gelagert	15
	gute Lagerung in Getriebegehäusen	25
	sehr gute Lagerung	30

7.6. Kegelräder

Kegelradgetriebe werden eingesetzt, wenn sich die Achsen schneiden. Hierbei rollen zwei *Wälzkegel* aufeinander ab. Die Profilkurven der Kegelräder sind keine ebenen, sondern räumliche Kurven. In Analogie zur Kreisevolvente beim Stirnrad entsteht beim Kegelrad eine Kugelevolvente. Im Bezugsprofil sind die Flanken keine Geraden, sondern doppelt gekrümmte Kurven. Um ein kompliziertes Abwälzwerkzeug zu vermeiden, nimmt man statt der Kugelevolvente ein Bezugsprofil mit geraden Flanken an und vernachlässigt die entstehenden Abweichungen. Die Eingriffslinie dieser Kegelradverzahnung ist eine *Oktoide.*
Die für die Fertigung und die Qualitätsprüfung benötigten Grundgrößen und Benennungen sind ebenfalls standardisiert [30]) [31]). Die im Bild 81 angegebenen Bezeichnungen für Geradkegelräder haben folgende Benennungen bzw. Beziehungen zu anderen Grundgrößen:

d_e äußerer Teilkreisdurchmesser

$$d_{e1} = z_1 m \qquad (106)$$

d_m mittlerer Teilkreisdurchmesser

$$d_{m1} = d_{e1} - b \sin \delta_1 \qquad (107)$$

d_{ae} äußerer Kopfkreisdurchmesser

$$d_{ae1} = d_{e1} + 2\, h_{ae1} \cos \delta_1 \qquad (108)$$

d_{ai} innerer Kopfkreisdurchmesser

$$d_{ai1} = d_{ae1} - 2\,\frac{b \sin \delta_{a1}}{\cos \Theta_{a1}} \qquad (109)$$

h_{ae} äußere Kopfhöhe

$$h_{ae} = m \qquad (110)$$

h_{fe} äußere Fußhöhe

$$h_{fe} = m + S_k, \quad S_k = 0{,}2\, m \qquad (111)$$

Σ Achsenwinkel

$$\Sigma = \delta_1 + \delta_2 \qquad (112)$$

$$\text{für } \Sigma = 90° \text{ wird } \tan \delta_1 = \frac{z_1}{z_2} = \frac{1}{i} \qquad (113)$$

R_e äußere Teilkegellänge

$$R_e = \frac{d_e}{2 \cdot \sin \delta} \qquad (114)$$

m Modul

$$m = p_n / \pi \quad (p_n \text{Normalteilung}) \qquad (115)$$

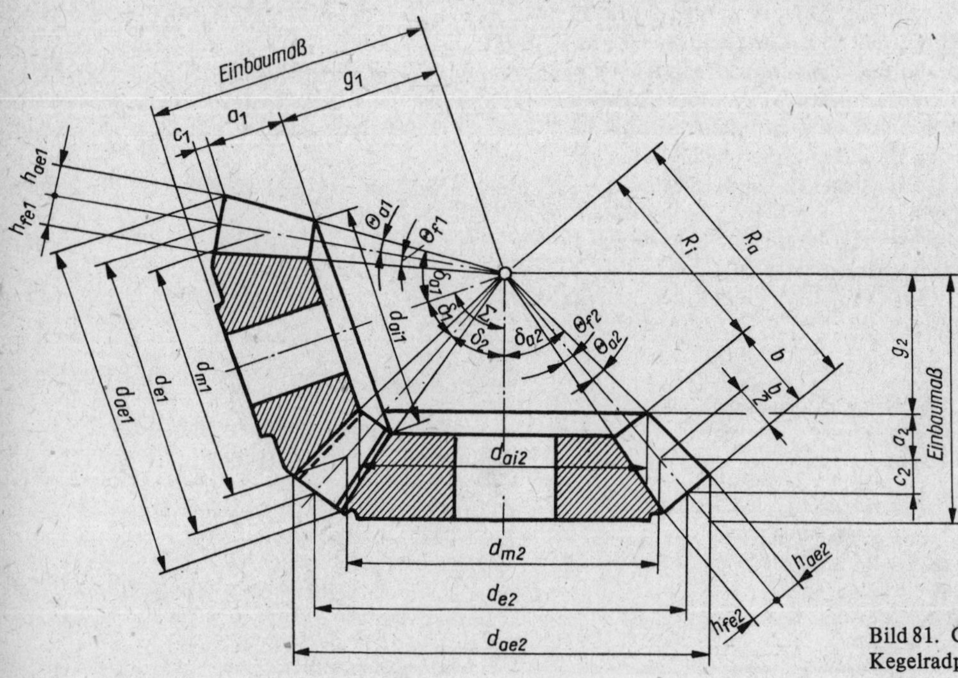

Bild 81. Geradzahn-Kegelradpaar

Außer den Geradzahn-Kegelrädern werden folgende Arten von *Kegelrädern* in Getrieben verwendet:

- Kegelräder mit schrägen Zähnen *(Schrägkegelräder)*,
- Kegelräder mit bogenförmigen Zähnen *(Bogenkegelräder)*,
- Kegelräder mit kreisbogenförmigen Zähnen *(Kreisbogen-Kegelräder)*,
- Kegelräder mit evolventischen Zähnen *(Palloidkegelräder)*,
- Kegelräder mit zykloidischen Zähnen.

Kegelräder werden wie Stirnräder mit positiver und negativer Profilverschiebung hergestellt.

7.7. Schneckengetriebe

Beim Schneckentrieb kreuzen sich die Wellen meist mit dem Kreuzungswinkel 90 °. Die Linienberührung der Zahnflanken gestattet eine große Leistungsübertragung. Auf Grund der relativ kleinen Flankenpressung ist der Verschleiß klein. Mit Schneckengetrieben lassen sich große Übersetzungen von $i = 50...100$ herstellen. Gegenüber anderen Zahnradgetrieben ist jedoch der Wirkungsgrad kleiner. Durch mehrgängige Schnecken läßt sich dieser Nachteil etwas verbessern.
Die Grundkörper eines Schneckengetriebes haben die Form eines Zylinders oder eines Globoids. Danach unterscheidet man im wesentlichen zwei Arten von Schneckengetrieben (Bild 82):

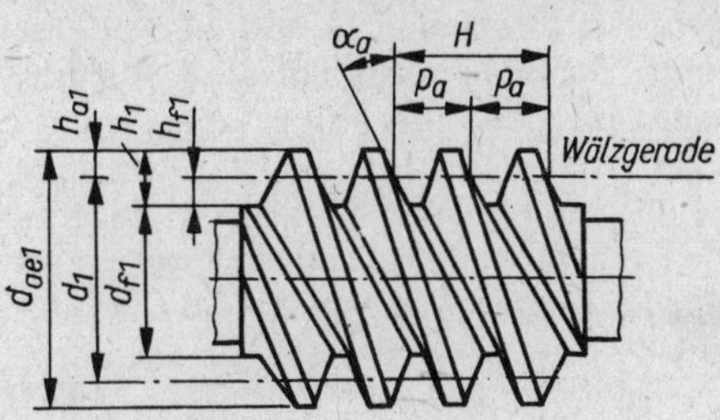

Bild 82. Grundgrößen an der ZA-Schnecke

- *Zylinder-Schneckengetriebe* (Hier ist der Grundkörper der Schnecke ein Zylinder, der des Rades ein Globoid.)
- *Globoid-Schneckengetriebe* (Beide Grundkörper sind Globoide.)

Eine wirtschaftliche Verzahnung wird durch die Herstellung der Schnecke mit benötigter Genauigkeit und Oberflächengüte bestimmt. Je nachdem, mit welchem Werkzeug und welcher Werkzeuganstellung die Schneckenfertigung erfolgt, unterscheidet man verschiedene *Flankenformen* mit unterschiedlichen *Eingriffswinkeln* (Tabelle 24). Die Flankenformen A, N, K und E sind standardisiert.

Tabelle 24. Flankenformen und Werkzeuge bei Zylinderschnecken

Flankenform	Werkzeug	Anstellung des Werkzeuges	Bemerkungen
A ZA-Schnecke	Drehmeißel mit Trapezprofil	im Achsschnitt parallel zur Achse	bei großen Steigungen, ungünstige Werkzeugabmessungen, nicht schleifbar
N ZN-Schnecke	Drehmeißel mit Trapezprofil	im Normalschnitt senkrecht zur Zahnlücke	nicht für Hochleistungsgetriebe, da nicht schleifbar
E ZE-Schnecke	Wälzlager oder Drehmeißel mit Trapezprofil	Anstellung analog zur Herstellung von Schrägzahnrädern	einfach schleifbar, aber nur eine Flanke
K ZK-Schnecke	Scheibenfräser mit Trapezprofil	im Normalschnitt senkrecht zur Zahnlücke	mit Doppelkegelwerkzeug können beide Flanken geschliffen werden

Geometrische Bestimmungsgrößen des Schneckengetriebes

Schnecke und Schneckenrad werden außer durch die erwähnte Flankenform auch durch den Achsmodul *m*, den Mittenkreisdurchmesser *d*, den Steigungssinn und die Zähnezahlen bestimmt. Die *Steigungshöhe* als Abstand der Windungen zweier gleichgerichteter Flanken im Achsschnitt ist:

$$p_z = \pi m z_1 \qquad (116)$$

$$p_z = p_a z_1 \qquad (117)$$

Der *Steigungswinkel* ergibt sich aus:

$$\tan \gamma = p_z / \pi d_1 \qquad (118)$$

Durch die *Formzahl* wird die Gestalt der Schnecke bestimmt:

$$z_F = d_1 / m \qquad (119)$$

$z_F = 6 \ldots 15$, im Mittel $z_F = 10$.

Durch den Cosinus des Steigungswinkels unterscheidet sich der Normal- vom Achsmodul:

$$\cos \gamma = m_n / m \qquad (120)$$

Zahnkopf- und Zahnfußhöhe werden in Abhängigkeit vom Steigungswinkel nach dem Achs- oder Normalmodul gewählt:

$$\gamma \leqq 15°: h_a = m \qquad (121)$$

$$h_f = 1{,}2\, m$$

$$\gamma > 15°: h_a = m_n \qquad (122)$$

$$h_f = 1{,}2\, m_n$$

Weitere Grundgrößen sind:

Kopfkreisdurchmesser Schnecke:

$$d_{a1} = d_1 + 2\, h_{a1} \qquad (123)$$

Fußkreisdurchmesser:

$$d_{f1} = d_{a1} - 2\, h \qquad (124)$$

Beim Schneckenrad muß zwischen Kopfkreisdurchmesser d_{a2} und Außendurchmesser d_{ae2} unterschieden werden:

Kopfkreisdurchmesser

$$d_{a2} = d_2 + 2\, h_{a2} \qquad (125)$$

Außendurchmesser

$$d_{ae2} \approx d_{a2} + m \quad \text{bei } \gamma \leqq 15° \qquad (126)$$

$$d_{ae2} \approx d_{a2} + m_n \quad \text{bei } \gamma > 15° \qquad (127)$$

Fußkreisdurchmesser

$$d_{f2} = d_{a2} - 2\, h_2 \qquad (128)$$

Die *Zahnbreite* ergibt sich bei Stahlzahnrädern aus:

$$b = (0{,}4 \ldots 0{,}5)\,(d_{a1} + 4\, m) \qquad (129)$$

Bei Leichtmetallrädern wählt man:

$$b = (0{,}4 \ldots 0{,}5)\,(d_{a1} + 4\, m) + 1{,}8\, m \qquad (130)$$

Der *Wirkungsgrad* eines Schneckengetriebes errechnet sich analog zum Wirkungsgrad der Bewegungsschraube:

bei treibender Schnecke:

$$\eta_s = \frac{\tan \gamma}{\tan (\gamma + \varrho')} \qquad (131)$$

und bei treibendem Rad:

$$\eta_e = \frac{\tan (\gamma - \varrho')}{\tan \gamma} \qquad (132)$$

8. Rohrleitungen und Rohrleitungsarmaturen

Rohrleitungen haben die Aufgabe, feste, flüssige und gasförmige Stoffe zu bestimmten Orten zu leiten. *Feste Stoffe* können Granulat, Getreide, Pulver oder Postsendungen sein. *Flüssigkeiten* werden in verschiedenen chemischen Zusammensetzungen (Wasser, Öl, synthetische Flüssigkeiten) mit unterschiedlicher aggressiver Wirkung auf die Rohrleitungen gefördert. Zu den in Rohrleitungen transportierten *Gasen* gehören Luft, brennbare Medien und chemische Dämpfe, die unter hohem Druck stehen und extreme Temperaturen aufweisen können.

Die Fortleitung eines Stoffes ist mit einem *Druckgefälle* zwischen Rohreingang und -ausgang verbunden. Es können zwei Haupteinsatzbereiche für die Rohrleitungen hervorgehoben werden. Wird ein Medium zum Zwecke des Standortwechsels durch die Rohrleitungen transportiert, dann herrscht nur ein geringer Druck (*pneumatische Fördereinrichtungen* und *Gasleitungen*).

Im Zusammenhang mit dieser Gruppe der Maschinenelemente sind noch *Rohrverbindungen*, *Dichtungen*, *Absperrorgane* und *Rohrbefestigungen* zu betrachten. Rohrleitungen können entsprechend den Einsatzbedingungen aus den verschiedenartigsten Werkstoffen hergestellt sein.

8.1. Arten

Die Hauptgrößen der Rohre sind international abgestimmt und durch die *Nennweite* NW[32]) und den *Nenndruck* ND gekennzeichnet.

Die *Nennweite* ist die Kenngröße für den Rohrinnendurchmesser in mm, und der *Nenndruck* ist der maximale Betriebsdruck, der bei Betriebstemperaturen bis 120 °C auftreten darf.

Liegen die Betriebstemperaturen bei 120...300 °C, dann muß auf Grund möglicher Strukturänderungen des Rohrwerkstoffes der Betriebsdruck 20 % kleiner sein als der Nenndruck. Steigen die Betriebstemperaturen bis auf 400 °C, dann darf der Betriebsdruck nur 2/3 des Nenndruckes betragen. In der Tabelle 25 sind Nenndrücke mit den zugehörigen Prüfdrücken enthalten. Die Tabelle 26 enthält Nennweiten für den allgemeinen Rohrleitungsbau und für die Hydraulik. Diesen Nennweiten werden in Abhängigkeit vom Betriebsdruck die Wanddicken zugeordnet, die den Tabellen der Rohrhersteller zu entnehmen sind.

Arten der Rohrleitungen sind die festen und die flexiblen Leitungen. Die *festen Rohrleitungen*, die im Maschinenbau eingesetzt werden, bestehen meist aus Stahl. Sie werden als *nahtlose Rohre* oder *geschweißte Nahtrohre* geliefert. Rohre mit kleinem Durchmesser besitzen eine Längsnaht, während größere Rohre aus Blechstreifen spiralförmig gewickelt und geschweißt werden. Rohre für die hydraulischen Anlagen sind nahtlos gezogen und mit hydraulisch glatter Oberfläche ausgebildet.

Tabelle 26. Nennweiten von Rohren

Nennweiten im mm für den allgemeinen Rohrleitungsbau			für die Hydraulikanlagen		
3	50	350	2,5	32	140
6	65	400	4	40	160
8	80	500	6,3	50	200
10	100	600	8	63	
15	125	700	10	80	
20	150	800	13	90	
25	200	1000	16	100	
32	250		20	110	
40	300		25	125	

Rohrleitungen werden oft bogenförmig oder abgewinkelt verlegt. Der minimale Biegeradius sollte den vierfachen Rohrinnendurchmesser nicht unterschreiten.

Flexible Rohrleitungen sind Metallschläuche, die sich nicht für Druckbeanspruchungen, aggressive Flüssigkeiten oder Gase eignen. In der Hydraulik werden mehrschichtige, gummigewebeummantelte Schläuche verwendet. Diese Hoch- und Höchstdruckschläuche unterliegen speziellen Montagevorschriften.

Tabelle 25. Nenn- und Prüfdrücke

ND MPa	Prüfdruck MPa	*ND* MPa	Prüfdruck MPa	*ND* MPa	Prüfdruck MPa
0,1	0,2	2,5	3,8	32	45
0,25	0,4	4,0	6,0	40	56
0,4	0,6	6,4	9,6	50	65
0,6	0,9	10,0	15,0	64	80
1,0	1,5	16,0	24,0	100	125
1,6	2,4	25,0	35,0	160	200

Für die Hydraulik sind die folgenden ND festgelegt:
0,63; 2,5; 4,0; 6,3; 16; 32; 63 (in MPa)

8.2. Berechnung von Rohrleitungen

In die Berechnung werden die Bestimmung des Rohrinnendurchmessers und die Ermittlung der Rohrwandung einbezogen. Der *Rohrdurchmesser* wird aus dem durch das Rohr strömenden Volumenstrom und der maximalen Strömungsgeschwindigkeit des Mediums berechnet. Aus $Q = Av_m$ und $A = \pi d_i^2/4$ ergibt sich:

$$Q = \frac{\pi d_i^2}{4} v_m \tag{133}$$

$$d_{i\,erf} = \sqrt{\frac{4\,Q}{\pi v_m}} \tag{134}$$

Q Volumenstrom, v_m mittlere Strömungsgeschwindigkeit, d_i Rohrinnendurchmesser

Die Richtwerte für die mittlere Strömungsgeschwindigkeit können aus der Tabelle 27 entnommen werden.
Die *erforderliche Wanddicke* des Rohres berechnet sich für Stahlrohre aus:

$$s_r = \frac{\Delta p d_a S}{2\,m\,K} \tag{135}$$

Δp Druckdifferenz zwischen p_i Innendruck und p_a Außendruck am Rohr, $\Delta p = p_i - p_a$ (für atmosphärischen Druck $p_a = 0$), d_a Rohraußendurchmesser, m Faktor, der die verminderte Belastbarkeit der Schweißnaht berücksichtigt ($m = 1$ für gezogenes Rohr, $m = 0{,}7\ldots0{,}9$ für geschweißtes Rohr), K Belastbarkeitswert, der die Spannung des Werkstoffes an der Streckgrenze angibt (für St33 K ist $K = 150$ MPa, für St35-5 ist $K = 220$ MPa, für St45-5 ist $K = 260$ MPa), S Sicherheitsbeiwert ($S = 1{,}7$ für Werkstoffe mit Abnahmezeugnis, $S = 2$ für Werkstoffe ohne Abnahmezeugnis)

Tabelle 27. Strömungsgeschwindigkeiten von Medien

Medium	Strömungsgeschwindigkeit m/s
Hydraulik	
Druckleitungen	0,1 ... 2,5
Rücklaufleitungen	0,01... 0,5
Fernleitungen	1,5 ... 2,0
Wasser	
Trinkwasser-Fernleitungen	1 ... 2
Trinkwasser-Ortsleitungen	0,6 ... 0,7
Druckleitungen	15 ...30
Pumpen	
Saugleitungen	0,8 ... 1,5
Druckleitungen	1,0 ... 7,0
Luft	
Versorgungsleitungen	25,0
Verdichter	
Saugleitungen	16,0 ...20,0
Druckleitungen	20,0 ...30,0

Die rechnerische Wanddicke s_r ist durch Addition der Einflußgrößen zu vergrößern:

$$s_{erf} = s_r + C_1 + C_2 \tag{136}$$

C_1 berücksichtigt die fertigungsbedingten Wanddickenunterschreitungen (Tabelle 28), C_2 berücksichtigt bei aggressiven Flüssigkeiten die Korrosion und wird mit 1 mm angenommen.

Tabelle 28. Wanddickenzuschlagfaktor c_1

Wanddickenunterschreitung %	C_1
8	0,085 s_r
10	0,11 s_r
12	0,14 s_r
13	0,15 s_r
15	0,18 s_r
18	0,22 s_r

BEISPIEL

■ Es ist die Rohrleitung einer hydraulischen Anlage für die folgenden Bedingungen zu dimensionieren:

Arbeitsdruck $\Delta p = 25$ MPa, Volumenstrom $Q = 120$ l/min, mittlere Strömungsgeschwindigkeit 0,12 m/s, nahtlos gezogenes Rohr St 35 K mit Abnahmezeugnis

Rohrinnendurchmesser:

$$d_{erf} = \sqrt{\frac{4\,Q}{\pi v_m}} = \sqrt{\frac{4 \cdot 0{,}002\ \mathrm{m^3/s}}{\pi \cdot 0{,}12\ \mathrm{m/s}}} = 0{,}023\,7\ \mathrm{m} = 23{,}7\ \mathrm{mm}$$

Gewählt wird ein Rohr mit 30 mm Außendurchmesser auf Grund der zu erwartenden Wanddicke:

$$s_r = \frac{\Delta p d_a S}{2\,m\,K} = \frac{25\ \mathrm{MPa} \cdot 30\ \mathrm{mm} \cdot 1{,}7}{2 \cdot 1 \cdot 220\ \mathrm{MPa}} = 2{,}89\ \mathrm{mm}$$

$$s_{erf} = s_r + C_1$$

C_2 entfällt, da Öl in der Leitung enthalten ist. C_1 aus Tabelle 28 für gezogenes Rohr mit 8 % Wanddickenunterschreitung:

$C_1 = 0{,}085 \cdot 2{,}89\ \text{mm} = 0{,}246\ \text{mm}$

$s_{\text{erf}} = 2{,}89\ \text{mm} + 0{,}246\ \text{mm} = 3{,}14\ \text{mm}$

$d_{\text{a erf}} = d_{\text{erf}} + 2\ s_{\text{erf}} = 23{,}7\ \text{mm} + 2 \cdot 3{,}14\ \text{mm} = 29{,}98\ \text{mm}$

Der gewählte Rohrdurchmesser ist ausreichend.

8.3. Rohrverbindungen

Einzelne aneinander zu montierende Rohre erfordern ein Verbindungselement. Diese Verbindung kann unlösbar durch Schweißen, Bördeln, Nieten oder lösbar durch Verschrauben erfolgen.

Schweißverbindungen werden bei langen Rohrleitungen vorgesehen, die nicht demontiert werden (billig, schnelle Montage, Druckluft-Heizungsleitungen, Rohrleitungen in geschlossenen Kühlsystemen).

Schraubverbindungen sind:
- Gewinde auf beiden Rohrenden mit Gewindemuffe (Trinkwasserleitung) (Bild 83),
- Gewinde auf beiden Rohrenden mit Kegel und Überwurfmutter (*Fittings*[33]), Gasleitungen, Trinkwasserleitungen) (Bild 84),
- Rohrenden mit glatter Oberfläche und geringer Durchmesserabweichung – ohne Gewinde für Schneidringverschraubung[34]) oder Kugelschweißbuchse (Bild 85),
- Rohrenden mit angeschweißtem Flansch, die durch Schrauben zusammengehalten werden (Bild 86).

Die im Bild 83 dargestellte Rohrverbindung für einen Druck bis 1,2 MPa wird mit Hanf und Dichtungskitt abgedichtet.

Nach Bild 84 werden die Verschraubungshälften auf die Rohrenden mit Hanf aufgeschraubt und die Kegel durch Zusammenschrauben der Kupplungshälften abgedichtet. Diese Verbindung läßt sich leicht lösen und ermöglicht eine Demontage der Rohrleitungen.

Das im Bild 85 gezeigte Verbindungselement[35]) wird beim Einsatz von gezogenem Präzisionsstahlrohr verwendet. Die glatten Rohrenden werden mit einer Überwurfmutter und einem Schneidring bestückt und in die kegligen Bohrungen eingeschoben. Die Überwurfmuttern schieben den Schneidring gegen den Kegel und verformen ihn stirnseitig, so daß er in das Rohr hineingedrückt wird. Die am Umfang des Rohres entstehende Einschnittstelle durch den Schneidring verhindert auf Grund der großen Flächenpres-

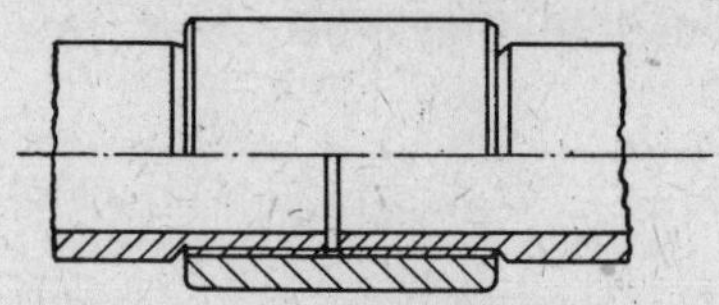

Bild 83. Rohrverbindung mit Gewindemuffe

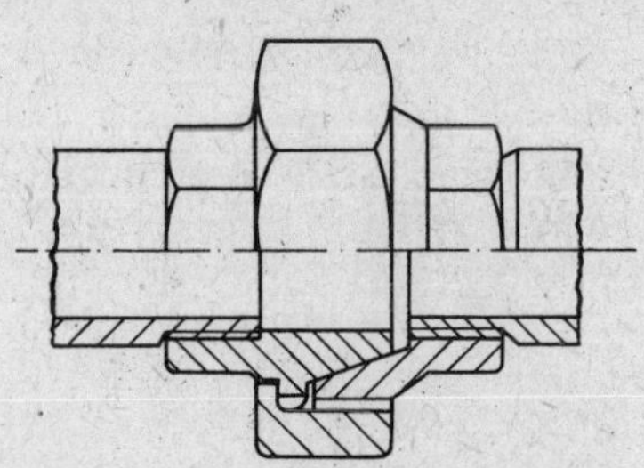

Bild 84. Überwurfmutter – Kegel

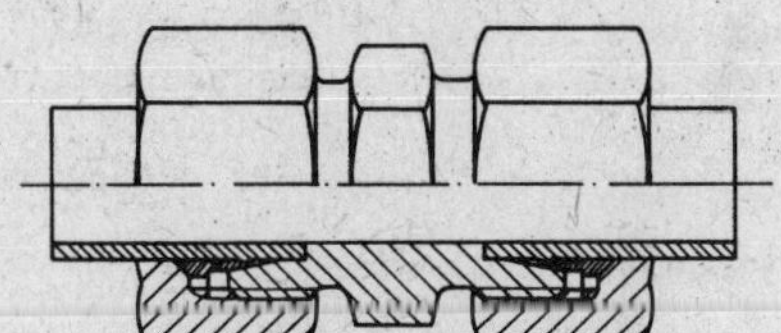

Bild 85. Schneidringverschraubung

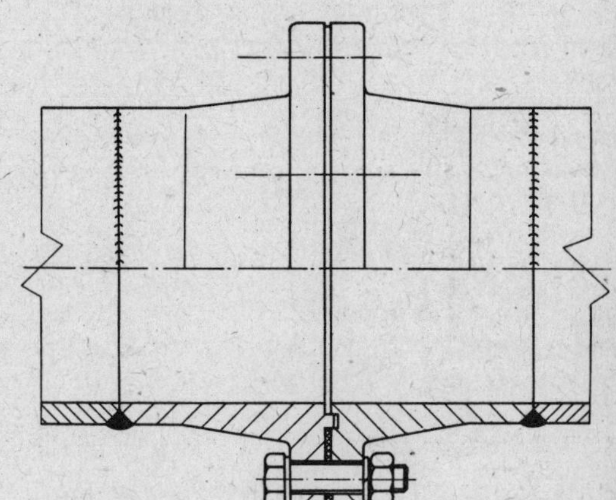

Bild 86. Flanschverbindung

sung ein Durchdringen der Flüssigkeit. Diese Verbindungsart wird in Hydraulikanlagen bis 16 MPa Rohrinnendruck eingesetzt. Für größere Drücke wird die Kugelschweißbuchse verwendet, die an das Rohr nach dem Aufschieben der Überwurfmutter anzuschweißen ist.

8.4. Absperreinrichtungen

In die Rohrleitungen werden in Abhängigkeit vom Verwendungszweck unterschiedliche Geräte eingebaut, die die Aufgabe haben, das in der Leitung befindliche Medium in eine vorgegebene Richtung zu lenken oder ein Zurückströmen zu verhindern. Diese Aufgaben erfüllen *Ventile*, die man, je nach Funktion, einteilt in:
Absperrventile, Absperrschieber, Zweiwege-Stell-, Einsitz- und Doppelsitz-, Rückschlag-, Druckbegrenzungs- und Druckminderventile.
Absperrventile (Bild 87) dienen zur Unterbrechung des Durchströmvorganges bei Betriebsdrücken bis 1,6 MPa. Das im Bild 88 dargestellte Stellventil hat die Aufgabe, den Durchflußstrom zu drosseln oder zu unterbrechen. Die Stellbewegung ist translatorisch und kann durch ferngesteuerte Stellantriebe betätigt werden.
Absperrschieber werden in Rohrleitungen eingesetzt, in denen geringe Druckverluste auftreten dürfen. Die Betätigungskraft beim Öffnen des Schiebers ist bei hohem Druck in der Leitung groß. Schieber werden bei großen Nennweiten eingesetzt und auch als *Drosseln* verwendet.
Im Bild 89 ist ein *Zweiwege-Stellventil* mit Misch- und Trennfunktion im Schnitt dargestellt. Der Durchflußstrom kann von der Lei-

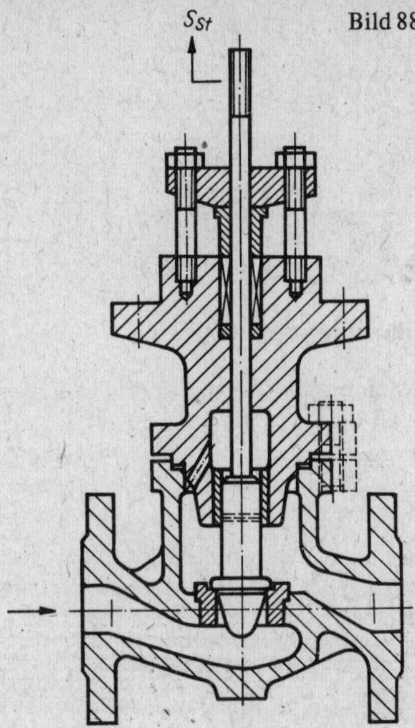

Bild 88. Stellventil

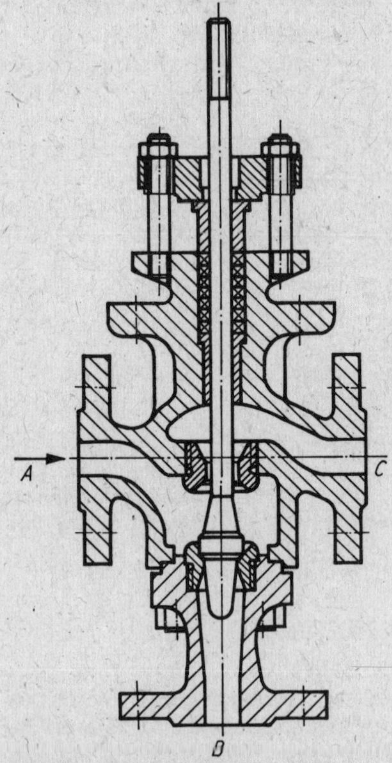

Bild 89. Zweiwege-Stellventil für Misch- und Trennfunktion

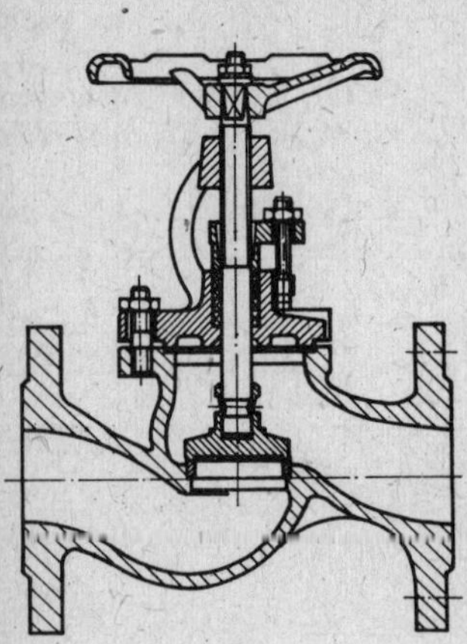
Bild 87. Absperrventil

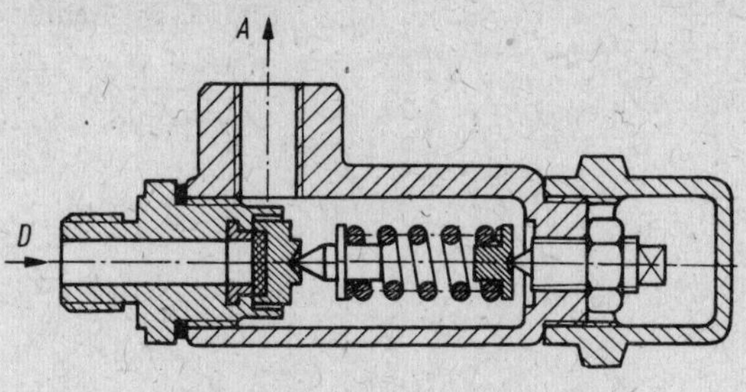

Bild 90. Sicherheitsventil (Pneumatik)

tung A in die beiden Abgänge B und C bzw. nur in die Leitung B oder nur in die Leitung C strömen.

Bild 90 zeigt ein *Sicherheitsventil*, wie es in pneumatischen Anlagen verwendet wird. Überschreitet die durch den Druck verursachte Kraft die Federvorspannkraft, dann wird der Dichtungsteller gegen die Feder verschoben, und die Luft kann in die A-Leitung abströmen.

Druckminderventile (Bild 91) reduzieren den Druck in der D_2-Leitung auf den durch die Feder eingestellten Wert, unabhängig vom höheren Druck in der D_1-Leitung.

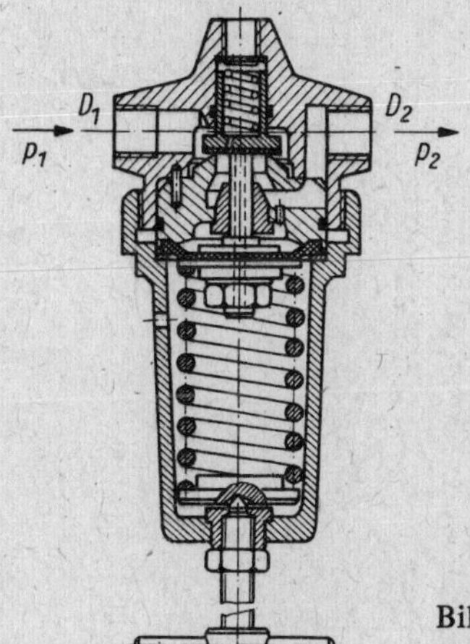

Bild 91. Druckminderventil (Pneumatik)

8.5. Dichtungen

Dichtungen haben die Aufgabe, die fertigungsbedingten Zwischenräume zweier miteinander verbundener Bauteile an den Berührungsstellen zu füllen und das Ausströmen des unter Druck stehenden Mediums zu verhindern.

An die Dichtungen werden die Forderungen gestellt, elastisch, druck- und temperaturbeständig in großen Bereichen zu sein. Es gilt, zwischen Dichtungen für ruhende Teile und solchen für bewegte Teile zu unterscheiden. *Ruhende Dichtungen* sind zwischen den Verbindungselementen der Rohre angeordnet und aus Pappe, Papier, Leder, Gummi, Plast und Weichmetall hergestellt. Die Abdichtung von Stellspindeln in Ventilen erfolgt durch *Packungsdichtungen*, die eine gute Temperatur- und Druckbeständigkeit aufweisen. In der Hydraulik und Pneumatik werden *Rundringe* und *Manschettendichtungen* verwendet.

Literaturverzeichnis Maschinenelemente

[1] *Autorenkollektiv:* Fachwissen des Ingenieurs, Band 1. Grundlagen des Konstruierens. 7. Aufl.-Leipzig: VEB Fachbuchverlag, 1986

[2] *Fuchs, H., Kunze, W.:* Hydraulik, Pneumatik. 4. Aufl.-Berlin: VEB Verlag Technik, 1987

[3] *Hintze, J., Früngel, W.:* Maschinenelemente, Baugruppen und ihre Montage. Teil 1: Verbindungselemente. 18. Aufl.-Berlin: VEB Verlag Technik, 1987

[4] *Hintze, J., Früngel, W.:* Maschinenelemente, Baugruppen und ihre Montage. Teil 2: Übertragungselemente. 22. Aufl.-Berlin: VEB Verlag Technik, 1988

[5] *Hinz, R.:* Verbindungselemente, Achsen, Wellen, Lager, Kupplungen. 2. Aufl. – Leipzig: VEB Fachbuchverlag, 1985

[6] *Ihbe, W., Fischer, J., Malek R.:* Wellenkupplungen. 2 Bände. 6. bzw. 8. Aufl.-Berlin: VEB Verlag Technik, 1983 bzw. 1984

[7] *Mesch, H., Heger, W.:* Aufgabensammlung Maschinenelemente. 8. Aufl.-Berlin: VEB Verlag Technik, 1987

[8] *Rempke, V., Schmähl, M.:* Mechanische Bauelemente und Baugruppen. 5. Aufl.-Berlin: VEB Verlag Technik, 1987

[9] *Volmer, J.:* Getriebetechnik. Leitfaden. 3. Aufl.-Berlin: VEB Verlag Technik, 1985

FP Fertigungsprozeßgestaltung

Von Prof. Dr. sc. techn. Wolfgang Beyer, Leipzig

Inhaltsverzeichnis

1. Einführung

Die Kenntnis und Beherrschung des technologischen Grundwissens und die Weiterentwicklung des Erkenntnisstandes der Technologie als *Wissenschaft von den Produktionsprozessen* und ihren Elementen haben entscheidenden Einfluß auf eine effektive Vorbereitung und Durchführung von technologischen Prozessen. Dies kommt auch dadurch zum Ausdruck, daß die notwendige Steigerung der Arbeitsproduktivität zu einem hohen Prozentsatz durch die *Nutzung wissenschaftlich-technischer Ergebnisse* zu erbringen ist.

Die Steigerung der Arbeitsproduktivität ist gekennzeichnet durch eine verstärkte Nutzung moderner Verfahren und Fertigungseinrichtungen sowie ihr organisatorisches Zusammenwirken auf wissenschaftlicher Grundlage.
Die Kopplung von Fertigungsverfahren und Fertigungseinrichtungen zu *vollständigen Fertigungsprozessen* ist Gegenstand der Fertigungsprozeßgestaltung. Zielstellung ist dabei die Erarbeitung konkreter Lösungen für eine wirtschaftliche Fertigung von Erzeugnissen. Eingeschlossen in die Fertigungsprozeßgestaltung ist die Entwicklung rationeller Verfahren und Methoden zur Erarbeitung dieser Prozesse.

2. Fertigungsprozeßgestaltung in der metallverarbeitenden Industrie

2.1. Entwicklung der Technologie

Die *Technologie* ist

- unmittelbar mit der materiellen Produktion verbunden und
- stellt das Bindeglied zwischen den Erkenntnissen der naturwissenschaftlich-technischen und ökonomischen Disziplinen und ihrer unmittelbaren Nutzung in der Produktion dar.

Die Entwicklung der *Technologie als Wissenschaft* ist gekoppelt mit dem Übergang von der handwerklichen zur industriellen Fertigung. Mit dem Entstehen industrieller Produktionsmethoden begann die wissenschaftliche Durchdringung des Produktionsprozesses, die zu einer ständigen Revolutionierung der materiell-technischen Seite der Produktion führte. Der Begriff der Technologie wurde erstmalig 1772 von J. *Beckmann* eingeführt, der damit die gleichnamige Wissenschaft begründete.
Der Begriff *Technologie* wird von ihm im Sinne einer systematischen, wissenschaftlich begründeten Gliederung des Prozesses zur Herstellung eines Erzeugnisses verstanden, wodurch erstmalig der Schritt von der *beschreibenden* zur *vergleichenden Betrachtungsweise* vollzogen wird.

Neben der zunehmend bewußten Anwendung von naturwissenschaftlich-technischen Erkenntnissen bei der Vorbereitung und Durchführung technologischer Prozesse sind bei der Auswahl der einzelnen Elemente des Prozesses und seiner Gestaltung ökonomische, organisatorische, arbeitswissenschaftliche u. a. Forderungen und Bedingungen zu beachten. Dies ist nur durch Aneignung umfassenden Wissens über die Erkenntnisse dieser Wissenschaftsdisziplin und die zielgerichtete Nutzung ihrer Ergebnisse möglich.

Hatte man anfangs unter dem Begriff *Technologie* nur die Bearbeitungsverfahren verstanden, so erlangten mit der weiteren industriellen Entwicklung und den anwachsenden Stückzahlen der zu produzierenden Erzeugnisse nunmehr *organisatorische Prinzipien* zur Herstellung der Erzeugnisse zunehmende Bedeutung, die in die technologische Betrachtungsweise mit einbezogen wurden.
Man erreicht damit eine Überwindung der bisherigen Trennung der technologischen Verfahren vom organisatorischen Zusammenwirken im technologischen Prozeß (Bild 1):

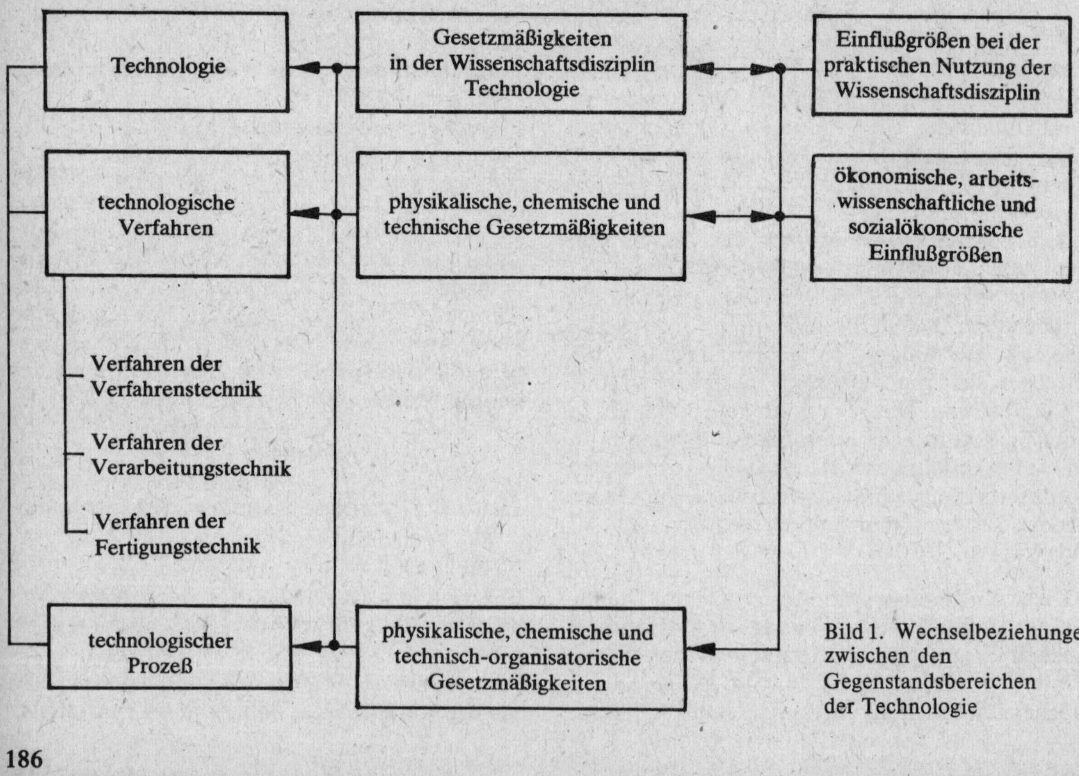

Bild 1. Wechselbeziehungen zwischen den Gegenstandsbereichen der Technologie

2.2. Technologischer Prozeß und seine Elemente

Die materiell-technische Seite des Produktionsprozesses, d. h. der Prozeß, der zwischen Mensch und Natur stattfindet, stellt den *technologischen Prozeß* dar. Er ist mit seinen Elementen, den technologischen Verfahren, Gegenstand der Technologie.

> Der *technologische Prozeß* ist die Gesamtheit der Verrichtungen, die mit der Änderung der Form, der Maße, der physikalischen und chemischen Eigenschaften der Werkstoffe zur Herstellung von Fertigungserzeugnissen unmittelbar miteinander verbunden sind.

Eingeschlossen in diese Betrachtungsweise sind sowohl die *Kontrolle des Veränderungsgrades* des Arbeitsgegenstandes als auch sein *Platzwechsel* von Bearbeitungsstation zu Bearbeitungsstation.
Der technologische Prozeß setzt sich aus einer Summe von Teilelementen zusammen, die eine untrennbare Einheit bilden:

- technische Elemente (die zur Herstellung von Gebrauchswerten verwendeten Arbeitsmittel in Form von Vorrichtungen, Werkzeugen, Maschinen und Anlagen),
- organisatorische Elemente [Organisationsprinzipien der Herstellung von Gebrauchswerten (Werkstattprinzip, Erzeugnisprinzip) und Formen der Verkettung der einzelnen Fertigungseinrichtungen miteinander bzw. angewendete Formen des Transports, des Umschlagens und des Lagerns der Arbeitsgegenstände],
- technologische Elemente (Verfahren und Methoden zur Be- oder Verarbeitung von Werkstoffen zur Herstellung von Gebrauchswerten),
- energetische Elemente (z. B. die zur Be- oder Verarbeitung, zum Transport und Fixieren der Arbeitsgegenstände erforderliche Energie),
- Informationselemente (Prozesse zur Informationserfassung und -verarbeitung, zur Steuerung, Lenkung und Leitung des Bearbeitungsprozesses).

Diese Elemente gewährleisten in ihrer Summe eine effektive Durchführung des technologischen Prozesses. Den technologischen Prozeß mit den ihn gewährleistenden Hilfsprozessen bezeichnet man als *Fertigungsprozeß*.

Er schließt den Begriff des *Fertigens* mit ein.

> Unter *Fertigen* versteht man das schrittweise Verändern der Form oder/und der Stoffeigenschaften eines Stoffes oder Körpers von einem Rohzustand in einen Fertigzustand[1]).
> Unter *Fertigungstechnik* versteht man die Gesamtheit der materiellen Mittel und Verfahren zur Herstellung geometrisch bestimmter fester Körper.

Der technologische Prozeß unterliegt bei seiner Gestaltung und Durchführung einer Vielzahl von inneren und äußeren Einflußfaktoren, die technischer, technologischer, organisatorischer und ökonomischer Art sein können. Es sind dies z. B.

- Abweichungen in den Abmessungen und der Form der Rohteile bzw. Halbzeuge,
- Unterschiede in den Materialeigenschaften,
- Veränderungen der Schneidengeometrie (Verschleiß),
- Netzspannungsschwankungen.

Diese Faktoren beeinflussen die Teilprozesse und damit den technologischen Prozeß insgesamt. Auf Grund der komplizierten Wechselwirkungen und Verflechtungen dieser Faktoren untereinander ist eine optimale Verkettung der Elemente des technologischen Prozesses nur unter Anwendung von Erkenntnissen der Kybernetik, der Operationsforschung sowie mathematisch-statistischer Methoden möglich.

2.3. Grundbedingungen des technologischen Prozesses

Die Grundbedingungen des technologischen Prozesses sind technischer und ökonomischer Art.
Die *technischen Grundbedingungen* ergeben sich aus der vorgesehenen Funktion des Einzelteils,

des Gerätes oder der Maschine. Die durch die Konstruktion vorgegebene Form, die Abmessungen, die Oberflächengüte, der Werkstoffzustand usw. sind entsprechend den vorgegebenen Forderungen zu erfüllen. Die technischen Bedingungen sind Ausgangspunkt für die Gestaltung und Durchführung des technologischen Prozesses, um die Funktion der Konstruktion zu gewährleisten.

Die *ökonomischen Grundbedingungen* fordern, daß bei der Gestaltung und Durchführung des technologischen Prozesses die Varianten mit dem geringsten Arbeitskräftebedarf und den geringsten Kosten ausgewählt werden, wobei besonders Aspekte der Material- und Energieökonomie sowie optimale Arbeitsbedingungen zu beachten sind.

Aus diesen Zusammenhängen ist ableitbar, daß zur Einhaltung der technischen und ökonomischen Grundbedingungen eine unmittelbare Zusammenarbeit zwischen den Bereichen *Konstruktion* und *Technologie* unabdingbar ist.

Durch die Technologie wird, ausgehend von den technologischen Möglichkeiten der rationellen Fertigung im Betrieb, maßgeblich die *konstruktive Gestaltung von Erzeugnissen* beeinflußt. Diese Einflußnahme ist bereits während der Entwicklungsphase eines Erzeugnisses erforderlich und führt bei der konsequenten Realisierung der Zusammenarbeit zu einer bedeutenden Verkürzung der Überleitungszeit neuer Erzeugnisse in die Produktion.

Zwischen den Grundbedingungen des technologischen Prozesses und der technologischen Disziplin bestehen sehr enge Wechselbeziehungen, denn nur durch Wahrung der technologischen Disziplin ist es möglich, die technischen und ökonomischen Grundbedingungen zu erfüllen.

Wahrung der technologischen Disziplin bedeutet, daß auf der Grundlage

- einer auf hoher Qualität stehenden technologischen Fertigungsvorbereitung,
- einer zweckentsprechenden Betriebsorganisation und eines hohen Verantwortungsbewußtseins der Beteiligten sowie
- der Zusammenarbeit des Technologen mit den Werktätigen in den Fertigungsabteilungen

der vorgeschriebene technologische Prozeß eingehalten wird. *Verstöße* gegen die technologische Disziplin können zu bedeutenden Verschlechterungen der Qualität der Erzeugnisse führen und die Ausfallrate bzw. Ausschußquote wesentlich erhöhen.

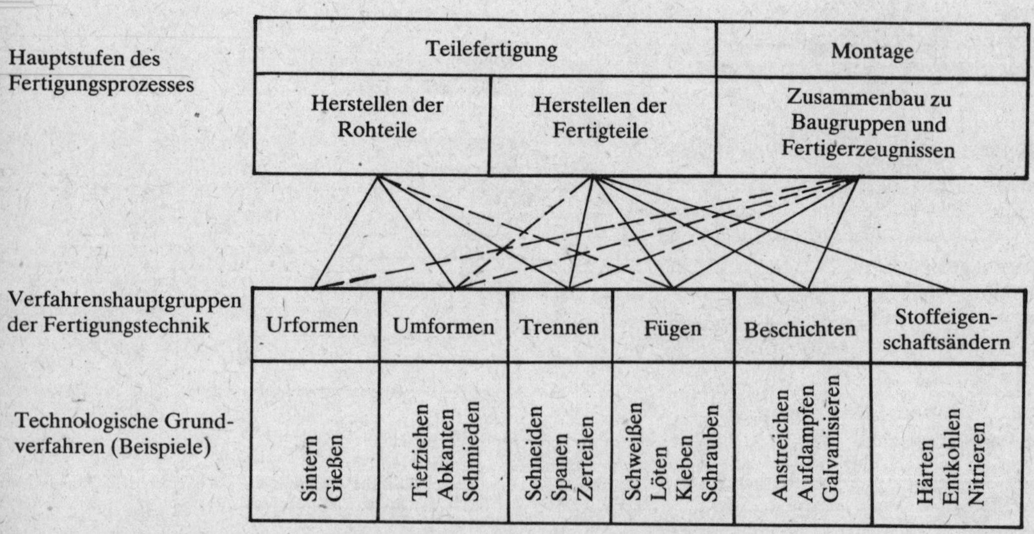

Bild 2. Wechselbeziehungen zwischen den Hauptstufen des Fertigungsprozesses, den Verfahrenshauptgruppen der Fertigungstechnik und den technologischen Grundverfahren

2.4. Aufgaben der Fertigungsprozeßgestaltung

Im Rahmen der Fertigungsprozeßgestaltung erfolgt, ausgehend von der Fertigungsaufgabe, die Gestaltung des konkreten *Fertigungsprozesses.* Das organisatorische Zusammenwirken der einzelnen Prozeßelemente zur Bearbeitung eines Arbeitsgegenstandes in vollständigen Fertigungsprozessen sowie die Methoden und Verfahren zur Vorbereitung und Realisierung stehen dabei im Mittelpunkt.
Von der *Güte der Vorbereitung* des technologischen Prozesses hängen in hohem Maße die Effektivität und Qualität der Realisierung der Fertigungsaufgabe ab.
Die Fertigungsprozeßgestaltung bezieht sich dabei entsprechend den Hauptstufen des technologischen Prozesses auf die Fertigungsprozesse

- Rohteilfertigung
- Einzelteilfertigung und
- Zusammenbau zu Baugruppen oder Fertigerzeugnissen.

Die Wechselbeziehungen, die zwischen den Hauptstufen des Fertigungsprozesses, den Verfahrenshauptgruppen der Fertigungstechnik und den technologischen Grundverfahren bestehen, sind auf Bild 2 dargestellt.

3. Technisch-organisatorische Gliederung von Fertigungsprozessen

3.1. Gliederung nach technologischen Merkmalen

Die *Fertigungsaufgabe,* d. h. die konkrete Aufgabe zur Herstellung von Erzeugnissen, ist der Ausgangspunkt für die Fertigungsprozeßgestaltung.

Erzeugnisse sind im Produktionsprozeß entstehende technische Gebilde, die für den Absatz oder den internen Gebrauch bestimmt sind[2]).

Erzeugnisse sind nach der Anzahl der enthaltenen Bauelemente unterteilbar in *einfache* und *zusammengesetzte* und nach der Anzahl der Baustufen in *einstufige* und *mehrstufige* Erzeugnisse (Bild 3).
Entsprechend dieser Gliederung unterteilt man die Prozesse zur Herstellung in *technologisch einfache* und *technologisch komplizierte.*

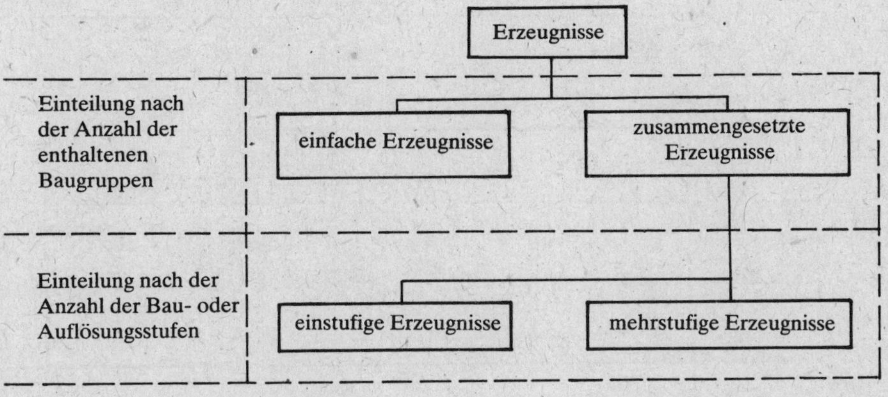

Bild 3. Einteilung der Erzeugnisse[2])

3.1.1. Technologisch einfache Prozesse - Teilefertigung

In einem *technologisch einfachen Prozeß* wird der Arbeitsgegenstand in nacheinanderfolgenden Arbeitsgängen zum einfachen Fertigerzeugnis verändert. Man spricht hierbei wegen der unmittelbaren Aufeinanderfolge der Bearbeitungsgänge auch von einem *geradlinigen Verlauf* des technologischen Prozesses. Diese Prozesse sind in der metallverarbeitenden Industrie typisch bei der Herstellung von Einzelteilen.

Beispiel dafür ist die Herstellung von Standardteilen, wie Schrauben, Unterlegscheiben, aber auch von Wellen, Zahnrädern, Buchsen usw.

Bei der Herstellung der einfachen Erzeugnisse ergibt sich die Anordnung der Arbeitsplätze und Maschinen zwangsläufig aus der Arbeitsgangfolge. Das Hauptproblem der Organisation des Fertigungsablaufes ist hierbei die Herstellung entsprechender Kapazitätsproportionen zwischen den einzelnen Bearbeitungsstufen.

3.1.2. Technologisch komplizierte Prozesse - Montage

Technologisch komplizierte Prozesse setzen sich aus mehreren Teilprozessen zusammen, die sowohl räumlich als auch zeitlich getrennt voneinander verlaufen können.
Der *technologisch komplizierte Prozeß* bezieht sich auf ein zusammengesetztes Erzeugnis, wobei dessen Herstellung immer in mehreren *Teilprozessen* verläuft. Man spricht in diesem Fall auch von einer *heterogenen Gliederung* des Fertigungsprozesses. Technologisch komplizierte Prozesse sind typisch für den gesamten Bereich der metallverarbeitenden Industrie.

Beispiel dafür ist die Herstellung von Getrieben, Geräten und Anlagen.

Die Möglichkeit der räumlichen und zeitlichen Trennung der Teilprozesse wirkt sich einesteils vorteilhaft auf die Arbeitsteilung (Spezialisierung, Kooperation) aus, stellt andererseits aber erhöhte Anforderungen an die Fertigungsorganisation.

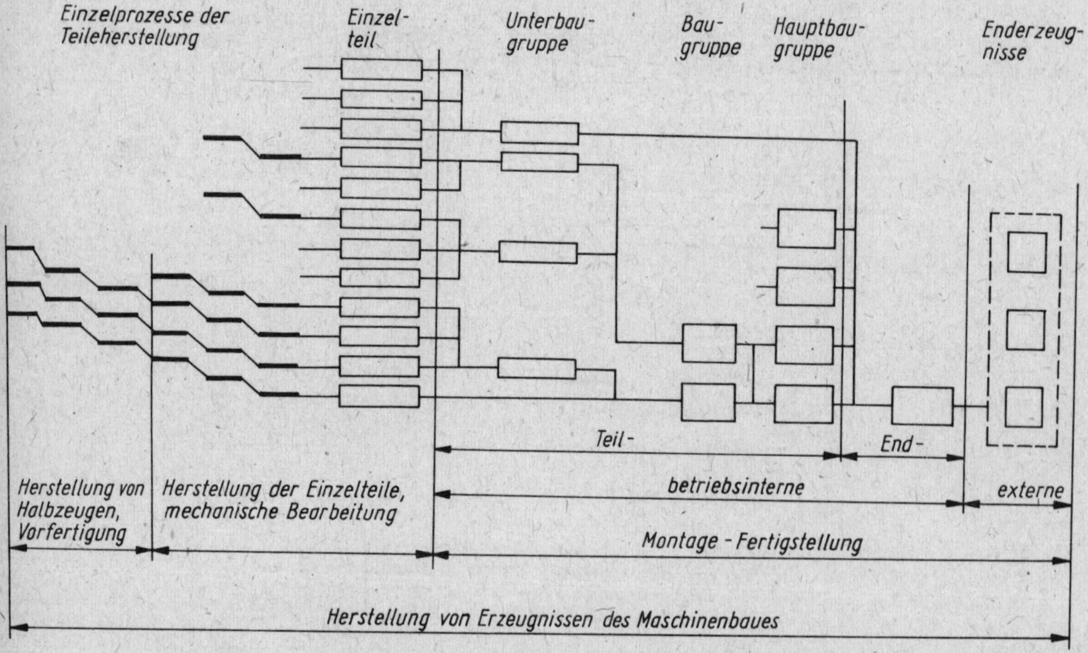

Bild 4. Schema eines technologisch komplizierten Prozesses bei der Herstellung zusammengesetzter Erzeugnisse

Das Schema eines technologisch komplizierten Prozesses zeigt Bild 4. Aus dieser Darstellung ist die typische *Reihenfertigung* bei der Herstellung von Einzelteilen erkennbar. Die Einzelteile werden zu *Unterbaugruppen*, diese zu *Baugruppen* und diese wiederum zu *Hauptbaugruppen* zusammengefaßt, aus denen dann die *Fertigerzeugnisse* montiert werden.

Die Übersicht stellt ebenfalls die Grundlage für die Erarbeitung eines technologischen Bauschemas dar. Der Montageablauf kann hiermit räumlich und zeitlich abgestimmt werden (Durchlaufplan, Fristenplan, Montagearbeitsplan).

3.2. Gliederung nach der Zeit

Der Fertigungsprozeß ist der wichtigste Teil des gesamten Produktionsprozesses. In ihm werden die Arbeitsgegenstände im Sinne des herzustellenden Erzeugnisses verändert.

Die *Dauer des Fertigungsprozesses* hängt wesentlich von der angewandten Technologie und von der Produktivität der eingesetzten Technik ab.

Der Fertigungsprozeß kann in die *Arbeitsprozesse* und in die *natürlichen Prozesse* unterteilt werden.

In den *Arbeitsprozessen* wird der Arbeitsgegenstand durch manuelle oder maschinelle Einwirkung verändert, während bei den natürlichen Prozessen ohne die Einwirkung der Arbeitskraft physikalische und / oder chemische Veränderungen in bzw. an den Arbeitsgegenständen ablaufen.

Die *natürlichen Prozesse*, z. B. Aushärten von Klebern, Lufttrocknen von Lackschichten, sind sehr langsam verlaufende Prozesse, deren Zeitdauer durch technische Maßnahmen bedeutend verkürzt werden kann.

Die *Zeitelemente* im Fertigungsprozeß sind schematisch in Bild 5 dargestellt.

$AZ = t_N + t_V$

$t_V = t_{Va} + t_{Vu}$

$t_N = t_A + n \cdot t_S$

$t_S = t_0 + t_W + t_E$

$t_0 = t_G + t_H$

$t_W = t_{Wo} + t_{Wt}$

$t_G = t_{Gm}$
$= t_{Gmh}$
$= t_{Gh}$

$t_H = t_{Hm}$
$= t_{Hmh}$
$= t_{Hh}$

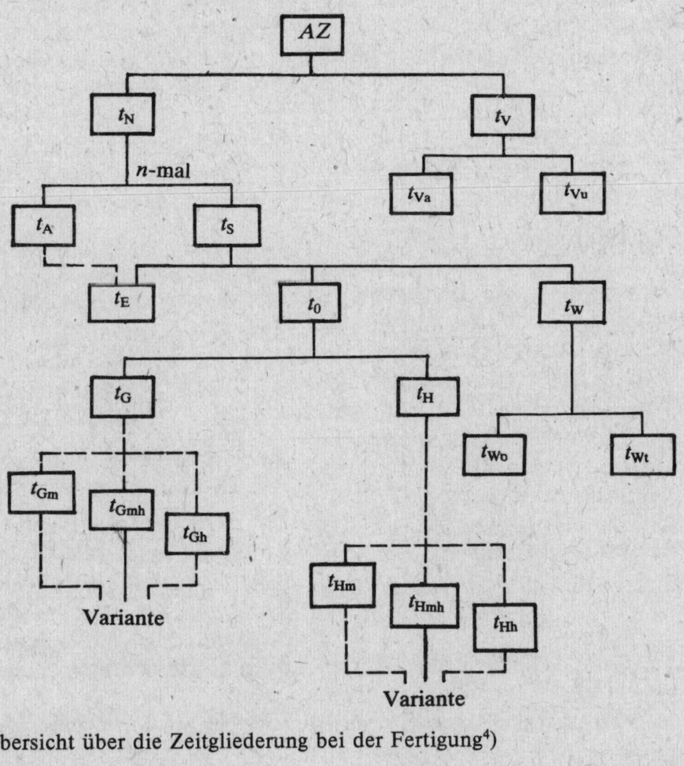

Bild 5. Schematische Übersicht über die Zeitgliederung bei der Fertigung[4])

Die *Arbeitszeit* (*AZ*) ist die für die Durchführung eines Arbeitsauftrages oder eines Arbeitsganges benötigte Zeit.

Sie ist die Summe von der *Normzeit* (t_N) und den bei der Bearbeitung auftretenden *Zeitverlusten* (t_V).

Unter *Normzeit* (t_N) wird die reine Bearbeitungszeit eines Werkstückes oder eines Arbeitsauftrages ohne eventuelle Zeitverluste verstanden.

Sie setzt sich aus *Vorbereitungs- und Abschlußzeit* (t_A) und der *Stückzeit* (t_s), multipliziert mit der herzustellenden *Stückzahl*, zusammen:

$$t_N = t_A + n \cdot t_S \qquad (1)$$

Die Maßeinheit der Normzeit t_N ist min / Los. Die Normzeit / Stück erhält man, indem t_N durch die Losgröße *n* dividiert wird. Diese Zeit bezeichnet man als *Kalkulationszeit* (t_K):

$$t_K = \frac{t_N}{n} = \frac{t_A}{n} + t_S \qquad (2)$$

Unter dem *Zeitverlust* (t_V) versteht man die Zeit für die unplanmäßige Unterbrechung des Produktionsprozesses, wobei der Zeitverlust vom Arbeiter abhängig (t_{Va}) oder unabhängig (t_{Vu}) sein kann.
Die *Vorbereitungs- und Abschlußzeit* (t_A) ist die für eine ordnungsgemäße Vorbereitung und den Abschluß eines Arbeitsauftrages benötigte Zeit.

Dazu gehören die Entgegennahme der Arbeitsunterlagen, des Materials, der Werkzeuge und Vorrichtungen, das Einrichten der Maschine sowie das Vertrautmachen mit Zeichnungen und Arbeitsunterlagen. Nach Beendigung des Arbeitsauftrages gehören dazu das Ausfüllen der Arbeitspapiere, die Abgabe von Vorrichtungen und Werkzeugen. Die Vorbereitungs- und Abschlußzeit hat besonders bei der Herstellung von nur geringen Stückzahlen große Bedeutung.
Bei der Serien- bzw. Massenfertigung reduziert sich dieser Zeitanteil an der Normzeit auf ein Minimum.

Unter *Stückzeit* (t_S) versteht man die zur Herstellung eines Werkstückes, zur Durchführung eines Arbeitsganges erforderliche Zeit.

Sie setzt sich aus der *operativen Zeit* (t_o), der *Wartungszeit* (t_W) und der Zeit für natürliche Bedürfnisse sowie für arbeitsbedingte *Erholungspausen* (t_E) zusammen:

$$t_S = t_o + t_W + t_E \qquad (3)$$

Die *operative Zeit* (t_o) ist die zur Veränderung des Werkstückes entsprechend dem vorgegebenen Arbeitsauftrag erforderliche Zeit.

Sie umfaßt die *Grundzeit* (t_G) und die *Hilfszeit* (t_H):

$$t_o = t_G + t_H \qquad (4)$$

Während der Grundzeit (t_G) erfolgt eine unmittelbare Bearbeitung des Arbeitsgegenstandes durch ein chemisches, elektrisches oder mechanisches Verfahren. Man unterscheidet:

Die *Grundzeit – Maschine* (t_{Gm}) ist die Zeit, in der ohne Einwirken der menschlichen Arbeitskraft eine chemische, elektrische oder mechanische Veränderung des Arbeitsgegenstandes erfolgt.
Die *Grundzeit – Maschine-Hand* (t_{Gmh}) ist die Zeit, in der ein Arbeitsgegenstand maschinell unter Einwirken der menschlichen Arbeitskraft verändert wird.
Die *Grundzeit – Hand* (t_{Gh}) ist die Zeit, in der ein Arbeitsgegenstand unter Einwirken der menschlichen Arbeitskraft verändert wird.
Die *Hilfszeit* (t_H) umfaßt die Zeitanteile der Tätigkeiten, die für die Durchführung der Grundzeit (t_G) notwendig sind.

Es sind dies z. B. das Ein-, Um- oder Ausspannen des Arbeitsgegenstandes oder die Kontrolle des Bearbeitungsfortschrittes. Man unterscheidet bei der Hilfszeit (t_H) ebenfalls
- Hilfszeit – Maschine (t_{Hm})
- Hilfszeit – Maschine-Hand (t_{Hmh})
- Hilfszeit – Hand (t_{Hh})

Es gelten hierbei sinngemäß die bei der Grundzeit (t_G) und ihrer Unterteilung gegebenen Erläuterungen.

Die *Wartungszeit* (t_W) ist die zur organisatorischen (t_{Wo}) und zur technischen (t_{Wt}) Durchführung der mechanischen, elektrischen oder chemischen Veränderungen am Arbeitsgegenstand benötigte Zeit.

Darunter versteht man z. B. das Säubern und Abschmieren der Maschinen (t_{Wt}) sowie das arbeitsgerechte Bereitlegen der Werkzeuge (t_{Wo}). Die Zeit t_W wird meist als prozentualer Zuschlag der operativen Zeit (t_o) berücksichtigt. Sie kann aber auch als absoluter Zeitaufwand auftreten:

$$t_W = t_o \cdot \frac{P_W}{100} \qquad (5)$$

P_W Zuschlag in % für t_W

Die *Zeit für arbeitsbedingte Erholungspausen und natürliche Bedürfnisse* (t_E) hängt von den Arbeitsbedingungen und der Schwere der Arbeit ab. Sie wird überwiegend der operativen Zeit (t_o) und der Wartungszeit (t_W) prozentual zugeschlagen:

$$t_E = (t_o + t_W) \cdot \frac{P_E}{100} \qquad (6)$$

P_E Zuschlag in % für t_E

Für die *Stückzeit* (t_S) ergibt sich somit:

$$t_S = t_o \left(1 + \frac{P_W}{100}\right) \cdot \left(1 + \frac{P_E}{100}\right) \qquad (7)$$

Die Zuschläge für t_W und t_E kann man bei kleineren Wartungszeiten t_W auch zu einem Faktor P_{WE} zusammenfassen. In Abhängigkeit von den Arbeitsbedingungen und der Art des Arbeitsplatzes beträgt $P_{WE} = (0{,}08 \ldots 0{,}25)\ t_o$. Bei der Bestimmung von t_A wird bei $t_A > 30$ min ein prozentualer Zuschlag für t_E berücksichtigt:

$$t_N = t_A \left(1 + \frac{P_E}{100}\right)$$

$$+ n \cdot t_o \left(1 + \frac{P_E}{100}\right) \cdot \left(1 + \frac{P_W}{100}\right) \qquad (8)$$

Die Zeitanteile t_N, t_S, t_A, t_G, und t_H sind Ausgangspunkt für die Gestaltung der Fertigungsprozesse. Sie werden bei der Ausarbeitung der Arbeitsgänge rechnerisch oder an Hand von Normativen oder Richtwerttabellen bestimmt.

Für die wichtigsten mechanischen Bearbeitungsverfahren sind nachfolgend die Berechnungsmöglichkeiten für die Grundzeit - Maschine angeführt.

Kreissägen

$$t_{Gm} = \frac{A}{qn} \qquad (9)$$

A zu sägender Querschnitt (mm²),
q werkstoffabhängiger Richtwert (mm² / Umdrehung),
$q = 100$ mm²/Umdr. bei unlegiertem Kohlenstoffstahl,
$q = 600 \ldots 800$ mm²/Umdr. bei legiertem Stahl,
n Drehzahl (min⁻¹)

Drehen

Langdrehen (Bild 6):

$$t_G = \frac{L_L i}{sn} \qquad (10)$$

L_L Laufweg des Drehmeißels mit Vor- und Überlauf

$$L_L = L' + L_a + L_ü \qquad (11)$$

L' Bearbeitungslänge (mm),
L_a Anlauf des Drehmeißels (mm),
$L_ü$ Überlauf des Drehmeißels (mm),
s Vorschub (mm / Umdrehung),
n Drehzahl des Werkstückes (min⁻¹),
i Anzahl der Schnitte

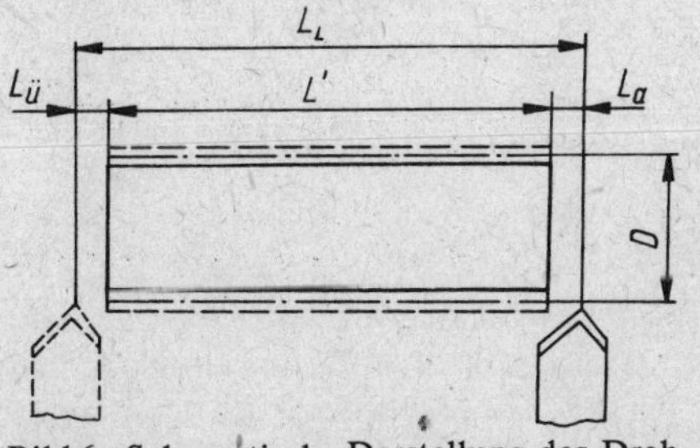

Bild 6. Schematische Darstellung des Drehvorganges beim Langdrehen

Plandrehen

$$t_{Gm} = \frac{L_{PL} i}{ns} \qquad (12)$$

L_{PL} Drehlänge (mm)

$$L_{PL} = l_a + \frac{D}{2} \qquad (13)$$

D Drehteildurchmesser (mm)

Bohren (Bild 7)

$$t_{Gm} = \frac{L}{sn} \quad (14)$$

L Laufweg des Bohrers (mm)

$$L = l + l_a + l_A + l_ü \quad (15)$$

l Bohrtiefe (mm)
l_a Anlauf des Bohrers (mm) (allgemein 1 mm),
$l_ü$ Überlauf des Bohrers (mm) (allgemein 2 mm),
l_A Längenzugabe für Bohrerspitze
$l_A = 0{,}3D$ bei Normalschliff des Bohrers (mm),
D Durchmesser des Bohrers (mm),
s Vorschub (mm / Umdrehung),
n Drehzahl (min^{-1})

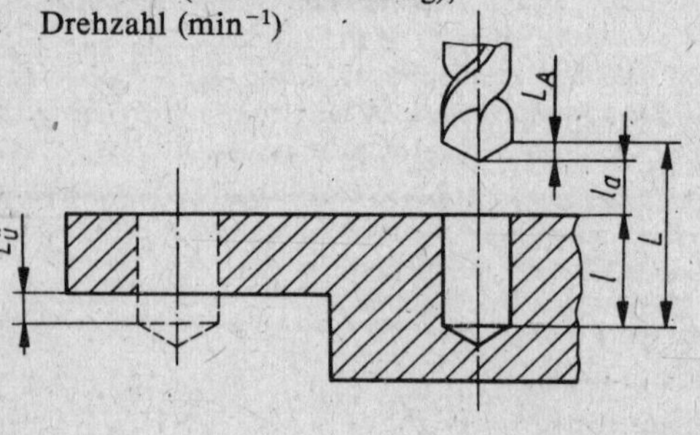

Bild 7. Schematische Darstellung des Bohrvorganges

Fräsen (Bild 8)

$$t_{Gm} = \frac{Li}{S'} \quad (16)$$

S' Vorschubgeschwindigkeit (mm / min)

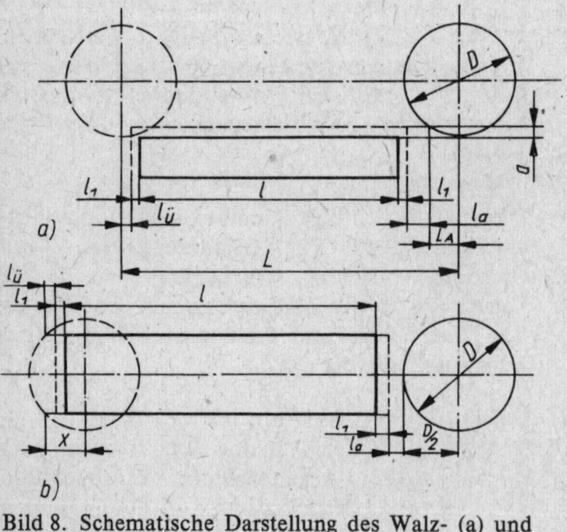

Bild 8. Schematische Darstellung des Walz- (a) und Stirnfräsens (b)

Entsprechend den zwei Verfahrensvarianten beim Fräsen unterscheidet sich die Länge des Fräserweges:

Walzenfräsen

Die Fräslänge beträgt hierbei:

$$L = l_A + l_a + 2l_1 + l + l_ü \quad (17)$$

$$l_A = \sqrt{a\,(D-a)} \quad (18)$$

l_A Anlaufweg des Fräsers (mm)
l_a Anlaufweg zum Anstellen (mm)
l_1 Bearbeitungszugabe zur Werkstücklänge (mm)
l Werkstücklänge (mm)
$l_ü$ Überlaufweg (mm)

Stirnfräsen (mittig)

Die Fräslänge beträgt beim Schruppen

$$L = \frac{D}{2} + l_a + 2l_1 + l + l_ü - x \quad (19)$$

$$x = \frac{1}{2}\sqrt{D^2 - B^2} \quad (20)$$

D Durchmesser des Fräsers

BEISPIEL

■ Ermittlung der Normzeit
In 100 Leiterplatten sind je 4 Bohrungen mit 4 mm Durchmesser zu bohren. Die Dicke einer Platte beträgt 1,5 mm. Die Lage der Bohrungen auf den Leiterplatten ist gekennzeichnet. Es wird nur der Arbeitsgang Bohren betrachtet. Es werden 10 Platten gleichzeitig im Paket gebohrt.

Vorbereitungs- und Abschlußzeit t_A

Die Zeiten für t_A werden in Abhängigkeit von der Arbeitsplatzanordnung, der Werkzeuglagerung usw. bestimmt und können deshalb von Betrieb zu Betrieb entsprechend der jeweiligen Arbeitsorganisation unterschiedlich sein. Für das vorgegebene Beispiel gelten folgende t_A-Normativzeiten:

1. Auftrag entgegennehmen	3,0 min
2. Arbeitsunterweisung lesen	2,0 min
3. Bohrer bereitlegen	1,0 min
4. Bohrer ein- und ausspannen	1,5 min
5. Bohrer wegräumen	0,5 min
6. Arbeitspapiere ausfüllen	4,0 min
7. Auftrag abliefern	9,0 min
	21,0 min

Zu t_a wird ein Zuschlag P_E von 4,0 % entsprechend den betrieblichen Bedingungen gewährt. Die Vorbereitungs- und Abschlußzeit beträgt somit:

$$t_A = t_a\left(1 + \frac{P_E}{100}\right) = 21{,}84 \text{ min}$$

Grundzeit t_G

Die Grundzeit t_G tritt im betrachteten Fall nur als Grundzeit - Maschine t_{Gm} auf:

$$t_{Gm} = \frac{Li}{sn}$$

i Anzahl der zu bohrenden Löcher (= 4),
s Vorschub des Bohrers (= 0,1 mm / Umdrehung),
n Drehzahl des Bohrers (= 2 000 min^{-1}),

$$L = l + l_a + l_A + l_ü$$

l_a Anlauf des Bohrers (= 1 mm),
$l_ü$ Überlauf des Bohrers (= 2 mm),
l_A Längenzugabe für Bohrerspitze (= 1,2 mm)

Die Werte wurden dem Auftrag bzw. technischen Normativen entnommen.

$$t_{Gm} = \frac{19{,}2 \cdot 4}{0{,}1 \cdot 2\,000} \text{ min} = 0{,}38 \text{ min}$$

Hilfszeit t_H

Im betrachteten Beispiel tritt nur die Hilfszeit - Hand t_{Hh} auf:

1. 10 Platten zu einem Paket zusammenspannen	1,0 min
2. Paket auf Maschinentisch befestigen	1,0 min
3. Werkstück 4× positionieren	4,0 min
4. Maschine ein- und ausschalten	0,2 min
5. Plattenpaket von Maschine nehmen und auseinanderspannen	0,8 min
	7,0 min

Operative Zeit t_o

$$t_o = t_G + t_H = 7{,}38 \text{ min}$$

Stückzeit t_S

$$t_S = t_o\left(1 + \frac{P_W}{100}\right) \cdot \left(1 + \frac{P_E}{100}\right)$$

Entsprechend den betrieblichen Bedingungen wird ein Zuschlag $P_W = 5\,\%$ und $P_E = 4\,\%$ gewährt.

$$t_S = 7{,}38 \cdot \left(1 + \frac{5}{100}\right) \cdot \left(1 + \frac{4}{100}\right) = 8{,}06 \text{ min}$$

Normzeit t_N

$$t_N = t_A + nt_S$$
$$= 21{,}84 \text{ min} + 10 \cdot 8{,}06 \text{ min} = 102{,}4 \text{ min / Auftrag}$$

n Anzahl der Lose (= 10)

Aus der Relation zwischen der Grundzeit - Maschine t_{Gm} und der Hilfszeit - Hand t_{Hh} von 7,0:0,38 ist zu erkennen, daß insbesondere durch eine Rationalisierung der zeitaufwendigen Hilfszeiten eine Verminderung der Normzeit erreichbar ist.

3.3. Gliederung nach den Elementen

Zum Zwecke der Arbeitsdurchführung erfolgt eine Aufgliederung des Fertigungsprozesses in einzelne Bestandteile.
Der Fertigungsprozeß gliedert sich in
- Arbeitsgänge
- Arbeitsstufen
- Griffe und
- Griffelemente.

Der *Arbeitsgang* ist der Teil des Fertigungsprozesses, der von einem Arbeiter oder einer Gruppe von Arbeitern an einem Arbeitsplatz an einem Arbeitsgegenstand ausgeführt wird.

Die Arbeiten erfolgen hierbei unmittelbar aufeinanderfolgend. Die Gliederung des Fertigungsprozesses in Arbeitsgänge stellt die Grundlage für die Zeitberechnung, die Planung des Durchlaufes und die Maschinen- und Arbeitsplatzbelegung dar.

Die *Arbeitsstufe* ist ein technologisch in sich abgeschlossener Teil des Arbeitsganges, der mit gleichen Arbeitsmitteln bei gleichbleibenden technologischen Bedingungen (Werkstückeinspannung, technologische Arbeitswerte) durchgeführt wird.

Der *Griff* als Teil einer Arbeitsstufe ist eine in sich abgeschlossene zweckbestimmte Tätigkeit des Arbeiters oder der Maschine.

Er führt nur im Zusammenwirken mit anderen Griffen zur unmittelbaren Veränderung des Arbeitsgegenstandes und besteht aus aufeinanderfolgenden oder gleichzeitig ausgeführten Bewegungen.

Das *Griffelement* ist das kleinste, praktisch nicht mehr teilbare Teil eines Griffes, mit dem der Arbeiter oder die Maschine eine Bewegung ohne Unterbrechung und Richtungsänderung zur Erzielung eines Arbeitsfortschrittes durchführt.

Die strukturelle *Gliederung des Fertigungsprozesses* ist im Bild 9 dargestellt.
Wie aus Bild 10 ersichtlich ist, ist eine *Feingliederung* des Fertigungsprozesses bis zum Griffelement sehr aufwendig und wird nur unter bestimmten Fertigungsbedingungen vorgenommen.

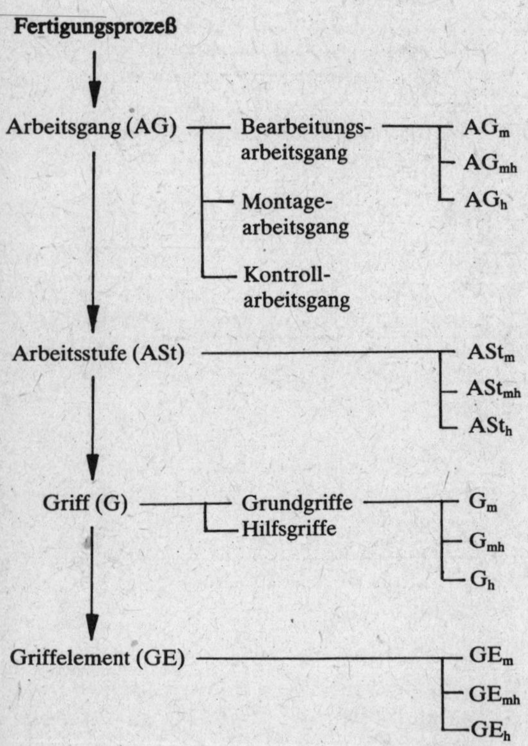

Bild 9. Strukturelle Gliederung des Fertigungsprozesses

Allgemein ist bei der Gestaltung von Fertigungsprozessen im Maschinenbau eine *Gliederung in Arbeitsgänge* und *Arbeitsstufen* die allgemein angewandte Form. Bei der Großserien- und Massenfertigung, besonders bei der Fließfertigung und bei komplizierten Bearbeitungsvorgängen erfolgt eine feinere Gliederung bis in Griffe und Griffelemente.
Die Gliederung des technologischen Prozesses hat besondere Bedeutung für die Lösung von Automatisierungsproblemen. Der Fertigungsprozeß muß dabei sowohl in allen seinen Einzelheiten (Fertigungsverfahren und exakte Erfassung des Arbeitsablaufes) als auch mit seinen vor- und nachgeordneten Prozessen erfaßt werden. Die Gliederung des Fertigungsprozesses bis in Griffe und Griffelemente hat Bedeutung für arbeitswissenschaftliche Untersuchungen.

3.4. Fertigungsorganisation

3.4.1. Allgemeines

Unter *Fertigungsorganisation* versteht man alle Maßnahmen, die den Fertigungsprozeß reibungslos und ökonomisch gestalten.

Dazu gehören Untersuchungen der zeitlichen und räumlichen Struktur der Prozesse, der Fertigungsarten sowie der Organisationsformen der industriellen Fertigung, der Methoden für eine rationelle Gestaltung der konstruktiven, technologischen und organisatorischen Vorbereitung sowie Durchführung der Fertigung. Eingeschlossen sind ebenfalls die Hilfsprozesse, die eine rationelle Durchführung der Fertigung gewährleisten.
Die Maßnahmen im Rahmen der Fertigungsorganisation sind darauf gerichtet, einen rationellen Einsatz und ein koordiniertes Zusammenwirken der drei Elemente des Fertigungsprozesses

- Arbeitsgegenstand
- Arbeitsmittel
- Arbeitskräfte

zu erzielen.
Reibungslos zu produzieren bedeutet auch, daß die Fertigung stetig und kontinuierlich erfolgt.

Dazu sind erforderlich:

- ständiger produktionswirksamer Einsatz der Arbeitskräfte (Vermeidung von Ausfällen und Störungen, Arbeitsschutz, Arbeitsbedingungen),

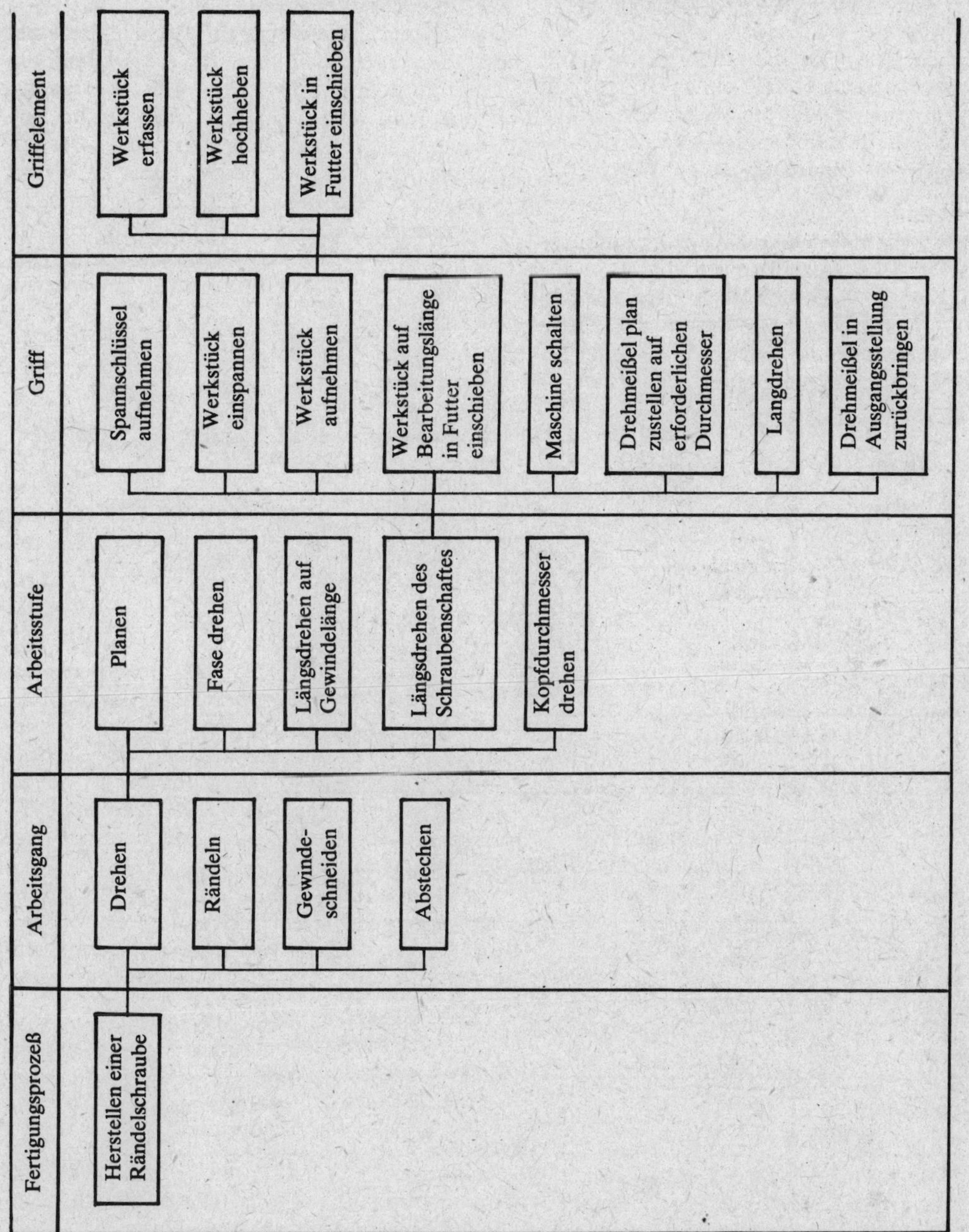

Bild 10. Gliederung des Fertigungsprozesses zur Herstellung einer Rändelschraube

- Gewährleistung des Einsatzes der Arbeitsmittel während des gesamten verfügbaren Maschinenzeitfonds (exakte Maschinenbelegung, planmäßige vorbeugende Instandhaltung),
- Verkürzung des Durchlaufes der Arbeitsgegenstände durch die Produktion (rationeller Materialfluß, Beseitigung unplanmäßiger Unterbrechungen, Verkürzung der Transport- und Lagerprozesse).

3.4.2. Fertigungsarten

Die Organisation der Fertigung wird sehr wesentlich von der herzustellenden Stückzahl beeinflußt. Sie hat insbesondere Einfluß auf die Kontinuität des Fertigungsprozesses.
In Abhängigkeit von

- der zu fertigenden Stückzahl sowie
- dem Fertigungsumfang der Erzeugnisse

unterscheidet man die Fertigungsarten:

- *Einzelfertigung*,
- *Serienfertigung* und
- *Massenfertigung*.

Die Tabelle 1 gibt einen Überblick über die Fertigungsarten in der Montage in Abhängigkeit vom Montageaufwand und der Jahresstückzahl.
Die Fertigungsart hat wesentlichen Einfluß auf den Charakter der Fertigungsprozesse und die bei ihrer Gestaltung einzusetzenden Methoden. Die Höhe der Stückzahl der zu fertigenden gleichartigen Erzeugnisse ist entscheidend für die

- Auswahl der Rohteile,
- Auswahl der Fertigungsverfahren und -mittel und ihre organisatorische Verknüpfung bei der Teilefertigung und Montage,
- anzuwendende Mechanisierung und Automatisierung der Verfahren und Prozesse,
- Feinheit der auszuarbeitenden Fertigungsunterlagen.

3.4.2.1. Einzelfertigung

Die *Einzelfertigung* ist dadurch charakterisiert, daß

- das Sortiment der herzustellenden Erzeugnisse sehr umfangreich ist,
- die Ausstoßmenge je Erzeugnis gering ist,

Tabelle 1. Fertigungsart in der Montage in Abhängigkeit von Montagezeitaufwand und der Jahresstückzahl[3])

Zeitaufwand je Montageeinheit in h								Fertigungsart
bis 10		über 10 bis 500		über 500 bis 5 000		über 5 000		
Jahresstückzahl der Montageeinheiten								
über	bis	über	bis	über	bis	über	bis	
11	1 200	5	120	2	120	–	60	Einzel- und Kleinserienfertigung
1 200	12 000	120	1 200	120	600	60	120	Mittelserienfertigung
12 000	–	1 200	–	600		120	–	Großserien- und Massenfertigung

- auf den Arbeitsplätzen völlig verschiedenartige Arbeitsgänge durchgeführt werden.

Bei der Einzelfertigung ist der spezifische Aufwand für die technische Vorbereitung der Produktion infolge der niedrigen Fertigungsstückzahlen *relativ hoch*, obwohl auf die Festlegung technologischer Einzelheiten verzichtet wird. In den einzelnen Fertigungsabteilungen ist der Einsatz *hochqualifizierter Arbeitskräfte* erforderlich, die in der Lage sind, die Bearbeitung des Werkstückes in dem erforderlichen Ablauf und auch die Bearbeitungsmethoden selbst zu bestimmen. Bei den ständig wechselnden maschinellen Arbeitsgängen werden *universell einsetzbare Maschinen*, Vorrichtungen, Werkzeuge und Meßmittel benötigt. Die manuelle Tätigkeit ist in noch großem Umfang erforderlich. Es werden damit der Steigerung der Arbeitsproduktivität enge Grenzen gesetzt.
Zielstellung muß es sein, daß die Einzelfertigung infolge ihres verhältnismäßig niedrigen technischen und ökonomischen Niveaus *nur in Sonderfällen*, so z. B. im Energie-, Metallurgie- und Chemieanlagenbau, zur Anwendung gelangt.

3.4.2.2. Serienfertigung

Die Serienfertigung ist gegenüber der Einzelfertigung dadurch charakterisiert, daß

- das Sortiment der herzustellenden Erzeugnisse eingeschränkt ist,
- eine höhere Ausstoßmenge je Erzeugnis vorhanden ist,
- eine Belegung der Arbeitsplätze mit Serien oder Losen erfolgt, die sich periodisch oder aperiodisch wiederholen.

In Abhängigkeit von der Stückzahl und den Produktionsbedingungen unterteilt man die Serienfertigung in

- *Kleinserienfertigung,*
- *Mittelserienfertigung,*
- *Großserienfertigung.*

Bei der Serienfertigung wiederholt sich der gleiche technologische Prozeß, wodurch immer wieder die gleichen Fertigungsmittel zum Einsatz kommen können. Es ist deshalb ökonomisch vertretbar,

- Spezialvorrichtungen und -werkzeuge,
- Einzweckmaschinen und
- mechanisierte und teilautomatisierte Zu- und Abführeinrichtungen

zum Einsatz zu bringen.
An die *Fertigungsorganisation* werden bei der Serienfertigung höhere Anforderungen gestellt. So können z. B. die Arbeitsplätze so angeordnet werden, daß sie im Material- und Teilefluß des Fertigungsprozesses liegen.
Auf Grund der höheren Arbeitsteilung und damit des höheren Spezialisierungsgrades der einzelnen Arbeitsplätze und Arbeitskräfte werden höhere Anforderungen an die Detailliertheit der auszuarbeitenden Konstruktions- und Fertigungsunterlagen gestellt.

3.4.2.3. Massenfertigung

Die Massenfertigung ist charakterisiert durch

- ein kleines Sortiment der herzustellenden Erzeugnisse,
- eine längere Beständigkeit der Produktion,
- eine verhältnismäßig lange Belastung der Arbeitsplätze mit gleichen Arbeitsoperationen.

Die Massenfertigung bietet damit die besten Voraussetzungen für die Anwendung der *Fließfertigung* und *Automatisierung der Fertigung.*
Diese Fertigungsart findet besonders bei der Herstellung von Wälzlagern, Normteilen sowie elektronischen Bauelementen Anwendung. Zur reibungslosen Durchführung der Fertigung ist bei der Massenfertigung eine *ausgereifte Konstruktion* des herzustellenden Erzeugnisses Bedingung. Der Fertigungsprozeß muß dabei bis in die kleinste Einzelheit durchdacht sein. Er erfordert eine sehr detaillierte technologische Fertigungsvorbereitung mit kritischem Vergleich der einzelnen Fertigungsvarianten nach ökonomischen und energetischen Kriterien. Der *absolute Aufwand* in der Fertigungsvorbereitung ist für die Massenfertigung wesentlich höher als für die Einzel- oder Serienfertigung. Der

spezifische Aufwand (Aufwand je Stück) wird wegen der großen Stückzahl jedoch bedeutend geringer als bei den anderen Fertigungsarten.
Durch eine Standardisierung der Einzelteile und Baugruppen, durch Vereinheitlichung, Spezialisierung und Konzentration der Fertigung der Erzeugnisse ist eine Erhöhung der Stückzahlen anzustreben und damit die Vorteile der Serien- oder Massenfertigung zu nutzen.
Ein weiterer Weg zur Erhöhung der Serienmäßigkeit ist die Ausnutzung des *Ähnlichkeitsprinzips* der herzustellenden Erzeugnisse nach konstruktiven oder technologischen Merkmalen (rotationssymmetrische, prismatische Bauteile).

3.4.3. Fertigungsprinzipien

Die Fertigungsprinzipien als Organisationsform der Fertigung kennzeichnen die räumliche Anordnung der Maschinen, Anlagen oder Arbeitsplätze zur Durchführung des Herstellungsprozesses.

Man unterscheidet zwei grundsätzliche Prinzipien:
- die verfahrensspezialisierte Fertigung *(Werkstattprinzip)*,
- die gegenstandsspezialisierte Fertigung *(Erzeugnisprinzip)*.

3.4.3.1. Verfahrensspezialisierte Fertigung

Bei diesem Fertigungsprinzip sind gleichartige Maschinen oder Arbeitsplätze *in Gruppen* zusammengefaßt und räumlich gemeinsam angeordnet. Die einzelnen Arbeitsplätze stehen untereinander nicht in Beziehung. Für jeden Arbeitsplatz kann das zu bearbeitende Werkstück von verschiedenen Arbeitsplätzen aus angeliefert werden.
Die mögliche räumliche Anordnung der Maschinen und Arbeitsplätze ist im Bild 11 dargestellt.
Je nach der Reihenfolge der Arbeitsgänge, der Art der anzuwendenden Verfahren sowie der Maschinenauslastung kann jedes Werkstück auch andere Arbeitsplätze durchlaufen oder die gleichen Arbeitsplätze in unterschiedlicher Reihenfolge. Beim *Werkstattprinzip* ist die *Reihenfertigung* die ökonomisch zweckmäßigste Variante. Die Aufträge werden dabei zu *Losen* zusammengefaßt und nach der Bearbeitung an einer *Fertigungsstation* geschlossen weitergegeben.
Die Vorteile des Werkstattprinzips sind:
- übersichtliche Anordung der Maschinen und rationelle Ausnutzung der Produktionsfläche,
- hohe Disponibilität bei Störungen im Fertigungsablauf oder bei Veränderung der Fertigungsaufgabe,
- gute Auslastung der Maschinen und Arbeitskräfte durch Variation der Aufgaben innerhalb der Abteilung.

Nachteilig wirken sich besonders aus:
- die erheblichen Transportaufwendungen,
- die langen Liegezeiten der Teile zwischen den Arbeitsplätzen und die damit verbundene hohe Umlaufmittelbindung,

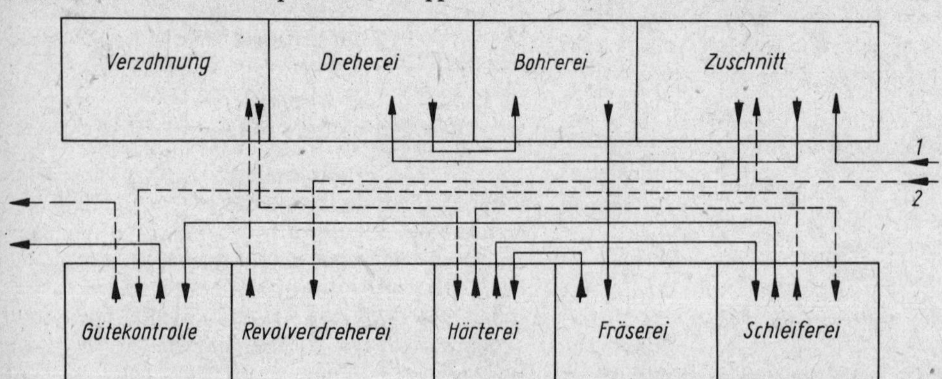

Bild 11. Räumliche Anordnung der Maschinen und Arbeitsplätze bei der verfahrensspezialisierten Fertigung. *1* Herstellung einer Welle mit Bohrungen und einer Keilnut, *2* Herstellung eines Zahnrades

- die erhöhten Durchlaufzeiten, die niedrige Arbeitsproduktivität und die hohen Selbstkosten.

3.4.3.2. Gegenstandsspezialisierte Fertigung

Bei diesem Fertigungsprinzip sind verschiedene Maschinen bzw. Arbeitsplätze zur Herstellung bestimmter Einzelteile, Baugruppen oder Enderzeugnisse örtlich *in Gruppen* zusammengefaßt. Die einzelnen Arbeitsplätze sind durch den Durchlauf der Arbeitsgegenstände miteinander verbunden.
Nach ihrem technischen und organisatorischen Niveau unterscheidet man bei der gegenstandsspezifischen Fertigung folgende unterschiedliche Formen.

Gegenstandsspezialisierte Fertigungsabschnitte

Diese Organisationsform der Fertigung bildet den Übergang von dem Werkstatt- zum Gegenstandsprinzip und wird in Betrieben mit relativ breitem Teilesortiment angewandt. Es ist hierbei möglich, daß innerhalb eines Abschnittes die Bearbeitung für unterschiedliche Einzelteile erfolgen kann.

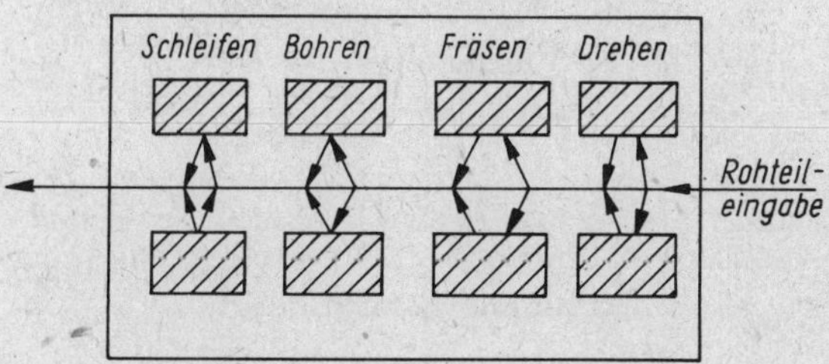

a)

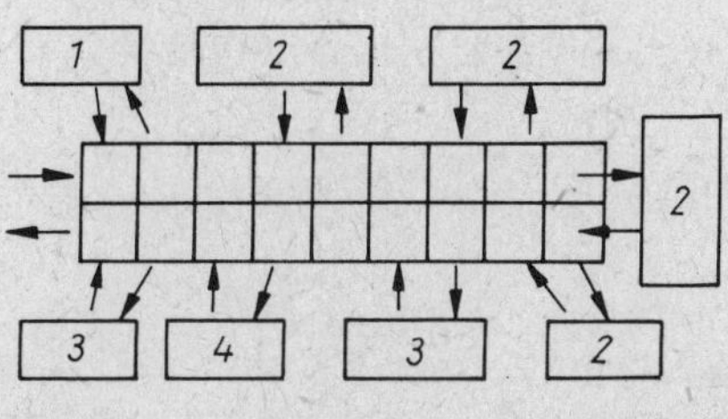

b)

Bild 12. Grundprinzip der gegenstandsspezialisierten Fertigungsabschnitte (a) und der Blockfertigung (b)
1 Schleifen, *2* Drehen, *3* Bohren, *4* Fräsen

Die Anordnung der Maschinen oder Arbeitsplätze erfolgt allgemein *kreisförmig*, um den Bearbeitungsprozeß an einer Gruppe formähnlicher Teile mit verschiedenen Fertigungsverfahren auszuführen. Aus dieser Arbeitsplatzanordnung resultiert auch die Bezeichnung *Nestfertigung*.
Eine weiterentwickelte Form der gegenstandsspezialisierten Fertigungsabschnitte stellt die *Blockfertigung* dar. Die Weitergabe der Werkstücke erfolgt hierbei nicht von Maschine zu Maschine, sondern über einen *Zentralspeicher mit wahlfreiem Zugriff*. Der Speicher ist das Zentrum des Blockes. Es kommen überwiegend *NC-Maschinen* zum Einsatz. Mit dieser Fertigungsform kommt man besonders der weitverbreiteten Serienfertigung entgegen. Das Grundprinzip gegenstandsspezialisierter Fertigungsabschnitte und der Blockfertigung zeigt Bild 12.

Gegenstandsspezialisierte Reihenfertigung

Die Anordnung der einzelnen Bearbeitungsstationen wird durch die Reihenfolge der Arbeitsgänge des am häufigsten produzierten Teiles bestimmt. Bei dieser Organisationsform der Fertigung werden Gruppen ähnlicher Werkstücke bearbeitet. Der Grad der *technologischen Ähnlichkeit* ist hierbei größer als bei den gegenstandsspezialisierten Fertigungsabschnitten. Eine zeitliche Abstimmung der aufeinanderfolgenden Arbeitsgänge wird auf Grund der zu bearbeitenden Stückzahlen noch nicht vorgenommen.
Zur Auslastung der Maschinen sind deshalb entsprechende *Werkstückpuffer* vorzusehen. Die gegenstandsspezialisierte Reihenfertigung stellt einen Übergang zur Fließfertigung dar.

Gegenüber dem Werkstattprinzip bestehen bei dem Erzeugnisprinzip folgende *Vorteile*:

- Die *Arbeitsproduktivität* ist durch Spezialisierung der Arbeitsplätze und der Arbeitskräfte höher.
- Die *Durchlaufzeit* der zu bearbeitenden Teile wird verkürzt, wobei besonders geringere Liegezeiten zwischen den Bearbeitungsstationen und damit niedrigere Umlaufmittelbindungen auftreten.
- Wesentliche Senkung des *Transportaufwandes*.

Nachteile

- Es muß eine Fertigung der herzustellenden Erzeugnisse über einen längeren Zeitraum gewährleistet sein.
- *Störungen* an einem Arbeitsplatz oder verzögerte Materialanlieferung führen zu einer Störung des Gesamtprozesses.
- Eine *Umstellung* auf andere Teile oder Erzeugnisse ist mit höheren Kosten verbunden.

3.4.3.3. Fließfertigung

Die Fließfertigung charakterisiert das höchstmögliche technische und organisatorische Niveau der Fertigung. Sie hat sich mit der tieferen Arbeitsteilung in der Fertigung und der Erweiterung des Produktionsumfanges herausgebildet. Ihre Anwendung ist erst ökonomisch vertretbar bei der Herstellung von Erzeugnissen *mit großen Stückzahlen.* Die Weitergabe der Werkstücke von Bearbeitungsstation zu Bearbeitungsstation erfolgt zeitlich abgestimmt. Die zeitliche Bestimmung wird durch die *Taktzeit* gegeben.
Die Ausführungsvarianten der Fließfertigung unterscheidet man nach

- dem *Niveau der technischen Ausrüstung* (Handfließreihe, Maschinenfließreihe, automatische Fließreihe),
- der *Stückartfolge* (konstante Fließfertigung, Wechselfließfertigung),
- der *zeitlichen Bindung* (zeitlich gebundener und zeitlich nicht gebundener Ablauf),
- der *Förderart* (manuell, mechanisch).

Zwischen diesen einzelnen Ausführungsvarianten gibt es die unterschiedlichsten Kombinationen.

Voraussetzungen für die Gestaltung einer Fließfertigung:

- gesicherte Fertigungsperspektive der herzustellenden Erzeugnisse;
- Die Konstruktion der Erzeugnisse muß ausgereift sein, so daß während der Fertigung Konstruktionsänderungen vermieden werden.
- Eine gesicherte Werkstoff- und Teileanlieferung in Qualität und Quantität muß während der gesamten Fertigungszeit gewährleistet sein.
- Der Fertigungsprozeß muß zergliederbar sein, so daß neben einer Unterteilung in Arbeitsgänge, Stufen usw. auch eine zeitliche Austaktung möglich wird.

4. Technologische Vorbereitung des Produktionsprozesses

4.1. Allgemeines

In den einzelnen Strukturbereichen der Hauptabteilung Technologische Vorbereitung der Produktion werden die Voraussetzungen dafür geschaffen, daß eine sichere Umsetzung der konstruktiven Forderungen im Fertigungsprozeß mit minimalem Aufwand erfolgen kann.
Diese Aufgaben umfassen sowohl die Planung, Organisation, Lenkung, Durchführung, Kontrolle als auch Abrechnung der Fertigung. Die Struktureinheit Technologie wird von einem *Haupttechnologen* geleitet, der allgemein unmittelbar dem *Technischen Direktor* untersteht.
Entsprechend dem komplexen Charakter der Fertigung ist die Struktureinheit Technologie in einzelne *Aufgabenkomplexe* untergliedert. Es sind dies:

- die Technologische Planung (TVP),
- die Technologische Verfahrensentwicklung einschließlich der Versuchswerkstatt (TVE),
- Fertigungsmittel (TVB),
- die Technologische Fertigungsvorbereitung (TVF).

4.2. Aufgaben des Bereiches Technologische Planung

Im Rahmen der Technologischen Planung erfolgt die Vorausbestimmung von technischen, organisatorischen und ökonomischen Zielen und Lösungen des Fertigungsprozesses. Dies hat nicht nur Bedeutung für die Fertigung neuer oder weiterentwickelter Erzeugnisse, sondern auch für die Rationalisierung der Fertigung. Es sind dabei folgende Aufgaben wahrzunehmen:

- *Erarbeitung technisch-wirtschaftlicher Kennziffern*

Die technisch-wirtschaftlichen Kennziffern umfassen die Produktionskapazität, Richtsätze für die einzelnen Maschinen und Arbeitsplätze, technologische Richtwerte für die Vorkalkulation, technologische Kennziffern u. a. Die Arbeit mit den Kennziffern ist eine wichtige Grundlage der technologischen Arbeit, sie gestattet nicht nur die Durchführung von *Variantenvergleichen* zur Auswahl der jeweils günstigsten Lösung, sondern auch eine Beurteilung des erreichten technisch-organisatorischen und ökonomischen Standes bei der Vorbereitung und Durchführung der Fertigung.

– *Technologische Vorplanung*

Aufgaben in der Technologischen Vorplanung sind die *Grobplanung* des Fertigungsablaufes sowie die Erarbeitung der *Durchlaufpläne*; sie schließt die Rekonstruktions- und Rationalisierungsplanung mit ein. Durch die Grobplanung werden schon frühzeitig vor Beginn der Fertigung eines neuen oder weiterentwickelten Erzeugnisses die anzuwendenden Verfahren sowie der Bearbeitungsablauf festgelegt und damit die Grundlagen für die Bestellung der technologischen Ausrüstung, der Transportmittel und des Raumbedarfs geschaffen. Eine *Feinplanung* des Fertigungsablaufes erfolgt in der Technologischen Fertigungsvorbereitung.

4.3. Aufgaben des Bereiches Technologische Verfahrensentwicklung

Aufgaben dieses Bereiches sind das Erfassen neuer Verfahrensentwicklungen, das Überprüfen ihrer Anwendbarkeit sowie gegebenenfalls das Einleiten von konstruktiven und technologischen Maßnahmen zu ihrer Nutzung bzw. ihrer Anpassung an die jeweilige Fertigungsaufgabe. Es ist allgemein zu verzeichnen, daß zur Erprobung und Entwicklung von Verfahren sowie der dazu erforderlichen Werkzeuge und Vorrichtungen dem Bereich der Technologischen Verfahrensentwicklung eine *Versuchswerkstatt* angegliedert ist.

4.4. Aufgaben des Bereiches Fertigungsmittel

Fertigungsmittel umfassen Vorrichtungen, Werkzeuge und Meßmittel. Sie sind die Grundlage für einen reibungslosen Ablauf des Fertigungsprozesses.

In dem Bereich *Fertigungsmittel* werden die Voraussetzungen dafür durch Entwickeln, Bereitstellen, Warten und Lagern der Fertigungsmittel geschaffen. Die Aufgaben umfassen folgende Teilkomplexe:

- Fertigungsmittelplanung,
- Fertigungsmittelkonstruktion,
- Fertigungsmittelbau,
- Fertigungs- und Meßmittelkontrolle,
- Lagern und Bereitstellen der Fertigungsmittel.

Diesem Bereich obliegt eine hohe Verantwortung für die qualitätsgerechte und störungsfreie Durchführung des Fertigungsprozesses. Gleichzeitig hat er auch Aufgaben der *Rationalisierung der Fertigung* zu erfüllen.

4.5. Aufgaben des Bereiches Technologische Fertigungsvorbereitung

Die durchzuführenden Arbeiten im Bereich der Technologischen Fertigungsvorbereitung stellen die Grundlage für eine unter den gegebenen betrieblichen Bedingungen *optimale Gestaltung* des Fertigungsprozesses dar.
Die einzelnen Aufgaben umfassen:

- die Feinplanung des Fertigungsablaufes,
- die Produktionsüberwachung,
- die technologische Normung und Standardisierung,
- den technologischen Änderungsdienst.

In den Betrieben der metallverarbeitenden Industrie erfolgt teilweise eine sehr unterschiedliche Gliederung und Zuordnung der wahrzunehmenden Aufgaben in der Hauptabteilung Technologische Vorbereitung der Produktion.
So findet man z. B. eine Untergliederung in Grundsatztechnologie, Rationalisierung, Schweißtechnik, Wissenschaftliche Arbeitsorganisation usw.
Die Aufgabenkomplexe wurden dabei jedoch nicht grundsätzlich verändert, sondern es wurde

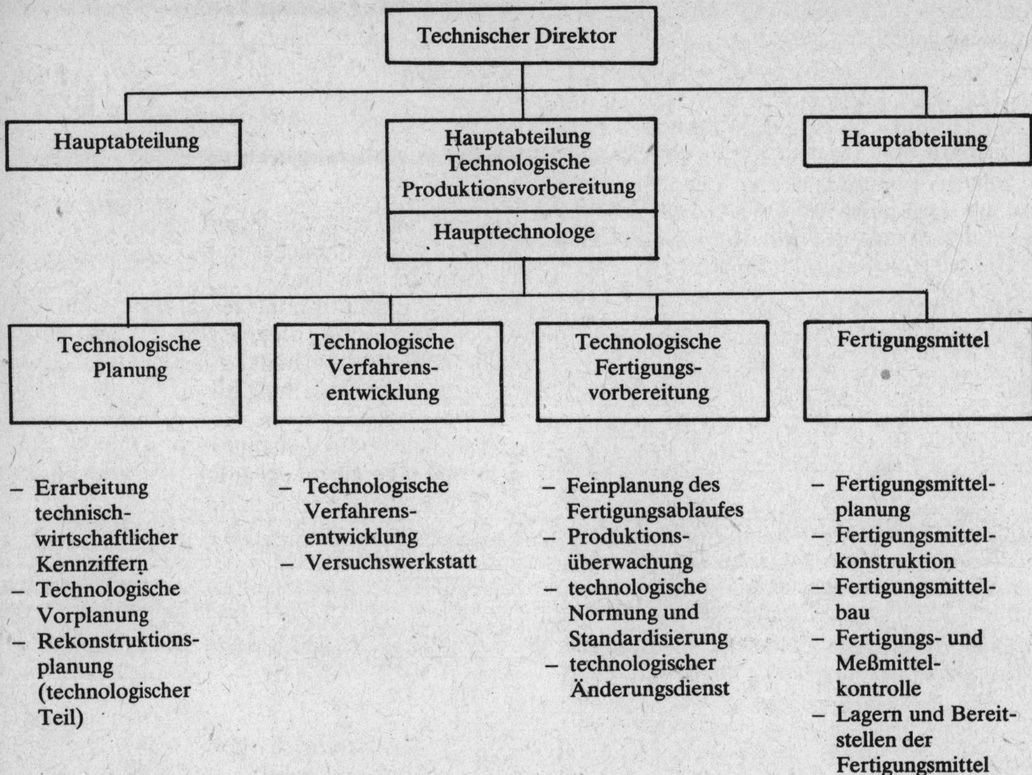

Bild 13. Übersicht über die strukturelle Gliederung der Hauptabteilung Technologische Produktionsvorbereitung und der wahrzunehmenden Aufgabenkomplexe

nach der Art der Fertigung und der herzustellenden Erzeugnisse der Schwerpunkt der Aufgaben unterschiedlich gesetzt.
Eine Übersicht über die *strukturelle Gliederung* der Hauptabteilung Technologische Produktionsvorbereitung und der wahrzunehmenden Aufgabenkomplexe zeigt Bild 13.

5. Technologische Fertigungsvorbereitung

5.1. Allgemeines

An die technologische Fertigungsvorbereitung werden zunehmend höhere Anforderungen gestellt, die sowohl aus dem zunehmenden *Produktionsumfang* der herzustellenden Erzeugnisse, der komplizierter werdenden *Fertigung* und auch der zunehmenden *Verflechtung* der einzelnen Fertigungsprozesse zur Herstellung eines Erzeugnisses resultieren. Es wird eingeschätzt, daß sich der Umfang der technologischen Arbeit gegenüber 1970 bis zum Jahre 2000 vervierfachen wird. Da sich der Zuwachs an Arbeitskräften in diesem Zeitraum keinesfalls in gleicher Weise erhöhen wird, resultiert daraus eindeutig, daß eine *Rationalisierung der technologischen Arbeit* durchgeführt werden muß.
Dies wird auch um so dringender notwendig, da sich die *Arbeitsproduktivität* in der gesamten Industrie von 1900 an bis heute um etwa 1000 % und in der technologischen Fertigungsvorbereitung während dieser Zeit nur um 30 % erhöht hat.
Rationalisierung der technologischen Arbeit bedeutet:

- eindeutiges Festlegen und Abgrenzen der Aufgabengebiete,
- Klassifizieren und Systematisieren der technologischen Tätigkeiten.

Auf diesem Gebiet wurde in der Vergangenheit sehr intensiv geforscht, und erste Ergebnisse in Form der Gestaltung von *Arbeitsplätzen für Technologen* der einzelnen Aufgabenbereiche liegen vor. Die technologische Fertigungsvorbereitung beginnt mit der Aufgabenstellung und endet mit der Abgabe der technologischen Unterlagen an die Fertigungsbereiche. Das bedeutet, daß in diesem Strukturbereich sowohl im großen Umfang Informationen von anderen Bereichen benötigt werden als auch sehr umfangreiche Informationen zu erarbeiten und zu verarbeiten sind.

Dies erfordert die Entwicklung sehr enger und unmittelbarer *Informationsbeziehungen* zu anderen Abteilungen und Bereichen.
Die aus Bild 14 zu ersehenden vielfältigen Verknüpfungen charakterisieren die Komplexität der Aufgaben in der technologischen Fertigungsvorbereitung und lassen auch die zentrale Stellung dieses Bereiches in der Struktureinheit Technologie erkennen.
Die zu lösenden komplexen Aufgaben in der technologischen Fertigungsvorbereitung erfordern eine systematische Arbeitsweise, wobei von der Auftragserteilung bis zur Übergabe der Fertigungsunterlagen an die Produktionsabteilungen in mehreren Etappen vorgegangen werden muß. Die einzelnen Etappen der technologischen Fertigungsvorbereitung sind im Bild 15 in Form von Arbeitskomplexen dargestellt. Neben dieser systematischen Arbeitsweise ist es erforderlich, daß dem Technologen auch ein entsprechend gestalteter *Arbeitsplatz* mit den erforderlichen Arbeitsmitteln und Informationen zur Verfügung steht.

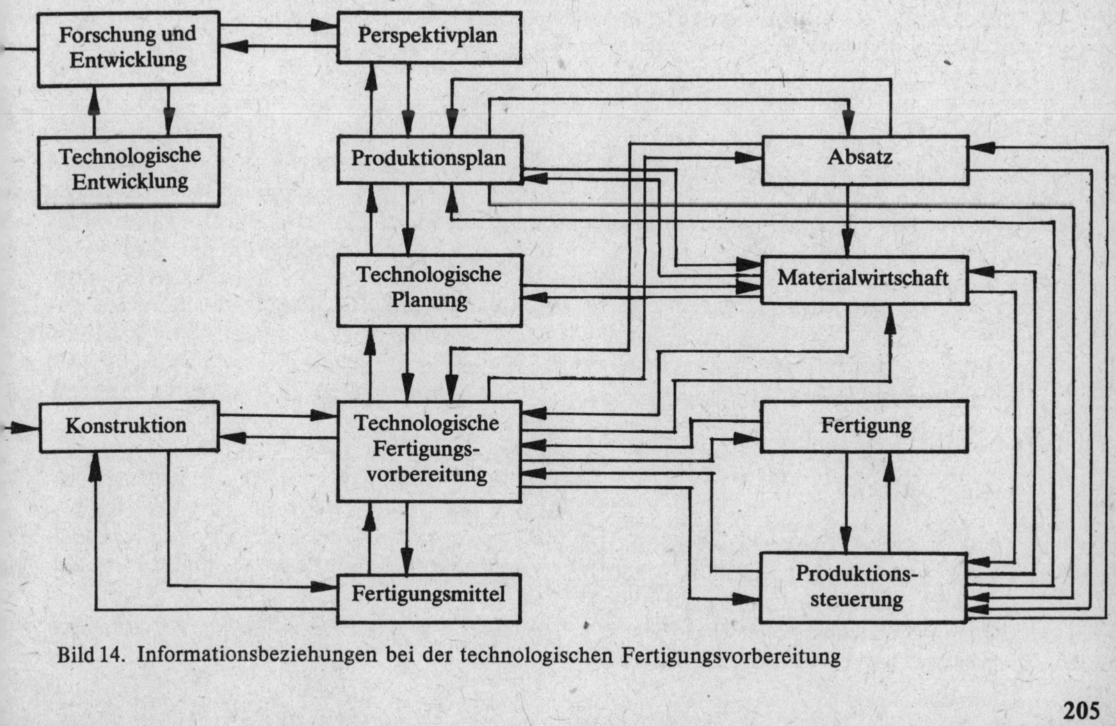

Bild 14. Informationsbeziehungen bei der technologischen Fertigungsvorbereitung

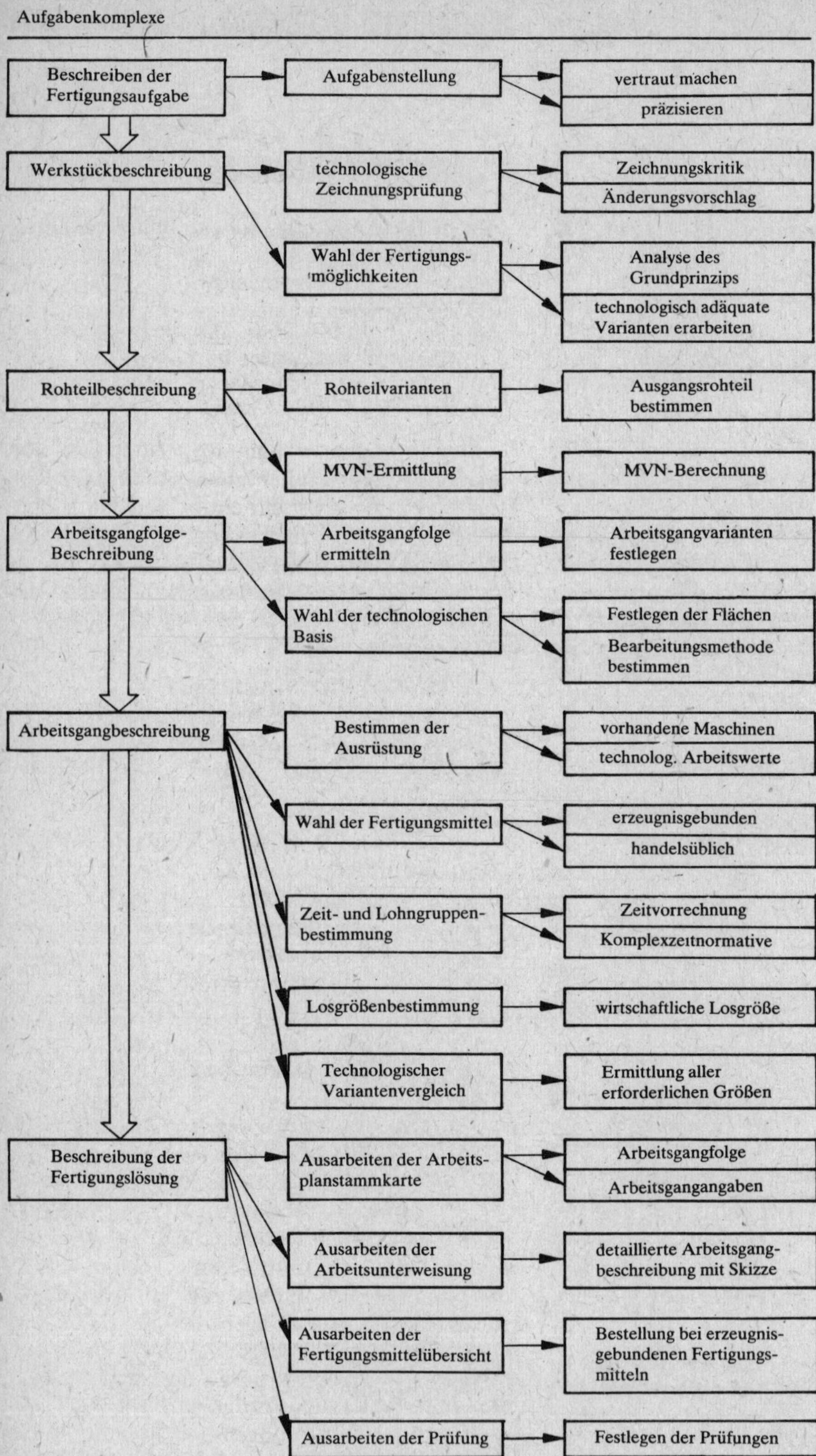

Bild 15. Etappen der Durchführung der technologischen Fertigungsvorbereitung

5.2. Etappen der Beschreibung und Festlegung

Die aus Bild 15 erkennbare logische Reihenfolge bei der Beschreibung und Festlegung der Fertigungslösung ist auf die Herstellung eines neuen Erzeugnisses bezogen. Die Detailliertheit der Ausarbeitung der einzelnen Etappen hängt von der Stückzahl der herzustellenden Werkstücke ab.

5.2.1. Beschreibung der Fertigungsaufgabe

In dieser Etappe erfolgt ein *Vertrautmachen* mit der Fertigungsaufgabe an Hand des übergebenen Auftrages und der Auftragsunterlagen sowie das *Aufbereiten* der Eingangsinformationen für die Bearbeitung in den weiteren Etappen. Verbunden mit dem Vertrautmachen mit der Fertigungsaufgabe ist ebenfalls das *Präzisieren* der erforderlichen Angaben für die Lösung der Aufgabe.

5.2.2. Werkstückbeschreibung

Die Haupttätigkeiten bei der Werkstückbeschreibung sind die *technologische Zeichnungsprüfung* und die *Auswahl* der günstigsten Fertigungsvariante aus den verschiedenen Möglichkeiten. Als *Unterlagen* stehen dabei zur Verfügung:

- der Arbeitsauftrag,
- Konstruktionszeichnungen
- Stücklisten,
- Fertigungsmittelkatalog,
- Katalog der Fertigungsmöglichkeiten.

Die technologische Zeichnungsprüfung bezieht sich in erster Linie auf die *fertigungsgerechte Gestaltung* der herzustellenden Erzeugnisse. Dies erfordert, daß bereits während der konstruktiven Vorbereitung die beratende Mitarbeit eines Technologen in den Konstruktionsabteilungen erfolgt. Bei der *Prüfung der Konstruktionszeichnungen* sind insbesondere folgende Aspekte zu beachten:

- fertigungsgerechte und materialsparende Gestaltung auch unter dem Aspekt des Einsatzes von Robotern,
- Einsatzmöglichkeit von Verfahren mit minimalem Energieaufwand,
- erforderliche Genauigkeits- und Güteforderungen der Bearbeitung,
- hoher Grad der Verwendung von Standard- und Wiederholteilen,
- einfache Untergliederung des Erzeugnisses in Hauptgruppen, Baugruppen und Einzelteile,
- Minimierung des Sortiments an Werkstoffqualitäten und Materialabmessungen.

In dieser Etappe erfolgt, ausgehend von der Analyse des bei der Fertigung anzuwendenden Grundprinzips (Umformen, Spanen oder Schweißen usw.; Organisation der Fertigung), die *Wahl der Fertigungsmöglichkeit.*
Bei der *Wahl der Fertigungsverfahren* und Fertigungsorganisation ist von den betrieblichen Bedingungen auszugehen, wie z. B. von

- technologischen Ausrüstungen,
- möglichen Kooperationsbeziehungen,
- Fertigungs- und Transportflächen,
- Qualifizierung und Anzahl der Arbeitskräfte.

Bereits in dieser Phase der technologischen Fertigungsvorbereitung ist es erforderlich, daß zur Auswahl der ökonomisch günstigsten Fertigungslösung ein *Variantenvergleich* auf der Grundlage von qualitativen und quantitativen Kennziffern durchgeführt wird.

5.2.3. Rohteilbeschreibung

An den Gesamtkosten eines Erzeugnisses sind allgemein die *Materialkosten* zu einem erheblichen Anteil beteiligt. Aufgabe in der konstruktiven Fertigungsvorbereitung ist es deshalb, durch *zweckmäßige Gestaltung der Bauteile* den Materialeinsatz zu minimieren.
Vom Technologen werden auf der Grundlage der Konstruktionsunterlagen die *Form* und die *Abmessungen* des Rohteiles nach fertigungstechnischen Überlegungen unter der Zielstellung einer wirtschaftlichen Fertigung festgelegt. Die Form und die Abmessungen der Rohteile müssen so ausgewählt werden, daß mit geringstem

Arbeitsaufwand, Energie- und Materialverbrauch das Fertigungsteil hergestellt werden kann.

Beim Aus- oder Abschneiden von Blechteilen aus Blechtafeln kann zum Beispiel durch eine Auswahl der Abmessungen der Blechtafeln und auch der zweckmäßigen Anordnung der auszuschneidenden Teile auf der Tafel in Form von Blechzuschnittplänen eine bedeutende Einsparung an Ausgangsmaterial erzielt werden.

Im Rahmen der Rohteilbeschreibung erfolgt die Ermittlung der *Materialverbrauchsnorm* (MVN).

Die *Selbstkosten* eines herzustellenden Erzeugnisses werden nicht nur durch die Materialkosten beeinflußt, sondern auch durch den Verbrauch an Hilfsmaterial, Elektroenergie usw. Die Materialverbrauchsnormen werden deshalb nicht nur für die Materialien aufgestellt, die in das Erzeugnis unmittelbar eingehen, sondern auch für die Hilfsstoffe bzw. Hilfsmaterialien, die für die Herstellung des Erzeugnisses benötigt werden.

Die Materialverbrauchsnorm ist eine Plankennziffer und bildet die Grundlage für die Material- sowie Kostenplanung und ständige Senkung des Materialverbrauches.

Zielstellung ist es, eine maximal mögliche Ausnutzung des Ausgangsmaterials zu erreichen und technologisch bedingte Abfälle der weiteren Nutzung wieder zuzuführen.

Als Unterlagen stehen bei dieser Etappe der Fertigungsvorbereitung Zeichnungen, Standards, Materialauswahlkataloge, Kennziffern für den Materialverbrauch zur Verfügung.

5.2.4. Beschreibung der Arbeitsgangfolge

Zur Herstellung eines Erzeugnisses ist der Fertigungsprozeß in einzelne *Arbeitsgänge* zu unterteilen. Die Festlegung der Reihenfolge der Bearbeitung oder Montage eines Erzeugnisses erfolgt auf der Grundlage der Konstruktionszeichnungen, der technologischen Ausrüstungen und damit der Fertigungsmöglichkeiten. Mit der Festlegung der Reihenfolge der Arbeitsgänge erfolgt auch gleichzeitig die Bestimmung der Fertigungsverfahren und Prüfarbeitsgänge sowie die Wahl der Fertigungseinrichtungen und der Fertigungsmittel.
Die Untergliederung ist die Grundlage für die Planung, Organisation und Abrechnung des Fertigungsablaufes.
Auch bei der Bestimmung der Reihenfolge der Arbeitsgänge ist es erforderlich, auf der Grundlage von Kennziffern aus technologisch adäquaten Varianten die unter den jeweiligen Betriebsbedingungen günstigste Variante auszuwählen.
Die für die Bearbeitung oder die Montage eines Teiles erforderlichen Befestigungs- oder Aufnahmepunkte bezeichnet man als *technologische Basis.* Sie sind ebenfalls der Ausgangspunkt für die Gestaltung von Vorrichtungen und müssen bei der Bestimmung der Arbeitsgänge des Erzeugnisses mit festgelegt werden.

5.2.5. Beschreibung des Arbeitsganges

Die *Arbeitsgangbeschreibung* ist die Etappe im Rahmen der technologischen Fertigungsvorbereitung, die den höchsten Zeitanteil beansprucht. Von der begründeten Auswahl der *technologischen Ausrüstung,* der Fertigungsmittel sowie der Ermittlung und Festlegung der *Arbeitswerte,* der Bearbeitungszeit sowie der Qualifikation der Arbeitskräfte hängt im hohen Maße nicht nur die Qualität der Bearbeitung, sondern auch deren ökonomische Durchführung ab.
In dieser Etappe sind die unterschiedlichsten *Informationen* in erheblicher Anzahl zu verarbeiten. Es kommt deshalb besonders der Rationalisierung der technologischen Arbeit eine große Bedeutung zu.

Die Arbeit umfaßt:

Bestimmen der technologischen Ausrüstung.

Man versteht darunter in erster Linie *Werkzeugmaschinen,* die entsprechend der für den Arbeitsgang benötigten Leistung aus dem vorhandenen Maschinenpark ausgewählt werden. Die benötigten technologischen Arbeitswerte werden aus Richtwerttabellen oder Diagrammen entnommen bzw. mittels der EDV aus den vorgegebenen Werten berechnet. Die Anzahl der herzustellenden Erzeugnisse ist dafür bestimmend, ob eine Universal- oder Einzweckmaschine eingesetzt wird.

Wahl der Fertigungsmittel.

Das Fertigungsmittel hat wesentlichen Einfluß auf die effektive Durchführung des jeweiligen Arbeitsganges. Durch den Einsatz von *Vorrichtungen* wird die *Hilfszeit* bedeutend verkürzt sowie auch Einfluß auf den *Werk-*

stücktransport genommen. Je nach der Stückzahl der zu fertigenden Erzeugnisse verwendet man *handelsübliche* oder *erzeugnisgebundene Fertigungsmittel.*
Zur Auswahl der Fertigungsmittel stehen entsprechende Kataloge zur Verfügung, wobei man teilweise auch dazu übergegangen ist, Vorrichtungen aus standardisierten Baueinheiten variabel zu gestalten.

Zeit- und Lohngruppenbestimmung.

Die Zeitberechnung für die Durchführung des jeweiligen Arbeitsganges erfolgt entsprechend vorliegender Zeitnormativkataloge auf der Grundlage der *Zeitgliederung.* Die ermittelte Fertigungszeit ist die Grundlage für die zeitliche Planung des Fertigungsprozesses, die so zu erfolgen hat, daß eine wirtschaftliche Fertigung möglich ist. Bei dem Bestimmen der *Bearbeitungszeit* ist eine enge Zusammenarbeit mit dem *Arbeitsnormer* erforderlich.
Zwischen der *Arbeitsnormung* und der *Arbeitsorganisation* besteht eine unmittelbare Wechselwirkung. Durch die Arbeitsorganisation werden die Voraussetzungen für die effektive Durchführung des Arbeitsprozesses und die volle Nutzung der Arbeitszeit geschaffen, andererseits wirken technisch-ökonomisch begründete Arbeitsnormen auch auf die Arbeitsorganisation ein. Die *Lohngruppenbestimmung* erfolgt auf der Grundlage der Qualifikationsmerkmale für die Bearbeitungsprozesse.

Bestimmung der Losgröße.

Unter einem *Los* versteht man eine Anzahl konstruktiv gleichartiger Werkstücke (Einzelteile, Baugruppen), die bei einmaliger Vorgabe der Vorbereitungs- und Abschlußzeit (t_A) für jedes Fertigungsverfahren hintereinander ein oder mehrere Arbeitsgänge in technologisch bedingter Reihenfolge durchlaufen und zusammen ausgestoßen werden.

Die *wirtschaftliche Losgröße* ergibt sich aus dem Minimum der Gesamtkosten, die von den Herstellungskosten und den Umlaufmittelbindungsverlusten je Stück abhängen.

Im Maschinenbau ist zur Zeit noch die *Einzel-* und *Kleinserienfertigung* vorherrschend. Zur Erhöhung der Stückzahlen und Minimierung des Aufwandes in der technologischen Fertigungsvorbereitung wendet man eine technologische Vereinheitlichung in Form der *Gruppenbearbeitung* an. Das Typische hierbei ist, daß die Teile eines Erzeugnisses oder einer Erzeugnisgruppe nach gleichen oder ähnlichen konstruktiven und technologischen Merkmalen in *Klassen* und *Gruppen* eingeteilt werden. Bei der Klassifizierung erfolgt eine Einteilung der Teile, z. B. nach der geometrischen Form oder den angewendeten Herstellungsverfahren.

Diese gebildeten Klassen werden dann in *technologische Gruppen* eingeteilt, die eine gleiche oder ähnliche Beschaffenheit in Form und Größe, Lage der Bearbeitungsflächen, der Oberflächengüte usw. haben. Man kann, ausgehend von der Klassifizierung der Teile und der technischen und organisatorischen Fertigungsmöglichkeiten, eine Einteilung in folgende drei Gruppen vornehmen:

- Gruppen mit geschlossenem Bearbeitungszyklus auf gleichen Ausrüstungen,
- Gruppen mit geschlossenem Bearbeitungszyklus auf verschiedenartigen Ausrüstungen,
- Gruppen mit gemeinsamen Arbeitsgängen.

Es ist damit möglich, unter Einsatz hochproduktiver Fertigungsverfahren gleiche Maschinen bzw. Ausrüstungen bei ähnlicher Einstellung für die Gruppenbearbeitung zu nutzen.

Die *Gruppenbearbeitung* gestattet es,
- den Aufwand in der technologischen Fertigungsvorbereitung zu senken,
- die Stückzeit durch die gruppenweise Bearbeitung zu senken und damit die Arbeitsproduktivität zu steigern,
- den Aufwand für die Entwicklung und Herstellung von Fertigungsmitteln zu senken.

Analog wie bei den vorgelagerten Etappen der technologischen Vorbereitung der Fertigung ist durch einen *Variantenvergleich* die unter gegebenen betrieblichen Bedingungen günstigste Variante auszuwählen.

5.2.6. Beschreibung der Fertigungslösung

Die in der technologischen Fertigungsvorbereitung erarbeiteten Lösungen für die rationelle Herstellung eines Erzeugnisses werden in der *technologischen Dokumentation* fixiert und stellen die Grundlage für die technische, organisatorische und ökonomische Realisierung der Fertigungsaufgabe dar.
Von der Vielzahl der zu erarbeitenden technologischen Dokumente sind die wichtigsten:

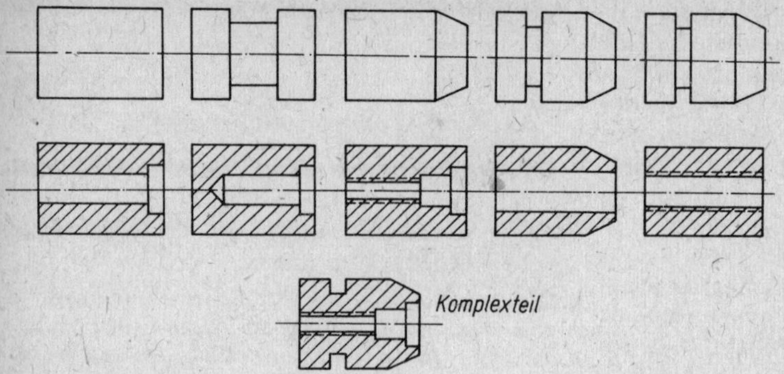

Bild 16. Bearbeitungsgruppe einfacher Drehteile mit einem Komplexteil, das die Flächenelemente sämtlicher Teile dieser Gruppe enthält [2]

- Arbeitsplan,
- Arbeitsunterweisung,
- Arbeitsplanstammkarte,
- Fertigungsmittelübersicht,
- Prüfvorschriften,
- technologisches Montageschema.

Das Beispiel einer Gruppenbearbeitung bei Drehteilen ist im Bild 16 dargestellt.

5.3. Erforderliche und auszuarbeitende technologische Unterlagen

Die Ergebnisse der technologischen Fertigungsvorbereitung finden ihren Niederschlag in den technologischen Unterlagen, die damit die Grundlage für die Durchführung der Fertigung darstellen. Die Unterlagen haben in der Fertigung technische, organisatorische und ökonomische Funktionen.

Ausgangspunkt für die Erarbeitung der technologischen Unterlagen ist der *Arbeitsplan.* In ihm werden die Ergebnisse der Bestimmung der *Arbeitsgangfolge* sowie die *Arbeitsgangbeschreibungen* zusammengefaßt dargestellt. Er enthält damit alle für die Herstellung eines Erzeugnisses erforderlichen Aufgaben, und seine Erarbeitung stellt den Hauptinhalt der Tätigkeit des *Technologen* in der Fertigungsvorbereitung dar.

Für typische Fertigungsaufgaben in den einzelnen Werkstattbereichen wurden *Typ-* oder *Standardarbeitspläne* erarbeitet. Diese Pläne werden auftragsunabhängig erarbeitet und durch Einfügen der jeweiligen spezifischen Bedingungen aktualisiert. Sie ermöglichen eine bedeutende Rationalisierung der Arbeit in der technologischen Fertigungsvorbereitung.

Für eine detaillierte Beschreibung von komplizierten Arbeitsgängen wird eine gesonderte Unterlage, die *Arbeitsunterweisung*, entwickelt. In dieser Unterlage erfolgt, teilweise auch durch Skizzen erläutert, eine eingehende Beschreibung der in dem betreffenden Arbeitsgang durchzuführenden Arbeitsoperation.

Der *Arbeitsplan* wird allgemein nur einmal angefertigt und verbleibt im Bereich Technologische Fertigungsvorbereitung. Während der Arbeitsplan in erster Linie eine technische Funktion besitzt, hat die *Arbeitsplanstammkarte* in erster Linie organisatorisch-ökonomische Aufgaben zu erfüllen. In ihr sind alle die Aufgaben festgelegt, die für die Herstellung eines konkreten Erzeugnisses notwendig sind. Neben der Arbeitsgangfolge in einer verbindlich vorgeschriebenen Form sind Angaben über die Lohngruppe, die Bearbeitungszeit, die Maschinen- bzw. Handarbeitsplätze sowie das Material, die Fertigungsmittel, die Kostenstelle und die herzustellende Menge enthalten.

Die Arbeitsplanstammkarte wandert mit dem Auftrag mit und bildet die Grundlage für seine Abrechnung.

Neben diesen Unterlagen werden die *Auftragsbegleitkarte* und der *Fertigungsbeleg* benutzt. Sie entsprechen in ihrem Aufbau der Arbeitsplanstammkarte. Diese Unterlagen dienen zur Kontrolle und Abrechnung der Fertigung.

Der *Lohnschein* wird allgemein nur für die Abrechnung eines Arbeitsganges ausgestellt und dient der zeitlichen Abrechnung.

Bei der Montage von Erzeugnissen ist eine Aufgliederung des Montageablaufes in Form eines *technologischen Bauschemas* erforderlich. Dieses Bauschema ist die Grundlage für die räumliche und zeitliche Abstimmung des Montageablau-

fes (Durchlaufplan, Fristenplan, Montagearbeitsplan). Das technologische Bauschema entspricht in seinem Aufbau dem im Bild 4 dargestellten Schema eines komplizierten Prozesses bei der Herstellung zusammengesetzter Erzeugnisse. Die während der Fertigung notwendig werdenden Änderungen im Fertigungsablauf sind von dem *Technologischen Änderungsdienst* in die technologischen Unterlagen einzuarbeiten.
Diese *Unterlagen* sind für die Planung, Durchführung und Abrechnung der Produktion wichtig. Aus diesem Grunde sind sämtliche Änderungen sehr gewissenhaft zu erfassen und in Unterlagen einzuarbeiten.

Gründe für notwendige Änderungen können z. B. sein:

- Änderungen der konstruktiven Gestaltung zur Verbesserung der Funktionsfähigkeit, der Materialeinsparung oder der Fertigungsmöglichkeiten,
- Änderung des Fertigungsablaufes, bedingt durch Werkstoffänderungen in Abmessung und Qualität oder veränderten Fertigungsmitteln,
- Änderung der Fertigungszeit und der Lohngruppen (Diese Änderungen stehen allgemein im Zusammenhang mit Veränderungen der konstruktiven Gestaltung und des Fertigungsablaufes.),
- Berichtigung von Fehlern bei der Ausarbeitung oder der Vervielfältigung der Unterlagen (Diese Fehler werden in den Fertigungsbereichen sofort vom Operativtechnologen berichtigt, der die Korrektur der anderen technologischen Unterlagen durch den Technologischen Änderungsdienst veranlaßt.).

5.4. Technologischer Variantenvergleich

Die Erarbeitung der Fertigungslösung erfordert in allen Etappen der technologischen Fertigungsvorbereitung, Entscheidungen zwischen zwei oder mehreren Varianten zu treffen. Zur Auswahl der unter den gegebenen Bedingungen günstigsten Variante führt man einen *Variantenvergleich* durch.
Der Variantenvergleich stellt einen technisch-ökonomischen Entscheidungsprozeß dar, der auf der Grundlage von *Entscheidungskriterien* durchgeführt wird, und zwar sowohl bei der konstruktiven als auch bei der technologischen Fertigungsvorbereitung. Zur Gegenüberstellung der einzelnen Varianten benutzt man sowohl qualitative als auch quantitative Bewertungsmöglichkeiten.

Ausgehend von einer Analyse des herzustellenden Erzeugnisses, erfolgt in Form einer *Textanalyse* eine Beschreibung der anwendbaren Varianten der Fertigungsverfahren sowie eine Gegenüberstellung ihrer Vor- und Nachteile
Die *Bewertung* erfolgt hierbei nur qualitativ. Zur *quantitativen Beurteilung* der einzelnen Varianten ist es erforderlich, ihre Kenngrößen aufzulisten und die Einflußfaktoren zu bestimmen. Als Entscheidungskriterien werden überwiegend die *Kosten* und die aus der Kostenrechnung abgeleitete *Grenzstückzahl* gewählt.

Folgende Kosten finden dabei Berücksichtigung:

Abschreibungskosten (K_{Ab})

a) bei Ausrüstungen, die nur speziell für die Bearbeitung eines Erzeugnisses angeschafft wurden (z. B. Einzweckmaschine bei der Fließfertigung):

$$K_{Ab} = \frac{K_{An} p}{n \cdot 100} \qquad (21)$$

K_{Ab} Anschaffungskosten der Ausrüstung, p jährlicher Abschreibungssatz, n jährlich herzustellende Stückzahl mit der Ausrüstung

b) bei Ausrüstungen, die nicht nur für die Herstellung eines Erzeugnisses genutzt werden:

$$K'_{Ab} = \frac{K_{An} p t_K}{T_F q \cdot 100 \cdot 60} \qquad (22)$$

K'_{Ab} anteilige Abschreibungskosten, t_K Kalkulationszeit für einen Arbeitsgang und Stück, T_F Arbeitszeitfonds des Grundmittels, q Schichtausnutzungsgrad

Lohnkosten (K_L)

$$K_L = t_S f_{LS} + \frac{t_A}{n_L} f_{LA} \qquad (23)$$

t_A Vorbereitungs- und Abschlußzeit, t_S Stückzeit, f_{LS} Lohngruppenfaktor für t_S, f_{LA} Lohngruppenfaktor für t_A, n_L Losgröße

Materialkosten (K_M)

$$K_M = m f_M \tag{24}$$

m Materialmenge, f_M Materialkostenfaktor oder Preis

Instandhaltungskosten (K_I)

a) bei speziell für die Fertigung eines bestimmten Erzeugnisses angeschafften Ausrüstungen:

$$K_I = \frac{K_{An}(f_R + f_W)}{n} \tag{25}$$

f_R Reparaturfaktor, f_W Wartungsfaktor

b) bei universell genutzten Ausrüstungen:

$$K_I' = \frac{K_{An}(f_R + f_W)\, t_K}{T_F q \cdot 60} \tag{26}$$

Energiekosten (K_E)

$$K_E = \frac{P_{inst.} q_B Pr_E t_S}{60} \tag{27}$$

$P_{inst.}$ installierte Leistung, Pr_E betrieblicher Preis für Elektroenergie, q_B Belastungsfaktor

Vergleichskosten (K_V)

$$K_V = K_L + K_M + K_{Ab} + K_I + K_E \tag{28}$$

Im Ergebnis des Variantenvergleiches können folgende Aussagen an Hand von *Ergebniskennziffern* gemacht werden:

Kosteneinsparung (ΔK_V)

$$\Delta K_{V_{(a)}} = (K_{V1} - K_{V0}) \cdot \frac{n_1}{100} \tag{29}$$

K_{V1} Vergleichskosten der Vergleichsvariante, K_{V0} Vergleichskosten der Basisvariante

Arbeitszeiteinsparung (Δt)

$$\Delta t = \frac{(t_{K0} - t_{K1})\, n_1}{60} \tag{30}$$

Einsparung an Arbeitskräften (Δn_{AK})

$$\Delta n_{AK} = \frac{(t_{K0} - t_{K1})\, n_1}{60 \cdot AZF} \tag{31}$$

AZF Arbeitszeitfonds

Zur effektiven Durchführung des Variantenvergleiches und übersichtlichen Gegenüberstellung der einzelnen Kostenelemente wurden *Formblätter* entwickelt.

5.5. Möglichkeiten der Rationalisierung

Bei der technologischen Fertigungsvorbereitung sind sowohl bei der Erarbeitung als auch der Ausstellung der technologischen Unterlagen sehr viele zeitaufwendige Routinearbeiten zu leisten. Die Zielstellung bei der Rationalisierung dieser Tätigkeiten ist auf eine *Reduzierung des formal-geistigen Anteils* gerichtet.
In Abhängigkeit von ökonomischen Kriterien, besonders der zu fertigenden Stückzahl eines Erzeugnisses, wendet man folgende drei *Stufen der Rationalisierung* der technologischen Fertigungsvorbereitung an:

Systematisierung

Die einzelnen Arbeitsschritte bei der technologischen Fertigungsvorbereitung werden systematisch und wissenschaftlich begründet aufbereitet. Die Bearbeitung erfolgt an Hand von *technologischen Algorithmen* und *typisierten technologischen Prozessen.* Die für die Bearbeitung erforderlichen Unterlagen herkömmlicher Form (Übersichten, Diagramme, Tabellen usw.) sind in entsprechend angeordneten *Speichern* am Arbeitsplatz des Technologen vorhanden.

Mechanisierung

Die Entscheidungen bei der Erarbeitung der Fertigungslösung werden vom Technologen getroffen. Es wird auf den Ergebnissen der Rationalisierungsstufe »Systematisierung« aufgebaut.
Durch den Einsatz von

- Schreib- und Organisationsautomaten,
- EDVA,
- Diktiergeräten sowie
- Unterlagen in Form von Mikrofilmen, Lochkarten, Lochbändern

kann ein bedeutender Rationalisierungseffekt erzielt werden. Die Rohteilbestimmung, die Normzeitberechnung sowie die Auswahl von Fertigungsmitteln können dabei mittels EDVA erfolgen.

Automatisierung

Eine Befreiung des Technologen von einem großen Teil Routinearbeit ist durch den *komplexen Einsatz der EDVA* möglich. Es ist dafür jedoch ein erheblicher organisatorischer, finanzieller und technischer Aufwand erforderlich, der sich nur bei einer entsprechenden Stückzahl der herzustellenden Erzeugnisse amortisiert.
Es ist weiterhin erforderlich, daß das Erzeugnissortiment weitestgehend systematisiert ist, Rechnerprogramme für die Materialverbrauchsnormen, die Zeitvorrechnung usw. existieren.

5.6. Fertigungsvorbereitung für NC-Maschinen

Bei *numerisch gesteuerten Werkzeugmaschinen* (NC-Maschinen) werden die für die Bearbeitung eines Werkstückes benötigten Arbeitsinformationen, als Zifferangaben verschlüsselt, dem Steuerteil der Maschine zugeführt und von ihm verarbeitet. Als Informationsträger verwendet man Lochkarten, Lochbänder, Magnetbänder.
Bei numerischen Steuerungen unterscheidet man die *äußere* und die *innere Datenverarbeitung*.

Die äußere Datenverarbeitung umfaßt die erforderlichen Vorbereitungsarbeiten zur Erstellung des Programms.
Die *innere Datenverarbeitung* sorgt für die Abarbeitung des eingegebenen Programms im Steuersystem der Maschine. Die *Erarbeitung des Steuerlochstreifens* ist Aufgabe der technologischen Fertigungsvorbereitung.

Unter *Programmieren* einer geometrisch und technologisch definierten Fertigungsaufgabe versteht man das Festlegen einer geeigneten Folge von Arbeitsinformationen, das Vorcodieren, das Codieren und das Überprüfen des hergestellten Informationsträgers.

Die Erstellung des Lochstreifens als Informationsträger wird in folgenden Etappen durchgeführt (Bild 17).

Es wird, ausgehend von der Fertigungszeichnung des Werkstückes (Zeichnung für den Arbeitsgang), der

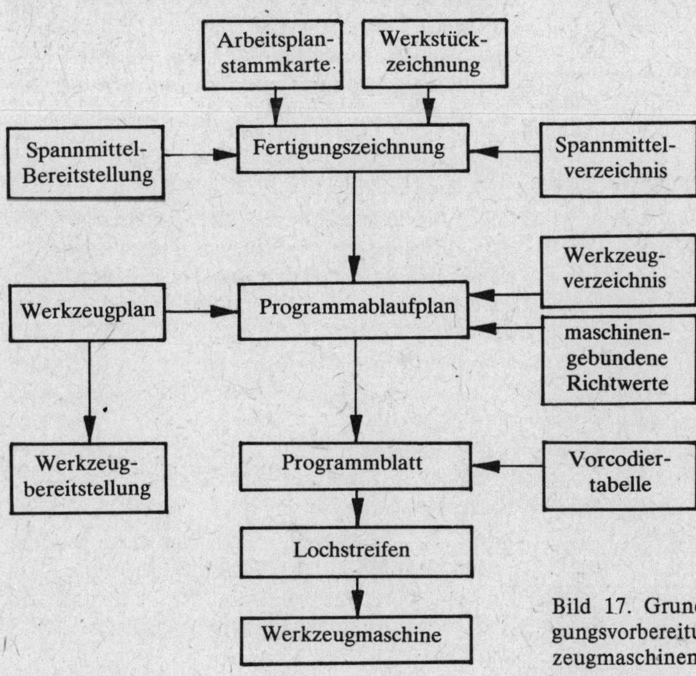

Bild 17. Grundetappen der technologischen Fertigungsvorbereitung für numerisch gesteuerte Werkzeugmaschinen [2]

Programmablaufplan erarbeitet. Er enthält die erforderlichen Arbeitsinformationen zur Durchführung des Bearbeitungsprozesses (Reihenfolge der einzelnen Programmschritte, erforderliche Werkzeuge, technologische Arbeitswerte), die auf ein *Programmblatt* vorcodiert übertragen werden. Unter dem *Vorcodieren* versteht man dabei das Verschlüsseln von Arbeitsinformationen in eine maschinengebundene Programmsprache. Mit Hilfe eines *Codiergerätes* erfolgt das Umsetzen der verschlüsselten Arbeitsinformationen in *maschinell lesbare Lochkombinationen.* In dem Programmcode für numerisch gesteuerte Werkzeugmaschinen sind sowohl die *Schalt-* als auch die *Weginformationen* enthalten.

Bei der technologischen Fertigungsvorbereitung von numerisch gesteuerten Werkzeugmaschinen werden an den Technologen sehr hohe Anforderungen gestellt. Er muß jede Bewegung, die von der Maschine ausgeführt werden soll, vorher exakt festlegen und dabei die Maschinendaten, optimalen Arbeitswerte, die Abmessungen und die Einspannung von Werkstück und Werkzeug berücksichtigen.
Bei der *Programmierung* unterscheidet man zwischen der *manuellen* und *maschinellen.* Für das *manuelle Programmieren* nutzt man allgemeine Hilfsmittel (Taschenrechner, Schreibmaschinen), wobei die Anwendungsgrenze durch die Formschwierigkeit der Werkstücke gegeben ist. Beim *maschinellen Programmieren* werden EDVA eingesetzt, wobei dies nur wirtschaftlich vertretbar ist, wenn eine große Anzahl von Koordinatenmaßen berechnet werden muß.

Literaturverzeichnis Fertigungsprozeßgestaltung

[1] *Müller, G., Reuter, H.-K., Elßner, W.:* Technologische Fertigungsvorbereitung Maschinenbau. 7. Aufl.- Berlin: VEB Verlag Technik, 1979

[2] *Meißner, E., Schenkel, H.:* Technologie des Maschinenbaus. 10. Aufl.-Berlin: VEB Verlag Technik, 1979

[3] *Beyer, W., Löschner, W., Bödeker, K.:* Technologie des Elektroanlagenbaus. – Berlin: VEB Verlag Technik, 1982

[4] *Müller, G.:* Gleichungen für Technologen. 2. Aufl.- Berlin: VEB Verlag Technik, 1978

[5] *Autorenkollektiv:* Rationelle Fertigungsorganisation. – Berlin: VEB Verlag Technik, 1983

[6] *Rockstroh, W:* Die technologische Betriebsprojektierung. 4 Bände. 2. Aufl. – Berlin: VEB Verlag Technik, 1980 bis 1984

FT Fertigungstechnik

Von Fachschuldozent Dipl.-Ing. Werner Schlayer, Leipzig, (Abschn. 4.2. bis 4.2.3.7., 4.2.4.2. bis 4.2.4.3.) und Ing. Ing.-Päd. Walter Schwartz, Roßwein, (Abschn. 1. bis 4.1.7., 4.2.4.1., 5. bis 6.)

Inhaltsverzeichnis

1. Einführung

Die *Fertigungstechnik* umfaßt die Arbeitsverfahren, die zur Herstellung der verschiedenen Gebrauchsgegenstände erforderlich sind. Die Fertigung beginnt in den Hüttenwerken und endet in den Fertigungswerkstätten und -betrieben. *Formgebung* nennt man das Gestalten des Werkstoffes bis zur Herstellung des Fertigteils. Dieser Prozeß erfolgt in mehreren Stufen nach verschiedenen *Fertigungsverfahren.* Diese sind in Tabelle 1[1]) aufgeführt.

2. Urformen

Erstmaliges Formen eines gestaltlosen, flüssigen oder pulverförmigen Werkstoffes durch Gießen oder Pressen heißt *Urformen.*

2.1. Gießen

Massenteile und Teile schwieriger Form werden oft durch *Gießen* hergestellt. Der Vorteil liegt darin, daß bei diesem Arbeitsverfahren gegenüber der spanenden Formung Material und Arbeitszeit eingespart werden. Besonders schwierige und verwickelte Teile lassen sich anders kaum wirtschaftlich herstellen.

2.1.1. Sandguß

Die zum Gießen erforderliche Form besteht aus einem aufbereiteten Sand mit einem Hohlraum in der Gestalt des herzustellenden Gußstücks. Das eingegossene Metall nimmt beim Erstarren die gewünschte Form an. Nach dem Gießprozeß wird das Werkstück durch Zerstören der Sandform (daher *»verlorene Form«*) freigelegt. Einguß, Steiger und Zuläufe werden abgeschlagen oder abgesägt. Eingebrannten Sand entfernt man in der Gußputzerei mit einem Sandstrahlgebläse. Für ein maßhaltiges, formgerechtes und sauberes Gußstück ist eine einwandfreie Ausführung des *Modells* erforderlich.

Tabelle 1. Gliederung der Fertigungsverfahren

1. Urformen	2. Umformen	3. Trennen	4. Fügen	5. Beschichten	6. Stoffeigenschaftsändern
1.1. *Aus dem gas- oder dampfförmigen Zustand*	2.1. *Druckumformen* z.B: Fließpressen, Stauchen, Formpressen	3.1. *Zerteilen,* z.B.: Abschneiden, Einschneiden, Reißen, Brechen	4.1. *durch Zusammenlegen,* z.B.: Einlegen, Einhängen, Ineinanderschieben, Einrenken	5.1. *aus dem gas- oder dampfförmigen Zustand,* z.B.: Aufdampfen	6.1. *Stoffteilchen umlagern,* z.B.: Härten, Anlassen, Magnetisieren
1.2. *Aus dem flüssigen, breiigen oder pastenförmigen Zustand,* z.B.: Gießen, Keramikmassen, Plastformmassen	2.2. *Zugdruckumformen,* z.B.: Tiefziehen, Drahtziehen	3.2. *Spanen, mit geometrisch bestimmter Schneidenform,* z.B.: Drehen, Bohren, Hobeln *mit geometrisch unbestimmter Schneidenform,* z.B.: Schleifen	4.2. *durch Füllen,* z.B.: Tränken, Leuchtröhre mit Edelgas	5.2. *aus dem flüssigen oder pastenförmigen Zustand,* z.B.: Auftragschweißen, Anstreichen, Spritzlackieren, Tauchemaillieren	6.2. *Stoffteile aussondern,* z.B.: Entkohlen
1.3. *Durch elektrolytische Abscheidung,* z.B.: Galvanoplastik	2.3. *Zugumformen,* z.B.: Streckziehen, Reckrichten	3.3. *Abtragen,* z.B.: Elektroerodieren	4.3. *durch An- und Einpressen,* z.B.: Keilen, Schrauben, Klemmen, Längseinpressen	5.3. *aus dem ionisierten Zustand,* z.B.: Galvanisieren	6.3. *Stoffteilchen einbringen,* z.B.: Zementieren (Aufkohlen), Nitrieren
1.4. *Aus dem festen (körnigen) oder pulvrigen Zustand,* z.B.: Pulverpressen, meist mit nachfolgendem Sintern	2.4. *Biegeumformen,* z.B.: Abkanten, Walzen von Blechprofilen	3.4. *Zerlegen,* z.B.: Abschrauben, Auspressen, Demontieren	4.4. *durch Urformen,* z.B.: Umgießen oder Umpressen eines Werkstücks	5.4. *aus dem festen (körnigen) Zustand,* z.B.: Pulveraufreiben, Hammerplattieren	
	2.5. *Schubumformen,* z.B.: Verwinden, Durchsetzen	3.5. *Reinigen,* z.B.: Waschen, Entzundern, Späne und Staub entfernen	4.5. *durch Umformen,* z.B.: Falzen, Vernieten, Verlappen		
		3.6. *Evakuieren,* z.B.: einer Elektronenröhre	4.6. *durch Stoffverbinden,* z.B.: Schweißen, Löten, Kleben		
			4.7. *durch andere Haftverfahren,* z.B.: Binden, Nähen		

2.1.1.1. Modelle und Schablonen

Modelle werden meist aus Holz hergestellt, wenn das Modell häufig einzuformen ist, auch aus Metall. Vorteile bieten Leichtmetallmodelle wegen ihrer geringen Masse und der günstigeren spanenden Bearbeitung. Die Modelle müssen außen glatt und meist mehrteilig sein, damit sie leicht aus der Form herausgenommen werden können. Deshalb werden zylindrische Teile schwach kegelig und parallele Wände etwas geneigt ausgeführt. Um bei einem mehrteiligen Modell ein Zentrieren der Teile zu ermöglichen, werden Metallscheibendübel verwendet.

Kernmarken sind Zapfen am Modell, die nicht mit abgegossen werden, sondern im Formstoff die Kernlager eindrücken. Der Kern wird später darin aufgenommen und kann infolgedessen vom einfließenden Gießmetall nicht weggespült werden. Die fertigen Modelle erhalten einen Farbanstrich[2]) nach dem zu vergießenden Werkstoff. Die Oberfläche wird durch den Anstrich glatt, das Modell läßt sich besser aus der Form herausheben. Durch besondere Farbe im Anstrich werden die Lage der Kerne, der Steiger, der Eingüsse und die Flächen gekennzeichnet, die am Werkstück noch bearbeitet werden müssen.

Beim *Herdguß* werden einfache plattenförmige Gußteile in eine auf dem Boden der Gießerei befindliche Schicht Formsand (den Herd) eingeformt. Die Gießform größerer Teile, wie Schwungräder, Zylinder, Walzen u.ä., wird mittels *Schablone* ebenfalls im Herd hergestellt. Das *Schablonieren* findet auch bei gekrümmten und gerade verlaufenden Teilen Anwendung. Man unterscheidet dabei die *Drehschablone*, die sich um eine feststehende Achse dreht, und die *Ziehschablone*. Das Arbeiten mit Schablonen zeigen die Bilder 1 und 2.

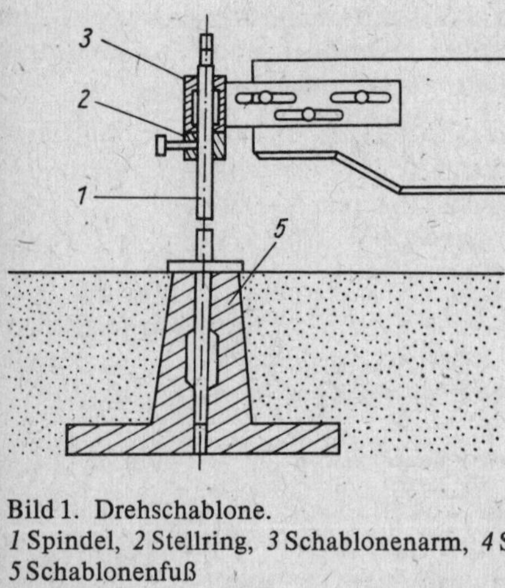

Bild 1. Drehschablone.
1 Spindel, *2* Stellring, *3* Schablonenarm, *4* Schablone, *5* Schablonenfuß

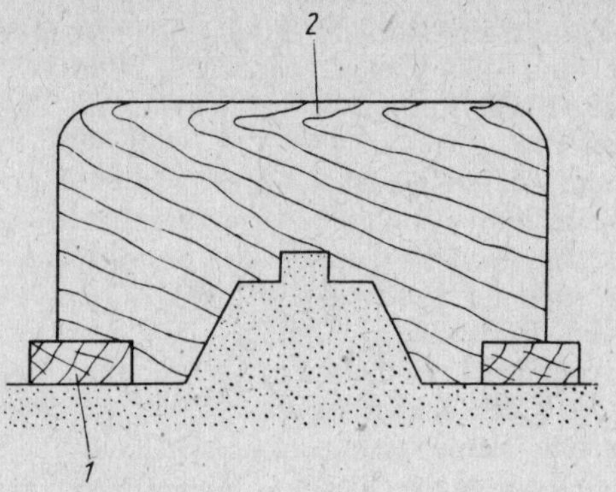

Bild 2. Ziehschablone.
1 Leitbrett, *2* Ziehschablone

Jedes Metall zieht sich beim Erstarren zusammen. Folglich wird das abgegossene Werkstück kleiner als das Modell. Das Schwinden wird durch das *Schwindmaß* berücksichtigt.

BEISPIEL

■ Schwindmaße

Gußeisen	1 %,	Messing	1,8 %
Temperguß	1,5 %,	Aluminium	1,8 %
Stahlguß	2 %	Magnesium	1,8 %

2.1.1.2. Kernmacherei

In der Kernmacherei werden die Kerne für die Formen hergestellt. Zur Kernherstellung werden *Kernkästen* benötigt. Diese bestehen je nach Beschaffenheit des geforderten Kerns aus zwei, häufig auch aus mehr Teilen. Die Kernmasse wird in die Hohlräume des Kernkastens gedrückt oder gestampft. Oft verwendet man *Kernschießmaschinen*, bei denen der Kernwerkstoff mit Druckluft in den Kernkasten gedrückt wird.

Die Kernkastenteile sind durch entsprechende Dübel und Dübellöcher zentriert. Kästen werden aus Holz, für größere Stückzahlen aus Metall gefertigt.
Für einfache stabförmige Kerne werden *Kernformmaschinen* verwendet. Auswechselbare Düsen ermöglichen die geforderten Kerndurchmesser in verschiedenen Abmessungen. Die erforderliche Kernlänge schneidet man von der Stange ab, trocknet sie und kann die Enden entsprechend den Kernmarken anfeilen. Oft werden solche Kerne mit einem axialen Hohlraum für den *Gasabzug* versehen.
Kerne müssen widerstandsfähiger und gasdurchlässiger als die Form sein. Die Widerstandsfähigkeit wird durch *Drahteinlagen* und die Gasdurchlässigkeit durch *Luftstechen* bzw. *Luftkanäle* erhöht. Bei gekrümmten Kernen werden Wachsschnüre eingelegt, die beim Gießvorgang verbrennen. Um das Durchbiegen langer Kerne zu vermeiden, werden sie durch *Kernstützen* abgefangen. Durch den Auftrieb beim Gießen wird der Kern auch nach oben durchgebogen. Die Biegekräfte werden hierdurch auf den Unter- und Oberkasten übertragen. Kernstützen und Kernnägel werden aus dem zu vergießenden Metall gefertigt, für Grauguß aus verzinntem oder verkupfertem Stahlblech. Sie schweißen oder schmelzen während des Gießprozesses in den Guß ein.

2.1.1.3. Formstoffe

Natürlicher Formsand

Für die Herstellung der »verlorenen Form« wird für alle Gußarten Formsand, Masse oder Lehm verwendet. Der Sand besteht im wesentlichen aus Quarzsand und schmilzt bei rund 1700 °C. Eine Beimengung von Lehm (Ton) ermöglicht die Bindung des Formstoffs (Bindemittel).

Formsand muß folgende *Eigenschaften* aufweisen:

1. gute Anpassungsfähigkeit an das Modell,
2. ausreichende Widerstandsfähigkeit gegenüber dem einfließenden Material,
3. Beim Einfüllen des flüssigen Metalls darf der Formstoff nicht einbrennen oder erweichen.
4. Die beim Gießen auftretenden Gase und Dämpfe müssen ungehindert aus der Form entweichen können.

Von den genannten Eigenschaften hängt die Güte des Gusses ab. Die *Bildsamkeit* beeinflußt die Oberflächengüte, die *Standfestigkeit* die genaue Wiedergabe des Modells. Durch die *Feuerfestigkeit* wird das Putzen erleichtert, und die *Gasdurchlässigkeit* ist für ein einwandfreies Vollaufen der Form und einen blasenfreien Guß erforderlich.

Nach dem Abguß wird der Formsand aufbereitet und wieder verwendet.

Synthetischer Formsand

Formsand aus Quarzsand und Ton in genau dosierter Menge hat sehr günstige Eigenschaften. Dieser Formsand ist dem natürlichen Formsand überlegen. Die Mehrkosten werden durch Senkung des Gußausschusses weitestgehend ausgeglichen.

Hydraulischer Binder

Bindemittel, die mit Wasser abbinden und die Form zusammenhalten, bezeichnet man als hydraulische Binder.

Hierzu gehören Portlandzement, bedingt Kupolofenschlacke und bedingt Braunkohlenfilterasche.
Formsand wird durch Mischen des bindungslosen Quarzsandes mit dem Binder hergestellt. Je nach Zusammensetzung des Formsandes unterscheidet man folgende Verfahren:

1. Schlackensand-Formverfahren,
2. Schlacken-Aschen-Sand-Formverfahren,
3. Zementsand-Formverfahren,
4. Wasserglas-CO_2-Verfahren.

Gegenüber dem normalen Guß zeichnet sich der Guß, der mit Hilfe von mit hydraulischen Bindern behandeltem Formsand hergestellt wird, durch eine glattere Oberfläche aus.

Zementsand-Formverfahren

Bei diesem Verfahren wird der Portlandzement als Bindemittel verwendet. Alle Metalle und deren Legierungen können vergossen werden.

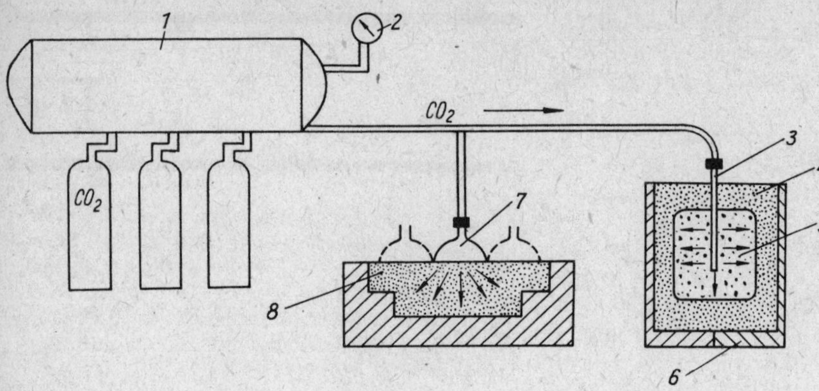

Bild 3. Formsandhärtung mit Kohlendioxid.
1 Zwischenkessel, *2* Manometer, *3* Einsteckdüse, *4* Formsand, *5* Schlacke, *6* Kernkasten, *7* CO_2-Brause, *8* Formsand mit Wasserglas

Vorteile des Verfahrens

1. einfache Aufbereitung des Formstoffs,
2. Form muß nicht in Trockenöfen getrocknet werden (besonders für große Abgüsse günstig),
3. geringer Bedarf an Kernstützen und Formaussteifungen,
4. genaue Abgüsse, sehr gute Oberflächenbeschaffenheit,
5. bis zu 20 % Formkosteneinsparung gegenüber dem Trockenguß,
6. Die Vorteile des Verfahrens können auch bei komplizierten Naßgußstücken genutzt werden. Die Form wird mit Zementstaub eingestäubt und bindet über Nacht ab.

Wasserglas-CO_2-Verfahren

Ein möglichst tonfreier Quarzsand wird mit 5 Masseprozent Natronwasserglas und Kernöl gemischt. Dieser Formstoff muß innerhalb von 6 h zu Kernen oder Formen verarbeitet werden. Durch die vorbereiteten Kerne bzw. Formen wird gasförmiges CO_2 hindurchgeblasen, so daß sich eine Trocknung in der üblichen Weise erübrigt. Die Formsandhärtung erläutert Bild 3.

Vorteile des Verfahrens

1. Verwendung von billigem, ungereinigtem Wasserglas,
2. Beim Erstarren ändern sich weder Form noch Abmessung.
3. Das Verfahren eignet sich besonders für die Kernherstellung (Kerneisen und Drähte entfallen weitgehend).
4. Form und Kerne lassen sich nach dem Abguß leicht zerstören.

2.1.1.4. Herstellung der Gießform

Die Herstellung der Gießform erfolgt mit Hilfe von *Modellen* oder *Schablonen.*

Bild 4 zeigt die fertige Form eines Rohrstutzens. Als Formstoff dient feuchter Formsand. Nach dem Einformen des Modells mit dem Einlaufsystem wird dieses aus der Form entfernt. Deshalb sind Form und Modell teilbar. Die Teilfläche der Form nennt man *Formteilebene.* Um beim Einformen ein Verkleben des Modells und des Formsandes in der Formteilebene zu vermeiden, werden diese Flächen mit *Lykopodium* und weißem Sand oder Holzkohlepulver bestreut. Durch Einstechen feiner Kanäle *(Luftstechen)* wird die Gasdurchlässigkeit erhöht. Die Kernlager des Unterkastens nehmen den Kern auf. Die seitlich der Kästen angebrachten *Zentrierstifte* dienen zur Lagebestimmung. Damit der Auftrieb des flüssigen Metalls den Oberkasten nicht abheben kann, wird die Form mit *Lasteisen* beschwert.

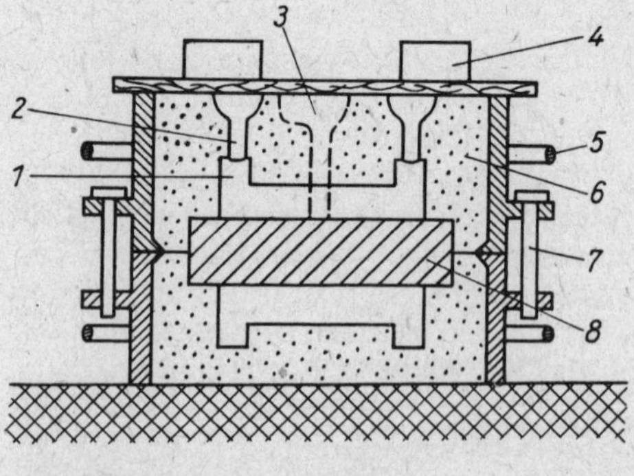

Bild 4. Fertige Form.
1 Hohlraum, *2* Steiger, *3* Einguß mit Eingußtümpel, *4* Lasteisen gegen Auftrieb, *5* Handgriff, *6* Formsand, *7* Zentrierbolzen, *8* Kern

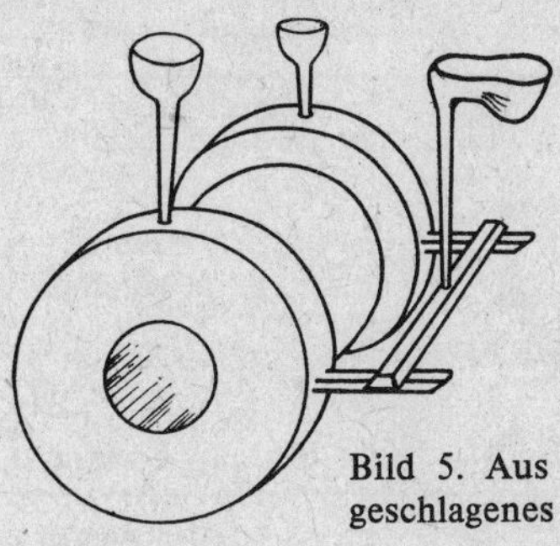

Bild 5. Aus der Form herausgeschlagenes Gußstück

Der Abguß eines Rohrstutzens hat die Gestalt nach Bild 5. Das Gießgut gelangt durch das *Einlaufsystem* in den Hohlraum der Form. Das Einlaufsystem muß für das einfließende Metall gute Strömungsverhältnisse aufweisen. Außerdem sollen durch das Einlaufsystem einfließende Schlacketeilchen zurückgehalten werden. Die Steiger müssen an den höchsten Stellen angebracht werden, damit keine Luft eingeschlossen wird. Beim Gießen entweichen die in der Form enthaltene Luft und das durch das flüssige Metall entstehende Gas aus dem Steiger. Das Einfließen des Metalls ist beendet, wenn der Steiger gefüllt ist. Wichtig ist hierbei, daß der eingegossene Werkstoff im Einguß und Steiger zuletzt erstarrt, damit das erkaltende Gußteil flüssiges Material nachsaugen kann – sonst Hohlraumbildung *(Lunker)* im Gußteil.

Gewöhnliche Teile aus Grauguß werden im *Naßguß* hergestellt, d.h., die Form wird nicht getrocknet. Für große komplizierte und dickwandige Werkstücke aus Buntmetall, Grauguß sowie Stahlguß reicht die Festigkeit und Feuerfestigkeit der Naßform nicht aus. Sie werden deshalb als *Trockenguß* hergestellt. Hierbei wird die Form vor dem Guß bei etwa 300...400 °C getrocknet.

2.1.2. Kokillenguß

Für einfache Gußstücke wendet man bei größeren Stückzahlen häufig den *Kokillengrauguß* oder *-temperguß* an, bei dem flüssiges Gußeisen in gußeiserne Dauerformen vergossen wird, wobei die Masse eines Gußstücks 1...600 kg betragen kann. Voraussetzung ist, daß sich die Teile leicht aus der Form entfernen lassen. Zu den bevorzugten Gußstücken gehören: Zylinder, Buchsen, Platten, Profilstangen und hochbeanspruchte Teile des Maschinenbaus (Flansche, Kupplungen, Zahnräder).

Vorteile gegenüber dem Sandguß:

1. Die Kokille ist in der Formgebung maßhaltig.
2. Das Losspülen von Sand und die damit verbundenen Verunreinigungen entfallen.
3. Die Abgüsse haben kein Übergewicht.
4. Die Gußteile haben glatte Oberflächen und eine gleichmäßige Wanddicke.
5. Die Bearbeitungszugabe ist gering.
6. Modelle, Formkästen, Formsand und die Sandaufbereitung entfallen.
7. Die Produktionsfläche ist kleiner.
8. Die Ausschußquote ist bedeutend niedriger.

Bei Gußteilen, die mit Kernen versehen werden müssen, können *metallische Dauerkerne* verwendet werden.
Eine nachträgliche *Wärmebehandlung* der Abgüsse sorgt dafür, daß sich das Eisenkarbid, das sich beim Gießprozeß bildet, in Graphit verwandelt. Durch diesen Vorgang ist der Guß weich und damit bearbeitbar geworden.
Der Kokillenguß ist außer für die genannten Eisenwerkstoffe auch bei NE-Metallen und ihren Legierungen geeignet.

2.1.3. Schleuderguß

Mit dem Schleudergußverfahren werden rotationssymmetrische Körper mit sehr dichtem und porenfreiem Gefüge hergestellt. Die Gußform ist bei dieser Einrichtung um eine waagerechte oder senkrechte Drehachse drehbar. Beim Gießen wird die Form um ihre Achse gedreht, so daß das einströmende Metall infolge der Fliehkraft an die Formwandung geschleudert und hierbei gleichzeitig verdichtet wird. Der Rohrkern bleibt frei. Um den Erstarrungsvorgang zu beschleunigen, wird die Gießform wassergekühlt. Alle wichtigen Metalle können mit dieser Maschine verarbeitet werden. Bild 6 zeigt den Aufbau und die Wirkungsweise einer *Waagerecht-Schleudergußmaschine.*
Das *Senkrecht-Schleudergußverfahren* kommt vorwiegend bei der Herstellung von Ringen zum

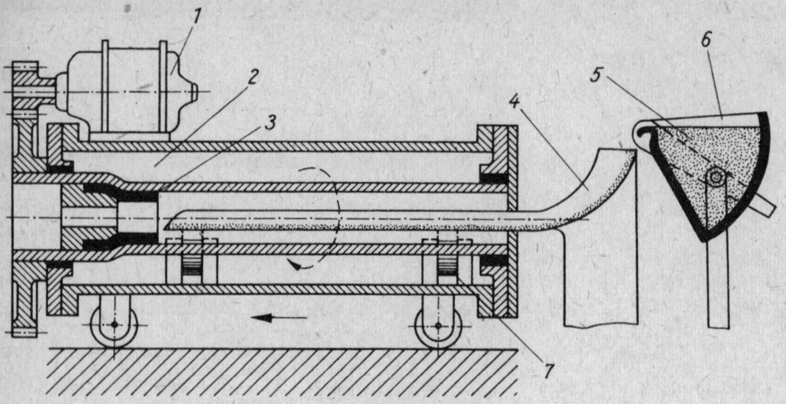

Bild 6. Aufbau und Wirkungsweise einer Waagerecht-Schleudergußmaschine.
1 Antriebsmotor, *2* Kühlwasserraum, *3* Gußstück, *4* Gießrinne, *5* flüssiges Metall, *6* Kipptrog, *7* Rolle

Einsatz, deren Höhe kleiner als der Radius des Drehkörpers ist.
Rohre, Laufbuchsen und Lagerschalen werden nach dem Waagerecht-Schleudergußverfahren hergestellt.

2.1.4. Strangguß

Beim Strangguß kommt als Urformwerkzeug eine Durchlaufkokille, Gießwalze, ein Gießband oder Gießrad zur Anwendung.
Der Strangguß ist ein *kontinuierliches* Herstellungsverfahren, bei dem Halbzeuge, wie Rundmaterial, Profilstangen und Rohre, produziert werden können. Mit diesem Verfahren können Rohrabmessungen von 1,5 m Durchmesser und 9 m Länge erzielt werden.

2.1.4.1. Strangguß mit Durchlaufkokille

Der Sandkern verschließt mit der Zugplatte die Kokille. Um ein schnelles Abkühlen der Schmelze zu erreichen, wird die Kokille mit Wasser gekühlt. Hierdurch ergeben sich ein feinkristallines Gefüge und damit eine höhere Festigkeit des Gußeisens. Gewindespindeln bewegen die Zugplatte nach unten (Bild 7).

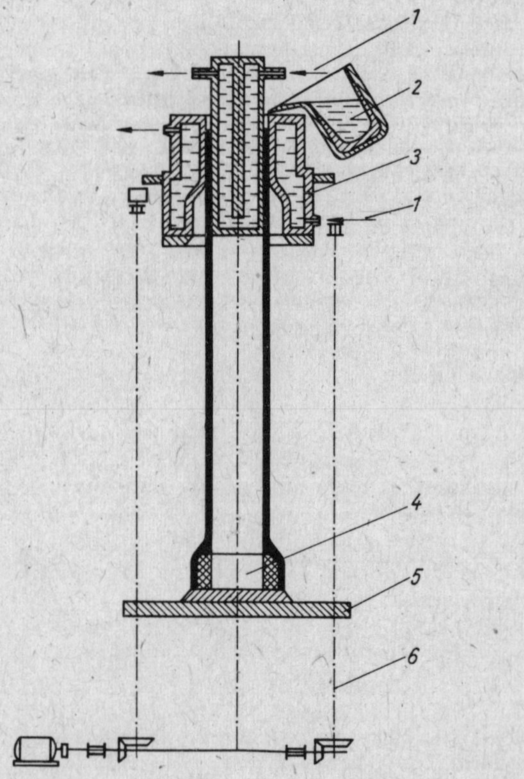

Bild 7. Gießen eines Rohres im Stranggußverfahren.
1 Wasser, *2* Schmelze, *3* Kokille, *4* Sandkern, *5* Zugplatte, *6* Spindel zur Absenkung der Zugplatte

2.1.4.2. Strangguß mit sich bewegenden Urformwerkzeugen

Bei diesem Verfahren werden entsprechende Fertigungsstufen des Umformens dem Urformen nachgeschaltet. Damit ist es möglich, die Halbzeuge durch Walzen bzw. Ziehen fertigzustellen.

Band- und Drahtgießanlagen

Man unterscheidet zwischen *vertikal steigendem Gießen* (Bild 8a) sowie *horizontalem Gießen* (Bild 8b).

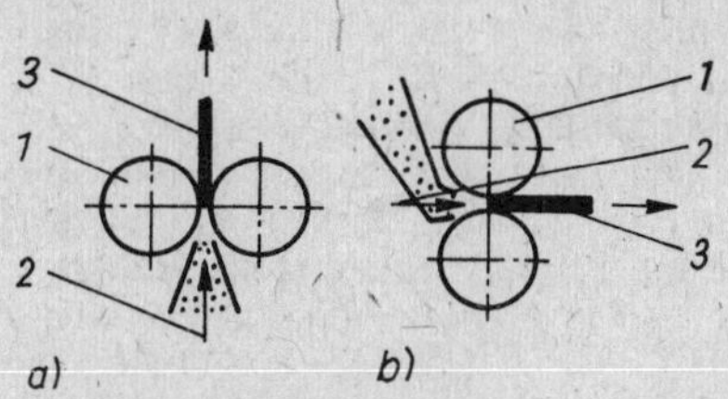

Bild 8. Bandgießanlage.
a) vertikal, b) horizontal.
1 Gießwalzenpaar, *2* zugeführte Schmelze, *3* erstarrtes Band (Halbzeug)

Das flüssige Metall wird den Walzen zugeführt, die Abkühlung und Erstarrung erfolgen zwischen den Walzen. Der fertige Strang tritt aus den Walzen heraus und wird zur Weiterverarbeitung den erforderlichen Anlagen zugeleitet.
Beim Gießen zwischen einer Gießwalze (bzw. einem Gießrad), die das Profil des geforderten Bandes oder Drahtes enthält, und einem endlosen Gießband (Bild 9) erstarrt die zugeführte Schmelze zwischen der Gießwalze (bzw. Gießrad) und dem Gießband. Dieses Verfahren wird *Rotary-Verfahren* genannt.

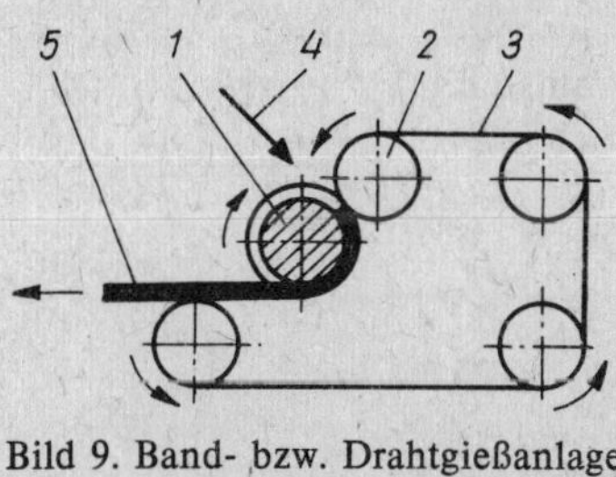

Bild 9. Band- bzw. Drahtgießanlage.
1 Gießrad, *2* Umlenkrolle, *3* Gießband, *4* zugeführte Schmelze, *5* erstarrtes Band bzw. erstarrter Draht

Zur Verarbeitung kommen die Schwermetalle, die in der Regel als feinkörnige Halbzeuge weiterverarbeitet werden. Das *Drahtstranggießen* wird auch bei Al-FeMg-E als Substitutionswerkstoff für E-Al99,5 angewendet.

2.1.5. Druckguß

Beim Druckguß wird das flüssige Metall durch einen Preßkolben oder Druckluft in die Form gedrückt. Druckgußteile finden in vielen Industriezweigen (Apparate-, Fahrzeug- und Büromaschinenbau und in der Elektroindustrie) Verwendung.

Vorteile gegenüber dem Sand- oder Kokillenguß:

1. größere Maßhaltigkeit (Toleranzeinhaltung von ± 0,1 mm),
2. günstigere mechanische Eigenschaften,
3. wirtschaftliche Ausnutzung des Rohstoffs,
4. bessere Oberflächengüte,
5. bedeutend höhere Ausstoßmenge in der Zeiteinheit,
6. niedrigere Herstellungskosten.

Nachteile:

1. die Eintrittsgeschwindigkeit und die Metalltemperatur sind sehr hoch, dadurch Erosion an den Wandungen und kurze Lebensdauer der Formen,
2. größere Wanddicken sind zu vermeiden,
3. Hinterschneidungen sind schwer gießbar,
4. kleine Lufteinschlüsse sind nicht immer ausgeschlossen,
5. größere Sprödigkeit der Werkstücke.

2.1.5.1. Druckgußformen

Die Formen bestehen in Abhängigkeit von den zu vergießenden Werkstoffen aus entsprechenden Warmarbeitsstählen und werden mit hochglanzpolierten Wandungen versehen, um eine hohe *Oberflächengüte* der Gußteile zu erreichen. Vorteilhaft ist die Möglichkeit, Buchsen, Zapfen, Nocken, Gewindestifte und Muttern in die Form einzulegen und einzugießen.

2.1.5.2. Druckgußmaschinen

Das Formträgerteil der Maschine nimmt die beiden Formhälften auf und schließt sie dicht. Das flüssige Metall wird in die Druckkammer gefüllt und in die Form gepreßt. Nach dem Erstarren wird die Form geöffnet und der Abguß durch Auswerfer ausgestoßen. Die Maschinen unterteilt man nach der Temperatur der Druckkammer:

Maschinen mit warmer Druckkammer
(Warmkammerverfahren)

Die Druckkammer ist ein Teil der Maschine, sie befindet sich im Metallbad. In den Warmkammer-Druckgußmaschinen kommen vorwiegend Blei-, Zinn-, Zinklegierungen zum Vergießen.
Das Metall wird durch eine Düse in die Form gedrückt (Bild 10). Die Steuerung wird automatisch oder von Hand vorgenommen.

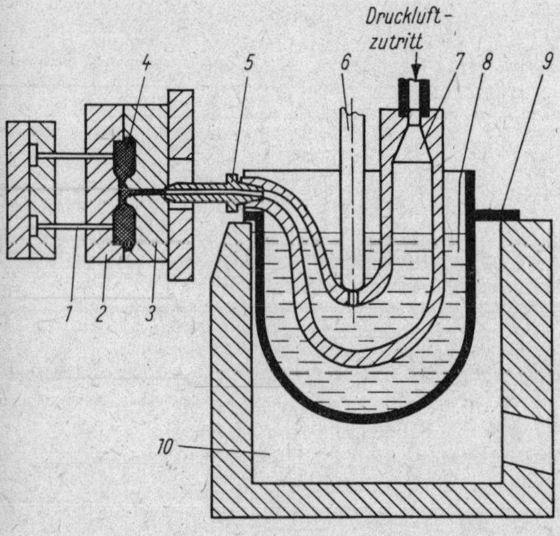

Bild 10. Druckluft-Druckgießaggregat mit Badventil nach dem Warmkammerverfahren.
1 Auswerfer, *2* bewegliche Formhälfte, *3* feststehende Formhälfte, *4* Abguß, *5* Gießdüse, *6* Badventil, *7* Druckkammer, *8* Schmelze, *9* Schmelztiegel, *10* Ofenraum

Maschinen mit kalter Druckkammer
(Kaltkammerverfahren)

Mit dem Kaltkammerverfahren werden vorwiegend Aluminium- und Kupferlegierungen, manchmal auch Magnesiumlegierungen, verarbeitet. Bild 11 zeigt die Wirkungsweise des Kaltkammerverfahrens. Die Kammer wird nicht speziell geheizt.
Bei den teilautomatischen Maschinen werden die Formhälften durch Handschaltung geschlossen, das Material eingegossen und die Kolbenbewegung durch ein Fußpedal ausgelöst. Alle übrigen Vorgänge steuert eine Zeituhr.

2.1.6. Genauguß

2.1.6.1. Maskenformverfahren

Wegen der hohen Güte und der Wirtschaftlichkeit der Gußteile findet das *Maskenform-* oder *Croning-Verfahren* immer mehr Anwendung. Zur Herstellung der Masken dienen Formmaschinen, mit deren Hilfe bis zu 70 Gießformen je Stunde gefertigt werden können. Die Herstellung der Masken erfolgt auf automatisch gesteuerten Maschinen.
Das Maskenformverfahren eignet sich für alle Gießwerkstoffe (Grauguß, Stahlguß, Sonderlegierungen des Stahls, Kupferlegierungen und Titan). Der Guß zeichnet sich durch eine glatte Oberfläche, geringe Wanddicke, kleine Toleranzen von ± 0,2 mm aus und hat keine Sandeinschlüsse.

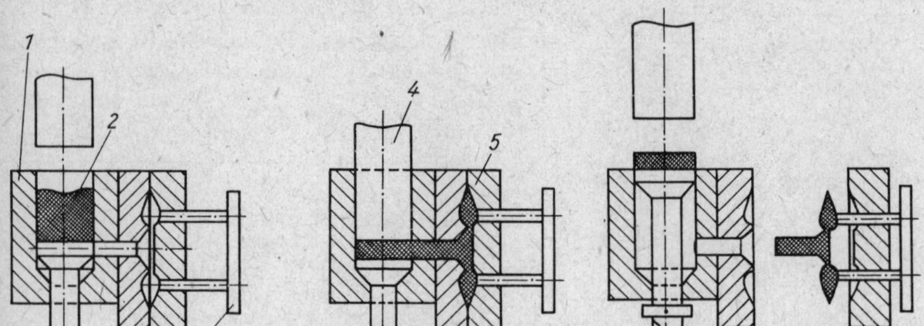

Bild 11. Kolben-Druckgießaggregat nach dem Kaltkammerverfahren.
1 Preßzylinder, *2* teigiges Metall, *3* Auswerfer, *4* Preßkolben, *5* Form

Vorteile:

1. Der Formstoff hat eine gute Gasdurchlässigkeit.
2. Der Formstoff setzt dem Schwinden keinen nennenswerten Widerstand entgegen.
3. Die Maske ist leicht, nimmt kein Wasser an und läßt sich gut lagern.
4. Die Einformzeit ist kürzer und die Arbeitsfläche gegenüber der Sandformerei kleiner.

Die Masse der Teile beträgt 0,5...20 kg. Vorwiegend werden mit dem Maskenformverfahren Gußteile hergestellt, die dicht, maßhaltig und von guter Oberflächenbeschaffenheit sein müssen (z. B. Kurbelgehäuse, Rippenzylinder, Kurbelwellen, Zylinderblöcke und Teile aus hochlegierten Stählen).

Ablauf des Croning-Verfahrens (Bild 12):

1. Erwärmen der Metallmodellplatte auf 250 °C,
2. Aufstreuen des Formstoffs; durch Schmelzen des Phenolharzes bildet sich die Maske aus. Die Wanddicke ist von der Zeitdauer der Erwärmung abhängig.
3. Abschütten oder Absaugen des nicht geschmolzenen Formstoffs,
4. Brennen der Maske 3...5 min unter der Infrarothaube bei 500 °C,
5. Abheben der Maske,
6. Zusammensetzen der verschiedenen Maskenteile zu einer Form (evtl. Einlegen von Kernen),
7. Ausgießen der Form,
8. Entnahme des Gußstücks und Verputzen.

2.1.6.2. Wachsausschmelzverfahren

Dieses Verfahren zeichnet sich durch hohe Güte der Gußteile aus. Es gehört zum *Präzisionsguß*, weil kein Versetzen der Formhälften auftreten kann. Hierdurch wird eine gute Maßgenauigkeit erreicht. Die geringsten Wanddicken betragen 0,5 mm, die erreichte Herstellungstoleranz ± 0,5 %. Für die spanende Bearbeitung genügt eine Schleifzugabe. Mit dem Wachsausschmelzverfahren können alle Metalle vergossen werden. Der Präzisionsguß findet vorwiegend für die Herstellung von Bauteilen für Schreibmaschinen, hochbeanspruchten Teilen des Maschinen- und Kraftfahrzeugbaus Verwendung.

Ablauf des Wachsausschmelzverfahrens (Bild 13):

1. Herstellung des Urmodells aus Holz oder Wachs,
2. Einbetten des Modells in Gips und Auffüllen des Formkastens mit Gelatine oder einer Weichmetall-Legierung,
3. Entfernen des Gipses und Ausgießen der zweiten Formhälfte,
4. Die Form dient zur Gewinnung des *»verlorenen Wachsmodells«*. Wachsmodelle werden auch im Spritzgußverfahren hergestellt.
5. Kleine Modelle werden zu *»Modelltrauben«* an einem Gießstrang vereinigt und in eine hitzebeständige, flüssige, feinkeramische Masse getaucht und getrocknet.
6. Einformen mit Sand und anschließendes Wachsausschmelzen,

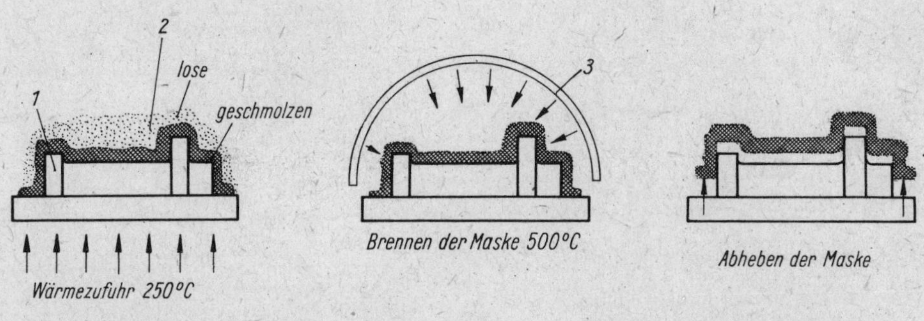

Bild 12. Ablauf beim Maskenformverfahren.
1 Metallmodellplatte, *2* Formstoff (Phenolharz und Quarzsand), *3* Infrarothaube

7. Erwärmen der Form auf 1 000 °C. Durch das Sintern erhält die Form ein gute Widerstandsfähigkeit. Ist die Form auf 900...700 °C abgekühlt, erfolgt das Abgießen der Form unter Vakuum.
8. Ausschlagen, Putzen und Abtrennen der Gußstücke.

2.1.6.3. Vollformgießen

Dieses Verfahren ist für Einzelanfertigungen von Ersatzteilen, den Musterbau sowie den Rationalisierungsmittelbau vorgesehen. Die Mo-

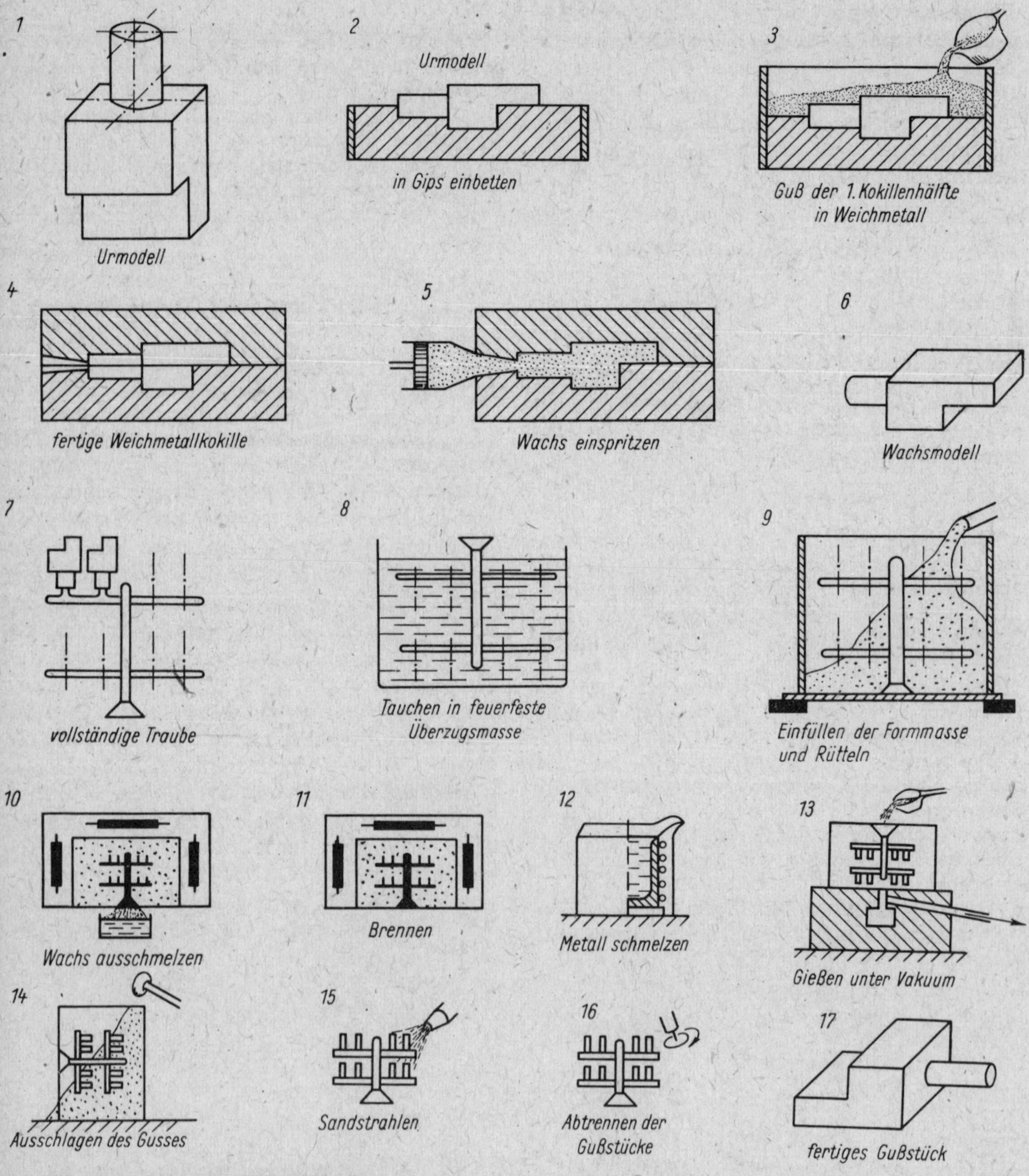

Bild 13. Ablauf beim Ausschmelzverfahren.
1...6 Modell anfertigen, *7...9* Herstellen der Gießform, *10...13* Formvorbereitung und Gießen, *14...17* Gußputzen und Abtrennen

delle werden aus block- oder plattenförmigem Polystyrenschaum hergestellt. Geometrisch komplizierte Modelle werden durch Verkleben von einfacher gestalteten Modellelementen einschließlich des Einlaufsystems komplettiert. Das fertige Modell wird in einem einteiligen Formkasten mit Formsand eingeformt und darin belassen (daher der Begriff *Vollformgießen*).
Beim Abgießen wird das Modell vollständig thermisch zersetzt (vergast) (Bild 14). Das Verfahren gestattet die Herstellung von Gußstükken mit einer Masse von 10...12000 kg.

2.2. Pulvermetallurgie (Sintern)

Die Gewinnung und Verarbeitung von Eisen- und Nichteisenmetallpulvern wird als *Pulvermetallurgie* bezeichnet.

Mit diesem Verfahren werden Werkstoffeigenschaften erzielt, die auf andere Weise nicht erreicht werden können.

Vorteile und Anwendungsmöglichkeiten:

1. Herstellung poröser Werkstoffe für Gleitlager, die mit Öl getränkt werden und dadurch lange Zeit ohne Schmierung betrieben werden können und gleichzeitig ausgezeichnete Notlaufeigenschaften besitzen.
2. Herstellung einfacher Formteile ohne Werkstoffabfall.
3. Bei Montageteilen ist die Einbaufähigkeit auf Grund der ausgezeichneten Herstellungsgenauigkeit von 0,1 mm gewährleistet.
4. Die Werkstücke aus Metallpulver sind gegenüber den gegossenen im Gefüge gleichmäßiger und frei von Seigerungen.
5. Aus Aluminiumpulver hergestellte Werkstücke sind gegenüber gegossenen bei höheren Temperaturen einsetzbar.
6. *Verbundwerkstoffe* aus Metallen und Nichtmetallen wurden für den Einsatz bei hohen Temperaturen entwickelt.
7. Metalle, die man chemisch nur in Pulverform gewinnen kann, lassen sich als komplette Werkstücke weiterverarbeiten.
8. Für die Herstellung feiner Filter wird Metallpulver (Kugelform) verwendet.
9. *Sintereisen* ist auch ein wichtiger Austauschwerkstoff für Metalle und andere Werkstoffe, mit denen besonders sparsam umgegangen werden muß (Blei, Kupfer).

2.2.1. Herstellung der Metallpulver

2.2.1.1. Mechanische Verfahren

Das *Wirbelschlagverfahren* ist das älteste und einfachste Verfahren zur Herstellung von Metallpulver. Bei dieser Technologie werden größere Metallteile, z. B. Blechreste, Drahtstücke, spröde Bruchstücke, Dreh- und Hobelspäne, Granalien (kleine Metallkörner), in *Wirbelschlagmühlen* zu Metallstaub verarbeitet. Die Drehzahl der propellerartigen Schläger aus Hartmanganstahl oder Sinterhartmetall und deren Einstellung beeinflussen die Struktur und Größe des Pulvers.
Das *Schleuderverfahren* beruht auf der Zerstäubung einer Metallschmelze. Hierbei wird ein dünner, flüssiger Metallstrahl von einem Druckwassermantel erfaßt und durch eine rotierende Scheibe, die mit Schlagleisten und Durchbrüchen versehen ist, in feinste Teilchen zerrissen und geschleudert. Größe und Gestalt des gewonnenen Korns werden durch die Drehzahl, den Wasserdruck und die Düsengröße beeinflußt.

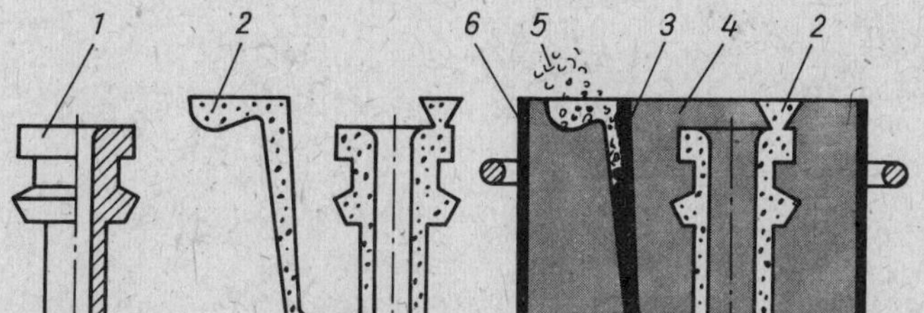

Bild 14. Vollformgießen.
1 gefordertes Gußstück, *2* Schaumpolystyrenmodell, *3* Schmelze, *4* Formsand, *5* entweichendes Gas, *6* ungeteilter Formkasten

2.2.1.2. Physikalisch-chemische Verfahren

Das *Reduktionsverfahren* geht von Metalloxiden aus. Zur Gewinnung von Eisenpulver werden speziell Erz und Walzzunder (Fe_3O_4) verwendet. Bedingung ist ein hoher Reinheitsgrad. Die Ausgangsmaterialien werden gemahlen und durch trockene Reduktion mit festen oder gasförmigen Reduktionsmitteln bei hohen Temperaturen in Eisenschwamm überführt. Durch das Reduktionsverfahren erhält man Pulver von hohem Reinheitsgrad, feiner Körnung und sehr guten Preßeigenschaften.
Die *elektrolytische Pulvergewinnung* ist ein elektrochemisches Verfahren. Hierbei wird mit wäßrigen Lösungen bzw. mit Salzschmelzen gearbeitet. Das Metall scheidet sich an der Katode als zusammenhängende Schicht ab und läßt sich anschließend auf Grund der Sprödigkeit (verursacht durch abgeschiedenen Wasserstoff) leicht mechanisch zertrümmern.
Die *Schmelzflußelektrolyse* gewinnt besonders für hochschmelzende Metalle immer mehr an Bedeutung.

2.2.2. Herstellung pulvermetallurgischer Werkstücke

2.2.2.1. Behandlung des Pulvers vor dem Pressen

Es wird ein spezielles Pulvergemisch hergestellt, das der physikalischen Eigenschaft und chemischen Zusammensetzung des geforderten Werkstoffs entspricht.

Ablauf:

1. *Klassierung:* Sortierung der Pulverteilchen nach Korngrößen,
2. *Mischen:* Ausgangspulver werden den Fertigerzeugnissen entsprechend zusammengestellt und in Rütteltrommeln bzw. Kugelmühlen gemischt.
3. *Glühen:* In der Regel erhalten die Metallpulver vor dem Pressen eine Wärmebehandlung. In einer reduzierenden Atmosphäre werden sie bei Temperaturen von 400...1 000 °C geglüht. Durch diesen Arbeitsgang sollen die Oxidhäute, die aufgenommene Feuchtigkeit und Gaseinschlüsse weitestgehend beseitigt werden.

Bei den mechanisch hergestellten Pulvern wird durch den Glühprozeß die vorhandene Kaltverfestigung beseitigt.

2.2.2.2. Pressen der Werkstücke

Die gewünschten Werkstücke werden durch die vorbehandelten Metallpulver mit Hilfe von Pressen und entsprechenden Preßwerkzeugen gewonnen. Beim Pressen werden vor allem physikalische Eigenschaften der Werkstücke (wie Porosität und Oberflächengüte) beeinflußt.
Zum Einsatz kommen *hydraulische* und *mechanisch wirkende Pressen.* Der Preßdruck richtet sich nach dem gewünschten Grad der Verdichtung, den Werkstückabmessungen sowie den verlangten Eigenschaften. Der spezifische Preßdruck liegt zwischen 100 und 1 000 MPa.
Die Preßwerkzeuge unterliegen einem hohen Verschleiß, deshalb kommt hochwertiger, legierter Stahl zum Einsatz, der meist an den Verschleißflächen eine *Hartverchromung* erhält.

2.2.2.3. Sintern

Die durch das Pressen erreichte Festigkeit genügt nicht den Anforderungen, deshalb werden die Preßlinge einer Wärmebehandlung, dem *Sintern*, unterworfen.
Die geringe Festigkeit der Preßlinge beruht im wesentlichen auf der Adhäsion und dem mechanischen Verhaken der Pulverteilchen. Die erwünschte höhere Festigkeit bei gleichzeitiger Abnahme des Porenvolumens stellt sich in Abhängigkeit von der Temperatur durch *Platzwechselvorgänge* (Diffusion) der Atome benachbarter Pulverteilchen ein.
Für Einstoffsysteme lassen sich dafür drei typische *Temperaturbereiche* angeben:

1. $T_{Sint} = 0{,}23\ T_S$

T_S Schmelztemperatur in K

Hierbei wird die Festigkeit durch adhäsive Wirkungen bestimmt.
2. Sintertemperaturen $T_{Sint} = (0{,}23...0{,}37)\ T_S$ verursachen die Diffusion oberflächennaher Atome *(Oberflächendiffusion)*, wodurch Brücken zwischen benachbarten Teilchen entstehen.
3. Im Temperaturbereich $T_{Sint} = (0{,}37...0{,}8)\ T_S$ werden die Atome aller Volumenbereiche der Pulverteilchen zur Diffusion angeregt *(Gitterselbstdiffusion)*. Dadurch vereinigen sich benachbarte Teilchen unter Bildung neuer Korngrenzen. Das Porenvolumen nimmt bei gleichzeiti-

gem Austreiben eingeschlossener und gelöster Gase ab, während sich die Dichte und Festigkeit den Werten des kompakten Metalls nähern.
Für Mehrstoffsysteme (hier sind *Pulvergemische* gemeint) ergeben sich folgende Abweichungen:
Die erforderliche Sintertemperatur verringert sich, wenn das Sintern mit der Bildung von Mischkristallen verbunden ist. T_{Sint} steigt, wenn das Sintern ohne Mischkristallbildung erfolgt. Geht beim Sintern von Mehrstoffsystemen eine Komponente in den flüssigen Zustand über *(Sintern mit flüssiger Phase)*, so erhöhen sich die Diffusionsgeschwindigkeit, die Dichte und die Festigkeit, während das Porenvolumen stark abnimmt, womit ein entsprechendes *Schwinden* der Teile verbunden ist.
Das Sintern wird in der Regel in *Schutzgasatmosphäre* (H_2) durchgeführt.

2.2.3. Erzeugnisse der Pulvermetallurgie

2.2.3.1. Sintereisen und Sinterstahl

Als *Sintereisen* bezeichnet man die Werkstücke, die aus nahezu kohlenstofffreien Eisenpulvern hergestellt werden.
Sinterstahl entsteht durch Aufkohlung mit Ruß aus unvollständig verbrannten organischen Verbindungen (z. B. Naphthalin $C_{10}H_8$ oder Ethin C_2H_2) während des Sinterns in H_2-Atmosphäre.

Im Maschinen-, Apparate-, Büromaschinen- und Nähmaschinenbau sowie in Haushaltsgeräten werden *Sintereisen-Gleitlager* eingesetzt, die durch Öltränkung im Vakuum sehr gute Notlaufeigenschaften aufweisen. Höher belastbare Gleitlager erhält man, wenn Sintereisen mit Lagermetallen auf Sn- oder Pb-Sn-Basis getränkt wird. Gleichzeitig sind damit erhebliche Einsparungen an diesen NE-Metallen möglich.
Sintereisen ist auch für Dichtungen bzw. Dichtungspackungen im Rohrleitungsbau einsetzbar. Fertigmaßteile haben sich, z. B. in Form von Schloßteilen, Zahnrädern, Pedalachsen in Kraftfahrzeugen, Waffenteilen u. ä., ebensogut bewährt wie Masseeisenkerne in der Elektrotechnik.

2.2.3.2. Hartmetalle

Hartmetalle bestehen aus gesinterten bzw. gegossenen Hartstoffen. Es sind Metallkarbide, die in weichere Trägerwerkstoffe eingebettet sind.

Es werden drei Gruppen unterschieden:

- gegossene Stellite (nach den Hartlegierungen benannt),
- gegossene Hartmetalle und
- gesinterte Hartmetalle.

Unter den Schneidstoffen nehmen die *gesinterten Hartmetalle* den ersten Platz ein. Die gegossenen Stellite haben kaum noch technische Bedeutung.
Hartmetalle bestehen aus Karbiden des Wolframs und des Titans und einem relativ weichen Bindemittel, wie z. B. Cobalt, und ggf. geringen Zusätzen an Nickel, Tantal oder Niob. Hartmetallplättchen erhält man durch Pressen und Sintern der entsprechenden Pulvermischungen. Hartmetalle sind standardisiert[3]) [4]).

2.2.3.3. Keramische Schneidstoffe

Diese ebenfalls gesinterten Werkstoffe weisen gegenüber den Hartmetallen eine erhöhte Warmfestigkeit auf. Die keramischen Schneidstoffe bestehen aus Aluminiumoxid bzw. enthalten hohe Anteile davon. Hochprozentige Aluminiumoxid-Schneidstoffe *(Oxidkeramik)* sind im Arbeitsprozeß warmfest, jedoch äußerst spröde und damit für die Spanung relativ ungeeignet. Um die Sprödigkeit abzubauen, werden Metalle (z. B. Vanadin, Wolfram, Molybdän u. a.) sowie deren Karbide in Form von Legierungsbestandteilen eingesetzt.
Durch diese Varianten erhält man *Oxid-Metall-Karbid* und *Oxid-Metallkarbid-Keramik*. Um den Verschleiß in Grenzen zu halten, wird der Anteil an reinen Metallen, die eine weiche Bindemasse bilden, gering gehalten.

3. Umformen

3.1. Walzen

Stahl wird je nach Verwendungszweck zunächst zu Blöcken, Brammen oder Barren vergossen. Durch *Walzen* werden daraus Profile (Stab-, Formstahl, Schienen, Träger), Rohre, Bleche und Draht hergestellt.
Das Walzen ist in der Regel eine *spanlose Warmumformung*, da die Walztemperatur oberhalb der Rekristallisationstemperatur liegt. Das *Kaltwalzen* (Walztemperatur unterhalb der Rekristallisationstemperatur) wird vor allem in der Endphase der Feinblechfertigung angewandt.

3.1.1. Vorgang

Das *Walzen* ist ein Prozeß, bei dem das Walzgut prinzipiell zwischen einem Walzenpaar, dessen eine Walze verstellbar ist, unter Querschnittsabnahme und Längen- bzw. Breitenzunahme umgeformt wird.

Die auf das Walzgut ausgeübten Kräfte sind im Bild 15 dargestellt. Ein Durchlauf des Walzgutes durch das Walzenpaar wird als *Stich* bezeichnet. Gewöhnlich ist eine größere Zahl von Stichen erforderlich, um die Fertigform zu erhalten. Während zur Herstellung von Blechen glatte

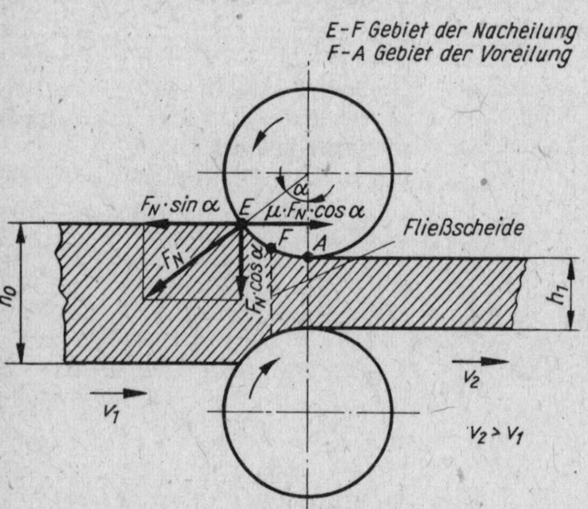

Bild 15. Beziehungen an den Walzen.
F_N Normalkraft (Normaldruckkraft), $F_N \sin\alpha$ Verformungswiderstand, $\mu F_N \cos\alpha$ Reibungskraft, μ Reibungszahl, α Walzwinkel (Greifwinkel)

Walzen verwendet werden, sind für Stab- und Formstahl Walzenpaare mit entsprechenden Profilen, den *Kalibern*, notwendig. In Abhängigkeit von der Geometrie des gewünschten Profils sind mehrere Kaliber nebeneinander auf den Walzen angeordnet. Man unterscheidet *offene* und *geschlossene Kaliber*. Im Gegensatz zum geschlossenen Kaliber verursachen offene Kaliber *Walzgrate* (Bilder 16 und 17).

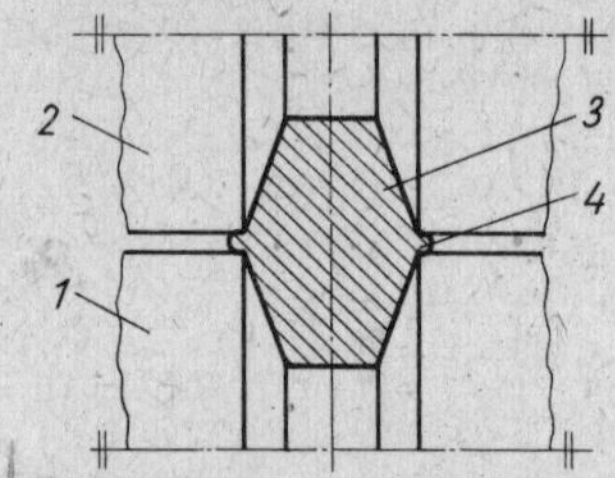

Bild 16. Offenes Kaliber.
1 Mittelwalze, *2* Oberwalze, *3* Walzgut, *4* Gratbildung

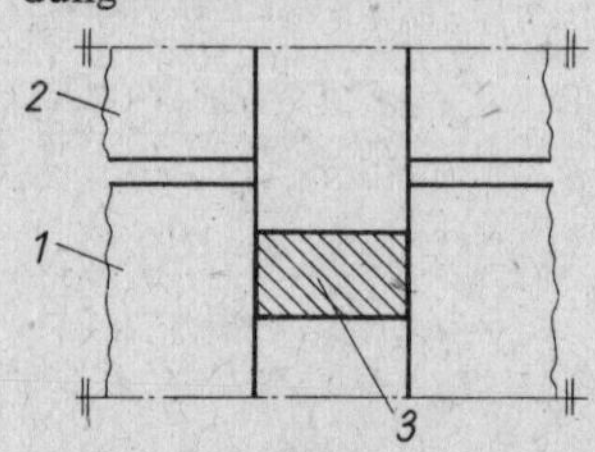

Bild 17. Geschlossenes Kaliber.
1 Mittelwalze, *2* Oberwalze, *3* Walzgut

3.1.2. Walzwerke

Walzwerke teilt man ein *nach dem Erzeugnis* (Block-, Knüppel-, Platinen-, Träger-, Schienenwalzwerke, Mittel-, Feineisen-, Grobblech-, Feinblech-, Band-, Draht- und Rohrwalzwerke u. a.), *nach dem Durchmesser der Walzen* in Millimetern (z. B. 500er- und 1 000er-Walzwerke) sowie *nach der Anzahl der Walzen*. Die Gesamtheit aller zu einem Walzwerk gehörigen Teile und Aggregate bezeichnet man auch als *Walzenstraße*.

Duo-Walzwerk

Das einfache, robuste und wartungsfreundliche *Duo-Walzwerk* hat als wichtigste Teile zwei horizontal angeordnete gegenläufige Walzen. Es ist zum Walzen von Mittel- und Feinblechen geeignet. Wegen des konstanten Drehsinns der Walzen ist es jedoch erforderlich, nach jedem Stich das Walzgut mit Hilfe eines *Wipptisches* über das Walzgerüst in die Ausgangsposi-

tion zurückzuführen. Dadurch ergeben sich relativ große Walzzeiten.
Diese Nachteile entfallen beim *Umkehr-* oder *Reversierduo-Walzwerk.* Hier wird die Drehrichtung der Walzen nach jedem Stich mit Hilfe entsprechender Steuerungen und Antriebsmaschinen umgekehrt.
Das *Reversierduo-Walzwerk* wird zum Walzen von Blöcken, Brammen, Schienen, Trägern und Grobblechen verwendet. Das *Universalduo-Walzwerk* (Bild 18) besteht aus je einem horizontal und vertikal angeordneten Walzenpaar. Dieser Typ wird zur Herstellung von Vierkant- und Flachstahl eingesetzt.

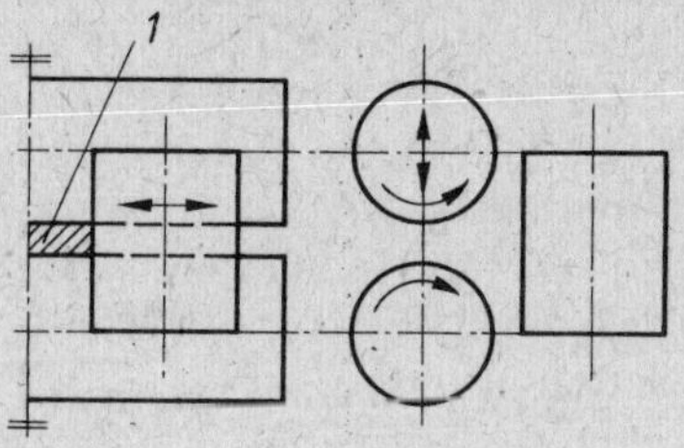

Bild 18. Universalduo-Walzwerk.
1 Walzgut

Trio-Walzwerk

Das *Trio-Walzwerk* hat 3 Walzen, von denen die obere und die untere Walze im gleichen Drehsinn laufen, während die mittlere entgegengesetzt läuft (Bild 19).

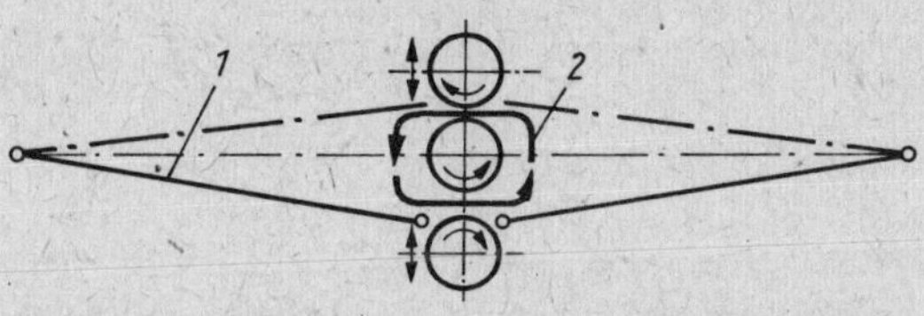

Bild 19. Trio-Walzwerk.
1 Wipptisch, *2* Arbeitsfluß des Walzgutes

Nachdem das Walzgut zwischen Unter- und Mittelwalze hindurchgegangen ist, wird es durch einen Wipptisch emporgehoben und durchläuft jetzt die Ober- und Mittelwalze. Die Einstellung des *Walzspalts* erfolgt durch Zustellung der Ober- und Unterwalze. Da die Mittelwalze ständig im Eingriff ist, unterliegt sie auch einem höheren Verschleiß. Die Wartung und der Aufbau des Walzgerüsts sind komplizierter als beim Duo-Walzwerk. Das Trio-Walzwerk wird für die Herstellung von Blechen und kleineren Profilen verwendet. Beim Walzen von Profilen treten an die Stelle der glatten Walzen die *Kaliberwalzen.*

Rohrwalzwerk

Herstellung von Rohren mit Schweißnaht

Stahlrohre können wirtschaftlich nach dem *Fretz-Moon-Verfahren* hergestellt werden (Bild 20). Um das aufgehaspelte Stahlband zu glätten und auszurichten, durchläuft es eine *Richtwalze.* Durch eine *Hobelmaschine* wird das Band auf die erforderliche Breite bearbeitet. In einem elektrisch oder durch Gas beheizten *Ofen* erhält nun das Band die erforderliche Schweißtemperatur und durchläuft beim Verlassen des Ofens ein spezielles *Rohrwalzwerk.* Die Walzen sind horizontal und vertikal angeordnet. Während des Durchlaufens wird das Band vorgebogen, eingerollt und stumpf verschweißt. Am Ende des Walzwerks ist eine *fliegende Schere* angeordnet, die das endlose Rohr in handelsübliche Längen trennt. Nach dem Abschneiden kommen die Rohrlängen in ein *Kühlbad.*

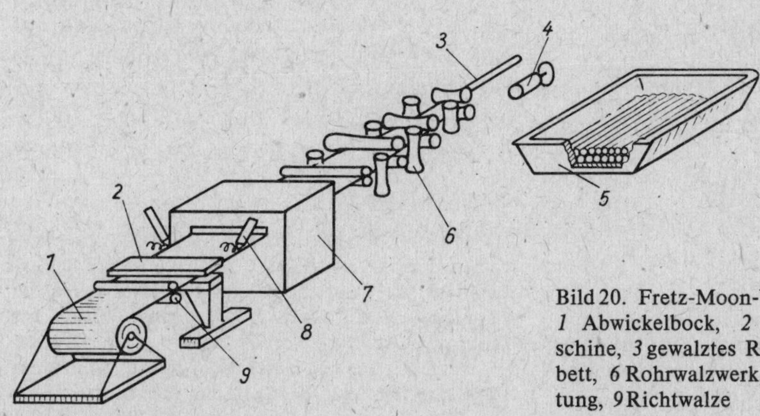

Bild 20. Fretz-Moon-Walzwerk.
1 Abwickelbock, *2* elektrische Stumpfschweißmaschine, *3* gewalztes Rohr, *4* fliegende Schere, *5* Kühlbett, *6* Rohrwalzwerk, *7* Wärmeofen, *8* Hobeleinrichtung, *9* Richtwalze

Durch die vollmechanisierte Fließfertigung ist es möglich, an einem Tag bis zu 100 km Rohr von 1″ (25,4 mm) Durchmesser zu erzeugen.

Herstellung von nahtlosen Rohren

Im *Mannesmann-Verfahren* werden nahtlose Rohre produziert. Hierbei werden Stahl-, Kupfer- oder Messingrohre aus dem Vollen gewalzt. Das Walzen erfolgt in 2 Walzwerken:

Schrägwalzwerk (Bild 21)

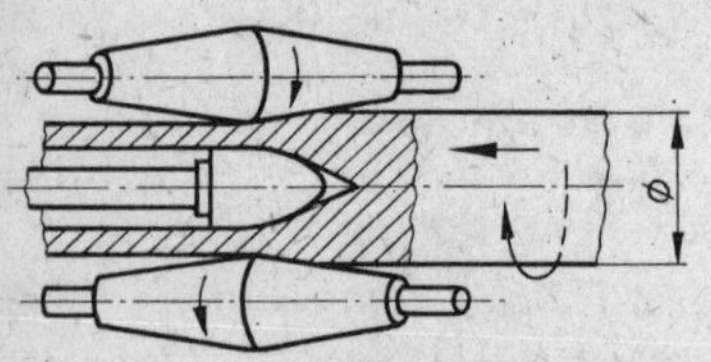

Bild 21. Schrägwalzwerk

Dieses Walzwerk ist mit 2 kegeligen Walzen, deren Achsen sich in einem spitzen Winkel schneiden und die gleiche Drehrichtung haben, ausgerüstet. Durch die gleiche Drehrichtung erhält der glühende Rundblock *(Luppe)* eine schraubenartige Bewegung. Die Walzen sind aufgerauht und ziehen das Werkstück in Längsrichtung durch die Walzen. Durch die kegelige Walzenoberfläche werden außerdem noch die äußeren Schichten des Werkstoffs gestreckt. Dabei werden die äußeren Schichten über die zurückbleibenden inneren Schichten gezogen. Diese Verformung führt zum Aufreißen des Luppenkerns, und der Rundblock schiebt sich über den Kalibrierdorn. Der Hohlraum ist ausgeglichen rund. Die so gewonnenen dickwandigen Rohre bezeichnet man als *Rohrluppen.*

Pilgerschrittwalzwerk (Bild 22)

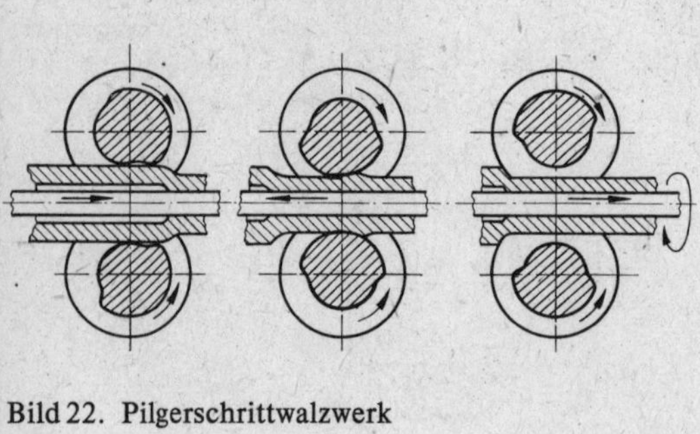

Bild 22. Pilgerschrittwalzwerk

In diesem Walzwerk werden die Rohrluppen zu dünnwandigen Rohren ausgewalzt. Das verwendete Walzenpaar hat ein kreisförmiges periodisches Kaliber. Der Vorschub erfolgt schrittweise, wobei jeweils eine Ringwulst über den Dorn geschoben wird. Gleichzeitig erfolgt eine Drehung des Rohrs um 90 °. Mit Hilfe des Pilgerschrittverfahrens lassen sich Rohre ab 50 mm Durchmesser bei einer Wanddicke von 8…10 mm und Längen bis zu 15 m herstellen.

3.1.3. Querwalzen

Das *Querwalzen* ist eines der modernsten Walzverfahren. Hierbei werden durch mit keilförmigen Kalibern ausgerüstete Walzenpaare oder Flachelemente rotationssymmetrische Werkstücke, wie Wellen, Achsen, Bolzen u. ä., hergestellt (Bilder 23 und 24). Bei diesem Verfahren wird der eingelegte zylindrische Rohling quer zu seiner Achse warmgewalzt. Das ist sehr produktiv und gestattet die Herstellung von Halbfabrikaten, die anschließend gratarm bzw. gratlos gesenkgeschmiedet werden, oder von Teilen, die nur noch in geringem Maße spanend fertig bearbeitet werden müssen bzw. die Fertigmaße aufweisen.

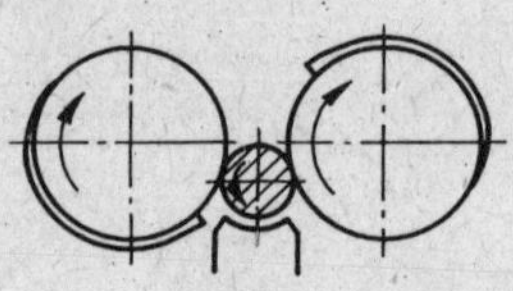

Bild 23. Querwalzen mit umlaufenden Werkzeugen

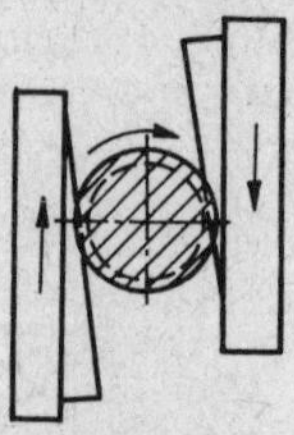

Bild 24. Querwalzen mit auf- und abgehenden Werkzeugen

Zum Querwalzen sind Werkstoffe geeignet, die ein hohes Formveränderungsvermögen, d. h. eine große Bruchdehnung A und eine große Einschnürung Z bei niedriger Streckgrenze $R_{p0,2}$ oder R_{eH} besitzen. Dazu gehören niedriggekohlte unlegierte und legierte Stähle, NE-Metalle und deren Legierungen (Basismetalle: Cu, Al und Ti).
Das Querwalzen bietet unter anderem folgende wesentliche *Vorteile*:

- vollautomatische Arbeitsweise bei gleichzeitiger Verkettungsmöglichkeit mit anderen Verfahren,
- hohe Maß- und Formgenauigkeit bei Einhaltung geringer Toleranzen,
- in einem Arbeitshub können Doppel- oder Vielfachwerkstücke gewalzt werden.

3.2. Schmieden

Unter *Schmieden* versteht man die Formgebung von Metallen bei erhöhten Temperaturen durch Schlag oder Druck.

Man unterscheidet *Freiform-* und *Gesenkschmieden.* Beim Freiformschmieden wird das Werkstück unter dem Hand- oder Maschinenhammer geführt. Gesenkschmiedestücke werden dagegen in Hohlformen (*Gesenke* oder *Matrizen*) mit großer Gleichmäßigkeit und Maßhaltigkeit hergestellt. Die Formänderung wird beim Hämmern durch kurze Schläge, beim Pressen durch stufenlos steigenden Druck erzwungen.

3.2.1. Vorgang

Zum Schmieden wird Stahl auf Temperaturen oberhalb A_{c3} (900...1200 °C) erwärmt, da die *Formänderungsfestigkeit* mit steigender Temperatur abnimmt. Diese für die plastische Formung wichtige Kenngröße ist außer von der Temperatur noch vom Werkstoff, dessen Vorbehandlung (z.B. normalgeglüht oder weichgeglüht), seinem Spannungszustand und der Formänderungsgeschwindigkeit abhängig.

Die *Formänderungsfestigkeit* k_f kennzeichnet die Spannung, die erforderlich ist, um die plastische Formänderung (plastisches Fließen) einzuleiten.

k_f kann u.a. aus dem *wahren Spannungs-Dehnungs-Diagramm* (Zugversuch) im Bereich der Gleichmaßdehnung bestimmt werden. Trägt man k_f über dem Formänderungsgrad auf, so erhält man die *Fließkurve*, deren Anfangswert der Streckgrenze beim Zugversuch entspricht. Die zur Formänderung erforderliche Kraft muß so groß sein, daß der Formänderungswiderstand überwunden wird.
Der *Formänderungswiderstand* k_w setzt sich additiv aus der Formänderungsfestigkeit k_f, dem Fließwiderstand k_r, der durch Reibungskräfte zwischen Umformwerkzeug und Werkzeug entsteht, sowie aus der Verformungsbehinderung der Kristalle k_i, die aus der regellosen Kristallage resultiert, zusammen:

$$k_w = k_f + k_r + k_i \tag{1}$$

Während das *Formänderungsvermögen* beim Warmumformen ($T_{umf} > T_R$) groß ist, steigt die *Formänderungsfestigkeit* k_f im Gegensatz zur Kaltumformung mit zunehmender Formänderungsgeschwindigkeit erheblich an. Ursache dafür ist die zeitliche Verschiebung des Ablaufs der Rekristallisation, d. h., die Rekristallisation kann der zunehmenden Formänderungsgeschwindigkeit immer weniger folgen, so daß sich die Verfestigungserscheinungen durch Anstieg der Formänderungsfestigkeit bemerkbar machen.

3.2.1.1. Freies und behindertes Stauchen

Beim *Stauchen* wird der Querschnitt vergrößert und die Länge verkürzt. Das *Strecken* hat dagegen den Zweck, daß der Querschnitt verringert und die Länge vergrößert wird.
Beim *Freiformschmieden* kann der Werkstoff ungehindert ausweichen. Deshalb spricht man von *freiem Stauchen.* Wenn ein Werkstoff im Gesenk geschmiedet wird, behindern die Wandungen des Gesenks das Fließen. Man spricht dann von *behindertem Stauchen.*

Vorgang beim freien Stauchen

Durch den Preßdruck entsteht zwischen dem Schmiedestück und den Hammerbahnen eine Reibung. Dadurch werden die anliegenden Teilchen am freien Fließen gehindert. Wenn ein zylindrischer Körper gestaucht wird, dann erhält er eine tonnenförmige Gestalt (Bild 25). Im wesentlichen bilden sich 3 Zonen:

Zone I: Durch die Reibung an den Druckflächen wird der Werkstoff am Fließen gehindert.

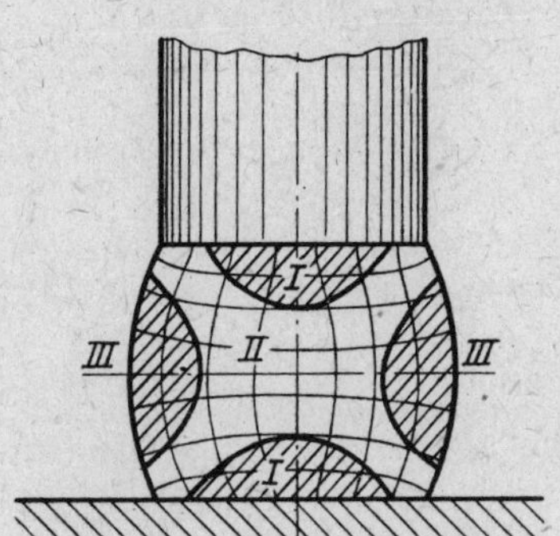

Bild 25. Verformung eines zylindrischen Körpers beim Stauchen

Zone II: In der Mitte des Körpers erfolgt die Hauptumformung. Das Fließen beginnt in den Gleitebenen, in denen die größten Schubspannungen wirken.

Zone III: Material am Rand wird gestaucht und von dem Material aus der Mitte nach außen gedrängt.

3.2.1.2. Strecken

Wird eine Reihe von eng aneinanderliegenden Stauchungen durchgeführt, so spricht man vom *Strecken.* Das Strecken wird am besten mit einem schmalen Hammer vorgenommen.

3.2.2. Gesenkschmieden

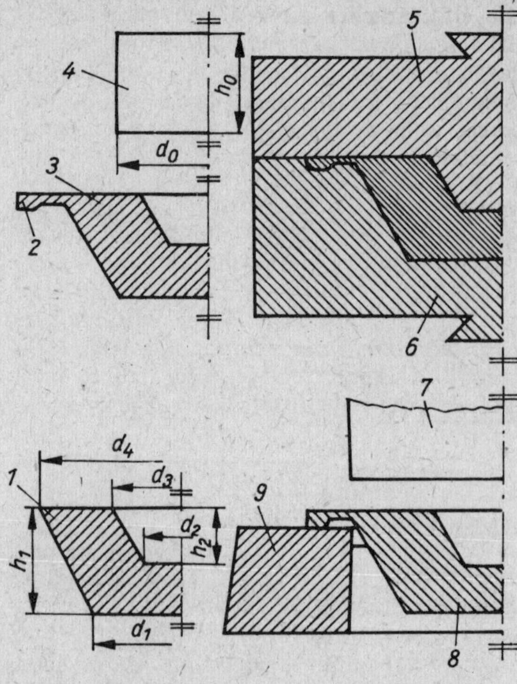

Bild 26. Gesenkschmiedestück.
1 Fertigteil, *2* Grat, *3* Schmiedeteil, *4* Rohling, *5* Patrize, *6* Matrize, *7* Stempel, *8* Schmiedeteil, *9* Schneidplatte

Gesenkschmieden findet in der Massen- und Serienproduktion Anwendung. Die *Schmiedegesenke* sind schlagartigen Kräften ausgesetzt. Bei der Wahl des Werkstoffs für die Herstellung eines Gesenks sind die Beanspruchung und die Stückzahl ausschlaggebend. Unlegierte bzw. manganlegierte Stähle werden bei kleinen Stückzahlen und geringer Beanspruchung verwendet. Große Lebensdauer erreicht man mit chrom-nickel-legierten oder chrom-nickel-molybdän-legierten Stählen[5]). Die Gravur wird in die Gesenkhälften eingefräst. Heute wird nach Möglichkeit ein *Meisterstück* (Musterstück) angefertigt und in den Gesenkblock[6]) gedrückt.

Gesenkschmiedestücke weisen gegenüber freiformgeschmiedeten Stücken eine bessere Oberflächenbeschaffenheit und Maßhaltigkeit[7]) auf. Von besonderer Wichtigkeit ist das Fließen des Materials im Gesenk. Um Ausschuß zu vermeiden, muß dazu die *Gravur* gut ausgefüllt sein. Der auftretende Schmiedegrat trägt hierzu bei. Das Material fließt in die Gratfuge ein, kühlt ab und verhindert ein Ausweichen des folgenden Werkstoffs. Bei der Gestaltung des Gesenks muß deshalb ein guter Werkstofffluß beachtet werden[8]). Sollen komplizierte Schmiedestücke im Gesenk hergestellt werden, sind die Vorarbeiten in *Hilfsgesenken* oder durch Freiformschmieden vorzunehmen. Mit einem Gesenk können bis zu 40000 Werkstücke hergestellt werden.

Gesenke werden zum Schmieden vorgewärmt. Dadurch erhöht sich ihre Lebensdauer. Um ein leichteres Entfernen der Werkstücke aus dem Gesenk zu ermöglichen, wird vor dem Einlegen des glühenden Rohlings Sägemehl auf das Gesenk geworfen. Bei starken Erschütterungen muß die Lage von *Patrize* und *Matrize* gesichert sein. Das erreicht man, indem Ober- und Unterteil mit Schwalbenschwanz versehen und am Amboß und Bär durch Verkeilung aufgenommen werden. Mit Hilfe des Schneidwerkzeugs wird der Schmiedegrat entfernt (Bild 26).

3.2.3. Berechnungen

Schmiedelänge

Für das zu schmiedende Werkstück muß vom Stabmaterial eine bestimmte Länge abgeschrotet oder abgesägt werden. Andere Werkstücke müssen eingeschrotet oder mit dem Setzhammer und der Setzunterlage abgesetzt werden.

Die erforderlichen Längen ermittelt man mit Hilfe der *Körperberechnung*[9]). Hierbei geht man davon aus, daß das auszuschmiedende Volumen gleich dem Ausgangsvolumen ist. Der Abbrand und die Gratbildung beim Gesenkschmieden sind durch einen Zuschlag von 6...20 % berücksichtigt.
Bild 27 veranschaulicht die einzelnen Größen.

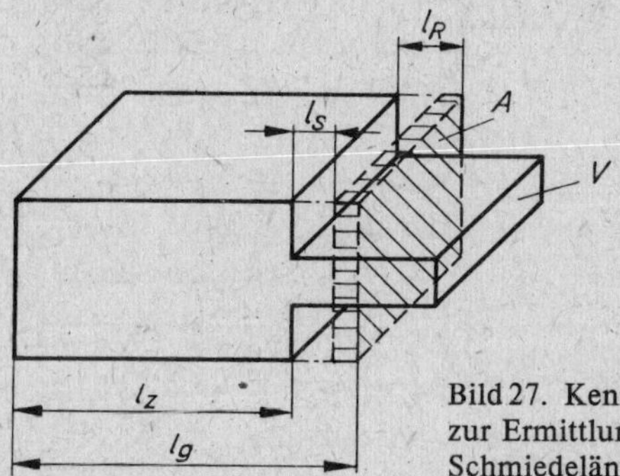

Bild 27. Kenngrößen zur Ermittlung der Schmiedelänge

$$l_s = V/A \qquad (2)$$

$$l_R = l_s + (0{,}06 \ldots 0{,}2)\, l_s \qquad (3)$$

$$l_g = l_R + l_Z \qquad (4)$$

l_s Schmiedelänge in mm, V Volumen des auszuschmiedenden Werkstücks in mm³, l_R Rohlänge (Maß zum Einschroten) in mm, l_g Gesamtlänge des Werkstücks in mm, l_Z Länge des Restwerkstücks in mm, A Querschnittsfläche des Ausgangsmaterials in mm², (0,06...0,2 ≙ 6...20 % Abbrand), ϱ Dichte in g/cm³

Soll die Einsatzmenge des Schmiedestücks einschließlich Abbrand berechnet werden, dann werden l_g als Höhe und der Querschnitt des Ausgangsmaterials als Fläche eingesetzt:

$$m_E = A l_g \varrho \qquad (5)$$

Ohne Abbrand:

$$m_E = A\,(l_Z + l_s)\,\varrho \qquad (6)$$

Ausschmieden eines Keils (Bild 28a):

$$l_s = l/2 \qquad (7)$$

Ausschmieden eines Kegels oder einer Pyramide (Bilder 28b und c):

$$l_s = l/3 \qquad (8)$$

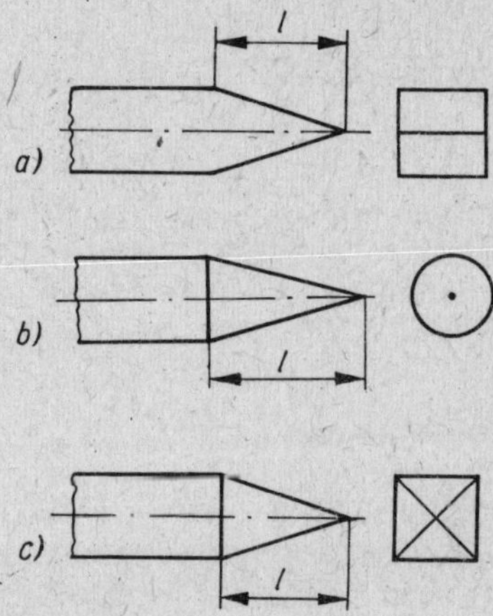

Bild 28. Schmiedelänge.
a) Keil,
b) Kegel,
c) Pyramide

Lochmeißelbreite für ein Rundloch

(Bild 29)

$$b = \frac{\pi\,(D + s) - 2d}{2} \qquad (9)$$

b erforderliche Meißelbreite in mm, D Lochdurchmesser in mm, s Wanddicke in mm, d Werkstückdurchmesser in mm

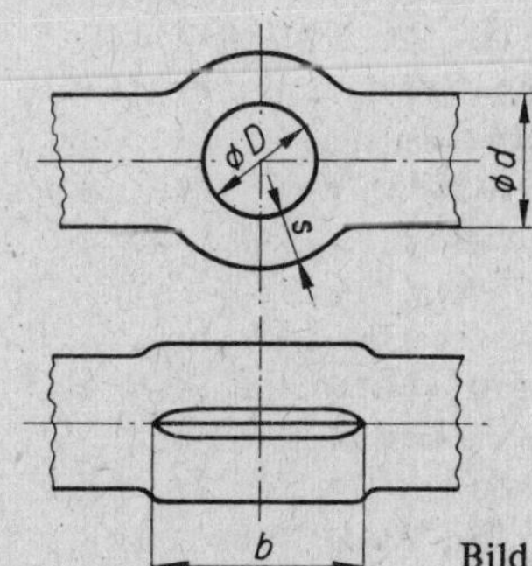

Bild 29. Rundloch im Stab

BEISPIELE

■ Das Werkstück nach Bild 30 soll durch Schmieden hergestellt werden. Zu berechnen sind die für den Zapfen einzuschrotende Länge und die für das gesamte Werkstück vom Profilstahl 100 mm × 100 mm abzusägende Länge. Der Abbrand soll 12 % betragen.

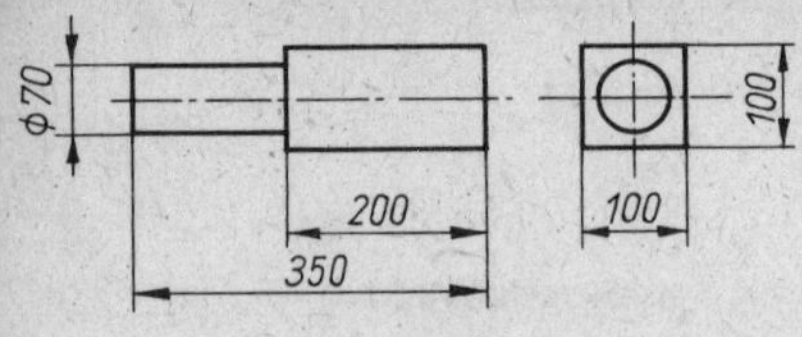

Bild 30. Schmiedestück mit Zapfen

1. *Ermittlung der Schmiedelänge*:

$$l_s = \frac{V}{A} = \frac{\frac{\pi d^2 h}{4}}{a^2} = \frac{\frac{\pi \cdot 70^2\,\text{mm}^2 \cdot 150\,\text{mm}}{4}}{100^2\,\text{mm}^2} = 58\,\text{mm}$$

2. *Ermittlung der einzuschrotenden Länge*:

$$l_R = l_s + (0{,}12 \cdot l_s) = 58\,\text{mm} + 0{,}12 \cdot 58\,\text{mm} = 65\,\text{mm}$$

3. *Ermittlung der Gesamtlänge*:

$$l_g = l_R + l_Z = 65\,\text{mm} + 200\,\text{mm} = 265\,\text{mm}$$

Die vom Profil abzusägende Länge beträgt 265 mm.

■ Für das im Gesenk hergestellte Werkstück (Bild 26) soll die Länge des Rohlings bestimmt werden. Folgende Werte liegen vor: $d_0 = 115$ mm, $d_1 = 120$ mm, $d_2 = 60$ mm, $d_3 = 80$ mm, $d_4 = 160$ mm, $h_1 = 50$ mm, $h_2 = 25$ mm; Abbrand einschließlich des Schmiedegrates 15 %.

1. *Ermittlung der Schmiedelänge*:

$$l_s = \frac{V}{A} = \frac{\frac{\pi h_1}{12}(d_4^2 + d_4 d_1 + d_1^2)}{\frac{\pi d_0^2}{4}} - \frac{\frac{\pi h_2}{12}(d_3^2 + d_3 d_2 + d_2^2)}{\frac{\pi d_0^2}{4}}$$

$$= \frac{\frac{\pi \cdot 50\,\text{mm}}{12}(160^2 + 160 \cdot 120 + 120^2)\,\text{mm}^2}{\frac{\pi \cdot 115^2\,\text{mm}^2}{4}} - \frac{\frac{\pi \cdot 25\,\text{mm}}{12}(80^2 + 80 \cdot 60 + 60^2)\,\text{mm}^2}{\frac{\pi \cdot 115^2\,\text{mm}^2}{4}}$$

$l_s = 64{,}7$ mm
Die Schmiedelänge wird mit 65 mm gewählt.

2. *Ermittlung der Rohlänge*:

$l_R = l_s + (0{,}15 \cdot l_s) = 65\,\text{mm} + 0{,}15 \cdot 65\,\text{mm}$
$= 74{,}75$ mm
Die Versuchslänge für den Rohling wird mit 75 mm festgelegt.

3.2.4. Maschinen zum Schmieden und Pressen

Müssen größere Werkstücke geschmiedet werden, reicht die kinetische Energie des mit der Hand geführten Hammers nicht mehr aus, man verwendet dazu *mechanische Hämmer* oder *Pressen*.
Der wesentliche Vorteil der Hämmer gegenüber den Pressen besteht darin, daß größere Bärmassen und Umformgeschwindigkeiten möglich sind. Schlagstärke und Schlagfolge sind regelbar. Je nach der Ausführung des Hammers wird der Hammerbär durch Kurbeltrieb, Reibung, Luft- oder Dampfdruck gehoben. Nach der Bauart des Hammers erfolgt der Schlag durch die Eigenmasse des Hammerbären (Fall-, Riemenfall- und Brettfallhämmer), oder es wirkt zusätzlich auf den sich abwärts bewegenden Hammerbären ein Druck (Feder-, Luft- und Dampfhämmer).

3.2.4.1. Hämmer

Fallhämmer gehören zu den verbreitetsten Hammerausführungen. Sie werden vorwiegend für Gesenkschmiedearbeiten benutzt und haben eine Schlagzahl von 15...60 Schlägen je Minute. Der im Ständer geführte Hammer wird mittels einer mechanischen Einrichtung hochgezogen und fällt aus einer einstellbaren Höhe auf das zu schmiedende Werkstück herab. Die erzielbare Schlagarbeit ist neben der Bärmasse von der Fallhöhe abhängig, die maximal 4 m beträgt. Bei den Fallhämmern unterscheidet man den *Riemen-* und den *Brettfallhammer.*

Riemenfallhämmer

Der Bär wird mittels eines Riemens, der über eine feste Rolle gelegt ist, hochgezogen. Bei Bärmassen von 30...100 kg wird der Bär durch einen am Ende des Riemens angebrachten Handgriff und eine sich drehende Scheibe emporgezogen. Bei größeren Bärmassen (bis 4000 kg) hebt eine mechanisch angetriebene Treibwelle die Last, indem der Riemen durch eine bewegliche Rolle an die feste angedrückt wird. Nachteilig wirkt sich ein starker Riemenverschleiß aus. Für schwere Hämmer ist eine Wasserkühlung für die Riementrommel vorgesehen. Die Leistung der Riemenfallhämmer ist etwa 20 % größer als die der Brettfallhämmer.

Brettfallhämmer (Bild 31)

sind die gebräuchlichsten Fallhämmer. Ihr Aufbau ist einfach. Ein Brett aus Buchenholz (Rotbuche) oder Plast ist fest, aber nicht starr mit dem Fallbären verbunden. Das Brett steht senkrecht, wird von zwei gegenläufigen Rollen geführt. Drückt man sie aneinander, so wird durch die Reibung das Brett mit dem Bären gehoben. Das Lösen der Rollen hat das Fallen des Bären zur Folge. Beim Aufschlagen auf das Schmiedestück und den Amboß wird das Brett sehr stark beansprucht und neigt zum Spalten und Splittern. Da der Verschleiß verhältnismäßig hoch ist, werden abgenutzte Bretter verleimt und wieder benutzt. Die Bärmasse beträgt 50...2000 kg. Die maximale Schlagzahl liegt bei 60 Schlägen je Minute.

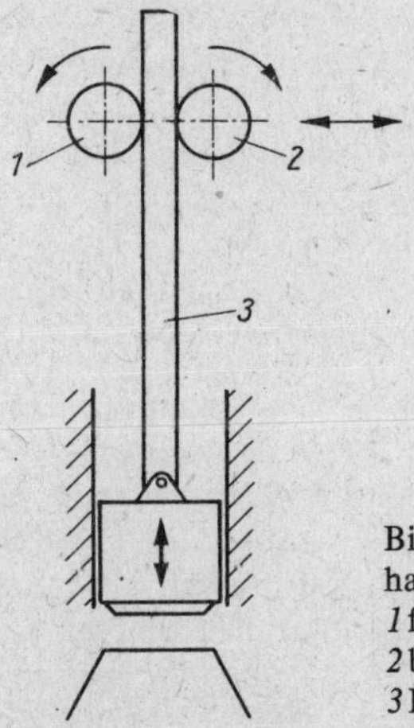

Bild 31. Brettfallhammer.
1 feste Rolle,
2 bewegliche Rolle,
3 Brett

Federhämmer (Bild 32)

dienen vorwiegend zum *Freiformschmieden* (Schlagzahl 100...300 Schläge je Minute, Bärmasse 30...300 kg, Hubhöhe 200...400 mm). Der Antrieb erfolgt über Kurbel oder Exzenter und wird über ein Gestänge auf eine mittig drehbar gelagerte Blattfeder übertragen. Am Ende der Feder ist der Hammerbär befestigt. Durch die Feder ist der Hammer in der Lage, Dickenunterschiede beim Schmieden auszugleichen. Durch die federnde Aufhängung des Bären

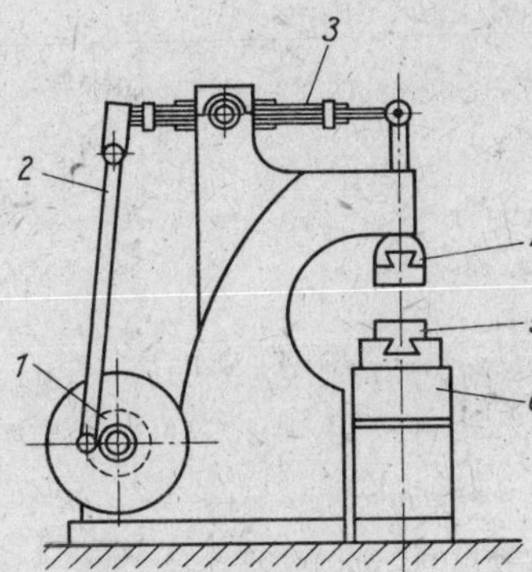

Bild 32. Federhammer.
1 Kurbelscheibe, *2* Kurbelstange, *3* Blattfedern, *4* Hammerbär, *5* Amboß, *6* Schabotte

entsteht beim Auf- und Abwärtsgleiten eine Schwingung, aus der die Schläge auf das Schmiedestück resultieren. Das Einstellen der Schlagzahl wird durch eine *Rutschkupplung* vorgenommen.

Lufthämmer (Bild 33)

gibt es in verschiedenen Ausführungen. Beim *Einzylinder-Lufthammer* steht der Zylinder fest. Zwischen dem Bären und dem Arbeitskolben befindet sich ein Luftpolster. Bei der Aufwärtsbewegung des Kolbens entsteht ein Unterdruck, der den Bär mit nach oben

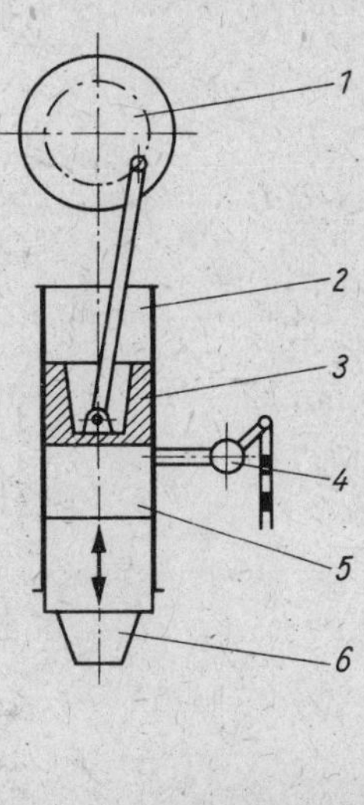

Bild 33. Einzylinder-Lufthammer.
1 Kurbelscheibe,
2 feststehender Zylinder,
3 Arbeitskolben, *4* Regelhahn, *5* Luftpolster,
6 Hammerbär

nimmt. Bei der Abwärtsbewegung verdichtet sich die Luft im Zylinder, der Bär wird nach unten auf das Werkstück geschleudert. Das im Zylinder befindliche Luftpolster wirkt federnd.

3.2.4.2. Pressen

Zum Stauchen größerer Schmiedestücke (vor allem auch im Gesenk) werden *Spindelpressen* verwendet. Müssen jedoch Blöcke, Brammen oder Knüppel zu Rohlingen bzw. Halbfabrikaten verarbeitet werden, so benutzt man dazu *hydraulische Pressen* (Bild 34).

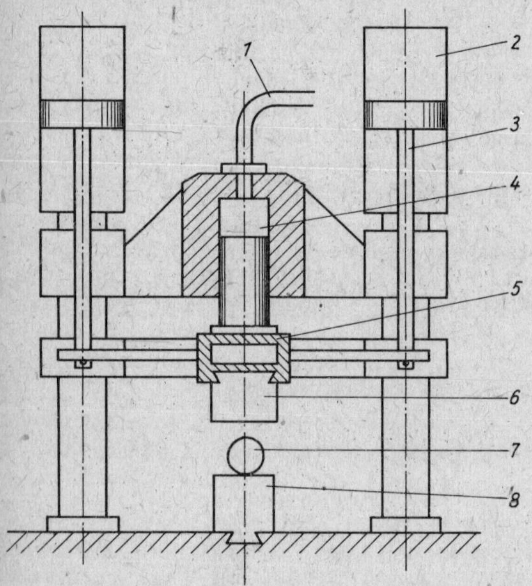

Bild 34. Schema einer hydraulischen Presse.
1 Zufluß von der Kühlwasseranlage, *2* Hilfszylinder, *3* Kolbenstange, *4* Hauptzylinder, *5* Pressenjoch, *6* Preßstempel, *7* Schmiedestück, *8* Pressentisch

Beim Öffnen der Zuleitung strömt das Wasser aus der Druckwasseranlage in den Hauptzylinder. Der Querschnitt des Kolbens ist so groß gewählt, daß eine sehr hohe Gesamtkraft wirkt. Der Kolben bewegt sich nach unten und drückt dabei auf das Schmiedestück. Das Pressenjoch wird nach Beendigung des Arbeitshubes durch die Hilfszylinder in Verbindung mit den Kolben und Kolbenstangen in seine Ausgangsstellung zurückgedrückt.

Größte Pressen haben eine Gesamtpreßkraft von 120 MN und pressen Schmiedestücke bis zu einer Masse von 240 t.

3.2.4.3. Elektrische Stauchmaschinen und Feinschmiedemaschinen

Elektrische Stauchmaschinen (Bild 35)

Diese sind überwiegend für das Anstauchen von Köpfen an runde Stangen geeignet.

1. Das Werkstück wird zwischen zwei gegeneinander verschiebbare, hydraulisch betriebene Kolben genommen und durch ein Dreibackenfutter gespannt.
2. Durch den eingeschalteten Heiztransformator wird das Kopfende erwärmt, ein zusätzlich hervorgerufener Druck führt zur Kopfbildung.

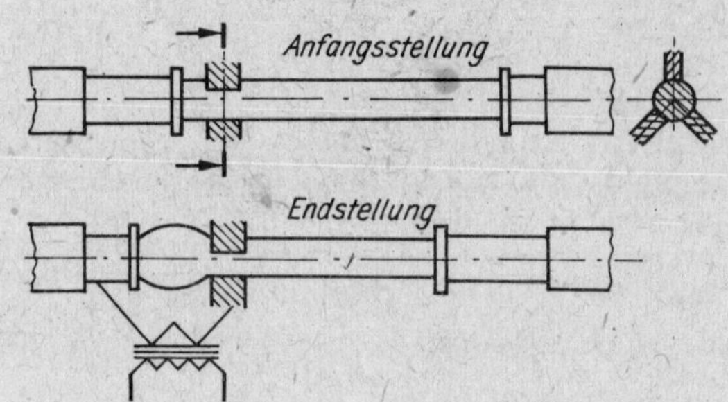

Bild 35. Arbeitsweise der elektrischen Stauchmaschine

Vorteile:
- einfache und schnelle Arbeitsweise,
- geringe Zunderbildung,
- keine Vorgesenke erforderlich.
- das Werkstück kann in einem Gesenk fertiggeschlagen werden.

Feinschmiedemaschine (Bild 36)

Die Maschine schmiedet abgesetzte Wellen. 3 Hammerbacken, die um 120 ° versetzt angeordnet sind, bearbeiten das schmiedewarme Werkstück gleichzeitig. Während die Hämmer zurückgehen, dreht sich der Spannkopf und führt gleichzeitig in axialer Richtung den Vorschub aus. Die Schlagzahl beträgt etwa 1 500 Schläge in der Minute, der Vorschub in axialer Richtung 50...200 mm je Sekunde.

Vorteile:
- gute Maßhaltigkeit,
- nur noch geringe Schlicht- bzw. Schleifarbeiten erforderlich,

- leichte Bauweise, da die Hämmer gegeneinander arbeiten
- Arbeitszeiteinsparung und niedrigere Lohnkosten.

3.2.5. Erwärmungseinrichtungen zum Schmieden

Das Erwärmen des Schmiedegutes erfolgt in *Herden* oder *Öfen*, die den Abmessungen der Werkstücke und dem Mengenbedarf angepaßt sind. Bei allen Groß- und Gesenkschmieden werden koks-, gas- oder ölbeheizte Öfen verwendet (vor allem Stoß- und Rollöfen). In *Elektroindustrieöfen* kann die Temperatur genau eingehalten werden.
Klein- und Reparaturschmieden haben meist einen einfachen *Schmiedeherd.* Als Brennstoff eignet sich schwefelfreie Steinkohle, für Werkzeugstahl vorwiegend schwefelfreie Holzkohle oder Koks.

3.3. Fließpressen

Das *Fließpressen* ist eines der bedeutendsten und wirtschaftlichsten Verfahren der Umformtechnik. Sein Vorteil besteht in einer optimalen Werkstoffausnutzung. Die Einsatzmasse entspricht der Fertigmasse. Der Rohling wird also ohne Verlust in die Endform übergeführt, wobei sich die Arbeitsgänge auf ein Minimum beschränken. Meist kann das Werkstück in einem Arbeitsgang hergestellt werden. Fließpressen ist billiger als das Tiefziehen. Während die Werkzeugkosten sich auf etwa ein Drittel gegenüber dem Tiefziehen beschränken, sinkt der Arbeitsaufwand auf ein Fünftel bis ein Zehntel. Das Verfahren eignet sich jedoch nur für die *Massenfertigung,* denn die Anschaffungskosten für die Umformmaschinen sind hoch.
Vorwiegend werden Voll- und Hohlkörper mit kreis- bzw. ringförmigen Querschnitten hergestellt. Es können jedoch auch rechteckige oder vieleckige Werkstücke gefertigt werden. Tuben und Hülsen können eine kleinste Wanddicke von etwa 0,1 mm erhalten. Die Höhe kann den 6...8fachen Durchmesser erreichen. Mit Fließpreßwerkzeugen lassen sich 100 000 bis 200 000 Werkstücke fertigen.
Um brauchbare Werkstücke zu erhalten, müssen folgende Voraussetzungen gegeben sein:

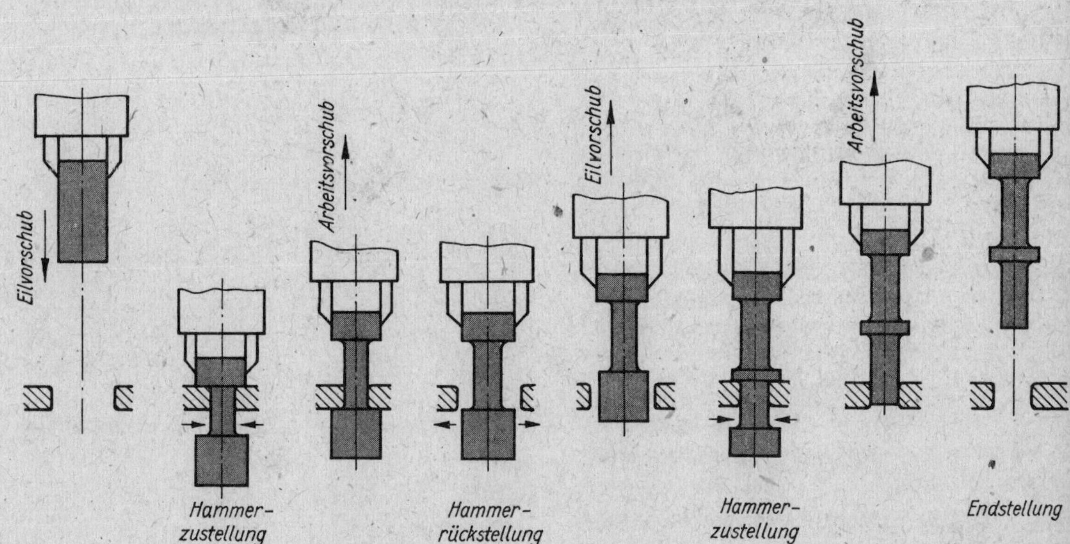

Bild 36. Arbeitsweise einer Feinschmiedemaschine

1. Der Werkstoff muß in der chemischen Zusammensetzung zur Verarbeitung geeignet sein.
2. Je feiner das Korn und je gleichmäßiger das Gefüge des Werkstoffs ist, um so günstiger verläuft der Fließpreßvorgang.
3. Das Fließpreßwerkzeug muß in seinen Abmessungen den Anforderungen entsprechen und über eine sehr glatte und saubere Oberfläche verfügen.
4. Die Umformmaschine muß starr sein. (Im Werkzeug treten Druckspannungen beim Fließpressen bis 3 000 MPa auf.)

Als *Umformmaschinen*[10]) kommen Kurbel-, Kniehebel- und elektrohydraulische Pressen zum Einsatz.

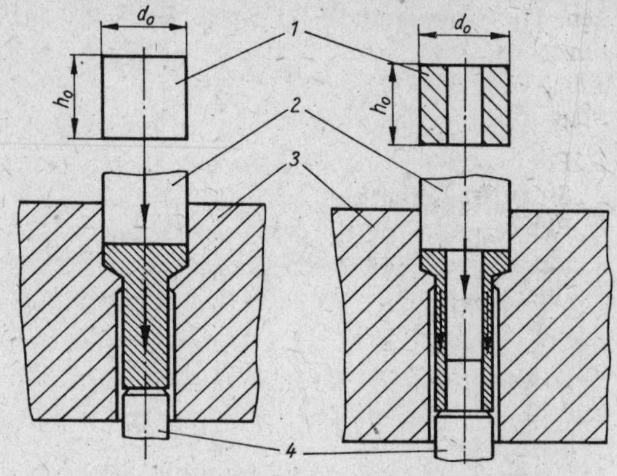

Bild 37. Werkstofffluß mit der Stempelbewegung.
1 Rohling, *2* Preßstempel, *3* Preßbuchse, *4* Ausstoßer

3.3.1. Vorgang

Beim Fließpressen wird der metallische Werkstoff in kaltem oder warmem Zustand durch eine Druckkraft mittels Stempels und Matrize zu gewünschten Werkstücken geformt. Der Rohling (in Form von Ronden, Platinen, Stangenabschnitten und Vorpreßlingen) wird beim Preßvorgang gezwungen, durch eine in der *Matrize* bzw. im *Stempel* vorhandene Öffnung oder durch einen *Spalt*, der durch die aktiv wirkenden Werkzeugelemente gebildet wird, auszufließen. Die Gestaltung von Stempel und Matrize bestimmt die Form des Fließpreßteils.

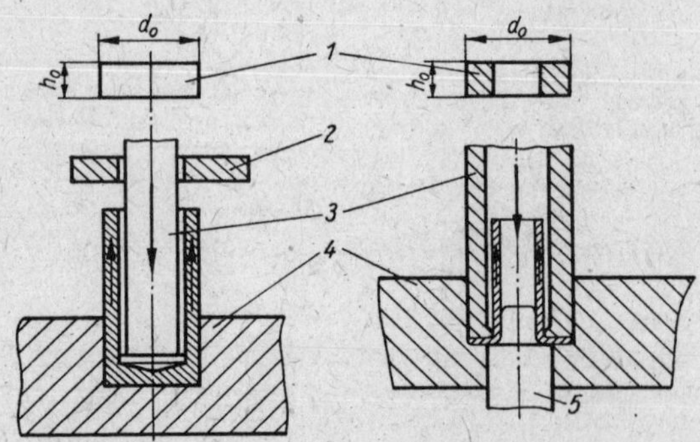

Bild 38. Werkstofffluß gegen die Stempelbewegung.
1 Rohling, *2* Abstreifer, *3* Preßstempel, *4* Preßbuchse, *5* Gegenstempel

Gut fließbare Werkstoffe sind solche, die unter geringem Druck zum Fließen gebracht werden können und niedrige Formänderungsfestigkeit und hohes Formänderungsvermögen aufweisen.
Werkstoffe, die in kaltem Zustand schwer zu bearbeiten sind, werden erwärmt. Dadurch wird die Formänderungsfestigkeit herabgesetzt und das Formänderungsvermögen erhöht.
Für das *Kaltfließpressen* eignen sich besonders: Blei, Zinn, Zink, Kupfer, Messing und Aluminiumlegierungen. Aber auch SM-Stähle mit C $\leqq$ 0,45 % und Si $\leqq$ 0,35 % können verarbeitet werden.
Für das *Warmfließpressen* sind geeignet: Zink (130 °C), Kupfer (800...500 °C), CuZn30 (700...500 °C), Al-Mg-Si (460...400 °C). Stähle mit C $\approx$ 0,45 % sowie alle legierten Stähle können durch Warmfließpressen verarbeitet wer-

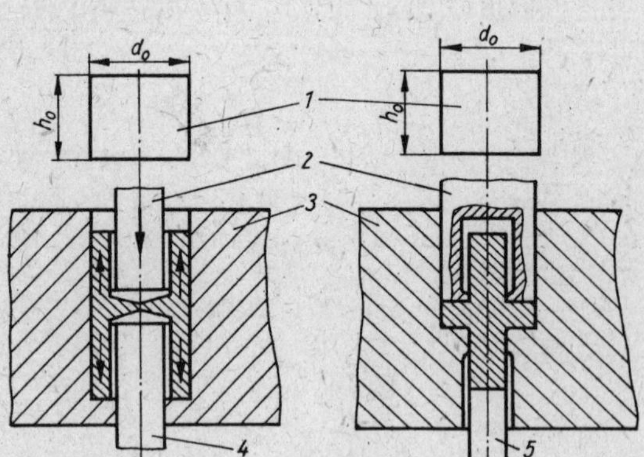

Bild 39. Werkstofffluß mit der und gegen die Stempelbewegung.
1 Rohling, *2* Preßstempel, *3* Preßbuchse, *4* Gegenstempel, *5* Ausstoßer

den. Die Temperatur richtet sich nach der Zusammensetzung des Stahls und liegt bei 900...1 100 °C.

Man unterscheidet 3 *Arten* des Fließpressens:

1. Fließpressen mit Werkstofffluß mit der Stempelbewegung (Bild 37),
2. Fließpressen mit Werkstofffluß gegen die Stempelbewegung (Bild 38),
3. Fließpressen mit der und gegen die Stempelbewegung (Bild 39).

Den Ablauf der Herstellung von Tuben zeigt Bild 40.

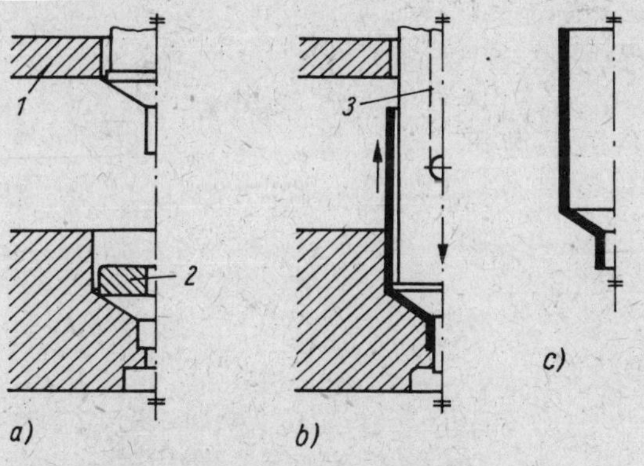

Bild 40. Ablauf der Tubenherstellung.
a) Ausgangsstellung, b) Endstellung, c) Fertigteil.
1 Abstreifer, *2* Rohling, *3* Entlüftung

3.3.2. Berechnungen

Beim Fließpressen ist das *Zuschnittvolumen* gleich dem *Preßteilvolumen*:

$V_Z = V_P$

BEISPIEL

■ Das Fließpreßteil (Bild 41) soll aus Al99,5 im Kaltfließverfahren hergestellt werden. Es erfolgt ein Fließpressen gegen die Stempelbewegung (Bild 38). Die Dicke des Rohteils ist unter Berücksichtigung von $\varnothing\,35_{-0,1}$ mm zu berechnen.

$V_Z = V_P$

$$V_Z = V_1 + V_2 = \left(\frac{\pi D^2}{4} - \frac{\pi d^2}{4}\right) h + \frac{\pi d_1^2}{4} h_1$$

$$= \left(\frac{\pi \cdot 35{,}2^2\,\text{mm}^2}{4} - \frac{\pi \cdot 34{,}3^2\,\text{mm}^2}{4}\right) \cdot 60\,\text{mm}$$

$$+ \frac{\pi \cdot 34{,}3^2\,\text{mm}^2}{4} \cdot 0{,}45\,\text{mm} =$$

$$= (2\,946 + 415{,}6)\,\text{mm}^3$$

$V_Z \approx 3\,362\,\text{mm}^3$

$$V_Z = \frac{\pi D^2}{4} h$$

$$h = \frac{4 V_Z}{\pi D^2} = \frac{4 \cdot 3\,362}{\pi \cdot 35^2}\,\text{mm} = 3{,}5\,\text{mm}$$

Es wird eine Versuchsrondendicke von 3,5 mm gewählt. Die Bodendicke des Fließpreßteils braucht nicht gleich der Wanddicke zu sein.

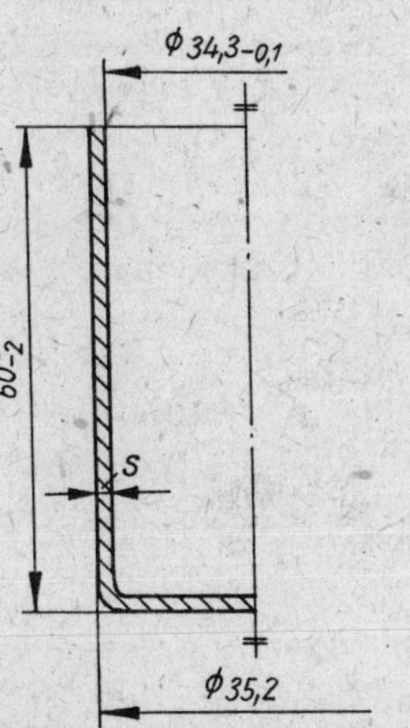

Bild 41. Kaltfließpreßteil

3.4. Tiefziehen

Tiefziehwerkzeuge verwendet man zum Umformen von Ronden, Platinen oder bereits vorgezogenen Hohlteilen. Gegenüber dem Bördeln, Treiben oder Drücken sind eine bedeutend bessere Oberflächenqualität und Maßhaltigkeit sowie ein geringerer zeitlicher Bearbeitungsaufwand möglich. Die erreichbare Gleichförmigkeit der Tiefziehteile begünstigt den Austauschbau. Tiefziehen ist nur bei großen Stückzahlen rentabel, da die Herstellungskosten der Werkzeuge hoch sind.

3.4.1. Vorgang

Beim Tiefziehen wird ein Werkzeug verwendet, das als aktiv wirkendes Bauelement (Bild 42) aus *Tiefziehmatrize* (Tiefziehring), *Tiefziehstempel* und einem *Blechhalter* (Faltenhalter) besteht. Zwischen Ziehstempel und Ziehring liegt ein *Ziehspalt*, der um einen bestimmten Betrag größer als die Blechdicke gehalten wird. Durch das Spiel ist es möglich, daß das Material beim Niedergehen des Stempels ungehindert in den Ziehring einfließen kann. Der Faltenhalter ist starr oder elastisch ausgebildet. Er wird bei der elastischen Anordnung durch Druckfedern, pneumatisch oder hydraulisch betätigt. Die Ronde ist in der Aufnahme der Lage nach gesichert.

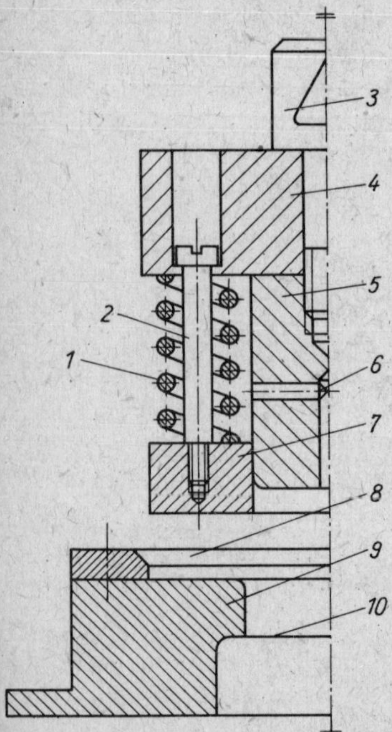

Bild 42. Aufbau eines Tiefziehwerkzeugs.
1 Druckfeder, *2* Niederhalterschraube, *3* Einspannzapfen, *4* Kopfplatte, *5* Ziehstempel, *6* Entlüftungsbohrung, *7* Faltenhalter, *8* Aufnahme, *9* Ziehring, *10* Abstreifkante

Beim Niedergehen des Oberteils drückt der Faltenhalter, der Vorlauf gegenüber dem Stempel hat, auf die Außenzone der Ronde. Diese Anpreßkraft ist für die Qualität der herzustellenden Ziehteile von besonderer Bedeutung. Ist die Kraft zu gering, wird das Blech zu schnell in den Ziehring gezogen und bildet dabei unerwünschte *Falten*. Ist sie zu groß, wird das Blech zu stark auf Dehnung beansprucht, es entsteht *Rißbildung* am Ziehteil. *Bodenreißer* können entstehen.
Der nachfolgende Stempel sitzt auf der Ronde auf und zieht sie durch den Ziehring. Bei diesem Vorgang wird der Ziehscheibendurchmesser D auf den Ziehringdurchmesser d verringert. Der überflüssige Werkstoff, der zur Faltenbildung neigt, wird verdrängt und muß eingearbeitet werden.

Bei Teilen mit kleinen Höhen wirkt sich die Faltenbildung nicht so stark aus. Es kann ohne Faltenhalter gearbeitet werden. Als Grenzwert gilt:

$h < 0{,}1d$ oder $D < 1{,}2d$

h Ziehteilhöhe, d Ziehteildurchmesser, D Rondendurchmesser

Soll ein Ziehteil einen kleineren Durchmesser und eine große Höhe erhalten, müssen *mehrere Züge* durchgeführt werden. Beim Ziehen verfestigt sich das Material und wird spröde. Besteht Rißgefahr beim Stufenzug *(Weiterschlag)*, ist zwischen den einzelnen Ziehstufen ein *Normalglühen* für Stahlbleche und für NE-Metalle das *Rekristallisationsglühen* des Werkstücks erforderlich, damit die Bildsamkeit wieder hergestellt wird. Die Werkstoffteilchen dürfen beim Ziehen nicht überbeansprucht werden, deshalb soll die Ziehgeschwindigkeit $v < 9$ m/min betragen. Den ersten Zug nennt man *Anschlag* und die folgenden Züge *Weiterschlag*. Oft ist auch noch ein *Fertigschlag* (als letzte Arbeitsstufe) erforderlich.

Durch die hohe Reibung wird das Material stark beansprucht. Um brauchbare Ziehteile mit guter Oberfläche zu erhalten und gleichzeitig unnötigen Verschleiß des Werkzeugs zu vermeiden, werden *Schmiermittel* benutzt:
für Stahl: Rüböl mit Talkum oder Bleiweiß, Talg mit Graphit,
für Messing und Kupfer: Rüböl mit Seifenwasser (warm).

Eine weitere Voraussetzung für eine gute Ziehteiloberfläche ist die einwandfreie Oberflächenbeschaffenheit von Ziehringwandung, Ziehkantenradius und Ziehstempel. Oft werden diese Teile geläppt oder gehont. Nach beendetem Durchzug liegt das Material satt am Ziehstempel an. Um eine Zerstörung bzw. Verformung des Teils beim Aufwärtsgang zu vermeiden, erhält der Stempel eine mittige Bohrung, die mit der Außenluft in Verbindung steht. Hierdurch wird ein Vakuum vermieden.

Beim Tiefziehen benutzte *Pressen*:

- *Spindelpressen:* für große Ziehteile
- *Exzenter- und Kurbelpressen:* für mittlere Ziehteile
- *Kniehebelpressen:* für geringe Ziehtiefen
- *hydraulische Pressen:* für große Ziehteile und dicke Bleche.

3.4.2. Arten der Tiefziehwerkzeuge

Man unterscheidet das *Anschlagwerkzeug* und die *Weiterschlagwerkzeuge.* Weiterschlagwerkzeuge kommen nur dann zum Einsatz, wenn das Ziehteil nicht mit einem Zug gefertigt werden kann.

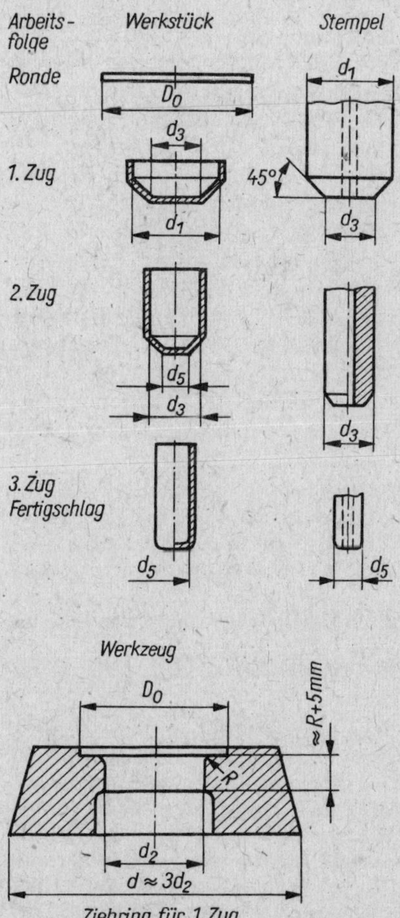

Bild 43. Arbeitsfolge bei einem Mehrfachzug

Bild 42 zeigt ein Tiefziehwerkzeug, das *mit einem Zug* das Teil herstellt. Müssen mehrere Züge vorgenommen werden, dann erhält der Stempel eine Schräge von 45 °, und zwar so, daß der Durchmesser (an der Bodenkante gemessen) dem Stempeldurchmesser des nächsten Zuges entspricht. Das ermöglicht ein gutes Zusammenwirken mit dem nächsten Werkzeug und vermeidet eine Überbeanspruchung des zu verarbeitenden Materials.

Bild 43 zeigt die Arbeitsfolge bei einem *Mehrfachzug.* Bemerkenswert ist, daß der Faltenhalter dem Ziehteil des vorangegangenen Zuges angepaßt ist und eine doppeltwirkende Presse benötigt wird.

Arbeitsgang beim Weiterschlagwerkzeug:

Das Ziehteil des vorangegangenen Zuges wird über den Faltenhalter gesteckt. Bei Betätigung der Presse setzt sich der Blechhalter mit dem Werkstück in die passende Ausarbeitung des Ziehrings und preßt das Teil mit einem bestimmten Druck auf den Ziehring. Der folgende Ziehstempel zieht das Werkstück durch die Matrizenöffnung und formt es auf den neuen Durchmesser um. Die Anzahl der Weiterzüge wird vom Material und der Form des Fertigteils bestimmt.

Bild 44 zeigt das *Gummiziehverfahren.* Der Gummistempel hat eine gerade Bodenfläche und wird in

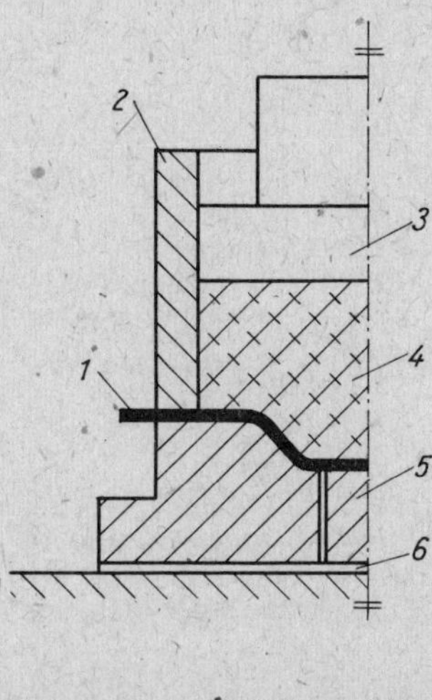

Bild 44. Tiefziehen mit Gummistempel. *1* Ziehteil, *2* Rahmenkasten, *3* Stößel, *4* Gummi, *5* Unterteil, *6* Entlüftung

einem Rahmen geführt. Nach beendetem Ziehvorgang nimmt der Stempel seine ursprüngliche Form wieder an.
Bild 45 zeigt den Aufbau und die Wirkungsweise einer *mit Druckwasser* arbeitenden Tiefziehanlage. Die Matrize wird von einer hydraulischen Presse auf das Unterteil gedrückt und preßt gleichzeitig die Ronde auf die durch Druckfedern gespannte Druckplatte. Das seitlich zugeführte Druckwasser bewirkt die Umformung.

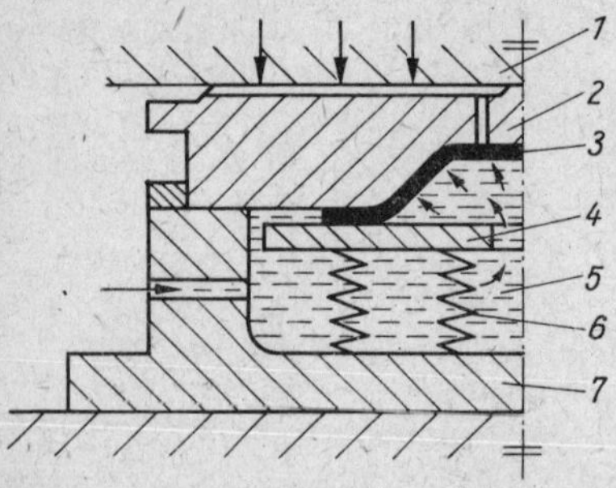

Bild 45. Tiefziehen mit Druckwasser.
1 Pressenstößel, *2* Matrize, *3* Ziehteil, *4* Druckplatte, *5* Druckwasser, *6* Druckfeder, *7* Grundplatte

3.4.3. Berechnungen

Ziehringabrundung

Der *Ziehkantenradius* ist für das Tiefziehen von großer Bedeutung. Das Blech muß beim Umformen über die Ziehkante hinweggleiten. Ist die Abrundung zu klein, dann wirkt die Ziehkante wie eine Schnittkante. Ist sie zu groß, kann das Blech vom Blechhalter nicht genügend festgehalten werden, und es bilden sich Falten. Der *Radius* wird nach der folgenden Gleichung ermittelt:

$$R = 0{,}8\sqrt{(D - d_1)\,s} \qquad (10)$$

R Radius der Ziehkante, D Rondendurchmesser, d_1 Außendurchmesser des Hohlteils, s Blechdicke des Hohlteils

Der errechnete Radius soll möglichst genau eingehalten werden. Für jede neue Ziehoperation ist der Radius wieder zu berechnen. Hierbei wird D vorangegangener Durchmesser und d neuer Ziehringdurchmesser.

Wenn Aluminium gezogen werden soll, wird der Radius 10...12 % größer gewählt. Bei sehr kleinen Ziehtiefen kann es vorkommen, daß der Blechhalter nicht genügend Druckfläche findet, da der mit obiger Gleichung ermittelte Radius zu groß ausfällt. Dann wählt man einen kleineren *Radius*:

$$R_{min} = 0{,}6\,s \qquad (11)$$

Ziehstempelabrundung

Wird ein Ziehteil mit einem Zug fertig geformt, besteht bei zu kleinem Ziehradius am Stempel die Gefahr des Durchstoßens der Ronde. Der *Stempelradius* wird so abgerundet, daß er gleich dem des Ziehrings oder etwas kleiner ist:

$$R_{St} = (1...0{,}6)R_Z \qquad (12)$$

R_{St} Stempelradius, R_Z Ziehringradius

Bei Weiterschlagwerkzeugen wird der Stempel unter 45° angefast und erhält einen Radius von 0,6 *s*.

Ziehspalt

Bleche haben meist eine Dickentoleranz. Aus diesem Grund muß der *Ziehspalt* um einen bestimmten Betrag größer werden als die Ausgangsdicke *(Gleichung von Oehler)*:

$$u = s + 0{,}07\sqrt{10\,s} \text{ für Stahlbleche} \qquad (13)$$

$$u = s + 0{,}02\sqrt{10\,s} \text{ für Aluminiumbleche} \qquad (14)$$

$$u = s + 0{,}04\sqrt{10\,s} \text{ für sonstige NE-Metalle} \qquad (15)$$

u Ziehspalt in mm, s Blechdicke in mm

Niederhaltekraft

Die Niederhaltekraft wird für die Abmessung der Druckfedern bzw. für die Einstellung der Presse benötigt. Tabelle 2 enthält Zahlenwerte für den spezifischen Flächendruck. Die Niederhaltekraft F_N ergibt sich mit guter Näherung aus:

$$F_N = (A_{Pl} - A_{St})\,p \qquad (16)$$

F_N Niederhaltekraft in N, A_{Pl}, A_{St} Fläche von Platine bzw. Ziehstempel in mm², p spezifischer Flächendruck in MPa

Tabelle 2. Spezifischer Flächendruck für das Tiefziehen

Werkstoff	Spezifischer Flächendruck MPa
Tiefziehblech	2,5
Weißblech	3,0
CuZn	2,5
Kupferblech	2,0
CuZn 37 weich	2,0
CuZn 37 hart	2,4
Zinkblech	1,5
Aluminium	1,2
Al-Legierungen der Gattung: Al–Cu; Al–Mg und Al–Cu–Mg	1,5
Al-Legierungen der Gattung: Al–Si; Al–Mn	1,2

Ziehkraft

Für die Maschinenauswahl ist die Bestimmung der erforderlichen Ziehkraft notwendig. Mit genügender Sicherheit errechnet sie sich aus:

$$F_Z = Us\sigma_B n \qquad (17)$$

F_Z Ziehkraft in N, U Länge der Ziehkante (πd) in mm, s Blechdicke in mm, σ_B Zugfestigkeit des Werkstoffs in MPa, n Beiwert in Abhängigkeit vom Ziehverhältnis d/D (Tabelle 3)

Tabelle 3. Ziehverhältnisse und Beiwerte n

d/D	0,5	0,55	0,6	0,65	
n	1	0,9	0,8	0,7	
d/D	0,7	0,75	0,8	0,85	0,9
n	0,6	0,5	0,4	0,3	0,22

Rondendurchmesser

Die ermittelte Zuschnittgröße für ein Ziehteil kann nur als Näherung betrachtet werden, da die beim Tiefziehen auftretenden Formänderungen nicht voll erfaßt werden können. Jedoch geben die gefundenen Werte für Versuchsronden gute Anhaltspunkte.

Runde zylindrische Hohlkörper beliebiger Form lassen sich mit Hilfe der *Guldinschen Regeln* berechnen. Unter Vernachlässigung der nicht erfaßbaren Größen bei der Formänderungsarbeit beim Ziehen muß die *Zuschnittfläche* gleich der Fertigteilfläche sein:

$$D_0 = \sqrt{\frac{4}{\pi}\left(\sum A\right)} \qquad (18)$$

3.5. Hochgeschwindigkeitsumformung

Als Ergänzung zu den konventionellen Verfahren wurde die *Hochgeschwindigkeitsumformung*, besonders für hochfeste Werkstoffe, eingeführt. Zur Erzeugung extrem hoher Umformgeschwindigkeiten (bis zu mehr als 250 m/s) werden stoßartig (detonierend) und treibend (deflagrierend) wirkende Sprengstoffe, wie TNT (Trinitrotoluol), PETN (Pentaerythritol-Tetranitrat) u. a. *(Explosionsumformen, Explosionsplattieren)*, oder detonierend und deflagrierend wirkende Gase *(Dynapak-Verfahren)*, magnetische Felder (Magnetfeldimpulse beim *Mangeform-Verfahren*) sowie elektrische Entladungen *(Hydrospark-Verfahren)* genutzt. Als Übertragungsmittel für die dabei entstehenden Druckstoßwellen werden Wasser bzw. Sand verwendet (ausgenommen davon sind das Explosionsplattieren und das Strangpressen beim Dynapak-Verfahren).

Das bekannteste der hier genannten Verfahren ist das *Explosionsumformen.* Von ausschlaggebender Bedeutung für eine einwandfreie Umformung ist die Anpassung der erforderlichen Stoßwelle an die Werkstückform. Die Geometrie der Stoßwelle wird dabei in erster Näherung durch die Form des Sprengstoffs bestimmt. Die zur Herstellung halbkugelig gestalteter Werkstücke, z. B. Behälterböden, notwendige *Kugelwelle* verlangt kugelförmig wirkenden Sprengstoff, während für die Erzeugung *zylindrischer Stoßwellen* Sprengstoffschnur von der Länge des umzuformenden Werkstücks (z. B. zur Aufweitung von Rohren) verwendet werden muß.

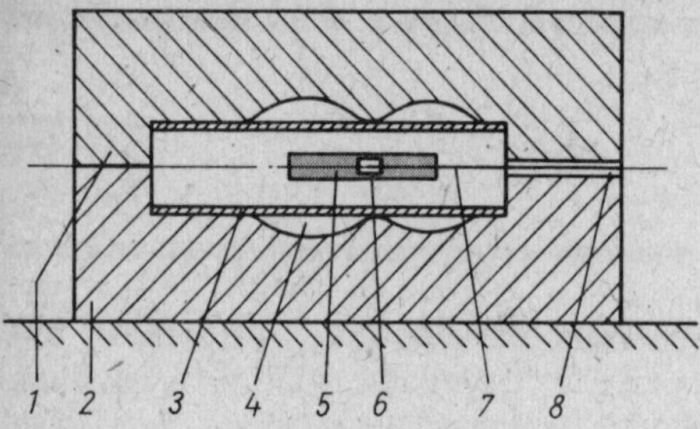

Bild 46. Umformen eines Rohres durch Druckwelle.
1 Werkzeugoberteil, *2* Werkzeugunterteil, *3* eingelegtes Rohr, *4* Hohlraum im Werkzeug, *5* Sprengstoff, *6* Zünder, *7* Zündkabel, *8* Zündkanal

Das Prinzip der Explosionsumformung zeigt Bild 46.
Die mit dem Explosionsumformen und anderen Hochgeschwindigkeits-Umformverfahren verbundenen Verfestigungserscheinungen des Werkstoffs sind nicht wesentlich verschieden von denen, die beim Umformen mit konventionellen Verfahren auftreten.
Die bisher noch wenig genutzte mögliche Anwendungsbreite des Explosionsumformens geht auf die erforderliche Einhaltung der notwendigen *Sicherheitsvorschriften* und die Einschränkungen vor allem bezüglich der *Lärmbelästigung* zurück.

3.6. Stanzen

Werkstücke, die mit Schneidwerkzeugen hergestellt werden, bedürfen oft noch einer weiteren Bearbeitung bis zur Fertigstellung. Diese Bearbeitung wird häufig durch das *Biege-, Roll-, Flach-, Form- und Prägestanzen* vorgenommen. Bei großen Serien werden nach Möglichkeit die Schneid- und Biegearbeiten in einem Werkzeug durchgeführt.

3.6.1. Biegestanzen

Biegestanzen bestehen aus dem *Biegestempel* und der *Matrize*, eine Anlage nimmt das zu biegende Teil auf. Ein eingebauter *Auswerfer* sorgt für ein besseres Entfernen des gebogenen Teils. Biegestanzen werden für V-Form, U-Form und als Formstanzen ausgeführt.

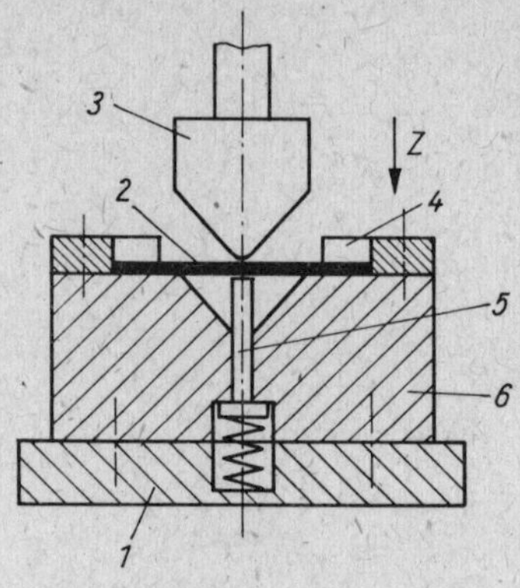

Bild 47. Winkelbiegestanze.
1 Grundplatte, *2* Werkstück, *3* Stempel, *4* Anlage, *5* Auswerfer, *6* Matrize

Bild 47 zeigt den Aufbau einer *Winkelbiegestanze.* Um die Lage von Ober- und Unterteil zu halten, können die Werkzeuge in *Säulenführungsgestelle* eingebaut sein.

Biegevorgang

Das Material stellt dem vordringenden Stempel einen Widerstand entgegen, der vom Querschnitt und dem Werkstoff des Biegeteils abhängig ist. Beim Biegen werden die äußeren Werkstoffbereiche gestreckt, die inneren gestaucht. Zwischen diesen Bereichen liegt die *»neutrale Faser«*. Sie bleibt in ihrer Lage unverändert. Bei der Berechnung der Zuschnittlänge für das Biegeteil geht man von dieser Faser aus. Nach Möglichkeit soll beim Biegen quer zur Walzrichtung gebogen werden, da hierdurch die Festigkeit des Bauteils nicht unnötig herabgesetzt wird und zum anderen der Biegewinkel besser erreicht werden kann. Nach dem Biegen geht der Stempel in seine Ausgangsstellung zurück und gibt das Werkstück frei. Es federt infolge seiner Elastizität etwas zurück. Die *Rückfederung* muß beim Bau von Biegewerkzeugen beachtet werden, indem der Winkel von Stempel und Matrize um die Rückfederung kleiner gehalten wird. Der größte Druck soll direkt an der Biegestelle wirksam werden, deshalb sind die Biegeflächen und der Stempel so zu formen, daß in der Endstellung der Abstand a zwischen Ober- und Unterstempel an der Biegestelle etwas kleiner ist als der Abstand s zwischen den Schenkelflächen (Bild 48).
Die *Formtiefe* der Stanze muß so ausgeführt werden, daß die gebogenen Schenkel voll von Unterteil und Stempel umschlossen werden.
Die *Einlaufkanten* am Biegewerkzeug sind mit Radien versehen, poliert und müssen für beide Seiten parallel

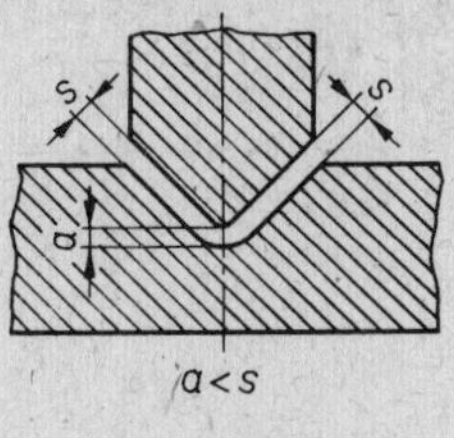

Bild 48. Verengung des Biegespalts an der Biegekante

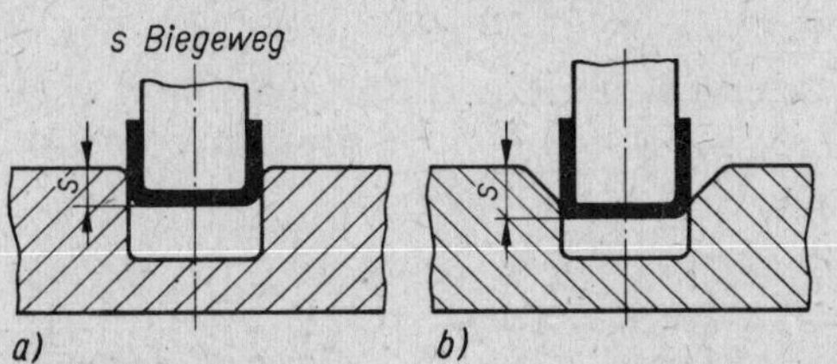

Bild 49. Biegeweg.
a) bei einfacher Einlaufkante, b) bei 2facher Einlaufkante

liegen, da sonst durch die ungleiche Reibung ein ungenaues Werkstück entsteht. Bild 49 zeigt Ausführungsmöglichkeiten von Einlaufkanten bei einer Doppelwinkelstanze. Die Abschrägung verläuft unter 45°. Langsames Einlaufen ist für das Material günstiger, es entsteht jedoch ein längerer Biegeweg [11][12]).

3.6.2. Rollstanzen

Das Einrollen von Scharnierteilen wird mit einer *Rollstanze* (Bild 50) vorgenommen. Das angekippte Teil wird in die Backen und den *Rollzylinder* geschoben. Beim Niedergehen des Stempels gleitet das Material an der Wandung entlang und bildet eine Öse. Das Werkzeug kann für verschiedene Materialstärken verwendet werden. Man wechselt den Rollzylinder aus und paßt die Zwischenlage dem zu verarbeitenden Material an. Die Wandung im Zylinder ist zwecks günstiger Reibungsverhältnisse poliert. Die Bohrung im Zylinder hält man etwas kleiner als den gewünschten Durchmesser, da nach dem Herausnehmen des Teils eine *Auffederung* erfolgt. Das Ankippen des Werkstücks kann schon im Schneidwerkzeug bei der Herstellung der Scharnierbleche vorgenommen werden. Der Stempel erhält die Form des angekippten Teils.

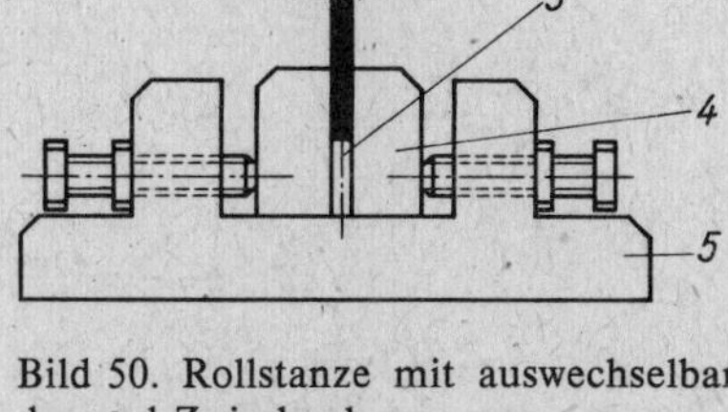

Bild 50. Rollstanze mit auswechselbarem Rollzylinder und Zwischenlage.
1 Haltestift, *2* auswechselbarer Rollzylinder, *3* auswechselbare Zwischenlage, *4* auswechselbare Backen, *5* Flansch (Schuh)

3.6.3. Flachstanzen

Flachstanzen *(Planierstanzen)* finden beim Richten von Teilen Verwendung, die durch mechanische Einflüsse oder Wärme verformt wurden.
Die Flächen von Ober- und Unterteil können glatt oder geriffelt ausgeführt werden. Glatte Stempelflächen eignen sich für dicke und weiche Bleche, geriffelte für dünne, halbharte und harte Bleche. Bei den glatten Flächen entsteht

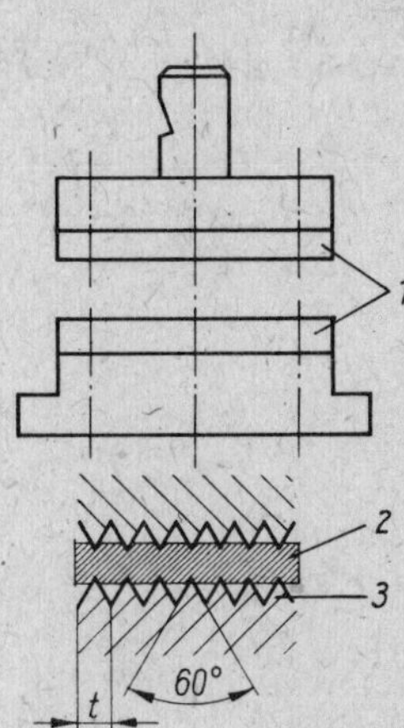

Bild 51. Planierstanze.
1 gehärtete und geschliffene glatte Stanzflächen, *2* Werkstück, *3* gehärtet und geriffelt (die glatten bzw. geriffelten Stanzflächen können den Erfordernissen entsprechend ausgewechselt werden)

durch den Prellschlag an den Oberflächen des zu richtenden Werkstoffs eine Kaltverfestigung. Die geriffelten Flächen bringen das Material zum Fließen und rufen damit eine bleibende Formänderung hervor. Die Spitzen sollen beim Stanzen aufeinanderstehen (Bild 51).

3.6.4. Formstanzen

Beim Formstanzen (Bild 52) haben Unter- und Oberteil zueinander angepaßte Konturen. Unter dem Stempeldruck ist das Blech gezwungen, die geforderte Form anzunehmen. Die Werkstoffdicke bleibt beim Formstanzen gleich. Nach diesem Verfahren werden vorwiegend Möbelbeschläge und Schlüsselschilder hergestellt. Bei der Verarbeitung von dünnen Leichtmetall- und Stahlblechen kann an Stelle des Stempels ein *Gummikissen* treten. Dadurch können die Werkzeugkosten erheblich gesenkt werden.

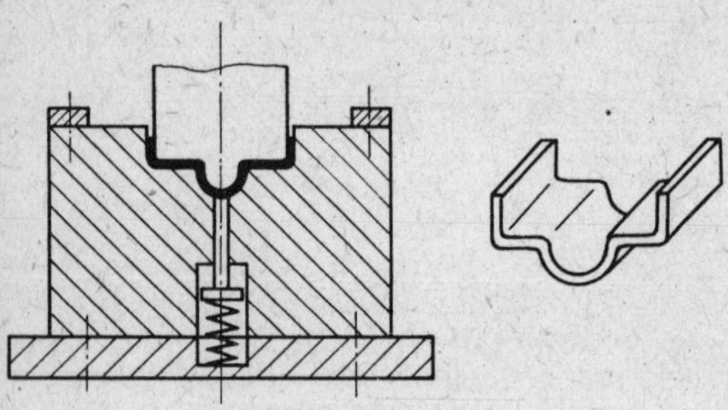

Bild 52. Formstanze und Fertigteil

3.6.5. Prägestanzen

Das Prägestanzen unterscheidet sich vom Biegen, Rollen und Formstanzen dadurch, daß die Materialdicke am Fertigteil Unterschiede aufweist. Bild 53 zeigt den Prägevorgang. Ober- und Unterstempel haben verschiedene Konturen. Der Werkstoff wird in der Hohlform bei Raumtemperatur verarbeitet. Geprägt werden Münzen, Schmuckstücke und Eßbestecke.

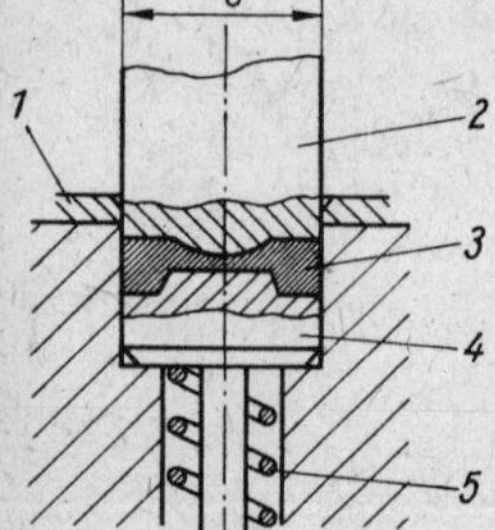

Bild 53. Prägestanze. *1* Aufnahme, *2* Oberstempel, *3* Werkstück, *4* Unterstempel und Auswerfer, *5* Auswerferfeder

3.6.6. Berechnungen

Mindestentfernung einer Loch- bzw. Ausbruchkante von der Blechaußenkante
(nach Oehler und Kaiser)

Hat ein Biegeteil in der Nähe der Biegestelle Bohrungen oder Formdurchbrüche, so dürfen diese bei verlangter Formgenauigkeit erst nach dem Biegen eingearbeitet werden (Ausnahme: $e \geqq r_i + 2s$, Bild 54).

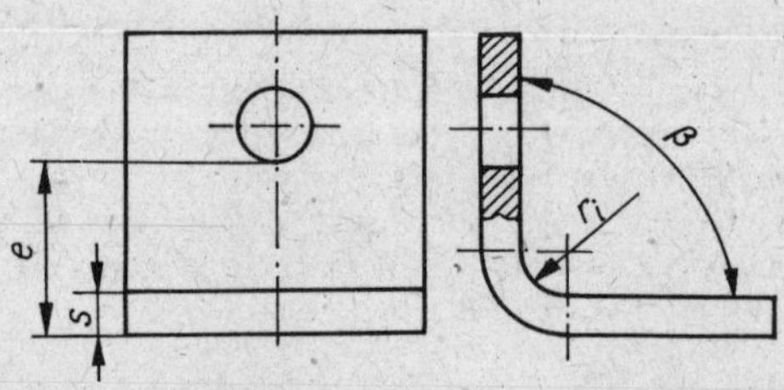

Bild 54. Ermittlung des Mindestabstandes *e*

Kleinster Biegeradius
(nach Oehler und Kaiser)

$$r_{i\,min} = cs \qquad (19)$$

$r_{i\,min}$ kleinster Biegeradius, s Blechdicke, c Mindestrundungsfaktor nach Tabelle 4

Tabelle 4. Mindestrundungsfaktor *c*

Werkstoff	c	Werkstoff	c
Stahlblech	0,6		
Tiefziehblech	0,5	Aluminium, weich	0,6
rostfreier Stahl		halbhart	0,9
mart., ferrit.	0,8	hart	0,2
austenitisch	0,5	AlMg3, weich	1,0
Kupfer	0,25	halbhart	1,3
Zinnbronze	0,6	AlMg5, weich	1,8
Al-Bronze	0,5	halbhart	2,5
CuZn30, weich	0,3	AlMn weich	6,0
CuZn40, weich	0,35	preßhart	1,2
CuZn37, halbhart	0,4	halbhart	1,2
Zink	0,4	hart	1,2

Die Radien sind nur dort anzuwenden, wo relativ scharfkantige Biegungen benötigt werden. Die Biegekante soll quer zur Walzrichtung liegen.

Biegekraft für die V- und U-Form[13])

Biegen der V-Form in Gesenk (allgemein):

$$F_b = \left(1 + \frac{4s}{w}\right)\left(\frac{bs^2\sigma_B}{w}\right) \qquad (20)$$

formschlüssiges Biegen:

$$F_E = 2\,F_b \qquad (21)$$

Biegen der U-Form in Gesenk:

$$F_b = 0{,}4\,\sigma_B bs \qquad (22)$$

Biegen ohne Gegenhalter:

$$F_E = 2{,}5\,F_b \qquad (23)$$

Biegen mit Gegenhalter:

$$F_E = 1{,}3\,F_b \qquad (24)$$

F_b Biegekraft, F_E Endkraft, s Blechdicke in mm, w Gesenkweite beim V-Biegen (meist $w = 2\,h$) in mm, h Gesenktiefe in mm, b Biegebreite in mm, σ_B Zugfestigkeit in MPa

Gestreckte Länge beim Biegen (nach Oehler und Kaiser)

Gestreckte Länge für Winkelprofil (Bild 55):

$$L = a + \frac{\pi \cdot \beta}{180°} \cdot \left(r + \frac{sx}{2}\right) + b \qquad (25)$$

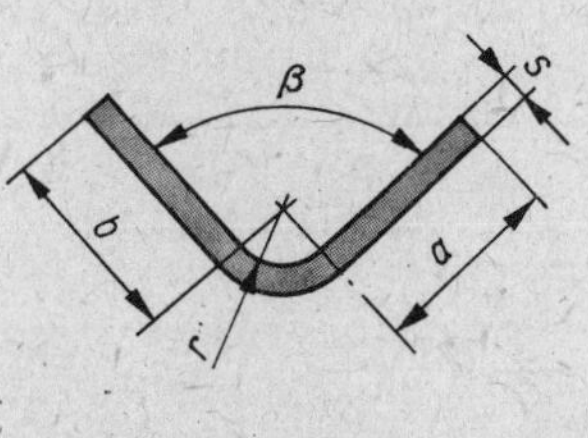

Bild 55. Ermittlung der gestreckten Länge für Winkel

Der Beiwert x ist der Tabelle 5 zu entnehmen.
Gestreckte Länge für das Einrollen (Bild 56):

$$L = a + \frac{(d+s) \cdot 300°}{180°} = a + \frac{5\,(d+s)}{3} \qquad (26)$$

Rollwinkel vorwiegend 300°.

Tabelle 5. Beiwert x zur Ermittlung der gestreckten Länge

Verhältnis r/s	5,0	3,0	2,0	1,2	0,8	0,5
Beiwert x	1,0	0,9	0,8	0,7	0,6	0,5

L gestreckte Länge in mm, a, b gerade Schenkellänge in mm, d innerer Durchmesser der Einrollung in mm, s Blechdicke in mm, β Öffnungswinkel in °, x Beiwert nach Tabelle 5

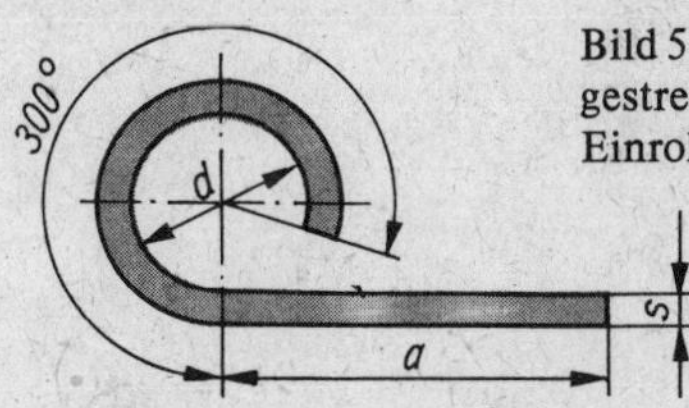

Bild 56. Ermittlung der gestreckten Länge für Einrollungen

4. Trennen

Zum Trennen gehören alle Fertigungsverfahren, bei denen der Werkstoffzusammenhang aufgehoben wird.

4.1. Schneiden

Beim Schneiden darf die *Werkstoffdicke* einen gewissen Wert nicht überschreiten, während die Längen- und Breitenabmessungen weniger begrenzt sind. Selbst Teile komplizierter Form können durch Schneiden schnell und maßgenau hergestellt werden. Werkstoffe, wie Leder, Gummi, Asbest, Pappe usw., sind ebenfalls bearbeitbar.

4.1.1. Schneidverfahren

Ausschneiden

Ausschneiden ist die völlige Trennung eines Teils aus einem Blechstreifen (Bild 57a).

Im Schneidwerkzeug muß also die gesamte Form des Werkstücks vorhanden sein, d. h., Stempel und Schneidplatte müssen die Form des auszuschneidenden Teils haben.

Abschneiden

Abschneiden ist das Trennen von Werkstoff längs einer nicht geschlossenen Linie (Bild 57b).

Der Abschneidestempel hat die Form der gewünschten Kante.

Stechen

Stechen ist ein teilweises Trennen (Bild 57c). Dabei werden die Werkstücke gleichzeitig teilweise ab- oder umgebogen.

Das Stechen geschieht im Schneidwerkzeug, wobei der Stempel an drei Seiten schneidet und mit der vierten Seite biegt.

Lochen

Lochen (Bild 57d) ist ein Ausschneiden, bei dem das ausgestoßene Teil Abfall ist.

Durch die Anordnung von mehreren Stempeln können gleichzeitig mehrere Löcher in bestimmter Entfernung bzw. Lage zueinander hergestellt werden.

Beschneiden

Beschneiden ist das Abschneiden von überflüssigem Material bei Stanz- und Tiefziehteilen (Bild 58).

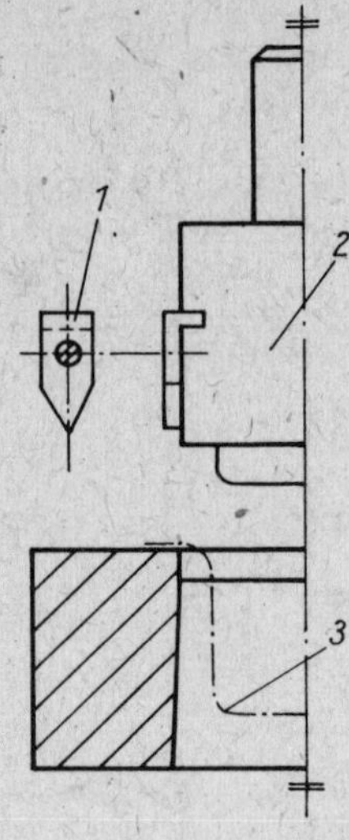

Bild 58. Beschneiden. *1* Trennmesser, *2* Beschneidstempel, *3* Ziehteil

Nachschneiden

Nachschneiden oder *Kalibrieren* ist das Schneiden auf genaues Maß, wobei die Schnittrichtung der vorhergehenden entgegengesetzt ist.

Abgraten

Abgraten ist das Abschneiden von überflüssigem Material bei Formpreß- und Gußteilen.

4.1.2. Schneidvorgang

Beim Schneiden wird das Blech vom Stempel erst eingedrückt, dann abgeschert und zum Schluß abgerissen.

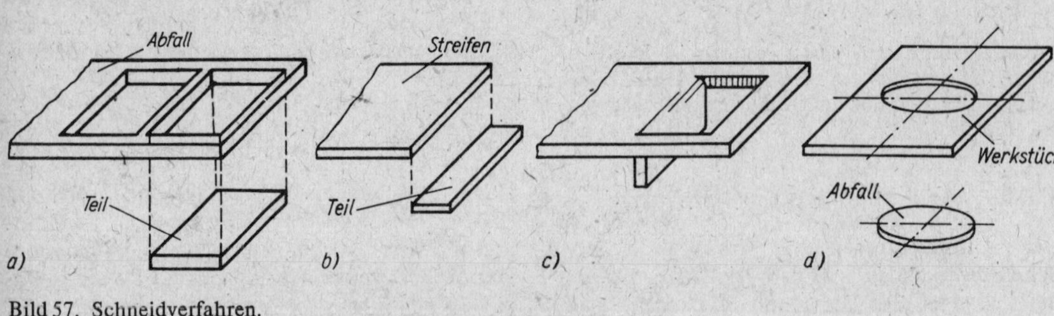

Bild 57. Schneidverfahren.
a) Ausschneiden, b) Abschneiden, c) Stechen, d) Lochen

Bild 59. Vorgänge beim Schneiden.
a) Eindrücken, b) Abscheren, c) Ausstoßen des Werkstücks, d) Abstreifen des Blechstreifens, e) Trennfläche.
1 Stempel, *2* Abstreifer, *3* Werkstück, *4* Schneidplatte, *5* Einkerbung, *6* Scherfläche, *7* Bruchfläche

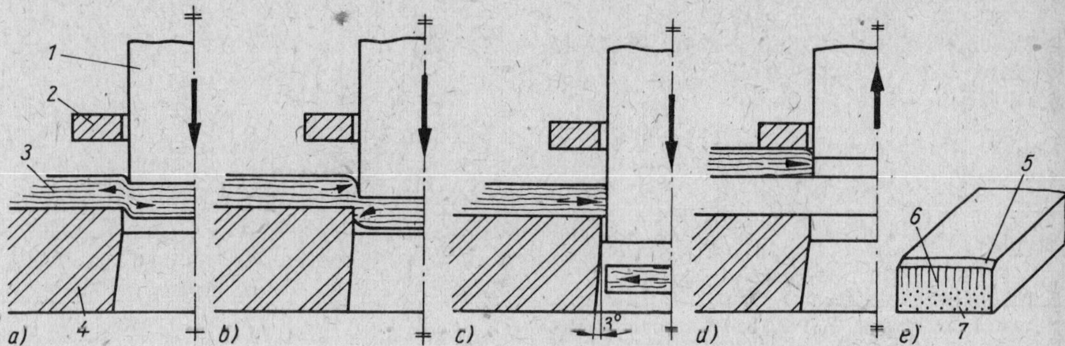

Eindrücken

Der Druck des Stempels auf den Blechstreifen ruft in diesem Spannungen hervor. Das Werkstück wird durchgebogen und eingekerbt (Bild 59a).

Schneiden

Durch weitere Krafteinwirkung des sich abwärts bewegenden Stempels werden die Werkstoffteilchen in Kraftrichtung immer weiter verschoben, bis schließlich der Werkstoffzusammenhalt in der Trennebene verlorengeht. Bild 59b zeigt das Abscheren und Bild 59e die Trennfläche.

Ausstoßen

Nach Beendigung des Schneidvorgangs klemmt das ausgeschnittene Teil durch seine Elastizität in der Schneidplatte. Der Stempel bzw. die nachfolgenden Werkstücke drücken das jeweils gefertigte Teil durch die Platte. Durch den *Freiwinkel* wird das erleichtert (Bild 59c).

Abstreifen

An jedem Schneidwerkzeug muß ein *Abstreifer* vorhanden sein. Dieser hat die Aufgabe, den mit Spannung am Stempel haftenden Blechstreifen abzustreifen (Bild 59d).

4.1.3. Arten der Schneidwerkzeuge

Der Aufbau und die Wirkungsweise der Schneidwerkzeuge sind sehr vielfältig, sie richten sich nach der Form und Stückzahl der zu fertigenden Teile.

Zu den wichtigsten *Arten der Schneidwerkzeuge* gehören:

- Ausschneidwerkzeuge,
- Lochwerkzeuge,
- Folgeschneidwerkzeuge,
- Gesamtschneidwerkzeuge,
- Messerschneidwerkzeuge.

Ausschneidwerkzeuge

Ausschneidwerkzeuge sind Werkzeuge zum Ausschneiden von ebenen Werkstücken aus Blechbändern oder -streifen an einer Arbeitsstelle mit einem Pressenhub.

Freischneidwerkzeuge

Freischneidwerkzeuge sind Werkzeuge ohne Stempelführung. Die Güte der geschnittenen Teile sowie die Lebensdauer des Werkzeugs hängen wesentlich von der Güte der Stößelführung ab (Bild 60).

Plattengeführte Ausschneidwerkzeuge

Das plattengeführte Ausschneidwerkzeug (Bild 61) setzt sich aus Grundplatte, Schneidplatte, Zwischenlagen und Stempel zusammen. Der *Stempel* hat in der Führungsplatte ein geringes Spiel. Führungsplatte, Zwischenlagen und Schneidplatte sind miteinander verschraubt

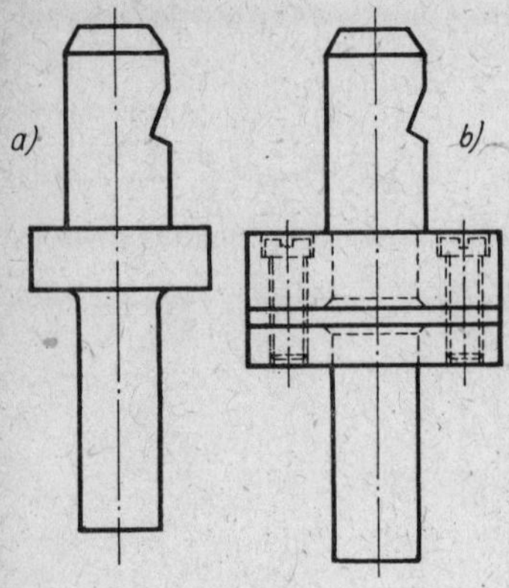

Bild 60. Freischneidwerkzeug. a) Stempel aus dem Vollen gearbeitet, b) Stempel aus Elementen zusammengesetzt

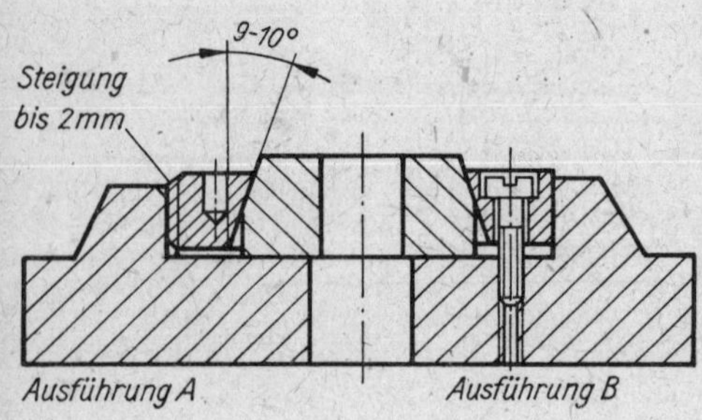

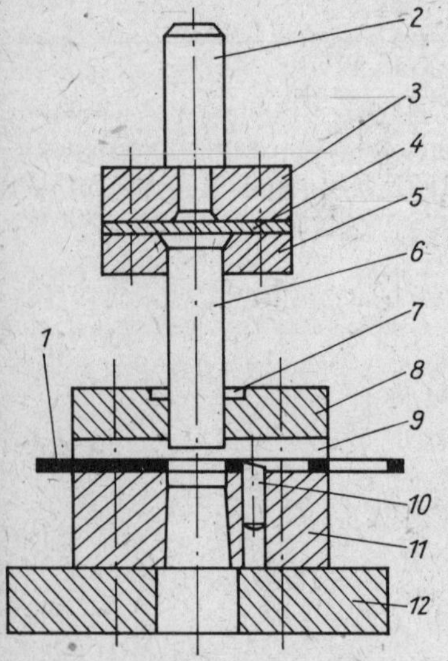

Bild 61. Plattengeführtes Ausschneidwerkzeug. *1* Blechstreifen, *2* Einspannzapfen, *3* Kopfplatte, *4* Druckplatte, *5* Stempelhalteplatte, *6* Stempel, *7* Ölwanne, *8* Führungsplatte, *9* Zwischenlage, *10* Einhängestift, *11* Schneidplatte, *12* Grundplatte

und verstiftet. Die *Führungsplatte* dient gleichzeitig als Abstreifer. Diese Werkzeuge sind unfallsicher, weil man mit den Fingern nicht zwischen Stempel und Schneidplatte fassen kann *(Schutzkorb)*. Die Fertigungskosten liegen wegen der Paßarbeit wesentlich höher. Allerdings haben die ausgestoßenen Werkstücke eine sehr gute Maßhaltigkeit.

Säulengeführte Ausschneidwerkzeuge

Während beim plattengeführten Ausschneidwerkzeug der Stempel eine unmittelbare Führung erhält, hat er hier nur eine mittelbare. Bei diesem Werkzeug übernimmt das *Säulenführungsgestell* diese Aufgabe. Die Führungsplatte ist nicht notwendig. Das Entfernen der Abfallstreifen wird vom *Abstreifer* vorgenommen, der zum Stempel Spiel hat. Die Kopfplatte hat durch geschliffene und gehärtete Führungssäulen zur Grundplatte eine genaue Lage und nimmt den Stempel auf. *Führungsgestelle*[14]) können durch Auswechseln der Schneidplatte und des Stempels für ähnliche Teile verwendet werden. Ist das Werkzeug mit schwachen Stempeln ausgerüstet, wird eine Führungsplatte eingebaut. Die Stempel werden dann von der Führungsplatte geführt (gleichzeitig Abstreifer) und diese wiederum von den Säulen (Bild 62). Säulengeführte Ausschneidwerkzeuge sind bevorzugt anzuwenden, da das Säulenführungsgestell die Übertragung des Spiels in der Führung des Pressenstößels auf das Werkzeug weitgehend verhindert (Erhöhung der Standmenge). Bei sehr großen Stückzahlen können *Mehrfachwerkzeuge* vorgesehen werden, die mit einem Stößelhub gleichzeitig zwei oder mehrere Werkstücke herstellen.

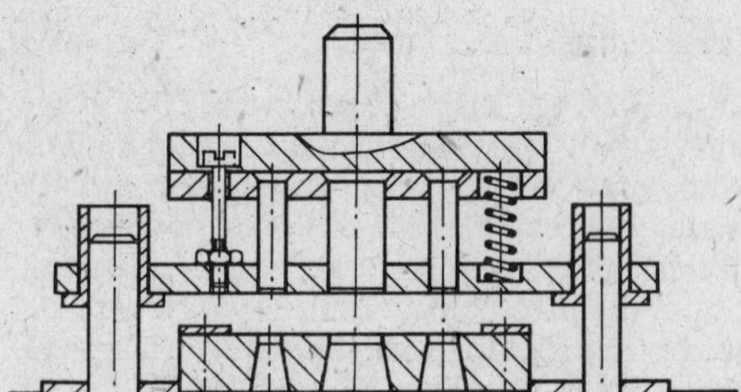

Bild 62. Säulengeführtes Ausschneidwerkzeug mit Stempelführung

Lochwerkzeuge

Lochwerkzeuge[15]) benutzt man dann, wenn der Einsatz von Folgeschneidwerkzeugen oder Gesamtschneidwerkzeugen aus technischen oder ökonomischen Gründen nicht vertretbar ist. Durch Ausschneidwerkzeuge hergestellte Ronden werden mit Hilfe von Lochwerkzeugen weiterbearbeitet.

Ausführungsformen: säulengeführte Lochwerkzeuge mit federnder Führungsplatte und ohne Führungsgestell mit starrer Führungsplatte (Bild 63).

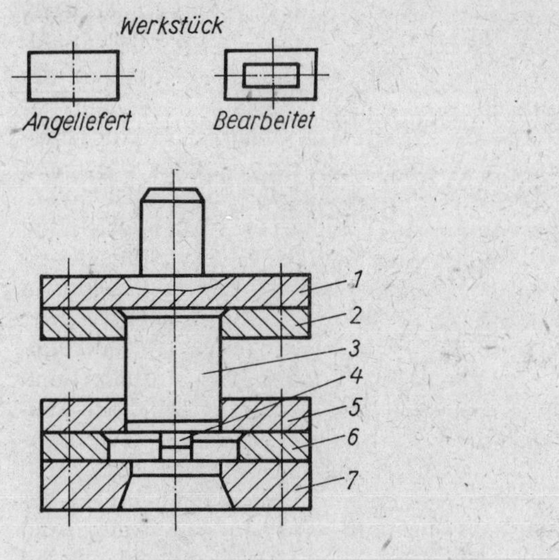

Bild 63. Lochwerkzeug.
1 Kopfplatte, *2* Stempelhalteplatte, *3* Lochstempel, *4* federnder Auswerfer, *5* Führung (Abstreifer), *6* Aufnahme, *7* Schneidplatte

Folgeschneidwerkzeuge

Im Folgeschneidwerkzeug[16]) wird eine Folge von Arbeitsoperationen vorgenommen. Das Werkzeug kann als Folgeschneidwerkzeug mit starrer Führungsplatte ohne oder mit Säulenführungsgestell ausgebildet werden. Daneben gibt es die dritte Möglichkeit in Form des Folgeschneidwerkzeugs mit federnder Führungsplatte und Säulenführungsgestell. Bild 64 zeigt die Vorschubeinrichtung eines plattengeführten Folgeschneidwerkzeugs mit 5 Stempeln. Das Werkzeug locht 4 Löcher und schneidet anschließend den Umriß des Schnitteiles aus.

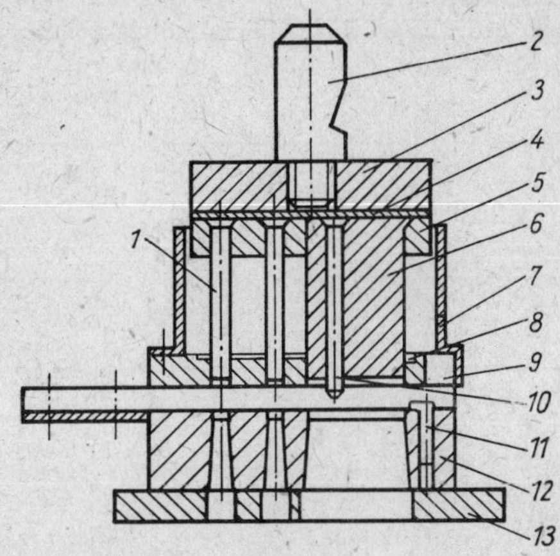

Bild 64. Folgeschneidwerkzeug.
1 Lochstempel, *2* Einspannzapfen, *3* Kopfplatte, *4* Druckplatte, *5* Stempelhalteplatte, *6* Ausschneidestempel (Umrißstempel), *7* Schutzkorb, *8* Ölwanne, *9* Führung, *10* Suchstift, *11* Einhängestift, *12* Schneidplatte, *13* Grundplatte

Gesamtschneidwerkzeuge

Das Gesamtschneidwerkzeug[17]) wird verwendet, wenn eng tolerierte Werkstücke mit einem Arbeitshub erzeugt werden sollen. Ein Versatz

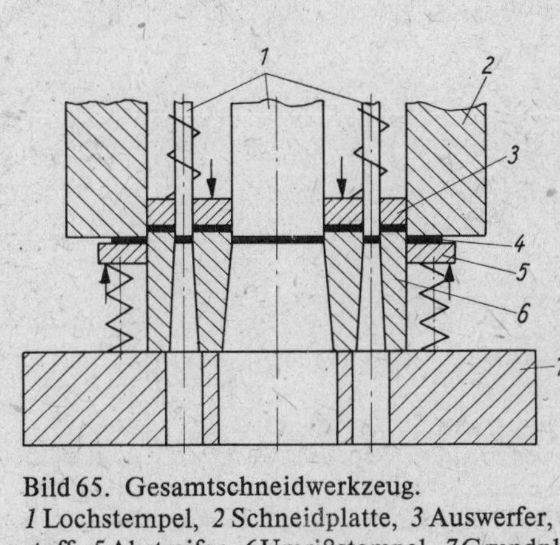

Bild 65. Gesamtschneidwerkzeug.
1 Lochstempel, *2* Schneidplatte, *3* Auswerfer, *4* Werkstoff, *5* Abstreifer, *6* Umrißstempel, *7* Grundplatte

vom Vorlocher zum Umgrenzungsstempel ist nicht möglich, da das herzustellende Teil gleichzeitig gelocht und ausgeschnitten wird (Bild 65). Das Werkzeug wird von einem Führungsgestell aufgenommen. Der komplizierte Aufbau bedingt hohe Herstellungskosten, dafür sind Gesamtschneidwerkzeuge aber äußerst leistungsfähig, und der Bau lohnt sich bei hohen Stückzahlen.

Messerschneidwerkzeuge

Weiche Werkstoffe werden mit Messerschneidwerkzeugen bearbeitet. Ein federnd angeordneter Auswerfer entfernt die geschnittenen Teile aus dem hohlen Stempel. Um die empfindliche Schneidkante zu schützen, läßt man den Auswerfer etwas überstehen.

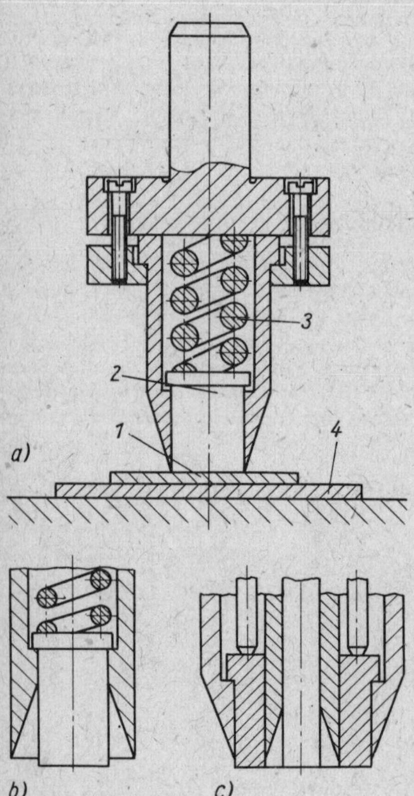

Bild 66. Messerschneidwerkzeug.
a) zum Ausschneiden, b) zum Lochen, c) für Unterlegscheiben.
1 Werkstück, *2* Ausstoßer, *3* Ausstoßfeder, *4* Unterlage

Sollen Teile ausgeschnitten werden, ist der Stempel innen zylindrisch (Bild 66a), beim Lochen dagegen ist die Außenwand zylindrisch (Bild 66b). *Ringstempel* (Bild 66c) dienen zur Herstellung von Unterlegscheiben.

4.1.4. Vorschubregelung

Der Blechstreifen muß im Werkzeug schrittweise bewegt werden. Die Schrittgröße bezeichnet man als *Vorschub* w (Bild 67):

$$w = l + b \qquad (27)$$

l Werkstücklänge, b Stegbreite

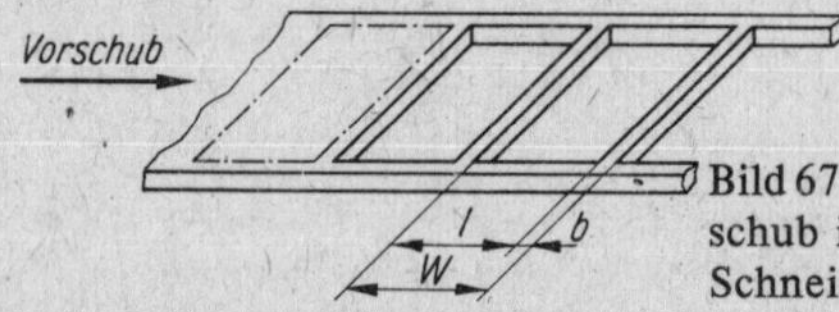

Bild 67. Vorschub im Schneidwerkzeug

Zur Vorschubregulierung werden folgende Bauelemente benutzt:

Anschneideanschlag [18])

Soll wirtschaftlich gearbeitet werden, so muß der Werkstoffstreifen voll ausgenutzt werden. Um bei Folgeschneidwerkzeugen beim Anschneiden jedes neu eingelegten Blechstreifens keine unfertigen Teile zu bekommen, werden *Anschneideanschläge* benutzt. Sie sind federnd angebracht und gehen dadurch nach der Handbetätigung von selbst aus der Blechführung heraus. Im Bild 68 ist die Funktion dargestellt.

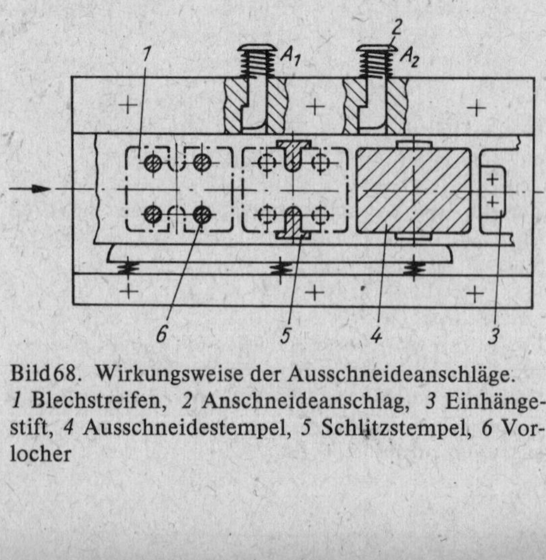

Bild 68. Wirkungsweise der Ausschneideanschläge.
1 Blechstreifen, *2* Anschneideanschlag, *3* Einhängestift, *4* Ausschneidestempel, *5* Schlitzstempel, *6* Vorlocher

Der in Pfeilrichtung transportierte Streifen (im Werkzeug durch eine Federleiste geführt) wird, durch den Anschneideanschlag A_1 fixiert, gelocht. Er schlägt dann beim nächsten Anschlag A_2 an und wird mit Schlitzen versehen. Zuletzt, und nunmehr laufend, dient der Einhängestift als *Endanschlag*, während der Ausschneidestempel das Teil fertig ausschneidet.

Einhängestift [19])

Einhängestifte sind die einfachste Vorschubbegrenzung. In der Schneidplatte wird in bestimmtem Abstand vom Stempel ein Stift angebracht, an dem der Blechstreifen mit seiner Kante anliegen muß (Bild 69). Zur Vermeidung des Verkantens bei langen Streifen werden meist *zwei* Einhängestifte angebracht.

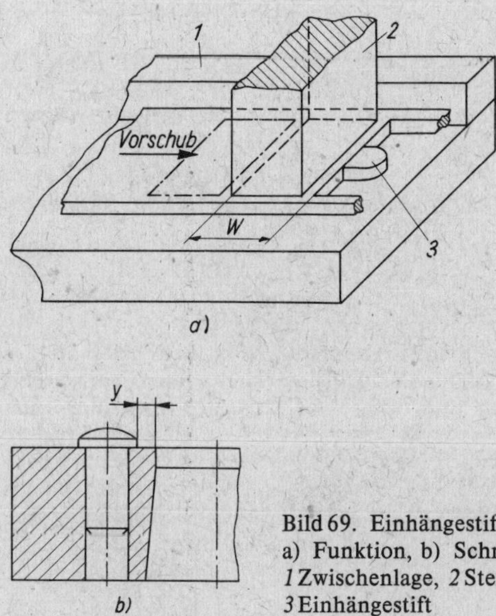

Bild 69. Einhängestift.
a) Funktion, b) Schnitt.
1 Zwischenlage, *2* Stempel, *3* Einhängestift

Suchstift [20])

Zur genauen Vorschubregulierung dienen Suchstifte (Bild 70). Ein Vorlocher schneidet das Loch für den Suchstift. Beim nächsten Arbeitshub erfaßt der kegelige Suchstift den Blechstreifen und zieht ihn in die genaue Lage. Ein Einhängestift dient als Voranschlag. Für genaue Arbeiten können seitlich am Werkstoffstreifen, ähnlich wie bei Filmstreifen, Löcher für Suchstifte angebracht werden. Das Loch für den Suchstift hat keinen Einfluß auf die Funktion des auszuschneidenden Werkstücks.

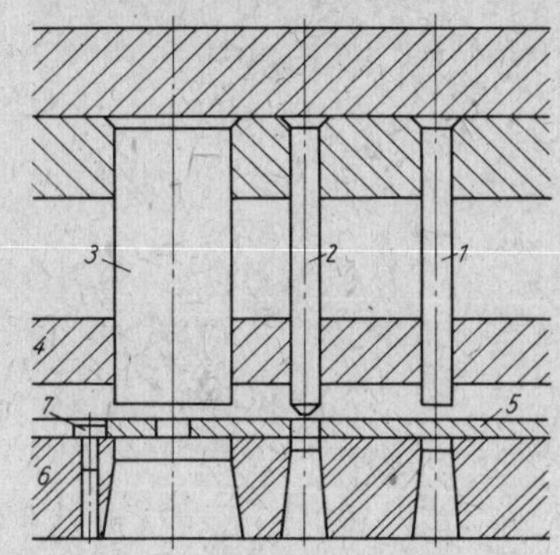

Bild 70. Anordnung der Suchstifte.
1 Vorlocher, *2* Suchstift, *3* Ausschneidestempel, *4* Führung, *5* Blechstreifen, *6* Schneidplatte, *7* Einhängestift

Seitenschneider [21])

Mit Hilfe des Seitenschneiders (Bild 71) läßt sich eine genaue *Vorschubregulierung* einstellen. Die Länge des Seitenschneiders ist gleich dem Vorschub *w*. Bei jedem Hub der Maschine schneidet der Seitenschneider ein seitliches Stück vom Streifen ab. Beim Weiterschieben des Streifens stößt dieser mit der eingeschnittenen Ecke an einen festen Anschlag an. Oft be-

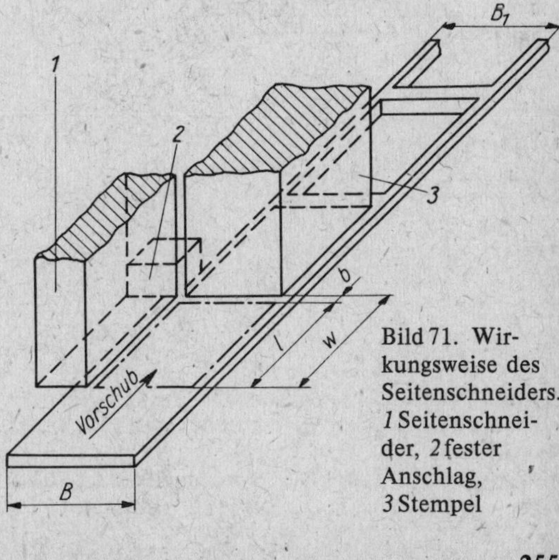

Bild 71. Wirkungsweise des Seitenschneiders.
1 Seitenschneider, *2* fester Anschlag, *3* Stempel

nutzt man *zwei* Seitenschneider, wodurch der beschnittene Streifen zur genauen Führung im Schneidwerkzeug benutzt werden kann und gleichzeitig das Material voll ausgenutzt wird.

4.1.5. Wichtigste Bauelemente und Größen am Schneidwerkzeug

Schneidstempel

Der Stempel erhält als Querschnitt das Profil des herzustellenden Teils und wird aus wirtschaftlichen Gründen zylindrisch gehalten (Bild 74, Winkel β). Dadurch behält er auch nach mehrmaligem Scharfschleifen die geforderten Abmessungen. Im allgemeinen soll der Schneidstempel im Querschnitt das 1,2fache der Werkstoffdicke nicht unterschreiten. Bei schwachen Lochstempeln besteht die Gefahr des Brechens, die durch *Eindocken* oder *Absetzen* vermindert werden kann (Bild 72).

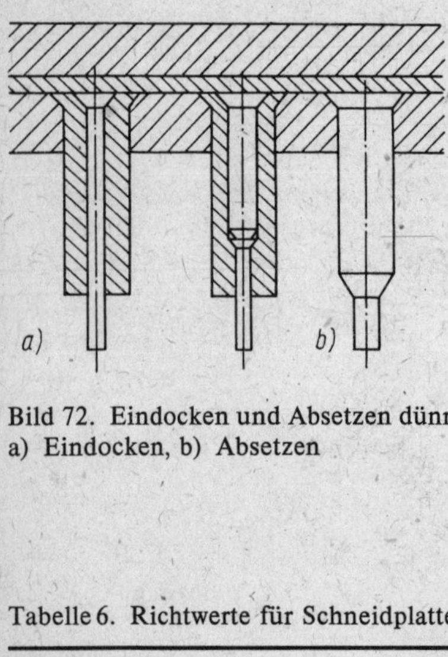

Bild 72. Eindocken und Absetzen dünner Stempel.
a) Eindocken, b) Absetzen

Schneidplatte

Sie hat einen Durchbruch, der dem zu fertigenden Teil entspricht. Die Schneidkante wird von der Schneidplattenoberfläche und der Freifläche gebildet. Der Durchbruch vergrößert sich nach unten, damit die ausgeschnittenen Teile ungehindert herausfallen können und nicht klemmen (Bild 73). In jedem Fall ist jedoch ein *Freiwinkel* vorgesehen, wobei aber als Nachteil bei mehrmaligem Nachschleifen der Schneidplatte die Maßhaltigkeit nicht mehr gewährleistet ist, die Fertigteile *Gratbildung* zeigen und die Platte repariert werden muß.
Komplizierte Schneidplatten bestehen aus einzelnen Segmenten, so daß bei Bruch und Verschleiß nicht die ganze Platte erneuert werden muß. Tabelle 6 gibt Richtwerte für Schneidplattendicken.

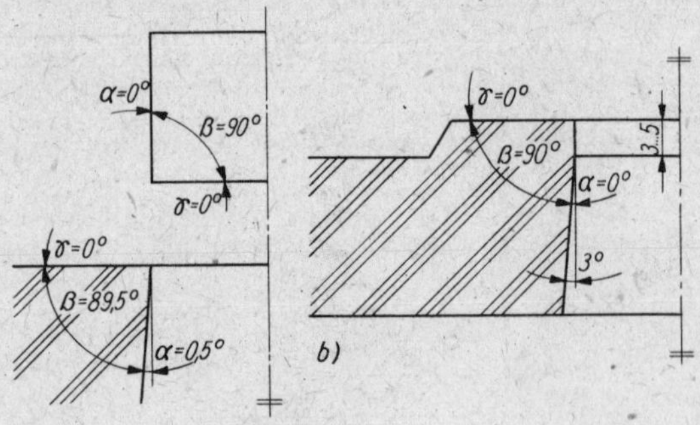

Bild 73. Schneidplattenformen.
a) Winkel an Schneidplatte und Stempel, b) Winkel an der Schneidplatte bei prismatischem Ansatz

Tabelle 6. Richtwerte für Schneidplattendicken

Fläche des Schneidplattendurchbruchs cm^2	Plattendicke h in mm bei Blechdicke in s in mm und τ_{aB} = 500 MPa			
	0,1…2,0	2,1…3,5	3,6…5,0	5,6…10,0
0,01… 25,0	6…15	15…20	20…23	23…28
25,0 … 50,0	18…23	23…28	28…32	32…38
50,0 …100,0	28…32	32…35	35…38	38…42
100,0 …200,0	30…35	35…38	38…42	42…47

Schneidspiel – Schneidspalt

Der Schneidspalt hat bei der Herstellung von Schneidwerkzeugen große Bedeutung. Durch ihn werden das Stauchen beim Schneiden sowie die Reibungskräfte gering gehalten. Auch die *Gratbildung* wird beeinflußt. Bei zu großem Schneidspalt drückt sich der Werkstoff in den Zwischenraum, es entsteht ein *Abreißgrat.* Unsauberkeit der Trennflächen ist die Folge. Ziehgrat und große Reibungskräfte werden durch einen zu kleinen Schneidspalt verursacht. Durch die Überbeanspruchung von Schneidplatte und Stempel ist ein schnelles Stumpfwerden zu verzeichnen.

Beim *Ausschneiden* erhält man genau tolerierte Werkstücke, wenn die Schneidplatte das Maß hält und der Stempel um das Schneidspiel kleiner ist; beim *Lochen* muß der Stempel Maß halten und die Schneidplatte um das Schneidspiel größer sein.

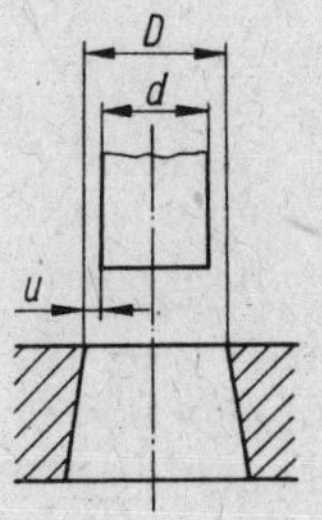

Bild 74. Schneidspiel

Nach Oehler wird das *Schneidspiel* wie folgt berechnet (Bild 74):

Blechdicke $s \leqq 3$ mm; $u = 0{,}005\, s\sqrt{\tau_{aB}}$ (28)

Blechdicke $s > 3$ mm; $u = (0{,}01\, s - 0{,}015)\sqrt{\tau_{aB}}$ (29)

Schneidspiel $s_1 = 2\,u = D - d$ (30)

Einspannzapfen

Der Einspannzapfen muß im Schneidlinienschwerpunkt angebracht werden, sonst verkantet das Oberteil beim Schneid- und Abstreifvorgang. Die Folge ist, daß die aktiv wirkenden Bauelemente (Stempel und Schneidplatte) einem unnötigen Verschleiß unterworfen werden.

4.1.6. Berechnungen

Schneidkraft

$$F = A\tau_{aB} \qquad (31)$$

A Trennfläche, τ_{aB} spezifische Schneidkraft

Diese Gleichung gilt für *Planschliff* und scharfes Werkzeug. Beim Arbeiten ist eine Abnutzung der Schneidkante am Stempel und an der Schneidplatte festzustellen. Dadurch wird eine größere Schneidkraft erforderlich. Aus Sicherheitsgründen soll eine um 15...20 % stärkere Presse gewählt werden. Deshalb rechnet man mit:

$$F = 1{,}2 \cdot A\tau_{aB} \qquad (32)$$

Zur Verbesserung der Scherwirkung und zur Minderung der Schneidkraft kann man Stempel und Schneidplatte nach Bild 75 gestalten ($h = s$ Blechdicke). Gleichzeitig tritt durch diese Maßnahme eine *Lärmminderung* ein.

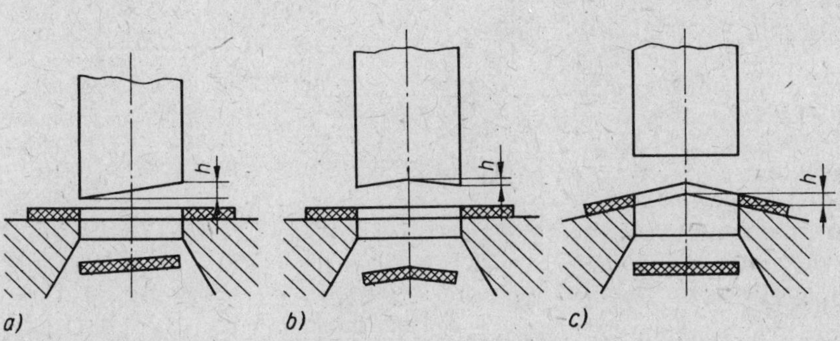

Bild 75. Schrägschnitt.
a) einseitig am Stempel (Lochen oder Ausschneiden),
b) doppelseitig am Stempel (Lochen),
c) doppelseitig an der Schneidplatte (Ausschneiden)

Die *Schneidkraft* berechnet sich dann aus:

$$F = 1{,}2 \cdot 0{,}7 \cdot A\tau_{aB} \tag{33}$$

Faktor 0,7 nach Oehler und Kaiser

Ermittlung der spezifischen Schneidkraft für Metalle:

$$\tau_{aB} = 0{,}8\ \sigma_B \tag{34}$$

F Schneidkraft in N, *A* Schneidfläche in mm², τ_{aB} spezifische Schneidkraft in MPa, σ_B Zugfestigkeit in MPa

Schneidarbeit

Neben der Schneidkraft ist die erforderliche Schneidarbeit eine wichtige Größe für die Pressenauswahl. Es müssen die Zusammenhänge zwischen Werkstoffkennwerten, Stempelbewegung und Schneidspalt berücksichtigt werden:

$$W = \frac{0{,}63\ Fs}{1\,000} \tag{35}$$

Man setzt die Faktoren 0,4 für spröde Bleche und 0,7 für weiche Bleche ein. Vorwiegend wird als brauchbarer Mittelwert 0,63 verwendet.

Antriebsleistung der Maschine

$$P = \frac{0{,}63\ Fs}{60\,000\ \eta} \tag{36}$$

W Schneidarbeit in J, *F* Schneidkraft in N, *s* Blechdicke in mm, *P* Leistungsbedarf der Maschine in kW, *v* Schneidgeschwindigkeit in m/min (1,4...4 m/min), η Wirkungsgrad der Maschine (0,5...0,7)

4.1.7. Ermittlung des Werkstoffbedarfs

Schon beim Entwurf des zu fertigenden Teils muß eine günstige Ausnutzung des Werkstoffs beachtet werden. Der *Blechabfall*, wie Endstücke, Steg- und Randmaterial, muß so klein wie möglich sein. Das trifft besonders für hochwertige Werkstoffe und große Stückzahlen zu. Die günstigste *Streifenlänge* und *-breite* wird rechnerisch oder durch Versuche ermittelt. Jedoch darf die Steg- und Randbreite bestimmte Maße nicht unterschreiten, da sonst die Stabilität des Streifens nicht gewährleistet ist, ein Klemmen im Werkzeug eintritt und der schwache Steg in den Schneidspalt gezogen werden kann. Deshalb werden auch die Randbreiten etwas größer als die Stegbreiten gewählt, um unsaubere und nicht maßhaltige Werkstücke zu vermeiden. Wird mit einem oder zwei Seitenschneidern gearbeitet, muß die *Beschneidzugabe* berücksichtigt werden.

Die *Rand-* und *Stegbreiten*[22]) sind im wesentlichen von folgenden Faktoren abhängig*):

- Werkstoffart und -güte,
- Werkstoffdicke,
- Steglänge.

Das gilt für das Schneiden von Teilen aus Streifen oder Bändern aller dafür geeigneten metallischen oder nichtmetallischen Werkstoffe mit Hilfe von Ausschneid-, Gesamtschneid-, Folgeschneid-, Gesamtverbund- oder Folgeverbundwerkzeugen.

Beim Arbeiten mit *Folgeschneidwerkzeugen* sind zur Vermeidung von Werkstoffstreckung und Versatz zwischen Innen- und Außenkontur bei Teilen aus weichen metallischen Werkstoffen ($A_5 / \tau_{aB} > 3$) mit *d*, l_1, l_2 oder $l_3 < 3\,s$ die Werte für Rand- und Stegbreiten auf das 1,2...1,5fache zu erhöhen.

Bei Gesamtschneidwerkzeugen mit *federndem Auswerfer* sind die Werte für Rand- und Stegbreiten auf das 1,2...1,5fache zu erhöhen. Dienen Rand und/oder Steg bei Folgeverbundwerkzeugen zum Halten des freigeschnittenen oder eingescherten Teils im Streifen oder Band (sichere Vorschubführung), können die Werte für die Rand- und Stegbreiten auf das 2fache erhöht werden.

Für metallische Werkstoffe mit Kennwerten, die außerhalb der angegebenen Bereiche liegen, sowie für nichtmetallische Werkstoffe sind Rand- und Stegbreiten vorgegeben.

Die *Werkstoffkennwerte* A bzw. B (Tabelle 7) erhält man aus Bild 76, indem der Schnittpunkt der spezifischen Schneidkraft und der Bruchdehnung A_5 ermittelt wird. Die Kurven I...IV werden mit Hilfe der Tabelle 7 festgelegt. Tabelle 8 weist einige Werte für die *Bruchdehnung*[23]) aus. Die Bilder 77...80 dienen zum Auffinden der Rand- und Stegbreiten. Eine Begrenzung des Vorschubs in Schneidwerkzeugen durch *Seitenschneider*[21]) oder *Formseitenschneider* ist nur dann vorzusehen, wenn die Form und Genauigkeit des Teils, die Art der Werkstoffzuführung und -abführung oder die Funktion des Werkzeugs dies erfordern.

---

*) Für Teile mit *d*, l_1, l_2 oder $l_3 > 150$ mm sind die entsprechenden Werte mit $d/150, l_1/150, l_2/150$ oder $l_3/150$ zu multiplizieren.

Tabelle 7. Festlegung der Kurven I...IV

Werkstoffgruppe (-kennwert)	Durchmesser d oder Länge l_1 der Teile bei nicht parallelem Rand oder Steg oder Länge l_2 oder l_3 des parallelen Randes oder Stegs		
	≦ 50 mm	50...100 mm	100...150 mm[1])
A	I	II	III
B	II	III	IV

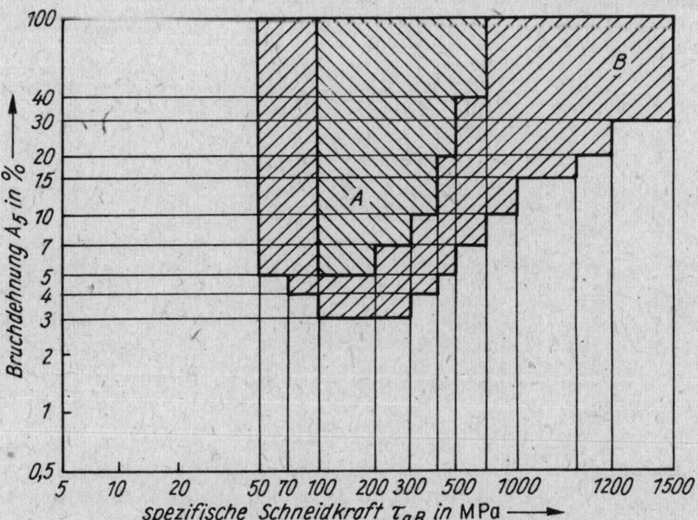

Tabelle 8. Bruchdehnungswerte verschiedener Stahlsorten

Werkstoff	Bruchdehnung A_5 %
St34	30
St38	25
St42	23
St50	19
St60	14
St70	10

Bild 76. Einteilung metallischer Werkstoffe nach den schneidtechnischen Eigenschaften

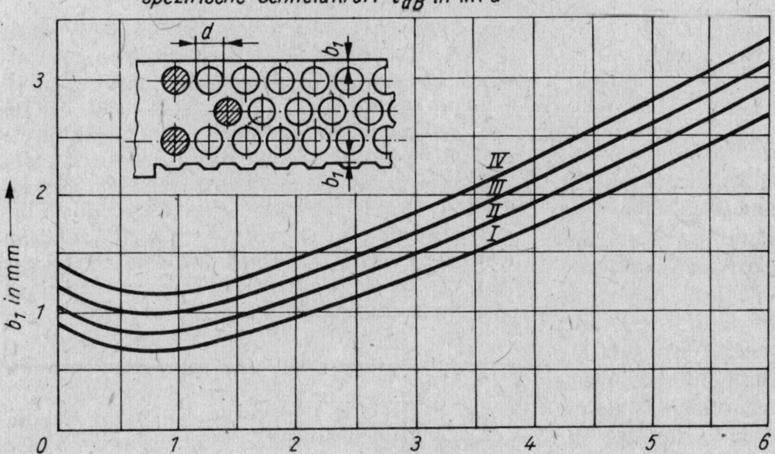

Bild 77. Randbreiten für metallische Teile vom Durchmesser d oder der Länge l_1, die einen nicht parallelen Rand bilden

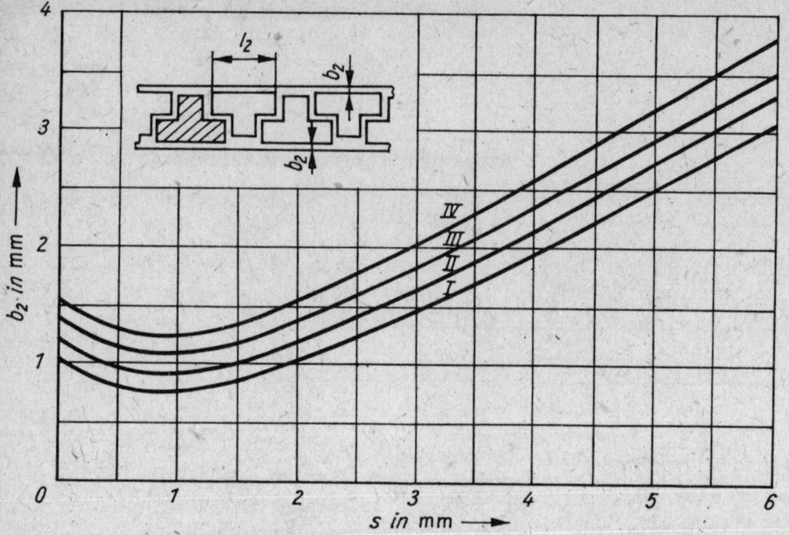

Bild 78. Randbreiten für metallische Teile, die einen parallelen Rand bilden

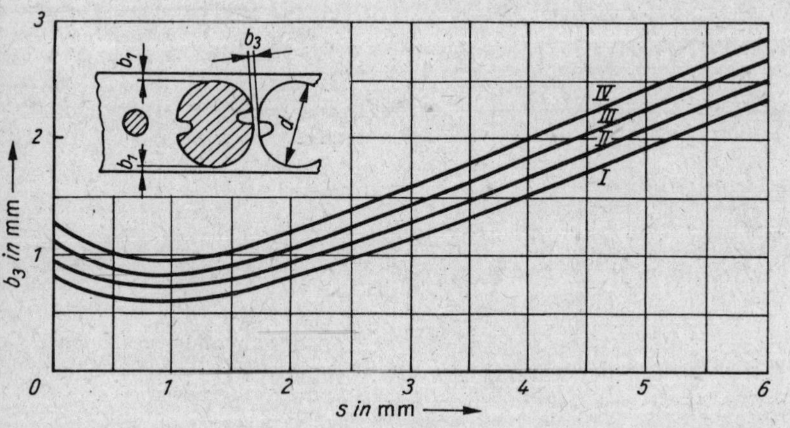

Bild 79. Stegbreiten für metallische Teile vom Durchmesser d oder der Länge l_1, die einen nicht parallelen Steg bilden

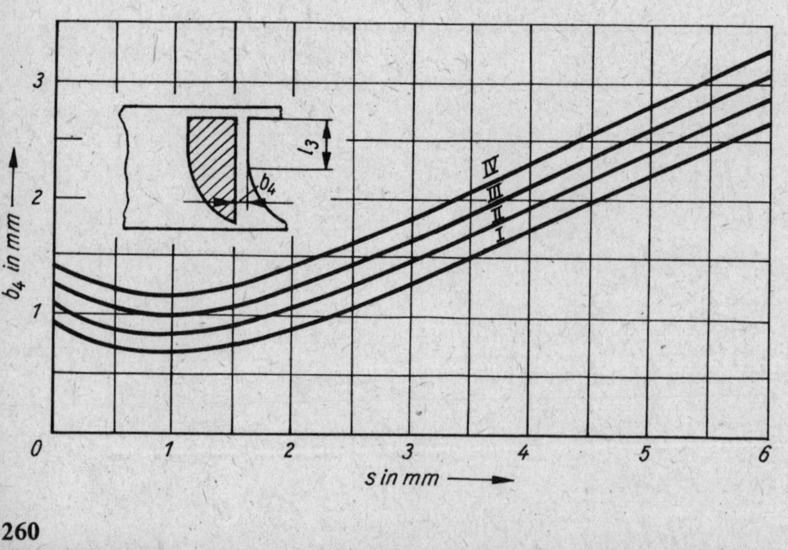

Bild 80. Stegbreiten für metallische Teile, die einen parallelen Steg bilden

Gleichungen für die Werkstoffbedarfsermittlung:

In den folgenden Gleichungen haben die Formelzeichen die Bedeutungen:

- L Streifenlänge oder Tafellänge (Tafelbreite),
- L_1 Tafelbreite (Tafellänge),
- B Streifenbreite,
- w Vorschub des Streifens je Schnitt,
- x Anzahl je Streifen,
- a Verlustabschnitt am Anfang des Streifens, d. h. der Streifenanteil, der nicht zu vollen Werkstücken ausnutzbar ist,
- b_1, b_2 Randbreite,
- b_3, b_4 Stegbreite,
- c Anzahl der in der Verluststrecke enthaltenen Ausschnitte,
- s Blechdicke,

Tafel 1. Vorschub, Streifenbreiten und Stückzahlen bei einfachen Teilformen

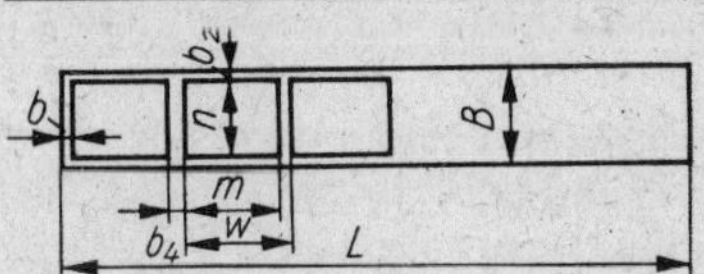	Vorschub: Streifenbreite – normal: Stückzahl je Streifen:	$w = m + b_4$ $B = n + 2b_2$ $x = \frac{L}{w}$
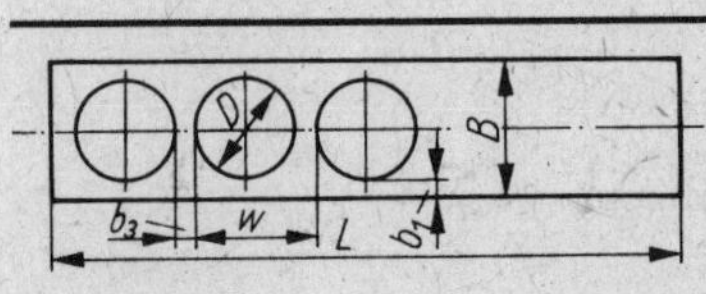	Vorschub: Streifenbreite – normal: Stückzahl je Streifen:	$w = D + b_3$ $B = D + 2b_1$ $x = \frac{L}{w}$
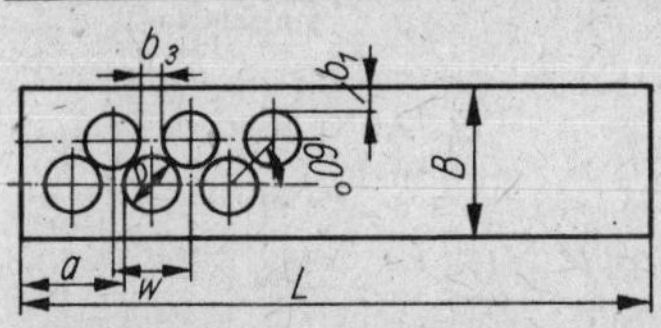	Vorschub: Streifenbreite – normal: Stückzahl je Streifen:	$w = D + b_3$ $B = \sin 60° \, (D + b_1) + D + 2b_1$ $a = D + 2b_3$ $x = \left(\frac{L - a}{w}\right)^{*} \cdot 2 + 1$
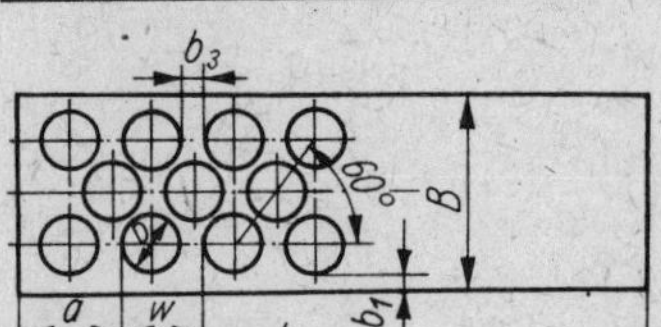	Vorschub: Streifenbreite – normal: Stückzahl je Streifen:	$w = D + b_3; \quad a = D + 2b_3$ $B = 2 \sin 60° \, (D + b_1) + D + 2b_1$ $x = \left(\frac{L - a}{w}\right)^{*} \cdot 3 + 2$
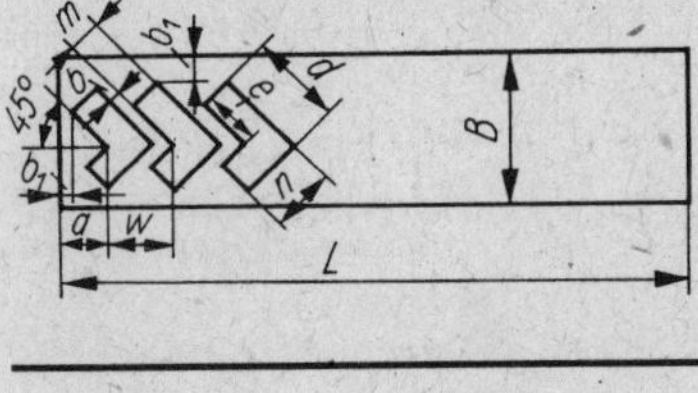	Vorschub: Verlustabschnitt: Streifenbreite – normal: Stückzahl je Streifen:	$w = \sqrt{2} \, (m + b)$ $a = e \cos 45° + b_1$ $B = \sin 45° \, (d + n) + 2b_1$ $x = \frac{L - a}{w}$

*) Klammerwerte auf ganze Stückzahl runden

y Anzahl der Streifen je Tafel,
z Anzahl der Schnittreihen im Streifen,
M geforderte Stückzahl,
k einzukalkulierender Ausschuß in Stück,
A_N gesamte Nutzfläche,
A_B Tafelfläche

Zur Berechnung werden Werkstoffart und -dicke sowie die Tafelabmessungen herangezogen. Tafel 1 enthält Gleichungen für einfache Teilformen.
Komplizierte Teilformen müssen durch entsprechende Umhüllung in rechnerisch behandelbare Formen umgewandelt werden.

Anzahl der Werkstücke je Streifen:

$$x = L/w \tag{37}$$

Ist eine Verluststrecke a vorhanden, so muß diese von der Streifenlänge abgezogen werden:

$$x = (L - a)/w \tag{38}$$

Bei mehrfacher Anordnung im Streifen gilt:

$$x = (L - a)\, z/w \tag{39}$$

Ein eventuell in der Verluststrecke a enthaltener Ausschnitt wird zusätzlich addiert:

$$x = [(L - a)\, z/w] + c \tag{40}$$

Anzahl der Streifen je Tafel:

$$y = L_1/B \tag{41}$$

Anzahl der Werkstücke je Tafel:

$$m = xy \tag{42}$$

Bei x und y bleibt die Dezimalstelle unberücksichtigt!

Anzahl der erforderlichen Tafeln:

$$n = (M + k)/(xy) \tag{43}$$

M geforderte Stückzahl, k einzukalkulierender Ausschuß in Stück

Stoffverlust (Verlust an Werkstoff infolge der Bearbeitung bis zur Endform):

$$V_v = 100\,\% \cdot \left(1 - \frac{A_N}{A_B}\right) \tag{44}$$

Stoffausnutzung:

$$V_a = 100\,\% \cdot \frac{A_N}{A_B} \tag{45}$$

Durch einen Vergleich der V_v- oder V_a-Werte wird die günstigste Tafelgröße bestimmt.

4.2. Spanen

In der ersten Etappe zur Herstellung von Werkstücken werden aus den Werkstoffen die Rohlinge für die Spanung durch *Ur-* und *Umformen* hergestellt. Das Ausgangsmaterial für die Spanung wird als *Halbfabrikat* oder als *Rohteil* angeliefert und weiterbearbeitet, um die notwendige Form und Maßhaltigkeit zu geben; demzufolge ist die Spanung eine *Fertigbearbeitung.* Obwohl mittels des Ur- und Umformens Werkstücke fertig bearbeitet werden können, nimmt die Spanung doch noch den überwiegenden Teil der Herstellung von Werkstücken ein.
Zu den wichtigsten Arbeitsverfahren der Spanung gehören: *Drehen, Bohren, Hobeln, Fräsen, Schleifen.* Dabei können die Werkstücke mit *einschneidigen* und *mehrschneidigen Werkzeugen* bearbeitet werden. Zur Steigerung der Arbeitsproduktivität werden oft mehrere Werkzeuge gleichzeitig zum Eingriff gebracht. Um die geforderte Form und Güte eines Werkstücks zu erreichen, muß das richtige Spanungsverfahren für die Herstellung ausgewählt werden. Dabei spielt nicht nur die *Maßhaltigkeit*, sondern auch die verlangte *Oberflächengüte* des Werkstücks eine Rolle. Aber auch wirtschaftliche Faktoren bestimmen die Wahl des Spanungsverfahrens.

4.2.1. Grundlagen

4.2.1.1. Begriffe

Die Formgebung der Werkstücke beim Spanen erfolgt durch Zusammenwirken von *Werkzeug* und *Maschine.* Das Abheben der Späne wird durch die Wirkung des *Schneidenkeils* erreicht, der in den Werkstoff eindringt. Die mannigfaltigsten Formen der herzustellenden Flächen an Werkstücken verlangen verschiedene Bewegungsabläufe zwischen Werkzeug und Werkstück. Alle diese Bewegungsabläufe sind für die Spanungsverfahren einheitlich festgelegt[24]).

Man unterscheidet:

- Bewegungen zwischen Werkstück und Werkzeugschneide,
- Richtungen der Bewegungen,
- Wege des Werkzeugs gegenüber dem Werkstück,
- Geschwindigkeiten,
- Schnittgrößen,
- Spanungsgrößen.

Die Bilder 81 und 82 erläutern einige Grundbegriffe. Späne entstehen unmittelbar durch die *Wirkbewegung*, die meist aus einer *Schnittbewegung* und einer *Vorschubbewegung* zusammengesetzt ist (Bild 81).

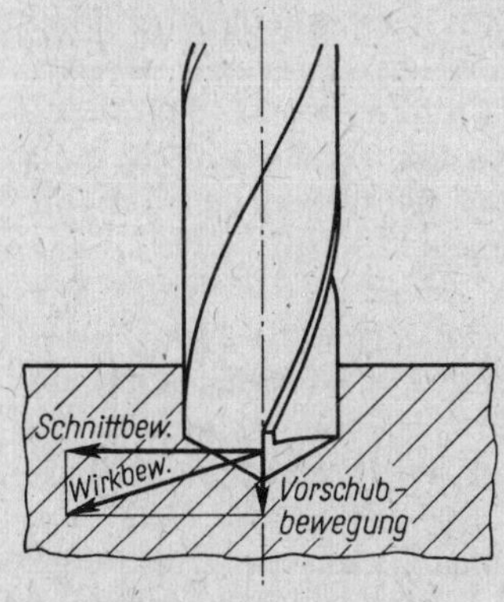

Bild 81. Bewegungen beim Bohren

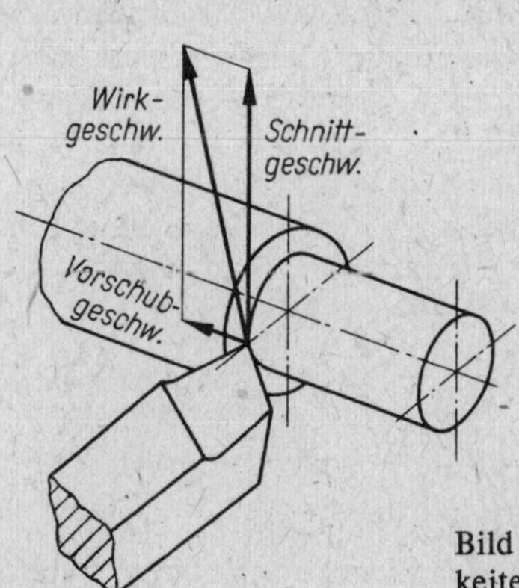

Bild 82. Geschwindigkeiten beim Drehen

Schnittbewegung

Die Schnittbewegung ist diejenige Bewegung zwischen Werkstück und Werkzeug, die ohne Vorschubbewegung nur eine *einmalige Spanabnahme* während einer Umdrehung oder eines Hubes bewirken würde.

Vorschubbewegung

Die Vorschubbewegung ist diejenige Bewegung zwischen Werkstück und Werkzeug, die zusammen mit der Schnittbewegung eine *mehrmalige* oder *stetige Spanabnahme* während mehrerer Umdrehungen oder Hübe ermöglicht. Sie kann schrittweise oder stetig erfolgen.

Wirkbewegung

Die Wirkbewegung ist die resultierende Bewegung aus Schnittbewegung und gleichzeitig ausgeführter Vorschubbewegung.

Zustellbewegung

Die Zustellbewegung ist diejenige Bewegung zwischen Werkstück und Werkzeug, die die Dicke der jeweils abzuhebenden Schicht im voraus bestimmt.

Analog unterscheidet man:

- Schnittrichtung, Vorschubrichtung, Wirkrichtung,
- Schnittweg, Vorschubweg, Wirkweg, Schnittgeschwindigkeit, Vorschubgeschwindigkeit, Wirkgeschwindigkeit.

Die wichtigsten *Spanungsgrößen* sind[24]) (Bild 83):

- Spanungsbreite b,
- Spanungsdicke h,
- Vorschub s,
- Schnittiefe a,
- Spanungsquerschnitt A,
- Einstellwinkel $\varkappa$.

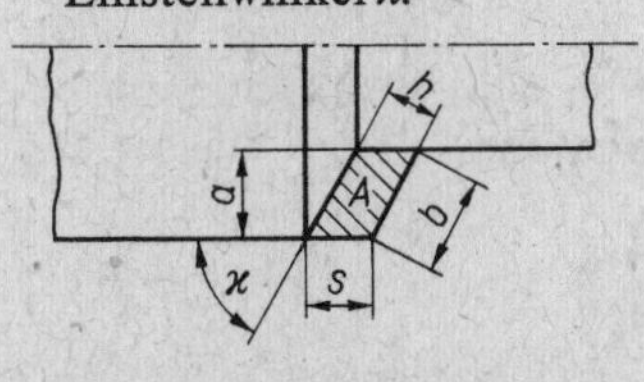

Bild 83. Wichtigste Spanungsgrößen

4.2.1.2. Schneidengeometrie

Die Form des Schneidenkeils sowie seine Stellung zum Werkstück sind die wichtigsten Größen zur Kennzeichnung der *Werkzeuggeometrie.* Für alle Werkzeuge mit geometrisch bestimmter Schneidenform sind Begriffe festgelegt. Man unterscheidet am Schneidenkeil zwischen *Werkzeug-* und *Wirkwinkeln.*

Die *Werkzeugwinkel* legen die geometrische Form des Schneidenkeils fest und haben Bedeutung bei der Herstellung und Instandhaltung der Werkzeuge.
Die *Wirkwinkel* legen die Stellung des Werkzeugs fest und können sich je nach den Schnittbedingungen ändern (Bild 84).

Die Summe von Freiwinkel α, Keilwinkel β, Spanwinkel γ beträgt immer 90°:

$$\alpha + \beta + \gamma = 90° \qquad (46)$$

Ist $\alpha + \beta$ größer als 90°, so liegt ein *negativer Spanwinkel* vor. Die Winkel am Schneidenkeil haben großen Einfluß auf die Schnittkraft sowie auf den Spanungsvorgang.

Freiwinkel α

Seine Größe hat geringen Einfluß auf die Schnittkraft. Bei kleinen Freiwinkeln ist die Berührung zwischen Werkzeug und Werkstück groß und damit auch der Verschleiß an der Freifläche. Günstige Verhältnisse ergeben Freiwinkel von 3...5° bei harten und spröden und etwa 12° bei zähen, langspanenden Werkstoffen. Bei Hartmetallwerkzeugen sind die Freiwinkel wesentlich kleiner zu wählen als bei Schnellarbeitsstahlwerkzeugen.

Keilwinkel β

Ein schlanker Keil dringt besser ein als ein stumpfer. Es ist demzufolge naheliegend, den Keilwinkel möglichst klein zu wählen. Die Größe ist aber nach unten begrenzt, da ein zu kleiner Keilwinkel den Schneidenkeil instabil macht, so daß die Schneide ausbricht oder durch zu großen Wärmestau ausglüht.

Spanwinkel γ

Der Spanwinkel ist der wichtigste Winkel an der Schneide. Wird er groß gewählt, so ergeben sich ein guter Spanablauf und kleine Schnittkräfte. Die *Temperatur* an der Schneide nimmt mit zunehmendem Spanwinkel ab, und damit wird die *Standzeit* größer. Der Spanwinkel ist in weiten Grenzen veränderlich und richtet sich vor allem nach dem zu spanenden Werkstoff.

Unter bestimmten Bedingungen verwendet man *negative* Spanwinkel $\gamma = -2...-8°$. Bei negativen Spanwinkeln wird die Schnittkraft durch eine große Fläche aufgenommen. Dadurch verringert sich der Ver-

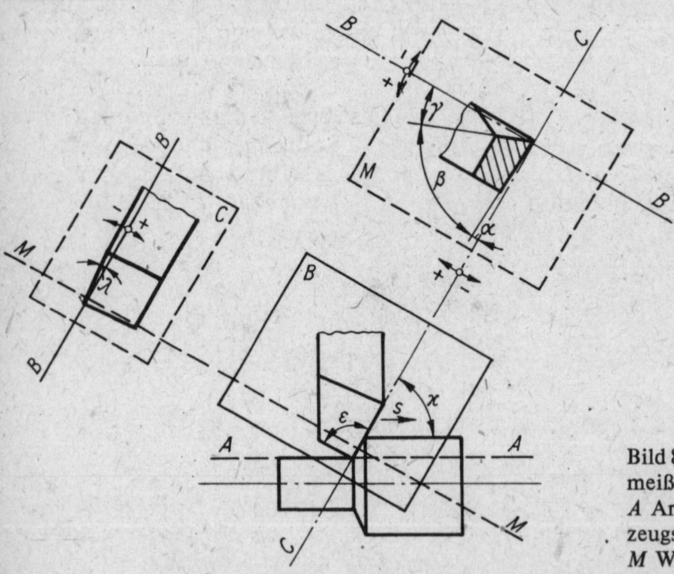

Bild 84. Schneidengeometrie eines Drehmeißels.
A Arbeitsebene, *B* Werkzeugebene, *C* Werkzeugschneidenebene der Hauptschneide, *M* Werkzeugmeßebene

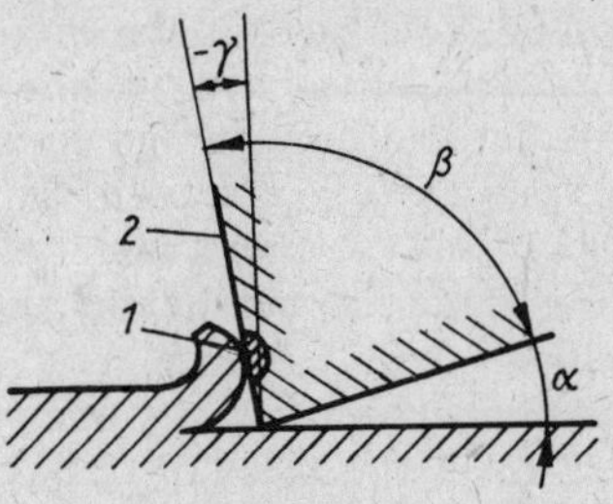

Bild 85. Auskolkung der Schneide bei negativem Spanwinkel. *1* Auskolkung, *2* Spanfläche

schleiß. Der Span trifft weit entfernt von der Schneide auf die Spanfläche, wodurch die *Auskolkung* der Spanfläche günstig liegt (Bild 85).

Neigungswinkel λ

Der Neigungswinkel ist bei zur Schneidenecke abfallender Schneide *negativ*, bei steigender Schneide *positiv*. Übliche Neigungswinkel sind:

Drehen langspanender Stoffe: $\lambda = 10°$
Drehen mit unterbrochenem Schnitt:
$\lambda = -5 \ldots -10°$
Fräsen: $\lambda = -15°$
Hobeln: $\lambda = -6 \ldots -20°$

Bei negativem Winkel λ schneidet die Schneide den Werkstoff in großem Abstand von der Schneidenecke an; es entsteht ein *ziehender Schnitt*, durch den die Ecke wenig belastet wird. Diese Schneidenform ist besonders bei unterbrochenen Schnitten und bei eventuellen Schlackeneinschlüssen günstig. Bei der Maschinenauswahl ist zu beachten, daß beim Einsatz von Werkzeugen mit negativen Winkeln größere Kräfte auftreten.

Einstellwinkel $\varkappa$

Der Einstellwinkel bestimmt die Lage der Hauptschneide gegenüber der Arbeitsebene. Durch ihn wird die Richtung der Spanungskräfte beeinflußt. Bild 86 zeigt den Einfluß auf den Spanungsvorgang. Bei der Wahl des Einstellwinkels muß das Verhältnis Drehlänge l zu Drehdurchmesser d beachtet werden. Es gelten folgende Richtwerte:

$l/d = 6 \ldots 10 \rightarrow \varkappa = 30 \ldots 45°$
$l/d = 10 \ldots 14 \rightarrow \varkappa = 60 \ldots 85°$
$l/d \geqq 14 \rightarrow \varkappa = 85 \ldots 90°$

Eckenwinkel ε

Der Eckenwinkel gibt die Neigung der Haupt- und Nebenschneide an. Scharfe Ecken ergeben rauhe Oberflächen. Außerdem entsteht bei hoher Schnittgeschwindigkeit ein großer Wärmestau, der die Standzeit wesentlich verringert. Günstig ist es, die Ecke mit einem Radius abzurunden.

4.2.1.3. Spanungsvorgang

Der Schneidenkeil dringt in das Werkstück ein und wirkt werkstoffverdrängend. Durch die auftretenden Kräfte wird der im Span abfließende Werkstoff gestaucht. Im Werkstoff entstehen Spannungen, die plastische Formänderungen hervorrufen und den Bruch des Werkstoffs zur Folge haben. Es bildet sich eine *Scherebene*, in der die Spanteile abscheren (Bild 87). Aus dem Bild ist ersichtlich, daß die Schnittiefe a vor der Entstehung des Spans in die Schnittiefe a_1 nach der Bildung des Spans übergeht. Das Verhältnis dieser beiden Dicken bezeichnet man als *Spanstauchung* oder *Stauchfaktor* λ:

$$\lambda = a_1 / a \tag{47}$$

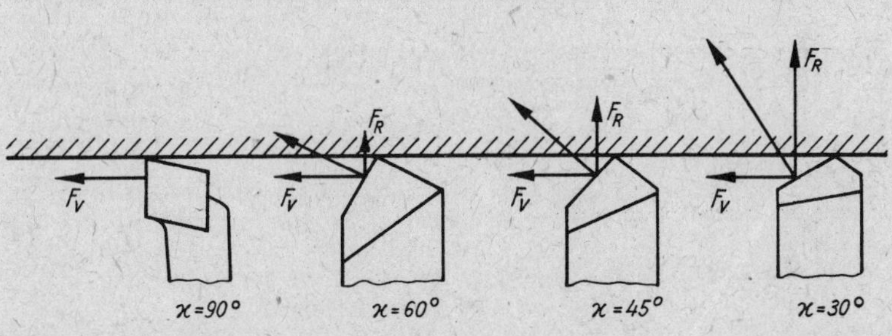

Bild 86. Wirkung der Vorschubkraft auf den Spanungsvorgang

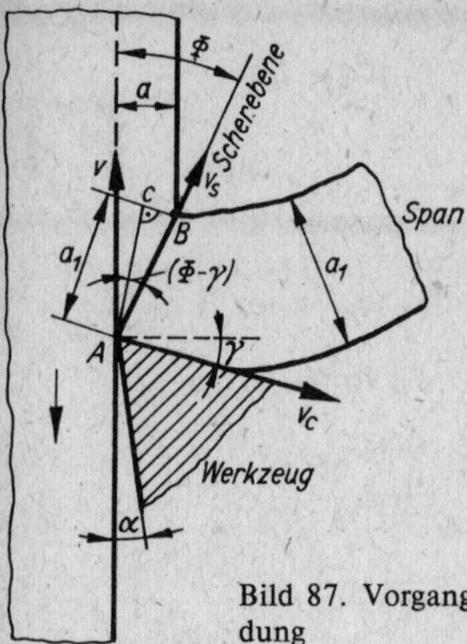

Bild 87. Vorgang bei der Spanbildung

Im Dreieck ABC ist $a_1 = \overline{AB} \cos(\Phi - \gamma)$ und $a = \overline{AB} \sin \Phi$.

Somit wird:

$$\lambda = a_1 / a = \cos(\Phi - \gamma) / \sin \Phi \tag{48}$$

Löst man die Gleichung auf, so erhält man für den *Scherwinkel*:

$$\tan \Phi = \cos \gamma / (\lambda - \sin \gamma) \tag{49}$$

Der Scherwinkel Φ ist eine Funktion des Stauchfaktors λ und des Spanwinkels γ. Man erkennt, daß bei größer werdendem Scherwinkel die Stauchung geringer wird.

Der Stauchfaktor λ bestimmt weiterhin die Spangeschwindigkeit v_c und die Schergeschwindigkeit v_s.

Die *Spangeschwindigkeit* ist die Geschwindigkeit, mit der der Span über die Spanfläche gleitet, die *Schergeschwindigkeit* ist die Geschwindigkeit des Abscherens des Spans.

Mit Hilfe des Sinussatzes kann man nach Bild 88 die Geschwindigkeiten über die Schnittgeschwindigkeit v ermitteln:

$$\frac{v_c}{v} = \frac{\sin \Phi}{\cos(\Phi - \gamma)} \tag{50}$$

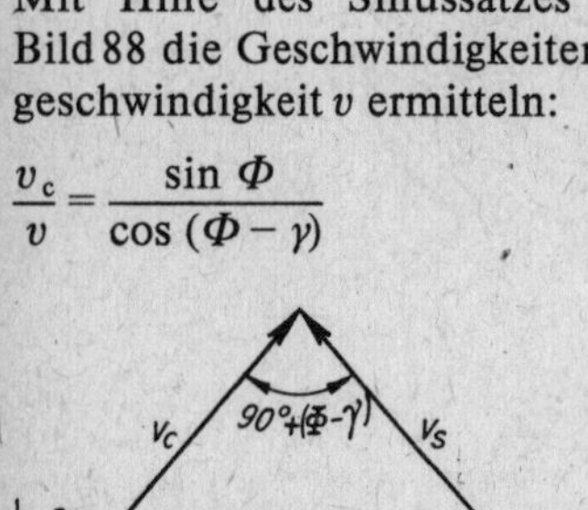

Bild 88. Berechnungsskizze für die Geschwindigkeit bei der Spanbildung

Mit Gl. (48) ergibt sich:

$$v_c / v = 1 / \lambda \tag{51}$$

$$v_c = v / \lambda \tag{52}$$

Die Geschwindigkeit, mit der der Span über die Spanfläche gleitet, ist kleiner als die Schnittgeschwindigkeit. Der Span wird durch die Spanfläche gebremst und gestaucht, wobei der Spanwinkel eine wesentliche Rolle spielt. Ähnlich erhält man die *Schergeschwindigkeit* v_s:

$$\frac{v_s}{v} = \frac{\cos \gamma}{\cos(\Phi - \gamma)} \tag{53}$$

Nach Bild 83 ist der *Spanungsquerschnitt*:

$$A = bh = as \tag{54}$$

$$h = s \sin \varkappa \tag{55}$$

$$b = a / \sin \varkappa \tag{56}$$

Setzt man die Schnittiefe und den Vorschub ins Verhältnis, so erhält man das *Spanverhältnis* c oder den *Schlankheitsgrad* g:

$$c = g = a / s \tag{57}$$

4.2.1.4. Spanarten

Der Span entsteht in drei Phasen:

Phase 1: Der Schneidenkeil dringt in den Werkstoff ein und versucht, die parallelogrammförmigen Spanlamellen abzuheben (Bild 89a). Dadurch wird das Spanelement angestaucht.
Phase 2: Durch fortschreitende Stauchung wird das Spanelement trapezförmig umgeformt (Bild 89b), bis ein Abgleiten dieses Elements in der Scherebene eintritt. Die Spanlamelle ist dabei bestrebt, sich senkrecht zur Scherebene in Richtung CD zu bewegen (Bild 89c). An dieser Bewegung wird sie aber durch die Spanfläche am Werkzeug gehindert, wenn die Senkrechte CD zur Scherebene AB innerhalb des Schneidenkeils liegt. Der Span kann deshalb nicht frei abfließen, so daß sich die Spannungen im Werkstoff erhöhen und sich eine erhöhte Formänderung er-

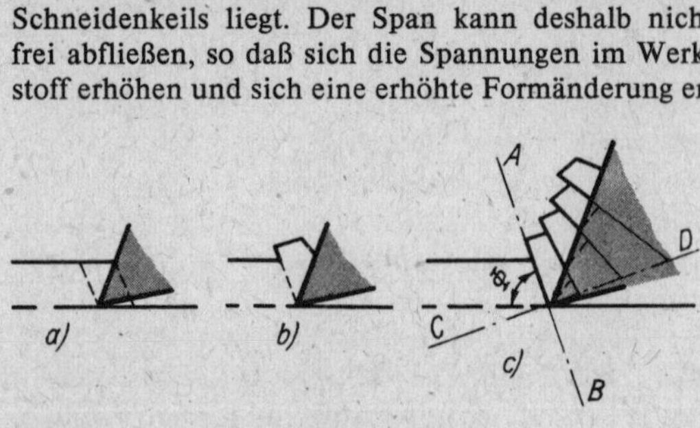

Bild 89. Entstehung des Spans

gibt. Die entstehende Spannung kann bis zur Scherspannung ansteigen.
Phase 3: Der Span gleitet über die Spanfläche ab, wobei er mehr oder weniger stark ausgebildete Scherzonen hat.

Man unterscheidet grundsätzlich folgende Spanarten:

Fließspan

Beim Fließspan fließt der Werkstoff kontinuierlich ab. Der Span ist nahezu gleichmäßig verformt. Die einzelnen Spanlamellen sind gegeneinander verschoben, ohne die Scherfestigkeit des Werkstoffs zu überwinden. Ein Fließspan bildet sich vorwiegend dann, wenn der zu bearbeitende Werkstoff ein gutes Formänderungsvermögen besitzt. Mit zunehmender Schnittgeschwindigkeit wird die Fließspanbildung zunächst begünstigt, nimmt aber bei größer werdender Schnittgeschwindigkeit wieder ab.

Scherspan

Der Scherspan besteht aus einzelnen Spanteilen, die in der Scherebene vollkommen getrennt worden waren, aber durch die Spanungswärme wieder verschweißt wurden. Besonders an der Spanunterseite kann diese *Verschweißung* stark ausgeprägt sein. Ein solcher Span entsteht dann, wenn die Verformung in der Scherebene den Formänderungswiderstand überschreitet (vorwiegend bei der Bearbeitung verhältnismäßig spröder Werkstoffe).

Reißspan

Werden Werkstoffe mit geringem plastischem Verhalten gespant, so entstehen Reißspäne. Bei der Spanbildung werden die Spannungen so groß, daß die *Bruchgrenze* erreicht wird. Die Späne werden dadurch unregelmäßig verformt.

Ein weiteres wichtiges Spankennzeichen ist die *Spanform.* Man unterscheidet zwischen den im Bild 90 dargestellten Spänen[25]).
Die Spanformen werden vorwiegend von der *Schneidengeometrie*, vom *Werkstoff*, von den *Spanungsgrößen* und von der *Schnittgeschwindigkeit* bestimmt. Beim Bearbeiten von Werkstoffen sollen kurze gebrochene Späne entstehen. Sie wirken nicht störend auf den Fertigungsablauf und können gut transportiert werden. Durch entsprechende Ausbildung der Schneide am Werkzeug wird der Span geleitet und gebrochen. Zu diesem Zweck werden *Leitstufen* in den Werkstoff eingeschliffen oder auch *Leitplatten* auf die Spanfläche aufgesetzt.

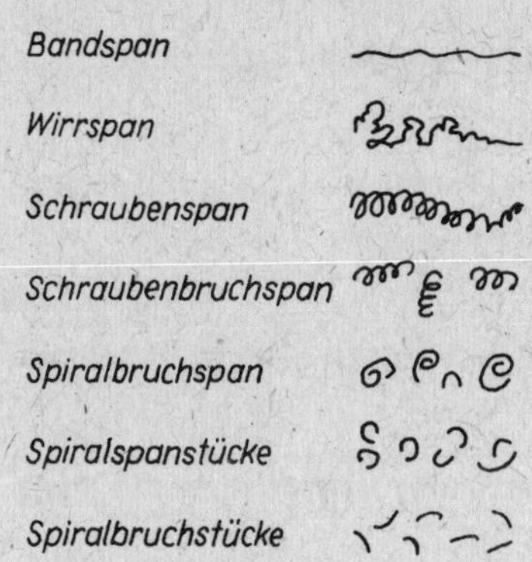

Bild 90. Spanformen

Aufbauschneide

Beim Spanen mancher Werkstoffe setzen sich feinste Spänchen an der Spanfläche durch die Spanungswärme fest. Dieser feinste Spanwerkstoff schichtet sich immer höher auf, bis der Moment kommt, in dem die Schicht auseinanderbricht. Ein Teil wandert mit dem Span ab, der andere Teil kippt über die Schneidkante (Bild 91) und wird in die Werkstückoberfläche eingedrückt, was sich durch Stöße an der Maschine bemerkbar macht. Diese schlagartige Belastung der Schneide lockert das Gefüge des Schneidstoffs, und die Schneidkante bricht aus. Durch Veränderung der Spanungsbedingungen muß die Aufbau-

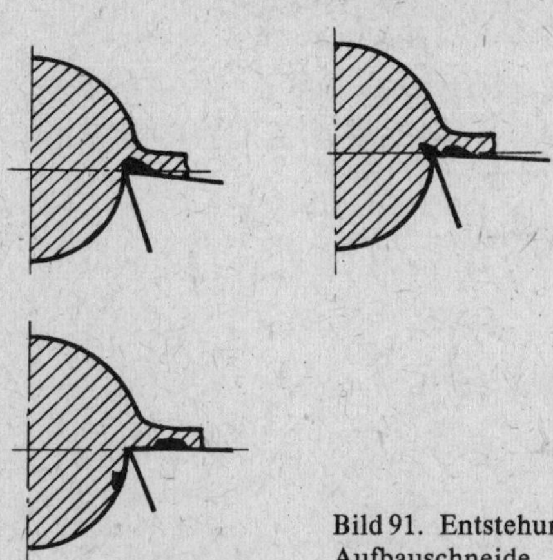

Bild 91. Entstehung einer Aufbauschneide

schneidenbildung vermieden werden. Die Spanfläche wird geläppt, oder man verändert den Spanwinkel am Werkzeug. Eine weitere Möglichkeit ist die Veränderung der Schnittgeschwindigkeit. Außerdem wird auch durch Kühl- und Schmiermittel die Aufbauschneidenbildung vermindert.

4.2.1.5. Werkzeugverschleiß

Wird der Verschleiß am Schneidwerkzeug zu groß, so entstehen erhebliche Kosten für die Instandsetzung. Durch das Vorbeigleiten des Werkstoffs an der Schneide werden an der Frei- und Spanfläche kleinste Teilchen vom Werkzeug abgetragen. Zunächst wird die weiche Grundmasse im Schneidstoff durch den Verschleiß gelockert, so daß die härteren Bestandteile den Halt verlieren und ausbrechen. Um den Verschleiß zu kontrollieren, hat man die *Verschleißmarkenbreite B* und eine *zulässige Kolkung K* (Bild 92) festgelegt. Sie haben folgende zulässigen Werte:

für Schruppen $B_{zul} = 0{,}7 \ldots 0{,}8$ mm
für Schlichten $B_{zul} = 0{,}2 \ldots 0{,}3$ mm
Kolkung $K_{zul} = 1{,}0 \ldots 1{,}5$ mm

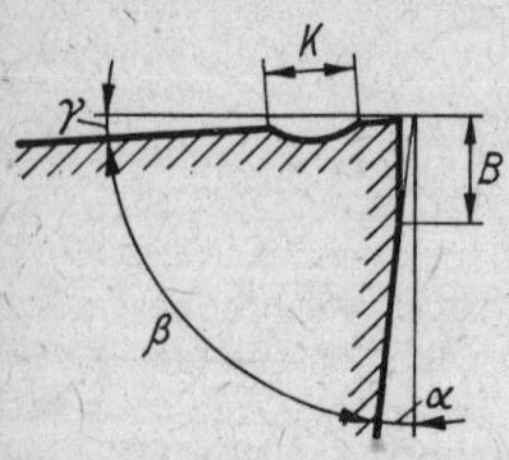

Bild 92. Verschleißmerkmale

Nach dem Erreichen dieser Werte müssen die Werkzeuge nachgeschliffen werden.

Verschleiß durch Abrieb

Beim Vorbeiwandern des Werkstücks an der Schneide reiben sich Frei- und Spanfläche ab (Bild 93). Daher verändern sich die Winkel am Werkzeug und somit die Schnittbedingungen. Die veränderten Schnittbedingungen belasten das Werkzeug stärker. Diese Art des Verschleißes tritt vor allem bei der Bearbeitung von Nichtmetallen und Stahl auf, wenn mit zu niedriger Schnittgeschwindigkeit gearbeitet wird.

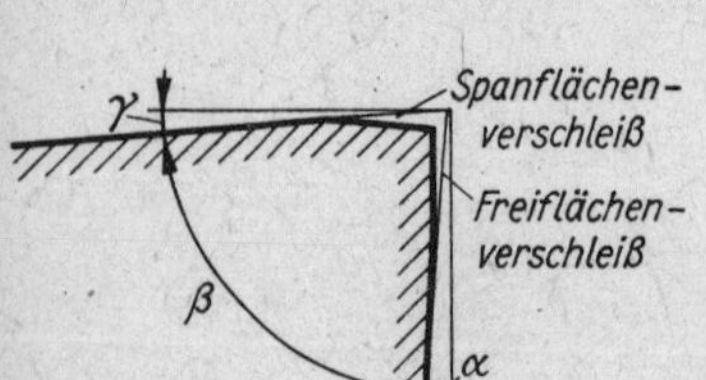

Bild 93. Verschleißerscheinungen

Einbruch der Schneide

Bei der Verwendung von *Hartmetallwerkzeugen* tritt ein charakteristischer Verschleiß, die *Kolkung*, auf. Der Span trifft immer an der gleichen Stelle auf der Spanfläche auf, so daß eine allmähliche Lockerung des Gefüges stattfindet. Dadurch bildet sich eine kleine Mulde (die Kolkung) in der Spanfläche. Je länger mit dem Werkzeug gearbeitet wird, um so mehr verlagert sich die Kolkung nach der Schneidkante. Dazu kommt noch der Verschleiß an der Freifläche, so daß die Schneidkante schließlich ausbricht. Es ist bei der Verwendung von Hartmetallwerkzeugen deshalb wichtig, den Fortschritt der Kolkung zu kontrollieren, um den Einbruch der Schneide zu verhindern.

Erwärmen der Schneide

Durch die Kolkung entsteht ein *Wärmestau* an der Schneidkante, wobei diese erweicht und stumpf wird. Diese Erscheinung kann man durch *»Blankbremsung«* am Werkstück deutlich erkennen.

Falscher Einsatz von Schneidstoffen

Wird für einen Spanungsvorgang nicht der richtige Schneidstoff verwendet, besteht die Gefahr, daß die Schneide durch Ausbröckeln zerstört wird (vor allem bei der Verwendung von Hartmetall und Schneidkeramik).

4.2.1.6. Spanungsgrößen

Temperatur und Wärme

Bei jedem Spanungsvorgang wird fast die gesamte Energie an der Schneide in Wärme umgesetzt. Die *Wärme* entsteht an 3 Stellen (Bild 94):

- an der *Berührungsstelle* von Span und Spanfläche,

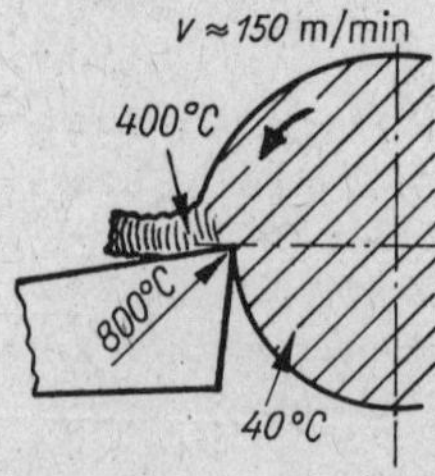

Bild 94. Temperaturverteilung beim Spanen

- an der *Scherfläche* des Spans durch die Zerstörung des Werkstoffs,
- an der *Freifläche* durch die Berührung mit dem Werkstück.

Bild 95 zeigt die Wärmeverteilung im Werkzeug, im Span und im Werkstück. Daraus geht hervor, daß ungefähr 80 % der Wärme mit dem Span abgeleitet werden, während 10 % im Werkzeug und Werkstück verbleiben. Obwohl der Span die größere Wärmemenge abführt, liegt seine Temperatur wesentlich unter der der Schneide.

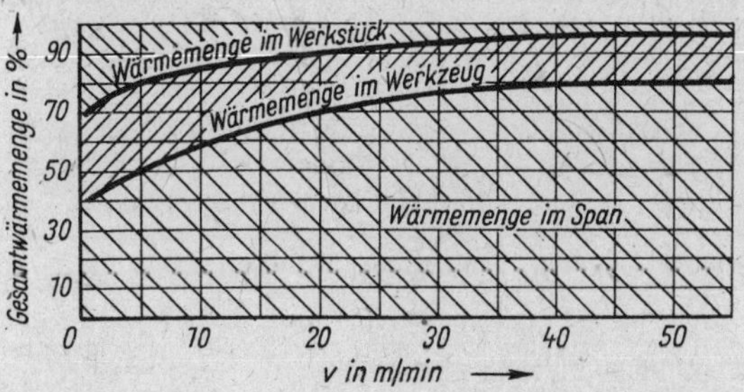

Bild 95. Wärmeverteilung im Werkzeug, Span und Werkstück

Faustregel: Die Temperatur der Schneide ist etwa doppelt so hoch wie die des Spans.
Man erkennt, daß eine *gute Kühlung* der Schneide sehr wichtig ist, damit das Erweichen vermieden wird. Die Kühlung sollte immer mit einem dicken Strahl und nicht tropfenweise erfolgen. Als *Kühlmittel* benutzt man vorwiegend wäßrige Lösungen und dünnflüssige Öle sowie Emulsionen.

Schnittgeschwindigkeit und Standzeit

Die Schnittgeschwindigkeit berechnet sich bei Verfahren mit rotierender Schnittbewegung aus:

$$v = \pi d n \qquad (58)$$

d Durchmesser des Werkstücks bzw. des Werkzeugs, *n* Drehzahl

Eine sehr wichtige Größe, die *Standzeit T*, spielt in der Spanungstechnik eine große Rolle. Diese Größe erscheint in der allgemeinen Schnittgeschwindigkeitsgleichung nicht. Es müssen daher andere Beziehungen aufgestellt werden, um die *Standzeitschnittgeschwindigkeit* v_T zu ermitteln.

Die Standzeitschnittgeschwindigkeit v_T ist die Geschwindigkeit, bei der der Meißel oder ein Werkzeug eine Standzeit T aufweist.

Man bezeichnet die Schnittgeschwindigkeit deshalb mit einem Index, der sich auf die Standzeit in Minuten bezieht (z. B. v_{60}, v_{240}).

Unter *Standzeit T* versteht man die Schnittzeit eines Werkzeugs vom Neuanschliff bis zu seiner Abstumpfung, d. h. bis zur Erreichung der Verschleißmerkmale.

Die üblichen Standzeiten sind z. B. beim Drehen:

- $T = 60$ min für das Arbeiten auf Zug- und Leitspindeldrehmaschinen,
- $T = 60 \ldots 120$ min für das Arbeiten auf Revolverdrehmaschinen,
- $T = 240 \ldots 600$ min für das Arbeiten auf Drehautomaten.

Je größer die Schnittgeschwindigkeit ist, um so geringer ist die Standzeit und umgekehrt.

Beziehungen Schnittgeschwindigkeit zur Standzeit

Auf Grund zahlreicher Versuche fand Taylor:

$$v T^y = C_T \qquad (59)$$

v Schnittgeschwindigkeit, $C_T = v$ bei $T = 1$ min, *y* Standzeitexponent

Die C_T-Werte und der Exponent *y* wurden durch Versuche ermittelt. Auf der Grundlage der Gl. (59) ergibt sich die zugeschnittene Größengleichung für die *Standzeitschnittgeschwindigkeit:*

$$v_T = \frac{C_v f_\varkappa f_0}{s^p a^q \left(\frac{T}{60}\right)^y} \qquad (60)$$

v_T Standzeitschnittgeschwindigkeit in m/min,
C_v Schnittgeschwindigkeit für $T = 60$ min und $A = 1\ \text{mm}^2$ (Tabelle 9),
s Vorschub in mm,

p Vorschubexponent (Tabelle 9),
a Schnittiefe in mm,
q Schnittiefenexponent (Tabelle 9),
T Standzeit in min,
y Standzeitexponent (Tabelle 9),
f_x Korrekturfaktor zur Korrektur der Schnittgeschwindigkeit (Tabelle 10),
f_0 Korrekturfaktor zur Herabsetzung der Schnittgeschwindigkeit bei ersten Schnitten an Rohlingen (Tabelle 11)

Tabelle 9. C_v-Werte und Exponenten zur Berechnung der Standzeitgeschwindigkeit

Werkstoff	C_v bei $as = 1\ mm^2$					Exponenten					
	HS10	HS20	HS30	HG20	HG10	f	g	p	q	y
St50	197	118	79			0,168	0,083	0,25	0,085	0,167
St60	186	112	74			0,168	0,083	0,25	0,085	0,167
St70	133	80	53			0,215	0,115	0,33	0,1	0,167
Leg. Stahl										
σ_B = 70... 85 MPa	133	80	53			0,215	0,115	0,33	0,1	0,167
σ_B = 85...100 MPa	96	58	38			0,215	0,115	0,33	0,1	0,167
σ_B = 100...140 MPa	63	38	25			0,215	0,115	0,33	0,1	0,167
σ_B = 140...180 MPa	40	24	16			0,215	0,115	0,33	0,1	0,167
Nichtrostender Stahl	60	36	24			0,215	0,115	0,33	0,1	0,167
Werkzeugstahl	35	21	14			0,215	0,115	0,33	0,1	0,167
Manganhartstahl	26	15,5	10,4			0,215	0,115	0,33	0,1	0,167
GGL00...15				118		0,173	0,088	0,26	0,085	0,25
GGL20...25					92	0,168	0,083	0,25	0,085	0,25
Temperguß					92	0,168	0,083	0,25	0,085	0,25
Hartguß					17,4	0,185	0,085	0,27	0,1	0,25

Tabelle 10. Korrekturfaktoren f_x zur Veränderung der Schnittgeschwindigkeiten bei verschiedenen Einstellwinkeln

Einstellwinkel				Schneidwerkstoff	Werkstoff
30°	45°	60°	90°		
1,18	1,0	0,8	0,66	Schnellarbeitsstahl	Stahl und Stahlguß
1,18	1,0	0,9	0,7	Schnellarbeitsstahl	GGL, Bunt-, Leichtmetall
1,18	1,0	0,96	0,9	Hartmetall	alle Werkstoffe

Tabelle 11. Korrekturfaktoren f_0 zur Verminderung der Schnittgeschwindigkeiten bei Gußhäuten, Walz- und Schmiedekrusten

Werkstoff	f_0	Werkstoff	f_0
St50	0,78	Werkzeugstahl	0,64
St60	0,74	GGL-00	0,75
St70	0,72	GGL-15	0,71
Leg. Stahl	0,72	GGL-20	0,67
	⋮	GGL-20	0,64
		GGL-25	0,60
	0,64	Temperguß	0,63

In der Praxis verwendet man Tabellen[26]) oder Diagramme zum Ablesen der Schnittgeschwindigkeit (Bilder 96 bis 100).

Schnittkräfte und spezifische Schnittkräfte

Bei der Bearbeitung dringt das Werkzeug in den Werkstoff ein. Dieser setzt auf Grund seiner Festigkeit und Härte einen erheblichen Widerstand entgegen, den das Werkzeug überwinden muß. Der Meißel wird durch die Kräfte nach Bild 101 beansprucht.

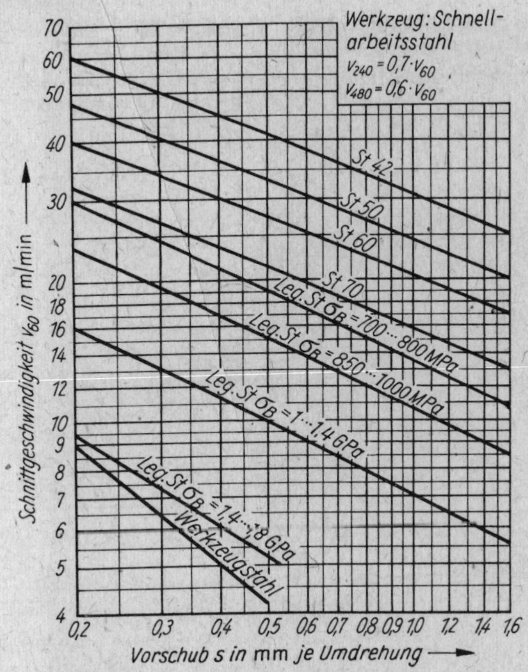

Bild 96. Standzeitschnittgeschwindigkeit v_{60} für Schnellarbeitsstahl

Die Kraft F_H, die entgegen der Schnittrichtung wirkt, bezeichnet man als *Hauptschnittkraft*. Sie ist die wichtigste Größe beim Spanen. Durch die Vorschubbewegung entsteht die *Vorschubkraft* F_V am Meißel. Durch die Zustellung wirkt eine Kraft F_R gegen den Meißel, die *Rückkraft* heißt. Alle 3 Kräfte können zu einem räumlichen Kraftsystem zusammengesetzt werden. Die Resultierende bezeichnet man als *Spanungskraft F*.

Einflußgrößen für die Hauptschnittkraft sind:

- die Festigkeit des zu bearbeitenden Werkstoffs,
- die Schnittgeschwindigkeit,
- die Schneidengeometrie,
- der Spanungsquerschnitt,
- die spezifische Schnittkraft.

Bei einem Einstellwinkel von $\varkappa = 45°$ gilt näherungsweise:

- für scharfe Werkzeuge $F_H:F_V:F_R \approx 5:1:2$
- für stumpfe Werkzeuge $F_H:F_V:F_R \approx 5:3:4$

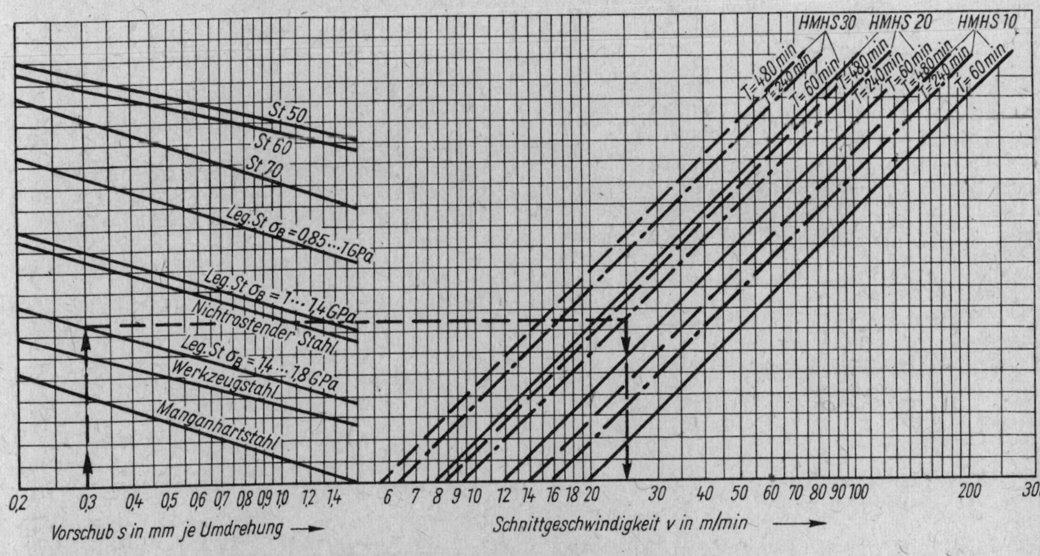

Bild 97. Standzeitschnittgeschwindigkeit für Hartmetallwerkzeuge

Für den praktischen Gebrauch hat sich zur Berechnung der *Hauptschnittkraft* folgende Gleichung bewährt:

$$F_H = bh^{1-m}k_{s1.1} \qquad (61)$$

$k_{s1.1}$ und m sind vom Werkstoff abhängig und wurden durch Versuche ermittelt. Der Exponent m gibt die Größe des Einflusses der Spanungsdicke h auf die spezifische Schnittkraft k_s an (Bild 102). Die spezifische Schnittkraft ist:

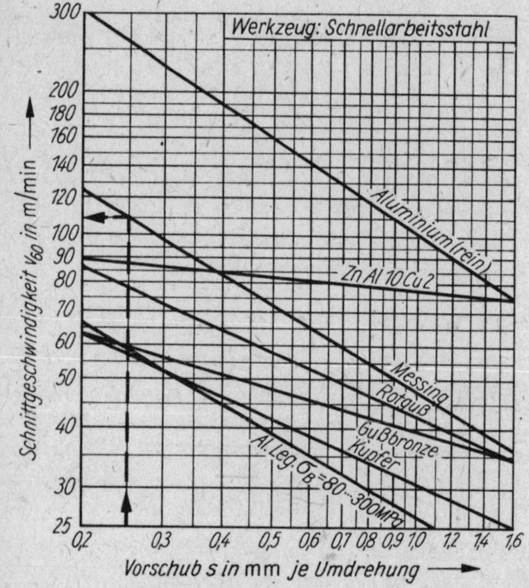

Bild 98. Standzeitschnittgeschwindigkeit v_{60} für Werkzeug aus Schnellarbeitsstahl

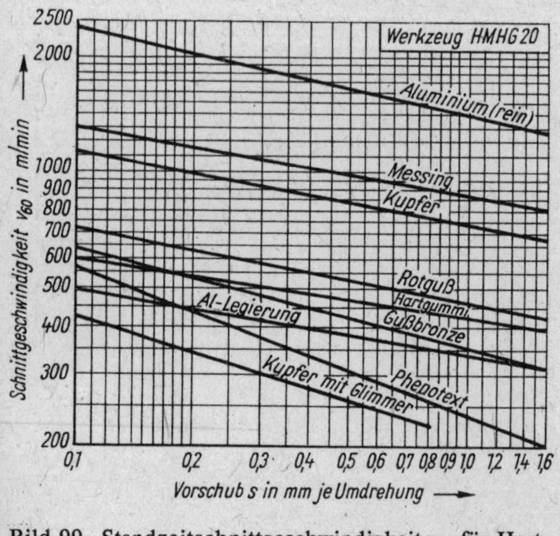

Bild 99. Standzeitschnittgeschwindigkeit v_{60} für Hartmetallwerkzeuge

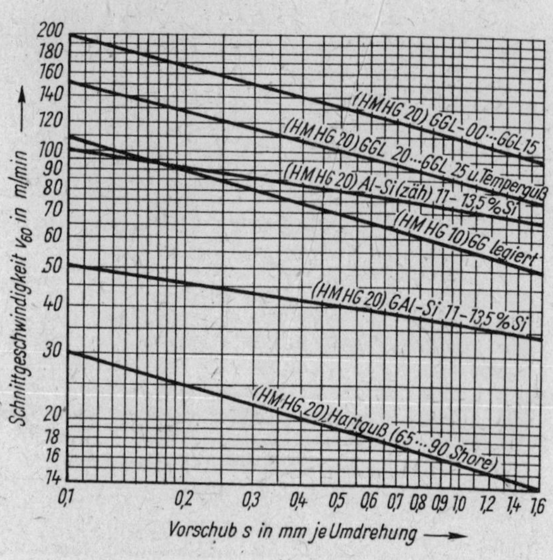

Bild 100. Standzeitschnittgeschwindigkeit v_{60} für Hartmetallwerkzeuge

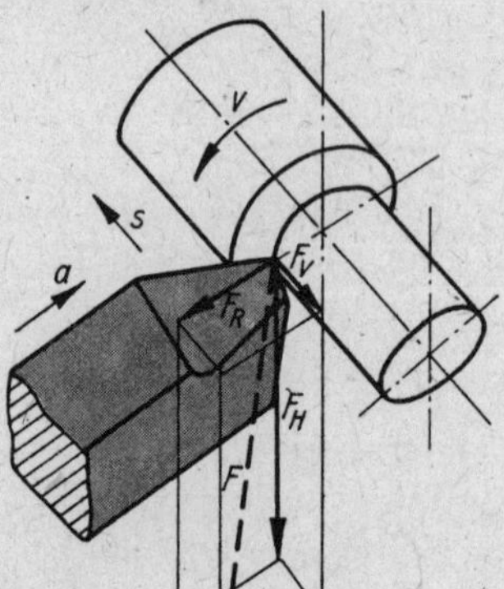

Bild 101. Schnittkräfte beim Drehen

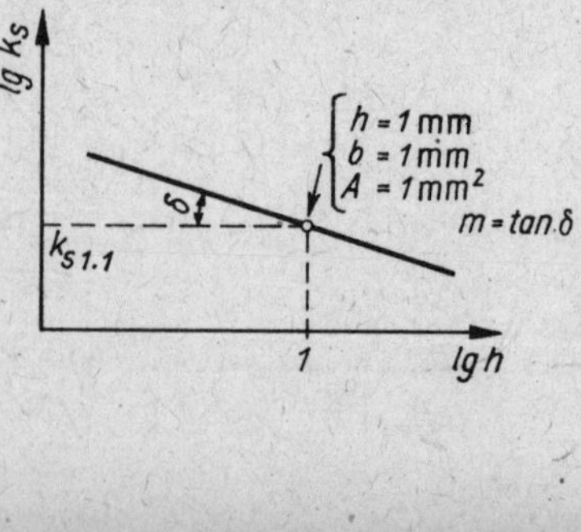

Bild 102. Abhängigkeit der spezifischen Schnittkraft k_s von der Spanungsdicke h

$k_s = k_{s1.1} / h^m$ (62)

Setzt man Gl. (62) in Gl. (61) ein, so erhält man:

$F_H = bhk_s = ask_s$ (63)

$k_{s1.1}$ Hauptwert der spezifischen Schnittkraft in MPa (N / mm²) bei $h = 1$ mm und $b = 1$ mm,
$1 - m$ Anstiegswert,
$m = \tan\delta$ Tangens des Steigungswinkels,
k_s spezifische Schnittkraft in MPa (N / mm²)

Die Werte für $k_{s1.1}$ und m sind in Tabelle 12 enthalten. Die Tabellenwerte gelten nur für die festgelegten Spanungsbedingungen bei der Durchführung der Versuche. Bei Abweichungen von den Versuchsbedingungen machen sich Korrekturen notwendig, die am zweckmäßigsten mit *Korrekturfaktoren* erfaßt werden. Das betrifft die:

- Spanwinkelkorrektur K_γ,
- Schnittgeschwindigkeitskorrektur K_v,
- Schneidstoffkorrektur K_{Sch},
- Verschleißkorrektur K_{Ver}.

Somit erhält man die endgültige Form der Gleichung für die *Hauptschnittkraft:*

$F_H = bhk_s K_\gamma K_v K_{Sch} K_{Ver}$ (64)

Tabelle 12. Spezifische Schnittkräfte der Spanung

Werkstoff	Zugfestigkeit in MPa bzw. Härte	m	$k_{s1.1}$ in N / mm²
St34, St38, St42	500	0,17	1 780
St50	520	0,26	1 990
St60	620	0,17	2 110
St70	720	0,30	2 260
C45	670	0,14	2 220
C55	770	0,18	2 130
16MnCr5	770	0,26	2 100
18CrNi8	630	0,30	2 260
42CrMo4	730	0,26	2 500
34CrMo4	600	0,21	2 240
50CrV4	600	0,26	2 220
55NiCrMoV6 (geglüht)	940	0,24	1 740
55NiCrMoV6 (vergütet)	352 *HB*	0,24	1 920
15CrMo5	590	0,17	2 290
Mn-, CrNi-Stahl	850...1 000	0,21	2 350
CrMo u.a. leg. Stähle	1 000...1 400	0,19	2 600
Nichtrostender Stahl	600... 700	0,18	2 550
Mn-Hartstahl		0,22	3 300
GGL-15		0,21	950
GGL-25		0,26	1 160
GS-45	300... 500	0,17	1 600
GS-55	500... 700	0,17	1 780
Hartguß	46 *HRC*	0,19	2 060
GT		0,24	1 180
Gußbronze		0,17	1 780
Rotguß ≙ G-CuSnZn		0,25	640
Messing ≙ CuZn	80... 120 *HB*	0,18	780
Al-Guß	30... 42 *HB*	0,25	640
Mg-Legierung		0,19	280

Tabelle 13. Abhängigkeit des Korrekturfaktors K_v von der Schnittgeschwindigkeit

v m / min	20	30	40	50	60	70	80	90	100	200	300	400	500
K_v	1,25	1,2	1,15	1,1	1,08	1,05	1,03	1,01	1,00	0,96	0,93	0,91	0,89

Die Korrekturen werden wie folgt ermittelt:

$$K_\gamma = 1 - \frac{\gamma - \gamma_0}{66,7} \tag{65}$$

γ vorhandener Wirkspanwinkel, γ_0 den Tabellenwerten für k_s zugrunde liegender Wirkspanwinkel (Stahl $\gamma_0 = 6°$, Gußeisen $\gamma_0 = 2°$).

Diese Gleichung berücksichtigt, daß je 1° Spanwinkeländerung etwa mit 1...2 % Änderung der Hauptschnittkraft zu rechnen ist.

Die k_s-Werte der Tabelle 12 entstanden bei etwa $v = 100$ m / min. Der K_v-Wert berücksichtigt Abweichungen vom Tabellenwert. Diese Korrektur wird der Tabelle 13 entnommen. Der Faktor K_{Sch} berücksichtigt die Art des zum Einsatz kommenden Schneidstoffs. Die k_s-Werte wurden mit arbeitsscharfen Hartmetallwerkzeugen ermittelt. Für den Einsatz mit anderen Schneidstoffen bei Stahl und Grauguß kann man mit $K_{\text{Sch}} = 0,95...0,9$ arbeiten. Der Korrekturfaktor K_{Ver} für den Schneidenverschleiß soll den Einfluß des mit wachsender Eingriffszeit des Werkzeugs zunehmenden Schneidenverschleißes berücksichtigen. Mit zunehmendem Verschleiß steigt die Schnittkraft um 30...50 % an. Am Ende der Standzeit beträgt der Faktor $K_{\text{Ver}} = 1,3...1,5$.

Spanungsleistung

Wird die Hauptschnittkraft F_H mit der Schnittgeschwindigkeit v multipliziert, erhält man die *Spanungsleistung* P_e:

$$P_e = F_H v \tag{66}$$

Die notwendige *Vorschubleistung*

$$P_V = F_V v_f \tag{67}$$

ist auf Grund der geringen Vorschubgeschwindigkeit v_f so klein, daß man sie bei der Berechnung der Antriebsleistung P_A vernachlässigen kann. Mit dem Wirkungsgrad η der Maschinen erhält man die notwendige *Antriebsleistung* P_A:

$$P_A = P_e / \eta \tag{68}$$

Aus wirtschaftlichen Gründen ist es notwendig, daß zumindest beim Schruppen die Maschine voll ausgelastet wird.

BEISPIEL

■ Werkstücke aus St60 sollen in einem Schnitt von 200 mm Durchmesser auf 190 mm abgedreht werden ($s = 0,4$ mm; $\varkappa = 60°$; $\gamma = 8°$; $T = 120$ min; Walzkruste; $\eta_{\text{Masch}} = 0,85$; Werkzeug HS30). Zu berechnen sind die Standzeitschnittgeschwindigkeit v_T, der k_s-Wert, die Hauptschnittkraft F_H, die Spanungsleistung P_e und die Antriebsleistung P_A.

Laut Tabelle 9 ist $C_v = 74$; $p = 0,25$; $q = 0,085$ und $y = 0,167$; laut Tabelle 10 ist $f_\varkappa = 0,96$; laut Tabelle 11 ist $f_0 = 0,74$; laut Tabelle 12 ist $k_{s1.1} = 2\,110$ N / mm²; $m = 0,17$ und laut Tabelle 13 ist $K_v = 1,1$.

$K_{\text{Sch}} = 1,0$ $\quad K_{\text{Ver}} = 1,5$

$$K_\gamma = 1 - \frac{\gamma - \gamma_0}{66,7} = 0,97$$

$$v_T = \frac{C_v f_\varkappa f_0}{s^p a^q \left(\frac{T}{60}\right)^y} = \frac{74 \cdot 0,96 \cdot 0,74 \text{ m}}{0,4^{0,25} \cdot 5^{0,085} \cdot \left(\frac{120}{60}\right)^{0,167} \text{ min}}$$

$$= \frac{74 \cdot 0,96 \cdot 0,74 \text{ m}}{0,795 \cdot 1,15 \cdot 1,125 \text{ min}} = 51 \text{ m/min}$$

$$h = s \cdot \sin \varkappa = 0,4 \cdot 0,8660 \text{ mm} = 0,35 \text{ mm}$$

$$k_s = \frac{k_{s1.1}}{h^m} = \frac{2\,110 \text{ N}}{0,35^{0,17} \text{mm}^2} = 2\,585 \text{ N / mm}^2$$

$$F_H = a s k_s K_\gamma K_v K_{\text{Sch}} K_{\text{Ver}}$$

$$= 5 \text{ mm} \cdot 0,4 \text{ mm} \cdot 2\,585 \text{ N / mm}^2 \cdot 0,97 \cdot 1,1 \cdot 1,0 \cdot 1,5$$

$$F_H = 8\,275 \text{ N}$$

$$P_e = F_H v = \frac{8\,275 \text{ N} \cdot 51 \text{ m} \cdot \text{s} \cdot \text{kW} \cdot \text{min}}{\text{min} \cdot 1\,020 \text{ N} \cdot \text{m} \cdot 60 \text{ s}}$$

$$P_e = 6,9 \text{ kW}$$

$$P_A = \frac{P_e}{\eta} = \frac{6,9 \text{ kW}}{0,85} = 8,1 \text{ kW}$$

4.2.2. Schneidstoffe

Um eine Spanabnahme an einem Werkstück herbeizuführen, müssen die Schneidwerkzeuge besonders geformt und härter als der zu bearbeitende Werkstoff sein. Da die Schneidstoffe an der Berührungsstelle mit dem Werkstück unterschiedlichen mechanischen, thermischen, chemischen und elektrochemischen Beanspruchungen ausgesetzt sind, werden an sie hohe Forderungen gestellt. Die Schneidstoffe müssen folgende *Eigenschaften* besitzen:

- große Härte und Druckfestigkeit,
- hohe Biegefestigkeit und Zähigkeit,
- innere Bindefestigkeit,
- große Kantenfestigkeit,
- gute Wärmeleitfähigkeit,
- hohe Warmfestigkeit,
- auf den Schneidstoffträger abgestimmte Wärmedehnung.

Für Werkzeuge mit geometrisch bestimmter Schneide kann man die Schneidstoffe in folgende *Gruppen* einteilen:

- Werkzeugstähle,
- Schnellarbeitsstähle,
- Hartmetalle,
- keramische Schneidstoffe,
- Diamanten.

Werkzeugstähle werden vorwiegend für untergeordnete Zwecke und für Handwerkzeuge benutzt. Die Verwendung ist für Spanungstemperaturen von 200 °C möglich, dann lassen Härte und Schneidfähigkeit nach.
Schnellarbeitsstähle haben eine Warmhärte von etwa 600 °C. Eine Steigerung der Schnittgeschwindigkeit gegenüber Werkzeugstählen bei gleicher Standzeit ist möglich. Schnellarbeitsstähle können in Form von Platten auf den Grundkörper aufgelötet werden, oder sie werden durch Schmieden aus Stangenmaterial zu Werkzeugen geformt.
Hartmetalle sind gegossene oder gesinterte Hartstoffe aus Metallkarbiden, die in einem weichen Trägerwerkstoff eingelagert sind. Die gesinterten Hartmetalle haben z. Z. die größte Bedeutung in der Spanungstechnik. Durch die Verwendung verschiedener Metallkarbide kann man unterschiedliche Hartmetallplättchen herstellen. Die K-Sorten haben hohe Verschleißfestigkeit und sind zum Spanen von Gußeisen und Plasten geeignet. Die P-Sorten sind vorzugsweise für geringe Spanungsquerschnitte und Anwendung hoher Schnittgeschwindigkeiten zu benutzen, während die M-Sorten (Mehrzwecksorten) nur für kurzspanende Werkstoffe verwendbar sind.

Keramische Schneidstoffe sind Sinterwerkstoffe. Die in der Spanungstechnik verwendeten keramischen Schneidplatten bestehen aus Aluminiumoxid. Die Schneidstoffe sind sehr warmfest. Ihr Nachteil besteht aber in der Sprödigkeit.
Diamant als Schneidstoff wird in der Spanungstechnik für Werkzeuge mit geometrisch bestimmter Schneide oder auch als gepulverter Diamant für Schleifmittel verwendet. Beim Einsatz als Schneidstoff zeichnet sich der Diamant durch folgende Eigenschaften aus:

- hohe Verschleißfestigkeit,
- große Härte,
- keine Affinität zu Metallen.

Nachteilig ist die Stoßempfindlichkeit des Diamanten. Die Schneidentemperatur darf 800 °C nicht überschreiten, da sonst die Schneide verbrennt und verschmort. Wichtig ist, daß mit Diamantwerkzeugen schwingungsfrei gearbeitet wird. Durch geringe Reibung, geringe Spanstauchung und geringe Schnittkräfte an der Berührungsstelle mit dem zu bearbeitenden Werkstoff werden Oberflächen hoher Genauigkeit erzielt. Der *Arbeitsdiamant* wird in einem Grundkörper hart eingelötet, eingegossen oder kalt gefaßt. Diamantwerkzeuge werden vor allem in der Feinbearbeitung eingesetzt.

4.2.3. Spanungsverfahren

4.2.3.1. Drehen

Das *Drehen* ist ein Spanen mit einem einschneidigen Werkzeug, das ständig im Eingriff steht. Das Verfahren dient zur Verbesserung von Maß, Form, Lage und Oberfläche meist rotationssymmetrischer Werkstücke.

Das Werkzeug führt die Vorschubbewegung und das Werkstück eine rotierende Schnittbewegung aus (Bild 101). Das Bild 103 zeigt die wichtigsten *Drehwerkzeuge.* Die Grundkörper werden durch Schmieden hergestellt. Auf diese bringt man die wertvollen Schneidstoffe durch Hartlöten, Klemmen oder Kleben auf. Für Spezialarbeiten werden *Formmeißel* verwendet.

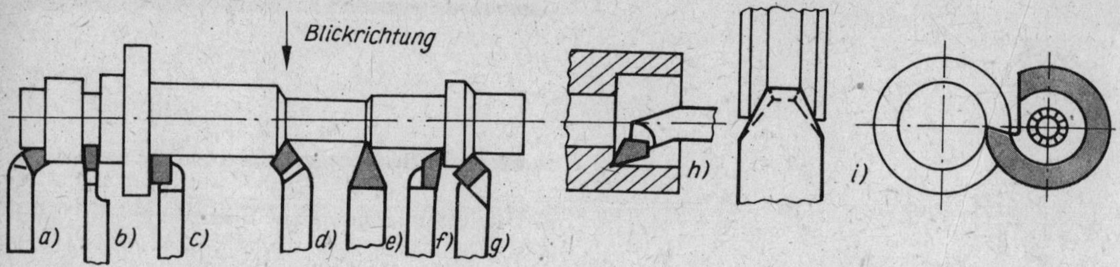

Bild 103. Drehwerkzeuge.
a) abgesetzter Stirndrehmeißel, b) rechter abgesetzter Stechdrehmeißel, c) rechter abgesetzter Seitendrehmeißel, d) rechter gebogener Schruppdrehmeißel, e) spitzer Drehmeißel, f) linker abgesetzter Eckdrehmeißel, g) rechter gerader Drehmeißel, h) Innendrehmeißel, i) Formdrehmeißel

4.2.3.2. Hobeln und Stoßen

Vorgang

Beim *Hobeln* (Bild 104) arbeitet man mit einem einschneidigen Werkzeug, das nicht ständig im Eingriff ist. Das Werkstück führt eine geradlinige Hauptbewegung aus, während die Vorschubbewegung vom Werkzeug ausgeführt wird. Beim *Stoßen* ist der Vorgang umgekehrt, d. h., das Werkzeug führt die Hauptbewegung und das Werkstück die Vorschubbewegung aus. Nach der Richtung der Hauptbewegung unterscheidet man das *Waagerecht-* und *Senkrechtstoßen.*

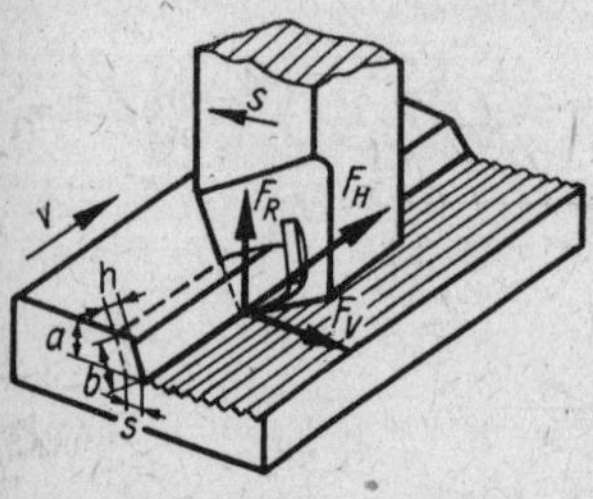

Bild 104. Spanungsvorgang beim Hobeln

Berechnungen

Für das Hobeln und Stoßen gelten grundsätzlich auch die Gleichungen für das Drehen. Man kann annehmen, daß das Hobeln ein Drehen mit unendlich großem Durchmesser ist. Beim Hobeln und Stoßen arbeitet man meist mit niedrigeren Schnittgeschwindigkeiten als beim Drehen. Dadurch steigt die Hauptschnittkraft um 15...20 % an. Man erfaßt die *Schnittkrafterhöhung* mit einem Verfahrensfaktor $f_H = 1{,}18$. Die Korrektur K_v entfällt. Da beim Hobeln und Stoßen nicht mit Schneidkeramik gearbeitet wird, entfällt weiterhin die Korrektur K_{Sch}. Somit ergibt sich die *Hauptschnittkraft* F_H:

$$F_H = 1{,}18\, bhk_s K_\gamma K_{Ver} \qquad (69)$$

Multipliziert man die Hauptschnittkraft F_H mit der Schnittgeschwindigkeit v_a (Vorlaufgeschwindigkeit des Tisches bzw. Stößels), so erhält man die *Spanungsleistung* P_e:

$$P_e = F_H v_a \qquad (70)$$

Die *Antriebsleistung* ergibt sich nach Gl. (68). Wird auf schweren Hobelmaschinen gearbeitet, so ist bei der Leistungsberechnung die Reibungskraft $F_{R\mu}$ am Tisch zu berücksichtigen. Die *Reibungskraft* erhält man, wenn man die Gewichtskraft des Tisches F_{GT} und des Werkstückes F_{GW} mit der Reibungszahl μ multipliziert:

$$F_{R\mu} = \mu\,(F_{GT} + F_{GW}) \qquad (71)$$

Somit wird für einen solchen Fall die *Leistungsgleichung* folgende Form annehmen:

$$P_e = (F_H + F_{R\mu})\, v_a \qquad (72)$$

$\mu \approx 0{,}15$ bei flachen Führungen
$\mu \approx 0{,}3$ bei prismatischen Führungen

Spanungsrichtwerte für Hobeln und Stoßen sind standardisiert[27]).

4.2.3.3. Bohren

Vorgang

Das *Bohren* ist ein Spanen mit mehrschneidigen Werkzeugen. Alle Schneiden des Werkzeugs sind gleichzeitig im Eingriff.

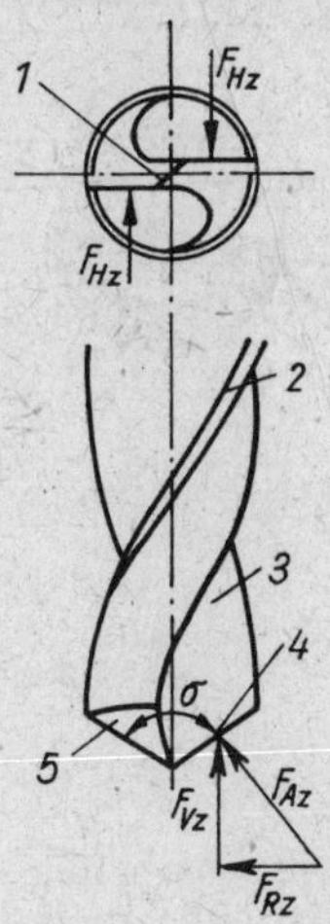

Bild 105. Schnittkräfte, Schneiden und Flächen am Bohrer.
1 Querschneide, *2* Nebenschneide, *3* Spanfläche, *4* Hauptschneide, *5* Freifläche

Der *Spiralbohrer* (Bild 105) hat zwei *Hauptschneiden*, die die eigentliche Spanungsarbeit übernehmen, während die *Nebenschneiden* nachschneiden. Die *Querschneide* hat einen ungünstigen Einfluß auf die Spanung, da sie nicht schneidet, sondern nur schabt und quetscht.

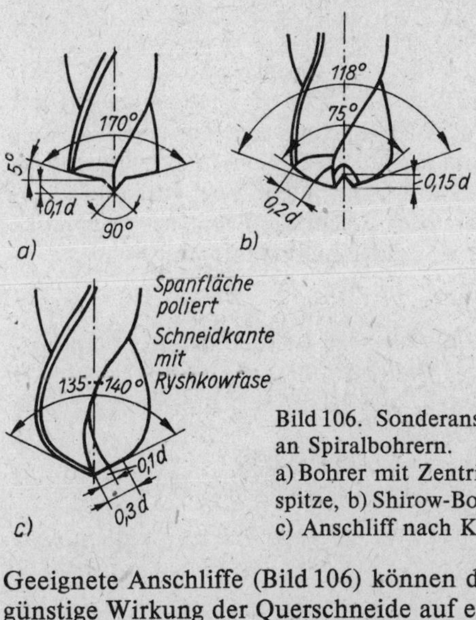

Bild 106. Sonderanschliffe an Spiralbohrern.
a) Bohrer mit Zentrierspitze, b) Shirow-Bohrer, c) Anschliff nach Klemm

Geeignete Anschliffe (Bild 106) können die ungünstige Wirkung der Querschneide auf ein Minimum reduzieren. Die Drehbewegung des Bohrers zum Schneiden ist die Hauptbewegung, die axiale Vorschubbewegung die Nebenbewegung. Beim Bohren spricht man nicht von einer Standzeitschnittgeschwindigkeit, sondern bezieht die Schnittgeschwindigkeit auf die *Standlänge L*.

Die Standlänge eines Bohrers ist die zwischen 2 Anschliffen gebohrte Lochlänge in mm.

Aus Tabellen wird die Schnittgeschwindigkeit v_{L5000} gewählt. Spanungsrichtwerte sind standardisiert[28]).

Berechnungen

Die Gesamtspanungskraft läßt sich in 3 Komponenten zerlegen (Bild 105):

- Hauptschnittkraft F_H,
- Vorschubkraft F_V,
- Rückkraft F_R.

Die Resultierende aus F_V und F_R bezeichnet man als *Abdrängkraft* F_A.
Bei den Berechnungen werden zum Teil die Kräfte auf eine Schneide bezogen. Diese Größen sind mit dem Index z versehen. Auch für das Bohren verwendet man die bekannten Schnittkraftgleichungen.

Aufbohren

Beim Aufbohren liegen ähnliche Verhältnisse wie beim Innendrehen vor (Bild 107). Man erhält für die *Spanungsbreite*:

$$b = \frac{D - d}{2 \sin (\sigma/2)} \tag{73}$$

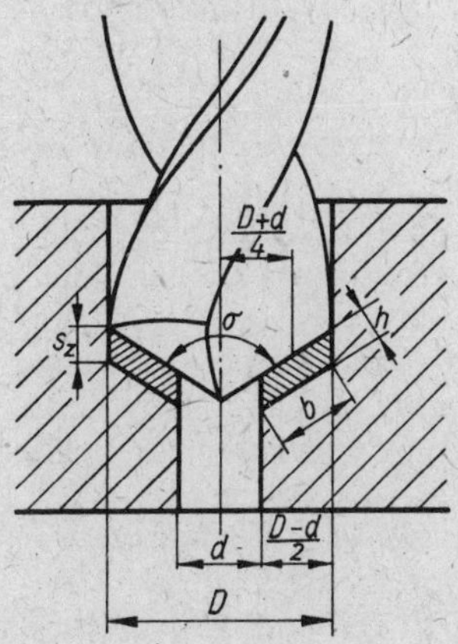

Bild 107. Aufbohren mit dem Spiralbohrer

Die *Spanungsdicke* ist:

$$h = s_z \sin(\sigma/2) \qquad (74)$$

$$s_z = s/2 \qquad (75)$$

D Bohrerdurchmesser, d vorgebohrter Lochdurchmesser, σ Spitzenwinkel, s_z Vorschub je Schneide, s Vorschub je Umdrehung

Es werden die gleichen spezifischen Schnittkräfte (Tabelle 12) benutzt. Durch feststehende Winkel (Drallwinkel, Spanwinkel, Einstellwinkel) am Werkzeug und durch die Verwendung von Schnellarbeitsstahlwerkzeugen entfallen die Korrekturfaktoren K_v, K_γ, K_{Sch}. Man arbeitet mit einem Verfahrensfaktor f_B. Lediglich der Korrekturfaktor K_{Ver} wird eingesetzt. Er liegt im Bereich von 1,25…1,4. Der kleine Wert gilt für Gußwerkstoffe, der große für Stahl. Der Verfahrensfaktor f_B hat folgende Werte: 1,0 für das Bohren ins Volle, 0,95 für das Aufbohren.

Setzt man Gl. (73) und Gl. (74) in die Schnittkraftgleichung ein, so erhält man die *Hauptschnittkraft* F_{Hz} für eine Schneide:

$$F_{Hz} = b h^{1-m} k_{s1.1} f_B K_{Ver} \qquad (76)$$

$$F_{Hz} = \frac{D-d}{2\sin(\sigma/2)} [s_z \sin(\sigma/2)]^{1-m} k_{s1.1} f_B K_{Ver} \qquad (77)$$

$$F_{Hz} = b h k_s f_B K_{Ver} \qquad (78)$$

$$F_{Hz} = \frac{D-d}{2\sin(\sigma/2)} s_z \sin(\sigma/2)\, k_s f_B K_{Ver} \qquad (79)$$

Setzt man für $s_z = s/2$, so erhält man:

$$F_{Hz} = \frac{D-d}{4} s k_s f_B K_{Ver} \qquad (80)$$

Bohren ins Volle

Beim Bohren ins Volle (Bild 108) wird $d = 0$, so daß gilt:

$$F_{Hz} = \frac{D}{4} s k_s f_B K_{Ver} \qquad (81)$$

Der k_s-Wert ist in Abhängigkeit von der Spanungsdicke $h = s_z \sin(\sigma/2)$ und von dem zu bearbeitenden Werkstoff zu berechnen (Tabelle 12).
Die *Spanungsleistung* P_e wird beim Bohren über das Drehmoment M_d berechnet.
Beim Aufbohren liegt der Angriffspunkt der Kraft F_{Hz} im Abstand $(D + d)/4$ (Bild 107). Das Drehmoment für *beide* Schneiden ist:

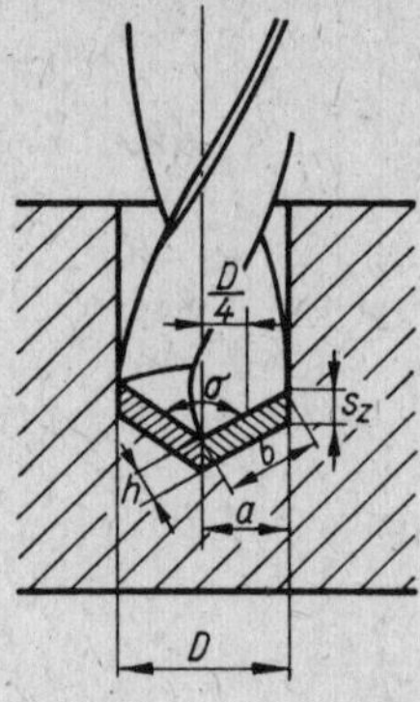

Bild 108. Bohren ins Volle mit dem Spiralbohrer

$$M_d = 2 F_{Hz} \frac{D+d}{4} = 2 \frac{D-d}{4} s k_s f_B K_{Ver} \frac{D+d}{4} =$$

$$= 2 \frac{D^2 - d^2}{16} s k_s K_{Ver} f_B$$

$$M_d = \frac{D^2 - d^2}{8} s k_s f_B K_{Ver} \qquad (82)$$

Beim Bohren ins Volle liegt der Kraftangriffspunkt im Abstand $D/4$ (Bild 108). Das *Drehmoment* für beide Schneiden lautet:

$$M_d = 2 F_{Hz} D/4 = 2 (D/4) s k_s f_B K_{Ver} (D/4) =$$

$$= (D^2/8) s k_s f_B K_{Ver}$$

$$M_d = (D^2/8) s k_s f_B K_{Ver} \qquad (83)$$

Mit der Winkelgeschwindigkeit $\omega = 2\pi n$ erhält man die *Spanungsleistung* P_e:

$$P_e = M_d \omega \qquad (84)$$

Nach Gl. (68) wird die Antriebsleistung P_A errechnet. Der Spiralbohrer wird durch die Vorschubkraft F_V auf Knickung beansprucht:

$$F_V \approx 2 F_{Hz} \sin \sigma/2 \qquad (85)$$

Die Kraft-, Drehmoment- und Leistungsberechnung ist im allgemeinen beim *Senken* mit dem Aufbohren zu vergleichen. Der Vorschub s ist auf die Anzahl der Schneiden zu verteilen.
Auf die Berechnungen beim *Reiben* kann verzichtet werden, da die Kräfte und Leistungen auf Grund der geringen Schnittiefen noch kleiner ausfallen als beim Senken. Will man Werte zum Reiben ermitteln, so wird am besten eine Drehmomentenmessung durchgeführt.
Aus der Vielzahl der Bohr-, Senk- und Reibwerkzeuge zeigt Bild 109 eine Auswahl.

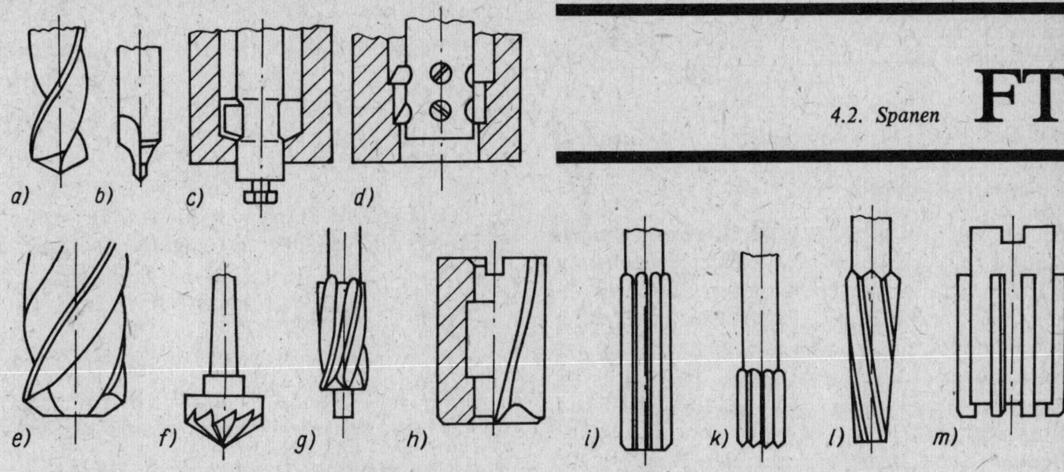

Bild 109. Bohr-, Senk- und Reibwerkzeuge.
a) Spiralbohrer, b) Zentrierbohrer, c), d) Bohrstangen, e) Spiralsenker, f) Spitzsenker, g) Zapfensenker, h) Aufstecksenker, i) Handreibahle, k) Maschinenreibahle, l) Kegelreibahle, m) Aufsteckreibahle

BEISPIEL

■ In Werkstücke aus GGL-25 sollen Bohrungen mit 20 mm Durchmesser mit einem Spiralbohrer aus Schnellarbeitsstahl gebohrt werden. Nach Tabelle 12: $k_{s1.1} = 1\,160\ \mathrm{N/mm^2}$; $m = 0{,}26$; $v_{L5\,000} = 22{,}4\ \mathrm{m/min}$; $s = 0{,}36\ \mathrm{mm}$; $f_B = 1{,}0$; $K_{Ver} = 1{,}25$; $\sigma = 118°$; $\eta = 0{,}85$.

Die notwendige Antriebsleistung ist zu berechnen!

$$h = \frac{s}{2} \cdot \sin\frac{118°}{2} = \frac{0{,}36\ \mathrm{mm}}{2} \cdot 0{,}86$$

$$h = 0{,}16\ \mathrm{mm}$$

$$k_s = \frac{k_{s1.1}}{h^m} = \frac{116\ \mathrm{N}}{0{,}16^{0{,}26}\ \mathrm{mm^2}}$$

$$= \frac{116\ \mathrm{N}}{0{,}621\ \mathrm{mm^2}} = 1\,870\ \mathrm{N/mm^2}$$

$$n = \frac{v \cdot 1\,000}{d\pi} = \frac{22{,}4\ \mathrm{m} \cdot 1\,000\ \mathrm{mm}}{\mathrm{min} \cdot \mathrm{m} \cdot 20\ \mathrm{mm} \cdot \pi} = 355\ \mathrm{min^{-1}}$$

$$n_{Masch} = 355\ \mathrm{min^{-1}}$$

$$P_e = M_d\omega = \frac{D^2}{8} s k_s f_B K_{Ver} \cdot 2\pi n$$

$$= \frac{20^2\mathrm{mm^2}}{8} \cdot 0{,}36\ \mathrm{mm} \cdot 1\,870 \frac{\mathrm{N}}{\mathrm{mm^2}} \cdot 1{,}0 \cdot 1{,}25 \cdot \frac{2 \cdot \pi \cdot 355\ \mathrm{min} \cdot \mathrm{s} \cdot \mathrm{kW} \cdot \mathrm{m}}{\mathrm{min} \cdot 60\ \mathrm{s} \cdot 1\,020\ \mathrm{m} \cdot \mathrm{N} \cdot 1\,000\ \mathrm{mm}}$$

$$P_e = 1{,}55\ \mathrm{kW}$$

$$P_A = \frac{P_e}{\eta} = \frac{1{,}55\ \mathrm{kW}}{0{,}85} = 1{,}8\ \mathrm{kW}$$

4.2.3.4. Fräsen

Vorgang

Fräsen ist das Spanen mit einem mehrschneidigen Werkzeug, von dem immer mehrere Zähne im Eingriff sind. Man unterscheidet zwischen *Walzfräsen* und *Stirnfräsen* (Bild 110).

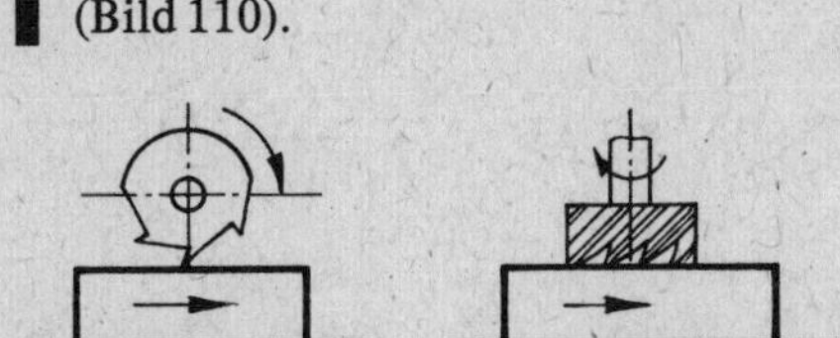

Bild 110. Arten des Fräsens.
a) Walzfräsen, b) Stirnfräsen

Beim *Walzfräsen* entsteht ein kommaförmiger, beim *Stirnfräsen* ein sichelförmiger Spanungsquerschnitt (Bild 111). Wird gewalzt, so entsteht

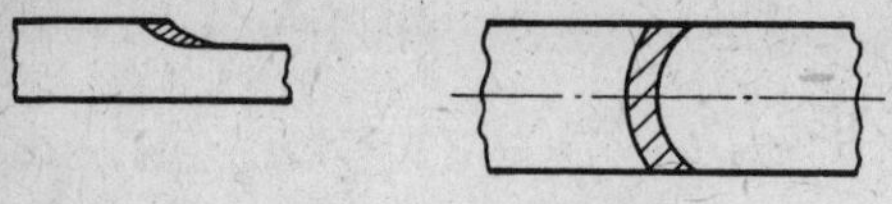

Bild 111. Spanbildung beim Fräsen

durch die ungleichförmige Spanbildung eine periodisch wechselnde Belastung des Werkzeugs, was zu *Rattermarken* führt. Deshalb sollte man versuchen, dem Walzfräsen das Stirnfräsen vorzuziehen.
Nach den Bewegungsrichtungen unterscheidet man beim Walzfräsen das *Gegenlauf-* und das *Gleichlauffräsen* (Bild 112). Beim Gegenlauffräsen läuft das Werkstück gegen den Fräser, der Fräser dreht sich aus dem Werkstück heraus, während beim Gleichlauffräsen der Fräser in das Werkstück hineinläuft. Vorteile und Nachteile des Gegenlauf- und Gleichlauffräsens gibt Tabelle 14 an.

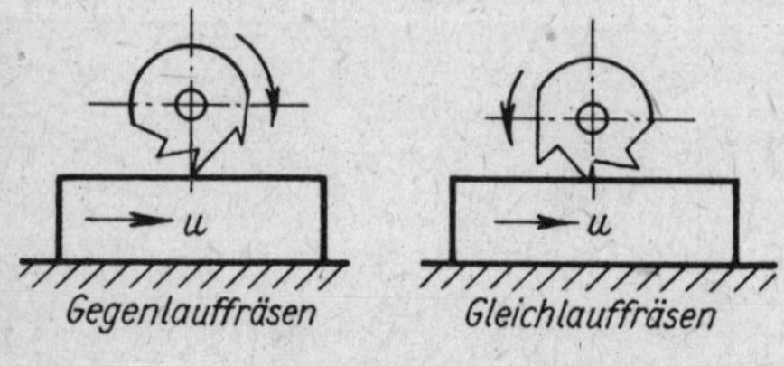

Bild 112. Gleich- und Gegenlauffräsen

Berechnungen

Die Berechnungen beim Fräsen sind schwierig, da sich der Spanungsquerschnitt stetig ändert.

Walzfräsen
Die *mittlere Spanungsdicke* (Bild 113) berechnet sich nach:

$$h_m = xs_z \tag{86}$$

Der Wert für x wird aus dem Bild 114 (Kurve 0) entnommen und ist vom Verhältnis a/D abhängig. Die k_s-Werte werden in bekannter Weise berechnet, $k_{s1.1}$ und m aus Tabelle 12 entnommen.
Korrekturfaktoren: K_γ nach Gl. (65), K_v nach Tabelle 13, $K_{Ver} = 1{,}2 \ldots 1{,}4$.
Die *Vorschubgeschwindigkeit* beim Fräsen ergibt sich aus:

$$v_f = s_z z n \tag{87}$$

Die *Spanungsleistung* P_e ist:

$$P_e = aBv_f k_s K_\gamma K_v K_{Ver} \tag{88}$$

s_z Vorschub je Fräserzahn, a Schnittiefe, B Schnittbreite, v_f Vorschubgeschwindigkeit, n Drehzahl des Fräsers, z Zähnezahl des Fräsers, φ_s Schnittbogenwinkel

Spanungsrichtwerte sind standardisiert[29]).

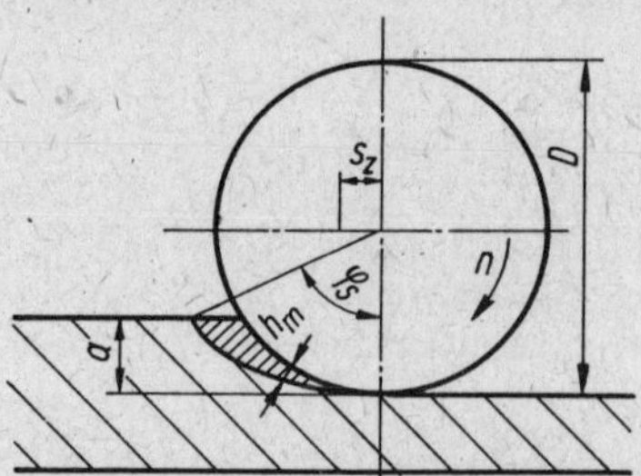

Bild 113. Eingriffsverhältnisse beim Walzfräsen

Tabelle 14. Vorteile und Nachteile des Gegenlauf- und des Gleichlauffräsens

Gegenlauffräsen	Gleichlauffräsen
1. Schnittrichtung und Vorschubrichtung sind entgegengesetzt.	1. Schnittrichtung und Vorschubrichtung sind gleich.
2. Schnittkraft wirkt dem Vorschub entgegen.	2. Schnittkraft und Vorschub sind gleich gerichtet, das Werkstück wird unter den Fräser gezogen.
3. Es können normale Fräsmaschinen verwendet werden.	3. Es sind besonders starre Maschinen mit spielfreiem Tischvorschub erforderlich.
4. Es besteht die Gefahr, daß das Werkstück aus der Einspannung herausgerissen wird.	4. Das Werkstück wird auf den Tisch bzw. in die Spanneinrichtung gedrückt.
5. Geringe Standzeiten durch Gleitung der Schneide auf der Fläche, bevor sie angreift.	5. Längere Standzeit, da die Schneide in den vollen Werkstoff greift.
6. Anwendung für flache Schnitte, rohe Gußstücke.	6. Schruppen tiefer Schnitte, besonders in Werkstücke ohne Gußkruste.

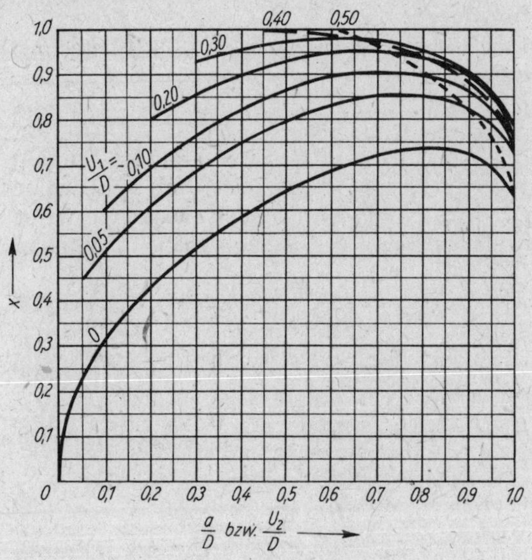

Bild 114. Diagramm zur Bestimmung des Faktors x für die mittlere Spanungsdicke h_m

Stirnfräsen

Die *mittlere Spanungsdicke* beim Stirnen ist:

$$h_m = xs_z \sin \varkappa \tag{89}$$

Der Wert x ist abhängig von den Verhältnissen U_1 / D und U_2 / D (Bild 115) und wird dem Bild 114 entnommen. k_s-Werte und Korrekturfaktoren sind wie beim Walzfräsen zu ermitteln. Die Spanungsleistung wird nach Gl. (88) berechnet.

Für die Herstellung von Werkstücken durch Fräsen wird eine große Anzahl von Fräswerkzeugen benötigt. Einige typische Fräswerkzeuge zeigt Bild 116.

Teilkopfarbeiten

Zur Herstellung von Teilungen an Werkstücken in bestimmten Abständen benötigt man den *Teilkopf* (Bild 117). Im Gehäuse des Teilkopfes ist ein Schneckengetriebe untergebracht, dessen Schneckenrad auf der Teilspindel sitzt, während die Schnecke von der Teilkurbel angetrieben

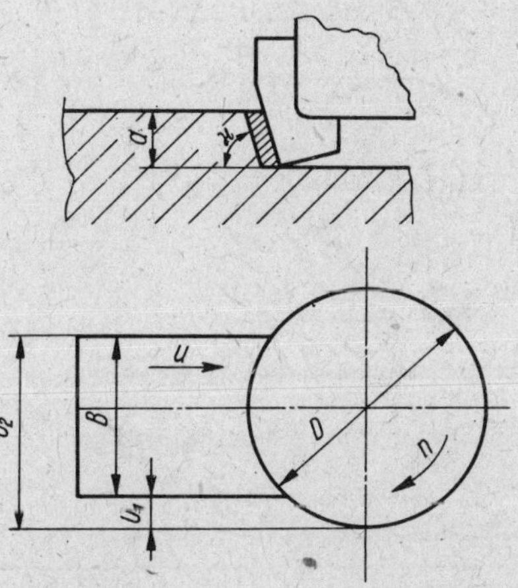

Bild 115. Ermittlung der Rechnungsgrößen beim Stirnfräsen

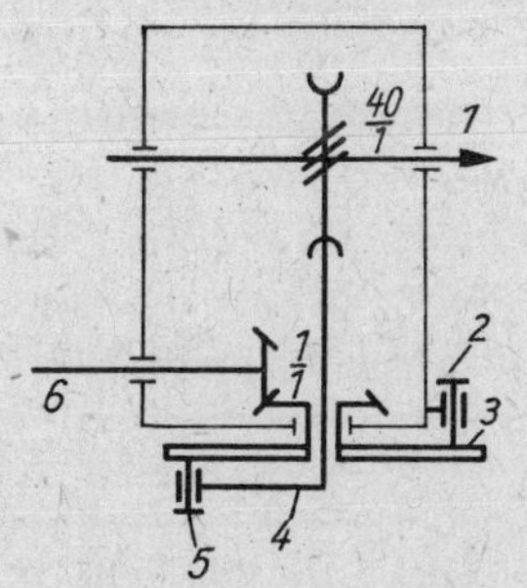

Bild 117. Schaltplan des Teilkopfes. 1 Teilspindel, 2 Rast, 3 Lochscheibe, 4 Teilkurbel, 5 Indexbolzen, 6 Zapfen für Wechselräder

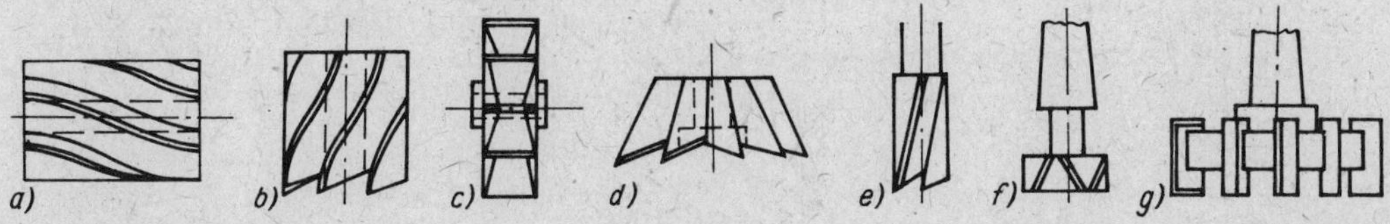

Bild 116. Fräswerkzeuge.
a) Walzenfräser, b) Walzenstirnfräser, c) Scheibenfräser, d) Kegelfräser, e) Langlochfräser, f) T-Nut-Fräser, g) Messerkopf

wird. Bei einem *Übersetzungsverhältnis* 40:1 bewirken · 40 Umdrehungen der Teilkurbel eine Umdrehung der Teilspindel. Die auswechselbaren *Lochscheiben* werden entweder von der *Rast* gehalten oder, je nach dem entsprechenden Teilverfahren, mit Hilfe von *Wechselrädern* angetrieben.

Vom Teilkopf müssen drei Forderungen erfüllt werden:

1. Das Werkstück muß nach jedem Arbeitsgang um den notwendigen Teilschritt weitergeschaltet werden können.
2. Die Teilspindel muß sich unter bestimmten Winkeln einstellen lassen.
3. In Verbindung mit der Tischspindel der Fräsmaschine muß sich die Teilspindel ununterbrochen drehen.

Zum Teilkopf gehören drei auswechselbare *Lochscheiben*:
- Lochscheibe I hat Lochkreise mit 15, 16, 17, 18, 19, 20 Löchern,
- Lochscheibe II hat Lochkreise mit 21, 23, 27, 29, 31, 33 Löchern,
- Lochscheibe III hat Lochkreise mit 37, 39, 41, 43, 47, 49 Löchern.

Weiterhin gehört ein Satz Wechselräder mit folgenden Zähnezahlen dazu:
24-24-28-32-36-40-48-56-64-72-80-90-96-100.
Die Teilgenauigkeit des Teilkopfes beträgt ± 45...60″.

Teilverfahren

Indirektes Teilen

Das Teilen geschieht durch Drehen der Teilkurbel. Je nach der verlangten Teilzahl sind volle oder Teildrehungen oder beide erforderlich. Dabei sollte man *immer in einer Richtung* drehen, um Teilfehler durch toten Gang im Schneckengetriebe auszuschalten. Bezeichnet man die Anzahl der Teilungen am Werkstück mit T und das Übersetzungsverhältnis des Teilkopfes mit i, so ergibt sich die *Anzahl der Teilkurbelumdrehungen* n_K aus:

$$n_K = i/T \qquad (90)$$

Oft muß man die Winkelangabe in *Kurbelumdrehungen* umrechnen. Dazu wird nachstehende Gleichung benutzt:

$$n_K = iT/360° \qquad T \text{ in } ° \qquad (91)$$

Winkelminuten und -sekunden sind in Grad umzurechnen!
1′ = 0,016 667°; 1″ = 0,000 278°

Differentialteilen

Läßt sich ein Teilschritt nicht mit dem indirekten Teilen ausführen, so wendet man das Differentialteilen an. Zu diesem Zweck wird die Teilspindel mit der Lochscheibe durch *Wechselräder* verbunden. Die *Rast*, die die Lochscheibe hält, muß gelöst werden (Bild 118). Zur *Berechnung der Wechselräder* benutzt man folgende Gleichung:

$$\frac{Z_1}{Z_2} \cdot \frac{Z_3}{Z_4} = \frac{i}{T'}(T' - T) \qquad (92)$$

T' ist eine Teilzahl, die gewählt wird und in der Nähe der verlangten Teilzahl T liegt. Ob sich die Lochscheibe gleichläufig oder gegenläufig zur Teilkurbel dreht, bestimmt das Vorzeichen in Gl. (92). Als Anleitung dient das Bild 119. Erscheint im Ergebnis der Gl. (92) ein Minuszeichen, so bedeutet das, daß die Wechselräder so aufgesteckt werden müssen, daß sich die Lochscheibe *gegenläufig* dreht (mit Zwischenrad).

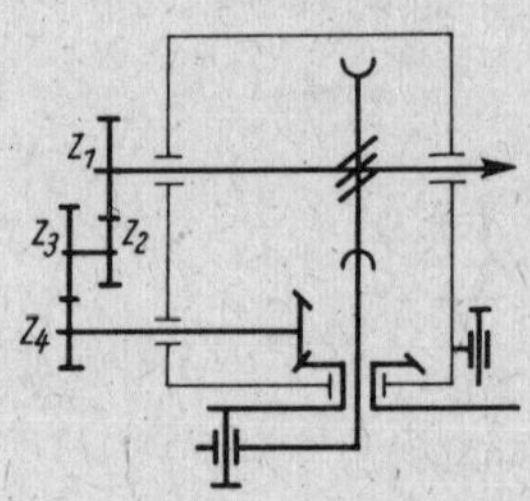

Bild 118. Schaltplan des Teilkopfes beim Differentialteilen

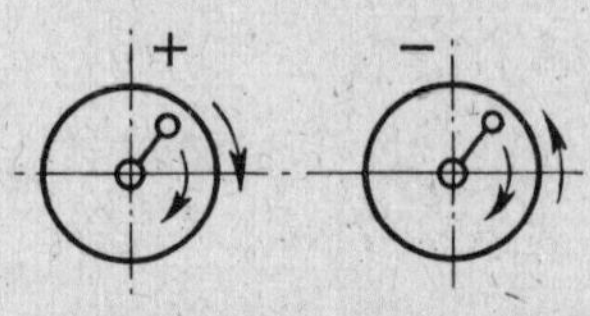

Bild 119. Drehrichtung der Lochscheiben

Fräsen von Drallnuten

Sollen drallförmige Nuten hergestellt werden, so muß das Werkstück eine *Längs-* und eine *Drehbewegung* ausführen. Während der Vorschubbewegung des Fräsmaschinentisches muß sich der Teilkopf mit dem eingespannten Werkstück im Verhältnis zum Vorschub ununterbrochen drehen. Der Antrieb des Teilkopfes erfolgt über Wechselräder von der Tischspindel der Fräsmaschine (Bild 120). Zur Berechnung benutzt man die Gleichungen:

$$\tan \beta = \pi d / h_W \qquad (93)$$

$$\frac{Z_1}{Z_2} \cdot \frac{Z_3}{Z_4} = \frac{i h_T}{h_W} \qquad (94)$$

β Tischverstellwinkel, d Werkstückdurchmesser, h_W Steigung des Werkstücks, h_T Steigung der Tischspindel der Fräsmaschine, $Z_1,\ldots,Z_4$ Wechselräderzähnezahlen

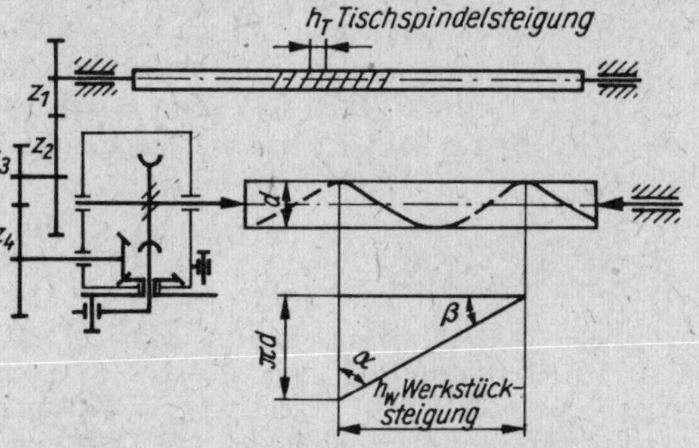

Bild 120. Schaltplan des Teilkopfes beim Drallnutenfräsen

Das Aufstecken der Wechselräder geht aus dem Bild 121 hervor.

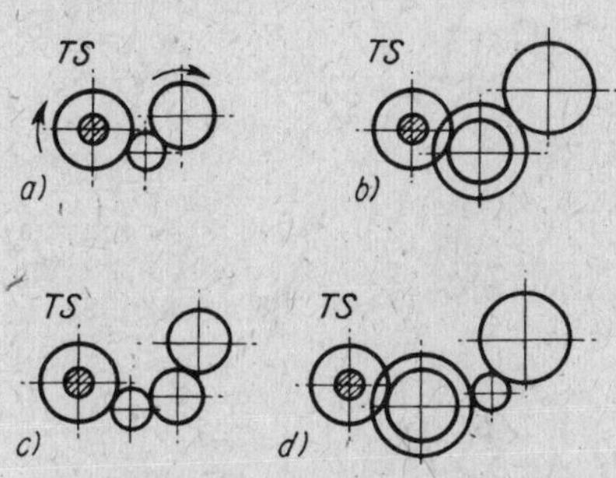

Bild 121. Aufstecken der Wechselräder beim Drallnutenfräsen.
a) rechtssteigend, einfache Übersetzung, b) rechtssteigend, doppelte Übersetzung, c) linkssteigend, einfache Übersetzung, d) linkssteigend, doppelte Übersetzung. *TS* Tischspindel

BEISPIELE

■ In ein Vorrichtungsteil sollen am Umfang 12 gleichmäßig verteilte Nuten gefräst werden. Wieviel Umdrehungen sind mit der Teilkurbel am Teilkopf auszuführen?

$$n_K = \frac{i}{T} = \frac{40}{12} = 3 \cdot \frac{4}{12} = 3 \cdot \frac{2}{6} = 3 \cdot \frac{6}{18}$$

Nach dem Fräsen einer Nut muß die Teilkurbel 3 Umdrehungen und 6 Löcher auf dem 18er-Lochkreis weitergeschaltet werden. Als Hilfsmittel dient eine einstellbare Schere, mit deren Hilfe der Lochabstand auf dem jeweiligen Lochkreis eingestellt wird (Bild 122).

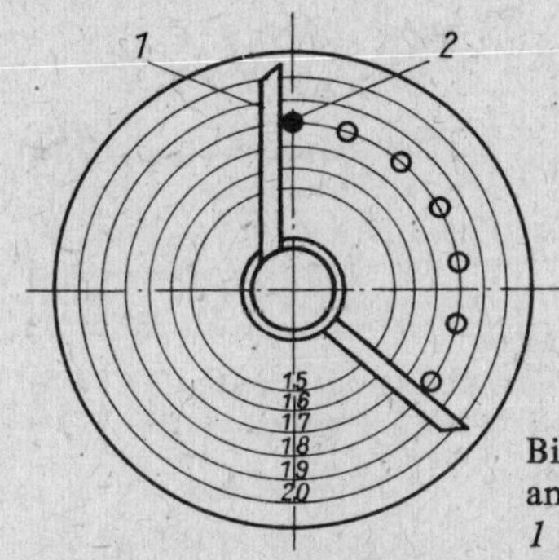

Bild 122. Einstellung am Teilkopf.
1 Schere, *2* Raststift

■ Verlangte Teilung 61 an einem Werkstück. Da 61 eine Primzahl ist und kein Lochkreis 61 vorhanden ist, muß die Teilung mittels des Differentialteilens hergestellt werden. Gewählte Teilzahl $T' = 60$. Die Wechselräder sind zu berechnen!

$$n_K = \frac{40}{61} \quad \text{nicht möglich!}$$

$$n_K = \frac{40}{60} = \frac{12}{18}$$

$$\frac{Z_1}{Z_2} \cdot \frac{Z_3}{Z_4} = \frac{i}{T'}(T' - T)\frac{40}{60}(60 - 61)$$

$$\frac{Z_1}{Z_2} = -\frac{40}{60} = -\frac{4}{6} = -\frac{24}{36}$$

Es wird eine einfache Übersetzung mit Zwischenrad gewählt, da Minuszeichen vorhanden. Die Teilscheibe dreht sich entgegengesetzt. Bei jedem Teilschritt sind 12 Löcher auf dem 18er-Lochkreis auszuführen. Durch die Wechselräder wird die Teilscheibe bei jeder Umdrehung der Teilkurbel ein kleines Stück zurückgedreht, so daß sich bei der Herstellung der einundsechzigsten Teilung die Differenz ausgeglichen hat und am Werkstück nicht 60, sondern 61 Teilungen entstehen.

■ In ein Werkstück ist eine Drallnut, rechtssteigend, mit 200 mm Steigung zu fräsen. Durchmesser des Werkstücks $d = 80$ mm. Tischspindelsteigung der

Fräsmaschine $h_T = 10$ mm. Der Tischverstellwinkel und die Wechselräder sind zu berechnen!

$$\tan \beta = \frac{\pi d}{h_W} = \frac{\pi \cdot 80\text{ mm}}{200\text{ mm}} = 1{,}256 \rightarrow \beta = 51^\circ 30'$$

$$\frac{Z_1}{Z_2} \cdot \frac{Z_3}{Z_4} = \frac{i h_T}{h_W} = \frac{40 \cdot 10\text{ mm}}{200\text{ mm}} = \frac{2}{1} = \frac{48}{24} \quad \text{Zähne}$$

Einfache Übersetzung mit Zwischenrad (beliebige Zähnezahl), rechtssteigend.

4.2.3.5. Räumen

Vorgang

Beim *Räumen* wird mit einem mehrschneidigen Werkzeug ein Profil hoher Genauigkeit und Oberflächengüte in eine Bohrung bzw. an der Außenseite eines Werkstücks eingearbeitet, um eine weitere Bearbeitung überflüssig zu machen.

Das Werkzeug führt dabei eine geradlinige Bewegung aus.
Die Herstellung der Räumwerkzeuge ist sehr teuer, so daß das Räumen nur bei großen Serien wirtschaftlich ist.

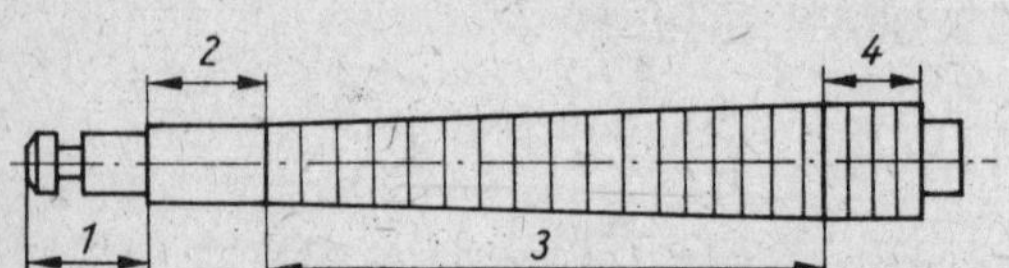

Bild 123. Aufbau der Räumnadel.
1 Schaft, *2* Führungsteil, *3* Schneidenteil, *4* Kalibrierteil

Den Aufbau eines *Räumwerkzeugs* zeigt Bild 123. Der Schaft des Werkzeugs dient zum Einspannen in die Maschine. Die Anschlußmaße sind standardisiert. Das Führungsteil wird zur Aufnahme des Werkstücks verwendet. Damit das Werkstück eine gute Führung hat, muß eine Passung zwischen Aufnahme und Werkstück H7/g6 vorausgesetzt werden, weil sonst nicht die hohe Genauigkeit des Profils erreicht werden kann. Das Schneidenteil übernimmt die Spanungsarbeit. Die Spanabnahme wird durch die Staffelung der Zähne, den Vorschub je Zahn und die Zahnteilung bestimmt. Die Maßhaltigkeit und die genaue Form werden durch die *Kalibrierzähne* hergestellt. Die Anzahl der Kalibrierzähne bestimmt das Nachschleifen der Nadel.

Berechnungen

Die Berechnungen beim Räumen (Bild 124) können wieder wie bisher durchgeführt werden. Die Unterschiede (Spanablauf, Schnittgeschwindigkeit, Schneidengeometrie, Kühlung und Schmierung), die zwischen Drehen und

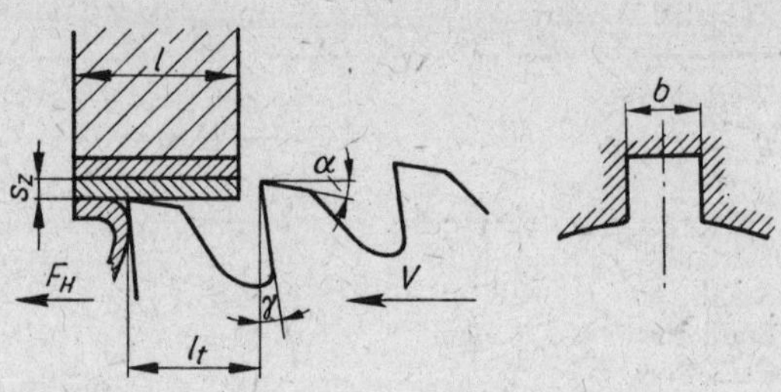

Bild 124. Spanungsvorgang beim Räumen

Tabelle 15. Zahnvorschub beim Räumen

Werkstoff	Zahnvorschub s_z in mm	
	Schruppen	Schlichten
Stahl, zähhart	0,02...0,05	0,01
Stahl, mittel	0,03...0,08	0,01
Stahlguß	0,05...0,10	0,01
Temperguß	0,05...0,10	0,01...0,02
Gußeisen	0,10...0,25	0,01...0,02
Messing	0,10...0,30	0,01...0,02
G-CuSn10	0,10...0,60	0,01...0,02
Aluminium	0,08...0,20	0,02

Tabelle 16. Schnittgeschwindigkeit beim Räumen

Werkstoff	v in m/min	
	Innenräumen	Außenräumen
Hartguß	0,5... 1	0,5... 1,5
Stahl, sehr hart	1... 2	1... 2
Stahl, zäh	2... 4	4... 6
Stahl, gut bearbeitbar	4... 8	6...10
Gußeisen	6... 8	8...10
Temperguß	4... 8	8...10
Stahlguß	3... 6	6... 8
CuZn, G-CuSn10	7,5...10	8...12
Leichtmetall	10...14	10...16

Räumen bestehen, werden mit dem Verfahrensfaktor f_R erfaßt, so daß auch die spezifischen Schnittkräfte nach Tabelle 12 übernommen werden können. Die Korrekturfaktoren K_γ und K_{Ver} werden in der Rechnung berücksichtigt.

Tabelle 17. Werkzeugwinkel beim Räumen

Werkstoff	Spanwinkel in °		Freiwinkel in °	
	Schruppen	Schlichten	Schruppen	Schlichten
Hartguß	2... 3	3	2 ...3	1,5...2
Stahl, hart	10...12	15	1,5...3	0,5...1
Stahl, mittlere Festigkeit	14...16	18	1,5...3	0,5...1
Gußeisen	4... 6	10	1,5...3	0,5...1
Temperguß	7	10	2 ...4	0,5...1
Stahlguß	10	12	1,5...3	0,5...1
CuZn, hart	5	8	1,5...3	0,5...1
CuZn, weich	8	10	1,5...3	0,5...1
G-CuSn10	8	8	0,5	0 ...0,5
Al-Knetlegierung	10...15	12...18	4 ...7	2 ...3
Al-Gußlegierung	18...22	25	4 ...7	2 ...4
Mg-Legierung	10	15	4 ...7	2 ...4

($f_R = 1{,}10$ für Innenräumen, $f_R = 1{,}05$ für Außenräumen, $K_{Ver} = 1{,}3 \ldots 1{,}5$). Die *maximale Hauptschnittkraft* beim Räumen wird:

$$F_H = b s_z k_s z_{iE} f_R K_\gamma K_{Ver} \quad (95)$$

Die *Zahnteilung* am Räumwerkzeug ermittelt man nach der Beziehung:

$$l_{t\,min} = 3\sqrt{s_z l c} \quad (96)$$

und die Anzahl der gleichzeitig im Eingriff stehenden Zähne nach:

$$z_{iE} = l / l_t \quad (97)$$

b Schnittbreite des Räumwerkzeugs, s_z Zahnvorschub, k_s spezifische Schnittkraft nach Tabelle 12 (da beim Räumen $\varkappa = 90°$, wird $h = s_z \sin 90° = s_z$ und $b = a$), z_{iE} Anzahl der maximal im Eingriff stehenden Zähne (auf ganze Zahlen aufrunden), l Räumlänge, l_t Teilung, c Spanraumzahl: für spröde, bröckelnde Werkstoffe $c = 3 \ldots 4$ (Schruppen); $c = 6$ (Schlichten); für zähe, langspanende Werkstoffe $c = 4 \ldots 7$ (Schruppen); $c = 8$ (Schlichten)
Spanungsleistung nach Gl. (66), *Antriebsleistung* nach Gl. (68).
Tabellen 15, 16 und 17 beachten!

4.2.3.6. Schleifen

Vorgang

Beim *Schleifen* erfolgt die Spanung mit einem Werkzeug aus gebundenem Korn. Da eine Kontrolle der Lage der einzelnen Schneiden der Schleifkristalle nicht möglich ist, spricht man auch von *Spanung mit unbestimmter Schneide.* Das Schleifen dient zur Verbesserung der Maßhaltigkeit und der Oberflächengüte von Werkstücken. Außerdem werden Schneidwerkzeuge geschärft. Die *Schleifscheibe* besteht aus einer Vielzahl von Schneiden einzelner Schleifkörner, die keine bestimmte Form haben. Sie sind unregelmäßig in der Scheibe verteilt. Der Spanwinkel ist in der Regel negativ. Wird das Werkstück gegen die umlaufende Scheibe gedrückt, so wirkt jeder hervorstehende Schleifkristall wie eine winzige keilförmige Schneide und hebt kleinste Spänchen ab. Durch die große Anzahl von Schneiden und die hohe Schnittgeschwindigkeit beim Schleifen wird eine saubere Schnittfläche erzielt.

Berechnungen

Wie bei jedem anderen Spanungsverfahren sind 3 *Schnittkraftkomponenten* vorhanden (Bild 125):

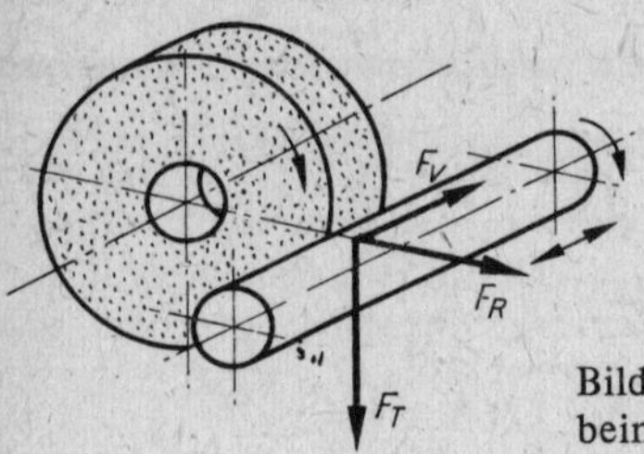

Bild 125. Kräfte beim Schleifen

- die Tangentialkraft F_T (Hauptschnittkraft),
- die Axialkraft F_V (Vorschubkraft),
- die Radialkraft F_R (Rückkraft).

Die *Schnittgeschwindigkeit* v_S beim Schleifen berechnet sich aus:

$$v_S = \pi d n \quad (98)$$

v_S wird meist in m/s angegeben. Damit beim Schleifen das Werkstück die richtige Geschwindigkeit hat, errechnet man die Werkstückgeschwindigkeit v_W über ein Geschwindigkeitsverhältnis q:

$$q = v_S / v_W \quad (99)$$

Die q-Werte werden der Tabelle 18 entnommen. Die *Tangentialkraft* F_T kann beim Schleifen nicht exakt ermittelt werden. Für den praktischen Gebrauch hat sich nachstehende Gleichung bewährt:

$$F_T = \frac{v_W}{v_S} a s k_s \quad (100)$$

Die *Rückkraft* F_R ist:

$$F_R \approx (1{,}5 \ldots 2{,}0)\, F_T \quad (101)$$

Mit der Schleifscheibengeschwindigkeit und dem Wirkungsgrad der Maschine erhält man die *Antriebsleistung*:

$$P_A = F_T v_S / \eta \quad (102)$$

Schleifwerkzeuge

Schleifwerkzeuge werden in vielen verschiedenen Formen hergestellt (Bild 126).

Tabelle 18. Geschwindigkeitsverhältnisse und Schnittgeschwindigkeit beim Schleifen

Werkstoff	Schleifmittel	Körnung	Härte	Schnitt-geschwindig-keit v m/s	Geschwindigkeits-verhältnis q
C-Stahl	Korund	25...60	H...M	20...32	199...125
C-Stahl legiert und gehärtet	Korund	30...60	H...K	20...35	80...100
Chromnickelstahl	Siliziumkarbid	46...80	K...M	25...30	125
Stahl nitriert	Korund	46...80	J...L	25...30	125
Grauguß	Siliziumkarbid	15...50	H...K	20...25	80...100
CuZn	Siliziumkarbid	36...60	I...L	20...30	80
Kupfer, G-CuSn10	Siliziumkarbid	60...80	K, L	20...30	50... 80
Aluminium	Siliziumkarbid	46...60	I...K	15...25	50

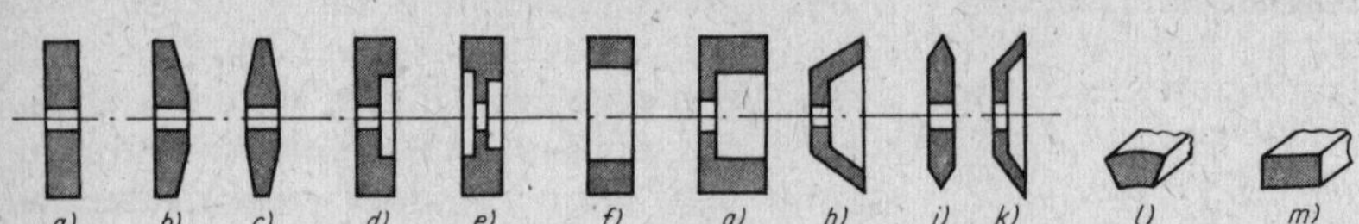

Bild 126. Schleifwerkzeuge.
a) gerade, b) einseitig kegelig, c) zweiseitig kegelig, d) gerade einseitig ausgespart, e) gerade zweiseitig ausgespart, f) Schleifring, g) gerade Topfscheibe, h) kegelige Topfscheibe, i) Gewindeschleifscheibe, k) Tellerscheibe, l), m) Schleifsegmente

Schleifmittel

Die wichtigsten Schleifmittel, die für Scheiben benutzt werden, sind Siliziumkarbid und Korund. *Siliziumkarbid* besitzt von allen Schleifmitteln die größte Härte (außer Diamant), während *Korund* nicht so hart ist, aber eine große Zähigkeit aufweist.

Körnung

Die Körnung ist ein Maß für die Größe der Schleifkristalle. Das zerkleinerte Schleifmittel wird mit Hilfe von Sieben klassiert. Die Größe wird in Zahlen angegeben. Der feine Schleifstaub wird durch Ausschlämmen geordnet.

Bindung

Das Bindemittel hat die Aufgabe, die einzelnen Schleifkristalle untereinander zu halten und zu verbinden. Grundsätzlich unterscheidet man zwischen *anorganischen* und *organischen Bindemitteln.* Die üblichen Scheiben haben meist *keramische Bindung.* Sie sind porös und griffig, jedoch empfindlich gegen Schlag und Stoß. Stark profilierte und dünne Scheiben werden mit *Epoxidharz* gebunden. Sie sind sehr elastisch und können auch seitlich beansprucht werden. Solche Scheiben werden auch zum *Trennschleifen* benutzt.

Härte

Der Härtegrad einer Schleifscheibe wird vor allem durch die Art der Bindung bestimmt. Bei einer harten Scheibe hält das Bindemittel die Schleifkristalle fest, während bei einer weichen Scheibe das Korn schnell ausbricht. Der Härtegrad wird in großen Buchstaben angegeben.

Gefüge

Das Gefüge wird bestimmt durch die Anteile und die Verteilung der Binde- und Schleifmittel in einer Schleifscheibe. Man unterscheidet dichtes und offenes sowie hochporöses Gefüge. *Dichtes Gefüge* eignet sich für kurzspanende Werkstoffe, kleine Zustellungen und Vorschübe. *Offenes Gefüge* benutzt man für Schrupp- und Schlichtarbeiten langspanender Werkstoffe, während *hochporöses Gefüge* für große Zustellungen und Vorschübe und für schleifrißempfindliche Werkstücke geeignet ist.

4.2.3.7. Feinbearbeitung

Die Feinbearbeitung von Werkstücken wird dann angewendet, wenn die ISA-Qualität 7 oder feiner erreicht werden soll. Die Feinbearbeitung dient zur Verbesserung von Maß, Form oder Oberfläche von Werkstücken. Sie ist auf die Verringerung von Maß-, Form- und Lageabweichungen und von Oberflächenrauhtiefen zur Einhaltung funktionsbedingter Forderungen gerichtet.

Ziehschleifen

Das Ziehschleifen (auch *Honen* genannt) ist ein Spanen mit einem vielschneidigen Werkzeug aus gebundenem Korn unter ständiger Flächenberührung zwischen Werkstück und Werkzeug zur Verbesserung von Maß, Form und Oberfläche vorgearbeiteter Werkstücke (Bild 127).

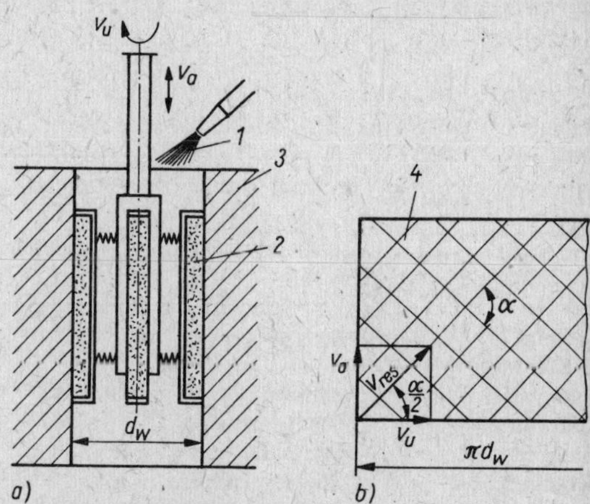

Bild 127. Innenziehschleifen.
a) Vorgang, b) Schleifbild.
1 Petroleum, *2* Ziehsteine, *3* Werkstück, *4* Schleifspuren, d_W Bohrungsdurchmesser

Das Ziehschleifen zählt zu den leistungsstarken spanenden Feinbearbeitungsverfahren und wird vor allem für die Bearbeitung zylindrischer Innen- und Außenflächen angewendet (Bild 128). Beim *Innenziehschleifen* führt das Werkzeug gleichzeitig eine Längs- und Drehbewegung aus, wobei die Ziehsteine an die Wandung der Bohrung gedrückt werden. Als Kühl- und

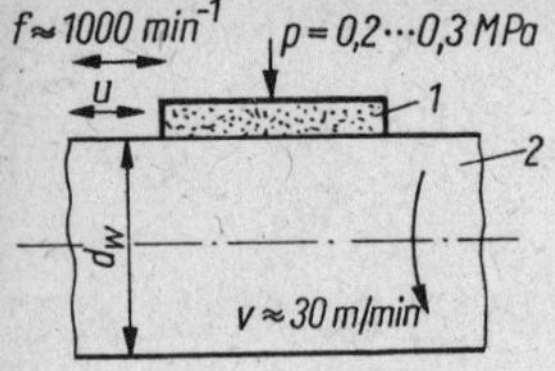

Bild 128. Außenziehschleifen.
1 Ziehstein, *2* Werkstück

Schmiermittel wird vorwiegend Petroleum benutzt.

Die wichtigsten Faktoren, die das Innenziehschleifen beeinflussen, sind:

- Überschneidungswinkel α,
- Umfangsgeschwindigkeit v_u,
- Axialgeschwindigkeit v_a,
- Steinanpreßdruck p,
- Bearbeitungszugabe,
- Eigenschaften der Ziehsteine,
- Kühl- und Schmiermittel.

Die *resultierende Schnittgeschwindigkeit* ist:

$$v_{res} = \frac{v_u}{\cos\frac{\alpha}{2}} = \frac{v_a}{\sin\frac{\alpha}{2}}$$

Für den *Überschneidungswinkel* gilt:

$$\tan\frac{\alpha}{2} = \frac{v_a}{v_u} \qquad (104)$$

In bezug auf die Werkstoffabtragung wird ein Überschneidungswinkel $\alpha = 45°$ als optimaler Richtwert angesehen.

Die beiden Geschwindigkeiten üben auf den Werkstoffabtrag unterschiedlichen Einfluß aus. Vergrößerung der Axialgeschwindigkeit v_a bewirkt einen größeren Abtrag als die Änderung von v_u. Die Erhöhung des Steinanpreßdrucks bewirkt eine größere Spanabnahme. Beim *Vorziehschleifen* ist $p \approx 0{,}5\ldots1{,}0$ MPa, beim *Fertigziehschleifen* ist $p \approx 0{,}1\ldots0{,}25$ MPa. Die *Rauhtiefe* der Oberfläche beim Fertigziehschleifen beträgt etwa 0,5…1,5 µm. Die *Bearbeitungszugaben* vor dem Ziehschleifen liegen im Bereich von 0,2…0,04 mm.

Die Ziehsteine werden federnd vom pendelnd gelagerten Ziehschleifkopf aufgenommen. Sie bestehen aus keramisch oder kunstharzgebundenem Siliziumkarbid oder Edelkorund. Für die *Härte der Steine* gilt:
harter Werkstoff – weicher Stein,
weicher Werkstoff – harter Stein.

Für große Stückzahlen werden *Diamantziehsteine* verwendet (hohe Standzeit).

Durch Verwendung der *Meßsteuerung* lassen sich die Arbeitsabläufe gut automatisieren.

Läppen

Feinbearbeitung durch Läppen ist ein Spanen mit losem, in einer Paste oder Flüssigkeit verteiltem Korn, dem Läppgemisch, das auf einem formübertragenden Gegenstück geführt wird.

Man unterscheidet das *Flach-*, *Stoß-*, *Strahl-* und *Tauchläppen* (Bild 129).

Durch das *Flachläppen* werden ebene Flächen, Mantelflächen von Rotationskörpern und ähnlichen Formen bearbeitet. Die Werkstücke werden von einem zu den Läppscheiben exzentrisch bewegten *Käfig* aufgenommen, wobei sich die Läppscheiben drehen. Dazwischen wird das *Läppgemisch* gebracht. Durch die exzentrische Lagerung des Käfigs führt dieser je nach Reibungsverhältnissen zwischen den Werkstücken und den Läppscheiben eine Eigendrehung aus, die Maß und Form der Werkstücke günstig beeinflußt. Je öfter die Werkstücke ihre Lage zu den Läppscheiben ändern, um so gleichmäßiger ist der Verschleiß der mit hoher Ebenheit gefertigten Läppscheiben aus perlitischem Gußeisen und um so größer ist die erzielbare Planparallelität der Flächen am Werkstück. Ständig wechselnde Relativbewegung und möglichst viele Werkstücke im Läppkäfig sind Haupteinflußgrößen auf das Ergebnis des Läppens mit Läppscheiben. Das *Läppgemisch* besteht aus Körnern von Siliziumkarbid und Edelkorund sowie Petroleum als Flüssigkeit. Die Flüssigkeit trägt und verteilt die Körner, führt gleichzeitig auch Wärme und abgetragenen Werkstoff ab. Es sind *Formtoleranzen* von 1…5 µm und *Rauhtiefen* von 0,5…0,1 µm erreichbar.

Das *Stoßläppen* ist ein Spanen mit losem, in einer Flüssigkeit verteiltem Korn, das durch ein hochfrequent (20…100 kHz) schwingendes Formstück kraftschlüssig in die Oberfläche hineingestoßen wird. Die Werkstoffabtragung ist im Verhältnis zu anderen Verfahren gering. Deshalb wird das Stoßläppen nur für die Bearbeitung harter Werkstoffe, wie Hartmetall, Glas, Quarz, Keramik und Edelsteine, angewendet. Für weiche Werkstoffe ist das Verfahren ungeeignet, da die Läppkörner in die Oberfläche eingedrückt werden. Das *Läppmittel* besteht aus Läppkorn (Siliziumkarbid, Korund und Diamant) und Läppflüssigkeit (Wasser mit 0,2 % Natriumnitrit). Erreichte *Rauhtiefen* 1…15 µm; *Form-* und *Maßtoleranzen* etwa 10 µm.

Das *Strahlläppen* ist ein Spanen mit losem, in einem Flüssigkeitsstrahl mit hoher Geschwindigkeit geführtem Korn. Es dient nur zur Verbesserung der Oberflächen vorgearbeiteter Werkstücke (Schmiedegesenke, Entfernung von Schleifgrat usw.). Durch das fehlende formübertragende Gegenstück kann kein mechanischer Druck auf das Läppkorn ausgeübt werden. Deshalb ist die Werkstoffabtragung nur von der Auftreffgeschwindigkeit des Läppkorns abhängig (Arbeitsdruck etwa 0,7 MPa). Ein weiteres Kriterium des Werkstoffabtrags ist der *Strahlwinkel.* Er liegt etwa im Bereich von 40...60°. Weitere Einflußfaktoren sind der Düsendurchmesser, der Düsenabstand zum Werkstück, die Läppmittelkonzentration und das Material der Läppkörner.

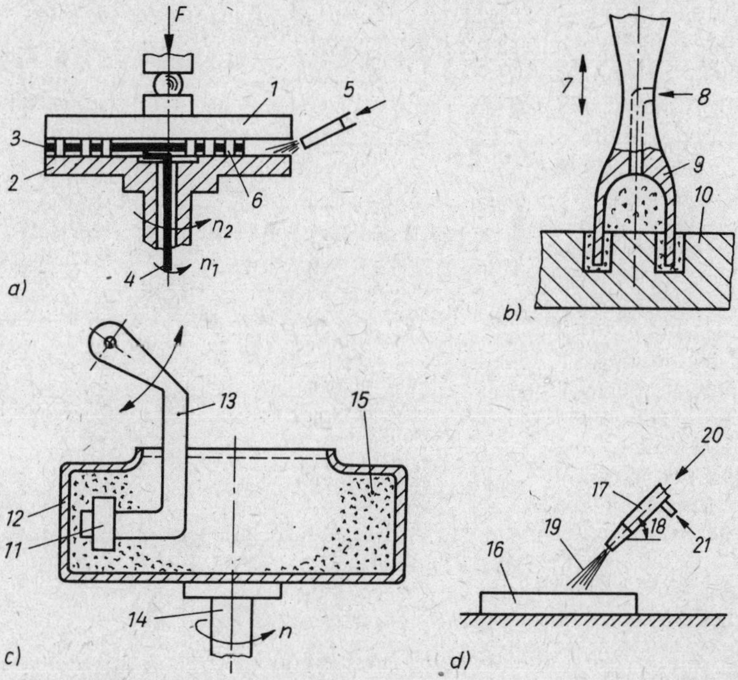

Bild 129. Läppverfahren.
a) Flachläppen, b) Stoßläppen, c) Tauchläppen, d) Strahlläppen.
1 obere Läppscheibe, pendelnd gelagert, *2* untere angetriebene Läppscheibe, *3* Käfig für Werkstücke, *4* Käfigantrieb, *5* Zuführung des Läppgemisches, *6* Werkstücke, *7* Schwingbewegung, *8* Läppmittelzufuhr, *9* Werkzeug, *10* Werkstück, *11* Werkstück, *12* Läpptrommel, *13* schwenkbarer Werkstückhalter, *14* Antriebswelle, *15* Läppgemisch, *16* Werkstück, *17* Düse, *18* Strahlwinkel, *19* Läppstrahl, *20* Druckluft, *21* Läppmittel

Beim *Tauchläppen* wird das Werkstück in ein strömendes Läppmittel eingetaucht. Das Verfahren dient nur zur Verbesserung der Oberflächengüte. Durch das Tauchläppen werden die Bearbeitungsrillen an der Oberfläche geglättet. Zu beachten ist, daß scharfe Kanten abgerundet werden.

4.2.4. Sonderverfahren

4.2.4.1. Abtragen durch Elektroerosion

Im Werkzeug- und Maschinenbau besteht das Bestreben, die Standzeit der Werkzeugelemente (Schneidplatten, Stempel, Gesenke, Ziehringe, Profilsteine usw.) zu erhöhen und diese Teile aus Hartmetallen zu fertigen. Die Bearbeitung der Werkstoffe bereitet wegen der großen Härte Schwierigkeiten, ist zeitraubend und verursacht großen Werkzeugverschleiß und hohe Kosten.

Lichtbogenverfahren

Dieses Verfahren eignet sich nicht für hohe Ansprüche an die Herstellungsgenauigkeit; es wird vorwiegend angewendet, um abgebrochene Werkzeuge (Gewindebohrer, Spiralbohrer oder Reibahlen) aus Werkstücken zu entfernen. Ausglühen, unnötige Erwärmung und Zunderbildung werden dadurch vermieden. Bei der Bearbeitung werden die Seele des Spiralbohrers bzw. der Kern des Gewindebohrers zerstört und damit Zeit und Kosten eingespart.
Das *Lichtbogenverfahren* arbeitet wie jedes elektroerosive Verfahren mit einer Kupfer-, Messing-, Wolfram- oder Molybdänelektrode, die als Katode geschaltet wird. Bei einer Gleichspannung bis zu 40 V und einer Stromdichte bis zu 500 A / cm² sowie einer axialen Schwingfrequenz der Elektrode von 100...1 000 Hz werden Lichtbogen gezündet und gelöscht. Das dielektrische niedrigviskose Arbeitsmedium (Wasser

oder Öle), in dem sich Werkstück und Elektrode befinden, dient sowohl zur Gewährleistung der periodischen Entladungsvorgänge als auch als Spülmittel zur Entfernung der abgeschmolzenen Werkstoffteilchen und zur Kühlung von Werkstück und Elektrode.

Elektrofunkenverfahren

Das Verfahren ähnelt dem Lichtbogenverfahren und ist im Bild 130 dargestellt. Im Unterschied zu diesem erfolgt hier bei Arbeitsspannungen bis 400 V und Stromdichten zwischen 30 000 und 150 000 A / cm² der Werkstoffabtrag durch periodische Funkenüberschläge mit $10^3 \ldots 10^6$ Hz, ohne daß sich Elektrode (Katode) und Werkstück (Anode) berühren. Elektrodenabstand (etwa 25 µm) und -vorschub werden automatisch gesteuert. Die *Funkenstrecke* liegt in Abhängigkeit von der Arbeitsspannung zwischen 0,01 und 0,1 mm. Erreichbare *Abtragleistungen* sind 1 000 mm³ / min beim Schruppen (Rauhtiefe 2…4 µm) und 10 mm³ / min beim Schlichten (Toleranzgenauigkeit 10…25 µm). Die Elektroerosion ist wirtschaftlich für die Herstellung kompliziert gestalteter Vertiefungen und Durchbrüche an Werkstücken (Werkzeugen) aus Hartmetallen und gehärteten Stählen. Die Elektroden müssen dabei die Form der gewünschten Vertiefungen oder Durchbrüche aufweisen. Wegen des Eigenverschleißes der

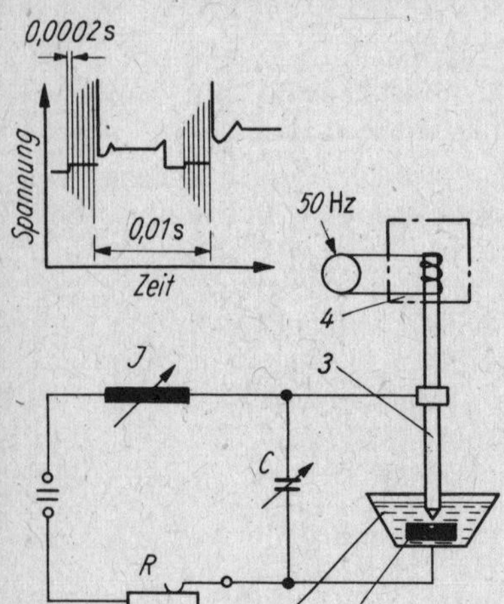

Bild 130. Prinzipschaltung beim Elektrofunkenverfahren.
1 Werkstück, *2* Dielektrikum, *3* Elektrode, *4* Vibrator

Elektrode während der Bearbeitung eines Werkstückes muß für die Durchbrüche eine entsprechende *Elektrodenlänge* gewählt werden. Sie ergibt sich aus nachstehenden empirischen Beziehungen:

Elektrodenlänge für gehärtete Stähle:
2,5 × Werkstückdicke + Einspannlänge

Elektrodenlänge für Hartmetalle:
4,5 × Werkstückdicke + Einspannlänge

4.2.4.2. Elysieren

> Das Elysieren ist ein Abtragen kleiner Werkstoffteile auf elektrolytischem oder elektrolytisch-mechanischem Wege.

Es kann mit oder ohne Gegenstück gearbeitet werden. Man unterscheidet:

- Elysierschleifen,
- Elysiersenken,
- Elysierentgraten,
- Elysierziehschleifen,
- Elysierglätten.

Für die Praxis ist das *Elysiersenken* von Bedeutung (Bild 131).

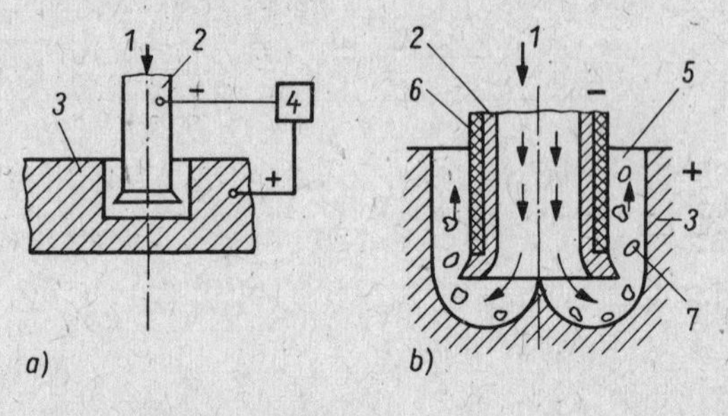

Bild 131. Elysiersenken.
a) Prinzip, b) Schnittzeichnung durch die Elektrode.
1 Elektrolytzufuhr, *2* Elektrode, *3* Werkstück, *4* Generator, *5* Elektrolyt, *6* Isolierung, *7* abgetragene Werkstoffteilchen

Die Elektrode wird am Kopf nach dem herzustellenden Querschnitt gefertigt, wobei sie aber etwa 0,2 mm kleiner ausgeführt wird. Hinter dem Kopf ist die Elektrode isoliert, so daß der Arbeitsprozeß nur am Kopf stattfindet und nicht am Schaft. Werkstück und Elektrode werden so an einen *Gleichstromgenerator* angeschlossen, daß das Werkstück zur Anode (+) und die Elektrode zur Katode (−) wird. Die Arbeitsspannung beträgt 5...20 V, die Stromstärke bis zu 20 000 A. Der *Elektrolyt* (Kochsalz- oder Schwefelsäurelösung) wird durch die Elektrode hindurchgepumpt (mit 2,5 MPa), so daß er durch den Spalt am Kopf der Elektrode und dem Werkstück hindurchfließt. Beim Vorbeiströmen der Lösung an der Werkstückfläche wird der Werkstoff elektrochemisch gelöst und vom Elektrolyt abtransportiert. Für die *Abtragleistung* gilt das elektrochemische Äquivalent (Tabelle 19). Die theoretischen Werte werden in der Praxis nicht erreicht, da Energie durch Joulesche Wärme und die Bildung von Gasen (Sauerstoff, Wasserstoff) im Elektrolyt verbraucht wird. Als praktischer Wert ergibt sich bei der Bearbeitung von Stahl mit 10 000 A eine *Abtragsleistung* von etwa 16 cm³ / min. Zu erreichen sind *Rauhtiefen* von 2...4 µm und *Werkstücktoleranzen* von 0,05 bis 0,08 mm.

Tabelle 19. Elektrochemische Äquivalente (Abtragleistung für verschiedene Metalle bei 10 kA)

Metall	Al	Cr	Cu	Fe	Mo	Ni	Ta	Ti	W
Abtragleistung cm³ / min	21,0	22,5	22,0	22,0	19,6	20,6	17,0	21,9	20,0

Die *Elysiermaschine* besteht aus der Stromversorgung, der Elektrolytversorgung und der Einrichtung zur Konstanthaltung des Arbeitsspaltes. Anwendung findet das Elysieren besonders für die Bearbeitung harter Werkstoffe, in die komplizierte Durchbrüche und Gravuren eingearbeitet werden müssen.

4.2.4.3. Abtragen durch energiereiche Strahlung

Beim Abtragen durch energiereiche Strahlung erfolgt ein Schmelzen und Verdampfen von Material an örtlich begrenzten Zonen mittels impulsförmig oder kontinuierlich einwirkender Strahlen.

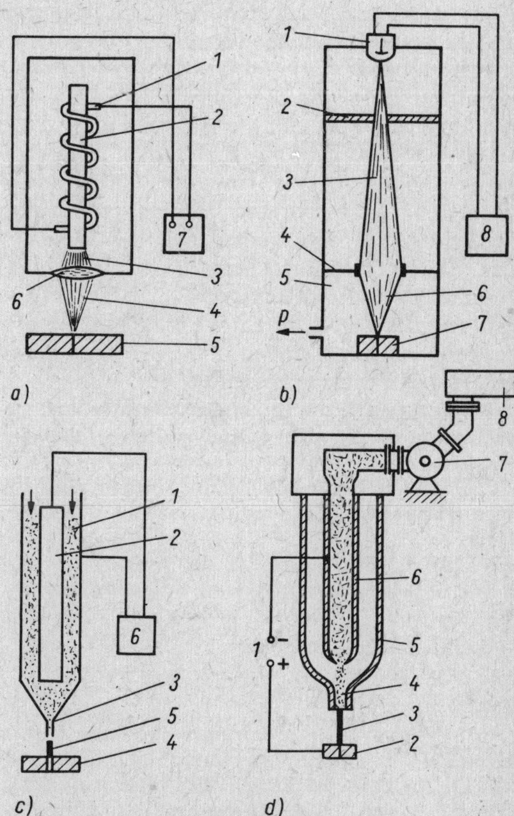

Bild 132. Abtragen durch Strahlen hoher Leistungsdichte.
a) Abtragen durch Photonenstrahl (Laser). *1* Blitzlichtlampe, *2* Rubinstab, *3* Laserstrahl, *4* fokussierter Laserstrahl, *5* Werkstück, *6* optische Linse, *7* Impulsgenerator.
b) Abtragen durch Elektronenstrahl (Elektronieren). *1* Katode, *2* Anode, *3* Elektronenstrahl, *4* magnetische Linse, *5* Vakuum, *6* fokussierter Elektronenstrahl, *7* Werkstück, *8* Hochspannungsgenerator.
c) Abtragen durch Ionenstrahl. *1* Gas, *2* Katode, *3* Düse (Anode), *4* Werkstück, *5* Plasmastrahl, *6* Generator.
d) Abtragen durch Flüssigkeitsstrahl. *1* Hochspannung, *2* Werkstück (Anode), *3* Flüssigkeitsstrahl (Elektrolyt), *4* Düse, *5* Isolation, *6* Elektrode (Katode), *7* Hochdruckpumpe, *8* Vorratsbehälter für Elektrolyt

Zur Anwendung kommen Elektronen-, Photonen-, Ionen- oder Flüssigkeitsstrahlen mit hoher Leistungsdichte (Bild 132).

Abtragen mit Laserstrahl

Als Laser eignen sich z. B. Rubinlaser. Wird der Rubinstab eines solchen Lasers mit einem Lichtblitz bestrahlt, dann nehmen eingebrachte Chromatome den Anteil an grünem Licht als elektromagnetische Energie auf. Bei der Absorption der Energiequanten werden die Elektronen auf höhere Bahnen gehoben und fallen spontan unter Aussendung *(Emission)* von Lichtquanten *(Photonen)* in den Grundzustand zurück. Diese Photonen regen weitere Cr-Ionen zur Emission von monochromatischen kohärenten Lichtwellen an. Die Photonenemission wird durch die mit einem Impulsgenerator gekoppelte Wendelblitzlichtlampe stimuliert.

Die Bündelung der so erzeugten Laserstrahlen auf Durchmesser der Größenordnung von 0,01 mm ergibt *Energiedichten* bis zu 10^{12} W / cm^2, wodurch der Werkstoff an der Auftreffstelle sofort verdampft wird. Der Laserstrahl kann somit als *thermisches Werkzeug* bezeichnet werden. Sein Einsatz ist vor allem für die Herstellung feinster Bohrungen (Diamantziehsteine, Spinndüsen u. ä.) zweckmäßig.

Abtragen mit Elektronenstrahl

Zum Erzeugen eines Elektronenstrahls werden die Elektronen, die aus einer Katode austreten, durch die Betriebsspannung zwischen Katode und Anode, der *Elektronenstrahlquelle*, beschleunigt. Durch magnetische Fokussierung der Strahlung auf sehr kleine Flächen wird eine außerordentlich große Leistungsdichte erreicht. Die Energie tritt an der Auftreffstelle fast ausschließlich als Wärme in Erscheinung. Sie bewirkt:

- Strukturänderungen,
- Schmelzeffekte,
- Verdampfen.

Durch die *magnetische Fokussierung* wird der Werkstoff in örtlich begrenzter Zone auf hohe Temperaturen gebracht. Ob er dabei verdampft oder flüssig wird, hängt von der Einwirkungsdauer und von der Leistungsdichte der Strahlung ab. Demzufolge ist es möglich, mit dem Elektronenstrahl zu schweißen oder Material durch Verdampfen abzutragen. Da im Vakuum gearbeitet wird, ist eine chemische Verunreinigung ausgeschlossen.

Die Bearbeitung mit dem Laser- und Elektronenstrahl spielt in der Mikroelektronik bei der Herstellung der Bauelemente eine große Rolle. So kann man beispielsweise aufgedampfte Widerstandsnetze mit Hilfe des Elektronenstrahls genau auf den vorgeschrieben Widerstandswert abgleichen, indem man mit dem Strahl, bei laufender Widerstandsmessung, soviel Material wieder »abdampft«, daß der richtige Wert erreicht wird.

Abtragen mit Plasmastrahl

Unter einem *Plasma* wird ein durch Erhitzen ionisiertes Gasgemisch verstanden, dessen Atome infolge Emission, Absorption und Stoßanregung in ständiger Wechselbeziehung stehen. Für den Werkstoffabtrag werden hauptsächlich *thermische Plasmen* verwendet, die durch Erhitzen eines Gasgemisches (Arbeitsgas) entstehen. Wird zwischen der Katode und der als Düse ausgebildeten Anode eines *Plasmabrenners* ein Gasgemisch gezündet, so bildet sich ein Lichtbogen aus. Das Arbeitsgas verbrennt, wobei die Verbrennungsreaktionen des Gasgemisches stark exotherm verlaufen. Die Verbrennungswärme führt zur Ionisierung des Gasgemisches, und es bildet sich ein elektrisch leitendes Plasma aus. Je nach Arbeitsgas erhält man Temperaturen des Plasmastrahls bis zu 25 000 K. Das häufigste Arbeitsgas ist Wasserstoff.

Abtragen mit Flüssigkeitsstrahl

Das Abtragen mit einem Flüssigkeitsstrahl (z. B. Wasser oder Elektrolyt) zeigte im Versuchsstadium erfolgreiche Ergebnisse, so daß auf diesem Gebiet noch Verbesserungen zu erwarten sind. So vermag ein mit 3...4facher Schallgeschwindigkeit aus einer *Feinstrahldüse* von etwa 0,1 mm Durchmesser austretender Wasserstrahl Stahlblech zu schneiden. Mit Elektrolyt als Trägerflüssigkeit wurden Bohrungen von 0,12 mm Durchmesser 12,5 mm tief in hochlegierte Stähle gebohrt, so daß auch dieses Verfahren in Zukunft für die Fertigungstechnik geeignet sein wird.

5. Fügen durch Schweißen

Unter *Schweißen* versteht man die Vereinigung gleicher oder ähnlicher Werkstoffe, die an der Schweißstelle mit dem Grundmaterial eine innige Verbindung (unlösbare Verbindung) eingehen.

Das Schweißen erfolgt durch das Aneinanderpressen erwärmter bildsamer Metalle *(Preßschweißen)* oder durch das Schmelzen der zu verschweißenden Werkstoffflächen *(Schmelzschweißen)*. Das Verschmelzen wird mit oder ohne Zusatzwerkstoff vorgenommen.

5.1. Gasschweißen (Autogenschweißen)

5.1.1. Schweißbrenner

Durch den *Schweißbrenner*[30]) wird das Brenngasgemisch zugeführt und die Gaszufuhr reguliert. Man unterscheidet:

Gleichdruckbrenner

Gleichdruckbrenner arbeiten meist mit dem Brenngas *Acetylen.* Die Gase Sauerstoff und Acetylen strömen mit annähernd gleichem Druck der Mischkammer (Bild 133) zu. Durch die Anordnung der Bohrungen bilden sich Wirbel, und damit ergibt sich ein gutes Gemisch. Dieses Gemisch durchströmt das Brennerrohr und wird am Schweißmundstück verbrannt. Mundstücke für Brenner gibt es in verschiedenen Abmessungen. Die Größe der Bohrung richtet sich nach den zu verschweißenden Blechdicken.

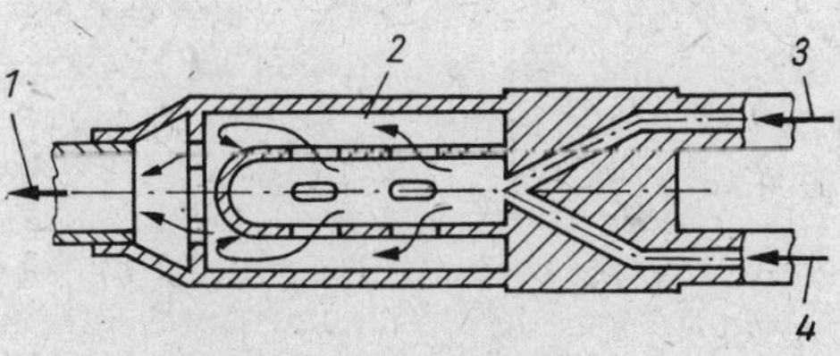

Bild 133. Prinzipskizze des Gleichdruckbrenners. *1* Brenngasgemisch, *2* Mischkammer, *3* Acetylen, *4* Sauerstoff

Gleichdruckbrenner werden meist aus Messing oder Leichtmetall hergestellt.

Injektorbrenner

Beim Injektorbrenner (Bild 134) strömt der Sauerstoff mit einem etwas höheren Druck aus

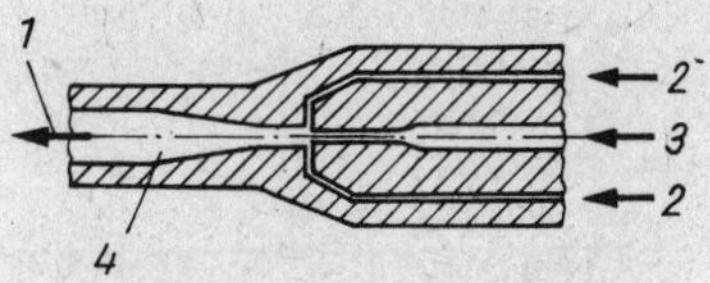

Bild 134. Prinzipskizze des Injektorbrenners. *1* Brenngasgemisch, *2* Acetylen, *3* Sauerstoff, *4* Mischrohr

einer Injektordüse aus und saugt das Acetylengas, das unter einem geringeren Druck steht, an. Beide Gase mischen sich im kegeligen Mischrohr. Zum Schweißen verschiedener Blechdicken wird der Schweißansatz ausgewechselt. Auch Injektorbrenner fertigt man aus Messing oder Leichtmetall an.

5.1.2. Brennereinstellung

Das Sauerstoff-Brenngas-Gemisch tritt mit einer Geschwindigkeit von 120...160 m/s aus dem Mundstück des Schweißbrenners aus. Die *Schweißflamme* hat je nach verwendetem Brenngas eine Temperatur von 2000...3200 °C. Die meist benutzten *Brenngase* sind:
Acetylen, Leuchtgas, Benzendämpfe, Methan, Wasserstoff und Propan.
Praktisch verwendet man als Brenngas:
Wasserstoff für Leichtmetalle, Propan für Blei und Acetylen für Stahl.
Eine gute *Schweißnaht* wird nur erzielt, wenn die Flamme weder einen Sauerstoff- noch einen Brenngasüberschuß hat *(neutrale Flamme).* Bei Sauerstoffüberschuß kommt es zur Entkohlung der Schweißnaht und zu Oxideinschlüssen. Acetylenüberschuß hat die Zuführung von unverbranntem Kohlenstoff und damit unerwünschte Härte und Sprödigkeit zur Folge. Die neutrale Flamme besteht aus dem *Gaskern*, der das unverbrannte Gas enthält, dem *Flammenkegel*, dem *Flammenmantel* und der *Streuflamme.* Aus Bild 135 sind die richtige Einstellung der Flamme sowie die Temperaturzonen bei einer

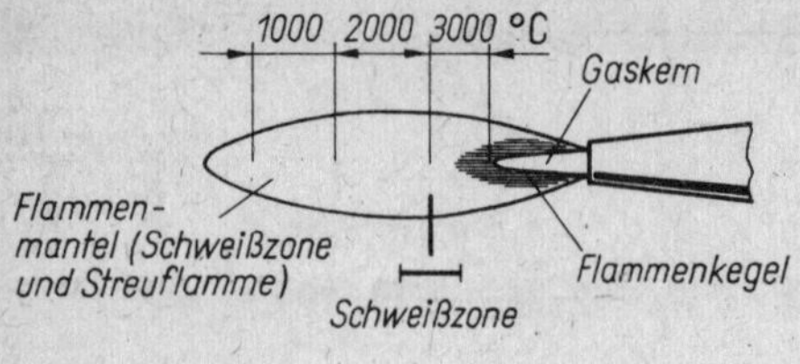

Bild 135. Aufbau und Temperaturzonen der Acetylenschweißflamme

Acetylenschweißflamme zu ersehen. Die Schweißhitze liegt 3...4 mm vor dem Flammenkegel.

5.1.3. Zusatzwerkstoff

Beim Schweißen ist oft ein *Zusatzwerkstoff* erforderlich (meist Schweißdraht), der gegen Korrosion durch einen dünnen Kupferüberzug geschützt wird. Der Zusatzwerkstoff muß die gleichen Eigenschaften aufweisen wie das zu verschweißende Material. Der Zusatzwerkstoff für Gußschweißung ist meist ein gegossener Stab mit hohem Kohlenstoff- und Siliziumgehalt, der den Eigenschaften des Gußeisens Rechnung trägt. Für Nichteisenmetalle sind die Zusatzwerkstoffe entsprechend dem zu verschweißenden Material zu wählen.

5.1.4. Flußmittel

Während Stahl- und Temperguß meist ohne Schweiß- bzw. Flußmittel verschweißt werden, benutzt man für andere Werkstoffe *Borax* ($Na_2B_4O_7 \cdot 10\,H_2O$). Das Schweißmittel richtet sich nach dem zu verschweißenden Werkstoff. Mit Hilfe des Flußmittels sollen die Verunreinigungen sowie die sich bildenden Oxide beseitigt werden. Sie werden in der Schmelze in eine spezifisch leichtere Schlacke übergeführt, die sich dann auf der Schweiße sammelt.

5.1.5. Technik des Schweißens

Eine gut ausgeführte *Schweißnaht* muß bestimmte Anforderungen erfüllen:

1. Durch die Anfertigung der Schweißnaht dürfen keine Spannungen in der Konstruktion hervorgerufen werden.
2. Die Schweißnaht soll den Festigkeitseigenschaften und der Korrosionsbeständigkeit der zu verschweißenden Teile gleichkommen.
3. Die Schweißnaht muß auch äußerlich von guter Qualität sein und keiner besonderen Nacharbeit bedürfen.

Schweißstoß und Schweißnaht

Beim Verbindungsschweißen werden mehrere Teile zu einem Ganzen unlösbar verbunden. Der *Schweißstoß* ist die Verbindungsstelle der zu verschweißenden Werkstücke und wird durch die Lage der Teile gekennzeichnet. Die *Schweißnaht* verbindet Werkstücke über eine größere Länge und ist gekennzeichnet durch die Lage und die Gestalt der Stoßflächen sowie die Art ihrer Vereinigung. Schweißnähte und deren Abmessungen sind standardisiert. Für die zeichnerische Wiedergabe von Schweißnähten gibt es bildliche und sinnbildliche Darstellungen.

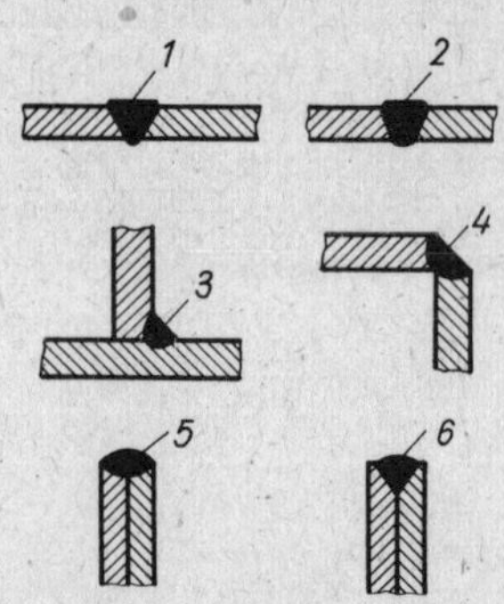

Bild 136. Wichtigste Nahtarten. *1* V-Naht, *2* I-Naht, *3* Kehlflachnaht, *4* Ecknaht, *5* Stirnflachnaht, *6* Stirnfugennaht

Bild 136 veranschaulicht die wichtigsten *Nahtarten*, und Tafel 2 zeigt die wesentlichsten *Schweißstöße*.

Schweißvorgang

Je nachdem, in welcher Richtung der Schweißvorgang erfolgt, unterscheidet man:

Linksschweißung (Bild 137a)

Die Schweißnaht entsteht von rechts nach links, wobei die Flamme den ungeschweißten Schweißstoß vorwärmt. Der Brenner wird kreis-

Tafel 2. Zusammenstellung der wichtigsten Schweißstöße

Stoßart	Anordnung der Teile	Sinnbild	Nahtart
Stumpfstoß	Die Teile liegen in einer Ebene.		Stumpfnaht
Überlapptstoß	Die Teile überlappen sich.	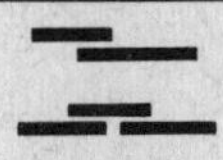	Kehlnaht
Parallelstoß	Die Teile liegen breitflächig aufeinander.	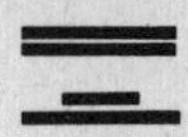	Stirn- und Kehlnaht
T-Stoß	Zwei Teile, davon eines mit seinem Ende, stoßen rechtwinklig aufeinander.		Kehlnaht
Kreuzstoß	Zwei in einer Ebene liegende Teile stoßen je mit einem Ende rechtwinklig gegen ein dazwischenliegendes drittes Teil.	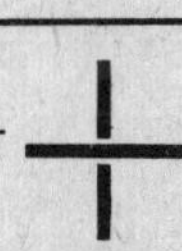	Kehlnaht
Schrägstoß	Ein Teil stößt mit seinem Ende schräg gegen ein anderes.	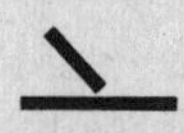	Kehlnaht
Eckstoß	Zwei Teile stoßen mit ihren Enden unter beliebigem Winkel gegeneinander.		Kehlnaht
Mehrfachstoß	Drei oder mehr Teile stoßen mit ihren Enden unter beliebigem Winkel aneinander.	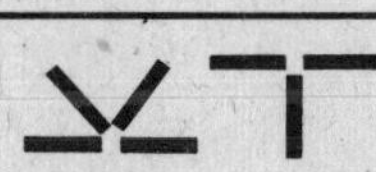	Stumpf- und Kehlnaht

förmig geführt, die Schweißdrahtbewegung ist geradlinig. Anwendung erfolgt für dünne Bleche unter 4 mm und bei Leichtmetallen (gut geeignet für Aluminium). Vorteile sind: schnelle Verteilung der Wärme und Vermeidung von Überhitzung der Bleche.

Rechtsschweißung (Bild 137b)

Die Schweißnaht entsteht von links nach rechts, wobei die Flamme die fertige Schweißnaht (Schweißraupe) warmhält. Der Brenner wird gerade geführt, bei sehr starken Blechen etwas pendelnd. Die Schweißdrahtbewegung erfolgt kreisförmig. Anwendung bei Blechen ab 4 mm.

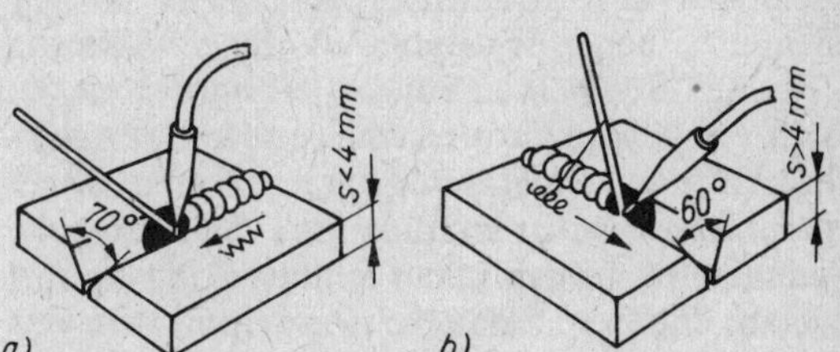

Bild 137. Schweißarten.
a) Linksschweißung, b) Rechtsschweißung

Vorteile sind: höhere Arbeitsgeschwindigkeit, Naht bleibt länger warm und der Werkstoff weich.

5.2. Lichtbogenschweißen

5.2.1. Offenes Lichtbogenschweißen

Bei diesem Schweißverfahren wird der Pluspol der Schweißstromquelle an das Werkstück und der Minuspol an den Zusatzwerkstoff *(Schweißelektrode)* angelegt (Bild 138). Zwischen den Polen (Schweißfuge und Elektrode) wird ein *Lichtbogen* gezogen. Die hohe Wärmeentwicklung bringt die Werkstückkanten und die Elektrode zum Schmelzen. Dadurch wird die Schweißfuge mit geschmolzenem Material ausgefüllt.

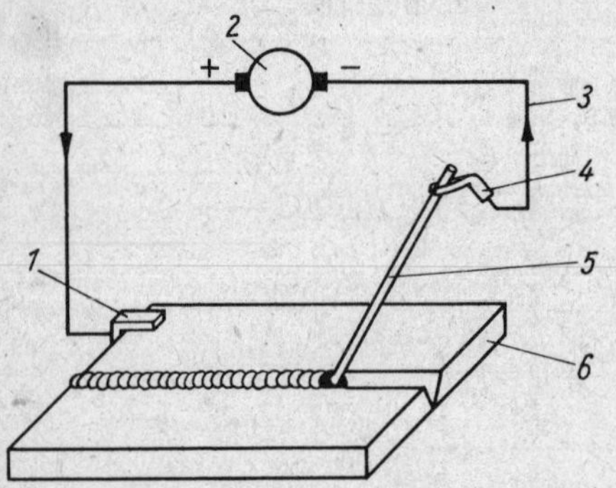

Bild 138. Offenes Lichtbogenschweißen.
1 Werkstückzwinge, *2* Generator, *3* Schweißkabel, *4* Elektrodenhalter, *5* stromführender Zusatzstab, *6* Werkstück

5.2.1.1. Lichtbogen

Der Lichtbogen entsteht auf der Luftstrecke zwischen den beiden Polen. Bekanntlich ist die Luft ein Nichtleiter und muß erst ionisiert werden. Die *Ionisation* wird durch die erste kurze Berührung von Werkstück und Schweißdraht hervorgerufen. Um den Lichtbogen zu stabilisieren und damit ein ruhigeres und besseres Brennen zu erhalten, werden dem Zusatzstab *Umhüllungen* beigegeben, die gut ionisierenden Stoff enthalten.

Von besonderer Bedeutung ist die *Länge des Lichtbogens.* Mit einem kurzen Lichtbogen schweißt es sich leichter als mit einem langen. Die Temperatur beträgt etwa 3400 °C und die des Werkstücks 4000 °C. Wird der Lichtbogen durch Gleichstrom erzeugt, ist die Temperatur am Pluspol 400...600 K höher als am Minuspol. Deshalb wird der Pluspol an das Werkstück gelegt.

Benötigt man Wechselstrom, so wird ein *Schweißumspanner* zwischen Netz- und Schweißstelle geschaltet. Die Zwischenschaltung dieses Gerätes verhindert, daß der Kurzschluß, der beim Zünden des Lichtbogens entsteht, sich auf das Leitungsnetz auswirkt, indem der hohe Widerstand die Größe des Kurzschlußstroms begrenzt.

5.2.1.2. Schweißelektroden

Die *Schweißelektrode*[31]) [32]) ist der beim Schweißen benötigte Zusatzwerkstoff, sie wird in Form eines Metallstabs ausgeführt. Die Zusammensetzung der Elektrode richtet sich nach dem Werkstoff der zu verschweißenden Teile. Elektroden werden für die *Verbindungsschweißung* und für die *Auftragsschweißung* speziell hergestellt.

Die Elektroden werden nach ihrer äußeren Beschaffenheit eingeteilt in:

1. *Blankdrahtelektroden für untergeordnete Schweißungen:*

Das Schmelzbad ist nicht gegen die Atmosphäre geschützt, dadurch sind Aufnahme von Stick- und Sauerstoff, schnelle Erstarrung des Schmelzbades und Behinderung des Ausgasens möglich. Die Folge sind Sprödigkeit und geringere Zugfestigkeit. Die Elektrode wird mit Gleichstrom verarbeitet.
Nach allgemeiner Regel soll der Elektrodenabstand vom Werkstück gleich dem Elektrodendurchmesser sein.

2. *Seelenelektroden:*

In den Kern ist ein mineralischer Stoff eingewalzt, dieser führt dem Lichtbogen beim Abbrennen Ergänzungs- und Schutzstoffe zu. Sauerstoff und Stickstoff werden ferngehalten, die mechanische Güte (Rißempfindlichkeit und Festigkeit) wird günstig beeinflußt.

3. *Mantelelektroden:*

Um den Stahlkern liegt ein Mantel aus mineralischen Stoffen. Der Mantel wird in verschiedenen Dicken ausgeführt. Er hat im wesentlichen folgende Aufgaben:

a) schnelles *Zünden* und ein ruhiges, gleichmäßiges *Abbrennen* des Schweißdrahtes wird durch die ionisierenden Stoffe bewirkt.
b) Um den Zutritt von Stickstoff und Sauerstoff aus der Atmosphäre zu unterbinden, wird die Schweißstelle durch ein *Schutzgas* abgedeckt.
c) *Legierungsbestandteile*, die beim Schweißen verbrennen, werden als Ergänzung dem Schweißgut zugeführt.
d) Es soll eine gleichmäßige *Schlacke* gebildet werden, die die entstehenden Oxide auflöst und zugleich ein schnelles Abkühlen der Naht vermeidet.

5.2.1.3. Blaswirkung des Lichtbogens

Beim Lichtbogenschweißen macht sich eine unangenehme Erscheinung bemerkbar, das *Blasen*. Hierbei beginnt der Lichtbogen zu flackern und weicht von der beabsichtigten Schweißstelle ab. Diese Unregelmäßigkeit tritt vor allem bei der Verwendung von Gleichstrom auf, am stärksten am Anfang und am Ende der Schweißnaht sowie beim Eckenschweißen.

Die Ursachen für das Blasen sind magnetische Kraftfelder, die den stromdurchflossenen Leiter in konzentrischen Kreisen umfließen. Die Kraftlinien erfahren bei senkrechter Stellung des Schweißdrahtes eine Verdichtung, die eine entgegengesetzte Kraftwirkung ausübt und dadurch die Wirkungen am Lichtbogen hervorruft (Bild 139). Diesem Nachteil kann entgegengetreten werden, wenn die Elektrode schräg gegen die Schweißraupe gerichtet oder bei Wechselstrom eine dickumhüllte Elektrode verwendet wird. Hierbei kann die Stromstärke herabgesetzt werden, jedoch darf der Einbrand nicht darunter leiden.

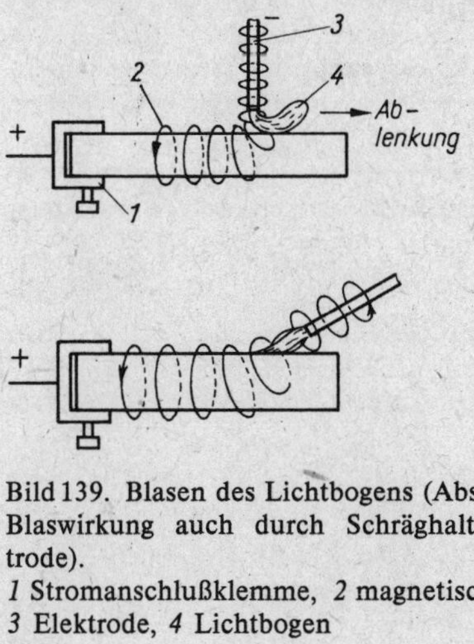

Bild 139. Blasen des Lichtbogens (Abschwächung der Blaswirkung auch durch Schräghaltung der Elektrode).
1 Stromanschlußklemme, *2* magnetische Kraftlinien, *3* Elektrode, *4* Lichtbogen

5.2.1.4. Schweißgeräte

Für das Lichtbogenschweißen wird Gleich- oder Wechselstrom verwendet. Die Schweißspannung beträgt in der Regel 20...80 V. Die Stromstärken liegen zwischen 80 und 500 A. Vorwiegend wird Wechselstrom vom Netz geliefert. Wird Gleichstrom benötigt, so schaltet man einen *Schweißumformer* zwischen Netz und Schweißstelle.

5.2.2. Verdecktes Lichtbogenschweißen

5.2.2.1. Unterpulver-Schweißen (UP-Schweißen)

Vorgang

Der Schweißdraht ist meist verkupfert und wird von einer Drahtrolle der Schweißfuge zugeführt. Die Umhüllung der normalen Schweißelektrode wird durch ein *körniges Schweißpulver* ersetzt. Der Lichtbogen brennt unter einem Schlackenbad, das von geschmolzenem Pulver überdeckt wird (Bild 140).

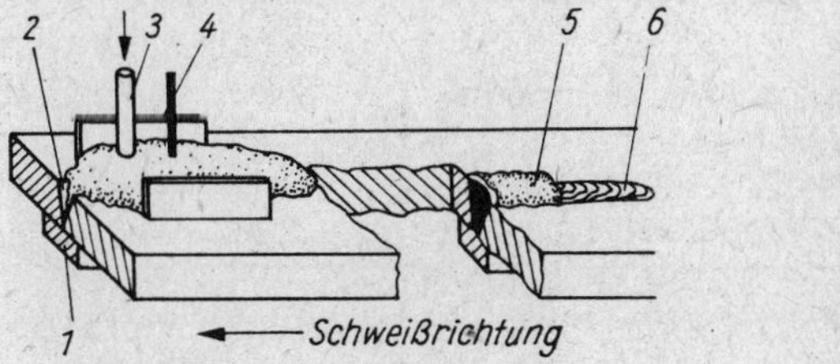

Bild 140. UP-Schweißen.
1 Kupferschiene, *2* Schweißfuge, *3* Zuführungsrohr für Schweißpulver, *4* Schweißdraht, *5* geschmolzenes Schweißpulver (Schlacke), *6* Schweißnaht

Vorteile gegenüber der Handlichtbogenschweißung:

1. kontinuierliche, gleichmäßige, hochwertige Naht,

2. Leistungssteigerung durch Zuführung wesentlich höherer Ströme, größere Schweißgeschwindigkeit und Einbrandtiefe,
3. Einsparung von Schweißdrahtkosten bis zu 60 %,
4. Schweißung großer Stückzahlen und langer Schweißnähte.

Die Wirtschaftlichkeit kann durch zweckmäßige Vorrichtungen erhöht werden.

5.2.2.2. Unterschienen-Schweißen (US-Schweißen)

Das US-Schweißen ist auch unter dem Namen *Elin-Hafergut-Schweißen* bekannt. Es findet beim Verschweißen dünner Bleche Anwendung.

Vorgang

In die vorbereitete V-Naht der Bleche wird eine umhüllte Elektrode *(Mantelelektrode)* mit einer Länge bis zu 1 000 mm eingelegt und an einem Ende gezündet. Sie schmilzt unter einer darübergelegten *Kupferschiene* ab und erzeugt eine saubere Schweißnaht (Bild 141).

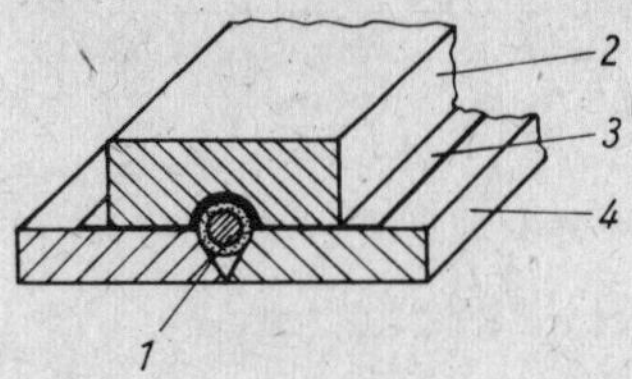

Bild 141. US-Schweißen. *1* Elektrode, *2* Kupferschiene, *3* Papierstreifen, *4* Fügeteile

Tabelle 20 gibt eine Übersicht über die derzeit wirtschaftlichsten Schweißverfahren für Metalle.

Tabelle 20. Wirtschaftliche Schweißverfahren

Bezeichnung	Eignungsbereich	Wirtschaftliche und technische Vorteile
Preßschweißen		
Punktschweißen	Heften dünner Bleche	vorwiegend maschinell bzw. automatisch, Anlernarbeit
Nahtschweißen	dichte Randschweißung, geeignet für Stahlblechheizkörper u.ä.	
Preßstumpf- und Abbrennstumpfschweißen	Verbindung von Profilen und Werkstücken miteinander, Verbindung von Stangenmaterial	gleichmäßig, Einsparung von Arbeitszeit, billiger als Schmieden aus dem Vollen
Schweißen durch Reibung	kleine, auf rotierenden Werkzeugmaschinen gut spannbare Werkstücke	Energieeinsparung
Aluminothermisches Preßschweißen	Schienenstöße und Rohre mittlerer Abmessungen	ohne großen Aufwand einsetzbar, Energiezuführung nicht ortsabhängig
Schmelzschweißen		
Gasschweißen (Autogen)	Blechdicke bis 4 mm üblich, maximal bis 10 mm	einfache und universelle Anwendbarkeit, Erwärmung des Grundwerkstoffs schonender als bei Lichtbogenschweißen
Lichtbogenschweißen		
Handschweißen		
– mit Hochleistungselektroden	geringe Stückzahlen, komplizierte Nahtformen	Einsparung von Elektroden, einfache Schweißnahtvorbereitung
– Bündelschweißen nach Wolodin	Elektroden hohen Widerstands, z.B. austenitischer Stahl	Leistungssteigerung, regelbare Zusammensetzung der Schweißnahtlegierung

Bezeichnung	Eignungsbereich	Wirtschaftliche und technische Vorteile
- abfalloses Lichtbogenschweißen	allgemein beim Handschweißen	Elektroden werden eingespart
- Nasarow-Verfahren	elektrisches Gußeisen-Kaltschweißen	einfache und zuverlässige Technologie
Halbautomatisches UP-Schweißen	geringe Stückzahlen, kurze Nähte	hohe Schweißgeschwindigkeit, relativ billig
Vollautomatisches UP-Schweißen	große Stückzahlen, Nahtlänge ab 2 m, Kehlnähte ab 5 mm Nahtdicke, Stumpfnähte ab 12 mm bis zirka 70 mm Dicke	Strom- und Schweißdrahtverbrauch niedrig, bedeutend geringere Schweißzeit gegenüber Handschweißung
Vollautomatisches US-Schweißen	dünne Bleche mit glatten Nähten	starke Schweißzeiteinsparung gegenüber der Handschweißung
Vollautomatisches ES-Schweißen	Nähte ab 40 mm bis 1 000 mm Dicke, Schmiede- bzw. Stahlgußstücke werden zu einer Einheit verschweißt	gute Energieausnutzung, wirtschaftlicher Schweißpulververbrauch, je stärker die Nahtdicke wird, um so billiger ist dieses Verfahren gegenüber dem UP-Schweißen
Schutzgasverfahren		
Allgemeine Hinweise	legierte Stähle, NE-Metalle, insbesondere Aluminium	kein Lufteinfluß auf die Schweißnaht, daher Reinheit und Korrosionsbeständigkeit
Halbautomatisches CO_2-Verfahren	wie UP-Schweißen	hohe Abschmelzleistung
Arcatomschweißen	alle schweißbaren Stähle, NE-Metalle: Zn, Cu, einschl. GG, I-, Bördel- und Ecknähte	saubere und dichte Nähte, mit und ohne Zusatzstoff
Vollautomatisches WIG-Schweißen	$s \leqq 4$ mm Naht- und Punktschweißung, hochlegierte Stähle sowie Al und seine Legierungen	mit und ohne Zusatzwerkstoff, Zeiteinsparung
Vollautomatisches MIG-Schweißen	$s > 4$ mm, Nahtschweißungen wie WIG	Hochleistungsschweißen, hohe Abschmelzleistung, nur Schweißelektrode
Mikroplasmaschweißen	Folien und dünne Bleche, alle Nahtformen	Fein- und Genauschweißen
Sonderverfahren		
Laserschweißen	Feingerätebau, $s \leqq 0{,}1$ mm	höchste Qualität

5.2.2.3. Elektro-Schlacke-Schweißen (ES-Schweißen)

Sollen große Querschnitte verbunden werden, wird das ES-Schweißen angewendet. Im Maschinenbau beträgt die zu fügende Werkstoffdicke 40...150 mm. Aber auch größere Bauelemente werden mit Hilfe der Elektro-Schlacke-Schweißung zusammengefügt.

Vorgang

Durch Mehrfachanordnung der Elektroden (15 und mehr Schweißdrähte nebeneinander) lassen sich Schweißnähte bis 1 000 mm Dicke herstellen. Die Schweißung wird in vertikaler Form, von unten nach oben stetig fortlaufend, ausgeführt. Hierbei werden in einem *Schlackenbad* eine oder mehrere Elektroden (als füllender Zusatzwerkstoff) abgeschmolzen. Die *Schlackenbadtemperatur* liegt über der Schmelztemperatur des zu verschweißenden Stahles. Das Herausfließen der Schmelze an der senkrechten Wand wird durch stetig mitgeführte, wassergekühlte und federnd anliegende *Kupferbacken* vermieden.
Durch die Wärme der Schlacke wird der Werkstoff geschmolzen. Die fortlaufend zugeführte Elektrode und der Grundwerkstoff tropfen im Schmelzbad ab und bilden den flüssigen *Metallsumpf*. Mit der Aufwärtsbewegung der Kupferbacken wird eine langsame Abkühlung und Erstarrung des Metalls hervorgerufen (Bild 142).

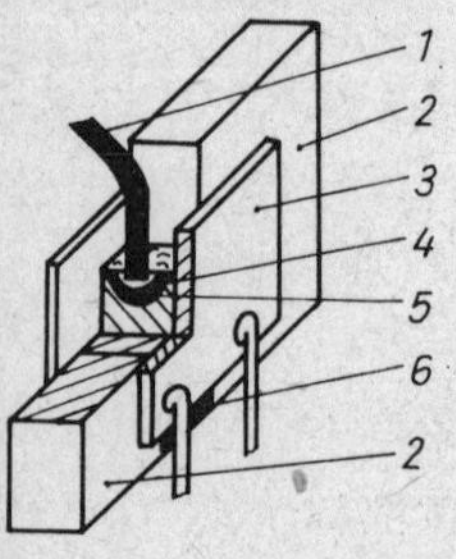

Bild 142. ES-Schweißen. *1* Elektrode, *2* Werkstück, *3* wassergekühlter Formschuh (Schlackenhaltevorrichtung), *4* Schlakkenbad, *5* Schmelzbad, *6* Schweißnaht

5.3. Schutzgasschweißen

5.3.1. Arcatomschweißen

Das Arcatomschweißen ist ein elektrisches *Schmelzbadschweißen*. Es kann von Hand oder teilautomatisch ausgeführt werden (Tab. 20).

Vorgang

Zwei Wolframelektroden sind einander gegenüber angeordnet. Die Zündspannung liegt bei etwa 300 V. Zur Anwendung kommt Wechselstrom. Die Schweißspannung beträgt 60 bis 150 V. Als Schutzgas wird molekularer Wasserstoff (H_2) eingesetzt. Er hat drei wesentliche Funktionen:

- Abschirmen des Schmelzbades gegenüber dem äußeren Sauerstoff,
- Kühlung der Wolframelektroden,
- Wärmetransport zur Schweißstelle.

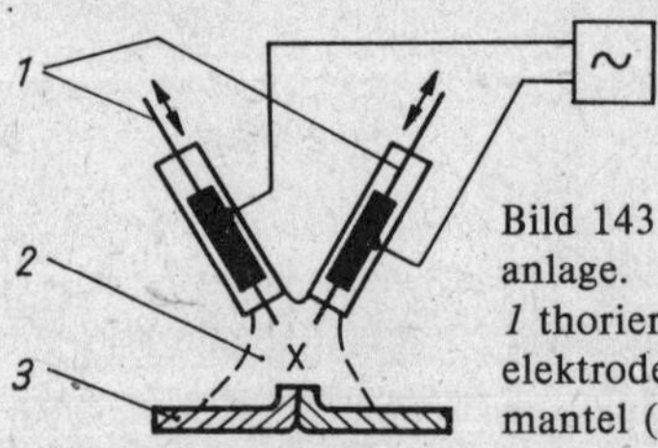

Bild 143. Arcatomschweißanlage. *1* thorierte Wolframelektrode, *2* Schutzgasmantel (H_2), *3* Fügeteile

Bild 143 veranschaulicht den Aufbau einer Arcatomschweißanlage.
Anwendungsmöglichkeiten siehe Tabelle 20.

5.3.2. Wolfram-Inertgas-Schweißen (WIG-Schweißen)

Das WIG-Schweißen eignet sich ausgezeichnet zur Mechanisierung und Automatisierung. Es sind niedrig- und hochlegierte Stähle und NE-Metalle schweißbar (Tabelle 20).

Vorgang

Zwischen dem zu schweißenden Werkstück, der Schweißstelle, und einer nichtabschmelzenden wassergekühlten Wolframelektrode wird ein Lichtbogen gezündet. Dieser erzeugt Wärme, die die gleich- oder verschiedenartigen Werkstoffe im schmelzflüssigen Zustand verbindet. Es kann mit oder ohne Zusatzwerkstoff geschweißt werden. Ein gleichmäßiger *Schutzgasstrom* aus Inertgasen (He oder Ar) schützt die Wolframelektrode und das Schmelzbad vor chemischen Einwirkungen der Atmosphäre. Bild 144 veranschaulicht das WIG-Schweißverfahren.

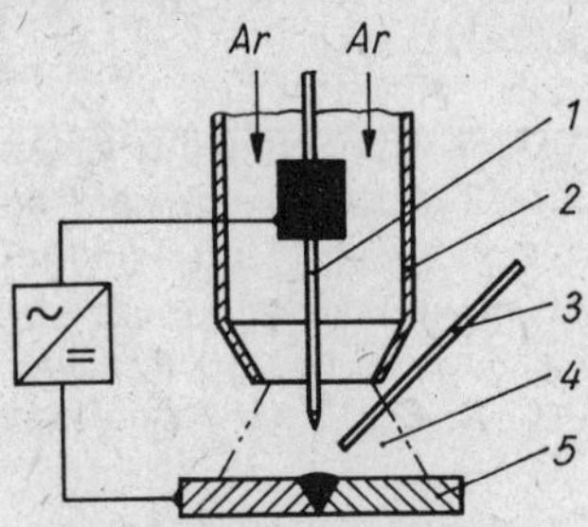

Bild 144. WIG-Schweißen.
1 Wolframelektrode, *2* Schutzgasdüse, *3* Zusatzwerkstoff, *4* Schutzgaskegel, *5* Fügeteile

Spezielle Anwendungen:

- Folienschweißungen,
- Reparaturschweißungen,
- Schweißen von Al- oder Cu-Verbindungen (Leiterverbindungen),
- Schweißen von hochlegierten rost- und säurebeständigen Stählen.

5.3.3. Metall-Inertgas-Schweißen (MIG-Schweißen)

Bei diesem Verfahren wird die vorschubgesteuerte Elektrode durch einen hohen Strom abgeschmolzen (Bild 145). Das Verfahren entspricht dem WIG-Schweißverfahren. Es werden Blechdicken $s > 4$ mm verarbeitet (Tabelle 20). Das MIG-Schweißen läßt sich für das Verbindungs- und Auftragschweißen einsetzen. Bei der Polung erhält der Zusatzwerkstoff den Pluspol und das Werkstück den Minuspol. Dadurch wird ein stabiler Lichtbogen erreicht. Der Werkstoffübergang ist feintropfig ohne Kurzschlußbildung. Als Schutzgas kommt Ar oder He bzw. ein Ar-He-Gemisch zum Einsatz.

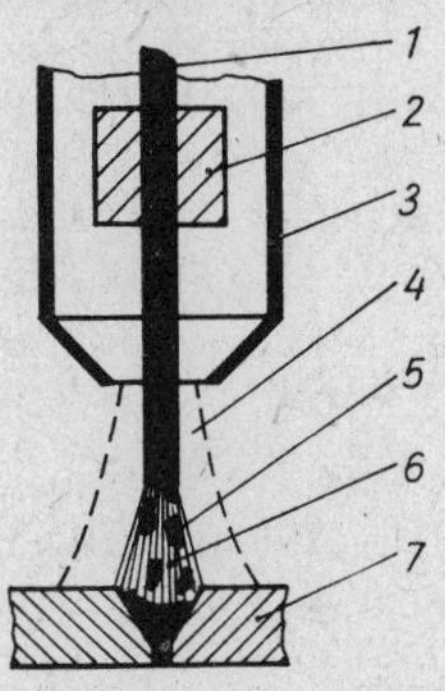

Bild 145. MIG-Schweißen.
1 verzehrbare Elektrode, *2* Kontaktrohr, *3* Gasdüse, *4* Schutzgas, *5* Tropfen von der Elektrode, *6* Lichtbogen, *7* Fügeteile

5.3.4. CO_2-Schutzgasschweißen (SG / CO_2-Schweißen)

Dieses Verfahren kommt vor allem für Bleche mit $s = 1...4$ mm zur Anwendung (Tabelle 20).

Vorgang

Dieses Schmelzschweißverfahren arbeitet mit CO_2 als Schutzgas. Die erforderliche Schweißwärme wird durch einen *Gleichstromlichtbogen* (Kurzlicht-, Langlicht- oder Hochstrombogen) erzeugt. Die anodisch gepolte Drahtelektrode wird durch eine spezielle Vorrichtung gleichmäßig nachgestellt. Um den freiwerdenden Sauerstoff ($2\,CO_2 \rightarrow 2\,CO + O_2$) zu binden, ist die Elektrode mit desoxydierenden Elementen, wie Mangan und Silizium, versehen.
Als Zusatzwerkstoffe werden Elektrodendrähte mit der Abmessung $d = 0{,}6...1{,}6$ mm und der Legierungen 10MnSi5, 10MnSi6 oder 10MnSi8 verwendet. Bild 146 veranschaulicht das Prinzip des CO_2-Schutzgasschweißens.
Anwendungsmöglichkeiten (Tabelle 20)

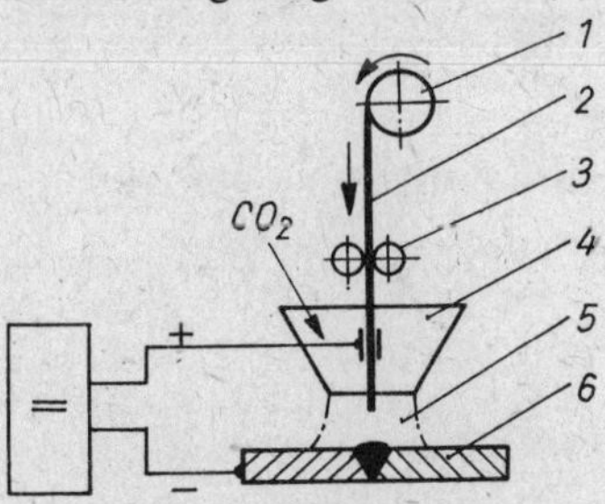

Bild 146. CO_2-Schutzgasschweißen.
1 Drahtrolle, *2* Schweißdraht, *3* Vorschubeinrichtung für Schweißdraht, *4* Gasdüse, *5* Schutzgaskegel, *6* Fügeteile

5.3.5. Mikroplasmaschweißen (MP-Schweißen)

Hochionisiertes und dissoziiertes Gas wird mit dem Begriff *»Plasma«* definiert (s. a. Abschn. 4.2.4.3.). Vorzugsweise wird Argon wegen seiner leichten Ionisierbarkeit sowie seiner geringen Zünd- und Betriebsspannung eingesetzt. Der *Gleichstromlichtbogen* brennt stabil.

Vorgang

Die geringe Durchflußmenge des Plasmagases bildet keinen zuverlässigen Schutz für das Schmelzbad. Deshalb ist eine Zuführung von *Schutzgas* erforderlich. Für alle Stähle sowie Nickel und Nickellegierungen wird ein Gemisch von $Ar + H_2$ verwendet, für austenitische Stähle und Kupfer $Ar + N_2$ als Gemisch. Eine *Schutzgasdüse* leitet das Gemisch zur Schweißstelle. Bild 147 zeigt den grundsätzlichen Aufbau der Anlage. *Energieträger* sind:

- phasenangeschnittener Wechselstrom,
- Gleichspannung oder
- pulsierende Gleichspannung.

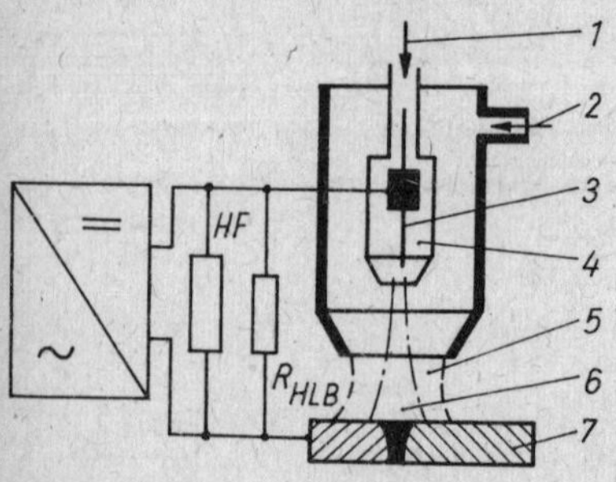

Bild 147. MP-Schweißen.
1 Plasmagas, *2* Schutzgas, *3* Wolframelektrode, *4* Plasmadüse, *5* Schutzgaskegel, *6* Plasmabogen, *7* Fügeteile

Die pulsierende Gleichspannung wird für Folien und dünne Bleche verwendet (Tabelle 20).

5.4. Widerstandsschweißen

Beim elektrischen Widerstandsschweißen werden die zu fügenden Teile an der Schweißstelle (Schweißstoß) infolge eines hohen Übergangswiderstandes erwärmt und im teigigen Zustand durch Druck verbunden. Das Verfahren wird vor allem im Karosseriebau, Waggonbau, Flugzeugbau, Gerätebau, in der Bauindustrie und anderen Produktionszweigen angewendet. Es findet vorteilhaften Einsatz in der Mechanisierung und Teil- und Vollautomatisierung.

5.4.1. Punktschweißen

Beim *Widerstandspunktschweißen* sind die Elektroden stiftförmig ausgebildet. Die Grundform ist im Bild 148 zu erkennen. Für oxydierte Stahlbleche und NE-Metalle wählt man eine ballige Arbeitsfläche. Als Elektrodenmaterial verwendet man Elektrolytkupfer, Legierungen aus Kupfer und Silber, Molybdän und Kupfer, Beryllium und Kupfer (Be-Bronze) sowie Wolfram.

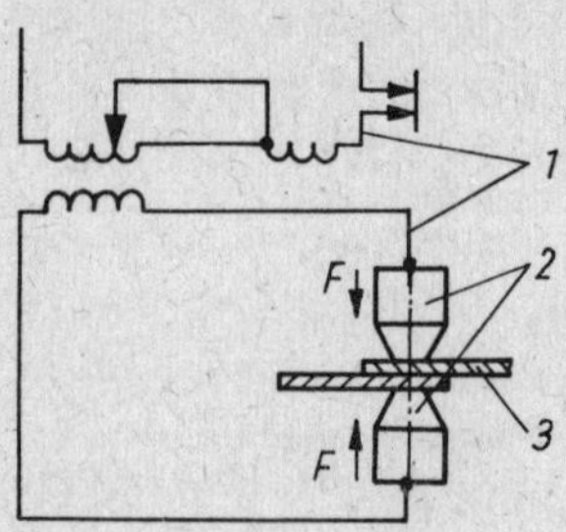

Bild 148. Prinzip einer Punktschweißanlage.
1 Energiequelle, *2* Elektrode, *3* überlappte Fügeteile

Die zu verschweißenden Werkstücke werden überlappt zwischen den Elektroden angeordnet. Bild 149 zeigt die Größen einer Punktschweißstelle:

D Elektrodenschaftdurchmesser,
d_E Elektrodendurchmesser,
d_L Schweißlinsendurchmesser,
h_L Schweißlinsenhöhe,
s Blechdicke,
e_t Elektrodeneindruck.

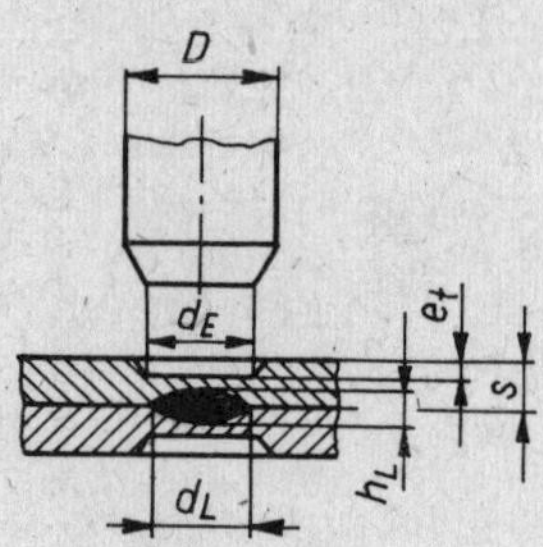

Bild 149. Schweißstelle beim Punktschweißen und Elektrodengrundform

5.4.2. Buckelschweißen

Dieses Verfahren ist dem Punktschweißen ähnlich. Es dient zur Massenfertigung beim Fügen dünner Bleche. Das dickere Blech wird bei der Vorbereitung mit kleinen *Buckeln* versehen.

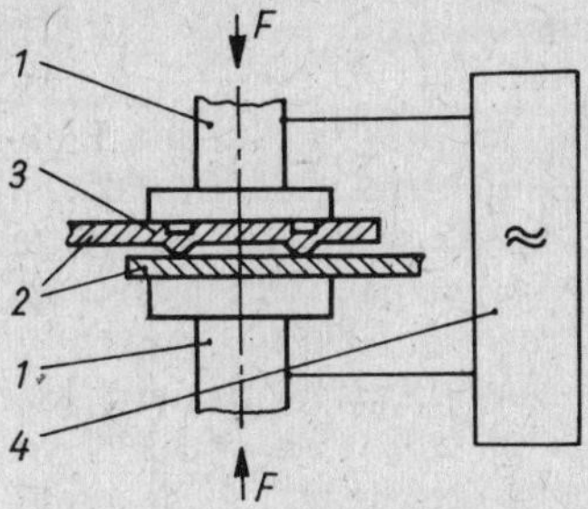

Bild 150. Widerstandsbuckelschweißen. *1* Elektrode, *2* Werkstück, *3* Schweißbuckel, *4* Schweißstromquelle

Beide Teile werden in die Maschine eingelegt (Bild 150), und bei Stromkontakt berühren sich die Fügeteile nur an diesen Buckeln. Die Erhöhungen erwärmen sich beim Stromdurchfluß auf Schweißhitze und werden durch den Druck der Elektroden verquetscht. Beide Teile liegen jetzt ohne Abstand aufeinander und ergeben eine unlösbare Verbindung.

5.4.3. Rollennahtschweißen

Bei diesem Verfahren sind die Elektroden als *Rollen* ausgebildet. Damit ist ein kontinuierliches Nahtschweißen möglich (Bild 151). Der Schweißstrom und der Anpreßdruck werden über die Rollen eingeleitet, die gleichzeitig für den Vorschub der zu verschweißenden Werkstücke sorgen. Punktabstand und Schweißgeschwindigkeit sind den Anforderungen entsprechend einstellbar. So ist es möglich, Heft-, Fest- und Dichtnähte in bester Qualität herzustellen. Die Elektrodenanpreßkraft liegt zwischen 2,5 und 10 kN, die Schweißgeschwindigkeit bei 0,8...4 m / min.

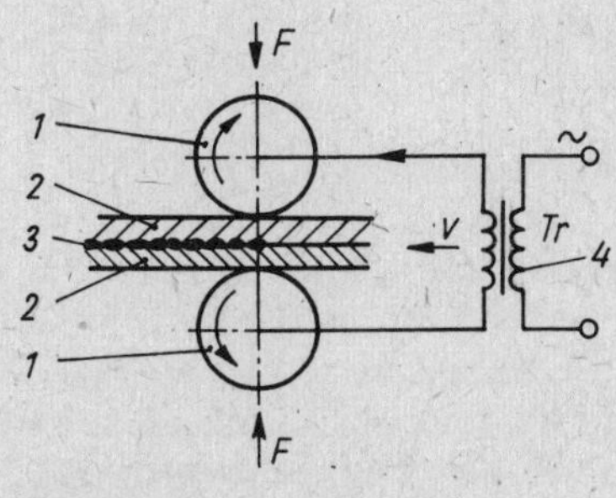

Bild 151. Rollennahtschweißen.
1 Elektrode, *2* Fügeteile, *3* erreichte Schweißnaht, *4* Schweißstromquelle

5.5. Preßschweißen

5.5.1. Preßnahtschweißen

Die zu fügenden Teile sind an den Stoßstellen sauber und parallel zueinander vorbereitet, dann werden die Teile in die Elektrodenbacken gespannt, zusammengepreßt und elektrisch erwärmt. Ist die erforderliche Schweißhitze erreicht, werden unter einmaligem Stauchdruck beide Teile unlösbar verbunden. Die Stauchwulst wird beim Weiterverarbeiten eingeebnet. Beim Verbinden von Betonstahl (Bauwesen) bleibt die Wulst unberücksichtigt (Bild 152).

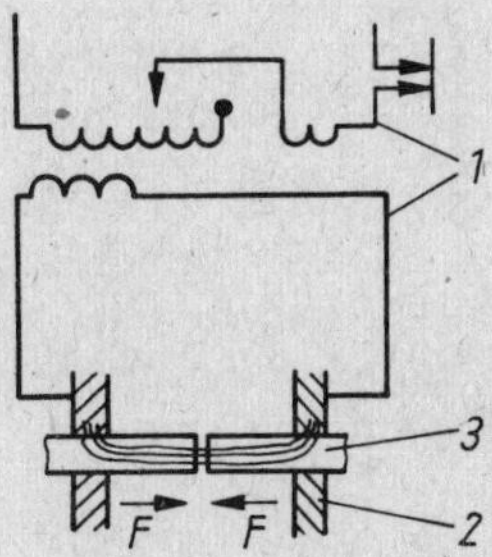

Bild 152. Preßnahtschweißen.
1 Schweißstromquelle, *2* Spannbacken, *3* Fügeteile

5.5.2. Reibungsschweißen

Bei diesem Verfahren wird mechanische Energie in Wärme (Schweißwärme) umgewandelt. Das *Reibungsschweißen* wird dem Preßschweißen zugeordnet.

Vorgang

Ein Schweißteil wird fest eingespannt, während das andere in Rotation versetzt wird (hohe Drehzahl). Durch den axial wirkenden Druck werden beide Teile infolge Reibung sehr hoch erwärmt. Beim Erreichen der Schweißhitze wird die Maschine zum Stillstand gebracht und ein zusätzlicher Schweißdruck auf beide Teile ausgeübt. Hierdurch wird eine innige Schweißverbindung erreicht. Charakteristisch ist die entstehende *Schweißwulst* (Bild 153).

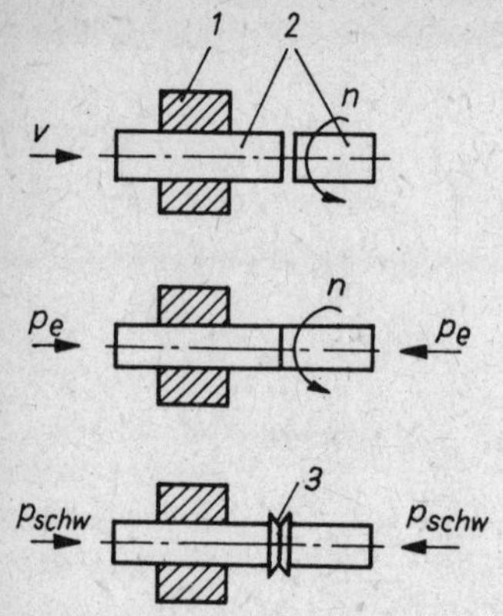

Bild 153. Reibschweißen. *1* feststehende Spannbacke, *2* Fügeteile, *3* Schweißwulst

Kennwerte

- Druck für die Erwärmung	p_e	= 20...200 MPa
- Schweißdruck	p_{schw}	= 50...400 MPa
- Erwärmungszeit	t_e	= 5... 50 s
- Schweißzeit	t_{schw}	= 1... 10 s
- Vollmaterial (rund)	d	= 2...100 mm
- Rohrmaterial	d_R	= 5...300 mm

Die zu verbindenden Flächen sollten durch Sägen, Fräsen, Drehen oder Hobeln vorbereitet werden. Die Abweichung der Parallelität der zu fügenden Teile soll an der Schweißstelle den Wert 3 mm nicht überschreiten.

Anwendungsmöglichkeiten

- Werkstoffkombinationen, z. B. Al und Legierungen, Cu und Legierungen, Cu und Al, Al und St, Cu und St, Ms und St,
- Einsatz- und Vergütungsstähle.

Gut geeignet ist das Verfahren bei der Neuanfertigung von Flanschen, Achsen, Bolzen, Werkzeugen und Schrauben.

5.5.3. Kaltpreßschweißen

Das Kaltpreßschweißen wird in *Kaltpreß-Stumpfschweißen* (Bild 154) und in Kaltpreß-Überlapptschweißen (Bild 155) eingeteilt.
Bei diesem Verfahren erhalten zwei Werkstücke durch Preßdruck eine plastische Deformation mit Formänderungsgraden von > 150 %. Hierbei kommt es auch zu Diffusionsvorgängen, die

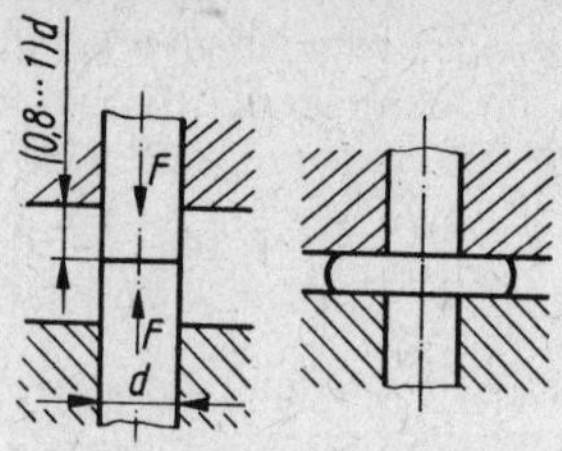

Bild 154. Kaltpreß-Stumpfschweißen

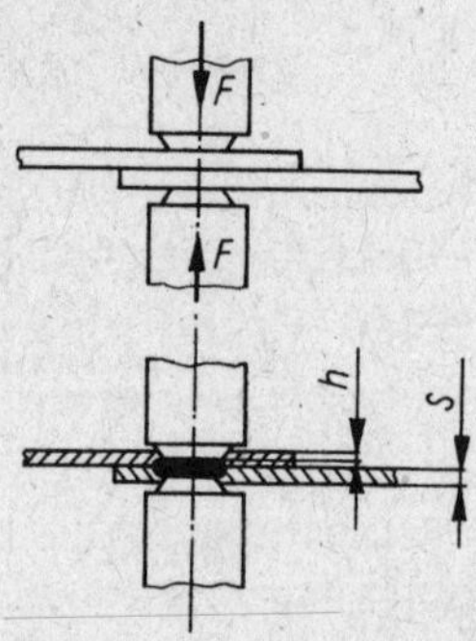

Bild 155. Kaltpreß-Überlapptschweißen

die Fügezone und die angrenzenden Bereiche hinsichtlich ihrer physikalischen Eigenschaften (mechanische Festigkeit – Kaltverfestigung –, elektrische Leitfähigkeit sowie magnetische Eigenschaften) beeinflussen.
Während zum Kaltpreßschweißen von Querschnitten $< 10\ mm^2$ spezielle *Handpreßzangen* ausreichen, müssen für größere Abmessungen hydraulisch oder pneumatisch betätigte Werkzeuge eingesetzt werden. Beide Teile sollen den gleichen Querschnitt aufweisen.

Anwendungsmöglichkeiten

- gleiche Werkstoffe (z. B. Cu, Al, Ni, Au, Ag, Fe, Sn, Ti, Tl, Pb und Pt),
- Werkstoffpaarungen (z. B. Al–Cu, Cu–Ni, Cu–CuZn u. a.)

5.6. Sonderverfahren

5.6.1. Laserschweißen

Als Wärmequelle dienen bei diesen Verfahren impulsartig oder kontinuierlich wirkende *Laserstrahlen.* Sie werden mit Festkörperlasern (z. B. Rubinlaser, YAG-Laser) oder Gaslasern (CO_2-Laser) erzeugt. Durch die Bündelung des Laserstrahles auf kleinste Flächen ergeben sich *hohe Energiekonzentrationen*, die den Werkstoff in extrem kurzer Zeit aufschmelzen (oder beim Trennen verdampfen). Wegen des geringen Wärmeeintrages in die Umgebung der Schweißnaht ist es möglich, Feinstdrähte, Folien und dünne Bänder ($s \leqq 0{,}1$ mm), die in der Elektronik, Mikroelektronik und Feingerätetechnik eingesetzt werden, zu verschweißen.

5.6.2. Ultraschallschweißen

Das *Ultraschallschweißen* wird vor allem zum Verbinden dünner und dünnster Teile eingesetzt. In der Mikroelektronik bietet es erhebliche Vorteile, da sich mit Ultraschall Teile oder feinste Drähte sogar auf bedampfte Schichten aufschweißen lassen. Ein weiteres Merkmal ist, daß sich schwierig zu verschweißende Werkstoffkombinationen mit Hilfe des Ultraschallschweißens relativ problemlos verbinden lassen. Vorteilhaft ist, daß beim Fügen von Metallen fast keine Erwärmung auftritt.

Vorgang

Das Prinzip des Ultraschallschweißens beruht darauf, daß der Ultraschall mit seinen sehr hohen Frequenzen (> 20 kHz) und der im Millimeterbereich liegenden Wellenlänge sich auf sehr kleine Flächen konzentrieren läßt. Hierdurch wird eine sehr hohe Schallstärke (bis zu einigen 10 W / cm^2) erreicht.

Metallschweißen

Der Ultraschall wird parallel zur Fügeebene eingeleitet, d.h., die übereinanderliegenden Bleche werden im Mikrometerbereich ganz schnell gegeneinander gerieben. Dieses Reiben geschieht unter Druck, ohne daß eine wesentliche Erwärmung auftritt (Bild 156).

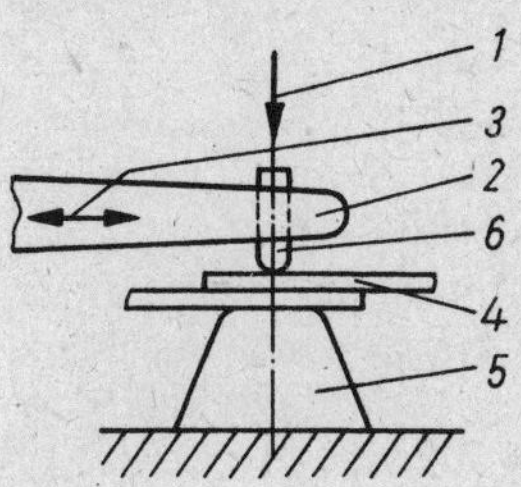

Bild 156. Ultraschall-Metallschweißen. *1* Druckrichtung, *2* Amplitudentransformator, *3* Schwingungsrichtung des Ultraschalls, *4* Fügeteile, *5* Amboß, *6* Sonotrode

Plastschweißen

Die Einleitung des Ultraschalls wird senkrecht zur Fügeebene vorgenommen. Dadurch werden die Teile ganz schnell gehämmert. Der Plastwerkstoff wird an der Nahtstelle erwärmt, durch die Relativbewegungen durchgeknetet und schließlich unlösbar verbunden (Bild 157).

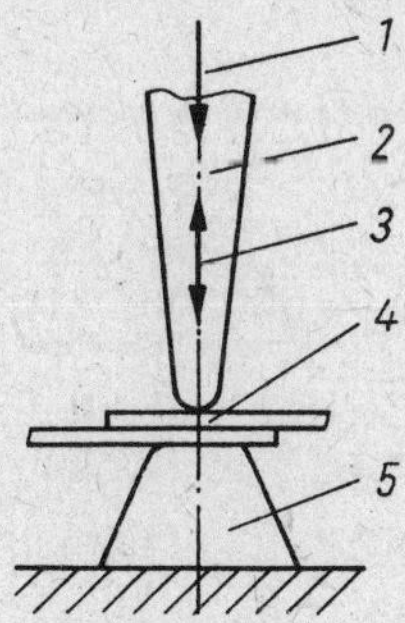

Bild 157. Ultraschall-Plastschweißen. *1* Druckrichtung, *2* Amplitudentransformator, *3* Bewegungsrichtung (Schwingungsrichtung), *4* Fügeteile, *5* Amboß

5.6.3. Perkussionsschweißen

Dieses Schweißverfahren ist eine Kombination von *Lichtbogen-* und *Widerstandspreßschweißen*. Die beiden zu verschweißenden Teile werden durch eine spezielle Einrichtung mit hoher Geschwindigkeit zueinander geführt. Unmittelbar bevor sich die Fügeteile berühren, wird durch die angelegte Arbeitsspannung ein Lichtbogen ausgebildet. Dadurch entsteht ein Schmelzbad, in das die zu fügenden Teile tauchen. Im gleichen Augenblick tritt eine kurzzeitige Wider-

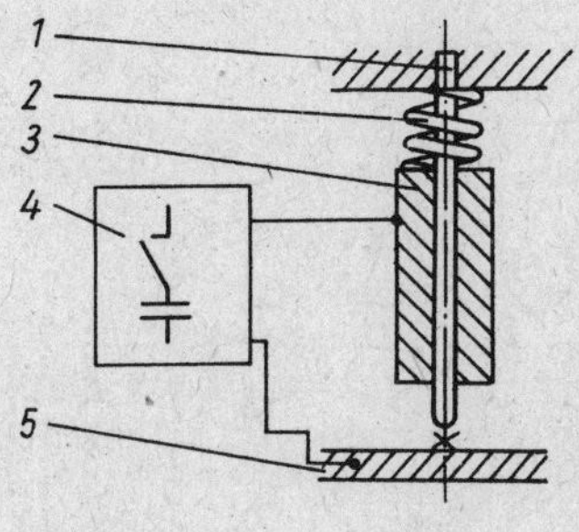

Bild 158. Perkussionsschweißen. *1* aufzuschweißender Draht, *2* Bewegungseinrichtung, *3* Stromzuführungsteil und Spannvorrichtung, *4* Energiespeicher, *5* Fügeteil

standserwärmung ein. Im Zusammenspiel der beiden Hauptfaktoren wird eine einwandfreie und hochwertige Schweißnaht erzeugt (Bild 158).

5.7. Schweißen von Plasten

Schweißbar sind nur *Thermoplaste.* Mit Hilfe entsprechender wärmezuführender Geräte werden sie kurzzeitig in den thermoplastischen Zustand übergeführt und durch einen unmittelbar an der Schweißstelle ausgeübten Druck miteinander verbunden.

Heißgasschweißen

Die Plastizierung bei diesem Verfahren erfolgt mittels eines gerichteten Warmluft- oder Stickstoffstrahls auf die Schweißstelle. Vorwiegend wird ein Zusatzwerkstoff (Schweißdraht) verwendet, der aus dem gleichen Material besteht wie die zu verbindenden Teile. Der erforderliche Schweißdruck wird mit dem Schweißdraht ausgeführt (Bild 159).

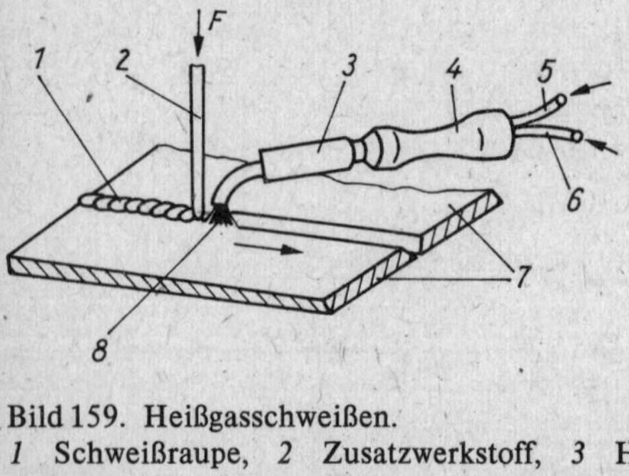

Bild 159. Heißgasschweißen.
1 Schweißraupe, *2* Zusatzwerkstoff, *3* Heizung, *4* Handgriff, *5* Stromzuführung, *6* kaltes Gas (vorwiegend Luft), *7* zu verschweißende Plastplatten, *8* warmer Gasstrahl

Heizkeilmethode

Das Heizelement ist bei diesem Verfahren ähnlich wie ein Lötkolben ausgebildet. Die zu verschweißenden Teile werden beidseitig angelegt, in den thermoplastischen Zustand versetzt, freigegeben und unter Druck zusammengepreßt. Die entstehende Schweißwulst (wie beim elektrischen Widerstandsschweißen) wird erforderlichenfalls abgearbeitet (Bild 160).

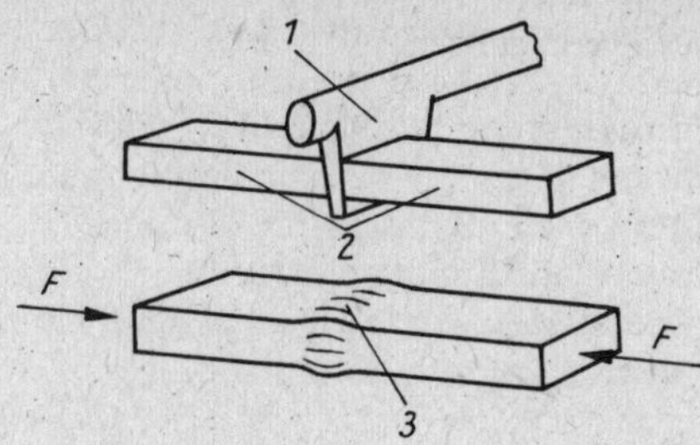

Bild 160. Prinzip des Heizelementschweißens.
1 Heizelement, *2* zu verschweißende Plastteile, *3* Schweißwulst

Heizelement-Schweißmaschine für Folien

Zur Anfertigung von Planen, Verpackungsmitteln, Regenbekleidung u. ä. wurden *Spezialschweißmaschinen* entwickelt. Sie haben ein ausklappbares Heizelement *(Heizkeil)*, Andrückrollen sowie eine Folienführung. In der Massenproduktion werden die Folienzuführung und die Schweißzeit automatisch gesteuert (Bild 161).

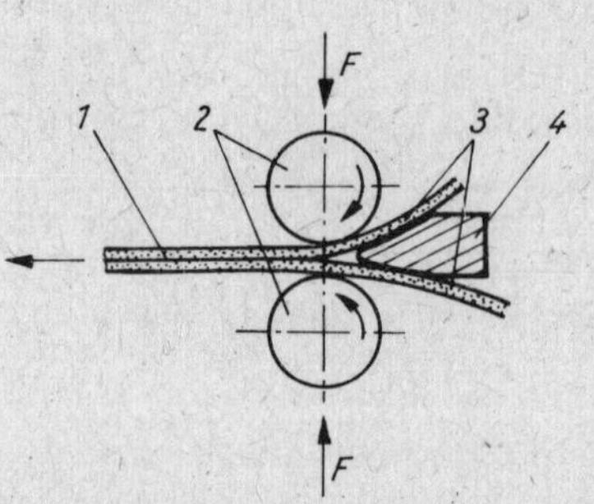

Bild 161. Heizelement-Schweißmaschine für Folien.
1 zu verschweißende Folien, *2* Andrück- und Vorschubrollen, *3* zugeführte Folien, *4* Heizkeil

6. Rationalisierung der Fertigungstechnik

6.1. Vorrichtungen

Vorrichtungen sind Zusatzeinrichtungen bzw. Hilfsmittel zur Herstellung von Werkstücken in der Serien- und Massenproduktion.

Aufgaben der Vorrichtungen

Vorrichtungen sollen folgende wesentlichen Aufgaben erfüllen:

- Reduzierung der Hilfszeiten für das Aufnehmen, Bestimmen, Spannen, Herausnehmen, Messen und Prüfen von Werkstücken,
- Gewährleistung geforderter Herstellungstoleranzen durch sicheres Führen von Werkzeugen,
- Erweiterung der Anwendungsbreite von üblichen Werkzeugmaschinen,
- gegebenenfalls gleichzeitiges Bearbeiten mehrerer Werkstücke mit einmaligem Einspannen,
- Verminderung körperlich schwerer und eintöniger Arbeit sowie Erhöhung der Schutzgüte.

Insgesamt sollen Vorrichtungen dazu dienen, die Fertigungskosten je Werkstück zu senken.

6.1.1. Einteilung der Vorrichtungen

Vorrichtungen lassen sich nach dem *Arbeitsverfahren*, für das sie vorgesehen sind, und nach ihrem *Aufbau* einteilen.

Einteilung nach dem Arbeitsverfahren

Vorrichtungen für die spanende Fertigung

Anreiß-, Zentrier-, Bohr-, Fräs-, Stoß-, Säge-, Räum-, Schleifvorrichtungen u. a.

Fügevorrichtungen

Niet-, Schweiß-, Löt- und Klebevorrichtungen

Prüfvorrichtungen

mit Lehren zum Prüfen der Werkstücke ausgerüstete Vorrichtungen

Montagevorrichtungen

zur effektiven, arbeitserleichternden Montage von Baugruppen und Geräten

Einteilung nach dem Aufbau

Betrieblich gefertigte Vorrichtungen

Baukastenvorrichtungen

Sie bestehen aus mehreren aufeinander abgestimmten Bauteilen oder Bauteilgruppen und lassen sich für verschiedene Werkstückabmessungen nach jeweils entsprechender Montage weiter- und wiederverwenden.

Mehrzweckvorrichtungen

Sie sind bei gleichem Grundaufbau durch die jeweiligen werkstückgebundenen Bestimm- und Spannelemente für verschiedene Arbeitsoperationen an unterschiedlichen Werkstückformen einsetzbar.
Eine besondere Art sind *Mehrzweck-Teileinrichtungen*, die je nach Bearbeitungsaufgabe mit entsprechenden Werkstückspannern oder Vorrichtungen für verschiedene Arbeitsoperationen an unterschiedlichen Werkstückformen verwendbar sind.

Spezialvorrichtungen

Diese Vorrichtungen sind für spezielle Bearbeitungsaufgaben an dafür bestimmten Werkstükken vorgesehen.

6.1.2. Einlegen, Herausnehmen und Bestimmen des Werkstücks

Das *Einlegen* in die Vorrichtung und das *Herausnehmen* des Werkstücks aus der Vorrichtung beeinflussen die Hilfszeit und damit ihre Wirtschaftlichkeit. Zur Verminderung der Einlege- und Herausnahmezeiten ist es erforderlich, daß

- sich die Werkstücke zwanglos in die Vorrichtung einlegen und herausnehmen lassen,
- Aufnahmebolzen oder -bohrungen verwendet werden, die mit Fasen von 30° versehen sind.

Die als *Bestimmen* bezeichnete Herstellung eindeutiger Lagebeziehungen zwischen Werkstück und Werkzeug muß das Einhalten vorgegebener Toleranzen gewährleisten und ein Verspannen des Werkstücks verhindern.
Das Werkstück soll in der Vorrichtung möglichst eine *Punktauflage* erhalten. Dazu werden

Stützen mit kegeligem Schaft (Kegel 1:100) in die Vorrichtung eingepaßt. Für Werkstücke mit ebener Auflagefläche werden *Kuppenstützen*, bei zylindrischer Auflagefläche werden *Kammstützen* und bei kugelförmiger Auflage werden *Flachstützen* eingesetzt. Die seitliche Begrenzung läßt sich durch verstellbare Stützen bzw. Anlagen verbessern (Bild 162).

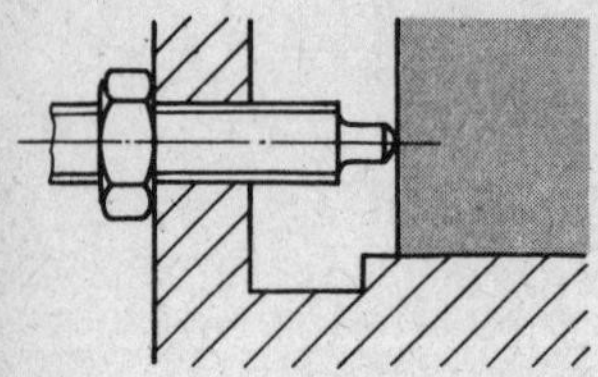

Bild 162. Verstellbare Anlage (Horizontaleinstellung)

Bild 163 zeigt eine als *Wippe* ausgebildete Zweipunktauflage. Wegen der erforderlichen genauen Führung sind die Fertigungskosten relativ hoch.
Wippen können in gewissem Umfang Werkstücktoleranzen ausgleichen und sind anwendbar, wenn die Möglichkeit des Verspannens besteht.

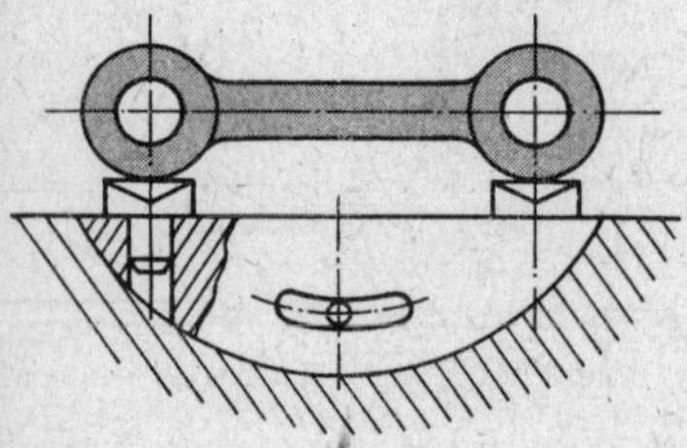

Bild 163. Zweipunktauflage als Wippe

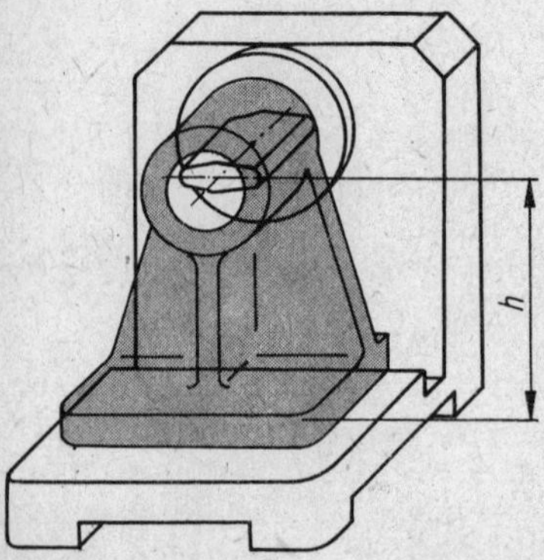

Bild 164. Bestimmen eines Lagerbocks (durch zwei Anlagen bestimmt)

Im Bild 164 ist das Bestimmen für einen *Lagerbock* dargestellt. Die Lage des Werkstücks wird durch Kuppenstützen in der Höhe *h* und durch die bearbeitete Bohrung seitlich bestimmt. Der angeflachte Aufnahmezapfen berührt die Wandung der Bohrung nur an zwei schmalen Flächen, so daß die der Höhe *h* zugeordnete Toleranz eingehalten wird.

6.1.3. Spannen der Werkstücke

Die Vorrichtung muß über *Spannelemente* für das zu bearbeitende Werkstück verfügen. Damit wird gesichert, daß das Werkstück unter der Wirkung der jeweiligen Bearbeitungskräfte seine Lage beibehält. Dabei müssen die Spannkräfte größer als die Bearbeitungskräfte sein. Die erforderlichen Spannkräfte lassen sich z. B. mit Hilfe von Spanneisen, die an die Vorrichtung angeschraubt werden, erzeugen.
Drehteile können zwischen Spitzen, Backen oder Prismen sicher gespannt werden.

6.1.4. Bohrvorrichtungen

Bohrvorrichtungen nehmen innerhalb der Vorrichtungen eine gewisse Sonderstellung ein, da sie sowohl Bohrer, Gewindebohrer, Senker als auch Reibahlen führen können. Anreißen und Ankörnen sind nicht erforderlich, die Bohrer verlaufen nicht. Wesentlichster Bestandteil von Bohrvorrichtungen sind die *Bohrbuchsen* (Bohrführungsbuchsen). Sie werden unterteilt in:

Feste Bohrbuchsen (mit oder ohne Bund)

Sie werden mit Preßsitz in den Vorrichtungskörper eingepaßt und sind nicht auswechselbar. Für den Außendurchmesser wird die Passung $D\frac{H7}{n6}$ und für den Innendurchmesser die Passung $d\frac{F7}{h9}$ angegeben. Das Paßmaß der Bohrer ist h9.
Feste Bohrbuchsen können auch als verlängerte Bohrbuchsen ausgeführt werden, wenn die am Werkstück anzubringende Bohrung einen größeren Abstand von der Buchsenoberkante hat. Bohrbuchsen zur Herstellung von Bohrungen in gekrümmten Teilen werden mit entsprechenden Krümmungen an der Unterkante versehen.

Einsteckbohrbuchsen

Sie lassen sich schnell auswechseln und sind vor allem in der Massenproduktion vorteilhaft. Sie müssen jedoch gegen Herausdrücken, z. B. durch ungenügende Spanabfuhr, gesichert werden.

Zweilochbohrbuchsen (ohne Bund)

Sie werden für nahe benachbarte Bohrungen eingesetzt.

Bauarten

Die *Bohrschablone* ist eine mit Bohrbuchsen versehene, dem Werkstück angepaßte Platte. Die direkt auf das Werkstück aufgesetzte Schablone wird in ihrer Lage durch Paßstifte bestimmt.
Die *Bohrklappe* (Bild 165) ist mittels Scharniers an einer Seitenwand angelenkt. In Verbindung mit einer Spannschraube dient sie gleichzeitig als Spannelement. Das Werkstück wird von der Grundplatte der Vorrichtung bestimmt.

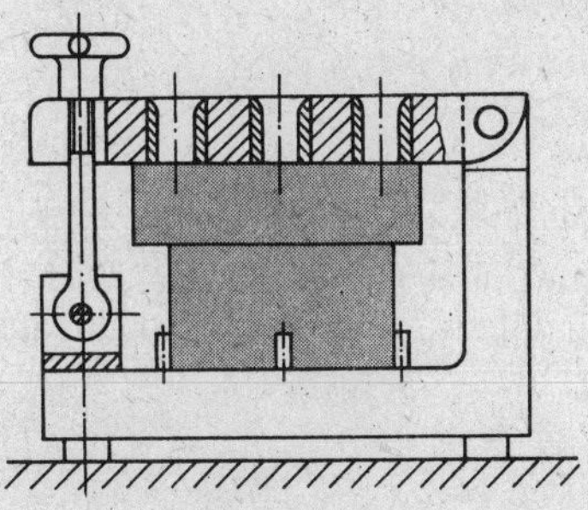

Bild 165. Bohrklappe

Der *Bohrständer* hat im Gegensatz zur Bohrklappe eine starr mit der Seitenwand verbundene Bohrplatte. Mittels einer in der Platte befindlichen Schraube wird das Werkstück gespannt. Das Bestimmen des Werkstücks erfolgt wie bei der Bohrklappe.
Der *Bohrkasten* (Bild 166) ist zum Anbringen von um 180° versetzten Bohrungen vorgesehen.
Das *Bohrführungsgestell* (Bild 167) besteht aus einer durch zwei Säulen geführten Bohrplatte, die durch einen Spannhebel angehoben und abgesenkt werden kann.

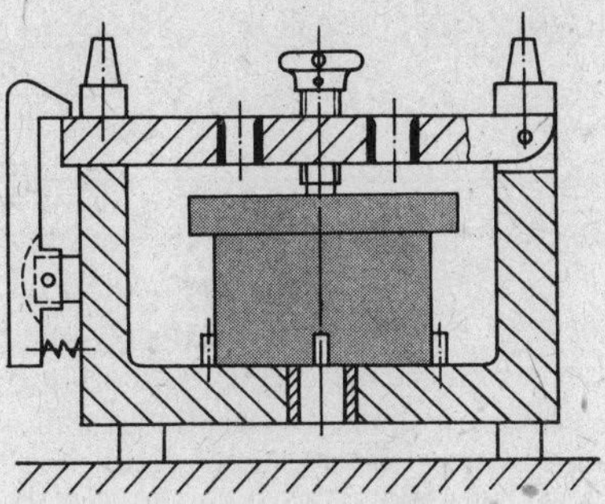

Bild 166. Bohrkasten mit Bohrklappe und Wendemöglichkeit

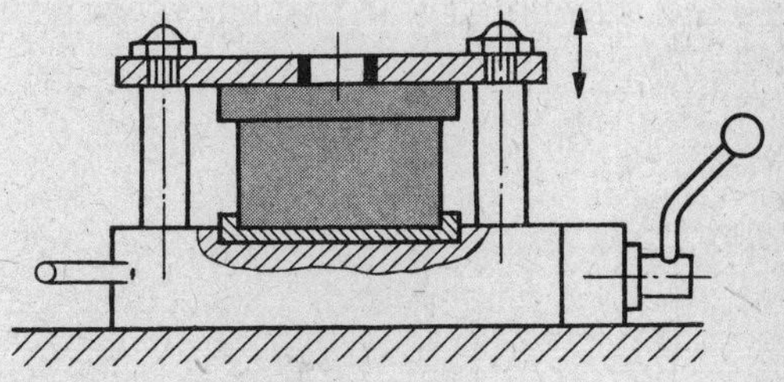

Bild 167. Bohrführungsgestell

6.1.5. Arbeitsschutz

Hinweise für das *arbeitsschutzgerechte Gestalten* von Vorrichtungen:

- Es muß die erforderliche *Hand-* und *Fingerfreiheit* beim Einlegen, Herausnehmen sowie beim Betätigen der Bedienelemente garantiert sein (andernfalls Verletzungsgefahr!).
- Das Bedienpersonal darf mit den Händen nicht in die unmittelbare Nähe laufender Werkzeuge gelangen (*Schutzkorb* anbringen!).
- Anfallende Späne müssen abgefangen bzw. abgeleitet werden (Vorbeugung gegen Augen- oder Handverletzungen).
- *Bedienelemente* dürfen nicht über den unmittelbaren Arbeitsbereich hinausragen (Gefahr des Hängenbleibens, Stoßgefahr).
- Bedienelemente dürfen nicht von der Kühl-

flüssigkeit benetzt werden (Gefahr von Hautkrankheiten, Abrutschgefahr, unangenehmes Arbeiten).
- Vorrichtungen für Schweiß- und Lötarbeiten müssen isoliert sein, und es muß für eine Wärmeabfuhr gesorgt werden (Verbrennungsgefahr).

6.2. Industrierobotertechnik

Die Entwicklung, Produktion und Anwendung von *Industrierobotern* beschränkt sich nicht nur auf komplizierte, hochentwickelte und flexibel einsetzbare Maschinen. In diese Kategorie gehört die Gesamtheit moderner *Handhabetechnik* einschließlich einfacher, mit geringem Aufwand einsetzbarer *Manipulatoren* und *Vorrichtungen* zur Handhabung von Werkzeugen und Werkstücken.
Industrieroboter sind Arbeitsmaschinen, die den Werktätigen vom Zwang des Maschinenrhythmus befreien. Darüber hinaus wird mühevolle, körperlich schwere Arbeit weitgehend vermieden und ein beträchtlicher Leistungsanstieg erzielt.

In die Industrierobotertechnik wird die Gesamtheit von Grundmitteln eingeordnet, die der selbständigen Handhabung von Haupt- und Hilfsprozessen mit dem Ziel der Arbeitskräftefreisetzung dienen.

Die *Greiferarme* können in mehreren Bewegungsachsen Operationen ausführen. Bei der Ausführung sind die Positionierung und der Arbeitsablauf konstant oder frei programmierbar. Man unterscheidet zwischen *prozeßflexibler* und *prozeßspezifischer Industrierobotertechnik*.
Bild 168 zeigt den Aufbau eines Industrieroboters mit feststehendem Tisch. Bild 169 veranschaulicht die Bewegungen des Greiferführungsantriebs. Den Grundaufbau eines Industrieroboters in C-Gestellausführung zeigt Bild 170.

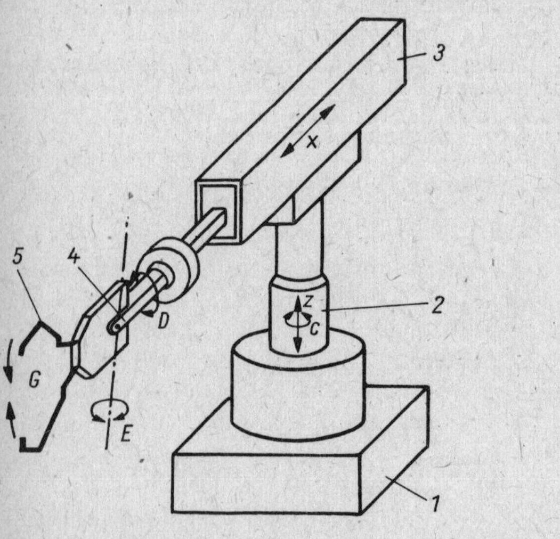

Bild 168. Grundaufbau eines Industrieroboters mit Bezeichnung der Bewegungsrichtungen der Roboterachsen.
1 Gestell, *2* Säule, *3* Arm (Greiferführungsgetriebe), *4* Greifersystem, *5* Greifer

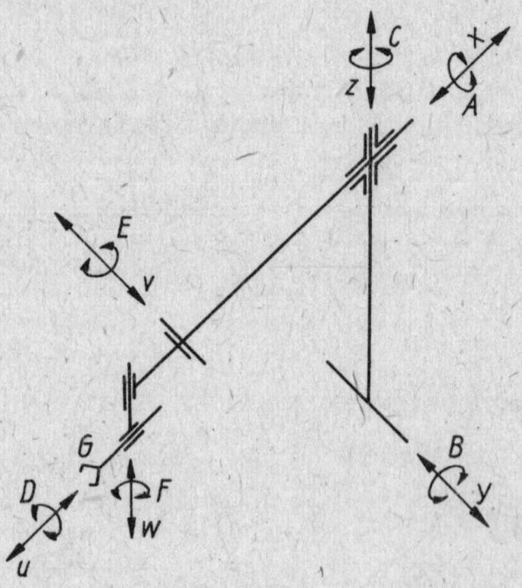

Bild 169. Bewegungen des Greiferführungsgetriebes.
X, Y, Z translatorisch; *A, B, C* rotatorisch.
Bewegungen der Achsen des Greifersystems: *U, V, W* translatorisch; *D, E, F* rotatorisch; *G* Greiferbewegung

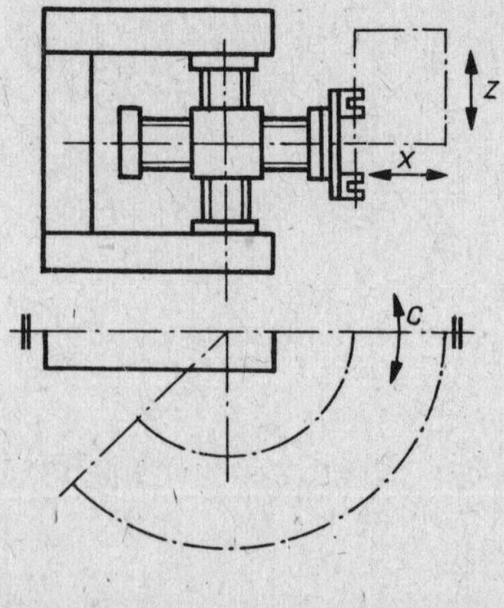

Bild 170. Industrieroboter in C-Gestellausführung

6.2.1. Prozeßflexible Industrieroboter-technik

Hierzu gehören die Industrieroboter, die mit *Punkt-* bzw. *Bahnsteuerung* oder *Sensoren* gesteuert werden.
Sie können universell ausgerüstet werden und sind in einer oder mehreren Achsen und Bahnbewegungen frei programmierbar. Prozeßflexible Industrieroboter enthalten *Linear-* und / oder *Drehachsen-Wegmeßsysteme* zur ständigen Erfassung des Istwertes der verfahrenen Weg- und / oder Winkelgrößen. Man unterscheidet zwei *Varianten der Programmierung:*

Direktes Teach-in-Verfahren

Bei diesem Verfahren wird der Maschine das gezielte (gewünschte) Handhabeprogramm, das *Sollwertprogramm,* vom Werktätigen durch das direkte Führen des Arbeitsorganes vorgegeben und sofort gespeichert. Die an den Linearachsen bzw. Drehgelenken eingebauten Wegmeßsysteme stellen danach die geforderten Bahnsollwerte zur Verfügung. Bei automatischem Betrieb werden in der Steuerung ständig Vergleiche der von den Achsen bereitgestellten Istwerte und der abgespeicherten Sollwerte vorgenommen.

Indirektes Teach-in-Verfahren

Hier wird das Sollwertprogramm mit Hilfe der Schalt- und Bedienknöpfe an der Bedientafel (Bedienblende) der Steuerung eingegeben *(alphanumerische Eingabe).* Häufig wird für die Sollwertvorgabe ein mit der Steuerung verbundenes Handbedienpanel verwendet.

Technisch-ökonomische Kriterien

Prozeßflexible Industrieroboter sind Geräte, die zeitlich *kurzfristig umprogrammierbar* sind und damit günstige Voraussetzungen für den Einsatz in der Klein- und Mittelserienfertigung bieten. Bei dieser Produktionsweise ist eine sich zeitlich ändernde Handoperation erforderlich.
Beispiele für den Einsatz von prozeßflexiblen Industrierobotern:

Industrieroboter für Beschickung

- Beschickung von Werkzeug-Verarbeitungsmaschinen, z.B. in der Glas- und Keramikindustrie,
- Durchführung von Transportprozessen,
- Durchführung von Stapelung und Endstapelung.

Technologische Industrieroboter

- Montage,
- Schweißen,
- Führen von Werkzeugen und Arbeitsgegenständen,
- Farbgebung,
- Schmieden,
- textiltechnische Prozesse.

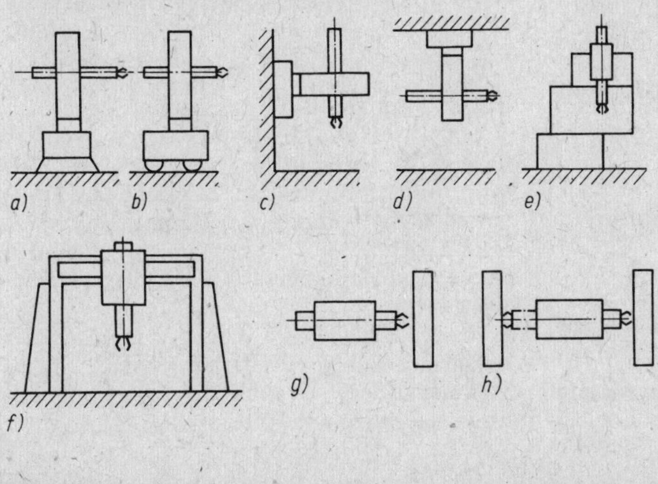

Bild 171. Anordnungskomplex von Industrierobotern.
a) Ständerausführung, b) Fahrausführung, c) Wandbefestigung, d) Dekkenaufhängung, e) maschinenintegrierte Ausführung, f) Portalausführung, g) Einmaschinenausführung, h) Mehrmaschinenausführung

Die Geräte können maschinenangeflanscht (integriert) oder in der Festständer-, verfahrbaren Ständer- bzw. Portalausführung (Bild 171) benutzt werden.

6.2.2. Prozeßspezifische Industrierobotertechnik

Prozeßspezifische Industrieroboter werden speziell für die Rationalisierung und Automatisierung von Ausrüstungen und Produktionsprozessen eingesetzt.
Maschinengebundene Handhabetechnik als konstanter Bestandteil technologischer Ausrüstungen dient zum Magazinieren, Positionieren, Einlegen, Entnehmen, weiterhin zur automatischen Beseitigung von Störungen.
Prozeßgebundene Industrierobotertechnik (bei diesen Robotern wird eine selbständige Handhabetechnik für Beschickungs- und technologische Prozesse vorgenommen) dient der Beschickung, dem Transport sowie technologischen Aufgaben.
Hauptmerkmal der prozeßspezifischen maschinengebundenen Industrierobotertechnik ist die feste Verknüpfung mit der technologischen Ausrüstung der jeweiligen Maschine. Der Industrieroboter wird z. B. eingesetzt als:

- *Einlegegerät* in Sondermaschinen und kompletten Fertigungslinien,
- automatische *Werkstück-* und *Werkzeugwechseleinrichtung*, z. B. an Bearbeitungszentren und Fertigungsstellen,
- als *Entnahmeeinrichtung* in Anlagen der Plastverarbeitung, der Gießereitechnik und der Glas- und Keramikindustrie,
- automatische *Ablauf-* und *Auflaufkörperwechseleinrichtung* in der Textilindustrie,
- *Zuführeinrichtung* für Textilwaschanlagen usw.

6.2.3. Aufbau von Industrierobotern

Für den Anwender sind die Varianten der Anordnungskonzeption zur vorhandenen bzw. zu planenden Grundausrüstung von besonderer Bedeutung (Bild 171).
Wesentliche Aspekte für die *Konzeption* und *Auswahl* der Industrieroboter sind technologische, sicherheitstechnische und bauliche Voraussetzungen, z. B. ob man den Roboter extern zur technologischen Grundausrüstung anordnet oder ob eine maschinenintegrierte Lösung den Vorzug erhält. In jeder Beziehung muß die Schutzgüte der Anlage gewährleistet werden.

6.2.3.1. Vor- und Nachteile von Industrierobotern

Integrierte Form	**Externe Form**
Vorteile:	
- geringer Flächenbedarf, - günstige Maschinenzugänglichkeit, - günstiges kinematisches System (Maschine-Roboter), - Programmier- und Steuersystem kann günstig mit der Maschine gekoppelt werden,	- mehrere Maschinen können bedient werden, - den Erfordernissen entsprechend ausbaufähig, - günstig bezüglich der Zugänglichkeit bei Wartung, Umrüstung usw., - variabel in Arbeitsaufgabe und Aufstellung.
Nachteile:	
- Das Gesamtsystem ist störanfälliger, da komplizierter. - Es können nicht mehrere Maschinen versorgt werden.	- Arbeitsfläche größer, da im peripheren Bereich untergebracht, ist die Unfallgefahr größer - Für Roboter und Maschine ist meist je ein Steuer- und Programmiersystem erforderlich.

6.2.3.2. Antriebe für Industrieroboter

Es kommen *pneumatische*, *hydraulische* und *elektrische Antriebe* für die translatorischen und rotatorischen Bewegungen zum Einsatz. Gegenüber den Antrieben bei Werkzeugmaschinen werden bei den Industrierobotern höhere Anforderungen gestellt.
Es muß ein möglichst schnelles und genaues Anfahren beliebiger Positionen im Arbeitsraum bei kinematischer Unabhängigkeit der geforderten Freiheitsgrade möglich sein.

Konstruktive Anforderungen:

- ausgezeichnete Regelbarkeit,
- hohe Energiedichte,
- geringe Masse,
- geringes Volumen.

Zur Zeit werden vorwiegend *hydraulische* und *pneumatische Antriebe* eingesetzt, da

- umfassende Sortimente an standardisierten Bauelementen, wie Pumpen, Motoren, Ventilen und Hydraulikzubehör, vorhanden sind,
- ein günstiges Masse-Leistungs-Verhältnis vorliegt,
- große Kombinationsmöglichkeiten und optimale Variationen gegeben sind,
- ein ausgezeichnetes Anfahr- und Bremsverhalten innerhalb eines umfassenden Geschwindigkeitsbereiches vorhanden ist.

Bild 172 veranschaulicht *hydraulische Lineareinheiten* (Grundprinzip).

Lineareinheit Bauform »A«:

- vorwiegend für *x*-Achse eingesetzt,

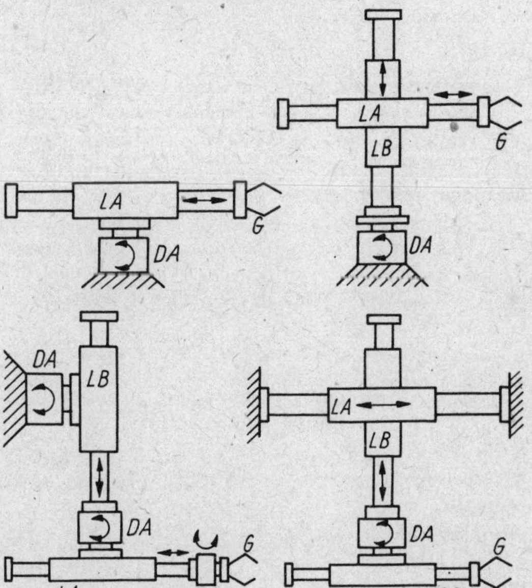

Bild 172. Kombinationsmöglichkeiten der hydraulischen Baugruppen.
LA (Lineareinheit Bauform »A« – für *X*-Achse), LB (Lineareinheit Bauform »B« – für Z-Achse), DA Schwenkeinheit, G Greifer

- Hubgeschwindigkeitsbereich zwischen 0,001 m / s und 1 m / s,
- Handhabemasse etwa 100 kg bei Kolbendurchmesser von 16 mm und Hublänge von 630 mm bei einer maximalen Hubgeschwindigkeit,

Lineareinheit Bauform »B«

- vorwiegend für *z*-Achse eingesetzt,
- maximale Hubgeschwindigkeit 1 m / s,
- Handhabemasse etwa 150 kg bei einem Kolbendurchmesser von 36 mm und einer Hublänge von 710 mm,
- Handhabemasse 150...200 kg bei einem Kolbendurchmesser von 36 mm und einer Hublänge von 710 mm.

Hydraulische Schwenkeinheiten können von 0 bis 270° in Anspruch genommen werden. Beim Einbau von analogen und digitalen Meßsystemen sowie elektrohydraulischen Servosystemen ist es möglich, alle Zwischenpositionen anzufahren.
Die Anwendung von Linear- und Schwenkeinheiten gestattet eine Vielzahl von Kombinationsmöglichkeiten. Damit ist die Anwendungspalette von der einfachen Beschickungseinrichtung bis zum komplexen Industrieroboter mit frei programmierbaren Achsen möglich.

Perspektivisch liegt ein starker Trend zu *elektrischen Antrieben* vor. Ihre Vorteile sind vor allem:

- einfache Energiebereitstellung,
- Filter, Schläuche, Rohrverlegungen entfallen,
- große Leistungsdichte,
- geringes Volumen,
- günstige dynamische Eigenschaften.

Nachteile:

- Man kann die Motoren nicht immer dort anbringen, wo das Drehmoment unmittelbar benötigt wird.

- Dadurch müssen oft zusätzliche mechanische Übertragungselemente zwischengeschaltet werden.

Für die Robotertechnik eignen sich besonders *Schrittantriebe, Gleichstromantriebe* und *Linearantriebe.*

6.2.3.3. Steuerung von Industrierobotern

Ein Hauptbestandteil des Industrieroboters ist die *Steuerung.* Einsatzmöglichkeiten und Funktionsinhalt werden weitestgehend von der technischen Perfektion der Steuerung bestimmt. Aufgabe der Steuerung ist es, die einzelnen zu steuernden Achsen *(Freiheitsgrade)* einschließlich des Greifers in ihrer räumlichen Bestimmtheit, zeitlichen Reihenfolge und Genauigkeit zu koordinieren, damit der im Programm geforderte Ablauf ausgeführt wird.
Die *Steuerelemente* können pneumatischer, hydraulischer oder elektronischer Art sein. Die *elektronische Steuerung* ist die bedeutendste. Sie besteht aus den Hauptfunktionsgruppen *Programmspeicher* und *Programmverknüpfungsteil* mit Leistungselektronik. Die Programmierung erfolgt digital mit Hilfe von Steckerfeldern (Kreuzschienenverteiler), Lochstreifen, Magnetbändern usw.
Eine spezielle Programmiervariante für Industrieroboter ist die *analoge Programmierung* durch eine vom Menschen geführte »Modellbewegung«, deren Ablauf gespeichert und beliebig oft vom Roboter wiederholt werden kann (Teach-in-Programmierung).

6.2.3.4. Sensoren für Industrieroboter

Die Einsatzmöglichkeiten eines Industrieroboters sind variabler, wenn er Umweltinformationen aufnehmen und verarbeiten kann. Damit ist es möglich, daß er sich im begrenzten Maße seiner Umwelt anpaßt. Diese Möglichkeit besteht, wenn eine Ausrüstung mit *Sensoren* vorgenommen wird. Diese reagieren wie die Sinnesorgane des Menschen, sie sind *Meßwertaufnehmer* und können unmittelbar am Roboter, vorwiegend am Greifersystem, angebracht sein (hauptsächlich die berührend wirkenden *taktilen Sensoren*). Die Anwendung als periphere Einrichtung ist möglich.

Anwendungsmöglichkeiten für Sensoren:

- Messen geometrischer Größen, Massebestimmung, Beeinflussung von Fertigungseinrichtungen,
- Bahnverfolgung (z. B. beim Lichtbogenschweißen),
- Sicherung des Umfeldes des Roboters (Schutz gegen Beschädigung einzelner Bauelemente und Mechanismen),
- Regelung bzw. Begrenzung eingegebener Größen (z. B. Anpreßdruck, Abstand usw.),
- Identifizierung, Orten und positionsgerechtes Zuführen von Handhabeobjekten,
- Orientierung des Greifers bzw. des Werkzeugs im Makro- und Mikrobereich, d. h. Korrektur der Ist-Greiferposition zum programmierten Sollwert
- Heranführen des Greifers bzw. des Werkzeugs an Objekte, die in einem großen Toleranzbereich liegen.

Literaturverzeichnis Fertigungstechnik

[1] *Blume, F.:* Einführung in die Fertigungstechnik. 8. Aufl. – Berlin: VEB Verlag Technik, 1988
[2] *Bührdel, C., Frömmer, G.:* Bohren 5. Aufl. – Berlin: VEB Verlag Technik, 1988
[3] *Bührdel, C., Frömmer, G.:* Hobeln, Stoßen. 5. Aufl. – Berlin: VEB Verlag Technik, 1988
[4] *Bührdel, C., Frömmer, G.:* Schleifen. 3. Aufl. – Berlin: VEB Verlag Technik, 1987
[5] *Degner, W.:* Spanende Formung. 11. Aufl. – Berlin: VEB Verlag Technik, 1987
[6] *Golz, W.-D.:* Spanungstechnik. 9. Aufl. – Berlin: VEB Verlag Technik, 1988
[7] *Günther, C., Lothmann G.:* Ur- und Umformwerkzeuge. 7. Aufl. – Berlin: VEB Verlag Technik, 1986
[8] *Herden, G.:* Schweißroboter. – Berlin: VEB Verlag Technik, 1985
[9] *Hesse, S.:* Kleines Lexikon der Industrierobotertechnik. – Berlin: VEB Verlag Technik, 1984
[10] *Höhme, G., Schmidt, H., Teichmann, W.:* Schneid- und Umformmaschinen. 5. Aufl. – Berlin: VEB Verlag Technik, 1988
[11] *Kaulisch, E.:* Drehen. 6. Aufl. – Berlin: VEB Verlag Technik, 1985

[12] *Kulke, W.:* Fertigungstechnik Metall. 15. Aufl. – Berlin: VEB Verlag Technik, 1988

[13] *Kurzbach, H.:* Schweißen. 9. Aufl. – Berlin: VEB Verlag Technik, 1987

[14] *Naundorf, F.:* Fräsen. 7. Aufl. – Berlin: VEB Verlag Technik, 1986

[15] *Primke, K.:* Fachkunde für Schweißer. Band 3. 5. Aufl. – Berlin: VEB Verlag Technik, 1986

[16] *Reinhold, R., Becker, S.:* Superharte Schneidstoffe der Spanungstechnik. – Berlin: VEB Verlag Technik, 1982

[17] *Riege, M.:* Werkzeuge zum Blechschneiden und Blechumformen. 5. Aufl. – Berlin: VEB Verlag Technik, 1987

[18] *Samietz, H., Gottschlag, G.:* Metallbearbeitung. 7. Aufl. – Berlin: VEB Verlag Technik, 1988

[19] *Schwartz, H., Düniß, W., Neumann, M.:* Trennen. 4. Aufl. – Berlin: VEB Verlag Technik, 1979

[20] *Sennß, S. Feuerhak, M.:* Fügen. 3. Aufl. – Berlin: VEB Verlag Technik, 1982

[21] *Thiel, H.:* Vorrichtungen. 10. Aufl. – Berlin: VEB Verlag Technik, 1987

[22] *Thieme, G.:* Fachkunde für Schweißer. Band 1, 2, 4, 23., 4., 4. Aufl. – Berlin: VEB Verlag Technik, 1988, 1987, 1988

[23] *Volmer, J.:* Industrieroboter. 2. Aufl. – Berlin: VEB Verlag Technik, 1981

GW Grundlagen der Werkzeugmaschinen

Von Fachschuldozent Dipl.-Ing. Werner Schlayer, Leipzig

Inhaltsverzeichnis

1. Einführung

1.1. Aufgaben der Werkzeugmaschinen

Werkzeugmaschinen sind *Fertigungsmaschinen*, die mit auswechselbaren Werkzeugen ausgerüstet sind und zur Weiterbearbeitung von Halbfabrikaten zu Maschinenteilen und Gebrauchsgegenständen dienen. Die Oberflächen der Werkstücke können dabei eben, zylindrisch, kegelig oder gekrümmt sein.

Werkzeugmaschinen müssen leistungsfähig sein, wirtschaftlich arbeiten, einen günstigen Wirkungsgrad aufweisen, einfach und unfallsicher zu bedienen sein und eine gute Arbeitsgenauigkeit haben. Die *Hilfszeiten* sollen durch entsprechende Bedienelemente, Eilbewegungen, kraftbetätigte Spanneinrichtungen und Vorrichtungen, Endschalter, Sprungvorschübe usw. klein gehalten werden.

Moderne Werkzeugmaschinen sind nach einem *Baukastenprinzip* aufgebaut (Bild 1) und können für entsprechende Bearbeitungsfälle umgebaut werden. Durch den Einsatz *numerisch gesteuerter Werkzeugmaschinen* wird die Produktivität wesentlich erhöht. Die umfangreichen, komplizierten und empfindlichen Steuerungen erfordern jedoch auf Grund der Einwirkung äußerer Einflüsse (Wärmeentwicklung elektrischer Geräte, Spritzwasser, Späne, Schwingungen und Stöße) besondere konstruktive Maßnahmen. Deshalb sind die Werkzeugmaschinen in eine *Spanungs-* und eine *Steuerungsmaschine* getrennt.

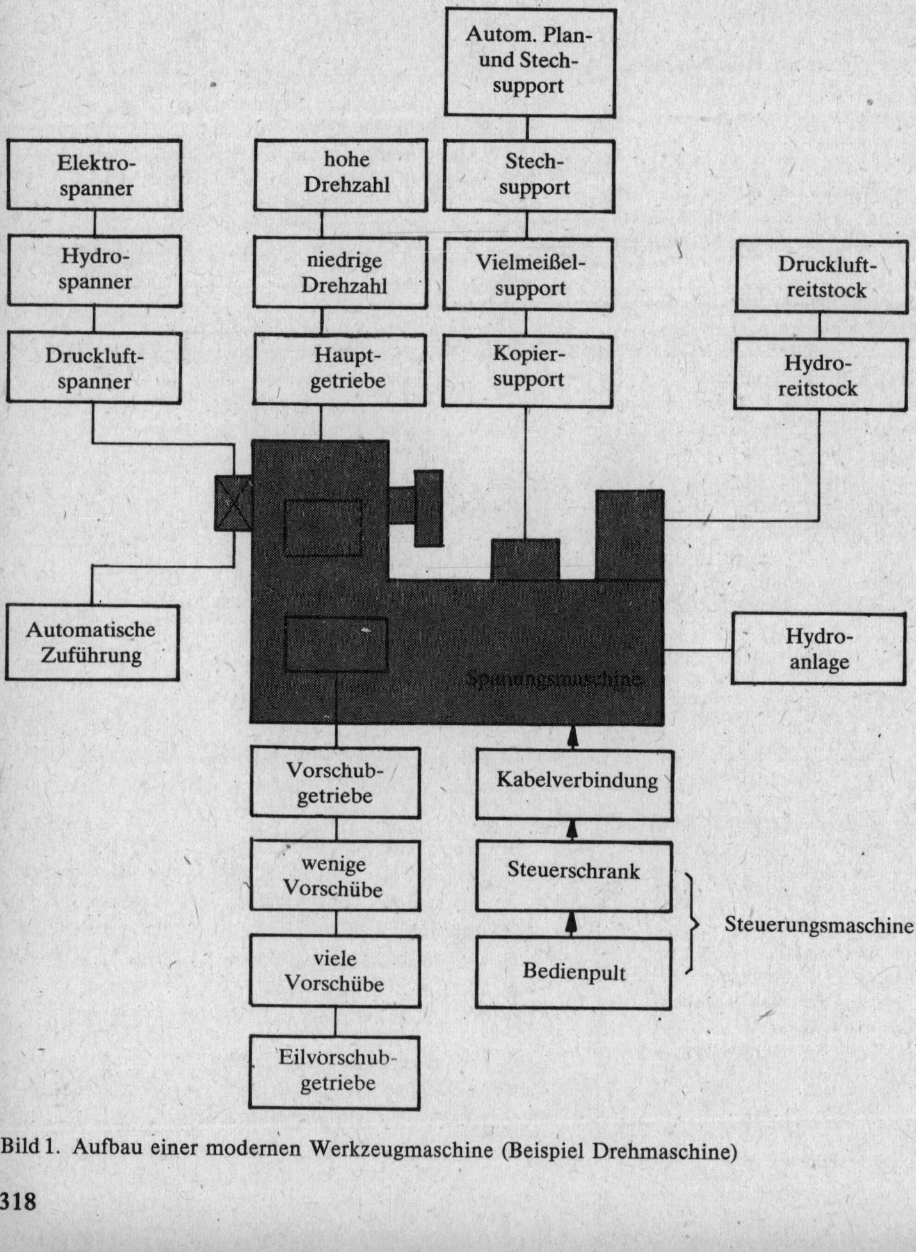

Bild 1. Aufbau einer modernen Werkzeugmaschine (Beispiel Drehmaschine)

Die *Steuerungseinrichtung* ist in einem Schaltschrank untergebracht und mit der Spanungsmaschine über Kabel verbunden. Werkzeugmaschinen werden mit *Kurzzeichen*[1]) benannt.

1.2. Grundsätzlicher Aufbau

Eine Werkzeugmaschine besteht aus:

- dem Bett oder Gestell,
- dem Hauptgetriebe,
- dem Nebengetriebe,
- den Spanneinrichtungen für Werkstück und Werkzeug,
- der Steuerung.

Das *Bett* oder *Gestell* bildet die Grundlage für den Aufbau der Maschine, auf dem die Getriebe, Supporte und sonstige Einrichtungen montiert sind. Bild 2 zeigt einige grundsätzliche Formen von Maschinengestellen.

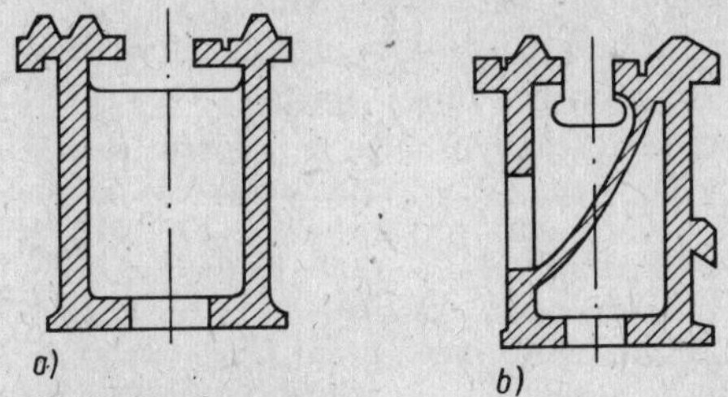

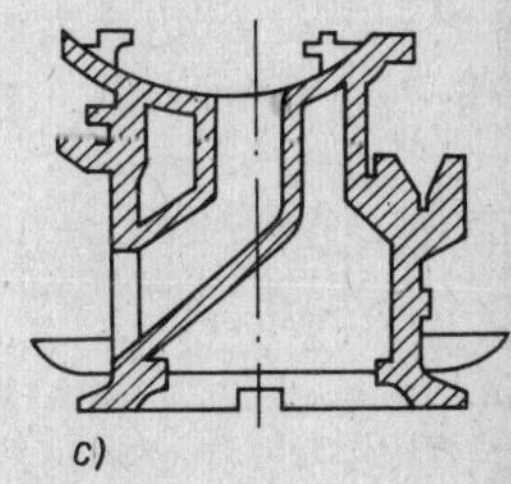

Bild 2. Bettformen an Werkzeugmaschinen. a) Prismenführung, b) Flach- und Prismenführung, c) tiefliegende V- und Flachführung

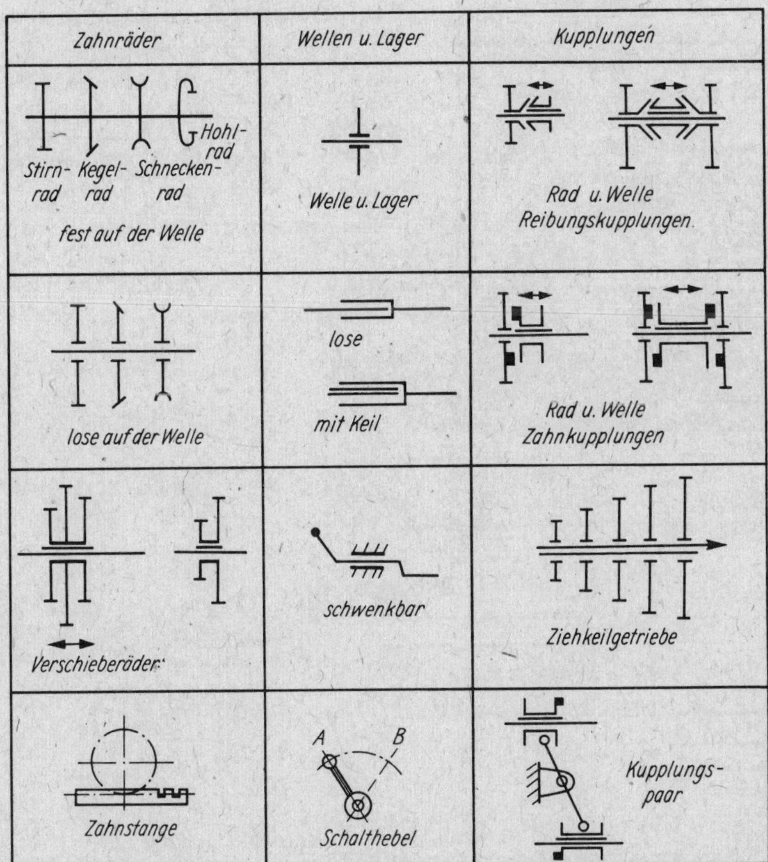

Bild 3. Sinnbilder für Getriebedarstellungen

Das *Hauptgetriebe* dient zur Regulierung der Drehzahlen der Arbeitsspindel. Das *Nebengetriebe* erzeugt die Vorschubbewegung und sonstige Nebenbewegungen an der Maschine. Beide Getriebe sind vorwiegend als *Stufengetriebe* ausgeführt, d. h., die Drehzahlen lassen sich nur in bestimmten Stufen schalten. Der Einsatz stufenloser Getriebe an Werkzeugmaschinen hat den Vorteil, daß die Drehzahlen den Schnittbedingungen angepaßt werden können. Dadurch wird der Arbeitsvorgang wirtschaftlicher und rationeller. Durch die sich ändernden Schnittbedingungen müssen an den Werkzeugmaschinen die Bewegungsabläufe veränderlich sein. Dazu dienen vorwiegend die *Getriebe* und sonstige *Schalteinrichtungen*, die durch die Steuerungen an den Maschinen betätigt werden. Zur Darstellung von Getriebefunktionen benutzt man *Sinnbilder* (Bild 3).

1.3. Getriebe

1.3.1. Getriebe für drehende Bewegungen

Getriebe unterteilt man in *Grundgetriebe* und *Vervielfältigungsgetriebe* (Bild 4). Durch Hintereinanderschaltung der Grundgetriebe können Getriebe gebaut werden, bei denen viele Drehzahlen geschaltet werden können. Die Getriebe sind so aufgebaut, daß sich eine *geometrische Stufung der Drehzahlen* an der Ausgangswelle des Getriebes ergibt:

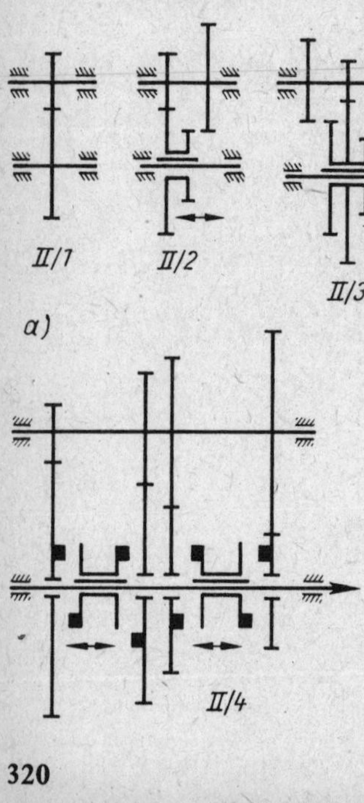

$$n_1; \quad n_1\varphi = n_2; \quad n_1\varphi^2 = n_3; \quad \ldots; \quad n_1\varphi^{z-1} = n_z$$

$$\varphi = \sqrt[z-1]{\frac{n_z}{n_1}} \qquad (1)$$

Der Zusammenhang zwischen Drehzahl, Schnittgeschwindigkeit und Bearbeitungsdurchmesser (z. B. beim Drehen) an den Werkzeugmaschinen ist aus dem *v, d-Diagramm* (Bild 5) ersichtlich.

Zum Zweck der *Typisierung* und *Vereinheitlichung* sind die Drehzahlen standardisiert. Auf der Basis 10 entsteht der *Stufensprung*: z. B.:

$\varphi = 1{,}12;\ 1{,}25;\ 1{,}41;\ 1{,}58;\ 2{,}0;\ldots\ (\sqrt[20]{10} = 1{,}12;\ \sqrt[10]{10} = 1{,}25$ usw.$)$.

In der Tabelle 1 sind die Standarddrehzahlen enthalten, Tabelle 2 gibt die standardisierten Vorschübe für Werkzeugmaschinen wieder.

Im Bild 6 ist der Aufbau eines III / 9-Getriebes dargestellt. Die römischen Zahlen in der Bezeichnung weisen auf die Anzahl der Wellen hin, die arabischen Zahlen geben Auskunft über die Anzahl der Drehzahlen am Ausgang des Getriebes.

Der Aufbau des Getriebes geht aus dem *Getriebebild* hervor (z. B. die Lage der Wellen, die Art der Schaltung, z. B. mit Verschieberädern oder Kupplungen, die Bezeichnung der Zahnräder).

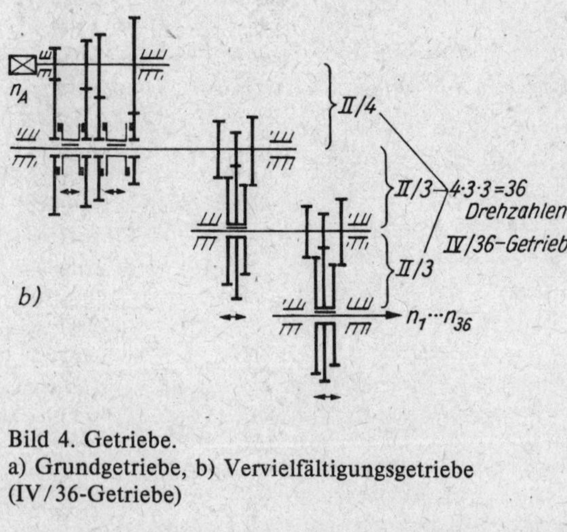

Bild 4. Getriebe.
a) Grundgetriebe, b) Vervielfältigungsgetriebe (IV / 36-Getriebe)

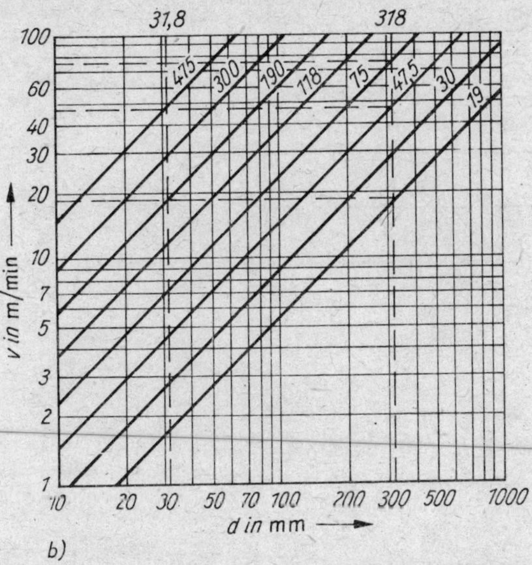

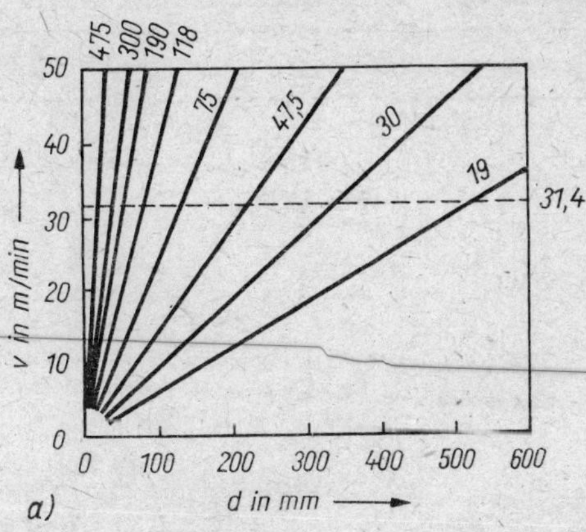

Bild 5. v, d-Diagramm.
a) metrische Darstellung, b) logarithmische Darstellung

Tabelle 1. Standarddrehzahlen

Nennwerte in Umdrehungen je Minute									
Grundreihe	abgeleitete Reihen								
R_{20}	$R_{20/2}$	$R_{20/3}$			$R_{20/4}$		$R_{20/5}$		
$\varphi = 1{,}12$	$\varphi = 1{,}25$	$\varphi = 1{,}41$			$\varphi = 1{,}58$		$\varphi = 2{,}0$		
100									
112	112	11,2				112	11,2		
125			125						
140	140			1 400	140				1 400
160		16,0							
180	180		180			180		180	
200				2 000					
224	224	22,4			224		22,4		
250			250						
280	280			2 800		280			2 800
315		31,5							
355	355		355		355			355	
400				4 000					
450	450	45,0				450	45,0		
500			500						
560	560			5 600	560				5 600
630		63,0							
710	710		710			710		710	
800				8 000					
900	900	90,0			900		90,0		
1 000			1 000						

Tabelle 2. Standardvorschübe

Nennwerte in mm je Umdrehung								
Grundreihe		abgeleitete Reihe			Grundreihe	abgeleitete Reihe		
R_{20}	R_{10}	$R_{20/3}$			R_5	$R_{10/3}$		
$\varphi = 1{,}12$	$\varphi = 1{,}25$	$\varphi = 1{,}41$			$\varphi = 1{,}58$	$\varphi = 2{,}0$		
1,0	1,0		1,0		1,0		1,0	
1,12				11,2				
1,25	1,25	0,125				0,125		
1,4			1,4					
1,6	1,6			16,0	1,6			16,0
1,8		0,18						
2,0	2,0		2,0				2,0	
2,24				22,4				
2,5	2,5	0,25			2,5	0,25		
2,8			2,8					
3,15	3,15			31,5				31,5
3,55		0,355						
4,0	4,0		4,0		4,0		4,0	
4,5				45,0				
5,0	5,0	0,5				0,5		
5,6			5,6					
6,3	6,3			63,0	6,3			63,0
7,1		0,71						
8,0	8,0		8,0				8,0	
9,0				90,0				
10,0	10,0				10,0			

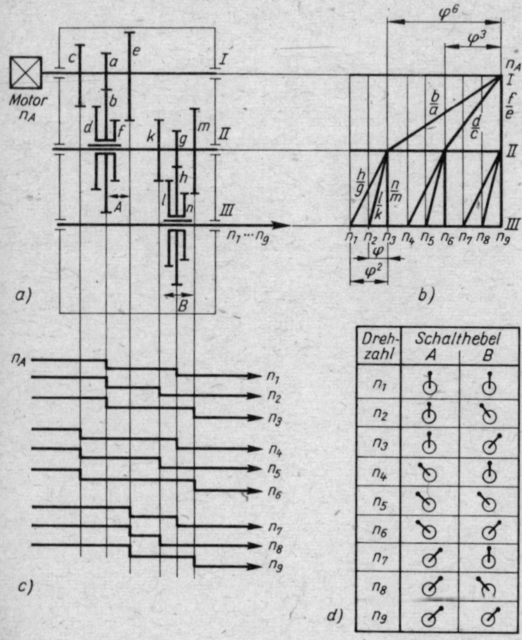

Aus dem *Drehzahlbild* entnimmt man die Übersetzungsverhältnisse und kann damit die Zähnezahlen der Zahnräder festlegen. Im *Kraftflußplan* ist der Kraftfluß bei den einzelnen Schaltstellungen der Räder ersichtlich. Schließlich kann man aus dem *Schaltplan*, der in Form eines Schildes außen am Getriebe angebracht ist, die Stellung der Schalthebel ablesen, um die entsprechende Drehzahl an der Arbeitsspindel zu schalten.
Weitere Getriebe zeigt Bild 7.

Bild 6. III / 9-Getriebe.
a) Getriebebild, b) Drehzahlbild, c) Kraftflußplan, d) Schaltplan

Bild 7. Getriebeformen.
a) Hauptgetriebe einer Werkzeugmaschine mit Drehzahlbild, b) Ausgleichgetriebe, c) Ziehkeilgetriebe, d) Wendegetriebe mit Verschieberädern, e) Wendegetriebe mit Schwenkrädern

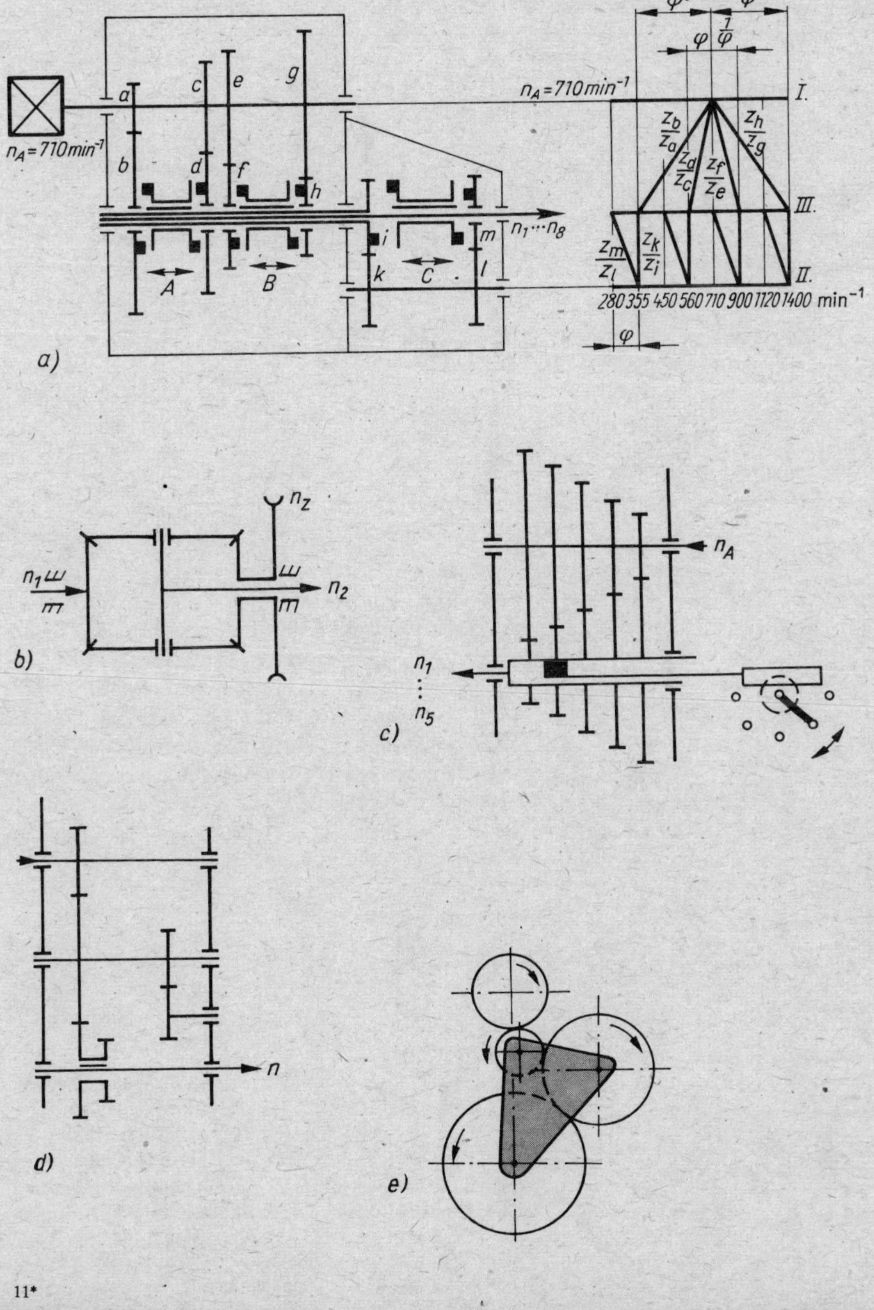

1.3.2. Getriebe für geradlinige Bewegungen

Viele Werkzeugmaschinen arbeiten mit geradliniger Hauptbewegung. Zu diesem Zweck muß die zur Verfügung stehende drehende Antriebs-

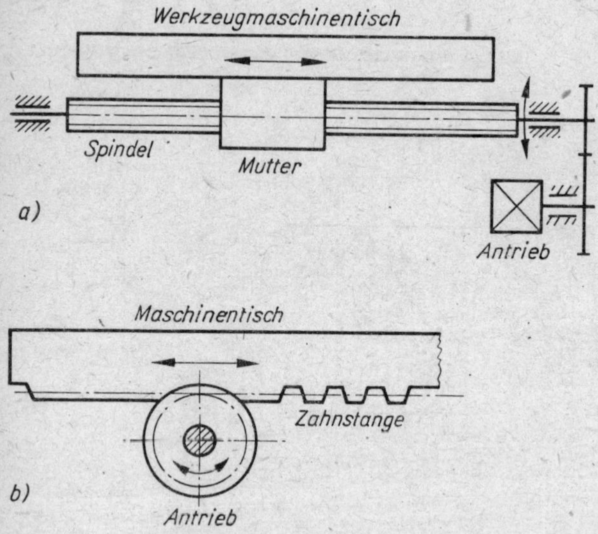

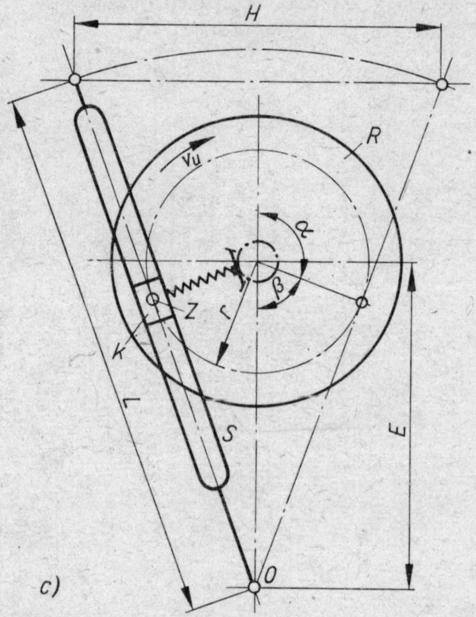

Bild 8. Antriebe für geradlinige Bewegungen.
a) Schraubenspindel, b) Zahnstange, c) Kurbelschleife

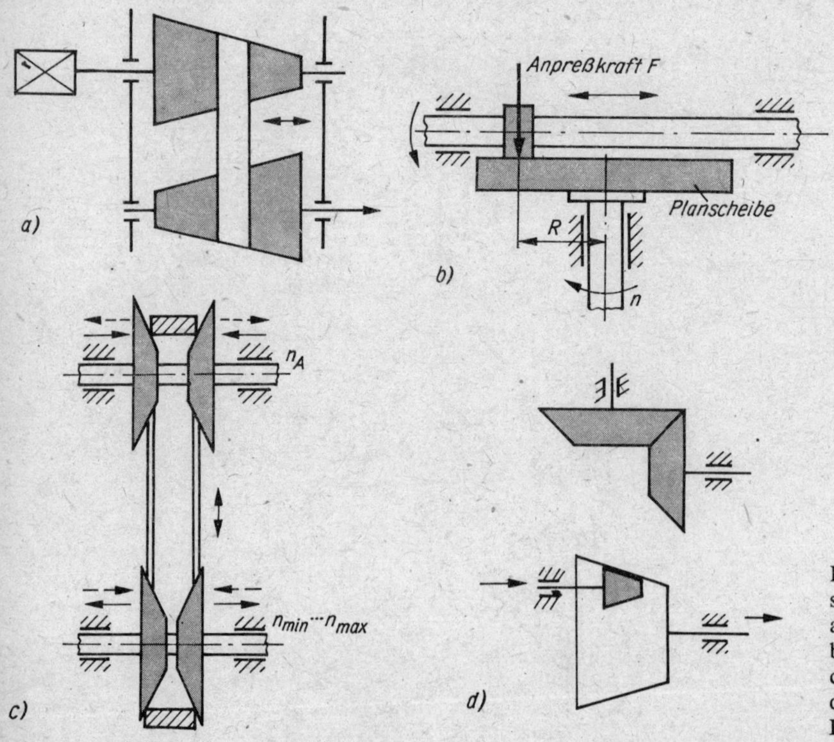

Bild 9. Mechanische stufenlose Antriebe.
a) Kegelrollenantrieb,
b) Reibradgetriebe,
c) Heynau-Getriebe,
d) verstellbare Kegelreibräder

bewegung in eine geradlinige Bewegung umgeformt werden. Man unterscheidet *mechanische Einrichtungen*, wie Schrauben-, Zahnstangen- und Kurbelgetriebe (Bild 8), sowie *hydraulische* und *pneumatische Einrichtungen* in Form von Zylindern und Kolben.
Für größere Hübe (etwa über 750 mm) verwendet man *Schrauben-* und *Zahnstangengetriebe*, während für kleinere Hübe *Kurbelgetriebe* Verwendung finden.

1.3.3. Getriebe für stufenlose Drehzahleinstellung

Stufenlose Getriebe ermöglichen die Anpassung der Drehzahlen an die Bearbeitungsaufgabe. Dadurch wird es möglich, die Maschine richtig auszunutzen und eine größtmögliche Spanungsleistung zu erzielen. Die stufenlosen Getriebe kann man in 3 Hauptgruppen unterteilen: *mechanische*, *elektrische* und *hydraulische Getriebe* (Bilder 9 bis 11).

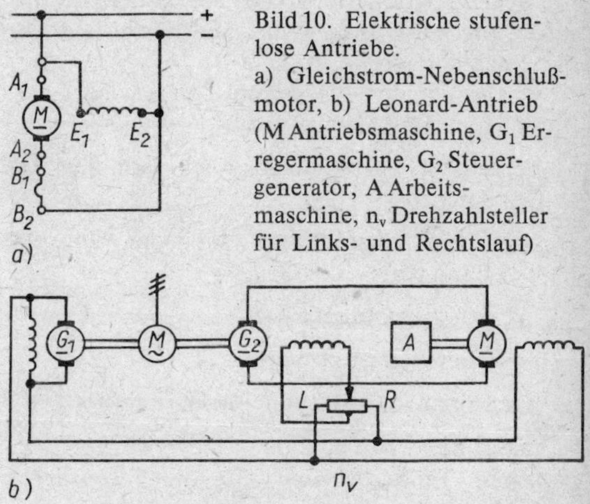

Bild 10. Elektrische stufenlose Antriebe.
a) Gleichstrom-Nebenschlußmotor, b) Leonard-Antrieb (M Antriebsmaschine, G_1 Erregermaschine, G_2 Steuergenerator, A Arbeitsmaschine, n_v Drehzahlsteller für Links- und Rechtslauf)

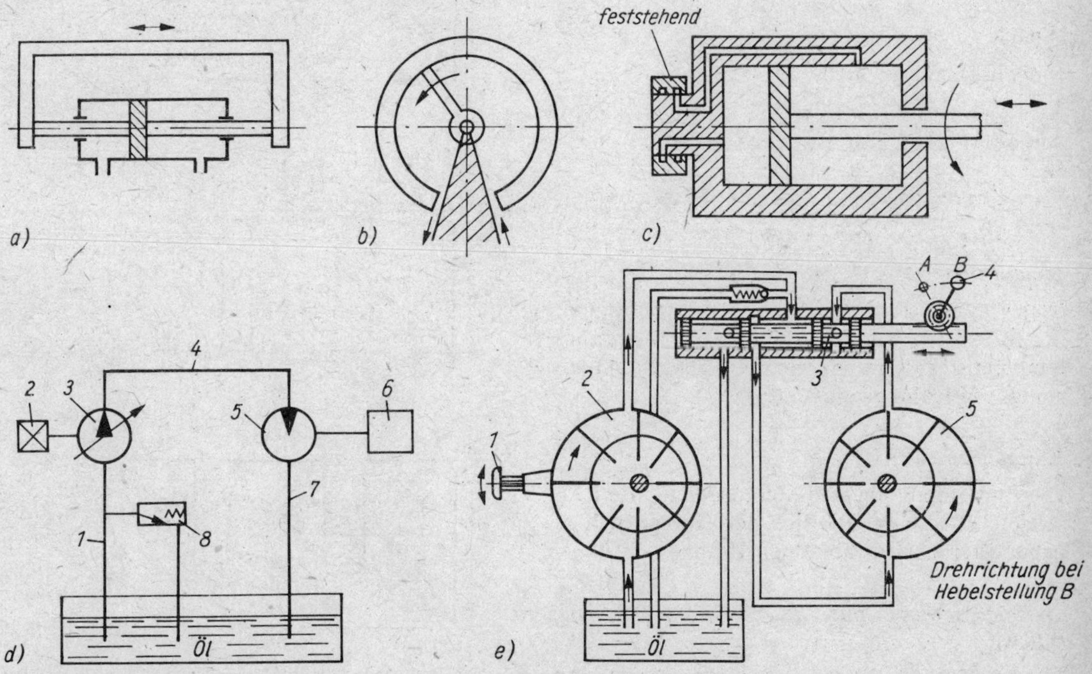

Bild 11. Hydraulische stufenlose Antriebe.
a) doppelseitiger Kolbenstangentrieb, b) Drehkolbenantrieb, c) Umlaufzylinder, d) hydraulisches Getriebe (*1* Saugleitung, *2* Antriebsmotor, *3* Pumpe, *4* Druckleitung, *5* Hydraulikmotor, *6* angetriebene Maschine, *7* Rücklaufleitung, *8* Sicherheitsventil), e) hydraulischer Antrieb einer Drehmaschine (*1* Drehzahlsteller, *2* Pumpe, *3* Steuerschieber, *4* Drehrichtungsänderung, *5* Hydraulikmotor)

2. Antriebe der Werkzeugmaschinen

2.1. Elektrische Antriebe

Der Elektromotor spielt als Antriebsmaschine im Werkzeugmaschinenbau und in der Mechanisierung und Automatisierung der Fertigungsprozesse eine große Rolle.
Die *Auswahl* der Elektromotoren erfolgt nach folgenden Gesichtspunkten:

- nach dem Verwendungszweck und der Art des Antriebs,
- nach dem Aufstellungsort und den Umweltbedingungen,
- nach den Leistungsdaten,
- nach der Betriebsart,
- nach dem vorhandenen Versorgungsnetz,
- nach dem Schwungmoment des mechanischen Teils, bezogen auf die Motordrehzahl,
- nach der Bauform[2])
- nach der Schutzart[3])

Auswahl nach der Betriebsart

Man unterscheidet folgende Betriebsarten (Bild 12):

Dauerbetrieb (DB):

Dauerbetrieb liegt vor, wenn die Betriebsdauer des Motors so lang ist, daß die Wicklungsendtemperatur τ_E erreicht wird (P_N Motornennleistung, τ Wicklungstemperatur).

Kurzzeitbetrieb (KB):

Die Endtemperatur wird nicht erreicht, die Pausenzeit ist so lang, daß sich der Motor auf Umgebungstemperatur abkühlen kann.

Durchlaufbetrieb mit kurzzeitiger Belastung (DKB):

Der Motor läuft dauernd im Leerlauf und wird nur kurzzeitig belastet. Die Belastungszeit ist so kurz, daß die Endtemperatur nicht erreicht wird. In den Belastungspausen erfolgt Abkühlung auf Leerlauftemperatur.

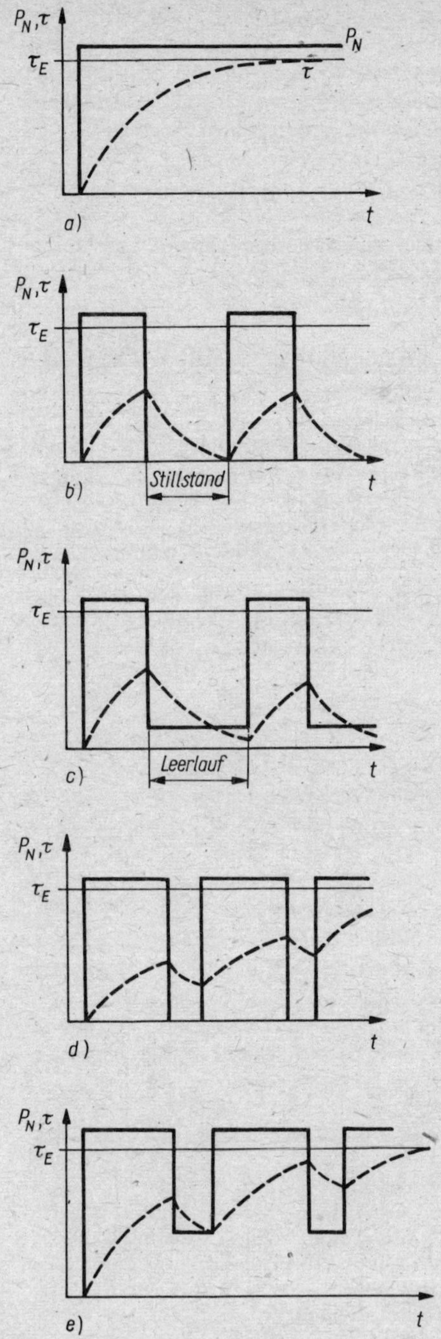

Bild 12. Betriebsarten.
a) Dauerbetrieb, b) Kurzzeitbetrieb, c) Durchlaufbetrieb mit kurzzeitiger Belastung, d) aussetzender Betrieb, e) Durchlaufbetrieb mit Aussetzbelastung

Aussetzender Betrieb (AB):

Die Einschaltzeiten wechseln mit Stillstandszeiten. Während der Pausen kühlt sich der Motor nicht auf die Umgebungstemperatur ab.

Durchlaufbetrieb mit Aussetzbelastung (DAB):

Die Belastungszeiten wechseln mit Leerlaufzeiten. Die Leerlaufzeiten sind so kurz, daß sich der Motor nicht auf Leerlauftemperatur abkühlt.

Bei den Betriebsarten AB und DAB darf die Summe von Einschaltdauer und Pausen eine Zeit von 10 min nicht überschreiten. Die Temperatur im Inneren des Motors (Wicklungstemperatur) steigt annähernd nach einer e-Funktion. Wird der Motor längere Zeit überlastet, so steigt die Wicklungstemperatur über die Wicklungsendtemperatur hinaus an. Die Wicklung wird zerstört. Der *Schaltbetrieb* (SB) stellt einen Sonderfall des Durchlaufbetriebes mit Aussetzbelastung oder des Aussetzbetriebes dar. Beim Schaltbetrieb wird die Erwärmung des Motors im wesentlichen durch die Anlauf-, Brems- und Umschaltvorgänge bestimmt.

Schalthäufigkeit und Arbeitsspielschaubild

Motoren, die häufigen Schaltungen ausgesetzt sind, was an Werkzeugmaschinen und in der Automatisierung sehr oft vorkommt, werden thermisch sehr stark belastet. Das trifft vor allem für den *Anlauf* und die *Bremsung* zu. Bei derartigen Fällen ist es notwendig, die Schalthäufigkeit und die relative Einschaltdauer zu bestimmen und danach den Motor auszuwählen. Dazu ist die Anfertigung eines *Arbeitsspielschaubildes* notwendig. Die Anzahl der Schaltungen in einer Stunde nennt man *Schalthäufigkeit.*

BEISPIEL

■ Aus dem Arbeitsspielschaubild (Bild 13) geht hervor, daß der Motor in der Zeit $t_1 = 8$ s mit 2,5 kW belastet wird, während der Rücklaufzeit $t_2 = 8$ s mit 1 kW. Die Pausenzeit ist $t_p = 8$ s. Aus dem Schaubild ergeben sich für die Schalthäufigkeit (2 Schaltungen in 24 s: Einschalten – Umschalten):

$$n = \frac{\text{Anzahl der Schaltungen}}{\text{Spieldauer } T} \quad (2)$$

$$n = \frac{2 \cdot 3\,600 \text{ s}}{24 \text{ s} \cdot \text{h}} = 300 \text{ Schaltungen / Stunde}$$

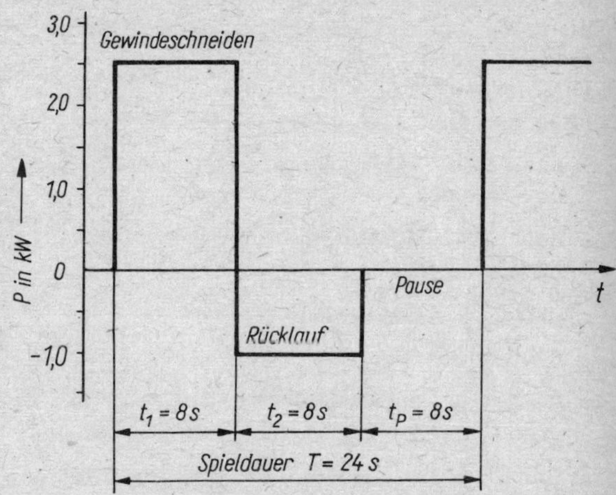

Bild 13. Beispiel eines Arbeitsspielschaubildes

Die *relative Einschaltdauer ED* ist dann:

$$ED = \frac{t_1 + t_2}{T} \quad (3)$$

$$ED = \frac{8 \text{ s} + 8 \text{ s}}{24 \text{ s}} = 0{,}666 \mathrel{\hat{=}} 66{,}6\,\%$$

2.1.1. Grundschaltungen für elektrische Antriebe

2.1.1.1. Anlaßschaltungen

Stern-Dreieck-Anlaßschaltung

Drehstrom-Asynchronmotoren hoher Leistung mit Käfigläufer müssen durch Herabsetzen der zugeführten Spannung angelassen werden, um den Einschaltstrom zu mindern. Bekanntes Anlaßverfahren ist die *Stern-Dreieck-Schaltung* (Bild 14). Der Strom und das Moment gehen bei der Sternschaltung auf 1/3 der Werte gegenüber der Dreieckschaltung zurück. Die Umschaltung darf erst beim Erreichen der Nenndrehzahl erfolgen.

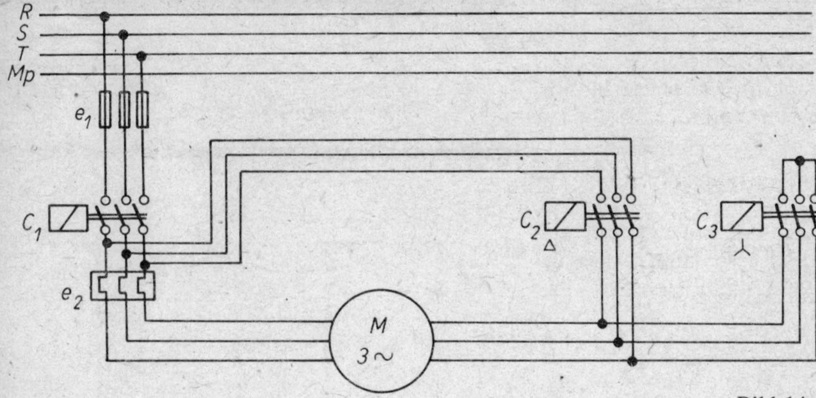

Bild 14. Stern-Dreieck-Schaltung. e_1 Kurzschlußsicherung, e_2 Überlastungsschutz, c_1 Netzschütz, c_2, c_3 Anlaßschütze

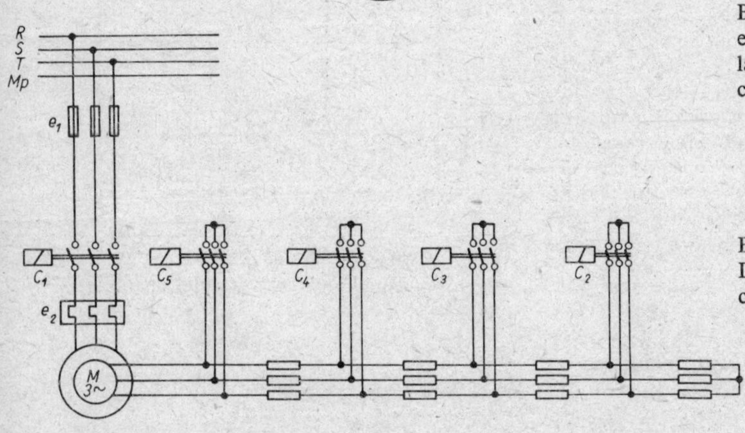

Bild 15. Anlaßschaltung für einen Drehstrom-Schleifringläufer. c_1 Netzschütz, $c_2 \dots c_5$ Anlaßschütze

Anlassen eines Schleifringläufers

Drehstrom-Schleifringläufer werden durch Verringerung des Läuferwiderstandes angelassen. Mit Hilfe von *Schaltschützen* und *Hilfsrelais* läßt sich der Vorgang automatisieren. Im Bild 15 ist der Vorgang schematisch dargestellt. Mit Hilfe anzugsverzögerter Relais werden die Schützen c_2 bis c_5 zeitabhängig betätigt, so daß sich der Widerstand mit steigender Drehzahl immer weiter vermindert. Der Anlaßvorgang ist abgeschlossen, wenn c_5 geschlossen ist.

2.1.1.2. Wendeschaltungen

Wendeschaltungen werden an Werkzeugmaschinen zum Schalten des Vor- und Rücklaufes benutzt. Wichtig ist, daß durch entsprechende Schaltung der Kontakte an den Schaltgeräten die Laufrichtungen gegenseitig verriegelt sind, da sonst Kurzschlüsse auftreten.
Die Funktion der Wendeschaltung ist im Bild 16 dargestellt.

2.1.1.3. Bremsschaltungen

Größere und schwere Werkzeugmaschinen werden zum schnelleren Stillsetzen mit Bremsschaltungen ausgerüstet. Gleichzeitig werden damit auch *Notschaltungen* realisiert. Bei den Bremsschaltungen unterscheidet man zwischen Gegenstrom- und Gleichstrombremsung.

Gegenstrombremsung

Im Bild 17 ist die Funktion einer Gegenstrombremsung mit *Bremswächter* dargestellt. Der Brems- oder Drehzahlwächter ist direkt mit dem Motor gekoppelt. Beim Laufen des Motors ist der Kontakt des Bremswächters geschlossen. Beim Ausschalten des Motors durch Öffnen von c_1 wird c_2 geschlossen, d.h., die Maschine arbeitet jetzt *gegenläufig*. Sie wird mit Gegenstrom gebremst. Kurz vor Erreichen der Drehzahl 0 öffnet der Bremswächter seinen Kontakt, dabei fällt c_2 ab, und die Maschine bleibt stehen (ohne Bremswächter würde die Maschine in umgekehrter Richtung wieder anlaufen).

Gleichstrombremsung

Beim Bremsen mit Gegenstrom entsteht für den Motor eine hohe *thermische Belastung.* Um dies zu vermeiden, wird die Gleichstrombremsung angewendet. Nach dem Abschalten des Motors vom Netz durch c_1 wird diesem zur schnelleren Stillsetzung Gleichstrom zugeführt. Die Größe des Gleichstroms beeinflußt das zeitliche Stillsetzen der Maschine. Nach dem Stillsetzen wird der Gleichstrom über ein Hilfsrelais wieder abgeschaltet. Der Bremsvorgang ist beendet. Durch entsprechende Regulierung der Stärke des Gleichstromes kann man eine sehr rasche Stillsetzung des Antriebs erreichen, weshalb sich die Gleichstrombremsung gut für *Notschaltungen* eignet. Das Übersichtsschaltbild zeigt Bild 18.

2.2. Hydraulische Antriebe

e hydraulischen Antriebe gewinnen im Werkgmaschinenbau immer mehr an Bedeutung r allem für die Erzeugung geradliniger Bewegen). Durch die Kombination Hydrauliktrik können die mannigfaltigsten Probleme t werden. Mit Hilfe der *Hydraulik* werden Kräfte und Leistungen erzeugt, während *lektrik* vorwiegend die Steuerung solcher gen übernimmt.

le hydraulischer Anlagen:

enlose Regelung der Bewegungen an der Maine,
chmäßige Schnittgeschwindigkeit durch automatische Regelung,
uhige Bewegungsabläufe,
Möglichkeiten des schnellen und häufigen Umsteurns der Bewegungsrichtung,
bertragbarkeit großer Kräfte und Leistungen bei ringen Massen und geringen Abmessungen,
fache Automatisierung der Bewegungsabläufe
fache und leichte Bedienung,
facher Schutz vor Überlastung (Sicherheitsven-

ache Kontrolle der wirksamen Kräfte und cke (Manometer),
mmenstellung hydraulischer Anlagensysteme standardisierten Baugruppen.

ile hydraulischer Anlagen:

verluste durch Reibung des Druckübertramittels in Rohrleitungen und vor allem an n Stellen, an denen die Strömung ihre Gedigkeit oder Richtung ändert,

- innere und äußere Flüssigkeitsverluste (Leckverluste) durch Dichtungen und Spalte,
- Eindringen von Luft in das Rohrleitungssystem bzw. in das Öl; infolgedessen ungleichförmige stoßartige Bewegungen,
- Temperatureinfluß verändert die Viskosität des Mediums (d. h., Einstellorgane müssen nachregeln).

Das Öl in hydraulischen Anlagen ist Drücken, Geschwindigkeiten und Temperaturen ausgesetzt. Diese Größen können sich während des Betriebs hydraulischer Anlagen in weiten Grenzen ändern. Deshalb werden an das *Hydrauliköl* folgende Ansprüche gestellt:

- Es darf bei Betriebstemperatur keine Dämpfe ausscheiden.
- Es darf keine Luft enthalten oder aufnehmen und keinen Schaum bilden.
- Es darf weder die Getriebeelemente noch die Dichtungen durch Korrosion angreifen.
- Es muß gut schmierfähig und chemisch beständig sein und diese Eigenschaften möglichst bei allen Temperaturen und Druckänderungen beibehalten.
- Der Gehalt an festen Stoffen im Öl muß minimal sein (Verstopfungsgefahr).
- Die Viskosität des Öls muß in weiten Grenzen beständig sein.
- Das Öl muß den Brandschutzbestimmungen genügen.

2.2.1. Grundlagen

Das einfachste hydraulische Antriebssystem ist der *Schubkolben* (Bild 19). Der Öldruck bewirkt eine Verschiebung des Kolbens im Zylinder, wodurch beispielsweise der Tisch einer Werkzeugmaschine angetrieben wird. Damit ein hydraulisches System anläuft, müssen Kräfte und Widerstände überwunden werden. Nach Bild 19 gilt (wenn Tisch nach rechts geht):

$$A_1 p_1 > A_2 p_2 \qquad (4)$$

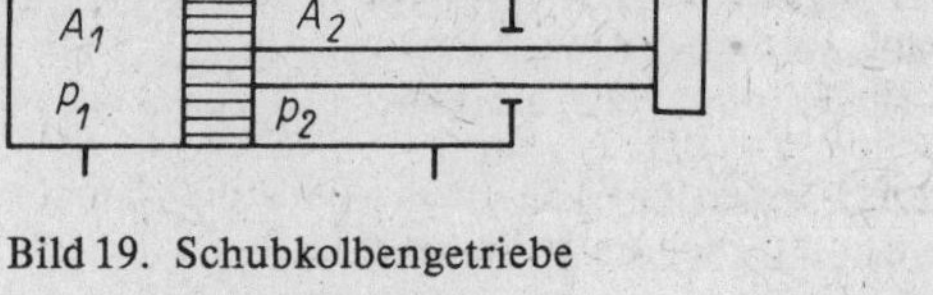

Bild 19. Schubkolbengetriebe

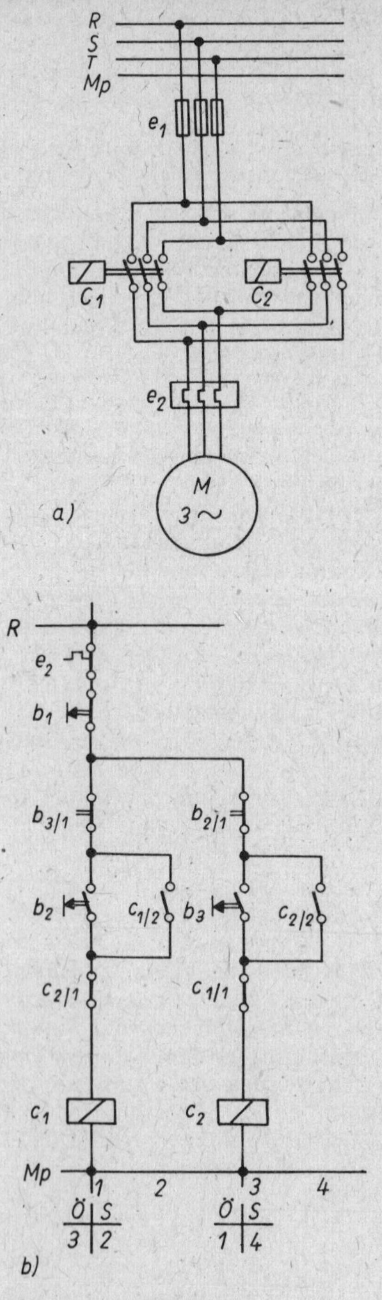

Bild 16. Wendeschaltung.
a) Übersichtsschaltplan, b) Stromlaufplan, Taster b_1 »Aus«, Taster b_2 Rechtslauf »Ein«, Taster b_3 Linkslauf »Ein«, Kontakte $b_{2/1}$, $b_{3/1}$, $c_{2/1}$, $c_{1/1}$ Verriegelungskontakte, $c_{1/2}$, $c_{2/2}$ Selbsthaltekontakte

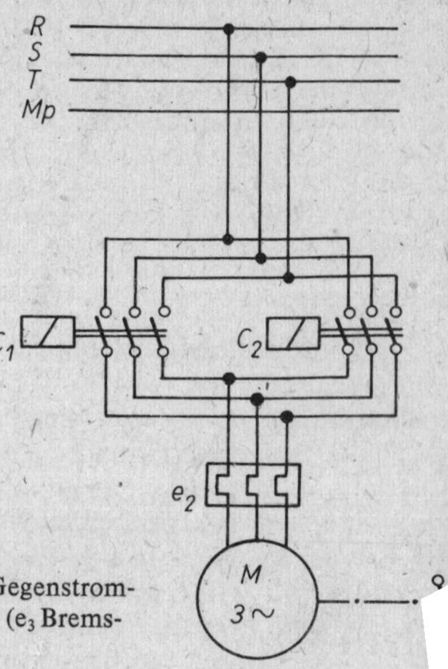

Bild 17. Gegenstrombremsung (e_3 Bremswächter)

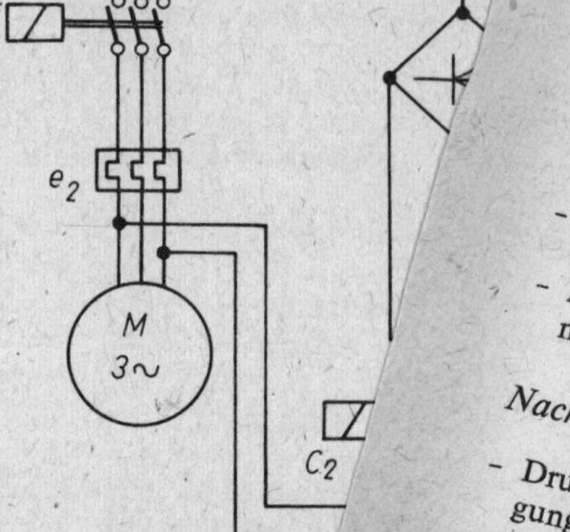

Bild 18. Prinzip der Glei

- r
- N
e
- Ü
ge
- ei
- ei
- ei
til)
- ein
Drü
- Zus
nach

Nachte

- Druc
gungs
solche
schwin

hen und wirkt als hydraulischer Antriebsmotor, der in einem bestimmten Drehzahlbereich durch Änderung des Förderstromes oder des Druckes eine stufenlose Drehzahlregelung gestattet.

2.2.4. Hydraulische Getriebe

Hydraulische Getriebe entstehen durch Koppeln von *Verstellpumpen* und *-motoren* für die drehende Bewegung. Das Öl läuft zwischen beiden im Kreis um. Die Drehzahlen des hydraulischen Motors lassen sich durch Verstellen der Exzentrizität e_1 der Pumpe oder der Exzentrizität e_2 des Motors ändern.

2.2.5. Hydraulische Ausrüstungen

Außer Pumpen und Ölmotoren braucht man zum Steuern, Regeln und Ausführen von Bewegungen Ventile, Drosseln, Schieber, Zylinder, Kolben und zur Führung des Öls Rohre.
Ventile dienen zur Einstellung einer bestimmten Druckhöhe des Ölstromes, eines Druckausgleiches sowie zum Verhindern eines Rückschlages in eine Leitung, ferner zum Regeln und Abschalten des Arbeitsganges. Zur Darstellung von Ventilen benutzt man in hydraulischen Schaltplänen *Sinnbilder* (einige Beispiele Bild 26).

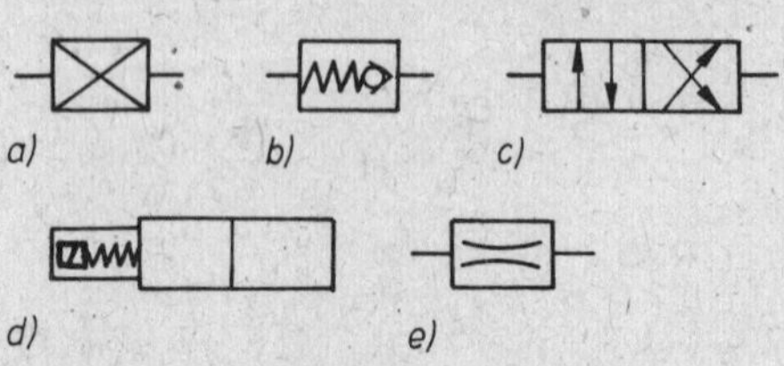

Bild 26. Sinnbilder für Ventile.
a) Absperrventil, b) Rückschlagventil, c) Wegeventil (2 Schaltstellungen, 4 Hauptanschlüsse), d) Wegeventil (elektromagnetisch betätigt), e) Drosselventil

Drosseln sind das einfachste Mittel zur stufenlosen Geschwindigkeitsänderung. Das Ventil gestattet eine Querschnittsveränderung und damit eine Drosselung des Ölstromes.
Mit *Schiebern* wird der Ölstrom gelenkt. Gebaut werden *Längs-* und *Drehschieber.* Beide Bewegungsarten werden zum Steuern benutzt. Die

kolbenartig ausgebildeten
Ventile in Buchsen mit Ri
die in die Ölkanäle münden. S
manuell, mechanisch, hydraulisc
tisch verstellt werden.
Zu vermerken ist, daß sämtliche
Ausrüstungen weitestgehend standa
was eine gute Vereinfachung bei de
rung von hydraulischen Anlagen be

2.3. Pneumatische Antriebe

2.3.1. Arbeitsprinzipien

Die Gliederung der pneumatischen A
nach ihrem Arbeitsprinzip ist in Tafel 2 (
dargestellt.
Pneumatische Überdruckantriebe arbeiten
einem Betriebsdruck, der größer ist als d
mosphärische Druck. Die Antriebe benö
einen *Kompressor* als Druckluftquelle. Bei
Unterdruckantrieben übt atmosphärischer Dru
von der einen Seite eine Kraft auf den Kolbe
aus, während auf der anderen Seite des Zylinders mit Hilfe einer Pumpe ein Unterdruck erzeugt wird.

2.3.2. Vergleich pneumatischer und hydraulischer Antriebe

Von der Funktion und Konstruktion aus gesehen, haben pneumatische und hydraulische Antriebe vieles gemeinsam. Für die Auswahl eines pneumatischen oder hydraulischen Antriebs sind deshalb Vergleiche hinsichtlich des *Betriebsverhaltens* und der *Wirtschaftlichkeit* notwendig (Tabelle 3, S. 337).
Pneumatische Antriebe für geradlinige Bewegungen können für große Hublängen gebaut werden. Sie können hohe Arbeitsgeschwindigkeiten und große Kräfte erzeugen. Mit rotierenden pneumatischen Antrieben erreicht man wesentlich höhere Drehzahlen, als dies mit Hilfe von Elektromotoren möglich ist.

…kluft

… in pneumatischen Antrieben …et, die in unerschöpflicher …g steht.

…Verdichtung der Luft, die von …ung begleitet ist, verringert …keit. Bei einer *Expansion* dagegen, wenn die Lufttemperatur unter den Taupunkt fällt, kondensiert der Überschuß an Wasserdampf, was sich negativ auf die Schmierung und auf die Lebensdauer der Bauelemente durch Korrosion auswirkt. Atmosphärische Luft enthält eine bedeutende Menge an *Verunreinigungen* in Form von Festkörperteilchen (Asche, Staub usw.). Deshalb muß sie zur Speisung von pneumatischen Anlagen gereinigt werden und darf nur geringe Feuchtigkeitsmengen enthalten.

…inzipien pneumatischer Antriebe
… p_1 Arbeitsdruck, p_2 Gegendruck, p_a Atmosphärendruck, V_s schädliches Volumen, V_h Hubvolu-…ner Druck, W_n Nutzarbeit, ΔW_n Verlust an Nutzarbeit infolge unvollständiger Expansion in den

	Art	Beispiel	Arbeitsdiagramm	Bemerkungen
…	pneumostatische Kolbenmotoren	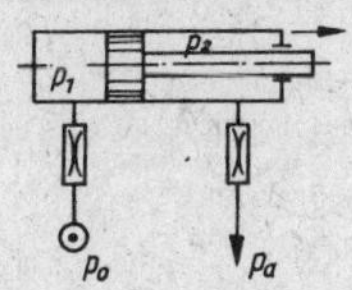	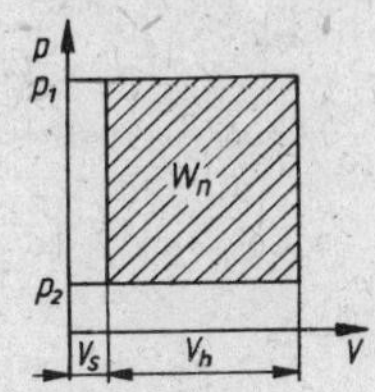	Der Kolben bewegt sich unter der Einwirkung der Druckluft in der Arbeitskammer, wobei $p_1 =$ konst.
	Strömungsmotoren	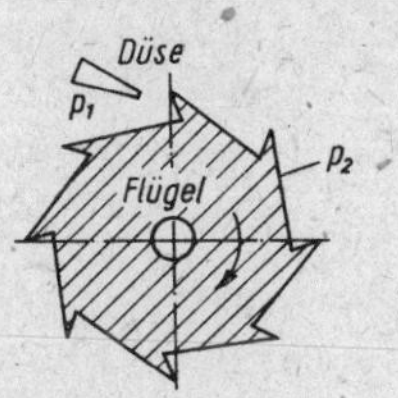	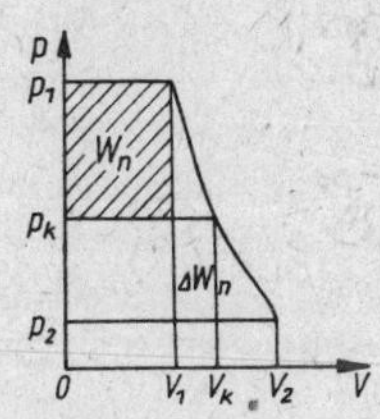	Die potentielle Energie der Druckluft mit dem Druck p_1 geht beim Ausströmen aus der Düse in kinetische Energie über, die in Rotationsarbeit des Rotors umgesetzt wird.
	Expansionsmotoren	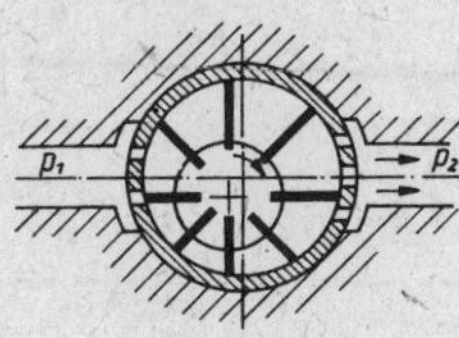	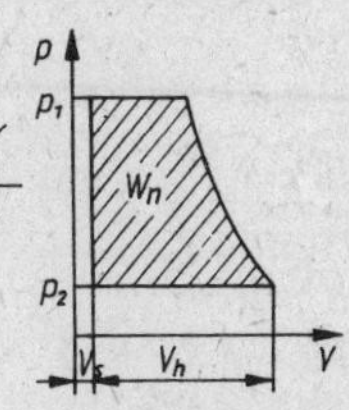	Außer der Arbeit der Füllung, die aus dem Differenzdruck $p_1 - p_2$ entsteht, wird im Motor die Expansionsarbeit der Luft in den sich bei der Rotation des Läufers vergrößernden Kammern ausgenutzt.
Unterdruckantriebe	Vakuummotoren	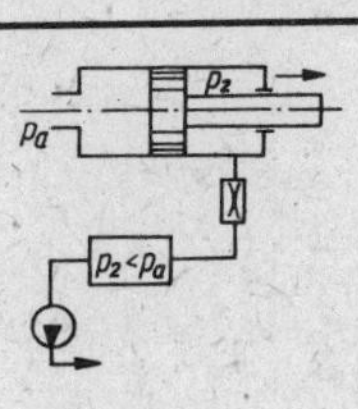	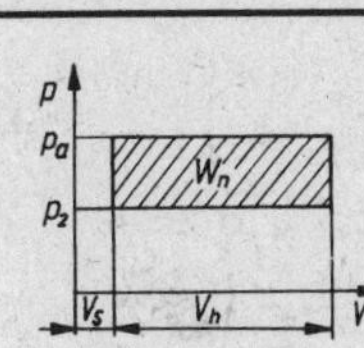	Nach Erzeugung eines Unterdrucks $p_2 < p_a$ durch die Pumpe bewegt sich der Kolben unter der Einwirkung des Drucks der Atmosphäre.

In Großbetrieben gibt es zentrale Netze für die Versorgung mit Druckluft. Diese wird in *Verdichterstationen* erzeugt und über Rohrleitungen zu den Verbrauchern geführt. Der *Nenndruck* beträgt 0,5...0,6 MPa. Für Verbraucher mit großem periodischem Bedarf an Druckluft müssen sich in deren Nähe *Speicher* großer Kapazitäten befinden. Für die Speisung einzelner Verbrau-

Tabelle 3. Vergleich pneumatischer und hydraulischer Antriebe

Kriterium	Pneumatik	Hydraulik
Geschwindigkeit	Kolbenantrieb: v_{max} = 300...360 m / min Lamellenmotoren: n_{max} = 8 000...12 000 min^{-1} pneumatische Turbinen: n_{max} = 100 000 min^{-1} und mehr	Kolbenantrieb: v_{max} = 80...100 m / min Flügelzellenmotoren: n_{max} = 1 500...3 000 min^{-1} hydraulische Turbinen: n_{max} = 100 000 min^{-1} und mehr
Gleichmäßigkeit der Bewegung	große Empfindlichkeit gegenüber Belastungsänderungen, gleichförmige Bewegung ohne Hilfsmittel kaum möglich	geringe Empfindlichkeit gegenüber Belastungsänderungen bei Verwendung von Regelpumpen, gleichförmige Bewegung leicht zu erreichen
Anfahren und Bremsen	heftiges Anfahren, insbesondere bei geringer Belastung, ruhiges Bremsen bei Verwendung von Stoßdämpfern, vernachlässigbarer Einfluß der Luftmasse auf den Anfahrvorgang	schnelles Anfahren, heftiges Bremsen, Einfluß der Ölmenge auf den Anfahrvorgang
Kompressibilität des Arbeitsmediums	große Kompressibilität und Expansion, Folge ist ungleichförmige Bewegung	geringe Kompressibilität, nur bei großer Trägheit des Öls, Empfindlichkeit gegen Lufteinschlüsse im System
Masse des Arbeitsmediums	vernachlässigbar	mehrfach größer als Luft, große Trägheit des Öls besonders bei großen Durchflußgeschwindigkeiten
Arbeitsdruck	p_{max} = 1,0...1,2 MPa im Normalfall 0,5...0,6 MPa	$p_{max} \leqq$ 32,0 MPa
Temperatureinfluß	vernachlässigbarer Einfluß der Umgebungstemperatur	großer Temperatureinfluß auf die Viskosität des Öls
Schmierung, Betriebseigenschaften	Schmierung durch Ölnebel, Feuersicherheit, Sauberkeit des Arbeitsplatzes	selbsttätige Schmierung, Ölverlust durch Leckstellen, periodischer Ölwechsel notwendig, bei hohen Temperaturen und Drücken Feuergefahr
Konstruktions- und ökonomische Merkmale	offener Luftkreislauf, keine Rückleitung erforderlich, zentrale Speisung aus dem Druckluftnetz, einfache Konstruktionen, niedrige Kosten der Einrichtungen	doppelte Leitungslänge, Rückleitung erforderlich, komplizierte Konstruktionen, hohe Kosten der Einrichtungen

cher können auch *transportable Verdichter* Verwendung finden.
Vor dem Eingang in die Verbraucher wird die Druckluft aufbereitet. Dazu dienen im wesentlichen Filter, Reduzierventile und Öler.
Filter ermöglichen die Abscheidung von festen und flüssigen Verunreinigungen. *Reduzierventile* dienen zum Konstanthalten des Druckes für den Verbraucher. *Öler* dienen zum Einbringen eines Ölnebels in die Druckluft zum Zweck der Schmierung der bewegten Teile. Die Ölteilchen sollen recht klein sein.

2.3.4. Anwendungsgebiete der pneumatischen Antriebe

Antriebe für geradlinige Bewegungen: Heber, Förderer, Zuteiler an Werkzeugmaschinen, Vorschubbewegung an Bohr-, Dreh- und Fräsmaschinen, Erzeugung von Schwingbewegungen.
Antriebe für Drehbewegungen: mechanisierte Vorrichtungen, Schlagschrauber, Handschleifmaschinen, Bohrmaschinen, Spindeln schnellaufender Bohr- und Schleifmaschinen.
Spann- und Klemmvorrichtungen: pneumatische Spannvorrichtungen, Klemmen von Vorrichtungselementen, Spannen an Werkzeugmaschinen.
Antriebe für Schlagmechanismen: Drucklufthämmer, Pressen, Nietmaschinen.
Steuereinrichtungen: Umschalten von Wegventilen, Stelleinrichtungen, Kupplungen und Bremsen, Kopiereinrichtungen an Werkzeugmaschinen.
Sonstige Anwendungen: Antriebe von Pumpen, Zerstäubern, Strahlreinigungsmaschinen, Meßsteuerung, Regelgeräte.

2.3.5. Pneumatische Motoren

2.3.5.1. Kolben- und Membranmotoren

Kolben- und Membranmotoren dienen zur Erzeugung geradliniger Bewegungen. Das Antriebselement ist ein Kolben bzw. eine Membran mit Kolbenstange.

Kolbenmotoren (Bild 27)

Sie werden für die Erzeugung großer Hübe verwendet.

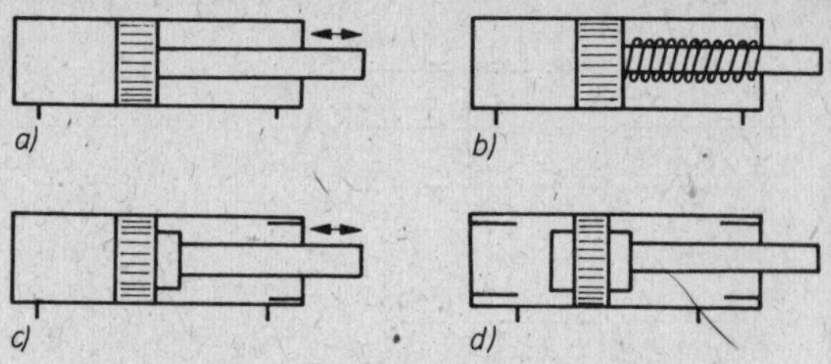

Bild 27. Wirkungsweise der Kolbenmotoren.
a) einfachwirkend, Rückkehr in die Ausgangsstellung unter Einwirkung der Belastung, b) einfachwirkend, Federbelastung, c) einfachwirkend, mit ausfahrseitiger Endlagenbremse, d) doppeltwirkend, mit beiderseitiger Endlagenbremse

Pneumatische Arbeitszylinder werden als standardisierte Baueinheiten hergestellt[4]). Zur universellen Verwendbarkeit gibt es zahlreiche Varianten, die sich hauptsächlich in den Befestigungsmöglichkeiten unterscheiden.

Wirkungsweise

Im Bild 28 ist das Funktionsprinzip eines *doppeltwirkenden pneumatischen Kolbenmotors* dargestellt. Er besteht aus einem Zylinder mit dem Kolben und der Kolbenstange, den beiden Drosseln a_1 und a_2 und dem Steuerschieber s. Ein Merkmal pneumatischer Arbeitszylinder ist der *Doppelschrittzyklus* des Kolbens, der darauf beruht, daß nach der Ausführung des Hubs nach einer Seite der Kolben wieder in die Ausgangslage zurückkehren muß. Durch den Druckaufbau in der linken Arbeitskammer des Zylinders wird die Kolbenstange mit der Geschwindigkeit v und der Kraft F nach rechts geschoben, legt den Hub zurück und führt einen Arbeitsgang aus. Nach der *Umsteuerzeit*, die für die Änderung der Lage des Steuerschiebers erforderlich ist, folgt eine *Vorbereitungszeit* zum Aufbau des Druckes im rechten Arbeitsraum, wonach der Kolben wieder in seine Ausgangslage zurückkehrt. Die Druckluft in der linken Kammer wird ins Freie ausgestoßen. Im allgemeinen ist es schwierig, in den Motoren ohne Öldämpfung eine gleichmäßige Bewegung des Kolbens zu erreichen.
Die bereits erwähnte *Vorbereitungszeit* (Ansprechverzögerung) und die Schwierigkeit, eine gleichmäßige Bewegung zu erreichen (Belastungsempfindlichkeit), sind die charakteristischen Kennzeichen pneumatischer Motoren. Bei Zunahme der Belastung kann sich die Kolbengeschwindigkeit bis zum Stillstand verringern. Der Wegfall der Belastung bewirkt dann eine Ausdehnung der Luftsäule über den Kolben, die von einer starken Geschwindigkeitszunahme begleitet sein kann. Will man einen gedämpften Einlauf in die Endstellung erreichen, werden *Endlagenbremsen* ver-

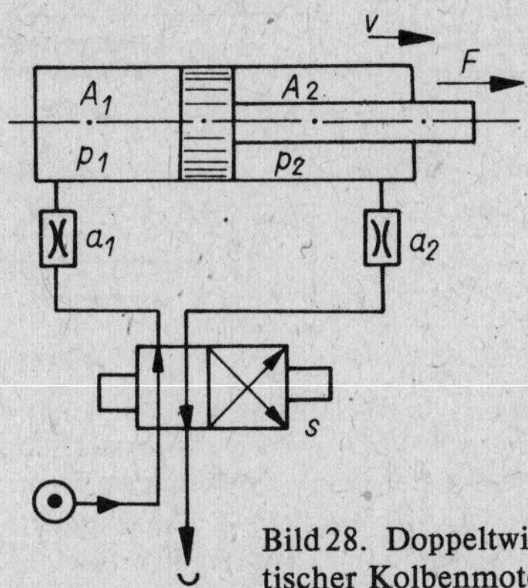

Bild 28. Doppeltwirkender pneumatischer Kolbenmotor

wendet. Die kinetische Energie des Kolbens und seiner angeschlossenen Massen wird zum Verdichten und Ausstoßen der in der Bremskammer enthaltenen Luft verbraucht. Dazu läßt sich der Querschnitt der Auslaßdrossel verändern.

Vereinfachte Methode zur Berechnung und Auswahl der Arbeitszylinder

Die Parameter eines pneumatischen Zylinders ergeben sich aus den Arbeitsbedingungen der Anlage, in der er eingesetzt wird. Diese Daten sollten sein: Hub des Kolbens, benötigte Kraft, Zeitangabe über den Arbeitszyklus. Zur Auswahl standardisierter Zylinder sind folgende Angaben notwendig:

- Nenndurchmesser *D*,
- aktive Flächen des Kolbens A_1 und A_2,
- Hubvolumen,
- Nennkraft F_n,
- Nennweiten der Anschlüsse.

Die Nennkraft F_n bestimmt man aus:

$$F_n = \gamma F_K \tag{14}$$

F_n Nennkraft des Zylinders, F_K Kolbenkraft, γ Sicherheitsfaktor nach Tabelle 4

Tabelle 4. Sicherheitsfaktoren für pneumatische Zylinder

Art der Arbeit	γ
Langsame Bewegung, nur am Ende des Hubes wirkende Belastung	1,20
Schnelle Bewegung und Belastung nur am Ende des Hubes oder langsame Bewegung und Belastung im ganzen Hub	1,35
Schnelle Bewegung und näherungsweise während des gesamten Hubes wirkende Belastung	1,50

Hat man F_n berechnet, wählt man aus dem Katalog den Durchmesser des Zylinders *D*, der der berechneten Nennkraft oder einer etwas größeren entspricht.

Membranmotoren (Bild 29)

Die Membranmotoren werden vorwiegend für kleine und kurze Hübe verwendet, da die Hübe durch die Deformierbarkeit der Membran begrenzt sind.

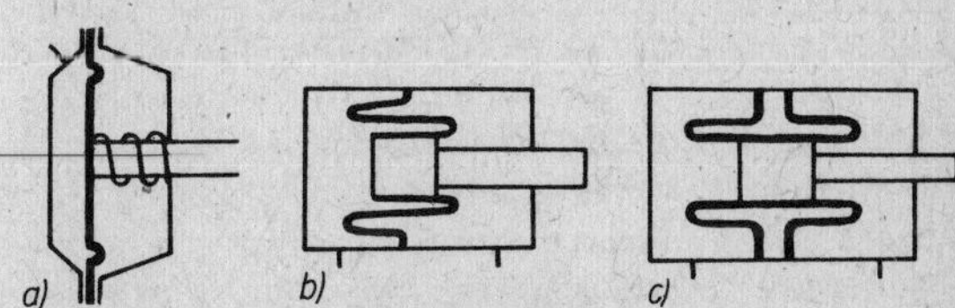

Bild 29. Funktion von Membranmotoren.
a) einfachwirkend, federbelastet, b) einfachwirkend, mit Rollmembran, c) doppeltwirkend, mit Rollmembran

2.3.5.2. Umlaufmotoren

Der Einsatz der pneumatischen Umlaufmotoren ist vorwiegend für den Antrieb *mechanisierter Handwerkzeuge* gedacht. Die *Turbinenmotoren* eignen sich zum Antrieb schnellaufender Schleifspindeln ($n = 100\,000\ \text{min}^{-1}$) und Bohrspindeln für kleine Bohrerdurchmesser. Die Druckluftstrahlzuführung zu den Rotoren kann dabei tangential, axial und radial erfolgen. Die Leistung dieser Umlaufmotoren liegt bei max. 1 kW, der Luftverbrauch je nach Leistung etwa bei 0,5...1,0 m^3 / h.

3. Steuerung der Werkzeugmaschinen

Die einzelnen Bauteile und Funktionsorgane der Werkzeugmaschine müssen im richtigen Moment zusammenwirken. Vom *Bedienpult* aus sollen die Drehzahlen der Arbeitsspindel und die Vorschübe geschaltet werden können. Hinzu kommen Steuerungsvorgänge für Nebenbewegungen und Spannvorgänge. Die *Steuerungen* müssen sicher, schnell, unkompliziert und übersichtlich auszuführen sein. Die *Schaltzustände* sollten durch Signallampen angezeigt werden. Das ist besonders wichtig bei automatisch arbeitenden Maschinen und an Fließstraßen. Weiterhin können Alarm-, Warn- und Notschaltanlagen notwendig werden.

Zum Einsatz kommen die verschiedensten Steuerungssysteme, die oft an den Werkzeugmaschinen kombiniert verwendet werden. Für programmierbare Maschinen sind zusätzlich die verschiedensten *Programmiereinrichtungen* eingesetzt.

3.1. Mechanische Steuerungssysteme

Viele Bewegungen und Schaltungen an den Werkzeugmaschinen werden mechanisch ausgeführt. So können oft mit recht einfachen, aber sicheren Mitteln Zubringe- und Greifbewegungen, Sortier- und Ordnungsbewegungen erzeugt werden. Die mechanischen Schaltungen sind robust und weniger störanfällig als andere Systeme.

Im Bild 30 sind die wichtigsten mechanischen Steuerungseinrichtungen für Werkzeugmaschinen dargestellt.

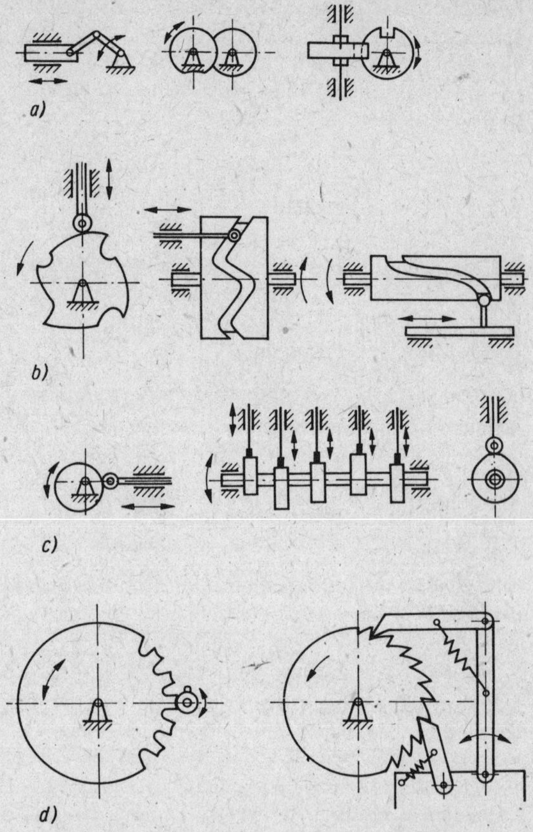

Bild 30. Mechanische Steuerungseinrichtungen.
a) Verriegelungen, b) Kurvensteuerung, c) Exzenter- und Nockensteuerung, d) Schrittschaltwerke

---

BEISPIEL

■ *Mechanische Steuerung eines Drehautomaten mittels Kurvenscheiben*

Im Bild 31 ist das Funktionsschema eines Einspindeldrehautomaten mit Kurvensteuerung dargestellt. Gegenüber der normalen Revolverdrehmaschine hat der Drehautomat eine Steuerwelle *6*, auf der die Steuerkurven zur Bedienung der Maschine befestigt sind. Bei einer Umdrehung der Steuerwelle hat sich der Kurvensatz demzufolge einmal gedreht, und ein Werkstück ist fertig bearbeitet. Die Spanneinrichtung *15* öffnet die Spannzange *2*, und die Materialstange wird durch die Einrichtung *14* mittels der Kurve *13* durch das Spannfutter bis zum Anschlag im Revolverkopf herausgeschoben. Nach dem Spannen beginnen die Kurven *9* und *10*, die Supporte nach dem eingearbeiteten Programm zu bewegen, und die Bearbeitung des nächsten Werkstücks erfolgt. Nachdem das Werkstück mittels des Stechmeißels, der auf dem Quersupport *5* eingespannt ist, abgestochen ist, beginnt der Arbeitszyklus von vorn. In den Steuerkurven sind die Arbeitswege der Werkzeuge eingearbeitet. Damit die Werkzeuge mindestens eine Schicht lang scharf bleiben, arbeitet man mit der Standzeitschnittgeschwindigkeit v_{480}. Durch Auswechseln der Steuerkurven können viele Werkstückformen auf dem Drehautomaten hergestellt werden.

3.2. Elektrische Schaltungen für Steuerungen

Elektrische Schaltungen überwiegen im Werkzeugmaschinenbau, da die komplizierten Steuerungen an modernen Werkzeugmaschinen ohne *elektrische Energie* als Hilfsenergie nicht zu beherrschen sind. Die Grundlage für eine elektrische Steuerung ist das Aufstellen und Lesen von *Schaltplänen*, um die Funktion der Steuerung und damit der Maschine verstehen zu können.

3.2.1. Schaltpläne

Der Schaltplan stellt elektrische Einrichtungen durch *Schaltzeichen* dar und zeigt die Wirkungsweise, den Stromverlauf und die Leitungsverbindungen.

In *Schaltplänen* werden Geräte mit kleinen Buchstaben bezeichnet:

a	Schalter,	h	Sicht- und Hörmelder,
b	Hilfsschalter,	m	Maschine und Transformator,
c	Schütz,	n	Batterie und Gleichrichter
d	Hilfsschütz,	r	Widerstand.
e	Schutzeinrichtung,		

Man unterscheidet folgende Arten von Schaltplänen:

Stromlaufplan

Der Stromlaufplan veranschaulicht die nach Stromwegen aufgelöste Schaltung mit allen Einzelheiten und Leitungen. Die Stromwege sind dabei möglichst geradlinig und ohne Kreuzung zu zeichnen. Auf die räumliche Lage und den mechanischen Zusammenhang der einzelnen Teile braucht keine Rücksicht genommen zu werden. Die Darstellung erfolgt im spannungslosen Zustand.

Bauschaltplan

Die einzelnen Geräte werden lagerichtig, jedoch vereinfacht dargestellt, da hauptsächlich die Leitungsführung aus diesem Plan zu ersehen sein soll. Er dient als Unterlage für den Zusammenbau.

Installationsplan

Es werden sämtliche Verbraucher, Betätigungsgeräte und Steuergeräte lagerichtig eingezeichnet und angeschlossen.

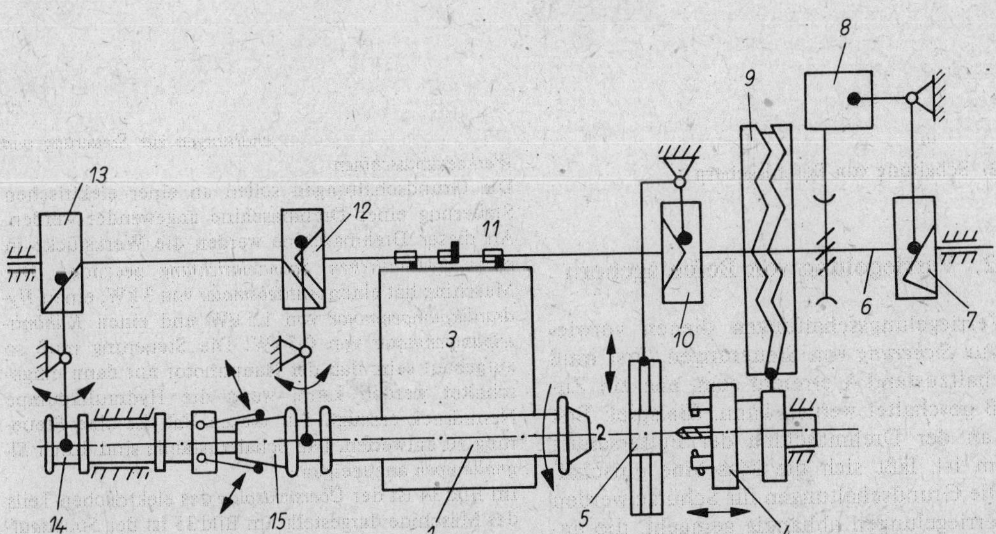

Bild 31. Mechanisch gesteuerter Einspindel-Drehautomat.
1 Arbeitsspindel, *2* Spannzange, *3* Hauptgetriebe, *4* Revolverkopf, *5* Quersupport, *6* Steuerwelle, *7* Steuerkurve für das Getriebe der Steuerwelle, *8* Getriebe für Steuerwelle, *9* Revolverkopfsteuerkurve, *10* Steuerkurve für Quersupport, *11* Schaltnocken für Hauptgetriebe, *12* Steuerkurve für Spanneinrichtung, *13* Steuerkurve für Materialvorschubeinrichtung, *14* Materialvorschubeinrichtung, *15* Spanneinrichtung für Spannzange

3.2.2. Grundschaltungen

3.2.2.1. Schaltung von Befehlsgebern

Im Bild 32 sind Grundschaltungen von Befehlsgebern dargestellt.

Bild 32a zeigt eine *Tippschaltung* zum Einschalten eines Antriebes auf Zeit (zum Einrichten der Maschine). Der Antrieb bleibt so lange eingeschaltet, wie der Knopf gedrückt ist. Im Bild 32b ist das *Dauereinschalten* des Antriebes dargestellt. Durch Betätigung des Tasters b_1 erhält der Schütz c Spannung und schließt gleichzeitig den Hilfskontakt c_1, wodurch die Selbsthaltung wirksam wird. Durch Betätigung des Tasters b_2 fällt Schütz c ab, und der Antrieb wird stillgesetzt. Eine *Wahlschaltung* zwischen Dauer- und Tippbetrieb ist im Bild 32c abgebildet. b_2 ist ein Wahlschalter (Dauereinschaltung → b_2 geschlossen, Tippbetrieb → b_2 offen).

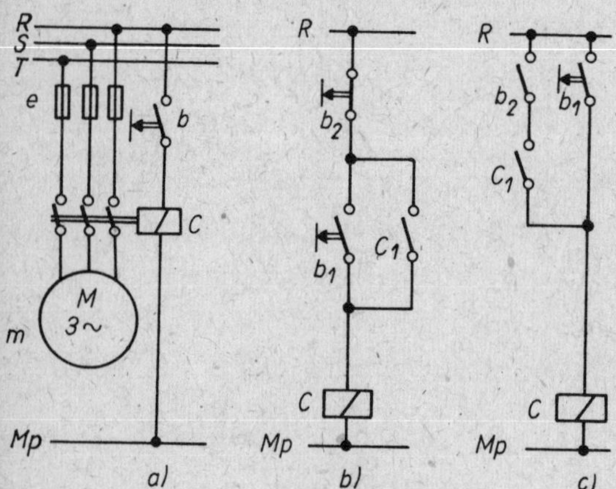

Bild 32. Schaltung von Befehlsgebern

3.2.2.2. Verriegelung von Befehlsgebern

Die Verriegelungsschaltungen dienen vorwiegend zur *Sicherung* von Steuerungen. Erst muß ein Schaltzustand A erreicht sein, ehe ein Zustand B geschaltet werden kann. (Beispiel: Erst wenn an der Drehmaschine der Futterschutz wirksam ist, läßt sich die Maschine einschalten.) Die Grundschaltungen für Schütze werden von Verriegelungen abhängig gemacht, die andere Stellen betätigen. Die Verriegelungen werden in die Erregerleitungen geschaltet, ihre Schaltglieder werden durch *Befehlsgeber* (Endschalter, thermische Auslöser oder andere) betätigt.

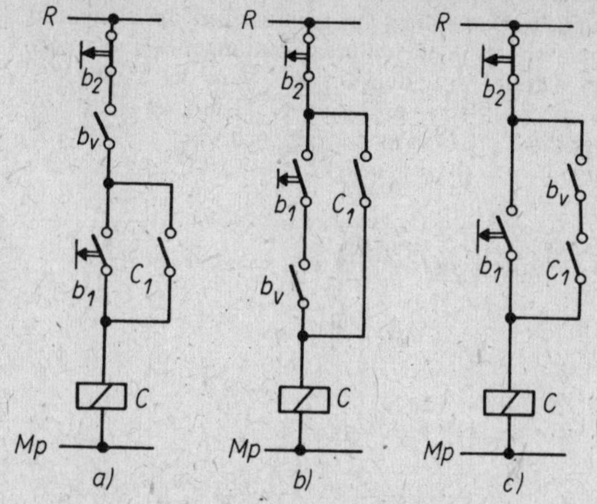

Bild 33. Verriegelung von Befehlsgebern

Bild 33 zeigt einige Schaltungen. Im Bild 33a liegt der Verriegelungskontakt bv in Reihe hinter dem Ausschalter b_2. Der Schütz c kann nur geschaltet werden, wenn bv geschlossen (siehe Beispiel Futterschutz). Bild 33b zeigt bv in Reihe hinter dem Einschalter b_1. Der Schütz c kann nur bei geschlossenem bv geschaltet werden. Wird bv nachträglich geöffnet, dann bleibt das ohne Wirkung, da die Selbsthaltung geschlossen ist. Nach Bild 33c kann die Selbsthaltung des Schützes c nur dann wirksam werden, wenn bv geschlossen ist.

BEISPIEL

■ *Anwendung der Grundschaltungen zur Steuerung von Werkzeugmaschinen*

Die Grundschaltungen sollen an einer elektrischen Steuerung einer Drehmaschine angewendet werden. An dieser Drehmaschine werden die Werkstücke in einer *hydraulischen Spanneinrichtung* gespannt. Die Maschine hat einen *Antriebsmotor* von 3 kW, einen *Hydraulikpumpenmotor* von 1,5 kW und einen *Kühlmittelpumpenmotor* von 0,5 kW. Die Steuerung muß so aufgebaut sein, daß der Hauptmotor nur dann eingeschaltet werden kann, wenn die Hydraulikpumpe Nenndruck erzeugt. Für diesen Fall ist eine Steuerung zu entwerfen. Die Schaltzustände sind durch *Signallampen* anzuzeigen.

Im Bild 34 ist der *Übersichtsplan* des elektrischen Teils der Maschine dargestellt, im Bild 35 ist der *Stromlaufplan* skizziert. Durch Betätigung des Tasters b_2 wird über den Schütz c_3 der Hydraulikpumpenmotor eingeschaltet. Die Hilfskontakte von c_3 schließen im Strompfad *4* die Selbsthaltung, und im Strompfad *5* wird die Signallampe h_1 eingeschaltet. Wenn der Ölnenndruck erreicht ist, schließt der *Druckwächter* p seinen

Kontakt. Damit liegt im rechten Teil der Schaltung Spannung an, und weitere Schaltungen können getätigt werden. Über den Taster b_7 wird die Kühlmittelpumpe bei Bedarf eingeschaltet. Die Lampe h_4 zeigt dies an. Der Hauptmotor läßt sich über die Taster b_4 oder b_5 im *Rechts-* oder *Linkslauf* einschalten. Die

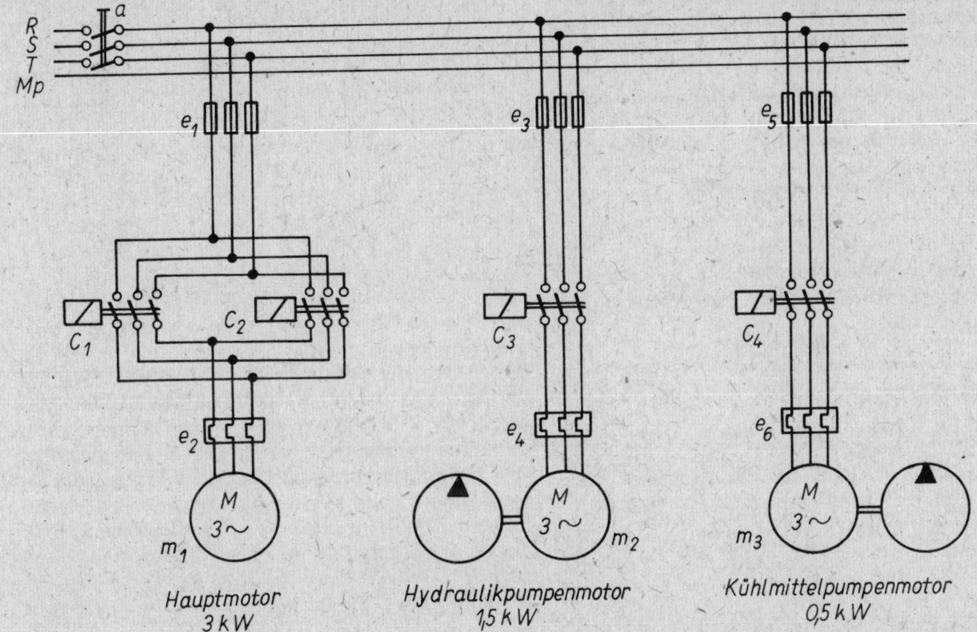

Bild 34. Übersichtsschaltplan einer Drehmaschine

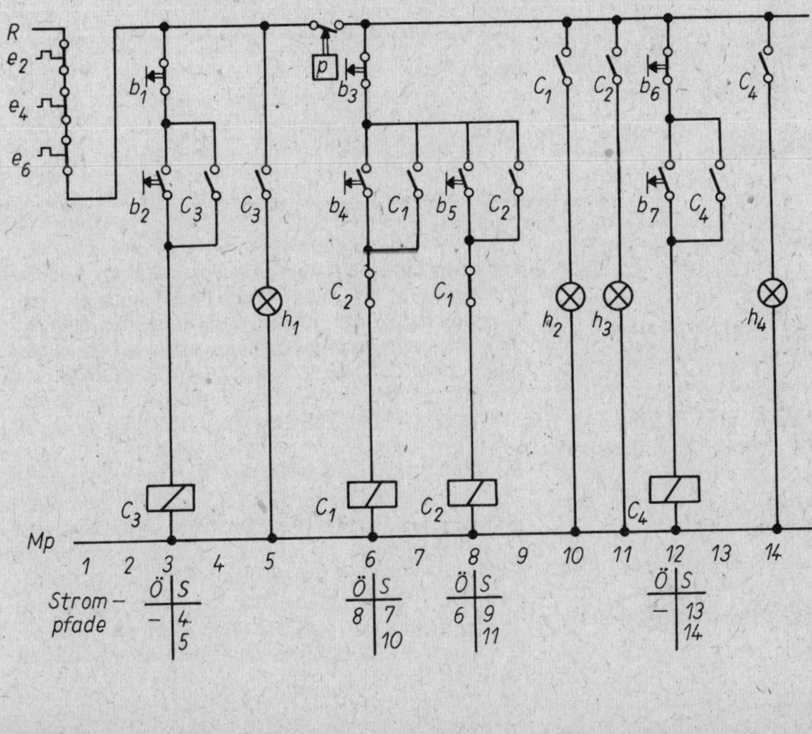

Bild 35. Stromlaufplan der Steuerung einer Drehmaschine

Kontakte von c_1 und c_2 im Strompfad 6 und 8 sind *Verriegelungskontakte*, damit nur eine Drehrichtung geschaltet werden kann. Sie verhindern also einen Kurzschluß. h_2 und h_3 zeigen die Drehrichtung des Hauptmotors an. Mittels der Taster b_1, b_3 und b_6 lassen sich die Antriebe umschalten. Bei Überlastung sprechen die *thermischen Sicherungen* e_2, e_4 oder e_6 im Strompfad 1 an und schalten die Maschine ab, da die Steuerung spannungslos wird.

3.2.3. Programmschaltungen

Moderne Werkzeugmaschinen sind mit Einrichtungen ausgestattet, die es gestatten, die Arbeitsabläufe nach festgelegten, veränderlichen Programmen zu gestalten.

Steuereinrichtungen für Programmschaltungen

Die wichtigsten Steuereinrichtungen für Programmschaltungen sind Kreuzschienenverteiler (Stöpselfeld mit Lochkarte), Nockenbahnen mit einstellbaren Nocken zur Steuerung der Bewegungsabläufe und Kugelschrittschaltwerke.

Kreuzschienenverteiler

Im Bild 36 ist die Funktion eines Kreuzschienenverteilers für Lochkartensteuerungen dargestellt. In eine isolierte Grundplatte sind geteilte Metallbuchsen eingebracht und nach Bild 36a geschaltet. Werden nun in die geteilten Buchsen an bestimmten Stellen Metallstöpsel eingesteckt, so sind zu den Hilfsrelais $d_1 \ldots d_6$ Stromkreise gebildet, die durch Betätigen eines Endschalters $E_1 \ldots E_6$ geschlossen werden, so daß das entsprechende Hilfsrelais anspricht. Im Bild 36b sind *elektromagnetische Kupplungen* dargestellt, die, durch ein Hilfsrelais angesteuert, im Hauptgetriebe der Maschine die Drehzahlen schalten. Mit Hilfe des *Stöpselfeldes* können beispielsweise 4 Drehzahlen und 2 Vorschübe geschaltet werden, wenn die entsprechenden Endschalter die programmierten Stromkreise schließen. Mit Hilfe des Stöpselfeldes können also umfangreiche Funktionen zum Zwecke des Steuerns programmiert werden. Die Betätigung der Endschalter erfolgt durch Bewegungen an den Maschinensupporten bzw. durch die Werkzeuge selbst.

Nockensteuerung

Mit Hilfe von verstellbaren Nocken *2* (Bild 37) können Steuerungen an Maschinen aufgebaut werden. Die Nocken sind in Nuten geführt und verstellbar, wobei die Nockenbahn *1* in 4 Stellungen schaltbar ist. Beim Überfahren mit dem Werkzeugträger *4* betätigen die Nocken *Mikroschalter 3*, die Signale für bestimmte Abläufe geben, so z. B. Einfahren im Schnellgang, Umschalten auf Normalschub und Bearbeitung, Umschalten auf schnelles Zurückfahren des Werkzeugschlittens.

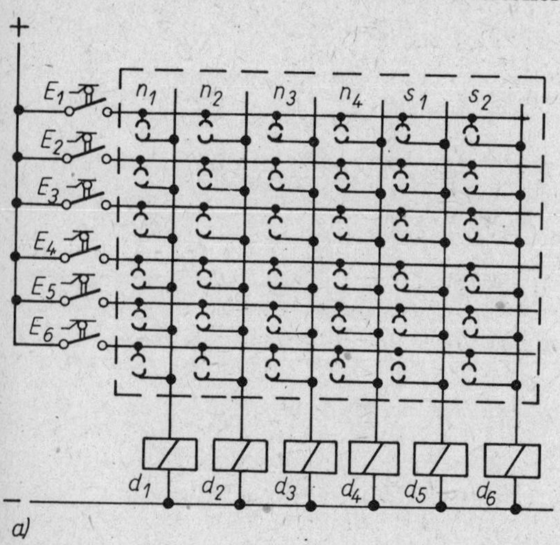

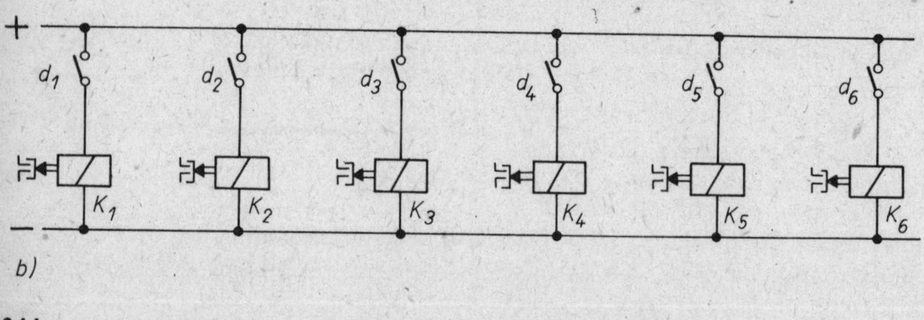

Bild 36. Kreuzschienenverteiler (Stöpselfeld).
a) Stöpselfeld, b) angesteuerte elektromagnetische Kupplungen, $K_1 \ldots K_6$ Kupplungen in einem Schaltgetriebe zum Schalten von Drehzahlen und Vorschüben

Kugelschrittschaltwerk

Das Kugelschrittschaltwerk (Bild 38) ist ein universell einsetzbares Steuergerät für Werkzeugmaschinen. In einem Gehäuse *1* ist eine *Schaltwalze 2* untergebracht, die am Umfang Vertiefungen zum Einlegen von Kugeln *3* hat. Die Schaltwalze läßt sich über ein Schaltwerk *6* zeilenweise weiterschalten. Beim Weiterschalten lösen die Kugeln über die *Mikroschalter 4* Signale aus, mit denen im Maschinensystem Steuerungsfunktionen eingeleitet werden. Die Walze hat 30 Zeilen und 20 Reihen, so daß maximal 600 Kugeln über die Beschickungsstelle gesetzt werden können. Daraus ist ersichtlich, daß das Kugelschrittschaltwerk für umfangreiche Programmsteuerungen einsetzbar ist.

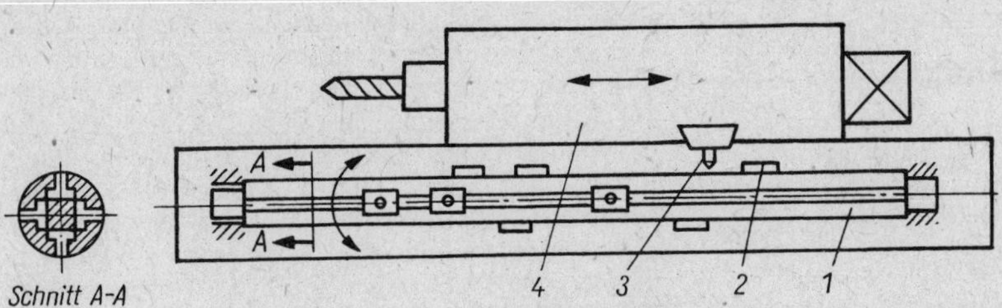

Bild 37. Nockensteuerung

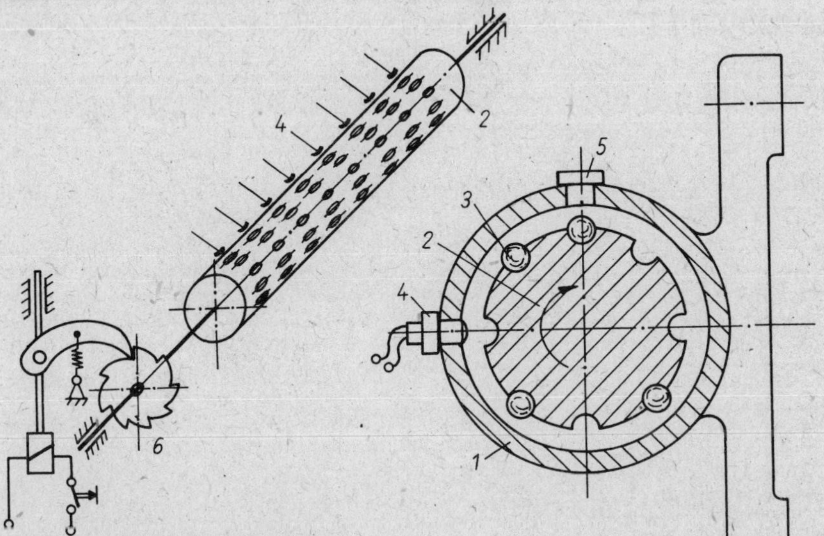

Bild 38. Kugelschrittschaltwerk.
1 Gehäuse, *2* Schaltwalze, *3* Kugel,
4 Mikroschalter, *5* Beschickungsstelle,
6 Schaltwerk

3.3. Kombinierte Schaltungen für Steuerungen

Moderne Werkzeugmaschinen werden durch kombinierte Steuerungseinrichtungen gesteuert. Sehr oft ist vorzufinden, daß hydraulische und pneumatische Bauelemente die einzelnen Baugruppen der Maschine antreiben, die Elektrik jedoch dazu benutzt wird, die einzelnen Funktionssignale weiterzuleiten.

BEISPIELE

■ *Lochkartensteuerung einer Revolverdrehmaschine*
An einer Revolverdrehmaschine werden die Drehzahlen und Vorschübe mittels einer *Lochkarte* program-

miert, so daß der Bediener während der Bearbeitung keine Schaltungen an der Maschine vornehmen muß und sich auf den Arbeitsverlauf konzentrieren kann. Im *Revolverkopf* sind alle Werkzeuge eingespannt, die zur Bearbeitung eines Werkstückes nötig sind. Nach Beendigung eines Arbeitsganges wird der Revolverkopf zurückgefahren und gedreht, damit das nächste Werkzeug zum Einsatz kommt. Durch die Drehung des Revolverkopfes wird die *Steuerwalze* ebenfalls gedreht, die den Endschalter betätigt, der den Stromkreis im Stöpselfeld für die nächste zugehörige programmierte Drehzahl und den Vorschub schließt (Bild 39). Im Getriebe wird über *elektromagnetische Kupplungen* auf die programmierte Drehzahl und den Vorschub umgeschaltet. Im Bild 40 ist die Steuerung mittels Lochkarte im Stromlaufplan dargestellt. Die Stromversorgung der Steuerung erfolgt mit 24 V Gleichstrom. (Im Stromlaufplan ist die Steuerung des Hauptmotors, des Kühlmittelmotors und der Schutzeinrichtungen nicht mit dargestellt.)

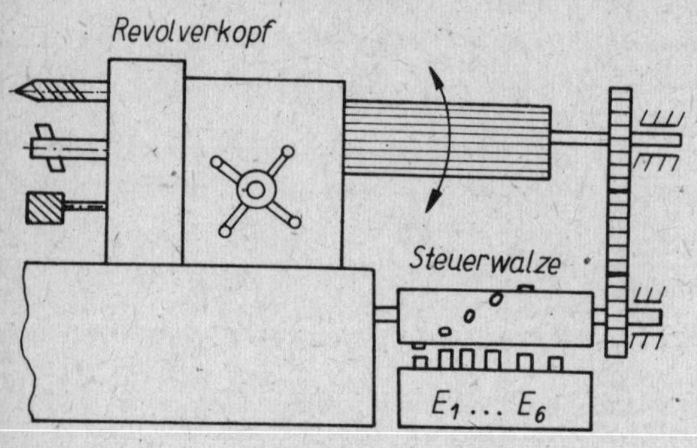

Bild 39. Prinzip der Steuerung einer Revolverdrehmaschine

■ *Steuerung der Hydraulikzylinder an einer Werkzeugmaschine*

Fünf Hydraulikzylinder an einer Werkzeugmaschine sollen nach einem vorgeschriebenen Programm arbeiten.

Bedingungen:

Der 1. Zylinder soll nach 30 s anfahren.
Der 2. Zylinder soll nach 2 min anfahren.
Der 3. Zylinder soll sofort anfahren.

Bild 40. Stromlaufplan der Lochkartensteuerung

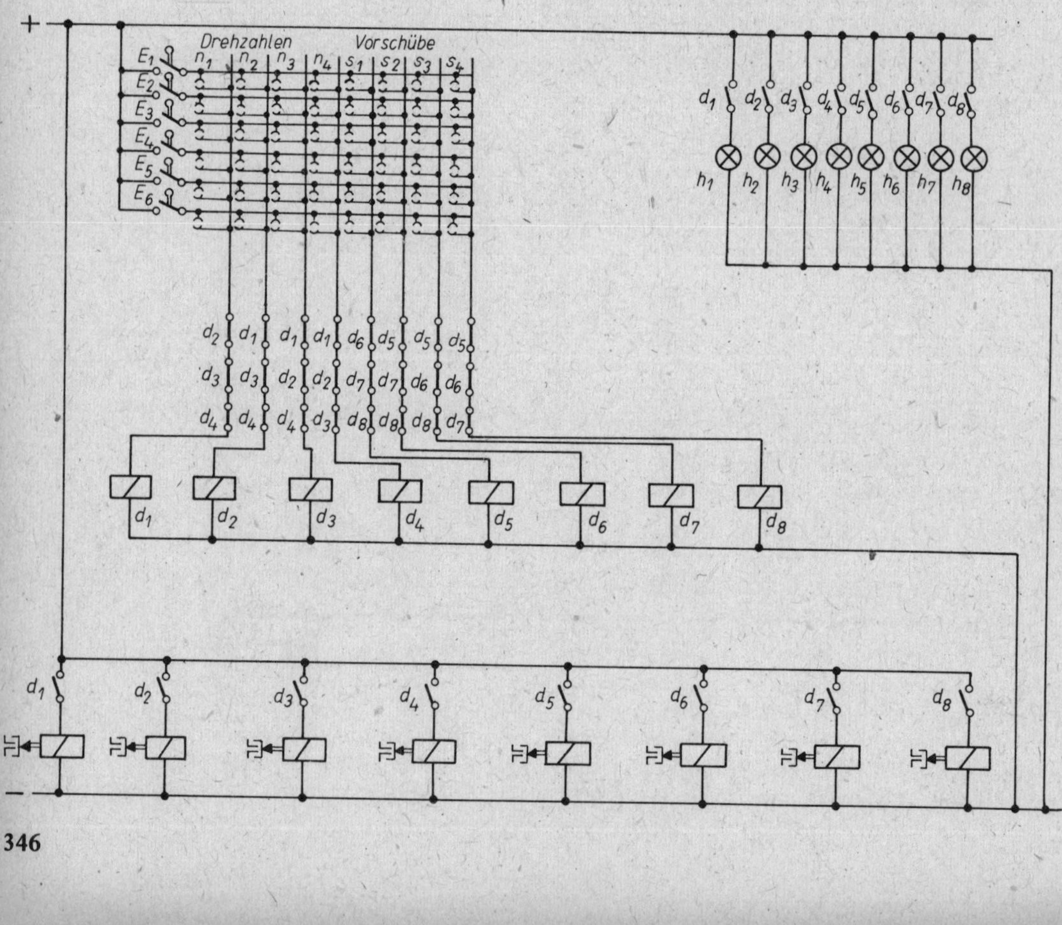

Der 4. Zylinder soll nach 10 min einen kurzen Stoß ausüben.
Der 5. Zylinder soll jede Minute einen kurzen Stoß ausführen.
Nach 12 min ist das Programm abgelaufen, und alle Zylinder schalten ab. Als Programmeinrichtungen dienen *Nockenscheiben*, die auf einer Steuerwelle befestigt sind. Die Steuerwelle macht in 12 min eine Umdrehung und wird über ein Getriebe von einem Elektromotor angetrieben. Die Bewegung der Nockenscheiben wird von *Endschaltern* abgenommen, die die *Magnetventile* der Hydraulik steuern. Die Bilder 41 und 42 zeigen das Funktionsschema der Steuerung.

■ *Fernbedienung der Hydraulikanlage einer Werkzeugmaschine*

Die stufenlose Drehzahlregelung eines Flüssigkeitsgetriebes wird durch *Verstellen der Exzentrizität* der Flügelzellpumpe erreicht. Da die Drehzahlverstellung vom zentralen Bedienungspult aus erfolgen soll, ist demzufolge eine Fernsteuerung für das Verstellen der Pumpe notwendig. Eine solche Fernsteuerung mit Hilfe von *Potentiometern* ist im Bild 43 dargestellt. Die Verstellung der Exzentrizität *e* geschieht dadurch, daß das Pumpengehäuse über eine Gewindespindel verschoben wird. Die Drehung der Gewindespindel *2* erfolgt über ein Getriebe *3* und den Verstellmotor m_1. Haben die Potentiometer r_1 und r_2 die gleiche Stellung, so ist der Potentiometerbrückenkreis spannungslos. Wird nun das Geberpotentiometer r_2 verstellt, so

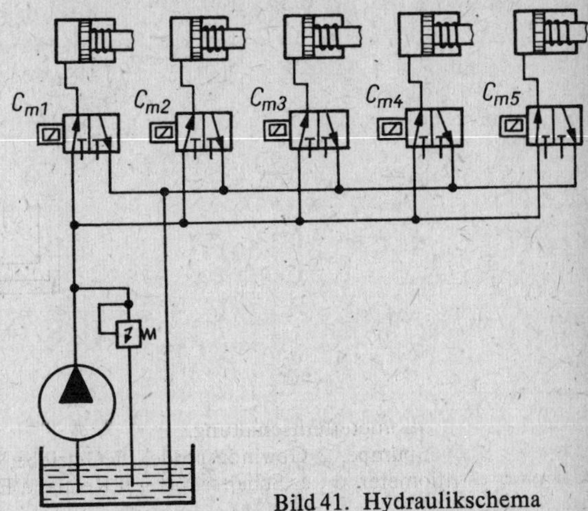

Bild 41. Hydraulikschema

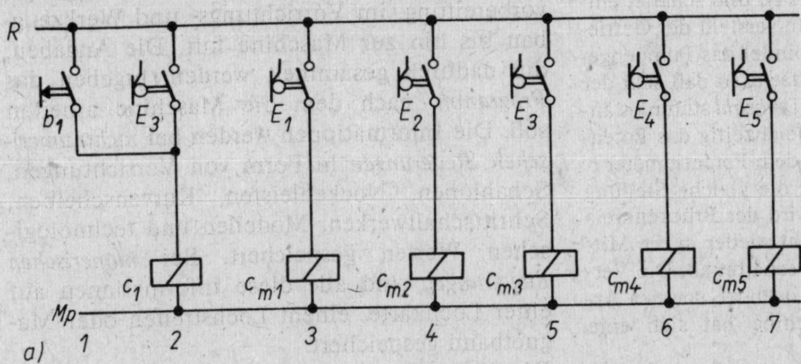

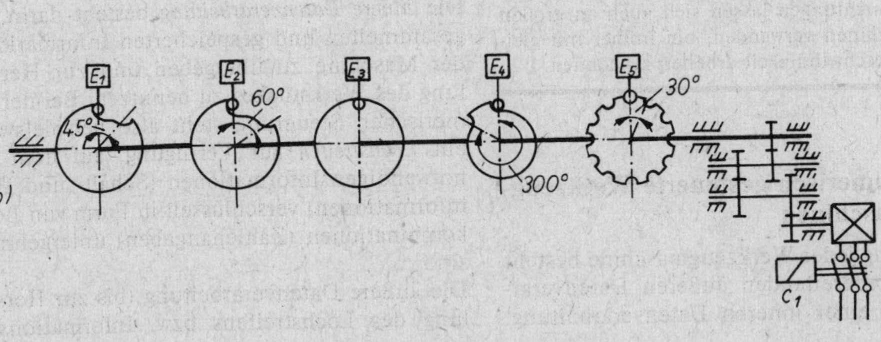

Bild 42. Stromlaufplan der Steuerung zur Hydraulikanlage. a) Stromlaufplan, b) Funktion der Steuerwelle

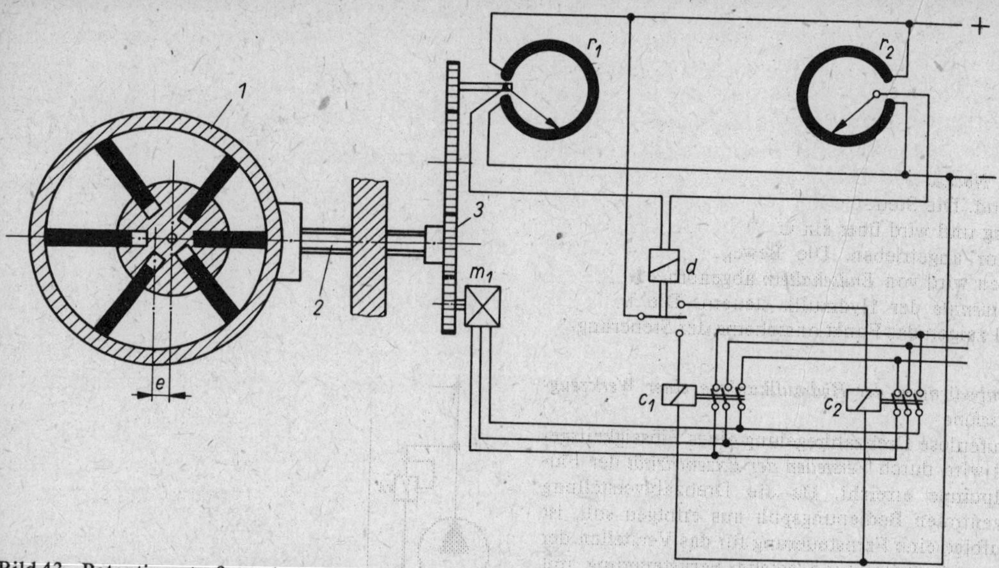

Bild 43. Potentiometerfernschaltung.
1 Flügelzellenpumpe, *2* Gewindespindel, *3* Getriebe, m_1 Motor für Getriebe, r_1 Empfängerpotentiometer, r_2 Geberpotentiometer, c_1, c_2 Schaltschütze, d Relais, *e* Exzentrizität (verstellbar)

fließt der Strom, der das *Relais* d ansprechen läßt. Dieses Relais schließt einen der beiden Kontakte (je nach Drehrichtung des Potentiometers r_2) und schaltet entweder den Schütz c_1 oder c_2. Nun verstellt der Getriebemotor m_1 über die Gewindespindel das Pumpengehäuse und damit die Exzentrizität *e*, so daß sich der *Förderstrom* und im Ölmotor die *Drehzahl* stufenlos ändern. Über das Getriebe wird gleichzeitig das Potentiometer r_1 angetrieben. Es läuft dem Potentiometer r_2 nach, und zwar so lange, bis es die gleiche Stellung wie r_2 hat. In diesem Moment wird der Brückenkreis spannungslos, und das Relais geht wieder in die Mittenlage, d. h., der Getriebemotor schaltet ab. Die Verstellung der Exzentrizität *e* ist beendet, an der Arbeitsspindel der Werkzeugmaschine hat sich eine *Drehzahländerung* ergeben.
Ähnliche Einrichtungen lassen sich auch an großen Plandrehmaschinen verwenden, um immer mit gleicher Schnittgeschwindigkeit arbeiten zu können.

4. Numerisch gesteuerte Werkzeugmaschinen

Die Steuerung jeder Werkzeugmaschine besteht aus einer vorbereitenden äußeren Datenverarbeitung und einer inneren Datenverarbeitung.

Die *äußere Datenverarbeitung* beginnt bereits im Konstruktionsbüro, setzt sich in der Fertigungsvorbereitung, im Vorrichtungs- und Werkzeugbau bis hin zur Maschine fort. Die Angaben, die dadurch gesammelt werden, ergeben das *Programm*, nach dem die Maschine arbeiten soll. Die Informationen werden bei *nichtnumerischen Steuerungen* in Form von Vorrichtungen, Schablonen, Nockenleisten, Kurvenscheiben, Schrittschaltwerken, Modellen und technologischen Werten gespeichert. Bei *numerischen Steuerungen* sind alle diese Informationen auf einer Lochkarte, einem Lochstreifen oder Magnetband gespeichert.
Die *innere Datenverarbeitung* besteht darin, die gesammelten und gespeicherten Informationen der Maschine zu übergeben und zur Herstellung des Werkstückes zu benutzen. Bei der numerischen Steuerung steht also beispielsweise ein *Lochstreifen* zur Verfügung, auf dem alle notwendigen Informationen (Schalt- und Weginformationen) verschlüsselt in Form von Lochkombinationen (Zahlenangaben) untergebracht sind.
Die äußere Datenverarbeitung (bis zur Herstellung des Lochstreifens bzw. Informationsträ-

gers) ist die Aufgabe der *Fertigungsvorbereitung.* Die Verarbeitung der Informationen in der Maschine (innere Datenverarbeitung) beginnt mit der Eingabe des Informationsträgers (z. B. des Lochstreifens) in die Maschine. Die Vorgänge bei der inneren Datenverarbeitung sind *maschinenintern.* Sie befassen sich mit dem Einlesen der Weg- und Schaltinformationen und enden mit der Ausführung der Befehle.

4.1. Steuerungskriterien

Eine Einteilung der Steuerungskriterien numerisch gesteuerter Maschinen läßt sich wie folgt vornehmen (Bild 44):

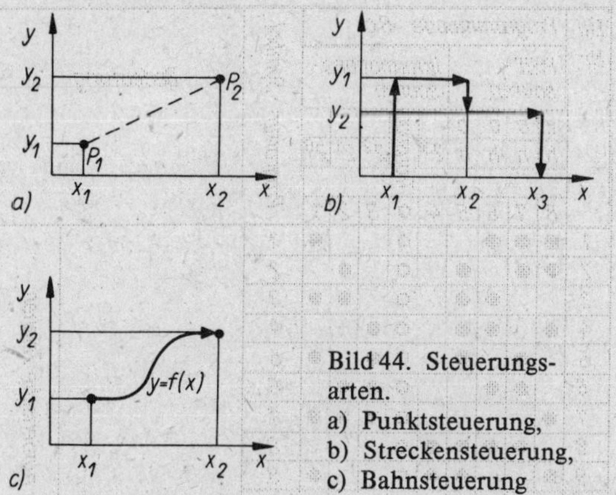

Bild 44. Steuerungsarten.
a) Punktsteuerung,
b) Streckensteuerung,
c) Bahnsteuerung

Punktsteuerung

Der Maschinentisch fährt nach der Bearbeitung an der Stelle (x_1, y_1) die Koordinaten (x_2, y_2) an. Beim Anfahren der Position ist das Werkzeug nicht im Eingriff. Zwischen den Bewegungen in *x*- und *y*-Richtung besteht kein funktioneller Zusammenhang.

Streckensteuerung

Der Maschinentisch fährt die vorgeschriebene Strecke ab, wobei das Werkzeug *ständig* im Eingriff ist. Zwischen den Koordinaten besteht kein funktioneller Zusammenhang.

Bahnsteuerung

Der Maschinentisch fährt beim Eingriff des Werkzeuges die Bahn ab. Es besteht ein funktioneller Zusammenhang zwischen den Koordinaten. Zum Berechnen der Zwischenkoordinaten ist ein *Interpolator* notwendig.

Die *Punktsteuerung* eignet sich zum Anfahren und Bearbeiten bestimmter Stellen am Werkstück (z. B. Herstellen von Bohrungen und Platten, Punktschweißen usw.). Die *Streckensteuerung* ist nur für bestimmte Konturen geeignet, während mit der *Bahnsteuerung* alle beliebigen Konturen bearbeitet werden können. Für die Bearbeitung einer solchen Kontur muß ein Gleichungssystem vorliegen, das von der Numerik verarbeitet werden kann. In die Maschine werden nur bestimmte Festpunkte der Kontur eingegeben, die Zwischenwerte errechnet der Interpolator. Für diese Art der Steuerung ist der Geräteaufwand natürlich am größten.

4.2. Funktionseinheiten der numerischen Steuerung

4.2.1. Eingabe der Informationen

Die Informationen sind zu unterteilen in:

- *Schaltinformationen:* Drehzahlen, Vorschübe, Links- und Rechtslauf, Kühlmittel usw.
- *Weginformationen:* Maße des zu fertigenden Werkstückes (Längen, Abstände usw.).

Weiterhin muß unterteilt werden in:

- *Handeingabe* (für geringen Informationsbedarf),
- *Lochkarteneingabe* (Speicherkapazität etwa 7 bit / cm², für Punktsteuerung),
- *Lochstreifeneingabe* (Speicherkapazität etwa 15 bit / cm², für mittlere bis große Informationsmengen),
- *Magnetbandeingabe* (Speicherkapazität etwa 1 250 bit / cm², für sehr große Informationsmengen).

Handeingabe

Bei der Handeingabe werden die Schaltfunktionen wie bei jeder anderen Werkzeugmaschine über Hebel oder Taster eingegeben. Für die Weginformationen benutzt man *Dekadenschalter* o. ä. Über eine *Starttaste* werden die Bewegungen ausgelöst.

Lochkarteneingabe

Die Eingabe der Arbeitsinformationen erfolgt über *Steckerfelder* und *Schrittschaltwerke*, wobei die gelochte Karte als Schablone dient. Die Arbeitsfolge läßt sich beliebig ändern, da man die Lochkarten korrigieren bzw. in der Reihenfolge ihres Einsatzes vertauschen kann.

Lochstreifeneingabe

Für numerisch gesteuerte Maschinen wird vorwiegend das 8spurige *Lochband* eingesetzt. Es garantiert einen hohen Informationsgehalt bei gleichzeitigem Erkennen von 2 Fehlern. Die Vorteile gegenüber der Lochkarte sind:

- größere Speicherkapazität,
- die zwangsläufige Arbeitsschrittfolge durch die Lochung schließt Fehler im Arbeitsablauf aus,
- gegenüber dem Magnetband: keine Beeinflussung durch magnetische Felder.

Magnetbandeingabe

Mit Hilfe des Magnetbandes werden die höchsten *Informationsdichten* und die größten *Lesegeschwindigkeiten* erreicht. Der Einsatz erfolgt deshalb auch nur bei Bahnsteuerungen und bei rechnergesteuerten Maschinen. Das Magnetband ist empfindlich gegen magnetische Fremdfelder, Staub und sonstige Einflüsse, die besonders im rauhen Werkstattbetrieb auftreten.

4.2.2. Abtasten des Lochstreifens

Der codierte Lochstreifen wird in die *Leseeinrichtung* eingegeben, und die Arbeitsinformationen, die in Form von *Lochkombinationen* vorhanden sind, werden in elektrische Signale umgesetzt und zur Steuerung der Maschine weitergeleitet. Für das Abtasten der Lochkombinationen haben sich viele Möglichkeiten ergeben. So läßt sich der Lochstreifen mechanisch, fotoelektrisch oder pneumatisch abtasten. Die einzelnen Methoden ergeben dann auch die verschiedenartigsten Abtastgeschwindigkeiten.

4.2.3. Entschlüsseln und Verteilen der Informationen

Nachdem die Lochkombinationen abgetastet und in elektrische Signale umgewandelt wurden, werden sie im *Code-Umsetzer* entschlüsselt. Im Code-Umsetzer werden die Schalt- und Weginformationen getrennt und an die entsprechende Adresse geleitet.

Zu jeder Maschine gehört eine *Vorcodiertabelle*, die angibt, zu welcher Information welche Lochkombination gehört. Für jede Arbeitsoperation wird im Lochstreifen ein *Satz* gebildet.

BEISPIEL

■ Vorcodiertabelle für die BMRS 25 xy num (Bohrmaschine) – Bildung eines Satzes.
Die Bedeutung der Lochkombinationen im 8c-Band ist im Bild 45 dargestellt. Vorcodiertabelle siehe Tabelle 5, S. 352).

Lfd. Nr.	Programmcode 8c – Prüfspuren: ch 8	ch 7	ch 6	ch 5	Informationsspuren: 2^3 4	Transport o	2^2 3	2^1 2	2^0 1	Programm-Symbol	Bedeutung	
1	●	●	●			○			●	1		numerische Zeichen
2	●	●		●		○		●		2		
3			●	●		○		●	●	3		
4	●		●	●		○	●			4		
5		●		●		○	●		●	5		
6		●	●			○	●	●		6		
7	●					○	●	●	●	7		
8		●	●	●	●	○				8		
9	●			●	●	○			●	9		
10	●		●		●	○		●		0		
11	●	●			●	○	●			+		Vorzeichen
12		●			●	○		●	●	−		
13			●		●	○	●		●	TAB	Tabulator	Betriebszeichen
14				●	●	○	●	●		<≡	Wagenrücklauf	
15	●	●	●	●	●	○	●	●	●	IRR	Irrung	
16						○				ZWR	Zwischenraum	
17	●	●	●	●		○			●	x	Koordinatenadressen	Adressen
18		●	●	●		○	●	●		y		
19	●			●		○	●	●	●	z		
20		●		●	●	○		●	●	r	Reserve 1	
21	●		●	●	●	○		●		k		
22	●	●		●	●	○	●			o		
23			●	●	●	○	●		●	s		
24	●		●			○	●			v	Steuerbefehle	
25	●	●				○		●		a	Spindeldrehzahlen	
26		●	●		●	○				h	Vorschub	
27	●				●	○			●	l	Vorschub	
28		●				○	●		●	n	Revolverkopf	
29					●	○	●	●		d	Hilfsfunktionen	
30			●			○		●	●	i	Reserve 2	
31	●	●	●		●	○	●	●	●	p	Satzadressen	

Bild 45. Programmcode 8c

Mit der Bohrspindel *1* einer BMRS 25 xynum soll eine Bohrung mit $n = 1\,000\ \text{min}^{-1}$, einem Normalvorschub $v_f = 160$ mm/min und den Koordinaten $x = 26$ mm und $y = 100$ mm gebohrt werden. Die Werte sind nach Programmcode 8c zu verschlüsseln. Der Informationssatz ist zu bilden.
Nach der Vorcodiertabelle 5 würde der Satz folgendermaßen aussehen:

k6	n1	a61	h13	d1	x02600	y10000	p01
Bohren 2. Tiefe	Spindel 1	1 000 min^{-1}	160 mm/min	Kühlmittel	Koordinaten		Satzanzeige

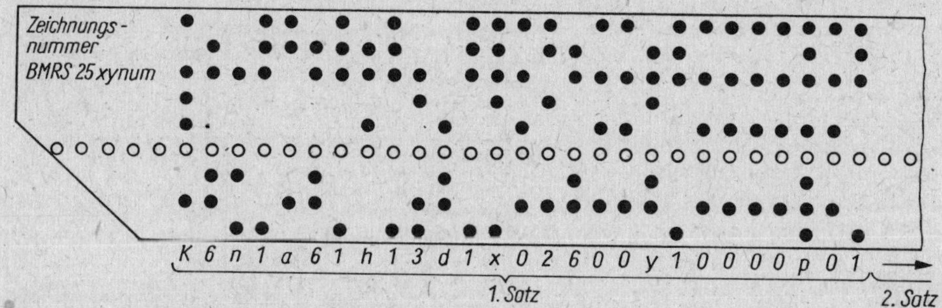

Bild 46. Lochkombination im Lochstreifen

Nach der Eingabe in den Locher würde im Lochstreifen für diesen Satz eine *Lochkombination* entstehen (Bild 46).
Die Schaltinformationen k6, n1, a61, h13, d1 sind für die Maschine bestimmt und bewirken das Schalten der entsprechenden Baugruppen. Die *Weginformationen* werden in das Wegmeßsystem eingegeben, und der Tisch fährt in die vorgegebenen Positionen mit den Koordinaten *x* und *y*. Die *Satzanzeige* reguliert das Weiterschalten des Lochstreifens zum Lesen des 2. Satzes.
Die durch das Abtasten entstehenden Impulse der Spuren 1...8 des Lochstreifens sollen Schaltungen auslösen. Die Abtastung erfaßt aber nur die zwei Zeichen »1« und »0« (also gelocht oder nicht). Im Code-Umsetzer muß nun die Verschlüsselung wieder aufgehoben werden. Diese geschieht mit UND- bzw. ODER-Schaltungen durch *logische Verknüpfungen.* Für derartige Schaltungen werden vorwiegend Halbleiterbauelemente benutzt.

4.2.4. Zwischenspeicher

Während einer laufenden Arbeitsoperation können keine neuen Informationen des nächsten Satzes eingegeben werden, da sonst Störungen im Maschinensystem auftreten würden. Erst wenn die Arbeitsoperation beendet ist, können die nächsten Informationen an die Stellglieder und an das Wegmeßsystem gegeben werden. Um diesen Nachteil zu beseitigen, setzt man *Zwischenspeicher* ein. Während des Bearbeitens eines Werkstückes nach dem Satz p01 wird vom Lochstreifen der Satz p02 in einen Zwischenspeicher eingelesen, der dann nach Beendigung von p01 in kürzester Zeit in die Maschine gegeben wird. Gleichzeitig beginnt nach dem Löschen von p02 das Einlesen von p03 usw.

4.2.5. Vergleichseinrichtungen

Wenn vom Lochstreifen die Koordinatenwerte für die Tischbewegung gelesen sind, werden diese Signale dem Wegmeßsystem zugeführt. Um den Tisch in eine bestimmte Position zu fahren, ist ein *Soll-/Istwert-Vergleich* notwendig, d. h., es muß überprüft werden, ob die eingegebenen Signale bewirkt haben, daß der Tisch richtig eingefahren ist. Die eingegebenen Ist-Signale für den zurückgelegten Weg müssen mit der *Vergleichseinrichtung* im Wegmeßsystem übereinstimmen. Erst wenn Koinzidenz vor-

Tabelle 5. Vorcodiertabelle

Vorcodiertabelle	Maschine: BMSR 25 xy num															
	Informationen															
	Programmwort															
Unterprogramm	Bohren mit Freischneiden	Gewinde-schneiden	Bohren mit Sprungvorschub	Bohren mit Ausspänen	Bohren 1. Tiefe	Bohren 2. Tiefe										
	k1	k2	k3	k4	k5	k6										
Spindel-Nr.	1	2	3	4	5	6										
	n1	n2	n3	n4	n5	n6										
Spindeldrehzahl min^{-1}	45	63	90	125	180	250	355	500	710	1 000	1 400	2 000				
	a20	a21	a30	a31	a40	a41	a50	a51	a60	a61	a70	a71				
Normalvorschub-geschwindigkeit mm/min	11,2	18	22,4	31,5	40	50	63	80	100	125	160	200	250	315	400	500
	h01	h02	h03	h04	h05	h06	h07	h08	h11	h12	h13	h14	h15	h16	h17	h18
Feinvorschub-geschwindigkeit mm/min	11,2	16	22,4	31,5												
	l1	l2	l3	l4												
Kühlmittel	Ein	Aus														
	d1	d2														
Programm »Halt«	v2															
Position 10^{-2} mm	x – Koordinatenwert	y – Koordinatenwert														
	x00000 ... x56000	y00000 ... y35500														
Satzanzeige	Satz 1 ... 99															
	p01 ... p99															

liegt, erfolgt das *Abschaltsignal.* Der Tisch hat die richtige Position mit der vorgeschriebenen Genauigkeit (z. B. 1 / 100 mm) erreicht.

4.2.5.1. Wegmeßsysteme

Bei der numerischen Steuerung ist eine ständige Erfassung der Bewegung eines Maschinentisches erforderlich. Es ist also ständig eine *Wegmessung* vorzunehmen. Die Meßwerterfassung, -verarbeitung und -darstellung kann nach verschiedenen Methoden erfolgen.

Analoges Meßsystem (Bild 47)

Die zu erfassende Weglänge wird in eine *analoge physikalische Größe* umgewandelt (meist in eine elektrische Spannung). In jeder Lage des Schlittens steht eine bestimmte (proportionale) Spannung zur Verfügung. Stimmt die vorgegebene Spannung (Sollwert) mit der sich einstellenden Spannung (Istwert) überein, wird durch einen *Impuls* der Vorschub des Maschinentischs stillgesetzt.

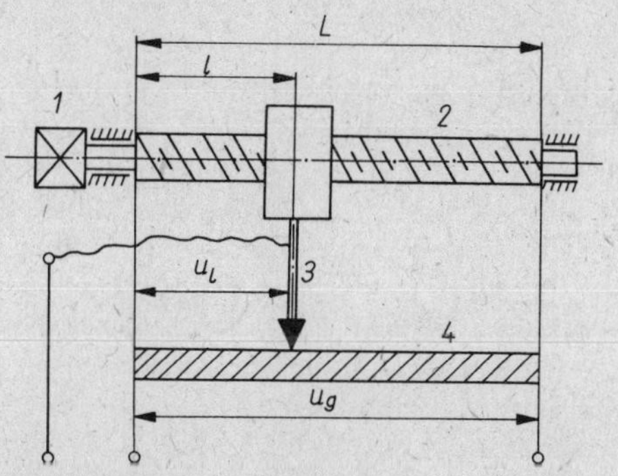

Bild 47. Analoge Wegmessung.
1 Antrieb, *2* Vorschubspindel, *3* Schleifkontakt, *4* Potentiometer

Digitales Meßsystem (Bild 48)

Der Vorschubweg eines Maschinentisches wird in kleine, absolut gleiche Wegabschnitte zerlegt. Die Wegeinheit Δs wird beim Fahren eines bestimmten Wegs gezählt, d. h., die Meßgröße wird *digital* dargestellt. Die Zählimpulse müssen mit den eingegebenen Impulsen übereinstimmen, dann kommt das Koinzidenzsignal, und der Tisch schaltet ab. Der Vorteil besteht darin, daß die eingegebenen digitalen (numerischen) Sollwerte gleich mit den digital ermittelten Istwerten verglichen werden können. Die digitalen Meßwerte lassen sich außerdem gut speichern, codieren, rechnerisch weiterverarbeiten und für die Steuerung der Maschine ausnutzen.
Für die *analoge* und *digitale Meßwerterfassung* kommen noch zwei Möglichkeiten in Betracht:

Inkrementalverfahren

Jeder Teilstrich eines Maßstabes ergibt einen Impuls. Die Impulse werden in einem *Zähler* summiert, so daß der jeweilige Zählerstand ein getreues numerisches Abbild des vom Schlitten zurückgelegten Weges darstellt.

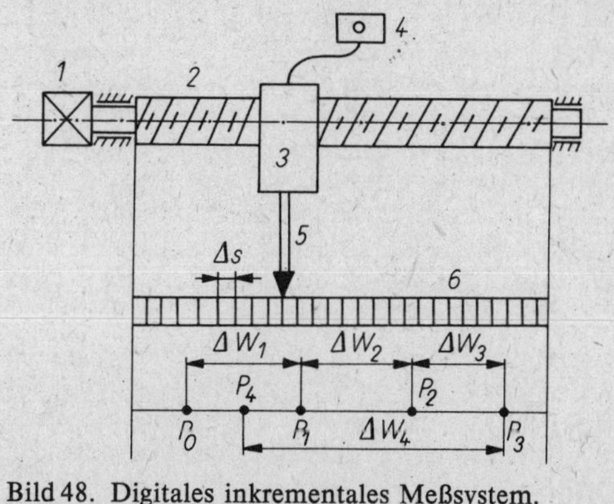

Bild 48. Digitales inkrementales Meßsystem.
1 Antrieb, *2* Vorschubspindel, *3* Schlitten, *4* Zähler, *5* Abtaster, *W* Wegzuwachs, *P* Position, *6* Maßstab

Absolutes Meßverfahren (Bild 49)

Bei diesem Meßverfahren wird jeder vom Schlitten einzunehmenden Lage ein auf einen feststehenden Nullpunkt bezogener Wert zugeordnet. Der Maßstab trägt eine codierte mehrspurige Skale.

Ein weiteres Unterscheidungsmerkmal von Meßsystemen ergibt sich aus dem jeweiligen *Meßort* an der Maschine:

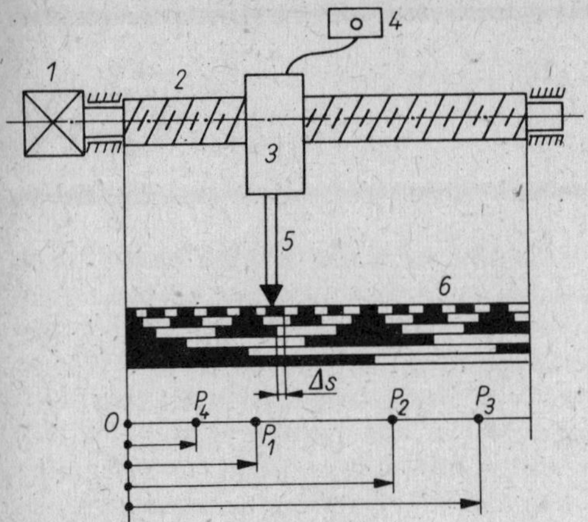

Bild 49. Absolutes Meßverfahren.
1 Antrieb, *2* Vorschubspindel, *3* Maschinentisch, *4* Zähler, *5* Abtaster, *6* Maßstab

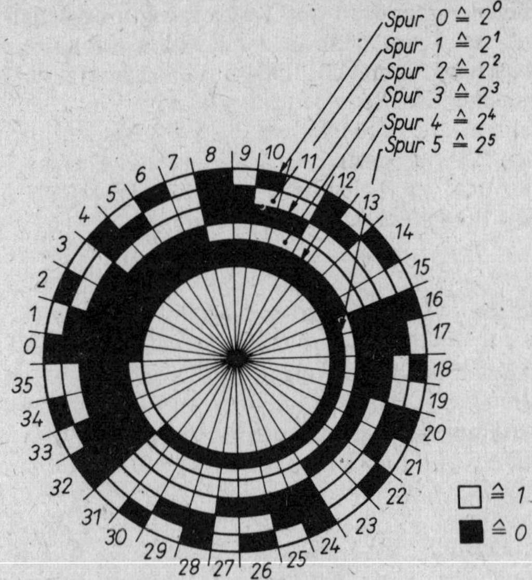

Bild 51. Dual codierte Scheibe

Direkte Wegmessung (Bild 48, 49)

Die Abtasteinrichtung ist direkt mit der Vorschubbewegung des Maschinentisches gekoppelt. Voraussetzung ist, daß das Meßsystem eine Auflösung des Meßbereiches bis zur kleinsten erforderlichen Wegeinheit Δs zuläßt. Nachteilig ist, daß für diesen Zweck Maßstäbe mit der notwendigen Genauigkeit kaum herstellbar sind, da sie für große Vorschubwege verwendet werden müssen. Sehr vorteilhaft ist, daß keine Fehler durch die Ungenauigkeiten der Vorschubspindel, durch Vorschubkräfte usw. in das Meßergebnis eingehen, da direkt an der Skale des Maßstabes kontrolliert wird.

Indirekte Wegmessung (Bild 50)

Bei der indirekten Wegmessung gehen alle genannten Fehler in das Ergebnis ein, da der Weg des Schlittens indirekt über den Drehwinkel der Spindel gemessen wird. Durch geeignete Maßnahmen *(kombinierte Meßsysteme)* lassen sich aber auch bei diesem System die Fehler in den zulässigen Grenzen halten. Eine *dual codierte Scheibe* ist im Bild 51 dargestellt.

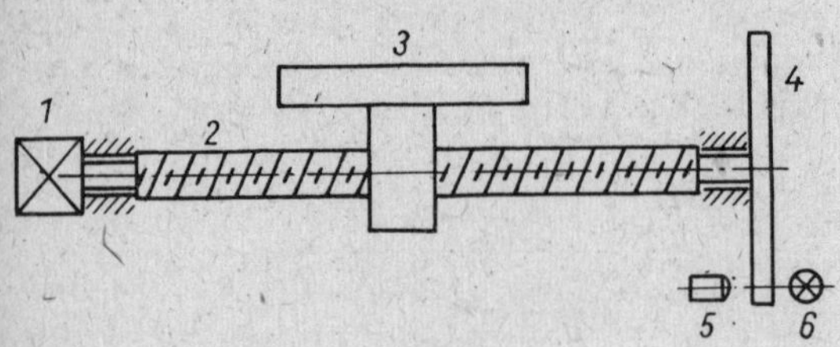

Bild 50. Indirekte Wegmessung.
1 Antrieb, *2* Vorschubspindel, *3* Tisch, *4* codierte Scheibe, *5* Fotozelle, *6* Lichtquelle

4.2.5.2. Einfahren in die Position

Jeder fahrende Maschinenschlitten hat eine gewisse Trägheit. Er läuft nach dem Abschalten des Antriebes noch einen bestimmten Weg weiter und bleibt, je nach den Reibungsverhältnissen, nicht am definierten Punkt, sondern entweder davor oder dahinter stehen. Da bei numerisch gesteuerten Werkzeugmaschinen Positionsgenauigkeiten von 0,01 mm benötigt werden, sind zum Einfahren in die Position besondere Maßnahmen notwendig. Man fährt die verlangte Position im *Eilgang* an. Wenige Milli-

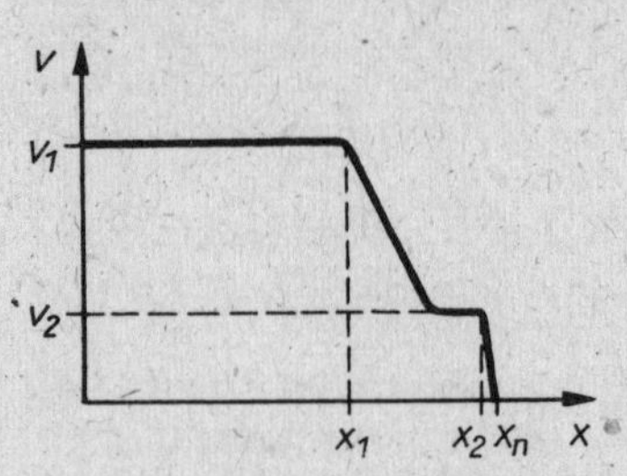

Bild 52. Positionierverlauf bei der Punktsteuerung.
v_1 Eilganggeschwindigkeit, v_2 Schleichganggeschwindigkeit, x_1 Umschaltpunkt, x_2 Abschaltpunkt, x_n Sollwert

meter vorher wird auf *Schleichgang* umgeschaltet. Bei Koinzidenz in der Position erfolgt das Abschaltkommando. Durch den Einsatz entsprechender *Regeleinrichtungen* wird ein Überfahren und Zurückfahren, also ein Pendeln um den Positionspunkt, vermieden. Das Positionieren muß im Toleranzbereich des herzustellenden Werkstückes liegen (Bild 52).

4.2.6. Interpolatoren

Bei der Bahnsteuerung stehen zwei oder mehrere Bewegungskomponenten im funktionellen Zusammenhang. Mit dem Lochstreifen (oder anderen Informationsträgern) werden Koordinaten für sog. *Stützpunkte* der herzustellenden Kontur bzw. Bahnkurve eingegeben. Diese Stützpunkte sind markante Punkte der Bahngleichung, z. B. Wendepunkte, maximale und minimale Punkte, Anfangs- und Endpunkte. Die vielen weiteren Koordinatenpunkte werden von einem *Interpolator* (elektronischer Rechner) während der Bearbeitung ermittelt und laufend der Steuerung der Maschine zur Verfügung gestellt. Man unterscheidet dabei *Innen-* und *Außeninterpolatoren.*

4.2.7. Vorteile numerisch gesteuerter Werkzeugmaschinen

Durch den Einsatz numerisch gesteuerter Werkzeugmaschinen ergeben sich folgende *Möglichkeiten*:

- Alle *Bohr-* und *Anreißlehren* sowie abtastbare Modelle, Schablonen, Meisterwerkstücke usw. können entfallen.
- *Zahlenprogramme* lassen sich viel leichter und schneller ändern als mechanische Vorrichtungen.
- Bei vorliegendem *Lochstreifenprogramm* lassen sich die Maschinen auch in der Kleinserienfertigung rationell einsetzen.
- Da *subjektive Einstellfehler* durch den Menschen wegfallen, steigen die Arbeitsgüte und die Maschinenausnutzung.
- Die *Aufmerksamkeit* des Bedienungspersonals wird merklich entlastet.
- Es besteht die Möglichkeit, zur *Mehrmaschinenbedienung* überzugehen.

- Die *Betriebsorganisation* und die *Fertigungsvorbereitung* können gestrafft und schließlich kann der gesamte Produktionsprozeß zentral gesteuert werden.
- Die Vorteile der *EDVA* können auch im Fertigungsbetrieb voll genutzt werden.
- In letzter Konsequenz ist keine Zeichnung mehr erforderlich, denn sämtliche Maßangaben können unmittelbar über einen *elektronischen Rechner* von einem Magnetband auf die Maschine übertragen werden. Solche Rechner können sämtliche Anlagen der Fertigung und Organisation bedienen. Das Endziel ist die *Vollautomation.*

Die Weiterentwicklung auf dem Gebiet der Technik (Mikroelektronik, Fertigungstechnik usw.) erschließt ganz neue Perspektiven beim Bau und beim Einsatz numerisch gesteuerter Werkzeugmaschinen. Dabei spielen besonders die *Handhabungstechnik*, *automatischer Werkzeugwechsel* und Austausch und die *Robotertechnik* zur Verkettung ganzer Maschinensysteme eine bedeutende und entscheidende Rolle.

5. Verkettung der Werkzeugmaschinen

5.1. Allgemeines

Bisher wurde die Funktion der Werkzeugmaschine betrachtet. In der modernen Fertigung ist die *Verbindung der Werkzeugmaschinen untereinander* zu untersuchen. Die Werkzeugmaschine wird zu einem Glied eines Fertigungssystems, oder anders ausgedrückt, die Werkzeugmaschinen sind zu einem *Fertigungssystem* zu verketten.

> Unter *Verkettung* versteht man die Verbindung von Werkzeugmaschinen und Fertigungseinrichtungen durch Werkstückförderer, Steuerungseinrichtungen, Handhabungseinrichtungen und Roboter.

Bei der technologischen Projektierung solcher Fertigungssysteme sind umfangreiche Voruntersuchungen anzustellen. Ganz besonders ist zu untersuchen, ob sich die zu bearbeitenden Werkstücke für automatische Handhabung und Weitergabe eignen. Es bestehen also verschiedene *Forderungen an die Form des Werkstücks*, die bereits der Konstrukteur beachten muß:

- handhabungsgerechte Konstruktion (Stapelfähigkeit, Lage- und Richtungsstabilität usw.),
- Unempfindlichkeit gegen Bruch,
- Möglichkeit der Nutzung der Schwerkraft u. a.

Für den Aufbau von Fertigungssystemen kommt die *Fließfertigung* als höchste Organisationsform in Betracht. Aus diesem Grunde sollten noch folgende Forderungen beachtet werden:

- hohe Stückzahlen und kontinuierliche Bearbeitung,
- gesicherte Fertigungsperspektive,
- ausgereifte Konstruktionen,
- gesicherte Materialbereitstellung,
- gleiche Toleranzen der Rohmaterialien und Halbzeuge,
- exakte technologische Projektierung,
- ausreichender Platz zum Aufbau der Maschinensysteme.

Wenn alle Forderungen erfüllt werden, dann erschließen diese Komplexlösungen neue und bessere Möglichkeiten:

- die *Produktion von Gütern* zu intensivieren und zu rationalisieren,
- die vorhandenen Fertigungseinrichtungen mit hoher *Effektivität* zu betreiben,
- die *Arbeitsproduktivität* wesentlich zu steigern,
- den *Arbeitskräftebedarf* senken.

5.2. Fertigungsablauf

Beim Fertigungsablauf in Maschinensystemen unterscheidet man Fließprozesse und Stückprozesse. Bei einem *Fließprozeß* (Walzen, Drahtziehen usw.) geschieht die Bearbeitung über einen langen Zeitraum hinweg. Beim *Stückprozeß* (Drehen, Bohren usw.) treten periodische Bearbeitungen auf. Die Stückprozesse sind auf Grund der verschiedenen Bearbeitungsstufen in der Verkettung bedeutend schwieriger zu behandeln. Hinzu kommt, daß sich das Werkstück zu einem bestimmten Zeitpunkt an einer bestimmten Stelle und in einer bestimmten Lage in der Fertigungseinrichtung befinden soll.
Man unterscheidet *Fließgut* (lange Rohre und Stangen, Bänder, Drähte, Granulate, Flüssigkeiten usw.) und *Stückgut* (Einzelteile mit komplizierter geometrischer Gestalt, Werkstücke aller Art).

Stückgut und *Stückprozesse* stellen an die Handhabungs- bzw. Verkettungseinrichtung höhere Anforderungen als Fließgut und Fließprozesse, da Formenvielfalt, Unordnungsgrad und die verschiedenen Bearbeitungslagen die automatische Handhabung wesentlich erschweren.
Bei einem *Stückprozeß* muß das zu verarbeitende Stückgut zunächst *geordnet* werden (evtl. Ausschuß entfernen), wenn es nicht schon im geordneten Zustand, z.B. gestapelt, in das Magazin eingelegt wurde. Liegt das Stückgut geordnet vor, so muß es *vereinzelt* werden, d.h., es wird durch ein zwangsläufig arbeitendes mechanisches System so geordnet, daß immer ein zu bearbeitendes Teil von den übrigen getrennt wird und an die Bearbeitungsstelle in der Maschine kommt.
Wird Fließgut in einem *Fließprozeß* bearbeitet, so kann das Ergebnis Fließ- oder Stückgut sein. Beim Drahtziehen z. B. ist sowohl der Ausgangsstoff als auch das Endergebnis Fließgut.
Wird ein Blechband durch ein Messer in Streifen gleicher Länge geschnitten, so ist das Ergebnis *Stückgut*. Auch Stückgut kann in einem Fließprozeß verarbeitet werden, z.B. beim automatischen Galvanisieren: Endergebnis Stückgut.
Bei der Kettenherstellung ist der Ausgangsstoff Stückgut, das Endergebnis (Kette) Fließgut.
Allen diesen Möglichkeiten müssen die Verkettungseinrichtungen gerecht werden.

5.3. Handhabungsvorgänge

Die Handhabungsvorgänge und Zubringeeinrichtungen werden bei der technologischen Projektierung sinnbildlich durch Symbole dargestellt (Tafel 3).

BEISPIEL

■ Zubringeschema für zwei verkettete Maschinen (Bild 53).

Bild 53. Verkettung zweier Maschinen.
1 Magazinieren, *2* Zuteilen, *3* Eingeben, *4* Positionieren, *5* Spannen, *6* Bearbeitungsstelle, *7* Entspannen, *8* Ausgeben, *9* Weitergeben, *10* Magazinieren, *11* Zuteilen, *12* Eingeben, *13* Positionieren, *14* Spannen, *15* Bearbeitungsstelle, *16* Entspannen, *17* Ausgeben, *18* Weitergeben

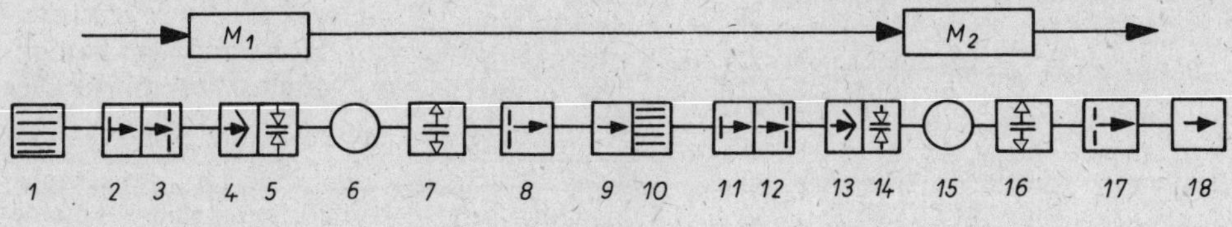

Tafel 3. Symbole für Handhabungen

Funktion	Symbol	Erläuterung der Funktion	Beispiel
Bunkern		ungeordnetes Speichern von Werkstücken in dafür geeigneten Behältern zur Vorratsbildung vor und nach Fertigungseinrichtungen	
Magazinieren		geordnetes Speichern von Werkstücken in Magazinen zur Vorratsbildung vor und nach Fertigungseinrichtungen	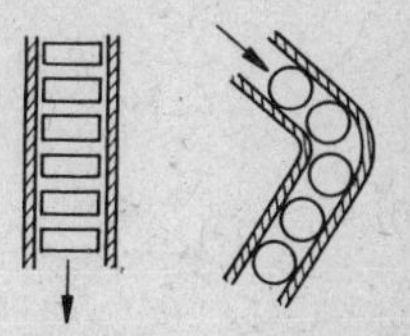
Weitergeben		Bewegen von Zubringegut im geordneten oder ungeordneten Zustand von einer Stelle zur anderen durch Ausnutzung der Schwerkraft oder Antriebe	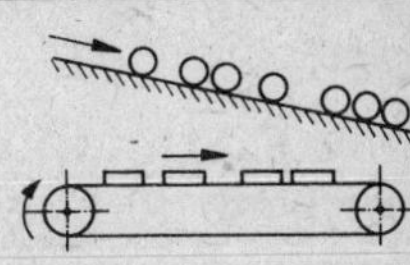
Abzweigen		Absondern oder Aussortieren von Werkstücken aus einem Werkstückstrom oder Aufteilen eines Werkstückstroms	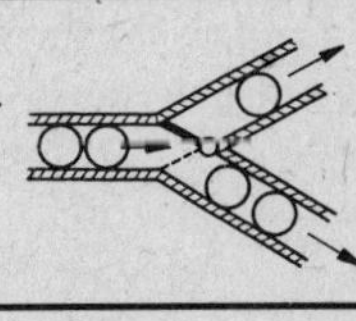
Zusammenführen		Vereinigen von Werkstücken zu einem Werkstückstrom	
Ordnen		Überführung von Werkstücken aus einer beliebigen in eine bestimmte Lage	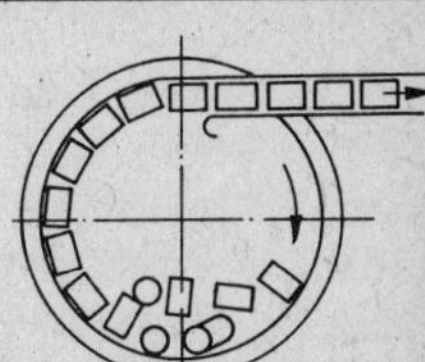

Funktion	Symbol	Erläuterung der Funktion	Beispiel
Lage prüfen		Feststellen der Werkstücklage zum Zweck des Ordnens sowie zur Überwachung des Zubringevorganges	
Drehen, Schwenken, Wenden, Umlenken		Herstellung einer anderen Werkstücklage durch Drehen um einen Punkt oder eine Achse innerhalb oder außerhalb des Werkstückes sowie Änderung der Bewegungsrichtung	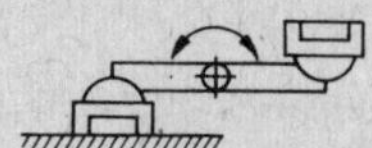
Eingeben		gesteuerte Bewegung des Werkstückes oder einer Bereithaltestelle an die Bearbeitungs- oder Meßstelle	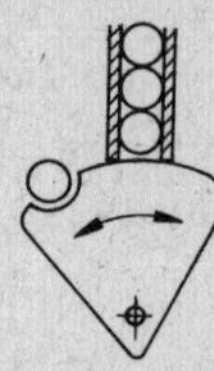
Zuteilen		Bereitstellen einer bestimmten Anzahl von Werkstücken für einen Fertigungsvorgang	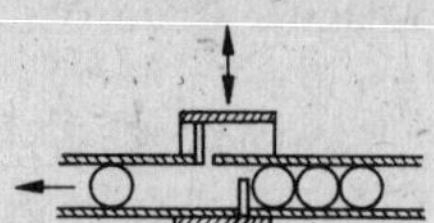
Positionieren		Herstellen einer genauen Werkstücklage für einen Fertigungsgang	
Spannen	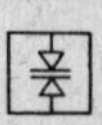	Festhalten des Werkstückes in einer bestimmten Lage für einen Fertigungsgang	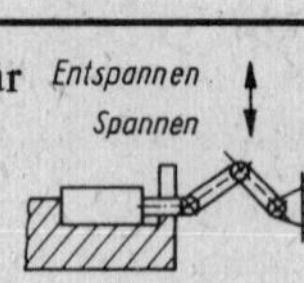
Entspannen		Freigeben des Arbeitsgutes durch Lösen der Spannung	
Ausgeben		Entfernen des Arbeitsgutes aus der Bearbeitungs- oder Meßstelle	

5.4. Unordnungsgrad

Bei der mechanisierten und automatisierten Bearbeitung von Stückgut in Stückprozessen ist bezüglich des Aufbaus der Zubringeeinrichtung und der Magazine sowie Behälter der *Unordnungsgrad U* der Werkstücke von Bedeutung. Die Größe *U* kennzeichnet die geometrische Form und die lagemäßige Zuordnung der einzelnen Werkstücke, z. B. im Magazin, und ist gleichzeitig eine eindeutige Kennzahl für die Schwierigkeit des durchzuführenden *Ordnungsprozesses.*

Grundsätzlich gilt: Vor dem Eingeben in die Bearbeitungsstelle muß der Unordnungsgrad $U = 0$ sein. Ist z. B. der Unordnungsgrad *U* in einem Magazin vor der Bearbeitungsstelle gleich 5, so sind 5 Ordnungsmaßnahmen durchzuführen, bevor die Bearbeitung durchgeführt werden kann.

Es soll vorerst angenommen werden, daß alle Teile im Magazin gleiche Abmessungen und auch sonst die gleichen Eigenschaften haben. Unter diesen Voraussetzungen ist die *größte Unordnung* von der Anzahl der Koordinaten abhängig, die die Lage des Teiles relativ zu einem anderen Teil eindeutig definieren.
Es bedeuten:

U Unordnungsgrad,
A Anzahl der ausgezeichneten geometrischen Achsen, die das Teil lagemäßig bestimmen,
S Anzahl der Seitenflächen, die sich relativ zu den gegenüberliegenden Seitenflächen durch Besonderheiten auszeichnen.

Zylinder (Bild 54): $A = 1$, $S = 0$

Besonders kritisch ist das Ordnen von zylindrischen Teilen, die besonders geformt und ausgezeichnet sind.

Zylindrische Teile mit ausgezeichneter Stirnseite

(Bild 54e): $A = 1$, $S = 1$

Der Unordnungsgrad U kann errechnet werden aus:

$$U = C_1 A + S + C_2 \tag{15}$$

C_1 Konstante von A abhängig: $C_1 = \frac{A+1}{A}$

C_2 Konstante
$C_2 = 1$, wenn sich die Teile in einer *Rinne* befinden,
$C_2 = 2$, wenn sich die Teile in einer *Ebene* befinden,
$C_2 = 3$, wenn sich die Teile im *Raum* befinden.

BEISPIEL

■ Die Teile nach Bild 55 befinden sich ungeordnet in einer Rinne. Wie groß ist der Unordnungsgrad?

$A = 2$, $S = 2$, $C_2 = 1$

$$C_1 = \frac{A+1}{A} = \frac{2+1}{2} = 1{,}5$$

$$U = C_1 A + S + C_2 = 1{,}5 \cdot 2 + 2 + 1 = 6$$

Bild 55. Werkstück

Sechs Ordnungsmaßnahmen sind notwendig, um $U = 0$ zu erreichen.
Befinden sich die Teile im Behälter, die in E verschiedenen Eigenschaften voreinander abweichen, so wird:

$$U = C_1 A + S + C_2 + E \tag{16}$$

Die Teile nach Bild 55 werden automatisch gefertigt. Durch Störungen im Fertigungsablauf kann es vorkommen, daß an verschiedenen Teilen die Nuten nicht eingearbeitet sind. Alle Teile kommen aber in den Behälter und sollen geordnet werden. Wieviel Ordnungsmaßnahmen sind notwendig?

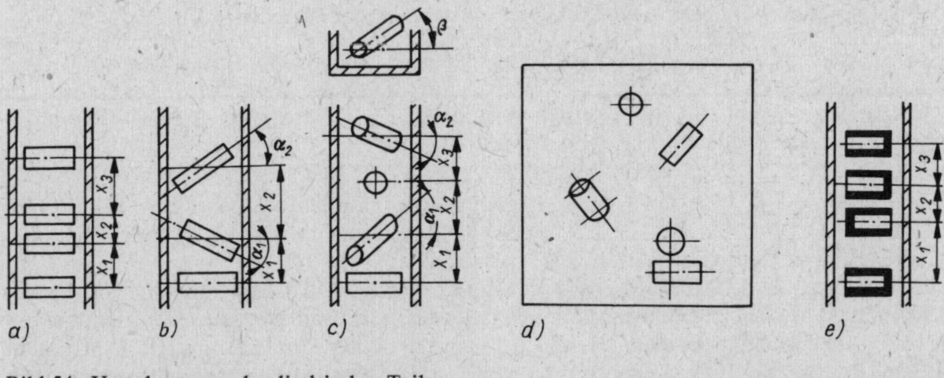

Bild 54. Unordnungsgrad zylindrischer Teile.
a) $U = 1$ (1 Abstand), b) $U = 2$ (1 Winkel, 1 Abstand), c) $U = 3$ (2 Winkel, 1 Abstand), d) in der Ebene: $U = 4$ (2 Winkel, 2 Abstände), im Raum: $U = 5$ (2 Winkel, 3 Abstände), e) Unordnungsgrad zylindrischer Teile mit ausgezeichneter Stirnseite: $U = 2$ (1 Fläche, 1 Länge)

$A = 2,\ S = 2,\ C_1 = 1{,}5,\ C_2 = 3,\ E = 2$

$U = 1{,}5 \cdot 2 + 2 + 3 + 2 = 10$

Zehn Ordnungsmaßnahmen sind erforderlich, davon zwei, um den Ausschuß auszusortieren.

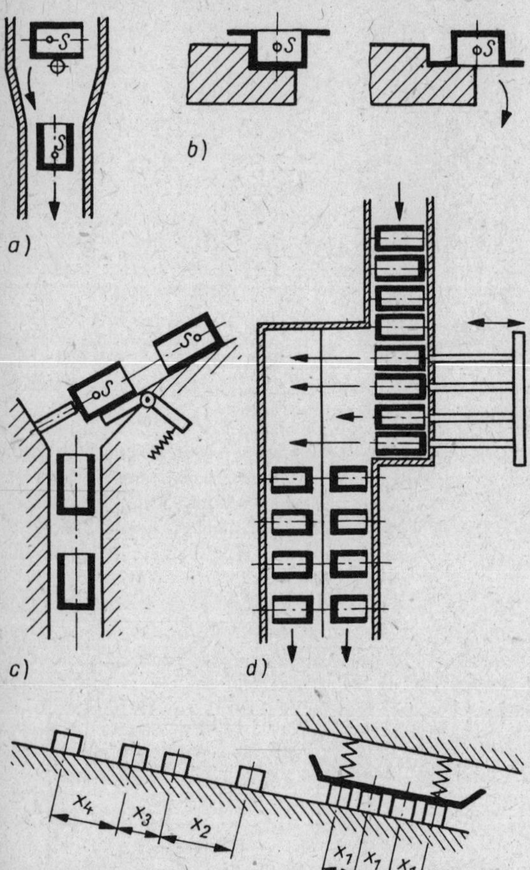

Bild 56. Ordnungseinrichtungen.
a), b), c) Ordnen durch Schwerkraft, d) gruppenweises Ordnen, e) Ordnen durch Klemmen

5.5. Ordnungseinrichtungen für Stückgut

An Hand einiger Beispiele sollen Möglichkeiten gezeigt werden, wie ungeordnetes Stückgut vor der weiteren Bearbeitung geordnet werden kann (Bild 56).

5.6. Vereinzeln

Nach dem Ordnen zum Unordnungsgrad 0 muß das Stückgut aus dieser Lage *vereinzelt* werden, um die Teile der Bearbeitungsstelle zuzuführen. Bild 57 zeigt zwei Lösungsmöglichkeiten von vielen. Da bei der Verkettung vorwiegend im Takt gearbeitet wird, sind die Vorrichtungen zum Vereinzeln mit der Maschine zu programmieren.

5.7. Zubringeeinrichtungen

Liegen die Werkstücke vereinzelt an der Bearbeitungsstelle vor, so sind sie durch Zubringe-

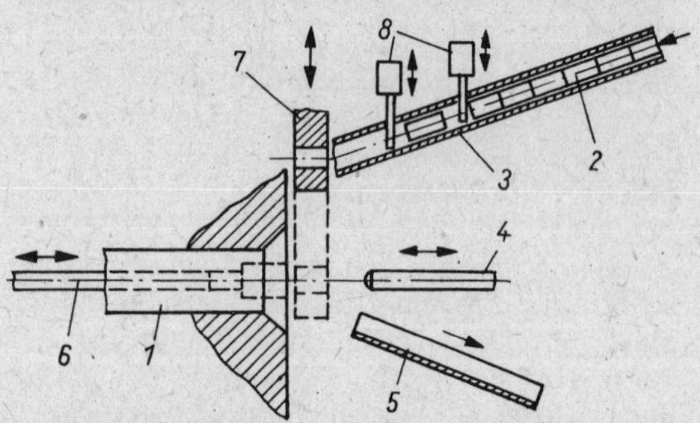

Bild 58. Zubringer an einer Drehmaschine.
1 Spanneinrichtung, *2* Werkstück, *3* Zuführung, *4* Einstoßer, *5* Abführrutsche, *6* Ausstoßer, *7* Eingabe, *8* Zuteiler

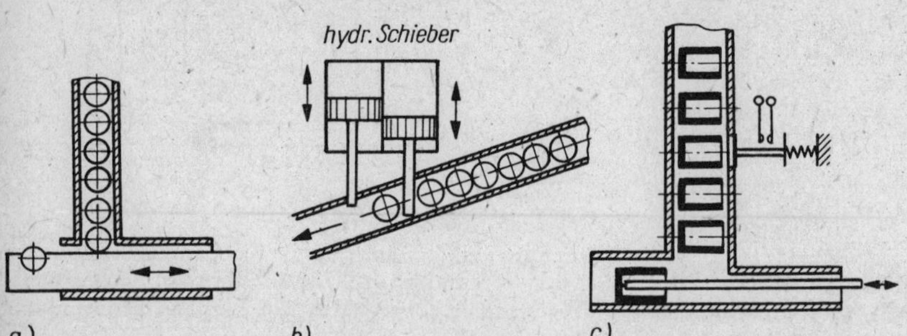

Bild 57. Einrichtungen zum Vereinzeln.
a) durch Schieber,
b) durch hydraulisch gesteuerten Schieber (vom Arbeitsablauf der Maschine abhängig),
c) mit Schubdorn und Leerkontrolle

einrichtungen *(Greifersysteme)* der Bearbeitungsstelle bzw. Spannstelle lagerichtig zuzuführen. Diese Operationen übernehmen *Greifer*, die abhängig vom Bearbeitungszyklus (oder unabhängig) arbeiten (Bilder 58 und 59).

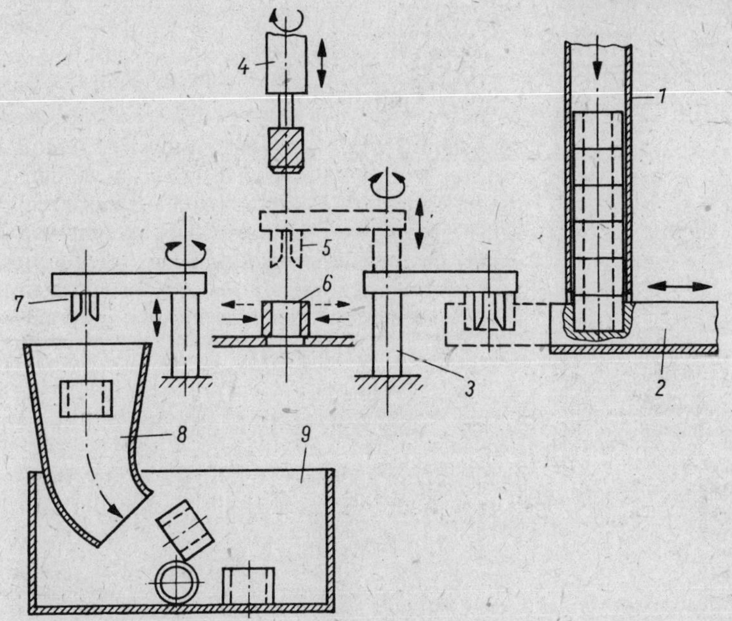

Bild 59. Zubringen einer Buchse. *1* Magazin, *2* Zuführer, *3* Zubringer, *4* Bohrspindel mit Reibahle, *5* Eingeben in die Spannstelle, *6* Spannstelle, *7* Abführen des bearbeiteten Werkstücks, *8* Trichter, *9* Sammelbehälter

5.8. Fördereinrichtungen

Fördereinrichtungen dienen zur stetigen oder schrittweisen Weitergabe der Werkstücke von einer Fertigungseinrichtung zur anderen. Der Antrieb erfolgt mechanisch, hydraulisch oder pneumatisch. Oft wird auch die *Schwerkraft* des Werkstückes zum Fördern benutzt. Durch die Fördereinrichtungen kann gleichzeitig die neue Lage des Werkstückes hergestellt werden, sie können zum Ordnen und Magazinieren benutzt werden und auch als Speicher dienen. Für das Fördern von Kleinteilen hat sich der *Schwingförderer* (Bild 60) sehr gut bewährt. Er ordnet, sortiert falsch liegende und Ausschußteile aus.

5.9. Werkzeughandhabung

Beim automatischen Betrieb von Fertigungssystemen ist auch der *Werkzeughandhabung* große Aufmerksamkeit zu widmen. Es müssen alle be-

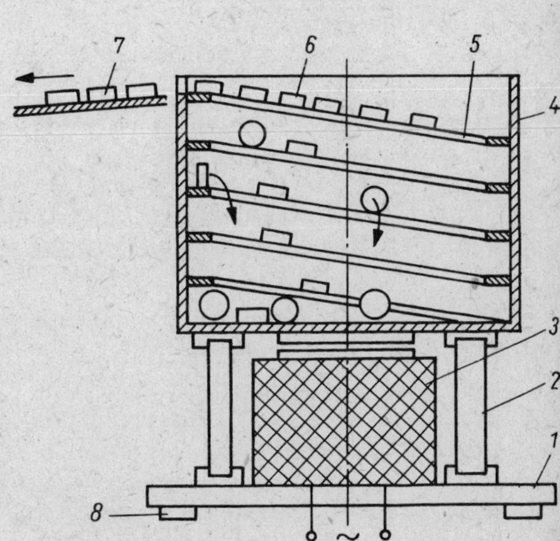

Bild 60. Schwingförderer.
1 Grundplatte, *2* Blattfedern, *3* Elektromagnet als Antrieb, *4* Schwingtopf, *5* wendelförmige Auflaufbahn, *6* Werkstück, *7* geordnete Werkstücke, *8* Gummipuffer

nötigten Werkzeuge für die Bearbeitung der Werkstücke bereitstehen. Bei einer Verkettung muß das Zusammenwirken von Werkstück – Werkzeug – Maschine untersucht werden. Der *Werkzeugwechsel* und der *Transport der Werkzeuge* erfolgen ähnlich wie bei der Bewegung der Werkstücke. Aus einem *Magazin*, das in der Nähe der Fertigungseinrichtungen angeordnet ist, werden mittels Greifers die Werkzeuge nach einem vorgegebenen Programm abgerufen und der Spannstelle in der Maschine zugeführt. Die nicht mehr benötigten Werkzeuge werden in das Magazin zurückgebracht. Die *Speicherung* der Werkzeuge erfolgt in *Rund-*, *Reihen-* oder *Gestellmagazinen*, die eventuell noch mit *Serviereinrichtungen* versehen sind, um die Werkzeuge nach dem technologischen Ablauf auszuwählen. Bei der Verwendung großer Magazine mit vielen Werkzeugen werden diese codiert und über einem Programmablaufplan jeweils der Maschine zu- und abgeführt.

5.10. Überwachung des Fertigungsablaufes

In verketteten Fertigungssystemen ist es notwendig, den Ablauf ständig zu kontrollieren, zu überwachen und auch die Meß- und Prüfvorgänge zu automatisieren.
Die *Überwachungsaufgaben* beziehen sich vor allem auf:

- Werkzeugbruch und Werkzeugwechsel,
- Kontrolle der Magazine und Speicher (Füllstand),
- Unterbrechungen im Materialfluß,
- Ausfall von Mechanismen (Ordnungseinrichtungen, Zubringeeinrichtungen usw.),
- Späneabfuhr und Verschmutzung,
- Belastung der einzelnen Maschinen.

Durch entsprechende *Kontrolleinrichtungen*, die mechanisch, elektrisch, pneumatisch oder optisch arbeiten können, werden Störungen an zentralen Stellen durch entsprechende Signale angezeigt. Bei Störungen werden durch *Sicherheitsschaltungen* bestimmte Teile oder das gesamte Verkettungssystem abgeschaltet.

5.11. Einsatz von Industrierobotern

In zunehmendem Maße werden *Industrieroboter* in den Fertigungssystemen eingesetzt. Besondere Anwendungsgebiete sind:

- *Einlegen* und *Entnehmen* von Teilen an Werkzeugmaschinen und deren Weitergabe,
- *Beschicken* der Montagearbeitsplätze und Durchführung von Montagearbeiten,
- *Stapeln* und *Umlagern* von Werkstücken usw. (s. auch Abschn. Fertigungstechnik)

Literaturverzeichnis Grundlagen der Werkzeugmaschinen

[1] *Autorenkollektiv:* Lehrbuch der Automatisierungstechnik. 13. Aufl. – Berlin: VEB Verlag Technik, 1983

[2] *Breier, J.:* Automatisierungstechnik. 3. Aufl. – Berlin: VEB Verlag Technik, 1984

[3] *Bührdel, C., Frömmer, G.:* Automatisierung spanender Werkzeugmaschinen. 3. Aufl. – Berlin: VEB Verlag Technik, 1988

[4] *Fuchs, H.:* Allgemeine Maschinenlehre. 7. Aufl. – Berlin: VEB Verlag Technik, 1988

[5] *Fuchs, H., Kunze, W.:* Hydraulik und Pneumatik. 4. Aufl. – Berlin: VEB Verlag Technik, 1987

[6] *Hesse, S.:* Kleines Lexikon der Industrierobotertechnik. – Berlin: VEB Verlag Technik, 1984

[7] *Höhme, G., Schmidt, H., Teichmann, W.:* Schneid- und Umformmaschinen. 5. Aufl. – Berlin: VEB Verlag Technik, 1988

[8] *Müller, F., Reich, K.-H.:* Werkzeugmaschinen des Fertigungsmittelbaus. 7. Aufl. – Berlin: VEB Verlag Technik, 1986

MT Meßtechnik

Von Dr.-Ing. Hans Podszuweit, Leipzig, (Abschn. 2.3., 3.6. bis 4.) und
Fachschuldozent Dipl.-Ing. Werner Schlayer, Leipzig, (Abschn. 1. bis 2.2.5., 3.)

Inhaltsverzeichnis

1. Einführung

Vor einigen Jahrzehnten wurde in der Produktion noch wenig gemessen. Erst die Entwicklung und der Einsatz von Meßgeräten ermöglichten eine objektive Kontrolle der technischen Vorgänge. *Meßgeräte* ermöglichen den selbsttätigen, viel schnelleren und genaueren Ablauf von Produktionsvorgängen. Aus diesem Grund ist die *Meßtechnik* ein wichtiges Fachgebiet für den Facharbeiter, Meister und Ingenieur geworden. Mit einer *Messung* will man eine *Meßgröße* zahlenmäßig unter Verwendung zweckmäßiger Einheiten mit einer bekannten Meßgröße gleicher Art vergleichen. Auch das Vergleichen einer Eigenschaft mit bekannten Eigenschaften kann hierunter verstanden werden. Die *Meßgröße* ist die zu messende physikalische Größe, z. B. Länge, Temperatur, Arbeit, elektrischer Widerstand usw.

Ein großes Anwendungsgebiet der Meßtechnik ist die *Betriebsüberwachung* bzw. *Betriebskontrolle* in größeren Betriebsanlagen (Dampfkessel, Turbinen und bei chemischen Grundprozessen). Es müssen hier zahlreiche Meßgrößen überwacht werden (Druck, Temperatur, elektrische Spannungen usw.). Auch in der *Fertigungstechnik* hat die Meßtechnik Bedeutung, um die Maßgenauigkeit, Form und Qualität der Erzeugnisse zu garantieren.

2. Grundbegriffe

Den Oberbegriff »Prüfen« kann man unterteilen in maßliches und nichtmaßliches Prüfen (Bild 1):

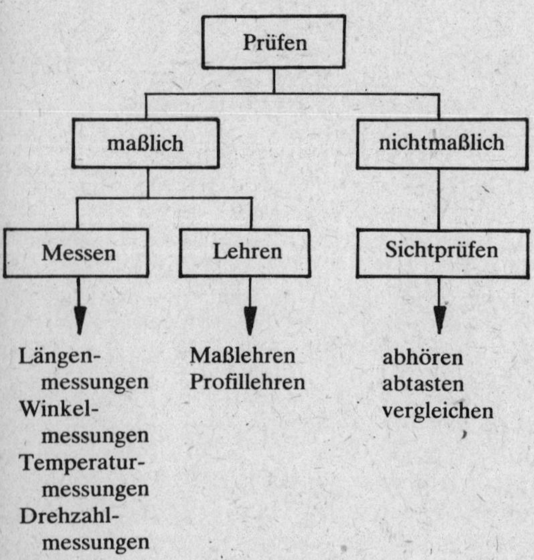

Bild 1. Unterteilung des Begriffs Prüfen

Das *maßliche Prüfen* dient zum Feststellen der Einhaltung von Maßen und *nichtmaßliches Prüfen* zum Feststellen der Einhaltung von Eigenschaften.

Die Geräte der Meßtechnik werden als *Meßzeuge* oder *Meßmittel* bezeichnet. Meßzeuge sind (Beispiele):

Maßverkörperungen (Maße): Strichmaße, Endmaße, Kraftnormale;
Meßgeräte: Meßschieber, Meßuhr, Thermometer, Manometer;
Visiergeräte: Werkzeugmikroskop;
Lehren: Grenzlehrdorn, Grenzrachenlehre;
Meßeinrichtungen: Analysengerät, Meßmaschine;
Meßhilfsmittel: Meßtisch, Meßständer, Schreibwerke.

Zum Meßgerät sind folgende Begriffe standardisiert:

Als *Skalenwert* (Skw) bezeichnet man die Änderung des Meßwertes, die in der Anzeige eine Änderung von einem Skalenteil (Skt) bewirkt.
Der *Skalenteil* (Skt) einer Strichskale ist eine der Teilungseinheiten, in der die Anzeige angegeben werden kann.
Die *Empfindlichkeit* ist das Verhältnis des Zeigerausschlages zu der ihn bewirkenden Änderung der Meßgröße. Sie wird auch als *Übersetzung* bezeichnet.
Der *Anzeigebereich* ist der Bereich der Meßwerte, die an einem Meßgerät abgelesen werden können.
Die *Umkehrspanne* eines Meßgerätes ist gleich dem Unterschied der Anzeigen, die man für den gleichen Wert der Meßgröße erhält, wenn sich die Marke des Meßgerätes einmal von kleineren Ausgangswerten und ein andermal von größeren Ausgangswerten der Meßgröße her stetig langsam einstellt.

2.1. Meßmethoden

Nach der Art des Messens werden unmittelbare Messungen, Unterschiedsmessungen und mittelbare Messungen unterschieden.
Bei *unmittelbaren Messungen* wird die Meßgröße durch Vergleich mit einer Maßverkörperung ermittelt. Das Produkt aus dem abgelesenen Zahlenwert und der Einheit der Meßgröße ist der *Meßwert.*
Bei *Unterschiedsmessungen* wird der Unterschied der Meßgröße eines Meßgegenstandes von

ihrem Soll- oder Nennwert gemessen. Der *Meßwert* ist dann die Abweichung der Meßgröße vom Soll- oder Nennwert.
Beim *mittelbaren Messen* wird die Meßgröße aus mehreren Größen errechnet.
Man unterscheidet die Ausschlagmethode und die Kompensationsmethode.

2.1.1. Ausschlagmethode

Viele physikalische Meßgrößen sind unseren Sinnesorganen nicht unmittelbar zugänglich. Mit ihrer Hilfe kann man nur schlecht zwei wahrnehmbare Zustände vergleichen. Unser Vergleichsnormal hat keine konstanten Werte und wird durch die Erinnerung laufend verfälscht. Aus diesem Grund werden zweckmäßige reproduzierbare Festlegungen für *Normale* geschaffen, die von unserem subjektiven Empfinden unabhängig sind.
Bei fast jeder Messung wird der Meßgröße ein bestimmter Energieanteil entnommen, der dann in eine unseren Sinnesorganen angepaßte Größe umgewandelt wird. Diese Umwandlung kann in einem *Zeigerausschlag*, in dem Ansteigen einer Flüssigkeitssäule usw. erfolgen. Die Ausschlagmethode verwendet also den vollen, der Meßgröße entnommenen Energieanteil zur Umwandlung in eine andere Energieform.

BEISPIEL

■ *Messung des Gasbehälterdrucks mit Hilfe eines Membranmeßwerks* (Bild 2)

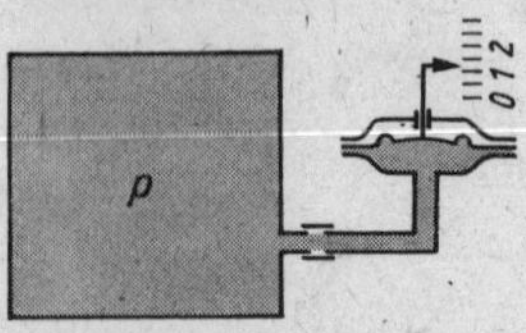

Bild 2. Prinzip der Ausschlagmethode

Der Druck lenkt die Membran in der angegebenen Richtung aus, und es erfolgt eine Anzeige an der Skale. Dadurch wird das vom Gas vorher eingenommene Volumen um ΔV (Membranauslenkung) größer.
Wegen der Beziehung für ideale Gase $pV/T=$ konst. wird bei konstanter Temperatur der Druck p kleiner, da das Volumen größer geworden ist.

Man erkennt aus diesem Beispiel den *meßtechnischen Grundsatz*:

Das Meßmittel (Meßinstrument, Meßwertfühler) darf die zu messende Größe selbst nicht verändern.

Es ist ferner zu erkennen, daß bei einem kleinen Behältervolumen der eintretende relative Fehler größer ist als bei einem großen Behältervolumen. Die Größe des *relativen Meßfehlers* hängt also außer von der Dimensionierung der Meßgeräte noch von der Ergiebigkeit der Meßgröße ab.

2.1.2. Kompensationsmethode

Hier wird der Meßgröße eine gleich große Meßgröße, die in einer Hilfsanordnung erzeugt wird, entgegengeschaltet. Weil hier die Wirkung der Meßgröße kompensiert wird, spricht man von der Kompensationsmethode, die zwar wesentlich genauer, aber meist auch aufwendiger ist als die Ausschlagmethode.

BEISPIEL

■ *Kompensation*
Im Bild 3 wird mit dem zu messenden Druck ein gleichgroßer Gegendruck, der über eine Druckteilerschaltung mit den Drosselventilen Dr 1 und Dr 2 eingestellt wird, entgegengeschaltet. Hat sich nun der Zeiger auf den Anzeigewert 0 eingestellt, ist der am Druckmesser A angezeigte Druck der im Behälter herrschende.

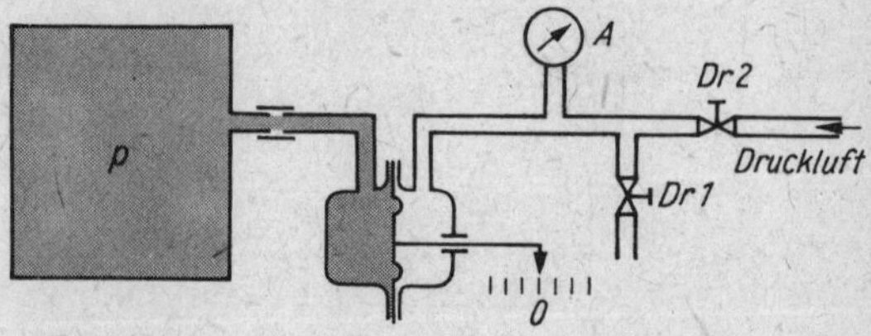

Bild 3. Prinzip der Kompensationsmethode

2.2. Meßfehler und Meßergebnis

Jede Messung, die durchgeführt wird, ist mit *Fehlern* behaftet. Es ist nicht möglich, einen vorgeschriebenen Wert absolut einzuhalten. Auch Normale, Meßgeräte und jede Meßmethode mit ihrer Anwendung haben Fehler.

Der *Meßfehler* ist der Unterschied zwischen dem gemessenen Wert (Istwert) und dem fehlerfreien Wert (Sollwert).

Der Fehler einer Messung kann als *absoluter Fehler f* berechnet werden:

$$f = I - S \qquad (1)$$

I Istwert, S Sollwert

Der Fehler kann auch als *relativer Fehler* f_r:

$$f_r = \frac{I - S}{S} \qquad (2)$$

oder als *prozentualer Fehler* f_p:

$$f_p = \frac{I - S}{S} \cdot 100\,\% \qquad (3)$$

angegeben werden.
Die Meßfehler können nach dem Schema (Bild 4) eingeteilt werden.

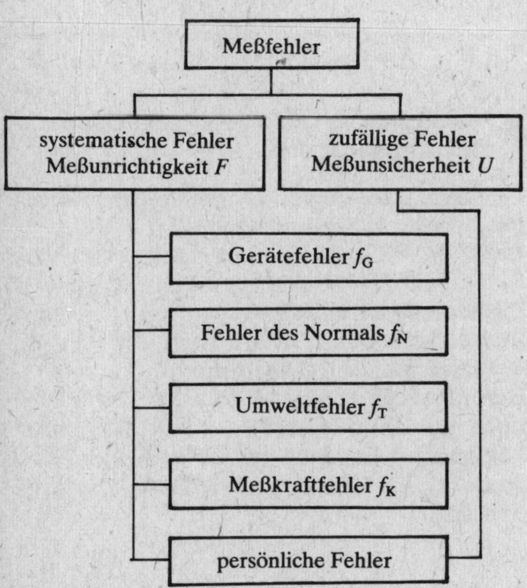

Bild 4. Gliederung der Meßfehler

2.2.1. Erfassung der systematischen Fehler

Die Summe aller systematischen Fehler heißt *Unrichtigkeit F.*

Gerätefehler

Die Gerätefehler entstehen hauptsächlich dadurch, daß auch die einzelnen Bauelemente der Geräte mit *Toleranzen* hergestellt werden. Beim Zusammenbau entsteht in den Lagern und Gelenken *Spiel.* Zwischen den einzelnen Teilen entstehen toter Gang, Reibung, Teilungsfehler usw. Der Gerätefehler wird vom Hersteller ermittelt und als *zugelassene Unrichtigkeit* f_G angegeben.

Fehler des Normals

Normale sind Maße, die zum Einstellen der Meßzeuge oder zum Vergleichen dienen. Auch bei der Herstellung der Normale müssen Toleranzen angegeben werden. Die *Fehler der Normale* bezeichnet man mit f_N. Die Fehler können berechnet oder den Standards entnommen werden.

Fehler durch Umwelteinfluß

Meßfehler können durch Erschütterungen, Staub, Feuchtigkeit, magnetische Fremdfelder und schlechte Beleuchtung entstehen. Die größten Fehler werden durch *Temperaturunterschiede* hervorgerufen. Diese Art der Fehler bezeichnet man mit f_T. Die Bezugstemperatur beträgt 20 °C. Wird bei anderen Temperaturen gemessen, so muß auf Bezugstemperatur umgerechnet werden. Die Längenänderung durch Temperatureinfluß erfaßt man nach:

$$\Delta l = l \alpha \Delta T \qquad (4)$$

Δl Längenänderung, l Ausgangslänge, α Längenausdehnungskoeffizient (Tabelle 1), ΔT Temperaturdifferenz

Zur *Umrechnung auf Bezugstemperatur* benutzt man die Gl. (5):

$$l_{20} = l - l[\alpha_p (t_p - 20\,°C) - \alpha_N (t_N - 20\,°C)] \qquad (5)$$

l_{20} Länge des Prüflings bei 20 °C, l Länge des Prüflings bei Prüftemperatur, t_p Temperatur des Prüflings

während der Messung, t_N Temperatur des Normals während der Messung, α_p Längenausdehnungskoeffizient des Prüflings, α_N Längenausdehnungskoeffizient des Normals

Tabelle 1. Längenausdehnungskoeffizienten für verschiedene Werkstoffe

Werkstoff	α $10^{-6}\,K^{-1}$	Werkstoff	α $10^{-6}\,K^{-1}$
Aluminium	24,0	Phenolharz-	
Glas	8,0	preßstoffe	22,0
Grauguß	10,0	Glas (Schott)	10,0
Neusilber	18,0	Invarstahl	1,5
Quarzglas	0,5	Messing	18,0
18 / 8-Stahl	16,0	Porzellan	3,0
Hartmetall	5,0	Stahl	12,0

Will man einen Fehler ermitteln, der durch Temperaturunterschiede entsteht, so kann man folgende Beziehungen benutzen:

$$f_T = L\,[\alpha_p\,(t_p - 20\,°C) - \alpha_N\,(t_N - 20\,°C)] \quad (6)$$

f_T Fehler durch Temperaturdifferenz, L Sollänge des Prüflings

In der Längenmeßtechnik spielt die Temperatur bei der Durchführung genauer Messungen eine entscheidende Rolle. Sollen genaue Messungen durchgeführt werden, so müssen diese unbedingt im *Feinmeßraum* bei Bezugstemperatur ausgeführt werden, wobei die zu prüfenden Werkstücke vorher im Feinmeßraum aufbewahrt werden müssen, damit Temperaturgleichheit gewährleistet ist. Selbst die ausgestrahlte Körperwärme des Prüfers hat Einfluß auf die Messung. Deshalb sind hochempfindliche Meßgeräte zusätzlich noch mit *Wärmeschutzplatten* aus Glas umgeben.

Meßkraftfehler

Dieser Fehler tritt besonders in der Längenmeßtechnik auf. Die Meßkraft, die ein Meßbolzen auf ein Werkstück ausübt, kann zur Abplattung bzw. Verformung des Werkstückes oder des Meßbolzens führen. Diese plastischen Verformungen führen zu einer Verfälschung des Meßergebnisses. Sehr stark tritt diese Erscheinung dann auf, wenn der Meßbolzen plötzlich losgelassen wird und auf den Prüfling aufprallt. Das kann zu starken *Verformungsfehlern* führen. Die Meßkraftfehler bezeichnet man mit f_K.

BEISPIEL

■ Läßt man den Meßbolzen einer Meßuhr plötzlich los, und er fällt aus einer Höhe von 10 mm auf den Prüfling, so entsteht eine *dynamische Meßkraft* von etwa 70 N. Es ist deshalb immer zu beachten, daß die Meßbolzen langsam auf die Prüflinge aufgesetzt werden.

Persönliche Fehler

Diese Fehler entstehen durch unterschiedliches Reaktionsvermögen, durch falsche Blickrichtung und ungenügende Konzentration des Prüfers während der Messung. Bei größter Sorgfalt und Sauberkeit, die von jedem Prüfer verlangt werden, können sie weitgehend ausgeschaltet werden. Außerdem können diese Fehler auch teilweise durch statistische Auswertungen von Meßreihen ausgeglichen werden.

2.2.2. Erfassung der zufälligen Fehler

Die Summe der zufälligen Fehler bezeichnet man als *Unsicherheit U.*

Die zufälligen Fehler werden mittels Auswertens von Meßreihen erkannt.
Eine *Meßreihe* setzt sich aus mindestens 10 Meßwerten zusammen, die unter gleichen Bedingungen ermittelt wurden (gleiches Gerät, gleiche Meßpunkte, möglichst gleiche Umwelteinflüsse, gleiche Meßperson).
Den *Mittelwert* $\bar{x}$ (gesprochen x quer) einer Meßreihe mit n Einzelwerten $x_1; x_2; x_3; \ldots; x_n$ ermittelt man als Ergebnis des *arithmetischen Mittels* aus diesen n Einzelwerten nach der Beziehung:

$$\bar{x} = \frac{1}{n} \sum_{i=1}^{n} x_i \quad (7)$$

Ist der Mittelwert einer Meßreihe bekannt, so kann für jede Einzelmessung näherungsweise der *zufällige Fehler* δ_i bestimmt werden:

$$\delta_i = x_i - \bar{x} \tag{8}$$

Die wichtigste Rechengröße für die zufälligen Abweichungen der Einzelwerte von ihrem Mittelwert ist die mittlere quadratische Abweichung, die *Standardabweichung s* genannt wird:

$$s = \sqrt{\frac{1}{n-1} \sum_{i=1}^{n} (x_i - \bar{x})^2} \tag{9}$$

Für den Mittelwert einer Meßreihe kann man *Vertrauensgrenzen* angeben. Innerhalb dieser Vertrauensgrenzen ist der wahre Wert der Meßgröße mit der entsprechend gewählten *statistischen Sicherheit P* zu erwarten. Bei der Fertigungsüberwachung wählt man vorwiegend eine statistische Sicherheit $P = 95\,\%$. Der Bereich, den die Vertrauensgrenzen einschließen, heißt *Vertrauensbereich des Mittelwertes.* Er berechnet sich aus:

$$\text{Vertrauensbereich} = \pm \frac{t}{\sqrt{n}} s \tag{10}$$

t Faktor nach Tabelle 2, abhängig von der gewählten statistischen Sicherheit *P* und der Anzahl *n* der Einzelmeßwerte, aus denen *s* berechnet wurde; *s* Standardabweichung; *n* Anzahl der Einzelmeßwerte der jeweiligen Meßreihe

Tabelle 2. Statistische Sicherheit und Werte für *t*

Anzahl der Einzelwerte	Werte für *t* bei $P = 68{,}3\,\%$	$P = 95\,\%$	$P = 99{,}7\,\%$
3	1,32	4,3	19,2
4	1,2	3,2	9,2
5	1,15	2,8	6,6
10	1,06	2,3	4,1
20	1,03	2,1	3,4
30	1,02	2,05	3,3
50	1,01	2,0	3,15
100	1,00	2,0	3,1

2.2.3. Meßergebnis

Es ist bekannt, daß jeder abgelesene Meßwert mit systematischen und zufälligen Fehlern behaftet ist. Im Meßergebnis dürfen keine systematischen Fehler mehr enthalten sein. Das Meßergebnis ist nur noch unsicher durch die *zufälligen Fehler.*

Der Meßwert x_i einer Einzelmessung muß um die bekannten systematischen Fehler berichtigt werden:

$$x_i' = x_i - F \tag{11}$$

x_i Meßwert einer Einzelmessung, x_i' korrigierter Meßwert einer Einzelmessung, *F* Summe der systematischen Fehler

Die Summe der systematischen Fehler *F* wird erfaßt, indem man die einzelnen systematischen Fehler *f* geometrisch addiert:

$$F = \pm \sqrt{f_G^2 + f_T^2 + f_K^2 + f_N^2} \tag{12}$$

Die *Ungenauigkeit eines Meßgerätes* F_G ermittelt man für eine Einzelmessung nach:

$$F_G = \pm \sqrt{f_G^2 + 2\,(3\sigma_G)} \tag{13}$$

f_G zugelassene Unrichtigkeit des Gerätes, σ_G zugelassene Unsicherheit des Gerätes

Beide Werte werden vom Hersteller angegeben oder sind bei standardisierten Geräten dem entsprechenden Standard zu entnehmen.

Das *Meßergebnis* E_E *einer Einzelmessung* ist dann:

$$E_E = x_i' \pm U \tag{14}$$

Im Meßergebnis ist der berichtigte Meßwert x_i' nur noch mit der Unsicherheit *U* behaftet. Wird bei einer Einzelmessung sehr sorgfältig gearbeitet, so kann man praktisch $F \approx U$ setzen.

Das *Ergebnis einer Meßreihe* E_M gibt man durch den Mittelwert und den bei einer gewählten statistischen Sicherheit *P* gültigen Vertrauensbereich an:

$$E_M = \bar{x} \pm \frac{t}{\sqrt{n}} s \tag{15}$$

Diese Beziehung gilt unter der Voraussetzung, daß die systematischen Fehler bereits ausgeschaltet sind. Ist das nicht der Fall, so muß man den Vertrauensbereich des Mittelwerts einer Meßreihe um diesen Betrag additiv erhöhen.

Die *Ungenauigkeit eines Meßverfahrens* wird zur Bestimmung der Stellen des Meßergebnisses benutzt. Es gilt: Das Meßergebnis *E* muß bis zur vorletzten Stelle noch sicher sein.

2.2.4. Meßumformer

Zur Sammlung von Meßwerten in zentralen Meßwarten wird es erforderlich, die verschiedensten physikalischen Größen in eine Größe umzuwandeln, die zur *Fernübertragung* geeignet ist und dazu einen minimalen Aufwand erfordert.

Im »ursamat-System« wird z. B. das *pneumatische Einheitssignal* (0,02...0,1 MPa) zur Meßwarte übertragen. Gelingt es, die zu messende Größe in eine Kraft umzuformen (z. B. Differenzdruckwerk), so wird der Waagebalken bei $p_2 > p_1$ im Bild 5 im Uhrzeigersinn gedreht. Dabei verringert sich der Abstand zwischen Waagebalken und Düse; es kommt zu einer *Druckerhöhung* im Eingang des pneumatischen Verstärkers. Der Ausgang dieses Verstärkers erzeugt über ein Wellrohr die *Kompensationskraft*, die der Meßkraft entgegenwirkt. Damit ist jeder Größe der Meßkraft eindeutig ein *Ausgangsdruckwert* zugeordnet. Die an die Ausgangsdruckleitung über Pneumatikschläuche angeschlossenen Anzeige-, Registrier-, Alarm- oder Regelgeräte brauchen nur noch einen einheitlichen Meßbereich von 0 bis 0,16 MPa zu haben. Das vereinfacht u. a. die Lagerhaltung und Ersatzteilbeschaffung erheblich.

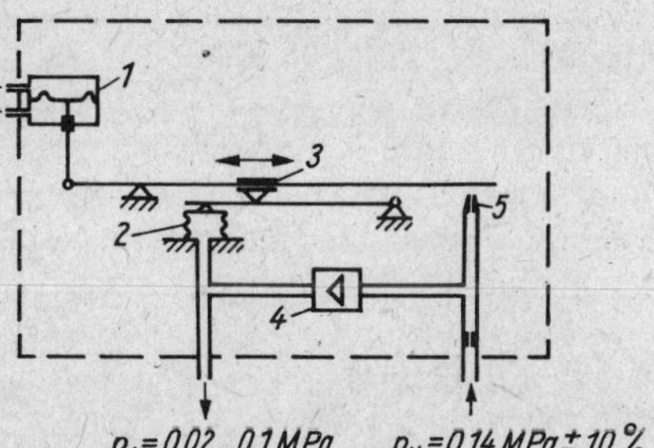

Bild 5. Differenzdruck-Meßumformer.
1 Differenzdruck-Meßkammer, *2* Wellrohr, *3* Waagebalken mit Bereichseinsteller, *4* pneumatischer Verstärker, *5* Düse

Vernachlässigt man die durch das Ausströmen der Luft aus der Düse auf den Waagebalken wirkende Kraft, so kann man folgende Beziehungen aufschreiben:

$$\frac{p_A}{p_{A\,max}} = K \frac{x_e}{x_{e\,max}} + 0{,}02 \qquad (16)$$

K Übertragungskonstante des Meßumformers, einstellbar am Bereichseinsteller; p_A Ausgangsdruck (0,02...0,1 MPa); x_e Eingangsgröße, z. B. Meßkraft aus einer Differenzdruck-Meßkammer

Die Gl. (16) ist im Bild 6 mit $K = 1$ und $K = 2$ dargestellt. Es sind also durch Verschieben des Bereichseinstellers verschiedene Meßbereiche in den Druckbereich 0,02...0,1 MPa übertragbar.

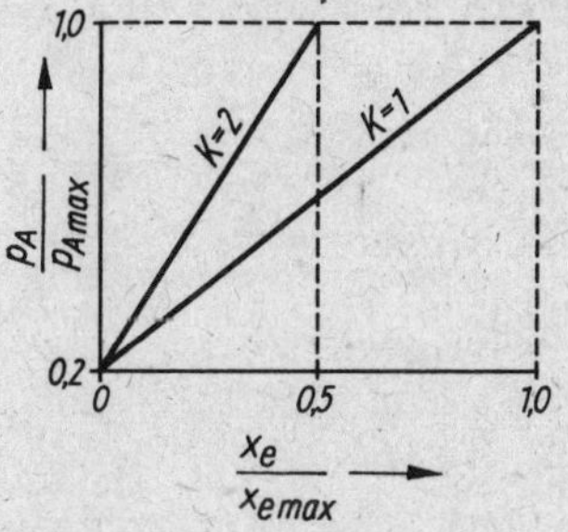

Bild 6. Kennlinie des Meßumformers

Statt mit pneumatischer Hilfsenergie können solch kraftkompensierende Meßumformer auch mit *elektrischer Hilfsenergie* ausgeführt sein. Diese Ausführung hat für den Anschluß an Datenerfassungs- und Datenverarbeitungsmaschinen, z. B. *Prozeßrechner*, sowie für die Übertragung von Meßwerten über größere Entfernungen große Bedeutung.

2.2.5. Meßprotokoll

Ein vollständiges Meßprotokoll soll folgende Angaben enthalten:

1. Betrieb,
2. Prüfer,
3. Datum,
4. Uhrzeit (Beginn und Ende der Messung),
5. Temperatur, Luftdruck und Luftfeuchtigkeit,
5.1. Raum (Beginn und Ende),
5.2. Prüfling (Beginn und Ende),
6. Meßaufgabe (Skizze des Prüflings, Bezeichnung der Meßpunkte, Sollwerte, Toleranzen),
7. benutzte Meßgeräte,
8. Nummern der benutzten Normale,
9. kurze Beschreibung des Meßvorganges und Prinzipskizze des Meßaufbaus,
10. sonstige wichtige Hinweise und Bemerkungen,
11. Meßwerte, Berechnungen, Meßergebnisse,
12. Schlußfolgerungen,
13. Unterschrift des Prüfers.

2.3. Statistische Qualitätskontrolle

Moderne Fertigungsverfahren erfordern eine ebenso moderne wie leistungsfähige Qualitätskontrolle. Als sehr wirksam haben sich *statistische Methoden* zur Durchführung der Qualitätskontrolle erwiesen. Diese dienen einerseits der statistischen Qualitätssteuerung, wie sie mit der *Kontrollkartentechnik* erfolgt, andererseits mit Hilfe mathematisch-statistischer Stichprobenverfahren als Entscheidungshilfe für die Annahme oder Ablehnung bereits gefertigter Erzeugnisse in der Eingangs- und Ausgangskontrolle des Betriebes.
So können aus einer genommenen Stichprobe, die aus einer ausreichend großen Grundgesamtheit angefertigter Erzeugnisse besteht, wichtige Schlußfolgerungen über den Zustand der Fertigungsmittel und der Einhaltung des technologischen Regimes gezogen werden.
Für das sehr umfangreiche Gebiet der statistischen Qualitätskontrolle werden Grundlagen der Wahrscheinlichkeitsrechnung sowie der mathematischen Statistik vorausgesetzt.

2.3.1. Voraussetzungen und Begriffe

Eine wichtige Voraussetzung für die meisten Verfahren der statistischen Qualitätskontrolle ist die *Gaußsche Normalverteilung* der Einzelergebnisse aus den vorliegenden Messungen. Innerhalb vorgebbarer Toleranzen ist es rein zufällig, welches Meßergebnis vorliegt, das Meßergebnis wird so zu einer *Zufallsgröße.*
Die *stetige Zufallsgröße* x, die alle Werte der rechten Zahlengeraden zwischen $-\infty$ und $+\infty$ annehmen kann, genügt der Normalverteilung, wenn ihre Dichte gegeben ist durch:

$$\varphi(x, \mu, \sigma^2) = \frac{1}{\sqrt{2\pi\sigma^2}} \cdot e^{-\frac{(x-\mu)^2}{2\sigma^2}} \quad (17)$$

Die Zufallsgröße x ist normalverteilt mit den Parametern μ und σ^2. Eine grafische Darstellung dieses Zusammenhangs zeigt Bild 7.

Versteht man μ als den *Erwartungswert* für den Sollwert a, der bei der Fertigung angestrebt wird, stellt man fest, daß bei einer kleinen zugelassenen Standardabweichung σ die Dichte φ der Normalverteilung um den Erwartungswert μ, der hier normiert mit Null angegeben wurde, größer ist als bei einer größeren zugelassenen Standardabweichung.

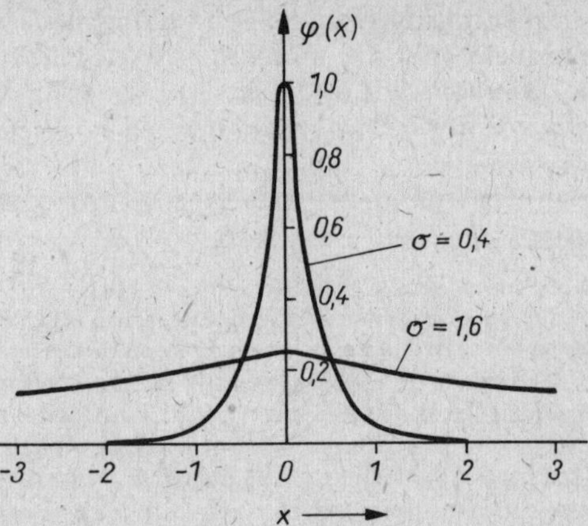

Bild 7. Dichte φ der Normalverteilung für $\mu = 0$ und Standardabweichungen $\sigma = 0{,}4$ und $\sigma = 1{,}6$

Wegen des Kurvenverlaufs wird der funktionelle Zusammenhang als *Gaußsche Glockenkurve* bezeichnet. Sie hat ihr Maximum an der Stelle:

$$\varphi_{\max} = \frac{1}{\sigma\sqrt{2\pi}} \quad (18)$$

verläuft symmetrisch zur Ordinate, ist um so steiler, je kleiner die Standardabweichung σ ist, und nähert sich asymptotisch den Abszissen.
Unter dem Begriff *Grundgesamtheit* versteht man die Gesamtheit gleichartiger Erzeugnisse, die hinsichtlich eines oder mehrerer Merkmale untersucht werden. Entnimmt man einer solchen Grundgesamtheit eine Stichprobe, so muß die Auswahl der Elemente dieser Stichprobe zufällig erfolgen. Mit Hilfe eines *Zufallsgenerators,* wie er in Tisch- oder Taschenrechnern zur Verfügung steht, erzeugt man eine Reihe von *Zufallszahlen,* nach denen dann die zu untersuchenden Elemente der Stichprobe der Produktion entnommen werden. Stehen Rechner nicht zur Verfügung, können die Zufallszahlen Tabellen entnommen werden.

2.3.2. Statistische Qualitätssteuerung

Durch eine laufende *Beobachtung der Fertigung* von Erzeugnissen kann bedeutenden Qualitätsverschlechterungen rechtzeitig begegnet werden. Für die gute Handhabbarkeit solcher Beobachtungsergebnisse wurden für meßbare und nicht meßbare Qualitätsmerkmale sog. *Kontroll-*

karten entwickelt. Für die Beurteilung meßbarer Merkmale sind die wichtigsten Kontrollkarten die *Mittelwertkarte*, die *Einzelwertkarte*, die *Mediankarte* sowie Kombinationen aus diesen.

BEISPIEL

■ *Arbeit mit der Mittelwertkarte*

In der mechanischen Vorfertigung eines Betriebes werden u. a. Wellen mit einem Solldurchmesser von $a = 20$ mm hergestellt. Die zulässigen Abweichungen dürfen sich zwischen -3 und -20 µm bewegen. Demzufolge ist eine Welle dann brauchbar, wenn ihr Durchmesser zwischen $19{,}980\text{ mm} \leqq a \leqq 19{,}997$ mm liegt.

Die Parameter für die normalverteilte Grundgesamtheit liegen in praktischen Fällen nicht vor. Sie werden aus den Daten einer zufällig entnommenen Stichprobe, dem sog. *Vorlauf*, geschätzt.

Man entnimmt der stabil laufenden Produktion 100...150 Wellen in Gruppen zu je 4...7 Stück. Die Entnahme sollte nicht nach dem Einrichten der Maschine bzw. nach Material- oder Schichtwechsel erfolgen.

Im vorliegenden Beispiel werden 20 Gruppen je 5 Wellen je Gruppe entnommen (Tabelle 3).

Für jede dieser Gruppen berechnet man den arithmetischen Mittelwert

$$\bar{x}_i = \frac{1}{n} \sum_{i=1}^{n} x_i \qquad (n = 5) \tag{19}$$

Zur Vereinfachung der Rechnung werden nur die Abweichungen zum Sollwert $a = 20$ mm aufgeschrieben.

Für die Gruppe 1 ergibt sich:

$$x_1 = \frac{1}{5}(5 + 3 + 18 + 16 + 15)\ \mu\text{m} = 11{,}4\ \mu\text{m}$$

Die Standardabweichung s ermittelt man für Gruppe 1:

Tabelle 3. Vorlauf für eine Mittelwertkarte, Abweichung der Wellendurchmesser vom Sollwert

Gruppe Nr.	Meßwerte					R_i	$\bar{x}_i$	s_i
1	5	3	18	16	15	15	11,4	6,88
2	2	15	10	8	10	13	9	4,69
3	15	13	9	5	4	11	9,2	4,82
4	18	6	19	9	14	13	13,2	5,63
5	8	18	10	15	15	10	13,2	4,09
6	13	19	7	7	9	12	11	5,10
7	3	19	18	15	9	16	12,8	6,72
8	13	19	9	11	9	10	12,2	4,15
9	2	10	17	9	16	15	10,8	6,06
10	15	9	13	12	17	8	13,2	3,03
11	15	14	15	4	3	12	10,2	6,14
12	15	12	5	3	11	12	9,2	5,02
13	5	12	14	17	6	12	10,8	5,17
14	14	18	10	14	16	8	14,4	2,97
15	14	16	3	16	14	13	12,6	5,46
16	5	12	16	8	16	11	11,4	4,88
17	9	5	14	17	9	12	10,8	4,71
18	4	16	4	4	12	12	8	5,66
19	14	14	13	11	3	11	11	4,64
20	6	14	8	4	9	10	8,2	3,77
						$\bar{R}$ = 11,8	$\bar{\bar{x}}$ = 11,13	s = 4,98

$$s_i = \sqrt{\frac{1}{n-1} \sum_{i=1}^{n} (x_i - x)^2} \quad (20)$$

$s_1 =$

$$\sqrt{\frac{1}{5-1}[(5-11{,}4)^2 + (3-11{,}4)^2 + \ldots + (15-11{,}4)^2]}$$

$s_1 = 6{,}88\ \mu m$

Das Vorzeichen der Quadratwurzel ist in diesem Falle positiv.
Die *Spannweite* R in der Gruppe entspricht der Differenz zwischen größtem und kleinstem Meßwert in der Gruppe:

$$R = x_{max} - x_{min} \quad (21)$$

Für Gruppe 1 gilt:

$R_1 = (18 - 3)\ \mu m = 15\ \mu m$

Aus den für die Gruppen errechneten Mittelwerten, Spannweiten und Standardabweichungen lassen sich wiederum Mittelwerte bilden, die die Güte des Vorlaufs charakterisieren.

Die Berechnung von *Warn-* und *Kontrollgrenzen* ist die wesentliche Aufgabe beim Aufbau einer Kontrollkarte. Dazu benötigt man den Sollwert a, die Streuung σ, die Irrtumswahrscheinlichkeit α sowie den Umfang der Stichprobe.
Wird die Irrtumswahrscheinlichkeit mit $\alpha = 0{,}27\ \%$ festgelegt, sind innerhalb der Kontrollgrenzen 99,73 % aller x-Werte zu erwarten, wenn ein stabiler Fertigungsprozeß vorliegt[1]).
Für die Kontrollgrenzen ergeben sich folgende Beziehungen:

$$K_u = \bar{\bar{x}} - A_{2-3}\bar{R} \quad \text{(untere Kontrollgrenze)} \quad (22)$$

$$K_o = \bar{\bar{x}} + A_{2-3}\bar{R} \quad \text{(obere Kontrollgrenze)} \quad (23)$$

Dem Fertigungsprozeß sollte der Kontrolleur bereits Aufmerksamkeit schenken, wenn folgende *Warngrenzen* überschritten werden:

$$W_u = \bar{\bar{x}} - \frac{2}{3}A_{2-3}\bar{R} \quad \text{(untere Warngrenze)} \quad (24)$$

$$W_o = \bar{\bar{x}} + \frac{2}{3}A_{2-3}\bar{R} \quad \text{(obere Warngrenze)} \quad (25)$$

Die Werte für A_{2-3} findet man in der Tabelle 4.

Tabelle 4. Faktor A_{2-3} zur Kontrollgrenzenberechnung

n	2	3	4	5	6	7	8	9	10
A_{2-3}	1,88	1,02	0,73	0,58	0,48	0,42	0,37	0,34	0,31

Tabelle 5. Mittelwertkarte, Abweichung der Wellendurchmesser vom Sollwert

Gruppe Nr.	Meßwerte					R_i	$\bar{x}_i$	s_i
1	18	6	19	9	14	13	13,2	5,63
2	14	16	3	16	14	13	12,6	5,46
3	6	14	18	9	11	12	11,6	4,62
4	5	12	16	8	16	11	11,4	4,88
5	9	5	14	17	9	12	10,8	4,71
6	9	14	15	11	4	11	10,6	4,39
7	12	10	16	8	15	8	12,2	3,35
8	10	3	11	11	18	15	10,6	5,32
9	15	14	15	4	3	12	10,2	6,14
10	15	8	6	10	11	9	10	3,39
						$\bar{R} =$ 11,6	$\bar{\bar{x}} =$ 11,32	$s =$ 4,79

Der Tabelle 3 entnimmt man den *Mittelwert der Spannweiten:*

$$\bar{R} = \frac{1}{k} \sum_{i=1}^{k} R_i \tag{26}$$

$\bar{R}$ = 11,8 µm

und den *Mittelwert der Gruppenmittelwerte des Vorlaufs:*

$$\bar{\bar{x}} = \frac{1}{k} \sum_{i=1}^{k} x_i \tag{27}$$

$\bar{\bar{x}}$ = 11,13 µm

Damit ergeben sich die *Warn-* und *Kontrollgrenzen* zu:

$W_u = 11{,}13\ \mu m - \frac{2}{3} \cdot 0{,}58 \cdot 11{,}8\ \mu m = 6{,}6\ \mu m$
(absolut ≈ 19,993 mm)

$W_o = 11{,}13\ \mu m + \frac{2}{3} \cdot 0{,}58 \cdot 11{,}8\ \mu m = 15{,}9\ \mu m$
(absolut ≈ 19,984 mm)

$K_u = 11{,}13\ \mu m - 0{,}58 \cdot 11{,}8\ \mu m = 4{,}3\ \mu m$
(absolut ≈ 19,996 mm)

$K_o = 11{,}13\ \mu m + 0{,}58 \cdot 11{,}8\ \mu m = 18\ \mu m$
(absolut ≈ 19,982 mm)

Nach diesen Berechnungen entnimmt man der laufenden Produktion 50 Wellen in Gruppen zu je 5 Stück. Die Meßwerte sind in Tabelle 5 aufgetragen.
Trägt man die Mittelwerte der Gruppen in die Kontrollkarte (Bild 8) ein, so ist eine fallende Tendenz zu erkennen.

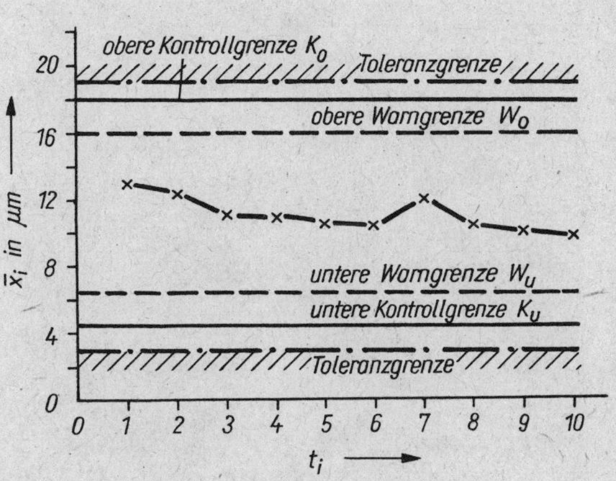

Bild 8. Verlauf der Gruppenmittelwerte

Bei Unterschreiten der unteren Kontrollgrenze ist ein Neueinrichten (z. B. mit nachgeschliffenem Drehmeißel) erforderlich.

3. Messungen und Meßgeräte

3.1. Längenmessungen

Längenmessungen sind in der Fertigungstechnik sehr wichtig. Die Grundlage für das Messen im Betrieb sind die *Endmaße* des Genauigkeitsgrades 0. Mit ihnen kann man im *Feinmeßraum* die Maße mit der verlangten Genauigkeit darstellen.

3.1.1. Endmaße

Die gebräuchlichste Art der Endmaße sind die *Parallelendmaße* (Bild 9). Darüber hinaus gibt es noch *Winkel-*, *Kugel-* und *Zylinderendmaße.* Parallelendmaße werden als Längennormale benutzt. Um das Arbeiten mit Endmaßen zu erleichtern, gibt es verschiedene Zubehörteile (Bild 10). Das Zubehör besteht aus *Endmaßhaltern, Meßschnäbeln, Anreißschneiden, Zentrierspitzen* und *Haltevorrichtungen.*

Endmaße sind standardisiert[2]) und werden zum Vergleichen und Einstellen der Meßgeräte verwendet. Der Querschnitt der Parallelendmaße ist rechteckig. Der Stahl, aus dem sie gefertigt sind, muß höchste Volumenbeständigkeit, Härte und Widerstandsfähigkeit gegen Verschleiß besitzen. Der Längenausdehnungskoeffizient beträgt $\alpha = (11{,}5 \pm 1{,}5) \cdot 10^{-6}\,K^{-1}$. Die Meßflächen sind geläppt und haben eine Rauhtiefe von 0,03...0,04 µm. Zwei Parallelendmaße mit einwandfreier Meßfläche können nach sorgfältiger Reinigung durch Ansprengen oder Anschieben zur Haftung gebracht werden. Somit lassen sich einzelne Endmaße zu Kombinationen zusammenbauen, die dann mittels eines kleinen Rahmens (Bild 10) zum Messen und Prüfen verwendet werden können.

Bild 9. Parallelendmaße

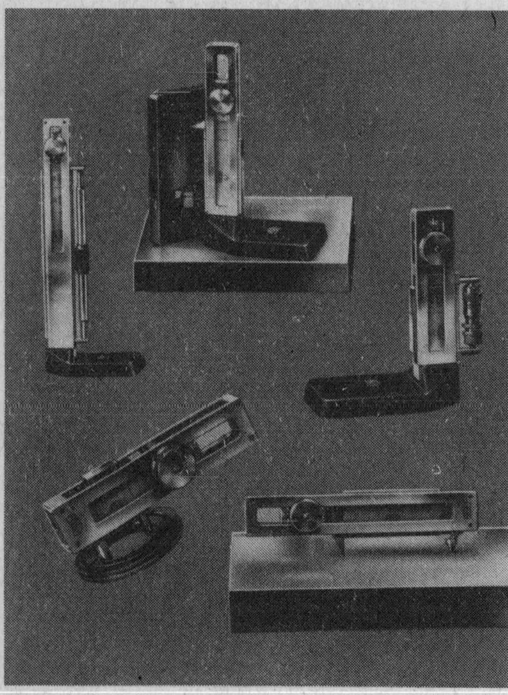

Bild 10. Zubehör zu den Parallelendmaßen

Genauigkeit und Fehler

Die Endmaße werden in 4 *Genauigkeitsgraden* geliefert. Die Endmaßsätze sind wie folgt zu verwenden.

Genauigkeitsgrad 0: Hauptnormale für den Betrieb, Kontrollendmaße für hohe Genauigkeitsforderungen, Kontrolle von Prüfmaßen und Prüflehren.

Genauigkeitsgrad I: Prüfmaße, Einstellnormale
Genauigkeitsgrad II: Prüfen und Einstellen von Arbeitslehren und Meßgeräten, Anwendung im Vorrichtungsbau.
Genauigkeitsgrad III: Einstellmaße, Arbeitsmaße, Maße für Vorrichtungs- und Werkzeugbau, für werkstattmäßige Kontrollen.

Die *zulässigen Endmaßfehler* f_b werden nach folgenden Beziehungen berechnet:

f_b	l_0
µm	mm

Genauigkeitsgrad 0:

$$f_b = \pm (0{,}1 + 2 \cdot 10^{-3} \cdot l_0)$$

Genauigkeitsgrad I:

$$f_b = \pm (0{,}2 + 5 \cdot 10^{-3} \cdot l_0)$$

Genauigkeitsgrad II:

$$f_b = \pm (0{,}5 + 1 \cdot 10^{-2} \cdot l_0)$$

Genauigkeitsgrad III:

$$f_b = \pm (1{,}0 + 2 \cdot 10^{-2} \cdot l_0)$$

Der *Fehler F* einer Endmaßkombination ergibt sich aus:

$$F = \pm \sqrt{f_{b1}^2 + f_{b2}^2 + \ldots + f_{bn}^2} \qquad (28)$$

F oder f_b sind Fehler des Normals und in Gl. (12) für f_N einzusetzen.

Prüfen der Endmaße

Alle Hauptnormale (Genauigkeitsgrad 0) unterliegen der Kontrolle und werden in bestimmten Zeitabständen überprüft. Das Fundamentalge-

Bild 11. Interferenzkomparator

rät dafür ist der *Interferenzkomparator* (Bild 11). Es ist ein optisches Gerät mit meßkraftloser Abtastung des Prüflings.
Als Vergleichsnormale dienen Lichtwellenlängen.

Die Endmaße der anderen Genauigkeitsgrade können im Feinmeßraum mit dem *Feinzeiger* MOP 0,2 / 20 (Bild 12) kontrolliert werden. Dieses Gerät ist ein optisch-mechanischer Feinzeiger mit einem Skalenwert 0,2 µm und einem Anzeigebereich von ± 0,02 mm. Die Skale wird auf eine Mattscheibe projiziert. Zum Schutz gegen Körperwärme wird das Gerät mit einem *Wärmeschutzkasten* umgeben. Die Bedienung erfolgt mit *Manipulatoren.*

Bild 12. Feinzeiger MOP 0,2 / 20

Die Ebenheit der Meßflächen kontrolliert man am einfachsten mit der *Planglasplatte* (Bild 13). Durch die Brechung des Lichts werden *Interferenzstreifen* sichtbar, die, je nach der Ebenheit der Fläche, verschiedene Formen annehmen können. Aus der Form und Lage der Streifen beurteilt der Meßtechniker die Meßflächen.

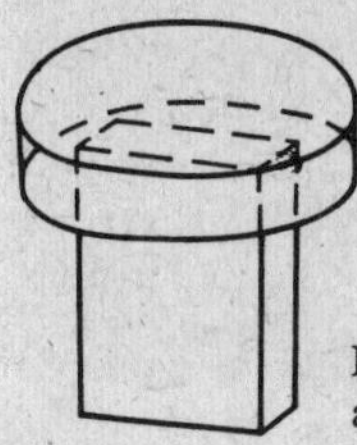

Bild 13. Planglasplatte, aufgesetzt auf ein Endmaß

Die Flächen in den Bildern 14a und 14b haben geringen Kantenabfall. Fläche c zeigt eine starke Krümmung, während Fläche d eine starke Unregelmäßigkeit in der Ebene aufweist. Die Fläche e charakterisiert eine sphärische Wölbung.

Bild 14. Formen von Interferenzstreifen

Pflege der Endmaße

Wegen der großen Genauigkeit und der ausgezeichneten Oberflächengüte sind die Meßflächen *gegen Feuchtigkeit, Temperaturunterschiede, Handschweiß* und vor allem gegen *Schleifstaub* zu schützen.

Bevor man die Endmaße ablegt, müssen sie gereinigt und mit einem feinen Hauch säurefreier Vaseline überzogen werden. Die *Reinigung* erfolgt mit rückstandfreiem Benzin unter Verwendung eines Wildleder- oder Leinenlappens. Vor dem Gebrauch sind die Endmaße von Fett zu reinigen. Sie dürfen auf keinen Fall magnetisch sein, da sonst feinste Metallteilchen anhaften und beim Anschieben die Oberflächen beschädigt werden. Angesprengte Endmaße werden nicht mit Gewalt gelöst, um Beschädigungen der Oberflächen zu vermeiden. Das Trennen geschieht durch vorsichtiges Schieben oder Drehen. Angesprengte Endmaße sollen nicht zu lange in diesem Zustand verbleiben, da sonst die Gefahr der Kaltschweißung besteht.

3.1.2 Meßschieber

Meßschieber[3]) sind die gebräuchlichsten Meßzeuge in der Werkstatt. Sie haben ein Normal in Form eines *Strichmaßstabes.* Mit Hilfe eines *Nonius* ist es möglich, Zwischenwerte der Teilung des Strichmaßstabes abzulesen (1 / 10, 1 / 20 und 1 / 50 mm). Meßschieber erfüllen nicht das Abbesche Komparatorprinzip, nach dem Prüfling und Maßverkörperung in der Meßrichtung fluchtend angeordnet sein müssen. Sie enthalten nach Bild 15 durch Kippen

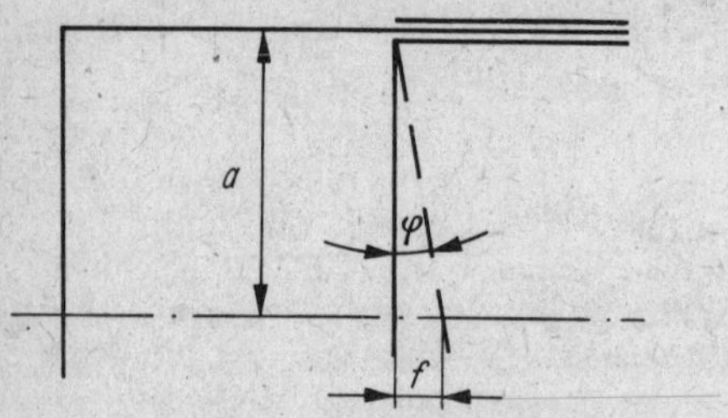

Bild 15. Kippfehler am Meßschieber

des verschiebbaren Meßschnabels *Fehler erster Ordnung* von der Größe:

$$f = a \tan \varphi \approx a\varphi \qquad (29)$$

Die *zulässige Abweichung* der Anzeige vom Sollwert an beliebiger Stelle des Anzeigebereiches ist (in µm):

$$f_G = \pm (50 \pm 0{,}1 \cdot l) \qquad (30)$$

l Meßlänge in mm

Meßschieber werden für Meßbereiche von 135 bis 2 000 mm hergestellt.

3.1.3. Bügelmeßschraube

Die Bügelmeßschraube[4]) (Bild 16) gestattet das Ablesen auf Hundertstelmillimeter genau. Das *Normal* ist eine Gewindespindel mit sehr genauer Steigung. Die Steigung wird mit 1,0 mm und 0,5 mm ausgeführt. Bei 1,0 mm Steigung hat die Meßtrommel 100 Teilstriche, bei 0,5 mm Steigung 50 Teilstriche, so daß der Skalenwert jeweils 0,01 mm beträgt. Gleichmäßige Meßkraft wird durch eine *Zahnkupplung* (Ratsche) erreicht. Die Meßflächen am Amboß und an der Spindel sind geläppt und können zur Er-

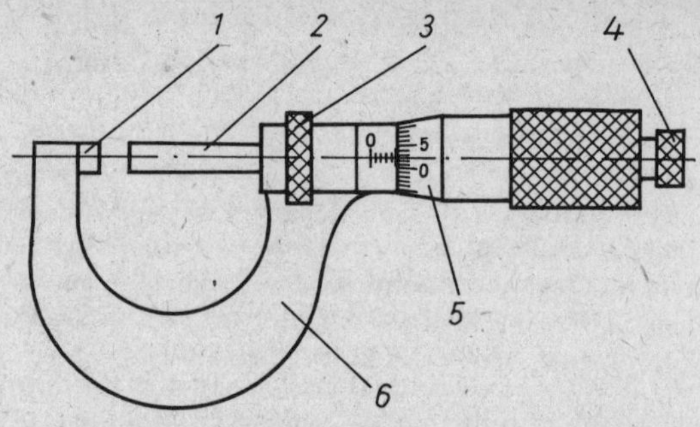

Bild 16. Bügelmeßschraube.
1 Amboß, *2* Meßspindel, *3* Feststeller, *4* Ratsche, *5* Meßtrommel (Skt 0,01 mm), *6* Bügel

höhung der Verschleißfestigkeit mit Hartmetall bestückt werden.

Bügelmeßschrauben werden in 2 *Gütegraden* geliefert. Der Anzeigebereich 0...25 mm hat einen zulässigen Gesamtfehler bei
Genauigkeitsgrad I: $f_G = 4$ µm,
Genauigkeitsgrad II: $f_G = 10$ µm.

Prüfen der Bügelmeßschraube

Der *Gesamtfehler* wird mit Endmaßen des Genauigkeitsgrades I ermittelt. Man prüft über den gesamten Anzeigebereich in Stufen von 0,5 mm, an den Extremstellen der Fehlerkurve (Bild 17) in Stufen von 0,1 mm auf die Länge von 0,5 mm nach rechts und links. Der maximale Abstand zweier Ordinatenwerte ist der *Gesamtfehler* f_G. Die *Ebenheit* der Meßflächen und deren Parallelität prüft man mit der *Planglasplatte.* Die Anzahl der Interferenzstreifen und deren Lage geben über den Zustand Auskunft. Die *Aufbiegung* des Bügels überprüft man, indem man die Meßschraube aufhängt und den Amboß mit Gewichtsstükken belastet. Dabei ist eine zulässige Aufbiegung vorgesehen.

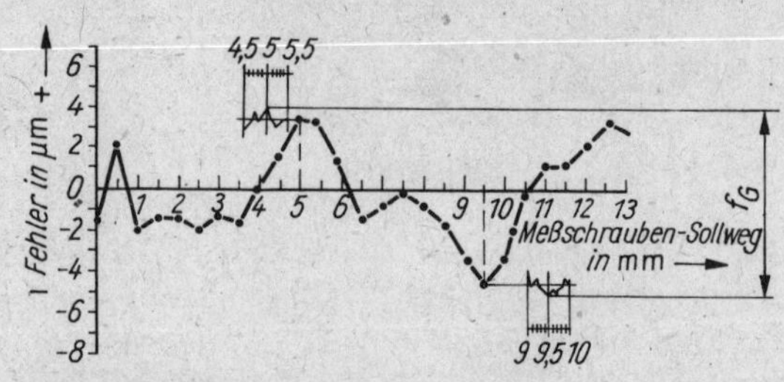

Bild 17. Fehlerkurve einer Bügelmeßschraube

3.1.4. Feinzeigermeßschraube

Im Bild 18 sind Feinzeigermeßschrauben dargestellt. Die Feinzeigermeßschraube ist eine kombinierte Meßeinrichtung zwischen *Feinmeßschraube* und einem *Feinzeiger*. Der Amboß steht unter Federdruck und ist beweglich. Seine Bewegungen werden auf einen Feinzeiger übertragen. Dieser hat einen Skalenwert von 2 µm. Die konstante Meßkraft beträgt 10 N. Der Feinzeiger dient als *Meßkraftanzeiger* (Zeiger auf Null), wenn unmittelbare Messungen mit dem Ablesen der Trommel durchgeführt werden. Stellt man das Meßzeug auf ein bestimmtes Maß mit Endmaßen ein und klemmt die Spindel fest, so kann man Unterschiede messen und sie am Feinzeiger ablesen. Mit *Toleranzmarken* lassen sich *Toleranzbereiche* einstellen.

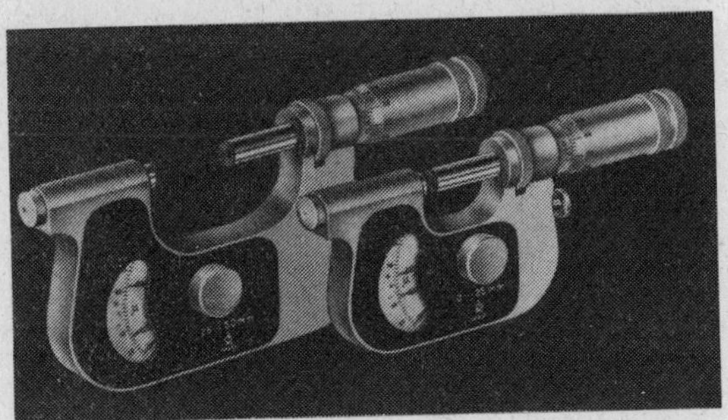

Bild 18. Feinzeigermeßschrauben

3.1.5. Passameter

Beim Passameter (Bild 19) dient die Meßspindel nur noch zum Einstellen des Meßbereichs nach einem Normal. Das Ablesen erfolgt am Feinzeiger, der die Abweichungen von Sollwert angibt. Der *Bügelfeinzeiger* wird somit zu einer einstellbaren Grenzrachenlehre und kann für kleinere Betriebe ganze Lehrensätze ersetzen. Die Meßkraft beträgt 10 N und der Skalenwert des Feinzeigers 2 µm. Durch seine stabile Bauart eignet er sich besonders gut für den rauhen Werkstattbetrieb.

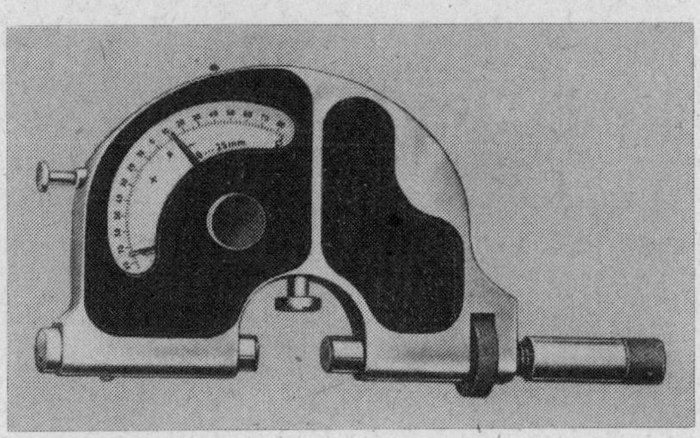

Bild 19. Passameter

3.1.6. Meßuhr

Die Meßuhr[5]) (Bild 20) ist ein vielseitig einsetzbares Meßgerät. Die Verschiebung des Tastbolzens wird über ein Räderwerk auf einen Zeiger übertragen. Der Skalenwert beträgt 10 µm, in Sonderfällen 1 µm. Die Umdrehungen des großen Zeigers zählt der kleine Zeiger an der *Nebenskale*. Die *Hauptskale* läßt sich drehen, damit der Nullstrich beim Einstellen unter den großen Zeiger gedreht werden kann. Der Anzeigebereich beträgt 10 mm. Zwei verstellbare *Toleranzmarken* dienen zum Einstellen eines *Toleranzfeldes* bei Serienmessungen.

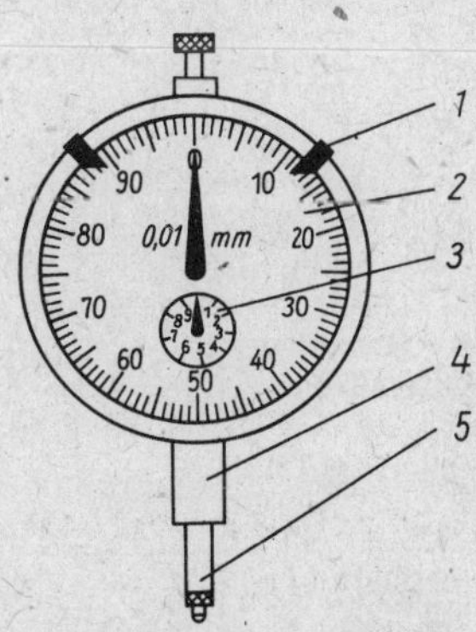

Bild 20. Meßuhr. *1* verstellbare Toleranzmarke, *2* Hauptskale (drehbar), *3* Nebenskale, *4* Spannstelle, *5* Tastbolzen

Die Meßuhr kann vielseitig eingesetzt werden. Sie wird verwendet für *Unterschiedsmessungen*, *Parallelitätsmessungen*, *Rundlaufmessungen* und zum Messen im Vorrichtungs- und Werkzeugbau. Außerdem findet sie für viele Werkstattmessungen Verwendung. An modernen Werk-

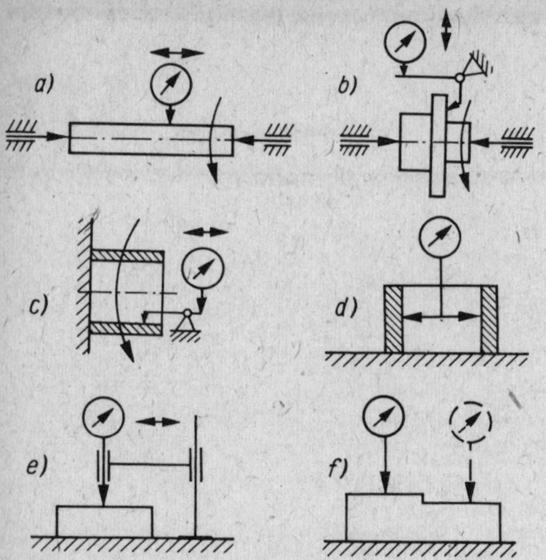

Bild 21. Meßmöglichkeiten mit einer Meßuhr.
a) Rundlaufprüfung, b) Planschlagprüfung, c) Rundlaufprüfung an Bohrungen, d) Messen einer Bohrung, e) Prüfen der Ebenheit, f) Messen von Höhenunterschieden

zeugmaschinen sind Meßuhren zum Einstellen eingebaut (Bild 21). Das Einstellen der Meßuhr erfolgt mit *Normalen.* Zum Arbeiten mit der Meßuhr werden noch verschiedene *Meßhilfsmittel,* wie Ständer, Hebelübersetzungen und verschiedene auswechselbare Einsätze im Tastbolzen, benötigt.

Prüfen einer Meßuhr

Der *Gesamtfehler* f_G wird ähnlich wie bei der Bügelmeßschraube ermittelt. Man prüft in Stufen von 0,1 mm über den gesamten Anzeigebereich. An den Extremstellen mißt man im Bereich von 0,1 mm in Stufen von 0,01 mm. Nach dem Zeichnen der *Fehlerkurve* ermittelt man die Ordinatenwerte und hat den Gesamtfehler gefunden. Aus der Tabelle 6 können die zulässigen Abweichungen für die entsprechenden Genauigkeitsgrade entnommen werden.

Die *Standardabweichungs* ermittelt man aus 10 aufeinanderfolgenden Einzelmessungen der gleichen Meßgröße bei gleichem Bewegungssinn des Tastbolzens an einer beliebigen Stelle des Anzeigebereiches. Nach Gl. (9) wird dann die Standardabweichung errechnet und mit den zulässigen Werten der Tabelle 6 verglichen.

Die *Umkehrspanne* wird an beliebiger Stelle des Anzeigebereiches als Differenz der Mittel aus je 10 Messungen bei heraus- und hineingehendem Meßbolzen bestimmt.

Die *Meßkraft* wird mit der Meßuhrprüfmaschine ermittelt. Sie liegt im Bereich von 0,8...1,0 N. Die Differenz der Meßkraft darf bei Umkehrung der Bolzenbewegung 0,5 N nicht überschreiten.

3.1.7. Feinzeiger

Feinzeiger sind Meßgeräte, bei denen die Bewegung des *Meßbolzens,* durch eine Übersetzung vergrößert, auf die Anzeigeeinrichtung übertragen wird.

Wegen der hohen Übersetzungsverhältnisse (bis 2 000:1) ist der Anzeigebereich nicht groß. Der Skalenwert liegt meist bei 1 µm.

3.1.7.1. Mechanische Feinzeiger

Feinzeiger M1 / 100 (Orthotest)

Der Feinzeiger M1 / 100 (Bild 22) ist ein mechanischer Feinzeiger. Er ist im Feinmeßraum sowie auch in der Werkstatt zu verwenden.

Anzeigebereich: ± 100 µm
Skalenwert: 1 µm

Tabelle 6. Meßuhrfehler

Genauigkeitsgrad	Größte zulässige Abweichung in µm beim Messen mit herausgehendem Bolzen für eine Meßlänge L in mm						Streuung µm	Umkehrspanne µm
	0,1	1,0	2,0	3,0	5,0	10,0		
I	5	6	7	10	12	15	±1	3
II	8	11	13	15	20	25	±2	5

Bild 22. Feinzeiger M 1 / 100

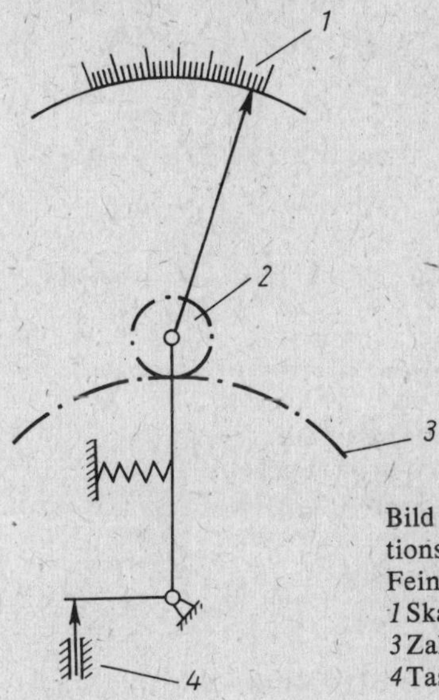

Bild 23. Funktionsschema des Feinzeigers M 1 / 100. *1* Skale, *2* Ritzel, *3* Zahnsegment, *4* Taster

Meßkraft:	2 N
f_G:	± 0,5 µm
σ_G:	± 0,1 µm

Das Gerät wird mit *Endmaßen* eingestellt. Zur *Grobeinstellung* wird der Tragarm des Ständers mittels einer Mutter bewegt. Die *Feineinstellung* wird durch einen kleinen Exzenter am Tragarm vorgenommen (Verschieben der Skale mittels eines Drehknopfes). Das Gerät arbeitet in jeder Gebrauchslage einwandfrei und ist gegen Erschütterungen und Stöße unempfindlich. Ohne Ständer läßt sich das Gerät mit einer zweckentsprechenden Halterung auch an Werkzeugmaschinen benutzen. Am Tastbolzen können *Meßaufsätze* ausgewechselt werden (mit Planfläche, mit Kugeln, mit Schneiden). Mit 2 Toleranzmarken kann für Serienmessungen der Toleranzbereich eingestellt werden. Bild 23 zeigt den schematischen Aufbau des Gerätes.

Feinzeiger MO1 / 100 (Optimeter)

Dieses Meßgerät (Bild 24) ist ein optisch-mechanischer Feinzeiger. Er eignet sich für schnelle und genaue Unterschiedsmessungen.

Anzeigebereich:	± 100 µm
Skalenwert:	1 µm
Meßkraft:	2 N
f_G:	± 0,15 µm
σ_G:	± 0,05 µm

Aus Bild 25 geht die Funktion des Geräts hervor. Mit dem Beleuchtungsspiegel *4* wird die feste Skale *2* im oberen Prisma auf den Kippspiegel 7 projiziert. Bei Verschiebung des Tastbolzens kippt der Spiegel und wirft die Skale auf die Mattscheibe im Okular, wobei sie gegen eine feste Marke verschoben wird. Die mechanische Verschiebung des Tastbolzens wird optisch dargestellt. Mittels einstellbarer farbiger (roter und blauer) Toleranzmarken kann für Serienmessungen der Toleranzbereich eingestellt werden. Dieses Gerät ist auch für den *Werkstattgebrauch* gut geeignet. Es läßt sich auch zum Messen an Werkzeugmaschinen verwenden.

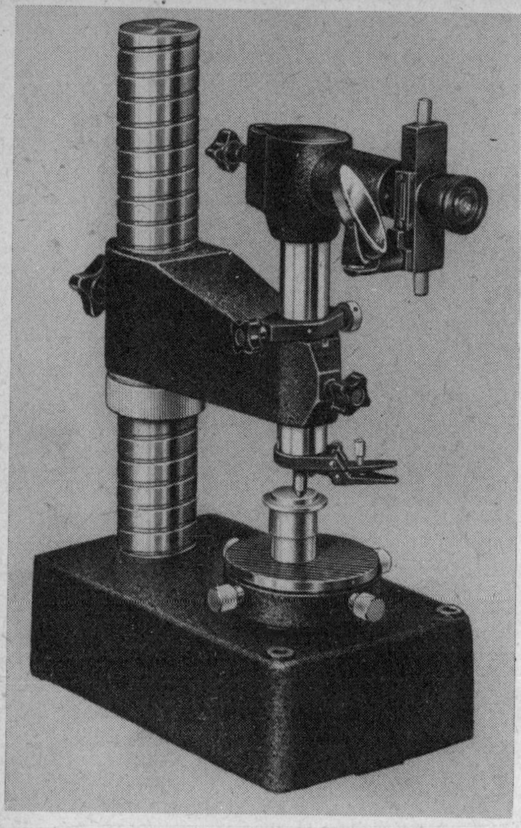

Bild 24. Feinzeiger MO 1 / 100

3.1.7.2. Elektrische Feinzeiger

In den elektrischen Feinzeigern wird die mechanische Meßgröße in einen *elektrischen Meßwert* umgewandelt. Dieser Meßwert kann dann wieder mechanisch, optisch oder akustisch dargestellt und zur Steuerung von Vorrichtungen, Werkzeugmaschinen oder zum Registrieren benutzt werden.
Elektrische Feinzeiger bestehen aus einem *Meßkopf* und einem *Anzeigegerät*. Damit ergeben sich gegenüber den mechanischen und optischen Geräten folgende Vorteile:

1. Die Meßstelle und das Anzeigegerät können räumlich getrennt und die Meßwerte mehrerer Meßköpfe an einem Anzeigegerät ausgewertet werden.
2. Anpassungsfähigkeit an verschiedene Erfordernisse der Fertigung.

Die elektrischen Feinzeiger werden vor allem zum automatischen Messen und Prüfen in der Fließ- und Taktfertigung eingesetzt.

Kontaktgebender Feinzeiger

Bild 26 zeigt die Prinzipschaltung eines kontaktgebenden Feinzeigers. Der Taststift *2* überträgt seine Verschiebung auf den Kontakthebel *1*. Dieser berührt je nach Größe des Prüflings den linken oder rechten Kontakt, und das Aufleuchten der grünen oder roten Lampe zeigt anormale Teile an. Leuchtet die weiße Lampe, so liegt das Werkstück in den zulässigen Grenzen. Die Widerstände *3* sind so bemessen, daß die weiße Lampe die volle Betriebsspannung erhält, solange sie allein an dem Transformator anliegt. Bei anormalen Teilen wird die grüne oder rote Lampe eingeschaltet, die weiße Lampe wird durch den am Widerstand (infolge des Stromes durch die grüne bzw. rote Lampe) verursachten Spannungsabfall am Leuchten gehindert. Die Toleranzen werden mit Endmaßen oder Kontaktschrauben, die als Feinmeßschrauben ausgebildet sind, eingestellt. Die Maßgenauigkeit gibt man mit ± 1 µm an. An Stelle der Lampen können

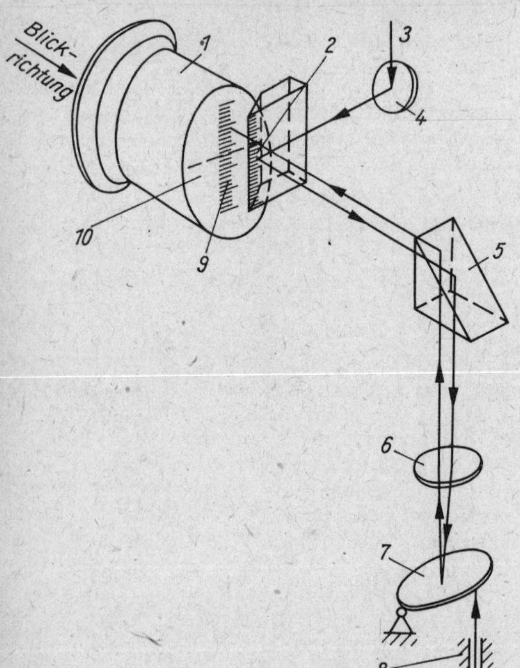

Bild 25. Funktionsschema des Feinzeigers MO 1 / 100.
1 Okular, *2* feste Skale, *3* Lichteinfall, *4* Spiegel, *5* Prisma, *6* Objektiv, *7* Kippspiegel, *8* Tastbolzen, *9* projizierte Skale, *10* feste Skale

auch *Relais* gesteuert werden, die den Arbeitsprozeß über weitere *Schaltgeräte* an den Maschinen regeln und steuern.

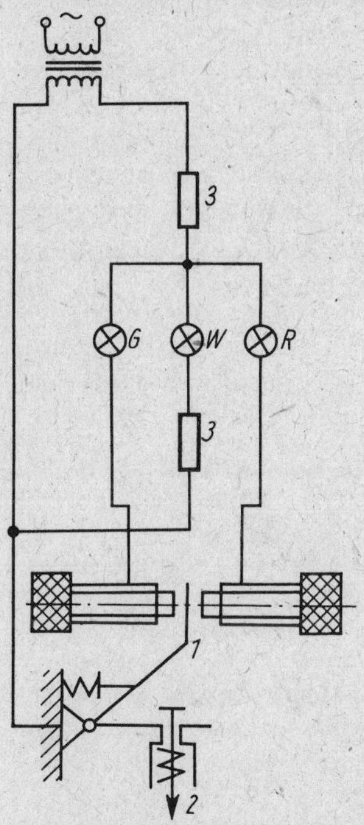

Bild 26. Kontaktgebender Feinzeiger.
1 Kontakthebel,
2 Taststift,
3 Widerstand

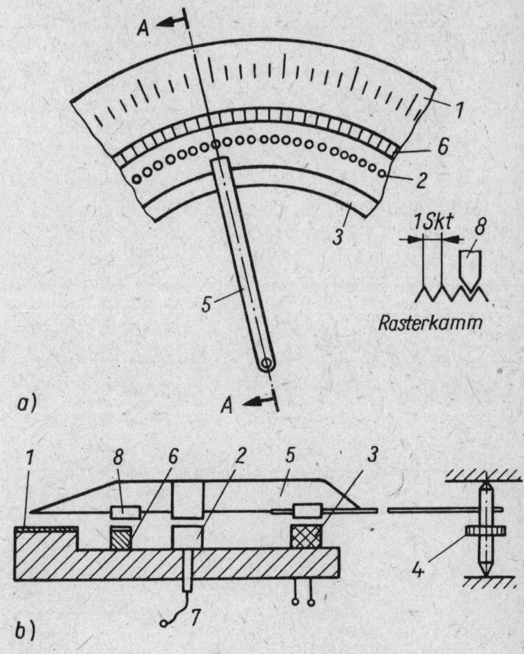

Bild 27. Funktionsschema des schaltenden Feinzeigers.
a) Draufsicht, b) Schnitt *A-A* (vergrößert).
1 Skale, *2* Kontaktbahn, *3* Elektromagnet, *4* Antriebsritzel für Zeiger, *5* Zeiger, *6* Rasterkamm, *7* Anschlußkabel, *8* messerförmige Schneide

Schaltende Feinzeiger

Während der kontaktgebende Feinzeiger nur 2 Kontakte besitzt, ist der schaltende Feinzeiger mit vielen Kontakten ausgerüstet, d. h., jedem Skalenteil ist ein Kontakt zugeordnet. Ein bestimmtes Toleranzfeld kann also in mehrere Kontaktstellen eingeteilt werden, so daß z. B. mit diesem Feinzeiger *Maßgruppen* aussortiert werden können.

Im Bild 27 ist die Funktion eines solchen Gerätes dargestellt. Der über der Skale ausschlagende Zeiger dient gleichzeitig als Kontakthebel und kann durch einen Elektromagneten auf die unter der Skale liegenden Kontakte gezogen werden. Jedem Teilstrich (Skt 1µm) auf der Skale ist ein *Kontakt* zugeordnet. Um zu verhindern, daß der Zeiger bei entsprechendem Meßwert zwischen zwei Kontakten steht, ist konzentrisch zur Skale ein *Rasterkamm* befestigt. Die Teilung des Rasterkamms entspricht der Skalenteilung und dem Abstand der Kontakte. Nachdem mit dem Tastbolzen ein Meßwert aufgenommen wurde und der Zeiger ausgependelt ist, zieht der Elektromagnet den Zeiger nach unten, so daß dieser in eine Rast eingreift und den zugehörigen Kontakt schließt. Dadurch wird eine sichere Kontaktgabe erreicht, und der Meßwert wird als *elektrischer Impuls* zur Verfügung stehen, der dann für entsprechende Steuerungen verwendet wird. Über einen Verstärker können *Relais* angeschlossen werden (Bild 28).

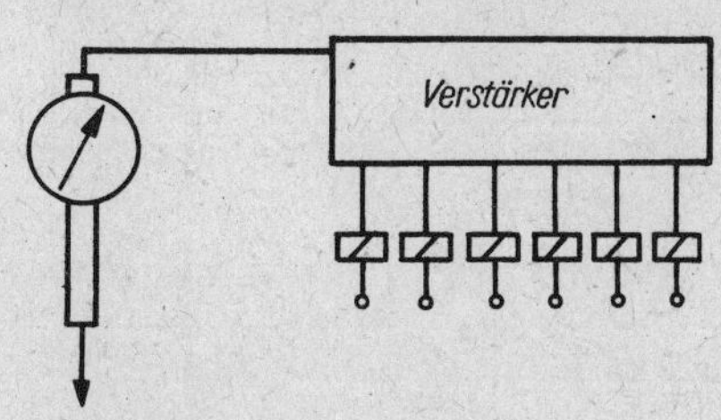

Bild 28. Schalten von Relais mittels schaltenden Feinzeigers

Fotoelektrischer Feinzeiger

Bei diesem Gerät (Bild 29) ersetzt ein *Lichtstrahl* den Zeiger. Dieser durch die Optik stark gebündelte Lichtstrahl fällt auf einen oberflächenverspiegelten *Kippspiegel*, der durch den Tastbolzen (wie beim Feinzeiger MO 1 / 100) je nach Größe des Prüflings mehr oder weniger gekippt wird. Dieser Vorgang lenkt den Lichtstrahl ab, der dann an den Fotodioden vorbeistreicht. Nach dem Ausschwingen des Lichtstrahls bleibt dieser an einer Stelle stehen und gibt über die Fotodiode einen Impuls ab. Die Weiterverarbeitung der elektrischen Impulse ist dann ähnlich wie beim schaltenden Feinzeiger.

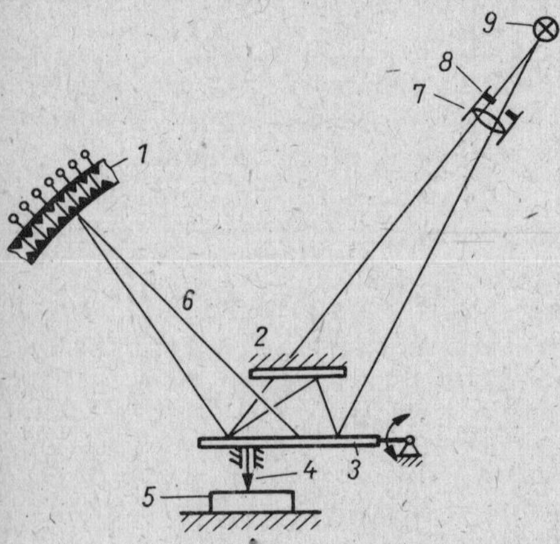

Bild 29. Fotoelektrischer Feinzeiger (Prinzip).
1 Fotozelle, *2* Oberflächenspiegel, *3* Wippspiegel, *4* Meßbolzen, *5* Prüfling, *6* gebündelter Lichtstrahl, *7* Optik, *8* Blende, *9* Lichtquelle

Induktiver Feinzeiger

Die Funktion eines induktiven Feinzeigers zeigt Bild 30.

Eine Metallzunge *1* liegt im Magnetfeld zweier stromdurchflossener Spulen. Die Zunge wird durch den Tastbolzen *2* bewegt. Infolge dieser Bewegung und der damit verbundenen Verschiebung der Zunge im Magnetfeld verändern sich die *Induktivitäten* der beiden Spulen. Über eine Brückenschaltung wird die Stromänderung durch ein Milliamperemeter, das in µm geeicht ist, angezeigt.

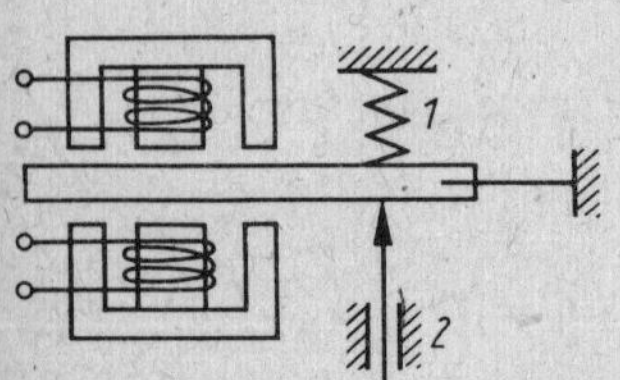

Bild 30. Induktiver Feinzeiger (Prinzip).
1 Metallzunge,
2 Tastbolzen

3.1.7.3. Pneumatische Feinzeiger

Setzt man einem Luftstrom, der aus einer Düse austritt, einen Widerstand entgegen, so entsteht ein *Luftstau*, der eine *Druckänderung* verursacht (Bild 31). Diese Erscheinung wird bei den pneumatischen Geräten ausgenutzt.

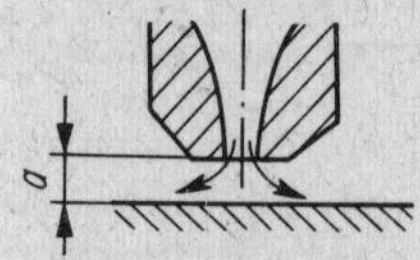

Bild 31. Luftaustritt aus einer Düse

Die entstehende Druckänderung wird an einem Manometer, das in µm geeicht ist, abgelesen. Die Länge eines *Normals* soll mit der Länge eines Werkstücks verglichen werden. Das Normal wird unter die Düse gebracht, wobei sich beispielsweise der Abstand *a* ergibt (das Manometer hat eine bestimmte Stellung). Danach bringt man das Werkstück unter die Düse. Ist das Werkstück zu groß, so wird der Abstand *a* kleiner, d. h., der Druck erhöht sich. Das Manometer schlägt nach plus aus. Ist das Werkstück kleiner, dann wird der Abstand *a* größer; es entsteht ein *Druckabfall*, das Manometer schlägt nach minus aus. Auf diese Weise kann man Druckänderungen zur Längenmessung benutzen.

Für das einwandfreie Arbeiten der Geräte ist konstanter Druck erforderlich. Es soll nur gereinigte Luft verwendet werden, da sonst die Düsenbohrungen versetzt werden und eine falsche Anzeige erfolgt.

Aeromeßgerät

Das Aeromeßgerät (Bild 32) arbeitet mit Niederdruck. Es vereinigt den *Druckregler* und den *Druckmesser* in sich. Die zugeführte Luft soll einen Überdruck von 50 bis 150 kPa haben.

Über den Schlauchanschluß *1* gelangt die gereinigte Luft über die Drossel *2* in den Druckregler. Die einströmende Luft verdrängt aus einem eingebauten

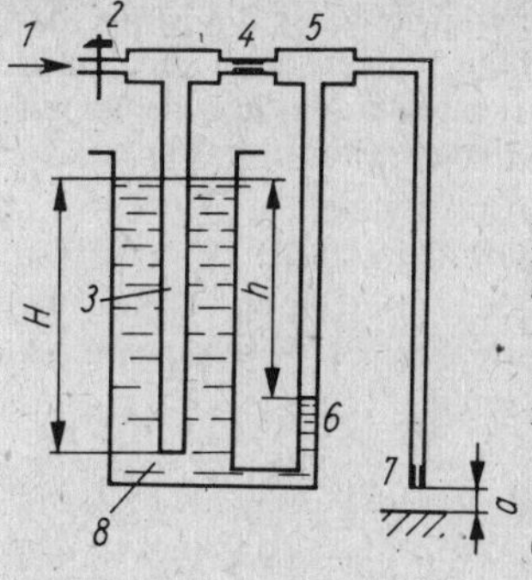

Bild 32. Aeromeßgerät (Prinzip). *1* Schlauchanschluß, *2* Drossel, *3* Tauchrohr, *4* Kopfdüse, *5* Staudruckkammer, *6* Manometer, *7* Meßdüse, *8* Wasserbehälter

Tauchrohr *3* eine Wassersäule mit der Höhe *H*. Es wird ein konstanter Druck von 5 kPa erreicht. Die geregelte Luft kommt über die Kopfdüse *4* zur Staudruckkammer *5*. Das Manometer *6* ist am oberen Ende mit der Staudruckkammer und am unteren Ende mit dem Wasserbehälter verbunden. Von der Staudruckkammer strömt die Luft weiter zur Meßdüse *7*. Eine Änderung des Abstandes *a* führt zur Druckänderung, die sofort an dem in µm geeichten Manometer *6* abgelesen werden kann. Der Skalenwert beträgt 1 µm.

Bei der Verwendung eines *Bohrungsmeßdorns* (Bild 33) können mit diesem Gerät auch Bohrungen gemessen werden. Zur Einstellung werden Lehrringe benutzt. Man stellt mittels der Toleranzmarken am Manometer den Toleranzbereich ein, und die Wassersäule pendelt dann bei normalen Werkstücken in diesem Bereich.

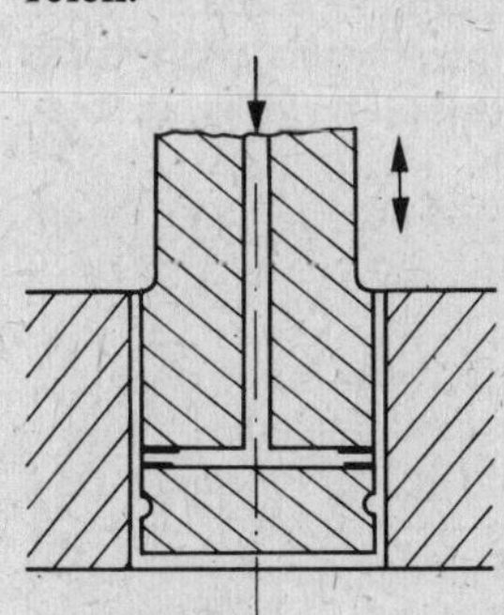

Bild 33. Pneumatischer Meßdorn

Druckdifferenzgeräte

Druckdifferenzgeräte (Bild 34) arbeiten nach der *Vergleichsmethode*.

Die Luft strömt über die Kopfdüsen *1* in die Meß- und Vergleichsleitung. An die Meßleitung ist die Meßdüse *2* und an die Vergleichsleitung die Vergleichsdüse *3* angeschlossen. Die Stellschraube *4* regelt den

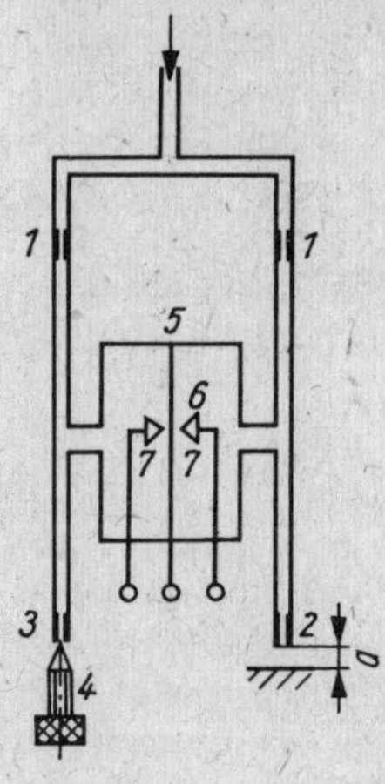

Bild 34. Druckdifferenzgerät (Prinzip). *1* Kopfdüsen, *2* Meßdüse, *3* Vergleichsdüse, *4* Stellschraube, *5* Druckdifferenzdose, *6* Membran, *7* Kontakte

Druck in der Vergleichsleitung, der der gewünschten Höhe *a* des Spaltes vor der Meßdüse entspricht. Die Meß- und Vergleichsleitungen sind mit der Druckdifferenzdose *5* verbunden. Ist der Druck in beiden Leitungen unterschiedlich, so wird die Membran *6* in der Druckdose nach einer Seite durchgebogen und schließt einen der Kontakte *7*, der Lampen oder Regeleinrichtungen betätigt.

Dieses Gerät eignet sich besonders gut für die Automatisierung des Meßvorgangs oder zur Steuerung der Arbeitsvorgänge an Werkzeugmaschinen. Man stellt beispielsweise an der *Vergleichsdüse* den Druck ein, der dem gewünschten Durchmesser einer zu schleifenden Welle entspricht, wobei die Membran nach einer Seite durchgebogen ist und Kontakt gibt. Die Maschine schleift nun so lange, bis in der Meß- und Vergleichsleitung gleicher Druck herrscht. Dann schaltet die Maschine aus, weil die Membran wieder die Mittenlage eingenommen hat.

3.1.8. Großes Werkzeugmikroskop

Das große Werkzeugmikroskop (Bild 35) ist eines der gebräuchlichsten und leistungsfähigsten optisch-mechanischen Meßgeräte. Die *Hauptanwendungsgebiete* sind: Gewindemessun-

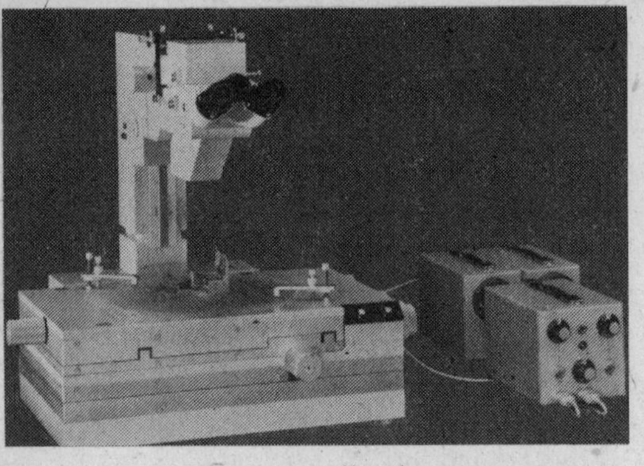

Bild 35. Großes Werkzeugmikroskop

gen, Längenmessungen, Winkelmessungen, Profilmessungen und Profilprüfungen.
Das große Werkzeugmikroskop besteht aus einem kräftigen *Gußuntergestell*, das durch 3 *Stellschrauben* mit Hilfe einer *Dosenlibelle* genau waagerecht gestellt werden kann. Auf dem Untergestell befindet sich der *Koordinatentisch*, der aus 2 *Meßschlitten* und einem drehbaren *Rundtisch* besteht. Die Meßschlitten lassen sich mit Feinmeßschrauben in der *x*- und *y*-Richtung um je 25 mm verschieben. Der Rundtisch ist in 360° geteilt und hat einen *Nonius* mit einer Ablesegenauigkeit von 3′. Der Koordinatentisch hat Nuten zur Befestigung der Zubehörteile. Am *Ständer* ist ein Ausleger für die Optik angebracht. Eine *Beleuchtungseinrichtung* ergänzt die Einrichtung des Gerätes. Auswechselbare *Revolverokulare* erweitern den Anwendungsbereich des Mikroskops. Es gibt z.B. Winkelmeßokulare, Okulare zum Prüfen von Gewinden, Okulare mit Kreisbogen, Okulare mit Vollkreisen, Okulare mit Bezugsprofilen zum Prüfen von Zahnformen und das Doppelbildokular. Durch das Aufsetzen einer *Projektionseinrichtung* können die zu prüfenden Profile auf eine Mattscheibe projiziert werden. Damit wird das große Werkzeugmikroskop zum Universalmeßgerät und sollte in keinem Feinmeßraum fehlen.

3.1.9. Automatisierung in der Längenmeßtechnik

In die Fertigung von Werkstücken in automatischen Fertigungssystemen müssen auch die Meß- und Prüfvorgänge mit einbezogen werden. Dabei ist anzustreben, daß bei solchen Bearbeitungsvorgängen *aktiv* gemessen wird, d. h., das Meßgerät soll während der Bearbeitung die Meßwerte erfassen und Impulse für die Steuerung des Bearbeitungsvorganges abgeben bzw. Signale bei abnormalen Vorgängen an der Fertigungsstelle. In der Massenfertigung werden die Meßsignale zur Sortierung in *Maßgruppen* benutzt (Wälzlagerindustrie).
Es sind solche Geräte brauchbar, die den mechanischen Meßwert in elektrische oder pneumatische Größen umwandeln, die dann zur Steuerung und Regelung benutzt werden können. Die herkömmlichen Geräte für *passives Messen* (speziell von Hand) sind für solche Zwecke nicht geeignet. Zum Aufbau von Meßanordnungen für mechanisierte und automatisierte Meßvorgänge wird vorwiegend *elektrische* oder *pneumatische Hilfsenergie* benutzt.
Der Aufbau solcher Meßeinrichtungen setzt sich zusammen aus dem *Meßwertgeber* zur Ermittlung der Meßwerte, dem *Verstärker* zur Verstärkung der Signale, der *Steuereinrichtung* und eventuell einer visuellen Anzeige. Bei umfangreichen Fertigungssystemen werden an zentralen Anzeigetafeln die Funktionen der Meßgeräte zur Kontrolle durch Lampen angezeigt. Die ermittelten Meßwerte können zur *Sortierung* der Werkstücke benutzt werden, für *Zählzwecke* und zur *Meßwertspeicherung* bzw. *Registrierung* unter Verwendung der EDVA, wodurch eine statistische Auswertung und Qualitätskontrolle möglich wird.

BEISPIELE

■ *Sortiereinrichtung mit kontaktgebendem Feinzeiger*
Im Bild 36 ist eine Sortiereinrichtung für Werkstücke der Massenfertigung dargestellt. Die Werkstücke werden von der Bearbeitungseinheit über eine Zuführeinrichtung dem Meßgeber zugeführt, der die Meßwerte erfaßt und die *Fallklappen* über die Relais steuert (abfallverzögert). Unter den Fallklappen befinden sich die *Sortierbehälter* »zu groß«, »zu klein« und »normal«. Über zusätzliche Relais könnten beispielsweise *Zählvorrichtungen* angeschlossen werden, oder, wenn der Ausschuß ansteigt, *Warneinrichtungen* zum Neueinstellen der Bearbeitungseinheit (z. B. bei Werkzeugverschleiß).

■ *Gruppensortierung mit dem schaltenden Feinzeiger*
Werkstücke haben eine Fertigungstoleranz von 0...+30 μm. Alle in diesem Bereich liegenden Werk-

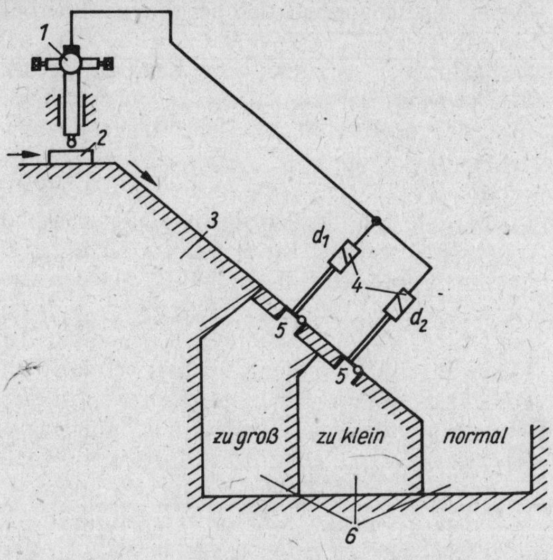

Bild 36. Sortiereinrichtung mit kontaktgebendem Feinzeiger.
1 Feinzeiger, *2* Prüfling, *3* Rutsche, *4* Relais für Fallklappen, *5* Fallklappe, *6* Sortierbehälter

stücke sind verwendbar. Es ist jedoch erforderlich, innerhalb des Toleranzbereiches nochmals in Gruppen mit einer Abstufung von 5 µm zu sortieren (in 6 Toleranzgruppen). Zu kleine und zu große Werkstücke sind bereits vorher mit einem *kontaktgebenden Feinzeiger* aussortiert. Zur Gruppensortierung kommt ein schaltender Feinzeiger in Betracht. Am schaltenden Feinzeiger sind die Kontakte nach Bild 37 zu beschalten.

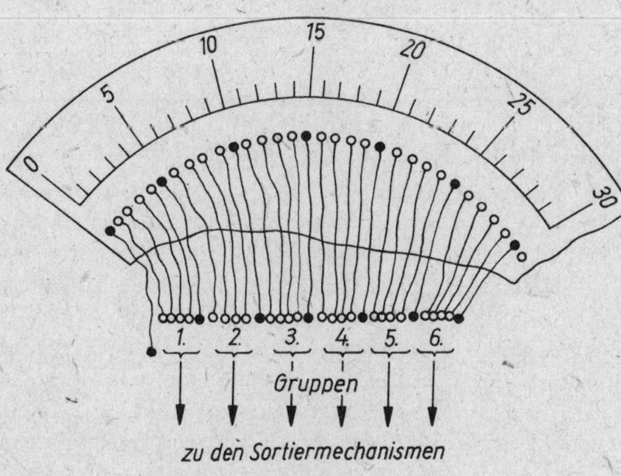

Bild 37. Schalten der Gruppenkontakte für Sortierung

■ *Pneumatische Meßeinrichtung mit elektrischer Steuerung*
Die Anwendung des Aeromeßgerätes in Verbindung mit einem elektrischen Signal- und Steuergerät zeigt das Bild 38. Der Meßwert beeinflußt den Druck in der Meßleitung, wodurch die Druckdose *2* beaufschlagt wird, die dann je nach ihrer Ausdehnung die Kontakte für die Steuereinrichtung betätigt. Über die angeschlossenen Relais können Steuerungen an den Fertigungseinheiten ausgelöst werden.

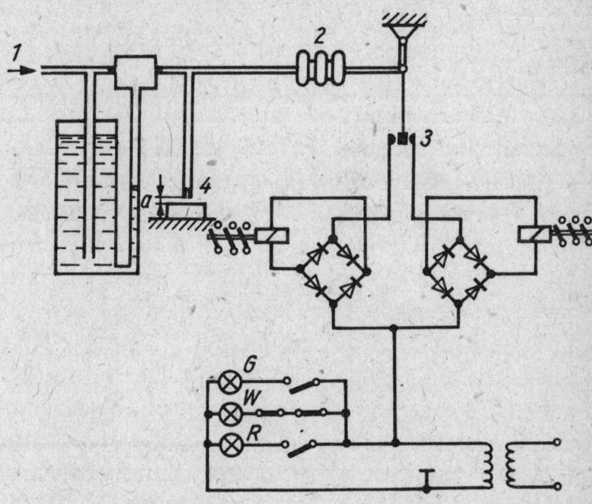

Bild 38. Pneumatische Meßeinrichtung mit elektrischer Steuerung.
1 Lufteintritt, *2* Druckdose, *3* Steuerkontakte, *4* Meßdüse

■ *Meßsteuerung an einer Schleifmaschine*
Im Bild 39 ist das Prinzip einer Meßsteuerung beim Schleifen dargestellt. In das sich drehende Werkstück ragt der *Meßfühler*, der laufend den Durchmesser des zu schleifenden Werkstückes ermittelt. Im Meßkopf

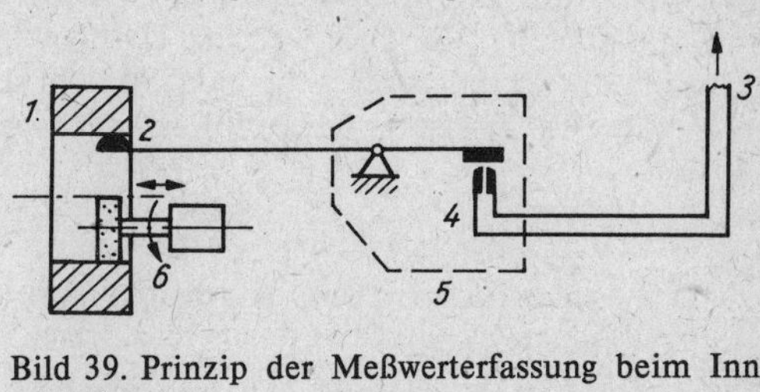

Bild 39. Prinzip der Meßwerterfassung beim Innenschleifen.
1 Werkstück, *2* Meßfühler, *3* zur Anzeige und zum Steuergerät, *4* Meßdüse, *5* Meßkopf, *6* Schleifscheibe

ist ein System *Düse-Prallplatte* angeordnet, dessen Abstand durch die Durchmesservergrößerung der Bohrung beim Schleifen verändert wird. Durch die entstehenden Druckänderungen werden *Druckdosen* gesteuert, die mit ihren Kontakten den Fertigungsprozeß steuern.

Die Meßsteuerung arbeitet vorwiegend mit *Hochdruckgeräten* (Bild 40). Aus der Versorgungsleitung strömt Druckluft durch das Druckminderventil, den Luftfilter, den Druckregler, die Kopfdüse, durch das während der Messung geöffnete Hilfsventil und die Meßdüse zur Oberfläche des zu messenden Werkstükkes. Am *Druckminderventil* wird der für den Druckregler erforderliche *Eingangsdruck* p_e eingestellt. Der Druckregler regelt die Luft auf den konstanten *Vordruck* p_c, um reduzierbare Messungen zu gewährleisten. Der *Meßdruck* p_m zwischen Kopf- und Meßdüse ist ein Maß für den jeweiligen Abstand a und wird im Anzeigegerät auf der im Längenmaß geteilten Skale angezeigt. Zur Korrektur *äußerer Einflüsse* auf das Meßgerät dient die Nullpunkteinstellung *8*. Die verstellbare Hilfsdüse *5* wirkt in der Meßleitung wie eine Drossel. Mit Hilfe dieser Drossel kann der Zeiger der Skale an jedem Punkt der Skale zum Einstellen der Kontakte benutzt werden. Die mit dem gleichen Meßdruck wie das Anzeigegerät beaufschlagten Druckdosen übergeben das pneumatische Signal über elektrische Kontakte dem Signal- und Steuerkreis des Gerätes. Die Kontaktgabe wird durch wechselweises Aufleuchten benachbarter Signallampen angezeigt. Vor der Bearbeitung wird der notwendige Abstand a mit Hilfe von Endmaßen eingestellt, z. B. *Einschalten:* Druckdose *1* → Abstand a_1; *Schruppen:* Druckdose *2* → Abstand a_2; *Schlichten:* Druckdose *3* → Abstand a_3; *Auslauf* und *Abschalten:* Druckdose *4* → Abstand a_4.

Das Bild 41 zeigt das Steuerdiagramm für das Schleifen einer Bohrung von 120 mm Durchmesser. Das Werkstück wird mit dem Vordrehmaß 119,825 mm in die Schleifmaschine gespannt. Beim 1. Schaltpunkt ist das *Vorschruppen* beendet, und die Schleifscheibe wird

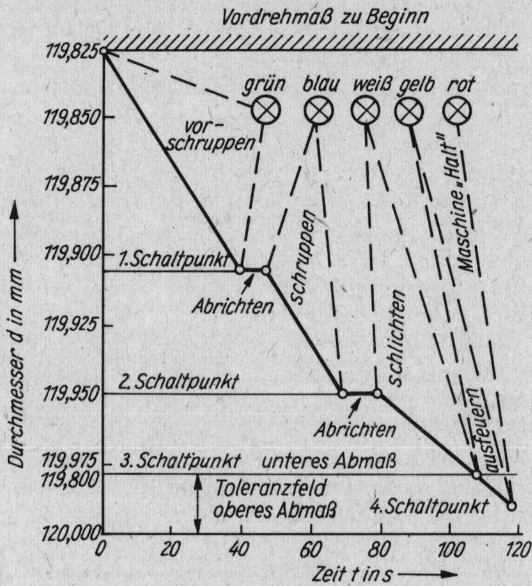

Bild 41. Steuerdiagramm für das Schleifen einer Bohrung mit 120 mm Durchmesser

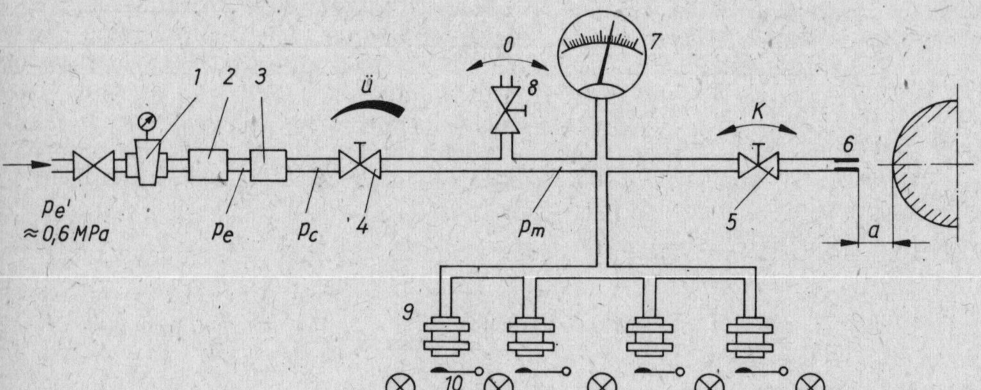

Bild 40. Pneumatisches Hochdruck-Meßgerät.
p_e' Eingangsdruck, p_e Eingangsdruck für das Gerät, p_c konstanter Druck, p_m Meßdruck,
1 Druckminderventil, *2* Luftfilter, *3* Druckregler, *4* Kopfdüse (einstellbar für verschiedene Übersetzungsverhältnisse), *5* Hilfsdüse, *6* Meßdüse, *7* Anzeigegerät, *8* Nullpunkteinstellung, *9* Druckdosen, *10* Schaltkontakte, *11* Signallampen

mit dem Diamanten abgezogen. Bis zum 2. Schaltpunkt wird die Bohrung *geschruppt* und die Scheibe vor dem *Schlichten* wieder abgerichtet. Ab 3. Schaltpunkt erfolgt keine Zustellung der Schleifscheibe mehr. Die Bohrung wird *ohne Zustellung* fertiggeschliffen. Der 4. Schaltpunkt liegt im Toleranzfeld der Bohrung, das Schleifen ist beendet, und die Maschine wird zum Werkstückwechsel stillgesetzt. Durch das Aufleuchten der farbigen Lampen werden die einzelnen Schaltzustände angezeigt.

Oft sind die Serien nicht groß genug, um Fertigungsprozesse automatisch durchzuführen, d. h., der Aufbau von automatisch arbeitenden Meßeinrichtungen ist nicht wirtschaftlich. Dann sollte man versuchen, die Meßvorgänge zu mechanisieren.
Eine solche Möglichkeit ist der Einsatz von *Mehrstellenprüfgeräten.* Mehrstellenprüfgeräte eignen sich besonders für solche Werkstücke, an denen viele Bearbeitungsstellen zu messen bzw. zu kontrollieren sind (z. B. Wellen mit vielen Absätzen). Die Mehrstellenprüfgeräte werden aus einzelnen Bauelementen für eine bestimmte Meßaufgabe zusammengebaut.

BEISPIEL

■ *Messen einer Welle* (Bild 42)
Das gefertigte Werkstück wird sicher und fest in einen schwenkbaren Spitzenbock gespannt und danach die gesamte Einrichtung unter die Meßwertgeber geschwenkt. Nach dem Einpendeln der Meßwertgeber werden mittels eines Schalters die Leuchten der zentralen Anzeigetafel eingeschaltet. Das Aufleuchten der entsprechenden Lampen gibt Auskunft über die Maßhaltigkeit der zu prüfenden Stellen (weiß → gesamtes Werkstück maßhaltig, einzelne Lampen grün oder rot → Stellen zu klein oder zu groß → Ausschuß oder Nacharbeit). Die Toleranzbereiche werden vor der Prüfung an jedem Meßwertgeber mit *Endmaßen* eingestellt. Als Meßgeräte eignen sich *kontaktgebende* oder *pneumatische Feinzeiger.*

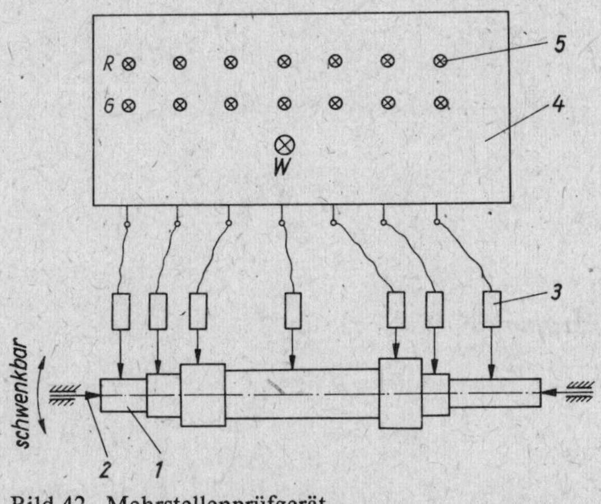

Bild 42. Mehrstellenprüfgerät.
1 Werkstück, *2* schwenkbare Spanneinrichtung, *3* Meßwertgeber, *4* zentrale Anzeigetafel, *5* Signallampen

3.2. Winkelmessungen

3.2.1. Winkelendmaße

Die Grundlage für die Winkelmessungen bilden *Winkelendmaße, Teilkreise* und *feste Winkel.* Winkelendmaße sind ebenso wie Parallelendmaße in einzelnen Stufen vorhanden. Sie können zu Kombinationen zusammengesetzt werden. Ein Satz für Winkelkombinationen bis 90° in 10″-Stufung enthält 14 Maße:
1°; 3°; 5°; 15°; 30°; 45°; 1′; 3′; 5′; 10′; 25′; 40′; 20″; 30″. Man kann beim Zusammenbau von Kombinationen die Endmaße addieren bzw. subtrahieren (Bild 43). Mit einer solchen Kombination kann man z. B. einen Winkelspanntisch an einer Werkzeugmaschine einstellen.

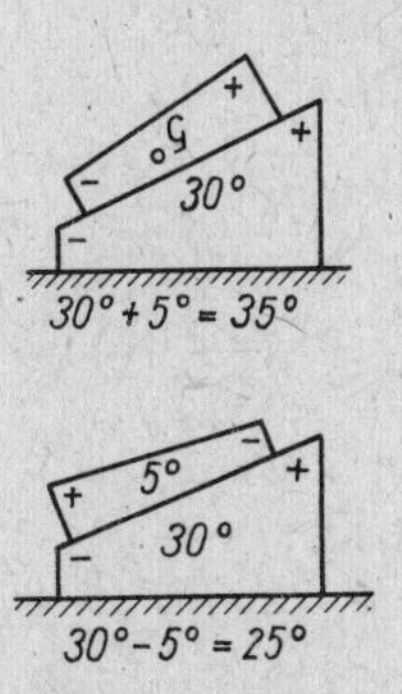

Bild 43. Winkelendmaße

3.2.2. Winkelmeßgeräte

Für einfache Winkelmessungen benutzt man den *mechanischen Winkelmesser* (Bild 44). Der mechanische *Universalwinkelmesser* (Bild 45) hat schon größere Genauigkeit. Mit Hilfe eines Nonius können noch 5′ abgelesen werden. Der Teilkreis ist in 360° geteilt. Ein Schenkel läßt sich in seiner Länge verstellen. Für Werkstatt und Prüfraum eignet sich sehr gut der *optische Winkelmesser.* Das Gerät besteht aus einem Zwillingsschenkel, der mit dem im Gehäuse eingebauten Glasteilkreis verbunden ist, und einem zweiten Schenkel, der durch ein auswechselbares Lineal gebildet wird, das mit der ebenfalls im Gehäuse eingebauten Minutenskale verbunden ist. Den jeweils eingestellten Meßwert liest man mit einer eingebauten Lupe ab. Im Bild 46 ist das Arbeiten mit dem optischen Winkelmesser gezeigt.

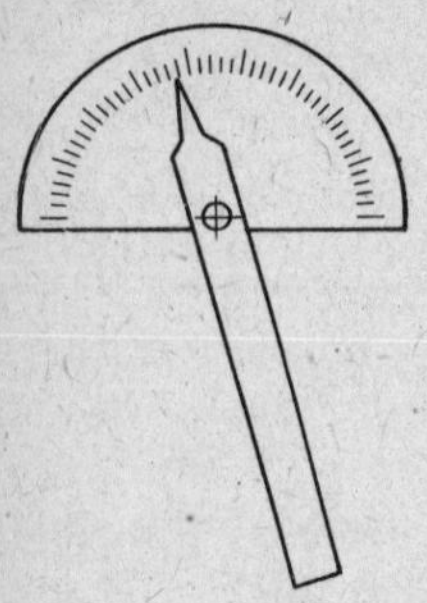

Bild 44. Mechanischer Winkelmesser

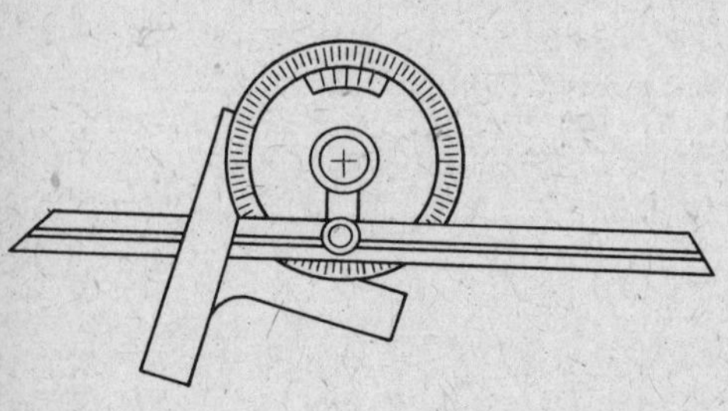

Bild 45. Mechanischer Universalwinkelmesser

Das *Sinuslineal* kann man zum Messen von Winkeln benutzen. Es ist ein geschliffenes Lineal, das im Abstand l zwei feste, am Lineal angebrachte Zylinder mit gleichem Durchmesser hat. Zur Messung des Winkels α an einem Werkstück (Bild 47) wird das Lineal durch Unterbauen von Endmaßen so eingestellt, daß sich zwischen Meßfläche und dem Prüfling kein Lichtspalt zeigt. Dann gilt:

$$\sin \alpha = \frac{H - h}{L} \tag{31}$$

Die *Richtwaagen* sind hydraulische Winkelmeßgeräte. In einem Glasrohr befindet sich Ether, von dem man so viel einfüllt, daß noch eine kleine Blase bleibt. Diese nimmt in jeder Stellung die obere Lage ein. Mit dieser Libelle kann man Abweichungen von der Waagerechten und Senkrechten prüfen.

Bild 48 zeigt eine *Winkelmeßlibelle* mit Mikroskop. Der jeweilige Winkelwert wird an einer Glasteilung mit Hilfe eines Mikroskops abgelesen. Zum Grobeinstellen befindet sich am drehbaren Gehäuse außen eine Grobskale. Die Feineinstellung eines Winkelwertes bzw. der Libelle beim Messen geschieht mit einer Einstell-

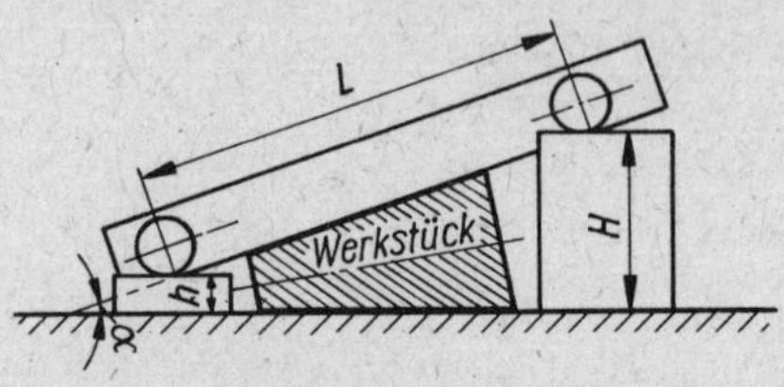

Bild 47. Messen mit dem Sinuslineal

Bild 46. Winkelmessungen mit dem optischen Winkelmesser

Bild 48. Winkelmeßlibelle mit Mikroskop

schraube, die zum Schutz gegen Berührung mit einem Klappdeckel versehen ist. Eine Querlibelle gibt die Kontrollmöglichkeit gegen Verkanten.
Die *Koinzidenzlibelle* (Bild 49) ist eine Präzisionslibelle für sehr genaue Winkelmessungen. Die Röhrenlibelle hat eine Empfindlichkeit von 20″. Durch Koinzidenzeinstellung der Libellenblase und optische Vergrößerung erreicht man, daß eine Winkeländerung von nur 2″ als ein Blasenweg von 0,8 mm wahrgenommen wird.

Skalenwert der Grobskale:	1 mm / m
Skalenwert der Feinskale:	0,01 mm / m
Winkelwert der Libelle:	20″
Meßbereich:	± 10 mm / m

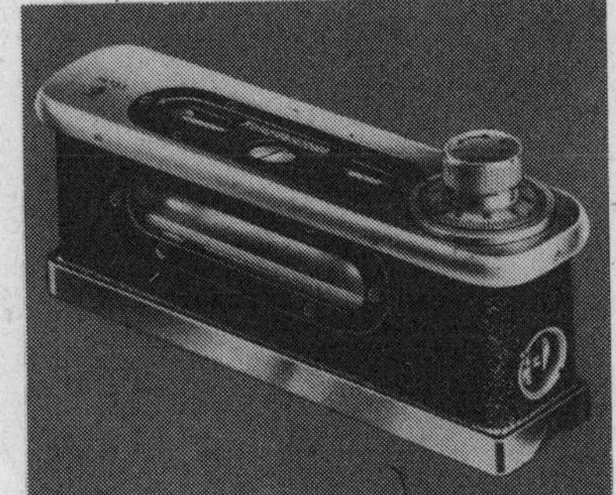

Bild 49. Koinzidenzlibelle

Bild 50. Optischer Teilkopf

Der *optische Teilkopf* (Bild 50) ist ein Präzisions-, Prüf- und Meßgerät für Winkelteilungen. Der optische Teilkopf findet Verwendung beim Fräsen, Bohren, Schleifen usw. von Rasten-, Teil- und Lochabständen. Im *Feinmeßraum* werden damit Winkelmeßgeräte, Libellen, Kurvenscheiben, Nockenwellen usw. auf Teilungsfehler geprüft. Die Teilgenauigkeit ist nicht von mechanischen Teilen abhängig. Der Glasteilkreis wird von einem Schneckentrieb angetrieben, welcher nur zur Drehung des Glasteilkreises dient. Die Winkelwerte sind mit dem Mikroskop ablesbar:

Grobskale:	1°
Minutenskale:	2′
Sekundenskale:	10″
Meßbereich:	0...360°
Mikroskopvergrößerung:	50fach

3.3. Messungen an Gewinden

Die Bezugsebene für alle Bestimmungsgrößen eines Gewindes ist die *Axialschnittebene.*
In dieser Ebene sind die 5 Hauptbestimmungsgrößen zu prüfen.

Messen des Außendurchmessers

Zur Messung des Außendurchmessers *d* sind keine besonderen Meßverfahren notwendig. Die Messung erfolgt wie bei einem zylindrischen Werkstück. Es werden 2 Meßstücke mit ebenen Meßflächen benutzt. Zu beachten ist, daß zwischen den Meßflächen mehrere Gewindespitzen liegen (stabile Meßlage).

Messen des Kerndurchmessers

Der Kerndurchmesser d_3 wird relativ wenig gemessen. Der Kerndurchmesser ist der Durchmesser eines Zylinders, so daß keine besonderen Meßzeuge erforderlich sind. Jedoch müssen die Meßflächen so ausgebildet sein, daß sie auf dem Gewindegrund aufliegen. Nach der Meßanordnung nach Bild 51 wird d_3 nach der Beziehung errechnet:

$$d_3 = x_2 - \frac{h^2}{8x_2} \qquad (32)$$

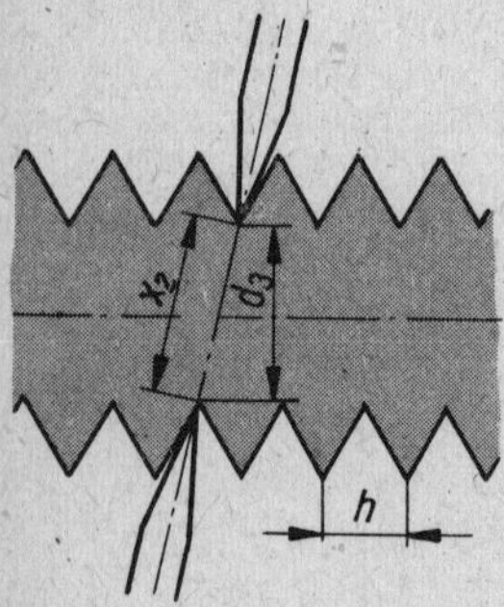

Bild 51. Messen des Kerndurchmessers

Messen des Flankendurchmessers

Der Flankendurchmesser d_2 wird mit großer Genauigkeit mittels der *Dreidrahtmethode* festgestellt (Bild 52). Auf der einen Seite des Gewindes werden in zwei benachbarte Lücken je ein Draht und in die gegenüberliegende Lücke auf der anderen Seite ein Draht eingelegt.

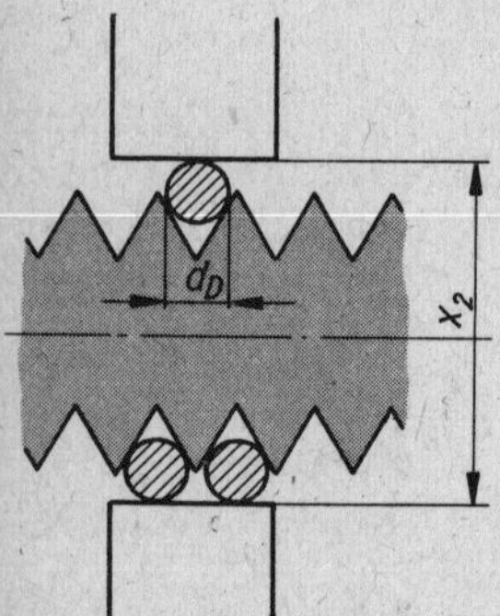

Bild 52. Messen des Flankendurchmessers

Mit einer *Bügelmeßschraube* ermittelt man den Meßwert x_2. Aus dem Meßwert wird der Flankendurchmesser nach folgender Gleichung ermittelt:

$$d_2 = x_2 - d_D\left(1 + \frac{1}{\sin\frac{\alpha}{2}}\right) + \frac{h}{2}\cot\frac{\alpha}{2} - \delta_1 + \delta_2 \qquad (33)$$

d_2 Flankendurchmesser, x_2 ermittelter Meßwert, d_D Durchmesser der verwendeten Drähte, h Steigung, α Flankenwinkel, δ_1 Fehler durch Schiefstellung der Drähte, δ_2 Fehler durch Abplattung der Drähte

Messen der Steigung

Die Steigung h wird mechanisch mit kugel- oder schneidenförmig ausgebildeten Meßstücken geprüft (Bild 53). Man mißt über mehrere Gänge und bildet daraus den Mittelwert. Optisch mißt man die Steigung im *Schattenbildverfahren* mit dem großen Werkzeugmikroskop.

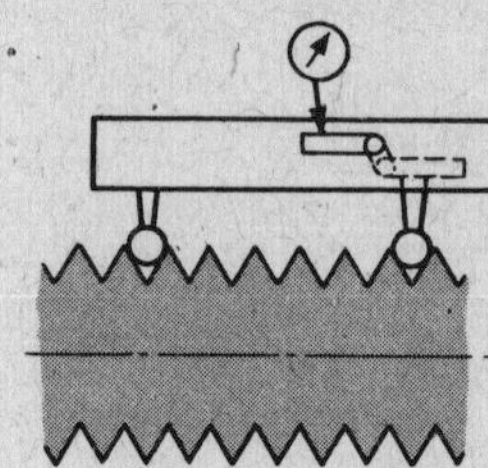

Bild 53. Messen der Steigung

Messen des Teilflankenwinkels

Beim Messen des Flankenwinkels α kommt es nicht nur auf die Größe des Winkels an, den zwei benachbarte Gewindeflanken miteinander bilden, sondern auch auf seine Lage zur Gewindeachse. Deshalb muß die Größe der beiden *Teilflankenwinkel* α_1 und α_2 bestimmt werden. Nur durch diese Messung kann festgestellt werden, ob das Gewindeprofil gerade oder schief zur Achse steht. Für die Messung werden fast ausschließlich optische Meßverfahren benutzt *(Werkzeugmikroskop).* Bei der Gewindeprüfung in der Serien- und Massenfertigung verzichtet man auf die Feststellung der einzelnen Größen und prüft lediglich die Einhaltung der gegebenen Toleranzvorschriften und damit die Paarungsmöglichkeiten mittels Gewindegrenzlehren.

3.4. Messungen an Oberflächen

Es macht sich oft erforderlich, die *Rauhigkeitswerte* einer Werkstückoberfläche zu kennen bzw. zu kontrollieren, ob vorgeschriebene Werte eingehalten sind. Zum Messen von Rauhigkeiten stehen verschiedene Geräte zur Verfügung.

3.4.1. Lichtschnittmeßgerät

Das bekannteste Gerät dieser Art ist das Lichtschnittmeßgerät nach Schmaltz (Bild 54). Es arbeitet nach dem *Lichtschnittverfahren*, wobei ein durch eine Blende scharf fokussiertes Lichtbündel unter 45° auf die zu prüfende Fläche gerichtet wird. Die Schnittlinie zwischen Lichtbündel und zu prüfender Fläche ergibt je nach Rauhigkeit eine *Profilkurve*.

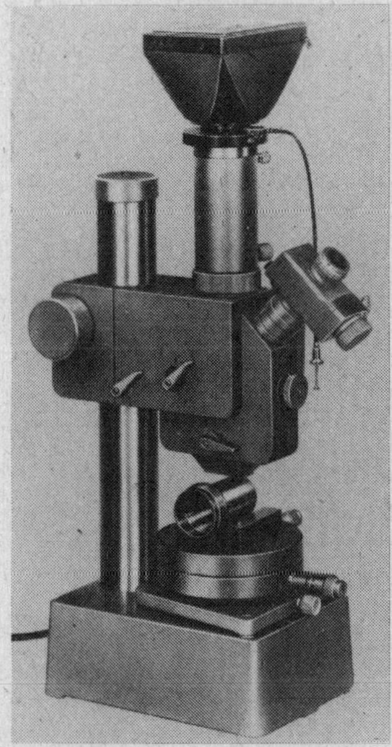

Bild 54. Lichtschnittmeßgerät

Tabelle 7. Meßbare Profilhöhen

Eigenvergrößerung der Objektive	Meßbare Profilhöhen in µm
60mal	2,0...0,5
30mal	5,0...0,7
14mal	9,0...1,0
7mal	50,0...2,0

Diese wird mit dem Mikroskop unter einem Winkel von 90° zum Lichtbündel betrachtet. Vor der Prüfung muß die Rauhigkeit geschätzt werden, um die richtigen Objektive zur Vergrößerung einzusetzen (Tabelle 7). Unter dem Mikroskop ist ein Streifen der Oberfläche des Prüflings sichtbar (Bild 55). Man schwenkt das Okular so, daß ein Strich parallel zum

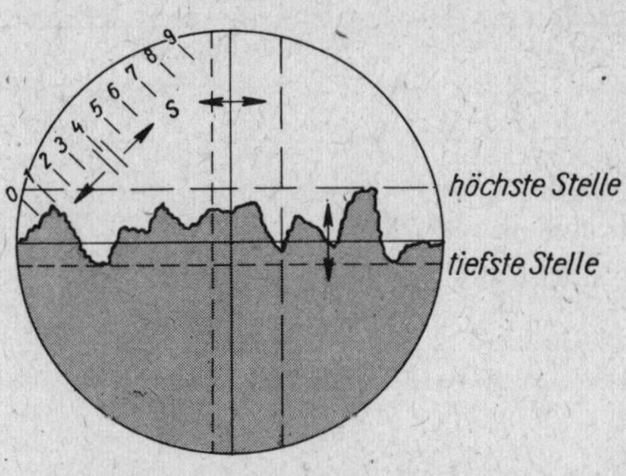

Bild 55. Ausmessen der Rauhtiefe

Spalt liegt, und fährt den Strich des Okulars durch Drehen der Meßtrommel einmal an die höchste und einmal an die tiefste Stelle der Profilkurve. Dabei werden jeweils die Meßtrommelwerte festgestellt. Die *Rauhtiefe R* wird errechnet nach:

$$R = nE \qquad (34)$$

n Anzahl der Meßtrommelskalenteile beim Ausmessen der Höhen und Tiefen des Profils, *E* Zahlenwert der Okularmeßschraube

Durch Messen an mehreren Stellen des Werkstücks und durch Aufstellen von Meßreihen erhält man die mittlere Rauhtiefe der Oberfläche.

3.4.2. Tastschnittgerät

Zur Abtastung der Oberfläche eines Werkstücks benutzt man *Saphirspitzen* und fährt mit diesen über die zu prüfenden Flächen. Die Höhenun-

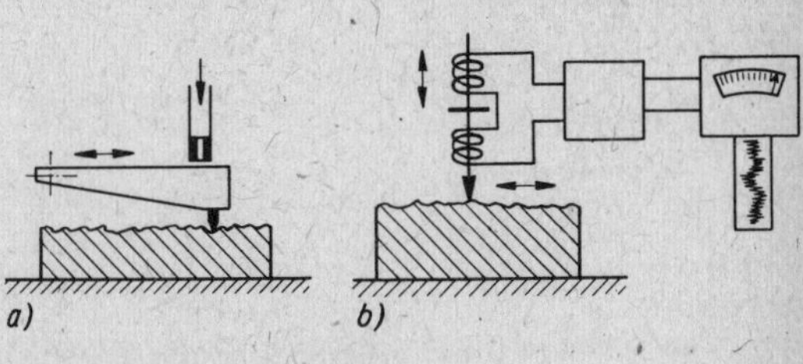

Bild 56. Tastschnittgerät.
a) pneumatisch, b) elektrisch

terschiede können nun *pneumatisch* oder *elektrisch* gemessen werden (Bild 56). Meist ist das Gerät noch mit einer Schreibvorrichtung gekoppelt, die ein vergrößertes Bild der Oberfläche aufzeichnet.

3.4.3. Oberflächennormale

Oberflächenvergleichsnormale, die nach einem technologischen Verfahren und mit abgestuften Rauheitsmaßen[6]) hergestellt sind, werden zu Sätzen zusammengestellt. Auf jedem Vergleichsstück sind Rauheitsmaße und technologische Kennwerte angegeben. Sie werden zu *Sichtprüfungen* mit Lupe und Mikroskop, zum Einstellen und Prüfen von Oberflächenprüfgeräten angewendet.

3.5. Messungen an Zahnrädern

Am Zahnrad sind die Bestimmungsgrößen zu kontrollieren bzw. zu messen. Die Prüfung wird durchgeführt für die *Flankenform*, die *Teilung* (Eingriffs- und Teilkreisteilung), die *Zahndicke* und *Zahnweite*, die *Flankenrichtung*, den *Rundlauf* und den *Sammelfehler.*

Flankenform

Mit einer Schablone kann man grob die Flankenform kontrollieren. Es wird dabei nach der *Lichtspaltmethode* geprüft. Recht genau ist die Prüfung der Flankenform durch *Projektion.* Man vergleicht das Sollprofil mit dem Istprofil, indem man das Zahnprofil genau aufzeichnet und über eine Projektionseinrichtung das gefertigte Zahnprofil mit dem gezeichneten zur Deckung bringt. Die Vergrößerung bei der Projektion zeigt Fehler in der Flankenform gut an. Zur Prüfung wird das große Werkzeugmikroskop mit Projektionseinrichtung verwendet. Es gibt auch *Zahnflankenprüfgeräte* (Evolventen-Prüfgeräte), bei denen mit einem Feinzeiger die Flanke abgefahren wird. Die Form der Flanke wird auf einem Diagramm zur Auswertung festgehalten.

Teilung

Die *Teilkreisteilung* t_0 ist der Teilkreisbogen zwischen zwei aufeinanderfolgenden Rechts- oder Linksflanken. Die *Eingriffsteilung* t_e ist der Abstand paralleler Tangenten an zwei benachbarten Evolventen-, Rechts- oder Linksflanken. Da die Messung der Eingriffsteilung verhältnismäßig einfach ist, wird sie bei der Fertigung von Zahnrädern bevorzugt. Man benutzt Handgeräte (Bild 57), die auch für die Messung an der Maschine bei eingespanntem Werkstück verwendet werden können. Die Nullstellung kann an einem *Lehrzahnrad* vorgenommen werden. Zum Messen wird das Gerät mit den Stützkugeln in eine Zahnlücke eingesetzt und vom Zahnkopf zum Zahnfuß oder umgekehrt durchgeschwenkt. Der Skalenwert des Geräts beträgt 2 µm, der Anzeigebereich ± 120 µm, die Meßkraft 0,65 N. Die Teilkreisteilung und die Eingriffsteilung stehen miteinander in Beziehung, so daß man von der Eingriffsteilung auf die Teilkreisteilung umrechnen kann. Mit dem *Zahnradprüfgerät* (Bild 58) können Istwerte und Unterschiede der Eingriffsteilung gemessen werden. Als Meßgeräte dienen 2 Feinzeiger mit 1 µm Skalenwert, einer zum Messen in tangentialer Richtung, der andere zum Messen in radialer Richtung. Zum Antasten der Meßflächen werden Meßschneiden oder Meßkugeln benutzt.

Bild 57. Eingriffsteilungsmeßgerät

Bild 58. Zahnradprüfgerät

Zahndicke und Zahnweite

Die Zahndicke kann man mit dem *Zahndickenmeßgerät* (Bild 59) ermitteln. Man benutzt hierbei den *Kopfkreis* als Bezugsgröße. Es ist ein Schieber vorhanden, der auf den Zahnkopf aufgesetzt wird, wobei 2 Meßschenkel die Zahnflanke in der Nähe des Teilkreises berühren. Einer der beiden Schenkel ist beweglich und mit einem Glasmaßstab verbunden. Ein weiterer Glasmaßstab, senkrecht zum ersten angebracht, ist mit dem Höhenschieber verbunden. Beide Maßstäbe werden mit einer eingebauten Lupe abgelesen. Der eine Maßstab zeigt den Abstand der beiden parallelen Schenkel voneinander an, der andere deren Abstand zu der Unterkante des Höhenschiebers. Das Einstellen geschieht mit Hilfe von Gewindespindeln. Die einzustellenden Maße am Zahndickenmeßgerät müssen vorher berechnet werden.

Bild 59. Zahndickenmeßgerät

Zahnweiten werden mit dem *Zahnweitenmeßgerät* (Bild 60) oder mit der *Zahnweiten-Feinzeigermeßschraube* (Bild 61) ermittelt. Über die Zahnweitenmessung kann man auf die Zahndicke schließen. Die Nullstellung des Geräts wird mit Normalen ausgeführt. Die Geräte funktionieren nach dem Prinzip der Meßuhr bzw. Feinzeigermeßschraube.

Bild 60. Zahnweitenmeßgerät

Bild 61. Zahnweiten-Feinzeigermeßschraube

Flankenrichtung

Die Flankenrichtung wird mit dem *Schrägungswinkelmeßgerät* (Bild 62) gemessen. Man mißt den *Grundschrägungswinkel* an Schrägzahnstirnrädern. Der Skalenwert beträgt 5°, der Meßbereich 0...360°, der Anwendungsbereich Modul 1,5...20 mm. Dieses

Bild 62. Schrägungswinkelmeßgerät

Schrägungswinkelmeßgerät kann auf das Zahnradprüfgerät aufgesetzt werden. Darüber hinaus sind auch Messungen direkt an der Verzahnmaschine und Messungen von größeren Zahnrädern auf der Tuschierplatte möglich.

Rundlaufprüfung

Rundlauffehler werden mit dem *Rundlaufprüfgerät* (Bild 63) ermittelt. Zur Messung des Rundlaufs wird ein kegelförmiger Meßkörper in die Zahnlücke eingelegt, der die Zahnflanke in Teilkreisnähe berührt. Man legt den Meßkörper in eine Zahnlücke ein und stellt das Gerät auf Null. Nach dem Einstellen wird Zahnlücke für Zahnlücke kontrolliert, wobei Lageveränderungen des Meßkörpers vom Meßgerät angezeigt werden. Es ist darauf zu achten, daß die Meßwerte eine Summe aus *Rundlauf-* und *Zahnlückenfehlern* aufweisen. Durch verschiedene Zusatzeinrichtungen können mit dem Gerät auch andere Radformen geprüft werden.

Bild 63. Rundlaufprüfgerät

Sammelfehler

Wollte man in der Zahnradfertigung alle Räder auf die einzelnen Fehler der Bestimmungsgrößen untersuchen, so wäre dies sehr zeitraubend. Die Fehler der einzelnen Bestimmungsgrößen werden nur stichprobenweise ermittelt. Nur bei Rädern, an die besondere Forderungen gestellt werden, sind die Einzelfehler zu kontrollieren. Bei Rädern der laufenden Fertigung genügt es festzustellen, ob das gefertigte Rad seinen Zweck erfüllt. Aus diesem Grund werden hier nur *Sammelfehler* geprüft. Zur Prüfung des Sammelfehlers kann man die *Zweiflanken-Wälzprüfeinrichtung* (Bild 64) benutzen. Das Gerät dient zum Messen der

Bild 64. Zweiflanken-Wälzprüfgerät

Achsabstandsschwankungen beim Abwälzen zweier Räder mit spielfreiem Gang.
Das zu prüfende Rad kämmt mit einem Gegenrad, das als *Lehrrad* ausgeführt ist und dessen Fehler bekannt sind. Beim Wälzen beider Räder wird der Meßschlitten radial zur Prüflingsachse gedrückt, und die Pendelbewegungen des Meßschlittens durch diese Fehler werden über einen Feinzeiger auf einen Papierstreifen übertragen. Alle Einzelfehler, wie Flankenform-, Teilungs-, Eingriffswinkel- und Rundlauffehler, verursachen *Achsabstandsschwankungen.*
Weiterhin gibt es *Einflanken-Wälzprüfgeräte.* Sie dienen zur Ermittlung von Verzahnungsfehlern, die Winkelwegunterschiede gegenüber einer vollkommenen gleichbleibenden Drehbewegung hervorrufen. Man stellt das zu prüfende Rad und das Lehrrad genau auf den vorgeschriebenen Achsabstand ein. Die Räder kämmen miteinander, wobei entweder die Links- oder Rechtsflanke im Eingriff ist.
Bei besonders beanspruchten Rädern werden zusätzlich noch die Zahnflanken auf Oberflächengüte kontrolliert.

3.6. Messungen elektrischer Größen

3.6.1. Drehspulinstrument

Drehspulinstrumente sind *Strommesser,* in denen sich eine in Lagersteinen oder mit Spannbändern gelagerte *Drehspule* im Luftspalt eines Dauermagneten bewegt (Bild 65). Bei einem Stromfluß durch die Spule bildet sich um deren Windungen ein Magnetfeld aus, das sich dem Magnetfeld des Dauermagneten überlagert. Dadurch ergibt sich ein *Drehmoment* auf die Drehspule:

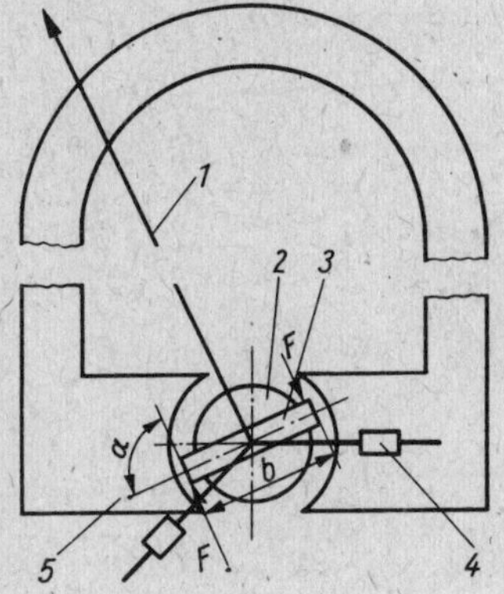

Bild 65. Drehspulmeßwerk mit Außenmagnet. *1* Zeiger, *2* Eisenkern, *3* Drehspule, *4* Ausgleichsgewichtsstück, *5* Dauermagnet, *b* Spulenbreite, *l* Spulenlänge

$$M = Fb \qquad (35)$$

$$F = BIlN \sin \alpha \qquad (36)$$

F Kraft auf die senkrecht zu den Feldlinien stehenden Spulenschenkel, *b* Spulenbreite, *B* Induktion oder Flußdichte, *I* Spulenstrom, *l* Spulenlänge, *N* Windungszahl der Drehspule, α Winkel zwischen Drehspule und Feldlinien (bei radialhomogenem Feld $\alpha = 90°$)

Um ein Ablesen des Meßwertes zu ermöglichen, muß ein weiteres Drehmoment aufgebracht werden, das dem durch den Spulenstrom hervorgerufenen Drehmoment entgegengesetzt gerichtet sein muß. Dieses Drehmoment wird durch die spiralförmig ausgebildeten *Rückholefedern*, die gleichzeitig der Stromzuführung dienen, aufgebracht. Das Drehspulsystem ist in dieser Bauart für die *Messung von Gleichstrom* geeignet, da es wegen seiner Trägheit der Frequenz des Wechselstroms nicht folgen kann.
Da durch das Ohmsche Gesetz bei konstantem Widerstand der Spule:

$$U = RI \qquad (37)$$

U elektrische Spannung, *I* elektrische Stromstärke, *R* elektrischer Widerstand der Spule

gilt, kann der Strommesser prinzipiell in Spannungswerten geeicht werden. Wechselspannungs- oder -strommessungen sind durch Vorschalten von Gleichrichtern möglich.

Meßbereichserweiterung

Sind größere Spannungen oder Ströme zu messen, für die die Meßwerke nicht dimensioniert wurden, so sind Meßbereichserweiterungen nach Bild 66 möglich.

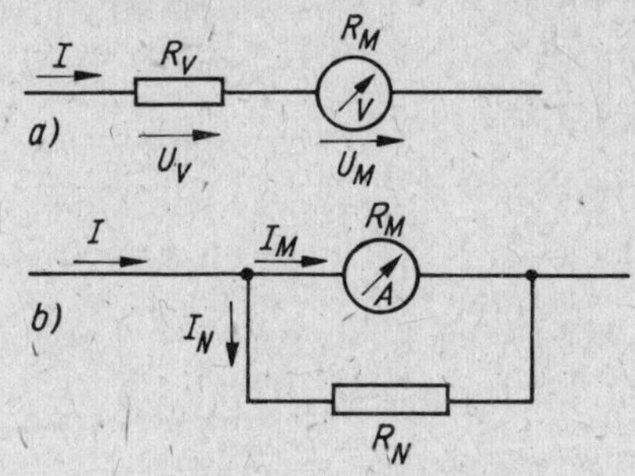

Bild 66. Meßbereichserweiterung.
a) eines Spannungsmessers durch Vorwiderstand,
b) eines Strommessers durch Nebenwiderstand

Bei einem Spannungsmesser gilt für die Bemessung des *Vorwiderstands* folgende Beziehung:

$$R_V = (n - 1)\, R_m \qquad (38)$$

n Erweiterungsfaktor

Multipliziert man den Meßwert des Spannungsmesser mit *n*, dann erhält man die zu messende Spannung.
Für die Bemessung des *Nebenwiderstands* eines Strommessers gilt:

$$R_N = \left(\frac{1}{n-1}\right) R_M \qquad (39)$$

Hierbei ist der Meßwert des Strommessers mit *n* zu multiplizieren, dann erhält man den zu messenden Strom.

3.6.2. Kreuzspulinstrument

In einem inhomogenen Magnetfeld sind 2 Drehspulen, die einen bestimmten Winkel miteinander bilden und zueinander eine feste Lage einnehmen, drehbar gelagert. Während beim Drehspulinstrument das Rückstellmoment mechanisch durch Federkraft erzeugt wird, erfolgt dies beim *Kreuzspulinstrument* durch die zweite Drehspule.

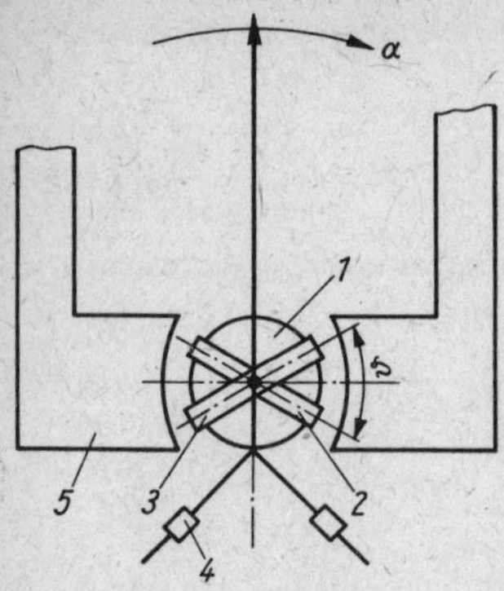

Bild 67. Kreuzspulmeßwerk. *1* Eisenkern, *2, 3* Drehspule, *4* Ausgleichsgewichtsstück, *5* Dauermagnet

An den Drehspulen 1 und 2 im Bild 67 wirken die Drehmomente:

$$M_1 = KI_1N_1B_1 \quad \text{und} \quad M_2 = KI_2N_2B_2 \qquad (40)$$

M_1 Drehmoment an Drehspule 1; M_2 Drehmoment an Drehspule 2; I_1, I_2 Ströme durch Drehspulen 1 bzw. 2; N_1, N_2 Windungszahlen; B_1, B_2 Flußdichten

Stellt sich die Kreuzspule auf einen bestimmten Meßwert (Winkel) ein, dann muß $M_1 = M_2$ sein.

Damit wird:

$$\frac{I_1N_1}{I_2N_2} = \frac{B_2}{B_1} \qquad (41)$$

Da B abhängig von α ist (wegen inhomogenem Feld), wird α von I_1N_1 / I_2N_2. Mit $N_1 = N_2$ ist α abhängig von I_1 / I_2. Es wird also der Ausschlagwinkel nur vom Quotienten I_1 / I_2 abhängig sein. Man bezeichnet die so aufgebauten Meßwerke auch als *Meßwerke mit »elektrischer Feder«*, da das Gegendrehmoment von der zweiten Spule aufgebracht wird und nicht wie beim Drehspulmeßwerk von einer mechanischen Spiralfeder. Der Begriff *»Quotientenmesser«* ist ebenfalls gebräuchlich.

3.6.3. Dreheiseninstrument

Das Prinzip dieses Meßwerks zeigt Bild 68. In einem inhomogenen Magnetfeld dreht sich eine Eisenfahne an den Ort größter magnetischer Feldstärke. Das Gegendrehmoment wird von einer Spiralfeder erzeugt. Dreheiseninstrumente sind für Gleich- und Wechselstrommessungen geeignet. Durch besondere Gestaltung der Eisenfahne ist es möglich, den Skalenverlauf des Meßgeräts zu beeinflussen.

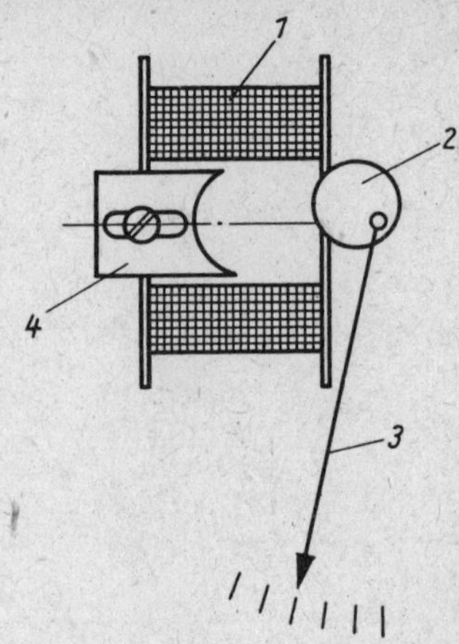

Bild 68. Dreheiseninstrument. *1* Feldspule, *2* Dreheisen, *3* Zeiger, *4* verstellbarer Eisenkern

Bei sorgfältiger Ausführung der Dreheiseninstrumente gelingt es, *Dreheisen-Präzisionsinstrumente* der Klasse 0,2 zu fertigen.

3.6.4. Genauigkeitsklassen, Fehler und Einbaulage

Baubestimmungen, Sicherheitsbestimmungen, Genauigkeitsanforderungen und Beschriftung der elektrischen Meßgeräte sind standardisiert [7]).

Genauigkeitsklasseneinteilung

Für Meßgeräte, die einer Genauigkeitsklasse zuzuordnen sind, werden folgende Genauigkeitsklassen vorgesehen:
0,1; 0,2; 0,5; 1,0; 1,5; 2,5; 5,0.

Zulässiger Fehler

Es bedeutet z. B. die Genauigkeitsklassenbezeichnung 0,5, daß der zulässige Fehler nicht größer als ±0,5 % vom Meßbereichs-Endwert sein darf.

Lage

Die Nennlage ist die auf dem Meßinstrument durch Lagezeichen angegebene Lage. Sie bezieht sich dabei auf die Lage der Skalenfläche zur Horizontalen.
Weitere Kurzzeichen und Sinnbilder findet man in Tafel 1.

3.7. Kraftmessungen

Die Kraft ist eine von der physikalischen Basisgröße *Masse* abgeleitete Größe.

Das *Newton* ist die Kraft, die der Masse 1 kg in der Wirkungsrichtung der Kraft die Beschleunigung 1 m/s² erteilt.

Dabei ist $1\,N = 1\,kg \cdot m/s^2$
$1\,kp = 9{,}806\,65\,N$

Tafel 1. Kurzzeichen und Sinnbilder für elektrische Meßgeräte

Sinnbild	Bezeichnung
—	Gleichstrom
∼	Wechselstrom
$\overline{\sim}$	Gleich- und Wechselstrom
☆	Prüfspannung 500 V
☆ (2)	Prüfspannung > 500 V; z. B. 2 kV
☆ (0)	Keine Spannungsprüfung
⊓	Waagerechte Gebrauchslage
±15° ⊓	Waagerechte Gebrauchslage, z. B. für nichtlageempfindliche Geräte
⊥	Senkrechte Gebrauchslage
∠45°	Schräge Gebrauchslage, z. B. 45°
	Drehspulmeßwerk mit Dauermagnet, allgemein
	Drehspul-Quotientenmeßwerk
	Dreheisenmeßwerk
	Drehspulinstrument mit eingebautem Gleichrichter
FeX	Gerät zum Einbau in eine Eisentafel von *X* mm Dicke
Fe	Gerät zum Einbau in eine Eisentafel beliebiger Dicke
NFe	Gerät zum Einbau in eine Nichteisentafel beliebiger Dicke
1,5	Klassenzeichen für Anzeigefehler, bezogen auf Meßbereichs-Endwert, z. B. ±1,5 %

Eine *unmittelbare Kraftmessung* bei Massenvergleich liegt bei der *Hebelwaage* vor. Bei dieser Waage werden Momente verglichen. Im Gleichgewichtszustand ist $M_1 = M_2$, d. h. $F_1 a = F_x b$. Es sind F_1, a, b bekannt, damit wird bei Gleichgewicht:

$$F_x = F_1 \frac{a}{b} \qquad (42)$$

Eine *mittelbare Kraftmessung* liegt vor, wenn man einen mathematisch bekannten oder experimentell funktionellen Zusammenhang zwischen der Kraft und einer anderen physikalischen Größe zur Messung ausnutzt. Das ist bei den Federwaagen, Kraftmeßdosen und Dehnungsmeßstreifen der Fall.

3.7.1. Federwaagen

Das Prinzip der Federwaage beruht auf der Verschiebung des Kraftangriffspunkts an einer Feder durch Druck- oder Zugkräfte. Diese Verschiebung wird über ein geeignetes Übertragungssystem meist in einen Drehwinkel umgeformt. Auf einer Skale, die in Krafteinheiten geeicht ist, erfolgt dann die Ablesung.
Im Bild 69 sind verschiedene Ausführungsformen von Federwaagen prinzipiell angegeben.

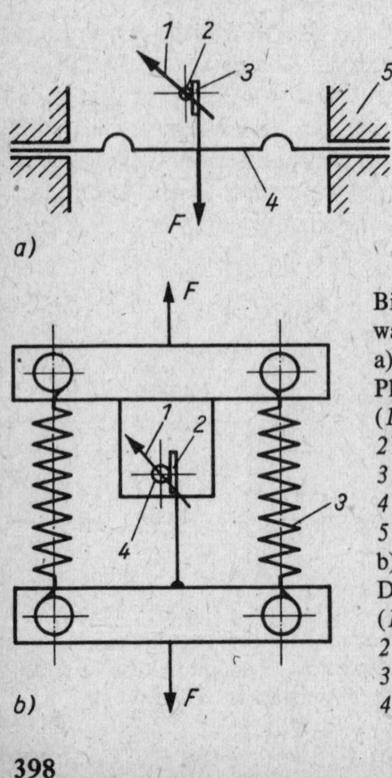

Bild 69. Federwaagen.
a) Meßelement Plattenfeder (*1* Zeiger, *2* Ritzel, *3* Zahnstange, *4* Plattenfeder, *5* Einspannung),
b) Schraubenfeder-Dynamometer (*1* Zeiger, *2* Zahnstange, *3* Schraubenfeder, *4* Ritzel)

Für eine Schraubenfeder gilt:

$$f = cF \qquad (43)$$

f Federweg (Verschiebung), F angreifende Kraft, c Federkonstante

Die Größe der Federkonstante ist bei einer Schraubenfeder abhängig von der Zahl der federnden Windungen, dem mittleren Windungsradius, dem Federdrahtdurchmesser und dem Gleitmodul.

Einsatz

Die Federwaagen, auch *Federdynamometer* genannt, können praktisch für beliebig hohe Belastungen gebaut werden. Dabei soll die Last langsam und stetig angreifen, da stoßweiser Angriff der Last zu Schwingungen führt, die Schädigungen des Übertragungssystems hervorrufen.
Überbeanspruchungen der Feder führen zu bleibenden Verformungen des Federelements, die dann zu Fehlmessungen führen. Verwendung finden Federwaagen z. B. als *Kranwaage* und zur Bestimmung von Zugkräften an Fahrzeugen.

3.7.2. Kraftmeßdosen

Für große und vor allem schnell wechselnde Zug- oder Druckkräfte sind Kraftmeßdosen besser geeignet als Federwaagen. Kraftmeßdosen arbeiten dabei im wesentlichen mechanisch, hydraulisch, induktiv oder kapazitiv. Ferner werden magnetoelastische und piezoelektrische Effekte sowie Änderungen des Übergangswiderstands bei Kraftwirkungen ausgenutzt.
Hydraulische Kraftmeßdosen (Bild 70) formen die Kraft in einen proportionalen Druck um, der mit Hilfe von Druckmeßgeräten gemessen wird.

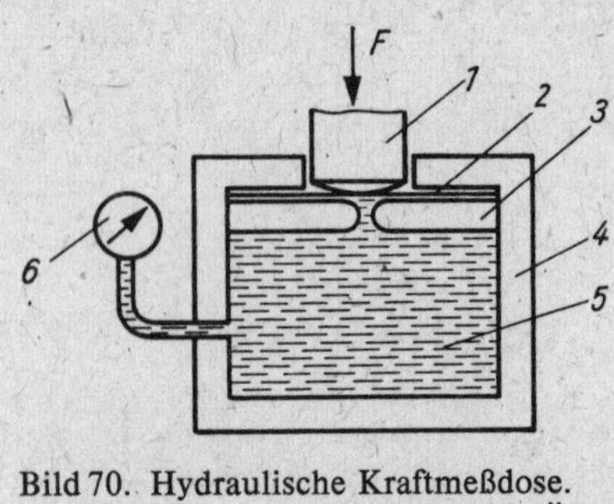

Bild 70. Hydraulische Kraftmeßdose.
1 Druckkolben, *2* Membran, *3* Überlastsicherung, *4* Gehäuse, *5* Drucköl, *6* Druckmesser

Es gilt:

$$p = F / A \quad (44)$$

p Druck, A Fläche, F Kraft

Die Wirkungsweise *induktiver Kraftmeßdosen* beruht darauf, daß sich durch Veränderungen des Luftspalts in einem magnetischen Kreis Induktivitätsänderungen ergeben, die über geeignete Schaltungen als Stromänderungen gemessen werden können (Bild 71).

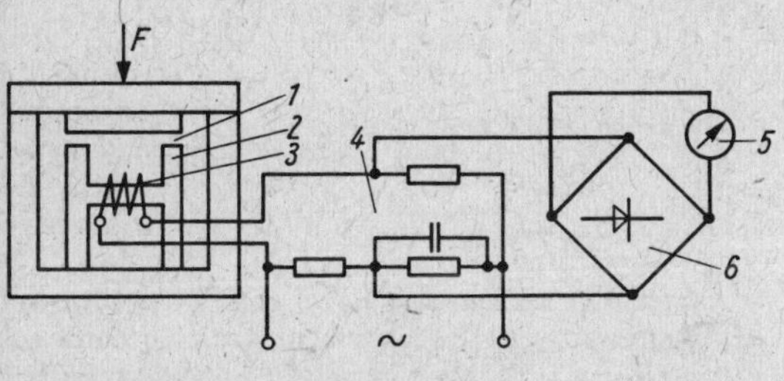

Bild 71. Induktive Kraftmeßdose.
1 Luftspalt, *2* Eisenkern, *3* Induktionsspule, *4* Induktivitätsmeßbrücke, *5* Drehspulinstrument, in Krafteinheiten geeicht, *6* Gleichrichter in Graetz-Schaltung

Betrachtet man einen Plattenkondensator, so ändert sich seine Kapazität durch Veränderung des Plattenabstands nach der Beziehung:

$$C = \varepsilon A / s \quad (45)$$

C Kapazität, A Plattenfläche, s Plattenabstand, ε Dielektrizitätskonstante

Auf diesem Prinzip beruhen die *kapazitiven Kraftmeßdosen* (Bild 72). Die Kapazitätsänderung wird über eine geeignete Brückenschaltung als Stromänderung gemessen.

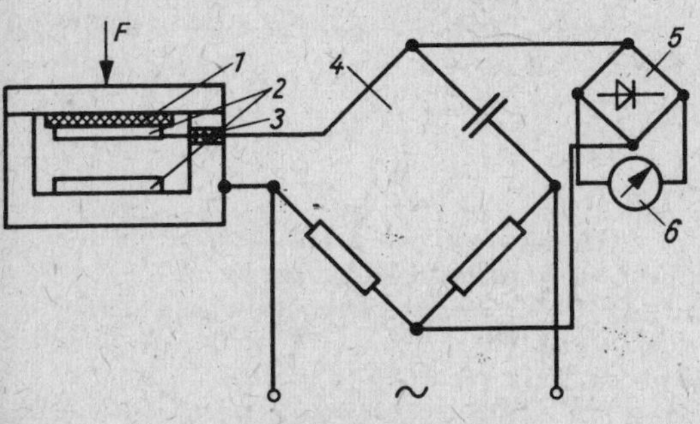

Bild 72. Kapazitive Kraftmeßdose.
1 Isolation, *2* Kondensatorplatten, *3* isolierte Durchführung, *4* Kapazitätsmeßbrücke, *5* Gleichrichter in Graetz-Schaltung, *6* Drehspulinstrument, in Krafteinheiten geeicht

Es ist durch Versuche festgestellt worden, daß sich z. B. bei Eisen-Nickel-Legierungen die Permeabilität mit Druck- bzw. Zugbelastung ändert. Damit ändert sich auch der magnetische Widerstand des Materials. Diese Eigenschaften werden bei der *magnetoelastischen Kraftmeßdose* ausgenutzt. Bringt man nun gemäß Bild 73 eine Spule über dem Eisenkern an, so ändert sich mit der Kraftwirkung deren Induktivität, die wie in Bild 71 gemessen werden kann.

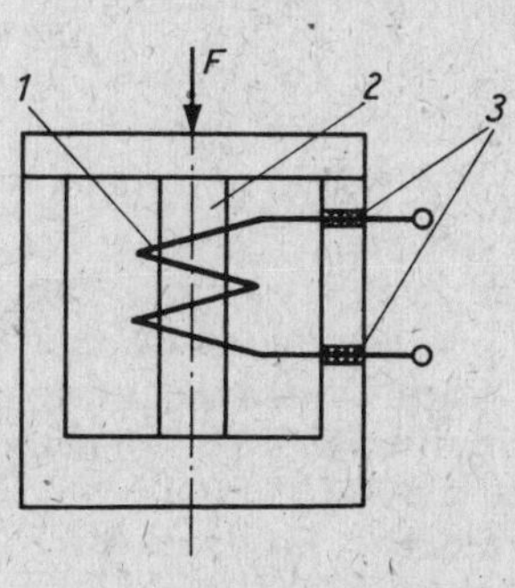

Bild 73. Magnetoelastische Kraftmeßdose.
1 Induktionsspule, *2* Geberstab (Fe-Ni-Legierung), *3* isolierte Durchführung

Der piezoelektrische Effekt ist die Grundlage für die *piezoelektrische Kraftmeßdose.* Er beruht auf der Eigenschaft des Quarzes und bestimmter anderer Kristalle, bei denen auf bevorzugten Oberflächen unter mechanischen Spannungen *elektrische Ladungen* auftreten. Diese Ladungen werden einem Kondensator am Eingang eines

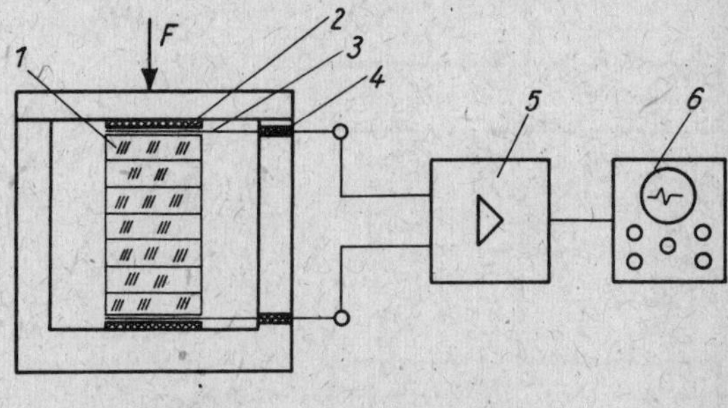

Bild 74. Piezoelektrische Kraftmeßdose.
1 Quarzscheibe, *2* Isolation, *3* Ableitelektrode, *4* isolierte Durchführung, *5* Verstärker, *6* Oszillograf

elektronischen Verstärkers zugeführt, an dessen Ausgang mit einem Oszillografen der zeitliche Kraftverlauf beobachtet oder fotografiert werden kann (Bild 74).

3.7.3. Dehnungsmeßstreifen

Metallische Leiter ändern ihren elektrischen Widerstand mit der Temperatur. Bereits 1856 wurde durch Kelvin festgestellt, daß metallische Leiter ihren elektrischen Widerstand auch mit mechanischen Beanspruchungen, also Zug und Druck, ändern. Die technische Nutzanwendung dieser Entdeckung erfolgte jedoch erst 1939 durch Simmons und Ruge, die den *Dehnungsmeßstreifen* in der auch heute noch prinzipiell üblichen Form zu Dehnungs- bzw. Kraftmessungen einsetzten.

Der Dehnungsmeßstreifen besteht aus einem Widerstandsdraht (meist Konstantandraht mit einem Durchmesser von etwa 0,02 mm), der auf einen Träger aus Papier oder Plast aufgeklebt ist (Bild 75). Dieser Meßstreifen wird nun auf das Prüfobjekt (z.B. eine zu untersuchende Welle) geklebt. Ist diese Klebung ordnungsgemäß ausgeführt, folgen der Streifen und damit der eingebettete Draht den durch Dehnung hervorgerufenen Längenänderungen auf der Oberfläche, und es ändert sich dessen Widerstand. Diese Widerstandsänderung kann in einer Wheatstoneschen Brückenschaltung nach Bild 76 in eine Spannungsänderung umgewandelt und angezeigt werden.

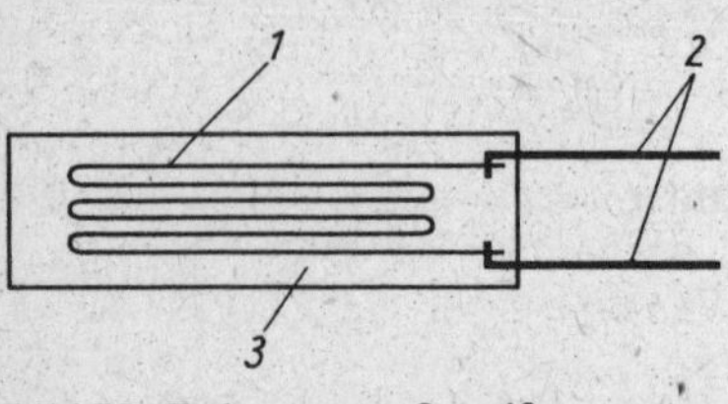

Bild 75. Dehnungsmeßstreifen.
1 mäanderförmig auf den Träger geklebter Widerstandsdraht, *2* Ableitelektroden, *3* Träger

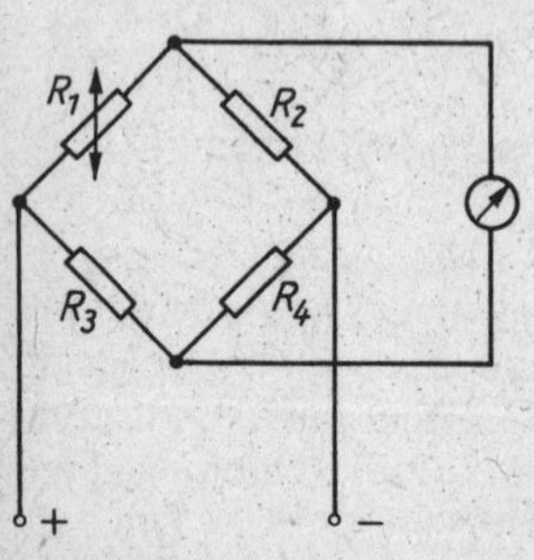

Bild 76. Brückenschaltung mit Dehnungsmeßstreifen. R_1 Dehnungsmeßstreifen, R_2, R_3, R_4 temperaturunabhängige Festwiderstände

Für den elektrischen Widerstand eines Metalldrahtes gilt:

$$R_0 = \varrho l / A \qquad (46)$$

R_0 elektrischer Widerstand, ϱ spezifischer elektrischer Widerstand, l Länge des Drahtes, A Querschnitt des Drahtes

Unter bestimmten vereinfachenden Bedingungen gilt für die meisten Metalle im Bereich des Hookeschen Gesetzes:

$$\frac{\Delta R}{R_0} = k\frac{\Delta l}{l_0} = k\frac{\sigma}{E} = k\varepsilon = k\frac{F}{AE} = k_1 F \qquad (47)$$

ΔR Widerstandsänderung durch Dehnung oder Stauchung, R_0 elektrischer Widerstand des Meßstreifens vor der Beanspruchung, Δl Längenänderung des Meßstreifens durch Dehnung oder Stauchung, l_0 Länge des Meßstreifens vor der Beanspruchung, σ Druck- oder Zugspannung $= F/A$, A Fläche, F Kraft, E Elastizitätsmodul, ε Dehnung $= \Delta l / l_0 = \sigma / E$

Aus Gl. (47) erkennt man, daß die Kraftmessung auf eine *Widerstandsmessung* zurückgeführt werden kann, wobei ein (in der Praxis nahezu) linearer Zusammenhang zwischen Widerstandsänderung und Kraft- bzw. Dehnungsänderung besteht. Nun ist bei Messungen mit Dehnungsmeßstreifen zu beachten, daß die durch Dehnung hervorgerufene Widerstandsänderung sehr klein ist. Treten zusätzlich am Meßort Temperaturschwankungen auf, so ist eine zusätzliche, durch diese *Temperaturschwankungen* hervorgerufene Widerstandsänderung des Dehnungsmeßstreifens zu erwarten. Da in diesem Fall das Meßergebnis nicht mehr eindeutig ist, bringt man einen zweiten Dehnungsmeßstreifen am Meßort an, der zwar dessen Temperatur, aber keiner Dehnung ausgesetzt ist. Durch diese Maßnahme ist die Eindeutigkeit der Anzeige wieder hergestellt.

Einsatz

Für *Kraftmessungen* bzw. *Dehnungsmessungen* an mechanisch beanspruchten Bauteilen und Konstruktionen ist der Dehnungsmeßstreifen wegen seiner geringen Abmessungen und der einfachen Montage hervorragend geeignet.
Bei Dehnungsmessungen an umlaufenden Bauteilen (wie Wellen, Turbinenläufern usw.) werden die Widerstandsänderungen über Schleifringe oder über einen kapazitiv mit dem rotierenden Bauteil gekoppelten Sender an das feststehende Meßgerät übertragen.

3.8. Drehzahlmessungen

Die Drehzahl wird durch die *Frequenz* als eine von der Basiseinheit der Zeit abgeleitete Größe beschrieben.

Das Hertz ist die Frequenz eines periodischen Vorgangs von der Periodendauer 1 s.
$1\,\text{Hz} = 1\,\text{s}^{-1}$

Umlauffrequenzen werden in der Einheit Umdrehung / Sekunde (Kurzzeichen s^{-1}) angegeben. Außerdem ist auch min^{-1} zulässig.

3.8.1. Mechanische Drehzahlmessungen

Zur örtlichen Anzeige der Drehzahl einer Welle werden mechanische Drehzahlmesser verwendet, die als *Handtachometer* nach dem *Kreuzpendel-* oder *Pendelprinzip* arbeiten.
Für solche auf der Fliehkraft F einer Masse m, deren Schwerpunkt sich im Abstand l von der Rotationsachse einer rotierenden Welle befindet, beruhende Meßgeräte gilt:

$$F = ml\omega^2 \tag{48}$$

Es ist aber auch $\omega = 2\pi n$.
Damit wird:

$$F = ml \cdot 4\pi^2 n^2 \tag{49}$$

Die für jeden Gleichgewichtszustand, der für die Anzeige unerläßlich ist, nötige Gegenkraft wird von geeigneten Federanordnungen aufgebracht. Um diese Gegenkraft in Grenzen zu halten, werden für verschiedene Drehzahlbereiche Zahnradgetriebe zwischen Eingangswelle und Anzeigewerk geschaltet (Bild 77).

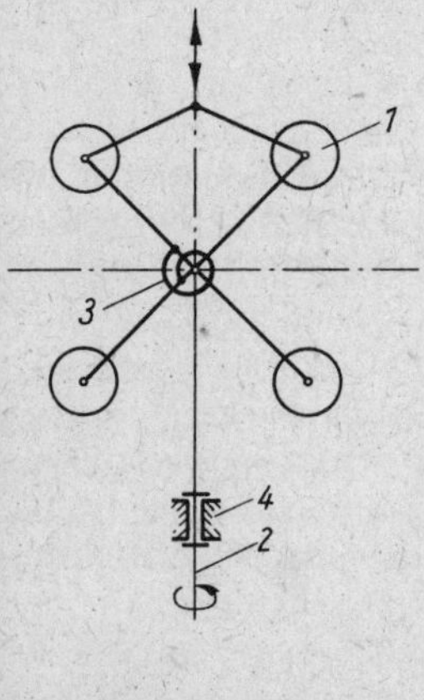

Bild 77. Kreuzpendelmeßwerk.
1 Pendelmasse, *2* Lager, *3* Meßwelle, *4* Rückholfeder

Einsatz

In allen Einsatzfällen, bei denen Wellenenden dem Meßmittel zugänglich sind, können mechanische Drehzahlmesser eingesetzt werden.
Die Verbindung der Meßwelle mit dem rotierenden Objekt wird durch eine dreikantige Metallspitze oder einen Gummistopfen hergestellt. Dabei muß gewährleistet sein, daß das vom Tachometer beanspruchte Drehmoment sehr klein ist. Die Meßbereiche für mechanische Drehzahlmesser liegen bei $n = 25 \ldots 60\,000\ \text{min}^{-1}$.

3.8.2. Elektrische Drehzahlmessungen

Die Wirkungsweise der elektrischen Drehzahlmesser beruht auf dem *Induktionsgesetz*. In einem elektrischen Leiter, der in einem konstanten homogenen Magnetfeld der Flußdichte B mit der Geschwindigkeit v senkrecht zur Richtung des Magnetfeldes bewegt wird, entsteht eine Urspannung E:

$$E = cBv \tag{50}$$

c wirksame Leiterlänge

Bei Drehbewegungen gilt:

$$v = 2\pi rn \tag{51}$$

$$E = 2\pi rncB = C_1 n \tag{52}$$

$$C_1 = 2\pi rcB \tag{53}$$

Aus dieser Gleichung erkennt man, daß die Drehzahlmessung auf eine Spannungsmessung zurückgeführt werden kann.

3.8.2.1. Wirbelstromtachometer

Das Prinzip des Wirbelstromtachometers besteht in einer Überlagerung zweier Magnetfelder. Von der Meßwelle wird ein Dauermagnet angetrieben, der im Blech der Meßtrommel Spannungen induziert. Diese Spannungen treiben in der Meßtrommel *Wirbelströme*. Das dabei

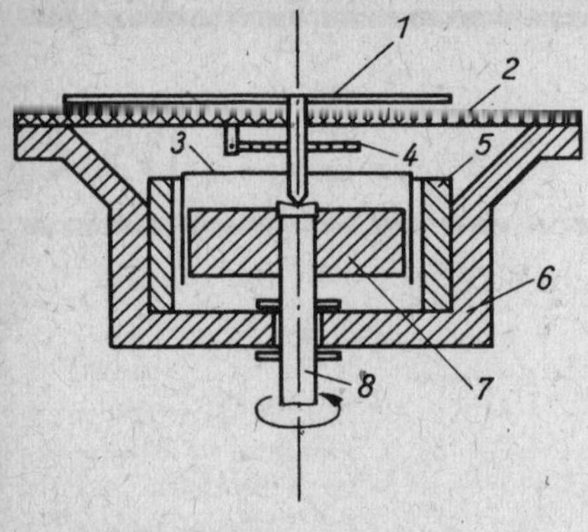

Bild 78. Wirbelstromtachometer.
1 Zeiger, *2* Skale, *3* Aluminiumtrommel, *4* Spiralfeder, *5* Weicheisen-Rückschlußring, *6* Gehäuse, *7* Magnet, *8* Meßwelle

entstehende Magnetfeld überlagert sich mit dem Magnetfeld des Dauermagneten. Damit nun der an der Meßtrommel befestigte Zeiger nicht zur Rotation kommt, wird durch eine Spiralfeder ein Gegendrehmoment aufgebracht. Den prinzipiellen Aufbau des Wirbelstromtachometers zeigt Bild 78. Die Wirbelstromtachometer sind zur Messung der Drehzahl ($n = 20 \ldots 10\,000\ \mathrm{min}^{-1}$) geeignet.
In großem Maße werden sie für Geschwindigkeitsmessungen in Fahrzeugen eingesetzt. Durch Umrechnung der Drehzahl der Räder auf deren Umfangsgeschwindigkeit ist hier eine *Geschwindigkeitsmessung* möglich.

3.8.2.2. Drehzahl-Meßgeneratoren

Liegen Meßort und Anzeigeort voneinander entfernt, so werden Gleich- oder Wechselspannungs-Meßgeneratoren eingesetzt.
Der Stator bei *Gleichspannungs-Meßgeneratoren* trägt Magnetpole aus einem Dauermagnetmaterial. Im Rotor wird beim Vorbeigehen der Wicklungen an den Dauermagnetpolen eine Wechselspannung induziert, die, über einen Kollektor gleichgerichtet, an den Ankerklemmen abgegriffen wird. Wegen der Kollektorschwierigkeiten oberhalb $2\,000\ \mathrm{min}^{-1}$ (Prellen der Bürsten, Verschmieren des Kollektors) ist der Drehzahlbereich zwischen 0 und $2\,000\ \mathrm{min}^{-1}$ begrenzt. Die Leistungsabgabe beträgt 70...1000 mW, die Spannung 5...10 V bei $1\,000\ \mathrm{min}^{-1}$ je nach Bauart.

Der Einsatz von *Gleichstrom-Meßgeneratoren* erfolgt dort, wo man auf eine Drehrichtungsanzeige Wert legt und für Spannungsmessung ein empfindliches Drehspulinstrument einsetzen will. Für Drehzahlen über $2\,000\ \mathrm{min}^{-1}$ sind Getriebe zwischen Meßobjekt und Gleichspannungs-Meßgenerator zu schalten.
Bei der Ausführung der Drehzahl-Meßgeneratoren als *Wechselspannungs-Meßgeneratoren* ist die Verwendung eines Kollektors überflüssig. Da der Rotor die Dauermagnete trägt, ist die Wicklung, in der die von der Drehzahl abhängige Spannung induziert wird, auf dem ruhenden Stator untergebracht. Um Wirbelstromverluste klein zu halten, ist der Stator aus Dynamoblechen aufgebaut. Die Vorteile der Wechselspannungsgeber liegen also darin, daß keine Spannungsabgriffe von rotierenden Teilen nötig sind, die vielfach Fehlerquellen sind. Bei geeigneter Ausführung der Generatoren ist ein Explosionsschutz möglich. Die abgegebenen Spannungen liegen zwischen 15 und 30 V, die abgegebenen Leistungen zwischen 0,7 und 1,2 W bei $1\,000\ \mathrm{min}^{-1}$. Bei einphasigen Wechselspannungs-Meßgeneratoren liegen die maximalen Drehzahlen bei $140 \ldots 3\,000\ \mathrm{min}^{-1}$).
Höhere oder niedrigere Drehzahlen können durch *Vorschaltung von Getrieben* gemessen werden. Mehrphasige Wechselspannungs-Meßgeneratoren werden für Meßbereiche von 0 bis $30\ \mathrm{min}^{-1}$ gebaut. Bei diesen Meßgeneratoren ist auch eine Drehrichtungsanzeige möglich. Die Drehzahlanzeige selbst erfolgt durch ein mit Gleichrichtern ausgerüstetes Drehspulinstrument.

3.8.3. Drehzahlmessung durch elektrisch erzeugte Impulse

Die elektrischen Impulse können auf mechanischem Wege über Kontakte erzeugt werden. Auch hierbei wird dem Prüfling Energie entzogen. Bringt man jedoch gemäß Bild 79 auf der rotierenden Welle eine Scheibe mit Bohrungen an, durch die ein von einer Glühlampe auf eine Fotozelle geworfener Lichtstrahl bei Drehung der Scheibe rhythmisch unterbrochen wird, so können einer geeigneten Schaltung elektrische Impulse entnommen werden. Dabei wird die Welle des Meßobjekts nicht belastet. Die Impulse können elektrisch gezählt werden, wobei

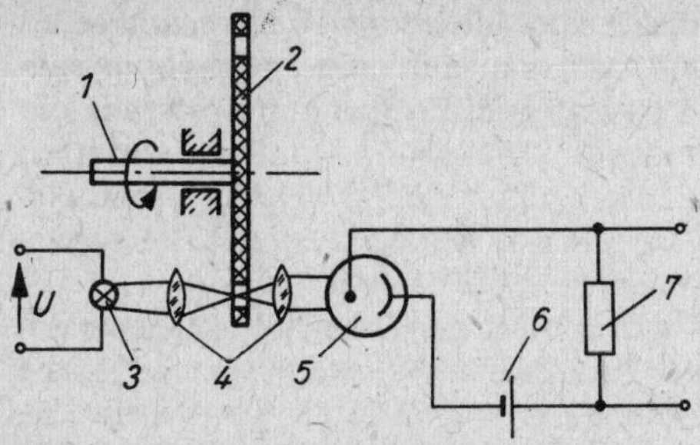

Bild 79. Elektrooptische Drehzahlmessung durch Erzeugung elektrischer Impulse.
1 Meßwelle, *2* gelochte Scheibe, *3* Glühlampe, *4* Optik, *5* Fotozelle, *6* Spannungsquelle, *7* Widerstand

die Summe nach einer bestimmten, sehr genau festliegenden Meßzeit (z.B. 10 s) auf einer elektronischen Zähldekade angezeigt wird. Durch die bekannte Anzahl der Impulse je Umdrehung (Anzahl der Bohrungen auf der Scheibe) ist die Messung der Drehzahl auf diese Art möglich.

Einsatz

Wegen der praktisch vollkommenen Rückwirkungsfreiheit des Meßmittels auf den Prüfling wird dieses Verfahren besonders für Messungen an Prüflingen mit kleiner Leistung genutzt.

3.9. Druckmessungen

Das *Pascal* ist die Einheit des Druckes, der durch die Kraft 1 N erzeugt wird, die auf die zu ihr senkrechte Fläche 1 m² gleichmäßig wirkt.

$1\,\text{Pa} = 1\,\text{N}/\text{m}^2 = 1\,\text{m}^{-1} \cdot \text{kg} \cdot \text{s}^{-2}$

3.9.1. Flüssigkeitsmanometer

Der Überdruck $p_{\ddot{u}}$ (Bild 80) verschiebt gegen den barometrischen Druck in einem gleichschenkligen U-Rohr-Manometer (Bild 81) eine Sperrflüssigkeit. Es ist:

$$p_{\ddot{u}} = p_a - p_b = h\varrho_{Fl}g \tag{54}$$

Für sehr genaue Druckmessungen mit dem U-Rohr-Manometer ist die Dehnung des Glasrohrs, der Sperrflüssigkeitssäule sowie des Ablesemaßstabs durch Temperatureinfluß zu berücksichtigen.

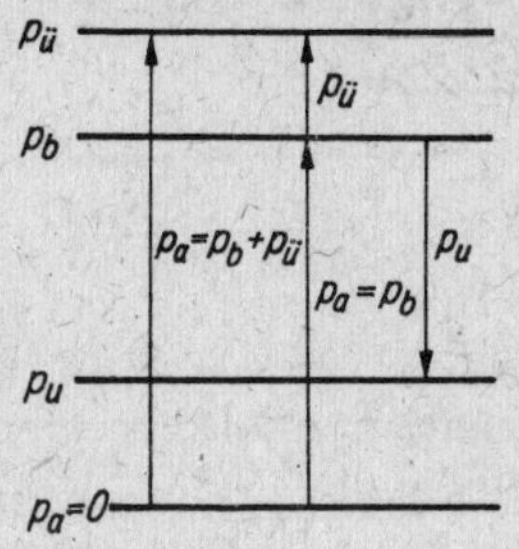

Bild 80. Beziehungen zwischen verschiedenen Druckangaben. $p_{\ddot{u}}$ Überdruck, p_a Absolutdruck, p_u Unterdruck, p_b barometrischer Druck

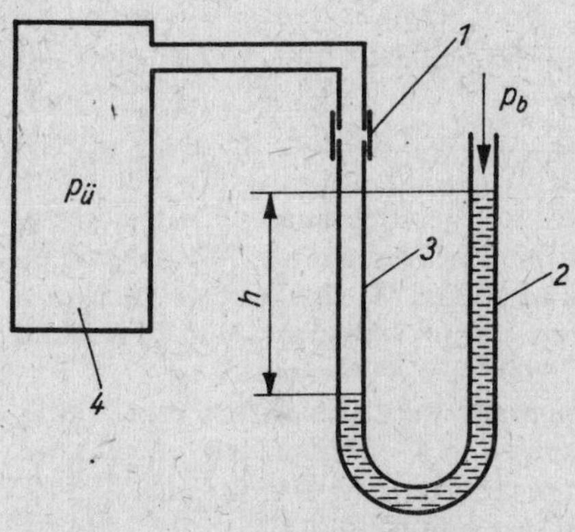

Bild 81. Druckmessung mit U-Rohr-Manometer.
1 Verbindungsstück, *2* Flüssigkeit, *3* U-Rohr-Manometer, *4* Druckbehälter

3.9.2. Ringwaagen

Den Aufbau einer Ringwaage zeigt das Bild 82. Die Ringwaage stellt ein auf einer Schneide drehbar gelagertes U-Rohr-Manometer dar.

Bild 82a zeigt die Ringwaage im unbelasteten Zustand. Die Gewichtskraft F_G zieht das drehbare System in die Ausgangslage. Hält man nun in Gedanken das System am Gewicht F_G fest, gibt auf den linken Druckstutzen den Überdruck p_1 und läßt man auf den rechten Druckstutzen den Atmosphärendruck wirken, so verschiebt sich die Sperrflüssigkeit wie bei einem U-Rohr-Manometer. Durch diese Verschiebung ist aber auch der Schwerpunkt aus seiner Lage unter dem Drehpunkt des Systems nach rechts verschoben worden.

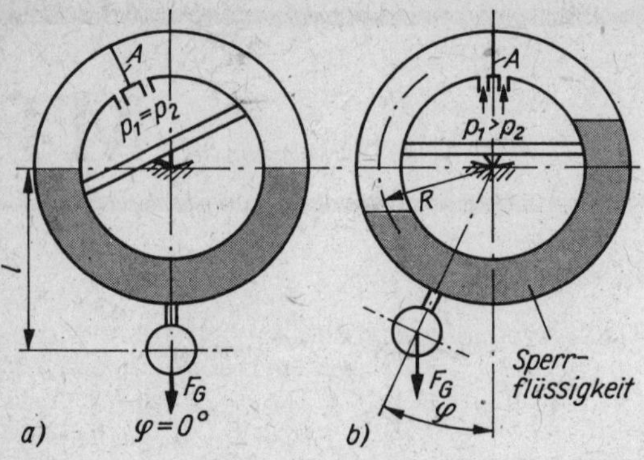

Bild 82. Ringwaage

Läßt man nun das System los, dann bewegt sich der Schwerpunkt wieder in seine stabile Gleichgewichtslage (unter den Drehpunkt), und das Gewicht wird nach links gedreht. Damit ergibt sich bei Druckbelastung des linken Druckstutzens eine Drehung des gesamten Systems im Uhrzeigersinn. Dieser Zustand ist im Bild 82b dargestellt. Aus der Mechanik ist bekannt, daß eine Gleichgewichtsbedingung

$$\sum M = 0 \qquad (55)$$

lautet. Bei Aufstellung der Momentengleichung ist zu beachten, daß alle im Uhrzeigersinn drehenden Momente als positiv anzusetzen sind:

$$p_1AR - p_2AR - F_G l \sin\varphi = 0 \qquad (56)$$

p_1AR rechtsdrehendes Moment; p_2AR linksdrehendes Moment; $F_G l \sin\varphi$ linksdrehendes, durch die Gewichtskraft F_G wirkendes Moment; R Ringrohrradius

Damit wird:

$$\sin\varphi = \frac{AR}{F_G l}(p_1 - p_2) \qquad (57)$$

Daraus sieht man, daß der Auslenkwinkel mit der Druckdifferenz nicht linear anwächst. Deshalb ergibt sich eine nichtlinear geteilte Skale, die sich aber durch Einbau von Kurvenelementen in den Anzeigeteil linearisieren läßt.

Einsatz

Die Ringwaage ist infolge des Waagenprinzips und der Schneidenlagerung ein sehr genaues Meßgerät (Anzeigefehler ±0,5 % vom Skalenendwert), das sich durch einfache Umbaumaßnahmen als Überdruck-, Differenzdruck- und Absolutdruckmeßgerät verwenden läßt. Es muß jedoch dafür gesorgt sein, daß die Druckzuführungen sehr elastisch ausgebildet sind, um störende Momente kleinzuhalten. Als nachteilig für den Einsatz der Ringwaage werden die großen Abmessungen und die relativ große Masse empfunden. Durch Montage von Widerstandsfernsendern ist eine elektrische Fernübertragung des Drehwinkels möglich.

3.9.3. Metallmanometer

Bei diesem Druckmeßgerät werden die elastischen Eigenschaften von gebogenen Röhren, gewellten Membranen und Wellrohren zur Messung des Drucks ausgenutzt. Der zu messende Druck wirkt auf die Fläche des Meßglieds. Dadurch wird über die Kraft eine Verformung erreicht. Dieser Verformung wirkt eine durch die Wahl des Materials und der Konstruktionsform bedingte innere Kraft entgegen. Sind beide im Gleichgewicht, so kommt der Zeiger, der die dabei entstehende Auslenkung des Meßglieds in Winkelgraden anzeigt, zur Ruhe. Bei Abnahme des Drucks geht die Deformation wieder zurück. Es ist zu beachten, daß bei Überlastung eine bleibende Deformation eintritt, die dann eine Neueichung oder in schweren Fällen eine Reparatur des Druckmessers erfordert.

3.9.3.1. Metallrohrfeder-Manometer

Wie Bild 83 zeigt, biegt sich bei Druckerhöhung die kreisförmig gebogene Metallrohrfeder (auch Bourdon-Feder genannt) auf, d. h., sie versucht, einen Kreis größeren Durchmessers anzuneh-

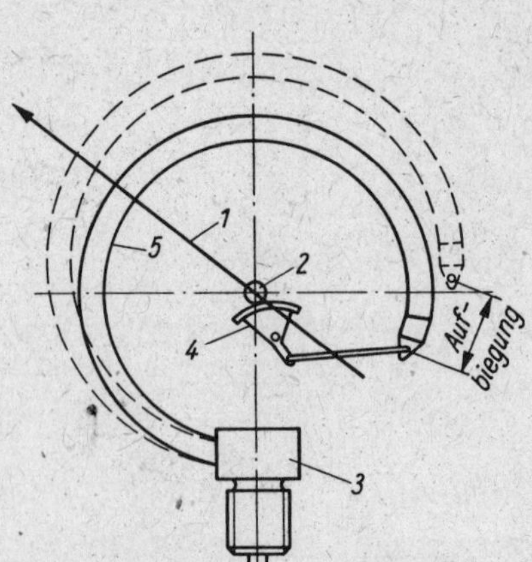

Bild 83. Metallrohrfeder-Manometer.
1 Zeiger, *2* Ritzel, *3* Anschlußstück, *4* Zahnsegment, *5* Bourdon-Rohr

men. Das liegt daran, daß der Druck innerhalb des Rohrs dessen Querschnitt vergrößert. Dadurch kommt es zu *Ringspannungen*, die die beschriebene Aufbiegung verursachen. Die Metallrohrfeder wird im wesentlichen aus Messing (CuZn37, CuZn20) sowie Beryllium- und Zinnbronzen gefertigt. Es sind für höhere Drücke auch Stahlrohrfedern aus Vergütungsstahl (C–Si–Mn) und korrosionsbeständigem Stahl im Einsatz.
Die Übertragung des bei der Aufbiegung vom Rohrfederende zurückgelegten Weges auf den Zeiger erfolgt über ein *Zahnsegment* auf ein *Ritzel*, das mit dem *Zeiger* fest verbunden ist.

Einsatz

Die Rohrfeder-Manometer sind für Drücke von 0,04...400 MPa einsetzbar. Sie werden in den Klassen 0,6 (Feinmeßmanometer), 1,0 und 2,0 hergestellt. Dabei betragen die Verkehrsfehlergrenzen an allen Skalenstellen des Anzeigebereichs bei Manometern der
Klasse 0,6: 0,6 % des Skalenendwertes,
Klasse 1,0: 1,0 % des Skalenendwertes,
Klasse 2,0: 2,0 % des Skalenendwertes.

3.9.3.2. Plattenfeder-Manometer

Bei Druckbeanspruchung biegt sich die elastische *Plattenfeder*, eine gewellte dünne Platte, die gemäß Bild 84 zwischen 2 Flanschen eingespannt ist, der Druckhöhe entsprechend durch. Der durch die Durchbiegung entstehende Weg des Plattenfederzentrums wird über ein Zahnsegment und Ritzel in einen *Drehwinkel* umgeformt, der durch den Zeiger beschrieben wird. Die Plattenfedern werden aus Spezial-Membranstahl (Vergütungsstahl), CuZn29Al, Zinnbronze, Neusilber und Beryllium-Kupfer-Legierungen hergestellt.

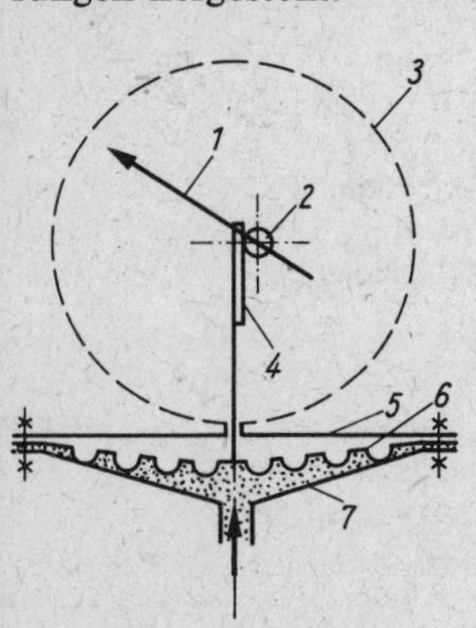

Bild 84. Plattenfeder-Manometer. 1 Zeiger, 2 Ritzel, 3 Gehäuse, 4 Zahnstange, 5 Oberbauch, 6 Plattenfeder, 7 Unterflansch mit Druckanschlußzapfen

Einsatz

Durch die kreisförmige Einspannung wirken Temperatureinflüsse in starkem Maße auf die Plattenfeder. Aus diesem Grund ist der Einsatz nur in einem Bereich von 10^{-3}...2,5 MPa möglich. Die bei Plattenfeder-Manometern erreichbaren Genauigkeitsanforderungen liegen bei Klasse 2.

3.9.4. Schutzvorlagen

Die Manometer kommen in vielen Fällen mit gasförmigen und flüssigen Medien in Berührung, die den Werkstoff des Meßglieds angreifen und zerstören. Ferner ist es bei pulsierenden Drücken möglich, daß durch periodische Belastung des Meßwerks die Übertragungselemente, wie Hebel, Zahnsegment und Ritzel, ausgeschlagen werden. Liegt die Pulsationsfrequenz nahe der Eigenfrequenz des Meßwerks, so können Resonanzerscheinungen auftreten, daß auch bei noch funktionsfähigem Manometer eine Ablesung unmöglich wird, weil der Zeiger über die ganze Skale hin- und herpendelt. Aus diesen Gründen ist eine Vorschaltung von *Schutzeinrichtungen* in besonderen Fällen unbedingt erforderlich.

3.9.4.1. Schutzvorlagen bei heißen und chemisch aggressiven Medien

Die Meßwerke haben meist eine von den Herstellern genannte *höchste Temperaturbelastbarkeit* von +50 °C. Es gibt Medien (z. B. schweres Heizöl, Bitumen usw.), deren Stockpunkte bei Temperaturen oberhalb +50 °C liegen und somit nach Erreichen dieser Temperatur keine Druckübermittlung mehr ermöglichen, wenn die maximale Temperaturbelastbarkeit des Manometers eingehalten werden soll.

Eine Lösung dieses Problems ist, wenn vor dem Meßgerät eine schlaffe Membran aus geeigneten Plasten eingebaut wird, die das heiße Medium von einer Manometersperrflüssigkeit trennt. Diese *Trennmembran*

muß in dem geforderten Temperaturbereich sowohl beständig gegen chemische Angriffe als auch ohne mechanische Spannungen sein. Treten Spannungen an der Membran auf, so ist sie nicht mehr schlaff, bekommt also federnde Eigenschaften und verfälscht dadurch das Meßergebnis.
Von der *Sperrflüssigkeit* muß gefordert werden, daß sie das Meßglied und die Trennmembran nicht angreift, die an der Trennmembran herrschenden Temperaturen verträgt und bei extremen Temperaturen, z. B. im Winter, nicht erstarrt.

Während diese Maßnahmen vorwiegend bei Rohrfeder-Manometern angebracht erscheinen, ist es bei Plattenfeder-Manometern wesentlich einfacher, einen wirksamen Korrosionsschutz anzubringen. Durch den konstruktiv einfach gestalteten Eintrittsraum des Mediums in das Gerät ist man in der Lage, diesen mit geeigneten Plasten zu beschichten oder metallische Überzüge aufzubringen. Gegen extreme Temperaturen muß die Plattenfeder jedoch in der beschriebenen Weise geschützt werden. Liegen Medien vor, die auch bei Temperaturen $0\,°C < \vartheta < 50\,°C$ nicht stocken oder erstarren, so genügt es, durch entsprechende Verlängerung der Impulsleitung zum Manometer die nötige Abkühlung zu erreichen. Zu diesen Zwecken sind für Dampfdruckmessungen *Wassersackrohre* in U- und Trompetenform schon lange gebräuchlich.

3.9.4.2. Schutzvorlagen bei pulsierenden Medien

Es kann z. B. durch Kolbenkompressoren oder Kolbenzähler zu rhythmischen Druckschwankungen an der Meßstelle kommen. Hier hat sich der Einbau von *Windkesseln* und *Drosselventilen* bewährt. Da eine Druckerhöhung mit einem Flüssigkeits- oder Gastransport in Richtung Meßwerk verbunden ist, gelingt es, den dabei an dem Strömungswiderstand der Drosseleinrichtung entstehenden Druckabfall so groß zu machen, daß nur ein sehr geringer Anteil des Druckstoßes zum Manometer gelangt. Schaltet man nun noch zwischen das Drosselventil und das Manometer einen Windkessel, in dem sich Luft befindet (die bekanntlich kompressibel ist), so kann ein Maximum an *Pulsationsdämpfung* erreicht werden. Allerdings ist zu beachten, daß wegen der Gasabsorption durch die Flüssigkeit in bestimmten Zeitabständen das Luftpolster erneuert werden muß. Oft ist auch eine Vibration von außen auf das Manometer, hervorgerufen durch rotierende Teile von Maschinen, festzustellen. Abhilfe wird durch Trennung des Manometers von der vibrierenden Anlage und Befestigung an einem vibrationsfreien Ort geschaffen. Die Druckübertragung erfolgt dann über eine vibrationsfrei verlegte Leitung.

3.10. Temperaturmessungen

3.10.1. Grundlagen

Als Basiseinheit der Temperatur ist das Kelvin festgelegt.

Das Kelvin ist der 273,16te Teil der (thermodynamischen) Temperatur des Tripelpunkts von Wasser. Dabei ist der *Tripelpunkt* von reinem Wasser der Punkt, in dem alle 3 Aggregatzustände des Wassers nebeneinander bestehen.

Eine weitere zugelassene Temperatureinheit ist der Grad Celsius.

Der Grad Celsius ist als Temperaturdifferenz gleich dem Kelvin. Die Celsiustemperatur 0 °C entspricht der Kelvintemperatur 273,16 K.

Die Temperaturmessung erfolgt im wesentlichen nicht durch Vergleich mit einem festgelegten Normal, sondern durch Ausnutzung physikalischer Zusammenhänge der Temperatur mit bestimmten Eigenschaften von Körpern und Stoffen. Solche Zusammenhänge sind z. B. die Volumenausdehnung von Flüssigkeiten, die Längenausdehnung von Stäben, die Änderung des elektrischen Widerstands eines Drahtes oder Halbleiters mit der Temperatur.
Man unterscheidet bei den Temperaturmessern zwischen *Berührungsthermometern* (mechanische und elektrische) und *Strahlungspyrometern* sowie besonderen *Temperaturmeßverfahren.*

Während bei den meist verwendeten *Berührungsthermometern* der zu untersuchende Prüfling mit dem Thermometer in Wärmeaustausch tritt, erfolgt dieser Vorgang bei *Strahlungspyrometern* nicht.
Bei der Temperaturmessung mit Berührungsthermometern muß im Interesse eines genauen Meßergebnisses das Thermometer die zu messende Temperatur so

gut wie möglich annehmen. Das erfordert einen guten *Wärmeübergang* vom Prüfling zum Thermometer, wenn der Prüfling eine höhere Temperatur als das Thermometer hat, sowie eine möglichst kleine Wärmekapazität des Thermometers gegenüber dem Prüfling.
Weiterhin muß beachtet werden, daß für den beschriebenen Wärmeübergang Zeit erforderlich ist und die Ablesung erst dann vorgenommen werden soll, wenn sich ein *stationärer Ablesewert* eingestellt hat.

3.10.2. Flüssigkeits-Glasthermometer

Bei diesem Thermometer wird der Ausdehnungsunterschied zwischen dem Glas des Thermometerkörpers und der darin befindlichen Flüssigkeit in Abhängigkeit von der Temperatur gemessen. Dabei befindet sich die Füllflüssigkeit in einem meist kugelförmigen Hohlkörper, der dann in eine *Kapillare* mit konstantem Querschnitt ausläuft. Durch diese konstruktive Gegebenheit ist es möglich, die Länge der in der Kapillare durch die mit der Temperatur linear ansteigenden Füllflüssigkeitssäule als ein Maß für die Temperatur zu betrachten.
Für die Größe des Meßbereichs eines Thermometers sind *Siede-* und *Erstarrungspunkt* der Füllflüssigkeit ausschlaggebend. Als Füllflüssigkeiten sind reine Alkohole (wie Amylalkohol, Ethylalkohol) und Flüssiggase (wie Pentan) üblich.
Hinsichtlich der konstruktiven Gestaltung unterscheidet man zwischen *Einschluß-* und *Stabthermometern.* Beim Einschlußthermometer sind die Kapillare und die Milchglasskale noch einmal von einer Glashülse umgeben. Das Stabthermometer ist praktisch die Kapillare mit verstärkter Wandung selbst, in deren Außenwand die Temperaturskale eingeätzt ist. Interessiert für eine bestimmte Messung nur ein Temperaturbereich von z. B. 300...400 °C, dann ist es möglich, durch Erweiterung der Kapillare den Anfangsbereich zu unterdrücken und so die Genauigkeit im geforderten Meßbereich zu steigern.
Es sind durch diese konstruktive Maßnahme ganze Thermometersätze, wie *Dreisatz-Thermometer* nach Allihn und *Siebensatz-Thermometer* nach Anschütz, gebräuchlich[8])[9])[10]).
Oft sind die Thermometer so geeicht, daß während der Messung das Füllflüssigkeitsreservoir und der gesamte Faden der zu messenden Temperatur ausgesetzt sind. Setzt man nun während einer Messung nur den unteren Teil des Fadens der zu messenden Temperatur aus, so erfolgt eine fehlerhafte Messung.
Diesen Fehler verkleinert man durch die *Fadenkorrektur.* Ragt der Faden um die Länge l aus dem Meßobjekt heraus, ist ϑ_F die mittlere Fadentemperatur und ϑ_a die am oberen Ende des Fadens abgelesene angezeigte Temperatur, so ergibt sich die wahre Temperatur ϑ_w zu:

$$\vartheta_w = \vartheta_a + l\alpha(\vartheta_a - \vartheta_F) \qquad (58)$$

Dabei ist α der scheinbare Ausdehnungskoeffizient der Füllflüssigkeit im Glas. Die Schwierigkeit bei dieser Fadenkorrektur besteht in der Bestimmung der mittleren Fadentemperatur ϑ_F (Bild 85).

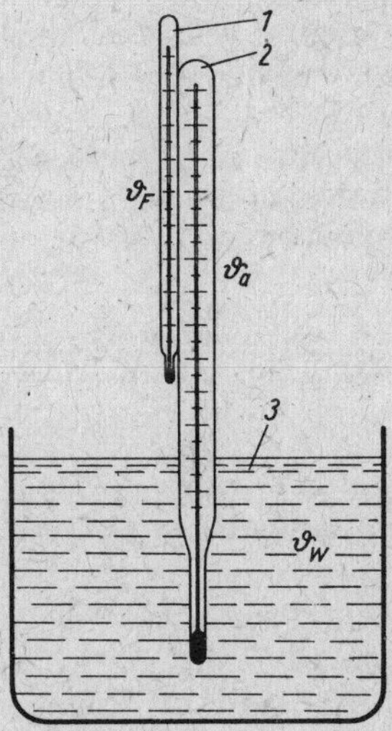

Bild 85. Fadenkorrektur.
1 Thermometer zur Ermittlung der mittleren Fadentemperatur ϑ_F, *2* Thermometer zur Ermittlung von ϑ_a, *3* Prüfling

Die Eichfehlergrenzen betragen für eichfähige Quecksilberthermometer z. B. im Meßbereich von +50...+100 °C:

Teilung in	0,02 K	0,1 K	0,5 K	1 K	2 K
Fehlergrenze	0,04 K	0,25 K	0,5 K	1 K	1,5 K

Einsatz

Zum Schutz gegen mechanische Zerstörung beim Einsatz in betrieblichen Anlagen werden die Thermometer in metallischen *Schutzrohren* untergebracht. Der Werkstoff dieser Schutzrohre muß der thermischen, chemischen und mechanischen Belastung im verwendeten Meßbereich standhalten. Um Verzögerungen in der Anzeige, die durch die zwischen Schutzrohr-Innenwand und Thermometer vorhandene Luftschicht entsteht, zu vermeiden, wird dieser Zwischenraum oft mit Öl und bei höheren Temperaturen mit Metallgaze ausgefüllt.

3.10.3. Thermoelemente

Thermoelemente gehören zu der Gruppe der elektrischen Berührungsthermometer. Die physikalische Grundlage ist der 1822 von Seebeck bei der Temperaturmessung mit Thermoelementen entdeckte *thermoelektrische Effekt*. Seebeck stellte fest, daß bei Verbindung zweier unterschiedlicher Metalle, die in der Thermo-Spannungsreihe der Metalle möglichst weit voneinander entfernt stehen sollten, und dem Vorhandensein einer Temperaturdifferenz zwischen der Verbindungsstelle und den Metallenden an diesen eine elektrische Spannung auftritt. Damit wird die Temperaturmessung auf die Messung einer elektrischen Spannung zurückgeführt.

Zu einem Thermoelement gehören nach Bild 86 zwei *Thermopaare*, die zusammengeschaltet sind. Somit sind 2 Verbindungsstellen entstanden, bei denen man die eine als Meßstelle mit der Temperatur ϑ und die andere als Vergleichsstelle mit der Temperatur ϑ_0 bezeichnet. Da nun beide Thermopaare aus den gleichen Materialpaarungen bestehen, entsteht bei der Temperatur $\vartheta = \vartheta_0$ an der Meßstelle die Spannung E_1 und an der Vergleichsstelle die Spannung E_2, die beide gleich groß, aber entgegengesetzt gerichtet sind. Ist aber $\vartheta \neq \vartheta_0$, so wird eine Spannung am Spannungsmesser gemessen.

Es ist somit:

$$E = f(\vartheta - \vartheta_0) \tag{59}$$

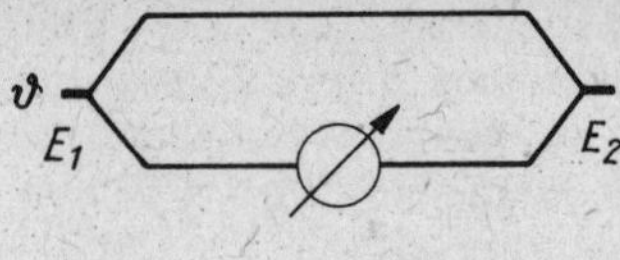

Bild 86. Thermoelement mit Meß- und Vergleichsstelle

Die Größe der zu messenden Spannung ist also abhängig von der *Temperaturdifferenz* zwischen Meß- und Vergleichsstelle.
Hält man nun die Vergleichsstellentemperatur konstant, so braucht man nur noch zu der gemessenen Spannung die der Vergleichsstellentemperatur entprechende Spannung zu addieren und erhält die der Meßtemperatur entsprechende Spannung. Die Werte der Vergleichsstellentemperatur ϑ_0 sind meist 0 °C (Eis-Wasser-Mischung) oder +50 °C (Thermostat). Von den Thermopaaren wird eine möglichst lineare und steile Temperatur-Spannungs-Kennlinie verlangt, d. h., bei kleinen Temperaturänderungen sollen sich große Spannungsänderungen ergeben. Weiterhin muß gewährleistet sein, daß bei einem durch Schadensfall unbrauchbar gewordenen Thermoelement ein neues mit gleicher Temperatur-Spannungs-Kennlinie eingesetzt werden kann, ohne daß Umeichungen am Spannungsmesser vorgenommen werden müssen.

Einsatz

Thermopaare nach Tabelle 8 sind standardisiert[11]).
Die Klammerwerte sind nicht für Dauerbelastungen geeignet. Auch Thermodrähte[12]) und Thermopaare[13]) sind standardisiert. Zu Thermopaaren werden die Thermodrähte für Temperaturen

$-200\,°C < \vartheta < +150\,°C$: weich gelötet,
$+150\,°C < \vartheta < +700\,°C$: hart gelötet,
$+700\,°C < \vartheta$: in reduzierender Atmosphäre geschweißt.

Um die Thermopaare vor mechanischer Beanspruchung, wie Zug, Torsion und Biegung, zu schützen, werden sie in *metallische Schutzrohre* eingebaut. Oberhalb bestimmter, von den Metallen abhängiger Temperaturen werden die Me-

Tabelle 8. Thermopaare und Temperaturbereiche sowie Thermospannungen

Thermopaar		Temperaturbereich in °C	Thermospannung bei $\vartheta = +100\,°C$ und $\vartheta_0 = 0\,°C$ mV
+Schenkel	−Schenkel		
Kupfer	Konstantan	−200…+ 400 (+ 600)	4,25 ± 0,14
Eisen	Konstantan	−200…+ 700 (+ 900)	5,37 ± 0,17
Nickelchrom	Nickel	0…+1 000 (+1 200)	4,10 ± 0,12
Platinrhodium	Platin	0…+1 300 (+1 600)	0,643 ± 0,030

tallschutzrohre gasdurchlässig, und es ist eine Korrosion des Thermopaars möglich. Aus diesem Grund werden bei höheren Temperaturen Keramikschutzrohre (Porzellan, Steatit, Sinterkorund, Quarz) verwendet.

Für metallische Schutzrohrwerkstoffe gelten folgende Anhaltswerte[14]) für das Meßmedium Luft:

$\vartheta < +400\,°C$ (St 35.8)

$\vartheta < +500\,°C$ (X10 CrNiTi 18.9)

Vor allem aus ökonomischen Gründen verlegt man die teuren Metalle PtRh, Pt, aber auch NiCr, Ni nicht bis zur Vergleichsstelle, die von der Meßstelle entfernt liegen wird. Man verlegt *Ausgleichsleitungen*, die unter bestimmten Bezeichnungen, z.B. So NiCr (Sonderwerkstoff für NiCr-Ni Plus)[15]) standardisiert sind.

Diese Sonderwerkstoffe haben im Temperaturbereich 0...+200 °C das gleiche Temperatur-Spannungs-Verhalten wie die Thermopaar-Werkstoffe selbst. Bleibt die Temperatur an der Anschlußstelle des Thermoelements in diesen Grenzen, so entsteht dort keine zusätzliche Thermospannung. Da nach Bild 87 die Kupferzuleitung bei Raumtemperatur an die beiden thermoelektrisch gleichen Thermodrähte angeschlossen wird, entstehen an den Anschlußstellen zwar Thermospannungen, die aber gleich groß und entgegengesetzt gerichtet sind.

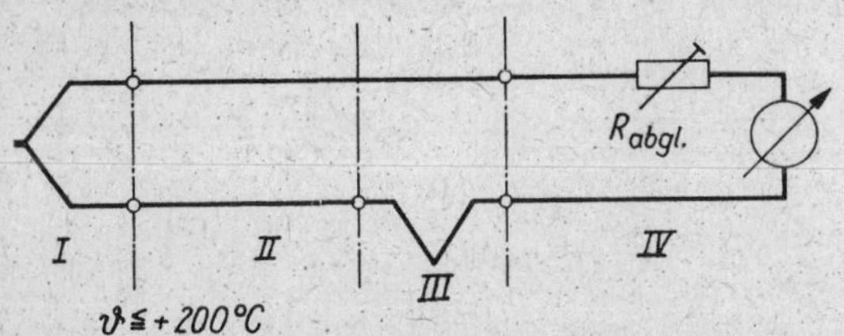

Bild 87. Ausschlagschaltung zur Temperaturmessung mit Thermoelementen.
I Thermopaar der Meßstelle, *II* Ausgleichsleitung, *III* Thermostat mit Thermopaar der Vergleichsstelle (»Gegenelement«), *IV* Cu-Leitung mit Abgleichwiderstand und Anzeigegerät

Die Messung der Thermospannung kann prinzipiell nach der *Ausschlagmethode* erfolgen. Dabei entstehen durch den fließenden Strom Spannungsabfälle, die eine zu kleine Spannungsanzeige am Meßgerät zur Folge haben. Aus diesem Grund wird generell ein Leitungswiderstand von 20 Ω vorgeschrieben, der gegebenenfalls durch den Abgleichwiderstand auf diesen Wert ergänzt wird. Der nun konstante prozentuale Anzeigefehler wird bei der Skaleneichung des Meßgeräts mit berücksichtigt.

Eine zweite Möglichkeit besteht in der Messung der Thermospannung nach der *Kompensationsmethode*. Dabei wird der zu messenden Thermospannung eine mit einem Hilfskreis erzeugte Spannung entgegengeschaltet. Sind beide Spannungen gleich groß, so fließt im Thermokreis kein Strom, das Galvanometer geht in die Nulllage zurück. Dadurch werden die Spannungsabfälle ebenfalls Null, und der am Strommesser angezeigte Strom ist bei konstantem und bekanntem Widerstand ein Maß für die zu messende Temperatur.

Der *Einbau* der Thermoelemente in die Meßräume hat so zu erfolgen, daß Meßfehler infolge Abstrahlung durch das Thermoelement vermieden werden. Weiterhin muß der Wärmeaustausch zwischen dem Meßraum und dem Thermoelement gewährleistet und begünstigt werden. Nähere Angaben hierzu sind in den Temperaturmeßregeln[16]) zu finden.

3.10.4. Widerstandsthermometer

Auch diese Thermometer gehören zu den *elektrischen Berührungsthermometern*. Es wird hier die Eigenschaft der Metalle Platin und Nickel ausgenutzt, mit der Temperatur den elektrischen Widerstand zu ändern. Ist der mathematische Zusammenhang zwischen Temperatur und elektrischem Widerstand bekannt, so kann man mit Hilfe der Widerstandsthermometer die Temperaturmessung auf die Messung des elektrischen Widerstands zurückführen.

Näherungsweise hängt der Widerstand von der Temperatur ab:

$$R = R_0\,(1 + \alpha\vartheta + \beta\vartheta^2) \qquad (60)$$

R_0 elektrischer Widerstand bei 0 °C, α Temperaturkoeffizient, β Koeffizient, der praktisch erst oberhalb +200 °C in Form einer Nichtlinearität des Zusammenhangs $R = f(\vartheta)$ in Erscheinung tritt

Der Temperaturkoeffizient soll für die betrachteten Werkstoffe möglichst groß und über einen weiten Temperaturbereich konstant, also auch von der Temperatur unabhängig sein.
Für Nickel und Platin gelten standardisierte Werte des Temperaturkoeffizienten α:

Nickel: $(0{,}617 \pm 0{,}007) \cdot 10^{-2}\,K^{-1}$
Platin: $(0{,}385 \pm 0{,}012) \cdot 10^{-2}\,K^{-1}$

im Temperaturbereich zwischen 0 und +100 °C.

Man sieht, daß das Nickel-Widerstandsthermometer bei gleicher Temperaturänderung fast die doppelte Widerstandsänderung gegenüber dem Platin-Widerstandsthermometer erfährt. Es ist also empfindlicher als das Platin-Widerstandsthermometer. Nachteilig ist jedoch der geringe Temperaturbereich (−60...+180 °C), für den das Nickel-Widerstandsthermometer verwendbar ist. Das Platin-Widerstandsthermometer ist bezüglich des Temperaturbereichs (−200...+550 °C) universeller einsetzbar. Es sind die Grundwerte von 5 K zu 5 K für die Widerstandswerkstoffe Nickel und Platin festgelegt.
Die Widerstandswicklung ist bifilar (um den auftretenden Induktionswirkungen zu begegnen) auf einen Isolierkörper (z. B. Hartglas, Keramik oder Glimmer) aufgebracht. Vielfach wird sie in Glas eingeschmolzen, damit ist gleichzeitig ein gewisser Korrosionsschutz gegeben.

Einsatz

Die industriell gefertigten Platin-Widerstandsthermometer Pt 100 mit Temperaturen über 550 °C zu belasten, ist nicht zu empfehlen, da dann der Isolierkörper keinen guten Isolator mehr darstellt. Aus diesem Grund sind für Dauermessungen Nickel-Widerstandsthermometer bis +150 °C und Platin-Widerstandsthermometer bis +500 °C zu verwenden.
Die Messung des Widerstands erfolgt in der Regel mit *Kreuzspulmeßinstrumenten.* Dazu ist, wie aus den Bildern 88 und 89 ersichtlich, eine besondere Speisespannung (meist 6 V Gleichspannung) erforderlich. Der Widerstand der Zuleitung ist mit 10,0 Ω festgelegt.
Der *Abgleichwiderstand* $R_{abgl.}$ dient zur Ergänzung des Zuleitungswiderstands auf die festgelegten 10 Ω. Hat z. B. die Zuleitung einen Widerstand von 3,5 Ω, so wird vom Abgleichwiderstand so viel Widerstandsdraht abgewickelt, bis der Widerstandswert erreicht ist.
Die *Zweileiterschaltung* ist bei einem Drahtquerschnitt von 1,5 mm² Cu für eine maximale Entfernung von 430 m zwischen Anzeiger und Widerstandsthermometer zu verwenden.
Bei der *Dreileiterschaltung* werden Verfälschungen der Anzeige durch Temperaturschwankungen der Zuleitungen kleiner, und es lassen sich weit größere Entfernungen zwischen Meß- und Anzeigeort überbrücken. Der Einsatz der Widerstandsthermometer-Meßeinsätze in Schutzrohren erfolgt prinzipiell wie bereits beschrieben.

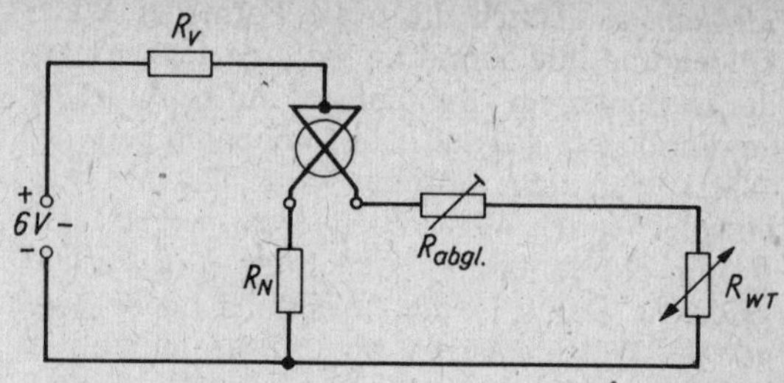

Bild 88. Zweileiterschaltung zur Temperaturmessung mit Widerstandsthermometer
R_N fest eingestellter Widerstand, R_V Vorwiderstand, R_{WT} Widerstandsthermometer

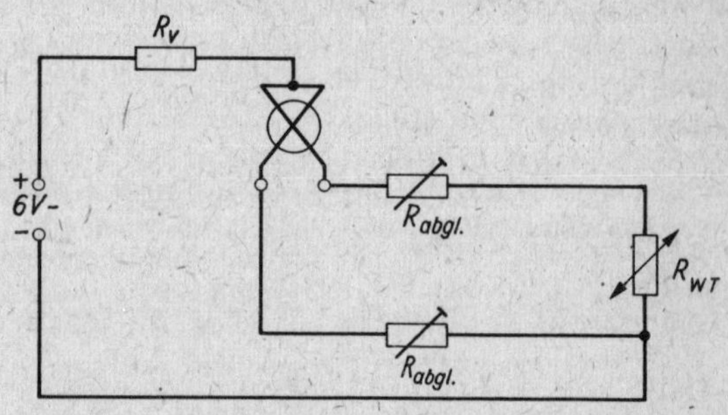

Bild 89. Dreileiterschaltung zur Temperaturmessung mit Widerstandsthermometer.
R_V Vorwiderstand, R_{WT} Widerstandsthermometer

3.11. Mengen- und Durchflußmessungen

3.11.1. Volumenzähler

In vielen Bereichen der Industrie müssen Mengen von strömenden Medien zur Bilanzierung oder zum rechtsgeschäftlichen Verkehr gemessen werden.

3.11.1.1. Wälzkolbenzähler

Im Wälzkolbenzähler bewegen sich zwei ovale, verzahnte *Wälzkolben* durch den Druck der in den Zähler einströmenden Flüssigkeit in einer

Meßkammer. Durch die ovale Form der Wälzkolben und ihre definierte Stellung gegeneinander ist immer ein Drehmoment auf beide Räder gewährleistet, so daß ein Stehenbleiben der Wälzkolben nicht eintreten kann. Das von dem entsprechenden Wälzkolben jeweils abgetrennte Volumen wird durch die Drehung zum Auslauf gefördert. Damit ist die Anzahl der Umdrehungen der Wälzkolben ein Maß für das durch den Zähler gelaufene Medium. Über eine permanent-magnetische Kupplung werden die Umdrehungen der Wälzkolben auf das Zählwerk übertragen und in Volumeneinheiten zur Anzeige gebracht. Durch die zwar geringen, aber doch vorhandenen Spaltverluste, die vor allem durch den Spalt zwischen Wälzkolben und Meßkammer hervorgerufen werden, wird eine bestimmte *Anlaufmenge* erforderlich. Der kleine Fehler von ±0,5 % (bezogen auf die abgegebene Menge) ist daher nur oberhalb dieser Anlaufmenge, also innerhalb des Meßbereichs, gewährleistet.

Einsatz

Durch die Verwendung von Werkstoffen mit den verschiedensten Eigenschaften, wie z. B. X10CrNiMo18.10, Bronze und Grauguß für Gehäuse, Meßkammer und Wälzkolben, sind die Wälzkolbenzähler vielseitig einsetzbar, z. B. zur Messung von Benzin, Benzen, Heizöl, Schmieröl, Teer und Bitumen.
Die Wälzkolbenzähler werden für Betriebstemperaturen von −20…+150 °C und Betriebsdrücke bis 4 MPa bei Durchflüssen von 0,3 bis 36 m^3/h eingesetzt. Die Zähler werden in den Nennweiten 20, 32, 40, 65 und 100 gefertigt (Bilder 90 und 91).
Beim Einsatz von Wälzkolbenzählern ist darauf zu achten, daß die zu messende Flüssigkeit keine festen oder faserigen Bestandteile mitführt, da diese zu großem Verschleiß bzw. Verklemmen des Zählers führen. Außer einer guten Filterung ist es weiter wichtig, im Medium mitgeführte Gasblasen vor Eintritt in den Zähler durch geeignete *Gasabscheider* zu entfernen, da sonst eine Fehlanzeige (zu große Werte) durch den Zähler erfolgt.

Bild 91. Wälzkolbenzähler NW 40 mit Impulsgeber für elektrische Fernzählung (VEB GRW Teltow)

Durch pneumatische oder elektrische Impulsgabe zählerseitig ist eine *Fernzählung* möglich. Die Übertragungsentfernung beträgt bei *pneumatischer Impulsgabe* (Leitungsinnendurchmesser der Übertragungsleitung 8 mm) maximal 150 m.
Der Leitungswiderstand beträgt bei *elektrischer Impulsgabe* 500 Ω.

3.11.1.2. Woltmann-Flügelradzähler

Im Gegensatz zu dem beschriebenen Wälzkolbenzähler, der zur Gruppe der Volumenzähler mit beweglichen Meßkammerwänden *(Verdrängungszähler)* gehört, wird der Flügelradzähler nach Woltmann den *Turbinenzählern* zugeordnet. Das Meßelement ist hier ein Flügelrad, dessen Flügel von der Strömung axial beaufschlagt werden, so daß eine resultierende Drehbewegung entsteht.
Die Drehzahl des Flügelrades entspricht der Strömungsgeschwindigkeit und damit auch der durchströmenden Flüssigkeitsmenge. Werden der Spalt zwischen Flügelrad und Meßeinsatz

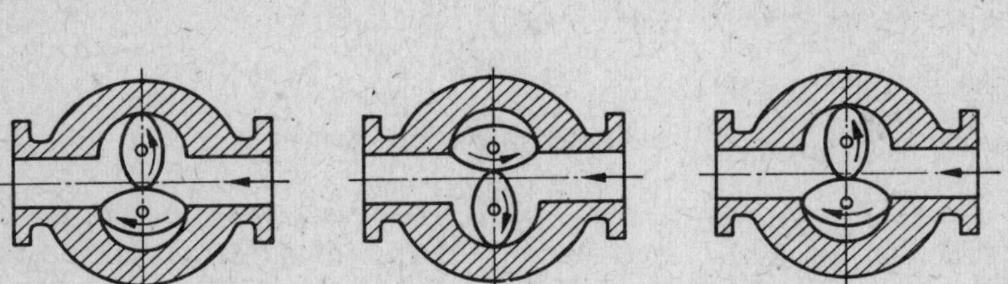

Bild 90. Wälzkolbenzähler in verschiedenen Arbeitsstellungen

und die Gesamtreibung klein gehalten, so ist auch die zum Anlauf des Zählers erforderliche Anlaufmenge klein.

Bild 92 zeigt einen Woltmann-Zähler. Er wird zur Messung von Wassermengen (Wassertemperaturen für den Kaltwasserzähler bis +40 °C, für den Heißwasserzähler bis +150 °C) eingesetzt. Wie aus Bild 93 ersichtlich, wird die Strömung nach Eintritt in den Zähler durch *Strahlrichter* beruhigt und dann dem Flügelrad zugeführt. Im Strahlrichter befindet sich außerdem ein schwenkbarer *Leitflügel*, durch dessen Verstellung im Herstellerwerk eine optimale Anpassung an die speziellen Betriebsbedingungen möglich ist. Der über dem Flügelrad angeordnete *Leitbecher* sorgt für einen störungsfreien Ablauf der Flüssigkeit. Die Übertragung der Drehbewegung aus dem Meßwerk in das trockenlaufende Anzeigewerk erfolgt mit einer *Magnetkupplung*, die aus einem mit dem Flügelrad rotierenden, 4poligen keramischen Kernmagneten besteht. Der Meßraum wird durch eine Kappe aus nichtmagnetischem Material druckfest abgeschlossen. Außerhalb dieser Kappe ist ein zum Anzeigewerk gehöriger Ringmagnet auf gleicher Höhe wie der Kernmagnet angeordnet. Durch Kopplung der magnetischen Felder erfolgt eine reibungsfreie Mitnahme des Anzeigewerks. Die Verwendung einer Magnetkupplung hat außer der garantierten Dichtheit des Meßraums gegenüber dem Anzeigewerk noch den Vorteil der Reibungsfreiheit.

Bild 92. Woltmann-Flügelradzähler NW 50 (VEB GRW Teltow)

Am Anzeigewerk ist die durchgeflossene Menge in Volumeneinheiten aus einer Zeigerstellung ablesbar.

Einsatz

Die Zähler werden in den *Nennweiten* 50, 80, 100 und 150 mit den *Nennbelastungen* 30, 100 sowie 300 m³/h gebaut.

Der *Einbau* hat so zu erfolgen, daß die Skale waagerecht liegt. Bei verschmutztem Wasser sind wirksame Filter vor dem Zähler einzubauen.

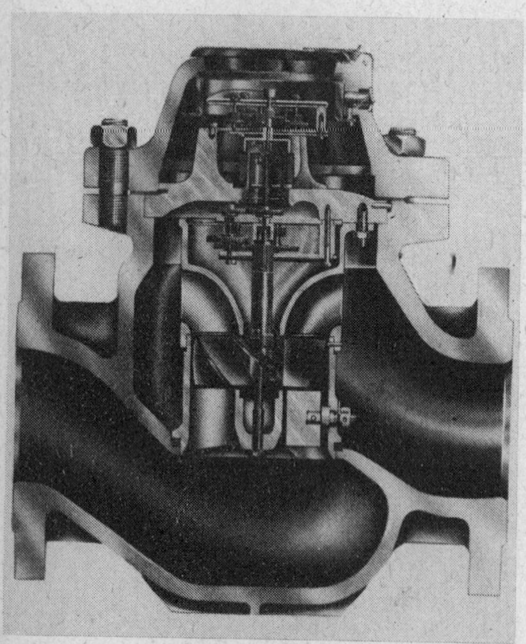

Bild 93. Woltmann-Flügelradzähler, Schnittdarstellung (VEB GRW Teltow)

3.11.2. Drosselgeräte

Bei der Volumenmessung mit Zählern war die Ermittlung des Volumens über eine bestimmte Meßdauer ohne weiteres möglich. Die Durchflußmessung mit Drosselgeräten dagegen liefert stets das *Volumen je Zeiteinheit.*

Geht man davon aus, daß ein Stoff mit einer bestimmten mittleren Geschwindigkeit eine Rohrleitung (voll ausgefüllt) durchströmt, so ist:

$$\dot{V} = Av \tag{61}$$

$\dot{V}$ Durchfluß, A Rohrquerschnitt, v mittlere Strömungsgeschwindigkeit

$$\dot{m} = A\varrho v \tag{62}$$

$\dot{m}$ Durchfluß (Masse je Zeiteinheit), ϱ Dichte des strömenden Mediums

Es gilt für inkompressible Medien die Kontinuitätsgleichung:

$$A_1 v_1 = A_2 v_2 \qquad (63)$$

Der Durchfluß ist an jeder Stelle der Rohrleitung konstant. Ist also der Rohrleitungsquerschnitt A_1 kleiner als der Rohrleitungsquerschnitt A_2, dann muß die Geschwindigkeit v_1 im Querschnitt A_1 größer sein als die Geschwindigkeit v_2 im Querschnitt A_2. Aus dem Energieerhaltungssatz wurde von Bernoulli für eine stationäre reibungsfreie Strömung gefunden:

$$p + \frac{1}{2}\varrho v^2 = \text{konst.} \qquad (64)$$

p Druckenergie je Raumeinheit, $\frac{1}{2}\varrho v^2$ kinetische Energie je Raumeinheit

Es ergibt sich aus beiden Gesetzen und einer gegebenen Form der Drosselstelle der im Bild 94 dargestellte Druckverlauf. Führt man nun noch das Öffnungsverhältnis

$$m = d^2 / D^2 \qquad (65)$$

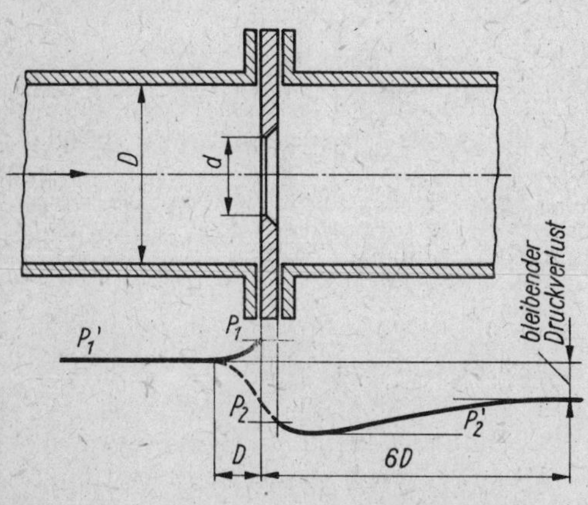

Bild 94. Druckverhältnisse an der Normblende

ein und berücksichtigt für Gase die Dichteänderungen vor und nach der Einschnürung mit der Expansionszahl ε, so erhält man die Durchflußgleichungen:

$$\dot{V} = 1{,}252 \cdot 10^{-2} \cdot \alpha \varepsilon m D^2 \sqrt{\frac{1}{\varrho}(p_1 - p_2)} \qquad (66)$$

$$\dot{m} = 1{,}252 \cdot 10^{-2} \cdot \alpha \varepsilon m D^2 \sqrt{\varrho (p_1 - p_2)} \qquad (67)$$

$\dot{V}$ Durchfluß (Strom, Volumendurchfluß) im Betriebszustand in m^3/h, $\dot{m}$ Durchfluß (Strom, Massedurchfluß) in kg/h, α Durchflußzahl, ε Expansionszahl, D Innendurchmesser des Rohres bei Betriebstemperatur in mm, ϱ Dichte des Mediums im Betriebszustand in kg/m^3, $p_1 - p_2$ Wirkdruck in 10 Pa

Einsatz

Drosselgeräte sind *Normblende*, *Normdüse* und *Normventuridüse* (kurze und lange Bauart). Das preisgünstigste Gerät ist die Normblende (Bild 95), die auch in den meisten Fällen verwendet wird. Will man verschmutzte Medien messen, so wird bevorzugt die *Segmentblende* (Bild 96) eingesetzt. Die *Normventuridüsen* wird man nur in den Fällen einsetzen, in denen ein sehr geringer bleibender Druckverlust zugelassen wird.

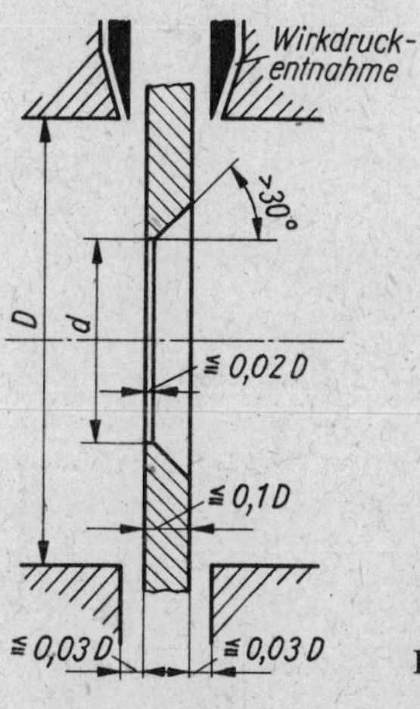

Bild 95. Normblende

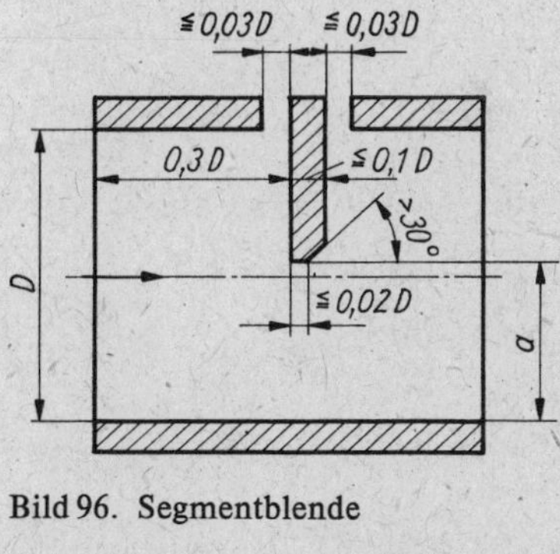

Bild 96. Segmentblende

Als bleibender Druckverlust wird die Druckdifferenz bezeichnet, die durch eine Druckentnahme in der Entfernung 1 D (D Rohrleitungsinnendurchmesser) vor der vorderen genormten Druckentnahmestelle für den Wirkdruck und 6 D hinter der hinteren festgelegten Druckentnahmestelle gemessen wird. Dieser Verlust kommt durch Reibung am Drosselgerät zustande.

Beim Einbau der Drosselgeräte ist folgendes zu beachten:

1. Das Drosselgerät ist zum Rohrinnern genau zu zentrieren.
2. Der Einbau in senkrechte oder geneigte Leitungen ist für trockene und feuchte Gase ohne weiteres möglich.
3. Bei Dampfmessungen ist dafür zu sorgen, daß die Anbohrungen (Wirkdruckentnahme) kondensatfrei so herausgeführt werden, daß das entstehende Kondensat in die Dampfleitung zurückfließen kann.
4. Bei Durchflußmessungen von feuchten Gasen ist auf Entwässerung der Meßleitungen zu achten.

3.11.3. Schwebekörper-Durchflußmesser

Ein Schwebekörper mit einer den Strömungsverhältnissen angepaßten Form kann sich in einem senkrecht stehenden kegeligen Rohr frei bewegen. Das zu messende Medium strömt von unten nach oben durch das Meßrohr. Unter dem Einfluß der an dem Schwebekörper angreifenden Kräfte steigt dieser bis zu einer bestimmten Höhenstellung, in der sich die Kräfte das Gleichgewicht halten. Diese Höhenstellung entspricht durch den Kreisringquerschitt, der freigegeben wird, einem genau definierten Durchfluß. In der Ruhestellung des Schwebekörpers gilt (Bild 97):

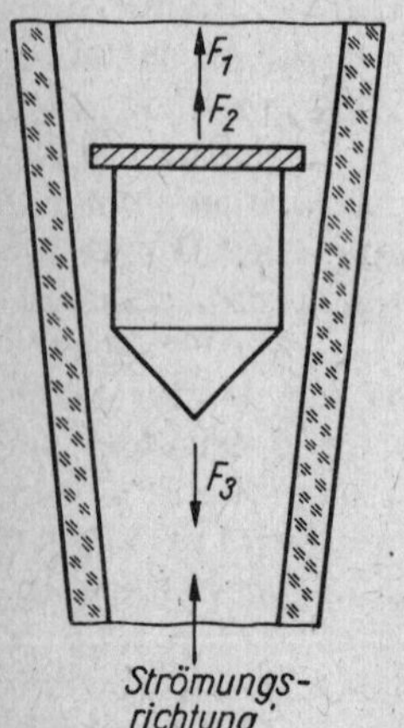

Bild 97. Kräfte am Schwebekörper des Schwebekörper-Durchflußmessers

$$F_3 - F_1 - F_2 = 0 \qquad (68)$$

F_3 durch die Masse des Schwebekörpers und die Fallbeschleunigung nach unten wirkende Kraft $F_3 = V_s \varrho_s g$, V_s Volumen des Schwebekörpers, ϱ_s Dichte des Schwebekörpers, g Fallbeschleunigung, F_1 Auftrieb, in Richtung der Strömung wirkend: $F_1 = V_s \varrho_M g$, ϱ_M Dichte des Meßmediums im Betriebszustand, F_2 Widerstandskraft, vom strömenden Medium auf den Schwebekörper ausgeübt: $F_2 = c_w \varrho_M v_0^2 A_0 / 2$, A_0 größter Querschnitt des Schwebekörpers senkrecht zur Strömungsrichtung, v_0 mittlere Strömungsgeschwindigkeit des Mediums, c_w Widerstandsbeiwert (Konstante), abhängig von der Schwebekörperform und der Reynolds-Zahl

Bei Umstellung nach der *mittleren Geschwindigkeit* ergibt sich:

$$v_0 = C \sqrt{\frac{2gV_s(\varrho_s - \varrho_M)}{\varrho_M A_0}} \qquad (69)$$

$$\sqrt{\frac{1}{c_w}} = C \qquad (70)$$

Der *Volumendurchfluß* ist:

$$\dot{V} = v_0 A_R \qquad (71)$$

$\dot{V}$ Volumendurchfluß, $A_R = A - A_0$ freie Ringspaltfläche, gebildet durch Schwebekörper und Meßrohr, A Querschnitt des kegeligen Meßrohres an der Stelle, an der sich im Augenblick der Messung der Schwebekörper befindet

Unter Verwendung von Gl. (69) wird somit:

$$\dot{V} = A_R C \sqrt{\frac{2gV_s(\varrho_s - \varrho_M)}{A_0 \varrho_M}} \qquad (72)$$

Der *Massendurchfluß* $\dot{m}$ ist:

$$\dot{m} = \dot{V}\varrho_M = A_R C \sqrt{\frac{2gV_s(\varrho_s - \varrho_M)\varrho_M}{A_0}} \qquad (73)$$

Einsatz

Schwebekörper-Durchflußmesser werden für die Durchflußmessung von Gasen und Flüssigkeiten verwendet. Dabei entstehen konstante, jedoch relativ kleine Druckverluste (bis etwa 5 kPa).

Der Anschluß der Rohrleitung an diese Durchflußmesser muß in jedem Fall so erfolgen, daß das Medium den Durchflußmesser von unten nach oben durchströmt.

Durchflußmesser mit *Grenzwertschaltern* können als Strömungswächter eingesetzt werden. Weiterhin ist über einen induktiven Abgriff der Schwebekörperstel-

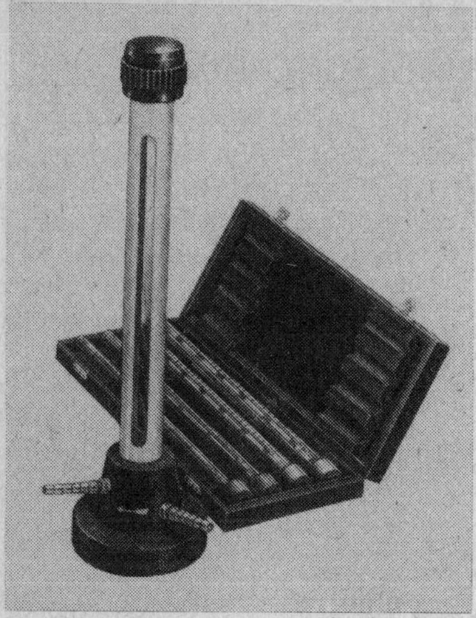

Bild 98. Schwebekörper-Durchflußmesser für Gase mit verschieden dimensionierten Meßrohren

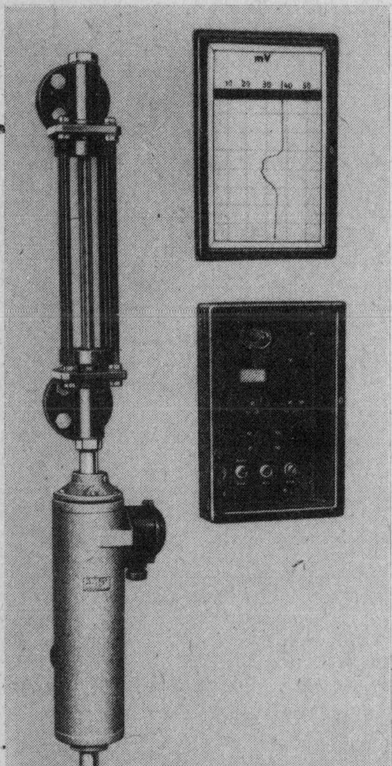

Bild 99. Schwebekörper-Durchflußmesser mit induktiver Abtastung der Schwebekörperstellung und Registrierung

Bild 100. Schwebekörper-Durchflußmesser mit Grenzwertkontakten als Strömungswächter

lung eine Registrierung des Volumendurchflusses möglich.
Ausführungsformen industriell gefertigter Schwebekörper-Durchflußmesser zeigen die Bilder 98...100.

4. Einfluß der Mikroelektronik auf die Meßtechnik

Die stürmische Entwicklung der Mikroelektronik hat gravierende Auswirkungen auf die Automatisierungstechnik, so auch auf die Meßtechnik. Der zunehmende Einsatz von *Mikroprozessoren* erfordert ein größeres Angebot an preiswerten und zuverlässigen Meßwertaufnehmern, z. B. für die Meßgrößen Kraft, Druck, Durchfluß und Temperatur. Es werden durch die Beherrschung der Technologie zur Herstellung mikroelektronischer Bausteine auch Möglichkeiten der Produktion neuer Meßwertaufnehmer nutzbar, wobei selbst neue *physikalische Effekte* realisierbar werden. Zukünftig wird es möglich sein, Aufnehmer und Mikrorechner örtlich anzunähern oder auch beide auf einem *Chip* zu vereinigen. Dadurch können z. B. Nichtlinearität und Temperaturgang des Aufnehmers rech-

nerisch korrigiert werden, wenn der Aufnehmer ein digitales Signal abgibt, das störsicher über *ungeschirmte Signalleitungen* oder auch *Lichtleitkabel* übertragen werden kann. Andere Lösungen nutzen den *integrierten Mikrorechner*, um durch statistische Methoden den Einfluß des zufälligen Fehlers zu verringern. Besondere Bedeutung erlangen *optoelektronische Aufnehmer*. Außer Fotodioden, Fotowiderständen, Fototransistoren, die sich zur Integration mit Siliziumchips eignen, werden optische Aufnehmer mit Lichtleitkabeln entwickelt, die eine direkte optische Ankopplung an das Medium (z.B. bei Füllstandsgebern) gestatten.
Die weitere Entwicklung wird sog. »intelligente Meßfühler« bringen, die wesentliche Aufgaben der Informationsaufbereitung lösen werden.

Literaturverzeichnis Meßtechnik

[1] *Autorenkollektiv:* Fachwissen des Ingenieurs. Band 2., 7. Aufl. – Leipzig: VEB Fachbuchverlag, 1981

[2] *Richter, W.:* Grundlagen der elektrischen Meßtechnik. 2. Aufl. – Berlin: VEB Verlag Technik, 1988

[3] *Fischer, G.:* Betriebsmeßtechnik. 7. Aufl. – Berlin: VEB Verlag Technik, 1986

[4] *Götte, K., Hart, H., Jeschke, G.:* Taschenbuch Betriebsmeßtechnik. 2. Aufl. – Berlin: VEB Verlag Technik, 1983

[5] *Gubsch, G., Dörrer, K., Klimant, D.:* Elektronische Meßtechnik. 8. Aufl. – Berlin: VEB Verlag Technik, 1988

[6] *Hart, H.:* Einführung in die Meßtechnik. 3. Aufl. – Berlin: VEB Verlag Technik, 1980

[7] *Hofmann, W., Gatzmanga, H.:* Einführung in die Betriebsmeßtechnik. 5. Aufl. – Berlin: VEB Verlag Technik, 1981

[8] *Koutny, G., Kulke, W., Steudel, R.:* Längenprüftechnik. 9. Aufl. – Berlin: VEB Verlag Technik, 1987

[9] *Schindowski, E., Schürz, O.:* Statistische Qualitätskontrolle. 7. Aufl. – Berlin: VEB Verlag Technik, 1976

[10] *Schultz, J.:* Elektrische Meßtechnik. 9. Aufl. – Berlin: VEB Verlag Technik, 1988

[11] *Storm, R.:* Wahrscheinlichkeitsrechnung, mathematische Statistik und statistische Qualitätskontrolle. 9. Aufl. – Leipzig: VEB Fachbuchverlag, 1988

[12] *Trumpold, H.:* Längenprüftechnik – eine Einführung. 2. Aufl. – Leipzig: VEB Fachbuchverlag, 1984

Sachwortverzeichnis

Standardverzeichnis

We Werkstoffe

1) TGL 15193
2) TGL 7960
3) TGL 14400
4) TGL 8189
5) TGL 33996
6) TGL 6546
7) TGL 6547
8) TGL 6918
9) TGL 4392
10) TGL 4393
11) TGL 7746
12) TGL 7571
13) TGL 7143
14) TGL 7061
15) TGL 14315
16) TGL 7458
17) TGL 14394
18) TGL 14414
19) TGL 23839
20) TGL 10327
21) TGL 4391
22) TGL 14712
23) TGL 14725
24) TGL 4886
25) TGL 6556
26) TGL 14729
27) TGL 20810
28) TGL 35484
29) TGL 35485
30) TGL 35486
31) TGL 8110
32) TGL 14703
33) TGL 14706
34) TGL 0-1743
35) TGL 14704
36) TGL 14908
37) TGL 18701
38) TGL 18730
39) –
40) TGL 18733
41) –
42) –
43) –
44) TGL 14804
45) TGL 14803
46) –
47) TGL 22149
48) TGL 9823
49) TGL 11871
50) TGL 13857
51) TGL 14637

WP Werkstoffprüfung

1) TGL RGW 471-77
2) TGL RGW 472-77
3) TGL RGW 473-77
4) TGL 33996
5) TGL RGW 468
6) TGL RGW 470
7) TGL RGW 469
8) TGL RGW 474-77
9) TGL RGW 479-77
10) TGL RGW 478-77
11) TGL 10646
12) TGL 14913

ME Maschinenelemente

1) TGL 18010
2) TGL 0-1
3) TGL 0-1473
4) TGL 7907
5) –
6) TGL 9500
7) TGL 0-5462
8) TGL 0-5463
9) TGL 0-5464
10) TGL 11776
11) TGL 18391
12) TGL 10543
13) –
14) –
15) TGL 16454
16) TGL 17542
17) TGL 21160
18) TGL 6558
19) TGL 6560
20) –
21) –
22) –
23) –
24) TGL 21611
25) –
26) TGL 21613
27) TGL 16644
28) TGL 15015
29) TGL 29-3972
30) TGL 36231
31) TGL 15032
32) TGL 9012
33) TGL 25489
34) TGL 0-2353
35) TGL 10491

FP Fertigungsprozeßgestaltung

1) TGL 21639
2) TGL 13393
3) TGL 13384

FT Fertigungstechnik

1) TGL 21639
2) TGL 13898
3) –
4) TGL 7965
5) TGL 7746
6) –
7) TGL 13374
8) –
9) –
10) TGL 28-1023
11) TGL 29-2177
12) TGL 29-2427
13) TGL 28-1025
14) TGL 29-2182
15) TGL 29-2180
16) TGL 29-2179
17) TGL 29-2176
18) TGL 29-11618
19) TGL 29-2513
20) TGL 29-9864
21) TGL 29-16355
22) TGL 7692
23) TGL 7960
24) TGL 36717

[25]) TGL 8927
[26]) –
[27]) TGL 8924
[28]) TGL 8922
[29]) TGL 8923
[30]) TGL 14904
[31]) TGL 7253
[32]) TGL 15793

GW Grundlagen der Werkzeugmaschinen

[1]) TGL 28-216
[2]) –
[3]) TGL 15165
[4]) TGL 10913
[5]) TGL 16019
[6]) TGL 16020

MT Meßtechnik

[1]) –
[2]) TGL 12015
[3]) TGL 9252
[4]) TGL 15046
[5]) TGL 7682
[6]) –
[7]) TGL 19472
[8]) TGL 11996
[9]) TGL 11997
[10]) TGL 11998
[11]) –
[12]) –
[13]) TGL 0-43732
[14]) TGL 0-43763
[15]) –
[16]) TGL 0-1953

Stand: 31. 1. 1989